Automatische Sichtprüfung

Jürgen Beyerer · Fernando Puente León ·
Christian Frese · Johannes Meyer

Automatische Sichtprüfung

Grundlagen, Methoden und Praxis der Bildgewinnung und Bildauswertung

3. Auflage

Jürgen Beyerer
Fraunhofer IOSB, Fraunhofer-Institut für Optronik, Systemtechnik und Bildauswertung
Karlsruhe, Deutschland

Lehrstuhl für Interaktive Echtzeitsysteme (IES), Institut für Anthropomatik und Robotik, Karlsruher Institut für Technologie (KIT)
Karlsruhe, Deutschland

Christian Frese
Fraunhofer IOSB, Fraunhofer-Institut für Optronik, Systemtechnik und Bildauswertung
Karlsruhe, Deutschland

Fernando Puente León (verstorben)
Karlsruhe, Deutschland

Johannes Meyer
Fraunhofer IOSB, Fraunhofer-Institut für Optronik, Systemtechnik und Bildauswertung
Karlsruhe, Deutschland

ISBN 978-3-662-69950-8 ISBN 978-3-662-69951-5 (eBook)
https://doi.org/10.1007/978-3-662-69951-5

Die Deutsche Nationalbibliothek verzeichnet diese Publikation in der Deutschen Nationalbibliografie; detaillierte bibliografische Daten sind im Internet über https://portal.dnb.de abrufbar.

Planung/Lektorat: Michael Kottusch
Springer Vieweg ist ein Imprint der eingetragenen Gesellschaft Springer-Verlag GmbH, DE und ist ein Teil von Springer Nature.
Die Anschrift der Gesellschaft ist: Heidelberger Platz 3, 14197 Berlin, Germany

Herrn Professor Dr.-Ing. Franz Mesch

sowie dem Andenken an

Professor Dr.-Ing. Fernando Puente León

gewidmet

Vorwort

Mit dieser aktualisierten Auflage erhält ein Thema Einzug, das mittlerweile in diversen Bereichen der Bildverarbeitung zu enormen Verbesserungen geführt hat: Die neuronalen Faltungsnetze. Sie werden im neuen Kapitel 9 umfassend eingeführt, mit besonderem Fokus auf ihre Anwendung in der automatischen Sichtprüfung. Neben den grundlegenden Bausteinen neuronaler Faltungsnetze (vgl. Abschn. 9.1) wird das Optimieren ihrer Parameter, das sogenannte Training (vgl. Abschn. 9.2) und speziell für die Bildverarbeitung wichtige Netzwerkarchitekturen (vgl. Abschn. 9.3) behandelt. Mehrere Kapitel wurden um Beispiele zur Anwendung neuronaler Faltungsnetze in der automatischen Sichtprüfung erweitert. So werden in Abschn. 10.3.3 zwei Verfahren zur Störungsunterdrückung, in Abschn. 12.7 ein Ansatz zur Segmentierung und in Abschn. 14.5 eine Möglichkeit zur Texturanalyse mittels neuronaler Faltungsnetze gezeigt.

Neben dieser wesentlichen Neuerung wurden zahlreiche Kapitel durch neue Abschnitte oder kleinere Aktualisierungen ergänzt:

- Kapitel 2 wurde mit Abschn. 2.7.3.1 um die organischen Leuchtdioden erweitert und in Abschn. 2.7.4 wurden die heutzutage erreichbaren maximalen Laserparameter aktualisiert;
- Kapitel 6 erhielt mit den EMCCD- und ICCD-Sensoren (Abschn. 6.6), den sCMOS-Sensoren (Abschn. 6.7), den Quantenpunkt-Sensoren (Abschn. 6.8.3), der Multispektral- und Hyperspektralsensorik (Abschn. 6.11), den Lichtlaufzeitkameras (Abschn. 6.12) und den ereignisbasierten Sensoren (Abschn. 6.13) Ergänzungen um neue Sensortechnologien.
- Neu in Kapitel 7 sind Abschnitte zur ellipsometrischen Inspektion gekrümmter Oberflächen (Abschn. 7.2.1.2), zur Wahrnehmbarkeit von Defekten auf spiegelnden Oberflächen (Abschn. 7.3.5.2), zur Infrarotdeflektometrie (Abschn. 7.3.5.3), zum Einsatz von Lichtfeldmethoden zur Inspektion transparenter Objekte (Abschn. 7.4.5) und zu Planungsalgorithmen für Sichtprüfaufgaben (Abschn. 7.6.3) wie der Triangulation (Abschn. 7.6.3.1) und der deflektometrischen Oberflächeninspektion (Abschn. 7.6.3.2).

Fernando Puente León, Mitautor der ersten beiden Auflagen, ist leider im Sommer 2020 verstorben. Mit seinem Tod geht ein exzellenter Wissenschaftler, ein wertvoller Kollege und insbesondere ein enger Freund verloren. Wir haben die Überarbeitung dieses Lehrbuches für die vorliegende 3. Auflage, mit der er bereits begonnen hatte, in seinem Andenken weitergeführt. Erfreulicherweise verstärkt Johannes Meyer, der bereits zu den Ergänzungen der zweiten Auflage beigetragen hat, nun das Autorenteam.

Bei der Erstellung dieser dritten Auflage wurden die Autoren tatkräftig unterstützt und möchten sich daher bei den folgenden Fachkollegen sehr herzlich bedanken:

- bei Herrn Dr. Clement Romano für Recherchen zu aktuell erreichbaren Laserparametern,
- bei Herrn Dr. Chia-Wei Chen für den Beitrag zur Ellipsometrie an gekrümmten Oberflächen,
- bei Herrn Dr. Sebastian Höfer für Hinweise und Abbildungen zur Infrarotdeflektometrie,
- bei Frau Dr. Mahsa Mohammadikaji für Hinweise und Abbildungen zu Planungsalgorithmen für Triangulationsverfahren,
- bei Herrn Dr. Masoud Roschani für Hinweise und Abbildungen zu Planungsalgorithmen für die deflektometrische Oberflächeninspektion,
- bei Herrn Felix Kronenwett für Hinweise und Abbildungen zur Segmentierung mittels neuronaler Faltungsnetze,
- bei Herrn Dr. Christian Negara für zahlreiche Korrekturhinweise und
- bei Herrn Daniel Stadler für das Korrekturlesen der neuen Beiträge zu neuronalen Faltungsnetzen.

Schließlich möchten wir dem Springer-Verlag – insbesondere Frau Burato, Frau Bromby und Herrn Kottusch – für die wiederum ausgezeichnete Zusammenarbeit danken!

Karlsruhe, im Sommer 2024

Jürgen Beyerer
Christian Frese
Johannes Meyer

Vorwort zur 2. Auflage

Das vorliegende Lehrbuch wendet sich an Studierende der Ingenieurwissenschaften (insbesondere der Elektrotechnik, Informationstechnik, Mechatronik und des Maschinenbaus) und der Informatik sowie an Ingenieure und Informatiker in der Praxis, die einen Einblick in die spannenden Gebiete der automatischen Sichtprüfung und der Bildverarbeitung gewinnen wollen. Es fußt auf Vorlesungen der Autoren am Karlsruher Institut für Technologie (KIT, ehemals Universität Karlsruhe (TH)). Das Buch ist so konzipiert, dass sich der Leser den Stoff leicht selbst aneignen und weiterführende Literatur erschließen kann. Zahlreiche Beispiele illustrieren die dargestellten Methoden und verdeutlichen den Bezug zur Praxis.

Die zweite Auflage ist dem bewährten Konzept dieses Lehrbuchs treu geblieben: Im ersten Teil werden die physikalischen und technischen Grundlagen der

Bildentstehung (Kapitel 2 bis 6) sowie die enorme Bandbreite an Methoden zur Bildgewinnung (Kapitel 7) behandelt, während sich der zweite Teil des Buchs (Kapitel 8 bis 16) der rechnergestützten Verarbeitung und Auswertung der Bildsignale widmet. Trotz des respektablen Umfangs der ersten Auflage wurden zahlreiche inhaltliche Erweiterungen vorgenommen, die u. a. die folgenden Punkte betreffen:

- in Kapitel 2 wird der Jones-Kalkül behandelt (Abschn. 2.2.2.6), mit dem sich der Polarisationszustand vollständig polarisierten Lichts kompakt beschreiben lässt;
- Kapitel 7 wartet mit neuen Verfahren zur Bildgewinnung (konfokale chromatische Triangulation, optische Kohärenztomographie, Schlierenmessverfahren und Schlierentomographie) sowie mit Beispielen zur Anwendung hyperspektraler Sensoren zur Materialklassifikation auf;
- neu im Kapitel 8 ist der Abschnitt 8.7, in welchem ein signaltheoretisches Kameramodell nach der EMVA-Richtlinie 1288 vorgestellt wird; ferner wurden in dieses Kapitel die Sprungfunktion im Zweidimensionalen (Abschn. 8.3.6) sowie ein Abschnitt über die Gruppengeschwindigkeit in Form eines ausführlichen Beispiels aufgenommen;
- ergänzt wurden im 10. Kapitel die Z-Transformation (Abschn. 10.3.1.7), das Bilateralfilter (Abschn. 10.3.2.3) sowie die Registrierung (Abschn. 10.4); ferner wurde die Betrachtung des Medianfilters in Abschn. 10.3.2.1 vertieft;
- Kapitel 11 enthält einen neuen Abschnitt zur Restauration bei partizipierenden Medien (Abschn. 11.7);
- im Kapitel 15 wurde ein neuer Abschnitt zur Kurven- und Strukturdetektion aufgenommen, in welchem u. a. die verallgemeinerte Hough-Transformation (Abschn. 15.4.2) sowie Implicit Shape Models (Abschn. 15.4.3) behandelt werden;
- schließlich werden in Kapitel 16 die weitverbreiteten skaleninvarianten SIFT- und SURF-Merkmale behandelt (Abschn. 16.6).

Neben den inhaltlichen Ergänzungen wurden viele Details im Buch überarbeitet, darunter zahlreiche Abbildungen didaktisch verbessert.

Eine umfassende Aktualisierung dieses Buchs wäre ohne die Unterstützung zahlreicher Personen nicht möglich gewesen; die Autoren möchten sich daher bei den folgenden Fachkollegen für ihre Beiträge sehr herzlich bedanken:

- bei Herrn Arne Nowak (Fraunhofer IIS, Erlangen) für eine Beispielaufnahme der Polarisationskamera POLKA,
- bei Herrn Dr. Marco Kruse und Herrn Dr. Johannes Pallauf (Institut für Industrielle Informationstechnik IIIT, Karlsruher Institut für Technologie KIT) für Beispielbilder zur Bildrestauration bei gleichförmiger Bewegungsunschärfe,
- bei Herrn Dr. Matthias Michelsburg (IIIT, KIT) und Herrn Dr. Robin Gruna (Fraunhofer IOSB) für hyperspektrale Aufnahmen von Lebensmitteln,

- bei Herrn Thomas Stephan (IES, KIT) für den Beitrag zur Restauration bei partizipierenden Medien,
- bei Herrn Dr. Miro Taphanel (IES, KIT) für den Beitrag zur konfokalen chromatischen Triangulation,
- bei Herrn Johannes Meyer (IES, KIT) für exemplarische Aufnahmen zum Schlierenmessverfahren,
- bei Herrn Dr. Yaokun Zhang (IPR, KIT) und Herrn Johannes Meyer (IES, KIT) für Beispielaufnahmen zur optischen Kohärenztomographie,
- bei Herrn Dr. Alexander Schwarz und Frau Martina Richter (Fraunhofer IOSB) für BRDF-Messungen und
- bei Herrn Christian Negara (Fraunhofer IOSB) für NIR-Spektren von Kunststoffen.

Einen großen Beitrag zur Ausarbeitung des hier dargebotenen Inhalts und zur Veranschaulichung an Beispielen haben insbesondere Herr Prof. Dr. Stefan Werling, Herr Dr. Robin Gruna, Herr Dr. Sebastian Höfer und Herr Dr. Michael Teutsch im Rahmen der Betreuung der erwähnten Vorlesungen geleistet. Ferner haben zahlreiche Studierende und Leser der ersten Auflage dieses Werks wertvolle Korrektur- und Verbesserungsvorschläge geliefert.

Besonderer Dank gilt Herrn Sebastian Bauer, Herrn Dr. Andrey Belkin, Frau Dr. Yvonne Fischer, Herrn Peter Frühberger, Herrn Dr. Robin Gruna, Herrn Jan Hendrik Hammer, Frau Pilar Hernández Mesa, Herrn Christian Herrmann, Herrn Dr. Sebastian Höfer, Herrn Chettapong Janya-Anurak, Frau Mahsa Mohammadikaji, Herrn Achim Kuwertz, Herrn Ding Luo, Herrn Christian Negara, Herrn Thomas Nürnberg, Herrn Dr. Alexey Pak, Herrn Dr. Johannes Pallauf, Herrn Julius Pfrommer, Herrn Chengchao Qu, Herrn Matthias Richter, Herrn Masoud Roschani, Herrn Lars Sommer, Herrn Thomas Stephan, Herrn Dr. Miro Taphanel, Herrn Dr. Michael Teutsch, Herrn Sebastian Vater, Herrn Markus Vogelbacher, Herrn Prof. Dr. Stefan Werling, Herrn Dr. Philipp Woock und Herrn Mathias Ziebarth für wertvolle Hinweise und für die Korrektur des Manuskripts.

Nicht zuletzt möchten wir Herrn Johannes Meyer ganz besonders danken. Als Übersetzer der englischsprachigen Erstauflage dieses Buchs war er seit der Genese der 2. Auflage ein regelmäßiges Mitglied im unserem Projektteam und hat die Entstehung dieses Buchs eng begleitet und entscheidend mitgeprägt.

Schließlich möchten wir dem Springer-Verlag – insbesondere Frau Eva Hestermann-Beyerle und Frau Birgit Kollmar-Thoni – für die wiederum ausgezeichnete Zusammenarbeit danken!

Karlsruhe, im Sommer 2016

Jürgen Beyerer
Fernando Puente León
Christian Frese

Vorwort zur 1. Auflage

Die automatische Sichtprüfung ist ein Gebiet der Automatisierungstechnik, das ständig an wirtschaftlicher Bedeutung gewinnt. Obwohl die zugehörige Branche seit mehr als zwei Jahrzehnten kräftig wächst, ist bis heute nur ein Teil der industriellen Sichtprüfungsaufgaben automatisiert. Speziell für Hochlohnländer schlummert darin noch ein großes Rationalisierungspotenzial, dessen Erschließung nicht nur Kostensenkungen verspricht, sondern auch die Qualität der produzierten Güter zu erhöhen vermag.

Da das Sehen die primäre Sinneswahrnehmung des Menschen ist, übt die Automatisierung der Sichtprüfung eine gewisse Faszination aus; das gilt zumindest für die Autoren dieses Buches. Bei der Automatisierung von visueller Prüfung könnte man leicht auf den Gedanken kommen, dass es doch gar nicht so schwierig sein kann, einem technischen Sichtprüfungssystem beizubringen, was der Mensch oft mit nur einem flüchtigen Blick spielerisch schafft. Tatsächlich wird von Anwendern immer mal wieder die Ansicht geäußert: „Der Mensch sieht das doch sofort; dann kann es für einen Automaten doch nicht so schwierig sein, das Gleiche hinzubekommen.“ Die Antwort darauf ist gar nicht so einfach; es kommt sehr auf den konkreten Fall an: manches fällt dem Menschen leichter, vieles können Maschinen aber genauer und vor allem verlässlicher.

Die automatische Sichtprüfung ist ein vielschichtiges, multidisziplinäres Thema, das Optik, Maschinenbau, Elektrotechnik, Informatik und Mathematik involviert. Automatische Sichtprüfungssysteme sind i. d. R. mehr oder weniger komplexe mechatronische Systeme, die nur im Zusammenspiel der Disziplinen wirtschaftlich die geforderte Leistung erbringen können.

Am Anfang steht eine Sichtprüfungsaufgabe, für die eine automatisierte Lösung gefunden werden muss. Eine herausragende Bedeutung hat dabei die Bildgewinnung: Informationsverlust, der hier unterläuft, lässt sich in den folgenden Bildauswertungsschritten kaum mehr kompensieren. Der Erfolg einer Sichtprüfungslösung wird überwiegend an dieser Stelle entschieden.

Zum Glück hat man bei der Entwicklung automatischer Sichtprüfungssysteme i. d. R. einige Designfreiheitsgrade zur Verfügung, um Bilddaten mit ausreichender Qualität und Aussagekraft zu gewinnen. Der Ingenieur hat es also zumindest ein Stück weit selbst in der Hand, wie gut die Bildaufnahme für die Lösung einer gegebenen Problemstellung geeignet ist. Um diesen Designspielraum bestmöglich zu nutzen, wird in diesem Buch der Bildgewinnung und der Bildaufnahmekonstellation bestehend aus Prüfobjekt, Beleuchtung und Aufnahmesystem ganz besondere Aufmerksamkeit geschenkt.

Dieses Buch hat den Anspruch, umfassend in die automatische Sichtprüfung einzuführen. Das erfordert zunächst, sich im ersten Teil mit der Physik der Bildentstehung und den hierfür notwendigen optischen Gesetzmäßigkeiten und Technologien ausreichend gründlich auseinanderzusetzen, was in den Kapiteln 2 bis 6 getan wird. Auf der Basis dieser Grundlagen wird dann die Bildgewinnung für automatische Sichtprüfung in Kapitel 7 behandelt. In diesem Schlüsselkapitel werden die verschiedenen Bildgewinnungstechniken systematisch dargestellt, sowie wichtige Tricks und Kniffe gezeigt, die gute Sichtprüfsysteme ausmachen.

Für die rechnerische Auswertung von Bildern in einem Computer müssen die analogen in digitale Signale gewandelt werden. Die zugrunde liegende Signaltheorie und die Effekte von örtlicher Abtastung und Quantisierung der Werte werden ausführlich behandelt und im systemtheoretischen Zusammenhang dargestellt. Kapitel 8 ist u. a. diesen Eckpfeilern der digitalen Verarbeitung analoger Signale gewidmet und ebnet den Weg zum zweiten Teil des Buches, der sich mit der Bildauswertung beschäftigt. Die Kapitel 10 bis 16 behandeln die für die automatische Sichtprüfung wesentlichen Verfahren, mit denen aus Bilddaten Schritt für Schritt eine rechnerische Prüfentscheidung herbeigeführt werden kann.

Der Tiefgang der Darstellung ist bei allen behandelten Themen so gewählt, dass der Leser die Motivation und die Hintergründe durchschauen und verstehen kann. Nichts soll „vom Himmel fallen"; die zugrunde liegenden Ideen sollen gründlich verstanden werden. Allerdings werden Sätze in diesem Buch nicht immer in mathematisch strengem Sinn bewiesen. Vielmehr werden i. d. R. Beweisskizzen wiedergegeben, die die wesentlichen Beweisideen wiedergeben und Zusammenhänge plausibel machen. Für den anwendungsorientierten Leser, der dennoch wissen will, was hinter den Verfahren steckt, erhöht dieser bewusste Verzicht auf technisch vollständig geführte Beweise die Lesbarkeit und lässt den Umfang des Buches handlich bleiben.

Zum Teil fußt das vorliegende Buch auf Vorlesungen, die der Autor J. Beyerer am Karlsruher Institut für Technologie (KIT, ehemals Universität Karlsruhe) seit 1994 hält und die vom Autor F. Puente León seit 2003 zunächst an der Technischen Universität München (TUM) und ab 2008 am KIT gehalten werden. Es wendet sich an Studenten der Ingenieurwissenschaften, der Informatik, der Physik und der Mathematik. Da alle benötigten Konzepte und Verfahren gründlich genug eingeführt werden, sollte es bereits fortgeschrittenen Bachelor-Studenten möglich sein, die gebotenen Inhalte gut nachvollziehen zu können. Darüber hinaus wird der Stoff so weit vertieft, dass insbesondere Master-Studenten, Doktoranden und Wissenschaftler, die sich mit automatischer Sichtprüfung beschäftigen, das Buch mit Gewinn studieren können.

Neben der Theorie kommt aber auch die Praxis nicht zu kurz. Die industrielle Erfahrung der Autoren, die an vielen Stellen eingeflossen ist, macht dieses Buch auch für den Praktiker, der konkrete Sichtprüfungsaufgaben mit wirtschaftlichen und robusten Lösungen automatisieren muss, zu einem hilfreichen Nachschlagewerk, das sich allerdings nicht in oberflächlichen Rezepten erschöpft, sondern für ein vertieftes Verständnis ausreichend Tiefgang bietet.

Die Autoren möchten sich bei Fachkollegen für die Unterstützung bei der Erstellung dieses Buches bedanken:

- bei Herrn Dr. Ulrich Breitmeier (Breitmeier Messtechnik GmbH, Ettlingen) für ein Beispielbild eines Zylinderscanners,
- bei Herrn Dr. Michael Fried (Universität Erlangen) für ein Beispiel zur Mumford-Shah-Methode,
- bei Herrn Dr. Jan Horn (Institut für Mess- und Regelungstechnik, Karlsruher Institut für Technologie) für eine Abbildung zur kameragestützten Geschwindigkeitsmessung,
- bei Herrn Dr. Udo Netzelmann und Herrn Dr. Günter Walle (Fraunhofer IZFP, Saarbrücken) für Beispielbilder zur Impulsthermographie,
- bei Herrn Dirk Nüßler (Fraunhofer FHR, Wachtberg) für Beispielbilder zur Prüfung mittels Terahertz-Strahlung,
- bei Herrn Prof. Dr. Wolfgang Osten (Universität Stuttgart) für die Bilder zu interferometrischen Verfahren,
- bei Herrn Prof. Dr. Jerry L. Prince (Johns Hopkins University, Baltimore) für Beispiele zu aktiven Konturen,
- bei Herrn Dr. Andreas Purde (Lehrstuhl für Messsystem- und Sensortechnik, TU München) für ein Beispiel zum Pyramid-Linking-Verfahren,
- bei Frau Dr. Anna Remelli und Herrn Dr. Claudio Sedazzari (Firma Opto Engineering, Mantova) für Beispiele zur hyperzentrischen Perspektive,
- bei Herrn Dr. Norman Uhlmann (Fraunhofer EZRT, Fürth) für Beispielbilder zur Röntgenprüfung,
- bei Herrn Bernhard Schmitt M.A. (ONUK, Karlsruhe) für eine Luftaufnahme des Karlsruher Schlosses,
- bei Herrn Dirk vom Stein und Herrn Thomas Winkel (Firma Inspectomation, Mannheim) für die Beispielbilder zur Prüfung von Gießereikernen und Bremsscheiben sowie für telezentrische Aufnahmen,
- bei Herrn Marco Kruse (Institut für Industrielle Informationstechnik IIIT, Karlsruher Institut für Technologie KIT) für das Bild der Schachbrett-Schattenillusion,
- bei Herrn Mario Lietz (IIIT, KIT) für Beispielbilder zur Division durch eine Referenzaufnahme,
- bei Frau Dr. Ioana Gheţa (Lehrstuhl für Interaktive Echtzeitsysteme IES, Institut für Anthropomatik, Karlsruher Institut für Technologie) für Beispiele zur Auswertung von Spektralbildserien,
- bei Herrn Robin Gruna (IES, KIT) für Aufnahmen mit inverser Beleuchtung,

- bei Herrn Thomas Stephan (IES, KIT) für Aufnahmen mit einer Lichtfeldkamera,
- bei Herrn Dr. Matthias Hartrumpf (Fraunhofer-Institut für Optronik, Systemtechnik und Bildauswertung IOSB, Karlsruhe) für Beispielbilder zur Spannungsoptik,
- bei Herrn Dr. Michael Heizmann (Fraunhofer IOSB) für Beispiele zur Texturanalyse sowie zu *shape from shading*,
- bei Herrn Christian Negara (Fraunhofer IOSB) für Beispiele zu Graph-Cut-Verfahren,
- bei Herrn Günter Saur und Herrn Wolfgang Roller (Fraunhofer IOSB) für die Bereitstellung von TerraSAR-X-Aufnahmen,
- bei Herrn Günter Struck und Herrn Dr. Kai-Uwe Vieth (Fraunhofer IOSB) für Beispiele zur Fluoreszenzspektroskopie,
- bei Herrn Chen-Ko Sung (Fraunhofer IOSB) für Beispielbilder zur Inspektion mittels Flachbettscannern und
- bei Herrn Dr. Stefan Werling (Fraunhofer IOSB) für deflektometrische Aufnahmen.

Einen großen Beitrag zur Ausarbeitung des hier dargebotenen Inhalts und zur Veranschaulichung an Beispielen haben insbesondere Herr Dr. Stefan Werling, Herr Dr. Christoph Lindner, Frau Dr. Ana Pérez Grassi, Herr Robin Gruna, Herr Sebastian Höfer und Herr Michael Teutsch im Rahmen der Betreuung der erwähnten Vorlesungen geleistet. Ebenfalls bedanken möchten sich die Autoren bei den studentischen Hilfskräften, die an der Erstellung von Abbildungen und Diagrammen mitgewirkt haben. Ferner haben zahlreiche Studierende wertvolle Verbesserungsvorschläge hinsichtlich der didaktischen Aufbereitung geliefert.

Besonderer Dank gilt Herrn Andrey Belkin, Frau Yvonne Fischer, Herrn Robin Gruna, Herrn Jan Hendrik Hammer, Herrn Marco Kruse, Herrn Achim Kuwertz, Herrn Dr. Alexey Pak, Herrn Masoud Roschani, Herrn Thomas Stephan, Herrn Miro Taphanel, Herrn Michael Teutsch, Herrn Sebastian Vater, Herrn Markus Vogelbacher, Herrn Dr. Stefan Werling, Herrn Philipp Woock und Herrn Mathias Ziebarth für wertvolle Hinweise und für die Korrektur des Manuskripts.

Schließlich sei dem Springer-Verlag für die ausgezeichnete Zusammenarbeit gedankt.

Karlsruhe, im Sommer 2012

Jürgen Beyerer
Fernando Puente León
Christian Frese

Inhaltsverzeichnis

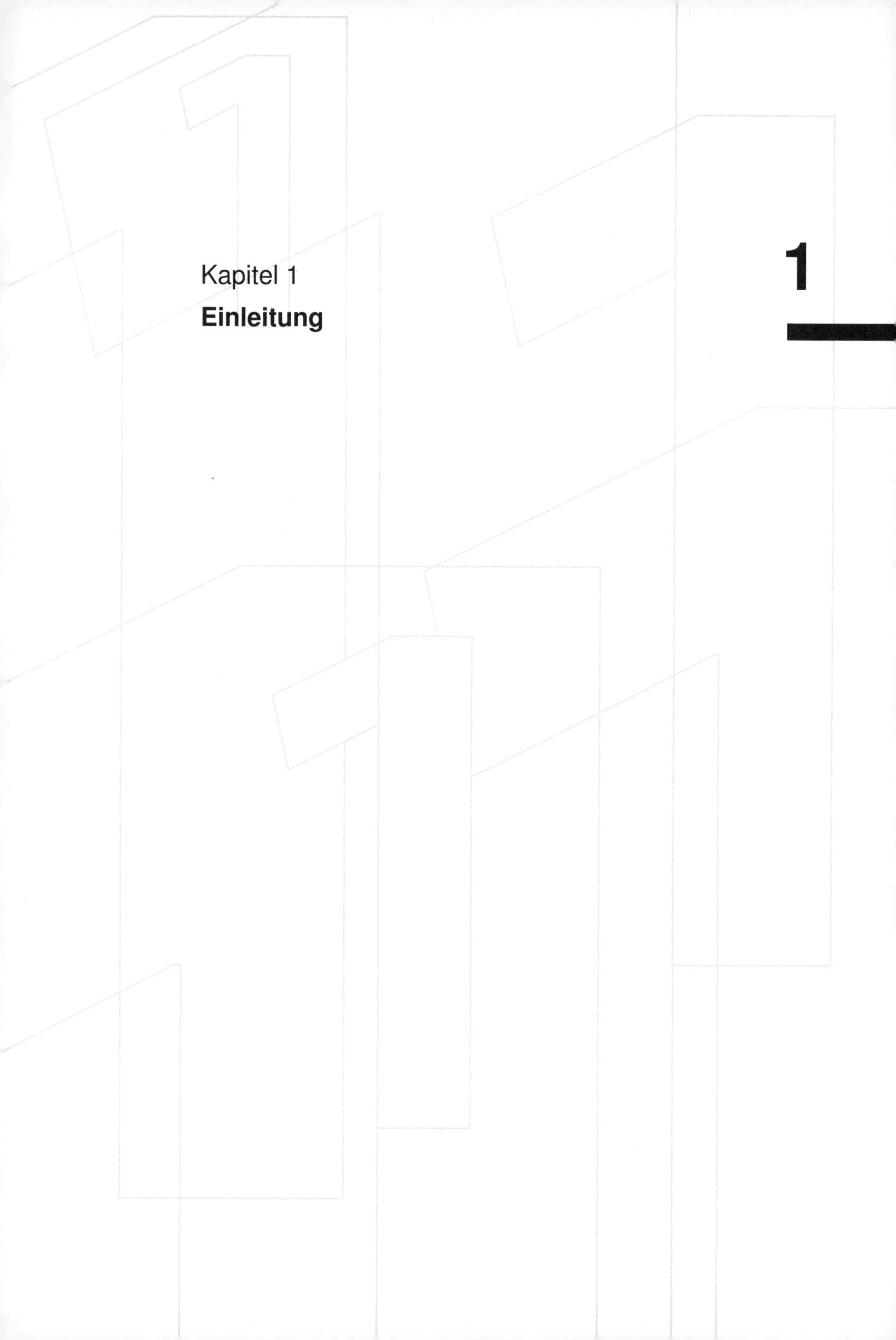

Kapitel 1

Einleitung

1

1

1 Einleitung

1 Einleitung

Die automatische Sichtprüfung erobert in raschem Maße die industrielle Messtechnik und Qualitätskontrolle im Maschinenbau und in vielen anderen technischen Bereichen. Die Entwicklung wird vor allem durch immer leistungsstärkere Rechner und preiswert verfügbare Kamerakomponenten begünstigt.

Dieses Werk bietet einen Einblick in das faszinierende und sehr aktuelle Thema der automatischen Sichtprüfung und Bildverarbeitung. Der umfassende Stoff wird in leicht verständlicher Form dargeboten und an zahlreichen Beispielen erläutert. Spezielle Vorkenntnisse sind nicht erforderlich.

1.1 Sichtprüfung

Fast alle industriell gefertigten Güter werden mehr oder weniger intensiv sichtgeprüft. Früher geschah das vor allem durch Personal, das entweder speziell damit betraut und hierfür geschult war und durch Hinsehen prüfte, oder das Sichtprüfen war eine Nebenaufgabe, die ein Werker parallel zu seinen sonstigen Tätigkeiten miterledigte. Seit den siebziger Jahren des letzten Jahrhunderts verbreiten sich in der Industrie aber immer mehr automatische Sichtprüfsysteme, und die zugehörige Branche wächst seit Jahrzehnten im zweistelligen Prozentbereich.

Sichtprüfung bedeutet: durch Hinschauen prüfen. Das Ziel der Sichtprüfung kann einerseits die Gewährleistung bestimmter Qualitätsmerkmale von Zwischen- und Endprodukten sein oder aber auch genutzt werden, um Veränderungen des Produktionsprozesses festzustellen und zu analysieren.

Die Aufgaben der Sichtprüfung können in folgende Prüfungskategorien unterteilt werden:

- Vollständigkeit: Erkennung bekannter Objekte, Muster
  - z. B. Montageszenen: Sind alle Bauteile montiert?
  - z. B. Befüllung: Ist die Verpackung vollständig befüllt?
  - z. B. Bestückung von Leiterplatten: Sind alle Bauteile vorhanden?
- Lagerichtigkeit
  - Sind z. B. bei einer Montage die Bauteile am richtigen Ort und richtig orientiert?
- Maß-, Form- und Winkelhaltigkeit von Werkstücken und Werkzeugen
  - Ermittlung von Messwerten
  - Werden bestimmte vorgegebene Toleranzen eingehalten?
- Oberflächenbeschaffenheit, Textur
  - Liegt die intendierte Beschaffenheit einer Oberfläche vor?
  - Ist diese gleichmäßig ausgeprägt und innerhalb bestimmter Toleranzen?

J. Beyerer et al., *Automatische Sichtprüfung*,
https://doi.org/10.1007/978-3-662-69951-5_1

- Optische Eigenschaften
  - Farbe
  - Reflexionsverhalten
- Materialidentifikation
  - z. B. automatische Sortierung von verschiedenen Kunststoffen
  - z. B. Aussortieren von Fremdkörpern aus Schüttgutströmen (Lebensmittel, Kunststoffgranulate, etc.)
- Defekte: sowohl ästhetische als auch technische Defekte
  - z. B. Detektion von Lackläufern bei Oberflächenlackierung (ästhetische Defekte)
  - z. B. Detektion von Kratzern an optischen Bauteilen (technische Defekte)

Obwohl das menschliche visuelle System aus Augen und Gehirn viele erstaunliche Fähigkeiten hat, die heute noch von keinem Automaten mit vergleichbarer Leistung erbracht werden können, ist die Sichtprüfung durch Personal mit einigen gravierenden Nachteilen verbunden. Sie ist u. a.:

- monoton
- anstrengend
- ermüdend
- subjektiv
- schlecht reproduzierbar
- im Detail aufwendig zu dokumentieren
- in vielen Fällen zu langsam
- teuer

Die Automatisierung der Sichtprüfung verspricht hier Abhilfe. Ein entsprechendes automatisches System arbeitet ermüdungsfrei, liefert objektive und reproduzierbare Ergebnisse und erlaubt eine lückenlose, detaillierte Dokumentation.

Dabei ist es nicht immer sinnvoll, eine komplett vollautomatische Lösung anzustreben. Viele erfolgreich implementierte Sichtprüfungssysteme haben den Teil der Aufgabe, der sich gut automatisieren lässt, technisch gelöst. Alles andere, und insbesondere das, was der Mensch besonders gut kann, überlässt man noch ihm und schafft somit ein Mensch-Maschine-System für die Sichtprüfung, das die besonderen Stärken der Technik mit den besonderen Stärken des Menschen symbiotisch kombiniert.

Beispiele hierfür sind automatische Sichtprüfsysteme für die Detektion von Defekten, die relativ empfindlich ausgelegt sind, damit die Detektionsrate (Anteil der entdeckten Defekte in Bezug auf die tatsächlich auftretenden Defekte) hoch ist, also möglichst kein Defekt unerkannt bleibt. Diese hohe Detektionsempfindlichkeit führt aber zwangsläufig auch zu einer hohen Falschalarmrate (Detektion nicht vorhandener Defekte), was zur fälschlichen Verwerfung vieler Prüfobjekte führen würde. Unterzieht man die eines Defektes verdächtigten Prüfobjekte anschließend einer visuellen Sichtprüfung durch einen Menschen, entsteht ein hybrides Sichtprüfungssystem mit verschiedenen Vorteilen. Zum einen wird durch die maschinelle Vorprüfung die Zahl der dem Menschen vorgelegten Fälle i. d. R. erheblich reduziert, was Personalkosten spart. Zum anderen wird durch die Zweistufigkeit und wegen der komplementären Stärken von Menschen und Technik die Qualität der Prüfung i. d. R. erheblich gesteigert.

Hinsichtlich der Sichtprüfung vergleicht Tab. 1.1 den Menschen und technisch ausgeführte Systeme bezüglich ihrer Sensorik und Datenverarbeitung [10].

Wie unterschiedlich das visuelle System des Menschen und technische Sichtprüfsysteme arbeiten, kann man unmittelbar an optischen Täuschungen erkennen, die den Menschen in die Irre führen, für Maschinen aber keinerlei Problem darstellen. Das folgende, auf Adelson zurückgehende Beispiel, zeigt die Schwierigkeit des Menschen, zwei Farben – hier im Speziellen zwei Grautöne – absolut erfassen zu können [1].

Abbildung 1.1. Schachbrett-Schattenillusion nach Adelson [1]. Die Darstellung im rechten Bild beweist, dass die Felder „A“ und „B“ den gleichen Grauwert besitzen.

Für den menschlichen Betrachter ist es kaum zu glauben, dass die mit „A“ und „B“ gekennzeichneten Felder des Schachbrettes in Abb. 1.1 den gleichen Grauwert haben sollen. Man kann dies aber schnell verifizieren, indem man die Abbildung mit einem gleichmäßig gefärbtem Blatt Papier abdeckt, das jeweils an diesen beiden Feldern des Schachbrettes ein Loch hat.

Das digitale Bild des Schachbrettes ist durch eine Matrix von Grauwerten repräsentiert. Ein technisches Sichtsystem würde einfach die zu den beiden Feldern gehörenden Werte vergleichen, dabei Gleichheit feststellen und sich mithin nicht täuschen lassen.

Ein Mensch hat für Farbtöne und Intensitäten darüber hinaus kein „photographisches Gedächtnis“. Möchte man z. B. für eine Ausbesserungsarbeit an einem Farbanstrich Farbe mit dem gleichen Farbton einkaufen, wird es sicherlich nicht funktionieren, wenn man sich den Farbton merkt und dann auf Basis der Erinnerung die einzukaufende Farbe auswählt.

Tabelle 1.1. Vergleich der Eigenschaften und Besonderheiten von Menschen und technischen Systemen hinsichtlich der Sichtprüfung.

	Visuelles System des Menschen (Auge und Gehirn)	Technisches Sichtprüfsystem (Aufnahmegerät und Rechner)
Sensorik	– geringe optische Auflösung – keine absoluten Intensitätswerte und Abmessungen erfassbar, da keine radiometrische und geometrischen Maßverkörperungen vorhanden – Beschränkung auf sichtbares Licht – spektrale Wahrnehmung dreikanalig	– hohe optische Auflösung – absolute Intensitätswerte und Abmessungen erfassbar – Nutzung von Licht auch außerhalb des sichtbaren Spektrums – multikanalige spektrale Auflösung möglich
Bildverarbeitung und -auswertung	– sehr große Zahl parallel arbeitender, stark vernetzter, langsamer Neuronen – „Programmierung" durch Lernen an Beispielen	– ein oder mehrere leistungsfähige Prozessoren – Algorithmen bedürfen i. d. R. expliziter Programmierung
Besondere Stärken	– Erfahrung und Hintergrundwissen – Adaptivität und Lernfähigkeit – aktives Sehen durch unmittelbare Variation der Betrachtungskonstellation (visueller Regelkreis) – enorme kognitive Fähigkeiten – Intuition	– präzises Rechnen – hohe Verarbeitungsgeschwindigkeit – verlustfreie Speicherung großer Datenmengen („photographisches Gedächtnis")

Mit einem technischen Sichtsystem kann man, falls Bilder unter den gleichen Bedingungen aufgenommen werden, problemlos Farbtöne und Intensitäten quantitativ vergleichen.

Aber nicht nur radiometrisch, sondern auch geometrisch lässt sich das visuelle System des Menschen leicht täuschen. Die Beispiele in Abb. 1.2 illustrieren das. Eine große Zahl weiterer optischer Täuschungen findet sich z. B. in [1–3].

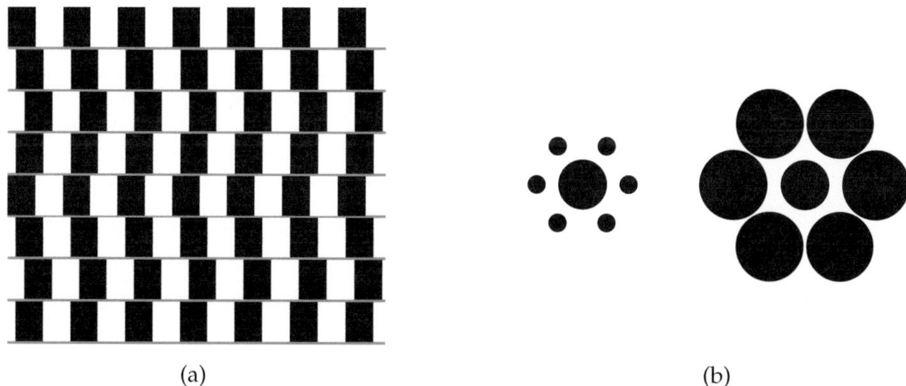

(a) (b)

Abbildung 1.2. Optische Täuschungen: (a) Es fällt schwer, zu glauben, dass die horizontalen Linien gerade und parallel sind. (b) Die Kreise in den Mitten der beiden Rosetten sind gleich groß [13]. In einem digitalen Bild kann das ein Rechner leicht abzählen und lässt sich nicht täuschen.

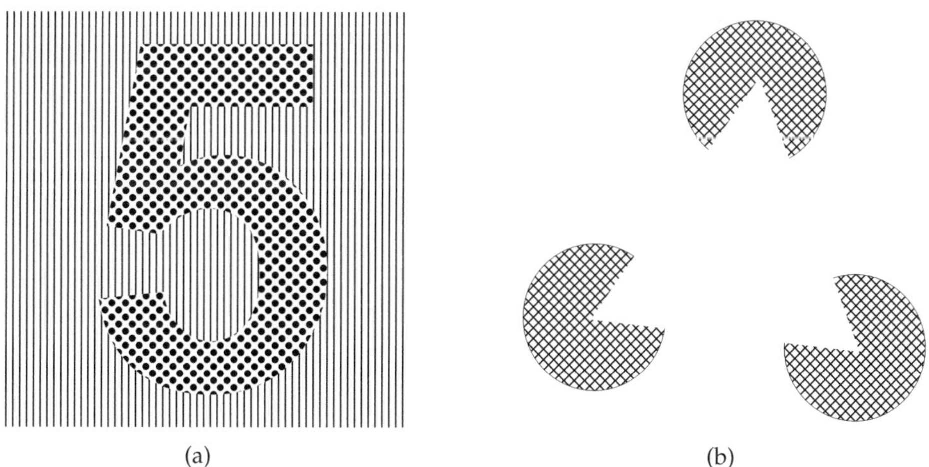

(a) (b)

Abbildung 1.3. Nichttriviale visuelle Interpretationsaufgaben, die dem Menschen mühelos gelingen: (a) Ohne jedes Zögern erkennt der Mensch sofort die Ziffer „5“. Ein Rechner muss zunächst die beiden Texturen unterscheiden, als zusammengehörige Gebiete erkennen und dann in einem Mustervergleich das gepunktete Gebiet als eine „5“ klassifizieren. (b) Mit Hilfe seiner kognitiven Fähigkeiten und seiner Intuition meint der Mensch ein Dreieck zu erkennen, das die drei Kreise partiell abdeckt.

Abbildung 1.4. Spontan erkennt der Mensch die Webfehler im Textilgewebe. Für die maschinelle Erkennung muss die Abweichung geeignet beschrieben werden, um darauf basierend dann ein rechnerisches Detektionsverfahren zu formulieren (Quelle: Brodatz [6]).

Die Abbildungen 1.3 und 1.4 zeigen die enormen kognitiven Fähigkeiten des visuellen Systems des Menschen [9].

Diese Beispiele zeigen eines sehr schön: Der Mensch löst bestimmte visuelle Aufgabenstellungen problemlos und schnell. Allerdings weiß er nicht, wie er das eigentlich macht. Der Vorgang läuft nicht auf Bewusstseinsebene ab – der Mensch kennt seine Algorithmen nicht.

Für die Programmierung technischer Sichtprüfsysteme bedarf es aber meist einer expliziten Programmierung. Ein oft gehörter Irrtum in der Praxis der automatischen Sichtprüfung meint, dass, falls eine Aufgabe leicht für den Menschen ist, es doch besonders einfach sein müsste, entsprechende Automatismen zu erstellen.

Neuere Ansätze versuchen durch Einsatz von Methoden des maschinellen Lernens das explizite Formulieren von Algorithmen zu vermeiden (vgl. Kap. 9) [8,10,14].

Der Mensch prüft aktiv. Glaubt er das Gesuchte an einem Prüfobjekt nicht gut genug sehen zu können, verändert er mehr oder weniger gezielt seine „Bildaufnahme“, indem er seine Perspektive und/oder die Beleuchtung mit dem Ziel der aufgabenspezifischen Optimierung der gesehenen Bilder variiert oder aber optische Hilfsmittel verwendet (Spiegel, Lupen usw.). Die technische Nachbildung dieses Prozesses wird als *Active Vision* bezeichnet und müsste auf den Kontext dieses Buches eingeschränkt wohl mit aktiver Sichtprüfung übersetzt werden. Ein wichtiges Beispiel sind robotergestützte Sichtprüfungssysteme, bei denen Roboter eingesetzt werden, um gezielt die Aufnahmekonstellation zwischen Prüfobjekt, Beleuchtung und Kamera zu verändern [7,11,15,18].

1.2 Optische Erfassung von Prüfobjekten

Mittels automatischer Sichtprüfung lassen sich selbstverständlich nur solche Eigenschaften eines Objekts prüfen, die optisch erfasst werden können. Diese Eigenschaften lassen sich in verschiedene Klassen einteilen. Außerdem besitzt Licht verschiedene Parameter, die durch das Objekt auf charakteristische Weise beeinflusst werden können, sodass man aus ihnen Rückschlüsse auf die Objekteigenschaften ziehen kann. In diesem Abschnitt wird grob skizziert, welche Eigenschaften eines Prüfobjekts auf welchen Wegen optisch erfasst werden können. Eine vertiefte Behandlung dieser Thematik erfolgt in späteren Kapiteln, nachdem die benötigten Begriffe und Formalismen eingeführt wurden.

Licht, das von einer Lichtquelle ausgeht, beleuchtet das Prüfobjekt. Das eingestrahlte Licht wird durch Wechselwirkung mit dem Prüfobjekt zum Teil absorbiert, verändert, reflektiert oder gestreut. Durch Empfang eines Teils des vom Objekt abgestrahlten Lichts mit einer Beobachtungseinrichtung, z. B. einer Kamera, werden Daten erfasst, die Information über das Prüfobjekt enthalten (Abb. 1.5).

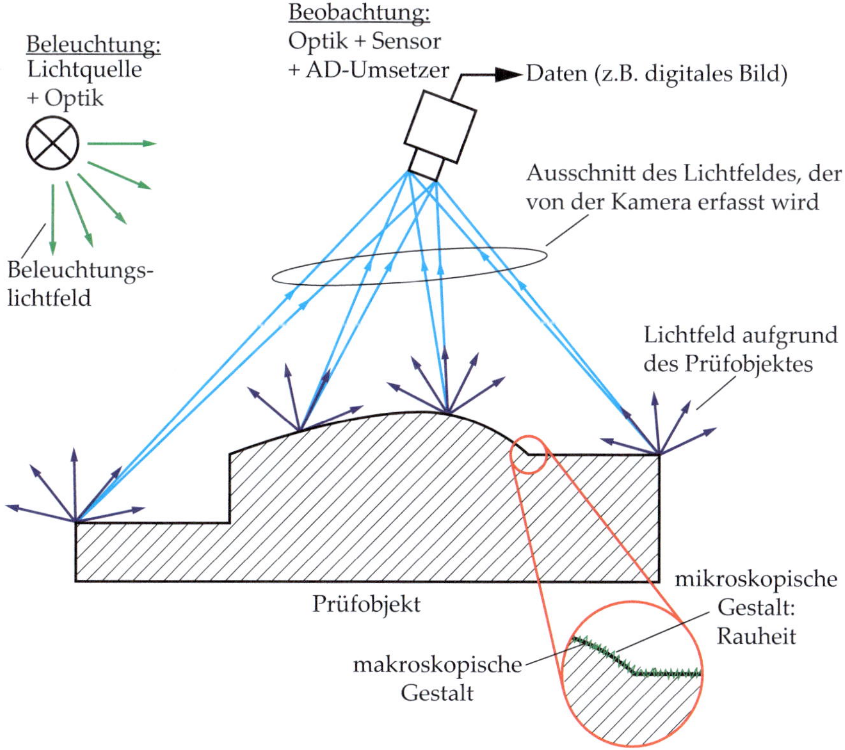

Abbildung 1.5. Optische Erfassung eines Prüfobjekts.

Die nachfolgende Bilddatenauswertung versucht diese Information wiederzugewinnen.

Das Licht der Lichtquelle kann nachrichtentechnisch als Trägersignal aufgefasst werden, das durch das Einbringen des Prüfobjekts in den Lichtweg moduliert wird. Das modulierte Licht enthält daher Information über das Prüfobjekt. Die Modulation dieser Information kann auf Grundlage verschiedener physikalischer Phänomene erfolgen, sodass sie auf unterschiedliche Art und Weise im Licht codiert ist. Diese physikalischen Phänomene schaffen sozusagen unterschiedliche optische Informationskanäle:

- Verteilung der Lichtintensität bezüglich Ort und Richtung,
- Spektrum (Verteilung der Intensität bezüglich der Wellenlänge),
- Polarisation (Richtungsverteilung des elektrischen Feldes senkrecht zur Ausbreitungsrichtung des Lichts),
- Kohärenz (zeitlicher und örtlicher Zusammenhang der Lichtwelle),
- Phase (Lage der Schwingung in Ausbreitungsrichtung),
- Zeitabhängigkeit (Verlauf der Intensität und anderer Parameter über der Zeit).

Diese physikalischen Parameter des Lichts werden in Kap. 2 ausführlich behandelt.

Das Prüfobjekt beeinflusst das eingestrahlte Licht durch seine räumliche Gestalt und durch seine optisch wirksamen Materialeigenschaften. Mithin kann man durch Auswertung des empfangenen Lichts nur erwarten, etwas über die Gestalt und die optischen Eigenschaften erfahren zu können.

Bei transparenten – d. h. lichtdurchlässigen – und teiltransparenten Objekten findet die Wechselwirkung mit Licht nicht nur an der Objektoberfläche, sondern auch innerhalb des Objekts statt. Von großer Bedeutung für die automatische Sichtprüfung sind jedoch opake – d. h. undurchsichtige – Prüfobjekte, bei denen sich die Wechselwirkung mit Licht im Wesentlichen auf die Objektoberfläche beschränkt.

Die Wechselwirkung des Prüfobjekts mit dem eingestrahlten Licht kann pragmatischerweise mit einer geeigneten, je nach Anwendung mehr oder weniger physikalische Eigenschaften betrachtenden Reflexionsfunktion phänomenologisch beschrieben werden. Das eingestrahlte Licht wird im Wesentlichen multiplikativ mit der Reflexionsfunktion verknüpft. Daraus resultiert eine Beschreibung der Abstrahlung des modifizierten Lichts in den umliegenden Raum. Je nach Definition einer solchen Reflexionsfunktion beschreibt diese nur optische Materialeigenschaften oder aber zusätzlich auch von der Gestalt herrührende Effekte, wie z. B. die Streuung des Lichts aufgrund der Rauheit der Oberfläche.

Auf Modelle für Reflexionsfunktionen geht Kap. 4 ein. Bildaufnahmeverfahren zur Erfassung der Objekteigenschaften werden in Kap. 7 behandelt.

1.3 Entstehung und Definition eines Bildes

Die Abbildungsoptik – z. B. das Kameraobjektiv – für die Bildaufnahme in der automatischen Sichtprüfung löst im Idealfall die Aufgabe, jeden interessierenden Punkt des Prüfobjektes auf genau einen Punkt auf dem Sensor abzubilden. Das bedeutet, dass jedes von einem Prüfobjektpunkt $\mathbf{G}$ ausgehende divergente Strahlenbündel (Bündel von Lichtstrahlen) mit Hilfe der Abbildungsoptik in ein konvergentes Strahlenbündel gewandelt werden sollte, das sich auf dem Sensor in einem Punkt $\mathbf{B}$ schneidet (Abb. 1.6). Bei einer solchen Punkt-zu-Punkt-Korrespondenz $\mathbf{B} = \mathcal{A}\{\mathbf{G}\}$ spricht man auch von einer scharfen optischen Abbildung (siehe Kap. 3). Die konvergenten Strahlenbündel erzeugen in der Bildebene ein Bild des beobachteten Objektraums, das beispielsweise auf einem Schirm betrachtet werden kann.

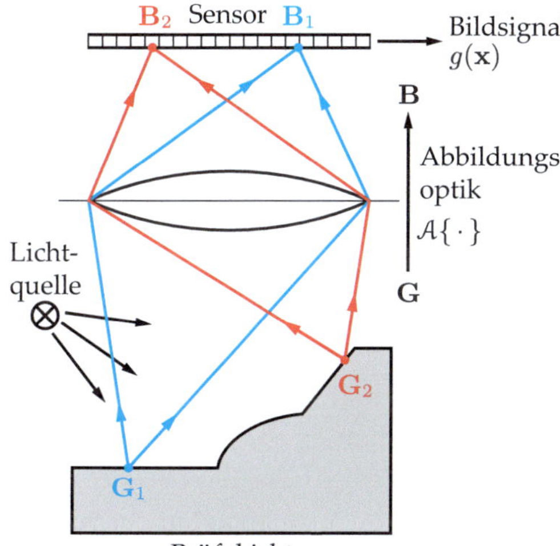

Abbildung 1.6. Die Abbildungsoptik stellt eine Korrespondenz zwischen den Objektpunkten und den Bildpunkten auf dem Sensor her.

Bei einer Digitalkamera ist ein zweidimensionaler Sensor in der Bildebene angeordnet. Auf dem Sensor und in der nachgeschalteten Elektronik findet die Umwandlung des einfallenden Lichts in ein digitales Signal statt (Kap. 6). Dieses zweidimensionale Signal repräsentiert das **Bild** der beobachteten Objekte.

Definition 1.1: Bild

Ein Bild lässt sich mathematisch als eine Funktion

$$\mathbf{g} : \Omega_\mathbf{g} \to \mathbb{R}^Q , \qquad \Omega_\mathbf{g} \subseteq \mathbb{R}^2 \tag{1.1}$$

beschreiben, die jedem Ort $\mathbf{x}$ im Bild den **Bildwert** $\mathbf{g}$ zuordnet:

$$\mathbf{g}(\mathbf{x}) = \begin{pmatrix} g_1(\mathbf{x}) \\ g_2(\mathbf{x}) \\ \vdots \\ g_Q(\mathbf{x}) \end{pmatrix} \quad \text{mit} \quad \mathbf{x} = \begin{pmatrix} x \\ y \end{pmatrix} . \tag{1.2}$$

Die Funktion $\mathbf{g}$ ist im Allgemeinen vektoriell. Die Definitionsmenge ist i. d. R. rechteckig und lässt sich daher als kartesisches Produkt zweier Intervalle schreiben: $\Omega_{\mathbf{g}} = [0, M) \times [0, N)$. Die Dimension Q des Raumes der Bildwerte kann als Anzahl der Bildkanäle interpretiert werden. ◇

Beispiel 1.1 (Grauwertbild): Bei einem **Grauwertbild** ist $Q = 1$, und $\mathbf{g}(\mathbf{x}) = g(\mathbf{x})$ repräsentiert den Grauwert am Ort $\mathbf{x}$.

Auch Entfernungs- oder Topographiedaten können als Bild mit eindimensionalem Wertebereich aufgefasst werden (***range image***). Dann stellt $g(\mathbf{x})$ die Entfernung bzw. Höhe des Reliefs am Punkt $\mathbf{x}$ dar. ■

Beispiel 1.2 (Farbbild): Ein übliches **Farbbild** hat drei Kanäle ($Q = 3$). Beispielsweise repräsentiert $g_1(\mathbf{x})$ den Rotanteil, $g_2(\mathbf{x})$ den Grünanteil und $g_3(\mathbf{x})$ den Blauanteil am Punkt $\mathbf{x}$. Farbbilder werden ausführlich in Kap. 5 diskutiert.

Das Spektrum des sichtbaren und nicht sichtbaren Lichts kann aber noch feiner aufgelöst werden. Dann ist jeder der $Q > 3$ Kanäle einem bestimmten Band des Spektrums zugeordnet. Man spricht von einem **Multispektralbild**. Bei großem Q (typisch im dreistelligen Bereich) und entsprechend feiner spektraler Auflösung spricht man auch von **Hyperspektralbildern**. ■

Für die Verarbeitung im Rechner wird i. d. R. nicht das kontinuierliche Bildsignal $\mathbf{g}(\mathbf{x})$ verwendet, sondern ein digitales Signal $\mathbf{g}_{mn}$, das durch örtliche Abtastung aus $\mathbf{g}(\mathbf{x})$ entsteht. Zusätzlich werden auch die Bildwerte in K Stufen quantisiert, sodass man insgesamt ein digitales Signal $\mathbf{g}_{mn}$ mit

$$\begin{aligned} &(m, n) \in \{0, 1, 2, \ldots M-1\} \times \{0, 1, 2, \ldots, N-1\} \subset \mathbb{Z}^2 , \\ &\mathbf{g}_{mn} \in \{0, 1, 2, \ldots, K-1\}^Q \subseteq \mathbb{Z}^Q \end{aligned} \tag{1.3}$$

erhält. Die $M \times N$ diskreten Bildpunkte nennt man **Pixel** (*picture elements*). Die mathematische Beschreibung kontinuierlicher und diskreter Bildsignale wird in Kap. 8 ausführlich behandelt.

1.4 Automatische Sichtprüfung

Typische automatische Sichtprüfsysteme haben die in Abb. 1.7 gezeigte konsekutive Struktur, die von unten nach oben zu lesen ist. Bewusst ist hier das Bild einer Pyramide gewählt, die auf dem Fundament der Bildaufnahme steht. In diesem Stadium begründet sich die Leistungsfähigkeit der ganzen Sichtprüfungskette.

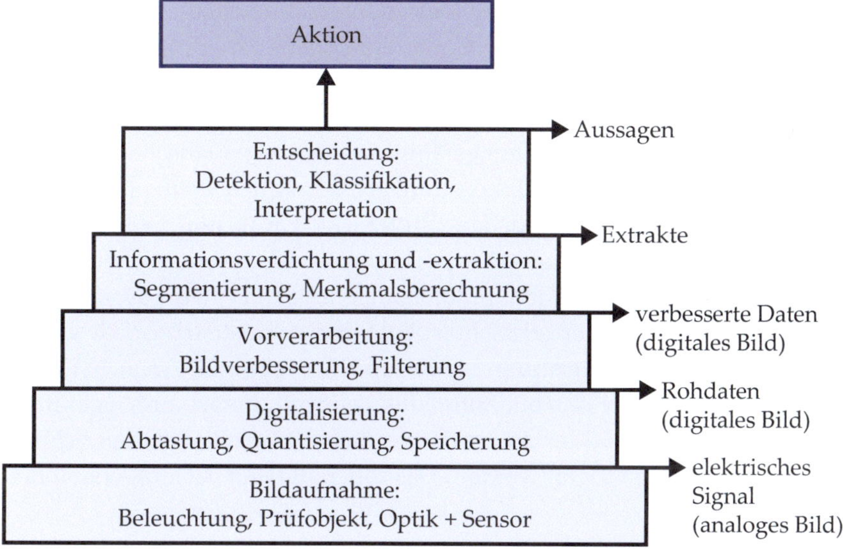

Abbildung 1.7. Die Verarbeitungskette der automatischen Sichtprüfung.

Bei der Bildaufnahme entscheidet sich, welche Information überhaupt und in welcher Qualität in den Daten (Bildern) enthalten ist. Information, die hier verpasst wird, lässt sich nur schwer oder überhaupt nicht in den nachfolgenden Bildverarbeitungs- und Bildauswertungsschritten auch mit noch so großem Aufwand wiedergewinnen. Bei vielen Sichtprüfsystemen, die in der Praxis scheitern, wurde diese einfache Lehre nicht beherzigt.

Das Licht, das von der Lichtquelle über das Prüfobjekt durch die Aufnahmeoptik zum Sensor gelangt, wird dort in ein elektrisches Signal gewandelt. Dieses analoge Signal, typischerweise eine elektrische Spannung, wird dann bezüglich Ort und Wert diskretisiert und begrenzt. In solcher Form kann es als digitales Bild gespeichert und im Digitalrechner verarbeitet werden. Diese Rohdaten enthalten neben der sichtprüfungsrelevanten Information aber i. d. R. noch störende und irrelevante Anteile, wie z. B. Rauschen, Intensitätsinhomogenitäten usw. Die nachfolgende Bildverbesserung trachtet danach, die relevante Information zu erhalten und die irrelevanten Signalanteile zu unterdrücken. Das Resultat sind verbesserte Bilddaten, die dann in bedeutungstragende Teilbereiche zerlegt (Segmentierung, siehe Kap. 12) werden und / oder aus denen aufgabenbezogene Kennwerte (Merkmale, vgl. Kap. 14, 16) extrahiert werden. Auf Basis dieser verdichteten Informationen werden schließlich Entscheidungen getroffen, die je nach Sichtprüfungsaufgabe eine Detektion (z. B. von Defekten, vgl. Kap. 15), eine Klassifikation (z. B. von unterschiedlichen Objekten) oder eine Interpretation (z. B. Rückschluss auf Parameter der Produktion) darstellen können.

Auf Grundlage dieser Entscheidung kann dann eine nachgeschaltete Aktion ausgelöst werden, wie z. B. Ausschleusen oder Einsortieren des Prüfobjektes, oder z. B. die gezielte Veränderung von Produktionsparametern.

Es kann gar nicht genug betont werden, welch große Bedeutung eine wohlüberlegte Bildaufnahme für die Leistungsfähigkeit eines automatischen Sichtprüfungssystems hat. Die vielen optischen und geometrischen Freiheitsgrade der Bildaufnahmekonstellation (Lichtquellen, Prüfobjekt, Optik und Sensoren) bieten einen großen Designraum, der allerdings nur mit den erforderlichen Kenntnissen, mit Erfahrung und mit einem problemangepassten Entwurf systematisch erschlossen werden kann. Hier erbrachter Aufwand erweist sich i. d. R. als gute Investition in die spätere Leistung des Sichtprüfsystems. Bei manchen Aufgabenstellungen kann es bei der Bildaufnahme gelingen, derart aussagekräftige und leicht auszuwertende Bilder zu erzeugen, dass die nachfolgenden Schritte der Verarbeitungskette fast trivial werden. Das sollen die drei nachfolgenden Beispiele zeigen.

Beispiel 1.3 (Kunststofflinse): Abbildung 1.8(a) zeigt die Kunststoffoptik eines Infrarot-Regensensors, wie er in Automobilen für die Scheibenwischersteuerung eingesetzt wird. Darauf befindet sich eine spritzgepresste Linse, die an einer

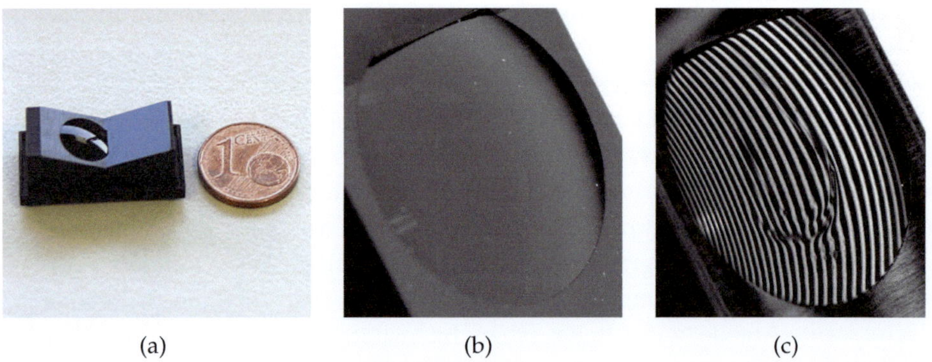

(a) (b) (c)

Abbildung 1.8. Inspektion der Kunststofflinse eines Regensensors für die Scheibenwischersteuerung: (a) Regensensor zusammen mit einer Cent-Münze zum Größenvergleich; (b) Makroaufnahme der Linse bei homogener Beleuchtung; (c) Deformation eines Streifenmusters bei der Reflexion an der Linse.

Stelle eine abkühlungsbedingte Einsinkung besitzt; ein Defekt, den es zu detektieren gilt.

Abbildung 1.8(b) zeigt eine Makroaufnahme der Linsenregion bei örtlich homogener Beleuchtung. Mit etwas Mühe kann man in der rechten Hälfte den Fehler erkennen. Als Grundlage für eine robust arbeitende automatische Sichtprüfung würde diese Aufnahme aber kaum taugen, sind doch z. B. Staubkörner auf der Oberfläche im Bild nicht weniger stark ausgeprägt zu sehen als der gesuchte Defekt.

Mit einer sogenannten deflektometrischen Bildaufnahme (siehe Abschn. 7.3.5), bei der das Spiegelbild eines Streifenmusters in der Linse beobachtet wird, ist der Defekt dann aber sehr deutlich zu erkennen (Abb. 1.8(c)). Die Einsinkung äußert sich mit großem Kontrast anhand einer starken lokalen Deformation des Streifenmusters, auf deren Basis aus den Bilddaten eine sehr sichere automatische Defektdetektion abgeleitet werden kann. ■

Beispiel 1.4 (Bremsscheiben): Die Bremsscheiben der meisten Automobile sind heutzutage zur Kühlung innenbelüftet; siehe Abb. 1.9(a). Bremsscheiben werden i. d. R. aus Grauguss hergestellt. Die Hohlräume werden dabei durch Sandkerne geformt, deren Bindung nach dem Erstarren des Metalls zerstört

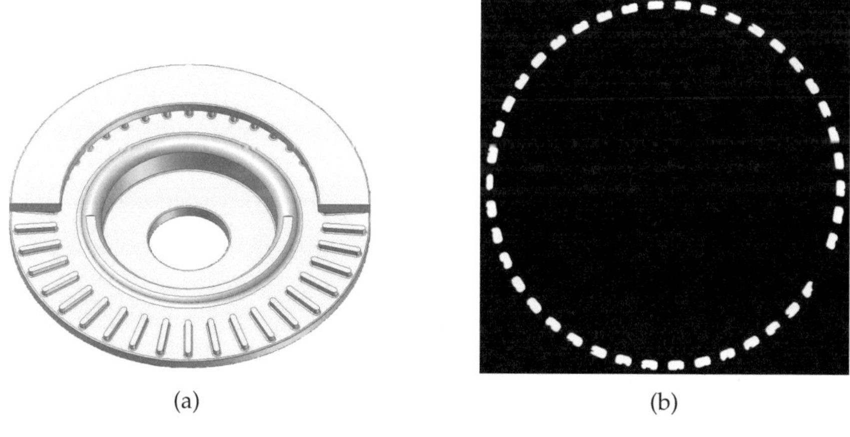

Abbildung 1.9. Automatische Sichtprüfung der Lüftungskanäle einer Bremsscheibe: (a) Skizze einer innenbelüfteten Bremsscheibe mit radial verlaufenden Lüftungskanälen; (b) Ergebnis der Bildaufnahme; (c) prüfungsrelevanter Ausschnitt einer Bremsscheibe in Polarkoordinatendarstellung. (Quelle: inspectomation GmbH)

wird, sodass der Sand aus den Hohlräumen entfernt werden kann. Die Sandkerne sind recht bruchempfindlich. Kernbrüche verursachen insbesondere ganz oder teilweise verschlossene Lüftungskanäle, wodurch die Bremsscheibe unbrauchbar wird. Vielfach werden die Gussstücke manuell/visuell durch Menschen geprüft. Aufgrund der radialen Anordnung der Kanäle muss der Werker zur Prüfung die Bremsscheibe drehen, um alle Lüftungskanäle auf Durchgang zu inspizieren. Bedenkt man, dass solche Gussstücke zwischen 15 und 50 kg wiegen können und im Takt weniger Sekunden produziert werden, wird klar, dass diese Arbeit für Menschen eine sehr hohe Belastung darstellt.

Diese Prüfaufgabe kann sehr gut automatisiert durchgeführt werden. In diesem Beispiel wird ein Verfahren verwendet, das mit nur einer einzigen Kameraaufnahme ein extrem kontrastreiches Bild zur simultanen Durchgangsprüfung aller Lüftungskanäle liefert. Hierzu wird das konische Büschel der Sichtstrahlen einer Kamera mit einem Kegelspiegel in ein radiales Strahlenbüschel transformiert, mit dem ein simultaner Blick durch alle Kanäle gelingt; Details siehe Abschn. 7.3.10. Als Ergebnis der Bildaufnahme erhält man ein Binärbild (Schwarz-Weiß-Bild), mit dem die weitere Auswertung fast trivial und damit extrem sicher wird; siehe Abb. 1.9(b).

Da dieses Bild die Nutzinformation nur entlang eines schmalen Kreisringes enthält, kann dieser herausgeschnitten und mittels einer Transformation in ein Polarkoordinatensystem zu einem streifenförmigen Bild geformt werden, das sich platzsparend auf einem Monitor darstellen lässt; siehe Abb. 1.9(c). ■

Beispiel 1.5 (Stechnadel): Für die tropfenweise Blutentnahme aus einer Fingerkuppe für medizinische Schnelltests werden Stechnadeln mit einer facettiert geschliffenen Spitze verwendet; siehe Abb. 1.10. Zur Qualitätskontrolle sollen die Facetten (ebene, geschliffene Flächen) der Nadel vermessen werden. Will man das bildgestützt und automatisch erledigen, müssen in den Bilddaten die Grenzen zwischen den Facetten rechnerisch gefunden werden. Anhand von Abb. 1.10 wird dies nur mit gewissen Fehlern zu erreichen sein, da die linke und die obere Facette sich in ihrer Erscheinung nur wenig unterscheiden.

Dass es wesentlich besser geht, zeigt die in Abb. 1.11 dargestellte Bildserie [12]. Durch Beleuchtung mit nahezu parallelem (kollimiertem) Licht aus bestimmten Richtungen erreicht man eine Heraushebung der einzelnen Facetten und des Umrisses der Nadel, sodass die nachfolgende Bildauswertung sehr einfach gestaltet werden kann und robuste Ergebnisse liefert. Klar, dass man auf der Basis einer solchen Bildserie in der nachfolgenden Bildauswertung ein leichtes Spiel hat, um aussagekräftige Zwischenergebnisse zu synthetisieren,

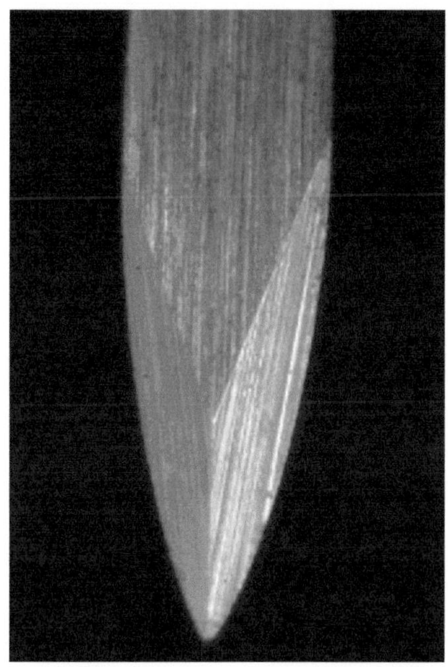

Abbildung 1.10. Stechnadel für die Blutentnahme mit facettierter Spitze. Der Durchmesser der Nadel beträgt ca. 0,8 mm.

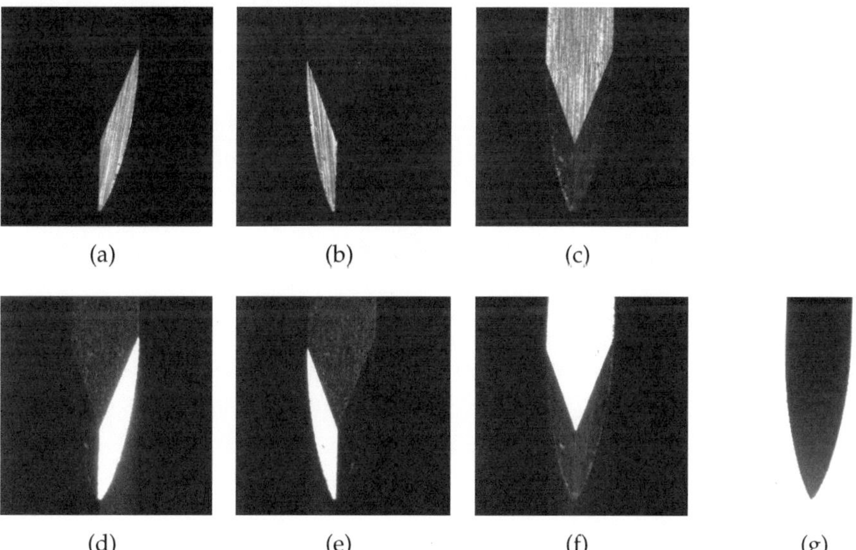

(a) (b) (c)

(d) (e) (f) (g)

Abbildung 1.11. Stechnadelspitze beleuchtet mit parallelem Licht aus unterschiedlichen Richtungen und mit unterschiedlichen Intensitäten: (a) – (c) Aufnahmen, bei denen die Beleuchtungsrichtung jeweils so gewählt wurde, dass das Licht von einer der Facetten im Wesentlichen in Richtung der Kamera reflektiert wird. Nur die jeweilige Facette erscheint hell. (d) – (f) Durch Erhöhung der Intensität kann man die Kamera zusätzlich übersteuern, was dann nahezu Binärbilder der Facetten liefert, die sich ideal zur Vermessung derselben eignen. (g) Im Gegenlicht zeigt sich die Stechnadel als kontrastreiche Silhouette.

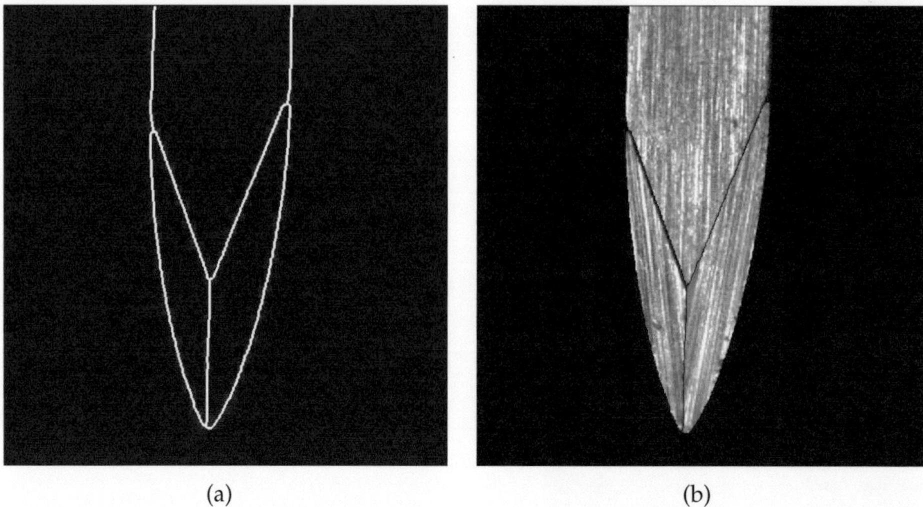

(a) (b)

Abbildung 1.12. Auswertung der Bildserie aus Abb. 1.11: (a) Konturen der Facetten abgeleitet aus der Bildserie; (b) aus der Bildserie synthetisiertes Bild, in welchem die Textur jeder Facette maximalen Kontrast aufweist.

wie z. B. in Abb. 1.12 gezeigt, oder aber um Messungen an extrahierten Prüfobjektkonturen vorzunehmen. ■

Die drei Beispiele zeigen eindrucksvoll, welches Potenzial in einer durchdachten, problemangepassten Bildaufnahme steckt. Das Besondere in der automatischen Sichtprüfung gegenüber Bildaufnahmen in anderen Kontexten ist der große Einfluss, den man auf die Bildgewinnung nehmen kann. Beim Entwurf von automatischen Sichtprüfsystemen hat man i. d. R. viele geometrische und optische Freiheitsgrade für das Design der Konstellation von Beleuchtung, Prüfobjekt, Optik und Sensoren. Um sie kreativ zu nutzen, bedarf es natürlich eines soliden Verständnisses der relevanten physikalischen Zusammenhänge.

Nicht immer gelingt es, mit einem einzigen Bild alle für die Lösung einer Sichtprüfaufgabe wesentlichen Aspekte wiederzugeben. Steht genügend Prüfzeit zur Verfügung, können Bildserien unter gezielter Variation der Aufnahmekonstellation gewonnen werden. Im Extremfall könnte man für jeden interessierenden Einzelaspekt eine dafür optimierte Bildaufnahme durchführen und dann das Gesamtprüfergebnis aus den Auswertungen der einzelnen Bilder der Serie zusammensetzen. Meist konfligiert diese extreme Herangehensweise aber mit wirtschaftlichen, zeitlichen und räumlichen Beschränkungen für das Sichtprüfsystem, sodass i. d. R. Bilder aufgenommen werden müssen, die mehrere Teilaspekte der Sichtprüfungsaufgabe gleichzeitig gut genug wiedergeben.

1.5 Praktische Durchführung von Sichtprüfungsprojekten

Bei der praktischen Durchführung von Sichtprüfungsprojekten gibt es eine Vielzahl von Fragestellungen, die in diesem Lehrbuch nicht behandelt werden können, die aber für ein robust funktionierendes System sowie für eine erfolgreiche Projektabwicklung zwischen Anwender (Bedarfsträger) und Systemlieferant wesentlich sind.

Wie wird die Sichtprüfungsaufgabe in einem sogenannten Lastenheft spezifiziert? In einem Lastenheft werden typischerweise die Fragen nach dem „Was" und „Warum" beantwortet. Auf dieser Grundlage wird das sogenannte Pflichtenheft erstellt, welches das „Wie" und „Womit" der Aufgabenlösung beschreibt. Beide Dokumente können kooperativ erstellt werden, wobei aber typisch das Lastenheft mehr Angelegenheit des Anwenders ist und das Pflichtenheft eher auf Seiten des Systemlieferanten entsteht.

Wichtige Fragen betreffen die Auswahl von Beispielen (Lern- und Teststichprobe), anhand derer das System entwickelt und später evaluiert werden soll, und natürlich die Beschreibung der für eine Akzeptanz des Systems zu erreichenden Leistungsfähigkeit. Eine gute Übersicht, an was bei der praktischen Umsetzung automatischer Sichtprüfungssysteme alles gedacht werden muss, findet man z. B. in [4,5,16,17].

1.6 Literatur

[1] Edward H. Adelson. Lightness perception and lightness illusions. In Michael S. Gazzaniga (Hrsg.), *The New Cognitive Neurosciences*, Seiten 339–351. MIT Press, Cambridge, MA, 2. Auflage, 2000.

[2] Edward H. Adelson. Lightness perception and lightness illusions. `http://web.mit.edu/persci/gaz/gaz-teaching/index.html`, `http://persci.mit.edu/gallery`, 2013.

[3] Ivan Artamonov. *Optische Täuschungen*. Deutsch, Frankfurt am Main, 5. Auflage, 2006.

[4] Bruce Batchelor und Paul Whelan. *Intelligent vision systems for industry*. Springer, London, 1997.

[5] Norbert Bauer (Hrsg.). *Leitfaden zur industriellen Bildverarbeitung*. Fraunhofer IRB Verlag, Stuttgart, 2. Auflage, 2001.

[6] Phil Brodatz. *Textures: A photographic album for artists and designers*. Dover, Mineola, NY, 1966.

[7] Marco Huber. Probabilistic active vision: An overview. Technical report IES-2010-01. In Jürgen Beyerer und Marco Huber (Hrsg.), *Proceedings of the 2010 Joint Workshop of Fraunhofer IOSB and Institute for Anthropomatics, Vision and Fusion Laboratory*, Bd. 7 der Reihe *Karlsruher Schriften zur Anthropomatik*, Seiten 1–16. KIT Scientific Publishing, 2011.

[8] Marco Huber, Tobias Dencker, Masoud Roschani und Jürgen Beyerer. Bayesian active object recognition via Gaussian process regression. In *Proceedings of the 15th International Conference on Information Fusion*, 2012.

[9] Axel Korn. *Bildverarbeitung durch das visuelle System*. Springer, Berlin, 1982.

[10] Axel Korn. *Verarbeitung und Auswertung von Signalen bildgebender Sensoren*. VDI-Verlag, Düsseldorf, 1995.

[11] Lucas Paletta und Axel Pinz. Active object recognition by view integration and reinforcement learning. *Robotics and Autonomous Systems*, 31:71–86, 2000.

[12] Fernando Puente León und Jürgen Beyerer. Active vision and sensor fusion for inspection of metallic surfaces. In David P. Casasent (Hrsg.), *Intelligent Robots and Computer Vision XVI: Algorithms, Techniques Active Vision, and Materials Handling, Proc. SPIE*, Bd. 3208, Seiten 394–405, 1997.

[13] Brian Roberts, Mike Harris und Tim Yates. The roles of inducer size and distance in the Ebbinghaus illusion (Titchener circles). *Perception*, 34(7):847–856, 2005.

[14] Michael Sabourin und Amar Mitiche. Optical character recognition by a neural network. *Neural Networks*, 5(5):843–852, 1992.

[15] Konstantinos Tarabanis, Peter Allen und Roger Tsai. A survey of sensor planning in computer vision. *IEEE Transactions on Robotics and Automation*, 11(1):86–104, Februar 1995.

[16] Verein Deutscher Ingenieure und Verband der Elektrotechnik, Elektronik und Informationstechnik. *Industrielle Bildverarbeitung – Grundlagen und Begriffe*. VDI/VDE-Richtlinie 2632-1, Beuth Verlag, Berlin, 2010.

[17] Verein Deutscher Ingenieure und Verband der Elektrotechnik, Elektronik und Informationstechnik. *Industrielle Bildverarbeitung – Leitfaden für die Erstellung eines Lastenhefts für Bildverarbeitungssysteme*. VDI/VDE-Richtlinie 2632-2, Beuth Verlag, Berlin, 2013.

[18] Stefan B. Werling. *Deflektometrie zur automatischen Sichtprüfung und Rekonstruktion spiegelnder Oberflächen*. KIT Scientific Publishing, Karlsruhe, 2011.

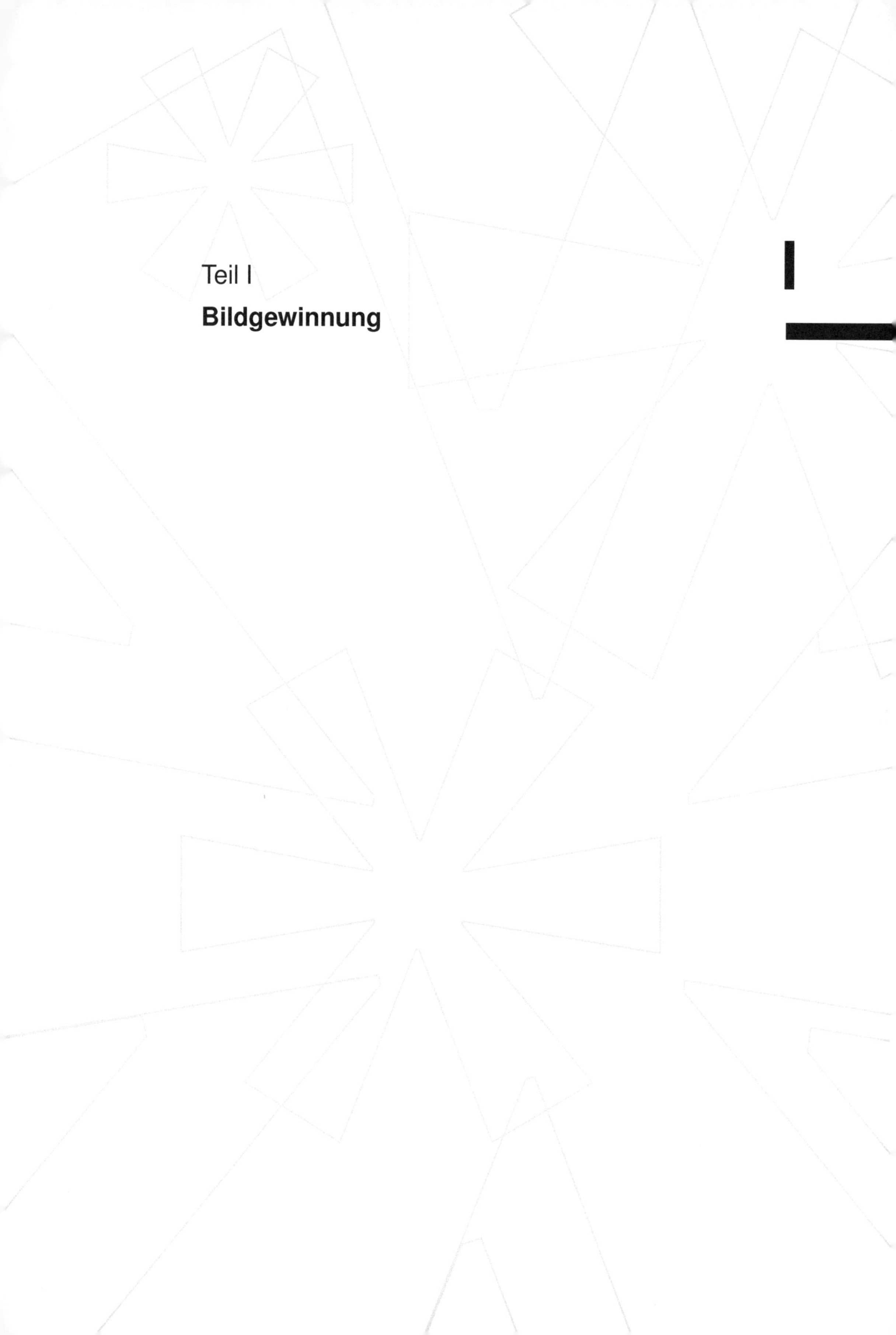

Teil I

Bildgewinnung

Kapitel 2
Licht

2

2

2 Licht

2

2 Licht

2.1 Phänomen Licht

Optische Bildgewinnungs- und Messverfahren beruhen auf den Eigenschaften von Licht. Vereinfacht kann Licht auf zwei sehr unterschiedliche Weisen physikalisch beschrieben werden: als Welle oder als Teilchen. Je nach dem konkret vorliegenden physikalischen Szenario ist die eine oder die andere Sichtweise besser geeignet, um beobachtete Effekte zu erklären. Beide Betrachtungsweisen sind berechtigt, denn keine kann für sich genommen alle beobachteten Phänomene erklären. Daher spricht man auch vom **Welle-Teilchen-Dualismus**.[1]

Im Teilchenmodell besteht Licht aus **Photonen** (Lichtquanten). Diese masselosen Lichtteilchen bewegen sich im Vakuum geradlinig mit einer konstanten Geschwindigkeit $c \approx 300\,000\ \mathrm{km/s}$ fort. Materie kann Photonen absorbieren und dabei ihre Energie aufnehmen; umgekehrt kann Energie in Form von Licht abgegeben werden. Ein Effekt, der nur mit dem Teilchenmodell erklärt werden kann, ist die Quantisierung: Es gibt eine kleinste Energiemenge, die Licht von gegebener Wellenlänge nicht unterschreiten kann. Sie entspricht der Energie eines einzelnen Photons. Mit der Quantelung des Lichts und ihren Konsequenzen beschäftigt sich Abschn. 2.3.

Das Modell der elektromagnetischen Wellen beschreibt sichtbares wie auch unsichtbares Licht als Welle, die sich im Raum ausbreitet. Sie ist durch ihre Wellenlänge λ oder alternativ durch die dazu reziproke Frequenz ν charakterisiert,

$$\nu = \frac{c}{\lambda}\,. \tag{2.1}$$

Das für Menschen sichtbare Licht liegt im Wellenlängenbereich von $380\ \mathrm{nm}$ bis $780\ \mathrm{nm}$. Verschiedenen Frequenzen entsprechen im Teilchenmodell Photonen verschiedener Energie:

$$E = h\,\nu \tag{2.2}$$

mit dem **Planck'schen Wirkungsquantum** $h \approx 6{,}626 \cdot 10^{-34}\ \mathrm{Js}$, einer Naturkonstante. Wellenoptische Effekte treten besonders dann auf, wenn Objekte von einer Ausdehnung in der Größenordnung der Wellenlänge des Lichts vorhanden sind, zum Beispiel ein entsprechend schmaler Spalt. Zu den Phänomenen, die nur mit dem Wellenmodell erklärt werden können, gehören insbesondere Interferenz und

[1] Eine vereinheitlichte Betrachtung gelingt in der Quantenelektrodynamik, deren Behandlung den Rahmen dieses Buches sprengen würde.

J. Beyerer et al., *Automatische Sichtprüfung*,
https://doi.org/10.1007/978-3-662-69951-5_2

Beugung. Sie werden in Abschn. 2.2 behandelt. In Kap. 7.3.16 werden optische Messverfahren beschrieben, die auf den Welleneigenschaften des Lichts beruhen.

In diesem Buch werden an vielen Stellen die Annahmen der geometrischen Optik zu Grunde gelegt: Licht wird durch Strahlen und Strahlenbündel beschrieben, die sich geradlinig ausbreiten. An Objekten werden sie gestreut, gebrochen oder reflektiert. Wellenoptische Effekte können in diesem Fall vernachlässigt werden. Diese Annahme ist allerdings nur gültig, solange alle relevanten geometrischen Strukturen – wie z. B. die vorliegenden Objekte und Objektabstände – signifikant größer sind als die Wellenlänge des Lichts. Die Auswirkungen wellenoptischer Effekte auf die hier behandelten abbildenden Systeme werden in Abschn. 2.2.6.1 analysiert.

2.1.1 Das elektromagnetische Spektrum

Das sichtbare Licht macht nur einen kleinen Teil des gesamten elektromagnetischen Spektrums aus (siehe Abb. 2.1). Es umfasst den Wellenlängenbereich von etwa $380\ \mathrm{nm}$ bis $780\ \mathrm{nm}$ [47]. Die automatische Sichtprüfung und Bildverarbeitung muss sich aber nicht nur auf das sichtbare Spektrum beschränken. Entscheidend ist allerdings, dass entsprechende Lichtquellen und Sensoren verfügbar sind (siehe auch Kap. 2.7, 6 und 7).

Entsprechend den Anregungsenergien von Molekülschwingungen, inneren und äußeren Elektronenübergängen können Photonen im jeweiligen Spektralbereich emittiert oder absorbiert werden (Abb. 2.1). Die Energie der Photonen wird in eV angegeben. Ein Elektronenvolt $1\ \mathrm{eV} \approx 1{,}602 \cdot 10^{-19}$ J ist die kinetische Energie, die ein Elektron aufnimmt, wenn es ein elektrisches Feld mit einem Potenzialunterschied von $1\ \mathrm{V}$ durchläuft.

2.2 Licht als elektromagnetische Welle

2.2.1 Maxwell'sche Gleichungen

Die Maxwell'schen Gleichungen sind ein lineares partielles Differentialgleichungssystem, das alle elektromagnetischen Vorgänge, mithin auch Licht, makroskopisch beschreibt [39]:

$$\mathrm{rot}\,\mathbf{H} = \mathbf{J} + \frac{\partial \mathbf{D}}{\partial t}\,, \tag{2.3}$$

$$\mathrm{rot}\,\mathbf{E} = -\frac{\partial \mathbf{B}}{\partial t}\,, \tag{2.4}$$

$$\mathrm{div}\,\mathbf{B} = 0\,, \tag{2.5}$$

$$\mathrm{div}\,\mathbf{D} = \rho\,. \tag{2.6}$$

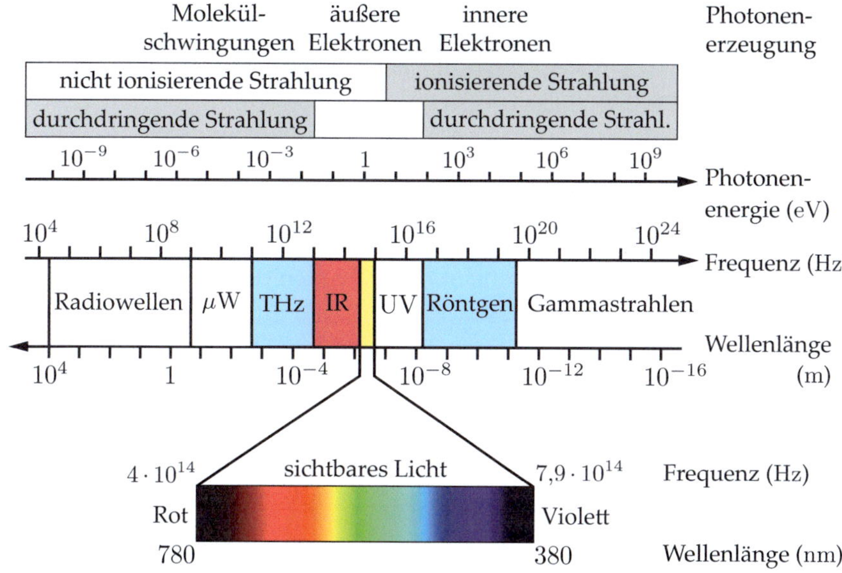

Abbildung 2.1. Das elektromagnetische Spektrum (μW = Mikrowellen, THz = Terahertz-Strahlung, IR = Infrarot, UV = Ultraviolett).

Alle elektromagnetischen Phänomene sind Lösungen dieser Gleichungen unter gewissen Anfangs- und Randbedingungen.[2]

Die vier Maxwell'schen Gleichungen verknüpfen die magnetische Feldstärke $\mathbf{H}$ in der Einheit Am^{-1}, die elektrische Feldstärke $\mathbf{E}$ in der Einheit Vm^{-1}, die magnetische Flussdichte $\mathbf{B}$ in der Einheit $\mathrm{T} = \mathrm{Vsm}^{-2}$ und die elektrische Flussdichte $\mathbf{D}$ in der Einheit Asm^{-2}. Mit $\mathbf{J}$ wird die elektrische Stromdichte in Am^{-2} und mit ρ die elektrische Raumladungsdichte in Asm^{-3} bezeichnet. Die Feldstärken und Flussdichten sind jeweils Vektoren im dreidimensionalen Raum: $\mathbf{H} = (H_x, H_y, H_z)^\mathrm{T}$ und analog für die anderen Größen.

[2] In dieser Formulierung werden die vektoriellen Differentialoperatoren Rotation und Divergenz verwendet, die für eine dreidimensionale vektorwertige Funktion $\mathbf{F} : \mathbb{R}^3 \to \mathbb{R}^3$ wie folgt definiert sind:

$$\operatorname{rot}\mathbf{F} := \begin{pmatrix} \frac{\partial F_z}{\partial y} - \frac{\partial F_y}{\partial z} \\ \frac{\partial F_x}{\partial z} - \frac{\partial F_z}{\partial x} \\ \frac{\partial F_y}{\partial x} - \frac{\partial F_x}{\partial y} \end{pmatrix}, \tag{2.7}$$

$$\operatorname{div}\mathbf{F} := \frac{\partial F_x}{\partial x} + \frac{\partial F_y}{\partial y} + \frac{\partial F_z}{\partial z}\,. \tag{2.8}$$

Die erste Maxwell'sche Gleichung (2.3) beschreibt, dass sowohl ein elektrischer Strom als auch ein mit einer elektrischen Flussdichteänderung einhergehender sogenannter Verschiebungsstrom ein Magnetfeld $\mathbf{H}$ induziert. Umgekehrt induziert eine sich über die Zeit verändernde magnetische Flussdichte $\mathbf{B}$ ein elektrisches Feld $\mathbf{E}$; vgl. (2.4). Die dritte Gleichung (2.5) besagt, dass Magnetfeldlinien nicht von sogenannten Monopolen ausgehen, sondern in sich geschlossene Kurven darstellen. Es existieren also keine magnetischen Ladungen. Schließlich beschreibt (2.6), dass elektrische Ladungen ρ die Quellen des elektrischen Feldes $\mathbf{E}$ sind [43].
Feldstärken, Flussdichten und Stromdichte hängen wie folgt zusammen:

$$\mathbf{D} = \varepsilon\,\mathbf{E}\,, \tag{2.9}$$

$$\mathbf{B} = \mu\,\mathbf{H}\,, \tag{2.10}$$

$$\mathbf{J} = \sigma\,\mathbf{E}\,. \tag{2.11}$$

Die Permittivität ε, die magnetische Permeabilität μ und der spezifische elektrische Leitwert σ sind Eigenschaften des Mediums, in dem sich das Feld befindet.[3] Der spezifische Leitwert ist der Kehrwert des spezifischen Widerstands. Materialien mit $\sigma \approx 0$ leiten den elektrischen Strom nicht. Sie heißen Isolatoren oder Dielektrika.

Die Permittivität oder Dielektrizitätskonstante ε eines Materials kann als Produkt der Permittivität des Vakuums ε_0 und der relativen Permittivität ε_r des Materials geschrieben werden:

$$\varepsilon = \varepsilon_0\,\varepsilon_\mathrm{r}\,. \tag{2.12}$$

Die Permittivität des Vakuums[4] beträgt

$$\varepsilon_0 \approx 8{,}854 \cdot 10^{-12}\,\frac{\mathrm{As}}{\mathrm{Vm}}\,. \tag{2.13}$$

---

[3] In anisotropen Medien sind anstelle der skalaren Koeffizienten ε, μ und σ Tensoren einzusetzen [21].

Bei hohen Feldstärken verlieren die linearen Zusammenhänge (2.9) und (2.10) ihre Gültigkeit. Für die Lichtausbreitung relevant sind so hohe elektrische Feldstärken beispielsweise im fokussierten Licht leistungsstarker Laser [24]. In speziellen Materialien kommt es bereits bei geringeren Feldstärken zu Sättigungseffekten und mithin zu nichtlinearem Verhalten, was z. B. für die Frequenzvervielfachung von Licht technisch genutzt werden kann. Dies wird z. B. in Neodym-YAG-Lasern eingesetzt, um aus Infrarotlicht der Wellenlänge $\lambda = 1064$ nm sichtbares grünes Licht mit $\lambda = 532$ nm zu erzeugen (siehe Abschn. 2.7.4).

[4] ε_0 wird auch als elektrische Feldkonstante bezeichnet.

Analog erhält man die magnetische Permeabilität μ als Produkt der Permeabilität des Vakuums μ_0 und der relativen Permeabilität μ_r des Materials:

$$\mu = \mu_0 \, \mu_\mathrm{r} \,. \tag{2.14}$$

Im Vakuum sind $\mu_\mathrm{r} = 1$ und $\varepsilon_\mathrm{r} = 1$. Die Permeabilität des Vakuums[5] hat den Wert

$$\mu_0 = 4\pi \cdot 10^{-7} \, \frac{\mathrm{Vs}}{\mathrm{Am}} \,. \tag{2.15}$$

Die relative Permeabilität hängt davon ab, ob das Material magnetisch ist. Für Stoffe, die nicht magnetisch sind, ist $\mu_\mathrm{r} \approx 1$; für magnetische Stoffe kann $\mu_\mathrm{r} \gg 1$ sein.

2.2.1.1 Wellengleichung des elektrischen Felds

Nun werden elektromagnetische Wellen in einem nichtleitenden, unendlich ausgedehnten, homogenen Medium betrachtet. Dort ist $\sigma = 0$ (Dielektrikum), ε und μ sind bezüglich des Ortes $\mathbf{x}$ konstant. Außerdem gebe es keine freien Ladungsträger, d. h. $\rho = 0$. Die Elimination von $\mathbf{H}$, $\mathbf{B}$ und $\mathbf{D}$ in den Maxwell'schen Gleichungen (2.3) bis (2.6) führt auf die Wellengleichung:

Satz 2.1: Wellengleichung

Die Wellengleichung des elektrischen Felds in einem nichtleitenden, unendlich ausgedehnten, homogenen Medium lautet[6]

$$\Delta \mathbf{E} = \varepsilon \, \mu \, \frac{\partial^2 \mathbf{E}}{\partial t^2} \,. \tag{2.17}$$

Sie hat als einfachste Lösung

$$\mathbf{E}(\mathbf{x}, t) = E \, \mathbf{e}_1 \, w\!\left(t - \frac{\mathbf{e}_3^\mathrm{T} \mathbf{x}}{v} \right) \tag{2.18}$$

---

[5] μ_0 wird auch als magnetische Feldkonstante bezeichnet.

[6] Mit dem vektoriellen Laplace-Operator Δ:

$$\Delta \mathbf{F} := \begin{pmatrix} \frac{\partial^2 F_x}{\partial x^2} + \frac{\partial^2 F_x}{\partial y^2} + \frac{\partial^2 F_x}{\partial z^2} \\ \frac{\partial^2 F_y}{\partial x^2} + \frac{\partial^2 F_y}{\partial y^2} + \frac{\partial^2 F_y}{\partial z^2} \\ \frac{\partial^2 F_z}{\partial x^2} + \frac{\partial^2 F_z}{\partial y^2} + \frac{\partial^2 F_z}{\partial z^2} \end{pmatrix} . \tag{2.16}$$

mit[7]

$$v^2 = \frac{1}{\varepsilon\,\mu}\,. \tag{2.19}$$

Darin ist $w(\,\cdot\,)$ eine beliebige zweimal differenzierbare Funktion, E ist die Amplitude,[8] und $\mathbf{e}_i \in \mathbb{R}^3$, $i \in \{1,2,3\}$, sind Einheitsvektoren, die ein rechtwinkliges Koordinatensystem aufspannen, sodass gilt:

$$\|\mathbf{e}_i\| = 1\,, \qquad \mathbf{e}_i^{\mathrm{T}}\mathbf{e}_k = \delta_i^k\,, \qquad \mathbf{e}_1 \times \mathbf{e}_2 = \mathbf{e}_3\,. \tag{2.20}$$

Setzt man dieses elektrische Feld in die Maxwell'schen Gleichungen ein, so erhält man für die magnetische Feldstärke:

$$\mathbf{H}(\mathbf{x},t) = \sqrt{\frac{\varepsilon}{\mu}}\,E\,\mathbf{e}_2\,w\!\left(t - \frac{\mathbf{e}_3^{\mathrm{T}}\mathbf{x}}{v}\right). \tag{2.21}$$

Der Faktor $Z := \sqrt{\frac{\mu}{\varepsilon}}$ heißt Wellenwiderstand des Mediums. Im Vakuum beträgt er $Z_0 = \sqrt{\frac{\mu_0}{\varepsilon_0}} = 376{,}73\,\Omega$. ◇

Die Lösung, die durch (2.18) und (2.21) gegeben ist, beschreibt eine ebene, transversale elektromagnetische Welle. Die Bedeutung dieser Aussage wird im Folgenden veranschaulicht.

Der einzige variable Faktor in den Wellengleichungen ist die Funktion $w(\,\cdot\,)$. Ihr Argument $t - \frac{\mathbf{e}_3^{\mathrm{T}}\mathbf{x}}{v}$ heißt **Phase** oder **Propagator** der elektromagnetischen Welle. Die Funktion $w(\,\cdot\,)$ nimmt einen bestimmten Wert w_0 an, wenn der Propagator konstant ist:

$$t - \frac{\mathbf{e}_3^{\mathrm{T}}\mathbf{x}}{v} = \text{const.} \qquad \Rightarrow \qquad w_0 = w\!\left(t - \frac{\mathbf{e}_3^{\mathrm{T}}\mathbf{x}}{v}\right) = \text{const.} \tag{2.22}$$

Da $t - \frac{\mathbf{e}_3^{\mathrm{T}}\mathbf{x}}{v} = \text{const.}$ eine Ebenengleichung darstellt, liegt eine ebene Welle vor. Differenzieren von (2.22) nach der Zeit t liefert

$$v = \mathbf{e}_3^{\mathrm{T}}\dot{\mathbf{x}}\,, \tag{2.23}$$

wobei $\dot{\mathbf{x}} := \frac{\mathrm{d}}{\mathrm{d}t}\mathbf{x}$ die Ableitung des Vektors $\mathbf{x}$ nach der Zeit bezeichnet. Da eine Bewegung der Phasenebene in sich, also senkrecht zum Normalenvektor $\mathbf{e}_3$ der Ebene, irrelevant ist, folgt für die Geschwindigkeit, mit der sich die Ebenen kon-

---

[7]In vielen Lehrbüchern wird das Argument von w in (2.18) als $t \pm \frac{\mathbf{e}_3^{\mathrm{T}}\mathbf{x}}{v}$ geschrieben. Das Vorzeichen kann jedoch in den Richtungsvektor $\mathbf{e}_3$ hineingezogen werden, der frei wählbar ist.

[8]Die Amplitude ist der Betrag der maximalen Auslenkung einer Wellenfunktion bezüglich des arithmetischen Mittelwerts.

stanter Phase bewegen:

$$\dot{\mathbf{x}} = v\,\mathbf{e}_3\,. \tag{2.24}$$

Die Geschwindigkeit v wird daher als **Phasengeschwindigkeit**[9] bezeichnet. Der Betrag der Geschwindigkeit ist $v = \frac{1}{\sqrt{\varepsilon\mu}}$ nach (2.19), die Richtung der Wellenausbreitung ist durch den Einheitsvektor $\mathbf{e}_3$ gegeben.

Für Lichtwellen in einem Medium erhält man mit (2.12) und (2.14) den Geschwindigkeitsbetrag

$$v = \frac{1}{\sqrt{\varepsilon\mu}} = \frac{1}{\sqrt{\varepsilon_0\,\varepsilon_{\mathrm{r}}\,\mu_0\,\mu_{\mathrm{r}}}} = \frac{1}{\sqrt{\varepsilon_0\,\mu_0}}\,\frac{1}{\sqrt{\varepsilon_{\mathrm{r}}\,\mu_{\mathrm{r}}}} = \frac{c}{n}\,, \tag{2.25}$$

wobei

$$c = \frac{1}{\sqrt{\varepsilon_0\,\mu_0}} = 299\,792\,458\ \mathrm{m/s} \tag{2.26}$$

die **Lichtgeschwindigkeit** im Vakuum ist [24] und

$$n := \sqrt{\varepsilon_{\mathrm{r}}\,\mu_{\mathrm{r}}} \tag{2.27}$$

der Brechungsindex des Mediums. Der Brechungsindex gibt an, um wieviel langsamer als im Vakuum das Licht im Medium läuft. Die Wellenlänge des Lichtes im Medium beträgt $\frac{\lambda_0}{n}$, wenn λ_0 die Vakuumwellenlänge ist.
Bei elektromagnetischen Wellen gilt nach (2.18), (2.21) und (2.20):

$$\mathbf{E} \parallel \mathbf{e}_1 \perp \mathbf{e}_3\,, \tag{2.28}$$

$$\mathbf{H} \parallel \mathbf{e}_2 \perp \mathbf{e}_3\,. \tag{2.29}$$

Sowohl die elektrische als auch die magnetische Feldstärke stehen also senkrecht auf der Ausbreitungsrichtung $\mathbf{e}_3$. Diese Eigenschaft elektromagnetischer Wellen heißt **Transversalität**. Engt man eine elektromagnetische Welle räumlich stark ein, z. B. in einer Monomode-Lichtleitfaser,[10] ist die ausschließliche Transversa-

---

[9]Die Phasengeschwindigkeit drückt aus, wie schnell sich die Phasenfronten (Mengen von Orten mit gleicher Phase) ausbreiten. Den Energie- und Informationstransport durch eine Welle beschreibt jedoch eine andere Geschwindigkeit, die sogenannte Gruppengeschwindigkeit, die in Spezialfällen mit der Phasengeschwindigkeit zusammenfällt.
Da sich die Gruppengeschwindigkeit besonders gut unter Zuhilfenahme der Fourier-Transformation erklären lässt, sei hier auf Bsp. 8.31 in Abschn. 8.4 verwiesen, wo die Gruppengeschwindigkeit definiert und erklärt wird.

[10]In einer Monomode-Lichtleitfaser ist nur der Grundmode, das ist der Mode mit der niedrigsten Frequenz, ausbreitungsfähig. Ein Mode ist ein Feld, das einer Eigenfunktion des konkret gegebenen Randwertproblems der Maxwell'schen Gleichung entspricht. Der Durchmesser des wellenführenden Kerns einer Monomode-Lichtleitfaser beträgt nur

lität nicht mehr gegeben und die Lösungen der Wellengleichung enthalten auch longitudinale Feldkomponenten.

In diesem Buch wird überwiegend die geometrische Optik verwendet, die optische Phänomene mit Hilfe von Lichtstrahlen erklärt (siehe Abschn. 2.4 und Kap. 3). Lichtstrahlen sind ein idealisiertes, anschauliches Konzept zur Beschreibung der räumlichen Ausbreitung elektromagnetischer Wellen. Sie verlaufen senkrecht zu den Flächen konstanter Phase der elektromagnetischen Welle.

Beispiel 2.1 (Ebene Welle): Eine ebene Welle $w(t - \frac{\mathbf{e}_3^\mathrm{T}\mathbf{x}}{v})$ breitet sich geradlinig im Raum aus. Die Lichtstrahlen verlaufen parallel zur Ausbreitungsrichtung $\mathbf{e}_3$. Die Wellenfronten als Flächen konstanter Phase liegen senkrecht zur Ausbreitungsrichtung; siehe Abb. 2.2(a). ■

Beispiel 2.2 (Kugelwelle): Weitere Lösungen der Wellengleichung (2.17) sind Kugelwellen. Aus $w(\,\cdot\,)$ in (2.18) wird dann:

$$\frac{1}{r}\,w\left(t - \frac{\mathbf{x}^\mathrm{T}\mathbf{e}_r}{v}\right) = \frac{1}{r}\,w\left(t - \frac{r}{v}\right)\,, \tag{2.30}$$

mit $r = \|\mathbf{x}\| = \sqrt{x^2 + y^2 + z^2}$. Im Gegensatz zur ebenen Welle ist die Ausbreitungsrichtung

$$\mathbf{e}_r = \frac{\mathbf{x}}{\|\mathbf{x}\|} \tag{2.31}$$

ortsvariant. Die Lichtstrahlen verlaufen von einem gemeinsamen Ausgangspunkt in alle Raumrichtungen. Die Flächen konstanter Phase sind konzentrische Kugeln um diesen Punkt; siehe Abb. 2.2(b). Die Feldstärke nimmt mit $\frac{1}{r}$ ab, sodass auf den mit r^2 wachsenden Phasenflächen die Energie konstant bleibt. Die Lichtstrahlen stehen senkrecht auf den Wellenfronten und bilden daher bei einer Kugelwelle ein konzentrisches Strahlenbündel. ■

Beugung beruht auf der Wellennatur des Lichts und kann nicht mit dem Strahlenmodell erklärt werden (siehe Abschn. 2.2.6). Nur so lange Beugungseffekte vernachlässigt werden können, ist es zulässig, Lichtstrahlen als Modell für elektromagnetische Wellen zu verwenden.

---

wenige Vielfache der Lichtwellenlänge. Bei größeren Durchmessern können sich mehrere Wellenmoden gleichzeitig ausbreiten. Da verschiedene Moden unterschiedliche Ausbreitungsgeschwindigkeiten haben, führen Monomode-Fasern in der optischen Informationsübertragung zu den geringsten Signalverzerrungen [31].

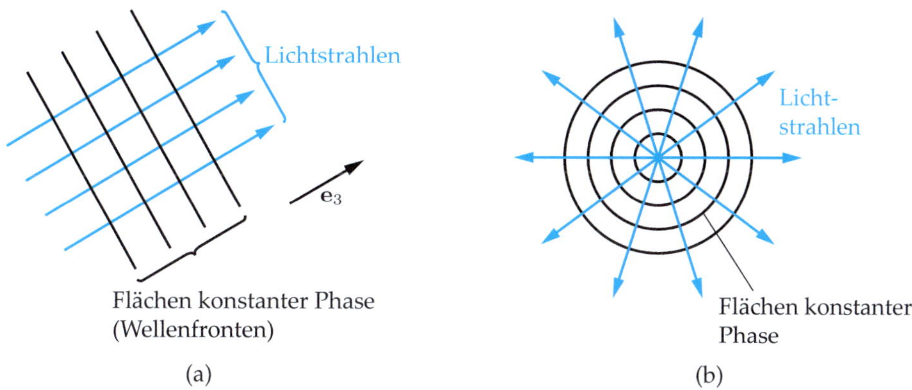

Abbildung 2.2. Zusammenhang zwischen Wellen- und Strahlenmodell des Lichts: (a) ebene Welle; (b) Kugelwelle.

Im Folgenden werden ausschließlich ebene harmonische Wellen betrachtet. Bei diesen spezialisiert sich die Funktion $w(\,\cdot\,)$ in (2.18) zu

$$w\left(t - \frac{\mathbf{e}_3^{\mathrm{T}}\mathbf{x}}{v}\right) = \mathrm{e}^{\mathrm{j}(\omega\, t - \mathbf{k}^{\mathrm{T}}\mathbf{x} + \varphi)}\,, \tag{2.32}$$

wobei $\mathrm{j} := \sqrt{-1}$ die imaginäre Einheit, $\omega = 2\pi\nu$ die Kreisfrequenz, ν die Frequenz der elektromagnetischen Welle in $\mathrm{Hz} = \mathrm{s}^{-1}$, $\mathbf{k} = \frac{2\pi}{\lambda}\mathbf{e}_3 = \frac{2\pi\nu}{c}\mathbf{e}_3$ den Wellenvektor, $k = \|\mathbf{k}\| = \frac{2\pi}{\lambda}$ die Kreiswellenzahl[11], λ die Wellenlänge in m und die Konstante φ die Anfangsphase bezeichnen. Elektrische und magnetische Feldstärke werden damit komplexwertig beschrieben:[12]

$$\underline{\mathbf{E}}(\mathbf{x}, t) = E\,\mathbf{e}_1\,\mathrm{e}^{\mathrm{j}(\omega\, t - \mathbf{k}^{\mathrm{T}}\mathbf{x} + \varphi)}\,, \tag{2.33}$$

$$\underline{\mathbf{H}}(\mathbf{x}, t) = \sqrt{\tfrac{\varepsilon}{\mu}}\,E\,\mathbf{e}_2\,\mathrm{e}^{\mathrm{j}(\omega\, t - \mathbf{k}^{\mathrm{T}}\mathbf{x} + \varphi)}\,. \tag{2.34}$$

Die physikalisch realen Felder erhält man durch Bildung des Realteils unter Verwendung der Euler'schen Formel $\mathrm{e}^{\mathrm{j}\varphi} = \cos\varphi + \mathrm{j}\sin\varphi$:

$$\mathbf{E}(\mathbf{x}, t) = \Re\{\underline{\mathbf{E}}(\mathbf{x}, t)\} = E\,\mathbf{e}_1\cos(\omega\, t - \mathbf{k}^{\mathrm{T}}\mathbf{x} + \varphi)\,, \tag{2.35}$$

$$\mathbf{H}(\mathbf{x}, t) = \Re\{\underline{\mathbf{H}}(\mathbf{x}, t)\} = \sqrt{\tfrac{\varepsilon}{\mu}}\,E\,\mathbf{e}_2\cos(\omega\, t - \mathbf{k}^{\mathrm{T}}\mathbf{x} + \varphi)\,. \tag{2.36}$$

---

[11] Im Folgenden auch kurz als Wellenzahl bezeichnet.

[12] Die komplexe Schreibweise dient der eleganteren mathematischen Darstellung harmonischer Wellen. Sie hat keine physikalische Entsprechung. Im Folgenden werden komplexe Feldstärken durch Unterstriche $\underline{\mathbf{E}}$, $\underline{\mathbf{H}}$ gekennzeichnet.

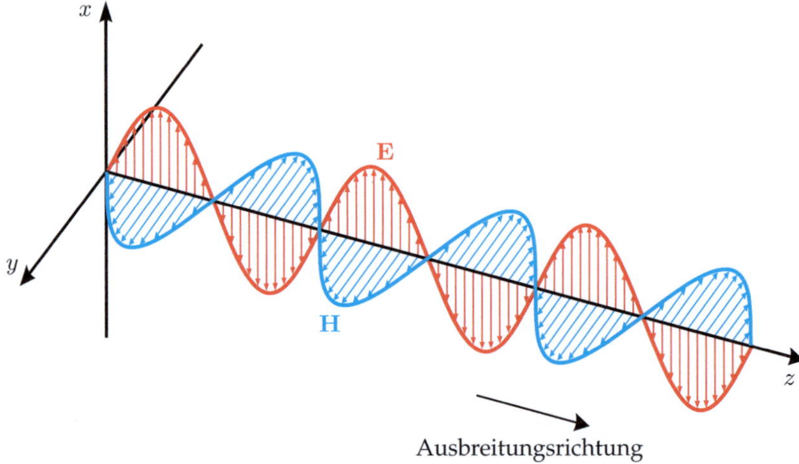

Abbildung 2.3. Veranschaulichung einer elektromagnetischen Welle.

Die Spezialisierung auf ebene harmonische Wellen stellt insofern keine Einschränkung dar, als dass beliebige Wellenverläufe durch Fourier-Synthese aus ebenen harmonischen Wellen erzeugt werden können, wie in Bsp. 8.15 auf S. 527 gezeigt wird. Da die Maxwell'schen Differentialgleichungen linear sind, erhält man durch lineare Superposition der harmonischen Lösungen wieder eine Lösung des Differentialgleichungssystems. Die harmonischen Wellen stellen mithin eine Basis für den Funktionenraum beliebiger Wellenfunktionen $w(\,\cdot\,)$ dar.

Zur Veranschaulichung wird häufig folgendes Koordinatensystem verwendet:

$$\mathbf{e}_1 := \mathbf{e}_x = \begin{pmatrix} 1 \\ 0 \\ 0 \end{pmatrix}, \quad \mathbf{e}_2 := \mathbf{e}_y = \begin{pmatrix} 0 \\ 1 \\ 0 \end{pmatrix} \quad \Rightarrow \quad \mathbf{e}_3 = \mathbf{e}_z = \begin{pmatrix} 0 \\ 0 \\ 1 \end{pmatrix}. \tag{2.37}$$

Ferner sei $\varphi := 0$, sodass der Propagator $\omega t - \mathbf{k}^{\mathrm{T}}\mathbf{x}$ resultiert. Abbildung 2.3 stellt eine elektromagnetische Welle mit diesen Konventionen dar. Die Welle breitet sich in Richtung der z-Achse des Koordinatensystems aus. Das elektrische Feld schwingt in der x,z-Ebene, das Magnetfeld senkrecht dazu in der y,z-Ebene (Transversalität).

Der **Energiefluss** einer elektromagnetischen Welle wird durch den Poynting-Vektor beschrieben [24, 39]:

$$\mathbf{P} := \mathbf{E} \times \mathbf{H}\,. \tag{2.38}$$

Die Flächenleistungsdichte oder Intensität der elektromagnetischen Strahlung beträgt als Funktion der Zeit

$$\|\mathbf{P}\| = \sqrt{\tfrac{\varepsilon}{\mu}}\, E^2 \cos^2(\omega\, t - \mathbf{k}^{\mathrm{T}}\mathbf{x} + \varphi)\,. \tag{2.39}$$

Sie hat die Einheit W/m^2. Der Poynting-Vektor $\mathbf{P}$ zeigt in die Richtung des Energietransportes, also in die Ausbreitungsrichtung der Welle. Bildsensoren und das menschliche Auge nehmen die Intensität des Lichts wahr. Die Beobachtung erfolgt stets über eine Zeitspanne, die wesentlich größer ist als die Schwingungsdauer der sichtbaren elektromagnetischen Wellen. Daher wird ein zeitlicher Mittelwert der Intensität gemessen, der proportional zum Quadrat der Amplitude E des elektrischen Felds ist [24]:

$$I = \overline{\|\mathbf{P}\|} = \frac{1}{2}\sqrt{\frac{\varepsilon}{\mu}}\, E^2 = \frac{1}{2Z}\, E^2\,. \tag{2.40}$$

Die periodische Veränderung des elektrischen Felds, die Richtung der Feldvektoren und die Phase der Welle lassen sich mit Bildsensoren nicht direkt beobachten.

Zur Vereinfachung wird im Folgenden ausschließlich das elektrische Feld $\mathbf{E}$ betrachtet. Dies stellt keine Einschränkung dar, da das Magnetfeld $\mathbf{H}$ der elektromagnetischen Welle über die Maxwell'schen Gleichungen eindeutig aus $\mathbf{E}$ folgt.

2.2.2 Polarisation

Bei den bisherigen Betrachtungen lag der Vektor der elektrischen Feldstärke $\mathbf{E}$ in einer Ebene, in Abb. 2.3 z. B. in der x,z-Ebene. Man spricht in diesem Fall von linear polarisiertem Licht.

Wegen der linearen Struktur der Wellengleichung ist auch die Summe zweier Lösungen

$$\mathbf{E}(\mathbf{x},t) = E_1\,\mathbf{e}_1 \cos(\omega\, t - \mathbf{k}^{\mathrm{T}}\mathbf{x} + \varphi_1) + E_2\,\mathbf{e}_2 \cos(\omega\, t - \mathbf{k}^{\mathrm{T}}\mathbf{x} + \varphi_2) \tag{2.41}$$

eine Lösung. Die beiden elektrischen Feldstärken in $\mathbf{e}_1$- und $\mathbf{e}_2$-Richtung sind für $\varphi_1 \neq \varphi_2$ phasenverschoben.
O. B. d. A. sei im Folgenden $\mathbf{e}_1 = \mathbf{e}_x$, $\mathbf{e}_2 = \mathbf{e}_y$ und $\mathbf{k} = \frac{2\pi}{\lambda}\mathbf{e}_z$. Dann lautet (2.41):

$$\mathbf{E}(\mathbf{x},t) = \begin{pmatrix} E_x(\mathbf{x},t) \\ E_y(\mathbf{x},t) \\ E_z(\mathbf{x},t) \end{pmatrix} = \begin{pmatrix} E_{0x}\cos(\omega\, t - k\, z + \varphi_x) \\ E_{0y}\cos(\omega\, t - k\, z + \varphi_y) \\ 0 \end{pmatrix}\,. \tag{2.42}$$

Der Vektor $\mathbf{E}$ der elektrischen Feldstärke schwingt nun nicht mehr nur in einer Ebene, sondern rotiert um die z-Achse (Abb. 2.4). Die Rotation erfolgt mit der Kreisfrequenz ω der Welle, d. h. während einer Umdrehung des Feldstärkevektors um die z-Achse vergeht die Zeit $t = \frac{2\pi}{\omega} = \frac{1}{\nu}$.

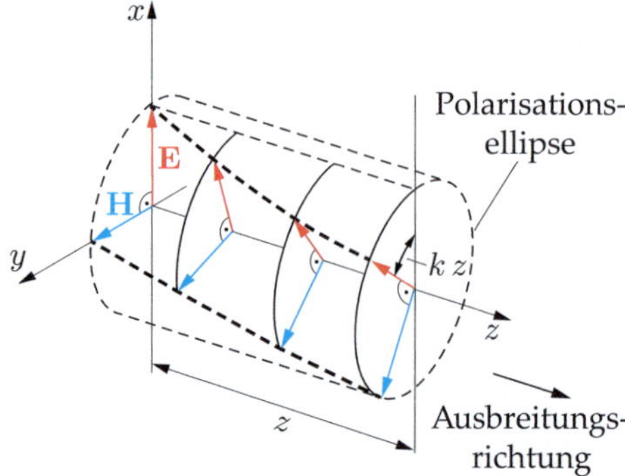

Abbildung 2.4.
Räumliche Lage der Feldvektoren einer rechtsdrehend elliptisch polarisierten Lichtwelle zu einem festen Zeitpunkt $t = \mathrm{const.}$ (nach [24]).

2.2.2.1 Die Polarisationsellipse

Um eine geometrische Anschauung der Polarisation elektromagnetischer Wellen zu bekommen, wird der elektrische Feldvektor (2.42) auf eine Ebene senkrecht zur Ausbreitungsrichtung, also parallel zur x,y-Ebene, projiziert. O. B. d. A. sei die Ebene $z = \frac{\varphi_x}{k}$ gewählt.

$$E_x(\mathbf{x}, t)\big|_{z=\frac{\varphi_x}{k}} =: E_x = E_{0x} \cos(\omega\, t)\,, \tag{2.43}$$

$$E_y(\mathbf{x}, t)\big|_{z=\frac{\varphi_x}{k}} =: E_y = E_{0y} \cos(\omega\, t - \varphi_x + \varphi_y) = E_{0y} \cos(\omega\, t + \delta)\,, \tag{2.44}$$

wobei $\delta := \varphi_y - \varphi_x$. Mit $\cos(\omega\, t + \delta) = \cos\omega\, t \cos\delta - \sin\omega\, t \sin\delta$ nach dem trigonometrischen Additionstheorem, $\frac{E_x}{E_{0x}} = \cos\omega\, t$ sowie $\sin\omega\, t = \sqrt{1 - \cos^2\omega\, t} = \sqrt{1 - \left(\frac{E_x}{E_{0x}}\right)^2}$ lässt sich die Zeit t als Kurvenparameter eliminieren, sodass man eine implizite Kurvenbeschreibung in Abhängigkeit von E_x und E_y erhält:

$$E_y = E_{0y}\, \frac{E_x}{E_{0x}} \cos\delta - E_{0y} \sqrt{1 - \frac{E_x^2}{E_{0x}^2}} \sin\delta \tag{2.45}$$

$$\Leftrightarrow \quad \frac{E_y}{E_{0y}} - \frac{E_x}{E_{0x}} \cos\delta = -\sqrt{1 - \frac{E_x^2}{E_{0x}^2}} \sin\delta\,. \tag{2.46}$$

Quadrieren liefert nun die Gleichung der sogenannten **Polarisationsellipse** [5,16, 37]:

$$\frac{E_x^2}{E_{0x}^2} + \frac{E_y^2}{E_{0y}^2} - \frac{2\, E_x\, E_y}{E_{0x}\, E_{0y}} \cos\delta = \sin^2\delta\,. \tag{2.47}$$

Während der Wellenausbreitung wandert $\mathbf{E}$ um die z-Achse. Projiziert auf die Ebene senkrecht zur Ausbreitungsrichtung rotiert die Spitze des elektrischen Feldstärkevektors auf der Polarisationsellipse (Abb. 2.5).

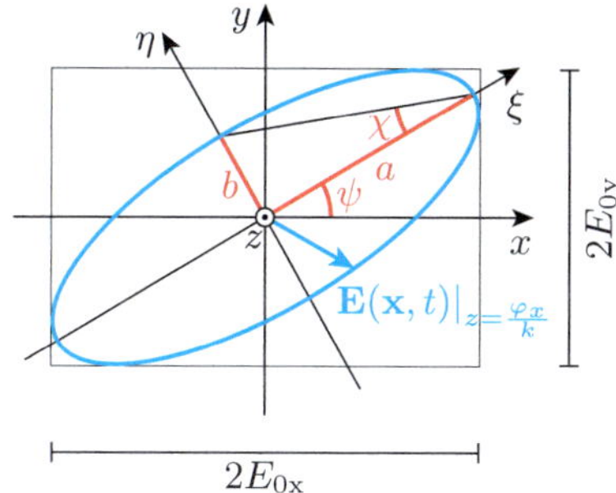

Abbildung 2.5. Darstellung der Polarisationsellipse mit den Halbachsen a und b, dem Richtungswinkel ψ und dem Elliptizitätswinkel χ. Die z-Achse ragt aus der Zeichenebene heraus.

Für den Richtungswinkel ψ und den Elliptizitätswinkel χ gilt:

$$\tan 2\psi = \frac{2\,E_{0x}\,E_{0y}}{E_{0x}^2 - E_{0y}^2}\cos\delta\,, \qquad 0 \le \psi \le \pi\,, \tag{2.48}$$

$$\sin 2\chi = \frac{2\,E_{0x}\,E_{0y}}{E_{0x}^2 + E_{0y}^2}\sin\delta\,, \qquad -\tfrac{\pi}{4} \le \chi \le \tfrac{\pi}{4}\,. \tag{2.49}$$

Der Richtungswinkel ψ gibt die Winkellage der Polarisationsellipse an, der Elliptizitätswinkel χ quantifiziert ihre Elliptizität (Abb. 2.5). Mit den Halbachsen a und b der Ellipse hängt er wie folgt zusammen:

$$\tan\chi = \mp\frac{b}{a}\,. \tag{2.50}$$

Die Parameter ψ und χ charakterisieren zwar anschaulich die Polarisationsellipse, sind aber praktisch schwierig zu messen. Daher sind andere Parameter zur Charakterisierung der Polarisation elektromagnetischer Wellen verbreiteter.

2.2.2.2 Stokes-Vektoren

Der Stokes-Vektor[13] bietet eine vollständige Beschreibung des Polarisationszustands von Licht durch messbare Größen [7, 16, 37]. Wie in Abschn. 2.2.1.1 erläutert, messen Bildsensoren nur die zeitlichen Mittelwerte der quadrierten Feldstärken. Für die zeitliche Mittelung wird folgende Notation verwendet:

$$\overline{f(t)} := \lim_{T\to\infty}\frac{1}{T}\int\limits_0^T f(t)\,\mathrm{d}t\,. \tag{2.51}$$

[13] Nach George Gabriel Stokes (1819–1903).

Der vierdimensionale Stokes-Vektor $\mathbf{S} \in \mathbb{R}^4$ ist für $E_x(\mathbf{x}, t)$, $E_y(\mathbf{x}, t)$ aus (2.42) wie folgt definiert [23, 24]:

$$\mathbf{S} = \begin{pmatrix} S_0 \\ S_1 \\ S_2 \\ S_3 \end{pmatrix} := 2 \begin{pmatrix} \overline{E_x^2(\mathbf{x}, t)} + \overline{E_y^2(\mathbf{x}, t)} \\ \overline{E_x^2(\mathbf{x}, t)} - \overline{E_y^2(\mathbf{x}, t)} \\ \overline{2\, E_x(\mathbf{x}, t)\, E_y(\mathbf{x}, t) \cos \delta} \\ \overline{2\, E_x(\mathbf{x}, t)\, E_y(\mathbf{x}, t) \sin \delta} \end{pmatrix} = \begin{pmatrix} E_{0x}^2 + E_{0y}^2 \\ E_{0x}^2 - E_{0y}^2 \\ 2\, E_{0x}\, E_{0y} \cos \delta \\ 2\, E_{0x}\, E_{0y} \sin \delta \end{pmatrix} \tag{2.52}$$

$$= (E_{0x}^2 + E_{0y}^2) \begin{pmatrix} 1 \\ \cos 2\chi \cos 2\psi \\ \cos 2\chi \sin 2\psi \\ \sin 2\chi \end{pmatrix} . \tag{2.53}$$

Die letzte Umformung erfolgt mit Hilfe von (2.48), (2.49) unter Verwendung trigonometrischer Identitäten. Die Komponenten S_i, $i \in \{0, 1, 2, 3\}$ des Stokes-Vektors[14] sind die Observablen des polarisierten Lichtes.

- S_0 ist proportional zur Intensität des Lichts gemäß (2.40) [37].
- S_1 beschreibt das Übergewicht der horizontalen Komponente zur vertikalen Komponente (lineare horizontale Polarisation LHP über lineare vertikale Polarisation LVP).
- S_2 beschreibt das Übergewicht der Komponente unter $45°$ zur Komponente unter $-45°$ (L+45P über L-45P).
- S_3 beschreibt das Übergewicht der rechtsdrehenden zirkularen Komponente zur linksdrehenden zirkularen Komponente (rechtsdrehende zirkulare Polarisation RCP über linksdrehende zirkulare Polarisation LCP).

Typische Spezialfälle sind die folgenden degenerierten Polarisationszustände für Licht der Intensität I_0 [7]:

- LHP: linear, horizontal polarisiert

$$\mathbf{S}_{\text{LHP}} = 2Z\, I_0 \begin{pmatrix} 1 \\ 1 \\ 0 \\ 0 \end{pmatrix} \quad \longleftrightarrow \quad E_{0y} = 0\,,\ \psi = 0\,,\ \chi = 0\,, \tag{2.54}$$

  wobei $Z = \sqrt{\frac{\mu}{\varepsilon}}$ den Wellenwiderstand des Mediums bezeichnet, vgl. (2.21), (2.40).

[14] Die vier Stokes-Parameter S_i werden als Vektor notiert und bezeichnet, bilden aber keinen Vektorraum im Sinne der linearen Algebra [16].

– LVP: linear, vertikal polarisiert

$$\mathbf{S}_{\mathrm{LVP}} = 2Z\,I_0 \begin{pmatrix} 1 \\ -1 \\ 0 \\ 0 \end{pmatrix} \qquad \updownarrow \qquad E_{0x} = 0\,,\ \psi = \tfrac{\pi}{2}\,,\ \chi = 0 \tag{2.55}$$

– L+45P: linear polarisiert mit Polarisationsebene im Winkel von $45°$ zum Koordinatensystem

$$\mathbf{S}_{\mathrm{L+45P}} = 2Z\,I_0 \begin{pmatrix} 1 \\ 0 \\ 1 \\ 0 \end{pmatrix} \qquad \begin{aligned} &E_{0x} = E_{0y} = E_0\,, \\ &\delta = 0\,,\ \psi = \tfrac{\pi}{4}\,,\ \chi = 0 \end{aligned} \tag{2.56}$$

– L-45P: linear polarisiert mit Polarisationsebene im Winkel von $-45°$ zum Koordinatensystem

$$\mathbf{S}_{\mathrm{L-45P}} = 2Z\,I_0 \begin{pmatrix} 1 \\ 0 \\ -1 \\ 0 \end{pmatrix} \qquad \begin{aligned} &E_{0x} = E_{0y} = E_0\,, \\ &\delta = \pi\,,\ \psi = \tfrac{3}{4}\pi\,,\ \chi = 0 \end{aligned} \tag{2.57}$$

– RCP: rechtsdrehend zirkular polarisiert (Drehung im Uhrzeigersinn)

$$\mathbf{S}_{\mathrm{RCP}} = 2Z\,I_0 \begin{pmatrix} 1 \\ 0 \\ 0 \\ 1 \end{pmatrix} \qquad \begin{aligned} &E_{0x} = E_{0y} = E_0\,, \\ &\delta = \tfrac{\pi}{2}\,,\ \psi = 0\,,\ \chi = \tfrac{\pi}{4} \end{aligned} \tag{2.58}$$

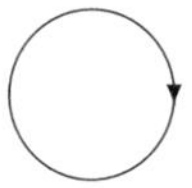

– LCP: linksdrehend zirkular polarisiert (Drehung entgegen des Uhrzeigersinns)

$$\mathbf{S}_{\mathrm{LCP}} = 2Z\,I_0 \begin{pmatrix} 1 \\ 0 \\ 0 \\ -1 \end{pmatrix} \qquad \begin{aligned} &E_{0x} = E_{0y} = E_0\,, \\ &\delta = -\tfrac{\pi}{2}\,,\ \psi = 0\,,\ \chi = -\tfrac{\pi}{4} \end{aligned} \tag{2.59}$$

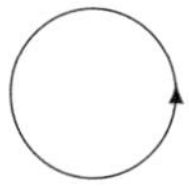

Bei einer zirkular polarisierten Lichtwelle bilden die Feldstärkevektoren zu einem festen Zeitpunkt $t = \text{const.}$ eine Schraube (vgl. Abb. 2.4). Mit fortschreitender Zeit verschiebt sich diese Schraube entlang der Ausbreitungsrichtung (in positive z-Richtung). In einer Ebene senkrecht zur Ausbreitungsrichtung rotiert der Feldstärkevektor deshalb mit der Zeit auf einer Kreisbahn um die z-Achse. Der

Drehsinn[15] des zirkular polarisierten Lichts bezieht sich auf den zeitlichen Verlauf des elektrischen Feldstärkevektors in einer Ebene $z = \mathrm{const.}$ bei Blickrichtung entgegen der Lichtausbreitung, also entgegen der z-Achse [24, 42].

Im allgemeinen Fall, wenn keine lineare oder zirkulare Polarisation vorliegt, spricht man von elliptisch polarisiertem Licht.

In (2.41) haben die elektrischen Feldstärken der beiden Richtungen $\mathbf{e}_1$ und $\mathbf{e}_2$ eine feste Phasen- und Amplitudenbeziehung. Die beiden Teilfelder sind somit **kohärent.**[16] Das resultierende, im Allgemeinen elliptisch polarisierte Licht wird dann als vollständig polarisiert bezeichnet.

In unpolarisiertem Licht besteht zwischen beiden elektrischen Feldstärken kein fester Phasen- und Amplitudenzusammenhang, d. h. die beiden Feldkomponenten verhalten sich zueinander wie zwei stochastisch unabhängige Zufallsgrößen, sind also inkohärent. Daher fallen bei der zeitlichen Mittelung zur Berechnung der Komponenten des Stokes-Vektors nach (2.53) die aus beiden Feldern gemischten Terme S_2 und S_3 heraus. Hat das elektrische Feld zudem keine Vorzugsrichtung, wird auch S_1 zu null. Somit wird unpolarisiertes Licht durch folgenden Stokes-Vektor beschrieben:

$$\mathbf{S}_{\mathrm{unp}} = \begin{pmatrix} S_0 \\ 0 \\ 0 \\ 0 \end{pmatrix} = 2Z\, I_0 \begin{pmatrix} 1 \\ 0 \\ 0 \\ 0 \end{pmatrix} . \tag{2.60}$$

In unpolarisiertem Licht sind gewissermaßen alle Polarisationszustände gleich wahrscheinlich.

Teilweise polarisiertes Licht ist eine Mixtur aus unpolarisiertem und vollständig polarisiertem Licht:

$$\mathbf{S}_{\mathrm{teilp}} = \begin{pmatrix} S_0 \\ S_1 \\ S_2 \\ S_3 \end{pmatrix} = (1-p) \begin{pmatrix} S_0 \\ 0 \\ 0 \\ 0 \end{pmatrix} + p \begin{pmatrix} S_0 \\ S_1 \\ S_2 \\ S_3 \end{pmatrix} . \tag{2.61}$$

Der Faktor $p \in [0, 1]$ heißt Polarisationsgrad und ist definiert als Anteil der Intensität vollständig polarisierten Lichts I_{pol} an der Gesamtintensität I_{total}:

$$p := \frac{I_{\mathrm{pol}}}{I_{\mathrm{total}}} = \frac{\sqrt{S_1^2 + S_2^2 + S_3^2}}{S_0} . \tag{2.62}$$

---

[15] Die Bezeichnungen rechts- und linksdrehend werden in der Literatur nicht einheitlich definiert [26, 39].

[16] Innerhalb eines Teilfelds muss jedoch nicht zwangsläufig eine zeitliche Kohärenz (siehe Abschn. 2.2.4) vorliegen; z. B. kann inkohärentes weißes Licht linear polarisiert sein.

Es gilt:

$$S_0^2 \geq S_1^2 + S_2^2 + S_3^2 \,. \tag{2.63}$$

Für vollständig polarisiertes Licht gilt das Gleichheitszeichen.

Die inkohärente Überlagerung vollständig polarisierter, teilweise polarisierter oder unpolarisierter Lichtwellen wird durch die Addition ihrer Stokes-Vektoren beschrieben [24].

2.2.2.3 Die Poincaré-Kugel

Die Winkel ψ und χ aus Abschn. 2.2.2.1 charakterisieren den Polarisationszustand von Licht bis auf die Gesamtintensität eindeutig. Die Darstellung von 2ψ und 2χ auf einer Kugeloberfläche ergibt eine übersichtliche Darstellung des gesamten Zustands **P** vollständig polarisierten Lichts [16]. Diese Darstellung heißt **Poincaré-Kugel** (Abb. 2.6). Das Azimut oder die geographische Länge eines Polarisations-

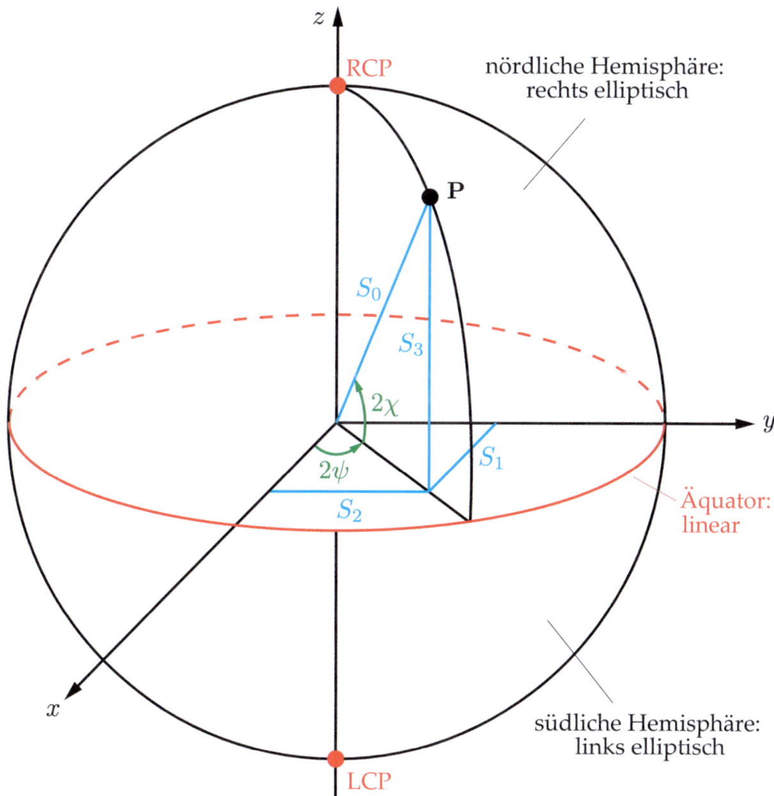

Abbildung 2.6. Darstellung des Polarisationszustands auf der Poincaré-Kugel.

zustands **P** beträgt 2ψ. Längenkreise auf der Poincaré-Kugel repräsentieren Polarisationsellipsen mit gleicher Orientierung ψ und unterschiedlicher Elliptizität χ. Die Elevation oder geographische Breite beträgt 2χ. Breitenkreise repräsentieren Polarisationsellipsen mit gleicher Form aber unterschiedlicher Orientierung ψ. Der Kugelradius S_0 stellt die Intensität der elektromagnetischen Welle dar. Die Komponenten S_1, S_2, S_3 des Stokes-Vektors sind die kartesischen Koordinaten des Polarisationszustandes **P**.

Die beiden Durchstoßpunkte einer Geraden durch den Kugelmittelpunkt entsprechen orthogonalen Polarisationszuständen:

- auf dem Äquator: orthogonale lineare Polarisation mit einer Differenz des Richtungswinkels von $\Delta\psi = \frac{\pi}{2}$;
- an den Polen: links- und rechtsdrehende zirkulare Polarisation;
- sonst: elliptische Polarisationszustände mit $\Delta\psi = \frac{\pi}{2}$ und betragsmäßig gleichem Elliptiziätswinkel χ bei entgegengesetztem Drehsinn.

2.2.2.4 Müller-Matrizen

Der Einfluss optischer Elemente auf den Polarisationszustand lässt sich durch eine 4×4-Matrix, die sogenannte **Müller-Matrix** $\mathbf{M} \in \mathbb{R}^{4\times4}$, beschreiben.

Die Veränderung eines Polarisationszustandes, der durch den Stokes-Vektor $\mathbf{S}_{\text{ein}}$ beschrieben wird, in einen resultierenden Polarisationszustand $\mathbf{S}_{\text{aus}}$ kann mittels einer Matrix-Vektor-Multiplikation mit **M** berechnet werden:

$$\mathbf{S}_{\text{aus}} = \mathbf{M}\,\mathbf{S}_{\text{ein}}\,. \tag{2.64}$$

Im Folgenden werden die Müller-Matrizen einiger optischer Elemente angegeben [7, 14, 16]. Ein linearer Polarisator ist ein Bauteil, das nur Licht mit einer bestimmten Polarisationsrichtung passieren lässt. Damit kann aus unpolarisiertem Licht linear polarisiertes Licht erzeugt werden. Lineare Polarisatoren können aus Drahtgitterstrukturen oder Folien bestehen, die elektrische Felder parallel zur Gitterstruktur absorbieren und nur die orthogonal polarisierte Komponente durchlassen [38].

- Idealer linearer Polarisator mit Durchlassrichtung x (horizontal):

$$\mathbf{M}_{\text{H}} = \frac{1}{2}\begin{pmatrix} 1 & 1 & 0 & 0 \\ 1 & 1 & 0 & 0 \\ 0 & 0 & 0 & 0 \\ 0 & 0 & 0 & 0 \end{pmatrix}. \tag{2.65}$$

– Idealer linearer Polarisator mit Durchlassrichtung y (vertikal):

$$\mathbf{M}_\mathrm{V} = \frac{1}{2}\begin{pmatrix} 1 & -1 & 0 & 0 \\ -1 & 1 & 0 & 0 \\ 0 & 0 & 0 & 0 \\ 0 & 0 & 0 & 0 \end{pmatrix}. \tag{2.66}$$

Die Wirkung hintereinander im Strahlengang angeordneter optischer Elemente berechnet man durch Multiplikation ihrer Müller-Matrizen, wobei die Matrix des näher an der Lichtquelle befindlichen Elements rechts steht. Als erstes Beispiel wird die sequenzielle Anordnung eines horizontalen und eines vertikalen linearen Polarisators betrachtet:

$$\mathbf{M} = \mathbf{M}_\mathrm{V}\,\mathbf{M}_\mathrm{H} = \mathbf{0}\,. \tag{2.67}$$

Derart „gekreuzte" lineare Polarisatoren lassen also überhaupt kein Licht passieren.

– Rotator um den Winkel γ:

$$\mathbf{M}_\mathrm{Rot}(\gamma) = \begin{pmatrix} 1 & 0 & 0 & 0 \\ 0 & \cos 2\gamma & \sin 2\gamma & 0 \\ 0 & -\sin 2\gamma & \cos 2\gamma & 0 \\ 0 & 0 & 0 & 1 \end{pmatrix}. \tag{2.68}$$

Der Rotator dreht die Polarisationsellipse um den Winkel γ, ohne ihre Elliptizität χ zu ändern [7]:

$$\psi \mapsto \psi - \gamma\,, \tag{2.69}$$

$$\chi \mapsto \chi\,. \tag{2.70}$$

Für $\gamma > 0$ erhält man eine Rotation im Uhrzeigersinn, für $\gamma < 0$ entgegen des Uhrzeigersinns [16]. Ein Rotator dreht den Polarisationszustand um den Winkel γ, ohne ihn weiter zu verändern. Einige Materialien, z. B. Quarzkristall mit bestimmter Ausrichtung, aber auch Lösungen, bewirken eine Rotation des Polarisationszustandes. Es gibt sowohl rechts- als auch linksdrehende Stoffe [24]. Der Drehwinkel wächst proportional der Schichtdicke, bei Lösungen zudem proportional zur Konzentration. Man nennt Materialien, die den Polarisationszustand drehen, **optisch aktiv** [52]. Diese Eigenschaft kann genutzt werden, um die Konzentration entsprechender Lösungen, z. B. bestimmter Zucker, optisch zu messen.

Die Müller-Matrix $\mathbf{M}(\gamma)$ eines um den Winkel γ gegenüber der x-Achse um die z-Achse gedrehten optischen Elements mit Müller-Matrix $\mathbf{M}_0$ lässt sich wie folgt berechnen [14]:

$$\mathbf{M}(\gamma) = \mathbf{M}_{\mathrm{Rot}}(-\gamma)\,\mathbf{M}_0\,\mathbf{M}_{\mathrm{Rot}}(\gamma)\,. \tag{2.71}$$

– Nach dieser Vorschrift erhält man für einen um $\gamma = \frac{\pi}{4}$ (45°) gedrehten linearen Polarisator $\mathbf{M}_{\mathrm{H}}$ die Müller-Matrix

$$\mathbf{M}_{\mathrm{L+45P}} = \frac{1}{2}\begin{pmatrix} 1 & 0 & 1 & 0 \\ 0 & 0 & 0 & 0 \\ 1 & 0 & 1 & 0 \\ 0 & 0 & 0 & 0 \end{pmatrix}. \tag{2.72}$$

– Entsprechend ergibt sich für einen linearen Polarisator $\mathbf{M}_{\mathrm{H}}$, der um $\gamma = -\frac{\pi}{4}$ $(-45°)$ um die z-Achse gedreht wird:

$$\mathbf{M}_{\mathrm{L-45P}} = \frac{1}{2}\begin{pmatrix} 1 & 0 & -1 & 0 \\ 0 & 0 & 0 & 0 \\ -1 & 0 & 1 & 0 \\ 0 & 0 & 0 & 0 \end{pmatrix}. \tag{2.73}$$

– Allgemein lautet die Müller-Matrix eines um γ rotierten linearen Polarisators $\mathbf{M}_{\mathrm{H}}$:

$$\mathbf{M}_{\mathrm{Lin}}(\gamma) = \frac{1}{2}\begin{pmatrix} 1 & \cos 2\gamma & \sin 2\gamma & 0 \\ \cos 2\gamma & \cos^2 2\gamma & \sin 2\gamma \cos 2\gamma & 0 \\ \sin 2\gamma & \sin 2\gamma \cos 2\gamma & \sin^2 2\gamma & 0 \\ 0 & 0 & 0 & 0 \end{pmatrix}. \tag{2.74}$$

Erstaunlicherweise ist im Gegensatz zu (2.67)

$$\mathbf{M}_{\mathrm{V}}\,\mathbf{M}_{\mathrm{L+45P}}\,\mathbf{M}_{\mathrm{H}} = \frac{1}{8}\begin{pmatrix} 1 & 1 & 0 & 0 \\ -1 & -1 & 0 & 0 \\ 0 & 0 & 0 & 0 \\ 0 & 0 & 0 & 0 \end{pmatrix} \neq \mathbf{0}\,, \tag{2.75}$$

d. h. das Einfügen eines zusätzlichen, um $45°$ gedrehten linearen Polarisators macht das zuvor vollständig absorbierende optische System zweier gekreuzter linearer Polarisatoren wieder lichtdurchlässig [52].

Weitere optische Bauteile, die den Polarisationszustand verändern, sind **Verzögerungsplatten**. Bestimmte optisch anisotrope Medien, dazu gehören beispielsweise viele Kristalle, besitzen die Eigenschaft der **Doppelbrechung**. Die Doppelbrechung bewirkt bei geeigneter Ausrichtung zum einfallenden Licht, dass linear polarisiertes Licht einer bestimmten Orientierung ψ mit einer höheren Geschwindigkeit das Medium durchläuft als linear polarisiertes Licht mit der orthogonalen Orientierung $\psi + \frac{\pi}{2}$. Die erste Orientierung nennt man die „schnelle Achse", die zweite die „langsame Achse“. Die zugehörigen Brechungsindizes des Mediums werden mit n_s und n_l bezeichnet. Polarisiertes Licht mit einem beliebigen Polarisationszustand lässt sich vektoriell in eine linear polarisierte Komponente parallel zur schnellen Achse und eine dazu senkrechte Komponente parallel zur langsamen Achse eindeutig zerlegen. Da beide Komponenten das Medium unterschiedlich schnell durchlaufen, kommt es zu einer zusätzlichen Phasenverschiebung von

$$\Delta\varphi = 2\pi \, \frac{d\,(n_l - n_s)}{\lambda} \,, \tag{2.76}$$

wobei λ die Vakuumwellenlänge des Lichts und d die Dicke des Mediums bezeichnet. Die Dicke des Mediums wird hierbei entlang der Ausbreitungsrichtung des Lichts gemessen, entspricht also der Länge des im Medium zurückgelegten Lichtwegs. Die Ausbreitungsgeschwindigkeiten der beiden Komponenten betragen $v_s = \frac{c}{n_s}$ und $v_l = \frac{c}{n_l}$. Nach Definition ist $v_s > v_l$, daher folgt $n_s < n_l$. Der optische Gangunterschied berechnet sich zu $d\,(n_l - n_s) > 0$.

Beispiel 2.3 ($\frac{\lambda}{4}$-Platte): Eine Verzögerungsplatte mit $\Delta\varphi = \frac{\pi}{2}$ bewirkt nach (2.76) einen Gangunterschied von einem Viertel der Wellenlänge: $d\,(n_l - n_s) = \frac{\lambda}{4}$. Daher wird eine solche Platte als $\frac{\lambda}{4}$-Platte oder Viertelwellenlängenplatte (*quarterwave plate*, QWP) bezeichnet. Auf diese Verzögerungsplatte falle linear, horizontal polarisiertes (LHP) Licht ein. Die Ausbreitungsrichtung des Lichts sei senkrecht zur Zeichenebene in Abb. 2.7.

1. Fall: Die Polarisationsrichtung stimmt mit der schnellen Achse (bzw. mit der langsamen Achse) der Verzögerungsplatte überein; siehe Abb. 2.7(a). Das LHP-Licht läuft mit der Geschwindigkeit v_s durch die Platte. Aufgrund

Abbildung 2.7. $\frac{\lambda}{4}$-Verzögerungsplatte: (a) Wenn die Polarisationsrichtung des linear polarisierten Lichts mit der schnellen Achse der Verzögerungsplatte übereinstimmt, bleibt der Polarisationszustand unverändert. (b) Wenn die Polarisationsrichtung nicht mit den Achsen der Verzögerungsplatte übereinstimmt, lässt sich die elektrische Feldstärke als Summe der Komponenten $\mathbf{E}_s$ und $\mathbf{E}_l$ darstellen. Aus dem linear polarisierten Licht entsteht für $\alpha = \frac{\pi}{4}$ zirkular polarisiertes Licht.

der Ausrichtung ist die Polarisationskomponente des Lichts bezüglich der langsamen Achse gleich null. Daher bleibt das Licht nach Durchlaufen der Platte linear horizontal polarisiert. Analog gilt dies auch für den Fall, dass die Polarisationsrichtung mit der langsamen Achse übereinstimmt.

2. Fall: Die Verzögerungsplatte sei um einen Winkel von $\alpha = \frac{\pi}{4}$ gegenüber der Polarisationsebene gedreht; siehe Abb. 2.7(b). Das linear horizontal polarisierte Licht lässt sich nun schreiben als Summe der Komponenten $\mathbf{E}_\mathrm{s}$ und $\mathbf{E}_\mathrm{l}$ parallel zur schnellen bzw. langsamen Achse. Für $\alpha = \frac{\pi}{4}$ sind beide Komponenten betragsmäßig gleich groß: $\|\mathbf{E}_\mathrm{s}\| = \|\mathbf{E}_\mathrm{l}\|$. Beim Durchlaufen der Verzögerungsplatte erfährt die Komponente $\mathbf{E}_\mathrm{l}$ eine Phasenverzögerung von $\Delta\varphi = \frac{\pi}{2}$, was einer Viertelwellenlänge entspricht. Wegen $\|\mathbf{E}_\mathrm{s}\| = \|\mathbf{E}_\mathrm{l}\|$ folgt $\chi = \frac{\pi}{4}$ in (2.49), daher handelt es sich gemäß (2.58) um rechtsdrehend zirkular polarisiertes Licht. Die $\frac{\lambda}{4}$-Platte verwandelt also LHP-Licht in zirkular polarisiertes Licht.
3. Fall: Für Winkel $\alpha \neq k\frac{\pi}{2}$, $\alpha \neq (2k+1)\frac{\pi}{4}$, $k \in \mathbb{Z}$ zwischen der schnellen Achse der Verzögerungsplatte und der Polarisationsebene des einfallenden Lichts wird das LHP-Licht in elliptisch polarisiertes Licht umgewandelt. ■

Die Müller-Matrix einer Verzögerungsplatte (*wave plate*, WP) lautet:

$$\mathbf{M}_\mathrm{WP}(\Delta\varphi) = \begin{pmatrix} 1 & 0 & 0 & 0 \\ 0 & 1 & 0 & 0 \\ 0 & 0 & \cos\Delta\varphi & \sin\Delta\varphi \\ 0 & 0 & -\sin\Delta\varphi & \cos\Delta\varphi \end{pmatrix}. \tag{2.77}$$

Für die Ausrichtung der Platte wird dabei die Konvention verwendet, dass die schnelle Achse mit der x-Achse der Koordinatensystems zusammenfällt und die langsame Achse mit der y-Achse [14]. Müller-Matrizen von Verzögerungsplatten in beliebiger Drehlage γ können gemäß (2.71) mit Hilfe der Multiplikation mit Müller-Matrizen des Rotators berechnet werden.

Technisch besonders wichtig ist die $\frac{\lambda}{4}$-Platte (*quarterwave plate*, QWP). Ihre Müller-Matrix erhält man durch Einsetzen von $\Delta\varphi = \frac{\pi}{2}$ in (2.77):

$$\mathbf{M}_\mathrm{QWP} = \begin{pmatrix} 1 & 0 & 0 & 0 \\ 0 & 1 & 0 & 0 \\ 0 & 0 & 0 & 1 \\ 0 & 0 & -1 & 0 \end{pmatrix}. \tag{2.78}$$

Die $\frac{\lambda}{4}$-Platte wandelt also linear polarisiertes Licht mit Polarisationsebene im $45°$-Winkel zur schnellen Achse in zirkular polarisiertes Licht und umgekehrt.

Allgemein gilt: Mit einer $\frac{\lambda}{4}$-Platte und einem linearen Polarisator kann bei entsprechenden Orientierungen beider Elemente vollständig polarisiertes Licht mit

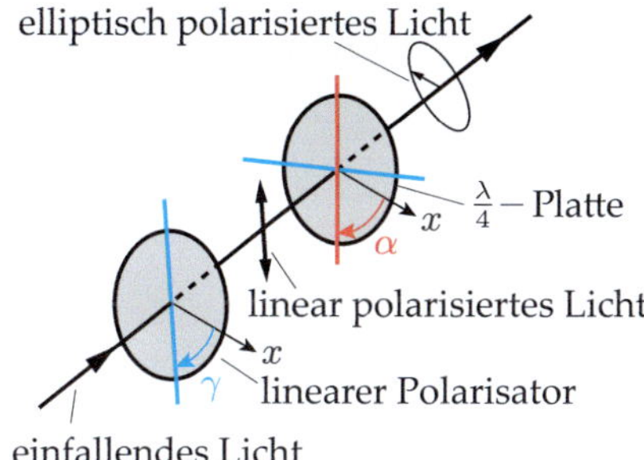

Abbildung 2.8. Erzeugung von elliptisch polarisiertem Licht aus unpolarisiertem Licht mit Hilfe eines linearen Polarisators und einer $\frac{\lambda}{4}$-Platte.

jedem beliebigen Polarisationszustand (ψ, χ) aus unpolarisiertem Licht erzeugt werden (Abb. 2.8). Man erhält nämlich für einen linearen Polarisator, der um den Winkel γ um die optische Achse gedreht ist, und eine um α gedrehte $\frac{\lambda}{4}$-Platte:

$$\mathbf{S} = \mathbf{M}_{\mathrm{Rot}}(-\alpha)\, \mathbf{M}_{\mathrm{QWP}}\, \mathbf{M}_{\mathrm{Rot}}(\alpha)\, \mathbf{M}_{\mathrm{Lin}}(\gamma)\, \mathbf{S}_{\mathrm{unp}} \tag{2.79}$$

$$= \frac{1}{2} \begin{pmatrix} 1 \\ \cos^2 2\alpha \cos 2\gamma + \cos 2\alpha \sin 2\alpha \sin 2\gamma \\ \sin 2\alpha \cos 2\alpha \cos 2\gamma + \sin^2 2\alpha \sin 2\gamma \\ \sin 2\alpha \cos 2\gamma - \cos 2\alpha \sin 2\gamma \end{pmatrix} \tag{2.80}$$

$$= \frac{1}{2} \begin{pmatrix} 1 \\ \cos 2\alpha \cos(2\alpha - 2\gamma) \\ \sin 2\alpha \cos(2\alpha - 2\gamma) \\ \sin(2\alpha - 2\gamma) \end{pmatrix} . \tag{2.81}$$

Aus der letzten Gleichung, die mit Hilfe der trigonometrischen Additionstheoreme aus der vorhergehenden folgt, lassen sich die Drehwinkel α, γ berechnen, die zur Erzeugung von polarisiertem Licht mit dem Stokes-Vektor $\mathbf{S}$ einzustellen sind. Wegen $S_1^2 + S_2^2 + S_3^2 = S_0^2$ entsteht gemäß (2.62) vollständig polarisiertes Licht.

Eine $\frac{\lambda}{2}$-Platte (*halfwave plate*, HWP) mit $\Delta\varphi = \pi$ hat folgende Müller-Matrix:

$$\mathbf{M}_{\mathrm{HWP}} = \begin{pmatrix} 1 & 0 & 0 & 0 \\ 0 & 1 & 0 & 0 \\ 0 & 0 & -1 & 0 \\ 0 & 0 & 0 & -1 \end{pmatrix} . \tag{2.82}$$

Die $\frac{\lambda}{2}$-Platte kehrt die Richtungs- und Elliptizitätswinkel der Polarisationsellipse um [7]:

$$\psi \mapsto \tfrac{\pi}{2} - \psi\,, \tag{2.83}$$

$$\chi \mapsto \chi - \tfrac{\pi}{2}\,. \tag{2.84}$$

Unpolarisiertes Licht $\mathbf{S}_{\text{unp}}$ nach (2.60) bleibt beim Durchgang durch eine Verzögerungsplatte unpolarisiert:

$$\mathbf{M}_{\text{WP}}(\Delta\varphi)\,\mathbf{S}_{\text{unp}} = \mathbf{S}_{\text{unp}}\,. \tag{2.85}$$

Wird polarisiertes Licht an inhomogenen Schichten (z. B. Milchglas) oder an diffus streuenden Oberflächen (insbesondere wenn dort Mehrfachreflexionen auftreten) reflektiert, überlagern sich viele kleine Einzelreflexe mit quasistochastischen Phasenlagen zum reflektierten Licht, sodass dieses teilweise depolarisiert wird [37,52]. Die Änderung des Polarisationszustands bei einer Reflexion ist einerseits durch die Drehung des auf die Ausbreitungsrichtung bezogenen Koordinatensystems der Transversalwelle (Abb. 2.9) und andererseits durch die unterschiedlich starke Reflexion von parallel und senkrecht zur Einfallsebene polarisiertem Licht bedingt (vgl. Abschn. 2.6.5).

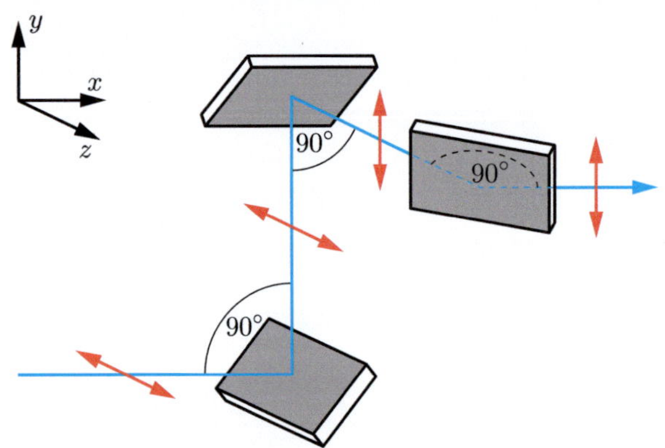

Abbildung 2.9. Beispielhafte Veranschaulichung der Änderung der Polarisationsrichtung durch mehrfache Reflexion. In x-Richtung einfallendes, linear polarisiertes Licht wird zunächst in y-Richtung, dann in z-Richtung und schließlich wieder in x-Richtung reflektiert.

2.2.2.5 Messung des Polarisationszustands

Mit Hilfe eines Aufbaus aus Verzögerungsplatte und Polarisator kann der Stokes-Vektor und damit der Polarisationszustand des einfallenden Lichts gemessen werden [16]. Das zu untersuchende Licht geht zunächst durch eine $\Delta\varphi$-Verzögerungsplatte, deren schnelle Achse mit der x-Achse des Koordinatensystems zusammenfällt, und anschließend durch einen linearen Polarisator, dessen Durch-

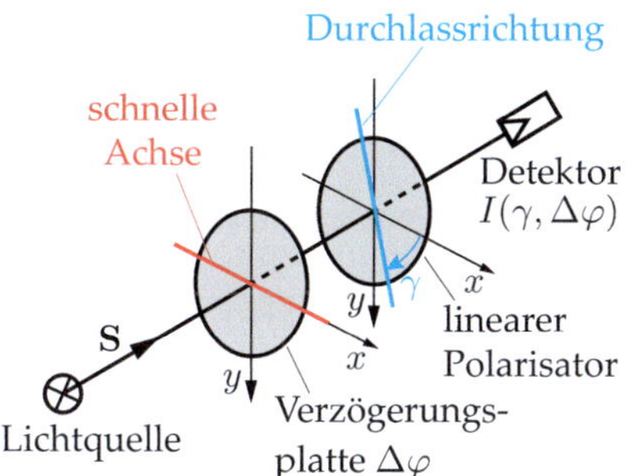

Abbildung 2.10.
Messung des Stokes-Vektors **S**.

lassrichtung um den Winkel γ gegenüber der x-Achse verdreht ist. Die verbleibende Lichtintensität $I(\gamma, \Delta\varphi)$ wird von einem Detektor gemessen (Abb. 2.10).

Im mathematischen Modell erhält man die Intensität als erste Komponente des Stokes-Vektors nach Multiplikation des einfallenden Lichts **S** mit den Müller-Matrizen von Verzögerungsplatte und Polarisator:

$$I(\gamma, \Delta\varphi) = \tfrac{1}{2Z}\begin{pmatrix}1 & 0 & 0 & 0\end{pmatrix}\mathbf{M}_{\mathrm{Lin}}(\gamma)\,\mathbf{M}_{\mathrm{WP}}(\Delta\varphi)\,\mathbf{S} \tag{2.86}$$

$$= \tfrac{1}{2Z}\begin{pmatrix}1 & 0 & 0 & 0\end{pmatrix} \tag{2.87}$$

$$\frac{1}{2}\begin{pmatrix} 1 & \cos 2\gamma & \sin 2\gamma\cos\Delta\varphi & \sin 2\gamma\sin\Delta\varphi \\ \cos 2\gamma & \cos^2 2\gamma & \sin 2\gamma\cos 2\gamma\cos\Delta\varphi & \sin 2\gamma\cos 2\gamma\sin\Delta\varphi \\ \sin 2\gamma & \sin 2\gamma\cos 2\gamma & \sin^2 2\gamma\cos\Delta\varphi & \sin^2 2\gamma\sin\Delta\varphi \\ 0 & 0 & 0 & 0 \end{pmatrix}\begin{pmatrix}S_0\\S_1\\S_2\\S_3\end{pmatrix}$$

$$= \tfrac{1}{4Z}\left(S_0 + S_1\cos 2\gamma + S_2\sin 2\gamma\cos\Delta\varphi + S_3\sin 2\gamma\sin\Delta\varphi\right). \tag{2.88}$$

Durch geeignete Variation von γ und $\Delta\varphi$ kann ein lineares Gleichungssystem für die Bestimmung der Komponenten des Stokes-Vektors des zu analysierenden Lichts gewonnen werden. Eine mögliche Wahl ist $\gamma \in \{0, \frac{\pi}{4}, \frac{\pi}{2}\}$ und $\Delta\varphi \in \{0, \frac{\pi}{2}\}$. Damit erhält man [7]:

$$S_0 = 2Z\left(I(0,0) + I(\tfrac{\pi}{2},0)\right), \tag{2.89}$$

$$S_1 = 2Z\left(I(0,0) - I(\tfrac{\pi}{2},0)\right), \tag{2.90}$$

$$S_2 = 4Z\,I(\tfrac{\pi}{4},0) - S_0\,, \tag{2.91}$$

$$S_3 = 4Z\,I(\tfrac{\pi}{4},\tfrac{\pi}{2}) - S_0\,. \tag{2.92}$$

2.2.2.6 Jones-Kalkül

Eine Alternative zu den Stokes-Vektoren und Müller-Matrizen für die Repräsentation des Polarisationszustands ist der Jones-Kalkül [7,12,14,24]. Jones-Vektoren bieten eine kompaktere Darstellung: Sie sind lediglich zweidimensional, dafür allerdings komplexwertig. Mit Jones-Vektoren lässt sich ausschließlich der Polarisationszustand vollständig polarisierten Lichts beschreiben. Im Gegensatz dazu können Stokes-Vektoren auch unpolarisiertes und teilpolarisiertes Licht darstellen.

Wird eine polarisierte Lichtwelle wie in (2.42) durch

$$E_x(\mathbf{x}, t) = E_{0x} \cos(\omega\, t - k\, z + \varphi_x) \tag{2.93}$$

$$E_y(\mathbf{x}, t) = E_{0y} \cos(\omega\, t - k\, z + \varphi_y) \tag{2.94}$$

beschrieben, so ist der zugehörige Jones-Vektor (oder auch Maxwell-Vektor) gegeben durch

$$\mathbf{E} := \begin{pmatrix} E_{0x}\, \mathrm{e}^{\mathrm{j}\varphi_x} \\ E_{0y}\, \mathrm{e}^{\mathrm{j}\varphi_y} \end{pmatrix} \in \mathbb{C}^2 \,. \tag{2.95}$$

Anders als der Stokes-Vektor, der Intensitätswerte beinhaltet, beschreibt der Jones-Vektor die Lichtwelle durch Amplituden- und Phasenwerte. Die Lichtintensität berechnet man aus der Norm des Jones-Vektors,

$$I = \frac{1}{2Z}\|\mathbf{E}\|^2 = \frac{1}{2Z}\,(\mathbf{E}^*)^{\mathrm{T}}\,\mathbf{E} = \frac{1}{2Z}\,(E_{0x}^2 + E_{0y}^2)\,, \tag{2.96}$$

wobei $\mathbf{E}^*$ die komplexe Konjugation von $\mathbf{E}$ bezeichnet.

Aus den Überlegungen in Abschn. 2.2.2.2 erhält man unmittelbar die Jones-Vektoren für die degenerierten Polarisationszustände:

$$\mathbf{E}_{\mathrm{LHP}} = \begin{pmatrix} 1 \\ 0 \end{pmatrix}, \qquad \mathbf{E}_{\mathrm{LVP}} = \begin{pmatrix} 0 \\ 1 \end{pmatrix}, \tag{2.97}$$

$$\mathbf{E}_{\mathrm{L+45P}} = \tfrac{1}{\sqrt{2}} \begin{pmatrix} 1 \\ 1 \end{pmatrix}, \qquad \mathbf{E}_{\mathrm{L-45P}} = \tfrac{1}{\sqrt{2}} \begin{pmatrix} 1 \\ -1 \end{pmatrix}, \tag{2.98}$$

$$\mathbf{E}_{\mathrm{RCP}} = \tfrac{1}{\sqrt{2}} \begin{pmatrix} 1 \\ \mathrm{j} \end{pmatrix}, \qquad \mathbf{E}_{\mathrm{LCP}} = \tfrac{1}{\sqrt{2}} \begin{pmatrix} 1 \\ -\mathrm{j} \end{pmatrix}. \tag{2.99}$$

Die kohärente Superposition zweier Lichtwellen entspricht der Summe ihrer Jones-Vektoren, da sich bei der Superposition die komplexwertigen Amplituden addieren. Im Gegensatz zum Stokes-Kalkül, das die inkohärente Superposition von Intensitäten beschreibt, wird im Jones-Kalkül die kohärente Superposition von Lichtwellen mittels ihrer Amplituden und Phasen beschrieben. Umgekehrt ist die Summe zweier beliebiger Jones-Vektoren stets einen korrekter Jones-Vektor, der einen realisierbaren Polarisationszustand repräsentiert. Die Menge der Jones-Vektoren ist somit bezüglich der Addition abgeschlossen. Wegen der Superponierbarkeit und der im Jones-Vektor enthaltenen Phaseninformation der Felder können Interferenzphänomene mit dem Jones-Kalkül behandelt werden [16].

Ein polarisierendes optisches Bauelement wird mittels einer Jones-Matrix $\mathbf{J} \in \mathbb{C}^{2\times 2}$ modelliert. Analog zu (2.64) erhält man ausgehend von einer einfallenden Lichtwelle $\mathbf{E}_{\text{ein}}$ den Polarisationszustand $\mathbf{E}_{\text{aus}}$ nach dem Durchlaufen des optischen Elements:

$$\mathbf{E}_{\text{aus}} = \mathbf{J}\,\mathbf{E}_{\text{ein}}\,. \tag{2.100}$$

Die Jones-Matrizen für lineare Polarisatoren, Rotatoren und Verzögerungsplatten sind gegeben durch:

$$\mathbf{J}_{\text{H}} = \begin{pmatrix} 1 & 0 \\ 0 & 0 \end{pmatrix}, \qquad \mathbf{J}_{\text{Rot}}(\gamma) = \begin{pmatrix} \cos\gamma & \sin\gamma \\ -\sin\gamma & \cos\gamma \end{pmatrix}, \tag{2.101}$$

$$\mathbf{J}_{\text{V}} = \begin{pmatrix} 0 & 0 \\ 0 & 1 \end{pmatrix}, \qquad \mathbf{J}_{\text{Lin}}(\gamma) = \begin{pmatrix} \cos^2\gamma & \sin\gamma\cos\gamma \\ \sin\gamma\cos\gamma & \sin^2\gamma \end{pmatrix}, \tag{2.102}$$

$$\mathbf{J}_{\text{QWP}} = \begin{pmatrix} 1 & 0 \\ 0 & -\mathrm{j} \end{pmatrix}, \qquad \mathbf{J}_{\text{WP}}(\Delta\varphi) = \begin{pmatrix} 1 & 0 \\ 0 & \mathrm{e}^{-\mathrm{j}\Delta\varphi} \end{pmatrix}. \tag{2.103}$$

Die Hintereinanderschaltung mehrerer optischer Elemente lässt sich wiederum durch Multiplikation ihrer Jones-Matrizen abbilden.

2.2.3 Huygens'sches Prinzip

Die Ausbreitung von Wellen kann in anschaulicher und dennoch exakter Weise mit dem Huygens'schen Prinzip erklärt werden.

Die räumliche Ausbreitung einer Welle in einem Zeitintervall $[t, t+\Delta t]$ kann in folgender Weise bestimmt werden: Von jedem Punkt einer Wellenfront (Äquiphasenfläche) der Welle zum Zeitpunkt t geht eine Kugelwelle aus, die zum Zeitpunkt $t + \Delta t$ einen Radius von $v\,\Delta t$ hat. Die Einhüllende all dieser Kugelwellen zum Zeitpunkt $t + \Delta t$ gibt die um Δt propagierte ursprüngliche Wellenfront wieder (Abb. 2.11). Das Huygens'sche Prinzip schafft somit auch einen Zusammenhang zwischen den Beispielen 2.1 und 2.2: Eine ebene Welle lässt sich als Superposition von unendlich vielen Kugelwellen beschreiben.

2.2.4 Kohärenz

Als Kohärenz bezeichnet man die Eigenschaft des Lichtes, in unterschiedlichen Raum- und Zeitpunkten feste Phasen- und Amplitudenbeziehungen zu haben. Ein Kennwert für die zeitliche Kohärenz ist die Kohärenzlänge

$$d_{\text{K}} = \frac{c}{\Delta\nu}\,, \tag{2.104}$$

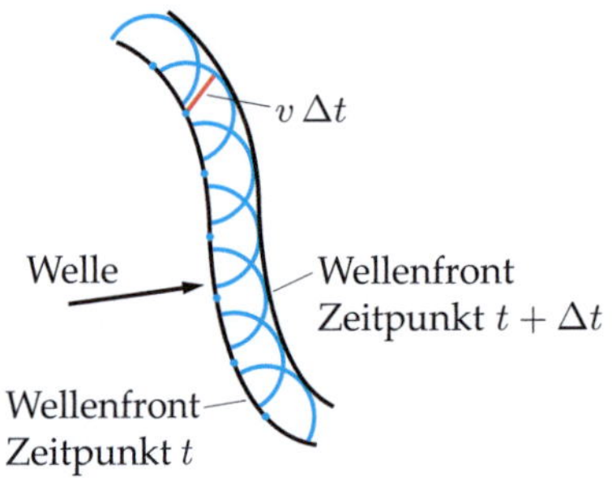

Abbildung 2.11. Ausbreitung einer Welle nach dem Huygens'schen Prinzip.

Tabelle 2.1. Bandbreite und Kohärenzlänge von weißem und monochromatischem Licht [37].

	$\Delta\nu$	d_K	$\frac{d_K}{\lambda}$
weißes Licht	$2 \cdot 10^{14}$ Hz	1,5 µm	3
frequenzstabilisierter Helium-Neon-Laser, $\lambda = 633$ nm	$5 \cdot 10^{6}$ Hz	60 m	10^8

wobei $\Delta\nu$ die Frequenzbandbreite, also die Differenz der höchsten und niedrigsten auftretenden Lichtfrequenzen, und c die Vakuumlichtgeschwindigkeit ist. Weißes, d. h. breitbandiges, Licht weist eine geringe Kohärenzlänge auf, monochromatisches Licht, insbesondere Laserlicht, eine hohe Kohärenzlänge (siehe Tab. 2.1).

Zur Plausibilisierung des Begriffs Kohärenzlänge wird als Beispiel eine ebene Welle betrachtet, die sich in z-Richtung ausbreitet. Gegeben sei Licht mit einer spektralen Bandbreite $\Delta\nu$, d. h. $\nu \in [\nu_0 - \frac{1}{2}\Delta\nu, \nu_0 + \frac{1}{2}\Delta\nu]$. Für die Phasendifferenz der Anteile mit minimaler und maximaler Frequenz erhält man durch Einsetzen in den Propagator $\omega\,t - k\,z = 2\pi\,\nu\,t - \frac{2\pi}{\lambda}z$ aus (2.32):

$$\Delta\varphi(z,t) = 2\pi\,(\nu_0 - \tfrac{1}{2}\Delta\nu)\,t - \frac{2\pi}{\lambda_1}\,z - \left(2\pi\,(\nu_0 + \tfrac{1}{2}\Delta\nu)\,t - \frac{2\pi}{\lambda_2}\,z\right) \tag{2.105}$$

$$\text{mit} \quad \lambda_1 = \frac{c}{\nu_0 - \frac{1}{2}\Delta\nu} \quad \text{und} \quad \lambda_2 = \frac{c}{\nu + \frac{1}{2}\Delta\nu}\,. \tag{2.106}$$

Als Kohärenzlänge d_K wird die Strecke aufgefasst, nach der die Wellen der extremen Frequenzen um genau eine Periode verschoben sind, sodass sie gegenphasig zur Mittenfrequenz ν sind (Abb. 2.12). Damit erhält man aus (2.105) für $t = 0$ die folgende Definitionsgleichung für d_K:

$$\frac{2\pi}{\lambda_2}\,d_K - \frac{2\pi}{\lambda_1}\,d_K = 2\pi \tag{2.107}$$

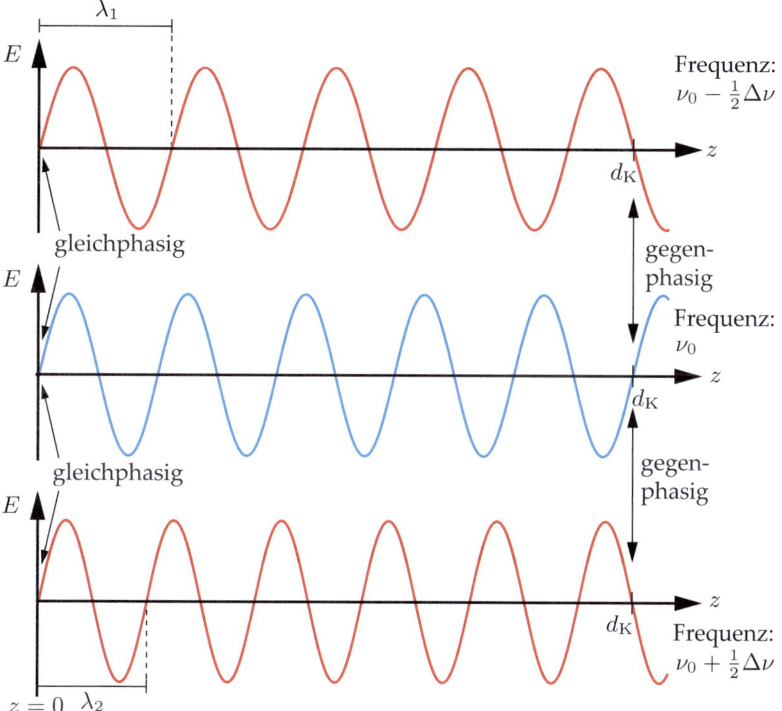

Abbildung 2.12. Plausibilisierung des Zusammenhangs zwischen Kohärenzlänge d_K und Frequenzbandbreite $\Delta\nu$.

$$\Leftrightarrow \quad \left(\frac{1}{\lambda_2} - \frac{1}{\lambda_1}\right) d_K = 1 \tag{2.108}$$

$$\Leftrightarrow \quad \frac{\Delta\nu}{c}\, d_K = 1 \tag{2.109}$$

$$\Leftrightarrow \quad d_K = \frac{c}{\Delta\nu} \,. \tag{2.110}$$

Eleganter kann man diesen Zusammenhang mit der Fourier-Transformation zeigen, siehe Abschn. 8.4.

Kohärenz kann nur dann vorliegen, wenn das betrachtete Licht von einer einzigen Lichtquelle stammt, da die stochastischen Vorgänge bei der Lichtemission in verschiedenen physikalischen Quellen nicht miteinander in Zusammenhang stehen [37]. Für Licht aus einer gemeinsamen Quelle bedeutet zeitliche Kohärenz, dass zu unterschiedlichen Zeitpunkten emittierte Lichtwellen in einer festen Phasenbeziehung zueinander stehen. Bei Kenntnis der Phase zu einem Zeitpunkt kann die Phase zu einem anderen Zeitpunkt vorhergesagt werden. Die Kohärenzlänge gibt an, über welchen Zeitraum bzw. über welche Entfernung in Ausbreitungsrichtung diese Beziehung Gültigkeit besitzt. Division durch die Wellenlänge liefert dann die Anzahl der aufeinanderfolgenden kohärenten Wellenlängen $\frac{d_K}{\lambda}$. Räumliche Kohärenz betrachtet demgegenüber das Vorliegen einer festen Phasenbeziehung entlang einer Wellenfront, also senkrecht zur Ausbreitungsrichtung.

Einige wellenoptische Effekte wie die Interferenz entstehen nur bei kohärentem Licht. In der automatischen Sichtprüfung können solche Effekte sowohl als Messprinzipien nutzbar gemacht werden als auch störend sein wie etwa das Speckle-Rauschen für die Triangulation. Je nach Prüfaufgabe kann eine kohärente oder eine inkohärente Beleuchtung geeigneter sein. Im weiteren Verlauf dieses Kapitels werden die erwähnten wellenoptischen Effekte genauer behandelt.

2.2.5 Interferenz

Interferenz entsteht bei der Überlagerung mehrerer elektromagnetischer Wellen. Die Intensität der resultierenden Welle entspricht nicht zwangsläufig der Summe der einzelnen Intensitäten. Vielmehr kann konstruktive Interferenz eine höhere Intensität hervorrufen, während destruktive Interferenz die Intensität bis zur vollständigen gegenseitigen Auslöschung der Wellen reduzieren kann.

Als Beispiel für die mathematische Beschreibung der Interferenz wird ein skalares Feld zweier kohärenter Lichtquellen betrachtet (Abb. 2.13). Die elektrischen Feldstärken $E_1(r_1, t)$ und $E_2(r_2, t)$ der beiden idealisierten Lichtwellen mit identischer Wellenlänge λ seien gegeben durch

$$E_1(r_1, t) = E_{01} \cos\left(2\pi \left(\frac{t}{T} - \frac{r_1}{\lambda} - \delta_1\right)\right), \tag{2.111}$$

$$E_2(r_2, t) = E_{02} \cos\left(2\pi \left(\frac{t}{T} - \frac{r_2}{\lambda} - \delta_2\right)\right), \tag{2.112}$$

wobei die Amplituden der Wellen mit E_{01} bzw. E_{02} bezeichnet werden. Bei der Überlagerung der beiden Wellen in einem Punkt $\mathbf{P}$ resultiert die elektrische Feld-

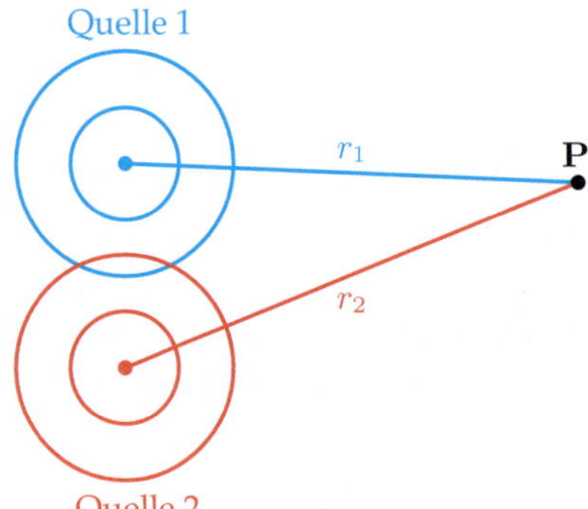

Abbildung 2.13. Kohärente Überlagerung zweier Lichtwellen im Punkt $\mathbf{P}$.

stärke

$$E = E_1(r_1, t) + E_2(r_2, t)\,. \tag{2.113}$$

Die Intensität I des Lichtes entspricht dem zeitlichen Mittelwert $\overline{E^2}$ der quadrierten Feldstärke,

$$I = \frac{1}{Z}\,\overline{E^2}\,, \tag{2.114}$$

$$\overline{E^2} := \frac{1}{t_2 - t_1}\int\limits_{t_1}^{t_2} E^2 \mathrm{d}t\,, \tag{2.115}$$

wobei Z den Wellenwiderstand des Mediums bezeichnet (siehe Abschn. 2.2.1.1). Die Intensitäten I_1, I_2 der einfallenden Wellen betragen

$$I_i = \frac{1}{2Z}\,E_{0i}^2\,, \qquad i = 1, 2\,. \tag{2.116}$$

Für die Intensität der im Punkt **P** interferierenden Wellen erhält man [3]:

$$I = \frac{1}{Z}\,\overline{(E_1(r_1, t) + E_2(r_2, t))^2} \tag{2.117}$$

$$\begin{aligned} &= \frac{1}{Z}\Bigg(E_{01}^2\,\overline{\cos^2\!\left(2\pi\left(\frac{t}{T} - \frac{r_1}{\lambda} - \delta_1\right)\right)} + E_{02}^2\,\overline{\cos^2\!\left(2\pi\left(\frac{t}{T} - \frac{r_2}{\lambda} - \delta_2\right)\right)} \\ &\quad + 2E_{01}E_{02}\,\overline{\cos\!\left(2\pi\left(\frac{t}{T} - \frac{r_1}{\lambda} - \delta_1\right)\right)\cos\!\left(2\pi\left(\frac{t}{T} - \frac{r_2}{\lambda} - \delta_2\right)\right)}\Bigg) \end{aligned} \tag{2.118}$$

$$\begin{aligned} &= \frac{1}{2Z}\Bigg(E_{01}^2 + E_{01}^2\,\overline{\cos\!\left(4\pi\left(\frac{t}{T} - \frac{r_1}{\lambda} - \delta_1\right)\right)} + E_{02}^2 + E_{02}^2\,\overline{\cos\!\left(4\pi\left(\frac{t}{T} - \frac{r_2}{\lambda} - \delta_2\right)\right)} \\ &\quad + 2E_{01}E_{02}\,\overline{\cos\!\left(2\pi\left(\frac{r_2 - r_1}{\lambda} + \delta_2 - \delta_1\right)\right)} \\ &\quad + 2E_{01}E_{02}\,\overline{\cos\!\left(2\pi\left(\frac{2t}{T} - \frac{r_2 + r_1}{\lambda} - \delta_2 - \delta_1\right)\right)}\Bigg)\,. \end{aligned} \tag{2.119}$$

Die letzte Umformung erfolgte mit Hilfe der trigonometrischen Additionstheoreme. Für $\frac{t_2 - t_1}{T} \to \infty$ folgt

$$I = \frac{1}{2Z}\left(E_{01}^2 + E_{02}^2 + 2E_{01}E_{02}\cos\!\left(2\pi\left(\frac{r_2 - r_1}{\lambda} + \delta_2 - \delta_1\right)\right)\right) \tag{2.120}$$

$$I = I_1 + I_2 + 2\sqrt{I_1 I_2}\cos\!\left(2\pi\left(\frac{r_2 - r_1}{\lambda} + \delta_2 - \delta_1\right)\right). \tag{2.121}$$

Die Gesamtintensität ist somit gegeben durch die Summe aus den Einzelintensitäten I_1, I_2 und dem Interferenzterm.

Bei kohärentem Licht nimmt der Interferenzterm im Fall $\delta_1 = \delta_2 = 0$ ein Maximum an für

$$\cos\left(2\pi\left(\frac{r_2 - r_1}{\lambda}\right)\right) = 1 \qquad \Rightarrow \qquad 2\pi\,\frac{r_2 - r_1}{\lambda} = 2\pi\, n\,, \tag{2.122}$$

also wenn die Differenz $\Delta d := r_2 - r_1$ der Wegstrecken von den Lichtquellen zum Punkt $\mathbf{P}$ ein ganzzahliges Vielfaches der Wellenlänge λ ist:

$$2\pi\,\frac{\Delta d}{\lambda} = 2\pi\, n \qquad \Leftrightarrow \qquad \Delta d = n\,\lambda\,, \qquad n \in \mathbb{Z}\,. \tag{2.123}$$

Die beiden Wellen sind in diesem Fall exakt in Phase und überlagern sich konstruktiv.

Minima erhält man für

$$\cos\left(2\pi\left(\frac{r_2 - r_1}{\lambda}\right)\right) = -1 \qquad \Rightarrow \qquad 2\pi\,\frac{r_2 - r_1}{\lambda} = \pi + 2\pi\, n \tag{2.124}$$

$$2\pi\,\frac{\Delta d}{\lambda} = (2n+1)\,\pi \qquad \Leftrightarrow \qquad \Delta d = \frac{2n+1}{2}\,\lambda\,, \qquad n \in \mathbb{Z}\,. \tag{2.125}$$

Hier treffen die beiden Wellen um eine halbe Wellenlänge verschoben aufeinander, sodass sich ihre elektrischen Felder gegenseitig aufheben. Für identische Intensitäten $I_1 = I_2$ ergibt sich an den Minima eine vollständige gegenseitige Auslöschung, $I = 0$.

Der Kontrast[17] eines Interferenzmusters ist definiert als

$$V := \frac{I_{\text{max}} - I_{\text{min}}}{I_{\text{max}} + I_{\text{min}}}\,, \tag{2.126}$$

wobei I_{max} die Intensität des Interferenzmaximums und I_{min} die Intensität des Minimums bezeichnet. Bei einer Wegdifferenz Δd in Höhe der Kohärenzlänge d_{K} zwischen den beiden interferierenden Lichtwellen erhält man $V = \frac{1}{\text{e}}$ [33]. Bei inkohärentem Licht sind keine Interferenzeffekte zu beobachten, da die Wellen zufällige Phasenbeziehungen aufweisen und sich somit konstruktive und destruktive Inferferenz in der zeitlichen Mittelung gegenseitig neutralisieren. Dadurch verschwindet der Inteferenzterm in (2.121), und es gilt:

$$I = I_1 + I_2\,. \tag{2.127}$$

Diese Addition der Intensitäten ist nur bei inkohärentem Licht zulässig. Bei Berechnungen für kohärentes Licht müssen die elektrischen Feldstärken addiert werden.

[17] In diesem Zusammenhang auch als Sichtbarkeit bezeichnet.

2.2.6 Beugung

Die Beugung elektromagnetischer Wellen ist ein weiterer Effekt, der sich nur mit den Welleneigenschaften des Lichtes erklären lässt. Licht verläuft nicht geradlinig durch einen Spalt oder eine Blende, sondern erzeugt ein Beugungsmuster. Das Objekt, welches den Beugungseffekt auslöst, wird im allgemeinen Fall als Hindernis H bezeichnet. Das gebeugte Licht kann auch in Bereiche gelangen, die bei geometrischer Betrachtung (d. h. bei Lichtausbreitung entlang geradliniger Lichtstrahlen) im Schatten des Hindernisses liegen. Für die physikalische Beschreibung der Beugung sind zwei Fälle zu unterscheiden:

- **Fresnel-Beugung** oder Nahfeldbeugung: Der Abstand zwischen Hindernis und Lichtquelle und / oder Beobachtungspunkt ist endlich. In diesem Fall müssen Kugelwellen als Modell verwendet werden.
- **Fraunhofer-Beugung** oder Fernfeldbeugung: Der Abstand vom Hindernis zur Lichtquelle und zum Beobachtungspunkt ist sehr groß, im Idealfall unendlich. Dann können ebene Wellen als Modell verwendet werden. Die Fraunhofer-Beugung stellt einen Spezialfall der Fresnel-Beugung dar, denn ebene Wellen können als Kugelwellen mit unendlichem Radius aufgefasst werden [24].

Allgemein lässt sich die Beugung durch das Kirchhoff'sche Beugungsintegral quantitativ beschreiben [5]. Im Folgenden wird jedoch ausschließlich die Fraunhofer-Beugung betrachtet, da die Abstände in vielen optischen Systemen der automatischen Sichtprüfung groß genug sind, um diese Näherung zu rechtfertigen. Es gibt zwar einzelne optische Systeme, die durch Messung des Nahfelds eine höhere Auflösung erreichen, z. B. bei Mikroskopen und Spektroskopen [4]. Diese werden jedoch in der automatischen Sichtprüfung höchstens in Ausnahmefällen eingesetzt.

Sei also eine Apertur gegeben, die mit ebenen Wellen beleuchtet wird, was einer unendlich weit entfernten Lichtquelle entspricht. Mit dem Begriff **Apertur** bezeichnet man die Öffnung in einer Blende, die die Ausdehnung des betrachteten Lichtbündels begrenzt (siehe auch Abschn. 3.4.3). Das resultierende elektrische Feld wird in sehr großer Entfernung auf der gegenüberliegenden Seite der Apertur beobachtet.

Nach dem Huygens'schen Prinzip emittiert jeder Punkt (x, y) der Apertur eine „Elementarwelle" in Form einer Kugelwelle. Das elektrische Feld („Amplitudendichte") über der Apertur lässt sich durch die Aperturfunktion $\underline{P}(x, y)$ als komplexe Amplitude beschreiben:

$$\underline{P}(x, y) = |\underline{P}(x, y)| \, \mathrm{e}^{\mathrm{j}\varphi(x,y)} \,. \tag{2.128}$$

Ein Flächenelement $\mathrm{d}A$ der Aperturblende liefert folgenden Beitrag $\mathrm{d}\underline{E}$ zum elektrischen Feld am Ort $\mathbf{B}$ im Beobachtungsraum:

$$\mathrm{d}\underline{E}(X,Y,Z) = \underline{P}(x,y)\,\mathrm{d}A\,\frac{1}{r}\,\mathrm{e}^{\mathrm{j}(2\pi f r - \omega t)}\,. \tag{2.129}$$

Der erste Faktor ist die Aperturfunktion $\underline{P}(x,y)$, der letzte stellt die Wellenfunktion der vom Punkt (x,y) ausgehenden Kugelwelle dar. Die Koordinaten in der Aperturebene werden mit Kleinbuchstaben (x,y) bezeichnet, die Koordinaten im Raum mit (X,Y,Z). Die z-Achse des Koordinatensystems fällt mit der optischen Achse zusammen, verläuft also senkrecht zur Apertur. Die Entfernung r des Punktes $\mathbf{B}$ von der Apertur ist gegeben durch

$$r = \sqrt{(X-x)^2 + (Y-y)^2 + Z^2}\,. \tag{2.130}$$

Die Ortsfrequenz des Lichtes beträgt $f = \frac{1}{\lambda} = \frac{1}{2\pi}\|\mathbf{k}\|$ in der Einheit m^{-1}, wobei $\mathbf{k} \in \mathbb{R}^3$ den Wellenvektor bezeichnet. Die Kreisfrequenz beträgt $\omega = 2\pi\nu$ mit der Frequenz $\nu = \frac{1}{T} = \frac{c}{\lambda}$ in der Einheit $\mathrm{Hz} = \mathrm{s}^{-1}$.

Mit R wird der Abstand $\sqrt{X^2+Y^2+Z^2}$ zum Mittelpunkt der Apertur bezeichnet. Im Fraunhofer-Fall ist $R \gg X,Y \gg x,y$ und $R \approx Z$. Damit erhält man

$$\begin{aligned} r &\approx \sqrt{X^2 - 2xX + Y^2 - 2yY + Z^2} && (2.131)\\ &\approx \sqrt{R^2 - 2\,(xX + yY)} && (2.132)\\ &= R\sqrt{1 - 2\,\frac{xX+yY}{R^2}}\,. && (2.133) \end{aligned}$$

Nun entwickelt man die Funktion $R\sqrt{1-2\frac{\chi}{R^2}}$ als Taylor-Reihe um $\chi = 0$ und bricht nach dem linearen Glied ab:

$$r \approx R\left(1 - \frac{xX+yY}{R^2}\right)\,. \tag{2.134}$$

Diesen Ausdruck kann man nun in (2.129) einsetzen:[18]

$$\mathrm{d}\underline{E}(X,Y,Z)|_{Z\approx R} \approx \underline{P}(x,y)\,\mathrm{d}A\,\frac{1}{R}\,\mathrm{e}^{\mathrm{j}\left(2\pi f R\left(1-\frac{xX+yY}{R^2}\right)-\omega\,t\right)}\,. \tag{2.135}$$

[18] Da das Fernfeld betrachtet wird, hat man $R \to \infty$ und somit kann aufgrund von (2.134) im Nenner $r \approx R$ eingesetzt werden. Im Exponenten wird hingegen die Phase der elektromagnetischen Welle berechnet, sodass Entfernungen in der Größenordnung einer Wellenlänge relevant sind, weshalb hier die genauere Näherung (2.134) benötigt wird.

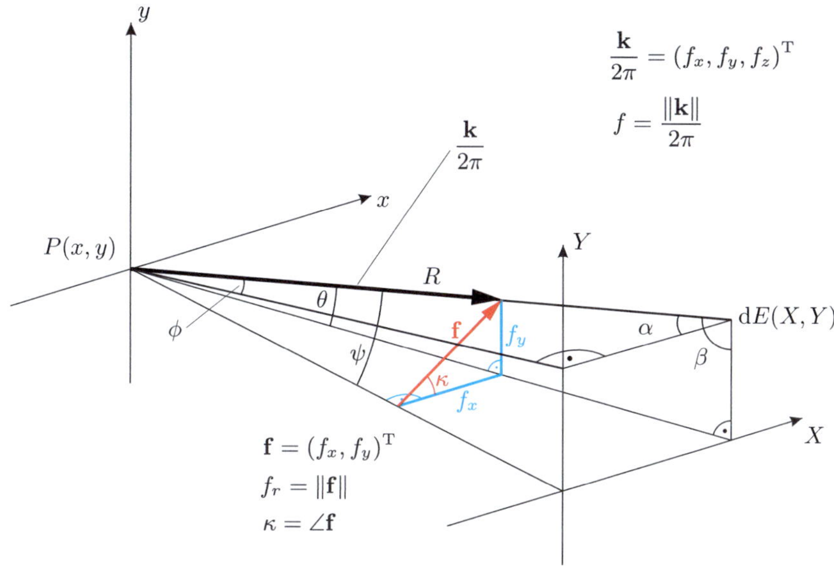

Abbildung 2.14. Geometrische Konstellation bei der Herleitung des Beugungsbildes.

Das gesamte elektrische Feld am Punkt (X, Y, Z) erhält man durch Integration dieser Gleichung über die Apertur:

$$\underline{E}(X, Y, Z)|_{Z \approx R} \approx \frac{1}{R}\,\mathrm{e}^{\mathrm{j}(2\pi f R - \omega t)} \iint \underline{P}(x, y)\,\mathrm{e}^{-\mathrm{j}2\pi f \frac{xX + yY}{R}}\,\mathrm{d}x\,\mathrm{d}y\,. \tag{2.136}$$

Aus Abb. 2.14 ergeben sich die folgenden trigonometrischen Zusammenhänge:

$$\frac{X}{R} = \sin\phi = \cos\alpha\,, \tag{2.137}$$

$$\frac{Y}{R} = \sin\theta = \cos\beta\,. \tag{2.138}$$

Damit lassen sich die Ortsfrequenzen f_x, f_y in der Bildebene ausdrücken als

$$f_x = f\cos\alpha = f\sin\phi = f\,\frac{X}{R}\,, \tag{2.139}$$

$$f_y = f\cos\beta = f\sin\theta = f\,\frac{Y}{R}\,. \tag{2.140}$$

Der Exponent im Integranden von (2.136) lässt sich nun umschreiben zu

$$-\mathrm{j}2\pi f\,\frac{xX + yY}{R} = -\mathrm{j}2\pi\,(f_x x + f_y y) \tag{2.141}$$

und die elektrische Feldstärke lässt sich als Funktion der Ortsfrequenz schreiben:

$$\underline{E}(f_x, f_y, R) = \frac{1}{R}\,\mathrm{e}^{\mathrm{j}(2\pi f R - \omega t)} \iint \underline{P}(x, y)\,\mathrm{e}^{-\mathrm{j}2\pi(f_x x + f_y y)}\,\mathrm{d}x\,\mathrm{d}y \tag{2.142}$$

$$= \frac{1}{R}\,\mathrm{e}^{\mathrm{j}(2\pi f R - \omega t)}\,\underline{E}(f_x, f_y) \tag{2.143}$$

mit

$$\underline{E}(f_x, f_y) := \iint \underline{P}(x, y)\,\mathrm{e}^{-\mathrm{j}2\pi(f_x x + f_y y)}\,\mathrm{d}x\,\mathrm{d}y \tag{2.144}$$

$$= \mathcal{F}\{\underline{P}(x, y)\}\,. \tag{2.145}$$

Das Doppelintegral entspricht dem Operator $\mathcal{F}\{\cdot\}$ der zweidimensionalen Fourier-Transformation (vgl. Kap. 8). Das elektrische Feld der Beugung ist also die Fourier-Transformierte der Aperturfunktion:

Satz 2.2: Fraunhofer-Beugung

Die Feldverteilung $\underline{E}(f_x, f_y)$ in der Bildebene im Abstand R von der Aperturebene ist die örtliche Fourier-Transformierte der Aperturfunktion $\underline{P}(x, y)$. Umgekehrt kann die Aperturfunktion als inverse Fourier-Transformierte des elektrischen Felds in der Bildebene berechnet werden:

$$\underline{E}(f_x, f_y) = \mathcal{F}\{\underline{P}(x, y)\} = \iint \underline{P}(x, y)\,\mathrm{e}^{-\mathrm{j}2\pi(f_x x + f_y y)}\,\mathrm{d}x\,\mathrm{d}y\,, \tag{2.146}$$

$$\underline{P}(x, y) = \mathcal{F}^{-1}\{\underline{E}(f_x, f_y)\} = \iint \underline{E}(f_x, f_y)\,\mathrm{e}^{\mathrm{j}2\pi(f_x x + f_y y)}\,\mathrm{d}f_x\,\mathrm{d}f_y\,. \tag{2.147}$$

◇

Entsprechend der Reziprozität der Fourier-Transformation ergibt sich folgender qualitativer Zusammenhang zwischen der Größe der Apertur und des Beugungsbildes:

- Eine kleine Apertur, z. B. eine Lochblende oder ein enger Spalt, bewirkt eine breite Fourier-Transformierte. Das elektrische Feld in der Bildebene erstreckt sich bis zu großen X-, Y-Werten bzw. großen Winkeln ϕ, θ. Bei kleiner Apertur sind Beugungseffekte besonders stark ausgeprägt.
- Eine große Apertur, z. B. eine Linse oder ein breiter Spalt, bewirkt ein örtlich eng begrenztes Beugungsbild. Mit größer werdender Apertur sinkt der Einfluss der Beugung und kann schließlich vernachlässigt werden.

Um die Fraunhofer'sche Beugung in endlicher Entfernung zur Apertur beobachten zu können, sind optische Hilfsmittel erforderlich, da sich die Beobachtung in unendlichem Abstand von der Apertur nicht direkt realisieren lässt. Abbildung 2.15 zeigt einen entsprechenden Aufbau. Eine Punktlichtquelle befindet sich im

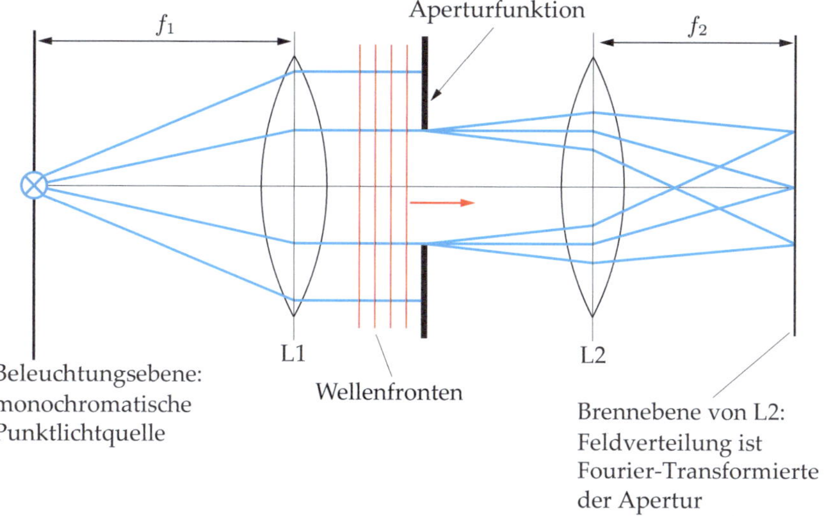

Abbildung 2.15. Realisierung der optischen Fourier-Transformation auf der Grundlage der Beugung.

Brennpunkt einer Sammellinse L1, sodass eine Beleuchtung der Aperturebene mit ebenen Wellen erreicht wird. Eine zweite Linse L2 bildet das Fraunhofer'sche Beugungsbild vom Unendlichen auf einen Schirm ab. Dieser Schirm wird im Abstand der Brennweite von der Linse positioniert (vgl. Kap. 3). Das elektrische Feld in dieser Brennebene entspricht der Fourier-Transformierten der Aperturfunktion.

Nun werden die Beugungsmuster einiger Aperturen betrachtet.

Beispiel 2.4 (Beugung am Einzelspalt): Die einfachste Apertur ist ein einzelner Spalt. Der Spalt sei parallel zur y-Achse angeordnet, in y-Richtung unendlich ausgedehnt und besitze in x-Richtung die Breite d (Abb. 2.16). Dann lautet die Aperturfunktion:[19]

$$P(x, y) = P_0 \operatorname{rect}\left(\frac{x}{d}\right) 1(y)\,. \tag{2.148}$$

Das elektrische Feld nach der Beugung am Einzelspalt erhält man als Fourier-

[19] In diesem und den folgenden Beispielen sind sowohl die Aperturfunktion $P(x, y)$ als auch das elektrische Feld $E(x, y)$ reell und werden daher ohne Unterstrich notiert.

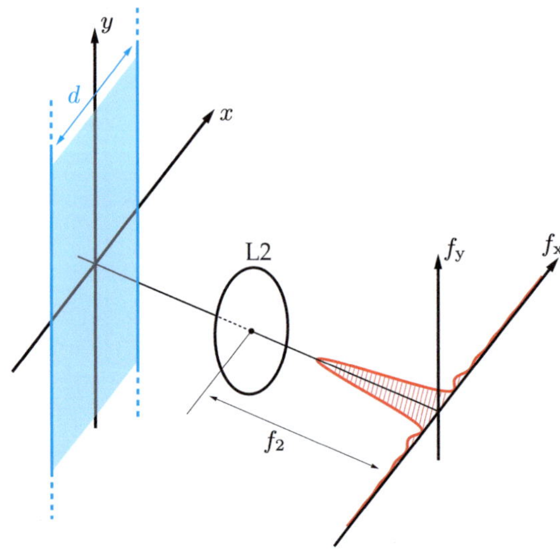

Abbildung 2.16.
Beugung am Einzelspalt. Das Beugungsbild wird von der Linse L2 auf einen Schirm im Endlichen abgebildet.

Transformierte der Aperturfunktion:

$$E(f_x, f_y) = \mathcal{F}\{P(x,y)\} = \underbrace{P_0\, d\, \mathrm{sinc}(d\, f_x)}_{E(f_x)}\, \delta(f_y)\,, \tag{2.149}$$

$$E(f_x) = P_0\, d\, \frac{\sin(\pi\, d\, f_x)}{\pi\, d\, f_x}\,. \tag{2.150}$$

Setzt man

$$\gamma := \pi\, d\, f_x = \pi\, d\, f \sin\phi\,, \tag{2.151}$$

kann man dies schreiben als

$$E(\gamma) = P_0\, d\, \frac{\sin\gamma}{\gamma}\,. \tag{2.152}$$

Die Intensität ist proportional zum Quadrat der elektrischen Feldstärke,

$$I(\gamma) = I_0 \left(\frac{\sin\gamma}{\gamma}\right)^2\,. \tag{2.153}$$

Intensitätsminima erhält man für

$$\sin\gamma = 0 \,\wedge\, \gamma \neq 0 \qquad \Rightarrow \qquad \gamma = n\,\pi\,,\; n = \pm1, \pm2, \pm3, \ldots\,, \tag{2.154}$$

wegen (2.151) und $f = \frac{1}{\lambda}$ also für

$$\sin\phi = n\,\frac{\lambda}{d}\,. \tag{2.155}$$

Die Maxima lassen sich nicht unmittelbar ablesen. Daher bildet man die Ableitung von $I(\gamma)$ gemäß der Quotientenregel und berechnet deren Nullstellen:

$$0 = \frac{\mathrm{d}I(\gamma)}{\mathrm{d}\gamma} = I_0 \, \frac{2\sin\gamma\,(\gamma\cos\gamma - \sin\gamma)}{\gamma^3}\,. \tag{2.156}$$

Ein Maximum erhält man für $\gamma = 0$. Die übrigen Lösungen von $\sin\gamma = 0$ stellen, wie bereits gezeigt, Minima der Intensität dar. Die weiteren Maxima sind gegeben durch die Gleichung

$$\gamma\cos\gamma - \sin\gamma = 0 \qquad \Leftrightarrow \qquad \tan\gamma = \gamma\,, \tag{2.157}$$

die nur numerisch gelöst werden kann. Eine gute Näherungslösung für höhere Beugungsordnungen n ergibt sich zu

$$\gamma \approx (n + \tfrac{1}{2})\,\pi\,, \qquad n = \pm 1, \pm 2, \pm 3, \ldots \tag{2.158}$$

$$\sin\phi \approx (n + \tfrac{1}{2})\,\frac{\lambda}{d}\,. \tag{2.159}$$

Abbildung 2.17 zeigt den berechneten Intensitätsverlauf gemäß (2.153). Die Intensitätsmaxima liegen bei $\gamma = 0$; $\pm 1{,}43\pi$; $\pm 2{,}46\pi$; $\pm 3{,}47\pi$; ..., die Nullstellen der Intensität bei $\gamma = \pm\pi$; $\pm 2\pi$; $\pm 3\pi$; ...

An (2.155), (2.159) sieht man, dass für $d \gg \lambda$ die Winkel ϕ der Beugungsextrema gegen null streben und mithin die Ausdehnung der Beugungserscheinung vernachlässigbar wird. Für einen im Vergleich zur Wellenlänge breiten Spalt treten Beugungseffekte daher nur in einer verschwindend kleinen Nach-

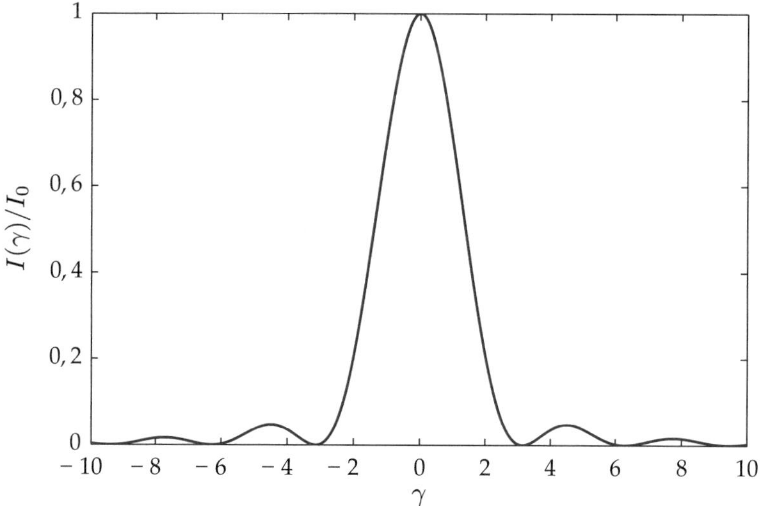

Abbildung 2.17. Intensitätsverteilung bei der Beugung am Einzelspalt.

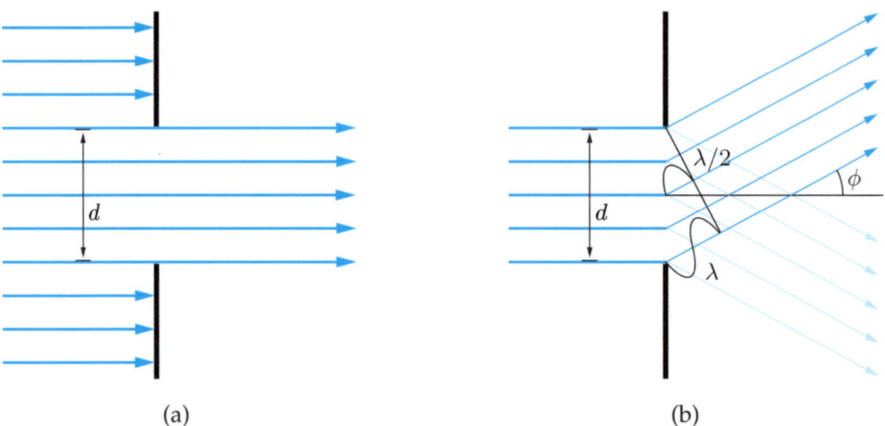

Abbildung 2.18. Anschauliche Erklärung der Beugung am Einzelspalt: (a) zentrales Intensitätsmaximum, alle Strahlen sind phasengleich; (b) Intensitätsminimum, Strahlen mit dem Abstand $\frac{d}{2}$ in der Aperturebene sind gegenphasig (nach [24]).

barschaft des Bildes auf, sodass die geometrische Optik den Abbildungsvorgang in guter Näherung beschreibt. Für eine Spaltbreite d in einer Größenordnung vergleichbar zur Wellenlänge λ sind die Beugungsminima und -maxima hingegen bei signifikant großen Winkeln ϕ zu beobachten, sodass eine wellenoptische Betrachtung erforderlich wird.

Der Dirac-Impuls $\delta(f_y)$ in (2.149) besagt, dass mit dem Aufbau von Abb. 2.15 nur für $f_y \to 0$ ein Beugungsmuster zu sehen ist (zu Dirac-Impulsen siehe Abschn. 8.2.2). Das Fraunhofer'sche Beugungsmuster wird im Winkel $\theta = 0$ parallel zur optischen Achse abgestrahlt und von der Linse auf die f_x-Achse fokussiert (siehe Abb. 2.16).

Anhand des Einzelspalts kann auch eine anschauliche Erklärung des Beugungseffekts gegeben werden. Licht in Ausbreitungsrichtung der einfallenden Lichtwelle ist in Phase und bildet das zentrale Intensitätsmaximum (Abb. 2.18). Die erste Nullstelle der Intensität liegt für $\sin\phi = \frac{\lambda}{d}$ vor. Wenn Licht nach dem Huygens'schen Prinzip den Einzelspalt in diese Richtung ϕ verlässt, liegt zwischen dem Randstrahl und dem mittleren Strahl eine Phasenverschiebung um $\frac{\lambda}{2}$ vor, sodass die beiden Strahlen destruktiv interferieren. Ebenso gibt es auch für jeden weiteren Strahl des Bündels einen Strahl mit einer relativen Phasenverschiebung von $\frac{\lambda}{2}$, nämlich denjenigen Strahl, der den Spalt im Abstand $\frac{d}{2}$ passiert. Insgesamt löschen sich daher alle Strahlenpaare gegenseitig aus, sodass in Richtung ϕ ein Intensitätsminimum beobachtet wird. ■

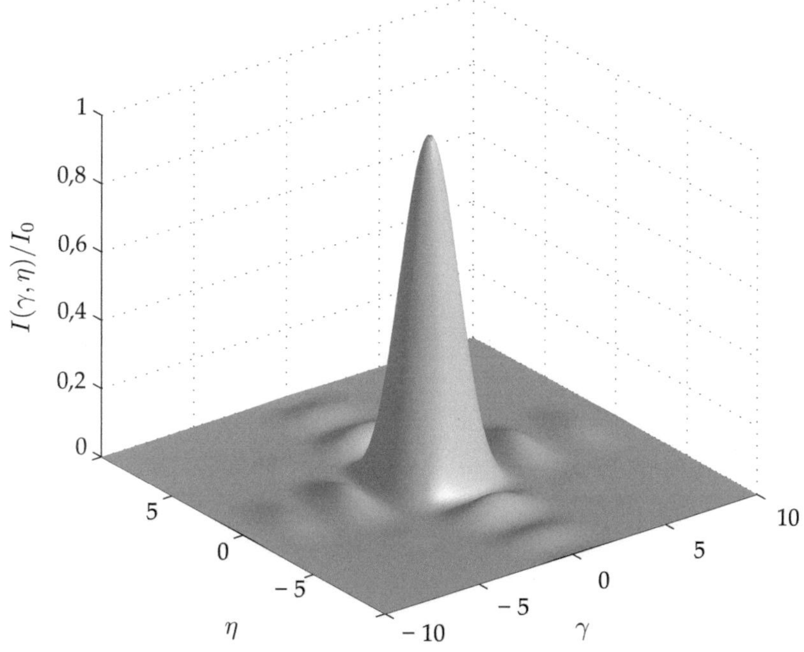

Abbildung 2.19. Intensitätsverteilung bei der Beugung an einer Rechteckblende.

Beispiel 2.5 (Beugung an einer Rechteckblende): Eine Rechteckblende mit den Abmessungen $c \times d$ kann als zweidimensionale Verallgemeinerung des Einzelspalts aufgefasst werden. Sie hat die Aperturfunktion

$$P(x,y) = P_0 \operatorname{rect}\left(\frac{x}{c}\right) \operatorname{rect}\left(\frac{y}{d}\right) . \tag{2.160}$$

Die Fourier-Transformation liefert das elektrische Feld in der Bildebene,

$$E(f_x, f_y) = \mathcal{F}\{P(x,y)\} = P_0\, c\, d \operatorname{sinc}(c\, f_x) \operatorname{sinc}(d\, f_y) . \tag{2.161}$$

Für die Intensität des Beugungsmusters erhält man

$$I(\gamma,\eta) = I_0 \left(\frac{\sin\gamma}{\gamma}\right)^2 \left(\frac{\sin\eta}{\eta}\right)^2 \tag{2.162}$$

mit

$$\gamma = \pi\, c\, f_x = \pi\, c\, f \sin\phi , \tag{2.163}$$

$$\eta = \pi\, d\, f_y = \pi\, d\, f \sin\theta . \tag{2.164}$$

Abbildung 2.19 zeigt das entstehende Beugungsmuster. ∎

Beispiel 2.6 (Beugung an einer Lochblende): Die Beugung an einer kreisförmigen Blende ist in der Praxis von großer Bedeutung, da die meisten abbildenden Systeme kreisförmige Linsen und Blenden verwenden. Die Aperturfunktion einer Lochblende vom Durchmesser D ist gegeben durch

$$P(x,y) = P_0 \operatorname{rect}\left(\frac{\|\mathbf{x}\|}{D}\right) = \begin{cases} P_0 & \text{für } \sqrt{x^2+y^2} \leq \frac{1}{2}D \\ 0 & \text{sonst} \end{cases} . \tag{2.165}$$

Um das Beugungsbild berechnen zu können, wird zunächst eine Koordinatentransformation zu Polarkoordinaten für Ort und Ortsfrequenz durchgeführt (vgl. Abb. 2.14 auf S. 61):

$$x = r\cos\varphi\,, \qquad y = r\sin\varphi\,, \tag{2.166}$$

$$f_x = f_r\cos\kappa\,, \qquad f_y = f_r\sin\kappa\,. \tag{2.167}$$

Damit hat man

$$P(r,\varphi) = P_0 \operatorname{rect}\left(\frac{r}{D}\right) = \begin{cases} P_0 & \text{für } r \leq \frac{1}{2}D \\ 0 & \text{sonst} \end{cases} . \tag{2.168}$$

Für die Fourier-Transformierte dieser Aperturfunktion erhält man

$$E(f_r,\kappa) = \mathcal{F}\{P(r,\varphi)\} = \int_0^{\frac{1}{2}D}\int_0^{2\pi} P_0\,\mathrm{e}^{-\mathrm{j}2\pi f_r r\cos(\varphi-\kappa)}\,\mathrm{d}\varphi\, r\,\mathrm{d}r\,, \tag{2.169}$$

wobei sich das Argument der Exponentialfunktion mit Hilfe der trigonometrischen Additionstheoreme aus (2.166), (2.167) ergibt.

Da $P(r,\varphi)$ nicht explizit von φ abhängt, handelt es sich um eine rotationssymmetrische Funktion. Somit ist auch $E(f_r,\kappa)$ rotationssymmetrisch, d. h. konstant bezüglich κ. Daher genügt es, das Integral für einen Wert von κ auszurechnen. Hier wird $\kappa = 0$ gewählt.

Die Lösung des Integrals wird mit Hilfe der Bessel-Funktionen erster Art angegeben. Sie sind definiert durch

$$J_n(z) = \frac{\mathrm{j}^{-n}}{2\pi}\int_0^{2\pi} \mathrm{e}^{\mathrm{j}(z\cos\xi+n\xi)}\,\mathrm{d}\xi \tag{2.170}$$

und erfüllen

$$J_n(-z) = (-1)^n J_n(z) \tag{2.171}$$

sowie

$$\int_0^x \xi\, J_0(\xi)\, \mathrm{d}\xi = x\, J_1(x)\,. \tag{2.172}$$

Damit erhält man für die elektrische Feldstärke bei der Beugung an einer Lochblende:

$$E(f_r) = P_0 \int_0^{\frac{1}{2}D} \int_0^{2\pi} P_0\, \mathrm{e}^{-\mathrm{j}2\pi f_r r \cos\varphi}\, \mathrm{d}\varphi\, r\, \mathrm{d}r \tag{2.173}$$

$$= P_0 \int_0^{\frac{1}{2}D} 2\pi\, J_0(2\pi f_r r)\, r\, \mathrm{d}r\,, \tag{2.174}$$

wobei das Vorzeichen im Exponenten wegen (2.171) entfallen kann. Unter Verwendung von (2.172) folgt weiter

$$E(f_r) = 2\pi\, P_0\, \frac{D}{2}\, \frac{J_1(\pi f_r D)}{2\pi f_r}\,. \tag{2.175}$$

Setzt man nun

$$\gamma := \pi\, f_r\, D = \frac{\pi}{\lambda}\, D \sin\psi \tag{2.176}$$

mit dem Winkel ψ zwischen dem Wellenvektor **k** und der optischen Achse wie in Abb. 2.14, so ergibt sich

$$E(\gamma) = \frac{\pi}{2}\, P_0\, D^2\, \frac{J_1(\gamma)}{\gamma}\,. \tag{2.177}$$

Durch Quadrieren dieses Ausdrucks erhält man die Intensität des Beugungsmusters einer Lochblende [24]:

$$I(\gamma) = 4\, I_0\, \frac{J_1^2(\gamma)}{\gamma^2}\,. \tag{2.178}$$

Das Hauptmaximum der Intensität liegt für $\gamma = 0$ vor. Eine numerische Lösung liefert für das erste Minimum $\gamma \approx 3{,}83$ und

$$\psi \approx \sin\psi \approx 3{,}83\, \frac{\lambda}{\pi D} \approx 1{,}22\, \frac{\lambda}{D}\,. \tag{2.179}$$

Das Beugungsbild einer kreisförmigen Apertur ist in Abb. 2.20 dargestellt. Die ringförmigen Intensitätsstrukturen bezeichnet man als Airy-Ringe bzw. **Airy-Scheibchen**. ■

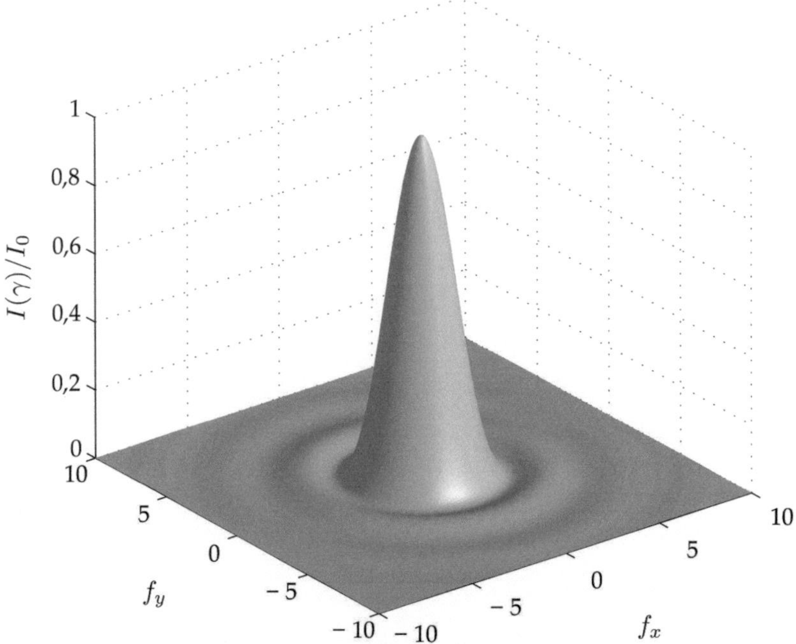

Abbildung 2.20. Intensitätsverteilung bei der Beugung an einer kreisförmigen Lochblende.

Das **Babinet'sche Prinzip** besagt, dass komplementäre Aperturen das gleiche Fraunhofer'sche Beugungsbild erzeugen [5, 24]. Zwei Aperturen heißen komplementär, wenn die erste Apertur genau dort undurchsichtig ist, wo die zweite Apertur transparent ist und umgekehrt. Beide Aperturen hintereinander dunkeln die Lichtquelle vollständig ab [5]. Die beiden Aperturen $P_1(\mathbf{x})$, $P_2(\mathbf{x})$ seien o. B. d. A. gegeben durch

$$P_1(\mathbf{x}) : \mathbb{R}^2 \to \{0, 1\}, \tag{2.180}$$

$$P_2(\mathbf{x}) = 1 - P_1(\mathbf{x}). \tag{2.181}$$

Ihre Fraunhofer'schen Beugungsbilder lassen sich mittels der Fourier-Transformation berechnen:

$$\mathcal{F}\{P_2\} = \mathcal{F}\{1\} - \mathcal{F}\{P_1\} \tag{2.182}$$

$$\Leftrightarrow \quad E_2(\mathbf{f}) = \delta(\mathbf{f}) - E_1(\mathbf{f}) \qquad \text{mit} \quad \mathbf{f} = (f_x, f_y)^{\mathrm{T}}. \tag{2.183}$$

Abseits des Ursprungs $\mathbf{f} = \mathbf{0}$ gilt also

$$E_2(\mathbf{f}) = -E_1(\mathbf{f}). \tag{2.184}$$

Da die Intensität proportional zum Quadrat der elektrischen Feldstärke ist, stimmen die Beugungsmuster einer Apertur und ihres Komplements bis auf den Unterschied im Ursprung, der dem Gleichanteil entspricht, überein [52].

Eine Anwendung des Beugungseffekts ist die spektrale Zerlegung des Lichts. Die Lage der Beugungsmaxima ist wellenlängenabhängig, wie z. B. (2.159) zeigt. Daher können Gitterstrukturen eingesetzt werden, um das einfallende Licht abhängig von seiner Wellenlänge in unterschiedliche Richtungen abzulenken [37, 43]. Anschließend kann aus der gemessenen örtlichen Intensitätverteilung auf die spektrale Intensitätsverteilung rückgeschlossen werden (siehe Abschn. 6.11).

2.2.6.1 Auflösung abbildender Systeme

Die Auflösung eines optischen Systems ist seine Fähigkeit, aus unterschiedlichen Objekten unterscheidbare Bilder zu erzeugen. Eine Maßzahl für die Auflösung erhält man aus dem Beobachtungswinkel, unter dem zwei Objekte gerade noch im Bild unterscheidbar sind. Ein kleiner Beobachtungswinkel impliziert häufig einen kleinen Abstand zwischen den beiden Objekten, z. B. bei mikroskopischen Aufnahmen. Bei Aufnahmen weit entfernter Objekte, etwa mit Teleskopen, muss das aber nicht zwangsläufig der Fall sein.

Das physikalisch erreichbare Auflösungsvermögen eines optischen Systems ist durch die Beugung beschränkt. Ebenso wird die Schärfe eines Bildpunkts durch die Beugung begrenzt.

Bei der Entstehung eines Bildes überlagern sich die Beugungsmuster aller Objektpunkte in der Bildebene additiv. Für die folgenden Überlegungen werden zwei punktförmige Objekte, z. B. zwei Punktlichtquellen, betrachtet (Abb. 2.21).

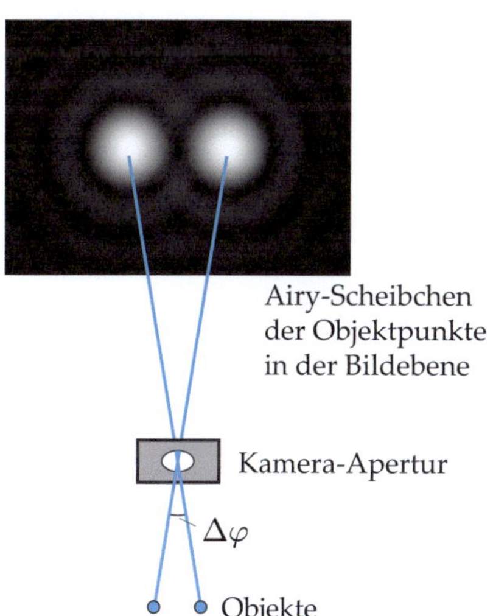

Abbildung 2.21. Bei der optischen Abbildung zweier Objektpunkte überlagern sich ihre Beugungsmuster in der Bildebene.

Außerdem wird eine kreisförmige Apertur vom Durchmesser D angenommen, wie sie bei den meisten abbildenden Systemen vorliegt. Gemäß Bsp. 2.6 erzeugen die beiden Objekte in diesem Fall rotationssymmetrische Beugungsmuster, die sogenannten Airy-Scheibchen. Bei Weißlicht entsteht eine Überlagerung der Airy-Scheibchen der verschiedenen Wellenlängen. Da die Ausdehnung des Beugungsmusters wellenlängenabhängig ist, sind dann keine scharfen Minima und Maxima mehr zu erkennen. Vielmehr erscheint das punktförmige Objekt als unscharfe Scheibe.

Die Beugungsmuster besitzen prinzipiell eine unendliche Ausdehnung, jedoch fällt ihre Intensität nach den ersten Beugungsordnungen rasch ab. Bei einem großen Winkelabstand der beiden Objekte liegt daher eine praktisch vollständige Trennung der Beugungsmuster in der Bildebene vor. Die Auflösung der beiden Bilder ist problemlos möglich.

Verkleinert man den Winkel $\Delta\varphi$ zwischen den beiden Objekten, rücken die beiden Beugungsbilder näher zusammen und überlappen schließlich signifikant. Trotzdem können sie bei genügend großem Abstand der beiden Hauptmaxima noch auflösbar sein; siehe Abb. 2.22(a). Bei weiter zunehmender Überlappung kann man schließlich die beiden Objekte im Bild nicht mehr unterscheiden; siehe Abb. 2.22(d). Wann diese Grenze erreicht ist, kann mit Hilfe verschiedener Kriterien ausgedrückt werden [24]. Eine Möglichkeit ist das **Rayleigh-Kriterium**: Zwei Bilder gelten als gerade noch auflösbar, wenn das Zentrum des einen Airy-Scheibchens mit dem ersten Minimum des zweiten Beugungsmusters zusammenfällt; siehe Abb. 2.22(b). Für den Winkel $\Delta\varphi$, unter dem die beiden Objekte beobachtet werden, bedeutet das

$$\Delta\varphi = \psi_{\min}\,, \tag{2.185}$$

wobei der Winkel $\psi_{\min}$ des ersten Beugungsminimums nach (2.179) gegeben ist, sodass man

$$\Delta\varphi \approx 1{,}22\,\frac{\lambda}{D} \tag{2.186}$$

erhält. Das Auflösungsvermögen lässt sich durch den Kehrwert dieses Winkels quantifizieren:

$$\frac{1}{\Delta\varphi} \propto \frac{D}{\lambda}\,. \tag{2.187}$$

Möglichkeiten zur Steigerung des Auflösungsvermögens sind daher die Vergrößerung des Blendendurchmessers D und die Verwendung einer kürzeren Wellenlänge λ. Beide Maßnahmen sind jedoch nur begrenzt technisch umsetzbar oder mit anderen Nachteilen verbunden, etwa einer geringeren Schärfentiefe (siehe Abschn. 3.4.4).

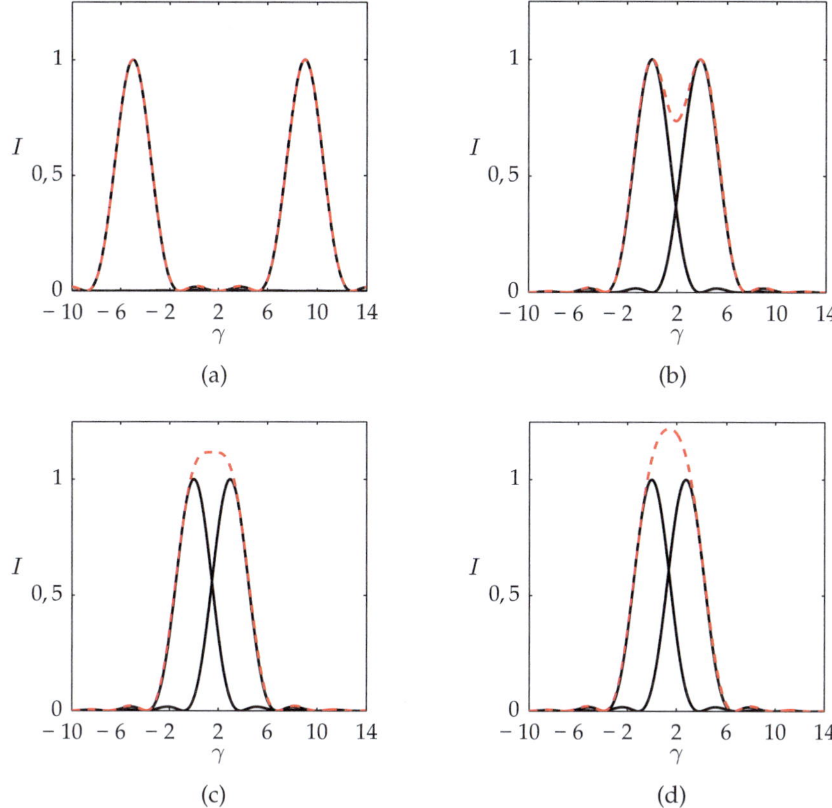

Abbildung 2.22. Auflösung abbildender Systeme im Fall der additiven Überlagerung zweier Airy-Beugungsmuster: (a) eindeutig auflösbare Beugungsbilder; (b) Rayleigh-Kriterium; (c) Sparrow-Kriterium; (d) nicht mehr auflösbare Beugungsbilder.

Die Beugung stellt eine physikalische Grenze für das maximal erreichbare Auflösungsvermögen eines abbildenden Systems dar, die sich nicht umgehen lässt. Ein optisches System heißt **beugungsbegrenzt**, falls alle geometrischen Abbildungsfehler gegenüber der Beugung vernachlässigt werden können, sodass Auflösung und Schärfe im Wesentlichen durch Beugungseffekte bestimmt werden.

Das **Sparrow-Kriterium** beschreibt die absolute Grenze der Auflösbarkeit zweier Beugungsbilder durch einen menschlichen Betrachter. Zwei Airy-Muster sind nicht mehr unterscheidbar, wenn die Intensität zwischen den beiden Hauptmaxima nicht abnimmt; siehe Abb. 2.22(c). Mathematisch formuliert ist dieses Kriterium erfüllt, wenn die zweite Ableitung der Intensität in der Mitte zwischen den beiden Bildpunkten gleich null ist [24]. Für zwei Objektpunkte gleicher Helligkeit ist dies bei

$$\Delta\varphi \approx 0{,}95\,\frac{\lambda}{D} \tag{2.188}$$

der Fall.

Eine weitere Verbesserung der beugungsbedingten Auflösungsgrenze lässt sich mit Bildrestaurationsverfahren erreichen: Mit einer geeigneten Bildfilterung können die Beugungseffekte prinzipiell kompensiert werden (siehe Kap. 11). Der Erfolg einer solchen Bildrestauration hängt unter anderem vom Rauschen im Bildsignal und von der Genauigkeit des verwendeten Beugungs- und Abbildungsmodells ab.

2.2.7 Speckle

Wird kohärentes Licht an zufällig angeordneten Zentren gestreut, entsteht ein räumlich unregelmäßiges, zeitlich stabiles Interferenzmuster, das **Speckle** genannt wird. Speckle entsteht beispielsweise durch die Reflexion von kohärentem Licht an einer rauen Oberfläche (Abb. 2.23).

Jeder Oberflächenpunkt wirkt nach dem Huygens'schen Prinzip als punktförmige Quelle einer Kugelwelle mit der Phase des dort einfallenden Lichtes. Hat die Oberfläche eine unregelmäßige Struktur, so weist auch das räumliche Interferenzmuster eine unregelmäßige, körnig erscheinende Struktur auf, die dem Speckle (englisch für Flecken, Sprenkel) seinen Namen gab.

Die **Rauheit** R ist bestimmt durch die Fluktuationen des Oberflächenprofils. Es gibt verschiedene Kennwerte zur Quantifizierung der Rauheit. Eine einfache Möglichkeit ist die Differenz R_t von Maximum und Minimum des Oberflächenreliefs (vgl. Abb. 2.23).

Ist die Rauheit groß gegenüber der Wellenlänge, $R \gg \lambda$, dann sind die Phasen der Kugelwellen wegen der λ-Periodizität des Lichtes näherungsweise gleichverteilt auf $[0, 2\pi)$.

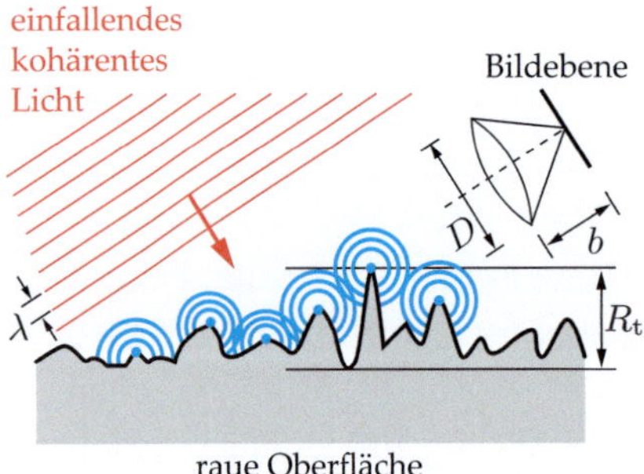

Abbildung 2.23.
Zur Entstehung von Speckle bei der Reflexion einer kohärenten Lichtwelle an einer rauen Oberfläche.

Beobachtet man die Reflexion mit einer Kamera, erzeugt jeder Objektpunkt in der Bildebene um das geometrische Abbild des Objektpunktes ein Beugungsbild der abbildenden Optik; im beugungsbegrenzten Fall und bei kreisförmiger Aperturblende ein Airy-Scheibchen. Die Beugungsbilder interferieren miteinander und im Bildsensor entsteht ein Intensitätsbild, das den Speckle zeigt (Abb. 2.24). Der mittlere Durchmesser μ_d der Specklekörner stimmt mit dem Durchmesser des zentralen Maximums des Airy-Scheibchens überein [30],

$$\mu_\mathrm{d} = 2\,\psi_\mathrm{min}\,b \approx 2{,}44\,\frac{\lambda}{D}\,b\,, \tag{2.189}$$

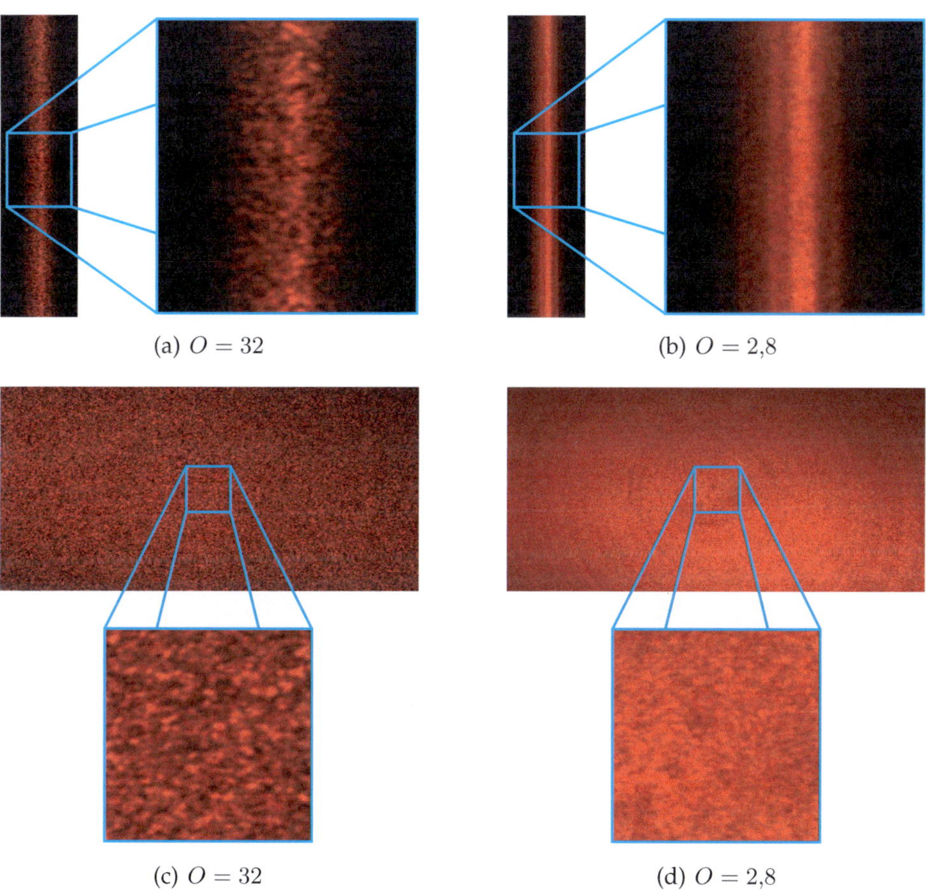

(a) $O = 32$ (b) $O = 2{,}8$

(c) $O = 32$ (d) $O = 2{,}8$

Abbildung 2.24. Speckle-Muster bei der Beobachtung des Streulichts eines Lasers der Wellenlänge $\lambda = 660$ nm auf einer mattweißen Oberfläche: (a) Laserlinie der Breite 1 mm, photographiert mit kleinem Blendendurchmesser; (b) Laserlinie bei großem Blendendurchmesser; (c), (d) zu einer Fläche von etwa 5 cm $\times$ 5 cm aufgeweiteter Laserstrahl. Die Brennweite des Kameraobjektivs beträgt $f = 100$ mm, die Gegenstandsweite ca. $g \approx 500$ mm.

wobei λ die Wellenlänge, D den lichtbündelbegrenzenden Durchmesser der Aufnahmeoptik und b die sogenannte Bildweite bezeichnet (vgl. Abb. 2.23 und Kap. 3). Abblenden, also Verkleinern von D bzw. Vergrößern der Blendenzahl $O := \frac{f}{D}$, vergrößert infolge der zunehmenden Beugung den Durchmesser der beobachteten Specklekörner.

Die Wahrscheinlichkeit, dass die Intensität $\mathtt{I}$ des Speckle in einem Intervall $[I_0, I_0 + \mathrm{d}I]$ zu liegen kommt, lässt sich auf Grundlage der Gleichverteilungsannahme der Phasenverschiebungen zwischen den kohärenten Elementarwellen berechnen [17]. Es resultiert eine Exponentialverteilung:

$$\Pr\{\mathtt{I} \in [I_0, I_0 + \mathrm{d}I]\} = f_{\mathtt{I}}(I_0)\,\mathrm{d}I = \frac{1}{\mathrm{E}\{\mathtt{I}\}}\,\mathrm{e}^{-\frac{I_0}{\mathrm{E}\{\mathtt{I}\}}}\,, \qquad I_0 \geq 0\,, \tag{2.190}$$

wobei $\mathrm{E}\{\mathtt{I}\}$ den Erwartungswert der Intensität bezeichnet. Für die Standardabweichung folgt daraus:

$$\sqrt{\mathrm{Var}\{\mathtt{I}\}} = \mathrm{E}\{\mathtt{I}\}\,. \tag{2.191}$$

Das bedeutet, dass die Intensitätsfluktuationen des Speckle in der Größenordnung des Mittelwertes sind. Zusätzlich nimmt die Wahrscheinlichkeitsdichte $f_{\mathtt{I}}(I)$ für $I = 0$ ihren Maximalwert an und fällt für höhere Intensitäten exponentiell ab. Der Intensitätswert „schwarz“ hat also die größte Wahrscheinlichkeit. Insgesamt erkennt man daran, dass das Speckle-Muster eine sehr kontrastreiche Erscheinung ist. Wegen der Positivität der Intensität und wegen (2.191) können die Fluktuationen des Speckle als multiplikatives Rauschen mit einer Korrelationslänge von ca. μ_{d} signaltheoretisch modelliert werden (zur mathematischen Beschreibung von Rauschen siehe Abschn. 8.5.3).

2.3 Licht als Quantenphänomen

Mit dem Modell einer elektromagnetischen Welle lassen sich alle Ausbreitungsphänomene, insbesondere Beugungs- und Interferenzerscheinungen von Licht, korrekt beschreiben und berechnen. Beim Nachweis von Licht mit einem Detektor allerdings kommt man alleine mit der elektrodynamischen Modellierung auf Basis der Maxwell-Gleichungen nicht mehr weiter. Zur Erklärung des Photoeffektes, bei dem aus einer Metalloberfläche durch Bestrahlung mit Licht Elektronen befreit werden, war lange unklar, warum dieser erst unterhalb einer gewissen Wellenlänge einsetzt und nicht ausschließlich von der Intensität des auftreffenden Lichts abhängt. Erst auf Basis der Quantenhypothese, die Max Planck im Jahr 1900 einführte, gelang es Albert Einstein, den Photoeffekt im Jahr 1905 schlüssig zu erklären (Nobelpreis hierfür 1921).

Um alle Erscheinungen bezüglich Licht befriedigend behandeln zu können, muss man Licht sowohl Wellencharakter als auch die Eigenschaften eines Teilchenstromes zugestehen (Welle-Teilchen-Dualismus). Die „Lichtteilchen" sind die Quanten des Lichts und werden **Photonen** genannt. Während für Fragen der Lichtausbreitung das Wellenbild adäquat ist, braucht man das Teilchenbild für das Verständnis der Detektion des Lichtes. Beide Sichten werden in der Quantenelektrodynamik vereinigt, die wir in diesem Buch aber nicht weiter vertiefen können [49].

Beim Nachweis von Licht kann aufgrund der extrem hohen zeitlichen Schwingungsfrequenz des zugehörigen elektrischen Feldes dieses nicht direkt in seinem zeitlichen Verlauf gemessen werden. Der Detektion zugänglich ist nur die energetische Wirkung des Lichts über die Anzahl eingefangener Photonen und deren Energie. Das Produkt aus der Anzahl absorbierter Photonen pro Zeit und Detektorfläche einerseits und der Photonenenergie andererseits entspricht der Intensität (Leistung pro Fläche), die im elektromagnetischen Bild proportional zum Quadrat der elektrischen Feldstärke ist.

Man kann nun im Sinne der Quantenphysik die elektrische Feldstärke als Wahrscheinlichkeitsamplitude für Photonen interpretieren [52]. Die daraus als Betragsquadrat berechnete Intensität lässt sich dann als Wahrscheinlichkeitsdichte für das Antreffen von Photonen in der elektromagnetischen Welle deuten. Im Rahmen der Quantenphysik sind das Wellenbild und das Teilchenbild also in stochastischer Weise miteinander verkoppelt. Die Messung der Intensität von Licht, die jedem Detektor von Licht zugrunde liegt, ist mithin ein Vorgang, der statistisch behandelt werden muss.

Photonen haben keine Ruhemasse. Ihre Energie hängt von der Frequenz ν des Lichts ab:

$$E_{\text{Photon}} = h\,\nu = \frac{h\,c}{\lambda}\,. \tag{2.192}$$

Die Proportionalitätskonstante $h \approx 6{,}626 \cdot 10^{-34}$ Js heißt **Planck'sches Wirkungsquantum** [24]. Die Lichtgeschwindigkeit im Vakuum wird wie gehabt mit c bezeichnet und die Vakuumwellenlänge mit λ.

Aus (2.192) folgt, dass eine Lichtwelle mit einem bestimmten Energiegehalt aus einer endlichen Anzahl Photonen besteht. Es gibt eine frequenzabhängige Minimalenergie, die eine Lichtwelle nicht unterschreiten kann, nämlich die Energie eines einzelnen Photons. Aus der Sicht des Teilchenmodells kann die Verteilung von Licht durch kontinuierliche Funktionen nicht exakt beschrieben werden, sondern es muss zusätzlich die Quantelung berücksichtigt werden. Kontinuierliche Funktionen wie z. B. die elektrische Feldverteilung eines Beugungsmusters (2.150) sind zu ersetzen durch Wahrscheinlichkeitsdichten über den Aufenthaltsort der Photonen.

Im Folgenden wird untersucht, welchen Einfluss die Quantelung auf die Bildaufnahme hat. Hierzu wird monochromatisches Licht der Wellenlänge λ angenommen. Die gemessene Intensität auf dem Bildsensor, die zu einem Bildwert g eines Bildpunkts führt, ist im Fall eines Sensors mit linearer Kennlinie proportional zum Produkt aus der Fläche A des Kamerapixels, der Bestrahlungsstärke E auf dem Sensor und der Belichtungszeit T:

$$g \propto E\,A\,T\,. \tag{2.193}$$

Entsprechend entsteht eine Bildwertdifferenz Δg durch eine Differenz ΔE der Bestrahlungsstärke:

$$\Delta g \propto \Delta E\,A\,T\,. \tag{2.194}$$

Dividiert man die rechte Seite durch die Energie E_{Photon} eines einzelnen Photons, so erhält man die Anzahl der Photonen. Allerdings detektiert ein Bildsensor nicht jedes einfallende Photon. Der Quantenwirkungsgrad $\alpha \in [0,1]$ des Bildsensors gibt an, welcher Anteil der auftreffenden Photonen tatsächlich registriert wird. Damit ergibt sich für die Anzahl der wirksamen Photonen μ_{e}, die im Mittel zu einer Bildwertdifferenz Δg führen:

$$\mu_{\mathrm{e}} = \frac{\Delta E\,A\,T}{E_{\mathrm{Photon}}}\,\alpha = \frac{\Delta E\,A\,T\,\lambda}{h\,c}\,\alpha\,. \tag{2.195}$$

Da das Prinzip eines Bildsensors darin besteht, Lichtenergie in elektrische Energie umzuwandeln, entspricht die mittlere Anzahl μ_{e} der wirksamen Photonen der Anzahl der erzeugten Elektronen.

Die Anzahl der wirksamen Photonen $\mathtt{n}_{\mathrm{e}}$ wird als Zufallsvariable mit dem Erwartungswert μ_{e} aufgefasst:

$$\mathrm{E}\{\mathtt{n}_{\mathrm{e}}\} = \mu_{\mathrm{e}}\,. \tag{2.196}$$

Wird das Strahlungsfeld des Lichts räumlich nicht zu stark eingeengt, was man in der Praxis der automatischen Sichtprüfung i. d. R. voraussetzen kann, weist die Zufallsvariable $\mathtt{n}_{\mathrm{e}}$ näherungsweise eine **Poisson-Verteilung** mit Erwartungswert μ_{e} auf [29,35]:

$$\mathtt{n}_{\mathrm{e}} \sim P_{\mathrm{Poisson}}(\mu_{\mathrm{e}}) = \mathrm{e}^{-\mu_{\mathrm{e}}}\,\frac{(\mu_{\mathrm{e}})^{n_{\mathrm{e}}}}{n_{\mathrm{e}}!}\,, \tag{2.197}$$

$$\mathrm{Var}\{\mathtt{n}_{\mathrm{e}}\} = \mathrm{E}\{(\mathtt{n}_{\mathrm{e}} - \mu_{\mathrm{e}})^2\} = \mu_{\mathrm{e}}\,. \tag{2.198}$$

Der Parameter μ_{e} der Poisson-Verteilung gibt sowohl ihren Erwartungswert als auch ihre Varianz an. Für den Bildaufnahmeprozess bedeutet die stochastische Verteilung der Photonenanzahl, dass der gemessene Bildwert mit einem Rauschsignal überlagert ist. Eine Fläche gleichmäßiger Helligkeit wird nicht immer auf den gleichen Bildwert abgebildet, sondern es treten zufällige Schwankungen in der Bildhelligkeit auf. Sowohl für benachbarte Bildpunkte derselben homogenen Fläche als auch im Verlauf des Bildwerts desselben Pixels über der Zeit in einer Bildserie aus mehreren aufeinanderfolgenden Aufnahmen einer statischen Szene können infolge dieses Quanteneffekts in der Praxis relevante Bildwertdifferenzen beobachtet werden.

Ein Maß für die Auswirkung dieser Stochastizität auf das Bildsignal ist das **Signal-Rausch-Verhältnis**:

$$SNR = \frac{\mathrm{E}\{\mathtt{n}_\mathrm{e}\}^2}{\mathrm{Var}\{\mathtt{n}_\mathrm{e}\}} = \mu_\mathrm{e}\,. \tag{2.199}$$

Die Bildsignalqualität ist daher umso besser, je größer die mittlere Anzahl der wirksamen Photonen μ_e ist. Gemäß (2.195) lässt sich dies erreichen durch

- eine hohe Bestrahlungsstärke E, z. B. durch helle Beleuchtung und einen großen Blendendurchmesser D,
- eine große Pixelfläche A auf dem Bildsensor,
- einen hohen Quantenwirkungsgrad α des Bildsensors,
- eine lange Belichtungszeit T
- oder durch langwelliges Licht mit energiearmen Photonen.

Für eine vertiefte Betrachtung des Signalrauschens von Bildsensoren, die weitere Rauscheinflüsse wie elektronisches Rauschen (Dunkelrauschen) und das Quantisierungsrauschen berücksichtigt, sei auf Abschn. 8.7 „Rauschen digitaler Bildsensoren“ verwiesen.

Beispiel 2.7 (Quanteneffekte auf dem Bildsensor): Die Auswirkungen der Quantenstatistik auf die Bildentstehung werden am Beispiel des CCD-Sensors DALSA FT18 demonstriert (vgl. Kap. 6). Es wird eine Wellenlänge $\lambda = 550\ \mathrm{nm}$ und die Belichtungszeit $T = 40\ \mathrm{ms}$ angenommen. Der Sensor hat Pixel der Größe $7\ \mu\mathrm{m} \times 7\ \mu\mathrm{m}$ und den Quantenwirkungsgrad $\alpha = 0{,}22$. Die Sättigungsladung eines Pixels liegt bei $4{,}5 \cdot 10^4$ Elektronen. Bei einer Quantisierung in 256 Bildwerte bedeutet dies, dass der Bildwert 255 der maximalen Bildhelligkeit $\mu_\mathrm{e} = 45\,000$ Elektronen entspricht. Die zugehörige Anzahl einfallender Photonen erhält man nach Division durch α zu $204\,545$. Einer Bildwertdifferenz von $\Delta g = 1$ entsprechen im Mittel 176 Elektronen oder 802 Photonen.

Gemäß (2.192) beträgt die Energie eines Photons $E_\mathrm{Photon} = 3{,}61 \cdot 10^{-19}$ J. Die Sättigungsbestrahlungsstärke, die dem maximalen Bildwert $g = 255$ entspricht, ist nach (2.195) gegeben durch

$$E_\text{Sättigung} = \frac{\mu_\mathrm{e}\, E_\mathrm{Photon}}{A\, T\, \alpha} \approx 0{,}038\ \mathrm{W/m^2}\,. \tag{2.200}$$

Das ist ein recht kleiner Wert verglichen mit der Bestrahlungsstärke der Sonne auf die Erde, die über das gesamte elektromagnetische Spektrum ca. $1\,000\ \mathrm{W/m^2}$ beträgt [45]. ∎

Beispiel 2.8 (Poisson-Prozess): Die Auswirkungen der Lichtquantelung auf die Bildaufnahme können mit Hilfe eines Poisson-Prozesses simuliert werden. Hierzu wird ein bekanntes Grauwertbild $g(\mathbf{x})$ verwendet. Für jedes Bildpixel $\mathbf{x}$ wird ein Poisson-Prozess $P_{\text{Poisson}}(\gamma\, g(\mathbf{x}))$ simuliert. Die resultierenden Grauwerte werden mit dem Faktor $\frac{1}{\gamma}$ normiert und wiederum in einem Bild $g_\gamma(\mathbf{x})$ angeordnet. Der Parameter γ entspricht der mittleren Anzahl der wirksamen Photonen, die eine Grauwertdifferenz von $\Delta g = 1$ bewirken. Für verschiedene Parameterwerte $\gamma = 10^i$ erhält man als Realisierungen der Zufallsprozesse Bilder mit

$$g_\gamma(\mathbf{x}) := \frac{n_\mathrm{e}(\mathbf{x})}{\gamma}, \qquad \mathrm{n_e}(\mathbf{x}) \sim P_{\text{Poisson}}(\gamma\, g(\mathbf{x}))\,. \tag{2.201}$$

Eine Bildserie, in der für ein gegebenes Grauwertbild $g(\mathbf{x})$ die Poisson-Verteilung der Photonenanzahl mit verschiedenen Parametern simuliert wurde, ist in Abb. 2.25 dargestellt. Die Abnahme der Standardabweichung der Grauwerte mit wachsendem γ ist deutlich zu sehen. Gemäß (2.199) beträgt das Signal-Rausch-Verhältnis $\mathit{SNR} = \gamma\, g(\mathbf{x})$, steigt also linear mit dem Parameter γ. Für $\gamma = 1$ ist der Erwartungswert der Poisson-Verteilung gleich $g(\mathbf{x})$. In diesem Fall löst ein einzelnes Photon eine Grauwertdifferenz von $\Delta g = 1$ aus. Für $\gamma = 10^3$ sind $1\,000$ Photonen erforderlich, um die nächste Quantisierungsstufe zu erreichen. Die Sättigung mit einem maximaler Grauwert von 255 wird bei $255\,000$ Photonen erreicht. Dieser Fall entspricht in etwa dem Bildsensor aus dem vorangegangenen Beispiel. ∎

2.4 Das Strahlenmodell der geometrischen Optik

Das Strahlenmodell des Lichtes ist ein gegenüber der Wellenoptik vereinfachtes Modell. Es ist in guter Näherung anwendbar, wenn alle relevanten Abmessungen deutlich größer sind als die Wellenlänge des Lichtes. Mit Hilfe des Strahlenmodells lässt sich die optische Abbildung mit Linsen und Spiegeln elementargeometrisch beschreiben (siehe Kap. 3).

Wie in Abschn. 2.2.1.1 erläutert, verläuft ein Lichtstrahl parallel zur Ausbreitungsrichtung der elektromagnetischen Welle und damit senkrecht zu den Wel-

Abbildung 2.25. Simulation der Poisson-verteilten Photonenanzahl bei der Bildaufnahme.

lenfronten. Innerhalb eines homogenen Mediums breiten sich Lichtstrahlen geradlinig aus.

In der geometrischen Optik vernachlässigt man die Welleneigenschaften des Lichtes und nimmt eine geradlinige Ausbreitung der Lichtstrahlen an. Dadurch lässt sich der Abbildungsvorgang elementargeometrisch beschreiben. Das wichtigste Hilfsmittel ist dabei der **Strahlensatz**, der in Anhang A.1 nachgelesen werden kann.

2.5 Zusammenfassung

In diesem Kapitel wurden bisher verschiedene Modelle für Licht vorgestellt. Jedes Modell beschreibt die Realität nur teilweise und approximativ. Wie gut die Näherung ist, hängt von der jeweiligen Anwendung ab. Dabei sind insbesondere die beiden folgenden Kriterien relevant:

- Ist die kleinste relevante Abmessung l des optischen Systems groß gegenüber der Wellenlänge λ des Lichtes? Falls ja, stellt die geometrische Optik ein geeignetes Modell dar, ansonsten sollten wellenoptische Effekte berücksichtigt werden.
- Wie groß ist die Photonenanzahl gemäß (2.195)? Bei kleiner Photonenanzahl muss die Photonenstatistik berücksichtigt werden, bei großer Photonenanzahl kann sie vernachlässigt werden.

Tabelle 2.2 fasst die Kriterien für die Anwendbarkeit der unterschiedlichen Betrachtungsweisen optischer Phänomene zusammen.

Tabelle 2.2. Anwendbarkeit verschiedener Modelle von Licht.

Abmessungen	Photonenanzahl	**geometrische Optik**	**Wellen-optik**	**Photonen-statistik**
$l \gg \lambda$	$\frac{\Delta E\, A\, T\, \lambda\, \alpha}{h\, c} \gg 1$	●		
$l \gg \lambda$		●		●
	$\frac{\Delta E\, A\, T\, \lambda\, \alpha}{h\, c} \gg 1$		●	
			●	●

2.6 Wechselwirkung von Licht und Materie

Wenn Licht auf Materie trifft, können verschiedene Wechselwirkungen auftreten, die eine Vielzahl von optischen Phänomenen zur Folge haben. Licht kann absorbiert und in Wärme umgewandelt werden, es kann gerichtet reflektiert oder diffus gestreut werden. Transparente und teiltransparente Materialien lassen einen Teil des Lichtes passieren (Transmission), wobei es an der Grenzfläche des Materials im Allgemeinen nicht geradlinig verläuft (Brechung).

2.6.1 Absorption

Bei der Absorption wird Licht von Materie aufgenommen und in andere Energieformen, vorwiegend in Wärme, umgewandelt [19]. Die Absorption beruht auf verschiedenen Mechanismen, wie z. B. der Anregung gebundener Elektronen auf höhere Energieniveaus durch die Energie eines Photons oder der Anregung von Molekülen und des Festkörpergitters zu Schwingungen, die ebenfalls energetisch gequantelt sind. Flüssigkeiten und Gase besitzen außerdem stoffabhängige gequantelte Rotationszustände, die ebenfalls bei der Absorption von Photonen angeregt werden können. Nach der Absorption werden die Photonen entweder mit einer geringeren Energie und somit größeren Wellenlänge erneut emittiert, oder ihre Energie wird vollständig durch weitere Wechselwirkungen, z. B. Stöße, im Medium strahlungslos in Wärme umgewandelt. Die Umwandlung in Wärmeenergie bezeichnet man als Dissipation. Bei leitfähigen Medien treten darüber hinaus elektrische Ströme auf, die durch das elektrische Feld der Lichtstrahlung hervorgerufen werden und ebenfalls zu einem Verlust an Strahlungsenergie führen.

Da die Photonenenergie nach (2.192) frequenzabhängig ist, variiert die Absorption häufig stark mit der Frequenz des Lichtes. Wie stark welche Spektralanteile absorbiert werden, hängt von den physikalischen und chemischen Eigenschaften der Atome, Moleküle bzw. Festkörperstruktur ab.

Die selektive Absorption bestimmter Spektralbereiche bei gleichzeitiger Reflexion des verbleibenden Lichts bewirkt, dass ein Objekt farbig erscheint. Wenn ein Objekt das gesamte sichtbare Licht absorbiert, erscheint es schwarz. Bekanntlich erwärmen sich solche Objekte besonders stark unter Lichteinstrahlung.

2.6.2 Reflexionsgesetz

Bei der Reflexion an einer Grenzfläche wird der betreffende Anteil des einfallenden Lichts in einem festen Ausfallswinkel wieder in dasselbe Medium abgestrahlt. Er passiert die Grenzfläche nicht. Der Ausfallsrichtung hängt ausschließlich von der Einfallsrichtung relativ zur Oberflächennormale ab. Der reflektierte Lichtstrahl verläuft in der **Einfallsebene**, die von einfallendem Lichtstrahl und Oberflächennormale aufgespannt wird.

Eine Herleitung des Reflexionsgesetzes ist mit Hilfe des Huygens'schen Prinzips möglich. Hierzu wird der Idealfall einer unendlich ausgedehnten ebenen Welle betrachtet. Die reflektierte Welle bewegt sich im selben Medium wie die einfallende, sodass sich sich beide Wellen mit der gleichen Geschwindigkeit ausbreiten. Wenn die einfallende Wellenfront, die in Abb. 2.26 durch den Punkt **A** geht, nach Zurücklegen der Strecke l_1 den Punkt **B** erreicht, hat sich die von **A** ausgehende Kugelwelle ebenfalls um $l_\mathrm{r} = l_1$ ausgebreitet, sodass gilt:

$$l_\mathrm{r} = l_1 \quad \Rightarrow \quad \theta_\mathrm{r} = \theta_1 \,. \tag{2.202}$$

Bei einer Reflexion sind also Einfallswinkel θ_1 und Ausfallswinkel θ_r gleich groß. Der Einfallswinkel ist der Winkel zwischen der Oberflächennormale $\mathbf{n}$ und der Orientierung des einfallenden Lichtstrahls, der Ausfallswinkel entsprechend der Winkel zwischen Oberflächennormale und Orientierung des ausfallenden Lichtstrahls. Für den Wellenvektor $\mathbf{k}_\mathrm{r}$ der reflektierten Welle gilt:

$$\mathbf{k}_\mathrm{r} = (\mathbf{I} - 2\,\mathbf{n}\,\mathbf{n}^\mathrm{T})\,\mathbf{k}_1 \,, \tag{2.203}$$

wobei $\mathbf{k}_1$ den Wellenvektor der einfallenden Lichtwelle, $\mathbf{n}$ den Normalenvektor der Grenzfläche und $\mathbf{I}$ die Einheitsmatrix bezeichnet [2,36]. Diese vektorielle Formulierung des Reflexionsgesetzes beschreibt nicht nur die Tatsache, dass Einfalls- und Ausfallswinkel gleich groß sind, sondern auch dass die Wellenvektoren von einfallender und reflektierter Welle komplanar zum Normalenvektor der Grenzfläche sind, dass also alle drei Vektoren in der Einfallsebene liegen.

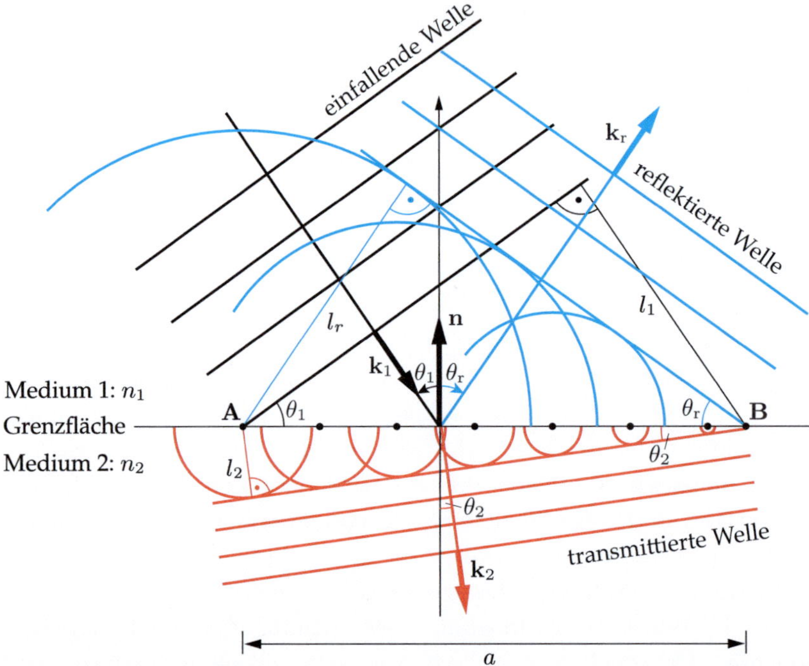

Abbildung 2.26. Herleitung des Reflexions- und Brechungsgesetzes mit Hilfe des Huygens'schen Prinzips in der Einfallsebene.

2.6.3 Brechungsgesetz

In Materie breitet sich Licht mit einer Geschwindigkeit v aus, die geringer als die Vakuumlichtgeschwindigkeit c ist. Nach (2.25) und (2.27) erhält man

$$v = \frac{c}{n} \, . \tag{2.204}$$

Der Brechungsindex n hängt vom Material und von der Lichtwellenlänge ab. Haben zwei Materialien 1 und 2 die Brechungsindizes $n_1 > n_2$, so nennt man Material 1 das optisch dichtere und Material 2 das optisch dünnere Medium.

Licht passiert zwei Medien von unterschiedlichem Brechungsindex im Allgemeinen nicht geradlinig, sondern wird an der Grenzfläche gebrochen. Dieser Sachverhalt lässt sich aus dem Huygens'schen Prinzip herleiten (siehe Abschn. 2.2.3). Eine Wellenfront einer schräg zur Grenzfläche einfallenden elektromagnetischen Welle trifft zum Zeitpunkt t auf den Punkt **A** der Grenzfläche in Abb. 2.26. Von dort geht eine Kugelwelle aus, die sich im Medium 2 mit abweichender Geschwindigkeit ausbreitet und zum Zeitpunkt $t + \Delta t$ die Ausdehnung l_2 erreicht hat. Zu diesem Zeitpunkt hat die einfallende Wellenfront den Punkt **B** erreicht und erzeugt dort eine weitere Kugelwelle. Die Überlagerung aller Kugelwellen im Medium 2, die von den Punkten der Grenzfläche ausgehen, ergibt eine ebene Wellenfront der transmittierten elektromagnetischen Welle. Aufgrund der unterschiedlichen Ausbreitungsgeschwindigkeiten verläuft diese Welle nicht parallel zur einfallenden Welle.

Den quantitativen Zusammenhang erhält man aus Abb. 2.26 wie folgt:

$$\Delta t = \frac{l_1}{v_1} = \frac{l_2}{v_2} \,. \tag{2.205}$$

Mit (2.204) folgt

$$l_1 n_1 = l_2 n_2 \,. \tag{2.206}$$

Der Winkel θ_1 zwischen dem Normalenvektor der Grenzfläche und der Ausbreitungsrichtung der einfallenden Welle heißt Einfallswinkel. Der entsprechende Winkel θ_2 der transmittierten Welle heißt Brechungswinkel [3]. Für diese Winkel erhält man aus den geometrischen Verhältnissen in Abb. 2.26:

$$\sin\theta_1 = \frac{l_1}{a} \,, \tag{2.207}$$

$$\sin\theta_2 = \frac{l_2}{a} \,. \tag{2.208}$$

Einsetzen dieser Beziehungen für l_1 und l_2 in (2.206) liefert das **Snell'sche Brechungsgesetz** (auch Snellius'sches Brechungsgesetz):

Satz 2.3: Snell'sches Brechungsgesetz

Beim Übergang von einem Medium mit Brechungsindex n_1 in ein Medium mit Brechungsindex n_2 gilt für Einfallswinkel θ_1 und Ausfallswinkel θ_2:

$$n_1 \sin\theta_1 = n_2 \sin\theta_2 \,. \tag{2.209}$$

Der gebrochene Lichtstrahl liegt dabei in der Einfallsebene, die vom einfallenden Lichtstrahl und der Oberflächennormalen aufgespannt wird. Beim Übergang in ein optisch dichteres Medium wird das Licht zum Lot (d. h. zur Oberflächennormale) hin gebrochen, beim Übergang in ein optisch dünneres Medium vom Lot weg. Nicht gebrochen wird senkrecht einfallendes Licht: $\theta_1 = 0 \;\Rightarrow\; \theta_2 = 0$. ◇

Auch das Brechungsgesetz kann in vektorieller Form angegeben werden. Für die Einheitsvektoren $\mathbf{s}_1$ und $\mathbf{s}_2$ in Richtung der Wellenvektoren $\mathbf{k}_1$ bzw. $\mathbf{k}_2$ der einfallenden bzw. gebrochenen Welle lässt sich aus Abb. 2.26 ableiten [15]:

$$\mathbf{s}_2 = \frac{n_1}{n_2}\left(\mathbf{s}_1 - \mathbf{n}\left(\mathbf{s}_1^{\mathrm{T}}\mathbf{n} + \sqrt{\left(\frac{n_2}{n_1}\right)^2 - 1 + \left(\mathbf{s}_1^{\mathrm{T}}\mathbf{n}\right)^2}\right)\right) \tag{2.210}$$

mit

$$\mathbf{k}_1 = \frac{2\pi}{\lambda_1}\mathbf{s}_1\,, \qquad \|\mathbf{s}_1\| = 1\,, \qquad\qquad \mathbf{k}_2 = \frac{2\pi}{\lambda_2}\mathbf{s}_2\,, \qquad \|\mathbf{s}_2\| = 1\,. \tag{2.211}$$

Mit Hilfe von

$$n_1\,\lambda_1 = n_2\,\lambda_2 \tag{2.212}$$

folgt daraus für den Wellenvektor $\mathbf{k}_2$ der gebrochenen Welle:

$$\mathbf{k}_2 = \frac{n_2}{n_1}\frac{2\pi}{\lambda_1}\,\mathbf{s}_2 \tag{2.213}$$

$$= \frac{2\pi}{\lambda_1}\left(\mathbf{s}_1 - \mathbf{n}\left(\mathbf{s}_1^{\mathrm{T}}\mathbf{n} + \sqrt{\left(\frac{n_2}{n_1}\right) - 1 + \left(\mathbf{s}_1^{\mathrm{T}}\mathbf{n}\right)^2}\right)\right)\Bigg|_{\mathbf{s}_1 = \frac{\lambda_1}{2\pi}\mathbf{k}_1} \tag{2.214}$$

$$= \mathbf{k}_1 - \mathbf{n}\left(\mathbf{k}_1^{\mathrm{T}}\mathbf{n} + \sqrt{\left(\frac{2\pi}{\lambda_1}\right)^2\left(\frac{n_2^2}{n_1^2} - 1\right) + \left(\mathbf{k}_1^{\mathrm{T}}\mathbf{n}\right)^2}\right)\,. \tag{2.215}$$

Das Brechungsgesetz bildet die Grundlage für die Konstruktion von optisch abbildenden Systemen wie Linsen und Objektiven [36].

Der Brechungsindex variiert mit der Wellenlänge des Lichts, sodass er für genauere Untersuchungen als Funktion der Wellenlänge notiert werden muss: $n = n(\lambda)$. Der Effekt der wellenlängenabhängigen Brechung heißt **Dispersion** [52]. Er ist bei verschiedenen Materialien unterschiedlich stark ausgeprägt. Die Dispersion kann genutzt werden, um das Spektrum des beobachteten Lichts zu analysieren (Abschn. 6.11). Beispielsweise kann ein Prisma verwendet werden, um das Licht in unterschiedliche Farbkomponenten aufzuspalten. Andererseits ist die Dispersion bei optischen Systemen häufig ein unerwünschter Effekt, der zu Abbildungsfehlern, den sogenannten chromatischen Aberrationen, führt (Abschn. 3.4.8.2).

2.6.4 Streuung

Neben der Reflexion gemäß dem Reflexionsgesetz, der Transmission und der Absorption lenken reale Oberflächen einen unterschiedlich großen Teil des einfallenden Lichtes in andere Richtungen ab. Dieses Licht wird als Streulicht bezeichnet:

Definition 2.1: Streulicht

Streulicht ist das Licht, das abseits der durch das Reflexions- und Brechungsgesetz (2.202), (2.209) bestimmten Reflexions- bzw. Transmissionsrichtungen von einer beleuchteten Oberfläche abgestrahlt wird. ◇

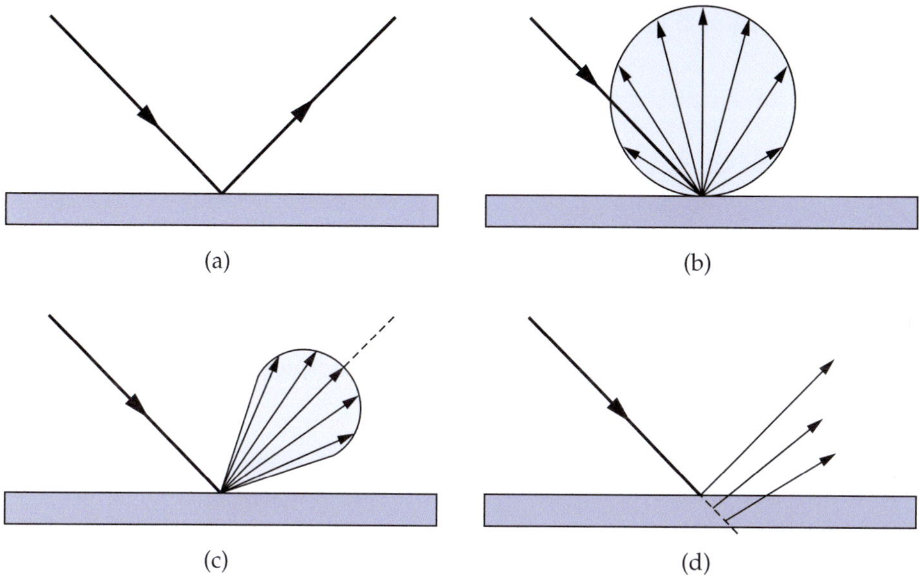

Abbildung 2.27. Verschiedene Streueigenschaften von Oberflächen: (a) perfekt spiegelnde Reflexion; (b) Lambert'sche Streuung; (c) schwach spiegelnde Reflexion; (d) Volumenstreuung.

Verschiedene Phänomene können die Ursache für die Streuung darstellen [29,44]. An rauen Oberflächen, die mikroskopische Unebenheiten in der Größenordnung der Lichtwellenlänge besitzen, weicht die lokale Oberflächenneigung von der makroskopischen Form ab. Daher kann einfallendes Licht in andere Richtungen reflektiert werden als die makroskopische Anwendung des Reflexionsgesetzes vorhersagt. Unter Umständen wird das Licht mehrfach an Oberflächenelementen mit zufällig verteilter Neigung reflektiert. Den Extremfall der perfekt diffusen Streuung bildet der Lambert'sche Strahler, bei dem die emittierte Strahldichte in alle Raumrichtungen gleich ist. Er erscheint daher aus allen Raumrichtungen gleich hell (siehe auch Kap. 4). Häufig sind Mischformen zwischen Streuung und Reflexion zu beobachten, z. B. die schwach spiegelnde Reflexion, bei der Emissionsrichtungen um die Richtung des Reflexionsgesetzes bevorzugt werden (Abb. 2.27). Ein anderes Phänomen ist die Volumenstreuung in teiltransparenten Materialien: Licht passiert mit einer gewissen Wahrscheinlichkeit die Grenzfläche und wird im Inneren des Materials in eine stochastisch verteilte Richtung reflektiert.

Streuung tritt auch an Partikeln auf, die sich in Gasen, z. B. in der Luft, befinden [19]. Darauf wird hier nicht weiter eingegangen, da solche Phänomene für die automatische Sichtprüfung von geringer Bedeutung sind. Die Streuwahrscheinlichkeit kann wellenlängenabhängig sein.

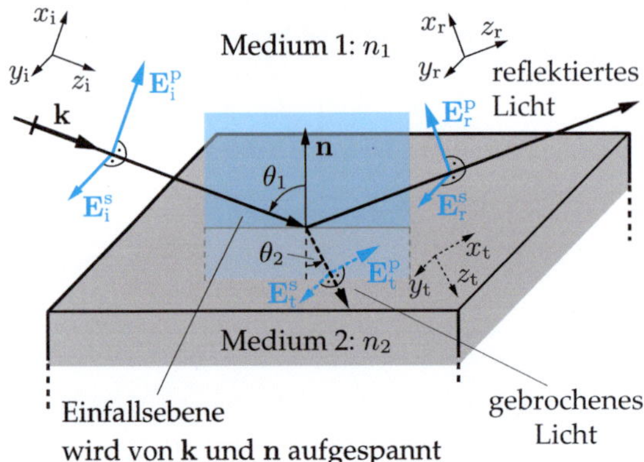

Abbildung 2.28. Bei der Reflexion und Brechung an einer Grenzfläche unterscheiden sich Reflexions- und Transmissionsgrad für Polarisation parallel und senkrecht zur Einfallsebene. Dargestellt sind die parallel und senkrecht polarisierten Komponenten der einfallenden Welle $\mathbf{E}_i^p$, $\mathbf{E}_i^s$, der reflektierten Welle $\mathbf{E}_r^p$, $\mathbf{E}_r^s$ und der transmittierten Welle $\mathbf{E}_t^p$, $\mathbf{E}_t^s$ sowie die Koordinatensysteme der zugehörigen Wellengleichungen.

2.6.5 Die Fresnel'schen Reflexions- und Transmissionskoeffizienten

Die Fresnel'schen Koeffizienten geben quantitativ an, welcher Anteil des Lichts an einer Grenzfläche reflektiert wird und welcher Anteil transmittiert wird.

Für die quantitative Behandlung der Reflexion einer ebenen elektromagnetischen Welle an der Grenzfläche zweier Medien muss zwischen zwei verschiedenen Polarisationen unterschieden werden (Abb. 2.28):

1. Die elektrische Feldstärke $\mathbf{E}^s$ steht senkrecht auf der Einfallsebene.
2. Die elektrische Feldstärke $\mathbf{E}^p$ ist parallel zur Einfallsebene.

Folgende Annahmen werden zu Grunde gelegt:

- Auf der Grenzfläche verschwindet die Flächenstromdichte, d. h. auf der Grenzfläche fließen keine Ströme.
- Auf der Grenzfläche sind keine Ladungen deponiert, d. h. die Flächenladungsdichte ist null.
- Das zweite Medium erfüllt den kompletten unendlichen Halbraum, der aus Sicht der Lichtquelle jenseits der Grenzfläche liegt.

Für die einfallende, die reflektierte und die transmittierte Welle wird nun jeweils eine ebene Welle angesetzt. Aus den Maxwell'schen Gleichungen lassen sich die folgenden Bedingungen ableiten, aus denen das Reflexions- und Brechungsgesetz sowie die quantitativen Reflexions- und Transmissionskoeffizienten berechnet werden können:

- Die Tangentialkomponenten von $\mathbf{E}$ und $\mathbf{H}$ sind stetig an der Grenzfläche.
- Die Normalkomponenten von $\mathbf{D}$ und $\mathbf{B}$ sind stetig an der Grenzfläche [39].

Satz 2.4: Fresnel'sche Reflexions- und Transmissionskoeffizienten

Die Fresnel'schen Reflexions- und Transmissionskoeffizienten r_{12}^{s}, r_{12}^{p}, t_{12}^{s} und t_{12}^{p} sind definiert als Quotienten der reflektierten bzw. transmittierten und der einfallenden Amplitude der elektrischen Feldstärke, die mit E_{r}, E_{t} und E_{i} bezeichnet werden. Für die Komponente mit Polarisationsrichtung senkrecht zur Einfallsebene erhält man [5,43]:

$$r_{12}^{\mathrm{s}} = \frac{E_{\mathrm{r}}^{\mathrm{s}}}{E_{\mathrm{i}}^{\mathrm{s}}} = \frac{n_1 \cos\theta_1 - n_2 \cos\theta_2}{n_1 \cos\theta_1 + n_2 \cos\theta_2}\,, \tag{2.216}$$

$$t_{12}^{\mathrm{s}} = \frac{E_{\mathrm{t}}^{\mathrm{s}}}{E_{\mathrm{i}}^{\mathrm{s}}} = \frac{2n_1 \cos\theta_1}{n_1 \cos\theta_1 + n_2 \cos\theta_2}\,. \tag{2.217}$$

Für einfallendes Licht, dessen elektrisches Feld parallel zur Einfallsebene polarisiert ist, lauten der Reflexionskoeffizient r_{12}^{p} und der Transmissionskoeffizient t_{12}^{p} wie folgt:

$$r_{12}^{\mathrm{p}} = \frac{E_{\mathrm{r}}^{\mathrm{p}}}{E_{\mathrm{i}}^{\mathrm{p}}} = \frac{n_2 \cos\theta_1 - n_1 \cos\theta_2}{n_2 \cos\theta_1 + n_1 \cos\theta_2}\,, \tag{2.218}$$

$$t_{12}^{\mathrm{p}} = \frac{E_{\mathrm{t}}^{\mathrm{p}}}{E_{\mathrm{i}}^{\mathrm{p}}} = \frac{2n_1 \cos\theta_1}{n_2 \cos\theta_1 + n_1 \cos\theta_2}\,. \tag{2.219}$$

Einfallswinkel θ_1 und Brechungswinkel θ_2 erfüllen dabei stets das Brechungsgesetz $n_1 \sin\theta_1 = n_2 \sin\theta_2$. Im Fall eines negativen Reflexionskoeffizienten weist die reflektierte Welle einen Phasenversatz von π gegenüber der einfallenden Welle auf. ◇

Um die Reflexion und Transmission beliebig polarisierten Lichtes zu berechnen, stellt man seine elektrische Feldstärke $\mathbf{E}$ in der Ebene senkrecht zur Ausbreitungsrichtung dar. In einem Koordinatensystem mit Basisvektoren $\mathbf{e}_{\mathrm{p}}$, $\mathbf{e}_{\mathrm{s}}$ parallel und senkrecht zur Einfallsebene kann man nun $\mathbf{E} = E_{\mathrm{i}}^{\mathrm{p}}\,\mathbf{e}_{\mathrm{p}} + E_{\mathrm{i}}^{\mathrm{s}}\,\mathbf{e}_{\mathrm{s}}$ schreiben und die Polarisationskomponenten $E_{\mathrm{i}}^{\mathrm{p}}$, $E_{\mathrm{i}}^{\mathrm{s}}$ mit den zugehörigen Fresnel'schen Reflexions- und Transmissionskoeffizienten multiplizieren, sodass man die reflektierten und transmittierten Anteile erhält.

Die Intensitäten der einfallenden, reflektierten und transmittierten Welle an der Grenzfläche[20] betragen nach (2.40), (2.27):

$$I_{\mathrm{i}} = \tfrac{1}{2}\, c\,\varepsilon_0\, n_1\, E_{\mathrm{i}}^2\,, \tag{2.220}$$

$$I_{\mathrm{r}} = \tfrac{1}{2}\, c\,\varepsilon_0\, n_1\, E_{\mathrm{r}}^2\,, \tag{2.221}$$

$$I_{\mathrm{t}} = \tfrac{1}{2}\, c\,\varepsilon_0\, n_2\, E_{\mathrm{t}}^2\,. \tag{2.222}$$

[20] Zur Vereinfachung wird hier nur der relevante Fall nicht magnetischer Materialien betrachtet ($\mu_{\mathrm{r}} = 1$). Die allgemeinen Formeln für $\mu_{\mathrm{r}} \neq 1$ findet man z. B. in [5,24].

Dabei ist zu berücksichtigen, dass der Energiefluss einer elektromagnetischen Welle, beschrieben durch den Poynting-Vektor (2.38), in Ausbreitungsrichtung erfolgt. Die Intensität als Flächenleistungsdichte muss daher senkrecht zur Ausbreitungsrichtung des Lichts gemessen werden (Abb. 2.29).

Der Reflexionsgrad R bzw. der Transmissionsgrad T beschreibt den Quotienten der Intensitäten der reflektierten bzw. transmittierten zur einfallenden Strahlung. Da die Intensität proportional zum Quadrat des Betrags der elektrischen Feldstärke ist, gehen die Fresnel'schen Koeffizienten quadratisch in die Reflexions- und Transmissionsgrade ein:

$$R_{12} = \frac{I_\mathrm{r}\cos\theta_1}{I_\mathrm{i}\cos\theta_1} = \frac{I_\mathrm{r}}{I_\mathrm{i}} = \left|\frac{E_\mathrm{r}^2}{E_\mathrm{i}^2}\right| = |r_{12}|^2 , \tag{2.223}$$

$$T_{12} = \frac{I_\mathrm{t}\cos\theta_2}{I_\mathrm{i}\cos\theta_1} = \left|\frac{E_\mathrm{t}^2}{E_\mathrm{i}^2}\right| \frac{n_2}{n_1}\frac{\cos\theta_2}{\cos\theta_1} = \frac{n_2\cos\theta_2}{n_1\cos\theta_1}\,|t_{12}|^2 . \tag{2.224}$$

Diese Gleichungen lassen sich nun auf die parallel bzw. senkrecht zur Einfallsebene polarisierten Anteile des Lichts anwenden [24]:

$$R_{12}^\mathrm{s} = |r_{12}^\mathrm{s}|^2 , \qquad R_{12}^\mathrm{p} = |r_{12}^\mathrm{p}|^2 , \tag{2.225}$$

$$T_{12}^\mathrm{s} = \frac{n_2\cos\theta_2}{n_1\cos\theta_1}\,|t_{12}^\mathrm{s}|^2 , \qquad T_{12}^\mathrm{p} = \frac{n_2\cos\theta_2}{n_1\cos\theta_1}\,|t_{12}^\mathrm{p}|^2 . \tag{2.226}$$

Es gilt stets $T_{12}^\mathrm{s} \le T_{12}^\mathrm{p}$ und $R_{12}^\mathrm{s} \ge R_{12}^\mathrm{p}$.

Man erhält nun für die Intensität des senkrecht zur Einfallsebene polarisierten Lichts:

$$I_\mathrm{r}^\mathrm{s}\cos\theta_1 + I_\mathrm{t}^\mathrm{s}\cos\theta_2 = \tfrac{1}{2}\,c\,\varepsilon_0\,n_1\,(E_\mathrm{r}^\mathrm{s})^2\cos\theta_1 + \tfrac{1}{2}\,c\,\varepsilon_0\,n_2\,(E_\mathrm{t}^\mathrm{s})^2\cos\theta_2 \tag{2.227}$$

$$= \tfrac{1}{2}\,c\,\varepsilon_0\,n_1 R_{12}^\mathrm{s}\,(E_\mathrm{i}^\mathrm{s})^2\cos\theta_1 + \tfrac{1}{2}\,c\,\varepsilon_0\,n_1 T_{12}^\mathrm{s}\,(E_\mathrm{i}^\mathrm{s})^2\cos\theta_1 \tag{2.228}$$

$$= \tfrac{1}{2}\,c\,\varepsilon_0\,n_1\,(E_\mathrm{i}^\mathrm{s})^2\cos\theta_1 = I_\mathrm{i}^\mathrm{s}\cos\theta_1 . \tag{2.229}$$

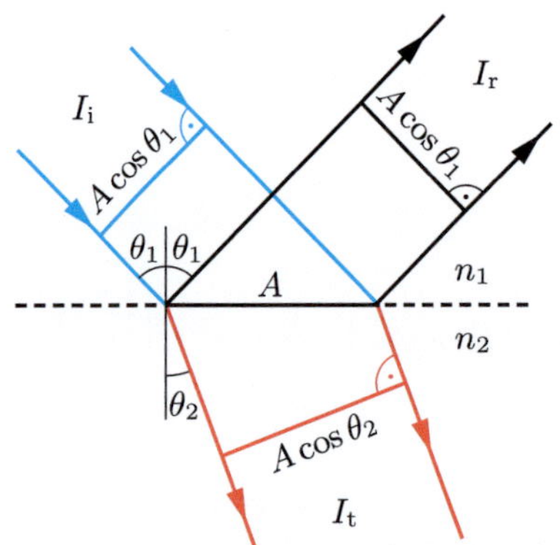

Abbildung 2.29. Bestimmung der Intensitäten der einfallenden, reflektierten und gebrochenen elektromagnetischen Wellen als Flächenleistungsdichte senkrecht zur jeweiligen Ausbreitungsrichtung.

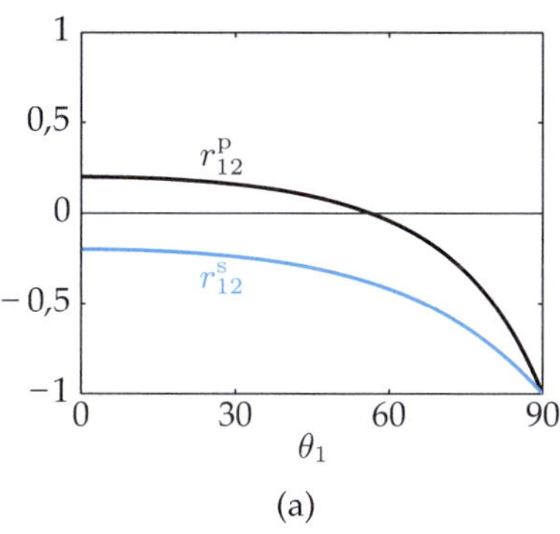

(a)

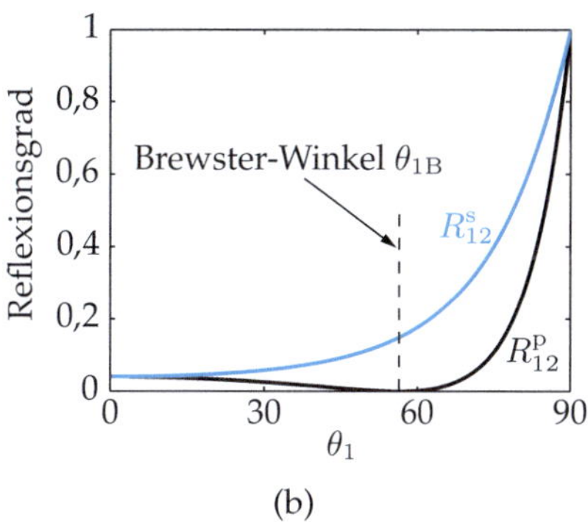

(b)

Abbildung 2.30. Reflexion an der Grenzfläche von Luft, $n_1 = 1$, und Glas, $n_2 = 1{,}5$. (a) Fresnel'sche Reflexionskoeffizienten; (b) Reflexionsgrade.

Für Reflexions- und Transmissionsgrad folgt daraus:

$$R_{12}^{\mathrm{s}} + T_{12}^{\mathrm{s}} = 1\,. \tag{2.230}$$

Analog erhält man für das parallel zur Einfallsebene polarisierte Licht:

$$R_{12}^{\mathrm{p}} + T_{12}^{\mathrm{p}} = 1\,. \tag{2.231}$$

Die Energie des einfallenden Lichts verteilt sich ohne Verluste auf das reflektierte und das transmittierte Licht gleicher Polarisation. Es wird keine Energie zwischen den beiden Polarisationskomponenten ausgetauscht. Sie können daher unabhängig voneinander betrachtet werden [5]. Für $n_1 \to n_2$ erhält man $R \to 0$ und $T \to 1$, d. h. ein homogenes Medium transmittiert Licht ohne Reflexion.

Bei der Umkehrung des Lichtwegs – von Medium 2 nach Medium 1 statt von Medium 1 nach Medium 2 – ändern sich die Reflexions- und Transmissionskoeffizienten wie folgt [43]:

$$r_{21}^{\mathrm{s}} = -r_{12}^{\mathrm{s}}\,, \qquad t_{21}^{\mathrm{s}} = \frac{n_2 \cos\theta_2}{n_1 \cos\theta_1}\, t_{12}^{\mathrm{s}} = \frac{1 - (r_{12}^{\mathrm{s}})^2}{t_{12}^{\mathrm{s}}}\,, \tag{2.232}$$

$$r_{21}^{\mathrm{p}} = -r_{12}^{\mathrm{p}}\,, \qquad t_{21}^{\mathrm{p}} = \frac{n_2 \cos\theta_2}{n_1 \cos\theta_1}\, t_{12}^{\mathrm{p}} = \frac{1 - (r_{12}^{\mathrm{p}})^2}{t_{12}^{\mathrm{p}}}\,. \tag{2.233}$$

Die möglichen Phänomene bei der Reflexion und Brechung von Licht an einer Grenzfläche unterscheiden sich je nachdem, ob ein Übergang von einem optisch dünneren in ein optisch dichteres Medium vorliegt oder umgekehrt.

Zunächst wird der Fall $n_1 < n_2$ betrachtet. Abbildung 2.30 zeigt den Verlauf der Fresnel'schen Reflexionskoeffizienten und der Reflexionsgrade für eine Luft-Glas-Grenzfläche mit $n_1 = 1$, $n_2 = 1{,}5$ in Abhängigkeit des Einfallswinkels θ_1.

Für dielektrische Medien (Nichtleiter) 1 und 2 zeigt r_{12}^{p} und mithin auch R_{12}^{p} eine Nullstelle für den sogenannten Brewster-Winkel $\theta_1 = \theta_{1\mathrm{B}}$. Bei diesem Winkel stehen die Richtungen der reflektierten und der transmittierten Welle senkrecht aufeinander: $\theta_{2\mathrm{B}} = \frac{\pi}{2} - \theta_{1\mathrm{B}}$. Daher gilt:

$$\cos\theta_{2\mathrm{B}} = \sin\theta_{1\mathrm{B}} \,. \tag{2.234}$$

Mit Hilfe der trigonometrischen Additionstheoreme und des Brechungsgesetzes lässt sich verifizieren, dass für diesen Winkel $\theta_{1\mathrm{B}}$ in der Tat $r_{12}^{\mathrm{p}} = 0$ gilt. Damit erhält man aus (2.218) eine Bestimmungsgleichung für den Brewster-Winkel:

$$\tan\theta_{1\mathrm{B}} = \frac{n_2}{n_1} \,. \tag{2.235}$$

Unter dem Brewster-Winkel reflektiertes Licht ist vollständig linear, senkrecht zur Einfallsebene polarisiert, da das gesamte parallel polarisierte Licht transmittiert wird. Dieser Effekt kann zur Erzeugung von linear polarisiertem Licht verwendet werden. Eine weitere Anwendung ist die Unterdrückung von Reflexionen: Bei einer Aufnahme unter dem Brewster-Winkel sieht man vom reflektierten Licht ausschließlich die senkrecht polarisierte Komponente. Wenn nun das senkrecht polarisierte Licht durch ein Polarisationsfilter unterdrückt wird, wird das reflektierte Licht vollständig gesperrt. Die Aufnahme enthält ausschließlich Licht, das an der Oberfläche diffus gestreut oder von der anderen Seite durch die Grenzfläche transmittiert wird [19,43].

Im zweiten Fall des Übergangs von einem optisch dichteren zu einem optisch dünneren Medium sind zum Teil andere Phänomene zu beobachten [24,31]. Für $n_1 > n_2$ folgt aus dem Brechungsgesetz (2.209) $\theta_1 < \theta_2$. Daher kann der Einfallswinkel so groß werden, dass $\sin\theta_2$ größer als 1 werden müsste. Ein derartiger Brechungswinkel θ_2 kann physikalisch nicht existieren. Der maximal mögliche Brechungswinkel beträgt $\theta_2 = 90°$. Wird der korrespondierende Einfallswinkel überschritten, wird kein Licht in das zweite Medium transmittiert. Vielmehr wird sämtliches Licht an der Grenzfläche reflektiert. Dieses Phänomen heißt **Totalreflexion**. Totalreflexion tritt ein, sobald der Einfallswinkel θ_1 den **kritischen Winkel** $\theta_{1\mathrm{C}}$ übersteigt:

$$\theta_2 = \tfrac{\pi}{2} \qquad \Rightarrow \qquad n_1 \sin\theta_{1\mathrm{C}} = n_2 \qquad \Leftrightarrow \qquad \theta_{1\mathrm{C}} = \arcsin\frac{n_2}{n_1} \,. \tag{2.236}$$

Für $\theta_1 \geq \theta_{1\mathrm{C}}$ sind die Fresnel'schen Reflexionsgrade identisch 1. Zwischen den parallel und senkrecht zur Einfallsebene polarisierten Komponenten entsteht eine Phasenverschiebung, die mit Hilfe der komplexen trigonometrischen Funktionen aus den Fresnel'schen Reflexionskoeffizienten berechnet werden kann [22]. Abbildung 2.31 zeigt dieses Verhalten am Beispiel einer Glas-Luft-Grenzfläche mit $n_1 = 1{,}5$ und $n_2 = 1$.

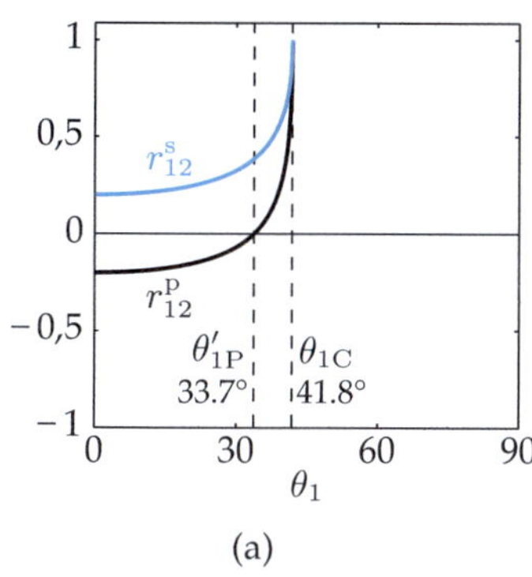

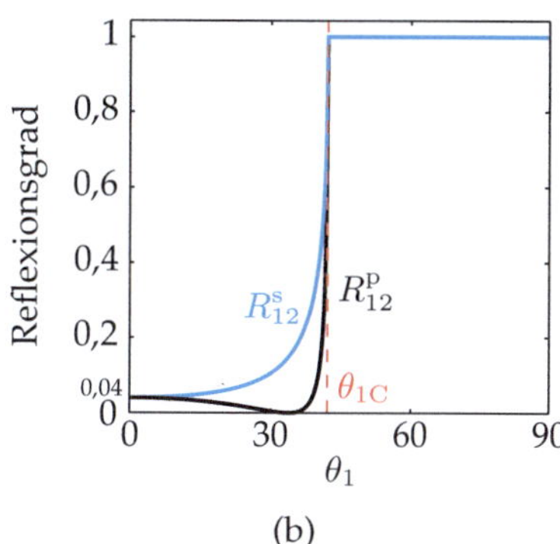

Abbildung 2.31. Reflexion an der Grenzfläche von Glas, $n_1 = 1{,}5$, und Luft, $n_2 = 1$. (a) Fresnel'sche Reflexionskoeffizienten; (b) Reflexionsgrade.

Totalreflexion findet Anwendung z. B. in Lichtleitfasern und in Fingerabdrucklesegeräten. Bei letzteren wird die Totalreflexion an den Berührstellen gestört, sodass diese in einem Kamerabild deutlich vom Hintergrund zu unterscheiden sind. Dieses Prinzip wird als „frustrierte“ Totalreflexion bezeichnet.

Auch für den Fall $n_1 > n_2$ gibt es einen Polarisationswinkel θ'_{1P}, für den r^p_{12} eine Nullstelle hat. Dieser Polarisationswinkel ist das Pendant zum Brewster-Winkel θ_{1B} im Fall $n_1 < n_2$. Es gilt $\theta'_{1P} + \theta_{2P} = \frac{\pi}{2}$, wobei θ_{2P} der Brewster-Winkel für eine vom Medium 2 auf die Grenzfläche einfallende Welle ist.

Die Reflexion an der Grenzfläche zweier nichtleitender Materialien wird durch folgende Müller-Matrix beschrieben [7]:

$$\mathbf{M}_{\mathrm{Refl}} = \frac{1}{2}\left(\frac{\tan(\theta_1-\theta_2)}{\sin(\theta_1+\theta_2)}\right)^2 \cdot \begin{pmatrix} c_p^2+c_m^2 & c_p^2-c_m^2 & 0 & 0 \\ c_p^2-c_m^2 & c_p^2+c_m^2 & 0 & 0 \\ 0 & 0 & -2c_pc_m & 0 \\ 0 & 0 & 0 & -2c_pc_m \end{pmatrix} \tag{2.237}$$

$$= \frac{1}{2}\begin{pmatrix} R^p_{12}+R^s_{12} & R^p_{12}-R^s_{12} & 0 & 0 \\ R^p_{12}-R^s_{12} & R^p_{12}+R^s_{12} & 0 & 0 \\ 0 & 0 & 2r^p_{12}r^s_{12} & 0 \\ 0 & 0 & 0 & 2r^p_{12}r^s_{12} \end{pmatrix} \tag{2.238}$$

mit

$$c_p := \cos(\theta_1+\theta_2)\,, \tag{2.239}$$

$$c_m := \cos(\theta_1-\theta_2)\,. \tag{2.240}$$

Die Matrix lässt sich in Abhängigkeit entweder von Einfalls- und Brechungswinkel θ_1, θ_2 oder von den Reflexionsgraden R^s_{12}, R^p_{12} schreiben. Die Brechungsindizes gehen indirekt über das Brechungsgesetz $n_1 \sin\theta_1 = n_2 \sin\theta_2$ bzw. die Berechnung der Reflexionskoeffizienten ein. In der verwendeten Koordinatenkonvention entspricht die x-Achse der Polarisation parallel zur Einfallsebene und die y-Achse der Polarisation senkrecht zur Einfallsebene (vgl. Abb. 2.28). Beispielsweise beschreibt der Stokes-Vektor $\mathbf{S}_{\mathrm{LHP}}$ von linear horizontal polarisiertem Licht aus (2.54) in diesem Fall parallel zur Einfallsebene polarisiertes Licht [12,20,42].

2.6.6 Elektromagnetische Wellen in leitfähigen Medien

Bisher wurden nicht leitfähige Medien mit $\sigma = 0$ betrachtet. Nun sei ein homogenes leitfähiges Medium gegeben: $\sigma = \mathrm{const.} > 0$. Die Leitfähigkeit σ ist also konstant bezüglich des Ortes und der Zeit.

Die Wellengleichung (2.17) lautet in diesem Fall:

$$\Delta\mathbf{E} = \varepsilon\,\mu\,\frac{\partial^2\mathbf{E}}{\partial t^2} + \sigma\,\mu\,\frac{\partial\mathbf{E}}{\partial t}\,. \tag{2.241}$$

Ein komplexer harmonischer Lösungsansatz liefert für die Kreisfrequenz ω die folgende Gleichung einer ebenen monochromatischen Welle:

$$\underline{\mathbf{E}}(\mathbf{x},t) = \mathbf{E}\,\mathrm{e}^{-\eta\mathbf{e}_3^{\mathrm{T}}\mathbf{x}}\,\mathrm{e}^{\mathrm{j}(\omega t - k\mathbf{e}_3^{\mathrm{T}}\mathbf{x})}\,, \qquad \|\mathbf{e}_3\| = 1\,. \tag{2.242}$$

Diese Gleichung beschreibt eine elektromagnetische Transversalwelle, die sich in Richtung $\mathbf{e}_3$ ausbreitet. Die Feldamplitude $\mathbf{E}$ steht senkrecht auf der Ausbreitungsrichtung $\mathbf{e}_3$.[21] In leitfähigen Medien bewirkt der zusätzliche Faktor $\mathrm{e}^{-\eta\mathbf{e}_3^{\mathrm{T}}\mathbf{x}}$ eine Abschwächung der Welle mit der zurückgelegten Strecke in Ausbreitungsrichtung, die als Dämpfung bezeichnet wird [39]. Die Wellenlänge beträgt $\lambda = \frac{2\pi}{k}$, die Phasengeschwindigkeit $v = \frac{\omega}{k}$, der Dämpfungsfaktor

$$\eta = \omega\sqrt{\tfrac{\mu\,\varepsilon}{2}\left(\sqrt{1+\tfrac{\sigma^2}{\omega^2\varepsilon^2}} - 1\right)} \tag{2.243}$$

und die Wellenzahl

$$k = \omega\sqrt{\tfrac{\mu\,\varepsilon}{2}\left(\sqrt{1+\tfrac{\sigma^2}{\omega^2\varepsilon^2}} + 1\right)}\,. \tag{2.244}$$

2.6.6.1 Der komplexe Brechungsindex

Formal kann ein komplexwertiger Brechungsindex $\underline{n} \in \mathbb{C}$ eingeführt werden, um die optischen Eigenschaften leitfähiger Medien zu beschreiben [24,31]:

$$\underline{n} = n - \mathrm{j}d\,, \tag{2.245}$$

[21] $\mathbf{E} \perp \mathbf{e}_3$ gilt streng genommen in leitfähigen Medien nur noch näherungsweise, da auch eine geringe Longitudinalkomponente hinzukommt [24, S. 110].

$$n = \frac{\lambda_0}{2\pi} k = \frac{c}{\omega} k = \frac{c}{v}\,, \tag{2.246}$$

$$d = \frac{\lambda_0}{2\pi} \eta = \frac{c}{\omega} \eta\,. \tag{2.247}$$

Die Vakuumlichtgeschwindigkeit wird wie bisher mit c bezeichnet, die Vakuumwellenlänge mit λ_0. Der Realteil des komplexen Brechungsindexes gibt die Verminderung der Phasengeschwindigkeit einer Welle im Vergleich zum Vakuum an. Der Imaginärteil beschreibt die Dämpfungseigenschaften des Mediums.[22]

O. B. d. A. werde im Folgenden $\mathbf{e}_3 = (0,0,1)^{\mathrm{T}}$ gewählt, sodass $\mathbf{e}_3^{\mathrm{T}}\mathbf{x} = z$ ist und die Amplitude $\mathbf{E}$ parallel zur x,y-Ebene ist. Damit wird (2.242) zu

$$\underline{\mathbf{E}}(\mathbf{x},t) = \mathbf{E}\,\mathrm{e}^{\mathrm{j}(\omega t - k_0 \underline{n} z)} \tag{2.248}$$

mit $k_0 = \frac{2\pi}{\lambda_0}$.

Die Intensität $I(\mathbf{x})$ (Leistung pro Fläche) der Welle ist proportional zum zeitlichen Mittelwert des Quadrats der reellen Feldstärke $\|\Re\{\underline{\mathbf{E}}(\mathbf{x},t)\}\|^2$:

$$I(\mathbf{x}) = I_0\,\mathrm{e}^{-az} = I_0\,\mathrm{e}^{-2\eta z} \quad \text{mit} \quad I_0 = \left.\frac{\overline{\|\Re\{\underline{\mathbf{E}}(\mathbf{x},t)\}\|^2}}{Z}\right|_{x=0} = \frac{\|\mathbf{E}\|}{2Z}\,. \tag{2.249}$$

Die Intensität der Welle nimmt also in Ausbreitungsrichtung exponentiell ab. Der Absorptionskoeffizient a beträgt:

$$a = 2\eta = \frac{4\pi}{\lambda_0} d\,. \tag{2.250}$$

Der Absorptionskoeffizient und der komplexe Brechungsindex beschreiben nur die Absorption aufgrund der Leitfähigkeit, nicht jedoch die dissipative Absorption, die in Abschn. 2.6.1 behandelt wurde.

Man definiert eine **Eindringtiefe** δ als die Entfernung, nach der die Intensität der Welle im Medium um $\approx 63\,\%$ auf $I_0\,\mathrm{e}^{-1}$ abgenommen hat. Also gilt $a\,\delta = 1$ nach (2.249):

$$\delta := \frac{1}{a} = \frac{1}{2\eta} = \frac{\lambda_0}{4\pi\, d}\,. \tag{2.251}$$

Nach 4 bzw. 5 Eindringtiefen ist die Intensität auf ca. $1{,}8\,\%$ bzw. $0{,}67\,\%$ abgefallen. Daher erreicht man optisch, d. h. mit Methoden der automatischen Sichtprüfung, nur eine Oberflächenschicht von 4 bis 5 Eindringtiefen. Tiefer liegende Objektbe-

---

[22] Der Real- und Imaginärteil des komplexen Brechungsindex hängen von der Frequenz des Lichtes ab. Als Funktionen der Frequenz sind die beiden Anteile aber nicht unabhängig voneinander. Vielmehr sind sie über eine Integraltransformation in der sogenannten Kramers-Kronig-Relation verknüpft und können wechselseitig auseinander berechnet werden [52].

Tabelle 2.3. Komplexe Brechungsindizes $\underline{n}_2 = n - \mathrm{j}d$, Eindringtiefen δ und Reflexionsgrade R an Luft ($n_1 = 1$) bei senkrechtem Lichteinfall ($\theta_1 = \theta_2 = 0$) für einige Materialien bei einer Wellenlänge von $\lambda = 589$ nm [24,31].

Stoff	n	d	δ	R
Vakuum	1	0	$\to \infty$	0
Luft	≈ 1	0	$\to \infty$	0
Glas	1,5	0	$\to \infty$	0,04
Aluminium	1,44	5,23	8,96 nm	0,83
Silber	0,18	3,64	12,90 nm	0,95
Eisen	2,27	3,37	13,90 nm	0,59
Kupfer	0,62	2,63	17,80 nm	0,74
Zinn	1,5	5,30	8,84 nm	0,83

reiche bleiben optisch verborgen. Tabelle 2.3 zeigt die komplexen Brechungsindizes und Eindringtiefen einiger Materialien.

2.6.6.2 Reflexion an leitfähigen Medien

Das Snell'sche Brechungsgesetz und die Formeln für die Fresnel'schen Reflexions- und Transmissionskoeffizienten gelten auch für leitfähige Materialien mit komplexwertigem Brechungsindex. Im Allgemeinen werden damit auch die Winkel und Winkelfunktionen komplex, was zwar die Vorstellungskraft strapaziert, aber mathematisch kein Problem darstellt.

Beispiel 2.9 (Komplexer Brechungsindex): An der Grenzfläche zwischen Luft mit dem reellen Brechungsindex $n_1 = 1$ und einem leitfähigen Medium 2 mit komplexem Brechungsindex $\underline{n}_2 \in \mathbb{C}$ lautet das Brechungsgesetz wie folgt:

$$\sin\theta_1 = \underline{n}_2 \sin\theta_2 \,. \tag{2.252}$$

Da $\sin\theta_1 \in \mathbb{R}$ ist, muss wegen $\underline{n}_2 \in \mathbb{C}\backslash\mathbb{R}$ auch $\sin\theta_2$ komplex sein. ■

Für komplexwertige trigonometrische Funktionen gilt wie im Reellen:

$$\sin^2\varphi + \cos^2\varphi = 1 \,. \tag{2.253}$$

In die Formeln der Fresnel'schen Koeffizienten setzt man daher für den wichtigen Fall n_1 reell, $\underline{n}_2$ komplex den folgenden Zusammenhang für $\cos\theta_2$ ein, den man mit Hilfe des Brechungsgesetzes erhält:

$$\cos\theta_2 = \sqrt{1-\sin^2\theta_2} = \sqrt{1-\left(\frac{n_1\sin\theta_1}{n_2-\mathrm{j}d_2}\right)^2}\,. \tag{2.254}$$

Beispiel 2.10 (Senkrechte Reflexion): Bei senkrechtem Einfall ist $\theta_1 = 0$ und damit laut Brechungsgesetz auch $\theta_2 = 0$. Sei wiederum $n_1 = 1$ für Luft oder Vakuum und $\underline{n}_2 = n_2 - \mathrm{j}d_2$ komplexwertig. Dann erhält man den Reflexionsgrad [3]

$$R_{12} := R^{\mathrm{p}}_{12} = R^{\mathrm{s}}_{12} = \left|\frac{1-n_2+\mathrm{j}d_2}{1+n_2-\mathrm{j}d_2}\right|^2 = \frac{(1-n_2)^2+d_2^2}{(1+n_2)^2+d_2^2}\,. \tag{2.255}$$

Die Unterscheidung zwischen parallel und senkrecht zur Einfallsebene polarisiertem Licht entfällt also bei senkrechtem Einfall.[23] Bei stark absorbierenden Stoffen, wie Metallen, ist d_2^2 groß und mithin erhält man hohe Reflektanzwerte, siehe Tab. 2.3. ■

Für $d \neq 0$ werden die Fresnel'schen Koeffizienten komplex, jedoch bleiben die Reflexionsgrade als deren Betragsquadrate reell. Da für eine Nullstelle der Reflektanz R^{p} nun simultan Real- und Imaginärteil des Zählers von r^{p} null werden müssten, tritt dieser Fall bei leitfähigen Medien nicht auf. Allerdings zeigt R^{p} typischerweise beim sogenannten *Principal Angle* θ_1^* ein Minimum. Dieser Unterschied im Reflexionsverhalten kann zur Klassifikation von Materialien in Metalle und Nichtleiter genutzt werden [46].

Beispiel 2.11 (Reflektanz von Tantal): Abbildung 2.32 zeigt die Fresnel'schen Reflexionsgrade am Beispiel einer Grenzfläche zwischen Luft mit $n_1 = 1$ und dem Metall Tantal mit $\underline{n}_2 = 1{,}72 - \mathrm{j}\,2{,}09$ bei einer Wellenlänge von $\lambda = 632{,}8$ nm. ■

Während bei nichtleitenden Materialien (Dielektrika, $\sigma = 0$) der reelle Brechungsindex relativ schwach – weil nur mittelbar über die Abhängigkeiten von ε_{r} und μ_{r} – von der Frequenz ν bzw. der Kreisfrequenz $\omega = 2\pi\nu$ abhängt, ist diese Abhängigkeit bei leitenden Materialien viel stärker ausgeprägt, da ω explizit in n und d

[23] Allgemein gilt bei senkrechter Reflexion $r^{\mathrm{s}}_{12} = -r^{\mathrm{p}}_{12}$ (vgl. (2.216), (2.218), Abb. 2.30(a)). Das unterschiedliche Vorzeichen der Reflexionsfaktoren ist aber lediglich auf eine Drehung des Koordinatensystems zurückzuführen, dessen z-Achse stets in Ausbreitungsrichtung der Transversalwelle zeigt. Daher dreht sich bei senkrechter Reflexion die x-Achse (parallele Polarisation) um 180°, während die Ausrichtung der y-Achse (senkrechte Polarisation) unverändert bleibt (sogenannte Verdet-Konvention [26], vgl. Abb. 2.28). Aus der Sicht eines ortsfesten Koordinatensystems auf der reflektierenden Oberfläche erfahren hingegen die parallel und die senkrecht polarisierte Komponente identische Phasenänderungen.

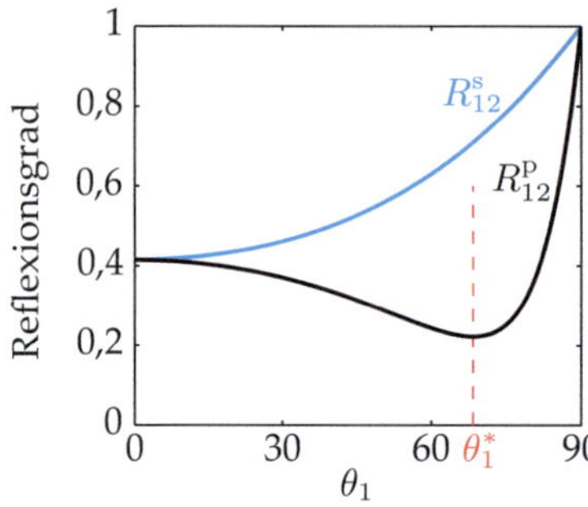

Abbildung 2.32. Verlauf der Fresnel'schen Reflexionsgrade für den Übergang von Luft zu Tantal in Abhängigkeit des Einfallswinkels θ_1 [43, S. 18].

eingeht; vgl. (2.243) bis (2.247). Das lässt sich ausnutzen, um durch Aufnahmen mit unterschiedlichen Wellenlängen das Material zu identifizieren; siehe Abschn. 7.2.1.

Obwohl Metalle stark absorbieren, wird einer elektromagnetischen Welle bei der Reflexion nur relativ wenig Energie entzogen. Beispielsweise absorbiert Silber bei einer Wellenlänge von $\lambda = 589\ \mathrm{nm}$ nur ca. $5\,\%$ der Energie, während die reflektierte Welle die verbleibende Energie enthält. Aufgrund der extrem geringen Eindringtiefen, die viel kleiner als eine Wellenlänge sind, kommt die Welle gewissermaßen nur mit wenigen Elektronen in Kontakt, durch deren Bewegung (elektrische Ströme) die Verluste entstehen [24].

Durchsichtige Materialschichten sind dünn im Vergleich zur Eindringtiefe δ. Die Reflexion an Metalloberflächen hängt sehr stark von der Güte der Oberfläche ab, also von der Glattheit der Oberfläche, von Verschmutzungen, Oxidschichten usw.

Die Müller-Matrix (2.238) für die Reflexion polarisierten Lichts lautet für leitfähige Medien [16]:

$$\mathbf{M}_{\mathrm{Refl}} = \frac{1}{2}\left|\frac{\tan(\theta_1-\theta_2)}{\sin(\theta_1+\theta_2)}\right|^2 \cdot \begin{pmatrix} |c_\mathrm{p}|^2+|c_\mathrm{m}|^2 & |c_\mathrm{p}|^2-|c_\mathrm{m}|^2 & 0 & 0 \\ |c_\mathrm{p}|^2-|c_\mathrm{m}|^2 & |c_\mathrm{p}|^2+|c_\mathrm{m}|^2 & 0 & 0 \\ 0 & 0 & -c_\mathrm{p}c_\mathrm{m}^* - c_\mathrm{p}^*c_\mathrm{m} & c_\mathrm{p}c_\mathrm{m}^* - c_\mathrm{p}^*c_\mathrm{m} \\ 0 & 0 & c_\mathrm{p}^*c_\mathrm{m} - c_\mathrm{p}c_\mathrm{m}^* & -c_\mathrm{p}c_\mathrm{m}^* - c_\mathrm{p}^*c_\mathrm{m} \end{pmatrix} \tag{2.256}$$

$$= \frac{1}{2}\begin{pmatrix} R_{12}^\mathrm{p} + R_{12}^\mathrm{s} & R_{12}^\mathrm{p} - R_{12}^\mathrm{s} & 0 & 0 \\ R_{12}^\mathrm{p} - R_{12}^\mathrm{s} & R_{12}^\mathrm{p} + R_{12}^\mathrm{s} & 0 & 0 \\ 0 & 0 & r_{12}^\mathrm{p}\, r_{12}^{\mathrm{s}\,*} + r_{12}^{\mathrm{p}\,*}\, r_{12}^\mathrm{s} & \mathrm{j}\,(r_{12}^{\mathrm{p}\,*}\, r_{12}^\mathrm{s} - r_{12}^\mathrm{p}\, r_{12}^{\mathrm{s}\,*}) \\ 0 & 0 & \mathrm{j}\,(r_{12}^\mathrm{p}\, r_{12}^{\mathrm{s}\,*} - r_{12}^{\mathrm{p}\,*}\, r_{12}^\mathrm{s}) & r_{12}^\mathrm{p}\, r_{12}^{\mathrm{s}\,*} + r_{12}^{\mathrm{p}\,*}\, r_{12}^\mathrm{s} \end{pmatrix}, \tag{2.257}$$

wobei * die komplexe Konjugation bezeichnet und c_p, c_m durch (2.239), (2.240) gegeben sind.

2.7 Lichtquellen

In der automatischen Sichtprüfung spielt die Beleuchtung des Prüfobjekts eine wichtige Rolle. Eine geeignete Beleuchtung kann die interessierenden Objekteigenschaften sichtbar machen und hervorheben, sodass sich die Bildauswertung erheblich vereinfacht. Entsprechende Beleuchtungs- und Bildaufnahmeverfahren werden in Kap. 7 behandelt. In diesem Abschnitt wird kurz auf die physikalischen und technischen Grundlagen künstlicher Lichtquellen eingegangen [10, 18].

Hinsichtlich der physikalischen Prinzipien der Lichtentstehung lassen sich Temperaturstrahler[24] und Lumineszenzstrahler unterscheiden. In einem **Temperaturstrahler** herrscht ein lokales thermisches Gleichgewicht. Die Strahlungsleistung und das Spektrum sind allein durch die Art und Temperatur des strahlenden Körpers bestimmt. Die Energie für die Lichtemission wird in Form von Wärme zugeführt. Der Aggregatzustand des Temperaturstrahlers kann fest oder gasförmig sein. Nach diesem Prinzip funktionieren Glüh- und Halogenlampen, wobei die Wärme durch elektrischen Strom erzeugt wird. Auch das Sonnenlicht entsteht durch Temperaturstrahlung [19].

Ein **Lumineszenzstrahler** wandelt die zugeführte Energie direkt in Strahlung um. Die Energie stammt nicht aus dem Wärmevorrat, sondern ist in Form potenzieller Energie enthalten. Es herrscht kein lokales thermisches Gleichgewicht. Zu den Lumineszenzstrahlern gehören Gasentladungslampen, Leuchtdioden und Laser.

2.7.1 Temperaturstrahler

2.7.1.1 Physikalische Grundlagen

Materie emittiert spontan elektromagnetische Strahlung. Die Energie dieser Strahlung stammt aus der Bewegung von Molekülen, Atomen und Elektronen, die dem Begriff der Temperatur zu Grunde liegt. Deshalb nimmt die Strahlungsemission mit steigender Temperatur zu. Der ideale Temperaturstrahler ist der sogenannte schwarze Strahler (oder schwarze Körper) [37].

[24] Auch als thermische Strahler bezeichnet.

Satz 2.5: Planck'sches Strahlungsgesetz
Die spektrale Strahldichte eines schwarzen Körpers wird durch das Planck'sche Strahlungsgesetz beschrieben [10]:

$$L_\lambda(\lambda) = \frac{2\,h\,c^2}{\lambda^5}\,\frac{1}{\exp\left(\frac{h\,c}{k\,\lambda\,T}\right) - 1}\,. \tag{2.258}$$

Die Temperatur des schwarzen Strahlers in Kelvin wird mit T bezeichnet, die Wellenlänge des emittierten Lichtes wie üblich mit λ, die Vakuumlichtgeschwindigkeit mit c, das Planck'sche Wirkungsquantum (siehe Abschn. 2.3) mit h und die Boltzmann-Konstante mit $k \approx 1{,}38 \cdot 10^{-23}$ J/K. ◇

Ein sogenannter grauer Strahler erreicht nur eine geringere Strahldichte, deren Verteilung jedoch proportional zu (2.258) ist. Die Farbtemperatur einer Lichtquelle ist diejenige Temperatur eines schwarzen Strahlers, dessen Lichtfarbe am besten mit derjenigen der Lichtquelle übereinstimmt [47]. Der Begriff der Farbtemperatur dient der farblichen Charakterisierung der Lichtart und ist auch dann anwendbar, wenn das Licht nicht durch Temperaturstrahlung emittiert wurde. In diesem Fall hängt die Farbtemperatur nicht mehr mit der physikalischen Temperatur der Lichtquelle zusammen.

Die gesamte Strahlungsleistung in einem Halbraum (Faktor π) über alle Wellenlängen beschreibt das Stefan-Boltzmann-Gesetz als Flächenleistungsdichte:

$$\int_0^\infty \pi\,L_\lambda(\lambda)\,\mathrm{d}\lambda = \frac{2\pi\,k^4}{15\,h^3\,c^2}\,T^4 \approx 5{,}67 \cdot 10^{-8}\ \mathrm{W\ m^{-2}K^{-4}}\,T^4\,. \tag{2.259}$$

Die Strahlungsleistung, das Produkt aus dieser Größe und der Fläche A des Strahlers, wächst also mit der vierten Potenz der Temperatur. Gleichzeitig verschiebt sich mit steigender Temperatur das Maximum der spektralen Strahldichte zu kürzeren Wellenlängen (Abb. 2.33). Die Wellenlänge maximaler Emission ist gegeben durch das Wien'sche Verschiebungsgesetz:

$$\lambda_{\max} \approx \frac{2{,}898 \cdot 10^{-3}\ \mathrm{K\ m}}{T}\,. \tag{2.260}$$

Der Farbeindruck eines schwarzen Strahlers verschiebt sich mit steigender Temperatur von rot über gelb zu weiß (siehe auch Abschn. 5.2.4).

Temperaturstrahler emittieren ein kontinuierliches Spektrum über einen breiten Wellenlängenbereich. Für technisch realisierbare Temperaturen wird der größte Teil der Strahlungsleistung als Infrarotlicht abgegeben (Abb. 2.33). Der Anteil der Strahlungsleistung im sichtbaren Bereich ist relativ gering. Daher haben Licht-

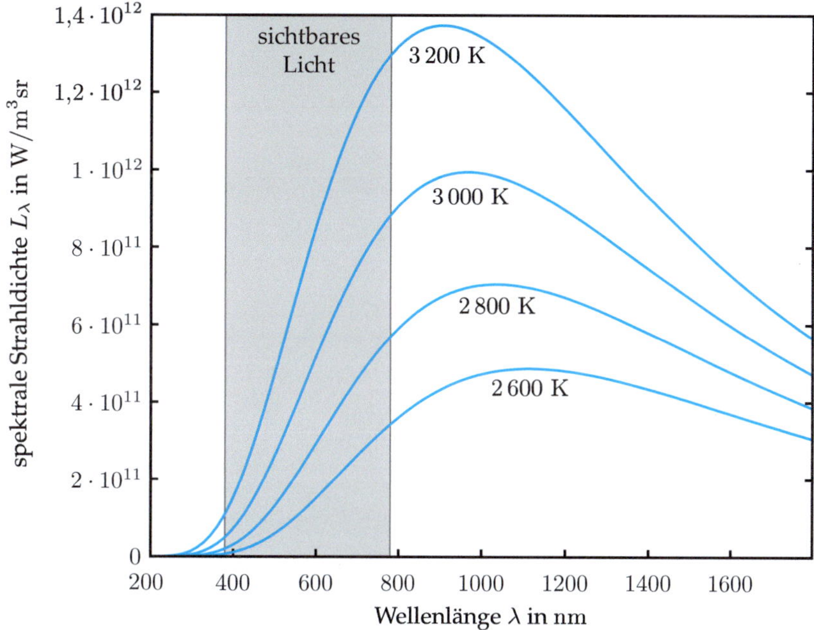

Abbildung 2.33. Spektrum schwarzer Strahler nach dem Planck'schen Strahlungsgesetz.

quellen nach dem Prinzip des Temperaturstrahlers eine vergleichsweise schlechte Lichtausbeute[25] und eine hohe Wärmeabstrahlung.

Erst für höhere Temperaturen verschiebt sich das Intensitätsmaximum eines schwarzen Strahlers in den sichtbaren Spektralbereich. Aufgrund der Zunahme der Gesamtintensität mit der vierten Potenz der Temperatur gemäß (2.259) ist eine graphische Gegenüberstellung der Spektren über einen größeren Temperaturbereich nur in doppelt logarithmischer Darstellung möglich (Abb. 2.34).

2.7.1.2 Glüh- und Halogenlampen

Glüh- und Halogenlampen sind Temperaturstrahler, die physikalisch als graue Strahler modelliert werden können. Als Strahler dient ein stromdurchflossener Draht, der sich infolge seines elektrischen Widerstands aufheizt. Dieser Glühdraht besteht aus Wolfram, dem Metall mit dem höchsten Schmelzpunkt. Er liegt bei etwa 3 683 K [40]. Dennoch ist der Schmelzpunkt der limitierende Faktor für die erreichbare Temperatur und damit der Leistungsfähigkeit von Glühlampen. Das langsame Abdampfen des Wolframs begrenzt die Lebensdauer der Lampe.

---

[25] Verhältnis von emittiertem Lichtstrom Φ_l zu aufgenommener elektrischer Leistung P. Der Lichtstrom ist ein Maß für die Energie des sichtbaren Anteils der elektromagnetischen Strahlung; siehe Kap. 4.

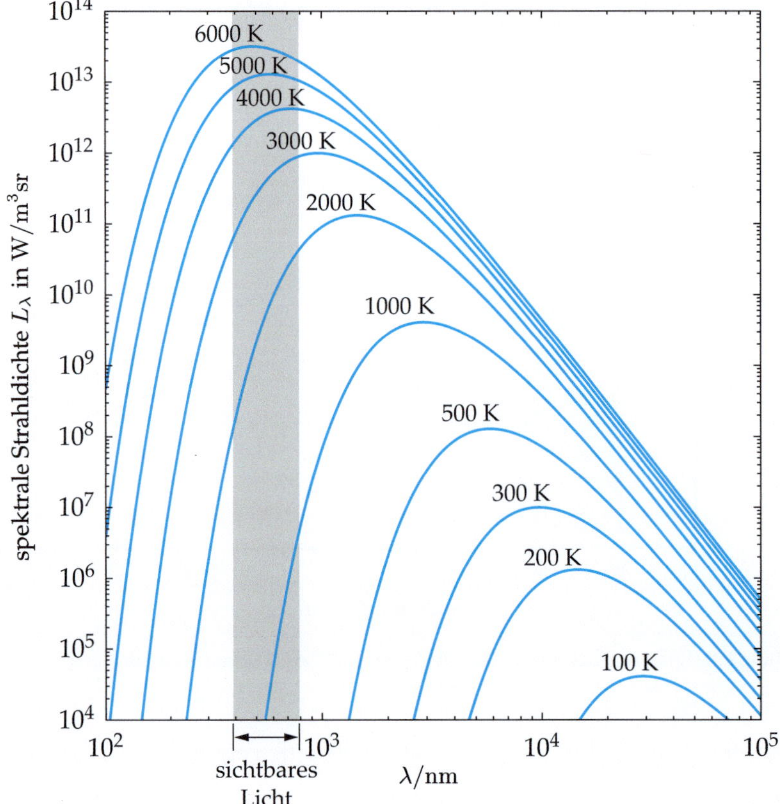

Abbildung 2.34. Spektrum schwarzer Strahler nach dem Planck'schen Strahlungsgesetz in doppelt logarithmischer Darstellung.

Um die Stabilität der Wolframglühwendel zu erhöhen, wird der Glaskolben der Lampe mit einem chemisch inerten Gas wie z. B. Stickstoff gefüllt. Die Betriebstemperatur von gasgefüllten Glühlampen beträgt 2 600 bis 3 000 K [37].

Halogenlampen ermöglichen höhere Temperaturen von 3 000 bis 3 400 K, sodass ein größerer Anteil der emittierten Strahlung im sichtbaren Bereich liegt und somit die Lichtausbeute der Lampe steigt (vgl. Abb. 2.33). Erreicht wird dies durch Halogenverbindungen im Füllgas, die mit dem abgedampften Wolfram reagieren, sodass es bei hoher Temperatur letztlich wieder zurück zur Glühwendel transportiert wird. Dieser Vorgang wird als Halogenkreisprozess bezeichnet. Die Regeneration der Glühwendel durch Abscheidung von Wolfram bewirkt eine höhere Lebensdauer der Lampe. Halogenlampen sind wesentlich kompakter als Glühlampen, damit im Glaskolben die erforderliche Temperatur gewährleistet wird, um ein Kondensieren von Wolframhalogenid am Glaskolben zu verhindern. In der Regel wird das Halogen Jod verwendet.

Die Betriebsdaten von Glüh- und Halogenlampen hängen im Wesentlichen von der Temperatur ab. Da die Temperatur im Glühdraht durch den elektrischen Strom erzeugt wird, kann sie durch die Änderung der Betriebsspannung beeinflusst werden. Näherungsweise folgen die Betriebsdaten Potenzgesetzen in Abhängigkeit des Verhältnisses von Betriebsspannung U zur Nennspannung U_{N} der Lampe [37]. Abbildung 2.35 und Tab. 2.4 zeigen diese Betriebsgesetze („Lampengesetze") für den Lichtstrom Φ_{l}, die elektrische Leistungsaufnahme P, die Stromstärke I, die Lichtausbeute η und die Lebensdauer Z am Beispiel von Halogenlampen. Überspannung führt zu einer starken Lebensdauerabnahme der Lampe. Umgekehrt lässt sich die Lebensdauer durch eine etwas niedrigere Betriebsspannung deutlich erhöhen, während die Lichtausbeute nur vergleichsweise wenig reduziert wird. Glüh- und Halogenlampen lassen sich sowohl mit Wechselspannung als auch mit Gleichspannung betreiben.

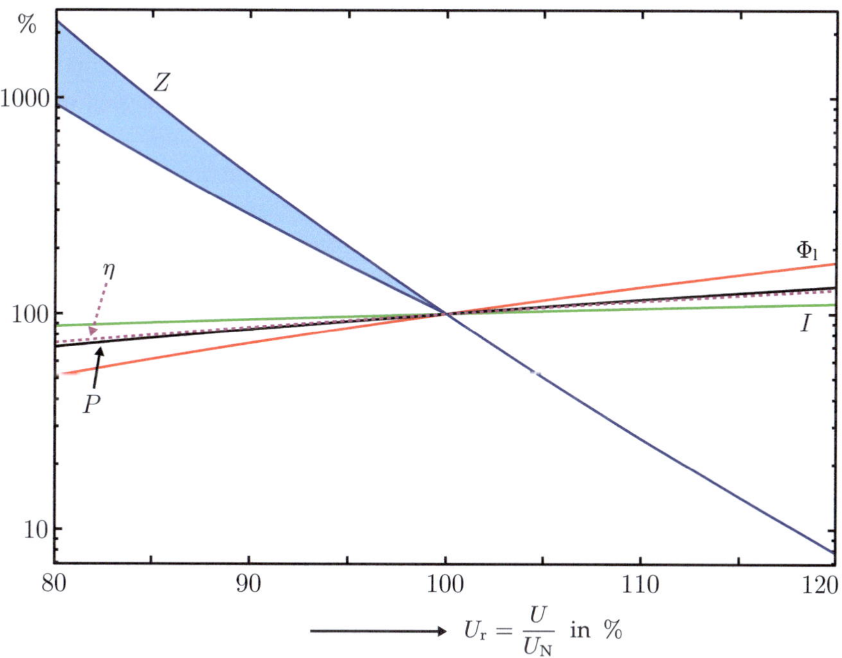

Abbildung 2.35. Betriebsgesetze für Halogenlampen in logarithmischer Darstellung (nach [37]).

2.7.2 Gasentladungslampen

Gasentladungslampen basieren auf dem Prinzip der Elektrolumineszenz: Atome werden in einem ausreichend starken elektrischen Feld durch Stöße mit beschleunigten Teilchen (Elektronen oder Ionen) angeregt oder ionisiert. Die aufgenommene Energie geben sie in Form von Licht wieder ab.

Bei **Hochdruck-Entladungslampen** wird die Energie durch Bogenentladung zugeführt. Ionen bewirken einen Stromfluss zwischen den beiden Elektroden. Die Ionen regen durch Stöße weitere Atome an, die dann ebenfalls Licht emittieren. Die Füllung kann Gase, insbesondere Edelgase, und Metalldämpfe enthalten. Metalle verdampfen erst nach dem Zünden der Gasfüllung aufgrund der steigenden Temperatur.

Typischerweise ist das Spektrum einer Gasentladungslampe umso breitbandiger und gleichmäßiger, je höher der Betriebsdruck ist (Abb. 2.36). Hierzu tragen verschiedene physikalische Mechanismen bei, die eine Verbreiterung der wegen der diskreten Anregungszustände der Atome eigentlich zu erwartenden Linien im Spektrum bewirken: Dopplerverbreiterung, Bremsstrahlung und Rekombinationsstrahlung [10]. Die Dopplerverbreiterung beruht auf Stößen zwischen den Gasmolekülen, die sich mit einer kontinuierlichen Geschwindigkeitsverteilung bewegen, wobei die Bewegungsenergie mit Temperatur und Druck zunimmt. Bremsstrahlung entsteht, wenn geladene Teilchen auf Materie treffen und dabei stark abgebremst werden. Die Wellenlänge des dabei emittierten Lichts hängt von der Geschwindigkeit des Teilchens ab, die eine kontinuierliche Verteilung aufweist. Bei der Rekombination von positiven Ionen und Elektronen zu elektrisch neutralen Atomen wird ebenfalls ein kontinuierliches Spektrum emittiert, da die Rekombinationspartner zufällig verteilte kinetische Energien in die Rekombination mitbringen.

Des Weiteren steigt mit zunehmendem Betriebsdruck auch die Leuchtdichte, d. h. der Bereich der Lichtemission kann auf eine kleinere räumliche Ausdehnung begrenzt werden. Hochdruck-Entladungslampen zeichnen sich durch eine kompakte Bauweise aus und sind nahezu punktförmige Lichtquellen. Noch stär-

Tabelle 2.4. Betriebsgesetze für Glüh- und Halogenlampen als Funktionen des Verhältnisses von Betriebs- und Nennspannung $U_\mathrm{r} = \frac{U}{U_\mathrm{N}}$ (nach [37]).

	Glühlampe	Halogenlampe
Stromstärke	$I \propto U_\mathrm{r}^{0,5}$	$I \propto U_\mathrm{r}^{0,6}$
elektrische Leistung	$P \propto U_\mathrm{r}^{1,5}$	$P \propto U_\mathrm{r}^{1,6}$
Lichtstrom	$\Phi_\mathrm{l} \propto U_\mathrm{r}^{3,8}$	$\Phi_\mathrm{l} \propto U_\mathrm{r}^{3,0}$
Lichtausbeute	$\eta \propto U_\mathrm{r}^{2,3}$	$\eta \propto U_\mathrm{r}^{1,4}$
Temperatur	$T \propto U_\mathrm{r}^{0,4}$	$T \propto U_\mathrm{r}^{0,34}$
Lebensdauer	$Z \propto U_\mathrm{r}^{-14}$	$Z \propto U_\mathrm{r}^{-14}$ für $U > U_\mathrm{N}$
		$Z \propto U_\mathrm{r}^{-14}$ bis U_r^{-10} für $U < U_\mathrm{N}$

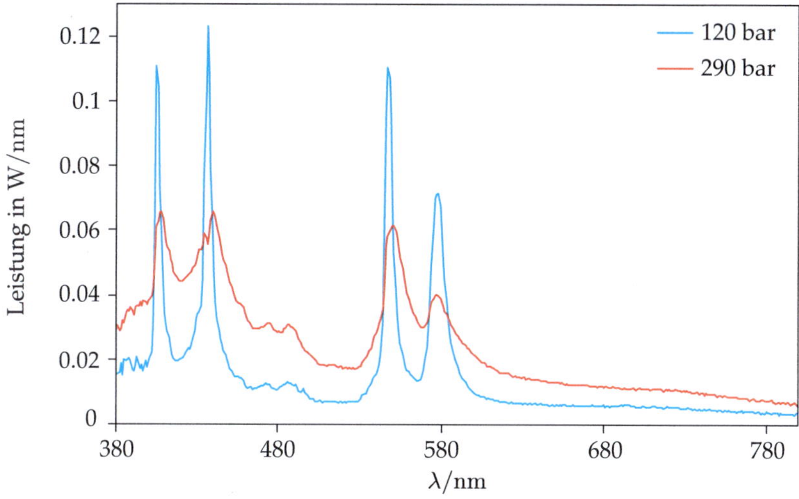

Abbildung 2.36. Spektren von Quecksilberdampf-Höchstdrucklampen (nach [9]).

ker ausgeprägt sind diese Eigenschaften bei Höchstdrucklampen wie der Xenon-Kurzbogenlampe (Abb. 2.37). Ihr Spektrum entspricht im sichtbaren Bereich sehr gut dem Tageslichtspektrum. Zusätzlich gibt es allerdings eine starke Abstrahlung im nahen Infrarot, sodass die Lichtausbeute der Xenon-Kurzbogenlampe nicht ganz so hoch ist wie die anderer Gasentladungslampen. Ein weiterer Nachteil sind die erforderlichen Sicherheitsmaßnahmen wegen der Explosionsgefahr infolge des hohen Drucks.

In Elektrolumineszenzlampen wird verbreitet Quecksilber verwendet. Bei Quecksilberdampf-Hochdrucklampen können verschiedene Halogen-Metallverbindungen[26] zugesetzt werden, um das emittierte Spektrum zu beeinflussen. Je nach Zusammensetzung erhält man eine hohe Lichtausbeute oder ein ausgeglichenes Spektrum. Ein breites, tageslichtähnliches Spektrum ist besonders für die Farbwiedergabe von Bedeutung. Die elektrische Leistungsaufnahme P von Quecksilber-Hochdrucklampen liegt zwischen 35 und 3500 W, die Lichtausbeute η zwischen 65 und 120 lm/W. Die mittlere Lebensdauer der Lampe liegt bei etwa 6000 Betriebsstunden.

Niederdruck-Entladungslampen erzeugen zunächst Linienspektren, die mit den diskreten Anregungszuständen der Atome korrespondieren. Ein breiteres Spektrum kann nur mit Hilfe von Leuchtstoffen erreicht werden. Mit diesen fluoreszierenden Materialien ist die Wand von Leuchtstofflampen beschichtet (zur Fluoreszenz siehe Abschn. 7.2.2). Sie absorbieren kurzwellige, vor allem ultravio-

[26]Daher spricht man auch von Halogen-Metalldampflampen, die aber auf einem anderen Funktionsprinzip beruhen als die Halogen-Glühlampen aus Abschn. 2.7.1.2.

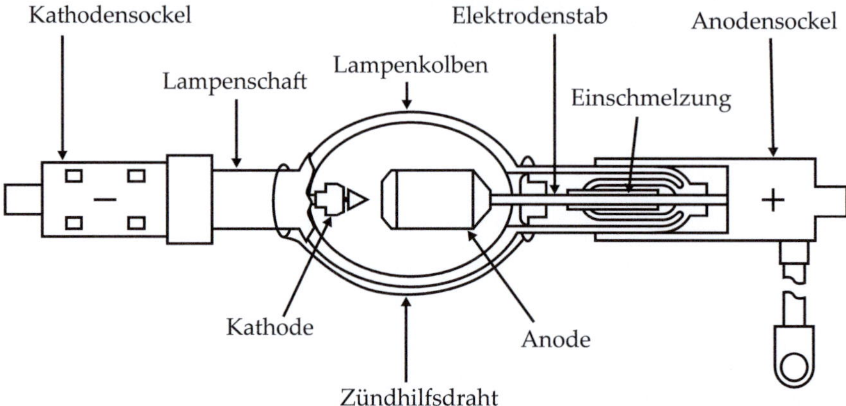

Abbildung 2.37. Aufbau einer Xenon-Kurzbogenlampe (nach einer Zeichnung der Osram AG).

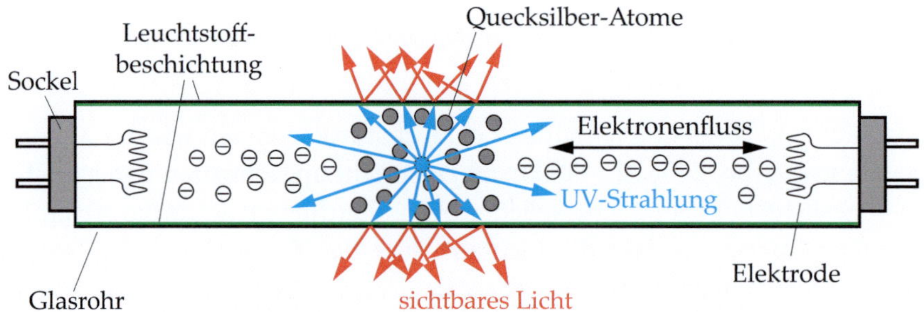

Abbildung 2.38. Aufbau einer Quecksilberdampf-Leuchtstofflampe.

lette Strahlung aus der Gasentladung und emittieren die aufgenommene Energie in Form von Licht mit größerer Wellenlänge. Dabei geht allerdings ein beträchtlicher Teil der Energie als Wärme verloren. Abbildung 2.38 zeigt den Aufbau einer Leuchtstofflampe. Die sogenannten Energiesparlampen sind kompakt gebaute Quecksilberdampf-Leuchtstofflampen.

Niederdruck-Entladungslampen haben einen Innendruck, der um Größenordnungen unter dem Umgebungsluftdruck liegt. Er beträgt etwa 1 bis 10^3 Pa. Sie werden vorwiegend mit Quecksilberdampf oder Natriumdampf betrieben. Die Linienspektren der Gasentladung hängen mit der Energieniveaustruktur dieser Elemente zusammen. Quecksilber-Linien liegen unter anderem bei 184,9; 253,6; 296,7; 365,0; 435,8; 546,1 und 577 nm, also zum Teil im Ultraviolett [25]. Die effiziente Erzeugung von sichtbarem Licht ist daher nur mit Hilfe von Leuchtstoffen möglich. Eine Natriumdampfentladung erzeugt bei Niederdruck ein schmalbandiges Spektrum bei einer Wellenlänge von etwa 590 nm. Dieses Licht ist sichtbar und erscheint gelb-orange. Natriumdampflampen können daher ohne Leuchtstoffe betrieben werden und somit eine sehr hohe Lichtausbeute erreichen. Ihre Verwendung bietet sich an, wenn die Energieeffizienz das wichtigere Kriterium ist als die Farbwiedergabe, wie beispielsweise bei der Straßenbeleuchtung. Mit Natriumdampf können sowohl Niederdruck- als auch Hochdrucklampen betrieben werden.

Quecksilber und Natrium eignen sich für Entladungslampen, weil sie niedrige Ionisierungsenergien, geeignete Anregungsenergien für optische Strahlung und hohe Dampfdrücke besitzen. Außerdem sind die Wirkungsquerschnitte[27] für eine Elektronenstoßanregung um drei bis vier Größenordnungen größer als bei Edelgasen.

Gasentladungslampen werden typischerweise mit Wechselspannung betrieben. Da der elektrische Widerstand mit wachsendem Entladungsstrom sinkt, wäre der Betrieb einer Gasentladung an einer Spannungsquelle, d. h. mit einer konstanten Spannung, instabil und würde zur Zerstörung der Lampe führen. Alle Gasentladungslampen müssen daher mit Vorschaltgeräten betrieben werden. Diese Stromquellen[28] begrenzen im laufenden Betrieb der Lampe den Strom, damit die Nennleistung der Lampe nicht überschritten wird. Zusätzlich steuern sie die Zündung der Gasentladung, z. B. durch Vorheizen der Elektroden und Stabilisierung des Lichtbogens. Entladungslampen erreichen erst einige Sekunden bis mehrere Minuten nach dem Einschalten ihr spezifiziertes Spektrum und ihre volle Lichtstärke, da Temperatur und Druck zunächst aufgebaut werden müssen. Für einen getakteten Betrieb sind sie ungeeignet. Die Anzahl der Schaltvorgänge wirkt sich negativ auf die Lebensdauer aus. Wenn Entladungslampen mit der Netzfrequenz von üblicherweise 50 Hz betrieben werden, kann es zu stroboskopartig wirkenden Schwankungen der Lichtstärke mit der doppelten Netzfrequenz kommen, die im Fall einer Bildaufnahme mit kurzer Belichtungszeit deutliche Unterschiede in der Bildhelligkeit verursachen. Bei modernen Lampen wird dieses Problem i. d. R. durch Hochfrequenzvorschaltgeräte vermieden. Insbesondere Xenon-Lampen können auch als Blitzlampen eingesetzt werden.

[27]Der Wirkungsquerschnitt eines Atoms ist ein Maß für die Wahrscheinlichkeit der Elektronenstoßanregung. Er kann als virtuelle Querschnittsfläche des Atoms interpretiert werden.

[28]In der Elektrotechnik unterscheidet man zwischen Spannungsquellen und Stromquellen. Erstere liefern eine nahezu konstante Spannung und besitzen einen geringen Innenwiderstand. Zweitere liefern einen nahezu konstanten Strom und haben einen hohen Innenwiderstand.

2.7.3 Leuchtdioden

Leuchtdioden oder **LEDs**[29] sind Halbleiterbauelemente, die ebenfalls nach dem Elektrolumineszenzprinzip Licht emittieren. Leuchtdioden gibt es seit den 1960er Jahren. Anfangs war ihr Wirkungsgrad sehr gering, sodass sie hauptsächlich als Signallampen eingesetzt wurden. Mittlerweile sind Leuchtdioden so weit entwickelt, dass sie wegen ihrer hohen Effizienz bei nahezu allen Beleuchtungszwecken bevorzugt eingesetzt werden.

LEDs sind Dioden, die in Durchlassrichtung betrieben werden. Eine elektrische Spannung führt den Elektronen Energie zu, sodass sie vom Valenzband ins Leitungsband wechseln können. Beim Übergang der Elektronen vom Leitungsband des n-dotierten Halbleiters zurück in das energetisch tiefer liegende Valenzband des p-dotierten Materials wird Energie frei, die in Form von Photonen abgegeben wird. Die pro Zeiteinheit emittierte Zahl von Photonen ist näherungsweise proportional zur Zahl der pro Zeiteinheit fließenden Ladungsträger und damit zum elektrischen Strom durch die LED. Die Photonenenergie $h\,\nu$ ist ungefähr gleich der Bandlücke: $E_{\text{gap}} \approx h\,\nu$ (Abb. 2.39). Das Spektrum von Leuchtdioden ist schmalbandig. Die Wellenlänge liegt im sichtbaren Licht, im Ultraviolett oder im nahen Infrarot. Sie hängt vom Halbleitermaterial und der Dotierung ab.

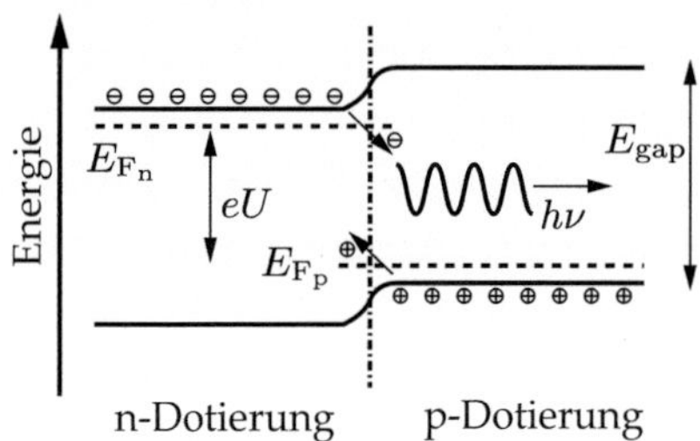

Abbildung 2.39.
Bändermodell einer Leuchtdiode (nach [10]).

Als Materialien für Leuchtdioden kommen vor allem sogenannte III-V-Verbindungshalbleiter zum Einsatz. Dabei handelt es sich um Verbindungen aus Elementen der III. Hauptgruppe des Periodensystems, z. B. Aluminium, Gallium oder Indium, und der V. Hauptgruppe, z. B. Stickstoff, Phosphor, Arsen oder Antimon. Tabelle 2.5 listet einige III-V-Halbleiter, ihre Bandlücken und die dazugehörigen Wellenlängen auf. Durch Mischkristalle lässt sich mittlerweile das gesamte optische Spektrum abdecken; siehe Abb. 2.40(a). Weiße Leuchtdioden können auf der Basis blauer Leuchtdioden hergestellt werden. Um ein breitbandigeres Spektrum zu erzielen, wird ein Leuchtstoff eingesetzt, der im gelben Spektralbereich fluoresziert; siehe Abb. 2.40(b). Die Mischung aus dem blauen und dem gelben Licht erzeugt einen weißen Farbeindruck.

---

[29]Von engl. *light-emitting diode.*

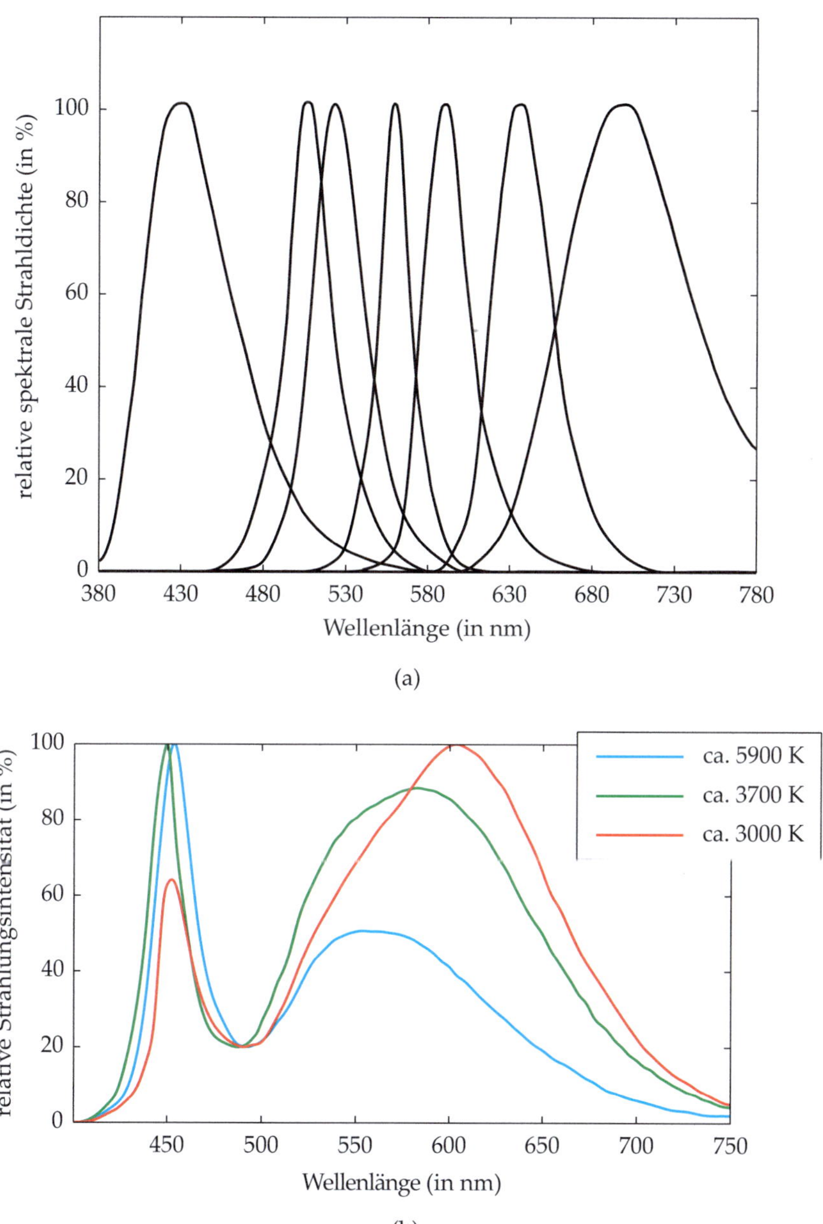

Abbildung 2.40. Spektren von Leuchtdioden: (a) schmalbandige Spektren verschiedener Leuchtdioden (nach [10]); (b) Spektren weißer Leuchtdioden mit unterschiedlichen Farbtemperaturen (nach [8]).

Tabelle 2.5. Bandlücken E_{gap} und Emissionswellenlängen λ von III-V-Halbleiterverbindungen für Leuchtdioden (nach [10]).

Verbindung	E_{gap} in eV	λ in nm
AlN (Aluminiumnitrid)	6,02	206
GaN (Galliumnitrid)	3,34	371
GaAs (Galliumarsenid)	1,35	918
InN (Indiumnitrid)	2,0	620
InP (Indiumphosphid)	1,27	976
InAs (Indiumarsenid)	0,36	3 400
InSb (Indiumantimonid)	0,163	7 610

Alternative Materialien für Leuchtdioden sind organische Halbleiter (vgl. Abschn. 2.7.3.1) und II-VI-Halbleiterverbindungen.

Da der statische elektrische Widerstand der Diode mit wachsendem Strom sinkt, dürfen Leuchtdioden nur an Stromquellen, also mit einer definierten Stromstärke betrieben werden. Eine Leuchtdiode darf nicht direkt an eine Spannungsquelle angeschlossen werden, da sie dann infolge der unkontrolliert anwachsenden Stromstärke zerstört würde. Spannungsquellen, die eine konstante Spannung U_0 liefern, lassen sich durch Reihenschaltung mit einem Ohm'schen Widerstand R näherungsweise in Stromquellen verwandeln (Abb. 2.41). Sei U_{F} die an der Diode abfallende Spannung und I_0 die gewünschte Stromstärke. Für $U_0 \gg U_{\mathrm{F}}$ berechnet sich der benötigte Widerstand R zu

$$R = \frac{U_0 - U_{\mathrm{F}}}{I_0} \,. \tag{2.261}$$

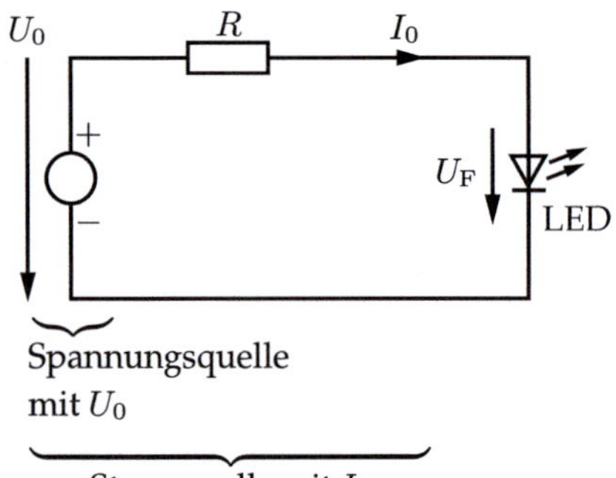

Abbildung 2.41. Beschaltung einer Leuchtdiode.

Eine Änderung von U_F führt wegen $U_0 \gg U_\mathrm{F}$ nur zu einer geringen Änderung der Stromstärke I:

$$\Delta I \approx -\frac{1}{R}\,\Delta U_\mathrm{F} = -\frac{I_0}{U_0 - U_\mathrm{F}}\,\Delta U_\mathrm{F}\,. \tag{2.262}$$

Die am Widerstand abfallende Leistung führt allerdings dazu, dass eine solche Schaltung für Beleuchtungszwecke ineffizient ist. Für den Betrieb von Leuchtdioden sind auch integrierte Konstantstromquellen verfügbar.

Leuchtdioden zeichnen sich verglichen mit anderen Lichtquellen durch eine lange Lebensdauer aus. Sie beträgt im Mittel bis zu 100 000 Stunden, bei Hochleistungsleuchtdioden immerhin noch 30 000 – 50 000 Stunden. Die Lichtstärke lässt mit dem Alter der Diode langsam nach. Ein plötzlicher Ausfall von Leuchtdioden ist selten. Durch die schmalbandige Emission im sichtbaren Bereich ist die Lichtausbeute vergleichsweise hoch, da keine Energie als Ultraviolett- oder Infrarotstrahlung verloren geht. Leuchtdioden sind sehr schnell schaltbar und modulierbar durch einen zeitabhängigen elektrischen Strom. Außerdem können Leuchtdioden als Festkörperlichtquellen nicht implodieren und sind mechanisch robust, stoß- und vibrationsfest, was in der Automatisierungstechnik oft erforderlich ist. Der einzelne lichterzeugende Kristall kann sehr klein gewählt werden und stellt in diesem Fall näherungsweise eine Punktlichtquelle dar, sodass das Licht gezielt geführt werden kann.

Ein Nachteil ist, dass Leuchtdioden mit einer Stromquelle und mit einer niedrigen Spannung von wenigen Volt betrieben werden müssen. Sie können also nicht direkt an die Netzspannung angeschlossen werden. Effizienz und Spektrum hängen von der Betriebstemperatur ab.

2.7.3.1 Organische Leuchtdioden

Bei organischen Leuchtdioden (OLEDs) wird das klassische anorganische Halbleitermaterial durch organische Halbleiter (z. B. Polymere) ersetzt. Sie bestehen aus mehreren funktionellen Schichten, die von Anode und Kathode umschlossen werden. Durch Anlegen einer Spannung injiziert die Kathode Elektronen in den Schichtaufbau, während die Anode entsprechend Elektronenlöcher bereitstellt. Die beiden Ladungsträger bewegen sich aufeinander zu und treffen in der sogenannten emittierenden Schicht (auch als Rekombinationsschicht bezeichnet) aufeinander, wodurch in dieser Schicht eingebrachte polymere Farbstoffmoleküle angeregt werden. Beim Übergang dieser Moleküle zurück in den Grundzustand wird Licht emittiert, dessen Spektrum vom verwendeten Farbstoff abhängt [6]. OLEDs erreichen zwar nicht die Lichtausbeute und Lebensdauer von halbleiterbasierten LEDs, können allerdings als nur $0{,}3\ \mathrm{mm}$ dünne gedruckte Elektronik hergestellt werden [48]. So kann man flexible Flächenlichtquellen konstruieren,

Abbildung 2.42. Ein biegbares OLED-Paneel als flexible Flächenlichtquelle (Quelle: OLEDWorks GmbH [34]).

die an die Form des zu prüfenden Objekts angepasst werden können (vgl. Abb. 2.42).

2.7.4 Laser

Neben der spontanen Emission von Photonen mit der Energie $h\,\nu_{21} = E_2 - E_1$ ist beim Übergang von einem auf Energieniveau E_2 angeregten Atom auf ein niedriger gelegenes Energieniveau $E_1 < E_2$ auch eine **stimulierte Emission** zu beobachten.[30] Bei der stimulierten Emission triggert ein Photon mit Frequenz ν_{21} ein Atom, das sich auf dem angeregten Energieniveau E_2 befindet, zu einer Emission eines Photons gleicher Frequenz, gleicher Phasenlage, gleicher Richtung und gleicher Polarisation [32]. Das emittierte Photon ist also kohärent zum auslösenden Photon. Auf diesem Prozess basiert der **Laser**.[31] Das englische Akronym Laser steht für *Light Amplification by Stimulated Emission of Radiation*.[32]

Schickt man Licht der Frequenz ν_{21} durch ein Material, in dem genügend viele Atome sich auf dem Energieniveau E_2 oberhalb des Energieniveaus E_1 befinden, sodass mit ausreichend hoher Wahrscheinlichkeit stimulierte Emissionen stattfinden, so kann man das einfallende Licht kohärent verstärken. Man hat also einen optischen Verstärker für Licht.

Koppelt man einen Verstärker zurück, indem man das Ausgangssignal wieder dem Verstärker zuführt, und ist die Verstärkung größer als die dabei auftretenden Verluste, so beginnt das System zu oszillieren. Dieses Prinzip ist von der akustischen Rückkopplung im System Mikrofon–Verstärker–Lautsprecher bekannt.

Die Rückkopplung beim Laser geschieht mit Hilfe von Spiegeln, die das verstärkte Licht in das angeregte Material zurück reflektieren (Abb. 2.43). Ein Laser ist mithin ein Lichtoszillator.

---

[30] Dieser Effekt ist nicht klassisch, sondern nur im Rahmen der Quantenmechanik erklärbar. Er wurde erstmals von Albert Einstein beschrieben [11].

[31] Der erste Laser wurde 1960 von T. Maiman gebaut. Zuvor hatten C. Townes, A. Prokhorov und N. Basov in den 1950er Jahren den sogenannten Maser (Mikrowellen-Laser) entwickelt, wofür sie 1964 gemeinsam den Nobelpreis für Physik erhielten.

[32] Lichtverstärkung durch stimulierte Strahlungsemission.

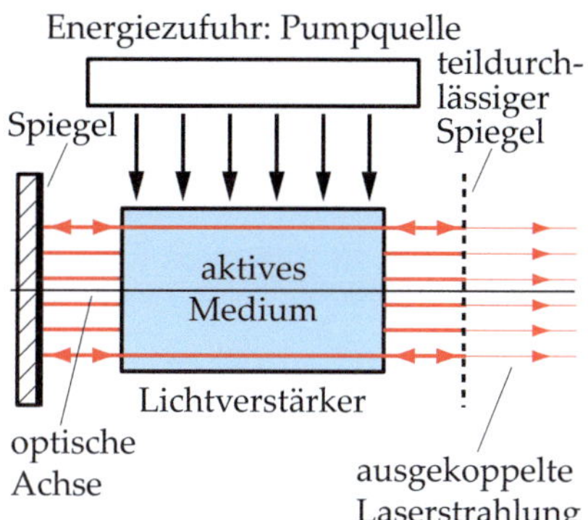

Abbildung 2.43. Prinzipskizze eines Lasers.

Der Verstärker: Im thermischen Gleichgewicht gehorchen die Besetzungszahlen N_i der Energieniveaus E_i, $i = 1, 2$, der Boltzmann-Verteilung

$$N_2 = N_1 \,\mathrm{e}^{-\frac{E_2 - E_1}{k\,T}} = N_1 \,\mathrm{e}^{-\frac{h\,\nu_{21}}{k\,T}}\,, \tag{2.263}$$

wobei T die absolute Temperatur in Kelvin, k die Boltzmann-Konstante und h das Planck'sche Wirkungsquantum bezeichnet [32]. Bei Zimmertemperatur $T = 300$ K erhält man z. B. für ein optisches Photon mit $E_2 - E_1 \approx 2{,}5$ eV ein Verhältnis der Besetzungszahlen von $\frac{N_2}{N_1} \approx 4 \cdot 10^{-44}$, d. h. das höhere Energieniveau E_2 ist im Vergleich zu E_1 extrem schwach besetzt. Mit steigender Temperatur wird der Unterschied zwar geringer, aber es gilt immer $N_2 < N_1$.

Eine nutzbare Verstärkung kann mittels stimulierter Emission nur dann erzielt werden, wenn eine sogenannte Besetzungsinversion vorliegt, also $N_2 > N_1$ ist. Im thermischen Gleichgewicht ist eine Besetzungsinversion nicht möglich.

Die Besetzungsinversion ist ein Nichtgleichgewichtszustand, der durch Zufuhr von Energie hergestellt wird. Diese Energiezuführung bezeichnet man als Pumpen. Sie kann auf optischem, elektrischem oder chemischem Wege erfolgen.

Das lichtverstärkende Medium und die Pumpquelle bilden zusammen den optischen Verstärker. Je nach Art des Lasers kommen als aktives Material Gase, Flüssigkeiten oder Feststoffe zum Einsatz. Als aktives Medium wird das lichtverstärkende Medium bezeichnet, das durch Pumpen aktiviert wurde.

Licht der Frequenz ν_{21}, das sich durch das aktive Medium bewegt, wird durch die stimulierte Emission mit wachsendem Ausbreitungsweg exponentiell verstärkt.

Rückkopplung: Licht, das sich parallel zur optischen Achse in Abb. 2.43 bewegt, wird bei jedem Durchlauf durch das aktive Medium um einen Faktor > 1 verstärkt, sodass die Lichtintensität im Prinzip exponentiell mit der Anzahl der Durchläufe anwächst. Wegen der Auskopplung eines Teils des Lichtes durch einen teildurchlässigen Spiegel, vor allem aber wegen der begrenzten Zufuhr an Pumpenergie, stellt sich eine Sättigung der Verstärkung und damit der Intensität des Lasers ein. Nur Licht, das parallel zur optischen Achse läuft, erfährt die exponentielle Verstärkung. Licht anderer Richtungen verlässt schon früh den optischen Resonator, der von den beiden Spiegeln gebildet wird. Es gibt auch Resonatorvarianten mit gekrümmten Spiegeln.

Aufgrund der Lauflänge vom Medium zu den Spiegeln und zurück entsteht eine laufwegabhängige Phasenverschiebung, sodass die Frequenzen bevorzugt werden, die phasengleich zurück in das Medium gelangen und so zu einer stehenden Welle führen. Die beiden Spiegel wirken wie ein sogenanntes Fabry-Perot-Interferometer als extrem schmalbandiger Bandpass [24,52]. Tatsächlich werden nicht nur Photonen mit genau der Frequenz ν_{21} verstärkt, sondern aufgrund von linienverbreiternden Effekten auch Frequenzen in einer gewissen Bandbreite $\Delta\nu$ um ν_{21}. Der Resonator selektiert daraus diejenigen Frequenzen, die zu einer stehenden Welle führen.

Das Spiegelsystem des optischen Resonators bewirkt also die Rückkopplung sowie eine schmalbandige Frequenz- und Richtungsselektion.

Anschwingen des Lasers: Durch spontane Emission von Photonen mit einer Frequenz von ca. ν_{21} beim Übergang vom gepumpten Energieniveau auf das darunterliegende, die sich in etwa parallel zur optischen Achse bewegen, schwingt der optische Oszillator an. Andere spontan emittierte Photonen, die diese Bedingungen nicht erfüllen, werden nicht ausreichend verstärkt und rückgekoppelt. Nur diejenigen mit einer Frequenz von ungefähr ν_{21} und Richtung näherungsweise zur optischen Achse werden massiv verstärkt und dominieren alles andere Licht im Resonator.

Praktische Realisierung: Einsetzbare Laser involvieren weitere Energieniveaus. Praktisch relevante Laser arbeiten überwiegend mit einem 4-Niveau-Energieschema $E_3 > E_2 > E_1 > E_0$. Vom Grundniveau E_0 aus wird durch Pumpen das Niveau E_3 angeregt. Durch eine sogenannte Relaxation, bei der die Energiedifferenz als Wärme abgegeben wird, gehen die Atome mit einer gewissen Rate in das Niveau E_2 über. Für dieses Energieniveau E_2 besteht nun bezüglich E_1 eine Besetzungsinversion, die zur stimulierten Emission von Photonen mit der Frequenz ν_{21} genutzt wird. Der Anregungszustand E_1 wird nach E_0 ebenfalls durch Relaxation abgebaut (Abb. 2.44).

Den Zustand E_3 braucht man, um den Laser optisch pumpen zu können. Ist E_1 im thermischen Gleichgewicht im Vergleich zu E_0 nur schwach besetzt, so wird es bereits mit deutlich geringerer Pumpleistung möglich, eine Besetzungsinversion zwischen E_2 und E_1 herzustellen als im System aus E_2 und E_0 erforderlich wäre [32,52].

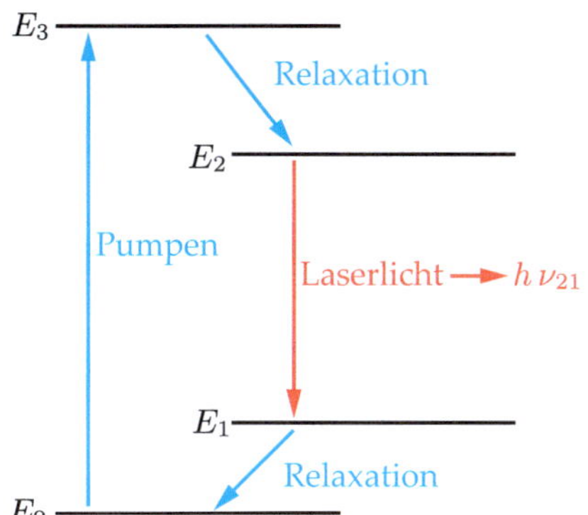

Abbildung 2.44.
Vier-Niveau-Energiesystem der Atome im aktiven Medium eines Lasers.

Die für die automatische Sichtprüfung wichtigsten kommerziell verfügbaren Laser sind:

- Halbleiterlaser (Laserdioden), die durch elektrischen Strom gepumpt werden.
- Nd-YAG-Laser sind Festkörperlaser, bei denen Neodym-Ionen in einen Yttrium-Aluminium-Granat-Kristall eingebunden sind. Nd-YAG-Laser werden optisch gepumpt. Sie liefern zunächst Licht der Wellenlänge $\lambda = 1064$ nm. Durch nichtlineare optische Effekte kann die Frequenz verdoppelt werden, sodass man grünes Licht der Wellenlänge $\lambda = 532$ nm erhält.

Laser sind scharf gebündelt, quasimonochromatisch, haben sehr große Kohärenzlängen und können sehr hohe Strahlstärken aufweisen. Tabelle 2.6 zeigt die maximal erreichbaren Leistungsdaten zum Zeitpunkt der Herausgabe dieser Buchauflage verfügbarer Laser, die aber nicht alle in einem Laser gleichzeitig realisiert werden können.

Der Einsatz von Lasern in der automatischen Sichtprüfung wird in Kap. 7 behandelt. Aufgrund der hohen Strahlstärke kann Laserlicht eine Gefahr für das menschliche Auge darstellen, weshalb je nach Leistung und Spektralbereich unterschiedliche Schutzmaßnahmen erforderlich sind (siehe auch Abschn. 7.2.3.4).

Bemerkung: Vergleicht man Laser und andere Lichtquellen mit elektrischen Signalquellen, so ist ein Laser analog zu einem Sinusoszillator, während die anderen Lichtquellen analog zu einem Rauschgenerator sind.

2.7.5 Zusammenfassung

Tabelle 2.7 fasst wichtige Eigenschaften einiger Lichtquellen zusammen, darunter die Lebensdauer, die Schaltbarkeit und das Spektrum. Für eine gute Farbwiedergabe ist ein breites, tageslichtähnliches Spektrum wünschenswert, ähnlich dem eines schwarzen Strahlers bei 6 000 K. Während alle anderen technisch wichtigen Lichtquellen inkohärentes, unpolarisiertes Licht erzeugen, können Laser linear polarisiertes Licht emittieren und eine hohe Kohärenz erreichen. Für manche An-

Tabelle 2.6. Heute erreichbare Extremwerte von Laserparametern (nach [52]).

kürzeste Wellenlänge [50]	$0{,}15$ nm
maximale Leistung (kommerziell, Dauerstrich, d. h. nicht gepulster Betrieb) [28]	$120\,000$ W
maximale Intensität (gepulst und fokussiert) [51]	10^{27} W/m^2
höchste Pulsenergie (bei einer Dauer von ca. 3 ns und einer Wellenlänge von $\lambda = 350$ nm) [27]	$1\,800\,000$ J
minimale Frequenzbandbreite, relative Frequenzbandbreite und maximale Kohärenzlänge [1]	
– Farbstofflaser (Farbstoff als aktives Medium, Wellenlänge einstellbar)	$\Delta\nu = 0{,}5$ Hz, $\frac{\Delta\nu}{\nu} \approx 10^{-15}$, $d_\mathrm{K} \approx 599\,584\,916$ m
– Helium-Neon- und Festkörperlaser	$\Delta\nu = 10^{-3}$ Hz, $d_\mathrm{K} \approx 29\,979\,245\,800$ m
kürzeste Impulsdauer und -länge [13]	$t_\mathrm{P} = 43$ as $= 43 \cdot 10^{-18}$ s, $d_\mathrm{K} \leq l_\mathrm{P} = c\,t_\mathrm{P} = 1{,}29$ nm

wendungen wie die Interferometrie wird daher Laserlicht benötigt (siehe Abschn. 7.3.16.1). Ein Nachteil des kohärenten Lichtes ist das Auftreten von Speckle.

Die Leuchtdichten einiger natürlicher und künstlicher Lichtquellen werden in Tab. 2.8 gegenübergestellt. Die höchste Leuchtdichte wird, abgesehen von Lasern, von Xenon-Kurzbogenlampen erreicht, während die Leuchtdichte von Leuchtstofflampen eher gering ist. Eine hohe Leuchtdichte ist dann wichtig, wenn ein Beleuchtungsverfahren eine sehr genau definierte Lichtlenkung erfordert, was nur mit einer nahezu punktförmigen Lichtquelle realisierbar ist.

Wie sich das Spektrum der Beleuchtung auf die Bildgewinnung auswirkt, hängt neben der Lichtquelle auch von der spektralen Empfindlichkeit der eingesetzten lichtempfindlichen Sensoren ab (siehe Kap. 6). Das Produkt beider wellenlängenabhängiger Funktionen und die sensorspezifische Integration über Wellenlängenbereiche bestimmt die gemessene Intensität (vgl. auch Kap. 5).

Tabelle 2.7. Eigenschaften künstlicher Lichtquellen im Vergleich.

	Lebensdauer	Schaltbarkeit	Spektrum	Polarisation	Kohärenz	Speckle
Halogenlampe	3 000 h	gut	„grauer“ Strahler	nein	gering	nein
Leuchtstofflampe	4 000 h bis 25 000 h	nein	kontinuierlich, abhängig von Leuchtstoffen	nein	gering	nein
Metalldampflampe	6 000 h	nein	kontinuierlich, mit überlagerten Linien	nein	gering	nein
Xenonbogenlampe	1 000 h	nein	im sichtbaren Bereich: ähnlich schwarzer Strahler	nein	gering	nein
Leuchtdiode	100 000 h[a]	sehr gut	einfarbig: 30 – 40 nm Linienbreite	nein	gering	nein
Laser	bei Diodenlasern hoch	sehr gut, gepulster Betrieb möglich	Linienspektrum, monochromatisch	ja	groß	ja

[a]Bei Hochleistungsleuchtdioden 30 000–50 000 h.

Tabelle 2.8. Leuchtdichten verschiedener Lichtquellen [41].

Art	Lichtquelle	Leuchtdichte L_l in $\mathrm{cd/cm^2}$
natürlich	Mittagssonne	100 000 – 150 000
	Vollmond	0,25 – 0,35
	klarer Himmel	0,3 – 0,7
	bedeckter Himmel	0,01 – 0,2
künstlich	Xenon-Kurzbogenlampe	20 000 – 500 000
	Kohlenbogenlampe	20 000 – 180 000
	Quecksilberdampf-Hochdrucklampe	20 000 – 40 000
	Glühlampe, klar	200 – 5 000
	Natriumdampf-Hochdrucklampe, klar	300 – 550
	Leuchtstofflampe	0,3 – 3
	Leuchtdiode	0,01 – 5 000

2.8 Literatur

[1] Hassanain Al-Taiy, Norman Wenzel, Stefan Preußler, Jens Klinger und Thomas Schneider. Ultra-narrow linewidth, stable and tunable laser source for optical communication systems and spectroscopy. *Optics Letters*, 39(20):5826, Oktober 2014.

[2] Jonathan Balzer. *Regularisierung des Deflektometrieproblems – Grundlagen und Anwendung*. Universitätsverlag Karlsruhe, Karlsruhe, 2008.

[3] Ludwig Bergmann, Clemens Schaefer, Heinz Niedrig und Hans-Joachim Eichler (Hrsg.). *Lehrbuch der Experimentalphysik*, Bd. 3: Optik: Wellen- und Teilchenoptik. De Gruyter, Berlin, 10. Auflage, 2004.

[4] Eric Betzig und Jay Trautman. Near-field optics: microscopy, spectroscopy, and surface modification beyond the diffraction limit. *Science*, 257(5067):189–195, Juli 1992.

[5] Max Born und Emil Wolf. *Principles of optics: electromagnetic theory of propagation, interference and diffraction of light*. Cambridge University Press, 7. Auflage, 2006.

[6] Yi-Lu Chang und Zheng-Hong Lu. White Organic Light-Emitting Diodes for Solid-State Lighting. *Journal of Display Technology*, 9(6):459–468, Juni 2013.

[7] Edward Collett. *Field guide to polarization*. SPIE Press, 2005.

[8] Cree, Inc. Cree® XLamp® MC-E LED Product family data sheet. `www.cree.com/products/pdf/XLampMC-E.pdf`, 2012.

[9] Guenther Derra, Holger Moench, Ernst Fischer, Hermann Giese, Ulrich Hechtfischer, Gero Heusler, Achim Koerber, Ulrich Niemann, Folke-Charlotte Noertemann, Pavel Pekarski, Jens Pollmann-Retsch, Arnd Ritz und Ulrich Weichmann. UHP lamp systems for projection applications. *Journal of Physics D: Applied Physics*, 38:2995–3010, 2005.

[10] Rainer Dohlus. *Photonik: Physikalisch-technische Grundlagen der Lichtquellen, der Optik und des Lasers*. Oldenbourg, München, 2010.

[11] Albert Einstein. Zur Quantentheorie der Strahlung. *Physikalische Zeitschrift*, 18:121–128, 1917.

[12] Hiroyuki Fujiwara. *Spectroscopic Ellipsometry: Principles and Applications*. Wiley, 2007.

[13] Thomas Gaumnitz, Arohi Jain, Yoann Pertot, Martin Huppert, Inga Jordan, Fernando Ardana-Lamas und Hans Jakob Wörner. Streaking of 43-attosecond soft-X-ray pulses generated by a passively CEP-stable mid-infrared driver. *Optics Express*, 25(22):27506, Oktober 2017.

[14] Anthony Gerrard und James Burch. *Introduction to matrix methods in optics*. Wiley, 1975.

[15] Andrew Glassner. Surface Physics for Ray Tracing. In Andrew Glassner (Hrsg.), *An Introduction to Ray Tracing*, Seiten 121–160. Academic Press, 1989.

[16] Dennis H. Goldstein. *Polarized light*. CRC Press, 3. Auflage, 2011.

[17] Joseph Goodman. Statistical properties of laser speckle patterns. In John Dainty (Hrsg.), *Laser Speckle and Related Phenomena*, Bd. 9 der Reihe *Topics in Applied Physics*, Seiten 9–75. Springer, 1975.

[18] Roland Grisar. Sources for Optical Sensing. In E. Wagner, R. Dändliker und K. Spenner (Hrsg.), *Optical Sensors*, Bd. 6 der Reihe *Sensors*, Seiten 117–142. VCH, 1992.

[19] Tobias Haist. *Optische Phänomene in Natur und Alltag*. `http://www.optipina.de`, 2010.

[20] P. S. Hauge, Rolf H. Muller und C. G. Smith. Conventions and formulas for using the Mueller Stokes calculus in ellipsometry. *Surface Science*, 96:81–107, 1980.

[21] Oliver Heavens. *Thin film physics*. Methuen, London, 1970.

[22] Oliver Heavens und Robert Ditchburn. *Insight into optics*. Wiley, 1991.

[23] Eugene Hecht. Note on an Operational Definition of the Stokes Parameters. *American Journal of Physics*, 38(9):1156–1158, September 1970.

[24] Eugene Hecht. *Optics*. Addison-Wesley, San Francisco, 4. Auflage, 2002.

[25] Hans-Jürgen Hentschel (Hrsg.). *Licht und Beleuchtung: Grundlagen und Anwendungen der Lichttechnik*. Hüthig, 5. Auflage, 2002.

[26] R. T. Holm. Convention Confusions. In Edward Palik (Hrsg.), *Handbook of Optical Constants of Solids*, Bd. 2, Seiten 21–55. Academic Press, 1991.

[27] Omar A. Hurricane, D. A. Callahan, D. T. Casey, E. L. Dewald, T. R. Dittrich, T. Döppner, M. A. Barrios Garcia, D. E. Hinkel, L. F. Berzak Hopkins, P. Kervin, J. L. Kline, S. Le Pape, T. Ma, A. G. MacPhee, J. L. Milovich, J. Moody, A. E. Pak, P. K. Patel, H.-S. Park, B. A. Remington, H. F. Robey, J. D. Salmonson, P. T. Springer, R. Tommasini, L. R. Benedetti, J. A. Caggiano, P. Celliers, C. Cerjan, R. Dylla-Spears, D. Edgell, M. J. Edwards, D. Fittinghoff, G. P. Grim, N. Guler, N. Izumi, J. A. Frenje, M. Gatu Johnson, S. Haan, R. Hatarik, H. Herrmann, S. Khan, J. Knauer, B. J. Kozioziemski, A. L. Kritcher, G. Kyrala, S. A. Maclaren, F. E. Merrill, P. Michel, J. Ralph, J. S. Ross, J. R. Rygg, M. B. Schneider, B. K. Spears, K. Widmann und C. B. Yeamans. The high-foot implosion campaign on the National Ignition Facility. *Physics of Plasmas*, 21(5):056314–1 – 056314–14, Mai 2014.

[28] IPGPhotonics. Datasheet YLS-SERIES High Power Ytterbium Fiber Lasers. `https://www.ipgphotonics.com/en/102/FileAttachment/YLS+Series+Datasheet.pdf`, 2022.

[29] Bernd Jähne. *Practical handbook on image processing for scientific and technical applications*. CRC Press, Boca Raton, 2. Auflage, 2004.

[30] Robert Jones und Catherine Wykes. *Holographic and speckle interferometry*. Cambridge University Press, 2. Auflage, 1989.

[31] Dietrich Kühlke. *Optik: Grundlagen und Anwendungen*. Deutsch, Frankfurt am Main, 2. Auflage, 2007.

[32] Hans-Jörg Kull. *Laserphysik: Physikalische Grundlagen des Laserlichts und seine Wechselwirkung mit Materie*. Oldenbourg, 2010.

[33] Ulrich Neuschaefer-Rube. Optische Oberflächenmesstechnik für Topografie und Material. Habilitationsschrift, Universität Gesamthochschule Kassel, 2002.

[34] OLEDWorks. Design-in guide LumiCurve Wave. `https://f.hubspotusercontent40.net/hubfs/6680197/Design-in%20Guides/%5BDesign-in%20Guide%5D%20LumiCurve%20Wave.pdf`, 2019.

[35] Bahaa E. Saleh und Malvin C. Teich. *Fundamentals of photonics*. Wiley, Hoboken, NJ, 2. Auflage, 2007.

[36] Eugen Schäfer. *Technische Optik*. Vieweg, 1997.

[37] Gottfried Schröder und Hanskarl Treiber. *Technische Optik*. Vogel, Würzburg, 9. Auflage, 2002.

[38] William Shurcliff. *Polarized light: production and use*. Harvard University Press, 1962.

[39] Károly Simonyi. *Theoretische Elektrotechnik*. Dt. Verl. d. Wiss., Berlin, 8. Auflage, 1980.

[40] Horst Stöcker (Hrsg.). *Taschenbuch der Physik*. Deutsch, 3. Auflage, 1998.

[41] Alma Taylor. *Illumination Fundamentals*. Rensselaer Lighting Research Center, 2000.

[42] Harland G. Tompkins und Eugene A. Irene (Hrsg.). *Handbook of ellipsometry*. Andrew, Norwich, NY, 2005.

[43] Harland G. Tompkins und William A. McGahan. *Spectroscopic ellipsometry and reflectometry: a user's guide*. Wiley, New York, 1999.

[44] Hans G. Völz. *Industrielle Farbprüfung: Grundlagen und Methoden*. Wiley-VCH, Weinheim, 2. Auflage, 2001.

[45] Volker Wittwer. Solarenergie. In Hans-Jörg Bullinger (Hrsg.), *Technologieführer: Grundlagen, Anwendungen, Trends*, Seiten 350–355. Springer, 2007.

[46] Lawrence Wolff. Polarization-Based Material Classification from Specular Reflection. *IEEE Transactions on Pattern Analysis and Machine Intelligence*, 12(11):1059–1071, November 1990.

[47] Günter Wyszecki und Walter S. Stiles. *Color Science: Concepts and Methods, Quantitative Data and Formulae*. Wiley, New York, 2. Auflage, 2000.

[48] Iwao Yagi, Nobukazu Hirai, Yoshihiro Miyamoto, Makoto Noda, Ayaka Imaoka, Nobuhide Yoneya, Kazumasa Nomoto, Jiro Kasahara, Akira Yumoto und Tetsuo Urabe. A flexible full-color AMOLED display driven by OTFTs. *Journal of the Society for Information Display*, 16(1):15–20, Januar 2008.

[49] Amnon Yariv. *Quantum electronics*. Wiley, 3. Auflage, 1989.

[50] Hitoki Yoneda, Yuichi Inubushi, Kazunori Nagamine, Yurina Michine, Haruhiko Ohashi, Hirokatsu Yumoto, Kazuto Yamauchi, Hidekazu Mimura, Hikaru Kitamura, Tetsuo Katayama, Tetsuya Ishikawa und Makina Yabashi. Atomic inner-shell laser at 1.5-ångström wavelength pumped by an X-ray free-electron laser. *Nature*, 524(7566):446–449, August 2015.

[51] Jin Woo Yoon, Yeong Gyu Kim, Il Woo Choi, Jae Hee Sung, Hwang Woon Lee, Seong Ku Lee und Chang Hee Nam. Realization of laser intensity over 10^{23} W/cm^{2}. *Optica*, 8(5):630, Mai 2021.

[52] Wolfgang Zinth und Ursula Zinth. *Optik: Lichtstrahlen – Wellen – Photonen*. Oldenbourg, München, 4. Auflage, 2013.

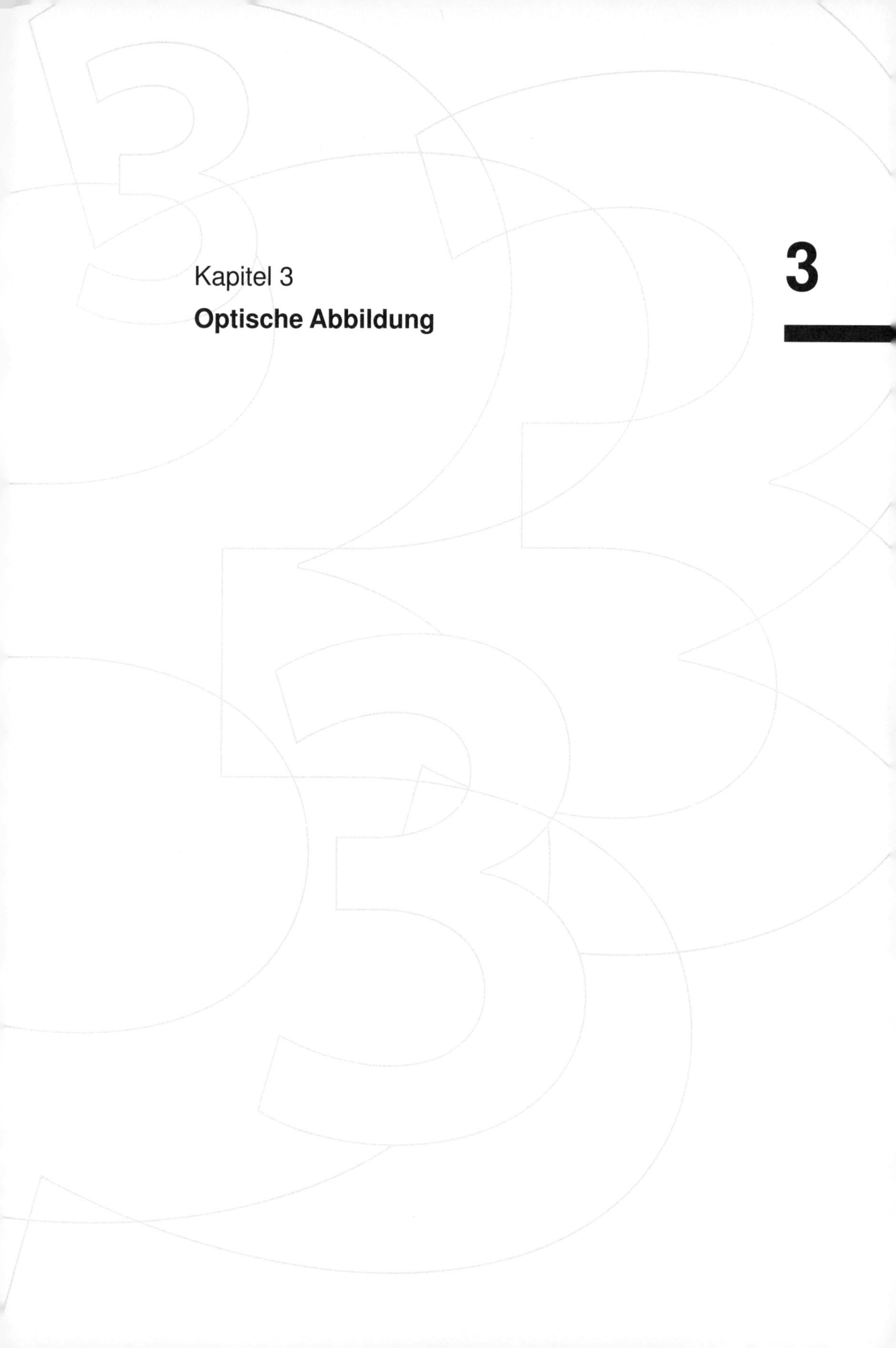

Kapitel 3

Optische Abbildung

3

3

3 Optische Abbildung

3 Optische Abbildung

3.1 Einleitung

Die Abbildungsoptik für die Bildaufnahme in der automatischen Sichtprüfung löst im Idealfall die Aufgabe, jeden interessierenden Punkt des Prüfobjekts auf genau einen Punkt auf dem Sensor abzubilden. Das bedeutet, dass das von jedem Prüfobjektpunkt $\mathbf{G}$ ausgehende divergente Bündel von Lichtstrahlen mit Hilfe der Abbildungsoptik in ein Strahlenbündel übergeht, das sich auf dem Sensor in einem Punkt $\mathbf{B}$ schneidet. Bei einer solchen Punkt-zu-Punkt-Korrespondenz $\mathbf{B} = \mathcal{A}\{\mathbf{G}\}$ spricht man von einer scharfen optischen Abbildung.

Eine ideale Abbildungsoptik $\mathcal{A}\{\,\cdot\,\}$ transformiert jedes homozentrische Strahlenbündel[1] in ein ebensolches, dessen Schnittpunkt auf dem Sensor zu liegen kommt (Abb. 3.1). Ein solche Optik würde jeden im Sichtbereich befindlichen Punkt des Raums scharf auf den Sensor abbilden. Physikalisch realisierbare Optiken erreichen dies nur näherungsweise.

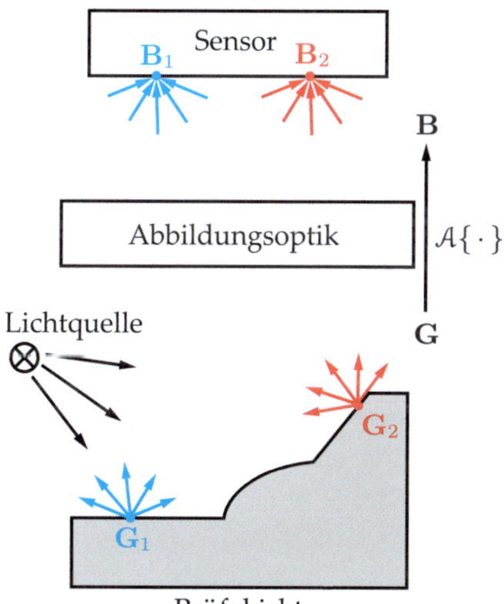

Abbildung 3.1.
Die Rolle der Abbildungsoptik bei der Aufnahme eines Prüfobjekts.

Die Ausbreitung, Beugung und Interferenz von Licht werden durch die Maxwell'schen Gleichungen und deren Lösung umfassend beschrieben. Die Maxwell'schen Gleichungen sind ein System von partiellen Differentialgleichungen. Um damit eine konkrete optische Aufgabe zu lösen, müssen deren physikalische Gegebenheiten als Randwerte formuliert und das sich zusammen mit den Max-

[1] Bündel von Lichtstrahlen, die sich in einem Punkt schneiden.

J. Beyerer et al., *Automatische Sichtprüfung*,
https://doi.org/10.1007/978-3-662-69951-5_3

well'schen Gleichungen ergebende Randwertproblem muss gelöst werden. Solange einfache Verhältnisse vorliegen, wie z. B. ebene, glatte, unendlich ausgedehnte Grenzflächen und homogene Materialien, lassen sich die Randwerte übersichtlich formulieren und die diesbezügliche Lösung der Maxwell'schen Gleichungen geschlossen berechnen.

Das ändert sich dramatisch, wenn man reale Sichtprüfungsprobleme betrachtet. Nimmt man z. B. ein Prüfobjekt der Abmessungen Länge $\times$ Breite $\times$ Höhe $= 10\ \mathrm{cm} \times 10\ \mathrm{cm} \times 1\ \mathrm{cm}$ und nimmt man eine kürzeste Wellenlänge λ von $500\ \mathrm{nm}$ an, so müsste man für jeden Punkt auf einem räumlichen Raster feiner als diese Wellenlänge Randbedingungen angeben in Form von: elektrischer Feldstärke nach Betrag, Polarisation und zeitlichem Verlauf sowie die relevanten Materialeigenschaften. Im gegebenen Beispiel wären diese Werte an $8 \cdot 10^{14}$ Punkten anzugeben. Bei einem opaken Objekt würde es zwar reichen, eine dünne Oberflächenschicht zu betrachten, was aber immer noch eine gigantische Zahl in der Größenordnung von 10^{11} Randwertangaben bedeuten würde. Da dieser Weg bei realen Sichtprüfproblemen offenbar nicht zielführend ist, bedarf es einer weitreichend vereinfachten Betrachtungsweise, die aber immer noch mächtig genug sein muss, um valide Aussagen ableiten und ausreichend genaue Berechnungen anstellen zu können.

Eine sehr weitgehende, praktisch aber ungemein nützliche und anschauliche Vereinfachung ist der Übergang zur geometrischen Optik. Licht wird dort durch Strahlen beschrieben. Formal kommt man von der Maxwell'schen Theorie zur geometrischen Optik, wenn man die Wellenlänge gegen null gehen lässt [23]. Praktisch bedeutet das, dass alle relevanten Abmessungen des optischen Systems aus Prüfobjekt, Beleuchtung, und Aufnahmevorrichtung deutlich größer sein müssen als die Wellenlängen des verwendeten Lichts, will man eine Aufgabe mittels geometrischer Optik behandeln.

Die Lichtstrahlen korrespondieren mit dem Poynting-Vektor (2.38) einer elektromagnetischen Welle. Einzelne Lichtstrahlen im Sinne eines isolierten Lichttransportes entlang einer Gerade oder Kurve sind allerdings ein Widerspruch in sich. Ein infinitesimal dünner Lichtstrahl würde ja gerade die Voraussetzung der geometrischen Optik, dass alle relevanten Abmessungen wesentlich größer als die Wellenlänge sein müssen, verletzen. Lichtstrahlen sind daher zumindest immer endlich ausgedehnte Lichtstrahlenbündel, die im Vergleich zur Wellenlänge breit sein müssen.

Die für die geometrische Optik wesentlichen Gesetze sind das Reflexions- und das Brechungsgesetz, sowie die geradlinige Lichtausbreitung in homogenen Medien. Analog zur Ableitung dieser Gesetze im Rahmen der Maxwell'schen Theorie in Abschn. 2.6, lassen sich diese auch innerhalb der geometrischen Optik auf der Basis des Fermat'schen Prinzips ableiten. Dieses berühmte Prinzip, das sich aus den Maxwell'schen Gleichungen herleiten lässt, besagt, dass sich Licht immer so ausbreitet, dass der zurückgelegte optische Weg (Produkt aus Brechungsindex und geometrischer Strecke) extremal (meist minimal) wird [23]. Damit lassen sich dann auch Lichtstrahlenverläufe in inhomogenen Medien berechnen, die dann im Allgemeinen nicht mehr geradlinig sind.

In diesem Kapitel werden auf Grundlage der geometrischen Optik Modelle für die Abbildung mit Linsen und Linsensystemen hergeleitet. Behandelt werden

- die einfachste denkbare optische Abbildung mit Hilfe einer Lochkamera (Abschn. 3.2),
- die mathematische Modellierung des Abbildungsvorgangs und die geometrische Kalibrierung von Kameras (Abschn. 3.3),
- die Abbildung mit einer Linse (Abschn. 3.4),
- die telezentrische Abbildung (Abschn. 3.4.5) und
- Linsensysteme, die beispielsweise in Kameraobjektiven, Mikroskopen oder Projektionsapparaten Verwendung finden (Abschn. 3.5).

Diese Modelle dienen nicht nur zum qualitativen Verständnis der verschiedenen Aufnahmetechniken und zur Auswahl geeigneter optischer Systeme für die jeweilige Anwendung, sondern auch zur quantitativen Beschreibung des Bildaufnahmevorgangs. Für Letzteres müssen allerdings die Parameter des Modells mit hinreichender Genauigkeit bekannt sein. Die Bestimmung der Parameter kann über Kalibrierungsverfahren erfolgen, die ebenfalls in diesem Kapitel vorgestellt werden.

3.2 Abbildung mit einer Lochkamera, Zentralprojektion

Ein einfaches Modell einer Kamera ist die Lochkamera. Eine (idealisierte) Lochkamera besteht aus einer Blende mit einem infinitesimal kleinen Loch und einer parallel dazu angeordneten Bildebene (siehe Abb. 3.2). Sie akzeptiert von dem Strahlenbündel, das von einem Objektpunkt ausgeht, genau einen Lichtstrahl. Der Abstand zwischen Blenden- und Bildebene heißt **Bildweite** und wird mit b bezeichnet. Die optische Abbildung eines Objektpunkts $\mathbf{x}_\mathrm{c}$ auf einen Bildpunkt $\mathbf{x}$ lässt sich bei einer Lochkamera mit Hilfe der Zentralprojektion mathematisch beschreiben:

$$\mathbb{R}^3 \to \mathbb{R}^2\,, \tag{3.1}$$

$$\begin{pmatrix} x_\mathrm{c} \\ y_\mathrm{c} \\ z_\mathrm{c} \end{pmatrix} \mapsto \begin{pmatrix} x \\ y \end{pmatrix} = -\frac{b}{z_\mathrm{c}} \begin{pmatrix} x_\mathrm{c} \\ y_\mathrm{c} \end{pmatrix} . \tag{3.2}$$

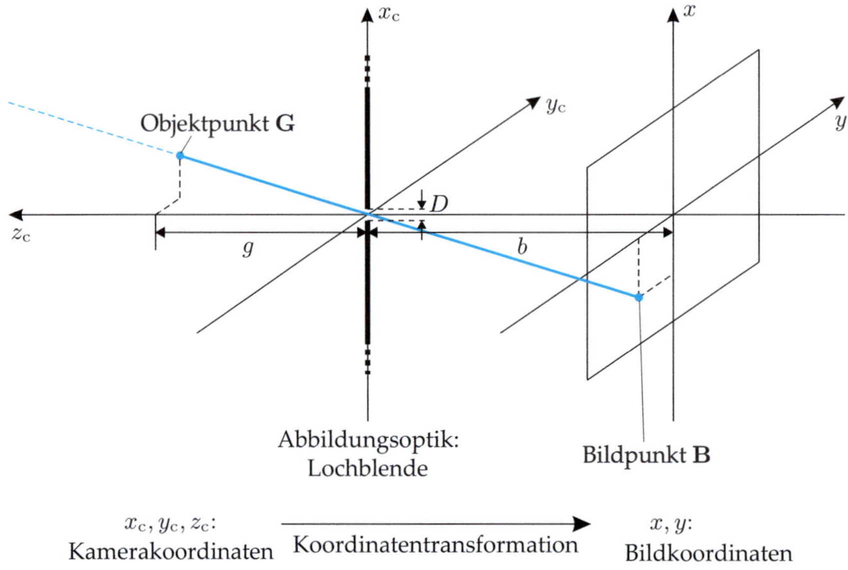

Abbildung 3.2. Lochkamera.

Diese Gleichung folgt direkt aus dem elementargeometrischen Strahlensatz A.1 (siehe Abb. 3.2). Die Abbildung beinhaltet eine Punktspiegelung am Projektionszentrum, daher entsteht ein in Bezug auf die x_c,y_c-Ebene seitenverkehrtes Bild. Das Größenverhältnis von Bild und Objekt beträgt $V = -\frac{b}{z_c}$, wobei das negative Vorzeichen die seitenverkehrte Abbildung kennzeichnet.

Der Ursprung des Koordinatensystems $(x_c, y_c, z_c)^T$ liegt in der Lochblende; die x_c,y_c-Ebene fällt mit der Blendenebene zusammen. Die z_c-Achse entspricht der optischen Achse der Lochkamera. Sie verläuft senkrecht zur Blendenebene durch den Mittelpunkt der Lochblende und zeigt von der Kamera weg. Das Koordinatensystem ist also durch die Lage der Kamera im Raum bestimmt und wird daher als **Kamerakoordinatensystem** bezeichnet. **Bildkoordinaten**, also Koordinaten in der Bildebene, werden mit $(x, y)^T$ bezeichnet.[2]

---

[2]In diesem Buch werden auch für die Bildkoordinaten ausschließlich rechtshändige Koordinatensysteme verwendet. Für die rechnerinterne Repräsentation von Bildern wird jedoch häufig ein linkshändiges Koordinatensystem mit Ursprung in der linken oberen Ecke des Bildes zugrunde gelegt, bei dem die y-Achse nach unten zeigt. Die Transformationsvorschrift zwischen diesem Koordinatensystem und den in diesem Buch verwendeten Bildkoordinaten lautet:

$$[0, M-1] \times [0, N-1] \to [0, M-1] \times [0, N-1], \qquad \begin{pmatrix} x \\ y \end{pmatrix} \mapsto \begin{pmatrix} x \\ N-1-y \end{pmatrix}. \tag{3.3}$$

An dieser Stelle ist es vorteilhaft, eine alternative mathematische Beschreibung für die Zentralprojektion einzuführen, die eine elegante Darstellung als lineare Abbildung ermöglicht. Dazu werden Punkte in Raum und Ebene durch **homogene Koordinaten** dargestellt. Die Transformation eines Punktes von kartesischen Koordinaten $x_1, \ldots, x_N$ in homogene Koordinaten $x'_1, \ldots, x'_N$ erfolgt durch Erweiterung um eine weitere Koordinate w:

$$(x_1, \ldots, x_N)^{\mathrm{T}} \quad \mapsto \quad (x_1\, w, \ldots, x_N\, w, w)^{\mathrm{T}} =: (x'_1, \ldots, x'_N, w)^{\mathrm{T}} . \tag{3.4}$$

Bei der Umkehrabbildung muss durch diese zusätzliche Koordinate dividiert werden:

$$(x'_1, \ldots, x'_N, w)^{\mathrm{T}} \quad \mapsto \quad \left(\frac{x'_1}{w}, \ldots, \frac{x'_N}{w}\right)^{\mathrm{T}} = (x_1, \ldots, x_N)^{\mathrm{T}} . \tag{3.5}$$

Daher ist für die Darstellung von Punkten in homogenen Koordinaten $w \neq 0$ zu fordern.

Die Zentralprojektion lässt sich nun wie folgt in homogenen Koordinaten ausdrücken [5]:

$$\begin{pmatrix} x' \\ y' \\ w \end{pmatrix} = \begin{pmatrix} -b & 0 & 0 & 0 \\ 0 & -b & 0 & 0 \\ 0 & 0 & 1 & 0 \end{pmatrix} \begin{pmatrix} x'_\mathrm{c} \\ y'_\mathrm{c} \\ z'_\mathrm{c} \\ w_\mathrm{c} \end{pmatrix} . \tag{3.6}$$

In homogenen Koordinaten ist die Zentralprojektion eine lineare Abbildung, während in der kartesischen Darstellung eine Division erforderlich ist.

Die Zentralprojektion (3.2) ist nicht injektiv und somit nicht umkehrbar. Alle Objektpunkte auf einem Sichtstrahl durch das optische Zentrum werden auf denselben Bildpunkt abgebildet (siehe Abb. 3.3). Die Rekonstruktion transparenter oder teiltransparenter Objekte aus einem einzelnen Bild wird dadurch unmöglich. Aber auch bei opaken, d. h. undurchsichtigen, Objekten geht Information verloren: Jeder Bildpunkt resultiert zwar aus genau einem Objektpunkt, die Größe des Objekts und der Abstand zur Kamera lassen sich aber nicht aus dem Bildsignal bestimmen. Die **Vergrößerung** $V = -\frac{b}{z_\mathrm{c}}$ der Zentralprojektion ist entfernungsabhängig; die Abbildung ist somit nicht längentreu. Von einem Bildpunkt ist lediglich bekannt, auf welchem Sichtstrahl der zugehörige Objektpunkt liegen muss. Der Sichtstrahl ist ein gerader Strahl, der vom Bildpunkt ausgeht und durch das Projektionszentrum der Kamera verläuft. Bereiche der Szene, die hinter einem

---

Diese Koordinatentransformation muss ggf. bei der Implementierung von Bildverarbeitungsalgorithmen beachtet werden.

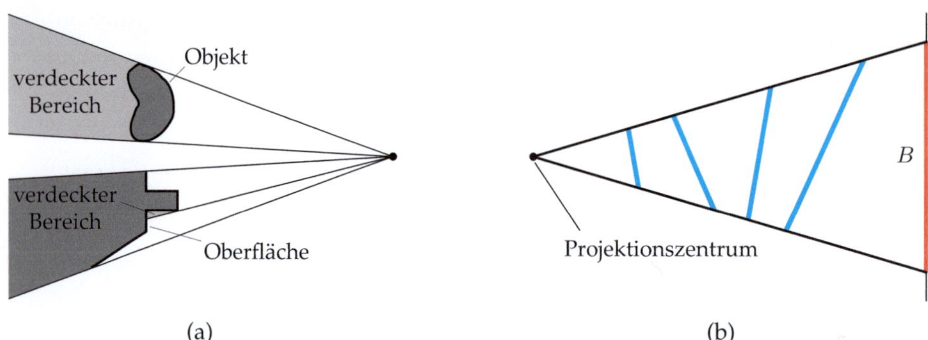

Abbildung 3.3. Illustration des Informationsverlustes bei der Zentralprojektion: (a) Verdeckung tieferliegender Objektpunkte; (b) alle Objekte (blau dargestellt) erzeugen das gleiche Bild (rot).

opaken Objekt liegen, sind aus der Perspektive der Kamera verdeckt und daher nicht im Bild sichtbar.

Theoretisch hat die Lochkamera eine unendliche Schärfentiefe.[3] Die Schärfe der Abbildung mit einer Lochkamera resultiert – idealisiert betrachtet – daraus, dass nur einer der vom Objektpunkt kommenden Lichtstrahlen akzeptiert wird. Für eine scharfe Abbildung müsste man mithin den Blendendurchmesser D möglichst klein wählen. Dann gelangt aber nur noch sehr wenig Licht zum Bildsensor, sodass lange Belichtungszeiten erforderlich werden. Man bezeichnet die optische Abbildung der Lochkamera deshalb als „lichtschwach". Bei einer Realisierung der Lochkamera muss man natürlich eine Blende endlicher Ausdehnung $D > 0$ wählen, sodass anstatt eines idealisierten Lichtstrahles immer ein Lichtbündel mit einer gewissen Ausdehnung passieren kann. Daher kann die Abbildung nicht vollkommen scharf sein. Damit das Modell der Lichtstrahlen überhaupt als Vereinfachung zulässig ist, müssen Beugungseffekte vernachlässigbar sein, was sogar $D > \lambda$ erfordert (siehe Abschn. 2.2.6).

3.3 Kameramodell und Kamerakalibrierung

Obwohl nur näherungsweise gültig, wird das Lochkameramodell häufig zur Modellierung realer Kameras eingesetzt. Dabei stellt sich die Aufgabe, die Parameter des Modells für eine gegebene Kamera zu bestimmen. Diesen Vorgang bezeichnet man als **Kamerakalibrierung**. Man unterscheidet intrinsische und extrinsische Kameraparameter. Die intrinsischen Parameter beschreiben die Eigenschaf-

[3] Schärfentiefe ist die Länge des Objektbereichs, den die Kamera scharf abbildet (siehe Abschn. 3.4.4).

ten der abbildenden Optik und des Bildsensors in der Kamera, die extrinsischen Parameter die Lage und Orientierung der Kamera im Raum.

Vor der Beschreibung der eigentlichen Kamerakalibrierung muss das Modell (3.2) noch geeignet erweitert werden. Zusätzlich zum Bildkoordinatensystem $(x, y)^{\mathrm{T}}$ und Kamerakoordinatensystem $(x_{\mathrm{c}}, y_{\mathrm{c}}, z_{\mathrm{c}})^{\mathrm{T}}$ wird das **Weltkoordinatensystem** eingeführt, das mit $(x_{\mathrm{w}}, y_{\mathrm{w}}, z_{\mathrm{w}})^{\mathrm{T}}$ bezeichnet wird. Position und Orientierung des Weltkoordinatensystems im Raum sind beliebig, aber fest. Die Koordinatentransformation von Weltkoordinaten in Kamerakoordinaten lässt sich durch eine Rotation und eine nachgelagerte Translation beschreiben:

$$\begin{pmatrix} x_{\mathrm{c}} \\ y_{\mathrm{c}} \\ z_{\mathrm{c}} \end{pmatrix} = \mathbf{R} \begin{pmatrix} x_{\mathrm{w}} \\ y_{\mathrm{w}} \\ z_{\mathrm{w}} \end{pmatrix} + \mathbf{t} \,. \tag{3.7}$$

Dabei ist $\mathbf{t} \in \mathbb{R}^3$ der Translationsvektor und $\mathbf{R} \in \mathbb{R}^{3\times 3}$ eine orthogonale Rotationsmatrix, d. h. es gilt $\mathbf{R}^{\mathrm{T}}\mathbf{R} = \mathbf{I}$. $\mathbf{R}$ und $\mathbf{t}$ beinhalten die extrinsischen Kameraparameter mit insgesamt 6 Freiheitsgraden.

In homogenen Koordinaten (3.4) lassen sich Rotation und Translation zu einer einzigen linearen Abbildung zusammenfassen:

$$\begin{pmatrix} x'_{\mathrm{c}} \\ y'_{\mathrm{c}} \\ z'_{\mathrm{c}} \\ w_{\mathrm{c}} \end{pmatrix} = \begin{pmatrix} & \mathbf{R} & & \mathbf{t} \\ & & & \\ 0 & 0 & 0 & 1 \end{pmatrix} \begin{pmatrix} x'_{\mathrm{w}} \\ y'_{\mathrm{w}} \\ z'_{\mathrm{w}} \\ w_{\mathrm{w}} \end{pmatrix} . \tag{3.8}$$

Die Lochkamera wurde bisher lediglich über die Bildweite b beschrieben. Nun wird zusätzlich der Bildsensor modelliert (siehe Kap. 6). Die Pixelgröße in x- und y-Richtung wird mit $(s_x, s_y)^{\mathrm{T}}$ bezeichnet. Außerdem kann der Ursprung des Bildkoordinatensystems gegenüber dem Schnittpunkt von optischer Achse und Bildebene um $(o_x, o_y)^{\mathrm{T}}$ verschoben sein. Damit gilt folgende Abbildungsgleichung zwischen Kamera- und Bildkoordinaten:

$$\begin{pmatrix} x \\ y \end{pmatrix} = -\frac{b}{z_{\mathrm{c}}} \begin{pmatrix} \frac{x_{\mathrm{c}}}{s_x} \\ \frac{y_{\mathrm{c}}}{s_y} \end{pmatrix} + \begin{pmatrix} o_x \\ o_y \end{pmatrix} \tag{3.9}$$

oder in homogener Darstellung:

$$\begin{pmatrix} x' \\ y' \\ w \end{pmatrix} = \begin{pmatrix} -\frac{b}{s_x} & s_{\mathrm{S}} & o_x & 0 \\ 0 & -\frac{b}{s_y} & o_y & 0 \\ 0 & 0 & 1 & 0 \end{pmatrix} \begin{pmatrix} x'_{\mathrm{c}} \\ y'_{\mathrm{c}} \\ z'_{\mathrm{c}} \\ w_{\mathrm{c}} \end{pmatrix} . \tag{3.10}$$

Hier wurde der Vollständigkeit halber noch der Parameter s_s hinzugenommen, mit dessen Hilfe ein schiefwinkliges Bildkoordinatensystem modelliert werden kann. Für heutige Kamerachips kann aber $s_\mathrm{s} = 0$ angenommen werden.
Einsetzen von (3.8) in (3.10) liefert:

$$\begin{pmatrix} x' \\ y' \\ w \end{pmatrix} = \underbrace{\begin{pmatrix} -\frac{b}{s_x} & s_\mathrm{s} & o_x & 0 \\ 0 & -\frac{b}{s_y} & o_y & 0 \\ 0 & 0 & 1 & 0 \end{pmatrix} \begin{pmatrix} & \mathbf{R} & & \mathbf{t} \\ & & & \\ 0 & 0 & 0 & 1 \end{pmatrix}}_{=:\,\mathbf{P}} \begin{pmatrix} x'_\mathrm{w} \\ y'_\mathrm{w} \\ z'_\mathrm{w} \\ w_\mathrm{w} \end{pmatrix} . \tag{3.11}$$

Die Matrix $\mathbf{P} \in \mathbb{R}^{3\times 4}$ heißt **Projektionsmatrix** der Kamera oder auch **Kameramatrix**. Sie beschreibt den Abbildungsvorgang mit einer Lochkamera vollständig. Ihre 12 Freiheitsgrade lassen sich deuten als die 6 extrinsischen Freiheitsgrade, die 5 intrinsischen Parameter $\frac{b}{s_x}$, $\frac{b}{s_y}$, s_s, o_x und o_y und den freien Skalierungsfaktor der homogenen Koordinatendarstellung.

Abschließend wird die Umrechnungsvorschrift von Welt- in Bildkoordinaten explizit angegeben ($s_\mathrm{s} = 0$):

$$x = -\frac{b}{s_x} \frac{r_{11}x_\mathrm{w} + r_{12}y_\mathrm{w} + r_{13}z_\mathrm{w} + t_1}{r_{31}x_\mathrm{w} + r_{32}y_\mathrm{w} + r_{33}z_\mathrm{w} + t_3} + o_x \,, \tag{3.12}$$

$$y = -\frac{b}{s_y} \frac{r_{21}x_\mathrm{w} + r_{22}y_\mathrm{w} + r_{23}z_\mathrm{w} + t_2}{r_{31}x_\mathrm{w} + r_{32}y_\mathrm{w} + r_{33}z_\mathrm{w} + t_3} + o_y \,. \tag{3.13}$$

Die Aufgabe der Kamerakalibrierung ist nun die Bestimmung dieser Parameter oder – äquivalent dazu – der Matrix **P**. Bei den üblichen Kalibrierverfahren lassen sich die beiden folgenden Schritte unterscheiden:

1. Bestimmung einer Menge von korrespondierenden Welt- und Bildpunkten, d. h. von Paaren $((x_{\mathrm{w}i}, y_{\mathrm{w}i}, z_{\mathrm{w}i})^\mathrm{T}, (x_i, y_i)^\mathrm{T})$, $i = 1, \ldots, m$;
2. Berechnung der Kameraparameter aus diesen Korrespondenzpunkten.

Für den ersten Schritt benötigt man eine oder mehrere Aufnahmen eines Kalibrierkörpers. Die Weltkoordinaten ausgezeichneter Punkte müssen bekannt sein, entweder aus der Konstruktion des Körpers oder aus einer genauen Vermessung. Diese Punkte müssen dann möglichst automatisch im Bild identifiziert und lokalisiert werden. Daher bietet sich die Verwendung regelmäßiger, auffälliger Strukturen an. Häufig eingesetzt werden schachbrettartige Muster. Die Ecken und Kanten der Schachbrettfelder können mit geeigneten Bildverarbeitungsmethoden lokalisiert werden (siehe Abschnitte 15.5 und 12.2).

Die Verwendung von Korrespondenzpunkten aus einer Ebene des Objektraums reicht nicht aus, weil das resultierende Gleichungssystem für die Kameraparameter in diesem Falle unterbestimmt ist. Daher wird entweder ein dreidimensionaler Kalibrierkörper verwendet, oder es werden mehrere Aufnahmen eines ebenen Kalibriermusters in unterschiedlichen räumlichen Positionen herangezogen [22]. Ein Kalibrierkörper sollte mehrere ebene Flächen in unterschiedlichen Entfernungen zur Kamera aufweisen, ähnlich wie die Seitenflächen eines Würfels oder wie Sitzfläche und Lehne eines Stuhls. Die Kalibrieraufnahmen müssen genügend viele Punktkorrespondenzen liefern, damit das resultierende Gleichungssystem bezüglich der Kameraparameter eindeutig lösbar und numerisch gut konditioniert ist.

Im zweiten Schritt der Kamerakalibrierung werden geeignete mathematische und numerische Verfahren zur Lösung des Gleichungssystems

$$(x_i', y_i', w_i)^{\mathrm{T}} \propto \mathbf{P}\,(x_{\mathrm{w}i}', y_{\mathrm{w}i}', z_{\mathrm{w}i}', w_{\mathrm{w}i})^{\mathrm{T}} \qquad i = 1, \ldots, m \tag{3.14}$$

angewendet. Da die homogene Koordinatendarstellung nur bis auf einen Skalierungsfaktor eindeutig bestimmt ist, kann lediglich die Proportionalität der Vektoren auf beiden Seiten gefordert werden. Diese Forderung lässt sich wiederum so interpretieren, dass die Vektoren $(x_i, y_i, w_i)^{\mathrm{T}}$ und $\mathbf{P}\,\mathbf{x}_{\mathrm{w}i}$ parallel sind. Für parallele Vektoren gilt aber, dass ihr Vektorprodukt gleich dem Nullvektor ist: $(x_i, y_i, w_i)^{\mathrm{T}} \times \mathbf{P}\,\mathbf{x}_{\mathrm{w}i} = \mathbf{0}$. Wenn $\mathbf{p}_j^{\mathrm{T}}$ die j-te Zeile der Matrix $\mathbf{P}$ bezeichnet, ergibt sich ausformuliert [9]:

$$\begin{pmatrix} \mathbf{p}_2^{\mathrm{T}} w_i - \mathbf{p}_3^{\mathrm{T}} y_i \\ \mathbf{p}_3^{\mathrm{T}} x_i - \mathbf{p}_1^{\mathrm{T}} w_i \\ \mathbf{p}_1^{\mathrm{T}} y_i - \mathbf{p}_2^{\mathrm{T}} x_i \end{pmatrix} \mathbf{x}_{\mathrm{w}i} = \mathbf{0} \tag{3.15}$$

$$\Leftrightarrow \quad \underbrace{\begin{pmatrix} \mathbf{0}^{\mathrm{T}} & w_i \mathbf{x}_{\mathrm{w}i}^{\mathrm{T}} & -y_i \mathbf{x}_{\mathrm{w}i}^{\mathrm{T}} \\ -w_i \mathbf{x}_{\mathrm{w}i}^{\mathrm{T}} & \mathbf{0}^{\mathrm{T}} & x_i \mathbf{x}_{\mathrm{w}i}^{\mathrm{T}} \\ y_i \mathbf{x}_{\mathrm{w}i}^{\mathrm{T}} & -x_i \mathbf{x}_{\mathrm{w}i}^{\mathrm{T}} & \mathbf{0}^{\mathrm{T}} \end{pmatrix}}_{\in\, \mathbb{R}^{3\times 12}} \underbrace{\begin{pmatrix} \mathbf{p}_1 \\ \mathbf{p}_2 \\ \mathbf{p}_3 \end{pmatrix}}_{=:\mathbf{p}\in\mathbb{R}^{12}} = \mathbf{0}\,. \tag{3.16}$$

In diese drei Gleichungen gehen die unbekannten Einträge der Matrix $\mathbf{P}$ linear ein, im Unterschied zu der nichtlinearen Abhängigkeit in den Gleichungen (3.12), (3.13). Die Gleichungen sind allerdings voneinander linear abhängig, sodass eine von ihnen weggelassen werden kann. Somit erhält man für jedes Punktpaar zwei Gleichungen. Um die 11 Freiheitsgrade bestimmen zu können, werden also mindestens 6 Punktkorrespondenzen benötigt. Es resultiert ein Gleichungssystem der Form $\mathbf{A}\,\mathbf{p} = \mathbf{0}$, wobei $\mathbf{A} \in \mathbb{R}^{2m\times 12}$ ist bei m Punktkorrespondenzen. Aus diesem überbestimmten linearen Gleichungssystem kann mit Hilfe der Methode der kleinsten Fehlerquadrate eine Schätzung für die Einträge von $\mathbf{P}$ gewonnen werden. Dabei wird das folgende algebraische Fehlermaß minimiert:

$$\varepsilon = \|\mathbf{A}\,\mathbf{p} - \mathbf{0}\| = \|\mathbf{A}\,\mathbf{p}\|\,. \tag{3.17}$$

Die numerische Lösung dieses Schätzproblems kann beispielsweise über die Singulärwertzerlegung des Gleichungssystems erfolgen. Die Kleinste-Quadrate-Lösung ist dann der singuläre Vektor zum kleinsten Singulärwert.

Um die numerische Robustheit des Verfahrens zu erhöhen, ist es sinnvoll, die Bildpunkte vor der Aufstellung des Gleichungssystems geeignet zu skalieren [9].

Zu beachten sind außerdem Fehler, die durch eine ungenaue Bestimmung der Welt- und Bildkoordinaten verursacht werden. Daher werden in der Praxis meistens deutlich mehr als die minimal erforderlichen 6 Punktpaare verwendet, um eine robustere Schätzung zu erhalten. Fehlzuordnungen bei der Interpretation des Kalibriermusters oder grobe Fehlschätzungen bei der Lokalisierung der Bildpunkte können zudem Ausreißer unter den Punktkorrespondenzen verursachen. Deren Einfluss kann durch den Einsatz von robusten Schätzverfahren wie RANSAC oder *least median of squares* gering gehalten werden, vorausgesetzt, es liegen genügend korrekte Punktpaare vor [9].

Mit Hilfe der Projektionsmatrix kann zu einem Bildpunkt $\mathbf{x}$ der zugehörige Sichtstrahl berechnet werden, auf dem der abgebildete Objektpunkt liegt [9]. Einen Punkt $\mathbf{x}_\mathrm{w}$ des Sichtstrahls erhält man durch die Invertierung der Projektionsgleichung $\mathbf{x} = \mathbf{P}\,\mathbf{x}_\mathrm{w}$ mit Hilfe der pseudoinversen Matrix:

$$\mathbf{x}_\mathrm{w} = \mathbf{P}^\mathrm{T}\,(\mathbf{P}\,\mathbf{P}^\mathrm{T})^{-1}\,\mathbf{x}\,. \tag{3.18}$$

Der zweite bekannte Punkt auf dem Sichtstrahl ist das Projektionszentrum $\mathbf{c}$, das sich als Eigenvektor zum Eigenwert 0 der Projektionsmatrix berechnen lässt:

$$\mathbf{P}\,\mathbf{c} = \mathbf{0}\,. \tag{3.19}$$

Die Punkte auf dem Sichtstrahl sind somit gegeben als die Gerade

$$(1 - \lambda)\,\mathbf{x}_\mathrm{w} + \lambda\,\mathbf{c} \tag{3.20}$$

mit dem freien Parameter λ.

Bei Spezialobjektiven und bei höchsten Präzisionsanforderungen kann es notwendig sein, die Annahme eines Lochkameramodells zu verlassen. Die Sichtstrahlen schneiden sich dann nicht mehr in einem Punkt, sondern werden durch ihre Schnittpunkte mit zwei parallelen Ebenen charakterisiert. Entsprechende Kalibrierverfahren finden sich z. B. in [8].

3.4 Abbildung mit einer Linse (Objektiv)

Wie oben erläutert sind die praktischen Einsatzmöglichkeiten einer Lochkamera wegen ihrer geringen Lichtausbeute sehr begrenzt. Um eine lichtstarke Bildaufnahme zu ermöglichen, muss ein größerer Ausschnitt des von einem Objektpunkt ausgehenden Lichtbündels scharf auf einen Punkt der Bildebene abgebildet werden. Erreicht werden kann dies mit einer abbildenden Optik, wie sie in Kameraobjektiven eingesetzt wird. Die abbildende Optik besteht i. d. R. aus mehreren Linsen. Eine **Linse** ist ein Bauelement aus Glas oder Kunststoff, dessen gewölbte Grenzflächen eine gezielte Brechung des einfallenden Lichts bewirken (Abb. 3.5(a)). Parallel zur optischen Achse einfallende Lichtstrahlen werden so gebrochen, dass sie sich im Brennpunkt der Linse schneiden (Abb. 3.4). Zwischen der Brennweite f (dem Abstand zwischen Linse und Brennpunkt) und dem Krümmungsradius R der beiden Linsenoberflächen besteht der Zusammenhang

$$R = 2f\,\frac{n_2 - n_1}{n_1}\,, \tag{3.21}$$

wobei n_2 den Brechungsindex des Linsenmaterials und n_1 den Brechungsindex des umgebenden Mediums vor und hinter der Linse bezeichnet [10, 23].

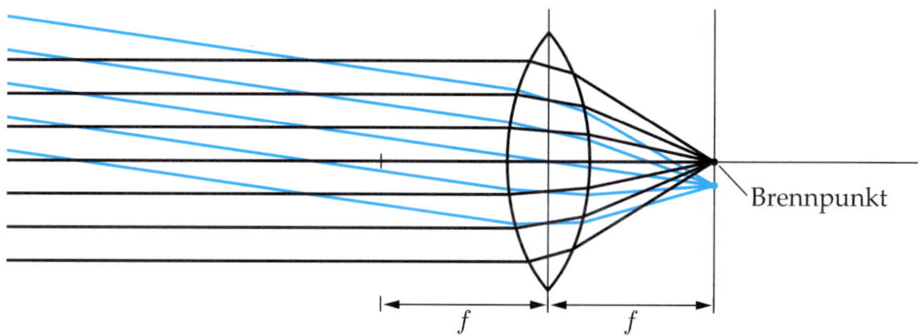

Abbildung 3.4. Parallel einfallendes Licht wird von einer Linse in der Ebene des Brennpunkts gebündelt.

Im Folgenden wird zunächst die optische Abbildung mit einer einzelnen Linse beschrieben, an der sich bereits die meisten wichtigen Effekte veranschaulichen lassen.

Alternativ kann eine abbildende Optik auch mit Hilfe von gewölbten Spiegeln konstruiert werden [16]. Ob Spiegel oder Linsen verwendet werden, wird meist unter konstruktiven Aspekten entschieden: Große Linsenoptiken, z. B. für astronomische Teleskope, wären zu schwer und würden sich sogar unter ihrem eigenen Gewicht verformen.

3.4.1 Paraxiale Näherung und Gauß'sche Optik

Die meisten Linsen und Linsensysteme sind rotationssymmetrisch aufgebaut. Die Symmetrieachse heißt **optische Achse**. Große praktische Relevanz haben Bildaufnahmekonstellationen, bei denen das einfallende Licht der beobachteten Objekte näherungsweise parallel zur optischen Achse ist. Für die in diesem Fall vorliegenden kleinen Winkel α zwischen dem einfallenden Lichtstrahl und der optischen

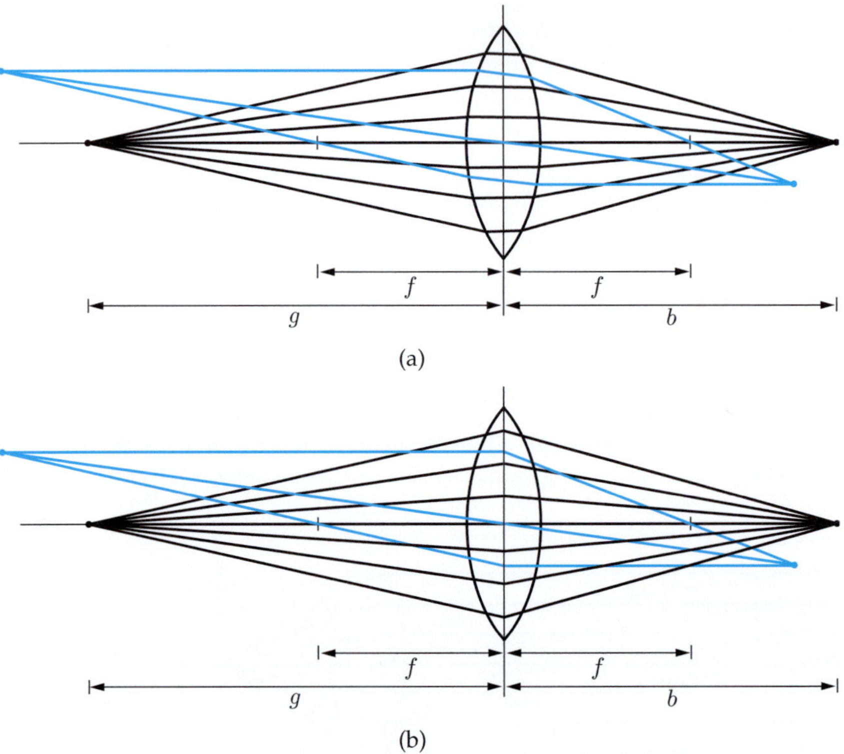

Abbildung 3.5. Optische Abbildung mit einer dünnen Sammellinse: (a) Brechung des Lichts an den gewölbten Grenzflächen der Linse; (b) idealisiertes Brechungsverhalten sphärischer Linsen in der Gauß'schen Optik.

Achse gilt in guter Näherung $\sin\alpha \approx \alpha$. Dadurch erhält man eine linearisierte Formulierung des Brechungsgesetzes (2.209) aus Abschn. 2.6.3:

$$n_1 \sin\theta_1 = n_2 \sin\theta_2 \quad \rightsquigarrow \quad n_1\,\theta_1 \approx n_2\,\theta_2\,. \tag{3.22}$$

Diese Linearisierung wird als paraxiale Näherung bezeichnet. In der paraxialen Näherung bilden sphärische Grenzflächen homozentrische Strahlenbündel auf homozentrische Strahlenbündel ab (Abb. 3.5(b)). Ein Strahlenbündel heißt homozentrisch, falls sich alle Lichtstrahlen des Bündels in einem Punkt schneiden.

Im Rahmen der paraxialen Näherung lassen sich die Abbildungseigenschaften mehrlinsiger, um dieselbe optische Achse zentrierter Systeme elegant mit einer Matrizenmethode berechnen [6, 10]. Brechende Flächen sowie Ausbreitungswege dazwischen werden durch 2×2-Matrizen beschrieben. Lichtstrahlen werden durch zweidimensionale Spaltenvektoren modelliert, im Wesentlichen durch ihre Richtung und ihren Abstand zur optischen Achse. Die Ausbreitung von Strahlen durch das System wird dann durch sukzessive Multiplikation des Vektors mit den Matrizen der optischen Elemente berechnet.

Bei realen Linsen treten Abbildungsfehler auf, da das paraxiale Modell nur näherungsweise gültig ist. Wären sphärische Linsen[4] ideale Abbildungssysteme, dann wäre eine Linse für die Bildaufnahme ausreichend. Um jedoch die Abbildungsfehler der einzelnen Linsen korrigieren zu können, sind gute Objektive aus mehreren Linsen aufgebaut. Dadurch erhält man bei der Konstruktion der Optik Freiheitsgrade wie Krümmungsradien, Positionen, Materialien (d. h. Brechungsindizes), die gezielt festgelegt werden, um die Abbildungsfehler zu minimieren. Für solche korrigierten Linsensysteme bleiben die vereinfachten Gleichungen anwendbar, die unter Annahme der paraxialen Näherung hergeleitet werden. Diese Vorgehensweise, die in diesem Buch überwiegend verwendet wird, bezeichnet man als Gauß'sche Optik. Die Abbildungsfehler realer Linsen und Linsensysteme werden in Abschn. 3.4.8 behandelt.

3.4.2 Abbildungsgesetz

Ein ausreichend großer Teil des von einem Objektpunkt zur Kamera hin gestreuten Lichts muss gesammelt und möglichst auf genau einen Punkt des lichtempfindlichen Sensors gebündelt werden. Das leistet z. B. die Abbildung mit einer dünnen Sammellinse, anhand derer die prinzipielle Wirkungsweise von Objektiven erläutert werden soll. „Dünn" bedeutet hierbei, dass die Brennweite f viel größer als die Dicke der Linse ist. In diesem Fall lässt sich die optische Abbildung in guter Näherung durch die Brechung in einer Ebene beschreiben. Diese Ebene heißt Hauptebene der Linse. Das Modell einer dünnen Linse abstrahiert davon, dass die Brechung in der Realität nicht an der Hauptebene, sondern an den Grenzflächen zwischen der Linse und dem umgebenden Medium stattfindet (Abb. 3.5). Zur Darstellung des Strahlengangs in optischen Systemen wird in diesem Buch überwiegend das Modell der dünnen Linse verwendet, da diese Approximation für viele Anwendungen in der automatischen Sichtprüfung ausreicht.

In Abb. 3.6 ist eine dünne, kreisförmige Linse dargestellt, welche die von einem Objektpunkt ausgehenden und die Linse treffenden Lichtstrahlen auf einen einzigen Bildpunkt in der Bildebene, in der sich der Sensor befindet, konzentrieren soll.

Eine Sammellinse bewirkt, dass parallel zur optischen Achse einfallendes Licht im Brennpunkt gebündelt wird. Der Brennpunkt befindet sich auf der optischen Achse. Sein Abstand zum optischen Zentrum der Linse heißt **Brennweite** f. Zur Konstruktion des Strahlengangs nutzt man diese Eigenschaft aus: Ein

[4]Bei sphärischen Linsen sind die Begrenzungsflächen Teile von Kugelflächen. Sie sind sehr viel einfacher herzustellen als asphärische Linsen und daher wesentlich preiswerter.

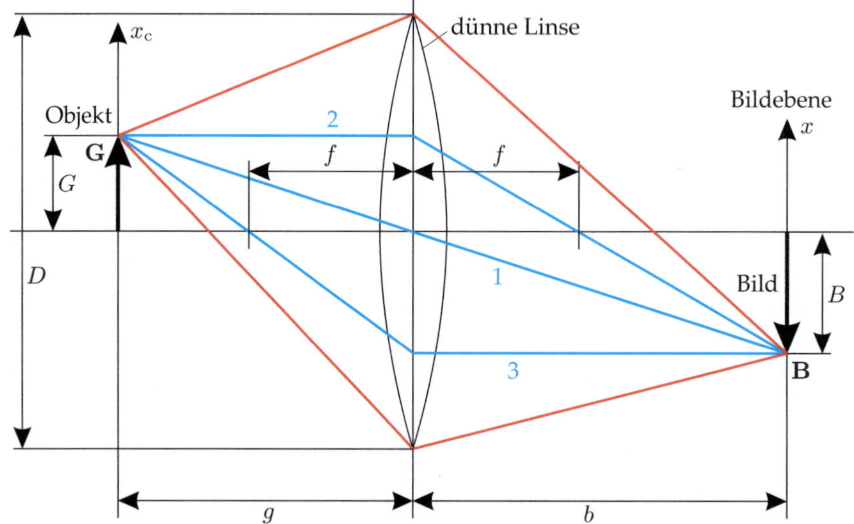

Abbildung 3.6. Optische Abbildung mit einer Linse. Die Ausdehnung des abgebildeten Strahlenbündels ist rot dargestellt. Blau eingefärbt sind die ausgezeichneten Strahlen, mit denen man die Abbildung zeichnerisch konstruieren kann (1: Mittelpunktsstrahl, 2, 3: Parallelstrahlen).

senkrecht zur Linsenebene einfallender Lichtstrahl wird so gebrochen, dass er anschließend durch den Brennpunkt verläuft (Strahl 2 in Abb. 3.6). Mit dem Strahlensatz ergibt sich daraus folgende Beziehung:

$$\frac{G}{f} = -\frac{B}{b-f}\,. \tag{3.23}$$

Die Bildgröße B und die Gegenstandsgröße (Objektgröße) G bezeichnen den Abstand des Bild- bzw. Objektpunkts von der optischen Achse. Sie werden vorzeichenbehaftet gemessen, sodass bei der seitenverkehrten Abbildung der Zentralprojektion entweder $G \geq 0$, $B \leq 0$ oder $G \leq 0$, $B \geq 0$ gilt, weshalb das negative Vorzeichen in (3.23) erforderlich wird. Die Gegenstandsweite g und die Bildweite b werden ebenfalls vorzeichenbehaftet gemessen: Eine positive Gegenstandsweite liegt in positiver z_c-Richtung, in der üblichen Darstellung also links von der Linse, eine positive Bildweite hingegen in negativer z_c-Richtung, also rechts von der Linse. Für den häufigsten Fall der realen Abbildung mit einer Sammellinse erhält man daher $g > 0$, $b > 0$. Die Vorzeichenkonventionen für die verschiedenen Variablen sind in Tab. 3.1 zusammengefasst.

Tabelle 3.1. Vorzeichenkonvention für die optische Abbildung mit einer Linse (nach [23]).

Variable	positive Werte	negative Werte
Brennweite f	bildseitiger Brennpunkt rechts von der Linse	bildseitiger Brennpunkt links von der Linse
Gegenstandsweite g	Objektpunkt **G** links von der Linse	Objektpunkt **G** rechts von der Linse
Bildweite b	Bildpunkt **B** rechts von der Linse	Bildpunkt **B** links von der Linse
Gegenstandsgröße G	Objektpunkt **G** oberhalb der optischen Achse	Objektpunkt **G** unterhalb der optischen Achse
Bildgröße B	Bildpunkt **B** oberhalb der optischen Achse	Bildpunkt **B** unterhalb der optischen Achse

Strahlen, die durch den Mittelpunkt der Linse verlaufen, werden nicht gebrochen (Strahl 1 in Abb. 3.6). Daher gilt wie schon bei der Lochkamera (3.2):

$$\frac{G}{g} = -\frac{B}{b}\,. \tag{3.24}$$

Damit der Objektpunkt **G** als ein einziger scharfer Bildpunkt **B** abgebildet wird, müssen sich alle Lichtstrahlen, die von **G** aus durch die Linse verlaufen, in der Bildebene b schneiden. Insbesondere muss dies für Parallel- und Mittelpunktsstrahl gelten, d. h. Gleichungen (3.23) und (3.24) sind beide erfüllt. Durch Umformen dieses Gleichungssystems erhält man die **Abbildungsgleichung** der Linse:

Satz 3.1: Abbildungsgleichung einer dünnen Linse

Bei der scharfen optischen Abbildung mit einer dünnen Linse gilt für Brennweite f, Gegenstandsweite g und Bildweite b:

$$\frac{1}{f} = \frac{1}{g} + \frac{1}{b}\,. \tag{3.25}$$

◇

Die Abbildungsgleichung besagt, dass eine Linse der Brennweite f nur die Ebene im Abstand $g = \frac{bf}{b-f}$ scharf auf die Bildebene b abbildet. Im Gegensatz zur Lochkamera ist die Schärfentiefe also begrenzt (vgl. Abschn. 3.4.4), dafür ist die Linsenkamera infolge der Erfassung eines ausgedehnten Strahlenbündels wesentlich lichtstärker.

Um die Objektebene, die senkrecht zur optischen Achse im Abstand g zur Linsenebene liegt, scharf abzubilden, muss

$$b = \frac{gf}{g-f} = \frac{f}{1-\frac{f}{g}} \tag{3.26}$$

gewählt werden. Das Einstellen der Bildweite einer Kamera in Abhängigkeit der Objektentfernung bezeichnet man als Fokussieren oder Scharfstellen. Für wachsenden Objektabstand g sinkt die Bildweite b. Im Grenzfall $g \to \infty$ erhält man $b \to f$. Wie bei der Lochkamera ergibt sich nach dem Strahlensatz die entfernungsabhängige Vergrößerung

$$V = \frac{B}{G} = -\frac{b}{g} = -\frac{f}{g-f} = -\frac{1}{\frac{g}{f}-1} \,. \tag{3.27}$$

Bei konstantem Objektabstand g wächst der Betrag der Vergrößerung mit steigender Brennweite f. Zur Abbildung entfernter Objekte können Teleobjektive mit größeren Brennweiten verwendet werden. Weitwinkelobjektive mit kleineren Brennweiten haben eine geringere Vergrößerung, können aber dafür einen größeren Winkelbereich des Objektraums erfassen. Weitwinkelaufnahmen sind allerdings in stärkerem Maße von perspektivischen Verzerrungen betroffen. Bei Zoomobjektiven kann die Brennweite variiert werden, indem mehrere Linsensysteme gegeneinander verschoben werden.

Bevor die Diskussion der Linsenkamera weitergeführt werden kann, müssen zwei wichtige Begriffe eingeführt werden, die insbesondere in Abschn. 3.4.3 benötigt werden:

Definition 3.1: Aperturblende

Unter der Aperturblende, die auch Öffnungsblende genannt wird, versteht man die Blende, welche das Strahlenbündel des optischen Systems am stärksten einschnürt (siehe auch Abschn. 3.4.3). ◇

Definition 3.2: Hauptstrahl

Der sogenannte Hauptstrahl ist definiert als der Strahl zwischen einem Objekt- und dem zugehörigen Bildpunkt, der die optische Achse in der Ebene der Aperturblende schneidet. Der Hauptstrahl ist maßgebend für den Abbildungsmaßstab insbesondere bei unscharfer Abbildung. ◇

In Abb. 3.6 beschränkt die Linse selbst das Strahlenbündel des optischen Systems. Die Aperturblende ist also kreisförmig mit Durchmesser D und liegt in der Linsenebene.

Zur Abbildung mit einer Linse hier noch einige zusammenfassende Bemerkungen:

⊖ Der Abbildungsmaßstab $|V| = -\frac{B}{G} = \frac{b}{g}$ ist von der Gegenstandsweite g abhängig. Kennt man den Abbildungsmaßstab nicht oder ist die Gegenstandsweite variabel, so kann man keine quantitativen Aussagen über laterale Maße des abgebildeten Objektes machen. Die Abbildung ist nicht längentreu.

⊖ Im Gegensatz zur Lochkamera ist bei der Abbildung mit einer Linse die Schärfentiefe begrenzt.

⊕ Die vom Sensor empfangene Lichtmenge wächst mit der Größe der Aperturblende, kann also über D in gewissen Grenzen eingestellt werden. Insbesondere für große D ist die optische Abbildung mit einer Linse wesentlich lichtstärker als bei der Lochkamera.

⊖ Sphärische Linsen haben Abbildungsfehler (Aberrationen) und verhalten sich in verschiedener Hinsicht nicht ideal. Hierzu gehören geometrische Verzerrungen und Schärfefehler. Einige dieser Fehler können allerdings durch Abblenden, d. h. durch Verkleinern der Aperturblende D verringert werden (siehe Abschn. 3.4.8).
Gute Objektive sind zur Verminderung der Aberrationen mehrlinsig ausgeführt. Man nutzt bei der Konstruktion gegenläufige Effekte der beteiligten Linsen zur Kompensation der Abbildungsfehler aus.

Die bisherigen Betrachtungen bezogen sich zunächst nur auf die x,z-Ebene. Aufgrund der Rotationssymmetrie um die z-Achse ist dies allerdings keine echte Einschränkung, da sich ein beliebiger Objektpunkt durch eine geeignete Drehung des Koordinatensystems um die z-Achse in die x,z-Ebene überführen lässt (vgl. Abb. 3.2). Die hergeleiteten Gleichungen sind daher auch im dreidimensionalen Fall gültig.

Im Modell der dünnen Linse erfolgt die Brechung in einer Ebene, nicht wie in der Realität an den beiden Grenzflächen zum umgebenden Medium. Eine Verfeinerung stellt das Modell der dicken Linse dar, das die Brechung mit Hilfe von zwei Hauptebenen H1, H2 und der Brennweite f beschreibt [2, 18]. Für die Konstruktion des Strahlengangs gilt wiederum, dass Parallelstrahlen durch den Brennpunkt[5] auf der anderen Seite der Linse verlaufen (siehe Abb. 3.7). Der Mittelpunktsstrahl verläuft zwischen den Hauptebenen auf der optischen Achse

[5]Hier wird vorausgesetzt, dass die Medien auf den beiden Seiten der Linse (bzw. des abbildenden Systems) den gleichen Brechungsindex besitzen. Das ist häufig der Fall, z. B. bei einer Linse, die beidseitig von Luft umgeben ist. Andernfalls ergeben sich zu beiden

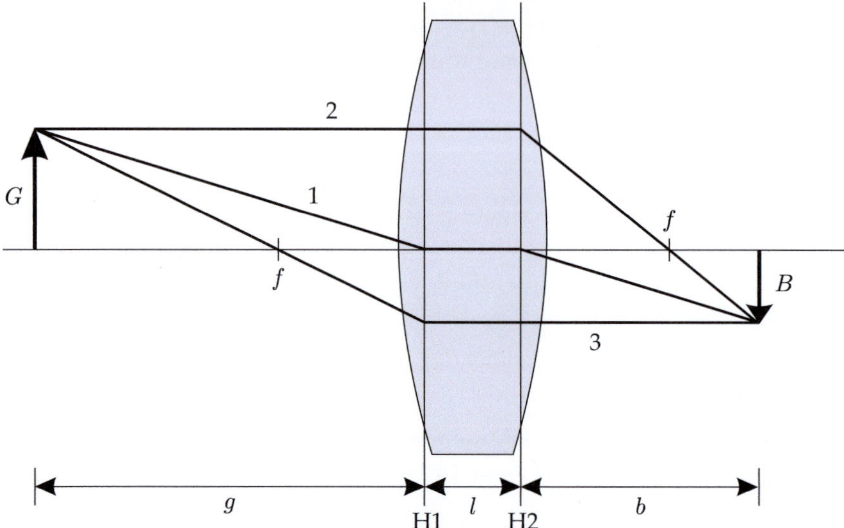

Abbildung 3.7. Konstruktion des Abbildungsstrahlengangs bei einer dicken Linse (1: Mittelpunktsstrahl, 2, 3: Parallelstrahlen, H1, H2: Hauptebenen).

und anschließend wieder parallel zu seiner Einfallsrichtung [18, 20]. Zwischen den Hauptebenen werden alle Strahlen parallel zur optischen Achse geführt.

Tatsächlich lassen sich mit dem Modell der dicken Linse im Rahmen der paraxialen Näherung auch komplizierte Abbildungssysteme aus mehreren axial zentrierten Linsen exakt beschreiben, sodass auch zusammengesetzte Systeme, wie sie in handelsüblichen Objektiven vorliegen, mit der Abbildungsgleichung (3.25) behandelt werden können. Zu beachten ist lediglich, dass die Gegenstands- bzw. Bildweite von der jeweiligen Hauptebene aus gemessen werden muss (siehe Abb. 3.7). Der Abstand l zwischen den Hauptebenen bleibt in der Abbildungsgleichung unberücksichtigt.

Je nach Gegenstandsweite und Art der Abbildungsoptik müssen für die erzeugten Bilder zwei Fälle unterschieden werden:

Definition 3.3: Reelles Bild

Ein reelles Bild entsteht, wenn sich die von einem Objektpunkt kommenden Lichtstrahlen tatsächlich im Bildpunkt schneiden. Dort kann ein Schirm angebracht werden, auf dem das Bild sichtbar wird. ◇

Seiten der Linse (bzw. des abbildenden Systems) unterschiedliche Brennweiten, sodass die Konstruktionsregeln entsprechend angepasst werden müssen [18].

Ein reelles Bild kann typischerweise direkt, d. h. ohne ein dazwischenliegendes optisches System beobachtet werden. Die bisher behandelte optische Abbildung mit einer Sammellinse im Fall $g > f$ erzeugt ein reelles Bild.

Definition 3.4: Virtuelles Bild
Ein virtuelles Bild liegt vor, wenn sich am Bildpunkt keine physikalisch realen Lichtstrahlen schneiden. Vielmehr divergieren die diese Lichtstrahlen, oder sie sind parallel. Die vom Objektpunkt kommenden Lichtstrahlen scheinen sich lediglich aus der Sicht eines Beobachters in einem Punkt zu schneiden. Ein virtuelles Bild kann nicht mit einem Schirm sichtbar gemacht werden. ◇

Das Abbildungssystem befindet sich bei einem virtuellen Bild typischerweise zwischen Bild und Beobachter [23]. Ein alltägliches Beispiel ist das Bild eines Objektes in einem ebenen Spiegel.

Eine Sammellinse erzeugt ein virtuelles Bild, falls sich der abgebildete Gegenstand näher an der Linse befindet als der Brennpunkt: $g < f$. Die vom Gegenstand ausgehenden Lichtstrahlen divergieren, anstatt sich in einem reellen Bildpunkt zu schneiden. Für einen Betrachter ist aber trotzdem ein virtuelles Bild sichtbar, das sich scheinbar hinter dem Objekt befindet, da die divergierenden Lichtstrahlen von der Linse des Auges bzw. Objektivs wieder auf eine Bildebe-

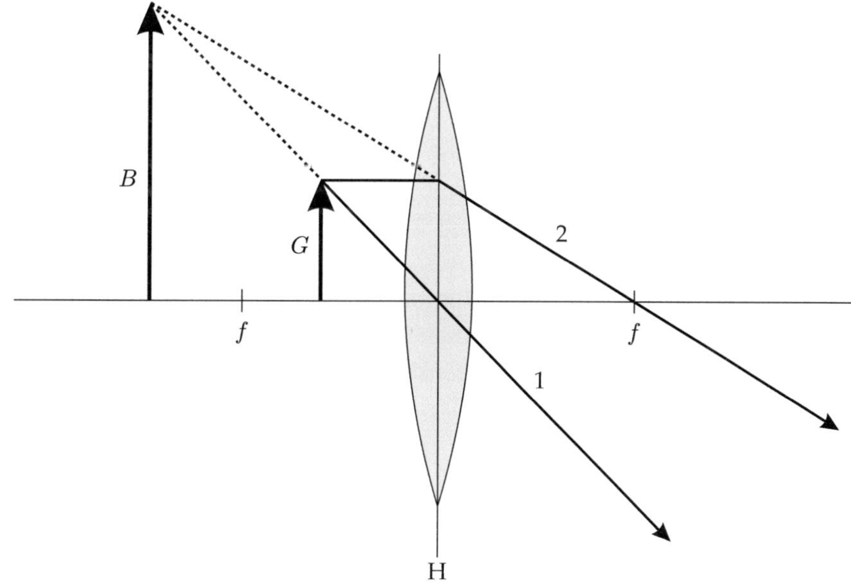

Abbildung 3.8. Konstruktion eines virtuellen Bildes bei einer konvexen Linse (1: Mittelpunktsstrahl, 2: Parallelstrahl, H: Hauptebene).

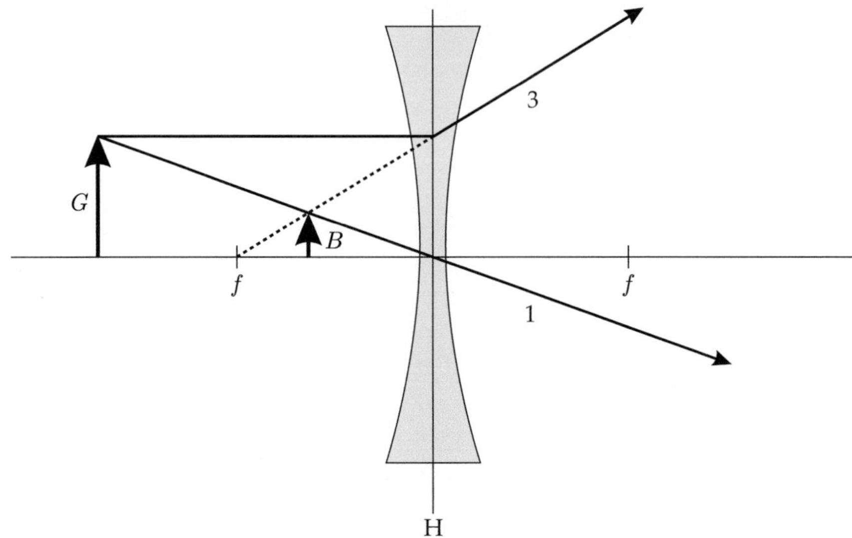

Abbildung 3.9. Abbildung mit einer konkaven Linse (1: Mittelpunktsstrahl, 3: Parallelstrahl, H: Hauptebene).

ne fokussiert werden. Zur geometrischen Konstruktion des Bildpunkts wird der durch den bildseitigen Brennpunkt verlaufende Strahl in den Objektraum zurückverlängert und mit dem Mittelpunktsstrahl geschnitten (Abb. 3.8). Nach diesem Prinzip funktioniert beispielsweise eine Lupe.

Im Unterschied zu den bisher betrachteten konvexen Linsen (Sammellinsen, Positivlinsen) entstehen bei **konkaven Linsen** (Negativlinsen) ausschließlich virtuelle Bilder. Das virtuelle Bild liegt näher an der Linse als der Gegenstand und ist daher verkleinert. Ein Parallelstrahl wird so gebrochen, dass er scheinbar aus dem objektseitigen Brennpunkt kommt (Abb. 3.9). Formal entspricht dies einer negativen Brennweite f. Eine Anwendung für konkave Linsen sind Brillen für Kurzsichtige.

Tabelle 3.2 fasst die verschiedenen Fälle reeller und virtueller Bilder zusammen. Abbildung 3.10 stellt die Zusammenhänge für eine konvexe Linse graphisch dar: Die Bildweite ist als Funktion der Gegenstandsweite aufgetragen. Beide Größen werden als Vielfache der Brennweite dargestellt.

3.4.3 Bündelbegrenzung

In der geometrischen Optik unterscheidet man Konstruktionsstrahlen und Lichtbündel. Konstruktionsstrahlen wurden im vorigen Abschnitt eingesetzt, um den Ort der scharfen Abbildung eines Objektpunkts geometrisch zu konstruieren. **Lichtbündel** beschreiben den Strahlungsfluss durch das optische System und

Tabelle 3.2. Abbildung mit einer Linse.

Fall-Nr. in Abb. 3.10	Linsen-typ	Objekt-lage g	Bild			
			Art	Lage b	Aus-richtung	relative Größe
1	konvex	$2f < g < \infty$	reell	$f < b < 2f$	umgekehrt	verkleinert
2	konvex	$g = 2f$	reell	$b = 2f$	umgekehrt	gleich groß
3	konvex	$f < g < 2f$	reell	$2f < b < \infty$	umgekehrt	vergrößert
	konvex	$g = f$		$b \to \infty$	Abbildung nach unendlich	
4	konvex	$0 < g < f$	virtuell	$b < -g$	aufrecht	vergrößert
	konkav	$0 < g < \infty$	virtuell	$\lvert b\rvert < g$, $\lvert b\rvert < \lvert f\rvert$	aufrecht	verkleinert

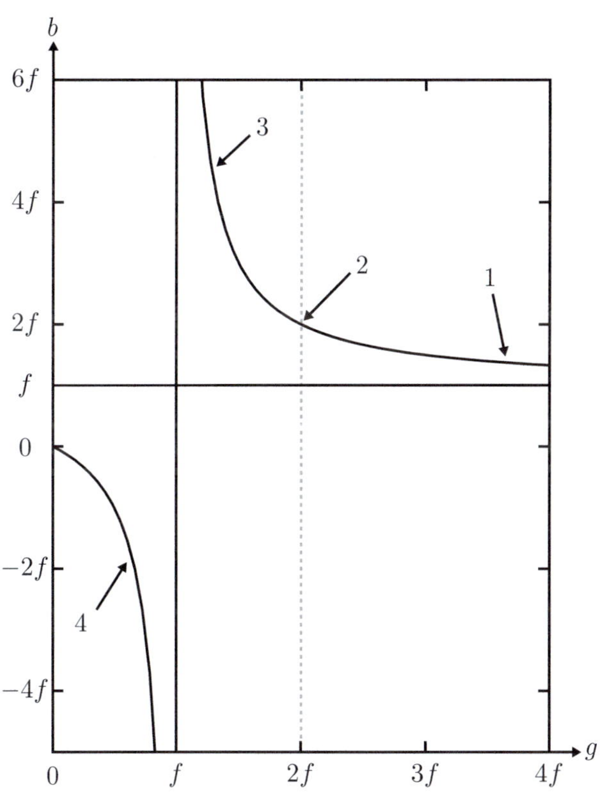

Abbildung 3.10. Zusammenhang zwischen Gegenstandsweite und Bildweite bei der optischen Abbildung mit einer konvexen Linse [7]. Der Hyperbelast für $g > f$ entspricht einer Abbildung mit einem reellen Bild, der Ast für $g < f$ stellt die Abbildung mit einem virtuellen Bild dar. Die Zahlen kennzeichnen die verschiedenen Fälle von Tab. 3.2.

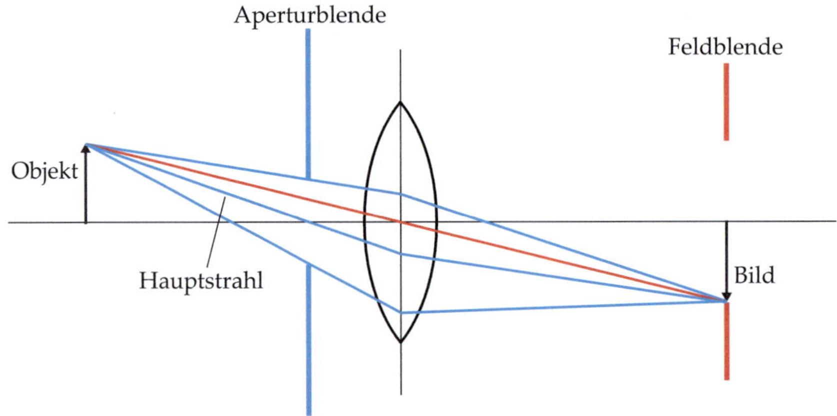

Abbildung 3.11. Aperturblende und Feldblende.

erlauben Aussagen über Bildhelligkeit, Abbildungsfehler, Auflösungsvermögen und Schärfentiefe.

Grundsätzlich beschränken zwei materielle Blenden den Lichttransport durch ein optisches System (siehe Abb. 3.11):

1. Die **Aperturblende**[6] begrenzt die Bündelöffnung.
2. Die **Feldblende** begrenzt das Gesichtsfeld.

Die Aperturblende (siehe Def. 3.1) begrenzt den Öffnungswinkel 2α des vom axialen Objektpunkt ausgehenden Strahlenbündels [13]. Daher entscheidet sie über die Lichtstärke der optischen Abbildung.

Definition 3.5: Feldblende
Die Feldblende ist diejenige Blende, die das Bildfeld (Gesichtsfeld) begrenzt. Sie bestimmt, welcher Ausschnitt des Objektraums abgebildet wird. ◇

Auf dieser Grundlage lassen sich weitere Begriffe definieren [7]:

Definition 3.6: Eintrittspupille
Die **Eintrittspupille** ist das objektseitige Bild der Aperturblende. ◇

---

[6]Wenn bei Photokameras von der „Blende“ gesprochen wird, bezieht sich das auf die Aperturblende.

Zur Bestimmung der Eintrittspupille[7] wird das Bild der Aperturblende konstruiert, das bei der Abbildung durch die optischen Elemente entsteht, die sich ausgehend von der Aperturblende in Richtung des beobachteten Gegenstands befinden. Dabei kann es sich auch um ein virtuelles Bild handeln, das bildseitig von der Aperturblende liegt, wie in Abb. 3.13 dargestellt. Wenn sich keine Linsen objektseitig von der Aperturblende befinden, stimmt die Eintrittspupille mit der Aperturblende überein.

Definition 3.7: Austrittspupille

Die **Austrittspupille** ist das bildseitige Bild der Aperturblende. ◇

Definition 3.8: Eintritts- und Austrittsluke

Die **Eintrittsluke** ist das objektseitige Bild der Feldblende. Die **Austrittsluke** ist das bildseitige Bild der Feldblende. ◇

Die Austrittspupille ist das Bild der Eintrittspupille unter der Abbildung mit dem gesamten optischen System. Entsprechend ist die Austrittsluke das Bild der Eintrittsluke. Die Pupillen eines optischen Systems sind stets von seinen Luken verschieden [18].

Der **Hauptstrahl** (siehe Def. 3.2) eines Lichtbündels verläuft durch den Mittelpunkt der Aperturblende. Er geht also objektseitig durch den Mittelpunkt der Eintrittspupille und kommt bildseitig vom Mittelpunkt der Austrittspupille (vgl. Abbildungen 3.12 und 3.13).

Definition 3.9: Randstrahl

Der **Randstrahl** verläuft vom axialen Objektpunkt über den Rand der Aperturblende zum zugeordneten axialen Bildpunkt. Der halbe Öffnungswinkel α des Randstrahlenbündels ist ein Maß für die Lichtstärke der Abbildungsoptik. ◇

Um für ein gegebenes optisches System zu ermitteln, welches physische Bauteil die Aperturblende darstellt, konstruiert man die objektseitigen Bilder aller Blenden und Linsenfassungen [6]. Nun wird das Lichtbündel betrachtet, das von dem Punkt auf der optischen Achse in der scharf abzubildenden Objektebene aus-

[7] Der Begriff Pupille erklärt sich dadurch, dass die sichtbare Pupille des menschlichen Auges das objektseitige Bild der Irisöffnung ist und diese als Aperturblende des Auges die empfangene Lichtmenge bestimmt.

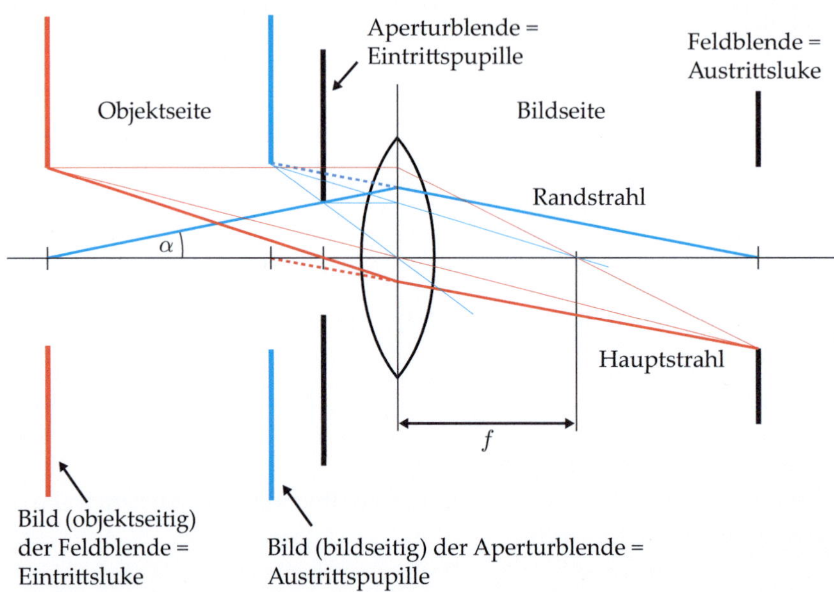

Abbildung 3.12. Aperturblende zwischen Objekt und Linse.

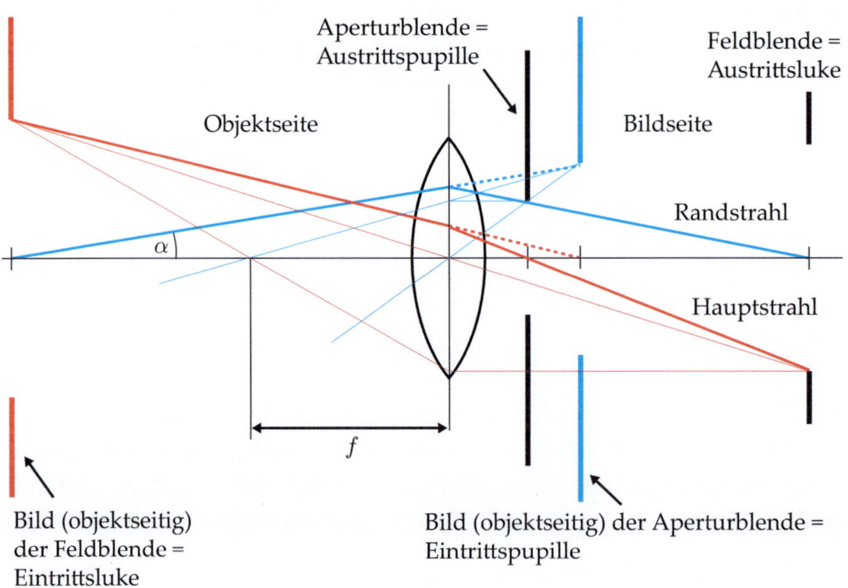

Abbildung 3.13. Aperturblende zwischen Linse und Bild.

geht. Dasjenige Bild einer Blende, das dieses Lichtbündel am stärksten begrenzt, d. h. vom Ausgangspunkt des Lichtbündels unter dem kleinsten Winkel erscheint, stellt die Eintrittspupille dar. Die entsprechende Blende bzw. Linsenfassung selbst ist die Aperturblende des optischen Systems [13, 18]. Ihr bildseitiges Bild ist die Austrittspupille. Durch eine analoge Vorgehensweise kann man die Feldblende eines gegebenen optischen Systems ermitteln: Zunächst bildet man die begrenzenden optischen Elemente wie Blenden, Linsenfassungen und Bildsensor durch die objektseitig gelegenen Linsen in den Objektraum ab. Anschließend betrachtet man die Hauptstrahlen, die in der Ebene der Eintrittspupille von der optischen Achse ausgehen und in Richtung des Objekts verlaufen. Dasjenige objektseitige Bild, das diese Hauptstrahlen am stärksten begrenzt, ist die Eintrittsluke (Abb. 3.12). Das verursachende optische Element ist die Feldblende. Die Austrittsluke erhält man schließlich als bildseitiges Bild der Feldblende. Bei einer Kamera stellt i. d. R. der Bildsensor sowohl die Feldblende als auch die Austrittsluke dar.

Verschiedene mögliche Konstellationen von Apertur- und Feldblende sind in den Abbildungen 3.12 und 3.13 dargestellt. Die Aperturblende liegt jeweils näher an der Linse als der Brennpunkt, sodass die Pupillen als virtuelle Bilder entstehen. Abbildung 3.14 zeigt ein Beispiel eines Mehrlinsensystems.

Mit Hilfe der Lichtbündel lässt sich auch der Effekt der **Vignettierung** (Abschattung) erklären: Die Lichtstrahlenbündel nichtaxialer Objektpunkte erfahren in zusammengesetzten Abbildungssystemen unter Umständen eine zusätzliche Beschränkung, z. B. durch Linsenfassungen (siehe Abb. 3.15). Diese Einschnürung der wirksamen Aperturblende für nichtaxiale Objektpunkte nennt man Vignettierung. Der maximale Durchmesser nichtaxialer Lichtstrahlenbündel ist geringer

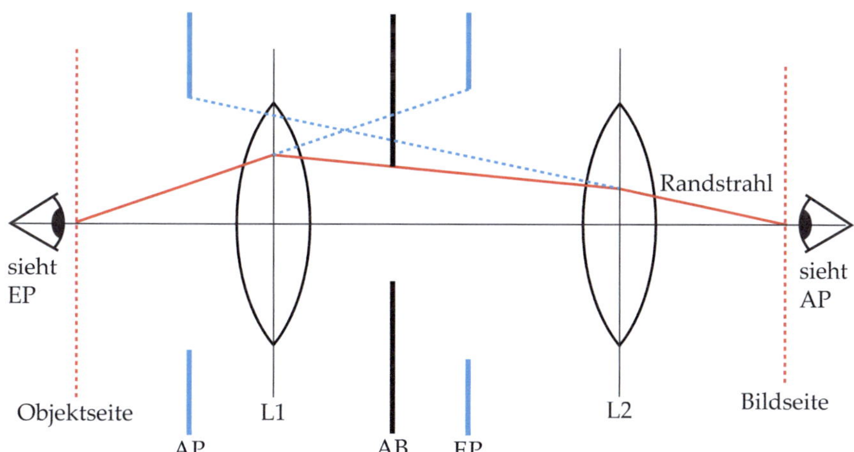

Abbildung 3.14. Aperturblende zwischen zwei Linsen (Prinzipdarstellung; Abbildungsgeometrie nicht maßstabsgetreu; AB = Aperturblende, EP = Eintrittspupille, AP = Austrittspupille).

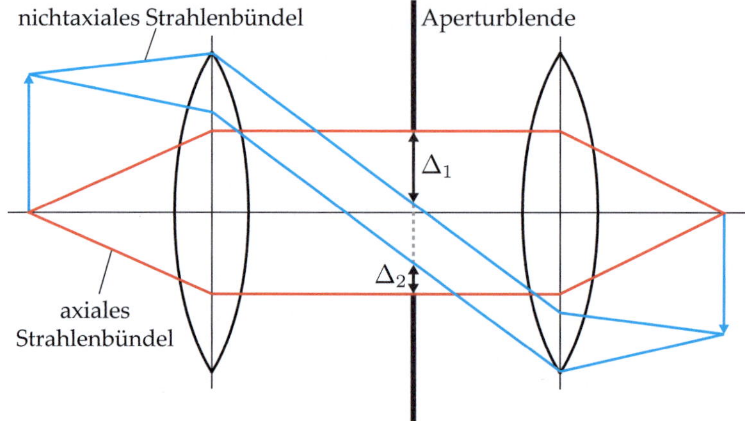

Abbildung 3.15. Vignettierung an den Linsenfassungen. Der maximale Durchmesser des nichtaxialen Strahlenbündels, gemessen senkrecht zur optischen Achse, ist um $\Delta_1 + \Delta_2$ kleiner als der Durchmesser des axialen Strahlenbündels.

als derjenige axialer Strahlenbündel. Dies hat zur Folge, dass das Bild zum Rand hin dunkler wird. Die Vignettierung kann reduziert werden, indem die Blendenöffnung verkleinert wird, sodass sie alle Lichtbündel auf den gleichen Durchmesser begrenzt.

3.4.4 Schärfentiefe

Nach der Abbildungsgleichung (3.25) wird nur genau eine Objektebene senkrecht zur optischen Achse exakt scharf auf die Bildebene abgebildet. Alle Objekte, die sich nicht exakt in dieser Entfernung zur Kamera befinden, werden somit unscharf abgebildet. Die diskreten lichtempfindlichen Elemente auf einem Halbleitersensor haben jedoch eine nicht verschwindende Ausdehnung, sodass eine gewisse Unschärfe über einen bestimmten Bereich von Objektentfernungen toleriert werden kann.[8]

In diesem Abschnitt wird ein Zusammenhang zwischen der tolerierten Unschärfe und der Schärfentiefe in Abhängigkeit von den Kameraparametern hergeleitet.

Definition 3.10: Schärfentiefe

Die Schärfentiefe eines optischen Systems ist die Länge des z_{c}-Intervalls, in dem sich die ausreichend scharf abgebildeten Objekte befinden. ◇

---

[8] Welche Abbildungsunschärfe akzeptabel ist, hängt neben den Abmessungen der lichtempfindlichen Elemente auch von der Größe der Unschärfen ab, die durch Aberrationen (siehe Abschn. 3.4.8) verursacht werden, was aber hier nicht weiter diskutiert werden soll.

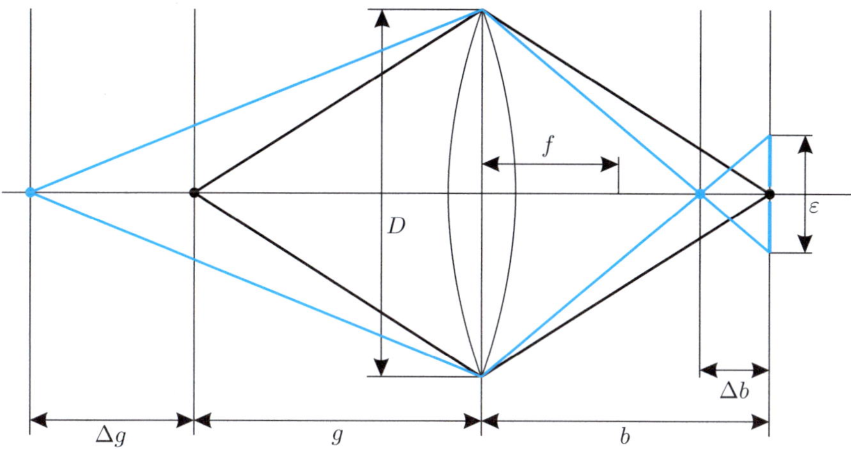

Abbildung 3.16. Unscharfe optische Abbildung mit einer dünnen Sammellinse. Die Linsenberandung stellt in diesem Fall die Aperturblende und mithin auch die Eintritts- und Austrittspupille dar.

Es sei D der Durchmesser der kreisförmigen Eintrittspupille und $O := \frac{f}{D}$ die sogenannte **Blendenzahl**. Der Durchmesser der Eintrittspupille bestimmt die Ausdehnung des objektseitigen Lichtbündels, das durch die Aperturblende in die Bildebene gelangen kann.

Aus einer strahlengeometrischen Betrachtung ergibt sich, dass ein unscharf abgebildeter Objektpunkt auf der Bildebene als Scheibe von der Form der Aperturblende dargestellt wird (siehe Abb. 3.16). Der Durchmesser dieser Unschärfescheibe wird im Folgenden mit ε bezeichnet.

Der maximal tolerierbare Durchmesser $\varepsilon_{\max}$ der Unschärfescheibe kann je nach Anwendung vorgegeben werden. Eine meist tolerierbare Unschärfe liegt z. B. vor, wenn $\varepsilon_{\max}$ von der Größenordnung des Pixelabstands auf dem Kamerachip ist. Erst für größere Unschärfescheibchen wirkt ein Objektpunkt merklich auf mehr als ein Sensorelement ein.

Es wird nun ein Objektpunkt im Abstand Δg von der scharf abgebildeten Ebene $z_{\mathrm{c}} = g$ untersucht. Er würde gemäß der Abbildungsgleichung (3.25) scharf abgebildet auf eine Ebene im Abstand Δb von der Bildebene:

$$\frac{1}{f} = \frac{1}{g + \Delta g} + \frac{1}{b - \Delta b} \,. \tag{3.28}$$

Aus dem Strahlensatz in Abb. 3.16 ergibt sich außerdem die Gleichung

$$\frac{\varepsilon}{D} = \frac{\Delta b}{b - \Delta b} \,. \tag{3.29}$$

Um einen Ausdruck für die Schärfentiefe Δg in Abhängigkeit des Durchmessers ε der Unschärfescheibe zu erhalten, werden zunächst die Abbildungsgleichungen (3.25) und (3.28) nach b bzw. $b - \Delta b$ aufgelöst:

$$b = \frac{f\,g}{g - f}, \tag{3.30}$$

$$b - \Delta b = \frac{f\,(g + \Delta g)}{g + \Delta g - f}. \tag{3.31}$$

Subtrahieren der zweiten von der ersten Gleichung liefert einen Ausdruck für Δb:

$$\Delta b = \frac{f\,g}{g - f} - \frac{f\,(g + \Delta g)}{g + \Delta g - f}. \tag{3.32}$$

Einsetzen von (3.31) und (3.32) in (3.29) und Auflösen nach Δg ergibt:

$$\frac{\varepsilon}{D} = \left(\frac{f\,g}{g - f} - \frac{f\,(g + \Delta g)}{g + \Delta g - f} \right) \frac{g + \Delta g - f}{f\,(g + \Delta g)} \tag{3.33}$$

$$\Leftrightarrow \quad \frac{\varepsilon}{D} = \frac{g\,(g + \Delta g - f)}{(g - f)\,(g + \Delta g)} - 1 \tag{3.34}$$

$$\Leftrightarrow \quad \varepsilon\,(g - f)\,(g + \Delta g) = D(g(g + \Delta g - f) - (g - f)\,(g + \Delta g)) \tag{3.35}$$

$$\Leftrightarrow \quad (\varepsilon(g - f) - Df)\,\Delta g = D(g(g - f) - (g - f)g) - \varepsilon\,(g - f)\,g \tag{3.36}$$

$$\Leftrightarrow \quad \Delta g = \frac{\varepsilon\,g\,(g - f)}{D\,f - \varepsilon\,(g - f)}. \tag{3.37}$$

Kürzen des letzten Bruchs um $(g - f)$ liefert schließlich den gesuchten Ausdruck für die Schärfentiefe:

Satz 3.2: Schärfentiefe

Die Schärfentiefe Δg bei der Abbildung mit einer dünnen Linse der Brennweite f beträgt

$$\Delta g = \Delta g(\varepsilon) = \frac{\varepsilon\,g}{\frac{D\,f}{g - f} - \varepsilon}, \tag{3.38}$$

wobei D den Durchmesser der Eintrittspupille, g die Gegenstandsweite der scharfen Abbildung und ε den Durchmesser der Unschärfescheibe in der Bildebene bezeichnet. ◇

Habe nun die maximal tolerierbare Unschärfescheibe einen Durchmesser von $\varepsilon_{\mathrm{max}} > 0$. Die tolerierbare Abweichung von der Schärfeebene in die von der Kamera abgewandte Richtung erhält man durch Einsetzen von $\varepsilon = \varepsilon_{\mathrm{max}}$ in (3.38): $\Delta g_{\mathrm{fern}} = \Delta g(\varepsilon_{\mathrm{max}}) > 0$. Der Ort der scharfen Abbildung liegt von der Bildebene $z_{\mathrm{c}} = -b$ in Richtung der Linse, wie in Abb. 3.16 dargestellt. Die tolerierbare Ab-

weichung von der Schärfeebene in Richtung der Kamera ergibt sich mit $\varepsilon = -\varepsilon_{\max}$ zu $\Delta g_{\text{nah}} = \Delta g(-\varepsilon_{\max}) < 0$. Das negative Vorzeichen entspricht einem Ort der scharfen Abbildung hinter der Bildebene $z_c = -b$. Der Schärfentiefebereich um die Ebene $z_c = g$ ist somit gegeben durch $[g + \Delta g_{\text{nah}}, g + \Delta g_{\text{fern}}]$. Objektpunkte, die innerhalb dieses Abstandsintervalls liegen, werden als ausreichend scharf abgebildet angesehen.
Für den Fall $\varepsilon_{\max} \ll \frac{D\,f}{g-f}$ ergibt sich folgende Näherungsformel:

$$\Delta g_{\text{fern,nah}} \approx \pm\varepsilon_{\max} \frac{g\,(g-f)}{D\,f} = \pm\varepsilon_{\max}\, O\, \frac{g\,(g-f)}{f^2}\,. \tag{3.39}$$

In der Praxis ist die Blende der wesentliche freie Parameter. Abblenden, d. h. Erhöhen der Blendenzahl O bzw. Verkleinern des Blendendurchmessers und mithin von D, vergrößert die Schärfentiefe, verringert allerdings gleichzeitig die Lichtausbeute. Im Grenzfall $D \to 0$ erhält man wieder die Lochkamera. An gängigen Objektiven lassen sich typischerweise Blendenzahlwerte aus der folgenden Reihe der Potenzen von $\sqrt{2}$ einstellen: 1 – 1,4 – 2 – 2,8 – 4 – 5,6 – 8 – 11 – 16 – 22 – 32 – 45. Von einer Stufe zur nächsthöheren halbiert sich die Fläche der Aperturblende.

Während die Blendenzahl O geeignet und gebräuchlich ist, um die Lichtbündelbegrenzung für weit von der Linse entfernte Objekte, $g \gg f$, zu beschreiben, ist für nahe bei der Linse liegende Objekte eine andere Kennzahl üblich: die **numerische Apertur** NA. Sie ist definiert als Produkt aus dem Sinus des halben Öffnungswinkels α des Lichtbündels eines axialen Objektpunktes und dem Brechungsindex n des Mediums zwischen Objekt und Linse (Abb. 3.17):

$$NA := n \sin\alpha \tag{3.40}$$

$$= n\, \frac{\frac{D}{2}}{\sqrt{\left(\frac{D}{2}\right)^2 + g^2}}\,. \tag{3.41}$$

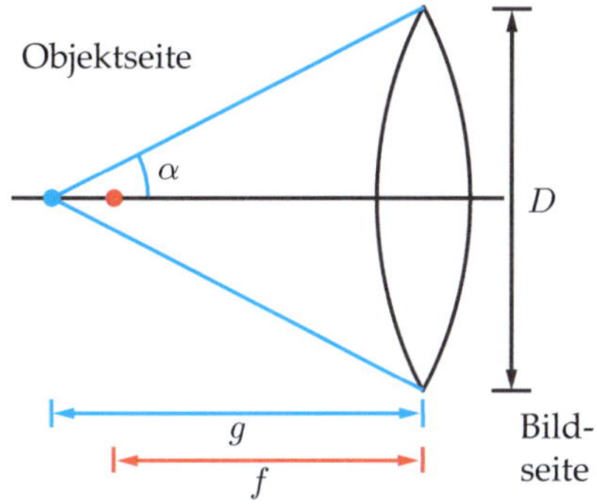

Abbildung 3.17. Zur Definition der numerischen Apertur NA und der Blendenzahl O bei einer dünnen Linse. Die Linsenberandung ist hier die Aperturblende und zugleich die Eintrittspupille.

Die numerische Apertur hängt also von der Gegenstandsweite ab. Bei Mikroskopobjektiven, die vorzugsweise bei $g \approx f$, $b \gg f$ betrieben werden, ist die numerische Apertur NA anstatt der Blendenzahl O als Maß für die Bündelöffnung bzw. Bündelbegrenzung gebräuchlich. In diesem Fall hängen die beiden Kennzahlen wie folgt zusammen:

$$b \gg f \quad \rightsquigarrow \quad g = \frac{b\,f}{b - f} = \frac{f}{1 - \frac{f}{b}} \approx f\,, \tag{3.42}$$

$$g \approx f \quad \rightsquigarrow \quad NA \approx n\,\frac{\frac{D}{2}}{\sqrt{\left(\frac{D}{2}\right)^2 + f^2}}\,, \tag{3.43}$$

$$O = \frac{f}{D} \quad \Rightarrow \quad NA \approx \frac{n}{\sqrt{1 + 4O^2}}\,, \tag{3.44}$$

$$O \approx \tfrac{1}{2}\sqrt{\left(\frac{n}{NA}\right)^2 - 1}\,. \tag{3.45}$$

An drei Beispielen soll nun gezeigt werden, wie stark der Schärfentiefebereich bei unterschiedlichen Abbildungssituationen variieren kann.

Beispiel 3.1 (Fernaufnahme): Betrachten wir zunächst den Fall einer **Fernaufnahme**. Hierbei ist $g \gg f$, sodass die Näherung (3.39) nicht gilt und mit der exakten Formel (3.38) für die Schärfentiefe gerechnet werden muss.

Es sei ein CCD-Sensor (siehe Kap. 6) gegeben, dessen lichtempfindliche Elemente eine Kantenlänge von $10\ \mu\text{m}$ haben. Man wählt daher $\varepsilon_{\text{max}} = 10\ \mu\text{m}$. Außerdem seien die Blendenzahl $O = 11$, die Gegenstandsweite $g = 2\ \text{m}$ und die Brennweite $f = 15\ \text{mm}$ vorgegeben. Setzt man diese Werte in die Gleichung für die Schärfentiefe ein, so erhält man:

$$\varepsilon = +10\ \mu\text{m} \quad \Rightarrow \quad \Delta g_{\text{fern}} \approx +66\ \text{m}\,, \tag{3.46}$$

$$\varepsilon = -10\ \mu\text{m} \quad \Rightarrow \quad \Delta g_{\text{nah}} \approx -1\ \text{m}\,, \tag{3.47}$$

also insgesamt:

$$g \in [1\ \text{m},\ 68\ \text{m}] \quad \Rightarrow \quad |\varepsilon| \leq 10\ \mu\text{m}\,. \tag{3.48}$$

Der Schärfentiefebereich ist stark asymmetrisch und, gemessen an der Gegenstandsweite von 2 Metern, sehr ausgedehnt. ■

Beispiel 3.2 (Makroaufnahme): Betrachtet man hingegen eine **Makroaufnahme**, bei der $g \approx b \approx 2f$ gilt und mithin der Abbildungsmaßstab $V \approx 1$ beträgt, verringert sich der Schärfentiefebereich dramatisch. Hier darf die Näherungsformel

(3.39) verwendet werden, die sich wegen der speziellen Beziehung zwischen Gegenstands-, Bild- und Brennweite vereinfacht zu:

$$\Delta g_{\mathrm{fern,nah}} \approx \pm 2\,\varepsilon\, O\,. \tag{3.49}$$

Für $\varepsilon_{\max} = 10\ \mu\mathrm{m}$ und $O = 11$ folgt nun ein symmetrischer Schärfebereich von $\Delta g_{\mathrm{fern,nah}} \approx \pm 0{,}2\,\mathrm{mm}!$ ■

Beispiel 3.3 (Mikroskopaufnahme): Schließlich soll noch der Fall einer **Mikroskopaufnahme** behandelt werden. Aufgrund der starken Vergrößerung[9] $|V| = \frac{b}{g} \gg 1$ gilt $g \approx f$, sodass für die Abbildungsgleichung der folgende Ausdruck resultiert:

$$b = \frac{f^2}{g - f}\,. \tag{3.51}$$

Für den Schärfentiefebereich erhält man damit aus (3.39):

$$\Delta g_{\mathrm{fern,nah}} \approx \pm \varepsilon_{\max}\, O\, \frac{g}{b} = \pm \frac{\varepsilon_{\max}\, O}{|V|}\,. \tag{3.52}$$

Anhand eines Beispiels kann man sich leicht überzeugen, dass bei Mikroskopaufnahmen die Schärfentiefe extrem gering ist. Das Objektiv habe die Vergrößerung $|V| = 20$ und die numerische Apertur $NA = 0{,}4$. Dies sind gängige Werte für ein Mikroskopobjektiv. An Luft ($n \approx 1$) folgt nach (3.45) $O \approx 1{,}15$. Für $\varepsilon_{\max} = 10\,\mu\mathrm{m}$ erhält man nun einen Schärfentiefebereich von $\Delta g_{\mathrm{fern,nah}} \approx \pm 0{,}57\,\mu\mathrm{m}$. ■

3.4.5 Telezentrische Abbildung

Bei der Abbildung mit einer herkömmlichen Linsenanordnung ist die Vergrößerung entfernungsabhängig: Wie bereits erwähnt, gilt für den Abbildungsmaßstab $|V| = \frac{b}{g}$. Diese Eigenschaft des Abbildungsvorgangs erschwert häufig die Auswertung der erhaltenen Bilder. Insbesondere bei messtechnischen Anwendun-

---

[9] Auf Mikroskopobjektiven werden typischerweise die Vergrößerung $|V|$ und die numerische Apertur NA angegeben (siehe auch Abschn. 3.5.2). Die Zusammenhänge mit den typischen Angaben auf Kameraobjektiven – Brennweite f und Blendenzahl O – ergeben sich aus (3.44), (3.45) sowie unter Verwendung von (3.42) zu:

$$|V| = \frac{b - f}{f} \quad \Leftrightarrow \quad f = \frac{b}{V + 1}\,. \tag{3.50}$$

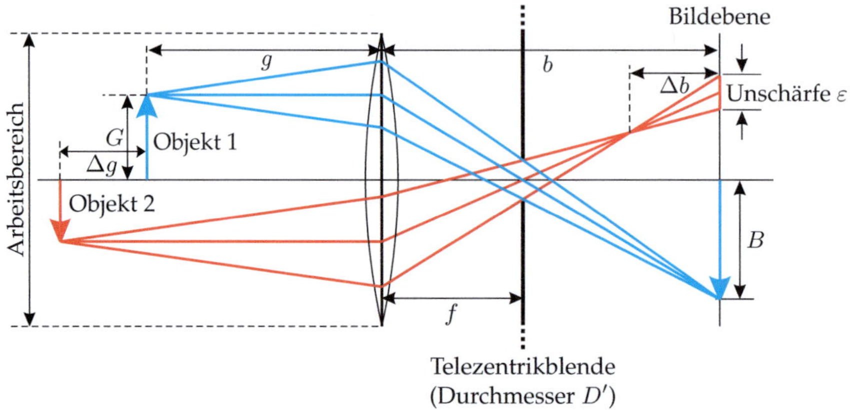

Abbildung 3.18. Prinzip der telezentrischen Abbildung.

gen ist ein konstanter, d. h. vom Objektabstand unabhängiger Abbildungsmaßstab wünschenswert.

Dieses Ziel wird durch das Prinzip der **telezentrischen Abbildung** erreicht. Bei einem telezentrischen Objektiv mit Durchmesser D ist eine Blende mit Durchmesser $D' \ll D$ senkrecht zur optischen Achse in der Ebene des bildseitigen Brennpunkts angeordnet. Diese Blende wird **Telezentrikblende** genannt. Sie beschränkt das optische Strahlenbündel des Systems am stärksten und ist daher gleichzeitig auch Aperturblende. Die Telezentrikblende erzwingt, dass alle Hauptstrahlen durch den bildseitigen Brennpunkt verlaufen müssen. Aufgrund der Geometrie des Strahlengangs gelangen somit nur solche Lichtstrahlen zur Bildebene, die objektseitig näherungsweise parallel zur optischen Achse verlaufen (siehe Abb. 3.18). Diese parallelen objektseitigen Hauptstrahlen bewirken gewissermaßen eine Parallelprojektion des Objektraumes, wodurch der Abbildungsmaßstab von der Gegenstandsweite unabhängig wird. Nach dem Strahlensatz erhält man für diese Abbildungsoptik die Vergrößerung

$$V = \frac{B}{G} = -\frac{b-f}{f}, \tag{3.53}$$

der Abbildungsmaßstab ist also bei konstanter Bildweite b unabhängig von der Gegenstandsweite g. Die telezentrische Abbildung ist somit längentreu und kann zur Vermessung von Objekten eingesetzt werden.

Beispiel 3.4 (Telezentrische Bildaufnahme): Der konstante Abbildungsmaßstab der telezentrischen Abbildung lässt sich anhand von Abb. 3.19 demonstrieren. Die beobachtete Szene besteht aus zwei Aluminiumprofilen mit gleichem Querschnitt, aber unterschiedlicher Länge und damit unterschiedlichem Abstand

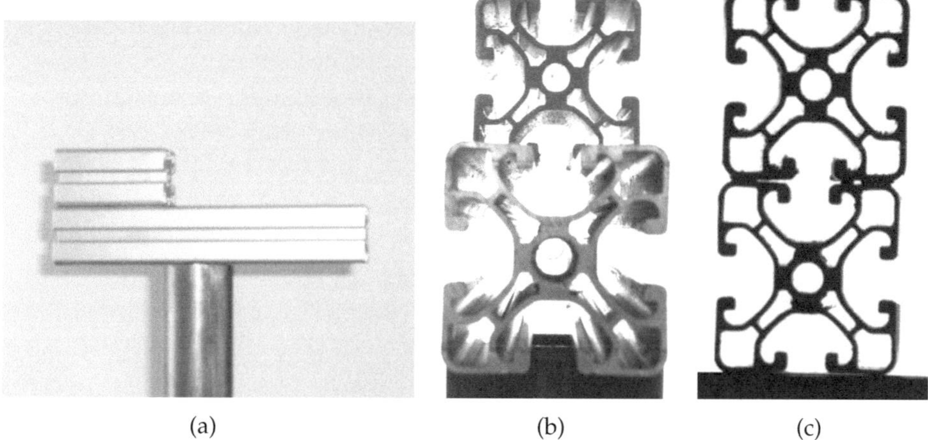

Abbildung 3.19. Telezentrische Bildaufnahme: (a) Szene aus zwei Aluminiumprofilen, die von rechts mit einer Kamera aufgenommen wird; (b) Aufnahme mit einem gewöhnlichen (entozentrischen) Objektiv; (c) Aufnahme mit einem telezentrischen Objektiv.

zur Kamera (Abb. 3.19(a)). Bei Verwendung eines gewöhnlichen Objektivs erscheint daher das untere Aluminiumprofil im Bild größer (Abb. 3.19(b)). Ein telezentrisches Objektiv besitzt hingegen eine entfernungsunabhängige Vergrößerung, sodass die Bilder der beiden Silhouetten gleich groß sind (Abb. 3.19(c)). ■

Allerdings hat ein telezentrisches Objektiv auch Nachteile gegenüber einem gewöhnlichen. Da nur parallel einfallendes Licht zur Bildebene durchgelassen wird, sind nur Objekte sichtbar, die sich unmittelbar vor dem Objektiv befinden. Somit ist der laterale Arbeitsbereich eines telezentrischen Objektives kleiner als der Objektivdurchmesser D. Insbesondere können keine Gegenstände abgebildet werden, die größer sind als der Durchmesser der Linse. Für viele Anwendungen werden daher telezentrische Objektive mit großer Eintrittslinse benötigt. Derzeit sind solche Objektive mit einem Durchmesser von bis zu $30\,\mathrm{cm}$ kommerziell verfügbar (vgl. Abb. 7.78(a) auf S. 382).

Die notwendigerweise kleine Telezentrikblende verursacht einen erheblichen Lichtverlust. Gleichzeitig bewirkt der kleine Blendendurchmesser eine erhöhte Schärfentiefe.

Hochwertige telezentrische Objektive werden zur Verminderung von Aberrationen mehrlinsig aufgebaut. Eine Eingangslinse mit großem Durchmesser wird mit einem Standardobjektiv kombiniert, dessen Eintrittspupille die Telezentrikblende bildet [14]. Typische Kennwerte eines solchen Objektivs sind der Arbeitsabstand g, der laterale objektseitige Arbeitsbereich und die Größe des Sensorchips, für den der ganze Arbeitsbereich formatfüllend abgebildet wird. Aus der Chipgröße und der Größe des Arbeitsbereiches kann der Abbildungsmaßstab berechnet werden. Eine wichtige Angabe zur Qualität des Objektivs ist der Telezentriebereich. Er gibt an, in welchem Bereich ein Objektpunkt parallel zur optischen Achse verschoben werden darf, ohne dass sich der zugehörige Bildpunkt lateral um mehr als einen noch tolerierten Grenzwert (typisch 1 μm) verschiebt.

3.4.5.1 Abbildungsunschärfe bei der telezentrischen Optik

Wie stets bei der Abbildung mit einer Linse wird auch bei telezentrischer Optik nur eine Ebene des Objektraums exakt scharf abgebildet. Für Punkte außerhalb dieser Ebene gilt zwar der gleiche Abbildungsmaßstab, sie erscheinen jedoch auf der Bildebene nicht als Punkt, sondern als symmetrische Unschärfescheibe. Der Mittelpunkt der Unschärfescheibe befindet sich genau dort, wohin der Objektpunkt scharf abgebildet würde, wenn er parallel zur optischen Achse in die Schärfeebene verschoben werden würde. Diese Eigenschaft der telezentrischen Abbildung, die für den messtechnischen Einsatz sehr vorteilhaft ist, kann man sich anhand von Abb. 3.18 veranschaulichen: Der Mittelpunkt der Unschärfescheibe ist durch den Schnittpunkt von Bildebene und Hauptstrahl des Lichtbündels gegeben [13]. Da der Hauptstrahl objektseitig parallel zur optischen Achse ist, hängt sein Verlauf nicht von der Gegenstandsweite ab. Somit ist auch der Mittelpunkt der Unschärfescheibe invariant bezüglich einer Änderung der Gegenstandsweite. Zu beachten ist, dass eine Änderung der Fokuseinstellung, d. h. der Bildweite, sehr wohl den Abbildungsmaßstab verändert (siehe Gleichung (3.53)). Die Konstanz der Vergrößerung gilt nur für eine feste Einstellung der Parameter f und b.

Analog zum Vorgehen in Abschn. 3.4.4 wird nun eine Formel für die Schärfentiefe $\Delta g(\varepsilon)$ im Fall der telezentrischen Abbildung hergeleitet. Wie dort gelten Gleichungen (3.25), (3.28) und ihre Umformungen (3.31) und (3.32).Durch Anwendung des Strahlensatzes in Abb. 3.18 erhält man ferner:

$$\frac{\varepsilon}{D'} = \frac{\Delta b}{b - f - \Delta b}\,. \tag{3.54}$$

In diese Gleichung setzt man nun Δb und $b - \Delta b$ nach (3.32) bzw. (3.31) ein:

$$\frac{\varepsilon}{D'} = \frac{\frac{fg}{g-f} - \frac{f\,(g+\Delta g)}{g+\Delta g-f}}{\frac{f(g+\Delta g)}{g+\Delta g-f} - f} = \frac{\frac{g}{g-f} - \frac{g+\Delta g}{g+\Delta g-f}}{\frac{g+\Delta g}{g+\Delta g-f} - 1} \tag{3.55}$$

$$= \frac{\frac{g\,(g+\Delta g-f)}{g-f} - (g+\Delta g)}{f} \tag{3.56}$$

$$= \frac{g^2 + g\,\Delta g - f\,g - g^2 - g\,\Delta g + f\,g + f\,\Delta g}{(g-f)\,f} = \frac{\Delta g}{g-f}\,. \tag{3.57}$$

Somit erhält man als Ausdruck für die Schärfentiefe der telezentrischen Abbildung:

$$\Delta g = \Delta g(\varepsilon) = \frac{\varepsilon}{D'}\,(g - f)\,. \tag{3.58}$$

3.4.5.2 Beidseitige Telezentrie

Bisher wurde die objektseitige Telezentrie betrachtet, bei der die Lichtstrahlen im Objektraum parallel zur optischen Achse verlaufen. Bei der bildseitigen Telezentrie ist hingegen der Strahlengang zwischen Linse und Bildebene parallel zur optischen Achse. Dies wird durch eine Telezentrikblende am objektseitigen Brennpunkt der Linse erreicht [18, 19]. Ein Vorteil dieser Anordnung ist, dass der Abbildungsmaßstab unabhängig von der Bildweite ist: $|V| = |\frac{B}{G}| = \frac{f}{g-f}$.

Die beiden Prinzipien können zu einer beidseitig telezentrischen Anordnung kombiniert werden, indem zwei Linsen so platziert werden, dass die Telezentrikblende gleichzeitig im bildseitigen Brennpunkt der ersten und im objektseitigen Brennpunkt der zweiten Linse liegt (Abb. 3.20). Die Hauptstrahlen verlaufen dann zu beiden Seiten des Systems parallel zur optischen Achse. Diese Anordnung wird in Teleskopen verwendet, um unendlich weit entfernte Objekte vergrößert ins Unendliche abzubilden. Sie kann aber auch genutzt werden, um nahe Objekte abzubilden. Der Entfernungsbereich für eine reelle Abbildung ist allerdings begrenzt; im Fall gleicher Brennweiten $f_1 = f_2$ reicht er bis zur doppelten Brennweite: $g \in (0, 2f_1)$. In Abb. 3.20 ist der spezielle Fall gezeigt, dass das Objekt sogar näher an der objektseitigen Linse liegt als deren Brennpunkt, sodass ein

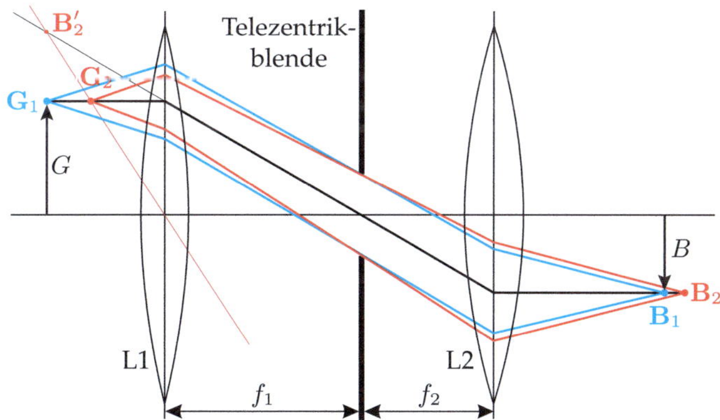

Abbildung 3.20. Beidseitig telezentrische Abbildung [13, 21]. Bei der optischen Abbildung eines Objekts G_2 durch die Linse L1 entsteht ein virtuelles Bild B_2'. Dieses virtuelle Bild wird von der zweiten Linse L2 auf das reelle Bild B_2 abgebildet. Die Vergrößerung $V = \frac{B}{G}$ der beidseitig telezentrischen Abbildung ist unabhängig von Bild- und Gegenstandsweite, wie man am Vergleich mit dem Punktpaar G_1, B_1 sehen kann.

virtuelles Zwischenbild $\mathbf{B}'$ entsteht. Ein Vorteil der beidseitig telezentrischen Anordnung ist, dass der Abbildungsmaßstab auch unabhängig von der Bildweite ist: Nach dem Strahlensatz in Abb. 3.20 ist $V = \frac{B}{G} = -\frac{f_2}{f_1}$. Somit ist eine Fokussierung möglich, ohne den Abbildungsmaßstab zu verändern [13, 21].

3.4.6 Perspektive

Der Unterschied zwischen einer Abbildung mit einem gewöhnlichen Objektiv und telezentrischen Abbildung soll in diesem Abschnitt in einen allgemeineren Kontext gestellt werden. Man unterscheidet bei einer optischen Abbildung drei **Perspektiven**:

– Eine **entozentrische Perspektive** liegt vor, wenn sich die Aperturblende vor dem bildseitigen Brennpunkt befindet (siehe Abb. 3.21(a)). Dies ist bei gewöhnlichen Objektiven der Fall. Das Perspektivitätszentrum der Abbildung liegt zwischen Objekt und Beobachter. Daher erscheinen weiter entfernte Objekte kleiner als nahe Objekte (siehe Abb. 3.22).

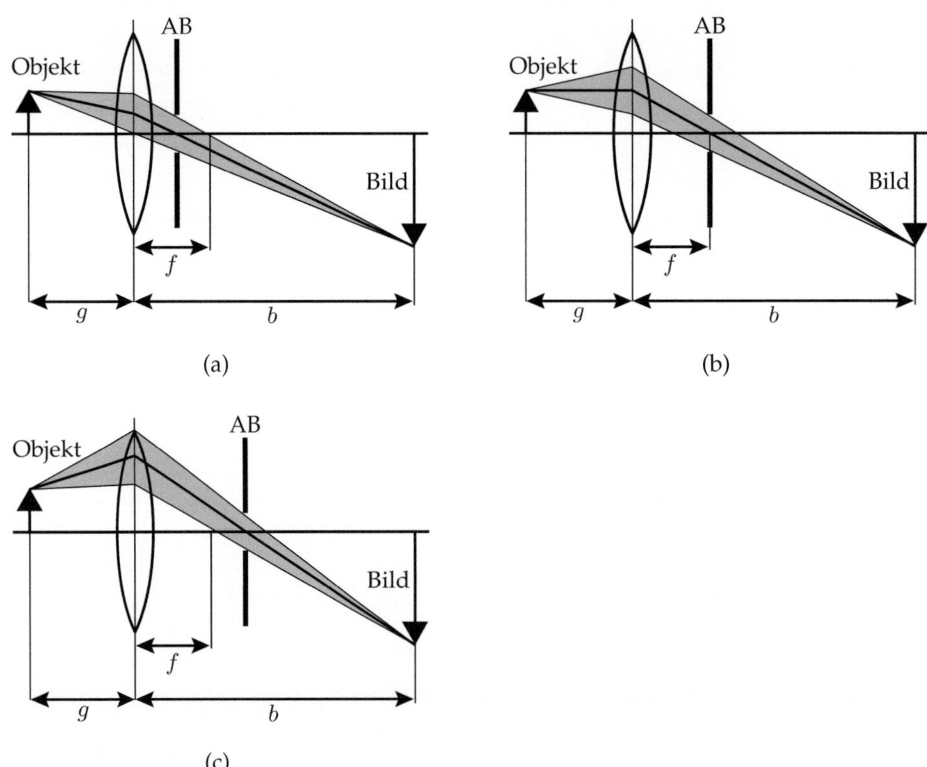

Abbildung 3.21. Abbildungsstrahlengang bei den unterschiedlichen Perspektiven: (a) entozentrisch; (b) telezentrisch; (c) hyperzentrisch (AB: Aperturblende).

- Bei der **telezentrischen Perspektive** befindet sich die Aperturblende im bildseitigen Brennpunkt. Wie in Abschn. 3.4.5 beschrieben, ist der Abbildungsmaßstab unabhängig von der Gegenstandsweite. Das Perspektivitätszentrum liegt im Unendlichen, die Abbildung entspricht einer Parallelprojektion (Abb. 3.23).
- Wenn die Aperturblende zwischen dem bildseitigen Brennpunkt und der Bildebene liegt, spricht man von einer **hyperzentrischen Perspektive**. Bei einer solchen Abbildung befindet sich das Perspektivitätszentrum im Objektraum von der Kamera aus gesehen jenseits des Objekts (siehe Abb. 3.24). Daher erscheinen weiter entfernte Objekte größer als nahe Objekte. Das bedeutet, dass auch Flächen, die parallel zur optischen Achse sind und von dieser weg weisen, beobachtet werden können, beispielsweise die außenliegenden Seitenflächen eines Würfels oder die außenliegende Mantelfläche eines Zylinders (siehe Abb. 3.25). Diese ungewohnte Eigenschaft der hyperzentrischen Abbildung kann für manche Aufgaben der automatischen Sichtprüfung von Vorteil sein. Bei einem hyperzentrischen Objektiv muss allerdings die Linse größer sein als das zu prüfende Objekt, wie man am Strahlengang in Abb. 3.21(c) sieht. Die hyperzentrische Perspektive ist auch typisch für Röntgenaufnahmen (siehe Abschn. 7.4.2).

Je nach Perspektive der optischen Abbildung sind unterschiedliche Bereiche einer Objektoberfläche sichtbar oder verdeckt (Abb. 3.26).

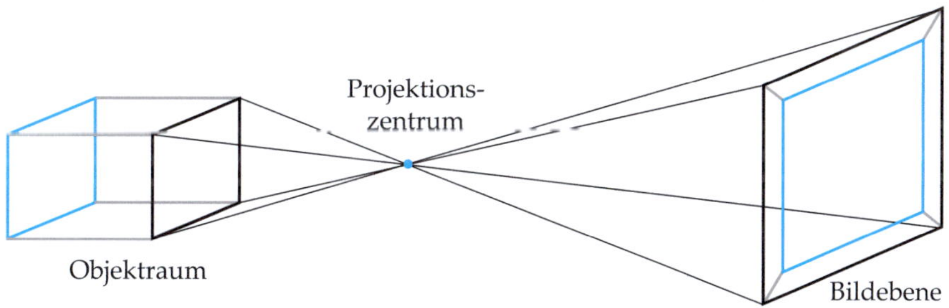

Abbildung 3.22. Projektion bei entozentrischer Perspektive.

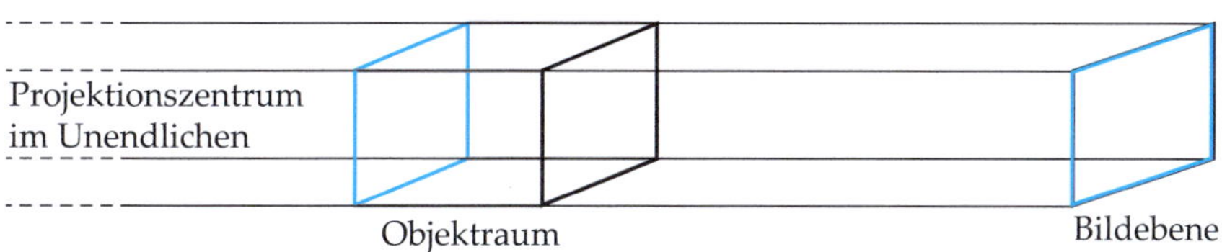

Abbildung 3.23. Projektion bei telezentrischer Perspektive (Veranschaulichung ohne Berücksichtigung der Bildumkehr durch die Zentralprojektion, vgl. Abschn. 3.2).

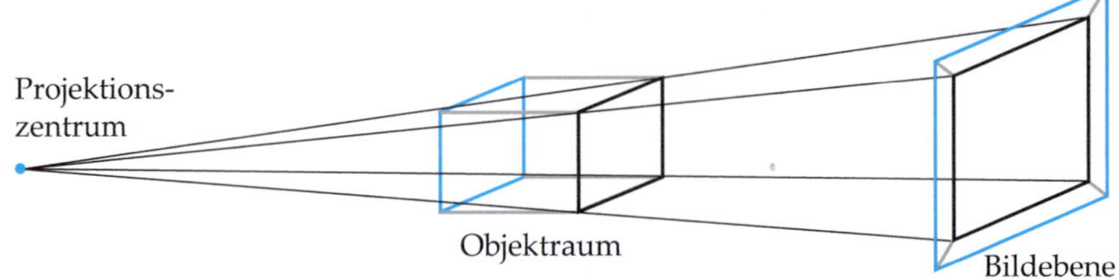

Abbildung 3.24. Projektion bei hyperzentrischer Perspektive (Veranschaulichung ohne Berücksichtigung der Bildumkehr).

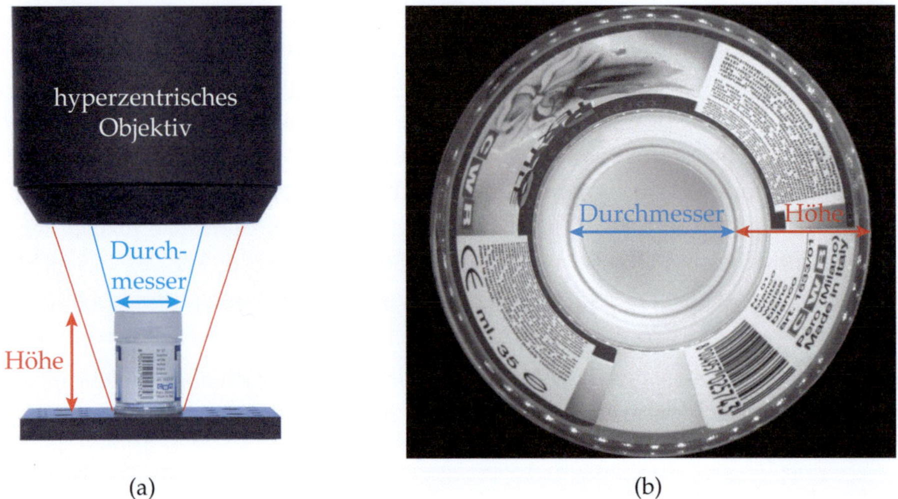

Abbildung 3.25. Hyperzentrisches Objektiv: (a) Aufnahmeanordnung; (b) Kamerabild. Sowohl Deckel als auch Mantel des zylinderförmigen Prüfobjekts sind im Bild sichtbar, sodass z. B. eine Vermessung von Durchmesser und Höhe möglich ist (Quelle: Opto Engineering srl).

Die Positionierung der Aperturblende ändert nichts an der Lage der scharf aufeinander abgebildeten Objekt- und Bildebenen und an der Vergrößerung bei der scharfen Abbildung. Die Abbildungsgleichung (3.25) gilt unabhängig von der Lage der Aperturblende. Die Blende blockiert einen Teil des Lichtbündels, das von einem Objektpunkt ausgeht. Bei scharfer Abbildung mit einem idealen Linsensystem hat dies keine Auswirkung auf den Ort des Bildes, weil sich alle Lichtstrahlen des Bündels im selben Bildpunkt schneiden. Die geometrische Konstruktion des Bildpunkts nach den Regeln aus Abschn. 3.4.2 bleibt daher auch dann gültig, wenn Mittelpunkts- und/oder Parallelstrahlen in der Realität nicht die Blende passieren können [13]. Bei unscharfer Abbildung bildet das Lichtbündel hingegen eine Unschärfescheibe in der Bildebene. Wenn nun die Aperturblende einen beträchtlichen Teil des Lichtbündels blockiert, kann dies die Lage

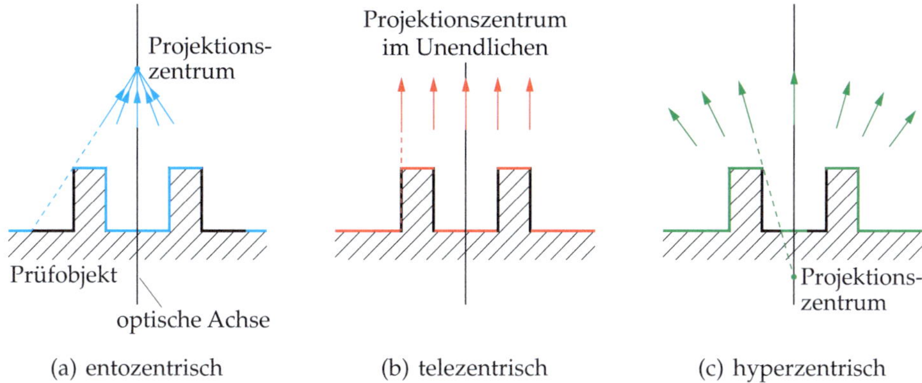

Abbildung 3.26. Sichtbarkeit und Verdeckung von Objektbereichen bei unterschiedlichen Perspektiven. Die im Kamerabild sichtbaren Oberflächenbereiche sind farbig markiert.

des Zentrums der Unschärfescheibe erheblich beeinflussen. Sie wird vom Hauptstrahl des verbleibenden Lichtbündels bestimmt, dessen Verlauf sich für die drei Perspektiven deutlich unterscheidet (Abb. 3.21).

3.4.7 Abbildung bei verkippten Ebenen

Bisher wurde stets angenommen, dass die Bildebene parallel zur Linsenebene angeordnet ist. Infolgedessen war die scharf abgebildete Objektebene ebenfalls parallel dazu. Nun wird der allgemeinere Fall betrachtet, dass Bild- und Schärfeebene gegenüber der Linsenebene verkippt sind und eine Bedingung für die scharfe Abbildung unter dieser Voraussetzung hergeleitet.

Zunächst wird das Problem in der x,z-Ebene des Kamerakoordinatensystems betrachtet. Die Objektpunkte $(x_\mathrm{w}, z_\mathrm{w})$ auf der Geraden

$$x_\mathrm{w} = \frac{x_0}{g}\, z_\mathrm{w} + x_0 \tag{3.59}$$

sollen scharf abgebildet werden (siehe Abb. 3.27). Gesucht ist also der geometrische Ort ihrer scharfen Bilder (x, z). Die Abbildungsgleichung (3.25) lautet mit diesen Bezeichnungen

$$\frac{1}{f} = \frac{1}{-z_\mathrm{w}} + \frac{1}{z} \qquad \Leftrightarrow \qquad z_\mathrm{w} = \frac{z\,f}{f - z}\,. \tag{3.60}$$

Ferner gilt

$$\frac{x_\mathrm{w}}{x} = \frac{z_\mathrm{w}}{z} \qquad \Leftrightarrow \qquad x_\mathrm{w} = \frac{z_\mathrm{w}}{z}\, x\,. \tag{3.61}$$

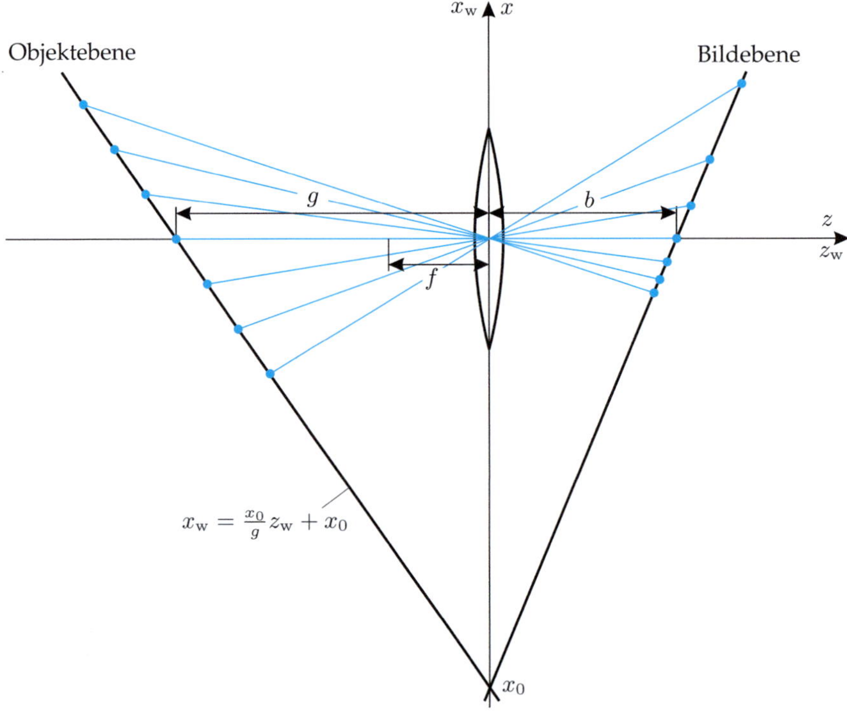

Abbildung 3.27. Abbildung bei verkippter Objektebene.

Einsetzen von z_w und x_w in (3.59) liefert:

$$x = x_0 \left(\frac{1}{g} - \frac{1}{f} \right) z + x_0 \,. \tag{3.62}$$

Die Bildpunkte liegen also ebenfalls auf einer Geraden durch den Punkt $(x_0, 0)$. Verallgemeinert auf den dreidimensionalen Fall bedeutet dies: Damit zwei Ebenen im Raum scharf aufeinander abgebildet werden können, muss ihre Schnittgerade in der Linsenebene liegen. Diese notwendige Bedingung heißt **Scheimpflug-Bedingung** [17].

Satz 3.3: Abbildung verkippter Ebenen

Zwei Ebenen im Raum, deren Schnittgerade in der Linsenebene liegt (Scheimpflug-Bedingung) und für die ein Punktpaar die Abbildungsgleichung (3.25) erfüllt, werden insgesamt scharf aufeinander abgebildet.[10] ◇

[10] Genau genommen wird natürlich nur ein Teil der objektseitigen Ebene, nämlich der im Halbraum $z < -f$ liegende, auf ein reelles Bild abgebildet.

Beweis 3.1 (Abbildung verkippter Ebenen): Wie bisher sei das Koordinatensystem so gewählt, dass die z-Achse mit der optischen Achse zusammenfällt und der Ursprung im Linsenmittelpunkt liegt. Die Hauptebene der Linse ist also beschrieben durch

$$E_0 = \{\mathbf{x} = (x, y, z)^{\mathrm{T}} \,|\, z = 0\}\,. \tag{3.63}$$

Die objektseitige Ebene E_1 und die bildseitige Ebene E_2 seien in Normalenform gegeben durch

$$E_1 = \{\mathbf{x} = (x, y, z)^{\mathrm{T}} \,|\, a_1 x + b_1 y + c_1 z + d_1 = 0\}\,, \tag{3.64}$$

$$E_2 = \{\mathbf{x} = (x, y, z)^{\mathrm{T}} \,|\, a_2 x + b_2 y + c_2 z + d_2 = 0\}\,. \tag{3.65}$$

Der Schnitt dieser beiden Ebenen sei eine Gerade in der Linsenebene E_0. Es folgt

$$E_1 \cap E_0 = E_1 \cap E_2 = E_0 \cap E_2\,. \tag{3.66}$$

Die Schnittgerade $E_1 \cap E_0$ ist durch das Gleichungssystem

$$z = 0\,, \tag{3.67}$$

$$a_1 x + b_1 y + d_1 = 0 \tag{3.68}$$

beschrieben.

Die Schnittgerade $E_0 \cap E_2$ ist analog dazu charakterisiert durch

$$z = 0\,, \tag{3.69}$$

$$a_2 x + b_2 y + d_2 = 0\,. \tag{3.70}$$

Wegen (3.66) folgt, dass die Koeffizienten in beiden Darstellungen bis auf Skalierung identisch sind:

$$d_2 := d_1\,, \qquad b_2 = b_1\,, \qquad a_2 = a_1\,. \tag{3.71}$$

Die Linse habe die Brennweite $f > 0$. Seien $\mathbf{x}_1 \in E_1$ und $\mathbf{x}_2 \in E_2$ das vorausgesetzte Punktpaar, für das die Abbildungsgleichung erfüllt ist. Daher schneiden sich die beiden Konstruktionsstrahlen (Mittelpunktsstrahl und Parallelstrahl) zu $\mathbf{x}_1$ in $\mathbf{x}_2$. Wegen der Wahl des Ursprungs folgt $\mathbf{x}_2 = \lambda\, \mathbf{x}_1$ für ein geeignetes $\lambda \in \mathbb{R}$. Damit lautet die Abbildungsgleichung

$$\frac{1}{f} = \frac{1}{-z_1} + \frac{1}{z_2} = -\frac{1}{z_1} + \frac{1}{\lambda z_1}\,. \tag{3.72}$$

Auflösen nach λ ergibt

$$\lambda = \frac{f}{z_1 + f}, \qquad \text{falls } z_1 \neq -f\,. \tag{3.73}$$

Die Voraussetzung $\mathbf{x}_2 \in E_2$ lässt sich nun mit (3.71) wie folgt schreiben:

$$a_1 \lambda x_1 + b_1 \lambda y_1 + c_2 \lambda z_1 + d_1 \qquad = 0 \tag{3.74}$$

$$\Leftrightarrow \quad a_1 x_1 + b_1 y_1 + c_2 z_1 + d_1 \frac{z_1 + f}{f} \qquad = 0 \tag{3.75}$$

$$\Leftrightarrow \quad a_1 x_1 + b_1 y_1 + \left(c_2 + \frac{d_1}{f} \right) z_1 + d_1 = 0 \tag{3.76}$$

Wegen $\mathbf{x}_1 \in E_1$ gilt ferner

$$a_1 x_1 + b_1 y_1 + c_1 z_1 + d_1 = 0\,. \tag{3.77}$$

Subtrahieren der letzten von der vorletzten Gleichung liefert

$$\left(c_2 + \frac{d_1}{f} - c_1 \right) z_1 = 0\,. \tag{3.78}$$

Wegen $z_1 \neq 0$ (sonst läge keine optische Abbildung vor) folgt

$$c_2 + \frac{d_1}{f} - c_1 = 0\,. \tag{3.79}$$

Damit hat man folgende Darstellung für die bildseitige Ebene:

$$E_2 = \left\{ \mathbf{x} = (x, y, z)^{\mathrm{T}} \,\middle|\, a_1 x + b_1 y + \left(c_1 - \frac{d_1}{f} \right) z + d_1 = 0 \right\} \tag{3.80}$$

Sei nun $\mathbf{x}_1 \in E_1$ ein beliebiger Punkt auf der objektseitigen Ebene. Sein scharfes Bild $\mathbf{x}_2$ erfüllt

$$\frac{1}{f} = \frac{1}{-z_1} + \frac{1}{z_2} \tag{3.81}$$

$$\Rightarrow \quad z_2 = \frac{f}{z_1 + f} z_1\,. \tag{3.82}$$

Da $\mathbf{x}_2$ auf einem Sichtstrahl durch den Ursprung und $\mathbf{x}_1$ liegen muss, folgt

$$\mathbf{x}_2 = \frac{f}{z_1 + f} \mathbf{x}_1\,. \tag{3.83}$$

Zu zeigen ist nun $\mathbf{x}_2 \in E_2$. Einsetzen von (3.83) in die Ebenengleichung (3.80) und Multiplizieren mit $\frac{z_1+f}{f}$ liefert

$$a_1 x_1 + b_1 y_1 + \left(c_1 - \frac{d_1}{f} \right) z_1 + d_1 \frac{z_1 + f}{f} = 0 \tag{3.84}$$

$$\Leftrightarrow \quad a_1 x_1 + b_1 y_1 + c_1 z_1 + d_1 = 0\,. \tag{3.85}$$

Die letzte Gleichung ist wegen $\mathbf{x}_1 \in E_1$ erfüllt. Da $\mathbf{x}_1$ beliebig war, folgt, dass jeder Punkt aus E_1 scharf auf einen Punkt aus E_2 abgebildet wird. ■

Gleichung (3.80) gibt an, wie die verkippte Bildebene zu einer gegebenen Objektebene zu konstruieren ist.

Der Abbildungsmaßstab ist bei verkippten Ebenen ortsvariant, wie man unter Verwendung von (3.60) sieht:

$$V = \frac{x}{x_{\mathrm{w}}} = \frac{z}{z_{\mathrm{w}}} = 1 - \frac{z}{f} = \frac{f}{f + z_{\mathrm{w}}}\,, \tag{3.86}$$

denn z_{w} ist aufgrund der verkippten Objektebene variabel. Ebenso ist die Schärfentiefe ortsvariant, da sie nach (3.38) von der Entfernung zwischen Linsenebene und Objektpunkt abhängt, die hier mit z_{w} bezeichnet wurde.

Die gewöhnliche Kamera kann als Grenzfall von Satz 3.3 aufgefasst werden: Bild- und Objektebene sind dort parallel, schneiden sich also im Unendlichen. Sobald ein Punktpaar die Abbildungsgleichung (3.25) erfüllt, werden die Ebenen insgesamt scharf aufeinander abgebildet.

Eine Anwendung für die scharfe Abbildung verkippter Ebenen gemäß der Scheimpflug-Bedingung ist die Lasertriangulation, siehe Abschn. 7.3.1 und 7.3.2.

Beispiel 3.5 (Scharfe Abbildung verkippter Ebenen): Manche Spezialobjektive – u. a. sog. **Tilt-und-Shift-Objektive** (Abb. 3.28(a)) – erlauben eine Verschwenkung der optischen Achse des Objektivs gegenüber der Bildebene. Entsprechend Satz 3.3 ist es dadurch möglich, die Schärfeebene gegenüber der Bildebene zu verkippen und diese dem abgebildeten Objekt anzupassen. Exemplarisch zeigt Abb. 3.28(b) eine Aufnahme einer Platine bei einem nicht verschwenkten Tilt-und-Shift-Objektiv; dabei wurde die am nächsten gelegene Objektpartie scharf abgebildet. Durch Verkippung der Schärfeebene gelang es in Abb. 3.28(c), nahezu die gesamte Platine scharf abzubilden. ■

3.4.8 Abbildungsfehler

Die ideale optische Abbildung wird durch reale optische Systeme nur näherungsweise erreicht. Abweichungen vom Ideal werden als Abbildungsfehler oder Ab-

(a) Tilt-&-Shift-Objektiv

(b) Keine Verschwenkung

(c) Objektiv verschwenkt

Abbildung 3.28. Scharfe Abbildung verkippter Ebenen mit einem Tilt-und-Shift-Objektiv: (a) verschwenktes Objektiv; (b) Aufnahme einer Platine bei nicht verschwenktem Objektiv; (c) Aufnahme einer Platine bei verschwenktem Objektiv. Beide Aufnahmen erfolgten bei offener Blende.

errationen bezeichnet [1,4,7,10,21]. Sie können in geeignet konstruierten Linsensystemen teilweise kompensiert werden, indem mehrere Linsen mit unterschiedlichen Krümmungen und Materialeigenschaften kombiniert werden. Außerdem lassen sich die meisten Abbildungsfehler durch die Verkleinerung des Blendendurchmessers reduzieren, da die Abweichungen vom Idealverhalten mit steigendem Abstand zur optischen Achse zunehmen.

Unterscheiden lassen sich monochromatische Abbildungsfehler, verursacht durch die unerwünschte Variation des Abbildungsstrahlengangs in Abhängigkeit des Winkels zur optischen Achse, und chromatische Abbildungsfehler, verursacht durch die Wellenlängenabhängigkeit des Brechungsverhaltens. Einige Abbildungsfehler haben ein unscharfes Bild zur Folge (Schärfefehler), andere führen zu einer systematischen Abweichung der Bildpunktposition vom idealisierten Modell (Lagefehler). Lagefehler sind für messtechnische Anwendungen besonders zu beachten. Sie müssen entweder durch die Verwendung hochwertiger optischer Komponenten vermieden oder durch eine Kalibrierung kompensiert werden.

3.4.8.1 Seidel'sche Aberrationen sphärischer Linsen

In der Gauß'schen Optik wird eine lineare Näherung für das Brechungsgesetz verwendet (siehe Abschn. 3.4.1). Der Approximationsfehler bei der Sinusfunktion wird in diesem Fall durch einen Term dritten Grades dominiert. Die Abbildungsfehler, die durch die Vernachlässigung des kubischen Terms der Sinusfunktion im Brechungsgesetz entstehen, heißen Seidel'sche Aberrationen (Bildfehler 3. Ordnung). Sie verursachen verschiedene unerwünschte Effekte bei der optischen Abbildung mit sphärischen Linsen, die im Folgenden beschrieben werden.

Sphärische Aberration: Die sphärische Aberration[11] bewirkt, dass ein einfallendes homozentrisches Lichtbündel nicht exakt auf einen Punkt fokussiert wird. Die Schnittpunkte der Lichtstrahlen befinden sich in unterschiedlichen Abständen von der Linse, sodass eine exakte Fokussierung auf der Bildebene unmöglich wird. In den Randbereichen einer sphärischen Linse werden Lichtstrahlen stärker gebrochen als im Modell der Gauß'schen Optik, sodass ihr Schnittpunkt näher an der Hauptebene liegt als der Schnittpunkt von Lichtstrahlen, die nahe der optischen Achse verlaufen (Abb. 3.29(a)).

Asphärische Linsen, deren Oberfläche nicht dem Ausschnitt einer Kugelfläche entspricht, können diesen Abbildungsfehler vermeiden. Die Herstellung solcher Linsen ist allerdings erheblich aufwendiger.

Koma: Mit zunehmendem Betrag des Einfallswinkels ändert sich die Form des infolge der Aberration unscharfen Bildes [12]. Unter Umständen kann das Bild eines punktförmigen Objekts wie ein Komet mit einem Schweif aussehen (Abb. 3.29(b)). Daher wird dieser Effekt als Koma bezeichnet.

Astigmatismus: Der Astigmatismus steht ebenfalls im Zusammenhang mit dem Einfallswinkel eines Lichtbündels. Lichtstrahlen in der Tangentialebene und der Sagittalebene werden in unterschiedlichem Abstand zur Hauptebene der Linse fokussiert. Die Tangentialebene eines Lichtbündels wird vom Hauptstrahl des Bündels und der optischen Achse aufgespannt. Die Sagittalebene enthält den Hauptstrahl und steht senkrecht zur Tangentialebene. Lichtstrahlen in der Tangentialebene werden von einer sphärischen Linse stärker gebrochen, da die Linse in Tangentialrichtung perspektivisch verkürzt und somit stärker gekrümmt erscheint. Daher ist die tangentiale Brennweite der Linse kürzer als die sagittale

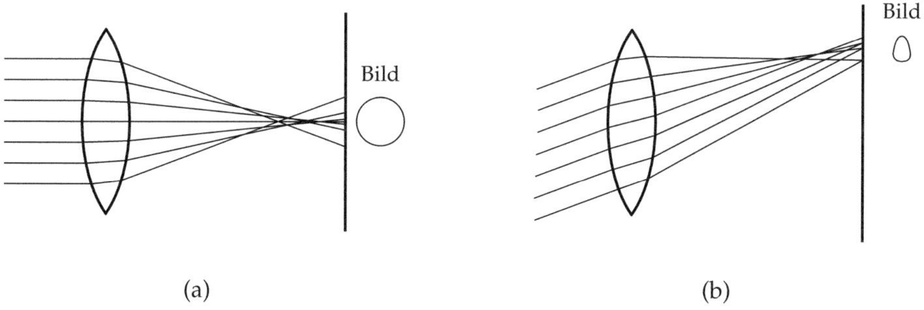

Abbildung 3.29. Seidel'sche Aberrationen: (a) sphärische Aberration; (b) Koma.

[11]Die sphärische Aberration wird auch als **Öffnungsfehler** bezeichnet [18].

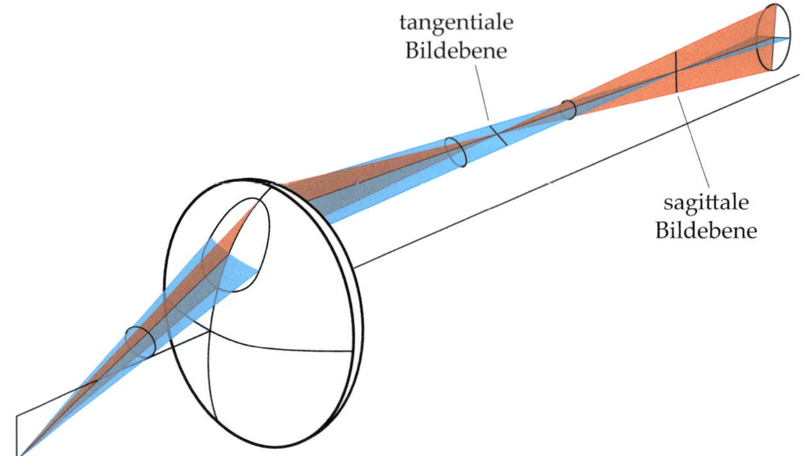

Abbildung 3.30. Astigmatismus: Das tangentiale Lichtbündel wird stärker gebrochen als das sagittale.

Brennweite. In der tangentialen Bildweite wird ein punktförmiges Objekt als Linie in der Sagittalebene abgebildet, in der sagittalen Bildweite als Linie in der Tangentialebene. Dazwischen erscheint es als unscharfe Ellipse (Abb. 3.30).

Bildfeldwölbung: In der Gauß'schen Optik wird eine Ebene des Objektraums, die senkrecht zur optischen Achse liegt, scharf auf eine Ebene im Bildraum abgebildet. Im Fall einer Bildfeldwölbung ist der geometrische Ort der scharf abgebildeten Punkte keine Ebene, sondern eine gekrümmte Fläche (Abb. 3.31). Dann ist es unmöglich, die Bildebene so einzustellen, dass die gesamte Objektebene scharf abgebildet wird.

Falls zusätzlich ein Astigmatismus vorliegt, resultieren für die Strahlen der Tangential- und Sagittalebene unterschiedliche Flächen der scharfen Bilder.

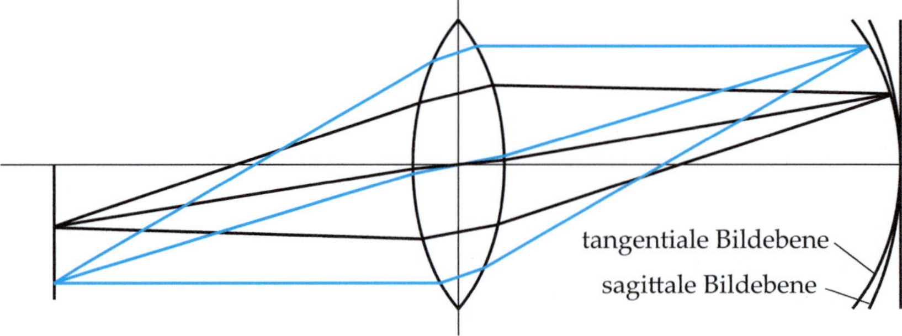

Abbildung 3.31. Der geometrische Ort der scharfen Bilder einer Ebene ist eine gewölbte Fläche. Infolge Astigmatismus entstehen unterschiedliche Flächen für die Strahlen der Tangential- bzw. Sagittalebene.

Radiale Verzeichnung: Verzeichnungen entstehen durch Optiken mit ortsvariantem Abbildungsmaßstab. Verzeichnungen bewirken, dass Geraden im Objektraum auf gekrümmte Kurven im Bildraum abgebildet werden können. Von einer radialen Verzeichnung spricht man, wenn das Ausmaß des Abbildungsfehlers ausschließlich von der Entfernung des Objektpunkts zur optischen Achse abhängt. Dann werden Geraden, die sich mit der optischen Achse schneiden, auf Geraden abgebildet. Geraden, die abseits der optischen Achse verlaufen, werden auf gekrümmte Linien abgebildet.

Wenn der Abbildungsmaßstab zum Bildrand hin abnimmt, entsteht eine tonnenförmige Verzeichnung (Abb. 3.32(b)). Dieser Abbildungsfehler tritt bei vielen Weitwinkelobjektiven auf. Wenn umgekehrt der Abbildungsmaßstab zum Bildrand hin zunimmt, spricht man von einer kissenförmigen Verzeichnung (Abb. 3.32(c)). Art und Ausmaß der Verzeichnung werden von der Position der Aperturblende beeinflusst [15].

Eine radiale Verzeichnung lässt sich wie folgt modellieren:

$$\begin{pmatrix} x_\mathrm{v} \\ y_\mathrm{v} \end{pmatrix} = \begin{pmatrix} x \\ y \end{pmatrix} + a\underbrace{\left((x-o_x)^2 + (y-o_y)^2\right)}_{=r^2} \begin{pmatrix} x-o_x \\ y-o_y \end{pmatrix} . \tag{3.87}$$

Die verzeichneten Bildpunktkoordinaten $(x_\mathrm{v}, y_\mathrm{v})^\mathrm{T}$ ergeben sich aus den idealisierten Bildpunktkoordinaten (x, y) nach (3.12), (3.13) durch die Addition eines Störterms, der nur vom radialen Abstand r des Punktes zum Schnittpunkt (o_x, o_y) von optischer Achse und Bildebene abhängt. Verfeinerte Modelle berücksichtigen zusätzlich Abhängigkeiten von höheren Potenzen von r. Die Verzeichnungsparameter, hier a, können mit Hilfe von Kalibrierverfahren geschätzt werden [11,22]. Für $a > 0$ erhält man eine kissenförmige, für $a < 0$ eine tonnenförmige Verzeichnung. Die ideale, verzeichnungsfreie Abbildung entspricht dem Fall $a = 0$.

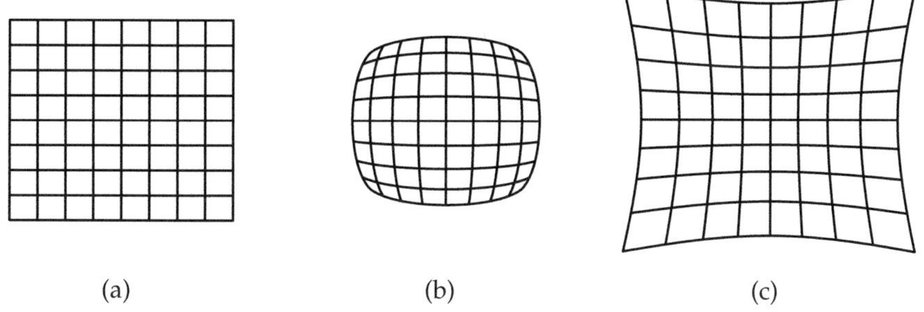

(a) (b) (c)

Abbildung 3.32. Verzerrung des Bildes durch eine radiale Linsenverzeichnung: (a) ideale, verzeichnungsfreie Abbildung, $a = 0$; (b) tonnenförmige Verzeichnung, $a < 0$; (c) kissenförmige Verzeichnung, $a > 0$ in (3.87).

3.4.8.2 Chromatische Aberration

Da der Brechungsindex eines Materials mit der Wellenlänge des Lichts variiert, wird Licht verschiedener Wellenlängen von einer Linse unterschiedlich stark gebrochen (siehe Abschn. 2.6.3). Im sichtbaren Bereich nimmt der Brechungsindex bei den meisten Materialien mit zunehmender Wellenlänge ab. Daher wird Licht mit kürzeren Wellenlängen stärker gebrochen, sodass der Brennpunkt näher an der Hauptebene der Linse liegt. Somit bewirkt die chromatische Aberration, dass Licht unterschiedlicher Wellenlängen nicht gleichzeitig scharf abgebildet werden kann (Abb. 3.33(a)). Diese Unschärfe ist auch bei Verwendung eines Grauwertsensors zu beobachten. Mit einem Farbsensor zeigen sich zusätzlich Farbverfälschungen an Kanten (sogenannte Farbsäume), die durch die unterschiedliche Fokussie-

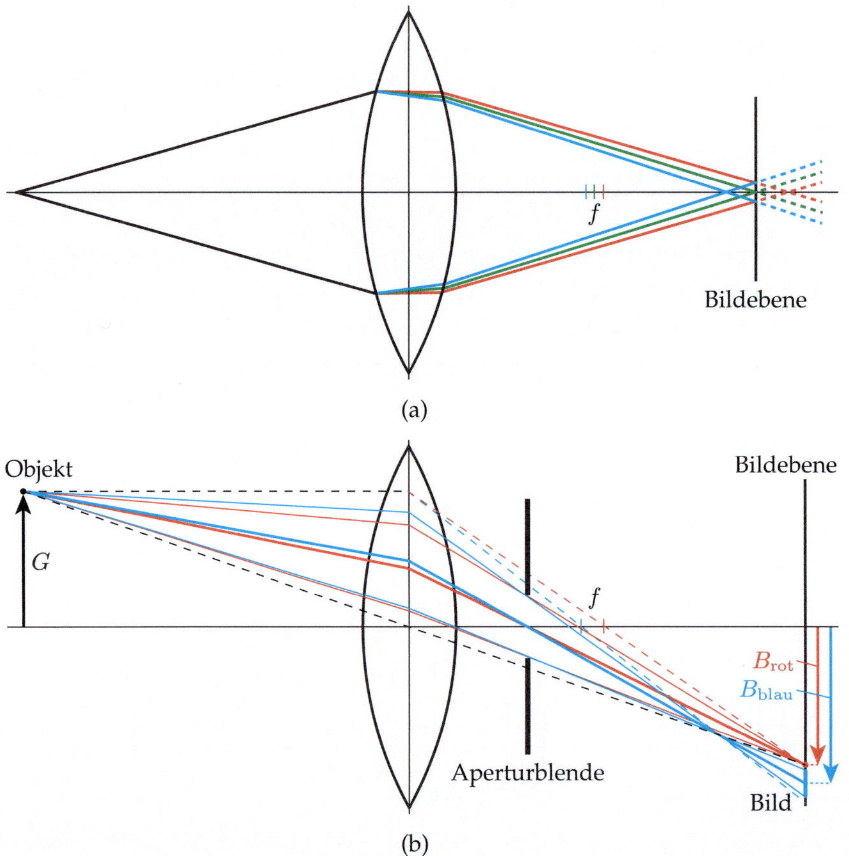

Abbildung 3.33. Chromatische Aberrationen. (a) Farblängsfehler: Durch die chromatische Aberration variieren die Brennweite f der Linse und die Bildweite der scharfen Abbildung mit der Wellenlänge des Lichts. (b) Farbquerfehler: Bei Systemen mit mehreren optischen Elementen kann eine wellenlängenabhängige Vergrößerung auftreten.

rung der Farbkanäle entstehen. Wenn ein optisches System nicht symmetrisch zu einer Hauptebene senkrecht zur optischen Achse ist, kann zusätzlich auch die Vergrößerung von der Wellenlänge abhängig sein [1]. Dies ist bereits bei einem System aus einer Linse und einer Blende gegeben. Infolge der wellenlängenabhängigen Brennweite variiert dann die Richtung des Hauptstrahls und somit die Vergrößerung mit der Wellenlänge (Abb. 3.33(b)).

Chromatische Aberrationen können reduziert werden, indem Linsensysteme aus Materialien mit unterschiedlicher Dispersion zusammengesetzt werden. Ein System aus zwei Linsen, bei dem die Brennpunkte für zwei Wellenlängen exakt übereinstimmen, heißt Achromat. Ist die chromatische Aberration für drei Wellenlängen korrigiert, spricht man von einem Apochromaten. Ein Apochromat ist i. d. R. aus drei Linsen aufgebaut [18]. Ganz vermeiden lassen sich chromatische Aberrationen in Spiegeloptiken, da die Reflexionsrichtung unabhängig von der Wellenlänge ist. Die wellenlängenabhängige Fokussierung kann in bestimmten Abbildungsoptiken auch nutzbringend eingesetzt werden (siehe Abschn. 7.3.13).

Schließlich ist zu beachten, dass alle Abbildungsfehler auch kombiniert auftreten. Beispielsweise sind die Seidel'schen Aberrationen für Licht verschiedener Wellenlängen unterschiedlich ausgeprägt.

Extrem hochwertige Objektive, die alle Aberrationen so weit korrigieren, dass deren Einfluss kleiner ist als die Beschränkungen, die mit der Wellennatur des Lichts zusammenhängen, bezeichnet man als beugungsbegrenzte Objektive.

3.5 Optische Instrumente mit mehreren Linsen

In diesem Abschnitt werden zwei für die automatische Sichtprüfung besonders wichtige optische Instrumente vorgestellt, die mehrere Linsen beinhalten: der Projektionsapparat und das Mikroskop.

3.5.1 Projektionsapparat

Zunächst wird ein Beleuchtungssystem mit zwei Linsen L1 und L2 betrachtet (Abb. 3.34). Die Lichtquelle wird von der Linse L1 scharf in die Linsenebene von L2 abgebildet. Anschließend bildet die Linse L2 die Ebene ihrer Eintrittsluke in die Projektionsebene ab, sodass die in der Eintrittsluke vorhandenen Strukturen vergrößert auf einem Schirm dargestellt werden können. Die Strukturen der Lichtquelle, die in der Ebene L2 sichtbar sind, gehen dabei verloren. Die Beleuchtungsstärke des Empfängers wird ausschließlich von der Aperturblende bestimmt, die Größe der ausgeleuchteten Fläche ausschließlich von der Feldblende. Dieses Linsensystem ermöglicht also eine homogene (strukturlose) Beleuchtung

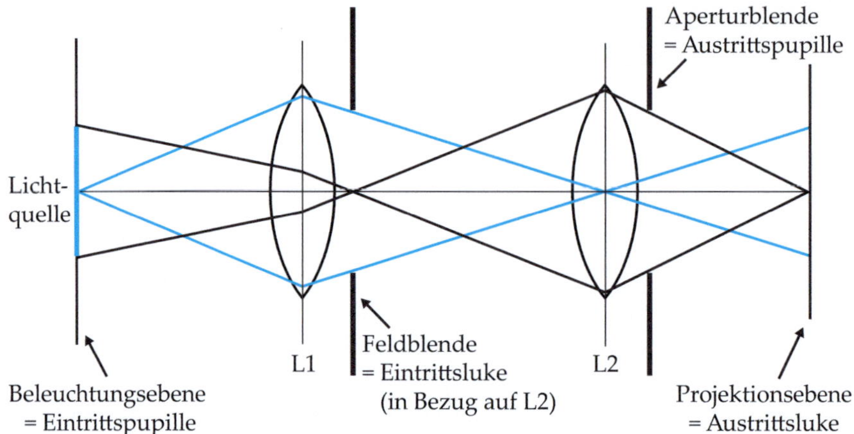

Abbildung 3.34. Abbildungsstrahlengang (schwarz) und Beleuchtungsstrahlengang (blau) bei einem Projektionsapparat.

mit unabhängiger und variabler Anpassung von Beleuchtungsstärke und Feldgröße.

Neben der Unterdrückung der räumlichen Struktur der Lichtquelle und der damit einhergehenden Homogenisierung der Beleuchtungsstärke in der Projektionsebene erfüllt die Linse L1 eine weitere wichtige Funktion: Durch die Abbildung der Lichtquelle auf die Linse L2 wird das Licht, das von der Lichtquelle auf die Linse L1 trifft, vollständig zur Beleuchtung der Projektionsebene ausgenutzt. Für eine gute Lichtausbeute wird man den Durchmesser von L1 möglichst groß im Vergleich zum Abstand von der Lichtquelle wählen.

Eine Anwendung des beschriebenen Linsensystems ist der **Diaprojektor**. Hier ist L1 der Kondensor, L2 das Objektiv und die Austrittsluke die Leinwand. Das Dia befindet sich in der Eintrittsluke der Linse L2.

Nach dem gleichen Prinzip funktionieren auch viele **Videoprojektoren** („Beamer“). In der Eintrittsluke werden hier transparente Flüssigkristallanzeigen platziert, die von einem Rechner angesteuert werden [3].

In der automatischen Sichtprüfung ist der Projektionsapparat besonders wichtig für die Projektion von Lichtmustern zur flächigen Gestaltvermessung mittels Triangulation (Abschn. 7.3.4) und für die inverse Beleuchtung (Abschn. 7.6.2).

3.5.2 Mikroskop

Das Mikroskop ist ein optisches Instrument für die stark vergrößerte Abbildung sehr kleiner Objekte [18]. Mit sichtbarem Licht sind Vergrößerungen bis ca. $|V| = 2\,000$ nützlich realisierbar. Die erreichbare Vergrößerung wird durch die Welleneigenschaften des Lichtes begrenzt.

Ein Mikroskop für die direkte Nutzung durch den Menschen als Beobachter hat zwei Linsen (bzw. Linsensysteme): Objektiv und Okular. Das Objektiv erzeugt ein reelles, umgekehrtes und vergrößertes Bild des Objekts in der Ebene der Feldblende. Die Feldblende liegt in der objektseitigen Brennebene des Okulars. Somit erzeugt das Okular ein virtuelles Bild im Unendlichen, was dem menschlichen Auge eine angenehme Fokussierung ermöglicht. Die Austrittspupille des Okulars ist die Eintrittspupille des Auges. Das Okular funktioniert nach dem gleichen Prinzip wie eine Lupe. Die Aperturblende bestimmt die Beleuchtungsstärke, die Feldblende dient zur Größenänderung des sichtbaren Bereiches. In der Feldblende können Messgitter angebracht werden.

Wichtige Kennzahlen für Mikroskopobjektive sind Vergrößerung und numerische Apertur [7]. Die numerische Apertur ist definiert als $NA = n \sin \alpha$, wobei α der halbe Öffnungswinkel des Objektivs ist und n der Brechungsindex des Materials zwischen Objekt und Objektiv (siehe Abb. 3.35). Da Mikroskope vorzugsweise bei $g \approx f$ betrieben werden, ist die numerische Apertur ein Maß für die Bündelöffnung, das anstelle der Blendenzahl O verwendet wird, vgl. (3.44). In der automatischen Sichtprüfung hat man i. d. R. Luft als Medium zwischen Objektiv und Prüfobjekt, sodass $n = 1$ gilt. Das beugungsbedingte Auflösungsvermögen verbessert sich gemäß Abschn. 2.2.6.1 mit wachsendem Blendendurchmesser D, nach (3.44) also mit wachsender numerischer Apertur.

Die Vergrößerung des Mikroskops ergibt sich als Produkt der Vergrößerungen der beiden nacheinander ausgeführten optischen Abbildungen:

$$V_{\text{Mikroskop}} = V_{\text{Objektiv}} \, V_{\text{Okular}} \,. \tag{3.88}$$

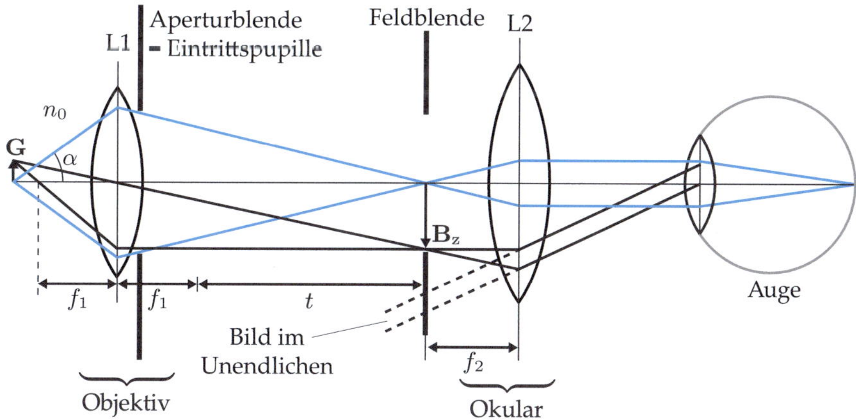

Abbildung 3.35. Abbildungsstrahlengang (schwarz) und Lichtbündel (blau) bei einem Mikroskop.

Eine wichtige Abmessung bei Mikroskopen ist die sogenannte Tubuslänge t, die als Differenz von Bildweite b_1 der Objektivabbildung und Objektivbrennweite f_1 definiert ist [23]:

$$t := b_1 - f_1 \,. \tag{3.89}$$

Die meisten Mikroskope verwenden die Standardtubuslänge von $t = 160$ mm.

Für die automatische Sichtprüfung besonders wichtig ist der Fall, dass das Mikroskopprinzip zusammen mit einer elektronischen Kamera verwendet wird (Abb. 3.36). Deren Objektiv, das hier das Okular ersetzt, muss dann das vom Mikroskopobjektiv entworfene Zwischenbild $\mathbf{B}_z$ scharf auf den Sensorchip abbilden. Die Gesamtvergrößerung ist auch hier das Produkt der Vergrößerungen der beiden hintereinandergeschalteten optischen Abbildungen.

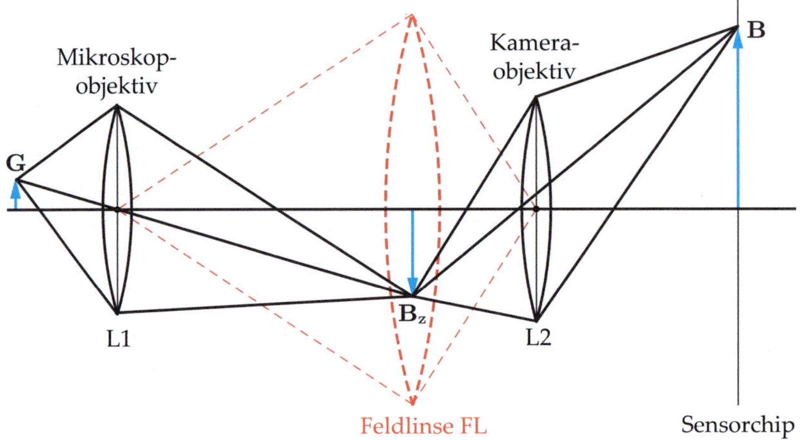

Abbildung 3.36. Kombination von Mikroskop und Kamera.

Zur besseren Lichtausbeute und für eine gleichmäßigere Bildhelligkeit kann noch eine Feldlinse (gestrichelt in Abb. 3.36) in die Zwischenbildebene eingebracht werden, welche die Austrittspupille des Mikroskopobjektivs L1 auf die Eintrittspupille des Kameraobjektivs L2 abbildet.

Bei einer weiteren wichtigen Variante bildet das Mikroskopobjektiv nach unendlich ab: $g_1 = f_1$, $b_1 \to \infty$. Das Licht eines Objektpunktes wird mithin in ein paralleles Strahlenbündel mit einer definierten Richtung transformiert. Das Kameraobjektiv ist dann auf unendlich fokussiert: $g_2 \to \infty$, $b_2 = f_2$. Für die

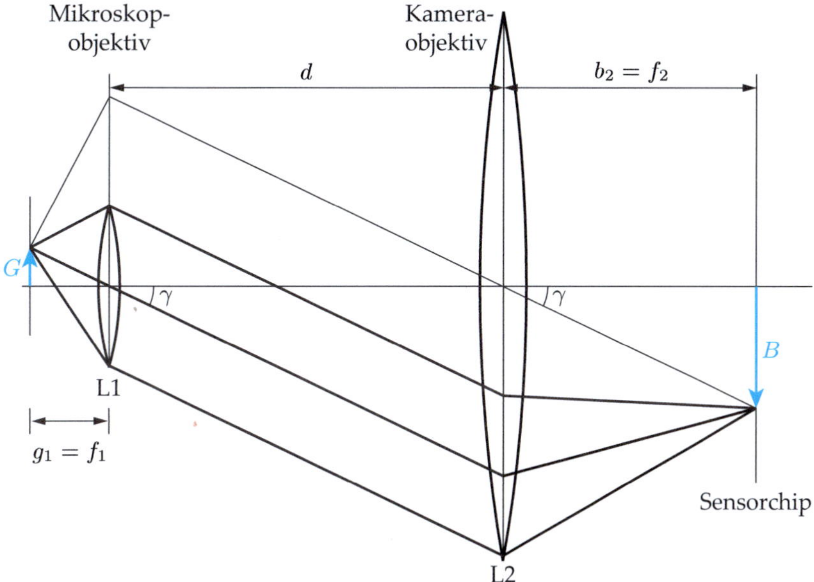

Abbildung 3.37. Das Mikroskopobjektiv bildet das Objekt nach unendlich ab, sodass ein paralleles Lichtstrahlenbündel zur Kamera gelangt.

Gesamtvergrößerung erhält man aus Abb. 3.37:

$$\tan\gamma = \frac{G}{f_1}, \qquad \tan\gamma = -\frac{B}{f_2}, \tag{3.90}$$

$$\Rightarrow \quad V = \frac{B}{G} = -\frac{f_2}{f_1}. \tag{3.91}$$

3.6 Literatur

[1] Ludwig Bergmann, Clemens Schaefer, Heinz Niedrig und Hans-Joachim Eichler (Hrsg.). *Lehrbuch der Experimentalphysik*, Bd. 3: Optik: Wellen- und Teilchenoptik. De Gruyter, Berlin, 10. Auflage, 2004.

[2] Max Born und Emil Wolf. *Principles of optics: electromagnetic theory of propagation, interference and diffraction of light*. Cambridge University Press, 7. Auflage, 2006.

[3] Rainer Dohlus. *Photonik: Physikalisch-technische Grundlagen der Lichtquellen, der Optik und des Lasers*. Oldenbourg, München, 2010.

[4] Bernd Dörbrand. Abbildungsfehler und optische Systeme. In Gerd Litfin (Hrsg.), *Technische Optik in der Praxis*, Seiten 69–94. Springer, 2. Auflage, 2001.

[5] Olivier Faugeras. *Three-Dimensional Computer Vision*. MIT Press, Cambridge, MA, 1993.

[6] Anthony Gerrard und James Burch. *Introduction to matrix methods in optics*. Wiley, 1975.

[7] John E. Greivenkamp. *Field guide to geometrical optics*. SPIE Press, 2004.

[8] Tobias Hanning. *High Precision Camera Calibration*. Habilitationsschrift, Universität Passau, 2011.

[9] Richard Hartley und Andrew Zisserman. *Multiple View Geometry in Computer Vision*. Cambridge University Press, 2. Auflage, 2003.

[10] Eugene Hecht. *Optics*. Addison-Wesley, San Francisco, 4. Auflage, 2002.

[11] Ramesh Jain, Rangachar Kasturi und Brian Schunck. *Machine vision*. McGraw-Hill, New York, 1995.

[12] Dietrich Kühlke. *Optik: Grundlagen und Anwendungen*. Deutsch, Frankfurt am Main, 2. Auflage, 2007.

[13] Karl Lenhardt. Optical Systems in Machine Vision. In Alexander Hornberg (Hrsg.), *Handbook of Machine Vision*, Seiten 205–331. Wiley-VCH, 2006.

[14] Ulrich Lübbert und Frank Muth. Beleuchtung und Optik für die genaue Vermessung von Werkstücken mit bildgebenden Sensoren. *IITB-Mitteilungen*, Seiten 9–14, 1993.

[15] Frank Pedrotti, Leno Pedrotti, Werner Bausch und Hartmut Schmidt. *Optik für Ingenieure*. Springer, 4. Auflage, 2008.

[16] José-Philippe Pérez. *Optik*. Spektrum, 1996.

[17] Theodor Scheimpflug. Der Photoperspektograph und seine Anwendung. *Photographische Korrespondenz*, 43:516–531, 1906.

[18] Gottfried Schröder und Hanskarl Treiber. *Technische Optik*. Vogel, Würzburg, 9. Auflage, 2002.

[19] Rainer Schuhmann und Thomas Thöniß. Telezentrische Systeme für die optische Meß- und Prüftechnik. *tm – Technisches Messen*, 65(4):131–136, 1998.

[20] Warren Smith. *Modern optical engineering: the design of optical systems*. McGraw-Hill, New York, 1966.

[21] Carsten Steger, Markus Ulrich und Christian Wiedemann. *Machine vision algorithms and applications*. Wiley-VCH, Weinheim, 2008.

[22] Zhengyou Zhang. Flexible camera calibration by viewing a plane from unknown orientations. In *Proceedings of the Seventh IEEE International Conference on Computer Vision*, Bd. 1, Seiten 666–673, 1999.

[23] Wolfgang Zinth und Ursula Zinth. *Optik: Lichtstrahlen – Wellen – Photonen*. Oldenbourg, München, 4. Auflage, 2013.

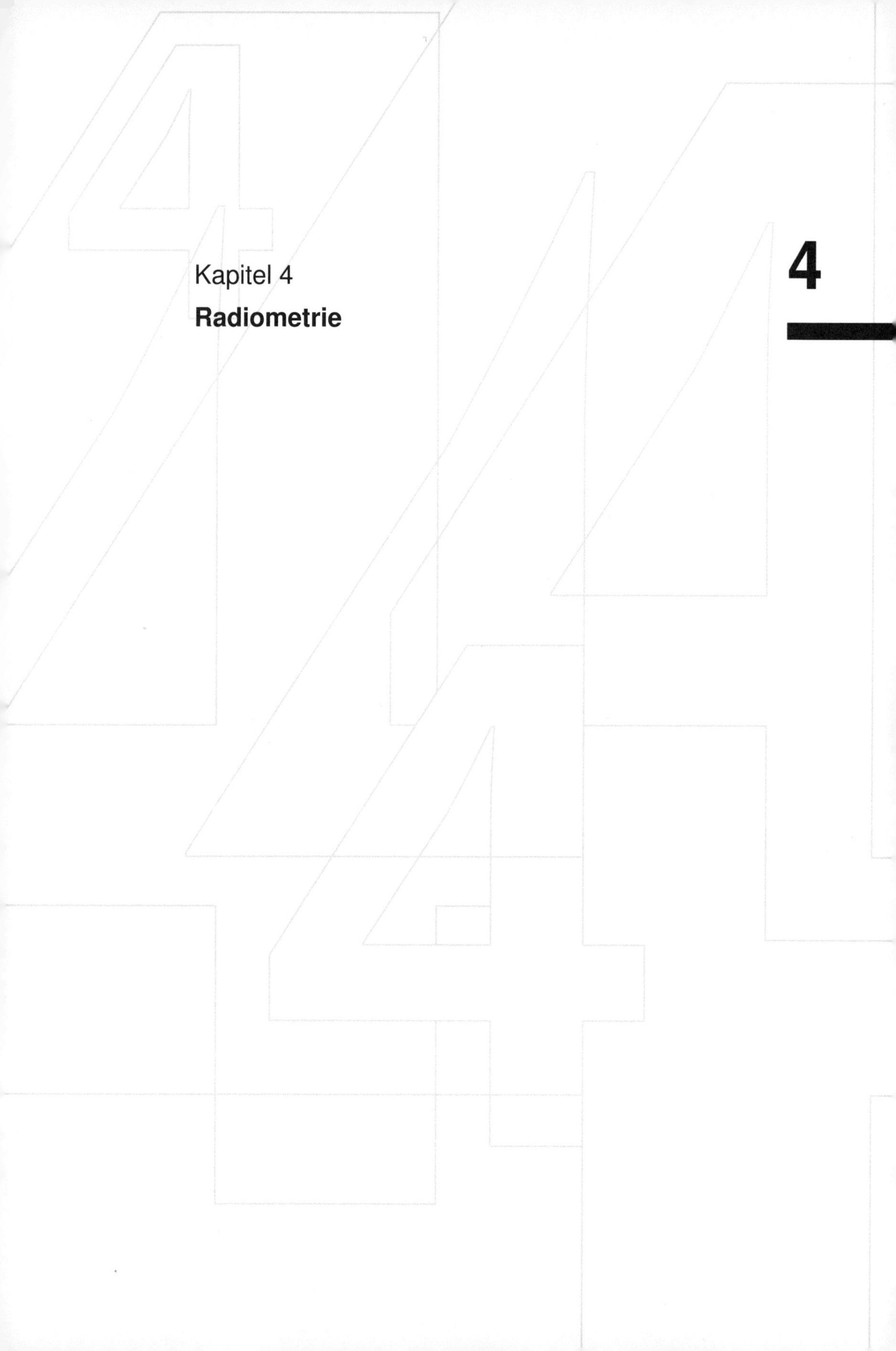

Kapitel 4

Radiometrie

4

4 Radiometrie

4 Radiometrie

4.1 Radiometrische Größen

Die **Photometrie** beschäftigt sich mit der Messung von Intensität und Leistung des sichtbaren Lichts unter Berücksichtigung der Empfindlichkeit des menschlichen Auges (siehe Kap. 5). Das sichtbare Licht macht nur einen kleinen Teil des gesamten elektromagnetischen Spektrums aus (siehe Abschn. 2.1.1). Es umfasst den Wellenlängenbereich von etwa $380\ \mathrm{nm}$ bis $780\ \mathrm{nm}$. Physikalische Messungen von Intensität, Leistung etc. lassen sich natürlich unabhängig vom menschlichen Auge für das gesamte elektromagnetische Spektrum durchführen. Damit beschäftigt sich die **Radiometrie** als Teilgebiet der **Strahlungsphysik**.

Der **Strahlungsfluss** Φ ist die gesamte Strahlungsleistung, die durch eine gegebene Fläche A hindurchtritt. Ist z. B. A eine geschlossene Fläche um eine Lichtquelle, so ist der Strahlungsfluss die gesamte Leistung der von der Quelle emittierten elektromagnetischen Strahlung; siehe Abb. 4.2(a) auf S. 184.

Mit dem elektromagnetischen Feld des Lichts hängt Φ über den Poynting-Vektor $\mathbf{P} = \mathbf{E} \times \mathbf{H}$ (2.38) zusammen:

$$\Phi = \int_A \overline{\mathbf{P}}^{\mathrm{T}} \mathbf{n} \, \mathrm{d}A = \frac{\Delta n}{\Delta t} \, h \, \nu \,, \qquad [\Phi] = 1\ \mathrm{W} \,, \tag{4.1}$$

wobei $\mathbf{n}$ der Normalenvektor senkrecht zum infinitesimalen Flächenelement mit der Norm $\mathrm{d}A$ ist. Die rechte Seite von (4.1) stellt den Zusammenhang mit dem Photonenmodell des Lichtes her, wobei monochromatisches Licht mit Photonen der Energie $h\,\nu$ vorausgesetzt wird (vgl. Abschn. 2.3). Der Photonenfluss $\frac{\Delta n}{\Delta t}$ bedeutet, dass im Zeitraum Δt durch die Fläche A in einer Richtung Δn Photonen hindurchtreten.

Die zum Strahlungsfluss korrespondierende photometrische Größe, der **Lichtstrom** Φ_{l}, ist ein Maß für den Beitrag der Strahlungsleistung zum menschlichen Helligkeitsempfinden. Er wird in der Einheit Lumen (lm) gemessen; vgl. Tab. 4.1 auf S. 187. Ein Lichtstrom von $683\ \mathrm{lm}$ entspricht einer Strahlungsleistung von $1\ \mathrm{W}$ bei einer Wellenlänge von $555\ \mathrm{nm}$. Der Zusammenhang zwischen radiometrischen und photometrischen Größen wird in Abschn. 5.1 genauer behandelt.

Um weitere radiometrische Größen definieren zu können, wird der Begriff des Raumwinkels benötigt.

Definition 4.1: Raumwinkel

Der Raumwinkel Ω_A einer Fläche A aus der Sicht eines Punktes $\mathbf{P}$ ist definiert als

J. Beyerer et al., *Automatische Sichtprüfung*,
https://doi.org/10.1007/978-3-662-69951-5_4

Flächeninhalt A_K der Projektion von A auf die Einheitskugel um $\mathbf{P}$ (Abb. 4.1). Entsprechendes gilt für den Raumwinkel $\mathrm{d}\Omega_A$ eines infinitesimalen Flächenelements $\mathrm{d}A$. Wenn θ den Winkel zwischen der Flächennormalen und der Normalen der Einheitskugel am Schnittpunkt des Sichtstrahls zu $\mathbf{P}$ bezeichnet und r die Länge dieses Sichtstrahls von $\mathrm{d}A$ nach $\mathbf{P}$, dann ist

$$\mathrm{d}\Omega_A = \frac{\mathrm{d}A \cos\theta}{r^2} \,. \tag{4.2}$$

Die Einheit des Raumwinkels heißt Steradiant (sr). ◇

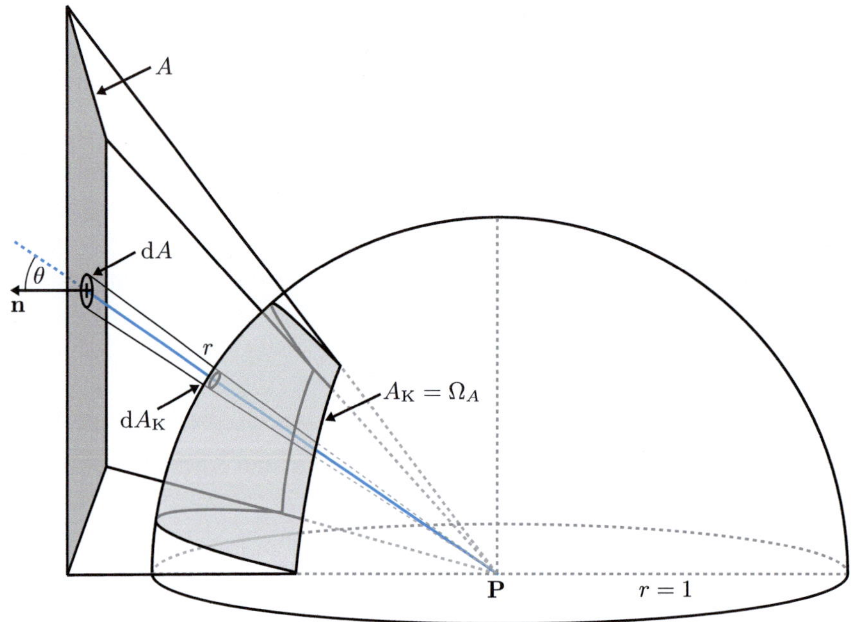

Abbildung 4.1. Zur Definition des Raumwinkels.

Ist ein Flächenelement in Kugelkoordinaten durch Polwinkel $[\theta_1, \theta_2]$ und Azimut $[\varphi_1, \varphi_2]$ gegeben, so berechnet sich sein Raumwinkel gemäß

$$\Omega = \int_{\varphi_1}^{\varphi_2} \int_{\theta_1}^{\theta_2} \sin\theta \,\mathrm{d}\theta \,\mathrm{d}\varphi \,. \tag{4.3}$$

Ein Halbraum (eine Hemisphäre) hat einen Raumwinkel von 2π:

$$\Omega_{\text{Halbraum}} = \int_0^{2\pi} \underbrace{\int_0^{\frac{\pi}{2}} \sin\theta \, \mathrm{d}\theta}_{=1} \, \mathrm{d}\varphi = 2\pi\,. \tag{4.4}$$

Der Raumwinkel kann als dreidimensionale Verallgemeinerung des ebenen Winkels interpretiert werden [7]. In der Ebene ist ein Winkel durch zwei Halbgeraden ausgehend von einem Punkt $\mathbf{P}$ bestimmt. Der Winkel ist im Bogenmaß gegeben durch die Länge des Kreisbogens, der von den beiden Halbgeraden aus dem Einheitskreis um $\mathbf{P}$ ausgeschnitten werden. Entsprechend wird der Raumwinkel durch ein homozentrisches Strahlenbündel mit Schnittpunkt $\mathbf{P}$ bestimmt. Ein Maß für den Raumwinkel ist der Flächeninhalt der Fläche, die das Strahlenbündel aus der Einheitskugel um $\mathbf{P}$ ausschneidet [9].

Die **Strahlstärke** I ist die Raumwinkeldichte der am Ort $\mathbf{x}$ in Richtung $\mathbf{r}$ ausgestrahlten Leistung (Abb. 4.2(b)):

$$I(\mathbf{r},\mathbf{x}) = \frac{\mathrm{d}\Phi}{\mathrm{d}\Omega}(\mathbf{r},\mathbf{x})\,. \tag{4.5}$$

Entsprechend ist die **Lichtstärke** I_l die Raumwinkeldichte des am Ort $\mathbf{x}$ in Richtung $\mathbf{r}$ ausgehenden Lichtstroms. Ihre Einheit ist die Candela: $1\ \mathrm{cd} = 1\ \mathrm{lm/sr}$.

Die **Strahldichte** L ist die in die Ausstrahlungsrichtung $\mathbf{r}$ projizierte Flächendichte der vom Flächenelement $\mathrm{d}A$ ausgehenden Strahlstärke (vgl. Abb. 4.2(c)):

$$L(\mathbf{r},\mathbf{x}) = \frac{\mathrm{d}I}{\mathrm{d}A\cos\theta}\,, \tag{4.6}$$

wobei $\mathbf{x}$ den Ort des Flächenelements $\mathrm{d}A$ und θ den Winkel zwischen der Flächennormalen von $\mathrm{d}A$ und der Strahlungsrichtung $\mathbf{r}$ bezeichnet. Einsetzen von (4.5) liefert:

$$L(\mathbf{r},\mathbf{x}) = \frac{\mathrm{d}^2\Phi}{\mathrm{d}\Omega\,\mathrm{d}A\cos\theta}\,. \tag{4.7}$$

Die zugehörige lichttechnische Größe heißt **Leuchtdichte** L_l.

Umgekehrt erhält man den Strahlungsfluss durch Integration über die Strahldichte [9]:

$$\Phi = \int_A \int_\Omega L(\mathbf{r},\mathbf{x}) \cos\theta \, \mathrm{d}\Omega \, \mathrm{d}A\,. \tag{4.8}$$

Die Strahldichte beschreibt die Strahlungsintensität, die durch das Flächenelement $\mathrm{d}A$ in Richtung $\mathbf{r}$ fließt. Sie lässt sich sowohl für Flächenelemente einer Strahlungsquelle als auch für beliebige Flächenelemente im Raum angeben [9].

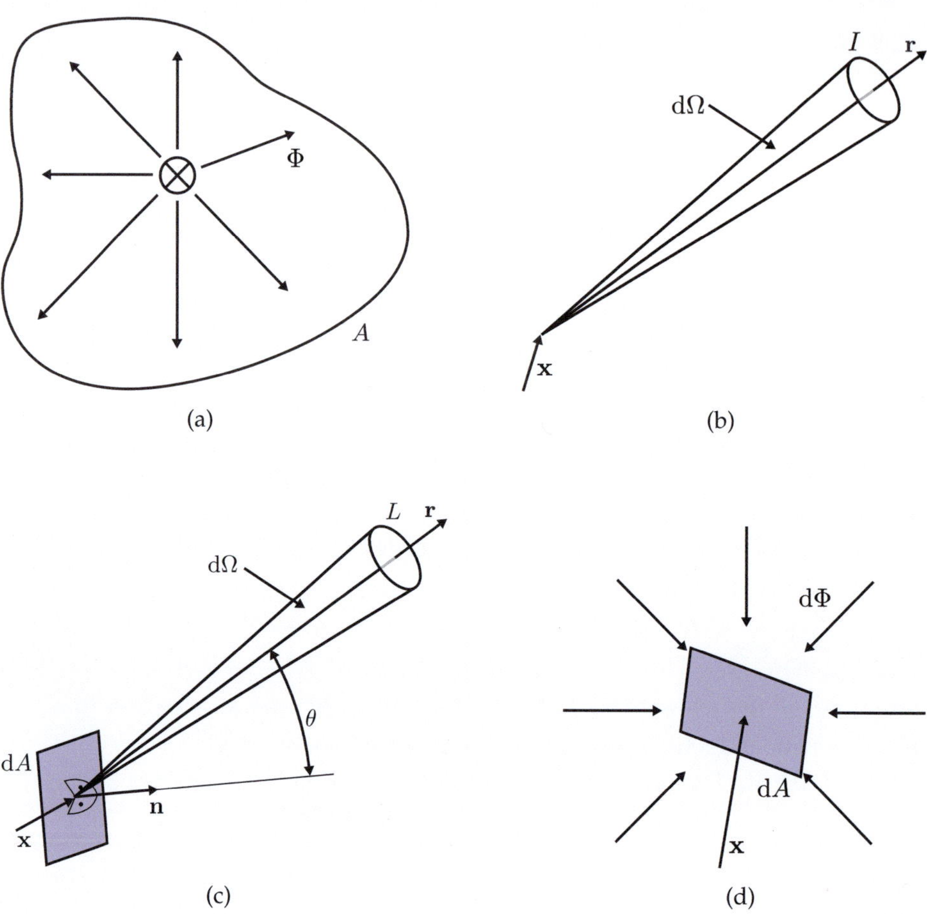

Abbildung 4.2. Veranschaulichung radiometrischer Größen: (a) Strahlungsfluss Φ; (b) Strahlstärke I; (c) Strahldichte L; (d) Bestrahlungsstärke E.

Satz 4.1: Radiometrisches Grundgesetz

Gegeben seien zwei Flächenelemente $\mathrm{d}A_1$ und $\mathrm{d}A_2$ im Abstand r, die mit der Strahldichte L_1 bzw. L_2 strahlen (Abb. 4.3). Um den Strahlungsfluss zwischen den beiden Flächenelementen zu berechnen, werde zunächst $\mathrm{d}A_1$ als Sender und $\mathrm{d}A_2$ als Empfänger betrachtet. Der differenzielle Strahlungsfluss von $\mathrm{d}A_1$ nach $\mathrm{d}A_2$ beträgt:

$$\mathrm{d}^2\Phi_{1\to 2} = L_1\,\mathrm{d}A_1\cos\theta_1\,\mathrm{d}\Omega_1 = L_1\frac{\mathrm{d}A_1\cos\theta_1\,\mathrm{d}A_2\cos\theta_2}{r^2}\,, \tag{4.9}$$

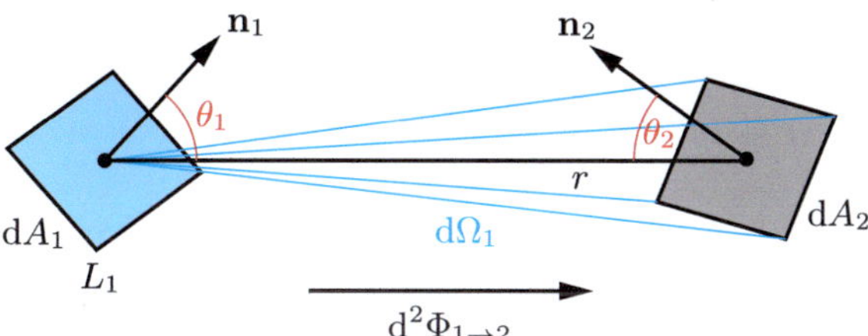

Abbildung 4.3. Zum radiometrischen Grundgesetz: Strahlungsfluss $\mathrm{d}^2\Phi_{1\to2}$ von $\mathrm{d}A_1$ nach $\mathrm{d}A_2$ (nach [2]).

wobei für den differenziellen Raumwinkel $\mathrm{d}\Omega_1$, unter dem $\mathrm{d}A_2$ aus der Sicht von $\mathrm{d}A_1$ erscheint, nach (4.2) gilt:

$$\mathrm{d}\Omega_1 = \frac{\mathrm{d}A_2 \cos\theta_2}{r^2} . \tag{4.10}$$

Vertauscht man die Rollen von Sender und Empfänger, so erhält man analog für den differenziellen Strahlungsfluss von $\mathrm{d}A_2$ nach $\mathrm{d}A_1$:

$$\mathrm{d}^2\Phi_{2\to1} = L_2\,\mathrm{d}A_2 \cos\theta_2\,\mathrm{d}\Omega_2 = L_2 \frac{\mathrm{d}A_1 \cos\theta_1\,\mathrm{d}A_2 \cos\theta_2}{r^2} . \tag{4.11}$$

Der differenzielle Strahlungsfluss, der zwischen den beiden Flächenelementen ausgetauscht wird, beträgt:

$$\mathrm{d}^2\Phi_{1\leftrightarrow2} = (L_1 - L_2)\,\frac{\mathrm{d}A_1 \cos\theta_1\,\mathrm{d}A_2 \cos\theta_2}{r^2} . \tag{4.12}$$

Diese Formel beschreibt den Strahlungsfluss zwischen zwei Flächenelementen und wird als **radiometrisches Grundgesetz** bezeichnet [2,9]. Der entsprechende Zusammenhang für die photometrischen Größen Lichtstrom und Leuchtdichte heißt **photometrisches Grundgesetz**. ◇

Die **Bestrahlungsstärke** E ist die Flächendichte des im Punkt $\mathbf{x}$ eingestrahlten Strahlungsflusses (Abb. 4.2(d)):

$$E(\mathbf{x}) = \frac{\mathrm{d}\Phi}{\mathrm{d}A}(\mathbf{x}) . \tag{4.13}$$

Die Bestrahlungsstärke E_1, die am Flächenelement $\mathrm{d}A_1$ durch die Strahldichte L_2 des Flächenelements $\mathrm{d}A_2$ verursacht wird, ergibt sich durch Integration von (4.11) über alle Raumrichtungen $\mathbf{r}$ unter Verwendung von (4.10):

$$E_1(\mathbf{x}) = \frac{\mathrm{d}\Phi_{2\to1}(\mathbf{x})}{\mathrm{d}A_1} = \int_{\mathbf{r}} L_2(\mathbf{r},\mathbf{x}) \cos\theta_1(\mathbf{r},\mathbf{x})\,\mathrm{d}\Omega_1(\mathbf{r},\mathbf{x}) . \tag{4.14}$$

In der Photometrie ist entsprechend die **Beleuchtungsstärke** E_l die Flächendichte des im Punkt $\mathbf{x}$ eingestrahlten Lichtstroms. Sie hat die Einheit Lux: $1\ \mathrm{lx} = 1\ \mathrm{lm/m^2}$.

Durch Integration des Strahlungsflusses über der Zeit erhält man die **Strahlungsenergie** (Strahlungsmenge):

$$Q = \int_{t_1}^{t_2} \Phi(t)\,\mathrm{d}t\,. \tag{4.15}$$

Die zugehörige photometrische Größe heißt **Lichtmenge**. Sie berechnet sich durch Integration des Lichtstroms Φ_l.

Die zeitliche Integration der Bestrahlungsstärke ergibt die **Bestrahlung** H:

$$H = \int_{t_1}^{t_2} E(t)\,\mathrm{d}t\,. \tag{4.16}$$

Sie stellt die Flächendichte der Strahlungsenergie dar:

$$H = \int_{t_1}^{t_2} \frac{\mathrm{d}\Phi}{\mathrm{d}A}(t)\,\mathrm{d}t = \frac{\mathrm{d}Q}{\mathrm{d}A}\,. \tag{4.17}$$

Die entsprechende photometrische Größe heißt **Belichtung** H_l.

Die Bestrahlung ist diejenige Größe, die von einem Bildsensor gemessen und im Bild in Form der Bildwerte (Intensitätswerte) codiert wird. Entsprechend ist die Belichtung diejenige Größe, für die das menschliche Auge empfindlich ist. Nimmt man eine feste Beobachtungszeit und eine näherungsweise konstante Bestrahlungsstärke über der Beobachtungszeit an, kann man die Bildwerte auch als Codierung der Bestrahlungsstärke interpretieren.[1]

Tabelle 4.1 fasst die radiometrischen und photometrischen Strahlungsgrößen und ihre Einheiten zusammen.

Zu jeder radiometrischen Größe X lässt sich ihre spektrale Dichte X_λ als Funktion der Wellenlänge λ angeben [9]:

$$X_\lambda(\lambda) = \frac{\mathrm{d}X}{\mathrm{d}\lambda}\,. \tag{4.18}$$

Die spektrale Dichte $X_\lambda(\lambda)$ gibt den Anteil der radiometrischen Größe X an, der auf das Wellenlängenintervall $[\lambda, \lambda + \mathrm{d}\lambda]$ entfällt. Beispielsweise beschreibt der spektrale Strahlungsfluss Φ_λ die Verteilung der Strahlungsleistung über das Wel-

[1] Streng genommen müsste man hier unterscheiden zwischen Sensoren, die tatsächlich die Energie messen, wie z. B. Bolometer-Kameras (siehe Abschn. 6.8.1) und solchen, die Photonen zählen, indem die durch die Photonen erzeugten Ladungsträger kumuliert werden. Da die Photonenenergie wellenlängenabhängig ist, ist die Photonenanzahl bei Betrachtung eines größeren Wellenlängenintervalls nicht äquivalent zur Energie und damit zur Bestrahlungsstärke.

Tabelle 4.1. Gegenüberstellung radiometrischer und photometrischer Größen [2,3,9,10].

	radiometrische Größe	**Symbol Einheit**	**Formel**	**Symbol Einheit**	**photometrische Größe**
strahlungs-feld-bezogen	Strahlungsfluss *radiant flux*	Φ W		Φ_l lm	Lichtstrom *luminous flux*
	Strahlungsenergie *radiant energy*	Q J	$\int \Phi \, dt$	Q_l lm s	Lichtmenge *luminous energy*
sender-bezogen	Strahlstärke *radiant intensity*	I W/sr	$\frac{d\Phi}{d\Omega}$	I_l cd	Lichtstärke *luminous intensity*
	Strahldichte *radiance*	L $\frac{\mathrm{W}}{\mathrm{m}^2\mathrm{sr}}$	$\frac{dI}{dA\cos\theta}$	L_l cd/m^2	Leuchtdichte *luminance*
empfänger-bezogen	Bestrahlungsstärke *irradiance*	E W/m^2	$\frac{d\Phi}{dA}$	E_l lx	Beleuchtungs-stärke *illuminance*
	Bestrahlung *radiant exposure*	H J/m^2	$\int E \, dt$	H_l lx s	Belichtung *luminous exposure*
	physikalisch				**physiologisch**

lenlängenspektrum, charakterisiert also, wie der gesamte Strahlungsfluss Φ aus den Beiträgen elektromagnetischer Strahlung unterschiedlicher Wellenlängen zusammengesetzt ist. Die ursprüngliche radiometrische Größe X erhält man durch Integration der spektralen Dichte X_λ über die Wellenlänge:

$$X = \int_0^\infty X_\lambda(\beta)\,d\beta\,. \tag{4.19}$$

4.2 Das Lichtfeld eines Prüfobjekts

Wie bereits in Kap. 1 erläutert, moduliert ein Prüfobjekt das eingestrahlte Licht auf charakteristische Art und Weise, sodass aus dem abgestrahlten Licht Rückschlüsse auf die Objekteigenschaften gezogen werden können. Mit Hilfe der nun eingeführten radiometrischen Größen lassen sich diese Vorgänge mathematisch modellieren.

Die Abstrahlung eines Flächenelements in eine Raumrichtung wird durch die Strahldichte L in $\frac{\mathrm{W}}{\mathrm{m}^2\mathrm{sr}}$ quantifiziert. Die Strahldichte der Lichtquelle LQ wird mit L_{LQ} bezeichnet, die Strahldichte der Prüfobjektoberfläche OF mit L_{OF} und die Bestrahlungsstärke auf der Oberfläche mit E_{OF} in W/m^2. Punkte auf der Lichtquelle und der Oberfläche werden in Weltkoordinaten mit $\boldsymbol{\xi}_\mathrm{w}$ bzw. $\mathbf{x}_\mathrm{w} \in \mathbb{R}^3$ bezeichnet.

Die Richtung von Lichtstrahlen bezüglich des Weltkoordinatensystems lässt sich durch Winkelpaare $\boldsymbol{\alpha} = (\alpha_1, \alpha_2)$, $\boldsymbol{\beta} = (\beta_1, \beta_2)$, $\boldsymbol{\gamma} = (\gamma_1, \gamma_2)$ beschreiben. Bildkoordinaten werden wie üblich als $(x, y)^{\mathrm{T}}$ notiert.

Die von einem Punkt ausgehende Strahldichte setzt sich additiv aus zwei Komponenten zusammen: dem aktiven Eigenleuchten des Flächenelements und dem passiv reflektierten Licht:[2]

$$L = L_{\text{aktiv}} + L_{\text{passiv}} \,. \tag{4.20}$$

Bei Lichtquellen entspricht der Anteil $L_{\text{LQ,passiv}}$ dem Licht, das von Prüfobjekt und Umgebung zurück auf die Lichtquelle geworfen und dort reflektiert wird. Gegenüber der Eigenstrahlung der Lichtquelle kann dieser Anteil meist vernachlässigt werden.

Umgekehrt kann bei beleuchteten Prüfobjekten der Anteil $L_{\text{OF,aktiv}}$ häufig vernachlässigt werden. Ausnahmen sind selbstleuchtende Prüfobjekte, z. B. glühende Objekte, die im sichtbaren Spektralbereich thermische Strahlung erzeugen (siehe Abschn. 2.7.1.1). Bei Wärmebildaufnahmen ist sogar bei vermeintlich kalten Objekten eine signifikante Eigenstrahlung im thermischen Infrarot zu beobachten.

Jeder Punkt einer Objektoberfläche – eines Prüfobjekts, einer Lichtquelle oder eines sonstigen Objekts in der Umgebung – wird von allen von ihm aus sichtbaren Objektpunkten beleuchtet, und er beleuchtet diese ebenfalls. Wegen der hohen Lichtgeschwindigkeit und weil die Strahldichte exponentiell mit der Anzahl der Reflexionen abnimmt, stellt sich nach dem Einschalten einer Lichtquelle praktisch instantan[3] ein stationärer Zustand für die wechselseitige Beleuchtung aller Objekte ein.

Die Strahldichten kann man je nach Aufgabenstellung in unterschiedlicher Modellierungstiefe beschreiben. Mit

$$L^i_{\text{LQ}}(\boldsymbol{\xi}_{\text{w}}, \boldsymbol{\alpha}, \lambda)\,, \qquad i = 0, 1, 2, 3 \tag{4.21}$$

lässt sich die Strahldichte der Lichtquelle am Punkt $\boldsymbol{\xi}_{\text{w}} \in \text{LQ}$ in Richtung $\boldsymbol{\alpha}$ bei der Wellenlänge λ bezüglich der i-ten Komponente des Stokes'schen Polarisationsvektors (siehe Abschn. 2.2.2.2) beschreiben.

Aufgrund der Beleuchtung des Prüfobjekts durch die Lichtquelle entsteht lokal auf dessen Oberfläche in Abhängigkeit von Beleuchtungsrichtung und Oberflächenneigung eine Bestrahlungsstärke E_{OF}, vgl. (4.14). Ein Teil des eingestrahlten Lichts wird von der Oberfläche zurück in den Raum abgestrahlt. Dieses pas-

---

[2] Die Summierbarkeit der Strahldichten gilt nur für inkohärentes Licht.

[3] Durch Strahlungsabsorption bedingte Temperaturänderungen der Objekte werden vernachlässigt.

sive Leuchten der Oberfläche kann wie folgt modelliert werden:

$$L^{j}_{\mathrm{OF,passiv}}(\mathbf{x}_{\mathrm{w}}, \boldsymbol{\beta}, \lambda', \{R^{ij}(\mathbf{x}_{\mathrm{w}}, \boldsymbol{\gamma}, \boldsymbol{\beta}, \lambda, \lambda')\}, \{L^{i}_{\mathrm{LQ}}(\boldsymbol{\xi}_{\mathrm{w}}, \boldsymbol{\alpha}, \lambda)\})\,, \quad i,j \in \{0,1,2,3\}\,. \tag{4.22}$$

Der Zusammenhang ist im Detail recht kompliziert. So kann z. B. durch eingestrahltes Licht der Wellenlänge λ infolge Fluoreszenz Licht mit der Wellenlänge $\lambda' > \lambda$ entstehen (siehe Abschn. 7.2.2). Licht, das am Punkt $\mathbf{x}_{\mathrm{w}}$ der Oberfläche in die Richtung $\boldsymbol{\beta}$ abgestrahlt wird, hängt im Allgemeinen vom gesamten Licht ab, das den Punkt von der Lichtquelle erreicht. Diese Abhängigkeit von der Strahldichte der ganzen Lichtquelle wird in der Notation durch geschweifte Klammern $\{\cdot\}$ kenntlich gemacht. L^{j}_{OF} ist also ein Funktional der Funktionen L^{i}_{LQ} und R^{ij}.

Wie die Einstrahlung aus der Richtung $\boldsymbol{\gamma}$ am Punkt $\mathbf{x}_{\mathrm{w}}$ in eine Abstrahlung in Richtung $\boldsymbol{\beta}$ umgesetzt wird, beschreibt die Reflexionsfunktion $R^{ij}(\cdot)$, wobei die Inidizes i und j kennzeichnen, dass die i-te Komponente des Stokes'schen Polarisationsvektors des eingestrahlten Lichts auf die j-te Komponente des abgestrahlten Lichts wirkt. Da die Oberfläche durch Mehrfachreflexionen auch sich selbst beleuchtet, z. B. im Fall von Vertiefungen – in die hineingeleuchtet wird – hängt die abgestrahlte Strahldichte am Punkt $\mathbf{x}_{\mathrm{w}}$ von der Reflektanz der ganzen Oberfläche ab. Daher geht die Reflexionsfunktion R^{ij} als Ganzes in das Funktional L^{j}_{OF} ein, wie durch die geschweiften Klammern angezeigt wird.

Das vom Prüfobjekt abgestrahlte Licht kann von einem Sensor gemessen werden. Der Sensor wird hier als Kamera aus Objektiv und Sensorchip modelliert. Wenn der Oberflächenpunkt $\mathbf{x}_{\mathrm{w}}$ durch das Objektiv auf den Bildsensor abgebildet wird, wird das vom Prüfobjektpunkt in das Objektiv eintretende Licht zum Bestrahlungswert $g(x,y)$ aufintegriert, der dann als Bildwert ausgegeben wird.

Abbildung 4.4 skizziert die Zusammenhänge. Die Rückwirkung vom Prüfobjekt auf die Lichtquelle kann meist vernachlässigt werden. In vielen praktischen Anwendungen der automatischen Sichtprüfung werden auch Mehrfachreflexionen an der Objektoberfläche vernachlässigt. Licht, das aus einer bestimmten Richtung $\boldsymbol{\gamma}$ auf die Oberfläche trifft, wird dann gemäß einer Multiplikation mit einem Reflexionsgrad $R(\ldots,\boldsymbol{\gamma},\boldsymbol{\beta},\ldots)$ auf die Richtungen $\boldsymbol{\beta}$ verteilt abgestrahlt. Diese Vereinfachung führt auf die bidirektionale Reflektanzverteilungsfunktion (BRDF), die im folgenden Abschnitt vorgestellt wird. Die Abhängigkeit von der gesamten Funktion $\{R(\cdot)\}$ entfällt unter dieser Annahme, es gehen nur noch die Funktionswerte an der Stelle $(\mathbf{x}_{\mathrm{w}},\boldsymbol{\gamma})$ ein.

Für eine gegebene Szene aus Prüfobjekt und Beleuchtung spricht man bei der Strahldichte $L^{j}_{\mathrm{OF}}(\cdot)$ vom sogenannten Lichtfeld oder synonym von der plenoptischen Funktion [1]. Das Lichtfeld beschreibt die Menge aller vom Prüfobjekt ausgehenden Lichtstrahlen und beinhaltet, entsprechend der zugrunde gelegten

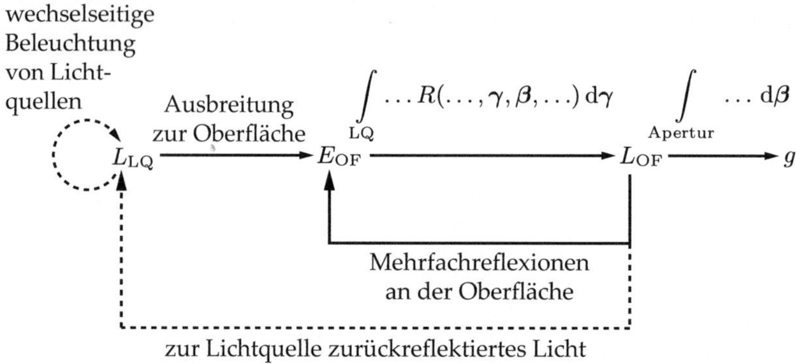

Abbildung 4.4. Modell der Entstehung des Lichtfelds durch Reflexion des von der Lichtquelle emittierten Lichts an der Objektoberfläche. Die gestrichelt gezeichneten Übergänge sind meist vernachlässigbar.

Modellierungstiefe und der gegebenen Beleuchtung, die gesamte Information, die man optisch über das Prüfobjekt erfahren kann. Das Lichtfeld legt bereits die Menge aller Bilder fest, die unter der gegebenen Beleuchtungskonstellation vom Prüfobjekt gewonnen werden können.

In der Praxis ist es nicht möglich, das Lichtfeld als Ganzes zu erfassen. Das Lichtfeld ist aber ein hilfreiches Konzept, auf dessen Basis eine neue Art von Kameras, die sogenannten Lichtfeldkameras, entstanden ist (siehe Abschn. 7.3.9).

4.3 Bidirektionale Reflektanzverteilungsfunktion (BRDF)

Die **bidirektionale Reflektanzverteilungsfunktion** (*bidirectional reflectance distribution function*, **BRDF**) [8] beschreibt umfänglich die Reflexionseigenschaften eines Oberflächenelements $\mathrm{d}A$. Bei den hier angestellten Betrachtungen soll der Einfachheit halber die Wellenlängen- und Polarisationsabhängigkeit sowie Fluoreszenzeffekte zunächst vernachlässigt werden.

Definition 4.2: Bidirektionale Reflektanzverteilungsfunktion (BRDF)

Die BRDF wird definiert mit Hilfe des differenziellen Reflexionsfaktors

$$\rho(\theta_\mathrm{i},\varphi_\mathrm{i},\theta_\mathrm{e},\varphi_\mathrm{e}) = \frac{\mathrm{d}\Phi_\mathrm{e}}{\mathrm{d}\Phi_\mathrm{i}} = \frac{\mathrm{d}E_\mathrm{e}}{\mathrm{d}E_\mathrm{i}} = \frac{\mathrm{d}L_\mathrm{e}\,\mathrm{d}\Omega_\mathrm{e}\cos\theta_\mathrm{e}}{\mathrm{d}L_\mathrm{i}\,\mathrm{d}\Omega_\mathrm{i}\cos\theta_\mathrm{i}}\,, \tag{4.23}$$

wobei θ_i den Polwinkel, φ_i das Azimut, Ω_i den Raumwinkel, Φ_i den Strahlungsfluss, E_i die Bestrahlungsstärke und L_i die Strahldichte des einfallenden Lichts bezeichnet. Die entsprechenden Größen des von $\mathrm{d}A$ abgestrahlten Lichts sind θ_e, φ_e, Ω_e, Φ_e, E_e und L_e (vgl. Abb. 4.5). Die Umformung erfolgt mit Hilfe von (4.7). Die Winkel beziehen sich auf die Normale des Oberflächenelements.

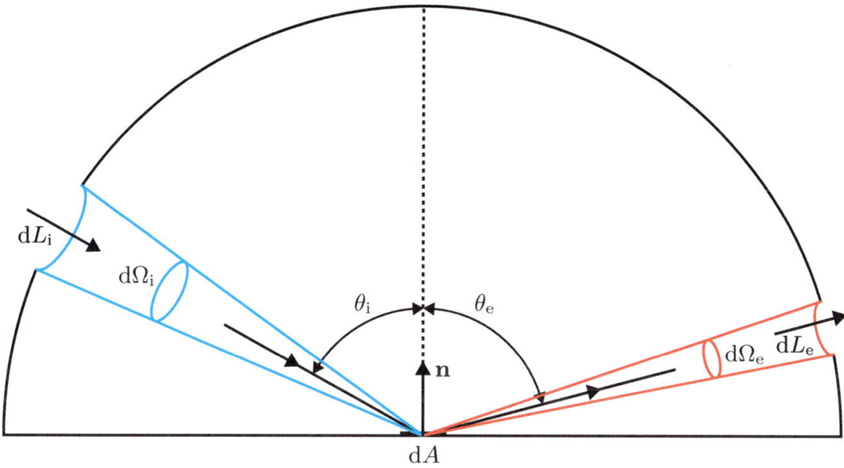

Abbildung 4.5. Zur Definition der bidirektionalen Reflektanzverteilungsfunktion (BRDF).

Die BRDF ist dann gegeben durch

$$BRDF(\theta_\mathrm{i}, \varphi_\mathrm{i}, \theta_\mathrm{e}, \varphi_\mathrm{e}) := \frac{\rho(\theta_\mathrm{i}, \varphi_\mathrm{i}, \theta_\mathrm{e}, \varphi_\mathrm{e})}{\mathrm{d}\Omega_\mathrm{e} \cos\theta_\mathrm{e}} = \frac{\mathrm{d}L_\mathrm{e}(\theta_\mathrm{e}, \varphi_\mathrm{e})}{\mathrm{d}E_\mathrm{i}(\theta_\mathrm{i}, \varphi_\mathrm{i})} \,. \tag{4.24}$$

Die BRDF beschreibt also die Reflektanz der Oberfläche in Abhängigkeit der Richtungen des einfallenden und des abgestrahlten Lichts. ◇

Die Intensität in der Bildebene einer optischen Abbildung ist proportional zu L_e (siehe Abschn. 4.4). Sind die BRDF des abgebildeten Objekts, die Beobachtungsrichtung und die Beleuchtungsparameter bekannt, dann lässt sich die Intensität berechnen aus

$$\mathrm{d}L_\mathrm{e}(\theta_\mathrm{e}, \varphi_\mathrm{e}) = BRDF(\theta_\mathrm{i}, \varphi_\mathrm{i}, \theta_\mathrm{e}, \varphi_\mathrm{e})\, \mathrm{d}E_\mathrm{i}(\theta_\mathrm{i}, \varphi_\mathrm{i}) \,, \tag{4.25}$$

indem über alle Richtungen $(\theta_\mathrm{i}, \varphi_\mathrm{i})$ des eingestrahlten Lichts und über alle Abstrahlrichtungen $(\theta_\mathrm{e}, \varphi_\mathrm{e})$, die zum Bildsensor führen, integriert wird. Fasst man die BRDF einer Oberfläche als Funktion des Orts (x, y) und der Wellenlänge λ des Lichts auf (Abb. 4.6), so ergibt sich zusammen mit dem Relief $z(x, y)$ eine umfassende Beschreibung der Oberfläche eines opaken Objekts o, die für viele Fälle der automatischen Sichtprüfung ausreicht:

$$o := \begin{pmatrix} BRDF(x_\mathrm{w}, y_\mathrm{w}, \theta_\mathrm{i}, \varphi_\mathrm{i}, \theta_\mathrm{e}, \varphi_\mathrm{e}, \lambda) \\ z(x_\mathrm{w}, y_\mathrm{w}) \end{pmatrix} , \tag{4.26}$$

$$\mathrm{d}L_\mathrm{e}(x_\mathrm{w}, y_\mathrm{w}, \theta_\mathrm{e}, \varphi_\mathrm{e}, \lambda) = BRDF(x_\mathrm{w}, y_\mathrm{w}, \theta_\mathrm{i}, \varphi_\mathrm{i}, \theta_\mathrm{e}, \varphi_\mathrm{e}, \lambda)\, \mathrm{d}E_\mathrm{i}(x_\mathrm{w}, y_\mathrm{w}, \theta_\mathrm{i}, \varphi_\mathrm{i}, \lambda) \,. \tag{4.27}$$

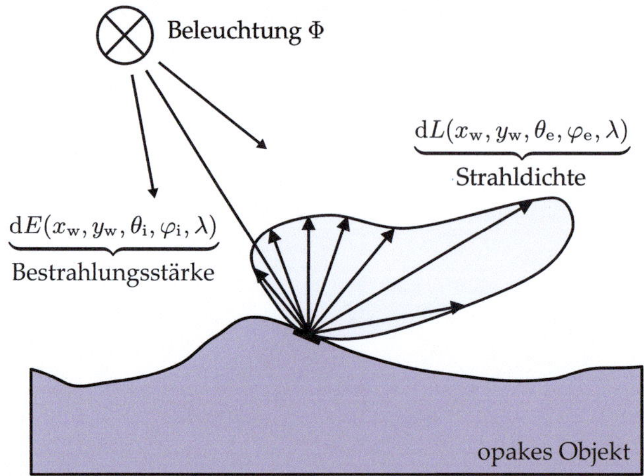

Abbildung 4.6. Die Strahldichte, die von einer opaken Oberfläche ausgeht, lässt sich bei bekannter Bestrahlungsstärke nach (4.27) mit Hilfe der BRDF berechnen.

Das **Helmholtz'sche Reziprozitätsprinzip** besagt, dass die BRDF symmetrisch bezüglich einer Vertauschung von Einstrahl- und Reflexionsrichtung ist:

$$BRDF(\theta_\mathrm{i}, \varphi_\mathrm{i}, \theta_\mathrm{e}, \varphi_\mathrm{e}) = BRDF(\theta_\mathrm{e}, \varphi_\mathrm{e}, \theta_\mathrm{i}, \varphi_\mathrm{i}) \,. \tag{4.28}$$

Wie stets bei elektromagnetischen Wellen lässt sich also auch hier die Ausbreitungsrichtung umkehren.

Die vollständige Messung oder Modellierung der vierdimensionalen BRDF ist häufig nicht praktikabel. Für viele Anwendungen genügen vielmehr einfache Spezialfälle und ihre Linearkombinationen. Im Folgenden werden zwei wichtige Spezialfälle vorgestellt [5].

Das **Lambert'sche Reflektanzmodell** beschreibt eine perfekt streuende Oberfläche: Das einfallende Licht wird gleichverteilt in alle Richtungen eines Halbraums abgestrahlt, unabhängig von der Einfallsrichtung. Man erhält eine BRDF der Form

$$BRDF(\theta_\mathrm{i}, \varphi_\mathrm{i}, \theta_\mathrm{e}, \varphi_\mathrm{e}) = \frac{R}{\pi} \,, \qquad R \in [0, 1] \,. \tag{4.29}$$

Die Materialkonstante R heißt **Albedo** und beschreibt das Verhältnis von gestreuter zu einfallender Strahlung. Der Anteil $1 - R$ des einfallenden Lichtstroms wird absorbiert. Eine vollständige Streuung erhält man für $R = 1$, eine vollständige Absorption für $R = 0$.

Im Fall der perfekt **spiegelnden Reflektanz** ergibt sich folgende BRDF:

$$BRDF(\theta_\mathrm{i}, \varphi_\mathrm{i}, \theta_\mathrm{e}, \varphi_\mathrm{e}) = \delta\!\left(\mathbf{n} - \frac{\mathbf{e} - \mathbf{i}}{\|\mathbf{e} - \mathbf{i}\|}\right) , \quad \|\mathbf{n}\| = \|\mathbf{e}\| = \|\mathbf{i}\| = 1 \,, \tag{4.30}$$

wobei der Einheitsvektor $\mathbf{n}$ die Oberflächennormale, $\mathbf{e}$ die Richtung des emittierten Lichts und $\mathbf{i}$ die Richtung des einfallenden Lichts beschreibt. Einfallendes Licht wird in genau eine Richtung reflektiert, die sich in der Einfallsebene durch die Achsenspiegelung der Einfallsrichtung an der Oberflächennormalen ergibt (siehe Abb. 4.7). Gleichung (4.30) kann durch Einsetzen in das vektorielle Reflexionsgesetz (2.203) verifiziert werden.

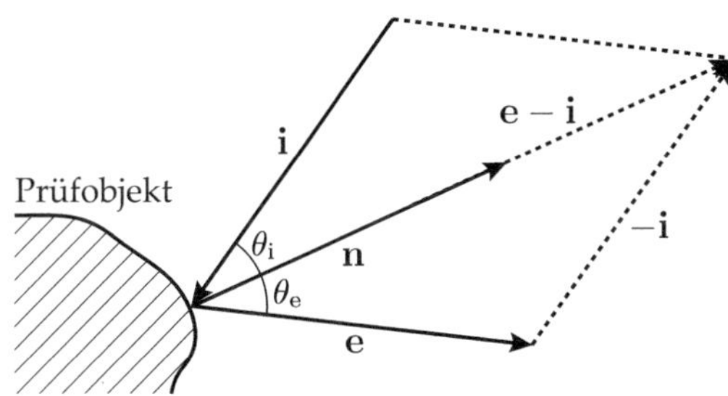

Abbildung 4.7. Zusammenhang zwischen Oberflächennormale $\mathbf{n}$, Einfallsrichtung $\mathbf{i}$ und Ausfallsrichtung $\mathbf{e}$ bei perfekt spiegelnder Reflexion.

Mit dem Konzept der BRDF werden nun nochmals die Betrachtungen von Abschn. 4.2 aufgegriffen. Gleichung (4.20) lässt sich am Ort $\mathbf{x}_\mathrm{w}$ formulieren als:

$$\begin{aligned} L(\mathbf{x}_\mathrm{w}, \theta_\mathrm{e}, \varphi_\mathrm{e}) &= L_\mathrm{aktiv}(\mathbf{x}_\mathrm{w}, \theta_\mathrm{e}, \varphi_\mathrm{e}) \\ &\quad + \int\limits_{\Omega^+(\mathbf{x}_\mathrm{w})} BRDF(\mathbf{x}_\mathrm{w}, \theta_\mathrm{i}, \varphi_\mathrm{i}, \theta_\mathrm{e}, \varphi_\mathrm{e})\, L(\mathbf{x}_\mathrm{w}, \theta_\mathrm{i}, \varphi_\mathrm{i}) \cos\theta_\mathrm{i}\, \mathrm{d}\Omega_\mathrm{i} \end{aligned} \tag{4.31}$$

wobei $\Omega^+(\mathbf{x}_\mathrm{w})$ die obere Hemisphäre am Ort $\mathbf{x}_\mathrm{w}$, orientiert am dortigen Normalenvektor, bedeutet. Die Einschränkung auf die obere Hemisphäre impliziert hierbei ein opakes Objekt.

Gleichung (4.31) legt nochmals den rekursiven Charakter der Lichtausbreitung durch Mehrfachreflexionen an den Objektoberflächen offen. Die sperrige Formulierung von (4.31) lässt sich kompaktieren, wenn man einen integralen Lichttransportoperator $\mathcal{T}$ einführt [6]:

$$\mathcal{T}L = \mathcal{T}\{L\}(\mathbf{x}_\mathrm{w}, \theta_\mathrm{e}, \varphi_\mathrm{e}) := \int\limits_{\Omega^+(\mathbf{x}_\mathrm{w})} BRDF(\mathbf{x}_\mathrm{w}, \theta_\mathrm{i}, \varphi_\mathrm{i}, \theta_\mathrm{e}, \varphi_\mathrm{e})\, L(\mathbf{x}_\mathrm{w}, \theta_\mathrm{i}, \varphi_\mathrm{i}) \cos\theta_\mathrm{i}\, \mathrm{d}\Omega_\mathrm{i}$$

Damit lässt sich (4.31) verkürzt schreiben als

$$L = L_\mathrm{aktiv} + \mathcal{T}L\,. \tag{4.32}$$

Durch rekursives Einsetzen dieser Gleichung für L auf der rechten Seite der Gleichung erhält man die unendliche Reihe [6]:

$$L = \sum_{k=0}^{\infty} \mathcal{T}^k L_\mathrm{aktiv}\,. \tag{4.33}$$

Man sieht daran unmittelbar, dass die Strahldichte L am Ort $\mathbf{x}_\mathrm{w}$ durch Licht entsteht, welches dort ggf. aktiv emittiert wird ($k = 0$), Licht von den aktiven Lichtquellen, das dort zum ersten Mal reflektiert wird ($k = 1$), Licht, das dort zum zweiten Mal reflektiert wird ($k = 2$) usw.

4.3.1 BRDF und Streulicht

Nach (4.27) ist der Zusammenhang zwischen der einfallenden Bestrahlungsstärke $E_\mathrm{i}(\mathbf{x}_\mathrm{w}, \theta_\mathrm{i}, \varphi_\mathrm{i}, \lambda)$ und der emittierten Strahldichte $L_\mathrm{e}(\mathbf{x}_\mathrm{w}, \theta_\mathrm{e}, \varphi_\mathrm{e}, \lambda)$ durch die bidirektionale Reflektanzverteilungsfunktion $BRDF(\mathbf{x}_\mathrm{w}, \theta_\mathrm{i}, \varphi_\mathrm{i}, \theta_\mathrm{e}, \varphi_\mathrm{e}, \lambda)$ gegeben. Die BRDF hängt von verschiedenen physikalischen Eigenschaften des Objekts ab:

1. **Materialeigenschaften** beschrieben durch den komplexen Brechungsindex $\underline{n}(\mathbf{x}_\mathrm{w}, \lambda)$, woraus eine wellenlängenabhängige Reflexion resultiert (vgl. Abschn. 2.6.6.1).
2. **Streuung** des Lichts an mikroskopischen inneren Strukturen des Materials, die kleiner sind als die Auflösung des Sensors, z. B. Trübungen oder Pigmentkörner.
3. **Rauheit** der Oberfläche, d. h. die nicht aufgelöste Feinstruktur des Oberflächenreliefs.

Die BRDF ist sowohl material- als auch reliefabhängig. Letztendlich hängt es von der örtlichen Auflösung der Beleuchtung in Relation zur Oberflächenrauheit ab, welchen Einfluss die Feinstruktur der Oberfläche auf die BRDF hat. Da die BRDF phänomenologisch zwischen eingestrahlter Bestrahlungsstärke E_i und reflektierter Strahldichte L_e vermittelt, gilt Analoges für den Einfluss der Rauheit auf den Intensitätswert, den ein Sensor bei einer optischen Abbildung der Oberfläche aufnimmt.

Bei der messtechnischen Bestimmung der BRDF an einem Ort der Oberfläche spielt die Größe des aus der Richtung $(\theta_\mathrm{i}, \varphi_\mathrm{i})$ eingestrahlten Beleuchtungsstrahlenbündels eine wesentliche Rolle. Das beobachtete Reflexions- und Streuphänomen entsteht über den resultierenden Beleuchtungsfleck örtlich gemittelt. Eine empirisch ermittelbare BRDF ist daher stets unter Berücksichtigung der Messauflösung zu verstehen.

Dual zu diesen Überlegungen werde nun die Oberfläche aus Richtung $(\theta_\mathrm{i}, \varphi_\mathrm{i})$ homogen beleuchtet, und das entstehende Streulicht werde in Richtung $(\theta_\mathrm{e}, \varphi_\mathrm{e})$ auf ein Sensorelement endlicher Größe abgebildet. Auch hier erfolgt eine örtliche Mittelung, nun aber über das Bild des Sensorelements auf der Oberfläche. Beide Überlegungen zeigen, dass die BRDF in der praktischen Anwendung immer in Relation zur örtlichen Auflösung und zur Winkelauflösung zu verstehen ist.

Diese Zusammenhänge werden nun anhand von Abb. 4.8 veranschaulicht. Sei d_L der Durchmesser des Beleuchtungsflecks auf der Oberfläche. Eine mög-

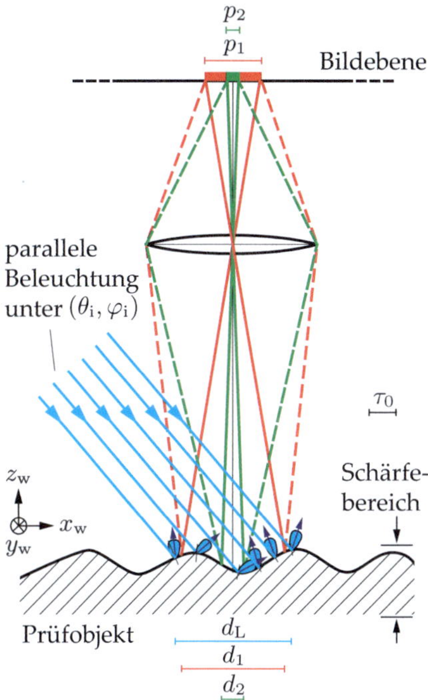

Abbildung 4.8. Zusammenhang zwischen Rauheit und Streueigenschaften einer Oberfläche.

liche Charakterisierung der Oberflächenrauheit ist die Länge τ_0, innerhalb derer die Oberfläche linear approximiert werden kann, sodass die mittlere Abweichung von einer Ebene unterhalb einer festgelegten Schranke liegt. Der Durchmesser eines lichtempfindlichen Elements (z. B. eines Kamerapixels) in der Bildebene wird mit p_1 bzw. p_2 bezeichnet, wobei $p_1 < p_2$. Seien dann d_1 und d_2 die Durchmesser der Bilder dieser lichtempfindlichen Elemente nach einer optischen Abbildung auf die Oberfläche. Es gelte $d_1, d_2, d_L, \tau_0 \gg \lambda$, sodass eine strahlenoptische Betrachtung zulässig ist.

Unter diesen Voraussetzungen kann der Beobachtungsvorgang qualitativ wie folgt beschrieben werden:

1. Streuung des eingestrahlten Lichts an der Objektoberfläche:
   Im Fall $d_L > \tau_0$ wird parallel eingestrahltes Licht sowohl aufgrund der Materialeigenschaften (hellblaue Streukeulen in Abb. 4.8) als auch durch die mikroskopische Variation der Oberflächenneigung (blaue Pfeile) innerhalb des Beleuchtungsflecks gestreut. Beide Effekte tragen zur Lichtstreuung und mithin zur BRDF bei.

2. Bildaufnahme mit einer Kamera:
Die gemessene Intensität g an einem Pixel des Bildsensors ist proportional zu

$$g \propto \int_{A_{\text{Pixel}}} \int_{\Omega_{\text{Linse}}} L(\mathbf{x}_{\text{w}}, \theta_{\text{e}}, \varphi_{\text{e}}) \, \mathrm{d}\Omega(\mathbf{x}_{\text{w}}, \theta_{\text{e}}, \varphi_{\text{e}}) \cos\alpha(\mathbf{x}_{\text{w}}) \, \mathrm{d}A(\mathbf{x}_{\text{w}}) \,, \tag{4.34}$$

wobei die Integration über die Fläche A_{Pixel} des lichtempfindlichen Elements und den Raumwinkel Ω_{Linse} der Linse erfolgt und $\alpha(\mathbf{x}_{\text{w}})$ den Winkel zwischen der Normalen des Oberflächenelements $\mathrm{d}A$ und der Beobachtungsrichtung bezeichnet.

   a) Das Bild des Sensorelements auf der Oberfläche mittelt über die Rauheit: $d_1 > \tau_0$ (roter Strahlengang in Abb. 4.8)
   In diesem Fall geht die Feinstruktur des Oberflächenreliefs gemittelt über das objektseitige Sensorbild in den Intensitätswert ein. Die Feinstruktur der Oberfläche wirkt streuend.

   b) Das objektseitige Bild des Sensorelements ist in derselben Größenordnung oder kleiner als die räumlichen Strukturen des Oberflächenreliefs: $d_2 \lesssim \tau_0$ (grüner Strahlengang)
   Die Feinstruktur des Oberflächenreliefs wird aufgelöst und wirkt nicht streuend.

Bereits diese geometrisch-optischen Überlegungen zeigen, dass die BRDF weder allein auf Materialeigenschaften noch auf das Oberflächenrelief zurückgeführt werden kann und somit im Grenzgebiet der optischen Eigenschaften und der räumlichen Gestalt des Objekts angesiedelt ist. Die Messung des Streulichts erlaubt daher Rückschlüsse sowohl auf die optischen Eigenschaften als auch auf die Rauheit eines Prüfobjekts (siehe Abschn. 7.2.5).

Beispiel 4.1 (Automatisiertes Messsystem zur Erfassung der BRDF): Da die BRDF in ihrer einfachsten Form schon vier Argumente besitzt, ist ihre hochaufgelöste Vermessung sehr aufwendig. Außerdem hat die BRDF insbesondere bei spiegelnden und teilspiegelnden Oberflächen eine hohe Dynamik, was empfindliche Sensoren und eine stark lichtschluckende Laborumgebung erfordert. Die Abbildungen 4.9 und 4.10 zeigen ein System zur automatischen BRDF-Messung und damit gewonnene Messungen. ■

Abbildung 4.9. Automatisiertes BRDF-Messsystem am Fraunhofer IOSB. Zur vollautomatischen Erfassung der BRDF wird eine Lichtquelle (rechts) mit der Einstrahlrichtung $(\theta_\mathrm{i}, \varphi_\mathrm{i})$ positioniert. In der Mitte befindet sich das Prüfobjekt auf einem Drehteller, mit dem das Azimut φ_i variiert wird. Mit dem Roboterarm links wird der Sensor bezüglich der Beobachtungsrichtung $(\theta_\mathrm{e}, \varphi_\mathrm{e})$ frei positioniert.

4.4 Bildwertentstehung bei der optischen Abbildung mit einer dünnen Linse

In diesem Abschnitt soll das Zustandekommen eines Bildwerts in einer Kamera bei einer scharfen optischen Abbildung als Funktion radiometrischer Größen modelliert werden [4,11]. Sei hier ein Bildsensor angenommen, der die Energie misst, die einfallende Photonen auf der Pixelfläche abgeben, radiometrisch ausgedrückt also die Bestrahlungsstärke integriert über die Belichtungszeit. Die hergeleiteten Zusammenhänge gelten sowohl für Grauwerte als auch für Farbwerte.

Sei $\mathrm{d}\Omega$ ein Raumwinkelelement des Strahlenbündels bezogen auf den Linsenmittelpunkt. Nach (4.2) besteht folgender Zusammenhang zu den Flächenelementen $\mathrm{d}A_\mathrm{G}$ auf dem abgebildeten Objekt und $\mathrm{d}A_\mathrm{B}$ auf der Bildebene:

$$\mathrm{d}\Omega = \frac{\mathrm{d}A_\mathrm{G}\cos\beta}{\left(\frac{g}{\cos\alpha}\right)^2} = \frac{\mathrm{d}A_\mathrm{B}\cos\alpha}{\left(\frac{b}{\cos\alpha}\right)^2} \tag{4.35}$$

mit

$$\cos\alpha = \frac{b}{r_\mathrm{B}} = \frac{g}{r_\mathrm{G}}\,. \tag{4.36}$$

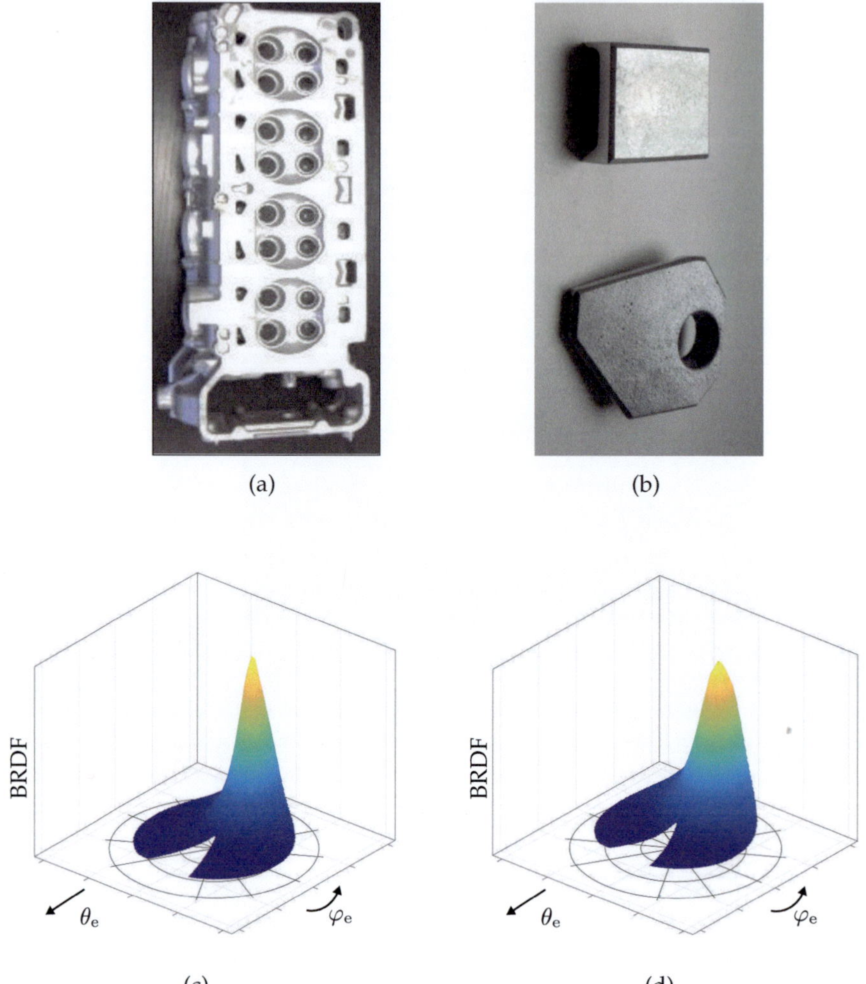

Abbildung 4.10. Messung der BRDF eines Zylinderkopfes: (a) Gegossener Zylinderkopf aus Aluminium. Ein Teil der Oberflächen wird durch eine stählerne Kokille, der andere Teil durch Sandkerne geformt. (b) Zwei herauspräparierte Flächenstücke für die BRDF-Messung; oben kokillengeformt, unten sandkerngeformt. (c) BRDF-Ausschnitt als Funktion von (θ_e, φ_e) für $\theta_i = 50°$, $\varphi_i = 0°$ für die kokillengeformte Oberfläche. (d) BRDF-Ausschnitt als Funktion von (θ_e, φ_e) für $\theta_i = 50°, \varphi_i = 0°$ für die sandkerngeformte Oberfläche. Im Vergleich zu (c) ist die Streukeule breiter.

Dabei bezeichnet α den Winkel des Hauptstrahls zur optischen Achse, β den Winkel des objektseitigen Flächenelements zum Hauptstrahl, r_B, r_G die Länge der bild- und objektseitigen Sichtstrahlen zum Linsenmittelpunkt und b, g wie üblich Bild- und Gegenstandsweite (siehe Abb. 4.11). Umformen der Gleichung und

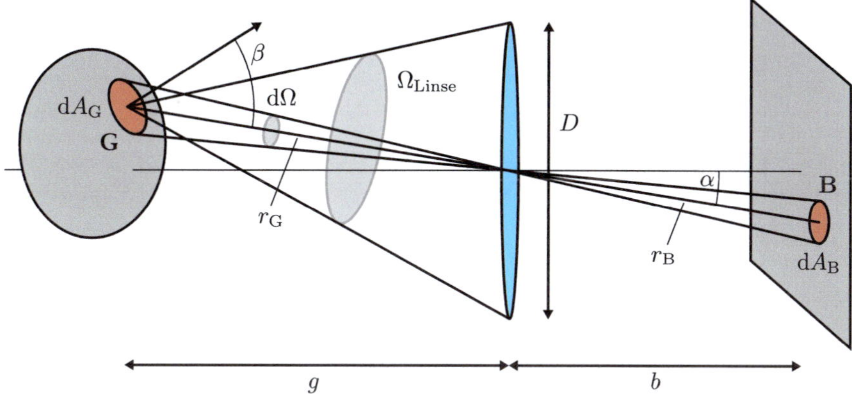

Abbildung 4.11. Zur Berechnung der Bestrahlungsstärke in der Bildebene einer dünnen Linse.

Kürzen von $\cos^2\alpha$ liefert

$$\frac{\mathrm{d}A_\mathrm{G}}{\mathrm{d}A_\mathrm{B}} = \frac{\cos\alpha}{\cos\beta}\left(\frac{g}{b}\right)^2 . \tag{4.37}$$

Aus der Sicht des Gegenstandspunkts **G** hat eine kreisförmige Linse mit einer Fläche von A_Linse und einem Durchmesser von D den Raumwinkel

$$\Omega_\mathrm{Linse} \approx \frac{A_\mathrm{Linse}\cos\alpha}{r_\mathrm{G}^2} = \frac{D^2\pi}{4}\frac{\cos\alpha}{\left(\frac{g}{\cos\alpha}\right)^2} = \frac{\pi}{4}\left(\frac{D}{g}\right)^2\cos^3\alpha\,, \tag{4.38}$$

sofern $r_\mathrm{G} \gg D$ ist. Sei L_G die Strahldichte der Objektoberfläche, die bezüglich der Abstrahlrichtungen zur Linse als konstant angenommen wird. Dann erhält man aus (4.7) für den Strahlungsfluss $\mathrm{d}\Phi$ vom Flächenelement $\mathrm{d}A_\mathrm{G}$ durch die Linse:

$$\mathrm{d}\Phi = L_\mathrm{G}\,\Omega_\mathrm{Linse}\,\mathrm{d}A_\mathrm{G}\cos\beta = \frac{\pi}{4}\left(\frac{D}{g}\right)^2\cos^3\alpha\,\cos\beta\,L_\mathrm{G}\,\mathrm{d}A_\mathrm{G}\,. \tag{4.39}$$

Die Bestrahlungsstärke am Flächenelement $\mathrm{d}A_\mathrm{B}$ auf der Bildebene beträgt:

$$E_\mathrm{B} = \frac{\mathrm{d}\Phi}{\mathrm{d}A_\mathrm{B}} = \frac{\pi}{4}\left(\frac{D}{g}\right)^2\cos^3\alpha\,\cos\beta\,L_\mathrm{G}\,\frac{\mathrm{d}A_\mathrm{G}}{\mathrm{d}A_\mathrm{B}}\,. \tag{4.40}$$

Einsetzen von (4.37) liefert den gesuchten Zusammenhang:

Satz 4.2: $\cos^4$-Gesetz

Für die optische Abbildung mit einer dünnen Linse vom Durchmesser D, der Bildweite b und dem Winkel α zwischen Hauptstrahl und optischer Achse gilt:

$$E_\mathrm{B} = \frac{\pi}{4}\left(\frac{D}{b}\right)^2\cos^4\alpha\,L_\mathrm{G}\,. \tag{4.41}$$

Die Bestrahlungsstärke E_B auf dem Bildsensor ist also proportional zur Strahldichte L_G der Objektoberfläche. Diese Gleichung ist unter der Bezeichnung $\cos^4$-Gesetz bekannt. ◇

Das $\cos^4$-Gesetz (4.41) lässt sich wie folgt interpretieren:

- Der Bildwert ist proportional zur Strahldichte L_G der Objektoberfläche.
- Der Bildwert bei scharfer Abbildung ist unabhängig von der Gegenstandsweite g.
- Der Bildwert wächst mit dem Quadrat des Linsendurchmessers D, ist also proportional zur Fläche der Linse (bzw. allgemeiner der Apertur).
- Der Bildwert fällt zum Bildrand hin ab (E_B fällt für steigendes α).
- Bei mehrlinsigen Objektiven wird dieser Effekt i. d. R. von der Vignettierung dominiert (Abschn. 3.4.3).

Bei Fernaufnahmen gilt $b \approx f$ und mithin

$$E_\mathrm{B} \approx \frac{\pi}{4} \cos^4 \alpha \, \frac{L_\mathrm{G}}{O^2} \,, \tag{4.42}$$

wobei $O := \frac{f}{D}$ die in Abschn. 3.4.4 eingeführte Blendenzahl bezeichnet. Der Bildwert und damit die Helligkeit der Aufnahme fällt erwartungsgemäß reziprok mit dem Quadrat der Blendenzahl. Bei konstanter Blendenöffnung D fällt die Bildhelligkeit reziprok mit dem Quadrat der Brennweite f.

4.5 Literatur

[1] Edward H. Adelson und John Y. A. Wang. Single Lens Stereo with a Plenoptic Camera. *IEEE Transactions on Pattern Analysis and Machine Intelligence*, 14(2):99–106, Februar 1992.

[2] Helmut Budzier und Gerald Gerlach. *Thermische Infrarotsensoren: Grundlagen für Anwender*. Wiley-VCH, Weinheim, 2010.

[3] Rainer Dohlus. *Photonik: Physikalisch-technische Grundlagen der Lichtquellen, der Optik und des Lasers*. Oldenbourg, München, 2010.

[4] Marc Ebner. *Color constancy*. Wiley, Chichester, 2007.

[5] Ramesh Jain, Rangachar Kasturi und Brian Schunck. *Machine vision*. McGraw-Hill, New York, 1995.

[6] James T. Kajiya. The rendering equation. In *Siggraph Computer Graphics*, Bd. 20, Seiten 143–150. ACM, 1986.

[7] Herman Keitz. *Lichtberechnungen und Lichtmessungen: Einführung in das System der lichttechnischen Größen und Einheiten und in die Photometrie*. Philips, Eindhoven, 2. Auflage, 1967.

[8] Fred E. Nicodemus, Joseph C. Richmond, Jack J. Hsia, Irving W. Ginsberg und Thomas Limperis. *Geometrical Considerations and Nomenclature for Reflectance*. U.S. Department of Commerce, U.S. Government Printing Office, Washington, DC, 1977.

[9] Otto Reeb. *Grundlagen der Photometrie*. Braun, Karlsruhe, 1962.

[10] Michael Reisch. *Halbleiter-Bauelemente*. Springer, Berlin, 2005.

[11] Emanuele Trucco und Alessandro Verri. *Introductory Techniques for 3-D Computer Vision*. Prentice Hall, Upper Saddle River, NJ, 1998.

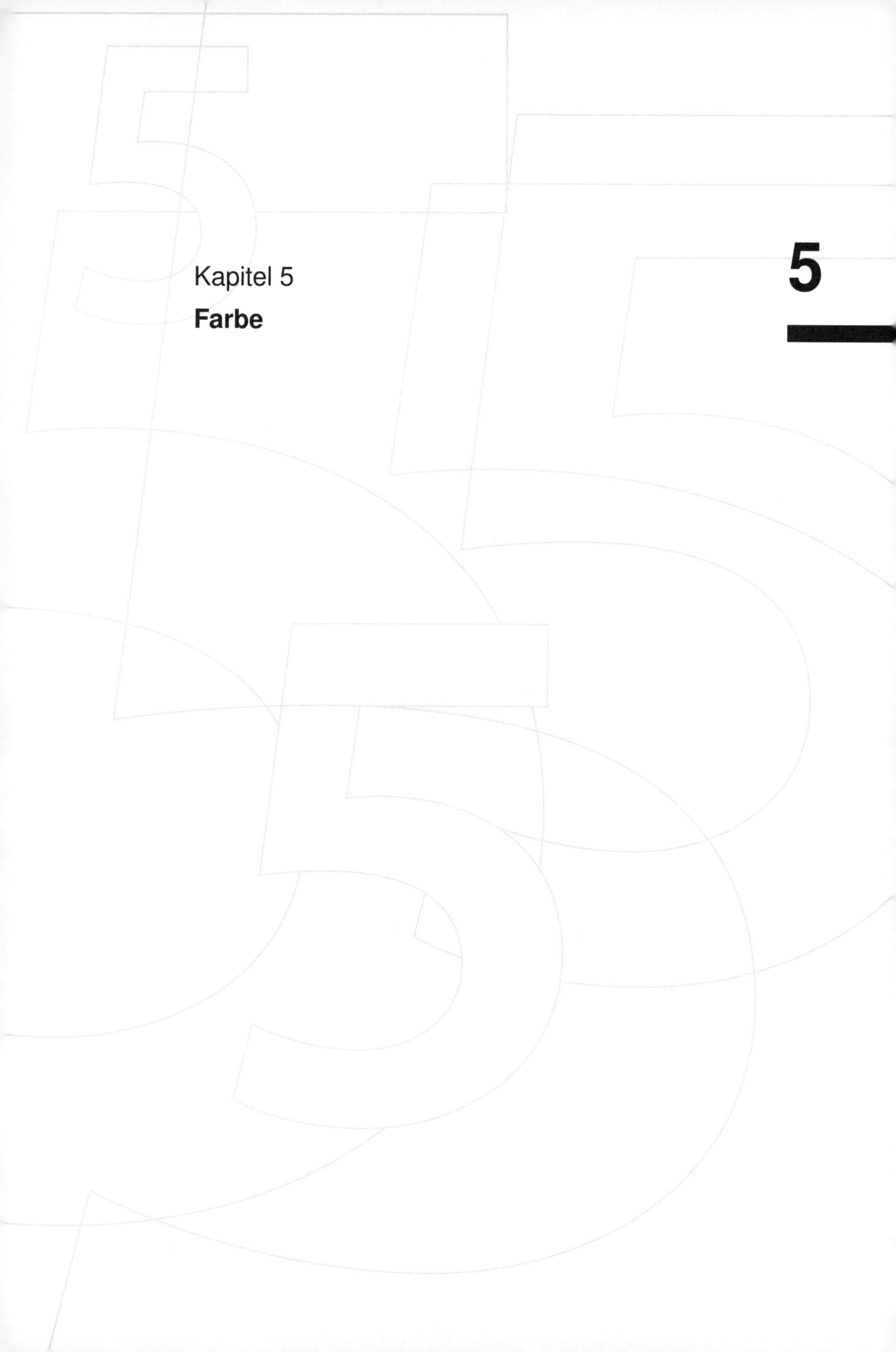

Kapitel 5
Farbe

5

5 Farbe

5 Farbe

5.1 Photometrie

In der **Photometrie** und in der **Lichttechnik** beziehen sich alle Größen auf das Helligkeitsempfinden des menschlichen Auges. Die Empfindlichkeit des menschlichen Auges lässt sich durch eine Funktion $V(\lambda)$ der Wellenlänge beschreiben. Diese **Hellempfindlichkeitsfunktion** ist nicht unter allen Umgebungsbedingungen gleich, sondern unterscheidet sich beispielsweise für Nacht- und Tagessehen (Abb. 5.1). Zur Definition des photometrischen Basissystems dient die Hellempfindlichkeitsfunktion des helladaptierten Auges. Sie wird auf einen Maximalwert von 1 normiert. Die Hellempfindlichkeitsfunktion kann mit einer psychophysischen Methode empirisch gemessen werden, ähnlich wie in Abschn. 5.2.3 für die Normfarbwerte beschrieben. Zu beachten ist jedoch, dass die menschliche Hellempfindlichkeit keine metrische Größe darstellt: Differenzen und Verhältnisse von Helligkeiten können von der menschlichen Wahrnehmung nicht quantifiziert werden. Entsprechende Aussagen über photometrische Größen spiegeln daher nicht mehr die menschliche Hellempfindlichkeit wider [38].

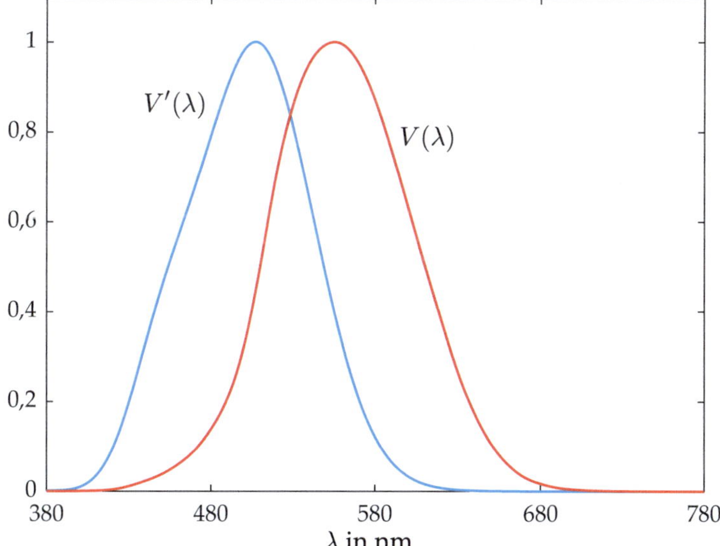

Abbildung 5.1. Hellempfindlichkeit des Auges (nach [48]). $V(\lambda)$: photopischer Bereich (Tagessehen, helladaptiertes Auge), $V'(\lambda)$: skotopischer Bereich (Nachtsehen, dunkeladaptiertes Auge).

J. Beyerer et al., *Automatische Sichtprüfung*,
https://doi.org/10.1007/978-3-662-69951-5_5

Im Folgenden wird der allgemeine Zusammenhang zwischen radiometrischen und photometrischen Größen erläutert. Sei X eine radiometrische Größe und $X_\lambda(\lambda)$ ihre spektrale Dichte, sodass die Integration über den gesamten Wellenlängenbereich die Größe X liefert (vgl. Abschn. 4.1):

$$X = \int_0^\infty X_\lambda(\beta)\,\mathrm{d}\beta\,, \qquad \forall\lambda \;\; X_\lambda(\lambda) \geq 0\,. \tag{5.1}$$

Dann ist die entsprechende photometrische (lichttechnische) Größe X_l definiert durch

$$X_\mathrm{l} = K_\mathrm{m} \int_{\lambda_1}^{\lambda_2} X_\lambda(\beta)\, V(\beta)\,\mathrm{d}\beta\,. \tag{5.2}$$

Darin ist K_m eine Konstante, die das photometrische und das radiometrische Maß- und Einheitensystem verknüpft. Für das photometrische Basissystem ist $K_\mathrm{m} = 683\,\frac{\mathrm{lm}}{\mathrm{W}}$, $\lambda_1 = 380\,\mathrm{nm}$ und $\lambda_2 = 780\,\mathrm{nm}$.

Die Hellempfindlichkeit des menschlichen Auges nimmt an den Rändern des sichtbaren Spektrums stark ab, sodass die Grenzen des sichtbaren Bereichs nicht eindeutig festgestellt werden können. Eine Hellempfindlichkeit ist im Bereich von $360\,\mathrm{nm}$ bis $830\,\mathrm{nm}$ nachweisbar [48]. Außerhalb des Bereichs von etwa $410\,\mathrm{nm}$ bis $720\,\mathrm{nm}$ ist die Empfindlichkeit des menschlichen Auges allerdings sehr gering [25].

Beispiel 5.1 (Lichtstrom eines schwarzen Strahlers): Gegeben sei ein schwarzer Strahler aus Abschn. 2.7.1.1 mit der Temperatur $T = 2\,500\,\mathrm{K}$ und der Fläche $A = 1\,\mathrm{mm}^2$. Mittels (4.8) und (4.3) erhält man aus dem Planck'schen Strahlungsgesetz (2.258) den spektralen Strahlungsfluss $\Phi_\lambda(\lambda)$ des schwarzen Strahlers:

$$\Phi_\lambda(\lambda) = \int_A \int_{\Omega_\mathrm{Halbraum}} L_\lambda(\lambda)\cos\theta\,\mathrm{d}\Omega\,\mathrm{d}A \tag{5.3}$$

$$= A \int_0^{2\pi} \int_0^{\frac{\pi}{2}} L_\lambda(\lambda)\cos\theta\sin\theta\,\mathrm{d}\theta\,\mathrm{d}\varphi \tag{5.4}$$

$$= A\,\pi\,L_\lambda(\lambda)\,. \tag{5.5}$$

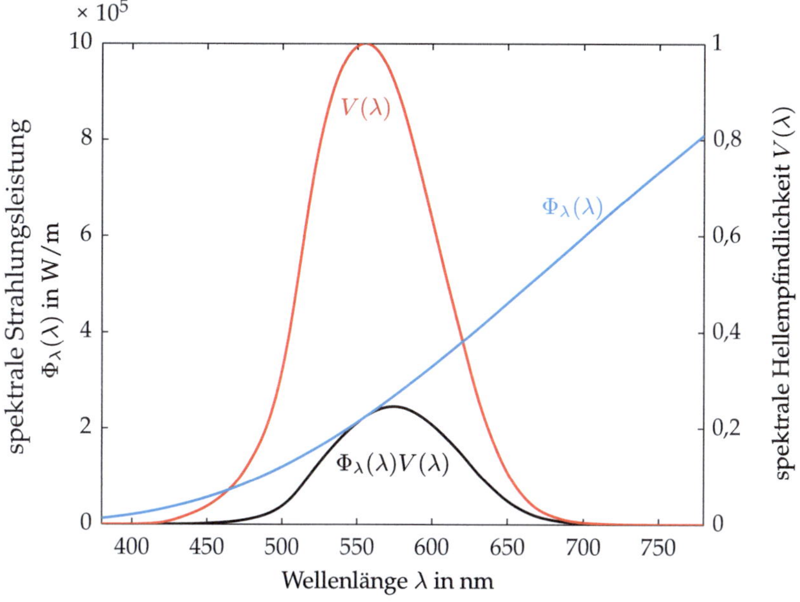

Abbildung 5.2. Zur Berechnung des Lichtstroms eines schwarzen Strahlers (nach [29]).

Gemäß (5.2) kann man daraus den Lichtstrom Φ_l durch Integration des Produkts $\Phi_\lambda(\lambda)\,V(\lambda)$ berechnen:

$$\Phi_l = 683\ \mathrm{lm/W} \int_{380\ \mathrm{nm}}^{780\ \mathrm{nm}} \Phi_\lambda(\lambda)\,V(\lambda)\,\mathrm{d}\lambda \approx 17{,}7\ \mathrm{lm}\,. \qquad (5.6)$$

In Abb. 5.2 wird diese Berechnung graphisch veranschaulicht. ■

5.2 Farbwahrnehmung und Farbräume

Farbe ist ein Sinneseindruck, der im menschlichen Gehirn infolge der vom Auge wahrgenommenen elektromagnetischen Strahlung entsteht [47]. Die empfundene Farbe ist abhängig vom Spektrum des beobachteten Lichts, also von der Intensitätsverteilung über der Wellenlänge. Außerdem wird die Farbwahrnehmung von weiteren Umgebungsbedingungen beeinflusst, z. B. von benachbarten oder vorangegangenen Farbeindrücken (vgl. Kap. 1).

Farbe ist keine Eigenschaft und kein Zustand eines Objekts oder Materials, denn dasselbe Objekt kann je nach Umgebungsbedingungen unterschiedliche Farbempfindungen hervorrufen. Wichtigster Einflussfaktor ist dabei das Spektrum der Beleuchtung. Die Farbwahrnehmung entsteht im Wesentlichen durch das Zusammenwirken

- des Spektrums und der Richtung der Beleuchtung,
- der spektralen Reflexions-, Streu-, Absorptions- und Transmissionseigenschaften des beobachteten Objekts (vgl. Abschn. 2.6)
- und der biologischen Gegebenheiten des Beobachters.

Wegen der zentralen Rolle des menschlichen Beobachters für die Definition und Messung von Farbe wird im Folgenden zunächst auf die Farbwahrnehmung des menschlichen[1] Auges eingegangen. Anschließend werden die Grundlagen der Farbmischung behandelt. Des Weiteren werden Farbräume beschrieben, mit deren Hilfe Farben und Farbunterschiede quantifiziert werden können. Es zeigt sich dabei, dass die Farbräume dreidimensional sind und somit weniger Information enthalten als ein kontinuierliches elektromagnetisches Spektrum. Somit können verschiedene Spektren den gleichen Farbeindruck hervorrufen.

5.2.1 Farbwahrnehmung des menschlichen Auges

Das menschliche Auge ist nach dem Prinzip der Linsenkamera aufgebaut (siehe Kap. 3): Hornhaut und Linse sammeln das einfallende Licht, das anschließend

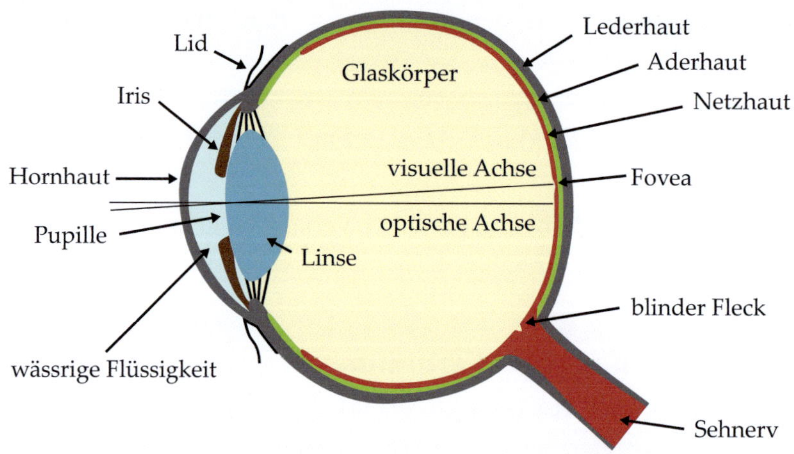

Abbildung 5.3. Skizze des menschlichen Auges (nach [30]).

[1]Bei anderen Lebewesen weicht die Farbwahrnehmung zum Teil erheblich von der des Menschen ab. Manche Tiere können das Licht nicht spektral auflösen, sondern nur die Helligkeit wahrnehmen; andere haben mehr als drei Farbrezeptortypen und können daher in bestimmten Spektralbereichen Farben differenzieren, die für Menschen nicht unterscheidbar sind. Auch der Bereich des sichtbaren Lichts ist nicht für alle Lebewesen gleich. Insbesondere können einige Tiere zusätzlich ultraviolette Strahlung wahrnehmen.

durch den transparenten Glaskörper auf die Netzhaut gelangt (Abb. 5.3). Der überwiegende Anteil der Lichtbrechung erfolgt an der Grenzfläche zwischen Luft und Hornhaut. Die Form der Linse kann durch Muskelkraft variiert werden, wodurch die Fokussierung des Auges auf unterschiedliche Entfernungen möglich wird. In der Netzhaut befinden sich fünf verschiedene Arten von lichtempfindlichen Rezeptoren:

- Stäbchen für das skotopische Sehen,
- drei Arten von Zapfen für das photopische Sehen (Farbsehen),
- Photorezeptoren für die biologische Uhr [5].

Die Stäbchen sind über die gesamte Netzhaut verteilt [16]. Sie sind sehr lichtempfindlich und ermöglichen das Sehen bei sehr geringer Lichtintensität, z. B. in der Dämmerung. Eine Farbwahrnehmung ist mit den Stäbchen nicht möglich.

Von den Zapfen gibt es drei Arten, die sich durch ihre spektrale Empfindlichkeit unterscheiden. Dadurch wird eine Farbempfindung erreicht. In der Fovea, dem Punkt des schärfsten Sehens in der Nähe der optischen Achse, befinden sich nahezu ausschließlich Zapfen. Auf der restlichen Netzhaut, die dem peripheren Sehen dient, überwiegen hingegen die Stäbchen (Abb. 5.4). Die Lichtempfindlichkeit der Zapfen ist wesentlich geringer, sodass bei geringer Beleuchtungsstärke keine Farbwahrnehmung möglich ist. Die spektrale Empfindlichkeit $V(\lambda)$ unterscheidet sich für photopisches und skotopisches Sehen erheblich. Bei skotopischem Sehen ist sie deutlich in den kurzwelligen Bereich verschoben, wie in Abb. 5.1 zu erkennen ist.

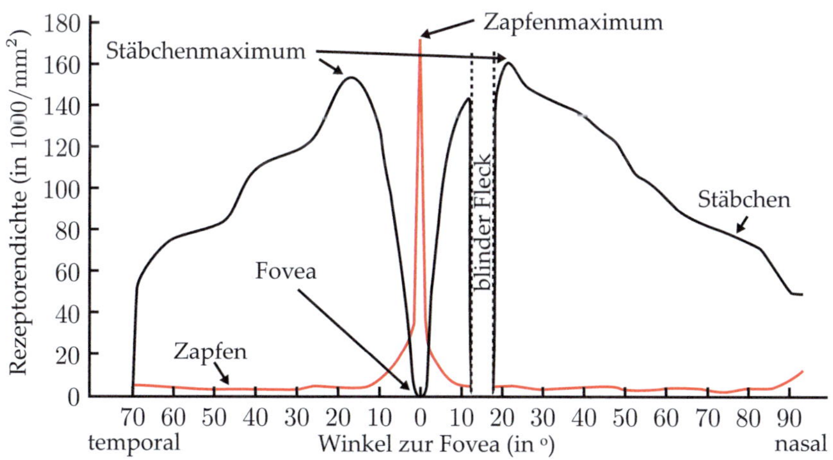

Abbildung 5.4. Örtliche Verteilung der Zapfen und Stäbchen in der Netzhaut in Abhängigkeit des Winkels zum Linsenmittelpunkt (nach [18, 30, 35]).

Abbildung 5.5 zeigt die spektrale Empfindlichkeit der drei Typen von Zapfen, normiert auf ein Maximum von 1. Die Zapfen werden nach ihrem Wellen-

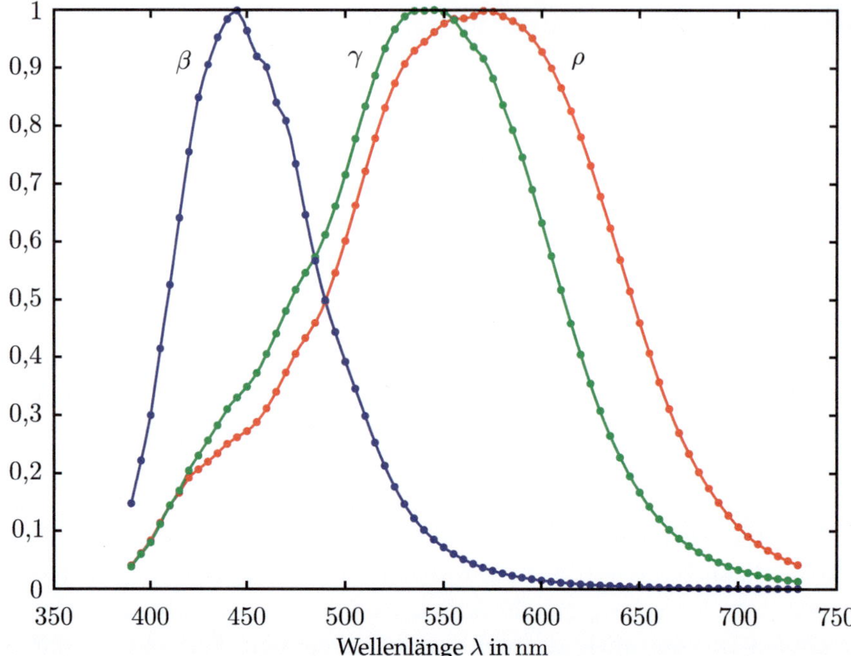

Abbildung 5.5. Spektrale Empfindlichkeit der Zapfen, jeweils normiert auf ein Maximum von 1 (nach [40]).

längenbereich als S-, M- und L-Zapfen bezeichnet (*short, medium, long wavelength*). Die S-Zapfen sind für kurzwelliges Licht im violetten und blauen Spektralbereich empfindlich, die M-Zapfen für mittlere Wellenlängen im grünen Spektrum und die L-Zapfen für langwelliges grünes, gelbes und rotes Licht. Deshalb werden die drei Typen von Zapfen auch Blau-, Grün- und Rot-Rezeptoren bzw. β-, γ-, und ρ-Zapfen genannt. Dabei ist jedoch zu beachten, dass die Rezeptoren keineswegs ausschließlich im namensgebenden Spektralbereich empfindlich sind. Die L-Zapfen reagieren sogar auf gelbes Licht wesentlich stärker als auf rotes. Die Wellenlängenbereiche von γ und ρ liegen vergleichsweise nahe beieinander. Daher kann das menschliche Auge Farben im gelben und grünen Spektrum fein auflösen [21].

Die drei Zapfentypen kommen nicht mit der gleichen Häufigkeit vor. Etwa 7 bis 10 % der Zapfen in der Fovea sind β-Rezeptoren [12, 40]. Die Anteile der beiden übrigen Zapfen variieren stark von Individuum zu Individuum. Im Mittel gibt es etwa 31 % γ-Rezeptoren und 61 % ρ-Rezeptoren [31].

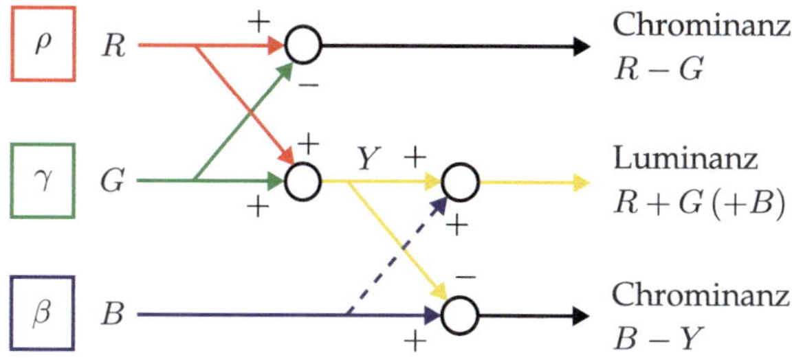

Abbildung 5.6. Physiologische Verarbeitung der Sinnesreize der Zapfen (nach [36, 40, 43]).

Aus den Sinnesreizen der drei Zapfentypen werden drei kombinierte Nervensignale[2] gebildet (Abb. 5.6). Die Summe Y der wahrgenommenen Intensitäten der γ- und ρ-Rezeptoren entspricht einer gelben Farbwahrnehmung und ist gleichzeitig für das Helligkeitsempfinden maßgeblich.[3] Die β-Rezeptoren, die wie erwähnt seltener sind, spielen für die wahrgenommene Helligkeit nur eine untergeordnete Rolle, wenngleich ihr Einfluss zumindest unter bestimmten Voraussetzungen nachweisbar ist [14, 39, 42]. Außerdem werden zwei Chrominanzkanäle gebildet, auf denen die Farbwahrnehmung beruht: die Rot-Grün-Chrominanz als Differenz $R-G$ der Signale aus den ρ- und γ-Zapfen und die Blau-Gelb-Chrominanz als Differenz $B-Y$ (blue–yellow) des β-Signals und des Y-Kanals [6, 18, 41]. Aufgrund dieser Verarbeitung kann eine Farbe nicht sowohl als bläulich und als gelblich oder sowohl als rötlich und als grünlich wahrgenommen werden, während gleitende Übergänge zwischen anderen Farben, z. B. Gelb und Grün oder Blau und Rot durchaus beobachtet werden können.

Aus der Anzahl der Zapfentypen bzw. Farbkanäle des menschlichen Sehsystems folgt, dass ein physiologischer Farbeindruck durch drei Kenngrößen eindeutig charakterisiert werden kann. Der dreidimensionale Vektor einer solchen quantitativen Beschreibung wird als **Farbvalenz** bezeichnet. Bei der visuellen Wahrnehmung wird ein **Farbreiz**, der durch das Spektrum des einfallenden Lichts bestimmt ist, in eine Farbvalenz umgewandelt. Das Spektrum lässt sich mathe-

[2] Die in diesem Absatz und in Abb. 5.6 vorgenommene Beschreibung der Farbwahrnehmung mit Hilfe technischer Begriffe wie Summe und Differenz ist nur als grob vereinfachte Modellierung der tatsächlichen physiologischen Vorgänge anzusehen. Die realen Verhältnisse sind deutlich komplexer, insbesondere ist die Wahrnehmung nicht gedächtnislos, sondern wird durch vorangegangene Farbreize und deren Modulation beeinflusst [39, 42].

[3] Streng genommen müsste man zwischen dem menschlichen Hellempfinden und der photometrischen Helligkeitsmessung unterscheiden, z. B. ist die empfundene Helligkeit keine metrische Größe [15, 37]. In diesem Buch werden jedoch die Begriffe Helligkeit und Luminanz synonym im Sinne der photometrischen Hellempfindlichkeitsfunktion aus Abschn. 5.1 verwendet.

matisch beschreiben als Funktion $I(\lambda)$ der Lichtintensität über der Wellenlänge λ. Der Raum der möglichen Spektren ist daher unendlichdimensional. Somit kann das Spektrum aus der dreidimensionalen Farbvalenz nicht eindeutig rekonstruiert werden. Vielmehr können verschiedene Spektren die gleiche Farbempfindung auslösen und der gleichen Farbvalenz zugeordnet werden. Zwei verschiedene Farbreize oder Spektren $I_1(\lambda)$ und $I_2(\lambda)$ mit identischer Farbvalenz heißen **metamer** oder bedingt gleich. Eine Farbvalenz lässt sich daher als Menge aller gleich aussehenden Farbreize $I(\lambda)$ definieren. Somit erhält man eine Äquivalenzrelation, die eine Partition der Menge aller Farbreize induziert.

Beispiel 5.2 (Metamere Farbreize): Abbildung 5.7 zeigt zwei Spektren, die für den CIE-Normalbeobachter (siehe Abschn. 5.2.3) metamer sind. Jedes Spektrum ist nur an jeweils zwei schmalen Linien von null verschieden. Diese Linien überlappen sich nicht. Dennoch ist der Farbeindruck des menschlichen Auges für beide Spektren identisch; sie werden als Blau wahrgenommen. Aus der Farbvalenz lassen sich also i. d. R. kaum Rückschlüsse auf die Intensitätsverteilung in bestimmten Spektralbereichen ziehen. ■

Beim Vergleich der Farben von Objekten ist darüber hinaus zu beachten, dass die beobachtete Farbvalenz nicht nur von den Eigenschaften des Objekts abhängt, sondern auch vom Spektrum der Beleuchtung. Die Farbvalenz variiert daher mit

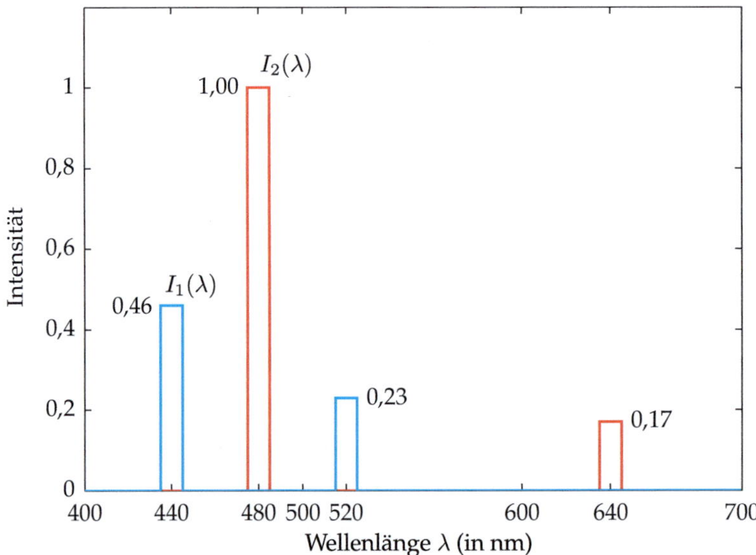

Abbildung 5.7. Zwei metamere Spektren $I_1(\lambda)$ (blauer Graph) und $I_2(\lambda)$ (roter Graph) aus je zwei schmalbandigen Anteilen mit disjunkten Trägern (nach [48]).

der verwendeten Lichtquelle. Ein besonders eindrucksvolles Beispiel für diesen Effekt ist das Mineral Alexandrit. Es erzeugt im Tageslicht einen grünlichen Farbeindruck; unter dem Licht einer Glühlampe erscheint es hingegen rötlich.

Zwei metamere Objekte können bei einer bestimmten Beleuchtung gleich aussehen, unter einer anderen Lichtquelle hingegen verschieden. Zwei Objekte führen nur dann unter jeder beliebigen Beleuchtung zum gleichen Farbeindruck, wenn ihre Reflektanzspektren übereinstimmen. In diesem Fall spricht man von unbedingt gleichen Farbreizen. Es gibt jedoch auch metamere Paare, die unter mehreren verschiedenen Lichtquellen gleich aussehen. Die gleichen Aussagen gelten in Bezug auf verschiedene Beobachter: Da die physiologische Farbwahrnehmung individuelle Unterschiede aufweisen kann, können metamere Farbreize für einen Beobachter identisch, für einen anderen hingegen verschieden aussehen. Unbedingt gleiche, nicht metamere Farbreize mit übereinstimmenden Spektren werden von jedem Beobachter als gleich wahrgenommen [7].

Die menschliche Wahrnehmung kann die Einflüsse der Beleuchtung teilweise kompensieren [18, 41]. Das gilt insbesondere für breitbandige Beleuchtungsspektren, wie z. B. Sonnenlicht zu unterschiedlichen Tageszeiten, bei direkter Sonneneinstrahlung oder im Schatten (vgl. Abb. 1.1 auf S. 5). Die unterschiedliche Adaption der Farbwahrnehmung an das Umgebungslicht lässt sich in erster Näherung durch eine lineare Transformation (Vektorraumhomomorphismus) der Farbvalenzen modellieren [8, 48]. In der Photographie werden ebenfalls Verfahren eingesetzt, um die Farbwiedergabe unabhängiger vom Beleuchtungsspektrum zu machen [13, 27]. Diese Methoden sind unter dem Begriff Weißabgleich bekannt.

5.2.2 Farbmischung

Die beiden grundlegend verschiedenen Arten der Farbmischung sind die additive und die subtraktive Farbmischung. Eine **additive Farbmischung** liegt vor, wenn Licht verschiedener Farben inkohärent überlagert wird. Physikalisch addieren sich zunächst die Intensitätsspektren $I_1(\lambda)$ und $I_2(\lambda)$ der beiden Lichtanteile gemäß (2.127):

$$I(\lambda) = I_1(\lambda) + I_2(\lambda)\,. \tag{5.7}$$

Das resultierende Spektrum $I(\lambda)$ stellt einen Farbreiz dar, der die Wahrnehmung einer Farbvalenz auslöst. Der Zusammenhang zwischen den Farbvalenzen der Lichtanteile und der resultierenden Farbvalenz wird durch die **Graßmann'schen Gesetze** beschrieben:

1. Seien drei Grundfarben sowie ein beliebiger Farbreiz gegeben. Dann können die Intensitäten der drei Grundfarben so gewählt werden, dass durch innere oder äußere additive Farbmischung zwei identische Farbreize resultieren. Im Fall einer inneren Farbmischung werden die drei Grundfarben unter Variation

ihrer Intensität untereinander gemischt und ergeben so die vierte Farbe. Bei einer äußeren Farbmischung werden eine oder zwei der Grundfarben mit der vierten Farbe gemischt, sodass die resultierende Farbe mit der Mischung der verbleibenden Grundfarben übereinstimmt.

2. In einer additiven Mischung kann jede Farbe durch eine metamere, d. h. gleich aussehende, aber möglicherweise spektral verschiedene Farbe ersetzt werden.
3. Alle Farbmischungen verhalten sich stetig.

Diese empirischen Gesetze wurden 1853 formuliert [4, 20]. Die drei Grundfarben korrespondieren zur Dreidimensionalität des Raums der Farbvalenzen und zur Anzahl der Farbrezeptortypen im Auge. Allerdings ist es nicht in jedem Fall möglich, eine beliebige Farbe durch additive Mischung der drei Grundfarben zu reproduzieren. Vielmehr gibt es auch Fälle, in denen nur durch die additive Mischung von ein oder zwei Grundfarben mit der vierten Farbe eine Übereinstimmung mit der Mischung der restlichen Grundfarben erreicht werden kann. Dieser Sachverhalt wird im folgenden Abschnitt vertieft behandelt.

Die Stetigkeit der Farbmischung entspricht der linearen Überlagerung der Intensitätsspektren. Die stetige Änderung einer Grundfarbe bewirkt eine stetige Änderung der Mischfarbe. Die gleichmäßige Mischung der Grundfarben ergibt einen weißen Farbeindruck. Schwarz erscheint ein Bereich, wenn er kein sichtbares Licht aussendet.

Es existieren beliebig viele Mischkomponenten-Basen, aus denen sich eine gegebene Farbe mischen lässt. Ein Basissystem muss festgelegt werden. Bei der Wahl der Grundfarben muss die Bedingung erfüllt werden, dass sich keine Grundfarbe als Mischung der anderen beiden Grundfarben darstellen lässt [48]. Für die additive Farbmischung werden häufig Rot, Grün und Blau als Grundfarben verwendet (Abb. 5.8(a)). Technische Anwendungen findet die additive Farbmischung in Monitoren und Projektoren (siehe Abschn. 5.2.6.2).

Die **subtraktive Farbmischung** tritt bei der Mischung von Farbmitteln auf. Unter dem Begriff **Farbmittel** werden alle farbgebenden Stoffe wie Farbpigmente und lösliche Farbstoffe zusammengefasst. Die Wirkung von Farbmitteln beruht auf einer wellenlängenabhängigen Absorption: In gewissen Spektralbereichen wird ein größerer Anteil des einfallenden Lichts absorbiert, im restlichen Spektrum hingegen überwiegend reflektiert bzw. transmittiert. Der Farbreiz ist durch das verbleibende Spektrum gegeben. Bei der Mischung zweier Farbmittel werden die Absorptionsbereiche kombiniert, sodass der Anteil des reflektierten Lichts geringer wird. Aus dem beobachteten Spektrum wird also ein zusätzlicher Bereich entfernt, weshalb man von subtraktiver Farbmischung spricht. Der resultierende Farbreiz wird nicht allein vom Farbmittel bestimmt, sondern hängt stets auch von der Beleuchtung ab. Weiß entspricht einer vollständigen Reflexion ohne Absorption und kann nicht aus einer subtraktiven Farbmischung zweier oder mehrerer

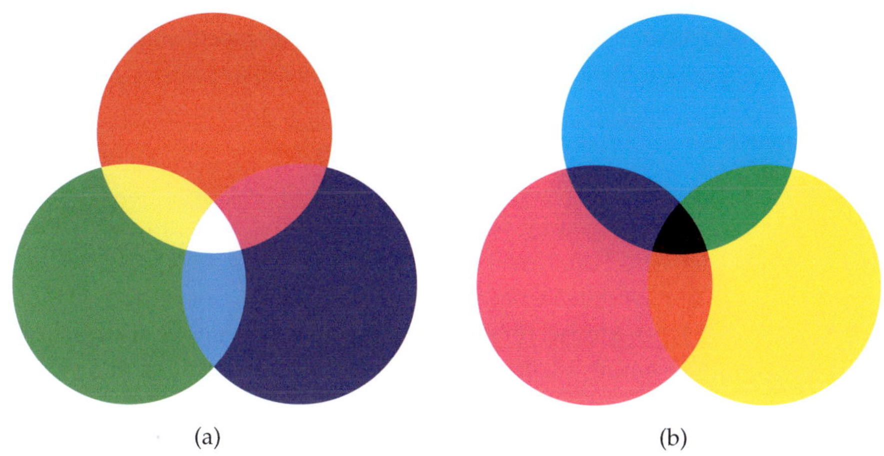

Abbildung 5.8. Farbmischung aus drei Grundfarben: (a) additiv; (b) subtraktiv.

Farbmittel entstehen. Durch das Hinzufügen weiterer Farbmittel nimmt die Absorption stets zu.

Für die subtraktive Farbmischung werden häufig die Grundfarben Cyan, Magenta und Gelb verwendet. Die Mischung dieser drei Farbmittel ergibt Grau oder Schwarz (Abb. 5.8(b)). Aus ökonomischen Gründen wird Schwarz jedoch i. d. R. nicht durch Mischung hergestellt, sondern als zusätzliches Farbmittel bereitgestellt. Das resultierende Farbsystem heißt CMYK (*cyan, magenta, yellow, key*) und wird im Farbdruck verwendet (siehe Abschn. 5.2.6.5). Eine subtraktive Farbmischung liegt außerdem bei der Kombination mehrerer Farbfilter vor (Abschn. 5.3).

Die subtraktive Mischung absorbierender Farbmittel lässt sich näherungsweise durch das Lambert-Beer'sche Gesetz beschreiben [7]. Die Absorption $A_{\mathrm{FM}}(\lambda)$ eines Farbmittels als Funktion der Wellenlänge ist das Produkt aus der materialabhängigen Absorptionskonstante $a_{\mathrm{FM}}(\lambda)$, der Schichtdicke d_{FM} und der chemischen Konzentration c_{FM} des Farbmittels:

$$A_{\mathrm{FM}}(\lambda) = a_{\mathrm{FM}}(\lambda)\, d_{\mathrm{FM}}\, c_{\mathrm{FM}}\,. \tag{5.8}$$

Bei der Mischung zweier Farbmittel mit bekannten Konzentrationen c_{FM1}, c_{FM2} in einer gemeinsamen, homogenen Farbmittelschicht der Dicke d_{FM} addieren sich die Absorptionen:

$$\begin{aligned} A_{\mathrm{FM}}(\lambda) &= A_{\mathrm{FM1}}(\lambda) + A_{\mathrm{FM2}}(\lambda) && (5.9)\\ &= a_{\mathrm{FM1}}(\lambda)\, d_{\mathrm{FM}}\, c_{\mathrm{FM1}} + a_{\mathrm{FM2}}(\lambda)\, d_{\mathrm{FM}}\, c_{\mathrm{FM2}}\,. && (5.10) \end{aligned}$$

Das Transmissionsspektrum des Farbmittels unter dem Beleuchtungsspektrum $I_{\mathrm{Licht}}(\lambda)$ steht in exponentiellem Zusammenhang mit der Absorption:

$$I_{\mathrm{FM}}(\lambda) = I_{\mathrm{Licht}}(\lambda)\,\mathrm{e}^{-A_{\mathrm{FM}}(\lambda)} = I_{\mathrm{Licht}}(\lambda)\,\mathrm{e}^{-(A_{\mathrm{FM1}}(\lambda)+A_{\mathrm{FM2}}(\lambda))}\,. \tag{5.11}$$

Bei den meisten Farbmitteln spielt allerdings nicht nur die Absorption, sondern auch die Streuung eine Rolle. Häufig wird die Streuung überwiegend von einem weißen Farbmittel oder vom Grundmaterial, z. B. im Farbdruck und bei Textilien, verursacht, während die übrigen Farbmittel in der Mischung keine nennenswerte Streuung aufweisen [7]. Ein Modell für die subtraktive Farbmittelmischung unter Berücksichtigung der Streuung ist die Kubelka-Munk-Theorie [46]. Bei der Mischung zweier Farbmittel mit den Konzentrationen c_{FM1} und c_{FM2} erhält man für das Verhältnis von Absorption $a_{\mathrm{FM}}(\lambda)$ und Streuung $s_{\mathrm{FM}}(\lambda)$:

$$\frac{a_{\mathrm{FM}}(\lambda)}{s_{\mathrm{FM}}(\lambda)} = \frac{c_{\mathrm{FM1}}\,a_{\mathrm{FM1}}(\lambda) + c_{\mathrm{FM2}}\,a_{\mathrm{FM2}}(\lambda)}{c_{\mathrm{FM1}}\,s_{\mathrm{FM1}}(\lambda) + c_{\mathrm{FM2}}\,s_{\mathrm{FM2}}(\lambda)}\,. \tag{5.12}$$

Die spektrale Reflektanz $R_{\mathrm{FM}}(\lambda)$ eines Farbmittels hängt mit Absorption und Streuung wie folgt zusammen:

$$\frac{a_{\mathrm{FM}}(\lambda)}{s_{\mathrm{FM}}(\lambda)} = \frac{(1 - R_{\mathrm{FM}}(\lambda))^2}{2R_{\mathrm{FM}}(\lambda)}\,, \tag{5.13}$$

$$R_{\mathrm{FM}}(\lambda) = 1 + \frac{a_{\mathrm{FM}}(\lambda)}{s_{\mathrm{FM}}(\lambda)} - \sqrt{\left(\frac{a_{\mathrm{FM}}(\lambda)}{s_{\mathrm{FM}}(\lambda)}\right)^2 + 2\,\frac{a_{\mathrm{FM}}(\lambda)}{s_{\mathrm{FM}}(\lambda)}}\,. \tag{5.14}$$

Das resultierende Intensitätsspektrum ist gegeben durch

$$I_{\mathrm{FM}}(\lambda) = I_{\mathrm{Licht}}(\lambda)\,R_{\mathrm{FM}}(\lambda)\,. \tag{5.15}$$

Zusätzlich kann eine Korrektur der spektralen Reflektanz durchgeführt werden, um den Einfluss spiegelnder Reflexion zu unterdrücken [7]. Auch die dann resultierenden Gleichungen modellieren jedoch die subtraktive Farbmittelmischung im Allgemeinen nur näherungsweise [46].

5.2.3 Die CIE-Farbräume

Der grundlegende Begriff für die Farbmetrik ist die bereits erwähnte Farbvalenz. Zwei Farbreize $I(\lambda)$ haben genau dann die gleiche Farbvalenz, wenn sie bei einem Farbvergleich ununterscheidbar sind. Die Messung einer Farbvalenz erfolgt durch den Vergleich mit einer Mischung von drei Primärvalenzen, die eindeutig durch bestimmte Spektren (Farbreize) definiert sind. Farbvalenz ist somit über eine psychophysische Messmethode definiert, die eine quantitative Bestimmung der Farbvalenz erlaubt. Eine Farbvalenz ist insofern eine objektive Größe, als sie unabhängig ist von der Farbempfindung, die der zugehörige Farbreiz auslöst.

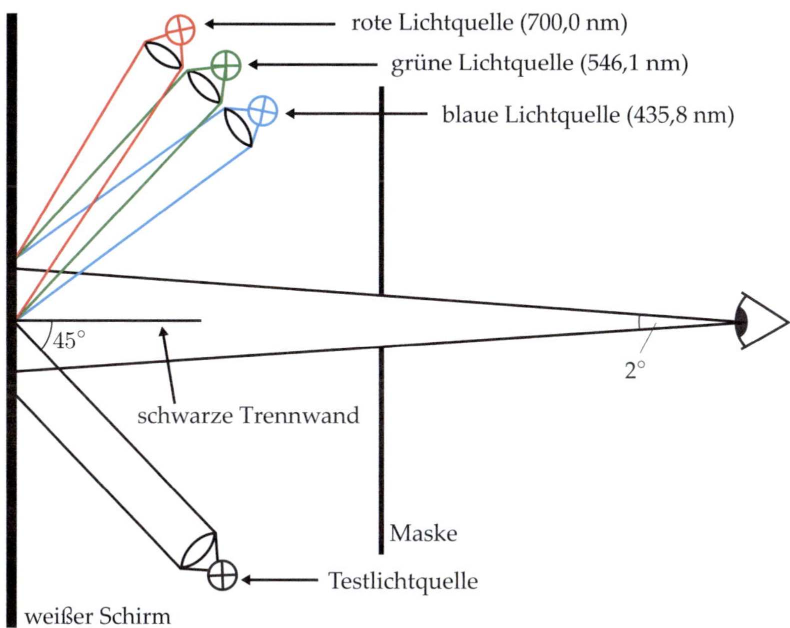

Abbildung 5.9. Farbmessexperiment zur empirischen Ermittlung der Farbwerte bezüglich der CIE-Primärvalenzen (nach [7]).

Die Vorgehensweise zur Messung der Farbvalenz einer Lichtquelle wurde 1931 von der CIE[4] standardisiert [11]. Der Beobachter sieht gleichzeitig das Licht der zu untersuchenden Lichtquelle und die inkohärente Überlagerung von drei Lichtquellen in drei Grundfarben (Abb. 5.9). Die Intensitäten der drei Lichtquellen werden nun so eingestellt, dass ihre additive Überlagerung nicht mehr von der Testlichtquelle zu unterscheiden ist. Die Anteile der drei Lichtquellen stellen nun die drei Koordinaten der Farbvalenz dar.

Um die Bestimmung der Farbvalenz weitestgehend zu objektivieren, wurden die Versuchsbedingungen genau spezifiziert. Der Beobachter sieht die Testlichtquelle und die Mischung der drei Grundfarben gleichzeitig in angrenzenden Bereichen einer strukturlosen Fläche. Die Beleuchtung der Fläche erfolgt unter einem Winkel von ca. $45°$, die Beobachtung unter einem Winkel von ca. $0°$, wobei Abweichungen von $5°$ bzw. $10°$ zugelassen sind [15].[5] Beleuchtung und Beobachtung werden mit weitgehend parallelen Lichtstrahlenbündeln realisiert, deren Richtung um höchstens $5°$ von der Richtung des Hauptstrahls verschieden sein darf [48]. Das Sehfeld hat eine Ausdehnung von $2°$, sodass die beleuchteten Flä-

---

[4] *Commission Internationale de l'Éclairage* – Internationale Beleuchtungskommission.

[5] Für alternative Beleuchtungs- und Beobachtungsanordnungen siehe [48].

chen in die Fovea des Auges abgebildet werden.[6] Die Messung wird von einem normalsichtigen Beobachter mit ruhendem, helladaptiertem Auge durchgeführt. Die Beobachtung erfolgt nur durch ein Auge.

Als Vergleichslichtquellen wurden quasimonochromatische Lichtquellen mit den Wellenlängen $700\,\mathrm{nm}$ (rot), $546{,}1\,\mathrm{nm}$ (grün) und $435{,}8\,\mathrm{nm}$ (blau) festgelegt.[7] Die gemessenen Gewichtungsfaktoren dieser drei CIE-Primärlichtquellen heißen Farbwerte.

Abbildung 5.10 zeigt die empirisch ermittelten Farbwerte der Spektralfarben. Unter einer Spektralfarbe oder monochromatischen Farbe versteht man ein Spektrum, das nur bei einer bestimmten Wellenlänge λ_0 ein schmales Maximum aufweist und ansonsten identisch 0 ist. Die Farbwerte als Funktion der Wellenlänge λ des monochromatischen Lichts werden mit $\bar{r}(\lambda)$, $\bar{g}(\lambda)$ und $\bar{b}(\lambda)$ bezeichnet. Die Farbwerte eines beliebigen Spektrums $I(\lambda)$ können durch Multiplikation des

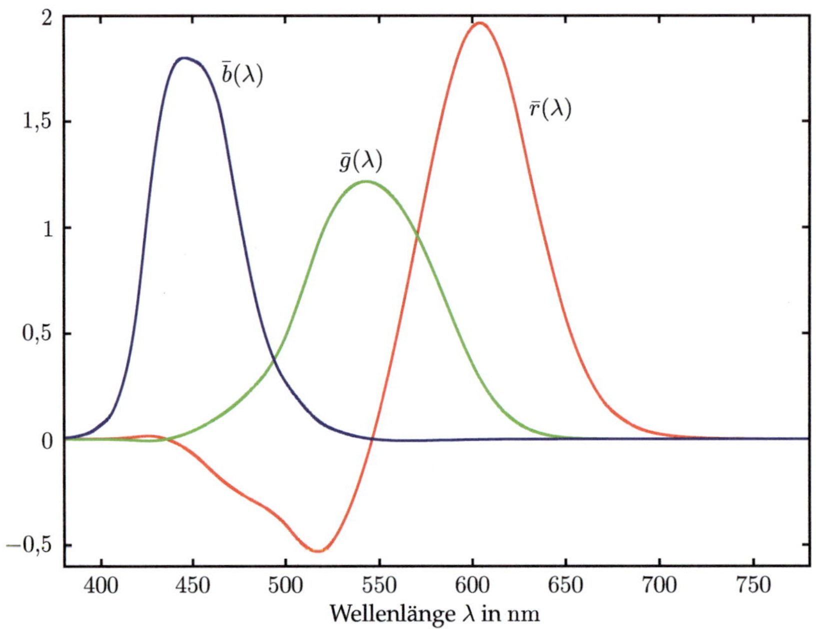

Abbildung 5.10. Farbwerte der monochromatischen Spektralfarben bezüglich der CIE-Primärvalenzen (nach [48]).

[6] Da die Verteilung der Lichtrezeptoren in der Fovea von der restlichen Netzhaut verschieden ist, entsteht bei Beobachtung in der Fovea und in der Peripherie ein leicht unterschiedlicher Farbeindruck. Deshalb wurde später eine weitere Norm mit einem Sehfeld von 10° definiert [7,48].

[7] Die beiden letzteren Wellenlängen entsprechen Spektrallinien einer Quecksilberdampflampe und können daher mit geringem technischen Aufwand erzeugt werden [15].

Spektrums mit diesen Funktionen und anschließende Integration berechnet werden:

$$
\begin{aligned}
R_{\mathrm{CIE}} &= \int_{380\ \mathrm{nm}}^{780\ \mathrm{nm}} I(\lambda)\,\bar{r}(\lambda)\,\mathrm{d}\lambda\,,\\
G_{\mathrm{CIE}} &= \int_{380\ \mathrm{nm}}^{780\ \mathrm{nm}} I(\lambda)\,\bar{g}(\lambda)\,\mathrm{d}\lambda\,,\\
B_{\mathrm{CIE}} &= \int_{380\ \mathrm{nm}}^{780\ \mathrm{nm}} I(\lambda)\,\bar{b}(\lambda)\,\mathrm{d}\lambda\,.
\end{aligned}
\tag{5.16}
$$

Die Normierung der drei Funktionen wurde so gewählt, dass ein weißer Farbreiz drei identische Farbwerte $R_{\mathrm{CIE}} = G_{\mathrm{CIE}} = B_{\mathrm{CIE}}$ zur Folge hat [48]. Als weißer Farbreiz wurde hierbei ein Spektrum verwendet, dass über den sichtbaren Bereich eine bezüglich der Wellenlänge konstante Intensität aufweist:

$$
I_{\mathrm{E}}(\lambda) = \begin{cases} 1 & \text{für } 360\ \mathrm{nm} \leq \lambda \leq 830\ \mathrm{nm} \\ 0 & \text{sonst} \end{cases}\,. \tag{5.17}
$$

Die Forderung $R_{\mathrm{CIE}} = G_{\mathrm{CIE}} = B_{\mathrm{CIE}}$ lautet nun:

$$
\int_{380\ \mathrm{nm}}^{780\ \mathrm{nm}} \bar{r}(\lambda)\,\mathrm{d}\lambda = \int_{380\ \mathrm{nm}}^{780\ \mathrm{nm}} \bar{g}(\lambda)\,\mathrm{d}\lambda = \int_{380\ \mathrm{nm}}^{780\ \mathrm{nm}} \bar{b}(\lambda)\,\mathrm{d}\lambda\,. \tag{5.18}
$$

Durch diese Bedingung ist die relative Skalierung der drei Spektralwertfunktionen festgelegt. Die absolute Skalierung wurde so vorgenommen, dass die Fläche unter den Kurven mit der Fläche unter der Hellempfindlichkeitsfunktion $V(\lambda)$ aus Abb. 5.1 übereinstimmt [15]:

$$
\int_{380\ \mathrm{nm}}^{780\ \mathrm{nm}} \bar{r}(\lambda)\,\mathrm{d}\lambda = \int_{380\ \mathrm{nm}}^{780\ \mathrm{nm}} \bar{g}(\lambda)\,\mathrm{d}\lambda = \int_{380\ \mathrm{nm}}^{780\ \mathrm{nm}} \bar{b}(\lambda)\,\mathrm{d}\lambda = \int_{380\ \mathrm{nm}}^{780\ \mathrm{nm}} V(\lambda)\,\mathrm{d}\lambda\,. \tag{5.19}
$$

Aufgrund dieser Normierung entsprechen die Gewichtungen $\bar{r}$, $\bar{g}$, $\bar{b}$ nicht der Strahlungsintensität der drei Primärlichtquellen. Vielmehr entspricht die Gewichtung $\bar{g} = 1$ einer um den Faktor 1,3791 höheren Intensität der grünen Primärlichtquelle verglichen mit der Intensität der blauen Primärlichtquelle für die Gewichtung $\bar{b} = 1$. Bei der roten Primärlichtquelle entspricht $\bar{r} = 1$ sogar der 72,0962-fachen Intensität von $\bar{b} = 1$, weil die Hellempfindlichkeit des menschlichen Auges bei $\lambda = 700\ \mathrm{nm}$ bereits stark nachlässt (vgl. Abb. 5.1).

Allerdings lassen sich nicht sämtliche Farben unter den beschriebenen Versuchsbedingungen aus den drei CIE-Primärlichtquellen mischen. In manchen Fällen ist es erforderlich, das Licht einer Primärlichtquelle mit der zu untersuchenden Lichtquelle zu mischen, um eine farbliche Übereinstimmung zu erreichen. In diesem Fall wird der jeweiligen Primärlichtquelle ein negativer Farbwert zugeordnet. In Abb. 5.10 ist zu erkennen, dass dies beispielsweise für die reinen

Spektralfarben im Wellenlängenbereich um $500\ \mathrm{nm}$ bei der roten CIE-Primärlichtquelle erforderlich ist. Zudem ist $\bar{g}(\lambda)$ bis etwa $440\ \mathrm{nm}$ geringfügig kleiner als null, ab $550\ \mathrm{nm}$ ist $\bar{b}(\lambda)$ negativ.

Daher wurde ein transformierter Farbraum definiert, in dem keine negativen Gewichtungen mehr auftreten. Dies erfolgte unter anderem mit dem Ziel, die Rechenschritte bei der Auswertung der Integrale (5.16) zu vereinfachen, da Rechenmaschinen damals noch nicht verbreitet waren [15,48]. Außerdem wurde die Transformation so gewählt, dass einer der resultierenden Normfarbwerte mit der photopischen Hellempfindlichkeitsfunktion übereinstimmt. Somit erübrigt sich die zusätzliche Berechnung der Helligkeit eines Farbreizes.

Der transformierte Farbraum heißt CIE-Normfarbraum. Seine Koordinaten sind die Normfarbwerte X, Y, Z. Die transformierten Farbwertfunktionen der monochromatischen Spektralfarben heißen Normspektralwertfunktionen $\bar{x}(\lambda)$, $\bar{y}(\lambda)$, $\bar{z}(\lambda)$. Die Transformation des Farbraums $(R_{\mathrm{CIE}}, G_{\mathrm{CIE}}, B_{\mathrm{CIE}})^{\mathrm{T}}$ der CIE-Primärlichtquellen zum CIE-Normfarbraum $(X, Y, Z)^{\mathrm{T}}$ der virtuellen Primärvalenzen entspricht einem Vektorraumhomomorphismus

$$\begin{pmatrix} X \\ Y \\ Z \end{pmatrix} = \mathbf{A} \begin{pmatrix} R_{\mathrm{CIE}} \\ G_{\mathrm{CIE}} \\ B_{\mathrm{CIE}} \end{pmatrix}, \qquad \mathbf{A} \in \mathbb{R}^{3\times 3}. \tag{5.20}$$

Diese Transformationsgleichung gilt auch für die Spektralwertfunktionen:

$$\begin{pmatrix} \bar{x}(\lambda) \\ \bar{y}(\lambda) \\ \bar{z}(\lambda) \end{pmatrix} = \mathbf{A} \begin{pmatrix} \bar{r}(\lambda) \\ \bar{g}(\lambda) \\ \bar{b}(\lambda) \end{pmatrix}. \tag{5.21}$$

Die Freiheitsgrade bei der Wahl des Homomorphismus bzw. der Matrix $\mathbf{A}$ wurden gemäß den folgenden Kritierien ausgestaltet [7,15]:

- Die Normfarbwerte X, Y, Z aller realen Farbreize sind nichtnegativ:

$$X \geq 0, \qquad Y \geq 0, \qquad Z \geq 0. \tag{5.22}$$

- Unter den nichtnegativen Normfarbwerten in der Ebene $X+Y+Z = 1$ nehmen die realen Farbreize eine möglichst große Fläche ein.
- Der Normfarbwert Y entspricht der photopischen Helligkeit V eines Farbreizes. Dazu muss die zugehörige Normspektralwertfunktion $\bar{y}(\lambda)$ mit der photopischen Hellempfindlichkeitsfunktion $V(\lambda)$ übereinstimmen. Für geeignete Gewichte L_{R}, L_{G}, L_{B} muss daher gelten:

$$\forall \lambda: \quad V(\lambda) = \bar{y}(\lambda) = L_{\mathrm{R}}\, \bar{r}(\lambda) + L_{\mathrm{G}}\, \bar{g}(\lambda) + L_{\mathrm{B}}\, \bar{b}(\lambda). \tag{5.23}$$

Zwei Farbreize, die im CIE-Normfarbraum identische Farbvalenzen haben, stimmen somit auch in ihrer Helligkeit überein. Für die Bildverarbeitung bietet diese Wahl den Vorteil, dass der Normfarbwertkanal Y eines transformierten Farbbildes mit dem entsprechenden Grauwertbild übereinstimmt [28].

- Der weiße Farbreiz (5.17) wird weiterhin durch drei Normfarbwerte gleichen Betrags $X = Y = Z$ beschrieben. Für die Normspektralwertfunktionen $\bar{x}(\lambda)$, $\bar{y}(\lambda)$ und $\bar{z}(\lambda)$ gilt daher in Analogie zu (5.18):

$$\int_{380\text{ nm}}^{780\text{ nm}} \bar{x}(\lambda)\,\mathrm{d}\lambda = \int_{380\text{ nm}}^{780\text{ nm}} \bar{y}(\lambda)\,\mathrm{d}\lambda = \int_{380\text{ nm}}^{780\text{ nm}} \bar{z}(\lambda)\,\mathrm{d}\lambda\,. \tag{5.24}$$

- Der Weißpunkt $(R_{\mathrm{CIE}}, G_{\mathrm{CIE}}, B_{\mathrm{CIE}})^{\mathrm{T}} = (1,1,1)^{\mathrm{T}}$ wird auf $(X,Y,Z)^{\mathrm{T}} = (1,1,1)^{\mathrm{T}}$ abgebildet [15].
- Die Normspektralwertfunktion $\bar{z}(\lambda)$ ist ab einer möglichst kleinen Grenzwellenlänge $\lambda_{\bar{z}\,\max}$ identisch null:

$$\forall\lambda \geq \lambda_{\bar{z}\,\max}: \quad \bar{z}(\lambda) = 0\,. \tag{5.25}$$

- Die Transformation ist umkehrbar.

Um diese Kriterien weitgehend erfüllen zu können, wurde folgende Transformationsmatrix $\mathbf{A}$ gewählt [15]:

$$\mathbf{A} = \begin{pmatrix} 0{,}49 & 0{,}31 & 0{,}20 \\ 0{,}17697 & 0{,}81240 & 0{,}01063 \\ 0{,}00 & 0{,}01 & 0{,}99 \end{pmatrix}. \tag{5.26}$$

In der zweiten Zeile der Transformationsmatrix kann man die Faktoren $L_{\mathrm{R}} = 0{,}17697$, $L_{\mathrm{G}} = 0{,}81240$, $L_{\mathrm{B}} = 0{,}01063$ für die Konstruktion der Hellempfindlichkeitsfunktion aus (5.23) ablesen. Der Beitrag des kurzwelligen B-Kanals zur Hellempfindlichkeit ist sehr gering. Abbildung 5.11 zeigt die CIE-Normspektralwertfunktionen für monochromatisches Licht, die durch Anwendung dieser Transformation auf die Spektralwertfunktionen der CIE-Primärlichtquellen aus Abb. 5.10 entstehen.

Die inverse Transformation ist gegeben durch

$$\begin{pmatrix} R_{\mathrm{CIE}} \\ G_{\mathrm{CIE}} \\ B_{\mathrm{CIE}} \end{pmatrix} = \mathbf{A}^{-1} \begin{pmatrix} X \\ Y \\ Z \end{pmatrix} \tag{5.27}$$

mit

$$\mathbf{A}^{-1} \approx \begin{pmatrix} 2{,}365 & -0{,}8965 & -0{,}4681 \\ -0{,}5152 & 1{,}426 & 0{,}08876 \\ 0{,}005204 & -0{,}01441 & 1{,}009 \end{pmatrix}. \tag{5.28}$$

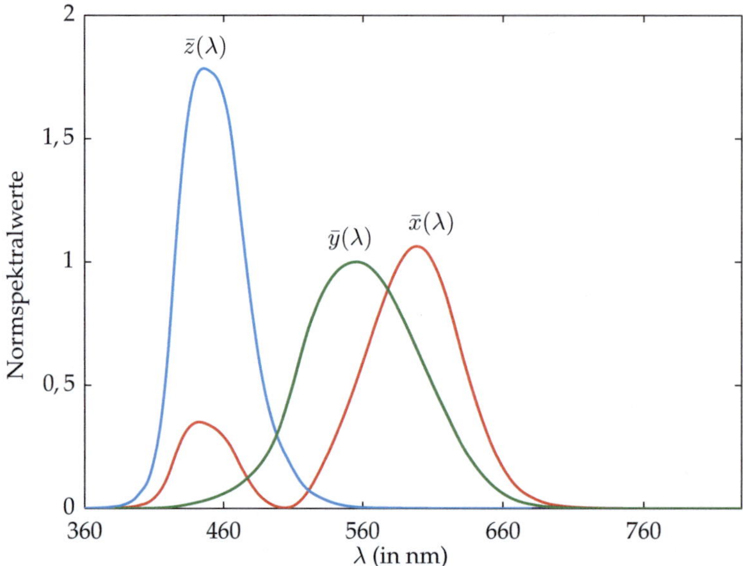

Abbildung 5.11. CIE-Normspektralwertfunktionen für monochromatisches Licht der Wellenlänge λ (nach [48]).

Die Basisvektoren des CIE-XYZ-Farbraums heißen **virtuelle Primärvalenzen**. Ihre Koordinaten bezüglich der CIE-Primärlichtquellen sind gegeben durch die Spalten der inversen Transformationsmatrix $\mathbf{A}^{-1}$:

$$\mathbf{X}_{\text{prim}} = \begin{pmatrix} 2{,}365 \\ -0{,}5152 \\ 0{,}005204 \end{pmatrix}, \quad \mathbf{Y}_{\text{prim}} = \begin{pmatrix} -0{,}8965 \\ 1{,}426 \\ -0{,}01441 \end{pmatrix}, \quad \mathbf{Z}_{\text{prim}} = \begin{pmatrix} -0{,}4681 \\ 0{,}08876 \\ 1{,}009 \end{pmatrix}.$$

Der Vektorraumhomomorphismus entspricht einem Wechsel der Basis von den Primärlichtquellen zu den virtuellen Primärvalenzen. Die Basisvektoren der virtuellen Primärvalenzen sind stärker aufgespreizt als die der Primärlichtquellen, sodass die Darstellung sämtlicher realer Farben mit positiven Normfarbwerten möglich wird (Abb. 5.12). Während der Basisvektor $\mathbf{Y}_{\text{prim}}$ der Helligkeit eines Farbreizes entspricht, haben die virtuellen Primärvalenzen $\mathbf{X}_{\text{prim}}$ und $\mathbf{Z}_{\text{prim}}$ die Helligkeit null.

Mit Hilfe der Normspektralwertfunktionen können für einen gegebenen Farbreiz $I(\lambda)$ die Normfarbwerte X, Y, Z berechnet werden:

$$X = k \int_{360\text{ nm}}^{830\text{ nm}} I(\lambda)\, \bar{x}(\lambda)\, \mathrm{d}\lambda\,, \tag{5.29}$$

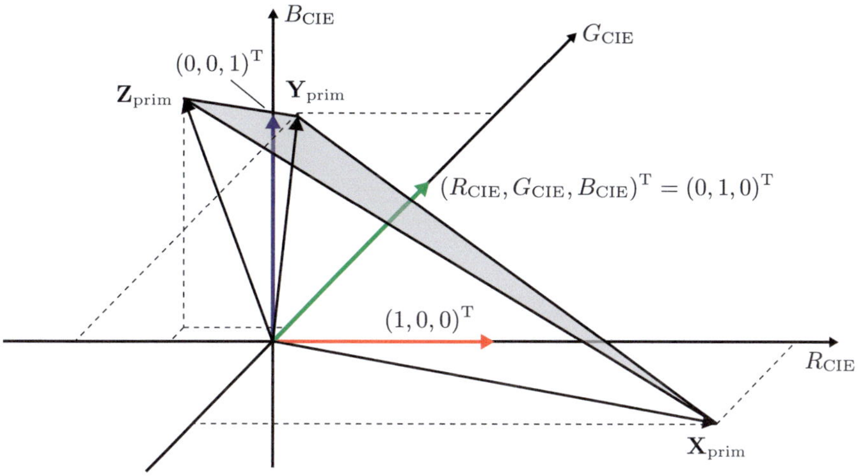

Abbildung 5.12. Lage der virtuellen Primärvalenzen im Farbraum der CIE-Primärlichtquellen. Die farbigen Vektoren kennzeichnen die Basisvektoren der CIE-Primärlichtquellen.

$$Y = k \int_{360\,\mathrm{nm}}^{830\,\mathrm{nm}} I(\lambda)\, \bar{y}(\lambda)\, \mathrm{d}\lambda\,, \tag{5.30}$$

$$Z = k \int_{360\,\mathrm{nm}}^{830\,\mathrm{nm}} I(\lambda)\, \bar{z}(\lambda)\, \mathrm{d}\lambda\,, \tag{5.31}$$

$$k = \frac{100}{\int_{360\,\mathrm{nm}}^{830\,\mathrm{nm}} I_{\mathrm{unbunt}}(\lambda)\, \bar{y}(\lambda)\, \mathrm{d}\lambda}\,. \tag{5.32}$$

Die Normspektralwertfunktionen sind auf dem Intervall $[360\ \mathrm{nm}, 830\ \mathrm{nm}]$ definiert [48]. An den Rändern des Definitionsbereichs nehmen sie jedoch nahezu verschwindende Werte an, da das menschliche Auge hier praktisch nicht mehr lichtempfindlich ist. Daher wirkt es sich kaum auf die Normfarbwerte aus, wenn in (5.29) – (5.32) ein etwas kleinerer Integrationsbereich, etwa $[380\ \mathrm{nm}, 780\ \mathrm{nm}]$, verwendet wird. Die Funktion $I_{\mathrm{unbunt}}(\lambda)$ beschreibt ein Referenzspektrum mit dem Farbeindruck weiß, z. B. die Normlichtart D65. Der Normierungsfaktor k bewirkt, dass dem gewählten weißen Farbreiz der Helligkeitswert $Y = 100$ zugeordnet wird. Zwei Lichtquellen mit den Spektren $I_1(\lambda)$, $I_2(\lambda)$ erscheinen für einen normalsichtigen Menschen in identischer Farbe und Helligkeit, wenn ihre Normfarbwerte übereinstimmen, d. h. wenn $X_1 = X_2$, $Y_1 = Y_2$ und $Z_1 = Z_2$ erfüllt sind.

Zur Charakterisierung einer Farbe unabhängig von der Helligkeit genügt ein zweidimensionaler Raum. Aus den Normfarbwerten X, Y, Z lassen sich zu diesem Zweck die **Normfarbwertanteile** x, y, z berechnen:

$$\begin{aligned} x &= \frac{X}{X+Y+Z}, \\ y &= \frac{Y}{X+Y+Z}, \\ z &= \frac{Z}{X+Y+Z}. \end{aligned} \tag{5.33}$$

Diese Transformation entspricht eine Zentralprojektion des Punktes $(X, Y, Z)^{\mathrm{T}}$ auf die Ebene $X + Y + Z = 1$, wobei sich das Projektionszentrum im Ursprung befindet. Wegen $x + y + z = 1$ ist einer der drei Normfarbwertanteile redundant, sodass auf die Angabe von z verzichtet werden kann. Dies entspricht einer zusätzlichen Parallelprojektion von der Ebene $X + Y + Z = 1$ auf die Ebene $Z = 0$ [8,15].

Die Normfarbwertanteile x, y charakterisieren die Farbe unabhängig von ihrer Helligkeit und werden daher auch Chromatizitätskoordinaten genannt. Zusammen mit der Helligkeits- oder Luminanzkoordinate Y beschreiben sie eine Farbvalenz eindeutig. Die Rücktransformation des Tripels (x, y, Y) in den CIE-Normfarbraum berechnet sich mittels

$$\begin{aligned} X &= \frac{x}{y} Y, \\ Y &\mapsto Y, \\ Z &= \frac{z}{y} Y = \frac{1-x-y}{y} Y. \end{aligned} \tag{5.34}$$

Eine lineare Transformation der Farbwerte entspricht einer nichtlinearen projektiven Transformation der Farbwertanteile. Beispielsweise stehen die Farbwertanteile $r_{\mathrm{CIE}} = \frac{R_{\mathrm{CIE}}}{R_{\mathrm{CIE}}+G_{\mathrm{CIE}}+B_{\mathrm{CIE}}}$, $g_{\mathrm{CIE}} = \frac{G_{\mathrm{CIE}}}{R_{\mathrm{CIE}}+G_{\mathrm{CIE}}+B_{\mathrm{CIE}}}$, $b_{\mathrm{CIE}} = \frac{B_{\mathrm{CIE}}}{R_{\mathrm{CIE}}+G_{\mathrm{CIE}}+B_{\mathrm{CIE}}}$, die analog zu (5.33) aus den Farbwerten R_{CIE}, G_{CIE}, B_{CIE} nach (5.16) berechnet werden können, in folgendem Zusammenhang zu den Normfarbwertanteilen x, y, z [48]:

$$\begin{pmatrix} x \\ y \\ z \end{pmatrix} = \frac{1}{0{,}66697\, r_{\mathrm{CIE}} + 1{,}1324\, g_{\mathrm{CIE}} + 1{,}20063\, b_{\mathrm{CIE}}} \mathbf{A} \begin{pmatrix} r_{\mathrm{CIE}} \\ g_{\mathrm{CIE}} \\ b_{\mathrm{CIE}} \end{pmatrix}. \tag{5.35}$$

Die Koeffizienten im Nenner sind durch die Spaltensummen der Matrix $\mathbf{A}$ aus (5.26) gegeben.

Die Komponenten x und y erlauben eine helligkeitsunabhängige Beschreibung der Farbe. Die Darstellung der Farben in der x,y-Ebene heißt **CIE-Normfarbtafel** (Abb. 5.13). Die zulässigen Koordinaten befinden sich innerhalb des Dreiecks

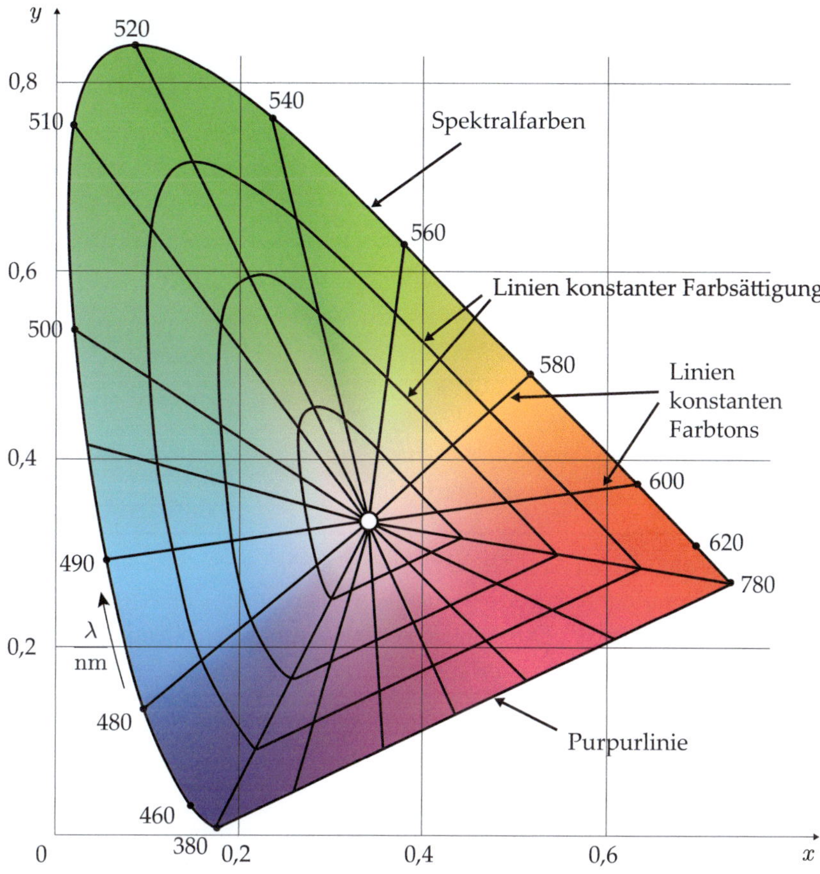

Abbildung 5.13. CIE-Normfarbtafel.

$x \geq 0, y \geq 0, x+y \leq 1$. Jedoch entsprechen nicht alle Punkte dieser Dreiecksfläche einem realen Farbreiz. Die Spektralfarben liegen auf einer zusammenhängenden Kurve, die einen Teil der Grenze des Bereichs der wahrnehmbaren Farben bildet. Das verbleibende Grenzstück, das nicht durch reine Spektralfarben dargestellt werden kann, heißt Purpurlinie. Der Weißpunkt liegt wegen (5.24) bei $x = y = \frac{1}{3}$. Auf einer Geraden vom Rand der Normfarbtafel zum Weißpunkt nimmt die Sättigung ab, d. h. der unbunte Anteil an der Farbe nimmt zu, die Farbe wird blasser. Der Farbton bleibt hingegen unverändert. Er lässt sich durch den Schnittpunkt der Geraden mit der Spektralfarbenkurve charakterisieren. Die Wellenlänge am Schnittpunkt heißt dominante Wellenlänge des Farbtons, falls der Schnittpunkt und die Farbe auf der gleichen Seite des Weißpunkts liegen. Für Farben zwischen Weißpunkt und Purpurlinie existiert keine dominante Wellenlänge. Stattdessen kann die komplementäre Wellenlänge des Farbtons angegeben werden, die durch den gegenüberliegenden Schnittpunkt der Geraden mit der Spektralfarbenkurve bestimmt ist.

Quer zu diesen Geraden konstanten Farbtons verlaufen die Kurven konstanter Farbsättigung, auf denen sich nur der Farbton ändert. Auf dem Rand der Normfarbtafel befinden sich die Farben maximaler Sättigung. Zu diesen Farben maximaler Sättigung gibt es keine metameren Farbreize, d. h. das Spektrum ist durch die Farbvalenz eindeutig bestimmt. Für die Farbvalenzen auf der Spektralfarbenkurve handelt es sich um ein monochromatisches Linienspektrum. Zu allen Farben im Inneren der Normfarbtafel gibt es unendlich viele metamere Spektren. Die Wahrscheinlichkeit, dass ein zufällig aus einer Gleichverteilung gewähltes Spektrum zu einer gegebenen Farbe metamer ist, wächst mit abnehmender Sättigung und erreicht ihr Maximum am Weißpunkt [48].

Welche Farben additiv aus gegebenen Grundfarben gemischt werden können, lässt sich unmittelbar anhand der Normfarbtafel feststellen:

Satz 5.1: Additive Farbmischung

Seien die (x, y)-Chromatizitätskoordinaten von N Farben in der Normfarbtafel gegeben: (x_i, y_i), $i = 1, \ldots, N$. Durch additive Mischung dieser Farben mit frei wählbaren Gewichtungsfaktoren α_i erhält man genau alle Farben innerhalb der konvexen Hülle der Punkte (x_i, y_i) in der Normfarbtafel. Insbesondere gilt:

- $N = 2$: Aus zwei Farben können alle Mischfarben auf ihrer Verbindungslinie in der Normfarbtafel durch additive Mischung gebildet werden.
- $N = 3$: Aus drei Farben lassen sich alle Mischfarben innerhalb eines Dreiecks in der Normfarbtafel bilden, das die ursprünglichen Farben als Eckpunkte hat.

◇

Beweis 5.1 (Additive Farbmischung): Zunächst wird der Fall $N = 2$ betrachtet. Die beiden Grundfarben mögen die Chromatizitätskoordinaten $(x_1, y_1)^{\mathrm{T}}$, $(x_2, y_2)^{\mathrm{T}}$ in der Normfarbtafel haben. Seien $(X_1, Y_1, Z_1)^{\mathrm{T}}$, $(X_2, Y_2, Z_2)^{\mathrm{T}}$ die Normfarbwerte entsprechender Lichtquellen. Die additiven Mischung der beiden Lichtquellen mit den Gewichtungsfaktoren α_1, α_2 entspricht nach (5.7) einer gewichteten Summe ihrer Intensitätsspektren:

$$I(\lambda) = \alpha_1 I_1(\lambda) + \alpha_2 I_2(\lambda) . \tag{5.36}$$

Wegen der Linearität der Integrationsoperation in (5.29) bis (5.31) addieren sich auch die Normfarbwerte mit den gleichen Gewichtungsfaktoren:

$$X = \alpha_1 X_1 + \alpha_2 X_2 , \qquad Y = \alpha_1 Y_1 + \alpha_2 Y_2 , \qquad Z = \alpha_1 Z_1 + \alpha_2 Z_2 . \tag{5.37}$$

Damit erhält man folgende Chromatizitätswerte:

$$x = \frac{\alpha_1 X_1 + \alpha_2 X_2}{\alpha_1(X_1 + Y_1 + Z_1) + \alpha_2(X_2 + Y_2 + Z_2)} \tag{5.38}$$

$$= \frac{X_1 + \frac{\alpha_2}{\alpha_1} X_2}{X_1 + Y_1 + Z_1 + \frac{\alpha_2}{\alpha_1}(X_2 + Y_2 + Z_2)}, \tag{5.39}$$

$$y = \frac{\alpha_1 Y_1 + \alpha_2 Y_2}{\alpha_1(X_1 + Y_1 + Z_1) + \alpha_2(X_2 + Y_2 + Z_2)} \tag{5.40}$$

$$= \frac{Y_1 + \frac{\alpha_2}{\alpha_1} Y_2}{X_1 + Y_1 + Z_1 + \frac{\alpha_2}{\alpha_1}(X_2 + Y_2 + Z_2)}. \tag{5.41}$$

Diese Farbwerte liegen auf der Geraden durch $(x_1, y_1)^{\mathrm{T}}$ und $(x_2, y_2)^{\mathrm{T}}$, denn

$$\frac{y - y_1}{x - x_1} = \frac{y_2 - y_1}{x_2 - x_1}. \tag{5.42}$$

Für festes α_2 und $\alpha_1 \to 0$ ergibt sich $(x, y)^{\mathrm{T}} \to (x_2, y_2)^{\mathrm{T}}$, für $\alpha_1 \to \infty$ geht $(x, y)^{\mathrm{T}} \to (x_1, y_1)^{\mathrm{T}}$.

Sei umgekehrt eine Mischfarbe $(\beta x_1 + (1-\beta)x_2, \beta y_1 + (1-\beta)y_2)^{\mathrm{T}}$ auf der Verbindungslinie gegeben, wobei $0 \leq \beta \leq 1$. Diese Mischfarbe erhält man durch Kombination der beiden zugehörigen Lichtquellen mit den Gewichtungsfaktoren $\alpha_1 = \beta(X_2 + Y_2 + Z_2)$ und $\alpha_2 = (1 - \beta)(X_1 + Y_1 + Z_1)$. Farben außerhalb dieser Verbindungslinie lassen sich nicht aus den beiden Lichtquellen mischen.

Der Fall $N = 3$ ergibt sich wie folgt als Verallgemeinerung der vorhergehenden Aussage: Zunächst kann man aus zwei Farben eine Mischfarbe auf ihrer Verbindungslinie bilden. Diese Mischfarbe kombiniert man nun additiv mit der dritten Grundfarbe. Auf diese Weise kann ein beliebiger Punkt innerhalb des Dreiecks konstruiert werden.

Mit einem ähnlichen Induktionsschritt folgt die Aussage für allgemeines N.

■

Bei zwei oder drei verschiedenen Grundfarben sind ihre Mischungsverhältnisse eindeutig durch die gesuchte Mischfarbe festgelegt. Bei mehr als drei Farben sind die Mischungsverhältnisse nicht mehr eindeutig, man kann aber durch eine geeignete Wahl der Grundfarben ein größeres Gebiet in der Normfarbtafel erreichen.

Da die Normfarbtafel konvex ist, gibt es zu jeder Mischfarbe stets einen realen Farbreiz. Zwei Farben, deren Verbindungsgerade durch den Weißpunkt verläuft, heißen Komplementärfarben [20]. Aus zwei Komplementärfarben lässt sich Weiß additiv mischen. Handelt es sich um maximal gesättigte Farben, so ist mindestens eine der beiden Komplementärfarben eine reine Spektralfarbe.

Farbräume, die durch eine projektive Transformation der Normfarbtafel wie z. B. in (5.35) entstehen, besitzen ebenfalls diese Eigenschaften hinsichtlich der additiven Farbmischung, da eine projektive Transformation Geraden auf Geraden abbildet [48]. Ein Beispiel für einen solchen Farbraum ist der CIELUV-Farbraum mit den Koordinaten L^*, u^* und v^*, der in diesem Buch nicht behandelt wird.

Die virtuellen Primärvalenzen $\mathbf{X}_{\mathrm{prim}}$, $\mathbf{Y}_{\mathrm{prim}}$, $\mathbf{Z}_{\mathrm{prim}}$ haben in der x, y-Normfarbtafel die Koordinaten $(1, 0)^{\mathrm{T}}$, $(0, 1)^{\mathrm{T}}$ und $(0, 0)^{\mathrm{T}}$. Sie entsprechen somit keinen realen Farbreizen, jedoch können alle realen Farben aus diesen virtuellen Grundfarben gemischt werden, da sie innerhalb des zugehörigen Dreiecks liegen. Anhand dieser Überlegungen lässt sich auch erkennen, dass es grundsätzlich nicht möglich ist, alle Farben durch Mischen von drei realen Grundfarben zu erhalten. Die Mischfarben liegen nämlich innerhalb eines Dreiecks, das in der Normfarbtafel enthalten ist. Aufgrund ihrer Form kann es die Normfarbtafel nicht vollständig umfassen. Diese Beobachtung zeigt auch, warum es nicht möglich ist, sämtliche realen Farben aus den drei CIE-Primärlichtquellen zu mischen. Die monochromatischen CIE-Primärlichtquellen liegen in der Normfarbtafel auf der Begrenzungslinie der realen Farben bei $(x, y)^{\mathrm{T}} = (0{,}73;\ 0{,}27)^{\mathrm{T}}$, $(0{,}27;\ 0{,}72)^{\mathrm{T}}$ und $(0{,}17;\ 0{,}0089)^{\mathrm{T}}$, wie man aus (5.26) und (5.33) berechnen kann (vgl. Abb. 5.15 auf S. 233). Bestimmte Grün- und Blautöne können nicht aus diesen Lichtquellen gemischt werden. Für die monochromatischen Farben ist dies genau dann der Fall, wenn in Abb. 5.10 negative Farbwerte auftreten.

Die subtraktive Farbmischung lässt sich hingegen nicht auf einfache Weise in der Normfarbtafel veranschaulichen. Die unterschiedlichen Verhältnisse können darauf zurückgeführt werden, dass die Normfarbtafel über die additive Farbmischung bei der Bestimmung der Farbwerte gemäß Abb. 5.9 definiert wurde. Um die subtraktive Mischung zweier Farbmittel zu berechnen, muss man das Lambert-Beer'sche Gesetz oder die Kubelka-Munk-Formeln aus Abschn. 5.2.2 auf ihre spektrale Absorption und Streuung anwenden. Aus dem Spektrum der Mischfarbe lassen sich anschließend ihre Normfarbwerte berechnen. Deren direkte Berechnung aus den Normfarbwerten der Grundfarben unter Umgehung der Spektren ist nicht möglich. Die Mischfarbe liegt bei subtraktiver Mischung i. d. R. nicht auf der Verbindungsgeraden der Grundfarben in der Normfarbtafel. Die Menge der möglichen Mischfarben ist im Allgemeinen nicht durch das von den Grundfarben aufgespannte Dreieck[8] gegeben, sondern weist nichtlineare Begrenzungskurven auf. Dabei können durchaus Farben außerhalb des Dreiecks subtraktiv mischbar sein [7]. Dennoch ist es nicht möglich, alle wahrnehmbaren Farben aus wenigen Grundfarben subtraktiv zu mischen. Daher ist auch für den Druck dieses Buches nur ein erheblich reduzierter Farbumfang verfügbar, und alle in diesem Buch abgedruckten Farbtafel- und Farbraumdarstellungen sind nur

[8] Bzw. Polygon im Falle von mehr als drei Grundfarben.

als grobe Annäherung an die tatsächlichen Farbtafeln bzw. Farbräume zu verstehen.

Die Darstellung von Farben in der Normfarbtafel ist mit folgenden wesentlichen Einschränkungen[9] verbunden:

- Die Normfarbwerte x, y entsprechen keinen anschaulich interpretierbaren Koordinatenachsen, wie z. B. Farbton und Sättigung.
- Der Abstand zweier Punkte in der Normfarbtafel charakterisiert nicht den Abstand der zugehörigen Farben. Beispielsweise werden die Farben im grünen Bereich der Normfarbtafel feiner aufgelöst dargestellt, im blauen Bereich hingegen nur sehr grob aufgelöst. Der Abstand zweier gerade noch vom menschlichen Auge unterscheidbaren Farben wird durch die MacAdams-Ellipsoide in der Normfarbtafel bzw. im (x, y, Y)-Farbraum dargestellt. Sie sind im Bereich der grünen Farbtöne deutlich größer als bei den Rot-, Violett- und insbesondere Blautönen. Außerdem sind die Ellipsoide relativ stark exzentrisch, d. h. ein Abstand in x-Richtung in der Normfarbtafel kann einem deutlich kleineren visuell wahrgenommenen Farbabstand entsprechen als der gleiche Abstand in der y-Koordinate oder umgekehrt.

Wegen dieser Einschränkungen sind andere Farbräume für bestimmte Anwendungen besser geeignet als die Normfarbtafel. Eine Möglichkeit zur Konstruktion eines Farbraums mit anschaulich interpretierbaren Koordinatenachsen und gleichmäßigen Farbabständen bietet die Gegenfarbentheorie. Sie ordnet die Farben kreisförmig um den Weißpunkt an, wobei zwei gegenüberliegende Farben sich stets gegenseitig ausschließen. Diese Vorgehensweise steht im Einklang mit der physiologischen Theorie der Farbwahrnehmung, die in Abschn. 5.2.1 skizziert wurde (vgl. Abb. 5.6).

Der **CIELAB-Farbraum** mit den Koordinaten L^*, a^* und b^* beruht auf der Gegenfarbentheorie. Die Helligkeit wird durch L^* beschrieben und ergibt sich als dritte Wurzel des Normfarbwerts Y. Diese Transformation stellt sicher, dass gleiche Differenzen in L^* näherungsweise gleichen visuell wahrgenommenen Helligkeitsunterschieden entsprechen [7]. Die Gegenfarbenkoordinaten a^* und b^* werden auf Grundlage empirischer Beobachtungen so definiert, dass sich insgesamt ein näherungsweise gleichabständiger Farbraum ergibt. Die a^*-Achse beschreibt die Differenz von Rot- zu Grünanteil der Farbe, sodass negative a^*-Werte grüne und positive Werte rote Farben darstellen. Negative Werte der b^*-Koordinate entsprechen Blau-, positive Werte Gelbtönen (Abb. 5.14). Der Weißpunkt liegt bei $L^* = 100$, $a^* = b^* = 0$. Alle Punkte auf der Linie $a^* = b^* = 0$ entsprechen unbunten Farbreizen, wobei perfektes Schwarz bei $L^* = 0$ liegt.

[9] Zusätzlich ist unbefriedigend, dass die Position von perfektem Schwarz, $X = Y = Z = 0$, in der Normfarbtafel nach (5.33) nicht wohldefiniert ist [7].

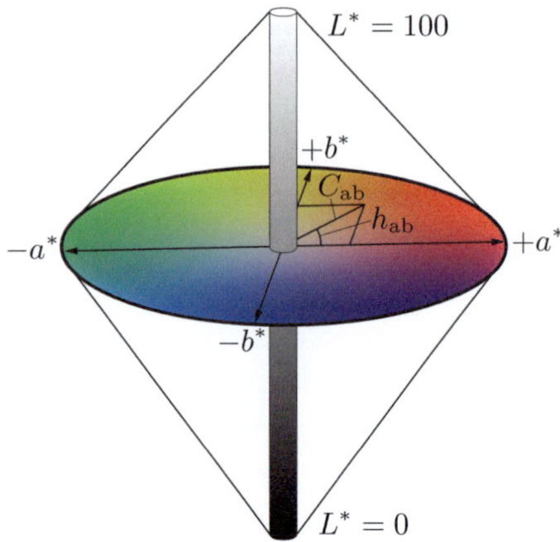

Abbildung 5.14. Darstellung des CIELAB-Farbraums mit den Koordinaten L^*, a^*, b^* sowie den Polarkoordinaten C_{ab}, h_{ab}.

Die Koordinatentransformation wird in Bezug auf einen Weißpunkt $(X_{\mathrm{N}}, Y_{\mathrm{N}}, Z_{\mathrm{N}})^{\mathrm{T}}$ im Normfarbraum definiert. Das Tripel $(X_{\mathrm{N}}, Y_{\mathrm{N}}, Z_{\mathrm{N}})^{\mathrm{T}}$ stellt die Normfarbwerte der weißen Lichtquelle bzw. ihrer Reflexion an einem idealisierten mattweißen Material dar. Dieser Punkt des Normfarbraums wird auf den Weißpunkt des CIELAB-Raums abgebildet. Wegen (5.32) hat man stets $Y_{\mathrm{N}} = 100$. Für die Normlichtart D65 ist weiterhin $X_{\mathrm{N}} \approx 95{,}0$ und $Z_{\mathrm{N}} \approx 108{,}8$.

Zwischen den Normfarbwerten X, Y, Z und dem CIELAB-Farbraum gelten die folgenden Umrechnungsvorschriften [7,8,48]:

$$L^* = 116\, f\left(\frac{Y}{Y_{\mathrm{N}}}\right) - 16 \tag{5.43}$$

$$a^* = 500\left(f\left(\frac{X}{X_{\mathrm{N}}}\right) - f\left(\frac{Y}{Y_{\mathrm{N}}}\right)\right) \tag{5.44}$$

$$b^* = 200\left(f\left(\frac{Y}{Y_{\mathrm{N}}}\right) - f\left(\frac{Z}{Z_{\mathrm{N}}}\right)\right) \tag{5.45}$$

$$f(\chi) = \begin{cases} \sqrt[3]{\chi} & \text{falls } \chi > 0{,}008856 \\ 7{,}787\chi + \frac{16}{116} & \text{falls } \chi \leq 0{,}008856 \end{cases} \tag{5.46}$$

$$Y = Y_{\mathrm{N}}\, f^{-1}\left(\frac{L^* + 16}{116}\right) \tag{5.47}$$

$$X = X_{\mathrm{N}}\, f^{-1}\left(\frac{a^*}{500} + f\left(\frac{Y}{Y_{\mathrm{N}}}\right)\right) \tag{5.48}$$

$$Z = Z_{\mathrm{N}}\, f^{-1}\left(-\frac{b^*}{200} + f\left(\frac{Y}{Y_{\mathrm{N}}}\right)\right) \tag{5.49}$$

$$f^{-1}(\alpha) = \begin{cases} \alpha^3 & \text{falls } \alpha > 0{,}207 \\ \frac{\alpha - \frac{16}{116}}{7{,}787} & \text{falls } \alpha \leq 0{,}207 \end{cases} \tag{5.50}$$

Da es sich um eine nichtlineare, nicht projektive Transformation handelt, werden Geraden im Normfarbraum im Allgemeinen nicht auf Geraden im CIELAB-Raum abgebildet [48].

Einen weiteren Farbraum erhält man, indem die Polarkoordinatendarstellung für die Gegenfarbenkoordinaten a^* und b^* verwendet wird. Der Winkel heißt in diesem Fall Farbtonwinkel (oder Bunttonwinkel) h_{ab}. Der Radius wird als Buntheit C_{ab} bezeichnet und ist ebenso wie die Sättigung ein Maß für den Abstand zum Unbuntpunkt [7]:

$$h_{\mathrm{ab}} = \arctan \frac{b^*}{a^*} \quad \in [0, 2\pi) \,, \tag{5.51}$$

$$C_{\mathrm{ab}} = \sqrt{a^{*2} + b^{*2}} \,. \tag{5.52}$$

Mit den Koordinaten L^*, C_{ab} und h_{ab} erhält man einen anschaulich interpretierbaren Farbraum.

5.2.4 Spektralphotometrische Farbmessung und Farbabstandsbestimmung

Zur Definition des Normfarbraums wurde die Bestimmung der Farbvalenz durch visuellen Vergleich mit einer Mischung von drei Grundfarben durchgeführt (Abb. 5.9). Für die automatische Farbprüfung in der Qualitätskontrolle wird i. d. R. ein anderes Messverfahren eingesetzt: Das Intensitätsspektrum wird spektrometrisch gemessen, und anschließend wird die Farbvalenz auf Grundlage der Messdaten rechnerisch ermittelt. Diese Vorgehensweise wird als spektralphotometrische Farbmessung bezeichnet. Für die meisten Anwendungen genügt die Abtastung des Spektrums an diskreten Wellenlängen, beispielsweise im Abstand von $10\,\mathrm{nm}$. Die Integrale in der Berechnung der Normfarbwerte werden in diesem Fall numerisch durch Summen approximiert [7].

Die Messung des Intensitätsspektrums erfolgt mit Hilfe einer Aufspaltung des Lichts in seine Wellenlängenkomponenten auf Grundlage der Dispersion oder der Beugung (siehe Kap. 2). Das Licht wird in Abhängigkeit der Wellenlänge in unterschiedliche Richtungen abgelenkt. Räumlich angeordnete Intensitätsdetektoren ermöglichen dann eine spektral aufgelöste Messung (siehe auch Abschn. 6.11). Man erhält ein Intensitätsspektrum $I(\lambda)$ des einfallenden Lichts, das zur Berechnung der Normfarbwerte in (5.29) – (5.31) eingesetzt werden kann. Die Normfarbwerte oder daraus abgeleitete Koordinaten in anderen Farbräumen charakterisieren die Farbe der beobachteten Lichtquelle.

Meist besteht die Aufgabe jedoch nicht darin, die Farbe einer Lichtquelle zu ermitteln, sondern die Farbe eines Prüfobjekts. In diesem Fall wird das Objekt mit breitbandigem Licht beleuchtet und das vom Objekt diffus reflektierte Licht mittels des Spektrometers gemessen. Das Spektrum der Beleuchtung ist bekannt bzw.

messbar, sodass durch eine entsprechende Kompensation der beleuchtungsunabhängige spektrale Reflexionsgrad $R(\lambda)$ des Objekts bestimmt werden kann [34].

Eine Alternative zur breitbandigen Beleuchtung ist die zeitsequenzielle Beleuchtung mit monochromatischem Licht unter Variation der Wellenlänge. Das monochromatische Licht kann ebenfalls durch Dispersion oder Beugung erzeugt werden, indem eine Blende nur ein schmales Wellenlängenband aus dem spektral aufgefächerten Licht passieren lässt. Zur Beobachtung des reflektierten Lichts genügt dann ein gewöhnlicher, breitbandiger Intensitätsdetektor. Mit einer Kamera lässt sich die Reflektanz ortsaufgelöst messen, was im Falle der spektrometrischen Messung nur durch einen Scanvorgang realisiert werden kann.

Ein Vorteil der monochromatischen Beleuchtung ist, dass eine Fluoreszenzanregung weitgehend vermieden wird, sodass auch bei fluoreszierenden Materialien die nichtfluoreszente Reflektanz gemessen werden kann. Soll hingegen die Fluoreszenzfarbe mitberücksichtigt werden, so muss eine breitbandige Beleuchtung verwendet werden, deren Spektrum im Bereich der Fluoreszenzanregung die Spezifikation der Prüfaufgabe erfüllt.
Für die Reflektanz eines nichtfluoreszierenden Objekts gilt stets[10]

$$\forall\lambda: \quad 0 \leq R(\lambda) \leq 1\,. \tag{5.53}$$

Die wahrgenommene Farbe eines Objekts wird nicht allein durch seine Reflektanz bestimmt, sondern auch durch die Beleuchtung. Die Intensität $I(\lambda)$ des vom Objekt emittierten Lichts ist das Produkt aus der Beleuchtungsintensität $I_{\text{Licht}}(\lambda)$ und seines Reflexionsgrades $R(\lambda)$:

$$I(\lambda) = I_{\text{Licht}}(\lambda)\, R(\lambda)\,. \tag{5.54}$$

Diese Intensität $I(\lambda)$ kann man nun in (5.29) – (5.31) einsetzen, um die Farbe des Objekts in Bezug auf die Beleuchtung $I_{\text{Licht}}(\lambda)$ und den CIE-Normalbeobachter zu berechnen. Die Menge der realisierbaren Objektfarben heißt Rösch-Farbkörper. Nicht alle wahrnehmbaren Farben können für eine gegebene Beleuchtung als Objektfarbe wiedergeben werden, weil eine Objektfarbe infolge der Multiplikation mit dem Beleuchtungsspektrum in Spektralbereichen mit geringer Beleuchtungsintensität selbst bei idealer Reflexion nur eine begrenzte Helligkeit erreichen kann [48].

Die Beleuchtungsintensität $I_{\text{Licht}}(\lambda)$, die für die Rechnung verwendet wird, muss nicht mit der realen Lichtquelle übereinstimmen, die bei der Messung des Reflektanzspektrums eingesetzt wurde. Vielmehr können für dieselbe spektralphotometrisch gemessene Reflektanz mehrere verschiedene virtuelle, ideali-

---

[10] Fluoreszierende Materialien können hingegen in bestimmten Wellenlängenbereichen mehr Licht emittieren, als eingestrahlt wird (siehe Abschn. 7.2.2).

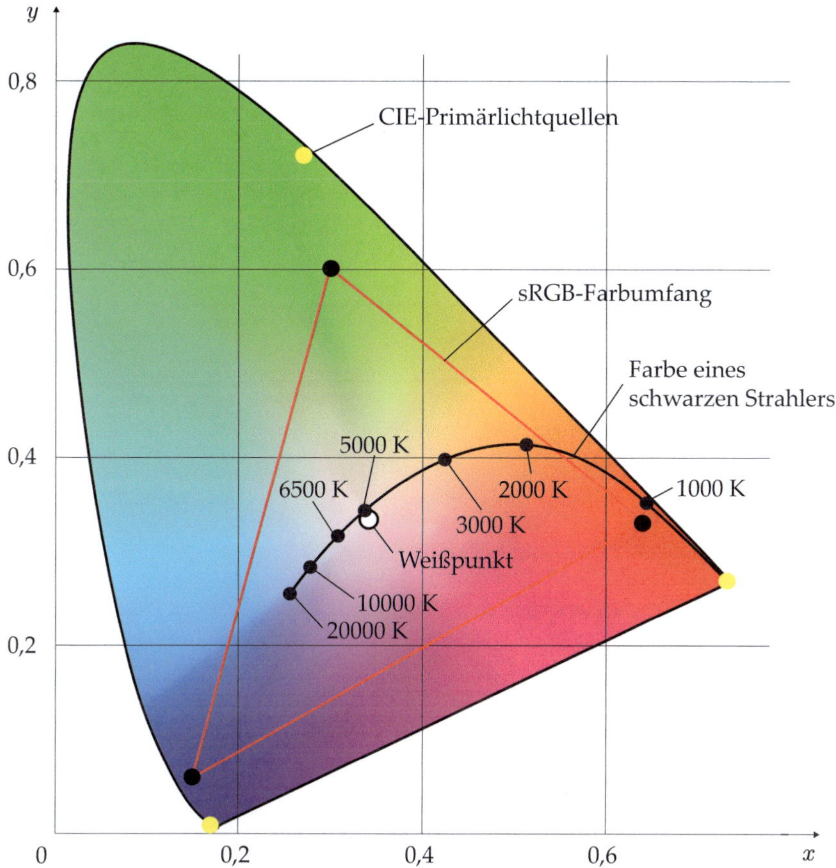

Abbildung 5.15. Farbe eines schwarzen Strahlers in Abhängigkeit seiner Temperatur sowie Lage der CIE-Primärlichtquellen und des sRGB-Farbumfangs in der Normfarbtafel

sierte Beleuchtungen angenommen werden, die den Anforderungen der Prüfaufgabe entsprechen. Wenn beispielsweise der visuelle Eindruck des Objekts geprüft werden soll, ist häufig ein tageslichtähnliches Beleuchtungsspektrum angemessen. Für solche Anwendungen wurde von der CIE die Normlichtart D65 standardisiert. Sie stellt ein Tageslichtspektrum mit einer Farbtemperatur von ca. 6 500 K dar, also ein Spektrum, das ähnlich dem eines schwarzen Strahlers mit einer Temperatur von 6 500 K ist. Die Abweichungen vom Planck'schen Strahlungsgesetz sind unter anderem auf Absorptions- und Streuungseffekte in der Erdatmosphäre zurückzuführen. Zu beachten ist allerdings, dass die spektrale Zusammensetzung des Tageslichts mit dem Sonnenstand und der Bewölkung erheblich variieren kann. Die Normlichtart D65 entspricht in etwa dem Tageslicht bei bewölktem Himmel. Sie lässt sich nicht unmittelbar durch eine reale künstliche Lichtquelle

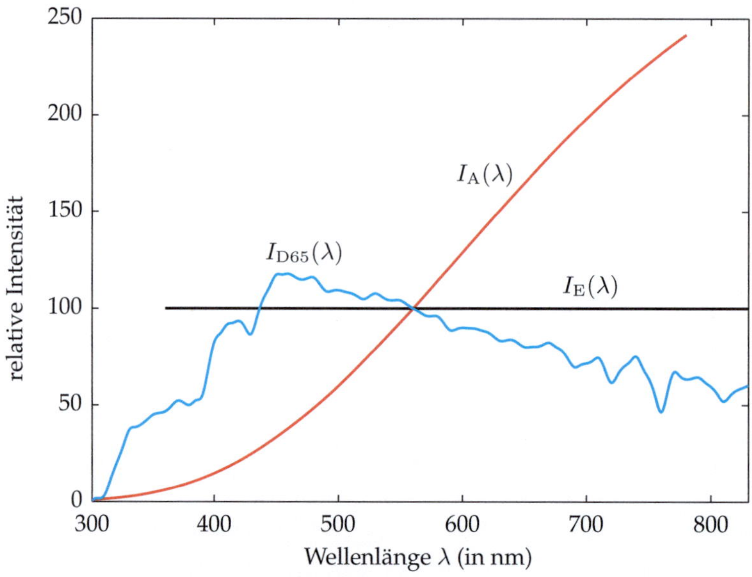

Abbildung 5.16. Relative Intensitätsspektren der CIE-Normlichtarten D65, A und E (nach [10,48]).

erzeugen, sondern wird überwiegend für Berechnungen eingesetzt. Abbildung 5.16 zeigt das D65-Spektrum zusammen mit dem der CIE-Normlichtart A, die einer Glühlampe entspricht und somit sehr ähnlich zur Planck'schen Strahlungskurve (2.258) ist, sowie dem bezüglich der Wellenlänge konstanten Spektrum E aus (5.17). Die Normlichtart A hat eine Farbtemperatur von $2\,856$ K und weist somit deutlich höhere Rot- und geringere Blauanteile auf als das Tageslichtspektrum (Abb. 5.15). Die Spektren sind nicht absolut standardisiert, sondern nur bis auf einen konstanten Skalierungsfaktor. Die Intensitäten im nicht sichtbaren Ultraviolett wurden ebenfalls festgelegt, da sie für die Fluoreszenzanregung wichtig sind (siehe Abschn. 7.2.2). Die Eignung einer Lichtart für die Zwecke der Farbmessung lässt sich mit Hilfe ihres Farbwiedergabeindexes bewerten [48].

Beispiel 5.3 (Spektralphotometrische Farbmessung und Metamerie): Abbildung 5.17 zeigt drei hypothetische spektrale Reflektanzverteilungen $R_i(\lambda)$, $i = 1, 2, 3$ (nach [48]). Es sollen die zugehörigen Normfarbwerte und Normfarbwertanteile unter Annahme einer Beleuchtung mit der Normlichtart D65 ermittelt werden. Dazu werden gemäß (5.54) die Intensitätsspektren $I_i(\lambda) = I_{\mathrm{D65}}(\lambda)\, R_i(\lambda)$ berechnet und in (5.29) – (5.32) eingesetzt. Die Integrationsgrenzen bei der Auswertung aller Integrale werden in diesem Beispiel auf das Intervall $[380\ \mathrm{nm}, 760\ \mathrm{nm}]$ festgelegt, für das Reflektanzdaten vorliegen. Man erhält

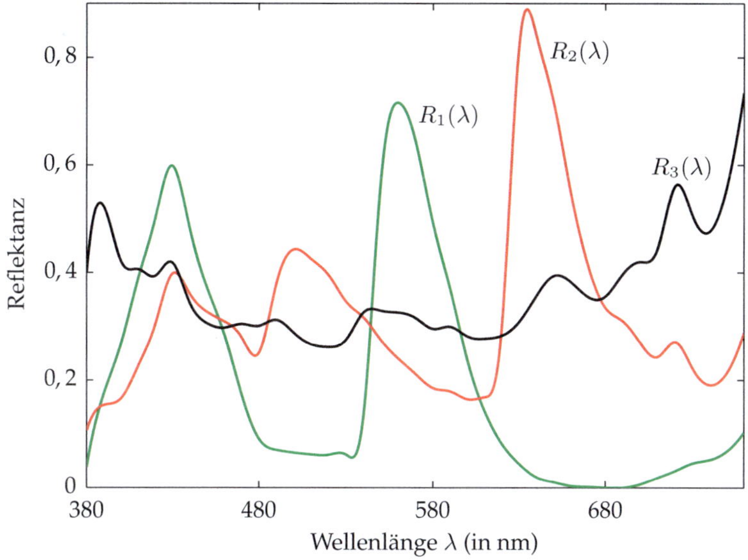

Abbildung 5.17. Spektrale Reflexionsgrade dreier metamerer Objekte, die unter der CIE-Normlichtart D65 bedingt gleich sind (nach [48]).

für die drei Objekte folgende Ergebnisse:

$$k_{\mathrm{D65}} \approx \frac{1}{105{,}68\ \mathrm{nm}}\,, \tag{5.55}$$

$$X \approx 29{,}6\,, \qquad Y \approx 30{,}2\,, \qquad Z \approx 35{,}7\,. \tag{5.56}$$

Für alle drei Objekte resultieren identische Normfarbwerte. Sie sind also unter D65-Beleuchtung metamer und haben in der menschlichen Wahrnehmung dieselbe Farbe, obwohl ihre Reflektanzspektren $R_i(\lambda)$ sich deutlich voneinander unterscheiden.

Die Berechnung der Normfarbwertanteile gemäß (5.33) liefert:

$$x \approx 0{,}31\,, \qquad y \approx 0{,}32\,. \tag{5.57}$$

Diese Werte entsprechen einem leicht bläulichen Grau. ■

Ein Spektrum, das metamer zu einem gegebenen Farbreiz ist, lässt sich mit Methoden der Variationsrechnung konstruieren [45]. Die spektralen Reflektanzkurven zweier metamerer Objekte haben im Allgemeinen mindestens drei Schnittpunkte, von denen häufig jeweils einer in der Nähe der Absorptionsmaxima der drei Zapfentypen des Auges liegt. Metamere können auch so konstruiert werden, dass sie unter mehr als einer Lichtart bedingt gleich sind [48].

Neben dem Spektrum der Beleuchtung kann auch die Richtung der Beleuchtung und der Beobachtung den entstehenden Farbeindruck beeinflussen. Dieser Effekt lässt sich mittels der wellenlängenabhängigen BRDF aus Abschn. 4.3 modellieren. Im Alltag ist die Richtungsabhängigkeit des Farbeindrucks z. B. von sogenannten changierenden Textilien bekannt.

Das Phänomen der Metamerie kann nicht nur bezüglich verschiedener Lichtarten, sondern auch bezüglich verschiedener Beobachter auftreten. Während eine Person zwei metamere Farbreize als übereinstimmend wahrnimmt, können andere die beiden Farbreize bei gleichen Beleuchtungs- und Beobachtungsbedingungen voneinander unterscheiden. Die CIE-Normalbeobachter wurden als Mittelwerte über eine vergleichsweise geringe Anzahl von Versuchspersonen berechnet. Individuell kann die Farbwahrnehmung von diesen Mittelwerten abweichen, selbst wenn keine Farbenfehlsichtigkeit vorliegt. Eine besonders relevante physiologische Abweichung entsteht dadurch, dass die Augenlinse im fortgeschrittenen Lebensalter leicht gelblich wird [7].

Eine wichtige Anwendung der Farbmesstechnik in der automatischen Sichtprüfung ist die Kontrolle, ob die Farbe eines Produkts innerhalb einer vorgegebenen Toleranz zur Farbe eines Referenzobjekts liegt [46]. Um diese Prüfaufgabe quantitativ spezifizieren zu können, wird ein Abstandsbegriff für Farben benötigt. Der Farbabstand wird sinnvollerweise in einem Farbraum definiert, in dem gleiche Koordinatenabstände näherungsweise gleiche visuell wahrgenommene Farbunterschiede repräsentieren. Dann lässt sich der Farbabstand ΔE als euklidischer Abstand zweier Punkte in diesem Farbraum berechnen. Im CIELAB-Farbraum erhält man beispielsweise

$$\Delta E = \sqrt{(\Delta L^*)^2 + (\Delta a^*)^2 + (\Delta b^*)^2} \tag{5.58}$$

$$= \sqrt{(L_1^* - L_2^*)^2 + (a_1^* - a_2^*)^2 + (b_1^* - b_2^*)^2}\,, \tag{5.59}$$

wobei die Vektoren $(L_1^*, a_1^*, b_2^*)^\mathrm{T}$ und $(L_2^*, a_2^*, b_2^*)^\mathrm{T}$ die CIELAB-Koordinaten der beiden Farben sind, deren Abstand berechnet werden soll [48]. Als visuell wahrnehmbar gelten Farbabstände ab einer Größenordnung von $\Delta E \approx 1$. Der CIELAB-Farbraum ist allerdings nur näherungsweise gleichabständig, sodass Farbabstände in entfernten Regionen des Farbraums, insbesondere für deutlich verschiedene Farbtöne, nur eingeschränkt vergleichbar sind [7]. Aus diesem Grund kann der euklidische Farbabstand durch verschiedene Korrekturfaktoren modifiziert werden [32].

Weiterhin ist es wünschenswert, den Farbabstand in seine Komponenten bezüglich Helligkeit, Sättigung und Farbton zerlegen zu können, da in vielen Fällen eine unterschiedliche Toleranz für entsprechende Farbabweichungen gegeben ist.

Der Helligkeitsabstand ΔL^* und der Buntheitsabstand[11] ΔC lassen sich unmittelbar zu

$$\Delta L^* = L_1^* - L_2^*\,, \tag{5.60}$$

$$\Delta C = C_1 - C_2 \tag{5.61}$$

berechnen. Der verbleibende Beitrag zu ΔE ist der Farbtonabstand ΔH [46]:

$$\Delta H = \operatorname{sgn}(a_2^* b_1^* - a_1^* b_2^*)\,\sqrt{(\Delta E)^2 - (\Delta L^*)^2 - (\Delta C)^2}\,. \tag{5.62}$$

Mit der Abweichung des Farbtonwinkels h hängt ΔH wie folgt zusammen:

$$\Delta H = 2\sqrt{C_1\,C_2}\sin\left(\frac{\Delta h}{2}\right) \approx \sqrt{C_1\,C_2}\,\Delta h\,, \qquad \Delta h = h_1 - h_2\,. \tag{5.63}$$

Die Näherung gilt für kleine Farbtondifferenzen.

Der Farbabstand ΔE zweier metamerer Spektren kann als Grad der Metamerie bezogen auf die gewählte Lichtart interpretiert werden. Wenn die Reflektanzspektren $R_1(\lambda)$ und $R_2(\lambda)$ unter einer Lichtart identische Normfarbwerte und somit einen Farbabstand $\Delta E = 0$ besitzen, wird ihr Farbabstand $\Delta E'$ unter einer zweiten Lichtart als **Metamerie-Index** bezüglich eines Wechsels der Lichtart bezeichnet. Um den Grad der Metamerie zweier metamerer Objekte zu bewerten, können die Metamerie-Indizes bezüglich verschiedener typischer Lichtquellen herangezogen werden [48].

Beispiel 5.4 (Farbabstand und Metamerie-Index): Die drei metameren Reflektanzspektren $R_i(\lambda)$ aus Bsp. 5.3 sollen nun unter der CIE-Normlichtart A untersucht werden. Mit (5.54) und (5.29) – (5.32) erhält man:

$$k_\mathrm{A} \approx \frac{1}{107{,}90\ \mathrm{nm}} \tag{5.64}$$

$$X_1 \approx 28{,}6 \qquad Y_1 \approx 31{,}0 \qquad Z_1 \approx 10{,}4 \tag{5.65}$$

$$X_2 \approx 37{,}1 \qquad Y_2 \approx 30{,}3 \qquad Z_2 \approx 11{,}7 \tag{5.66}$$

$$X_3 \approx 34{,}0 \qquad Y_3 \approx 30{,}5 \qquad Z_3 \approx 11{,}4 \tag{5.67}$$

Die Farben der drei Objekte weichen unter Beleuchtung mit Normlichtart A voneinander ab, während sie unter D65 bedingt gleich waren.

---

[11] Auf den Index von C_ab und h_ab soll im Folgenden verzichtet werden, weil ausschließlich der CIELAB-Farbraum betrachtet wird.

Die Normfarbwertanteile betragen gemäß (5.33):

$$x_1 \approx 0{,}41 \qquad y_1 \approx 0{,}44 \tag{5.68}$$

$$x_2 \approx 0{,}47 \qquad y_2 \approx 0{,}38 \tag{5.69}$$

$$x_3 \approx 0{,}45 \qquad y_3 \approx 0{,}40 \tag{5.70}$$

Diese Werte beschreiben ebenfalls Grautöne, diesmal jedoch mit gelb-orangen Anteilen. Die Erklärung liegt darin, dass Normlichtart A im langwelligen, gelben bis roten sichtbaren Licht eine höhere Intensität aufweist als D65, im kurzwelligen blauen Licht jedoch eine deutlich geringere.

Um den Farbabstand zwischen den drei metameren Objekten berechnen zu können, werden ihre Normfarbwerte gemäß (5.43) – (5.46) in den CIELAB-Farbraum transformiert:

$$Y_\mathrm{N} = 100 \qquad X_\mathrm{N} \approx 109{,}83 \qquad Z_\mathrm{N} \approx 35{,}55 \tag{5.71}$$

$$L_1^* \approx 62{,}5 \qquad a_1^* \approx -19{,}1 \qquad b_1^* \approx 2{,}7 \tag{5.72}$$

$$L_2^* \approx 61{,}9 \qquad a_2^* \approx 12{,}4 \qquad b_2^* \approx -3{,}8 \tag{5.73}$$

$$L_3^* \approx 62{,}1 \qquad a_3^* \approx 1{,}8 \qquad b_3^* \approx -2{,}4 \tag{5.74}$$

Anhand von Abb. 5.17 lässt sich beispielsweise qualitativ verifizieren, dass $R_1(\lambda)$ in der Tat einen höheren Grünanteil (negatives a_1^*) und $R_2(\lambda)$ einen höheren Rotanteil (positives a_2^*) aufweist.

Aus den CIELAB-Koordinaten lassen sich nun mit (5.58) und (5.60) die Farbabstände ΔE_{ij} der Reflektanzspektren $R_i(\lambda)$ und $R_j(\lambda)$ unter der Normlichtart A sowie die zugehörigen Helligkeitsabstände ΔL_{ij}^* berechnen:

$$\Delta E_{12} \approx 32{,}2 \qquad \Delta L_{12}^* \approx 0{,}59 \tag{5.75}$$

$$\Delta E_{13} \approx 21{,}6 \qquad \Delta L_{13}^* \approx 0{,}45 \tag{5.76}$$

$$\Delta E_{23} \approx 10{,}7 \qquad \Delta L_{23}^* \approx -0{,}13 \tag{5.77}$$

Diese Farbabstände liegen erheblich über der Wahrnehmbarkeitsschwelle. Erwartungsgemäß fällt der Farbabstand zwischen den Spektren $R_1(\lambda)$ und $R_2(\lambda)$, die ausgeprägte Maxima in unterschiedlichen Wellenlängenbereichen aufweisen, größer aus als die Abstände zu dem gleichmäßiger verteilten Spektrum $R_3(\lambda)$. Die Farbabstände ΔE_{ij} sind gleichzeitig die Metamerie-Indizes bezüglich des Wechsels von der Normlichtart D65 zur Normlichtart A.

Um die weiteren Komponenten des Farbabstands zu ermitteln, werden zunächst die Gegenfarbkomponenten in die Polarkoordinatendarstellung aus

Buntheit (5.52) und Farbtonwinkel (5.51) transformiert:

$$C_1 \approx 19{,}3 \qquad h_1 \approx 3{,}00 \tag{5.78}$$

$$C_2 \approx 13{,}0 \qquad h_2 \approx 5{,}98 \tag{5.79}$$

$$C_3 \approx 3{,}1 \qquad h_3 \approx 5{,}36 \tag{5.80}$$

Das annähernd gleichverteilte Spektrum $R_3(\lambda)$ weist eine deutlich geringere Buntheit C auf als die beiden anderen Spektren mit ausgeprägten spektralen Maxima.

Nun können die Buntheitsabstände gemäß (5.61) und die Farbtonabstände gemäß (5.62) berechnet werden:

$$\Delta C_{12} \approx 6{,}3 \qquad \Delta H_{12} \approx -31{,}6 \qquad \Delta h_{12} \approx -2{,}98 \tag{5.81}$$

$$\Delta C_{13} \approx 16{,}3 \qquad \Delta H_{13} \approx -14{,}2 \qquad \Delta h_{13} \approx -2{,}36 \tag{5.82}$$

$$\Delta C_{23} \approx 9{,}9 \qquad \Delta H_{23} \approx 3{,}9 \qquad \Delta h_{23} \approx 0{,}62 \tag{5.83}$$

Die Anwendung der Näherungsformel aus (5.63) zur Bestimmung des Farbtonwinkelabstands Δh_{ij} ist nur für das letzte Paar $(R_2(\lambda), R_3(\lambda))$ sinnvoll, da die übrigen Farbtonabstände so groß sind, dass die Approximationsgenauigkeit nicht mehr ausreichend ist. ■

5.2.5 Farbordnungssysteme

In einem Farbordnungssystem werden Farben anhand festgelegter Kriterien systematisch angeordnet [7, 46]. Ein Beispiel für solche Kriterien sind die Achsen Farbton, Sättigung und Helligkeit (Abb. 5.18). Die Kriterien müssen nicht zwangsläufig numerisch quantifiziert werden. Die Farben können so ausgewählt werden, dass zwei benachbarte Farben stets den gleichen visuell wahrgenommenen Abstand aufweisen. Farbordnungssysteme beinhalten häufig reale gefärbte Materialproben und können speziell für bestimmte Materialien und Produktreihen gestaltet werden. Anhand eines Farbordnungssystems lässt sich die Toleranz für ein Produkt festlegen. Zu diesem Zweck werden ausgehend von der Sollfarbe des Produkts die Grenzfarben in jeder Richtung des Farbordnungssystems gekennzeichnet, die gerade noch akzeptiert werden. Wenn eine automatisierte Qualitätskontrolle durchgeführt werden soll, können auf Grundlage der Grenzfarben Schwellwerte für den Farbabstand ΔE von der Referenzfarbe festgelegt werden.

Ein verbreitetes Farbordnungssystem ist das Munsell-System mit den Kriterien Helligkeit, Buntheit und Farbton (*value, hue, chroma*) [4, 7, 33].

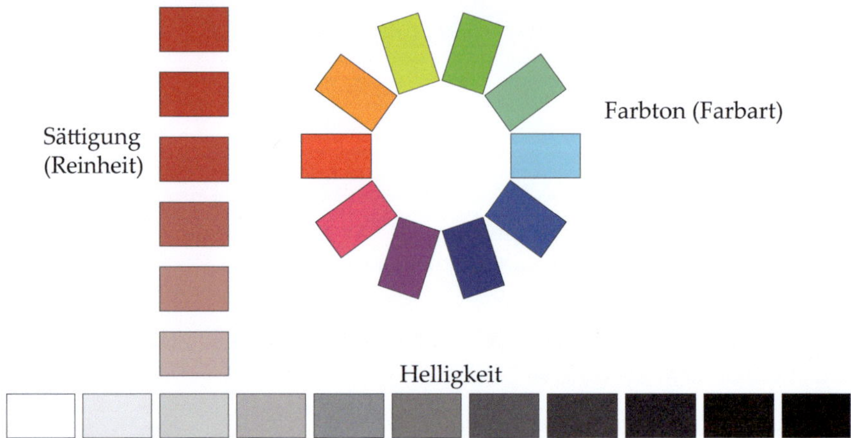

Abbildung 5.18. Veranschaulichung der Begriffe Helligkeit, Sättigung und Farbton im Rahmen eines Farbordnungssystems.

5.2.6 Weitere Farbräume

Die CIE-Farbräume aus Abschn. 5.2.3 dienen zunächst der Beschreibung, Messung und Abstandsbestimmung von Farben. Daneben gibt es noch zahlreiche weitere Farbräume, die beispielsweise im Hinblick auf bestimmte Anwendungen definiert wurden. Hierzu gehören die Farbwiedergabe auf Monitoren und Fernsehbildschirmen durch additive Mischung bestimmter Grundfarben sowie die Farbwiedergabe in Druckverfahren durch die subtraktive Mischung von Farbmitteln.

Abbildung 5.19 zeigt eine Einordnung der erwähnten Farbräume anhand der Kriterien Anwendungsbezug und physiologische bzw. technische Sichtweise [40].

5.2.6.1 Gamma-Korrektur

Zur Anzeige von Bildern z. B. auf Monitoren werden üblicherweise Bildwerte verwendet, die nicht proportional zu den beobachteten Intensitäten sind. Diese Vorgehensweise dient dem Ausgleich von Nichtlinearitäten in der menschlichen Wahrnehmung von Intensitäten sowie von nichtlinearen Kennlinien von Monitoren, Kameras etc. Die Gamma-Korrektur wird daher in verschiedenen Farbräumen verwendet, die insbesondere zur Darstellung von Farben auf Monitoren genutzt werden.

Zur Anpassung an die menschliche Hellempfindlichkeit wird die physikalische Intensität I wie folgt in den Bildwert g im Bild transformiert:

$$g = f_\gamma(I) = I^\gamma \,, \qquad I \in [0,1] \,. \tag{5.84}$$

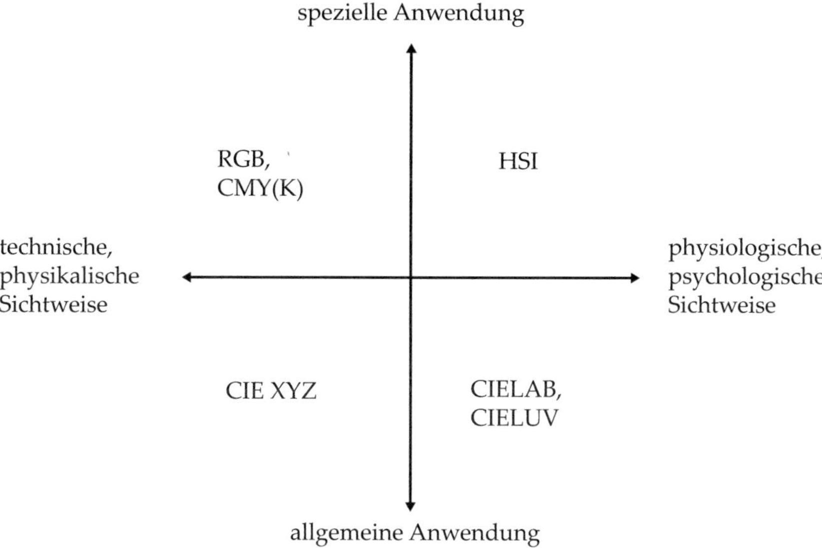

Abbildung 5.19. Kriterien zur Einteilung der verschiedenen Farbräume.

Die Intensitätswerte werden zuvor auf das Intervall $[0,1]$ normiert. Die gamma-korrigierten Bildwerte liegen ebenfalls im Intervall $[0,1]$, wobei $f_\gamma(0) = 0$ und $f_\gamma(1) = 1$. Die Transformation ist monoton und umkehrbar. Die Umkehrfunktion lautet:

$$I = f_\gamma^{-1}(g) = g^{\frac{1}{\gamma}} \,. \tag{5.85}$$

In der Praxis liegen die Bildwerte i. d. R. quantisiert vor, weshalb die inverse Abbildung nicht exakt, sondern mit einem Quantisierungsfehler behaftet ist. Die bessere Ausnutzung der verfügbaren Quantisierungsstufen in Übereinstimmung mit der menschlichen Helligkeitswahrnehmung ist ein wesentlicher Grund für den Einsatz der Gamma-Korrektur. Die Gamma-Korrektur kann sowohl auf ein Grauwertbild als auch auf die Kanäle eines Farbbildes angewendet werden.

Die modifizierte Gamma-Korrektur wandelt die Transformationskennlinie bei niedrigen Intensitäten $I \leq I_0$ zu einer Geraden ab, um zu steile bzw. zu flache Kennlinien zu vermeiden [9]. Sie ist durch folgende Vorschrift definiert:

$$f_{\gamma,I_0}(I) := \begin{cases} (1+d)\, I^\gamma - d & \text{falls } I_0 < I \leq 1 \\ s\, I & \text{falls } 0 \leq I \leq I_0 \end{cases} \tag{5.86}$$

mit

$$d := \frac{1}{I_0^\gamma\,(\gamma - 1) + 1} - 1\,, \tag{5.87}$$

$$s := \frac{\gamma}{I_0\,(\gamma - 1) + I_0^{1-\gamma}}\,. \tag{5.88}$$

Die Rücktransformation ist gegeben durch

$$f_{\gamma,I_0}^{-1}(g) = \begin{cases} \left(\frac{g+d}{1+d}\right)^{\frac{1}{\gamma}} & \text{falls } s\,I_0 < g \leq 1 \\ \frac{g}{s} & \text{falls } 0 \leq g \leq s\,I_0\,. \end{cases} \tag{5.89}$$

5.2.6.2 RGB-Farbräume

Technische Farbräume beschreiben die von einem bestimmten Gerät darstellbaren Farben. In diesen Farbräumen lassen sich daher meist nicht sämtliche wahrnehmbaren Farben beschreiben. Die Menge der darstellbaren Farben heißt Farbumfang (Gamut) des Geräts [8]. Im Fall einer additiven Farbmischung aus drei Grundfarben entspricht der Farbumfang einem Dreieck in der Normfarbtafel (Abschn. 5.2.3). Die Grundfarben typischer Monitore, Projektoren und Kameras sind Rot, Grün und Blau. Die Anteile dieser drei Grundfarben werden in den RGB-Farbräumen durch einen Vektor $(R, G, B)^\mathrm{T} \in [0, 1]^3$ beschrieben (Abb. 5.20). Die RGB-Farbräume und Farbumfänge verschiedener Geräte stimmen i. d. R. nicht überein, da verschiedene Grundfarben verwendet werden.

Der sRGB-Farbraum ist ein geräteunabhängiger RGB-Standard [8, 44]. Er nimmt drei Referenzlichtquellen mit folgenden Normfarbwertanteilen an (Abb.

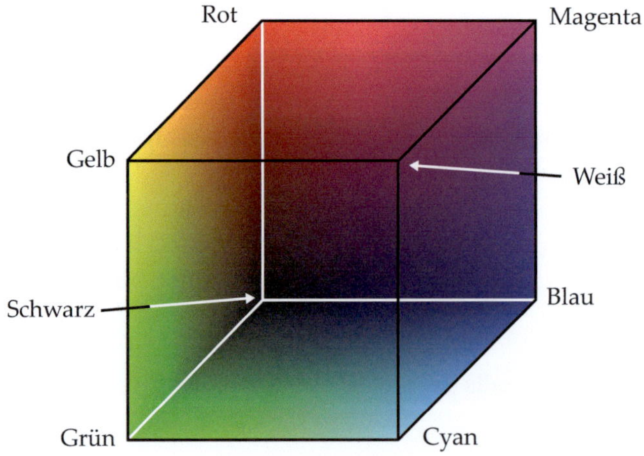

Abbildung 5.20. RGB-Farbraum.

5.15):

$$x_\mathrm{R} = 0{,}64 \qquad x_\mathrm{G} = 0{,}30 \qquad x_\mathrm{B} = 0{,}15$$
$$y_\mathrm{R} = 0{,}33 \qquad y_\mathrm{G} = 0{,}60 \qquad y_\mathrm{B} = 0{,}06 \tag{5.90}$$

Die linearen sRGB-Farbwerte R_s, G_s, B_s ergeben sich durch eine lineare Transformation der Normfarbwerte X, Y, Z:

$$\begin{pmatrix} R_\mathrm{s} \\ G_\mathrm{s} \\ B_\mathrm{s} \end{pmatrix} = \mathbf{A}_\mathrm{sRGB} \begin{pmatrix} X \\ Y \\ Z \end{pmatrix} \tag{5.91}$$

mit

$$\mathbf{A}_\mathrm{sRGB} = \begin{pmatrix} 3{,}2410 & -1{,}5374 & -0{,}4986 \\ -0{,}9692 & 1{,}8760 & 0{,}0416 \\ 0{,}0556 & -0{,}2040 & 1{,}0570 \end{pmatrix} . \tag{5.92}$$

Der sRGB-Farbraum umfasst Werte R_s, G_s, B_s im Intervall $[0, 1]$. Wenn in (5.91) negative Werte auftreten, werden diese auf 0 gesetzt; Werte größer als 1 werden auf 1 gesetzt. Entsprechende Farben sind im sRGB-Raum nicht darstellbar. Für solche Farben ist dieser Transformationsschritt nicht umkehrbar.

Im Anschluss an die lineare Transformation wird eine nichtlineare Gamma-Korrektur durchgeführt, um die Farbdarstellung auf typischen Monitoren zu verbessern (siehe Abschn. 5.2.6.1). Mit $\gamma = \frac{1}{2{,}4}$ und $I_0 = 0{,}00304$ erhält man aus (5.86) folgende Berechnungsvorschrift für die nichtlinear korrigierten sRGB-Farbwerte R'_s, G'_s, B'_s:

$$\begin{pmatrix} R'_\mathrm{s} \\ G'_\mathrm{s} \\ B'_\mathrm{s} \end{pmatrix} = \begin{pmatrix} f_{\gamma,I_0}(R_\mathrm{s}) \\ f_{\gamma,I_0}(G_\mathrm{s}) \\ f_{\gamma,I_0}(B_\mathrm{s}) \end{pmatrix} , \tag{5.93}$$

$$f_{\gamma,I_0}(x) = \begin{cases} 1{,}055\, x^{\frac{1}{2{,}4}} - 0{,}055 & \text{falls } x > 0{,}00304 \\ 12{,}92\, x & \text{falls } x \leq 0{,}00304 \, . \end{cases} \tag{5.94}$$

Die nichtlinear korrigierten sRGB-Farbwerte liegen ebenfalls im Intervall $[0, 1]$. In Farbbildern sind üblicherweise diese nichtlinear korrigierten Farbwerte abgespeichert, z. B. nach dem JPEG-Standard. Die Werte aus den Farbkanälen eines Bildes entsprechen also nicht den radiometrischen Intensitäten und sollten daher zurücktransformiert werden, bevor Verarbeitungsschritte angewendet werden, die einen linearen Zusammenhang mit den Intensitäten voraussetzen.

Zusätzlich wird für die Speicherung in Bilddateien normalerweise eine Skalierung und Quantisierung vorgenommen. Für die typische 8-Bit-Auflösung pro

Farbkanal werden die sRGB-Werte mit $2^8 - 1 = 255$ multipliziert und auf ganzzahlige Werte quantisiert.

Für die Rücktransformation in CIE-Normfarbwerte muss zunächst diese Skalierung rückgängig gemacht werden, sodass die nichtlinear korrigierten sRGB-Farbwerte R'_s, G'_s, B'_s aus dem Intervall $[0,1]$ vorliegen. Anschließend wird die Gamma-Korrektur rückgängig gemacht:

$$\begin{pmatrix} R_\mathrm{s} \\ G_\mathrm{s} \\ B_\mathrm{s} \end{pmatrix} = \begin{pmatrix} f_{\gamma,I_0}^{-1}(R'_\mathrm{s}) \\ f_{\gamma,I_0}^{-1}(G'_\mathrm{s}) \\ f_{\gamma,I_0}^{-1}(B'_\mathrm{s}) \end{pmatrix}, \tag{5.95}$$

$$f_{\gamma,I_0}^{-1}(x) = \begin{cases} \left(\frac{x+0{,}055}{1{,}055}\right)^{2{,}4} & \text{falls } x > 0{,}03928 \\ \frac{x}{12{,}92} & \text{falls } x \leq 0{,}03928\,. \end{cases} \tag{5.96}$$

Aus den linearen sRGB-Farbwerten R_s, G_s, B_s können nun die Normfarbwerte X, Y, Z berechnet werden:

$$\begin{pmatrix} X \\ Y \\ Z \end{pmatrix} = \mathbf{A}_\mathrm{sRGB}^{-1} \begin{pmatrix} R_\mathrm{s} \\ G_\mathrm{s} \\ B_\mathrm{s} \end{pmatrix} \tag{5.97}$$

mit der inversen Transformationsmatrix

$$\mathbf{A}_\mathrm{sRGB}^{-1} = \begin{pmatrix} 0{,}4124 & 0{,}3576 & 0{,}1805 \\ 0{,}2126 & 0{,}7152 & 0{,}0722 \\ 0{,}0193 & 0{,}1192 & 0{,}9505 \end{pmatrix}. \tag{5.98}$$

Die Spalten der Matrix $\mathbf{A}_\mathrm{sRGB}^{-1}$ stellen die Normfarbwerte X, Y, Z der sRGB-Grundfarben aus (5.90) dar. Ferner ist der Weißpunkt $(R_\mathrm{s}, G_\mathrm{s}, B_\mathrm{s})^\mathrm{T} = (1,1,1)^\mathrm{T}$ identisch mit der CIE-Normlichtart D65.

5.2.6.3 HSI und HSV

Die RGB-Farbwerte können wiederum in andere Farbräume transformiert werden, deren Koordinaten anschaulich interpretierbaren Größen wie Helligkeit, Farbton und Sättigung entsprechen. Zu diesen Farbräumen gehören HSV, HSL (HLS) und HSI, die ähnliche Ziele verfolgen, aber nicht identisch sind [9]. Als Beispiel wird im Folgenden die Transformation in den **HSI-Farbraum** behandelt [19]. Die Koordinaten dieses Farbraums stehen für den Farbton H_HSI (*hue*), die Sättigung S_HSI (*saturation*) und die Intensität I_HSI (*intensity*). Die Farbtöne werden ähnlich wie bei der Polarkoordinatenform des CIELAB-Farbraums durch einen Winkel dargestellt, jedoch nicht auf einem Kreis, sondern in einem Dreieck angeordnet.

HSI-Farbräume können auf der Basis geräteabhängiger oder standardisierter RGB-Farben mit oder ohne Gamma-Korrektur definiert werden. Für die Umrechnung der gamma-korrigierten sRGB-Koordinaten in den HSI-Raum gelten folgende Gleichungen:

$$H_{\mathrm{HSI}} = \arctan \frac{\sqrt{3}\,(G'_{\mathrm{s}} - B'_{\mathrm{s}})}{2R'_{\mathrm{s}} - G'_{\mathrm{s}} - B'_{\mathrm{s}}} \tag{5.99}$$

$$I_{\mathrm{HSI}} = \tfrac{1}{3}\,(R'_{\mathrm{s}} + G'_{\mathrm{s}} + B'_{\mathrm{s}}) \tag{5.100}$$

$$S_{\mathrm{HSI}} = 1 - \frac{\min\{R'_{\mathrm{s}}, G'_{\mathrm{s}}, B'_{\mathrm{s}}\}}{I_{\mathrm{HSI}}} \tag{5.101}$$

Die Intensitätskoordinate I_{HSI} gewichtet alle drei Farbkanäle gleich stark, entspricht also nicht dem menschlichen Hellempfinden. Für die Rücktransformation vom HSI-Raum in den sRGB-Raum sind Fallunterscheidungen über den Sektor des Farbdreiecks erforderlich, in dem sich der Farbton H befindet:

$$h := H_{\mathrm{HSI}} - \tfrac{2}{3}\pi \left\lfloor \frac{3H_{\mathrm{HSI}}}{2\pi} \right\rfloor \tag{5.102}$$

$$p := I_{\mathrm{HSI}}\,(1 - S_{\mathrm{HSI}}) \tag{5.103}$$

$$q := I_{\mathrm{HSI}} \left(1 + \frac{S_{\mathrm{HSI}} \cos h}{\cos(\frac{\pi}{3} - h)}\right) \tag{5.104}$$

$$t := 3I_{\mathrm{HSI}} - p - q \tag{5.105}$$

$$(R'_{\mathrm{s}}, G'_{\mathrm{s}}, B'_{\mathrm{s}})^{\mathrm{T}} = \begin{cases} (q,t,p)^{\mathrm{T}} & \text{falls } 0 \leq H_{\mathrm{HSI}} < \frac{2}{3}\pi \\ (p,q,t)^{\mathrm{T}} & \text{falls } \frac{2}{3}\pi \leq H_{\mathrm{HSI}} < \frac{4}{3}\pi \\ (t,p,q)^{\mathrm{T}} & \text{falls } \frac{4}{3}\pi < H_{\mathrm{HSI}} < 2\pi \end{cases} \tag{5.106}$$

Die Koordinaten des **HSV-Farbraums** sind Farbton H_{HSV}, Sättigung S_{HSV} und Hellwert V_{HSV} (*value*). Sie werden wie folgt aus den RGB-Werten berechnet, die im Intervall $[0, 1]$ liegen [9]:

$$m := \min\{R'_{\mathrm{s}}, G'_{\mathrm{s}}, B'_{\mathrm{s}}\}\,, \tag{5.107}$$

$$V_{\mathrm{HSV}} := \max\{R'_{\mathrm{s}}, G'_{\mathrm{s}}, B'_{\mathrm{s}}\}\,, \tag{5.108}$$

$$S_{\mathrm{HSV}} := \begin{cases} \frac{V_{\mathrm{HSV}} - m}{V_{\mathrm{HSV}}} & \text{falls } V_{\mathrm{HSV}} \neq 0 \\ 0 & \text{falls } V_{\mathrm{HSV}} = 0\,, \end{cases} \tag{5.109}$$

$$H_{\mathrm{HSV}} := \begin{cases} \frac{\pi}{3}\left(\frac{G'_{\mathrm{s}}-B'_{\mathrm{s}}}{V_{\mathrm{HSV}}-m}\right) & \text{falls } V_{\mathrm{HSV}} = R'_{\mathrm{s}} \\ \frac{\pi}{3}\left(\frac{B'_{\mathrm{s}}-R'_{\mathrm{s}}}{V_{\mathrm{HSV}}-m}+2\right) & \text{falls } V_{\mathrm{HSV}} = G'_{\mathrm{s}} \\ \frac{\pi}{3}\left(\frac{R'_{\mathrm{s}}-G'_{\mathrm{s}}}{V_{\mathrm{HSV}}-m}+4\right) & \text{falls } V_{\mathrm{HSV}} = B'_{\mathrm{s}}\,. \end{cases} \tag{5.110}$$

Für unbunte Farben mit $V_{\mathrm{HSV}} = R'_{\mathrm{s}} = G'_{\mathrm{s}} = B'_{\mathrm{s}} = m$ ist der Farbton H_{HSV} undefiniert.

5.2.6.4 YUV und YC$_{\mathrm{B}}$C$_{\mathrm{R}}$

Für die Codierung von Fernsehsignalen wurden ebenfalls eigene Farbräume definiert. Die RGB-Koordinaten werden in eine Helligkeitskoordinate und zwei Chrominanzkoordinaten transformiert. Die gamma-korrigierte Helligkeitskoordinate Y' entspricht dem Signal des Schwarz-Weiß-Fernsehens, sodass bei der Einführung des Farbfernsehens eine Kompatibilität gewährleistet werden konnte. Die Chrominanzkoordinaten können stärker komprimiert werden, weil die Auflösung des menschlichen Auges für die Chrominanz geringer ist als für die Helligkeit. Die Transformationsvorschriften werden sowohl auf den sRGB-Raum als auch auf geräteabhängige RGB-Farbräume angewendet.

Der europäische PAL-Fernsehstandard verwendet den YUV-Farbraum. Die Helligkeitskoordinate Y' ergibt sich als gewichtete Summe der gamma-korrigierten RGB-Farbwerte [37]:

$$Y' = 0{,}299\, R'_{\mathrm{s}} + 0{,}587\, G'_{\mathrm{s}} + 0{,}114\, B'_{\mathrm{s}}\,. \tag{5.111}$$

Die Chrominanzkoordinaten U und V sind wie folgt definiert:

$$U = 0{,}492\,(B'_{\mathrm{s}} - Y')\,, \tag{5.112}$$

$$V = 0{,}877\,(R'_{\mathrm{s}} - Y')\,. \tag{5.113}$$

Es handelt sich um eine lineare Transformation, die durch eine Matrix-Vektor-Multiplikation beschrieben werden kann, ähnlich wie in (5.91), (5.92). Die Rücktransformation erfolgt durch Multiplikation mit der inversen Transformationsmatrix. Der YIQ-Farbraum ist eine Variante des YUV-Farbraums [9].

Der YC$_{\mathrm{B}}$C$_{\mathrm{R}}$-Farbraum wird für die Codierung von digitalen Bild- und Videodaten eingesetzt, unter anderem im JPEG-Standard. Die Helligkeitskoordinate Y' ist ebenfalls durch (5.111) gegeben. Die Chrominanzkoordinaten C_{B} und C_{R} sind wie folgt definiert:

$$C_{\mathrm{B}} = 0{,}564\,(B'_{\mathrm{s}} - Y')\,, \tag{5.114}$$

$$C_{\mathrm{R}} = 0{,}713\,(R'_{\mathrm{s}} - Y')\,. \tag{5.115}$$

Die Transformation ist ebenfalls linear und kann daher durch Matrix-Vektor-Multiplikation beschrieben werden [9]. Der Standard ITU BT.601 enthält darüber hinaus Empfehlungen, wie die Transformation auf quantisierte Signale angewandt werden soll [24].

5.2.6.5 Farbdruck und CMYK

Der CMYK-Farbraum wird in der Drucktechnik eingesetzt. Für die subtraktive Farbmischung werden die Grundfarben Cyan, Magenta und Gelb (*yellow*) verwendet, die komplementär zu den additiven Grundfarben Rot, Grün und Blau sind: Cyan-Pigmente absorbieren rotes Licht, Magenta absorbiert Grün und Gelb absorbiert Blau. Daher hängen RGB- und CMY-Farbwerte im Idealfall wie folgt zusammen:

$$\begin{pmatrix} C \\ M \\ Y \end{pmatrix} = \begin{pmatrix} 1 \\ 1 \\ 1 \end{pmatrix} - \begin{pmatrix} R \\ G \\ B \end{pmatrix} . \tag{5.116}$$

Im Allgemeinen sind jedoch sowohl die additiven als auch die subtraktiven Grundfarben geräteabhängig, sodass diese Gleichung nur näherungsweise gilt. Zudem überlappen sich häufig die Absorptionsspektren der subtraktiven Grundfarben, weshalb die drei Komponenten C, M und Y streng genommen nicht unabhängig voneinander betrachtet werden dürfen. Vielmehr müssen bei genauerer Betrachtung die nichtlinearen Gesetze der subtraktiven Farbmischung aus Abschn. 5.2.2 angewendet werden. Der Farbumfang von Druckern stimmt i. d. R. nicht mit demjenigen von Monitoren überein.

Die Mischung der drei subtraktiven Grundfarben ergibt in der Praxis kein perfektes Schwarz. Daher verwenden Farbdrucker schwarzes Pigment als zusätzliche Grundfarbe. Dies ist auch aus wirtschaftlichen Gründen sinnvoll. Die Schwarz-Koordinate im Farbraum wird mit K bezeichnet. Sie kann als Minimum der drei anderen Farbwerte gewählt werden:

$$K = \min\{C, M, Y\} . \tag{5.117}$$

Die C-, M-, und Y-Anteile können in diesem Fall reduziert werden, wofür verschiedene Berechnungsvorschriften in Frage kommen [9]. Das resultierende Verfahren heißt Vierfarbdruck. Um den Farbumfang des Druckers zu vergrößern, können weitere Grundfarben hinzugefügt werden.

Für die Umrechnung zwischen verschiedenen geräteabhängigen Farbräumen können Farbprofile verwendet werden [8, 23]. Sie spezifizieren entweder Transformationsmatrizen der Form (5.92) für die Grundfarben des jeweiligen Geräts oder umfangreiche Tabellen für die Konvertierung von Farben, die auch nichtlineare Zusammenhänge abbilden können. Insbesondere enthalten solche Tabellen

Angaben darüber, wie Farben, die außerhalb des Farbumfangs liegen, von dem Gerät am besten angenähert werden können.

5.3 Filter

Farb- oder Spektralfilter sind optische Bauelemente, die nur einen bestimmten Wellenlängenbereich passieren lassen. Werden solche Filter vor einer einkanaligen, breitbandigen Grauwertkamera montiert, erhält man einen Sensor, der selektiv in einem bestimmten Spektralbereich empfindlich ist [26]. Wenn sich bestimmte zu prüfende Objekteigenschaften in diesem Spektralbereich manifestieren, lassen sich z. B. zwei Materialien in einer Aufnahme des gefilterten Lichts besser unterscheiden als in einer Aufnahme ohne Spektralfilter, in der Einflüsse aus anderen Spektralbereichen störend wirken können. Gewöhnliche RGB-Kameras verwenden ebenfalls Filter, um die drei Farbkanäle aufzunehmen (siehe Abschn. 6.10). Durch eine größere Anzahl Kameras mit entsprechenden Filtern lässt sich das Spektrum feiner auflösen. Filter können auch zur Fremdlichtunterdrückung eingesetzt werden, indem das Prüfobjekt gezielt in einem bestimmten Spektralbereich beleuchtet und nur in diesem Spektralbereich beobachtet wird. Fremdlicht anderer Wellenlängen wird durch passende Filter unterdrückt. Zur Beleuchtung im gewünschten Spektralbereich können Spektralfilter vor der Lichtquelle montiert werden. Allerdings sind aus Effizienzgründen Lichtquellen zu bevorzugen, die von sich aus das gewünschte Spektrum aufweisen, z. B. Leuchtdioden der entsprechenden Farbe (siehe Abschn. 2.7).

Die selektive Transmission beruht entweder auf der Absorption oder auf der Interferenz. **Absorptionsfilter** enthalten Farbmittel, die gewisse Wellenlängenbereiche absorbieren. Für Absorptionsfilter gelten die Gesetze der subtraktiven Farbmischung (Abschn. 5.2.2). Insbesondere nimmt nach dem Lambert-Beer'schen Gesetz (5.10), (5.11) die Absorption exponentiell mit der Dicke des Filters zu [48]. Die Auswahl an Absorptionsfiltern ist durch die verfügbaren Farbmittel begrenzt. Infolge der Absorption erwärmt sich das Filter, was beim Einsatz vor einer Lichtquelle problematisch sein kann.

Interferenzfilter bestehen aus einer Folge aufeinanderliegender dünner Schichten, die in einem definierten Abstand von einigen Wellenlängen angeordnet sind [22,50]. An diesen Schichten treten Mehrfachreflexionen auf. Ihr Abstand wird so gewählt, dass Licht der zu transmittierenden Wellenlängen konstruktiv interferiert, Licht anderer Wellenlängen hingegen destruktiv (vgl. Abschn. 2.2.5). Betrachtet man Interferenzfilter im Tageslicht, so erscheinen sie im Gegensatz zu Absorptionsfiltern in der Komplementärfarbe des durchgelassenen Spektrums, da die reflektierten Anteile überwiegen.

Designfreiheitsgrade für diese Filter sind die Dicken und die optischen Materialeigenschaften der Schichten, vor allem die Brechungsindizes. Die verschiedenen an den Grenzflächen reflektierten und transmittierten Teilwellen interferieren miteinander und manifestieren die spektrale Durchlasscharakteristik. Es gibt Varianten mit dielektrischen Schichten und solche mit dünnen Metallfilmen.

Interferenzfilter können nahezu für jede beliebige spektrale Durchlasscharakteristik entworfen werden und erlauben steile Flanken im Transmissionsspektrum. Die Erwärmung unter starker Lichteinstrahlung ist gering, da das herausgefilterte Licht nicht absorbiert, sondern reflektiert wird. Mithin ist ihre Haltbarkeit auch bei großen Strahlungsflüssen gut.

Ein wesentlicher Nachteil ist jedoch die Winkelabhängigkeit des Transmissionsspektrums: In Abhängigkeit des Einfallswinkels zur optischen Achse ändert sich die Weglänge des Lichts zwischen den reflektierenden Schichten, und das Maximum der konstruktiven Interferenz verschiebt sich. Interferenzfilter sind daher nur für nahezu senkrechte Durchstrahlung geeignet. Demgegenüber ist die Wellenlänge des spektralen Transmissionsmaximums von Absorptionsfiltern unabhängig vom Einfallswinkel, lediglich der Betrag der Absorption nimmt nach dem Lambert-Beer'schen Gesetz mit dem längeren Lichtweg bei schrägem Einfall zu.

Ein grundsätzlicher Nachteil beim Einsatz von Spektralfiltern ist der Lichtverlust durch unerwünschte Reflexionen.

Beispiel 5.5 (Spektralfilter): Abbildung 5.21 zeigt eine Bildserie, in der eine Szene mit einer Grauwertkamera unter Verwendung verschiedener Spektralfilter aufgenommen wurde. Die neun Interferenzfilter haben eine Durchlassbreite von ca. $50\ \mathrm{nm}$ und decken das sichtbare Spektrum bis hin zum nahen Infrarot fast vollständig ab. Die Szene besteht aus mehreren orangefarbenen Objekten, die in einer RGB-Aufnahme farblich kaum zu unterscheiden sind. Die Farben der verschiedenen Objekte sind jedoch metamer, sodass die Intensitäten in der Spektralserie wesentlich stärker variieren. Beispielsweise weist der Holzklotz bei $400\ \mathrm{nm}$ eine geringere Reflektanz auf als das Kunststoffmodell des Industrieroboters, während es im $500\ \mathrm{nm}$-Spektralbereich umgekehrt ist. Folglich kann die Spektralserie zur Segmentierung und Klassifikation der Farbmittel bzw. der Objekte eingesetzt werden. Möglichkeiten zur Weiterverarbeitung und Auswertung der Bildserie werden in Abschn. 8.8 vorgestellt.

Die dargestellte Bildserie wurde sequenziell mit einer Kamera aufgenommen, indem zwischen den Aufnahmen jeweils ein anderes Filter vor die Kamera gebracht wurde (vgl. Abschn. 6.11). Für manche Anwendungen kann es erforderlich sein, die Bilder simultan aufzunehmen, weil die verfügbare Zeit für die Bilderfassung begrenzt ist oder weil bewegte Objekte erfasst werden

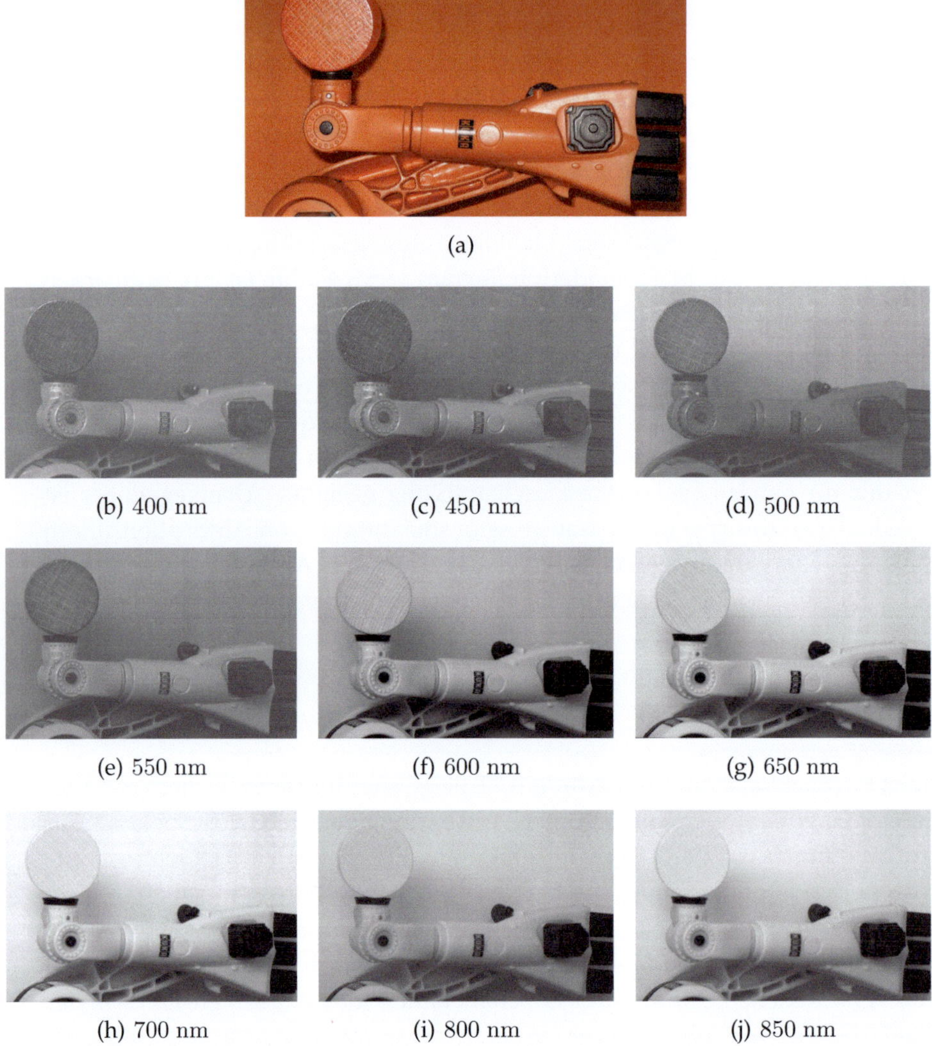

Abbildung 5.21. Beispiel zur Bildaufnahme mit Spektralfiltern: (a) RGB-Kamerabild einer Szene mit einem Modell-Roboter, einem Holzklotz und einem orangefarbenen Hintergrund; (b) – (j) Aufnahmen derselben Szene mit einer Grauwertkamera und verschiedenen Spektralfiltern mit einer Durchlassbreite von ca. 50 nm und einer mittleren Durchlasswellenlänge wie jeweils angegeben.

müssen. Dann kann man mehrere Grauwertkameras in einem Array anordnen und jede mit einem unterschiedlichen Spektralfilter versehen. Aufgrund des Stereoeffekts stimmt dann jedoch die Abbildungsgeometrie für die einzelnen Kameras nicht exakt überein, was die Auswertung der Bildserie erheblich erschweren kann. Andererseits wird auf diese Weise zusätzlich Information über die 3D-Gestalt der beobachteten Objekte gewonnen [17]. ■

5.4 Aufnahme und Verarbeitung von Farbbildern

Für viele Aufgaben in der automatischen Sichtprüfung genügt die Aufnahme und Auswertung von Grauwertbildern. In manchen Anwendungen kann jedoch die Berücksichtigung mehrerer Farb- oder Spektralkanäle entscheidende Vorteile bieten. Beispiele sind die Detektion, Segmentierung und Klassifikation von Objekten, die sich hauptsächlich durch ihre Farbe bzw. ihre spektrale Reflektanz unterscheiden (siehe Abschn. 7.2.2, 7.6.2), sowie die Farbcodierung von Mustern in der 3D-Erfassung (Abschn. 7.3.4.1). Die Farbe der Prüfobjekte kann aus verschiedensten Gründen von Bedeutung sein: Bei Lebensmitteln erlaubt sie häufig Aussagen über Zustand und Qualität, bei manchen technischen Produkten muss sie aus ästhetischen Gründen geprüft werden, und in anderen Anwendungsgebieten dienen gedruckte Farbcodes zur Identifizierung von z. B. Elektronikbauteilen oder Medikamenten [1–3, 28].

Da RGB-Bildsensoren (siehe Abschn. 6.10) als Standardkomponenten kostengünstig verfügbar sind, bietet sich zunächst die Verwendung entsprechender Kameras an, sofern die damit erzielbare spektrale Auflösung für die Aufgabe ausreichend ist. Solche Farbkameras liefern dreikanalige Bilder. Die drei Farbwerte eines Pixels stellen die Koordinaten in einem geräteabhängigen RGB-Farbraum oder im Idealfall im standardisierten sRGB-Farbraum dar. Die RGB-Bilder können mit den Transformationsvorschriften aus diesem Kapitel in andere Farbräume umgerechnet werden, z. B. zur helligkeitsunabhängigen Farbklassifikation in den HSI-Farbraum. Wenn für einige der Auswertungsschritte ein Grauwertbild ausreicht, kann es mittels (5.111) aus dem RGB-Bild berechnet werden [8].

Für andere Prüfaufgaben kann eine feinere Auflösung des Spektrums erforderlich sein, z. B. um auch metamere Farben unterscheiden zu können, oder es werden Spektralkanäle außerhalb des sichtbaren Wellenlängenbereichs benötigt. In diesem Fall können entweder Grauwertkameras mit entsprechenden Filtern (Abschn. 5.3) oder spektrometrische Sensoren (Abschn. 6.11) zur Erfassung der Spektralkanäle eingesetzt werden. Eine feine Abtastung des Spektrums kann eingesetzt werden, um Farb- und Farbabstandsmessungen zur Kontrolle von Produktionsprozessen durchzuführen, wie in Abschn. 5.2.4 beschrieben [15].

Zur Auswertung von Farb- und Multispektralbildern lassen sich viele ursprünglich für Grauwertbilder formulierte Algorithmen unmittelbar einsetzen, indem sie auf jeden Kanal einzeln angewendet werden. Hierzu gehören beispielsweise lineare Glättungsfilter (siehe Kap. 10), bei denen die separate Behandlung jedes Kanals äquivalent zu einer vektoriellen Betrachtung ist [19]. Andere Operationen wie z. B. die Gradientenberechnung oder die Medianfilterung lassen sich nicht auf diese Weise auf Farbbilder verallgemeinern [31, 49]. Bei vielen Segmentierungs- und Klassifikationsverfahren kann der Vektor der Farbwerte eines Pixels als mehrdimensionaler Merkmalsvektor verwendet werden (vgl. Kap. 12).

5.5 Literatur

[1] Bruce Batchelor (Hrsg.). *Machine Vision Handbook*. Springer, London, 2012.

[2] Bruce Batchelor und Paul Whelan. *Intelligent vision systems for industry*. Springer, London, 1997.

[3] Sarah Bee und Mark Honeywood. Colour Sorting in the Food Industry. In Mark Graves und Bruce Batchelor (Hrsg.), *Machine vision for the inspection of natural products*. Springer, London, 2003.

[4] Ludwig Bergmann, Clemens Schaefer, Heinz Niedrig und Hans-Joachim Eichler (Hrsg.). *Lehrbuch der Experimentalphysik*, Bd. 3: Optik: Wellen- und Teilchenoptik. De Gruyter, Berlin, 10. Auflage, 2004.

[5] David Berson, Felice Dunn und Motoharu Takao. Phototransduction by retinal ganglion cells that set the circadian clock. *Science*, 295(5557):1070–1073, Februar 2002.

[6] Josef Bigun. *Vision with direction*. Springer, Berlin, 2006.

[7] Fred Billmeyer und Max Saltzman. *Grundlagen der Farbtechnologie*. Muster-Schmidt, Göttingen, 2. Auflage, 1993.

[8] Wilhelm Burger und Mark Burge. *Principles of digital image processing*, Bd. 2: Core algorithms. Springer, London, 2009.

[9] Wilhelm Burger und Mark Burge. *Principles of digital image processing*, Bd. 1: Fundamental techniques. Springer, London, 2009.

[10] CIE – International Commission on Illumination. `http://www.cie.co.at/`, 2011.

[11] Commission Internationale de l'Éclairage (Hrsg.). *CIE Colorimetry*. Joint ISO/CIE Standard ISO 11664 / CIE S 014-1, 2007.

[12] Michael D'Zmura. Psychology of Color Perception. In Lynn Nadel (Hrsg.), *Encyclopedia of Cognitive Science*, Bd. 1, Seiten 560–568. Nature, 2003.

[13] Marc Ebner. *Color constancy*. Wiley, Chichester, 2007.

[14] Alvin Eisner und Donald I. A. MacLeod. Blue-sensitive cones do not contribute to luminance. *Journal of the Optical Society of America*, 70(1):121–123, 1980.

[15] Hugh Fairman, Michael Brill und Henry Hemmendinger. How the CIE 1931 color-matching functions were derived from Wright-Guild data. *Color Research and Application*, 22(1):11–23, Februar 1997.

[16] David Falk, Dieter Brill und David Stork. *Ein Blick ins Licht: Einblicke in die Natur des Lichts und des Sehens, in Farbe und Fotografie*. Birkhäuser, Basel, 1990.

[17] Ioana Gheţa. *Fusion multivariater Bildserien am Beispiel eines Kamera-Arrays*. KIT Scientific Publishing, Karlsruhe, 2011.

[18] Eugen Bruce Goldstein. *Wahrnehmungspsychologie: Der Grundkurs*. Spektrum, 7. Auflage, 2008.

[19] Rafael Gonzalez und Richard Woods. *Digital image processing*. Pearson Prentice Hall, Upper Saddle River, NJ, 3. Auflage, 2008.

[20] Hermann Graßmann. Zur Theorie der Farbenmischung. *Annalen der Physik*, 165(5):69–84, 1853.

[21] Tobias Haist. *Optische Phänomene in Natur und Alltag*. http://www.optipina.de, 2010.

[22] Oliver Heavens. *Thin film physics*. Methuen, London, 1970.

[23] International Color Consortium (Hrsg.). *Specification ICC.1:2010 (Profile version 4.3.0.0) Image technology colour management – Architecture, profile format, and data structure*. ISO 15076-1, 2010.

[24] International Telecommunication Union (Hrsg.). *Studio encoding parameters of digital television for standard 4:3 and wide-screen 16:9 aspect ratios*. Recommendation ITU-R BT.601-7, 2011.

[25] Bernd Jähne. *Practical handbook on image processing for scientific and technical applications*. CRC Press, Boca Raton, 2. Auflage, 2004.

[26] Ingmar Jahr. Lighting in Machine Vision. In Alexander Hornberg (Hrsg.), *Handbook of Machine Vision*, Seiten 73–203. Wiley-VCH, 2006.

[27] Ramesh Jain, Rangachar Kasturi und Brian Schunck. *Machine vision*. McGraw-Hill, New York, 1995.

[28] Erik Klaas. Farbbildverarbeitung. In Bernd Breuckmann (Hrsg.), *Bildverarbeitung und optische Messtechnik in der industriellen Praxis*, Seiten 54–65. Franzis, München, 1993.

[29] Siegfried Kokoschka. *Script zur Vorlesung Grundlagen der Lichttechnik*. Lichttechnisches Institut der Universität Karlsruhe (TH), 2003.

[30] Helga Kolb, Ralph Nelson, Eduardo Fernandez und Bryan Jones. Webvision – The Organization of the Retina and Visual System. http://webvision.med.utah.edu, 2012.

[31] Hsien-Che Lee. *Introduction to color imaging science*. Cambridge University Press, Cambridge, 2005.

[32] M. R. Luo, G. Cui und B. Rigg. The Development of the CIE 2000 Colour-Difference Formula: CIEDE2000. *Color Research and Application*, 26(5):340–350, Oktober 2001.

[33] *The Munsell book of color*. Munsell Color, 2009.

[34] Burkhard Neumann. *Bildverarbeitung für Einsteiger*. Springer, Berlin, 2005.

[35] Gustav Østerberg. Topography of the layer of rods and cones in the human retina. *Acta ophthalmologica, Supplementum*, (6), 1935.

[36] Neil R. A. Parry. Color vision deficiencies. In Andrew J. Elliot, Mark D. Fairchild und Anna Franklin (Hrsg.), *Handbook of Color Psychology*, Seite 216–242. Cambridge University Press, 2015.

[37] Charles Poynton. *Digital video and HDTV: algorithms and interfaces*. Morgan Kaufmann, Amsterdam, 2003.

[38] Otto Reeb. *Grundlagen der Photometrie*. Braun, Karlsruhe, 1962.

[39] Caterina Ripamonti, Wen Ling Woo, Elizabeth Crowther und Andrew Stockman. The S-cone contribution to luminance depends on the M- and L-cone adaptation levels: Silent surrounds? *Journal of Vision*, 9(3):10:1–16, 2009.

[40] Georgios Sakas, Stefan Thiemert und Christoph Jung. Vorlesung Bildverarbeitung. Technische Universität Darmstadt / Fraunhofer IGD, 2011.

[41] Frank Schaeffel. Processing of information in the human visual system. In Alexander Hornberg (Hrsg.), *Handbook of Machine Vision*, Seiten 1–33. Wiley-VCH, 2006.

[42] Hannah E. Smithson. S-cone psychophysics. *Visual Neuroscience*, 31:211–225, 2014.

[43] Andrew Stockman und David H. Brainard. Color vision mechanisms. In Michael Bass et al. (Hrsg.), *Handbook of Optics*, Bd. 3: Vision and Vision Optics. Optical Society of America, McGraw-Hill, 3. Auflage, 2010.

[44] Michael Stokes, Matthew Anderson, Srinivasan Chandrasekar und Ricardo Motta. A Standard Default Color Space for the Internet – sRGB. `http://www.w3.org/Graphics/Color/sRGB`, November 1996.

[45] Kotaro Takahama und Yoshinobu Nayatani. New method for generating metameric stimuli of object colors. *Journal of the Optical Society of America*, 62(12):1516–1520, Dezember 1972.

[46] Hans G. Völz. *Industrielle Farbprüfung: Grundlagen und Methoden*. Wiley-VCH, Weinheim, 2. Auflage, 2001.

[47] Edward O. Wilson. *Die soziale Eroberung der Erde: eine biologische Geschichte des Menschen*. Beck, München, 2013.

[48] Günter Wyszecki und Walter S. Stiles. *Color Science: Concepts and Methods, Quantitative Data and Formulae*. Wiley, New York, 2. Auflage, 2000.

[49] Silvano Di Zenzo. A note on the gradient of a multi-image. *Computer Vision, Graphics, and Image Processing*, 33:116–125, 1986.

[50] Wolfgang Zinth und Ursula Zinth. *Optik: Lichtstrahlen – Wellen – Photonen*. Oldenbourg, München, 4. Auflage, 2013.

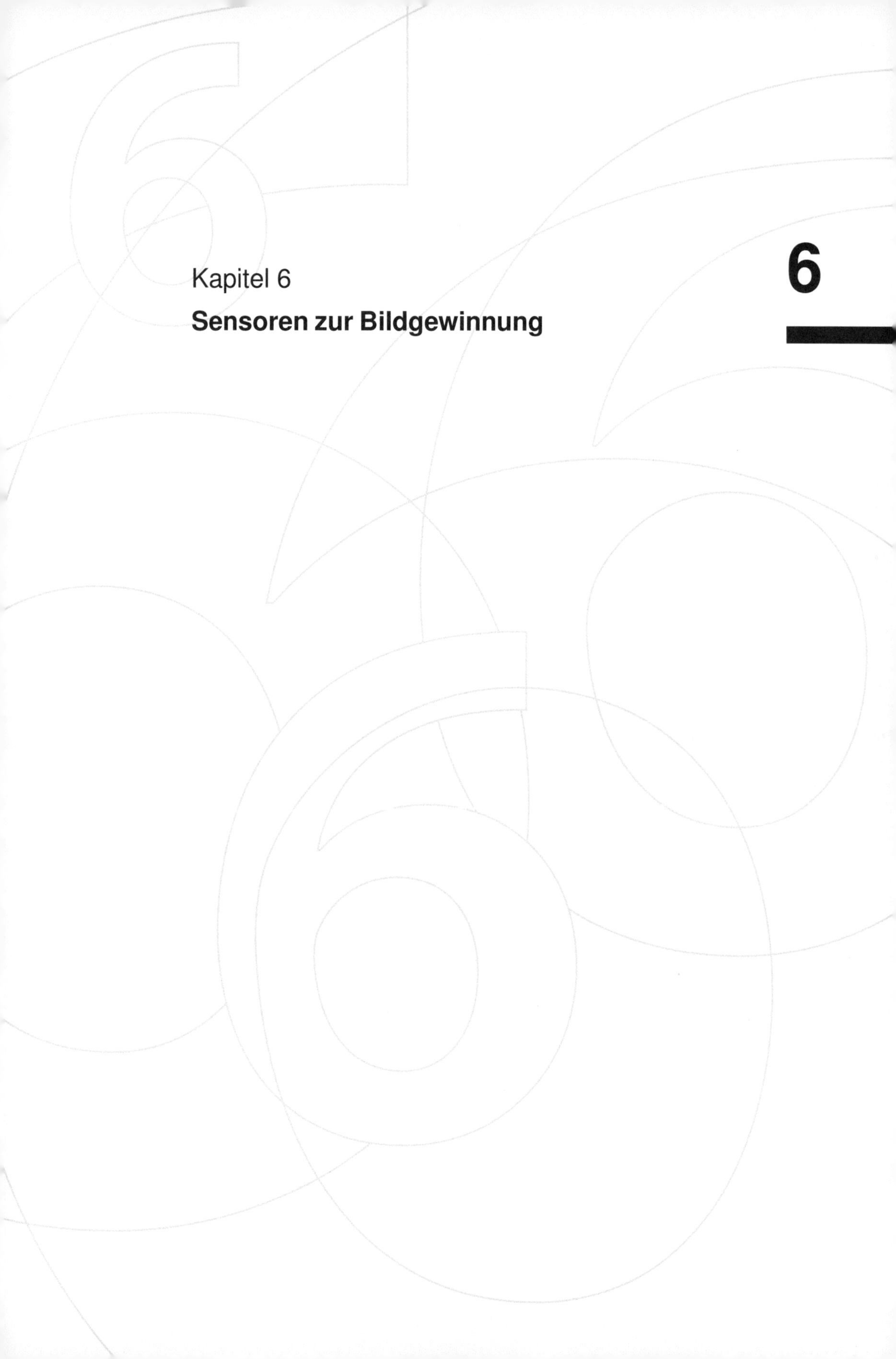

Kapitel 6

Sensoren zur Bildgewinnung

6

6

6 Sensoren zur Bildgewinnung

Das durch eine optische Abbildung in der Bildebene entstandene Bild einer zu inspizierenden Szene, d. h. die örtliche Verteilung der Bestrahlungsstärke in der Bildebene, wird für die weitere Verarbeitung zunächst in ein analoges elektrisches Signal gewandelt, das dann örtlich und zeitlich diskretisiert, quantisiert und schließlich gespeichert wird. Ein System zur Digitalisierung von Bildern muss mithin in der Lage sein, das aufzunehmende Bild in einzelne Elemente (Pixel) örtlich aufzuteilen, diese einzeln anzusprechen (zu adressieren), eine Integration der Bestrahlungsstärke über eine definierte Zeitspanne vorzunehmen, den Bildwert an jedem Pixel zu messen, diesen zu quantisieren und in einen Speicher zu schreiben. Dazu muss es über die folgenden fünf Elemente verfügen:

1. Eine Abtastapertur, durch die nur ein einzelnes Pixel erfasst und der Rest des Bildes ignoriert wird. Durch die Abtastapertur wird die Größe der Pixel festgelegt.
2. Einen Scan-Mechanismus, der die Abtastapertur in einem festgelegten Muster über das Bild bewegt und so den Zugriff auf die verschiedenen Pixel erlaubt. Der Scan-Mechanismus legt die Pixelabstände[1] fest.
3. Einen Lichtsensor, der die Bestrahlungsstärke durch die Abtastapertur für jedes Pixel bestimmt und gewöhnlich ein elektrisches Ausgangssignal liefert. Hierfür kommen z. B. lichtempfindliche Widerstände, Photodioden, Phototransistoren, CCD-Sensoren und CMOS-Sensoren in Frage.
4. Einen Quantisierer, auch Analog-digital-Umsetzer oder Analog-digital-Wandler genannt, der eine Diskretisierung der Bildwerte (Grau- bzw. Farbwerte) vornimmt.
5. Einen Speicher, der die einzelnen Bildwerte festhält und für die weitere Bearbeitung bereitstellt.

Gewöhnlich sind die Bestandteile 1 bis 3 in der Kamera realisiert und die Komponenten 4 und 5 auf einer *Frame-Grabber* genannten Zusatzhardware für den Computer. Mittlerweile sind aber auch viele Kameras auf dem Markt, die bereits alle Komponenten vereinen und Digitalbilder an den Rechner liefern.

[1] Der Pixelabstand Δx bzw. Δy und die Pixelgröße sind also zunächst voneinander unabhängige Größen, d. h. sie sind nicht notwendigerweise gleich groß. Beispielsweise ist beim später vorgestellten CCD-Sensor die Pixelausdehnung i. d. R. kleiner als der Pixelabstand.

J. Beyerer et al., *Automatische Sichtprüfung*,
https://doi.org/10.1007/978-3-662-69951-5_6

6.1 Punkt-, Zeilen- und Flächensensoren

Es gibt mehrere Möglichkeiten, die Erfassung eines flächenhaften Bildes zu realisieren:

- Ein **Flächensensor** hat für jedes Bildpixel ein Sensorelement. Die Bildgröße ist durch die Anzahl der physischen Zeilen und Spalten des Sensors festgelegt. In der Regel werden alle Pixel gleichzeitig für einen festgelegten Zeitraum belichtet. Beispiele für Flächensensoren sind CCD- und CMOS-Chips sowie die früher verwendeten Röhrenkameras.
- Ein **Zeilensensor** besteht nicht aus flächenhaft angeordneten Pixeln, sondern nur aus einer einzigen Reihe von Pixeln. Somit kann zu jedem Aufnahmezeitpunkt nur eine einzelne Bildzeile erfasst werden. Ein zweidimensionales Bild entsteht durch sukzessives Verschieben des Prüfobjekts relativ zum Sensor und anschließendes Zusammensetzen der aufgenommenen Zeilen zu einem Gesamtbild.
- Ein **Punktsensor** kann mit einer Aufnahme lediglich einen einzigen Intensitätswert erfassen. Um ein zweidimensionales Bild zu erhalten, muss ein flächenhafter Scanvorgang sowohl in Zeilen- als auch in Spaltenrichtung durchgeführt werden.

6.2 Röhrenkameras

Die ältesten und heute nicht mehr gebräuchlichen elektronischen Kameras sind die aus dem Fernsehbereich stammenden **Röhrenkameras**. Hier liest ein elektromagnetisch abgelenkter Elektronenstrahl zeilenweise das auf einer Halbleiterphotoschicht durch die auftreffenden Photonen generierte Ladungsabbild aus. Die Abtastapertur ist dabei durch den Durchmesser des Elektronenstrahls gegeben, Δx durch die Abtastrate eines nachfolgenden A/D-Umsetzers und Δy durch den Zeilenabstand der Ablenkung. Nachteilig sind die Empfindlichkeit gegenüber elektromagnetischen Feldern sowie die große Baugröße und Leistungsaufnahme.

6.3 Photomultiplier

Photomultiplier bestehen ebenso wie Röhrenkameras aus einer Vakuumröhre mit Photokathode. Typischerweise werden für die Photokathode Alkalimetalle verwendet, die eine besonders niedrige Austrittsarbeit für Elektronen besitzen. Besonders geeignet sind Cäsiumlegierungen, mit denen Licht bis zu Wellenlängen von maximal ca. $900\,\mathrm{nm}$ detektiert werden kann [41]. Die infolge des äußeren Photoeffekts an der Photokathode freigesetzten Elektronen werden von einer po-

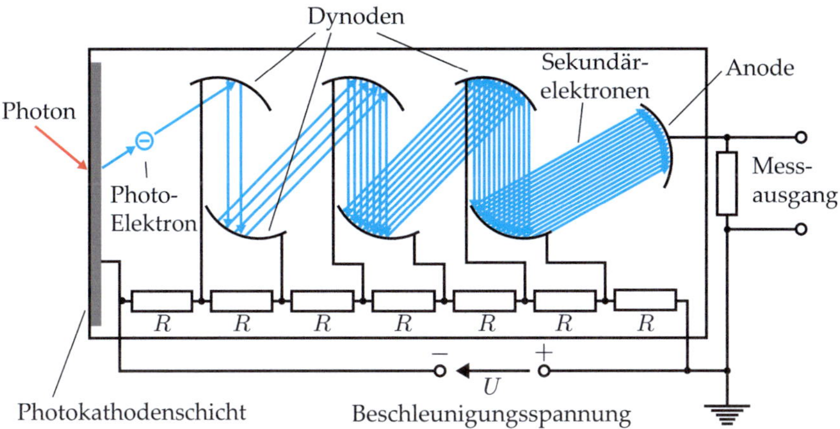

Abbildung 6.1. Aufbau eines Photomultipliers.

sitiv geladenen Metallplatte, einer sogenannten Dynode, angezogen (Abb. 6.1). Beim Auftreffen auf die Dynode setzen sie durch ihre Bewegungsenergie weitere Elektronen frei, die zur nächsten Dynode hin beschleunigt werden [8, 15, 22]. Über eine Kaskadierung von mehreren Dynoden mit zunehmend positiver Spannung erreicht man eine in der Zahl der Dynoden exponentielle Verstärkung der Elektronenanzahl. Die schließlich auf der Anode auftreffenden Elektronen fließen über einen Widerstand ab und erzeugen dort eine Spannung, die der Photonenrate proportional ist. Die Photonenrate $\frac{\Delta n}{\Delta t}$ gibt die Anzahl Δn der Photonen an, die pro Zeitintervall Δt auf die Photokathode auftreffen.

Photomultiplier sind sehr empfindlich. Mit ihnen lassen sich einzelne Photonen nachweisen. Anwendungen finden sich vorwiegend in physikalischen Messgeräten [19] sowie in Sichtprüfaufgaben, bei denen nur sehr wenig nutzbares Licht zur Verfügung steht, z. B. bei Fluoreszenzeffekten (siehe Abschn. 7.2.2).

6.3.1 Restlichtverstärker

Das Prinzip des Photomultipliers lässt sich auch auf Flächensensoren übertragen. Dann spricht man von **Restlichtverstärkern** oder **Bildverstärkern**. Sie können Szenen trotz sehr geringer Photonenraten abbilden und werden zum Beispiel in Röntgen-Inspektionssystemen oder in Nachtsichtgeräten eingesetzt.

Bei einem Restlichtverstärker folgt auf die Photokathode eine sogenannte **Mikrokanalplatte**. Dabei handelt es sich um eine Halbleiterplatte mit periodisch angeordneten, zylinderförmigen Löchern, den Kanälen; vgl. Abb. 6.2(a). Die Kanäle sind gegenüber der Einfallsrichtung der Elektronen leicht verkippt, sodass die Elektronen mehrfach auf die Kanalwand treffen und dabei weitere Elektronen herausschlagen; siehe Abb. 6.2(b). Diese werden von einer angelegten Spannung,

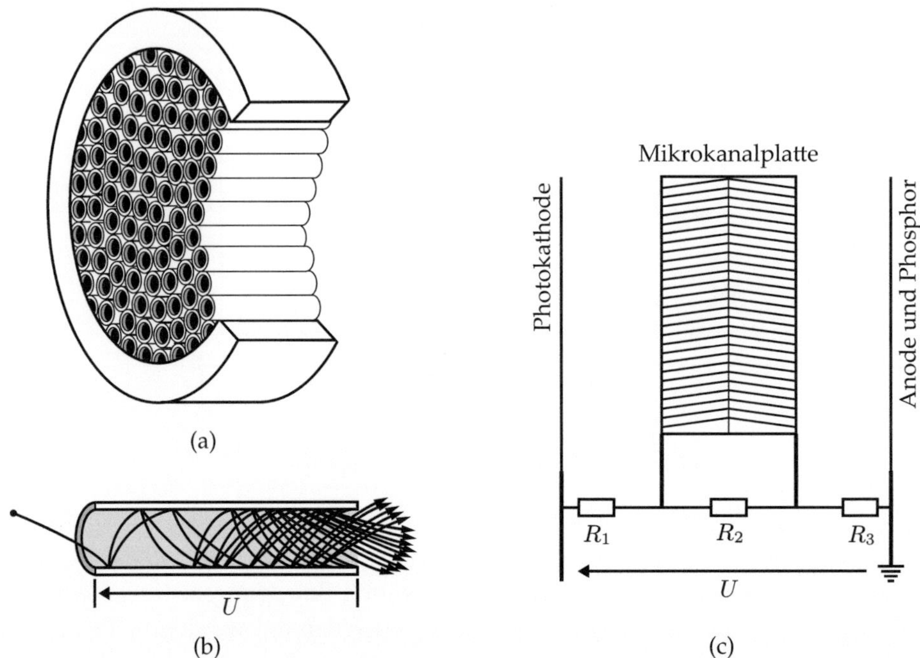

Abbildung 6.2. Mikrokanalplatte zur Restlichtverstärkung: (a) Aufbau; (b) Funktionsweise der Elektronenvervielfachung; (c) Beschaltung (nach [41]).

die längs der Kanäle abfällt, beschleunigt und treffen schließlich auf einen speziellen Halbleiterdetektor oder auf einen Schirm, an dem die Elektronen wieder Photonen erzeugen, die mit einem gewöhnlichen Bildsensor beobachtet werden können. Die Widerstände R_1, R_2 und R_3 in Abb. 6.2(c) stellen einen Spannungsteiler dar, mit dem die Spannungen über den drei Abschnitten zwischen Photokathode und Mikrokanalplatte, innerhalb der Mikrokanalplatte sowie zwischen Mikrokanalplatte und Anode festgelegt sind.

6.4 Photodioden

Eine **Photodiode** ist ein Halbleiterbauelement, das Lichtenergie in elektrische Energie umwandelt [2, 32]. Eine Photodiode für sich betrachtet ist ein Punktsensor. Nach einem ähnlichen Prinzip funktionieren aber auch die Pixel von Zeilen- und Flächensensoren (siehe Abschnitte 6.6 und 6.7).

In Halbleitern wie z. B. Silizium, Gallium und den Verbindungshalbleitern sind bei Raumtemperatur nur sehr wenige, thermisch angeregte Elektron-Loch-Paare vorhanden, sodass die Leitfähigkeit sehr gering ist. Bei einer von außen angelegten Spannung fließt nur ein sehr kleiner Strom.

Um Elektron-Loch-Paare zu erzeugen, muss mindestens die Energie E_{gap} der Bandlücke zwischen dem Valenzband und dem Leitungsband aufgebracht werden. Die Bandlücke ist die Energiedifferenz zwischen dem Valenzband und dem energetisch höher liegenden Leitungsband. Wird ein Elektron energetisch in das Leitungsband angehoben, hinterlässt es ein sogenanntes Loch im Valenzband. Elektronen bzw. Löcher sind im Leitungs- bzw. Valenzband beweglich und können daher zu einem Stromfluss beitragen.

Eingestrahlte Photonen können im Inneren des Halbleitermaterials mit einer gewissen Wahrscheinlichkeit Elektron-Loch-Paare erzeugen, die eine erhöhte Leitfähigkeit des Materials bewirken. Die Wahrscheinlichkeit stellt den Quantenwirkungsgrad des Halbleitermaterials dar. Die Energie $h\,\nu$ des eingestrahlten Photons muss größer als die Bandlücke E_{gap} sein, damit ein Elektron vom Valenzband ins Leitungsband angehoben werden kann (vgl. Abschn. 2.3).

Man spricht hier von einem inneren Photoeffekt, da die erzeugten Ladungsträger – im Gegensatz zum äußeren Photoeffekt – das Material nicht verlassen. Das bedeutet aber auch, dass keine Austrittsarbeit geleistet werden muss und mithin die notwendige Photonenenergie $h\,\nu$ niedriger bzw. die zugehörige Grenzwellenlänge λ_{max} höher gestaltet werden kann.

Durch die **Dotierung** des Halbleiters, d. h. die definierte Verunreinigung des reinen Halbleiters mit Fremdatomen, können gezielt Löcher (p-Dotierung) in das Valenzband oder Elektronen (n-Dotierung) in das Leitungsband eingebracht werden. Ein pn-Übergang wirkt als Diode und lässt nur in eine Richtung signifikant Strom passieren. Spannt man einen solchen pn-Übergang in Sperrrichtung vor, d. h. legt man den Minuspol einer elektrischen Spannungsquelle an den p-dotierten Bereich und den Pluspol an den n-dotierten Bereich, so fließt nur ein sehr geringer Sperrstrom, den man bei einer Photodiode Dunkelstrom nennt. Treffen Photonen ein, so werden die erzeugten Elektronen-Loch-Paare durch das elektrische Feld angezogen und erzeugen einen zur Photonenrate proportionalen elektrischen Strom. Beim Durchfluss dieses Stroms durch einen Widerstand fällt eine elektrische Spannung ab, die gemessen werden kann (Abb. 6.3). Der Dunkel-

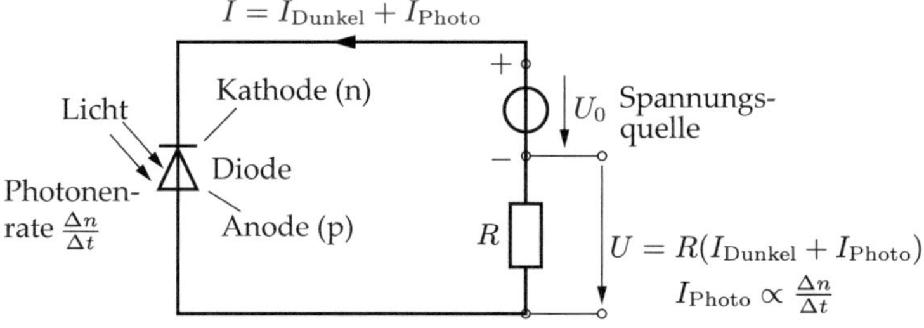

Abbildung 6.3. Beschaltung einer Photodiode für den Betrieb in Sperrrichtung.

strom I_{Dunkel} ist bei den meisten Anwendungen der automatischen Sichtprüfung sehr viel kleiner als der Photostrom I_{Photo}.

Um den Quantenwirkungsgrad zu erhöhen, werden Photodioden meist als pin-Dioden ausgeführt (Abb. 6.4). Zwischen der p- und der n-dotierten Zone liegt eine breitere undotierte (intrinsische) und mithin elektrisch wenig leitfähige Zone, wodurch der Dunkelstrom vermindert wird. Wegen der größeren Breite steigt die Wahrscheinlichkeit, dass ein Photon ein Elektron-Loch-Paar erzeugt, bevor es das Material wieder verlässt.

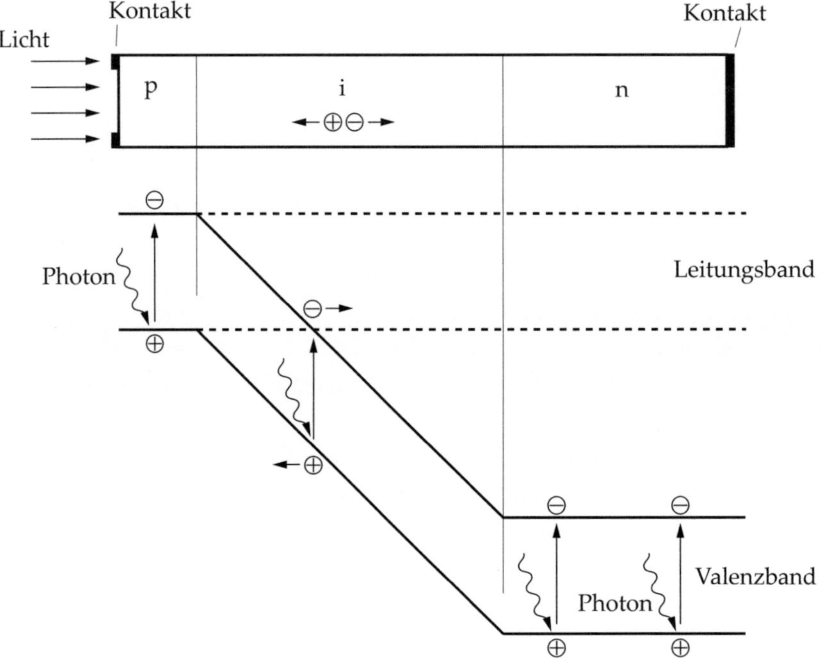

Abbildung 6.4. Photodiode: Aufbau des Halbleiters mit p- und n-dotierten sowie intrinsischen Bereichen und zugehöriges Bändermodell (nach [32]).

Neben Ladungsträgerpaaren, die in Bezug auf die Bandlücke generiert werden, können auch die Energielücken zwischen den Dotierungsniveaus und dem Leitungsband für die photoneninduzierte Ladungsträgerpaarerzeugung genutzt werden. Durch spezielle Dotierungen können so sehr schmale Energieniveaudifferenzen geschaffen werden, mit denen Infrarotlicht detektiert werden kann, das größere Wellenlängen besitzt als sichtbares Licht. Da das Leitungsband bei geringeren Energieniveaudifferenzen E_{Diff} gemäß der Boltzmann-Statistik [33] proportional zu $\mathrm{e}^{-\frac{E_{\text{Diff}}}{kT}}$ schon bei Raumtemperatur signifikant thermisch besetzt wird, müssen entsprechende Halbleiter für die Detektion von langwelligem Licht gekühlt werden.

Tabelle 6.1. Bandlücken E_{gap} und Grenzwellenlängen λ_{max} verschiedener Halbleitermaterialien (nach [41]).

Verbindung	E_{gap} in eV	λ_{max} in nm
CdS (Cadmiumsulfid)	2,42	510
CdSe (Cadmiumselenid)	1,70	730
CdTe (Cadmiumtellurid)	1,56	790
GaAs (Galliumarsenid)	1,42	880
Si (Silizium)	1,12	1 100
Ge (Germanium)	0,66	1 880
PbS (Bleisulfid)	0,41	3 020
InSb (Indiumantimonid)	0,17	7 290

Die Bandlücken und die zugehörigen Grenzwellenlängen verschiedener Halbleitermaterialien sind in Tab. 6.1 aufgeführt.

6.5 PSD-Sensoren

Ein **optoelektronischer Positionsdetektor** (*position sensitive detector*, PSD) ist ein Sensor, der den Ort eines einfallenden Lichtbündels messen kann [22]. Er ist damit für manche Anwendungen eine Alternative zu einer Zeilenkamera, die aus einer linearen Anordnung lichtempfindlicher Elemente besteht.

Der Detektor hat einen pin-Schichtenaufbau und wird wie eine Photodiode in Sperrrichtung elektrisch vorgespannt betrieben. Quer zum pin-Übergang ist das Bauelement lang gestreckt (Abb. 6.5). Die p-Schicht ist an beiden Enden mit den Elektroden A bzw. B kontaktiert. Die rückseitige n-Schicht ist durchgehend metallisiert und elektrisch über den Kontakt C angeschlossen.

Ein auftreffender Lichtstrahl erzeugt vor allem in der undotierten i-Schicht Ladungsträgerpaare, die durch das Feld der Vorspannung abgesaugt werden und einen geteilten Stromfluss zu den Kontakten A und B erzeugen. Da auf beiden Seiten die gleiche Spannung abfällt, $U_{\text{AC}} = U_{\text{BC}}$, teilt sich der Gesamtstrom, der durch C fließt, mit dem Kehrwert der Widerstände R_{A} und R_{B}. Die Widerstände sind andererseits proportional zu den Streckenlängen a und b; siehe Abb. 6.6.

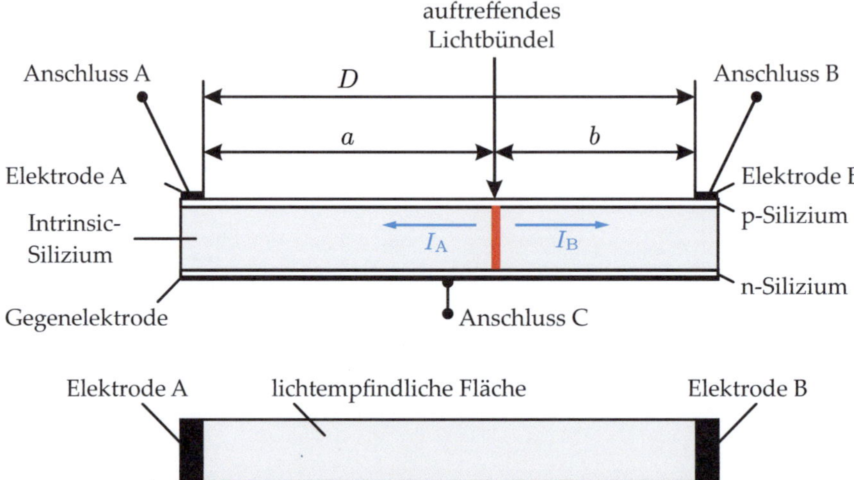

Abbildung 6.5. Prinzipaufbau eines optoelektronischen Positionsdetektors zur eindimensionalen Positionsmessung des einfallenden Lichts. Die Enden der lichtempfindlichen Strecke D sind mit den Elektroden A und B versehen. An der Rückseite des pin-Aufbaus, also an der n-dotierten Siliziumschicht, ist die gesamte Fläche kontaktiert und dient als Gegenelektrode zum Anlegen der Vorspannung (Anschluss C).

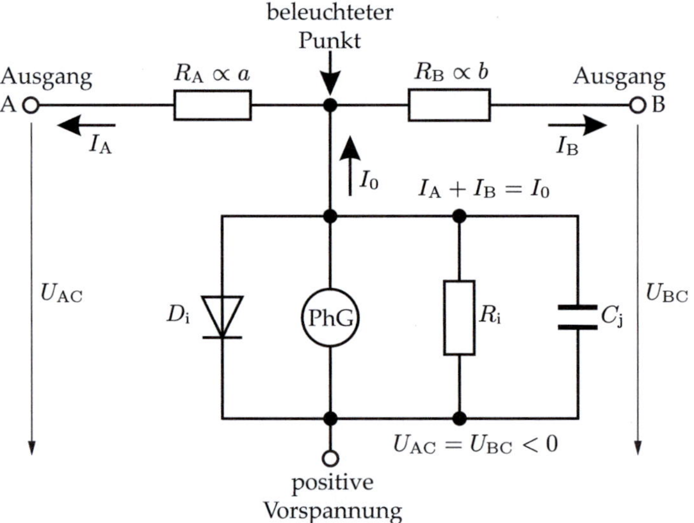

Abbildung 6.6. Ersatzschaltung für den optoelektronischen Positionsdetektor aus Abb. 6.5. Der beleuchtete Punkt auf der lichtempfindlichen Schicht wirkt als Photodiode, also als Photostromgenerator PhG mit einer Parallelschaltung aus idealer Diode D_i, Innenwiderstand R_i und Sperrschichtkapazität C_j, wobei die letztgenannten Bauelemente keinen Einfluss auf das Verhältnis $\frac{I_A}{I_B}$ haben. Die unbeleuchteten Strecken a und b verhalten sich wie zwei Widerstände R_A und R_B, an denen sich der Gesamtstrom I_0 in zwei Signalströme I_A und I_B aufteilt.

Somit folgt mit dem Ohm'schen Gesetz $U = R\,I$:

$$U_{\mathrm{AC}} = U_{\mathrm{BC}} \quad \Leftrightarrow \quad R_{\mathrm{A}}\,I_{\mathrm{A}} = R_{\mathrm{B}}\,I_{\mathrm{B}} \tag{6.1}$$

$$\Leftrightarrow \quad \frac{I_{\mathrm{A}}}{I_{\mathrm{B}}} = \frac{R_{\mathrm{B}}}{R_{\mathrm{A}}} = \frac{b}{a} = \frac{D-a}{a} = \frac{D}{a} - 1 \tag{6.2}$$

$$\Rightarrow \quad a = D\,\frac{I_{\mathrm{B}}}{I_{\mathrm{A}} + I_{\mathrm{B}}}\,. \tag{6.3}$$

Diese einfache Berechnung der eindimensionalen Position a des einfallenden Lichts aus den gemessenen Strömen I_{A} und I_{B} lässt sich durch eine einfache analoge Schaltung realisieren. Es gibt auch zweidimensionale PSD-Sensoren, die x- und y-Position des einfallenden Lichtstrahls messen [30]; siehe Abb. 6.7.

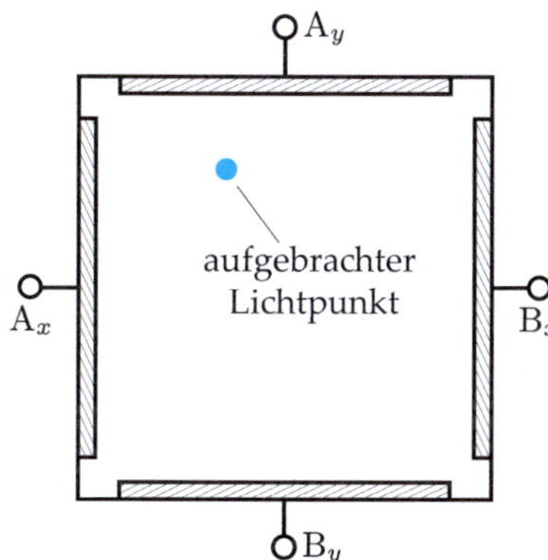

Abbildung 6.7. Zweidimensionaler PSD-Sensor in Draufsicht skizziert.

6.6 CCD-Sensoren

Zur Bildaufnahme werden heute vorwiegend **CCD-Kameras** eingesetzt. Ein CCD-Sensor (*charge-coupled device*) besteht aus einem geometrisch sehr exakten Raster von lichtempfindlichen Zellen gemäß Abb. 6.8. Die auf das Halbleitermaterial auftreffenden Photonen erzeugen Elektron-Loch-Paare. Die Elektronen sammeln sich in einer Raumladungszone. Die einzelnen Pixel berühren sich nicht direkt, sondern sind voneinander durch Stege (fette Linien in Abb. 6.8(b)) und Potenzialwälle getrennt, um ein Überlaufen der Ladung in benachbarte Zellen zu verhindern. Die dunkelgrau eingezeichneten Elemente stellen horizontale und vertikale Schieberegister dar, die einen Ladungstransport auf dem Chip ermöglichen. Dabei bildet jeweils mindestens eines von drei in Abb. 6.8(b) durch feine Linien angedeuteten aufeinanderfolgenden Einzelelementen einen Potenzialwall (3-Phasen-Schieberegister-Zelle). Durch geeignete Ansteuerung lassen sich die Potenzialwälle verschieben und damit die einzelnen Ladungen in Form ei-

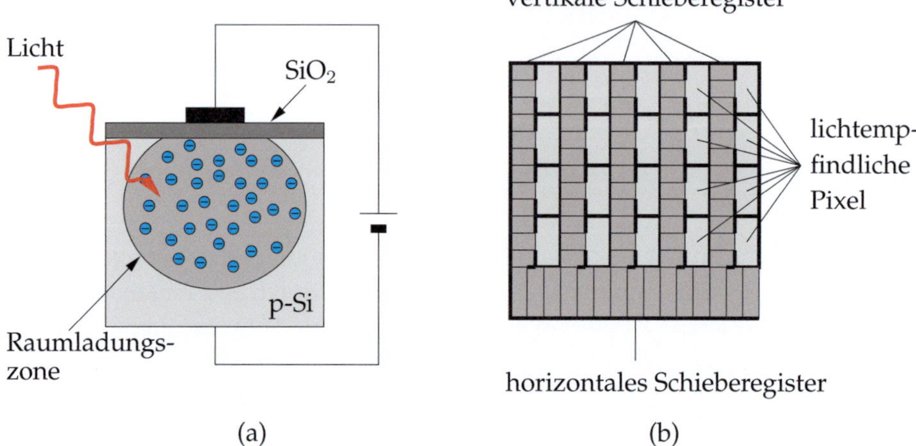

Abbildung 6.8. Aufbau eines Interline-Transfer-Sensors: (a) einzelnes Pixel, seitlich betrachtet; (b) kompletter Sensor, frontal dargestellt.

nes analogen Schieberegisters (Eimerkette) auslesen; siehe Abb. 6.9: Nach dem Belichten des Sensors über einen definierten Zeitraum und der dabei erfolgten Integration der entstandenen Ladungsträger wird die gesammelte Ladung aller Pixel in die benachbarten, abgedunkelten vertikalen Ausleseregister übernommen. Im Anschluss werden die Ladungen zeilenweise in das abgedunkelte horizontale Schieberegister gebracht, das daraufhin schrittweise ausgelesen wird [19]. Nach jeder vollständigen Entleerung des horizontalen Ausleseregisters wird es durch vertikales Schieben mit einer weiteren Zeile wieder gefüllt, bis der Sensor komplett ausgelesen ist.

Bei dem beschriebenen Chip handelt es sich um einen **Interline-Transfer-Sensor** [24]. Er hat den Nachteil, dass etwa die Hälfte der Fläche von den nicht lichtempfindlichen Schieberegistern beansprucht wird. Im Gegensatz dazu dient bei **Full-Frame-Sensoren** nahezu die gesamte Chipfläche als Photodetektor. Die Ladungen werden beim Auslesen durch die lichtempfindlichen Bereiche hindurch geschoben. Eine Belichtung während des Auslesevorgangs verfälscht daher das entstandene Bild. Die Steuerung der Belichtungszeit erfolgt daher nicht elektronisch auf dem Chip selbst (elektronischer Shutter), sondern durch eine mechanische Blende. Den Anteil der lichtempfindlichen Bereiche an der gesamten Chipfläche bezeichnet man als **Füllfaktor**.

Vorteile der CCD-Technik sind geringe Baugröße und Gewicht, niedriger Preis, hochgenaue Pixelgeometrie, Unempfindlichkeit gegenüber Stößen und elektromagnetischen Feldern. Gängige Daten kommerzieller CCD-Kameras für die automatische Sichtprüfung sind in Tab. 6.2 zusammengestellt. Darüber hin-

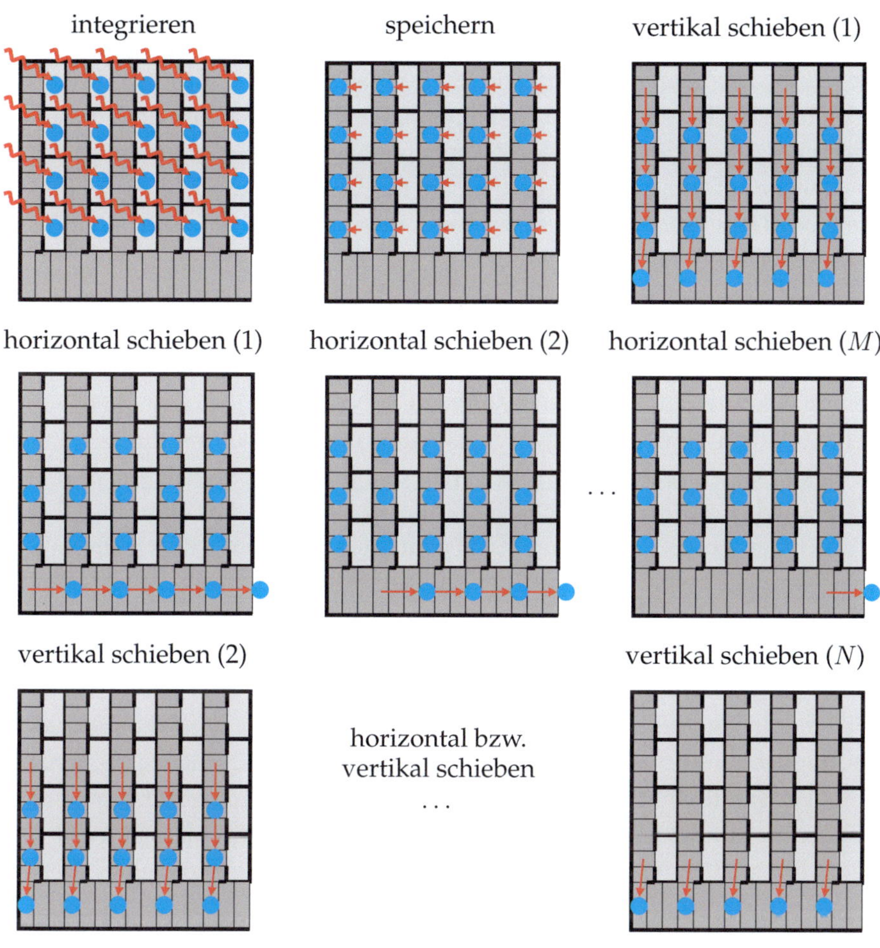

Abbildung 6.9. Wirkungsweise eines Interline-Transfer-Sensors.

Tabelle 6.2. Gängige Daten kommerzieller Kameras für die automatische Sichtprüfung.

Pixelanzahl	640×480 – $4\,800 \times 3\,200$
Pixelgröße	ca. $2 \times 2\ \mu\text{m}^2$ – $10 \times 10\ \mu\text{m}^2$
elektrische Verschlusszeit (Belichtungszeit)	ca. 10 µs – mehrere Sekunden (Langzeitbelichtung)
Bildrate (sinkt mit wachsender Bildgröße)	ca. 3 Hz – 200 Hz
SNR	50 dB – 60 dB

aus gibt es Spezial-CCD-Chips mit extremeren Daten: bis ca. 100 Megapixel, noch kürzere Belichtungszeiten, höhere SNR durch gekühlte Kameras usw.

Im Gegensatz zu anderen integrierten Schaltungen (ICs) ist eine immer weitere Miniaturisierung bei Kamerachips nicht sinnvoll: Die Pixelgröße und der Pixelabstand müssen deutlich größer als die Wellenlänge bleiben. Kleinere Pixel liefern keine zusätzliche Information. Außerdem ist die Lichtempfindlichkeit proportional zur Pixelfläche, sodass Miniaturisierung unempfindlicher macht und das Quantenrauschen erhöht (vgl. Abschn. 2.3).

EMCCD-Sensoren

Sogenannte *electron-multiplying charge-coupled devices* Sensoren (EMCCD) sind eine Weiterentwicklung der zuvor vorgestellten CCD-Sensoren, bei der die Schieberegister zusätzlich eine Ladungsvervielfachung mittels Photomultipliern auf Halbleiterbasis (vgl. Abschn. 6.3) umsetzen und damit zu einer Signalverstärkung führen. Dazu wird der physikalische Effekt der Stoßionisation ausgenutzt, bei dem die durch den photoelektrischen Effekt erzeugten Elektronen durch ein elektrisches Feld so stark beschleunigt werden, dass nachfolgende Kollisionen weitere Elektronen erzeugen. Dieser Prozess kann zu einer lawinenartigen Erzeugung exponentiell vieler Ladungsträger führen, wodurch das zu messende Signal, die erzeugte Ladung, stark verstärkt werden kann [18]. Typische EMCCD-Sensoren nutzen 500 dieser Verstärkungsstufen. Wie beim CCD-Sensor wird die resultierende Ladung letztendlich durch eine Ausleseelektronik in ein Intensitätssignal gewandelt. Vorteilhaft bei EMCCD-Sensoren ist, dass die Signalverstärkung vor dem Auslesen stattfindet und somit das Ausleserauschen vernachlässigt werden kann (vgl. Abschn. 8.7). Dadurch ist es prinzipiell möglich, ein einzelnes Elektron und somit ein einzelnes Photon nachzuweisen, weshalb EMCCD-Sensoren auch als Einzelphotonen-Detektoren oder *low light level CCD* (LLLCCD, L3CCD) bezeichnet werden.

Da die Stoßionisation in jeder Verstärkungsstufe lediglich mit einer Wahrscheinlichkeit kleiner 2 % stattfindet, ist die tatsächliche Gesamtverstärkung nicht deterministisch und es besteht kein linearer Zusammenhang zwischen der Zahl auftreffender Photonen und dem Ausgangssignal. Diese Unsicherheit hat den gleichen Effekt wie eine Halbierung der Quanteneffizienz, das resultierende Bild wäre also stark verrauscht. Bei Anwendungen in extrem lichtarmen Umgebungen (z. B. in der Astronomie oder bei der Beobachtung von Fluoreszenzeffekten vgl. Abschn. 7.2.2) überwiegt jedoch der Vorteil des geringen Ausleserauschens und es lassen sich selbst einzelne Photonen zuverlässig detektieren. Typischerweise erfolgt dazu eine Quantisierung in nur zwei Stufen (Photon erkannt oder nicht erkannt). Das Aufnehmen einer Bildserie erlaubt dann das Zählen der eingetroffenen Photonen über einen gewünschten Zeitraum [7]. Kameras mit EMCCD-Sensoren erreichen örtliche Auflösungen von bis zu 4096×4112 Pixel [20].

ICCD-Sensoren

Bei *intensified charge-coupled device* Sensoren (ICCD) nutzt man Restlichtverstärker (vgl. Abschn. 6.3.1), um selbst bei geringsten Lichtintensitäten (z. B. Astronomie oder Fluoreszenz, vgl. Abschn. 7.2.2) ein verwertbares Bildsignal zu erhalten (vgl. EMCCD-Sensoren, Abschn. 6.6). Einfallendes Licht wird dabei von der Photokathode in Elektronen gewandelt, diese werden durch die Mikrokanalplatte vervielfacht, bevor sie von einem leuchtstoffbelegten Schirm wieder in Photonen gewandelt werden, um auf einem CCD-Sensor ein digitales Bild zu erzeugen. Ein Vorteil von ICCD-Sensoren ist der durch den Restlichtverstärker inhärent gegebene elektronische Shutter. Eine Umkehrung der Spannung zwischen Photokathode und Mikrokanalplatte bewirkt eine Beschleunigung der Elektronen zurück zur Photokathode, sodass keine Photonen durch den Schirm erzeugt werden und entsprechend kein Bild auf dem CCD-Sensor entsteht. Damit können extrem kurze Belichtungszeiten bis hinunter zu 200 ps realisiert werden. Kommerzielle ICCD-Kameras sind mit Auflösungen von bis zu 1360×1024 Pixel erhältlich [37].

6.7 CMOS-Sensoren

CMOS-Kameras spielen sowohl in der automatischen Sichtprüfung als auch in der optischen Messtechnik eine immer wichtigere Rolle. CMOS steht für *complementary metal oxide semiconductor*, ein gängiges Konstruktionsprinzip für Halbleiterschaltungen. Durch die Verwendung desselben kostengünstigen Herstellungsprozesses lässt sich Steuer- und Verarbeitungselektronik auf dem CMOS-Kamerachip integrieren, während für CCD-Sensoren separate Steuerbausteine erforderlich sind.

Die Detektion von Photonen beruht auf dem gleichen Prinzip wie bei CCD-Sensoren. Der Unterschied liegt beim Ausleseverfahren: Die Ladungsspeicher der einzelnen Pixel können über Transistoren und Adressleitungen direkt angesteuert werden (Abb. 6.10). Damit wird auch das gezielte Auslesen eines frei wählbaren Bildausschnitts mit erhöhter Frequenz möglich. Schieberegister sind nicht erforderlich. Die Pixel enthalten häufig schon eine Verstärkerschaltung als erste Verarbeitungsstufe. Dies bringt allerdings den Nachteil mit sich, dass die Verstärkungsfaktoren der einzelnen Pixel infolge von Fertigungstoleranzen voneinander abweichen.

Wesentliche Vorteile von CMOS-Bildsensoren gegenüber CCD-Bildsensoren sind ein frei wählbarer Pixelzugriff, großer Temperaturbereich, geringer Leis-

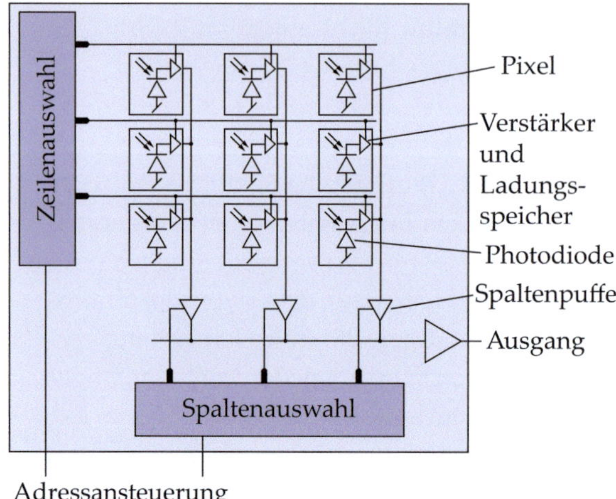

Abbildung 6.10. Aufbau eines CMOS-Sensorchips mit Adressleitungen und einer Verstärkerstufe in den Pixeln (nach [5]).

tungsverbrauch, geringe Herstellungskosten, nur eine Versorgungsspannung, kein *blooming*, *smear* oder *time lag* und Möglichkeit der *On-chip*-Elektronik-Integration. Die technischen Daten gängiger CMOS-Kamerasensoren gleichen weitgehend denen von CCD-Kameras (Tab. 6.2).

HDRC-Sensoren

Mit der CMOS-Technologie lassen sich Sensoren mit einem wesentlich größeren Dynamikbereich realisieren. Diese *high dynamic range CMOS* Sensoren (HDRC) sind besonders zum Einsatz für Außenaufnahmen geeignet, wo die Lichtintensität zwischen Sonneneinstrahlung und Schlagschatten stark variieren kann. Aber auch in der automatischen Sichtprüfung gibt es Aufgaben, die eine hohe Dynamik (d. h. einen hohen Werteumfang des Bildsignals) erfordern, z. B. bei der Online-Kontrolle von Schweißvorgängen. Bei HDRC-Sensoren ist der Zusammenhang zwischen der Anzahl absorbierter Photonen und dem Ausgangssignal des Sensors nicht mehr linear, sondern durch eine logarithmische Kennlinie gegeben. Dies wird erreicht, indem man den durch Licht induzierten Photostrom über einen pn-Übergang in Durchlassrichtung abfließen lässt. Da bei einer Diode der Strom exponentiell mit der Spannung wächst, hängt umgekehrt die Spannung logarithmisch mit dem Photostrom zusammen. HDRC-Sensoren erreichen typischerweise eine Dynamik von ca. 120 dB.

sCMOS-Sensoren

Im Rahmen der kontinuierlichen Weiterentwicklung der CMOS-Technologie speziell im Hinblick auf die hohen Anforderungen wissenschaftlicher Anwendungen entstanden sogenannte *scientific CMOS* Sensoren (sCMOS). Sie vereinen gewissermaßen die Vorteile von CMOS- und CCD-Sensoren und zeichnen sich aus durch niedrige Rauschwerte (ca. 1 Elektron Rauschen beim Auslesevorgang), einen hohen Quantenwirkungsgrad (bis zu 95 %), hohe Bildraten (bis zu 100 Bilder pro Sekunde), hohe Dynamikbereiche (bis zu 87 dB) und hohe Auflösungen (bis zu 16,9 Megapixel) [1, 13, 39, 40]. Diese Leistungsmerkmale werden im Wesentlichen durch eine aktive thermoelektrische Kühlung, das direkte Belichten der lichtempfindlicheren Sensorunterseite ohne lichtabsorbierende Elektronik (*back illuminated*) und durch ein spezielles Verfahren bei der Digitalisierung der Bildwerte erreicht. Anstelle eines hochaufgelösten Analog-digital-Umsetzers pro Pixel werden bei sCMOS-Sensoren zwei niedrig aufgelöste Umsetzer mit unterschiedlicher Verstärkung eingesetzt. Beide Analog-digital-Umsetzer können aufgrund der verringerten Auflösung mit geringerer Geschwindigkeit und trotzdem ohne Zeitverlust ausgelesen werden. Die verlängerte Auslesezeit führt bei integrierenden Analog-digital-Umsetzern zusätzlich zu verringertem Rauschen. Durch simultanes Auslesen beider Umsetzer und nachträgliches Kombinieren der Ergebnisse wird die gleiche Genauigkeit wie mit einem hochauflösenden Analog-digital-Umsetzer erreicht.

6.8 Infrarotkameras

Kameras für den Infrarotbereich lassen sich im Wesentlichen anhand zweier Prinzipien realisieren: als Thermometer-Arrays (Bolometer-Kameras) oder als Quantendetektoren analog zu den Kamerasensoren für sichtbares Licht (photonische Kameras).

Das Infrarotspektrum lässt sich nochmals in mehrere Bänder unterteilen; siehe Tab. 6.3. Das nahe Infrarot schließt sich unmittelbar an das sichtbare Licht an und kann noch mit Silizium-Bildsensoren detektiert werden. Für größere Wellenlängen sind andere Materialien für Quantendetektoren erforderlich. Das ferne Infrarot geht letztlich in den THz-Bereich über.

Eine wichtige Anwendung der Infrarotbildaufnahme ist die Messung der Temperaturverteilung eines Objekts mit sogenannten Wärmebildkameras im MWIR und LWIR. Jedes Objekt emittiert Infrarotstrahlung, deren Intensität mit steigender Temperatur zunimmt (siehe Abschn. 2.7.1.1). Aus einem Infrarotbild lässt sich daher bei bekannten Materialeigenschaften die örtliche Temperaturverteilung des beobachteten Objekts berechnen. Anhand dieser Temperaturverteilung können z. B. bestimmte Produktionsfehler erkannt werden [34].

6.8.1 Bolometer-Kameras

Das Messprinzip von Bolometern beruht auf der Temperaturabhängigkeit des elektrischen Widerstands. Die schwarze Detektorfläche erwärmt sich bei der Ab-

Tabelle 6.3. Wellenlängenbereiche des Infrarotspektrums.

Bezeichnung	Abkürzung	λ in µm
nahes Infrarot (*near infrared*)	NIR	0,75 – 1,4
kurzwelliges Infrarot (*short-wavelength infrared*)	SWIR	1,4 – 3,0
mittleres Infrarot (*medium-wavelength infrared*)	MWIR	3,0 – 8,0
langwelliges Infrarot (*long-wavelength infrared*)	LWIR	8,0 – 15,0
fernes Infrarot (*far infrared*)	FIR	15,0 – 1000

sorption elektromagnetischer Strahlung (vgl. Abschn. 2.6.1). Gemessen wird der elektrische Widerstand eines Metalls oder Halbleiters im Detektor [8]. Das Messergebnis erlaubt Rückschlüsse auf die Intensität der einfallenden Strahlung. Im Gegensatz zu Quantendetektoren beruhen Bolometer also auf einem indirekten Wirkungsprinzip (Abb. 6.11). Nach dem Prinzip des Bolometers können sowohl Punkt- als auch Flächensensoren konstruiert werden. Die Temperatur des Sensors wird auf einen Sollwert geregelt, der im Bereich der Raumtemperatur gewählt werden kann. In jedem der Thermometerwiderstände wird ein konstanter Strom eingeprägt, sodass die temperaturbedingte Widerstandsänderung zu einer proportionalen Spannungsänderung führt. Prinzipbedingt weisen Bolometersensoren eine gewisse Trägheit und eine Beeinflussung von Nachbarpixeln (Übersprechen) infolge der Wärmeleitung auf.

Bolometer sind breitbandige Sensoren, die keine Grenzwellenlänge aufweisen, sondern das Spektrum vom nahen Infrarot bis zur THz-Strahlung erfassen können. Sie können ungekühlt betrieben werden, sodass preisgünstige Infrarotkameras realisierbar sind. Zur Bewertung der Signalqualität wird bei Infrarotkameras anstelle des SNR häufig die sogenannte NETD (*noise equivalent temperature difference*) angegeben [17]. Typische technische Daten einer ungekühlten Bolometer-Kamera sind in Tab. 6.4 aufgeführt.

Tabelle 6.4. Typische technische Daten einer ungekühlten Bolometer-Kamera [17].

Pixelanzahl	640×480
Pixelgröße	$20 \times 20\ \mu\mathrm{m}^2 - 50 \times 50\ \mu\mathrm{m}^2$
NETD	ca. $70\ \mathrm{mK} - 100\ \mathrm{mK}$
Material	VO_x (Vanadiumoxid), Si (Silizium), Ti (Titan)

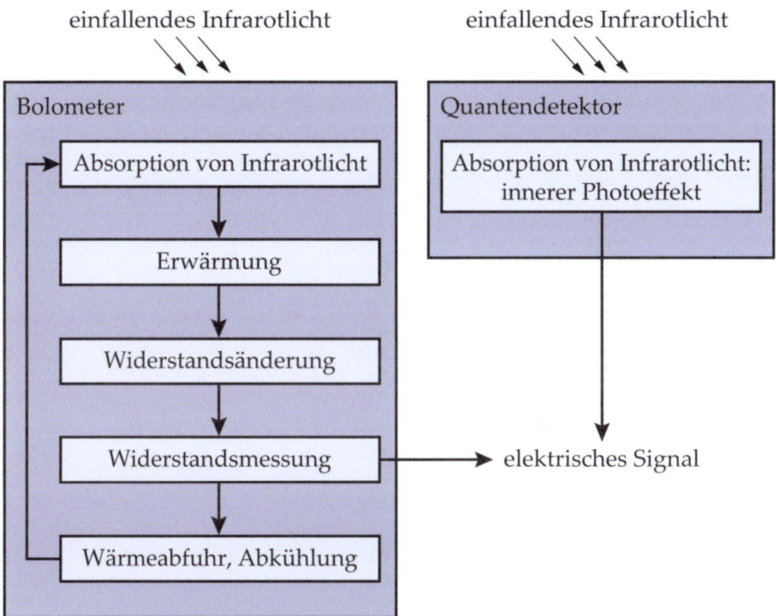

Abbildung 6.11. Indirektes Wirkungsprinzip eines Bolometersensors im Vergleich mit dem direkten Wirkungsprinzip eines Quantendetektors (nach [17]).

6.8.2 Infrarot-Quantendetektorkameras

Eine Alternative zu Bolometern im nahen und mittleren Infrarot stellen die beschriebenen Halbleitersensoren dar, die u. a. den inneren Photoeffekt zur Detektion elektromagnetischer Strahlung nutzen. Spezielle Halbleitermaterialien mit speziellen Dotierungen erlauben die Erzeugung von Elektron-Loch-Paaren auch mit den geringeren Energien infraroter Photonen [17, 34]. Die Funktionsweise ist ansonsten genauso wie bei Photodioden: Absorbierte IR-Photonen liefern aufgrund des inneren Photoeffekts direkt einen elektrischen Strom proportional zur Photonenanzahl.

Bei Raumtemperatur werden auch thermisch viele Ladungsträger generiert, sodass die Sensoren aufwendig gekühlt werden müssen. Für die Detektion von mittlerem Infrarot (MWIR) sind Temperaturen von etwa 140 K erforderlich, für langwelliges Infrarot (LWIR) sogar 80 K. Die Kühlung erfolgt mit Hilfe von flüssigem Stickstoff oder kostengünstiger und betriebssicherer mit einem elektrisch angetriebenen Stirlingmotor.

Für verschiedene Anwendungsbereiche sind Halbleitermaterialien mit unterschiedlichen Grenzwellenlängen verfügbar (Tab. 6.5). Einige Materialien lassen sich zu Dual-Band-Sensoren kombinieren, die gleichzeitig in zwei verschiedenen Spektralbereichen messen und ein zweikanaliges Bild liefern [12]. Ein Beispiel ist die in der Tabelle aufgeführte Kombination von Galliumarsenid und Aluminiumgalliumarsenid zur Detektion von mittlerem und langwelligem Infrarot. Bei gleichbleibendem Quantenwirkungsgrad wächst die Empfindlichkeit von Quantendetektoren mit der Wellenlänge, da dann bei gleicher Intensität mehr Photonen fließen (Abb. 6.12).

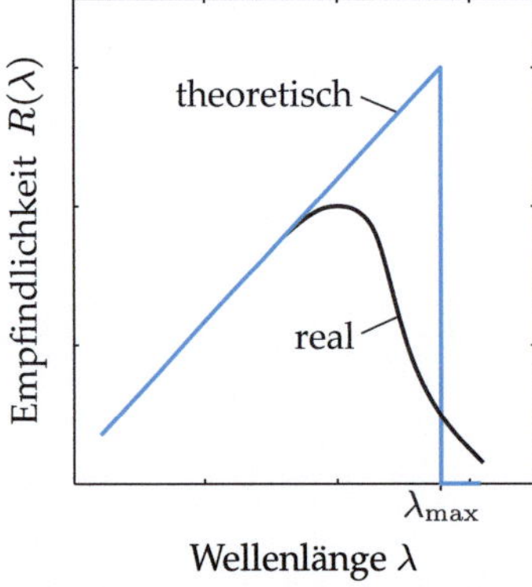

Abbildung 6.12. Theoretische und reale Empfindlichkeit von Quantendetektoren in Abhängigkeit der Wellenlänge (nach [6]).

Tabelle 6.5. Eigenschaften von Infrarot-Quantendetektorkameras: Grenzwellenlänge λ_{max}, NETD für eine Objekttemperatur von 300 K, Pixelabstand in μm, verfügbare Arraygröße (nach [17]).

Material	λ_{max}	**NETD**/mK	**Pixelabstand**	**Pixelanzahl**
HgCdTe (Quecksilber-Cadmium-Tellurid)	12,0 μm	10	15–40	1280 × 1024
InSb (Indiumantimonid)	5,0 μm	20	15–50	1024 × 1024
GaAs/AlGaAs (Galliumarsenid)	9,5 μm	10 / 30	25–50	640 × 512
PtSi (Platinsilizid)	5,4 μm	60	20–25	800 × 512
InGaAs (Indiumgalliumarsenid)	1,7 μm	60	20–25	800 × 512

6.8.3 Quantenpunkt-Sensoren

Mit Hilfe von **Quantenpunkten** (*quantum dots*) lässt sich die spektrale Empfindlichkeit von auf Silizium basierenden Sensoren bis in Regionen von 2 μm erweitern. Quantenpunkte sind chemisch herstellbare Partikel aus Halbleitermaterial mit Durchmessern von einigen Nanometern. Auch in Quantenpunkten führen eintreffende Photonen gemäß dem inneren photoelektrischen Effekt zu freien Elektronen, die sich über angrenzende Quantenpunkte weiterbewegen und die letztendlich als elektrischer Strom gemessen werden können. Dabei besteht ein direkter Zusammenhang zwischen der Größe der Quantenpunkte und ihrer spektralen Empfindlichkeit. Durch entsprechende Variation der Partikelgrößen können somit Kamerasensoren für die gewünschten spektralen Bereiche realisiert werden [3].

Quantenpunkte können prozesstechnisch in Form einer Lösung auf die beispielsweise in CMOS realisierte Ausleseelektronik aufgetragen werden [23]. Sie weisen einen im Vergleich zu gängigen Bildsensoren höheren Dynamikbereich auf, sind diesen bezüglich ihres Quantenwirkungsgrads allerdings noch deutlich unterlegen (Quantenwirkungsgrad von 0,2 im Vergleich zu 0,8 bei InGaAs-Sensoren) [29].

6.9 Zeilenkameras

Zeilenkameras verwenden nur eine einzelne Zeile von photosensitiven Elementen, wobei die Abtastapertur durch die Größe der lichtempfindlichen Fläche und Δx durch den Abstand der Einzelelemente gegeben sind. Die Scanbewegung in y-Richtung (Spaltenrichtung) erfolgt durch eine Relativbewegung von Objekt und Sensor, wie z. B. bei der Beobachtung von Transportbändern in Fertigungsstraßen oder Abfüllanlagen mit einer feststehenden Zeilenkamera oder dem Scannen von photographischen Aufnahmen mit einer bewegten Zeile in einem Flachbettscanner. Der Zeilenabstand Δy ergibt sich aus der Relativgeschwindigkeit von Objekt und Sensor sowie der Zeilenausleserate.

Beispiel 6.1 (Erfassung einer Zylinderwand mit Hilfe einer Zeilenkamera): Abbildung 6.13 zeigt ein Bild einer Zylinderwand eines Verbrennungsmotors, das mit einem „Zylinderscanner" aufgenommen wurde, der eine azimutale Scanbewegung der Zeilenkamera mit konstantem Abstand zur Zylinderwand ausführt. ■

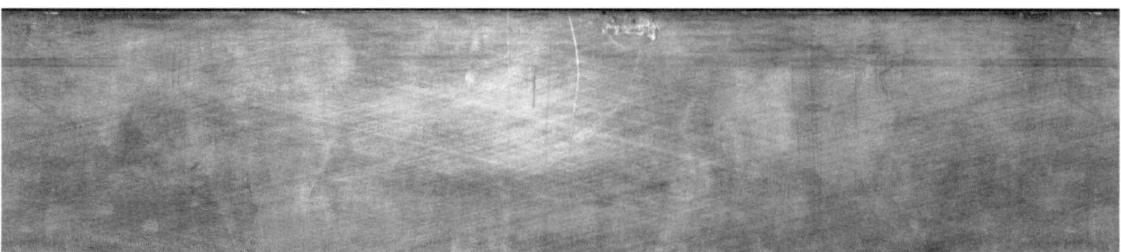

Abbildung 6.13. Aufnahme einer Zylinderwand eines Verbrennungsmotors durch einen Scanvorgang mit einer Zeilenkamera (Quelle: Breitmeier Messtechnik GmbH).

Mit Zeilenkameras lassen sich hohe Auflösungen von typisch bis zu 16 384 Pixeln erreichen, weil sie i. d. R. eine höhere Pixelanzahl haben als eine Zeile eines Flächensensors. Außerdem ist es einfacher, eine gezielte und gleichzeitig gleichmäßige Beleuchtung des gesamten Bildes sicherzustellen [38]. Bei der automatischen Sichtprüfung von Endlosprodukten auf Fließbändern bietet sich daher häufig der Einsatz einer Zeilenkamera an. Die Kamera kann von einem Inkrementalgeber getaktet werden, der die Geschwindigkeit des Fließbands misst. Dadurch entspricht eine Bildzeile stets der gleichen räumlichen Verschiebung, unabhängig von der Bandgeschwindigkeit. Beim Einsatz eines Flächensensors für eine solche Anwendung müssen hingegen die aufgenommenen Bilder nachträglich zueinander registriert werden.

Am Markt sind auch mehrzeilige Zeilenkameras verfügbar, die mehrere nahe benachbarten Zeilen enthalten. Die Zeilen sind mit unterschiedlichen optischen Filtern ausgestattet, um mehrkanalige Information zu gewinnen, z. B. Multispektral- oder Hyperspektralbilder. Es gibt mittlerweile hyperspektrale Zeilenkameras mit mehreren hundert Zeilen.

Zeilenkameras können mit CCD- oder CMOS-Technologie realisiert werden, ähnlich wie in den Abschnitten 6.6 und 6.7 für Flächensensoren beschrieben.

6.10 Farbsensoren und Farbkameras

Übliche **Farbkameras** liefern für jedes Pixel die drei Farbkanäle Rot, Grün und Blau. Bei derartigen RGB-Kameras befindet sich meist ein Farbfilter direkt vor dem Kamerachip, das für jedes Pixel nur eine der drei Grundfarben durchlässt. Die Farben werden so angeordnet, dass sie auf dem CCD- bzw. CMOS-Chip möglichst nahe zueinander liegen. Beim häufig verwendeten Bayer-Filter fasst man beispielsweise einen $2{\times}2$-Ausschnitt der Pixelmatrix als Makropixel auf; siehe Abb. 6.14(a). Ein Makropixel enthält zwei Grünpixel und je ein Rot- und Blaupixel, da das menschliche Auge für Grün empfindlicher ist. Somit wird für jedes Pixel nur ein Farbkanal tatsächlich aufgenommen. Die beiden anderen Kanäle müssen aus benachbarten Pixeln interpoliert werden. Diesen Verarbeitungsschritt bezeichnet man als Demosaicing [27]. Im Fall von Zeilenkameras bietet sich die Verwendung einer separaten Zeile je Farbkanal an.

Nachteile von Makropixel-Farbkameras sind die geringere laterale Auflösung und der Lichtverlust durch die Farbfilter. Bei hochwertigen Kameras findet man daher gelegentlich ein anderes Prinzip der Farbaufnahme. Das einfallende Licht wird mit Hilfe von dichroitischen Strahlteilern in die drei Farbkomponenten aufgespalten [4, 21]. Diese Strahlteiler spiegeln Licht bestimmter Wellenlängenbereiche und sind für die übrigen durchlässig. Der dichroitische Effekt beruht auf der Interferenz an mehreren dünnen dielektrischen Schichten. Über geeignete Pris-

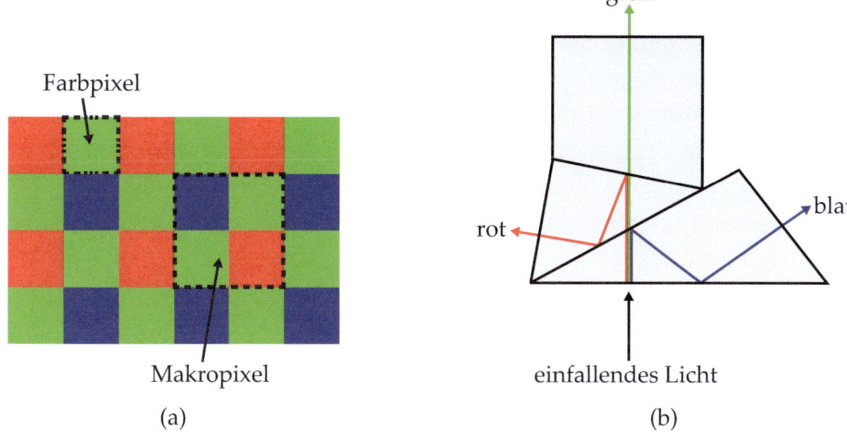

Abbildung 6.14. Farbkameras. (a) Farbanordnung eines Bayer-Filters; (b) 3-Chip-Farbkamera mit dichroitischen Strahlteilern.

men gelangt jede Farbkomponente zu einem eigenen Detektorchip; siehe Abb. 6.14(b). Eine Interpolation ist nicht notwendig. Optik und Mechanik der Kamera müssen sehr präzise gefertigt und justiert werden, damit die Pixelpositionen der drei Komponenten exakt übereinstimmen.

6.11 Multispektral- und Hyperspektralsensorik

Die spektrale Zusammensetzung des Lichts, das von einem Prüfobjekt reflektiert bzw. transmittiert wird, erlaubt Rückschlüsse auf die Materialien und Eigenschaften und des Objekts. Das Prinzip des Bayer Filters aus Abschn. 6.10 lässt auf mehr als drei Spektralkanäle verallgemeinern, indem größere Makropixel mit entsprechend angeordneten spektralen Filtern vor dem Bildsensor versehen werden [16]. Beispielsweise können mit 5×5-Makropixeln bei entsprechend reduzierter lateraler Auflösung 25 Spektralkanäle erfasst werden. Multispektralkameras mit Mikrolinsenarrays sind ebenfalls verfügbar [14]. Auch das Prinzip der Mehr-Chip-Kameras aus Abschn. 6.10 kann bei Multispektralkameras eingesetzt werden, ggf. in Kombination mit Makropixeln. Beispielsweise können auf einem Sensorchip die RGB-Kanäle des sichtbaren Lichts und gleichzeitig auf einem weiteren Chip das nahe Infrarot erfasst werden.

Mit den genannten Ansätzen ist auf Kosten der lateralen Auflösung die Erfassung von mehr als hundert Spektralkanälen möglich. Allerdings sind solche Kameras typischerweise auf das sichtbare Licht und das nahe Infrarot beschränkt, weil die Bildsensoren (vgl. Abschn. 6.8) und die Abbildungsoptik für das gesamte erfasste Spektrum geeignet sein müssen.

Wenn eine höhere spektrale Auflösung, ein größerer Spektralbereich oder eine hohe laterale Auflösung in Kombination mit spektraler Auflösung benötigt wird, stoßen diese Konstruktionsprinzipien an ihre Grenzen. Bei der multi- bzw. hyperspektralen Bildaufnahme stellt sich die Aufgabe, einen dreidimensionalen Raum aus den zwei örtlichen Dimensionen und einer spektralen Dimension abzutasten. Da die Erfassung auf einem zweidimensionalen Bildsensor erfolgt, reduziert die Hinzunahme weiterer Spektralkanäle unweigerlich die Ortsauflösung, ermöglicht aber dennoch nur eine begrenzte spektrale Auflösung. Zwei weitere mögliche Alternativen zur Spektralmessung werden im Folgenden vorgestellt:

- Es werden sequenziell mehrere Aufnahmen mit einer Grauwertkamera gemacht, wobei für jede Aufnahme ein anderes Filter vor das Objektiv gebracht wird. Die Filter können an einem Rad angebracht werden, das vor jeder Aufnahme automatisch in die richtige Position gedreht wird. Mit dieser Technik können nur statische Szenen aufgenommen werden.
- Eine spektral auflösende Kamera liefert das Spektrum einer Bildzeile (Abb. 6.15). Eine Beugungsoptik lenkt das Licht in Abhängigkeit von der Wellenlänge unterschiedlich ab, sodass jede Zeile des Bildsensors einem schmalen Spektralband zugeordnet ist. Eine schlitzförmige Blende stellt sicher, dass nur eine Ebene des Objektraums abgebildet wird. Im resultierenden Bild entspricht eine Koordinatenachse der Wellenlänge des gemessenen Intensitätswerts und die zweite Achse wie üblich der räumlichen Position des Bildpunkts. Zweidimensionale Oberflächen lassen sich mit einem Scanvorgang senkrecht zur abgebildeten Ebene untersuchen. Diese Technik, das sogenannte Push-Broom-Prinzip, bietet sich insbesondere bei Endlosprodukten auf einem Fließband an.

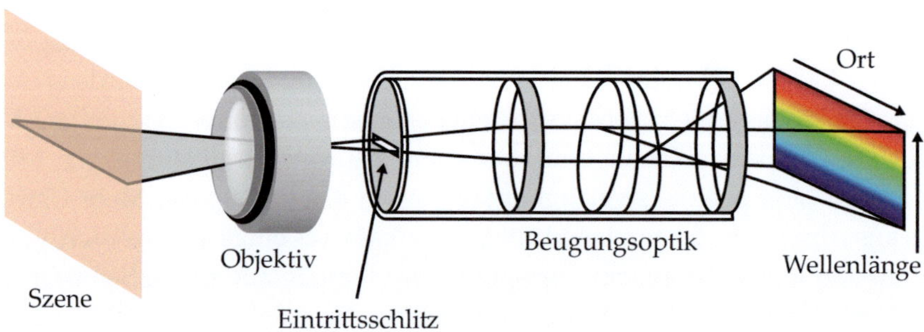

Abbildung 6.15. Spektral auflösende Zeilenkamera.

6.12 Lichtlaufzeitkameras

Lichtlaufzeitkameras basieren auf speziellen Sensorchips, die ein Entfernungsbild erfassen können [35]. Lichtlaufzeitsensoren verwenden eine amplitudenmodulierte oder gepulste Beleuchtung, typischerweise realisiert durch Infrarot-LEDs oder -Laser neben dem Kameraobjektiv. Das Messprinzip beruht auf der Zeit, die das Licht dieser aktiven Beleuchtung für den Weg zum Objekt und wieder zurück zur Kamera benötigt. Diese Zeit wird Lichtlaufzeit (*time of flight*, kurz *ToF*) genannt.

Durch die bekannte Modulation der Beleuchtung kann der Bildsensor für jedes Pixel die Phasenverschiebung zwischen den Intensitätssignalen des emittierten und des reflektierten Lichts ermitteln [10]. Daraus erhält man mit Hilfe der bekannten Lichtgeschwindigkeit die Entfernung des Objekts und mit Hilfe des kalibrierten Kameramodells schließlich 3D-Information über die erfasste Szene. Die von einem solchen Sensorchip ausgegebenen Bildwerte repräsentieren also nicht die Intensität, sondern sind proportional zur Entfernung.

Typische technische Daten von Lichtlaufzeitkameras sind eine Auflösung zwischen 60×40 und 640×480 Pixeln, eine Bildrate von ca. 30 Bildern pro Sekunde, messbare Entfernungen zwischen $10\ \mathrm{cm}$ und $60\ \mathrm{m}$ sowie eine Wiederholgenauigkeit von ca. $1\ \mathrm{cm}$ in einer Objektentfernung von $1\ \mathrm{m}$. Obwohl Fremdlicht durch die modulierte Beleuchtung und weitere Maßnahmen unterdrückt wird, können in bestimmten Umgebungen Artefakte und erhöhtes Messrauschen auftreten. Schwierigkeiten bereiten insbesondere sehr helles Fremdlicht (z. B. direktes Sonnenlicht), moduliertes Fremdlicht (z. B. mit der Netzfrequenz flimmernde Fremdlichtquellen), Streulicht und schwach reflektierende Prüfobjekte [9, 28].

6.13 Ereignisbasierte Sensoren

Im Gegensatz zu herkömmlichen Bildsensoren, die in jedem Belichtungszyklus alle Pixelwerte auslesen und an die angeschlossene Auswerteeinheit übertragen, reagieren die Pixel **ereignisbasierter Sensoren** (*event-based cameras*) nur bei Änderungen der Intensität des einfallenden Lichts. Beim Überschreiten eines festgelegten Schwellwerts wird ein Datenpaket (auch Ereignis oder *event* genannt) erzeugt, das die Pixelposition, einen Zeitstempel, die Richtung der Intensitätsänderung (heller oder dunkler) und ggf. auch den aktuellen Intensitätswert beinhaltet. Jedes Pixel berechnet dazu kontinuierlich die Abweichung der inzidenten Lichtintensität zum Intensitätswert des zuletzt gemeldeten Ereignisses. Die Ausgabe eines ereignisbasierten Sensors ist ein Strom solcher Datenpakete. In Anwendungsfällen, die nur zu wenigen Intensitätsänderungen führen, lassen sich mit ereignisbasierten Sensoren vergleichsweise hohe Bildraten von bis zu 300 000

Bildern pro Sekunde[2] bei stark reduzierter benötigter Bandbreite erreichen [11]. Da ereignisbasierte Sensoren nicht auf einer fest eingestellten Belichtungszeit beruhen und stattdessen nur Intensitätsänderungen registrieren, verfügen sie über eine geringe Latenz von nur $8\ \mu s$ und einen hohen Dynamikbereich von bis zu $120\ dB$. Nachteilig an ereignisbasierten Sensoren ist ihre niedrige Auflösung von nur bis zu 1280×960 Pixeln [25,31] (Stand 2023).

6.14 Qualitätskriterien für Bildsensoren

Es gibt zahlreiche Kriterien, anhand derer die Leistungsfähigkeit von Bildsensoren, insbesondere von Halbleitersensoren, bewertet werden kann [19,36]. Im Folgenden sind einige dieser Kriterien aufgeführt:

- **Quantenwirkungsgrad**: Der Quantenwirkungsgrad (auch Quantenausbeute genannt) ist das Verhältnis von der Anzahl der erzeugten Elektronen (Elementarladungen) zur Anzahl der auftreffenden Photonen.
- **Sättigungsladung**: Die Sättigungsladung oder *full well capacity* ist die maximale Anzahl der Elektronen, die ein Pixel sammeln kann (vgl. Abschn. 2.3).
- **Füllfaktor**: Anteil der lichtempfindlichen Bereiche an der gesamten Chipfläche (vgl. Abschn. 6.6).
- **Rauschverhalten**: Es gibt verschiedene Quellen von elektronischem Rauschen in Bildsensoren. Rauschen kann beim Ladungstransport und beim Ausleseverstärker entstehen. Eine vertiefte Betrachtung des Kamerarauschens wird in Abschn. 8.7 durchgeführt.
- **Dunkelrauschen**: Das Dunkelrauschen (Dunkelstrom) ist das Signal des unbeleuchteten Bildsensors. Ein idealer Sensor würde ohne Beleuchtung ein Signal identisch null liefern, in der Realität ist dies jedoch insbesondere aufgrund von thermischem Rauschen nicht der Fall. Das Dunkelrauschen lässt sich durch eine Kühlung des Sensors erheblich verringern [19].
- **Dynamikbereich**: Der Dynamikbereich eines Sensors beschreibt das linear modellierbare Werteintervall der Kennlinie in Bezug auf das Rauschen. Eine vertiefte Betrachtung des Dynamikbereichs erfolgt in Abschn. 8.7.
- **Homogenität**: Idealerweise verhalten sich alle Pixel eines Sensors identisch. Infolge von Fertigungstoleranzen kommt es jedoch in der Praxis zu unterschiedlichem Verstärkungs- und Rauschverhalten (*fixed pattern noise*).
- **Artefakte**: Je nach Konstruktionsprinzip des Bildsensors können unter bestimmten Umständen störende Artefakte im Bild auftreten. *Blooming* ist ein

[2] Der Wert ist dabei so zu interpretieren, dass jedes detektierte Ereignis einem neuen konventionellen Kamerabild entspricht, mit einer Intensitätsänderung bei nur einem Pixel.

Effekt, bei dem Ladung aus überbelichteten Pixeln in benachbarte Pixel abfließt, die somit ein zu hohes Signal liefern. *Smear* sind Streifen im Bild, die im Zusammenhang mit Schieberegistern der CCD-Chips entstehen.

- **Adressierbarkeit**: Manche Sensoren unterstützen ein selektives Auslesen bestimmter Bildregionen mit erhöhter Auslesefrequenz. Bei anderen Sensoren können benachbarte Pixel auf Ladungsebene zusammengefasst werden, sodass ein unterabgetastetes Bild resultiert.
- **Energieverbrauch**.

Ein Vergleich von CMOS- und CCD-Sensoren bezüglich der genannten Kriterien gestaltet sich schwierig, weil die ursprünglichen Nachteile der jeweiligen Technologie durch die Weiterentwicklung der Bildsensoren zunehmend beseitigt werden [26]. CMOS-Sensoren sind im Vorteil beim Energieverbrauch, bei der Adressierbarkeit und beim Dynamikbereich (insbesondere die erwähnten HDRC-Sensoren) und sind konstruktionsbedingt weniger anfällig für Artefakte wie *blooming* und *smear*. CCD-Chips zeichnen sich durch eine höhere Homogenität und ein geringeres Dunkelrauschen aus.

6.15 Literatur

[1] Andor Oxford Instruments | Quantum Design. sCMOS-Kameras für physikalische Anwendungen. `https://qd-europe.com/de/de/produkt/scmos-kameras-fuer-physikalische-anwendungen/`, 2023.

[2] Jörg Angerstein. UV-Visible and Near IR Semiconductor Sensors. In E. Wagner, R. Dändliker und K. Spenner (Hrsg.), *Optical Sensors*, Bd. 6 der Reihe *Sensors*, Seiten 173–199. VCH, 1992.

[3] Uri Banin, YunWei Cao, David Katz und Oded Millo. Identification of atomic-like electronic states in indium arsenide nanocrystal quantum dots. *Nature*, 400(6744):542–544, August 1999.

[4] Bruce Batchelor und Paul Whelan. *Intelligent vision systems for industry*. Springer, London, 1997.

[5] Nicolas Blanc. CCD versus CMOS – has CCD imaging come to an end? In Dieter Fritsch und Rudolf Spiller (Hrsg.), *Photogrammetric Week*. Wichmann, 2001.

[6] Helmut Budzier und Gerald Gerlach. *Thermische Infrarotsensoren: Grundlagen für Anwender*. Wiley-VCH, Weinheim, 2010.

[7] Olivier Daigle, Jean-Luc Gach, Christian Guillaume, Claude Carignan, Philippe Balard und Olivier Boisin. L3CCD results in pure photon-counting mode. In *Optical and Infrared Detectors for Astronomy, Proc. SPIE*, Bd. 5499, Seiten 219–227, 2004.

[8] Axel Donges und Reinhard Noll. *Lasermesstechnik: Grundlagen und Anwendungen*. Hüthig, Heidelberg, 1993.

[9] Péter Fankhauser, Michael Bloesch, Diego Rodriguez, Ralf Kaestner, Marco Hutter und Roland Siegwart. Kinect v2 for Mobile Robot Navigation: Evaluation and Modeling. In *International Conference on Advanced Robotics (ICAR)*, Seiten 388–394, 2015.

[10] Sergi Foix, Guillem Alenyà und Carme Torras. Lock-in Time-of-Flight (ToF) Cameras: A Survey. *IEEE Sensors Journal*, 11(9):1917–1926, 2011.

[11] Guillermo Gallego, Tobi Delbruck, Garrick Orchard, Chiara Bartolozzi, Brian Taba, Andrea Censi, Stefan Leutenegger, Andrew J. Davison, Jorg Conradt, Kostas Daniilidis und Davide Scaramuzza. Event-Based Vision: A Survey. *IEEE Transactions on Pattern Analysis and Machine Intelligence*, 44(1):154–180, Januar 2022.

[12] Arnold Goldberg, Theodore Fischer, Stephen Kennerly, Samuel Wang, Mani Sundaram, Parvez Uppal, Michael Winn, Gregory Milne und Mark Stevens. Dual Band QWIP MWIR/LWIR Focal Plane Array Test Results. In Eustace Dereniak und Robert Sampson (Hrsg.), *Infrared Detectors and Focal Plane Arrays VI, Proc. SPIE*, Bd. 4028, Seiten 276–287, 2000.

[13] Ron Grunsby. Scientific CMOS (sCMOS) Technology: An Overview. `https://www.photonicsonline.com/doc/scientific-cmos-scmos-technology-an-overview-0001`, Juni 2012.

[14] Nathan Hagen und Michael W. Kudenov. Review of snapshot spectral imaging technologies. *Optical Engineering*, 52(9), September 2013.

[15] Jörg Haus. *Optical sensors: basics and applications*. Wiley-VCH, Weinheim, 2010.

[16] Nina Heide, Christian Frese, Thomas Emter und Janko Petereit. Real-Time Hyperspectral Stereo Processing for the Generation of 3D Depth Information. In *25th IEEE International Conference on Image Processing (ICIP)*, Seiten 3299–3303, 2018.

[17] Thomas Hierl. Hochauflösende Infrarot-Detektormatrizen. In Norbert Bauer (Hrsg.), *Handbuch zur Industriellen Bildverarbeitung*, Seiten 41–47. Fraunhofer IRB Verlag, Stuttgart, 1. Auflage, 2007.

[18] Jaroslav Jerry Hynecek. Impactron-a new solid state image intensifier. *IEEE Transactions on Electron Devices*, 48(10):2238–2241, 2001.

[19] Bernd Jähne. *Practical handbook on image processing for scientific and technical applications*. CRC Press, Boca Raton, 2. Auflage, 2004.

[20] Paul R. Jorden, Doug Jordan, Paul A. Jerram, Jérôme Pratlong und Ian Swindells. e2v new CCD and CMOS technology developments for astronomical sensors. In *High Energy, Optical, and Infrared Detectors for Astronomy VI*, Bd. 9154, Seiten 91540M–1 – 91540M–15. SPIE, 2014.

[21] Erik Klaas. Farbbildverarbeitung. In Bernd Breuckmann (Hrsg.), *Bildverarbeitung und optische Messtechnik in der industriellen Praxis*, Seiten 54–65. Franzis, München, 1993.

[22] Alexander Koch, Michael Ruprecht, Olaf Toedter, Gerd Häusler, Stefan Blossey, Harald Schoenfeld und Veit Windbichler. *Optische Messtechnik an technischen Oberflächen*. expert-Verlag, 1998.

[23] Gerasimos Konstantatos und Edward H. Sargent. Solution-Processed Quantum Dot Photodetectors. *Proceedings of the IEEE*, 97(10):1666–1683, Oktober 2009.

[24] Reimar Lenz. Grundlagen der Videometrie, angewandt auf eine ultra-hochauflösende CCD-Farbkamera. *tm – Technisches Messen*, 57(10):366–380, 1990.

[25] Patrick Lichtsteiner, Christoph Posch und Tobi Delbruck. A 128×128 120 dB 15 μs Latency Asynchronous Temporal Contrast Vision Sensor. *IEEE Journal of Solid-State Circuits*, 43(2):566–576, 2008.

[26] Dave Litwiller. CMOS vs. CCD: Maturing Technologies, Maturing Markets. *Photonics Spectra*, August 2005.

[27] Horst Mattfeldt. Camera Systems in Machine Vision. In Alexander Hornberg (Hrsg.), *Handbook of Machine Vision*, Seiten 361–426. Wiley-VCH, 2006.

[28] James Mure-Dubois und Heinz Hügli. Real-time scattering compensation for time-of-flight camera. In *Proceedings of the ICVS Workshop on Camera Calibration Methods for Computer Vision Systems*, 2007.

[29] Peter Palomaki und Sean Keuleyan. Move over, CMOS: here come snapshots by quantum dots. *IEEE Spectrum*, Februar 2020.

[30] Tilo Pfeifer und Robert Schmitt. *Fertigungsmesstechnik*. Oldenbourg, 3. Auflage, 2010.

[31] Christoph Posch, Daniel Matolin und Rainer Wohlgenannt. A QVGA 143 dB Dynamic Range Frame-Free PWM Image Sensor With Lossless Pixel-Level Video Compression and Time-Domain CDS. *IEEE Journal of Solid-State Circuits*, 46(1):259–275, Januar 2011.

[32] Michael Reisch. *Halbleiter-Bauelemente*. Springer, Berlin, 2005.

[33] Bahaa E. Saleh und Malvin C. Teich. *Fundamentals of photonics*. Wiley, Hoboken, NJ, 2. Auflage, 2007.

[34] Bernd Schönbach. Wärmebildkameras und IR-Bildverarbeitung. In Bernd Breuckmann (Hrsg.), *Bildverarbeitung und optische Messtechnik in der industriellen Praxis*, Seiten 21–53. Franzis, München, 1993.

[35] Rudolf Schwarte, Zhanping Xu, Horst-Guenther Heinol, Joachim Olk, Ruediger Klein, Bernd Buxbaum, Helmut Fischer und Juergen Schulte. New electro-optical mixing and correlating sensor: facilities and applications of the photonic mixer device (PMD). In *Sensors, Sensor Systems, and Sensor Data Processing, Proc. SPIE*, Bd. 3100, Seiten 245–253, 1997.

[36] Peter Schwider. CCD- und CMOS-Bildsensoren. In Norbert Bauer (Hrsg.), *Handbuch zur Industriellen Bildverarbeitung*, Seiten 36–40. Fraunhofer IRB Verlag, Stuttgart, 1. Auflage, 2007.

[37] Stanford Computer Optics. Datasheet 4 Picos Ultra high speed ICCD camera. `https://stanfordcomputeroptics.com/download/Brochure-4Picos.pdf`, 2022.

[38] Kai Taeubner. Zeilenkameras. In Norbert Bauer (Hrsg.), *Handbuch zur Industriellen Bildverarbeitung*, Seiten 32–34. Fraunhofer IRB Verlag, Stuttgart, 1. Auflage, 2007.

[39] John Wallace. Photonics Products: Scientific CMOS Cameras: sCMOS cameras reach new levels of capability. *Laser Focus World*, Mai 2018.

[40] Dave Wilson. sCMOS Cameras Take the Scientific Imaging Stage - Novus Light Today. https://www.novuslight.com/scmos-cameras-take-the-scientific-imaging-stage_N8059.html, Mai 2018.

[41] Wolfgang Zinth und Ursula Zinth. *Optik: Lichtstrahlen – Wellen – Photonen*. Oldenbourg, München, 4. Auflage, 2013.

Kapitel 7

Bildaufnahmeverfahren

7

7

7 Bildaufnahmeverfahren

7 Bildaufnahmeverfahren

7.1 Einleitung

Dieses Kapitel behandelt verschiedene Verfahren zur Bildaufnahme in der automatischen Sichtprüfung. Dabei ist zu unterscheiden, welche Eigenschaften des untersuchten Objekts von Interesse sind (Abb. 7.1):

- optische Eigenschaften wie Reflektivität, Farbe, Textur und Brechungsindex, jeweils als Funktion des Ortes, oder
- geometrische Eigenschaften, also die dreidimensionale Gestalt des Objekts.

Verfahren zur Reflektanzerfassung sind Gegenstand von Abschn. 7.2. Hierunter fallen homogene Beleuchtungstechniken sowie Laser- und Flachbettscanner. Außerdem wird die Messung des komplexen Brechungsindexes behandelt, der zur Materialklassifikation genutzt werden kann (Abb. 7.2).

Zur 3D-Erfassung von Objekten sind zahlreiche verschiedene Verfahren bekannt, die auf drei unterschiedlichen Messprinzipien beruhen (Abb. 7.3):

- Triangulation,
- Intensität oder
- Laufzeit.

Abschnitt 7.3 behandelt die 3D-Erfassung und folgt dieser Einteilung. Bei den Triangulationsverfahren ist weiter zwischen den passiven (insbesondere Stereo)

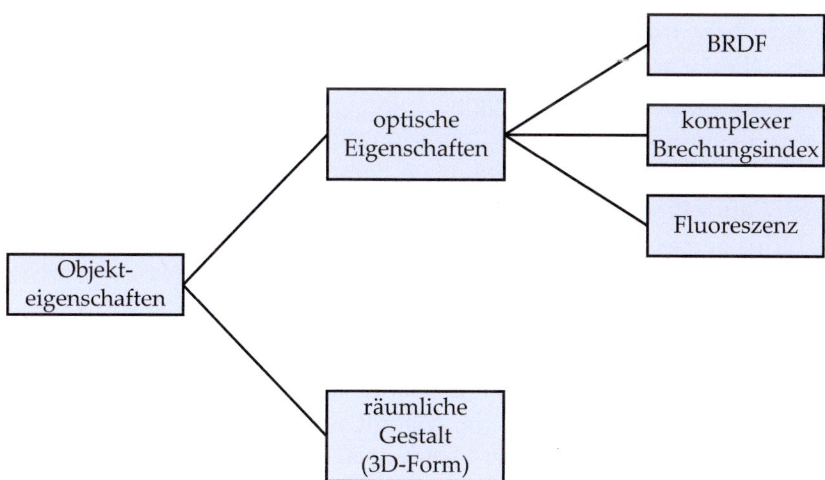

Abbildung 7.1. Optisch messbare Objekteigenschaften.

J. Beyerer et al., *Automatische Sichtprüfung*,
https://doi.org/10.1007/978-3-662-69951-5_7

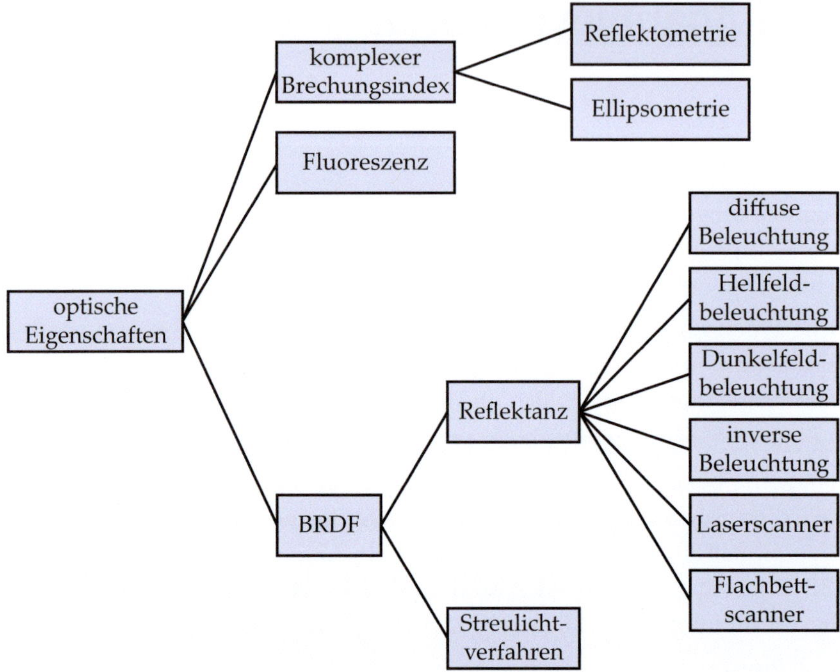

Abbildung 7.2. Systematik der Verfahren zur Erfassung der optischen Eigenschaften.

und aktiven Verfahren zu unterscheiden. Letztere beleuchten gezielt, etwa mit Mustern, um damit die räumliche Objektgestalt zu erfassen.

Die intensitätsbasierten Verfahren beobachten Veränderungen der Intensität des gestreuten bzw. transmittierten Lichts und rekonstruieren daraus die Form des Objekts. Hierzu zählen die Silhouettenerfassung, *shape from shading*, Fokussensoren und die konfokale Mikroskopie.

Die Laufzeitverfahren messen die Zeitspanne, die das Licht für den Weg zum Objekt und zurück benötigt, und bestimmen daraus die Entfernung. Alternativ zur direkten Laufzeitmessung kann auch die dabei auftretende Phasenverschiebung des Lichts gemessen werden. Dies kann auch unter Ausnutzung der Interferenzeffekte geschehen, die in Abschn. 2.2 behandelt wurden.

Neben der makroskopischen 3D-Gestalt eines Objekts ist gelegentlich auch seine innere Struktur von Interesse. Verfahren wie Thermographie, Terahertz- und Röntgenbildaufnahme sowie die Spannungsoptik erlauben Rückschlüsse auf Defekte im Objektinneren (Abschn. 7.4). Im Anschluss daran werden in Abschn. 7.5 einige spezielle Bildaufnahme- und Beleuchtungstechniken behandelt.

Schließlich werden in Abschn. 7.6 allgemeine Prinzipien vorgestellt, die sowohl bei der Reflektanz- als auch bei der 3D-Erfassung eingesetzt werden können. Darunter fallen Fremdlichtunterdrückung und inverse Beleuchtung.

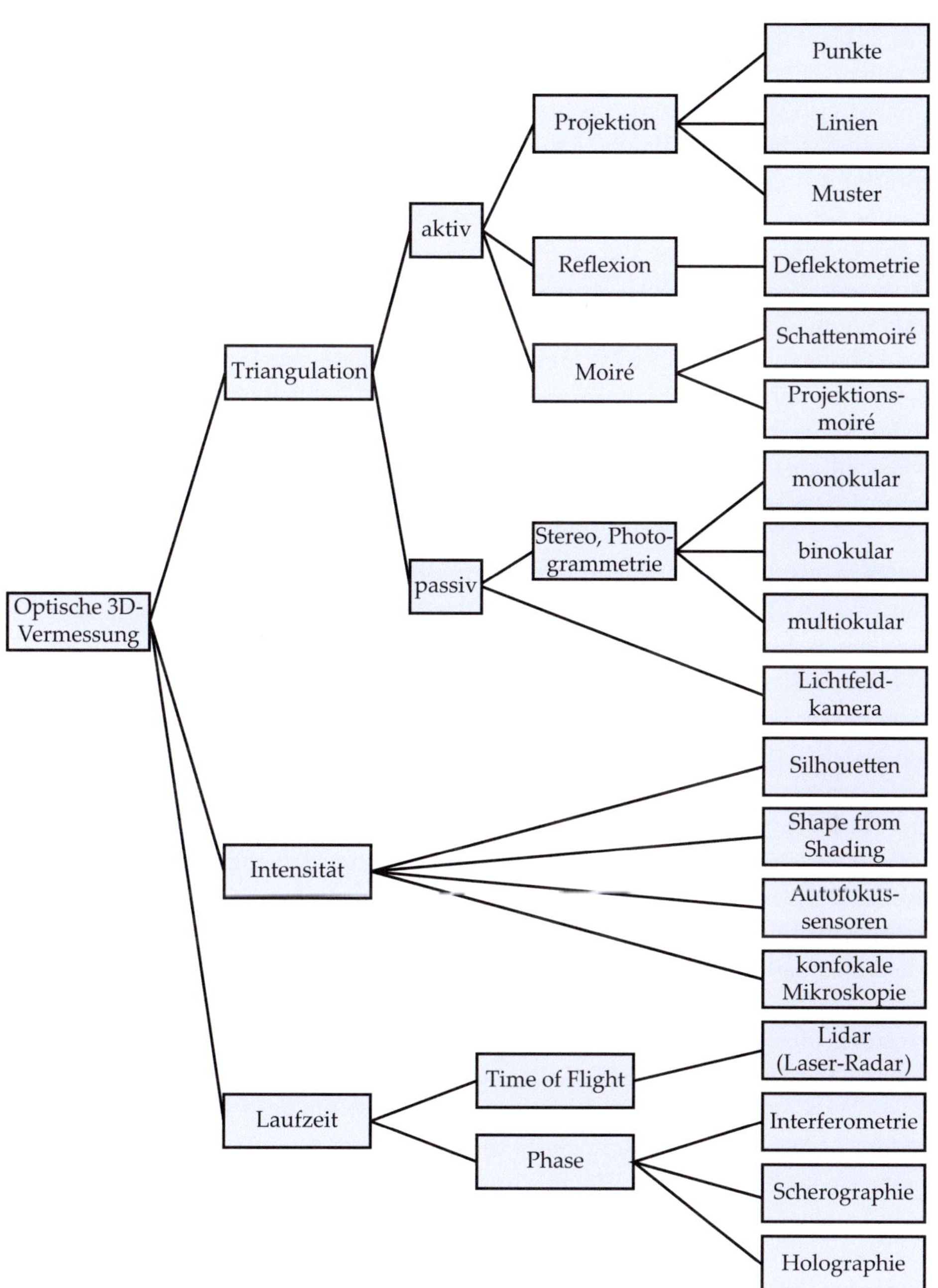

Abbildung 7.3. Systematik der Verfahren zur 3D-Erfassung.

7.2 Erfassung der optischen Eigenschaften

Die optischen Eigenschaften eines Objekts bestimmen seine Wechselwirkung mit Licht entsprechend der in Abschn. 2.6 beschriebenen Phänomene. Zunächst wird die Messung des komplexen Brechungsindexes behandelt, die unmittelbar auf den physikalischen Grundlagen aus Kap. 2 aufbaut. Die Kenntnis des komplexen Brechungsindexes ermöglicht die Klassifikation des Materials und die Bestimmung von Schichtdicken. Anschließend wird kurz auf die Fluoreszenz eingegangen, die ebenfalls zur Materialklassifikation eingesetzt werden kann.

Abschnitt 7.2.3 beschreibt Verfahren zur Reflektanzerfassung, die z. B. zur Defekterkennung dienen können. Leser, die sich vorrangig für dieses Thema interessieren, können die Abschnitte 7.2.1 und 7.2.2 zunächst überspringen, da sie in der weiteren Darstellung nicht vorausgesetzt werden. Schließlich behandelt Abschn. 7.2.5 die Streulichtverfahren, die Aussagen sowohl über die Reflektanz als auch über die mikroskopische Struktur eines Objekts erlauben und somit den Übergang zur Erfassung der 3D-Form bilden.

7.2.1 Messung des komplexen Brechungsindexes

Wie in Abschn. 2.6.6.1 erläutert, kann der Brechungsindex elektrisch leitfähiger Materialien als komplexe Zahl aufgefasst werden. Der komplexe Brechungsindex $\underline{n}$ ist eine charakteristische Materialeigenschaft. Daher kann anhand der Messung des komplexen Brechungsindexes eine Klassifikation und Sortierung insbesondere von Metallen durchgeführt werden.

7.2.1.1 Reflektometrie

Die Reflektometrie ist ein Verfahren zur Messung von Schichtdicken und Brechungsindizes. Bei der spektroskopischen Reflektometrie werden für verschiedene Wellenlängen die Fresnel'schen Reflexionsgrade ermittelt, die das Verhältnis der reflektierten zur einfallenden Intensität beschreiben. In Verallgemeinerung zur Definition in Abschn. 2.6.5 kann der absolute Reflexionsgrad gemessen werden, der das Verhältnis von reflektierter zu einfallender Lichtintensität an einem Objekt mit mehreren Schichten und Grenzflächen beschreibt. Der verwendete Wellenlängenbereich kann vom Ultraviolett bis zum Infrarot reichen: $\lambda \in [200\,\mathrm{nm}, 2000\,\mathrm{nm}]$. Die Parameterbestimmung erfolgt mit Hilfe eines Schichtenmodells, das die Dicke und die Brechungsindizes der Schichten als Parameter enthält. Durch Anpassung des Modells an die Messdaten lassen sich die gesuchten Größen über eine Regressionsrechnung schätzen.

Typische Reflektometer beleuchten und beobachten die zu untersuchende Oberfläche senkrecht. Daher entfällt die Unterscheidung zwischen s- und p-Welle, weil die Fresnel'schen Reflexionsgrade für senkrechte und parallele Polarisation bei einem Einfallswinkel von $\theta = 0°$ übereinstimmen: $R_{12}^{\mathrm{s}} = R_{12}^{\mathrm{p}}$ (siehe Bsp. 2.10).

Somit vereinfachen sich durch die Anordnung senkrecht zur Oberfläche die mathematischen Zusammenhänge.

Beispiel 7.1 (Schichtenmodell): Ein mögliches Schichtenmodell lautet wie folgt (Abb. 7.4): Das erste Medium ist die Luft zwischen dem Messgerät und der Objektoberfläche. Sie hat den Brechungsindex $\underline{n}_1 = n_1 \approx 1$. Daran schließt sich eine Schicht der Dicke h aus Medium 2 mit komplexem Brechungsindex $\underline{n}_2$ an. Das Material darunter besteht aus Medium 3 mit komplexem Brechungsindex $\underline{n}_3$. Die Beobachtung erfolgt senkrecht, sodass die Einfallswinkel $\theta_1 = \theta_2 = \theta_3 = 0$ betragen. ■

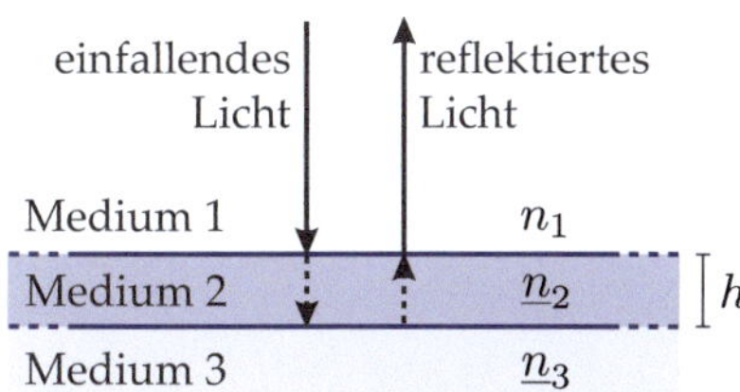

Abbildung 7.4.
Schichtenmodell für die Reflektometrie.

Mit Kameras als Detektoren wird eine ortsaufgelöste Reflektometrie möglich. Abbildung 7.5 zeigt ein Beispiel für einen reflektometrischen Aufbau mit zwei Kameras. Die Beleuchtung erfolgt mit parallelem Licht einer monochromatischen, bezüglich der Wellenlänge λ durchstimmbaren Lichtquelle der Intensität $I(\mathbf{x}, \lambda)$. Dieses Licht gelangt auf einen Strahlteiler, der die Hälfte transmittiert und die andere Hälfte reflektiert. Der reflektierte Anteil des Lichts beleuchtet das Prüfobjekt mit der Intensität $\frac{1}{2}I(\mathbf{x}, \lambda)$. Das vom Objekt reflektierte Licht wird von einer Kamera mit telezentrischem Objektiv beobachtet. Die gemessene Intensität wird mit $I_1(\mathbf{x}, \lambda)$ bezeichnet. Der vom Strahlteiler transmittierte Anteil trifft direkt auf eine zweite Kamera mit telezentrischem Objektiv. Dort wird die Intensität $I_2(\mathbf{x}, \lambda) = \frac{1}{2}I(\mathbf{x}, \lambda)$ beobachtet. Wenn nun die Kameras radiometrisch kalibriert werden, sodass die gemessenen Grauwerte direkt den Intensitäten entsprechen oder in diese umgerechnet werden können, erhält man folgenden Zusammenhang für den absoluten Reflexionsgrad:

$$R(\mathbf{x}, \lambda) = 2\,\frac{I_1(\mathbf{x}, \lambda)}{I_2(\mathbf{x}, \lambda)} \,. \tag{7.1}$$

Zu diesem Aufbau gibt es folgende Alternativen:

- Auf die zweite Kamera wird verzichtet. Die Intensität I_1 des Prüfobjekts wird verglichen mit der Intensität $I_{1,\mathrm{Ref}}$, die mit einer Referenzprobe gewonnen

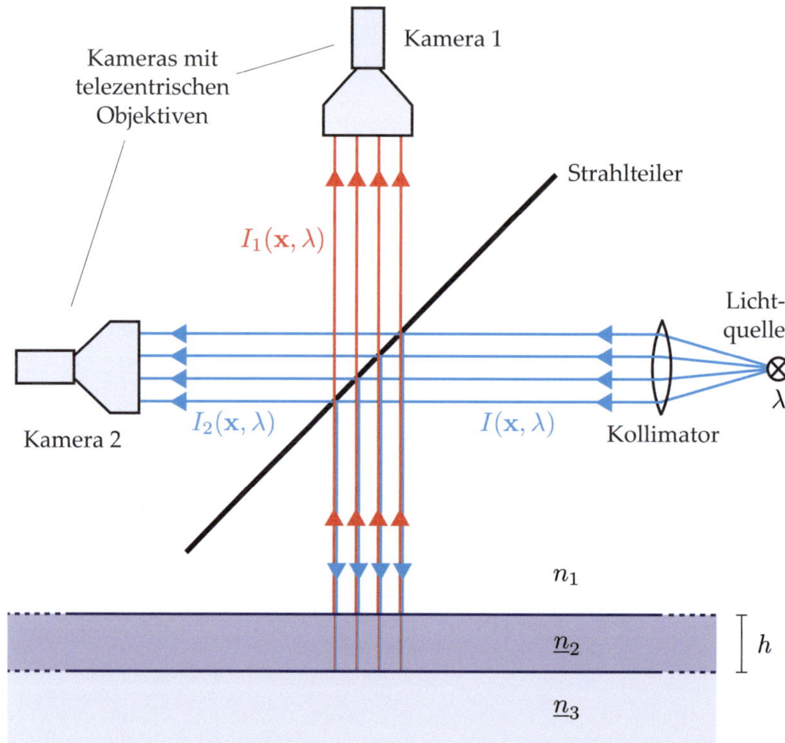

Abbildung 7.5. Messaufbau zur ortsauflösenden Reflektometrie.

wurde. Daraus kann der relative Reflexionsgrad berechnet werden:

$$R_{\text{rel}}(\mathbf{x}, \lambda) = \frac{I_1(\mathbf{x}, \lambda)}{I_{1,\text{Ref}}(\mathbf{x}, \lambda)} \,. \tag{7.2}$$

- Statt der monochromatischen Lichtquelle werden breitbandiges Licht und spektral auflösende Kameras (Hyperspektralkameras) verwendet, siehe Abschn. 6.11. Dann kann mit einer Aufnahme aber nur eine Linie auf der Objektoberfläche spektral aufgelöst untersucht werden. Für eine flächenhafte Oberflächenerfassung muss ein Scanvorgang senkrecht zu dieser Linie durchgeführt werden.

Die Reflexion an dem beschriebenen Schichtenmodell lässt sich quantitativ modellieren. Das Licht kann zwischen den beiden Grenzflächen mehrfach reflektiert werden und erfährt beim Durchlaufen der Schicht 2 eine Phasenänderung von β. Insgesamt entsteht eine Phasenänderung von 2β, weil die Schicht sowohl auf dem einfallenden als auf dem reflektierten Lichtweg durchlaufen wird. Die Überlagerung der phasenverschobenen reflektierten Lichtwellen lässt sich mit Hilfe einer geometrischen Reihe berechnen [205]. Für senkrechten Lichteinfall erhält man:

$$R = \left| \frac{r_{12} + r_{23}\,\mathrm{e}^{-\mathrm{j}2\beta}}{1 + r_{12}\,r_{23}\,\mathrm{e}^{-\mathrm{j}2\beta}} \right|^2 , \tag{7.3}$$

$$\beta := 2\pi\,\frac{h}{\lambda}\,\underline{n}_2 \,. \tag{7.4}$$

Der absolute Reflexionsgrad $R = R(\mathbf{x}, \lambda, h, \underline{n}_2, \underline{n}_3)$ ist eine Funktion der Modellparameter h, $\underline{n}_2$ und $\underline{n}_3$. Die Schätzung dieser Parameter erfolgt durch eine Regressionsrechnung:

$$(\hat{h}, \hat{\underline{n}}_2, \hat{\underline{n}}_3) = \underset{h,\underline{n}_2,\underline{n}_3}{\arg\min} \sum_{\lambda=\lambda_{\min}}^{\lambda_{\max}} \left(R_{\text{gemessen}}(\mathbf{x},\lambda) - R_{\text{Modell}}(\mathbf{x},\lambda,h,\underline{n}_2,\underline{n}_3)\right)^2 . \tag{7.5}$$

Die spektrale Abtastung erfolgt an diskreten Wellenlängen $\lambda \in [\lambda_{\min}, \lambda_{\max}]$. Kennt man $\underline{n}_2$ und/oder $\underline{n}_3$, so kann die Regressionsrechnung entsprechend vereinfacht werden. Im Spezialfall einer einzelnen dielektrischen Schicht n_2 an Luft mit $n_1 \approx 1$ erhält man beispielsweise

$$R = \left(\frac{n_2 - 1}{n_2 + 1}\right)^2 \tag{7.6}$$

und daraus die geschlossene Lösung [98]

$$n_2 = \frac{1 + \sqrt{R}}{1 - \sqrt{R}} \,. \tag{7.7}$$

Beispiel 7.2 (Reflexionsgrad): Es wird ein Modell für eine Siliziumdioxid-Schicht (SiO_2) der Dicke $h = 2$ µm auf einem Siliziumkristall (Si) aufgestellt [205, S. 59].

Medium 1	Luft	$n_1 = 1$	
Medium 2	SiO_2	$\underline{n}_2 = n_2 = 1{,}46$	
Medium 3	Si	$\underline{n}_3 = 3{,}88 - \mathrm{j}\,0{,}02$	(jeweils bei $\lambda = 633$ nm)

Abbildung 7.6 zeigt den Reflexionsgrad R gemäß (7.3) für dieses Modell in Abhängigkeit der Wellenlänge λ. ■

Der gemessene Reflexionsgrad variiert periodisch in Abhängigkeit der Wellenlänge (Abb. 7.6). An den Maxima der Intensität interferieren die an den beiden Grenzflächen reflektierten Wellen konstruktiv, an den Minima destruktiv. Im Fall reeller Brechungsindizes $\underline{n}_1 = n_1$, $\underline{n}_2 = n_2$ und $\underline{n}_3 = n_3$ erhält man die Maxima gemäß (2.122) für

$$\cos 2\beta = 1 \,, \quad \beta = k\pi \,, \quad k \in \mathbb{Z} \,, \tag{7.8}$$

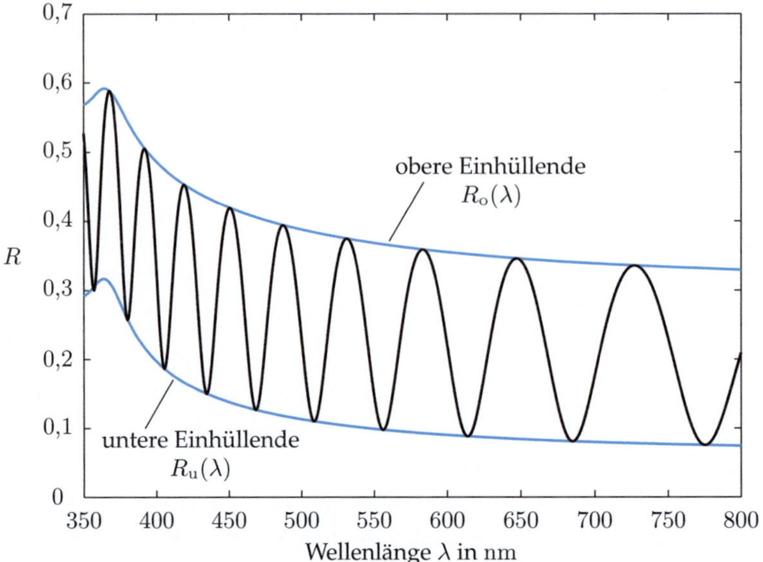

Abbildung 7.6. Reflexionsgrad für das Modell aus Bsp. 7.2 sowie obere und untere Einhüllende in Abhängigkeit der Wellenlänge λ.

die Minima für $\cos 2\beta = -1$, $\beta = k\pi + \frac{\pi}{2}$. Diese Maxima bzw. Minima liegen auf der oberen bzw. unteren Einhüllenden $R_o(\lambda)$ bzw. $R_u(\lambda)$ des Reflexionsgrades:

$$R_o(\lambda) = \left| \frac{n_3 - n_1}{n_3 + n_1} \right|^2 , \tag{7.9}$$

$$R_u(\lambda) = \left| \frac{n_1 n_3 - n_2^2}{n_1 n_3 + n_2^2} \right|^2 . \tag{7.10}$$

Diese Zusammenhänge gelten für den in der Praxis häufigen Fall $n_1 < n_2 < n_3$. Im Fall $n_1 < n_3 < n_2$ vertauschen sich die Orte der Minima und Maxima sowie die obere und untere Einhüllende [81].

Für Luft als Medium 1 mit $n_1 \approx 1$ vereinfacht sich dies zu:

$$R_o(\lambda) = \left| \frac{n_3 - 1}{n_3 + 1} \right|^2 , \tag{7.11}$$

$$R_u(\lambda) = \left| \frac{n_3 - n_2^2}{n_3 + n_2^2} \right|^2 . \tag{7.12}$$

Die obere Einhüllende entspricht der Reflexion am Medium 3 in Abwesenheit der Schicht 2.

Die Brechungsindizes $\underline{n}_2$ und $\underline{n}_3$ hängen von der Wellenlänge λ ab. Für gängige Materialien sind die Brechungsindizes in Abhängigkeit der Wellenlänge gut tabelliert [121, 155].

Für ein dielektrisches Medium 2, also $\underline{n}_2 = n_2$, erhält man aus (7.8) für zwei aufeinanderfolgende Maxima (bzw. Minima) des Reflexionsgrades mit den Wellenlängen λ_i und λ_{i+1} den einfachen Zusammenhang

$$2\,\frac{h}{\lambda_{i+1}}\,n_2 = k\,, \tag{7.13}$$

$$2\,\frac{h}{\lambda_i}\,n_2 = k + 1 \tag{7.14}$$

und daraus folgende Näherung für die Schichtdicke h:

$$h \approx \frac{\lambda_i\,\lambda_{i+1}}{2n_2\,(\lambda_{i+1} - \lambda_i)} \tag{7.15}$$

Die Formel gälte exakt, wenn n_2 und $\underline{n}_3$ nicht von λ abhingen [205].

7.2.1.2 Ellipsometrie

Mit ellipsometrischen Verfahren kann der komplexe Brechungsindex $\underline{n}$ eines Materials bestimmt werden [172, 204, 205]. Außerdem kann die Dicke h dünner Materialschichten zusammen mit ihren komplexen Brechungsindizes gemessen werden. Voraussetzung dafür ist, dass die Schichten dünner als ca. 4 Eindringtiefen (siehe Abschn. 2.6.6.1) sind: $h < 4\delta$.

Dazu wird das zu untersuchende Material mit Licht bekannter Polarisation beleuchtet. Anschließend wird der Polarisationszustand des reflektierten Lichts[1] gemessen. Aus der Veränderung des Polarisationszustands durch die Reflexion kann der komplexe Brechungsindex des Materials berechnet werden.
Die Ellipsometrie ermittelt den komplexen Quotienten

$$\rho := \frac{r_{12}^{\mathrm{p}}}{r_{12}^{\mathrm{s}}} \tag{7.16}$$

der Fresnel'schen Reflexionskoeffizienten r_{12}^{p} und r_{12}^{s} für parallel bzw. senkrecht zur Einfallsebene polarisiertes Licht (siehe Abschn. 2.6.5). Die komplexe Zahl ρ lässt sich in Polarkoordinaten schreiben als

$$\rho = \tan\Psi\;\mathrm{e}^{\mathrm{j}\Delta} \tag{7.17}$$

[1] Verwandte Verfahren beobachten das von einer dünnen Schicht transmittierte Licht.

mit

$$\Psi := \arctan \frac{|r_{12}^{\mathrm{p}}|}{|r_{12}^{\mathrm{s}}|} \qquad \Psi \in [0, \tfrac{\pi}{2}), \tag{7.18}$$

$$\Delta := \Delta\varphi_{\mathrm{i}} - \Delta\varphi_{\mathrm{r}} \qquad \Delta \in [0, 2\pi), \tag{7.19}$$

wobei $\Delta\varphi_{\mathrm{i}}$ die Phasendifferenz zwischen p- und s-Welle des einfallenden Lichts und $\Delta\varphi_{\mathrm{r}}$ die entsprechende Phasendifferenz der reflektierten Lichtwelle ist [205]. Die Größen Ψ und Δ beschreiben die Veränderung der Polarisationsellipse durch die Reflexion. Sie werden bei der Ellipsometrie i. d. R. durch numerische Lösung eines nichtlinearen Gleichungssystems bestimmt.

Für die Materialidentifikation ist ein Einfallswinkel $\theta_{\mathrm{i}} > 0$ erforderlich, da bei senkrechtem Lichteinfall $r_{12}^{\mathrm{p}} = r_{12}^{\mathrm{s}}$ ist und somit in (7.16) unabhängig vom Brechungsindex des Materials $\rho = 1$ folgt. Das Ellipsometer muss genau justiert werden, damit Einfalls- und Beobachtungswinkel übereinstimmen, $\theta_{\mathrm{i}} = \theta_{\mathrm{r}}$. Der Einfallswinkel muss zudem bekannt sein, um auf Materialeigenschaften und Schichtdicken zurückschließen zu können. Aus diesem Grund muss die Oberflächennormale am Beobachtungspunkt bekannt sein, weshalb mit üblichen Ellipsometern nur ebene Objekte untersucht werden können.

Für ellipsometrische Messaufbauten und -verfahren sind unterschiedliche Varianten gebräuchlich. Zwei Möglichkeiten werden im Folgenden vorgestellt.

Null-Ellipsometer: Beim Null-Ellipsometer wird eine monochromatische, unpolarisierte Lichtquelle verwendet. Das einfallende Licht durchläuft einen linearen Polarisator mit verstellbarem Drehwinkel γ_1 und eine Verzögerungsplatte, typischerweise eine $\frac{\lambda}{4}$-Platte. Nach der Reflexion am Prüfobjekt gelangt das Licht durch einen weiteren linearen Polarisator mit Drehwinkel γ_2 zu einem Detektor (Abb. 7.7). Dieser zweite Polarisator wird Analysator genannt.

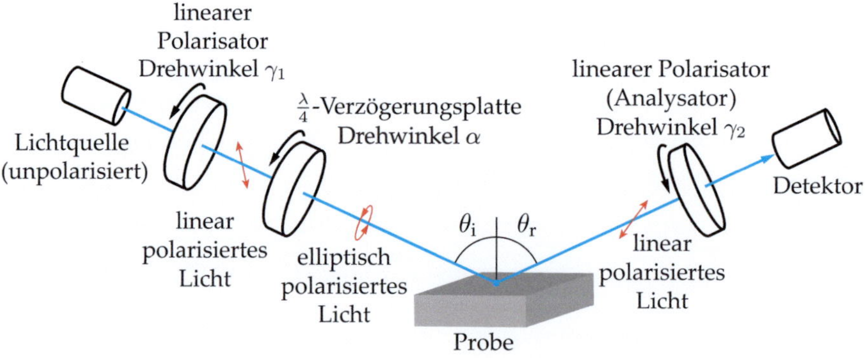

Abbildung 7.7. Aufbau eines Null-Ellipsometers (nach [205]).

Bei der ellipsometrischen Messung werden die Drehwinkel γ_1 und γ_2 der beiden linearen Polarisatoren so eingestellt, dass kein Licht mehr zum Detektor gelangt. Das Ziel ist also, dass das Signal am Detektor zu null wird, daher wird diese Vorgehensweise als Null-Ellipsometrie bezeichnet.

Mit dem Aufbau aus einem linearen Polarisator und einer $\frac{\lambda}{4}$-Platte lässt sich Licht mit beliebigem Polarisationszustand (ψ, χ) herstellen (Abschn. 2.2.2.4). Beim Null-Ellipsometer wird im Allgemeinen elliptisch polarisiertes Licht derart erzeugt, dass die Reflexion an der Oberfläche dieses in linear polarisiertes Licht wandelt. Dessen Polarisationsrichtung kann mit dem Analysator bestimmt werden.

Mit Hilfe des Kalküls der Müller-Matrizen aus Abschn. 2.2.2.4 erhält man folgende Beschreibung des Null-Ellipsometers:

$$\mathbf{M}_{\mathrm{Lin}}(\gamma_2)\,\mathbf{M}_{\mathrm{Obj}}(\Psi,\Delta)\,\mathbf{M}_{\mathrm{QWP}}(\alpha)\,\mathbf{M}_{\mathrm{Lin}}(\gamma_1)\,\mathbf{S}_{\mathrm{unp}} = \mathbf{0}\,. \tag{7.20}$$

Darin sind die Müller-Matrizen $\mathbf{M}_{\mathrm{Lin}}(\gamma)$ der linearen Polarisatoren gegeben durch (2.74), die Müller-Matrix $\mathbf{M}_{\mathrm{QWP}}(\alpha)$ der rotierten Verzögerungsplatte durch (2.78), (2.71) und der Stokes-Vektor $\mathbf{S}_{\mathrm{unp}}$ der unpolarisierten Lichtquelle durch (2.60). Die Reflexion am Prüfobjekt wird durch die Müller-Matrix $\mathbf{M}_{\mathrm{Obj}}(\Psi,\Delta)$ modelliert, die man aus (2.257) erhält [40,68,204]:

$$\mathbf{M}_{\mathrm{Obj}}(\Psi,\Delta) = \mathbf{M}_{\mathrm{Refl}}(r_{12}^{\mathrm{s}}, r_{12}^{\mathrm{p}}) \tag{7.21}$$

$$= \frac{1}{2}\begin{pmatrix} R_{12}^{\mathrm{p}} + R_{12}^{\mathrm{s}} & R_{12}^{\mathrm{p}} - R_{12}^{\mathrm{s}} & 0 & 0 \\ R_{12}^{\mathrm{p}} - R_{12}^{\mathrm{s}} & R_{12}^{\mathrm{p}} + R_{12}^{\mathrm{s}} & 0 & 0 \\ 0 & 0 & r_{12}^{\mathrm{p}}\, r_{12}^{\mathrm{s}\,*} + r_{12}^{\mathrm{p}\,*}\, r_{12}^{\mathrm{s}} & \mathrm{j}\,(r_{12}^{\mathrm{p}\,*}\, r_{12}^{\mathrm{s}} - r_{12}^{\mathrm{p}}\, r_{12}^{\mathrm{s}\,*}) \\ 0 & 0 & \mathrm{j}\,(r_{12}^{\mathrm{p}}\, r_{12}^{\mathrm{s}\,*} - r_{12}^{\mathrm{p}\,*}\, r_{12}^{\mathrm{s}}) & r_{12}^{\mathrm{p}}\, r_{12}^{\mathrm{s}\,*} + r_{12}^{\mathrm{p}\,*}\, r_{12}^{\mathrm{s}} \end{pmatrix}$$

$$= \frac{R_{12}^{\mathrm{s}}}{2}\begin{pmatrix} 1+\tan^2\Psi & -1+\tan^2\Psi & 0 & 0 \\ -1+\tan^2\Psi & 1+\tan^2\Psi & 0 & 0 \\ 0 & 0 & 2\tan\Psi\,\cos\Delta & 2\tan\Psi\,\sin\Delta \\ 0 & 0 & -2\tan\Psi\,\sin\Delta & 2\tan\Psi\,\cos\Delta \end{pmatrix} \tag{7.22}$$

$$= \frac{R_{12}^{\mathrm{s}}}{2}\begin{pmatrix} 1+\tan^2\Psi & -1+\tan^2\Psi & 0 & 0 \\ -1+\tan^2\Psi & 1+\tan^2\Psi & 0 & 0 \\ 0 & 0 & 2\tan\Psi & 0 \\ 0 & 0 & 0 & 2\tan\Psi \end{pmatrix}\mathbf{M}_{\mathrm{WP}}(\Delta)\,. \tag{7.23}$$

Die Umformung erfolgt unter Verwendung der Definition von Ψ aus (7.18). Die Reflexion polarisierten Lichts an der leitfähigen Objektoberfläche lässt sich somit darstellen als Produkt einer Matrix, welche die Reflexion der parallel und senkrecht polarisierten Intensitätskomponenten an der Objektoberfläche beschreibt, und der Matrix $\mathbf{M}_{\text{WP}}(\Delta)$ aus (2.77), welche den Verzögerungseffekt des leitfähigen Materials beschreibt [68].

Die Parameter Ψ und Δ sind die einzigen Unbekannten in (7.20), da der gemeinsame Vorfaktor R^{s}_{12} eliminiert werden kann. Daher erhält man aus dem Gleichungssystem (7.20) die Bestimmungsgleichungen für die gesuchten Parameter Ψ und Δ. Wenn die Verzögerungsplatte im Winkel $\alpha = -45°$ zur optischen Achse gedreht ist, besteht der folgende einfache Zusammenhang zu den Drehwinkeln γ_1 und γ_2 der linearen Polarisatoren [142, 204, 211]:

$$\Psi = |\gamma_2| \,, \tag{7.24}$$

$$\Delta = 2\gamma_1 + \tfrac{\pi}{2} \,. \tag{7.25}$$

Diese Bestimmungsgleichungen können durch Einsetzen in (7.20) verifiziert werden.

Ellipsometer mit rotierendem Analysator: Bei einem Ellipsometer mit rotierendem Analysator wird eine Serie von Intensitätsmessungen für diskrete Drehwinkel γ_i des Analysators aufgenommen. Der Aufbau besteht aus einer monochromatischen, unpolarisierten Lichtquelle und einem festen linearen Polarisator, sodass die zu untersuchende Materialprobe mit linear polarisiertem Licht fester Polarisationsebene beleuchtet wird (Abb. 7.8). Das reflektierte Licht gelangt durch den rotierenden Analysator zum Detektor. Die über die Zeit t gemessenen Intensitäten $I(\gamma_i)$ entsprechen daher verschiedenen Winkelstellungen $\gamma_i = \gamma(t_i)$ des Analysators zu diskreten Zeitpunkten t_i, $i = 1, \ldots, N$.

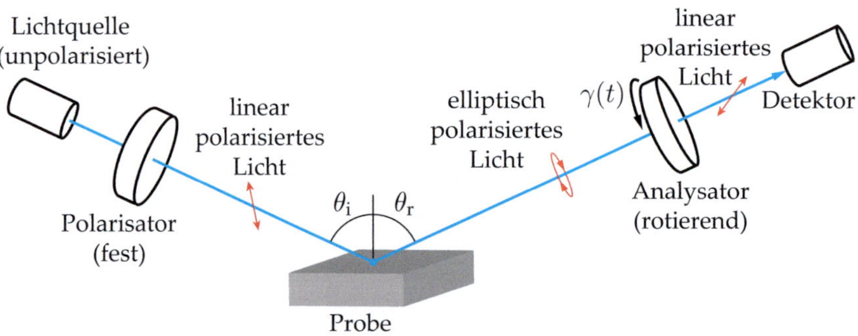

Abbildung 7.8. Aufbau eines Ellipsometers mit rotierendem Analysator (nach [205]).

Mit Hilfe der Müller-Matrizen erhält man das Gleichungssystem

$$(1, 0, 0, 0)\, \mathbf{M}_{\text{Lin}}(\gamma_i)\, \mathbf{M}_{\text{Obj}}(\Psi, \Delta)\, \mathbf{S}_{\text{Lin}} = I(\gamma_i) \qquad i = 1, \ldots, N, \quad N \geq 2 \,.$$

Die Müller-Matrizen des Analysators $\mathbf{M}_{\text{Lin}}(\gamma_i)$ und der Reflexion sind wie beim Null-Ellipsometer durch (2.74) bzw. (7.22) gegeben. Der Stokes-Vektor $\mathbf{S}_{\text{Lin}}$ beschreibt das linear polarisierte Licht, das den Polarisator verlässt (vgl. Abschn. 2.2.2.2). Die Multiplikation mit dem Zeilenvektor $(1, 0, 0, 0)$ modelliert die Messung der Intensität, die in der ersten Komponente S_0 des resultierenden Stokes-Vektors $\mathbf{S}$ codiert ist. Beim Null-Ellipsometer wird zwar ebenfalls nur die Intensität S_0 gemessen, wegen (2.63) folgt aber aus $S_0 = 0$ bereits $\mathbf{S} = \mathbf{0}$.

Insgesamt erhält man für $N \geq 2$ Messungen ein überbestimmtes, nichtlineares Gleichungssystem, aus dem die gesuchten Parameter Ψ und Δ numerisch berechnet werden können. Ein Nachteil des Ellipsometers mit rotierendem Analysator ist die reduzierte Messempfindlichkeit für $\Delta \approx k\pi$, $k \in \mathbb{Z}$, da die interessierenden Größen über $\cos\Delta$ mit den Messungen zusammenhängen und der Cosinus dort seine minimale Steigung besitzt. Gerade diese Bereiche sind für die Materialidentifikation von besonderer Wichtigkeit (Abb. 7.9). Beim Null-Ellipsometer wird dieses Problem durch die Verzögerungsplatte vermieden [142,205].

Bei den beiden gezeigten Varianten von Ellipsometern kann auch eine Kamera als Detektor verwendet werden, sodass man Ψ und Δ als Funktion des Ortes ermitteln kann. Als Ergebnis erhält man in diesem Fall ein zweikanaliges Bild mit einem Ψ-Kanal und einem Δ-Kanal. Man spricht daher von **abbildender Ellipsometrie** [62,211]. Das abbildende Objektiv ist zwischen Prüfobjekt und Analysator angeordnet.

Anwendung zur Materialklassifikation: Die Messgrößen Ψ und Δ stehen in folgendem Zusammenhang zu den Fresnel'schen Reflexionskoeffizienten $r_{12}^{\mathrm{s}}, r_{12}^{\mathrm{p}}$:

$$\tan\Psi = \frac{|r_{12}^{\mathrm{p}}|}{|r_{12}^{\mathrm{s}}|}, \tag{7.26}$$

$$\tan\Delta = \frac{\Im\left\{\frac{r_{12}^{\mathrm{p}}}{r_{12}^{\mathrm{s}}}\right\}}{\Re\left\{\frac{r_{12}^{\mathrm{p}}}{r_{12}^{\mathrm{s}}}\right\}}. \tag{7.27}$$

Die Reflexionskoeffizienten hängen ihrerseits wie in Abschn. 2.6.5 dargestellt mit den komplexen Brechungsindizes $\underline{n}_1, \underline{n}_2$ zusammen. Daher können die zwei Parameter n, d eines komplexen Brechungsindexes durch die numerische Lösung eines nichtlineares Gleichungssystems aus den beiden gemessenen Kenngrößen Ψ und Δ berechnet werden. Bei bekanntem $\underline{n}_1$ (in vielen Anwendungen $\underline{n}_1 = n_1 \approx 1$ für Luft) erhält man folgende Bestimmungsgleichung für $\underline{n}_2$ [205]:

$$\underline{n}_2 = \underline{n}_1 \tan\theta_1 \sqrt{1 - \frac{4\rho\sin^2\theta_1}{(\rho+1)^2}}. \tag{7.28}$$

Darin ist θ_1 der Einfallswinkel und $\rho = \tan\Psi\,\mathrm{e}^{\mathrm{j}\Delta}$ gemäß (7.17).

Tabelle 7.1. Komplexer Brechungsindex $\underline{n} = n - jd$ und ellipsometrische Kenngrößen Ψ, Δ in Grad für verschiedene Metalle, Verbindungen und Halbleiter (chemische Summenformel und Bezeichnung) bei einer Wellenlänge von $\lambda = 633$ nm. Die angegebenen Werte von Ψ und Δ gelten für einen Einfallswinkel von $\theta_1 = 70°$ an Luft, $\underline{n}_1 = n_1 \approx 1$ (nach [205]).

Material	n	d	Ψ	Δ
W (Wolfram)	3,64	2,91	24,62	134,13
Fe (Eisen)	2,43	3,30	29,51	120,77
Pt (Platin)	2,33	4,15	33,33	126,99
Cu (Kupfer)	0,25	3,41	43,14	107,90
Ag (Silber)	0,13	3,99	44,20	115,63
SiC (Siliziumcarbid)	2,63	0,00	1,40	0,00
TiO_2 (Titandioxid)	2,20	0,00	7,39	0,00
Si_3N_4 (Siliziumnitrid)	2,02	0,00	10,30	0,00
Al_2O_3 (Aluminiumoxid)	1,77	0,00	14,84	0,00
SiO_2 (Siliziumdioxid)	1,46	0,00	21,67	0,00
AlAs (Aluminiumarsenid)	3,11	0,00	3,95	180,00
InP (Indiumphosphid)	3,54	0,31	8,45	161,95
Si (Silizium)	3,88	0,02	10,57	179,23
InAs (Indiumarsenid)	3,96	0,61	12,35	159,24
InSb (Indiumantimonid)	4,28	1,80	19,19	146,40

Da der komplexe Brechungsindex eine charakteristische Materialeigenschaft ist, besteht ein Potenzial für den Einsatz der Ellipsometrie zur Materialerkennung, insbesondere für verschiedene Metalle. Anwendungsmöglichkeiten bieten sich in der Halbleiterindustrie sowie bei der Sortierung von Wertstoffen. Abbildung 7.9 und Tab. 7.1 zeigen die Materialkonstanten verschiedener Metalle und Verbindungen.

Bei der Reflexion an nichtleitenden Materialien mit reellen Brechungsindizes bleibt der Phasenzustand des Lichts unverändert: Für reelles n sind auch die Fresnel'schen Reflexionskoeffizienten reell, und in (7.27) folgt $\Delta = 0$.

Bestimmung von Schichtdicken: Die Ellipsometrie erlaubt die simultane Bestimmung von Schichtdicken und komplexen Brechungsindizes.

Hier wird der einfachste Fall einer einzelnen Schicht mit Dicke h und komplexem Brechungsindex $\underline{n}_2$ auf einem Substrat mit komplexem Brechungsindex $\underline{n}_3$ betrachtet (Abb. 7.10). Ein Medium gilt als Substrat, wenn keine Reflexionen von seiner unteren Grenzschicht ins Messgerät gelangen. Das ist z. B. bei einem

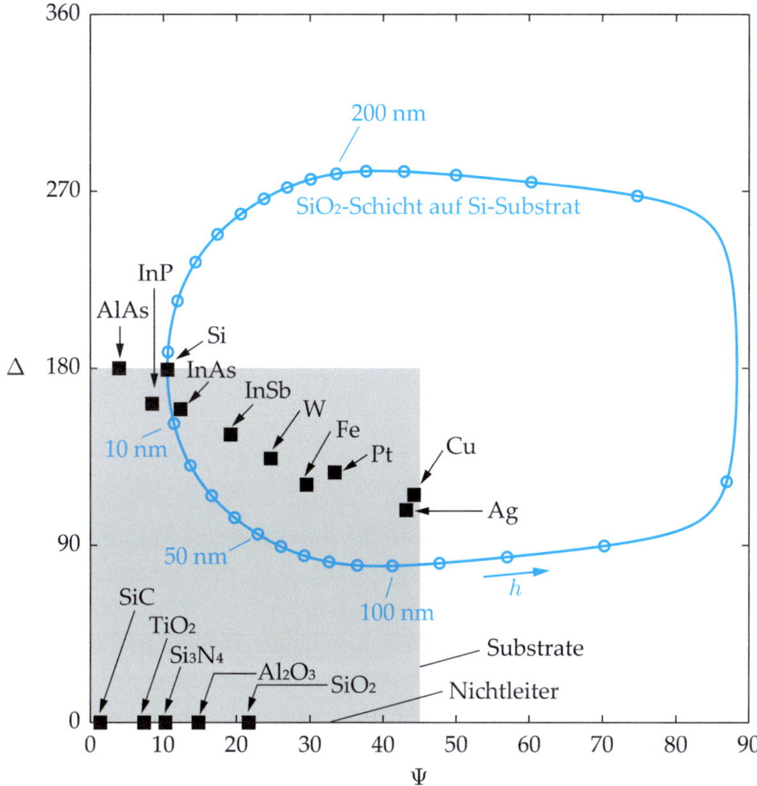

Abbildung 7.9. Ellipsometrische Kenngrößen Ψ, Δ verschiedener Materialien in Grad unter den in Tab. 7.1 genannten Bedingungen. Die Kenngrößen von Substraten ohne darüberliegende Schichten liegen im markierten Quadranten, bei Nichtleitern auf der Achse $\Delta = 0$. Zusätzlich ist die Trajektorie für eine SiO_2-Schicht auf Silizium in Abhängigkeit der Schichtdicke eingezeichnet. Die periodische Trajektorie beginnt für eine Schichtdicke von $h \to 0$ bei den Kenngrößen von Silizium und erreicht für $h \approx 283$ nm wieder diesen Ausgangspunkt. Vielfache von 10 nm sind auf der Trajektorie gekennzeichnet (nach [205]).

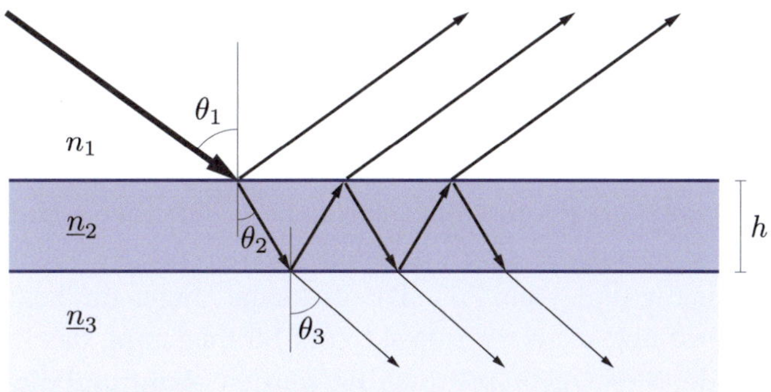

Abbildung 7.10. Mehrfachreflexionen an den Grenzflächen einer dünnen Schicht (nach [205]).

absorbierenden Material der Fall, sobald die Schichtdicke ein Mehrfaches der Eindringtiefe übersteigt.

In der dünnen Schicht 2 treten Mehrfachreflexionen auf, deren Summe über eine komplexe geometrische Reihe berechnet werden kann [205]. Bei Einstrahlung vom Medium mit dem komplexen Brechungsindex $\underline{n}_1$ folgt für die komplexen Gesamtreflexionskoeffizienten:

$$r_{123}^{\mathrm{p}} = \frac{r_{12}^{\mathrm{p}} + r_{23}^{\mathrm{p}}\,\mathrm{e}^{-\mathrm{j}2\beta}}{1 + r_{12}^{\mathrm{p}}\,r_{23}^{\mathrm{p}}\,\mathrm{e}^{-\mathrm{j}2\beta}}\,, \tag{7.29}$$

$$r_{123}^{\mathrm{s}} = \frac{r_{12}^{\mathrm{s}} + r_{23}^{\mathrm{s}}\,\mathrm{e}^{-\mathrm{j}2\beta}}{1 + r_{12}^{\mathrm{s}}\,r_{23}^{\mathrm{s}}\,\mathrm{e}^{-\mathrm{j}2\beta}}\,, \tag{7.30}$$

$$\beta := \frac{2\pi h}{\lambda}\,\underline{n}_2 \cos\theta_2\,, \tag{7.31}$$

$$\underline{n}_1 \sin\theta_1 = \underline{n}_2 \sin\theta_2\,. \tag{7.32}$$

Die Reflexionskoeffizienten und mithin die ellipsometrischen Kenngrößen sind für reelles n_2 periodisch in der Schichtdicke h (Abb. 7.9). Die Periodenlänge erhält man für $\beta = \pi$. Um die gesuchten Größen schätzen zu können, sind mehrere ellipsometrische Messungen für Licht unterschiedlicher Wellenlängen erforderlich. Diese Vorgehensweise wird als **spektroskopische Ellipsometrie** bezeichnet. Aus den ellipsometrischen Messergebnissen $\Psi(\lambda)$ und $\Delta(\lambda)$ für unterschiedliche Vakuumwellenlängen λ erhält man genügend Gleichungen, um $\underline{n}_2$, $\underline{n}_3$ und h numerisch zu bestimmen. Für eine vertiefte Behandlung der spektroskopischen Ellipsometrie siehe [204, 205].

Sowohl Reflektometrie als auch Ellipsometrie können zur Messung von komplexen Brechungsindizes und Schichtdicken eingesetzt werden [9]. Reflektometrie zeichnet sich durch einen geringeren Zeitaufwand und eine bessere Ortsauflösung infolge der senkrechten Beobachtung aus. Ellipsometrie erlaubt die Messung dünnerer Schichten und ist robuster bei rauen Oberflächen, die bei der reflektometrischen Messung des Reflexionskoeffizienten zu Fehlern führen, da das an der rauen Oberfläche gestreute Licht nicht erfasst werden kann. Spektroskopische Ellipsometrie hat Vorteile bei komplexeren Aufgaben mit mehreren Schichten unbekannter Materialien [205].

Ellipsometrie zur Inspektion gekrümmter Oberflächen: Wie oben erläutert, erfordern herkömmliche Ellipsometer eine sorgfältige Ausrichtung von ebenem Prüfobjekt und Strahlengang (vgl. Abb. 7.7). Bereits kleine Ungenauigkeiten führen dazu, dass die Anordnung nicht mehr exakt zum Strahlengang des Reflexionsgesetzes passt und die Messergebnisse ungültig werden. Aufgrund dieser hohen Genauigkeitsanforderungen wird Ellipsometrie typischerweise in Laboren durchgeführt, während eine flächendeckende Prüfung im Produktionsumfeld kaum

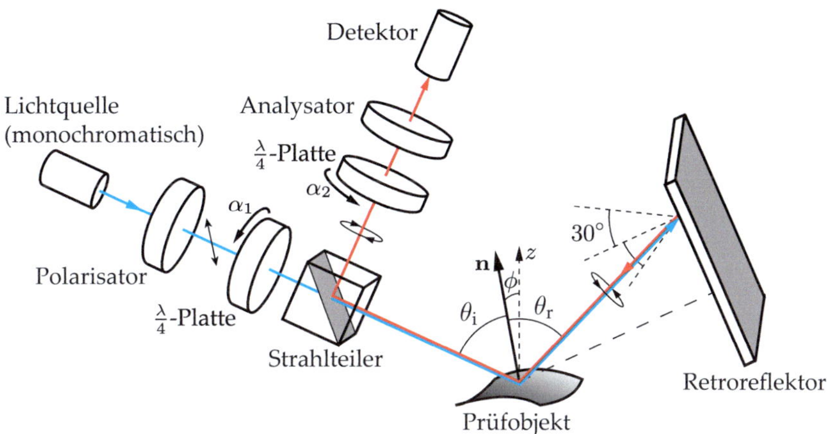

Abbildung 7.11. Aufbau eines Ellipsometers mit Retroreflektor [38].

realisierbar ist. Im Folgenden werden einige Ansätze vorgestellt, mit denen sich gekrümmte Oberflächen inspizieren lassen, ohne eine exakte Justage des Strahlengangs erforderlich zu machen.

Für die Materialerkennung unter nicht kontrollierten geometrischen Bedingungen, z. B. bei der Schüttgutsortierung, kann man sich bei reflektometrischen oder ellipsometrischen Auswertungen auf einzelne helle Reflexe konzentrieren. Solche Reflexe entstehen bei komplex geformten Oberflächen dort, wo die lokale Oberflächennormale zusammen mit Einstrahl- und Beobachtungsrichtung das Reflexionsgesetz erfüllt. Für die entsprechenden Objektpunkte ist dann die geometrische Konstellation bekannt, sodass für diese Punkte ellipsometrische Auswertungen möglich sind. Diese Teilinformationen können hilfreich als Merkmale für die Identifikation der in der Prüfaufgabe vorkommenden Materialien sein, selbst wenn keine vollständig kontrollierte Ellipsometrie oder Reflektometrie durchgeführt werden kann.

Die vollständige Erfassung beliebig geformter Objekte wird möglich, wenn simultan das Oberflächenrelief gemessen wird [142]. Für Einzelpunktmessungen lässt sich ein entsprechender Messapparat realisieren; eine flächenhafte Prüfung nach diesem Prinzip ist allerdings zeitaufwendig.

Ein vielversprechender Ansatz, der bestimmte Einschränkungen herkömmlicher Ellipsometer vermeidet, ist die Lichtwegumkehrung an einem **Retroreflektor** [38,138]. Zunächst wird wie bei anderen Ellipsometern polarisiertes Licht erzeugt, das am Prüfobjekt reflektiert wird. Anschließend trifft das Licht auf einen Retroreflektor, sodass es auf dem gleichen Weg zurück läuft und erneut am Prüfobjekt reflektiert wird (siehe Abb. 7.11). Nun wird ein Teil des Lichts von einem nichtpolarisierenden Strahlteiler zum Analysator und schließlich zum Detektor geleitet.

Der Vorteil eines Retroreflektors gegenüber einem Spiegel [12, 149] ist, dass die Notwendigkeit zur exakten Ausrichtung des Prüfobjekts entfällt. Der Lichtstrahl gelangt unabhängig von der Oberflächennormale des Prüfobjekts zum Detektor, weil er vom Retroreflektor stets in die Richtung zurückreflektiert wird, aus der er gekommen ist (siehe Abschn. 7.3.10.3). Der Polarisationszustand des Lichts bleibt bei geeigneten Retroreflektoren für Einfallswinkel innerhalb des Intervalls von ca. $[-30°, 30°]$ erhalten [139, 140].

Das Ellipsometer mit Retroreflektor lässt sich wiederum mit Hilfe der Müller-Matrizen oder alternativ der Jones-Matrizen modellieren [38, 140]. Die gemessene Müller-Matrix des Strahlengangs zwischen Polarisator und Analysator ist nun nicht mehr direkt die Müller-Matrix $\mathbf{M}_{\mathrm{Obj}}(\Psi, \Delta)$ des Prüfobjekts wie in (7.20), sondern die folgende Matrix, welche die zweifache Reflexion am Prüfobjekt auf dem Hin- und Rückweg des Lichts beschreibt:

$$\mathbf{M}(\Psi, \Delta, \theta, \phi_{\mathrm{Rot}}) = \mathbf{M}_{\mathrm{Rot}}(\phi_{\mathrm{Rot}})\, \mathbf{M}_{\mathrm{Obj}}(\Psi, \Delta)\, \mathbf{M}_{\mathrm{RR}}\, \mathbf{M}_{\mathrm{Obj}}(\Psi, \Delta)\, \mathbf{M}_{\mathrm{Rot}}(\phi_{\mathrm{Rot}})\,. \tag{7.33}$$

Die Müller-Matrix des Retroreflektors entspricht in guter Näherung der eines idealen Spiegels [140]:

$$\mathbf{M}_{\mathrm{RR}} \approx \begin{pmatrix} 1 & 0 & 0 & 0 \\ 0 & 1 & 0 & 0 \\ 0 & 0 & -1 & 0 \\ 0 & 0 & 0 & -1 \end{pmatrix}. \tag{7.34}$$

Die ellipsometrischen Kenngrößen Ψ, Δ hängen gemäß (7.21) über die Fresnel'schen Reflexionskoeffizienten (2.216), (2.218) vom Einfallswinkel $\theta = \theta_{\mathrm{i}} = \theta_{\mathrm{r}}$ und damit von der Oberflächennormalen des Prüfobjekts am Beobachtungspunkt ab. Auch eine Verkippung des Normalenvektors $\mathbf{n}$ und damit der Einfallsebene relativ zum kalibrierten Koordinatensystem des Ellipsometers führt zu einer Polarisationsänderung, die in (7.33) durch die Rotatoren $\mathbf{M}_{\mathrm{Rot}}(\phi_{\mathrm{Rot}})$ berücksichtigt wird [38]. Zwischen dem Rotationswinkel ϕ_{Rot} und dem Kippwinkel ϕ (siehe Abb. 7.11) gilt folgender Zusammenhang:

$$\sin\phi = \sin\phi_{\mathrm{Rot}}\, \sin\theta\,. \tag{7.35}$$

Um Brechungsindizes und Schichtdicken korrekt ermitteln zu können, muss die Oberflächennormale, beschrieben durch die Winkel θ und ϕ, bekannt sein. Sie lässt sich aber unter bestimmten Annahmen aus der ellipsometrischen Messung schätzen:

- Bei einem optisch isotropen Zwei-Schicht-System (Medium 2 an Luft, n_1 bekannt) können die Winkel θ, ϕ und der komplexe Brechungsindex $\underline{n}_2$ aus der ellipsometrischen Messung geschätzt werden [37]. Voraussetzung hierfür ist eine absolute Intensitätskalibrierung des Ellipsometers.

– Bei einem Drei-Schicht-System wie in Abb. 7.10 können für gegebenen Brechungsindizes n_1, $\underline{n}_2$, $\underline{n}_3$ die Winkel θ, ϕ und die Schichtdicke h ermittelt werden [38].

Die Einträge der Müller-Matrix $\mathbf{M}(\Psi, \Delta, \theta, \phi_{\mathrm{Rot}})$ lassen sich wie bei der herkömmlichen Ellipsometrie aus den Messergebnissen bei Beleuchtung mit bekanntem Polarisationszustand schätzen. Um alle gesuchten Einträge zu ermitteln, sind für jeden Oberflächenpunkt mehrere Messungen mit unterschiedlich polarisierter Beleuchtung erforderlich. Bei dem hier vorgestellten Aufbau werden zu diesem Zweck die Drehwinkel α_1, α_2 der beiden $\frac{\lambda}{4}$-Verzögerungsplatten variiert. Die gesuchten Modellparameter erhält man durch Vergleich der geschätzten Müller-Matrix mit der rechten Seite von (7.33) und numerische oder analytische Lösung des resultierenden Gleichungssystems.

Das beschriebene Messsystem bestimmt die genannten Größen für einen einzelnen Oberflächenpunkt des Prüfobjekts. Für eine flächenhafte Abtastung wird das Prüfobjekt in zwei Linearachsen mechanisch verschoben. Aus den gemessenen Normalen kann durch numerische Integration ein 3D-Modell der Oberfläche berechnet werden.

Abbildende Ellipsometer mit Retroreflektor sind ebenfalls realisierbar [140], wenn auch mit höherem technischen Aufwand und anspruchsvoller zu kalibrieren. Als Detektor kann eine Polarisationskamera eingesetzt werden, die pro Makropixel vier lineare Polarisationsfilter mit unterschiedlichen Orientierungen besitzt, ähnlich wie in Beispiel 7.13 (siehe S. 443).

7.2.2 Fluoreszenz

Ein weiterer Effekt, der zur Materialklassifikation eingesetzt werden kann, ist die **Fluoreszenz**: Einige Materialien emittieren nach geeigneter Anregung Licht mit einem charakteristischen Spektrum.

Bei der Fluoreszenz werden Photonen mit einer Wellenlänge λ im Material absorbiert und regen gebundene Elektronen an, d. h. die Elektronen gehen aufgrund der absorbierten Lichtenergie auf ein höheres Energieniveau über. Die angeregten Elektronen fallen nicht direkt auf das Grundniveau zurück, sondern zunächst auf Zwischenzustände. Dadurch werden Photonen mit geringerer Energie und mithin größerer Wellenlänge λ_{F} abgestrahlt. Es gilt die Stokes'sche Regel:

$$\lambda_{\mathrm{F}} > \lambda \,. \tag{7.36}$$

Teilweise werden die angeregten Elektronenzustände aber auch dissipiert in Schwingungs- und damit Wärmeenergie. Daher werden weniger Photonen emit-

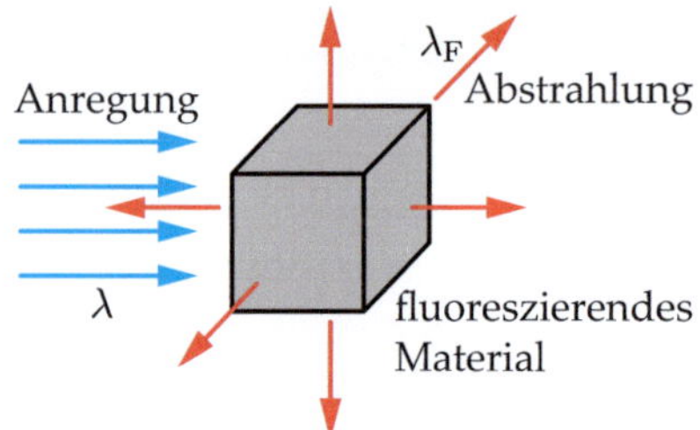

Abbildung 7.12. Nach Anregung mit Wellenlänge λ fluoreszieren bestimmte Materialien mit einem charakteristischen Spektrum im Wellenlängenbereich $\lambda_F > \lambda$, das omnidirektional abgestrahlt wird.

tiert, als absorbiert wurden. Dies lässt sich quantitativ durch den Quantenwirkungsgrad ausdrücken:

$$\frac{n(\lambda_F)}{n(\lambda)} < 1 \,. \tag{7.37}$$

Darin bezeichnet $n(\lambda)$ die Anzahl der absorbierten Photonen mit Wellenlänge λ und $n(\lambda_F)$ die Anzahl emittierten Photonen mit Wellenlänge λ_F.

Die Emission erfolgt omnidirektional gleichverteilt, d. h. in alle Richtungen werden im Mittel gleich viele Photonen abgestrahlt (Abb. 7.12).

Tatsächlich findet der Übergang nicht nur zwischen zwei Energieniveaus statt, sondern zwischen Energiebändern, insbesondere bei Flüssigkeiten und Festkörpern. Dadurch entstehen auch bei monochromatischer Anregung Fluoreszenzsprektren, die man sowohl spektral als auch in ihrem Zeitverhalten untersuchen kann, um Materialien zu identifizieren. Dieses Verfahren nennt man **Fluoreszenzspektroskopie**. Das Intensitätsspektrum lässt sich als Summe der Spektren der nichtfluoreszenten Reflexion und der fluoreszenten Emission schreiben [218]. Mit einer monochromatischen Beleuchtung erreicht man daher, dass außerhalb der Beleuchtungswellenlänge ausschließlich das Fluoreszenzspektrum gemessen wird.

Nach dem Abschalten des anregenden Lichtes verschwindet das Fluoreszenzlicht nicht sofort, sondern klingt typischerweise exponentiell mit Zeitkonstanten zwischen 10^{-7} s und 10^{-8} s ab. Bei längeren Zeitkonstanten spricht man von Phosphoreszenz oder Nachleuchten. Es gibt Stoffe mit Zeitkonstanten im Minuten- und Stundenbereich, die zur Herstellung von Nachleuchtfarben genutzt werden können [82]. Diese Beschichtungen speichern die aufgenommene Lichtenergie über längere Zeiträume und fluoreszieren auch dann noch, wenn kein Umgebungslicht mehr vorhanden ist. Leuchtfarben können selbst bei Tageslicht besonders hell erscheinen, wenn sie in einem bestimmten Spektralbereich mehr Licht emittieren als von der Umgebung eingestrahlt wird. Dies wird möglich, indem einfallendes kurzwelligeres Licht mittels Fluoreszenz in diesen Spektralbereich konvertiert wird [75].

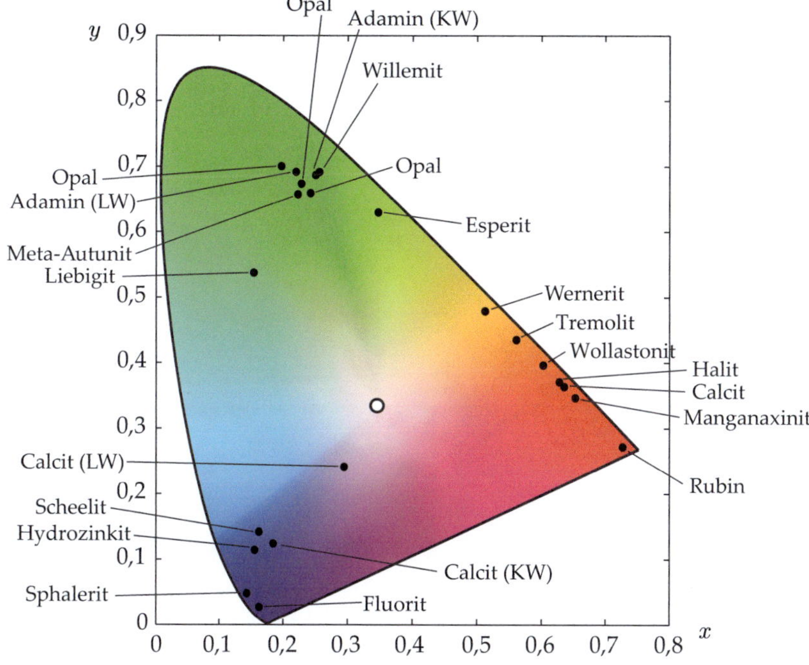

Abbildung 7.13. Fluoreszenzfarben von Mineralien nach [143]. Verschiedene Proben des gleichen Minerals aus unterschiedlichen Fundorten zeigen zum Teil deutlich unterschiedliche Fluoreszenzfarben. Außerdem kann die Fluoreszenz eines Materials mit dem Spektrum des anregenden Lichts variieren. Hier sind Messungen für kurzwelliges UV-Licht (KW, Intensitätsmaximum bei $\lambda = 254$ nm) und langwelliges UV-Licht (LW, $\lambda = 365$ nm) dargestellt, das den Spektrallinien einer Quecksilberdampflampe entspricht.

Das Fluoreszenzlicht hat eine erheblich geringere Intensität als das anregende Licht, einerseits wegen der omnidirektionalen Abstrahlung und andererseits wegen des Quantenwirkungsgrades.

Das Spektrum des abgestrahlten Fluoreszenzlichts ist materialabhängig und kann somit zur Materialklassifikation genutzt werden. Eine Anwendung ist die Sortierung von Mineralien. Abbildung 7.13 zeigt die Fluoreszenzfarben verschiedener Mineralien im CIE-Normfarbraum (siehe Abschn. 5.2.3). Wie das Beispiel aus Abb. 7.14 zeigt, ist das Fluoreszenzlicht i. d. R. nicht monochromatisch, sodass eine spektral aufgelöste Messung den Klassifikationserfolg weiter verbessern kann [143].

Beim Einsatz in der Materialklassifikation wird zur Anregung wegen (7.36) kurzwelliges Licht verwendet, z. B. blaues, violettes, ultraviolettes (UV) Licht oder auch Röntgenstrahlen. Abbildung 7.15 zeigt die Fluoreszenz von Bleiglas unter UV-Licht. Je nach Gehalt an Bleioxid ist der beobachtete Fluoreszenzeffekt unterschiedlich stark ausgeprägt.

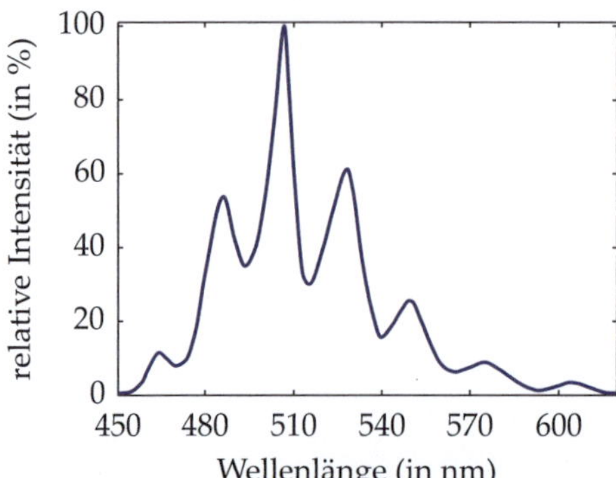

Abbildung 7.14. Fluoreszenzspektrum des Minerals Liebigit (nach [143]).

Abbildung 7.15. Bleiglasscherben mit unterschiedlichem Gehalt an Bleioxid: (links) Aufnahme unter Weißlicht; (rechts) Fluoreszenz unter UV-Licht, hier UV-C-Beleuchtung mit der Wellenlänge $\lambda = 254\ \mathrm{nm}$ (Quecksilber-Linie) und einer Bestrahlungsstärke von $3\ \frac{\mathrm{mW}}{\mathrm{cm}^2}$.

7.2.3 Verfahren zur Reflektanzerfassung

Die Reflektanzeigenschaften eines Objekts lassen sich durch die bidirektionale Reflektanzverteilungsfunktion (engl. *bidirectional reflectance distribution function*, BRDF) in Abhängigkeit aller Einstrahlrichtungen des Lichtes und aller Beobachtungsrichtungen beschreiben (siehe Abschn. 4.3). In den meisten Anwendungen genügt jedoch bereits eine Teilmenge der in der BRDF enthaltenen Information, im Extremfall ein einzelner Reflexionsfaktor, der für eine konkrete Aufnahmekonstellation integral zwischen dem eingestrahlten und dem vom Sensor empfangenen Licht vermittelt. Im Allgemeinen kann die Reflektanz für jeden Punkt des Objekts unterschiedlich sein sowie mit der Wellenlänge des Lichtes variieren und ist daher als Funktion des Ortes und der Wellenlänge zu verstehen.

In diesem Abschnitt werden Bildaufnahme- und Beleuchtungsverfahren behandelt, mit denen Bilder erfasst werden können, die im Wesentlichen durch die ortsabhängige Reflektanz der Prüfobjektoberfläche beeinflusst sein sollen.

Für die Reflektanzerfassung ist eine homogene, also für das ganze Objekt gleichmäßige, Beleuchtung des Objekts vorteilhaft, um den Einfluss der Beleuchtung über das beobachtete Bild konstant zu halten. Zu den homogenen Beleuchtungstechniken gehören die nachfolgend vorgestellten Verfahren der diffusen, Hellfeld- und Dunkelfeldbeleuchtung [16, 101].

Alternativ zu Kamerasystemen können auch Laserscanner und Flachbettscanner zur Reflektanzerfassung eingesetzt werden.

7.2.3.1 Diffuse Beleuchtung

Diffuses Licht hat keine ausgeprägte Vorzugsrichtung und beleuchtet die Szene weitgehend gleichmäßig aus allen Richtungen.

Diffuse Beleuchtung kann z. B. realisiert werden durch eine flächenhafte Lichtquelle oder durch das Streulicht einer beleuchteten homogenen Fläche. In der automatischen Sichtprüfung kann beispielsweise ein halbkugelförmiger, diffus streuender Schirm eingesetzt werden, der von ringförmig angeordneten Lichtquellen und Reflektoren beleuchtet wird (siehe Abb. 7.16).

Bei diffuser Beleuchtung tritt im Gegensatz zur gerichteten Beleuchtung kein Schattenwurf auf. Selbst bei stark reflektierenden Oberflächen werden kaum Glanzlichter sichtbar, die infolge einer gerichteten Reflexion der Lichtquelle in die Kamera entstehen können. Glanzlichter entstehen zwar immer noch dort, wo Beleuchtungsrichtung, Oberflächennormale und Sensorposition das Reflexionsgesetz erfüllen, aber mit stark reduziertem Kontrast. Auch reliefbedingte Strukturen sind nur kontrastarm zu sehen, da die Beleuchtungsstärke und mithin die Leuchtdichte des Prüfobjekts im Wesentlichen nur noch vom Raumwinkelbereich abhängen, unter dem ein Oberflächenpunkt des Objekts die Lichtquelle sieht. Abbildung 7.17 zeigt einen Vergleich von gerichteter und diffuser Beleuchtung in einer Anwendung aus der Kriminaltechnik.

7.2.3.2 Hellfeldbeleuchtung

Bei der Hellfeldbeleuchtung wird der Lichtstrom (vgl. Kap. 4) der Lichtquelle direkt in die Kamera gelenkt. Dadurch liegt eine gute Lichtausnutzung vor. Erreicht werden kann dies beispielsweise durch die Reflexion der Beleuchtung an der Oberfläche des Prüfobjekts; siehe Abb. 7.18(a).

Eine koaxiale Hellfeldbeleuchtung lässt sich mit Hilfe eines halbdurchlässigen Spiegels erreichen. Das Licht wird in den Beobachtungsstrahlengang eingespiegelt, sodass ein schattenfreier Blick in Vertiefungen ermöglicht wird; siehe Abb. 7.18(b). Solche halb- oder teildurchlässigen Spiegel sowie Strahlteiler werden häufig zum Aufbau von Bildaufnahmesystemen benötigt. Sie reflektieren und transmittieren das einfallende Licht je zur Hälfte bzw. in einem anderen festen Verhältnis.

Alternativ zur Spiegelung des Strahlengangs kann die Kamera direkt auf die Lichtquelle gerichtet werden. Das Prüfobjekt befindet sich zwischen Lichtquelle und Kamera, sodass es einen Schattenwurf verursacht. Damit können Defekte erkannt werden, die sich auf die Silhouette des Objekts auswirken (siehe Abschn. 7.3.10).

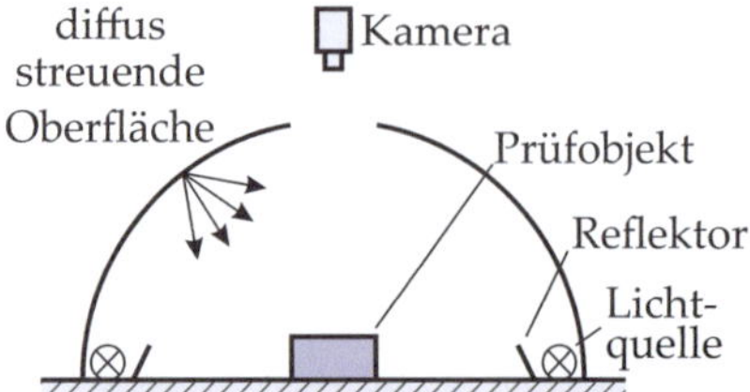

Abbildung 7.16. Diffuse Beleuchtung mit Hilfe eines halbkugelförmigen Schirms (nach [16]).

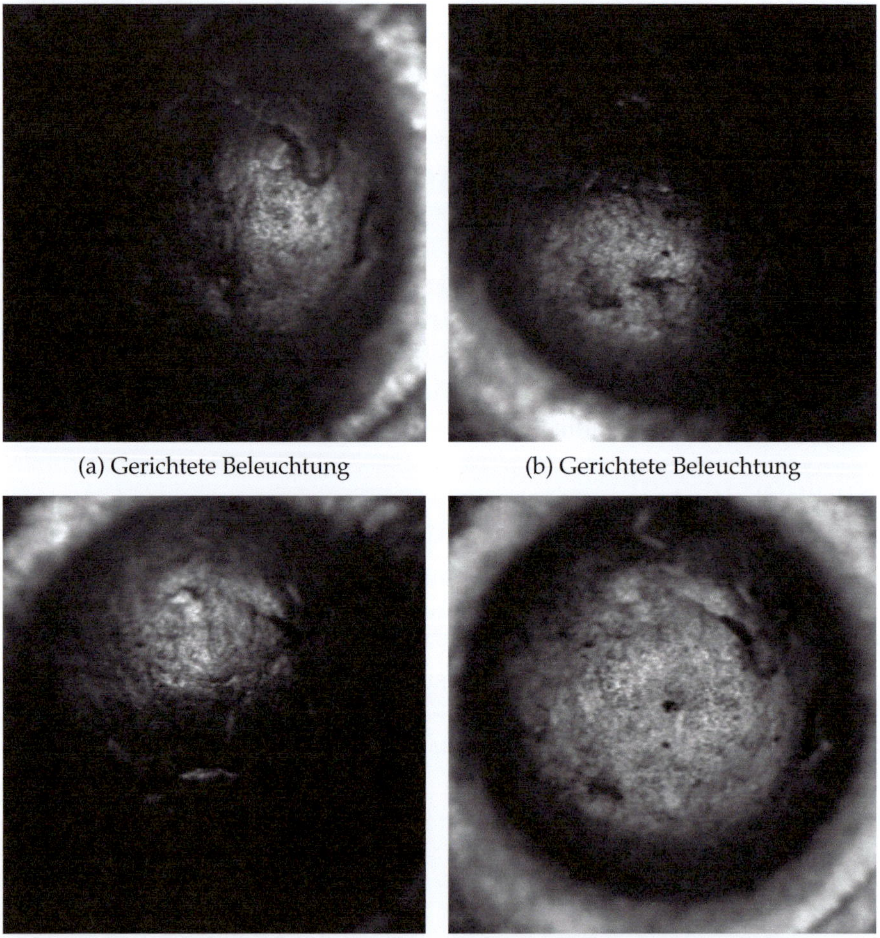

(a) Gerichtete Beleuchtung

(b) Gerichtete Beleuchtung

(c) Gerichtete Beleuchtung

(d) Diffuse Beleuchtung

Abbildung 7.17. Aufnahmen des Schlagbolzeneindrucks auf einer Patronenhülse zum Zwecke der automatischen Identifikation von Schusswaffen: (a) – (c) gerichtete Beleuchtungen; (d) diffuse Beleuchtung.

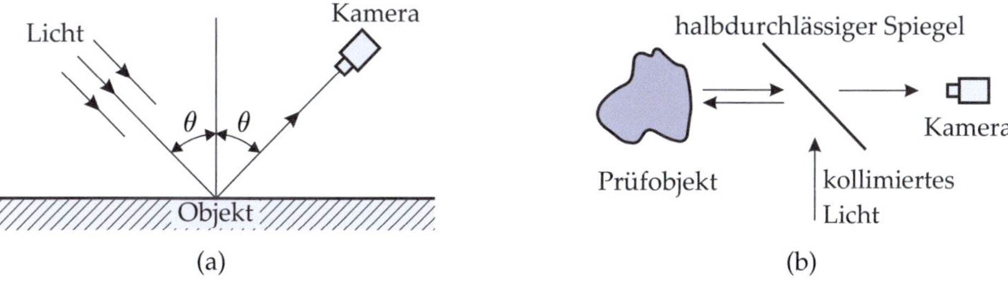

Abbildung 7.18. Reflektanzerfassung im Hellfeld: (a) Prinzip der Hellfeldbeleuchtung; (b) koaxiale Hellfeldbeleuchtung mittels eines halbdurchlässigen Spiegels (nach [16]).

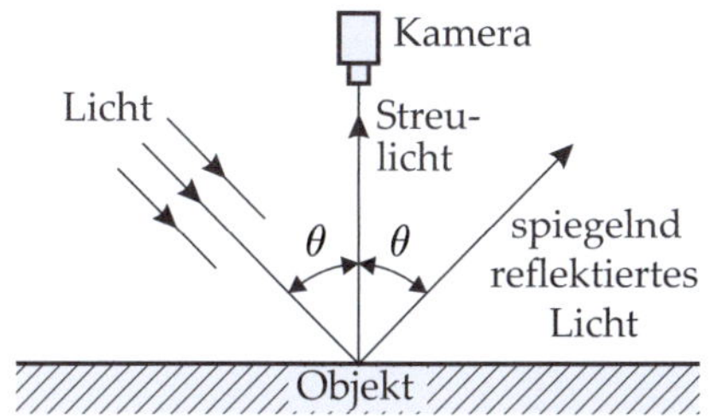

Abbildung 7.19. Dunkelfeldbeleuchtung.

7.2.3.3 Dunkelfeldbeleuchtung

Bei der Dunkelfeldbeleuchtung geht der von der Lichtquelle kommende Lichtstrom an der Kamera vorbei. In die Kamera gelangt ausschließlich Streulicht (Abb. 7.19).

Für einen streifenden Lichteinfall, d. h. einen Einfallswinkel von annähernd 90°, werden feine, reliefbedingte Oberflächenstrukturen besonders kontrastreich (d. h. schattenreich) sichtbar.

Abbildung 7.20 zeigt Dunkelfeldaufnahmen von Spiegeln. Die Beleuchtung wird weder direkt noch durch Reflexion am Spiegel in die Kamera gelenkt. Lediglich das an Kratzern im Spiegel gestreute Licht gelangt in die Kamera, sodass die Defekte im Bild als helle Bereiche deutlich zu erkennen sind.

Beispiel 7.3 (Mehrkanalige Prüfung transparenter Objekte): Ein weiteres Anwendungsbeispiel ist die Sichtprüfung von transparenten Objekten, wie z. B. Glasrohlingen (Abb. 7.21(b)). Typische Defekte bei solchen Objekten sind:

- Abweichungen der Transparenz,
- Kratzer und Blasen sowie
- streuende Partikel auf der Oberfläche (Staub, Prägung oder Druck).

Für diese unterschiedlichen Klassen von Defekten sind jeweils optimale Beleuchtungsbedingungen erforderlich. Da aber die Farbinformation in diesem Fall keine wesentliche Rolle spielt, lassen sich durch Verwendung meh-

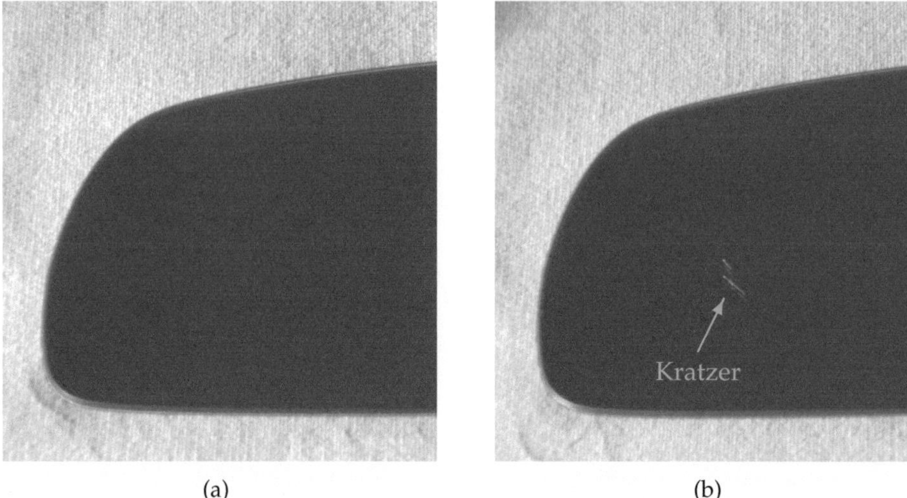

(a) (b)

Abbildung 7.20. Dunkelfeldaufnahmen von Fahrzeugaußenspiegeln zur Detektion von Kratzern: (a) Referenzobjekt; (b) Prüfobjekt mit Kratzern.

rerer schmalbandiger Lichtquellen verschiedene Beleuchtungskonstellationen simultan herstellen und diese mit einer Multispektralkamera (z. B. einer RGB-Kamera) getrennt erfassen.

Abbildung 7.21(a) zeigt einen solchen Aufbau, bei welchem durch eine koaxiale Auflicht-Hellfeldbeleuchtung (rote LEDs) und eine Retroreflexfolie sich im entsprechenden Kanal einer RGB-Kamera ein Transmissionsbild gewinnen lässt [77]. Der Grünkanal wird verwendet, um durch eine streifende Beleuchtung in Dunkelfeldanordnung streuende Partikel auf der Oberfläche des Prüflings sichtbar zu machen. Mittels des Blaukanals – ebenfalls im Dunkelfeld – werden Kratzer, Fusseln und Blasen kontrastreich sichbar gemacht.

Exemplarisch zeigt Abb. 7.21(c) eine Aufnahme eines Glasrohlings mit zwei Blasen. Entsprechend der Farbcodierung erscheinen diese in Blau; anhand des Rotkanals lässt sich eine Transmissionsprüfung durchführen. Die niedrigen Intensitätswerte im Grünkanal verraten, dass keine streuenden Partikel auf der Oberfläche vorhanden sind. ■

7.2.3.4 Laserscanner

Scannende Systeme stellen eine Alternative zur flächenhaften Bilderfassung mit einer Kamera dar. Dies gilt sowohl für die hier betrachtete Reflektanzerfassung als auch für die Messung der 3D-Struktur, beispielsweise nach dem Triangulationsprinzip. In Kombination mit einer gerichteten Laserbeleuchtung genügt ein

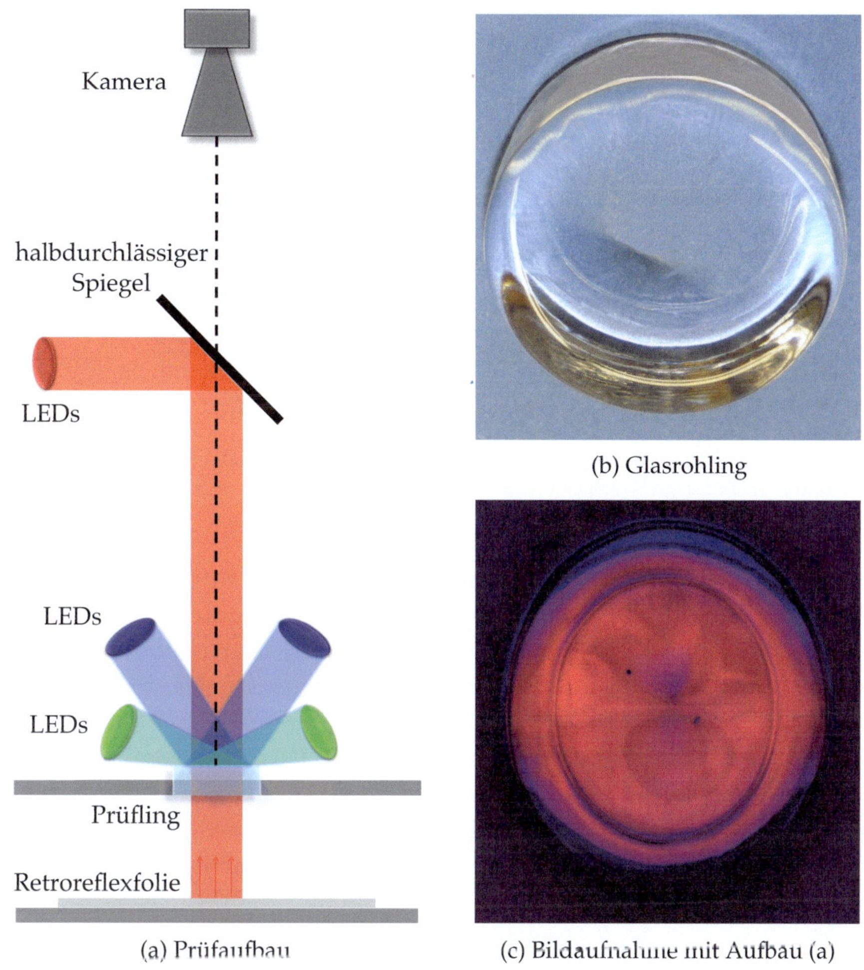

(a) Prüfaufbau

(b) Glasrohling

(c) Bildaufnahme mit Aufbau (a)

Abbildung 7.21. Simultane Glasinspektion im Hell- und Dunkelfeld durch Farbmultiplex.

Punktsensor wie etwa eine Photodiode oder ein Photomultiplier zur Intensitätserfassung (siehe Kap. 6). Ein flächenhafter Bildsensor wird nicht benötigt.

Bei **Laserscannern** wird ein Laserstrahl so abgelenkt, dass eine Linie auf dem Objekt sequenziell beleuchtet wird. Die Steuerung des Laserstrahls kann durch einen Drehspiegel mit Galvanometerantrieb oder durch ein rotierendes Polygonrad erfolgen. Wie stets in der automatischen Sichtprüfung werden hierbei Oberflächenspiegel verwendet, die nur eine einzige reflektierende Schicht aufweisen. Haushaltsübliche Spiegel haben im Gegensatz dazu eine vorgelagerte Glasplatte, an der bereits ein Teil des Lichts reflektiert wird. Dieser zusätzliche Reflex ist der intendierten Spiegelung überlagert und wirkt i. d. R. störend.

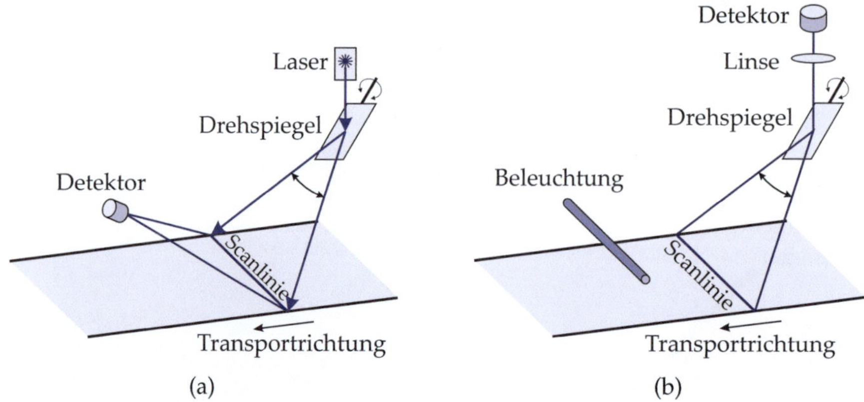

Abbildung 7.22. Sichtprüfung von Endlosprodukten mittels scannender Bildaufnahme: (a) Flying-Spot-Scanner; (b) Flying-Image-Scanner (nach [54]).

Zusammen mit einem entsprechenden Detektor lässt sich aufgrund der hohen Bestrahlungsstärke des Lasers eine Reflektanzerfassung mit guter Fremdlichtunterdrückung realisieren. Das zeilenweise Abtasten bietet sich besonders für Endlosprodukte auf einem Fließband an. Meist werden solche Scanner mit Laserlicht betrieben (Abb. 7.22(a)), dies muss aber nicht immer der Fall sein (Abb. 7.22(b)). Auch telezentrische Scanner sind möglich (Abb. 7.23). Bei diesen kommt der Laserstrahl für alle Objektpositionen aus der gleichen Richtung, und alle Oberflächenpunkte werden auch aus der gleichen Richtung beobachtet. Dadurch ist die Empfindlichkeit des Sensors örtlich sehr gleichmäßig, da Einfalls- und Ausfallswinkel des Lichts unverändert bleiben: θ_i und θ_e in Abb. 7.23 sind konstant bezüglich des Ortes. Lediglich der Raumwinkel, unter dem der Sensor vom Leuchtfleck aus sichtbar ist, ist hier noch ortsabhängig. Für Beleuchtungs- und Beobachtungsstrahlengang telezentrischer Laserscanner können sowohl Parabolspiegel als auch Zylinderlinsen verwendet werden [54].

Ideal wäre eine vom Ort des Scanpunktes unabhängige Empfindlichkeit bezüglich der Reflektanz, was sich aber apparativ nicht vollständig erreichen lässt. Die verbleibende Ortsabhängigkeit lässt sich durch Kalibrierung weiter vermindern, d. h. durch Messung der Empfindlichkeitsabhängigkeit und rechnerische Kompensation.

Die hier vorgestellten Laserscanner arbeiten im Hellfeldbetrieb. Laserscanner können alternativ auch im Dunkelfeld- oder Triangulationsbetrieb arbeiten (Abschn. 7.3.1, 7.3.2). Außerdem werden Laser für die scannende Lichtlaufzeitmessung eingesetzt (Abschn. 7.3.15).

Mit dem monochromatischen, gerichteten Laserlicht lässt sich vergleichsweise einfach eine beugungsbegrenzte Abbildungsoptik realisieren, bei der die Größe

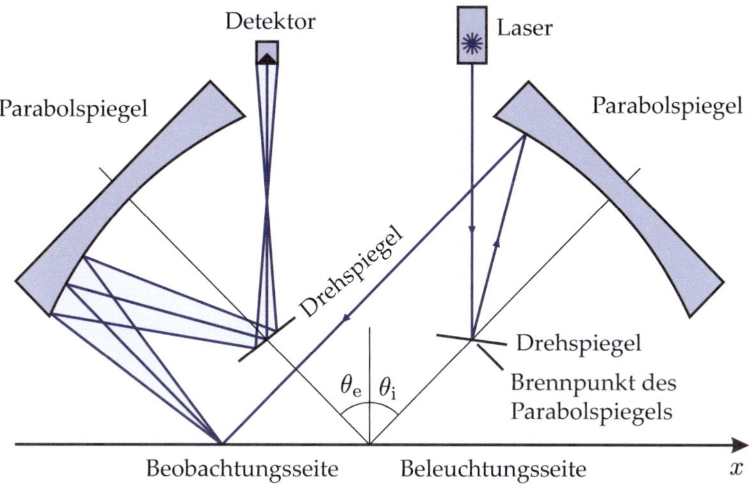

Abbildung 7.23. Aufbau eines telezentrischen Laserscanners mit zwei Parabolspiegeln (nach [54]).

des Leuchtflecks nur durch die Beugung, nicht durch geometrische Abbildungsfehler begrenzt ist (siehe Abschn. 2.2.6.1). Da wegen der großen Leuchtdichte mit kleinem Blendendurchmesser gearbeitet werden kann, lässt sich eine hohe Schärfentiefe erreichen. Gleichzeitig mildert das Abblenden auch die Aberrationen (vgl. Abschn. 3.4.8). Wegen der Monochromasie des Laserlichts können sowohl im Beleuchtungs- als auch im Beobachtungsstrahlengang keine chromatischen Aberrationen auftreten (siehe Abschn. 3.4.8.2). Dies erlaubt kostengünstige Optiken, z. B. kann eine Einzellinse als Objektiv verwendet werden. Außerdem wird eine effektive Fremdlichtunterdrückung durch schmalbandige Filter vor dem Detektor möglich. Die kleinen beweglichen Elemente der Scanoptik erlauben hohe Abtastraten.

Nachteilig sind die Interferenzerscheinungen (Speckle-Muster) des kohärenten Laserlichts (siehe Abschn. 2.2.7). Aufgrund der monochromatischen Beleuchtung ist außerdem keine Erfassung von Farbmerkmalen möglich. Der Einsatz von Laserlicht kann eine Gefahr für das menschliche Auge darstellen und erfordert daher vorbeugende Maßnahmen entsprechend der Laserschutzverordnung [48–50, 197].

7.2.3.5 Flachbettscanner

Ein **Flachbettscanner** besteht aus einer Zeilenkamera, die von einem Linearantrieb senkrecht zur Zeilenrichtung bewegt wird. Das zu scannende Objekt – meist bedrucktes Papier, aber auch Dias, Filme – wird auf eine Glasplatte gelegt, hinter der sich die Scaneinheit befindet. Durch die lineare Bewegung der Zeilenkamera entsteht eine zweidimensionale Aufnahme des Objekts.

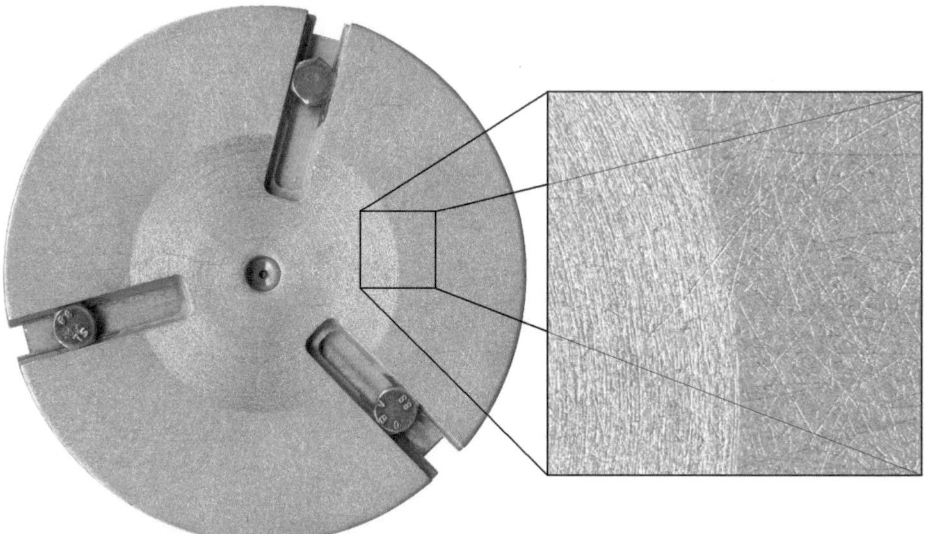

Abbildung 7.24. Metallischer Flansch von ca. 15 cm Durchmesser, aufgenommen mit einem Flachbettscanner. In der rechts dargestellten Vergrößerung ist zu erkennen, dass die Aufnahme eine hohe Auflösung hat und feine Details, z. B. Kratzer, deutlich sichtbar sind.

In der automatischen Sichtprüfung können Flachbettscanner zur Bildaufnahme von Objekten mit Planflächen eingesetzt werden. Das Prüfobjekt wird mit der Planfläche auf den Scanner gelegt (Abb. 7.24). Dieses Bildaufnahmeverfahren erlaubt die Vermessung der entsprechenden Seite des Objekts, da die Planfläche verzerrungsfrei abgebildet wird. Eine weitere Anwendung ist die Prüfung der Vollständigkeit von Montagebausätzen (Abb. 7.25). Der Zeilensensor des Flachbettscanners kann sehr hohe Bildauflösungen erreichen.

7.2.4 Erfassung der spektralen Reflektanz

Anwendungen der Spektralmesstechnik liegen neben der Überwachung von Färbeprozessen insbesondere in der Materialklassifikation: Verschiedene Materialien haben unterschiedliche Absorptionsspektren, sodass ihre Reflektanzspektren voneinander abweichen. Mit Hilfe der spektralen Reflektanzmessung lassen sich solche Materialien voneinander trennen. Daher können die in Abschn. 6.11 beschriebenen Spektralsensoren beispielsweise bei der Sortierung von Kunststoffen, Mineralien oder Glas sowie zur Erkennung von Fremdkörpern in Lebensmitteln (siehe Abschn. 7.6.2) und bei der Wiederverwendung von Wertstoffen eingesetzt werden [7].

Selbstverständlich kann das Messprinzip auch außerhalb des sichtbaren Spektrums angewendet werden. Die Energieniveaus von Molekülschwingungen lie-

(a) (b)

Abbildung 7.25. Prüfung der Vollständigkeit eines Spielzeugbausatzes: (a) Kamerabild, dessen Auswertung durch perspektivische Verzerrungen und Spiegelungen erschwert wird; (b) in der Aufnahme mit einem Flachbettscanner ist dieselbe Szene gleichmäßig ausgeleuchtet und frei von Verzerrungen.

gen vorwiegend im infraroten Bereich. Da chemische Verbindungen charakteristische Schwingungsniveaus aufweisen, lassen sich molekulare Stoffe anhand der spektral aufgelösten Absorption im Infrarot-Bereich sehr gut klassifizieren [28]. Die gemessenen Intensitätswerte in verschiedenen Abschnitten des Spektrums können als Merkmalsvektor für einen Klassifikator dienen. Ein Anwendungsbeispiel ist die Sortierung von Kunststoffen anhand des gemessenen Spektrums im nahen Infrarot [142]. Abbildung 7.26 zeigt exemplarisch mittlere Punktspektren verschiedener Kunststoffe. Für die Klassifikation atomarer Stoffe eignet sich das Infrarotspektrum nicht, da ihre Anregungszustände bei höheren Energien und mithin kürzeren Wellenlängen liegen.

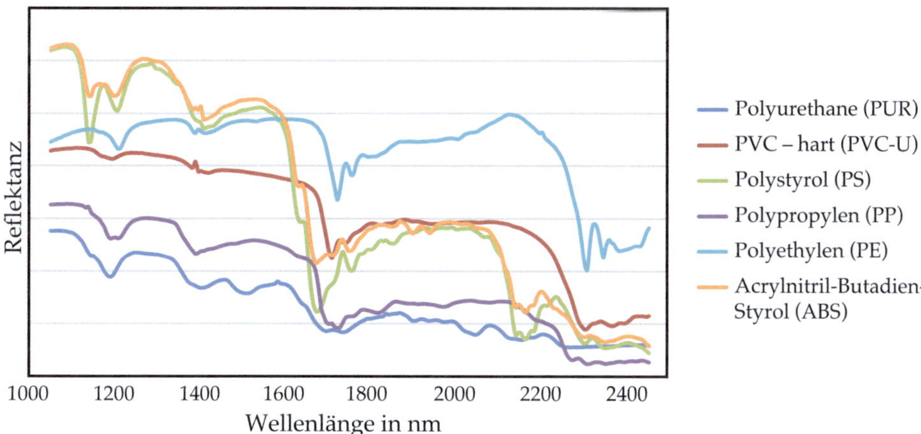

Abbildung 7.26. Mittlere Punktspektren verschiedener Kunststoffe.

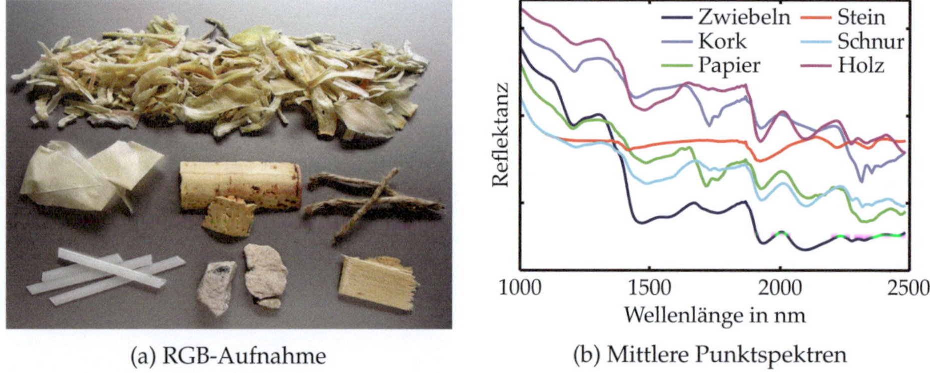

(a) RGB-Aufnahme (b) Mittlere Punktspektren

Abbildung 7.27. Getrocknete Zwiebeln und verschiedene Fremdmaterialien (Papier, Kork, Schnur, Plastik, Steine, Holz): (a) RGB-Aufnahme; (b) mittlere Punktspektren der Materialien.

(a) RGB-Bild (b) $\lambda = 1064\,\text{nm}$ (c) $\lambda = 1318\,\text{nm}$ (d) $\lambda = 1572\,\text{nm}$

(e) $\lambda = 1826\,\text{nm}$ (f) $\lambda = 2081\,\text{nm}$ (g) $\lambda = 2335\,\text{nm}$ (h) Falschfarben

Abbildung 7.28. Beispiel zur hyperspektralen Erfassung getrockneter Zwiebeln mit Fremdmaterialien: (a) RGB-Bild, erzeugt von einer Zeilenkamera; (b) – (g) Kanäle des Hyperspektralbildes bei unterschiedlichen Wellenlängen; (h) Falschfarbenbild mit Rotkanal $\widehat{=}$ 1064 nm, Grünkanal $\widehat{=}$ 1572 nm und Blaukanal $\widehat{=}$ 2081 nm.

Beispiel 7.4 (Hyperspektrale Sortierung von Lebensmitteln): Als Beispiel zur hyperspektralen Materialklassifikation sollen getrocknete Zwiebeln von Fremdmaterialien wie Steinen oder Verpackungsmaterial (Holz, Papier usw.) getrennt werden [133]. Abbildung 7.27(a) zeigt eine RGB-Aufnahme der betrachteten Materialien; in Abb. 7.27(b) sind die zugehörigen mittleren Materialspektren im Nahinfrarotbereich (1000 nm – 2500 nm) dargestellt. In bestimmten Wellenlängenbereichen sind die Unterschiede zwischen den NIR-Spektren von Zwiebeln und Fremdmaterialien besonders ausgeprägt, was zur Klassifikation herangezogen werden kann.

Abbildung 7.28(a) zeigt eine RGB-Aufnahme einer zu klassifizierenden Zwiebel-Probe mit Fremdmaterialien. Mit bloßem Auge lassen sich in diesem Bild die Fremdmaterialien nicht eindeutig erkennen. Daher wurde eine hyperspektrale Kamera eingesetzt, um nach dem Push-Broom-Prinzip 237 Spektralkanäle im Wellenlängenbereich von 1000 nm bis 2500 nm zu erfassen, während die Probe auf einem Förderband relativ zur Kamera bewegt wird. Die Abbildungen 7.28(b) – (g) zeigen sechs Kanäle des hyperspektralen Bildes. Werden drei dieser Aufnahmen zu einem Falschfarbenbild (vgl. Abschn. 10.1.3) verknüpft, so resultiert mit Abb. 7.28(h) ein Ergebnis, welches eine unmittelbare visuelle Erkennung der Fremdmaterialien erlaubt. ■

7.2.5 Streulichtverfahren und Prüfung der Oberflächenrauheit

In der automatischen Sichtprüfung erlauben Streulichtverfahren eine Charakterisierung der Feinstruktur der Oberfläche anhand der Winkelverteilung des gestreuten Lichtes [32, 83]. Mikroskopische Oberflächeneigenschaften wie die Rauheit sind wichtig für die Qualität bestimmter Produkte. Für die Charakterisierung der Oberflächenrauheit sind verschiedene Kenngrößen definiert, die auf der mechanischen Abtastung der Oberfläche beruhen [142]. Aussagen über die mikroskopische Oberflächenstruktur lassen sich auch mit optischen Verfahren gewinnen, z. B. durch die Messung des Streuverhaltens der Oberfläche (vgl. Abschn. 2.6.4).

Beim Streulichtverfahren wird die Oberfläche typischerweise mit einem monochromatischen Lichtstrahl, z. B. von einem Laser, auf einer Fläche A unter den Einfallswinkeln θ_i, φ_i bestrahlt (Abb. 7.29). Je nach Beschaffenheit der Oberfläche wird das einfallende Licht mit einer bestimmten Winkelverteilung gestreut (siehe Abschn. 2.6.4). Auf einer Detektor- oder Schirmebene wird die eingestrahlte Intensität des Streulichts winkelaufgelöst festgestellt. Die Messung wird in Abhängigkeit vom Polwinkel θ_s und Azimut φ_s in Bezug auf die Einfallsebene aufgetragen. Der Polwinkel, unter dem das Streulicht in Bezug zur Probennormalen beobachtet wird, heißt Streuwinkel θ_s [67]. Nach dem Reflexionsgesetz

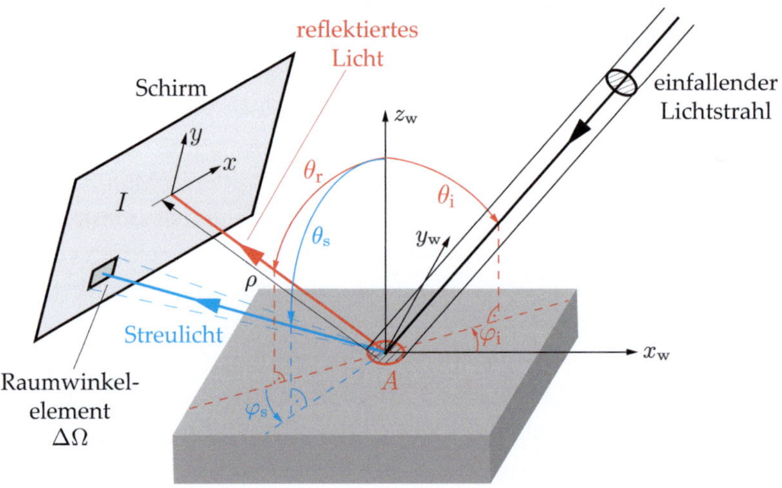

Abbildung 7.29. Anordnung zur Streulichtmessung.

gilt in Abb. 7.29:

$$\theta_r = \theta_i \,, \tag{7.38}$$

$$\varphi_r = \varphi_i + \pi \,. \tag{7.39}$$

Wenn die Reflexionseigenschaften der Oberfläche durch die bidirektionale Reflektanzverteilungsfunktion $BRDF(\theta_i, \varphi_i, \theta_e, \varphi_e, \lambda)$ (siehe Abschn. 4.3) beschrieben werden, bestehen folgende Zusammenhänge:

$$\theta_e = \theta_s \,, \tag{7.40}$$

$$\varphi_e = \varphi_i + \pi + \varphi_s \,. \tag{7.41}$$

Für die Intensität $I(x, y)$ des Streulichts auf dem Schirm folgt, bezogen auf ein Raumwinkelelement $\Delta\Omega$:

$$I(x, y) \propto BRDF(\theta_i, \varphi_i, \theta_s, \varphi_i + \pi + \varphi_s, \lambda)\, \Delta\Omega \,, \tag{7.42}$$

$$x = x(\rho, \theta_s, \varphi_s) \,, \tag{7.43}$$

$$y = y(\rho, \theta_s, \varphi_s) \,, \tag{7.44}$$

wobei ρ die Entfernung zwischen Prüfobjekt und Schirm bezeichnet (siehe Abb. 7.29). Beim Streulichtverfahren wird also ein zweidimensionaler Ausschnitt der BRDF gemessen. Das Messergebnis erlaubt Rückschlüsse auf die mikroskopischen Oberflächeneigenschaften. Sowohl die optischen Materialeigenschaften wie etwa der komplexe Brechungsindex als auch die mikroskopische Objektgestalt beeinflussen die BRDF, sodass eine strenge Trennung zwischen der Erfassung der optischen Eigenschaften und der Gestalt an dieser Stelle nicht möglich ist.

Der Schirm sollte möglichst ein Lambert'scher Strahler sein, also das eingestrahlte Licht omnidirektional streuen. Unter dieser Voraussetzung kann die Intensitätsverteilung auf dem Schirm mit einer Kamera aufgenommen und anschließend unter Berücksichtigung der geometrischen Konstellation von Probe und Schirm quantitativ ausgewertet werden.

- Die Oberflächeneigenschaften werden nur lokal innerhalb des Gebiets A beobachtet. Dies ist sinnvoll zur repräsentativen Prüfung von homogen 3D-texturierten Oberflächen. Die Fläche A sollte viel größer sein als die gröbsten Strukturen der Oberfläche.
- Aus der Streulichtverteilung können durch lokale und/oder gewichtete Integration über $I(x, y)$ Texturmerkmale abgeleitet werden. Unter gewissen Voraussetzungen können auch 3D-Rauheitsparameter der 3D-Feinstruktur der Oberfläche aus $I(x, y)$ geschätzt werden [67, 193].
- Für Streulichtmessungen gibt es die Norm ISO 13696 [47].

Für den Einsatz in der automatischen Sichtprüfung kann man ausnutzen, dass Oberflächenstrukturen charakteristische Streulichtbilder erzeugen. Auch ohne aus den Streulichtmessungen quantitativ auf die Eigenschaften der Oberfläche zurückzuschließen, kann man Streulichtbilder auswerten, um die Konstanz eines oberflächenformenden Prozesses zu prüfen. Signifikante Abweichungen des Streulichtbildes verglichen mit Referenzaufnahmen lassen vermuten, dass die produzierte Oberflächenstruktur sich verändert hat.

Beispiel 7.5 (Streulichtverfahren): Abbildung 7.30 zeigt einen möglichen Aufbau zur Streulichtbildaufnahme. Die Oberfläche wird unter einem Winkel von $\theta_\mathrm{i} = 45°$ mit einem Laserstrahl mit $1\ \mathrm{mm}$ Durchmesser, einer Wellenlänge von $405\ \mathrm{nm}$ und einer Leistung von $5\ \mathrm{mW}$ beleuchtet. Das Streulicht wird auf einem ebenen Schirm der Größe $200 \times 300\ \mathrm{mm}^2$ beobachtet, der sich $\rho = 100\ \mathrm{mm}$ hinter der Probe befindet. Die Normale des Schirmes liegt in einer Ebene mit der optischen Achse der Kamera und dem Laserstrahl. In Abb. 7.31 sind Streulichtbilder verschiedener Materialien zu sehen, die mit dem beschriebenen Aufbau gewonnen wurden. ■

Das beschriebene Streulichtverfahren misst einen Ausschnitt der BRDF des beleuchteten Oberflächenpunkts für eine ausgewählte Beleuchtungsrichtung $(\theta_\mathrm{i}, \varphi_\mathrm{i})$. Durch Variation der Beleuchtungsrichtung sowie der Positionen von Schirm und Kamera kann man weitere Funktionswerte der BRDF abtasten und schließlich zu einer Funktionsapproximation gelangen [96].

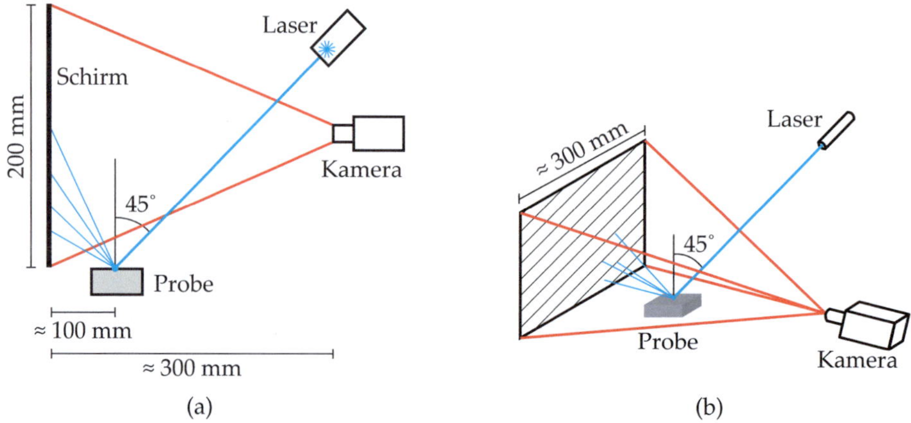

Abbildung 7.30. Beispiel für einen Aufbau zur Streulichtbildaufnahme.

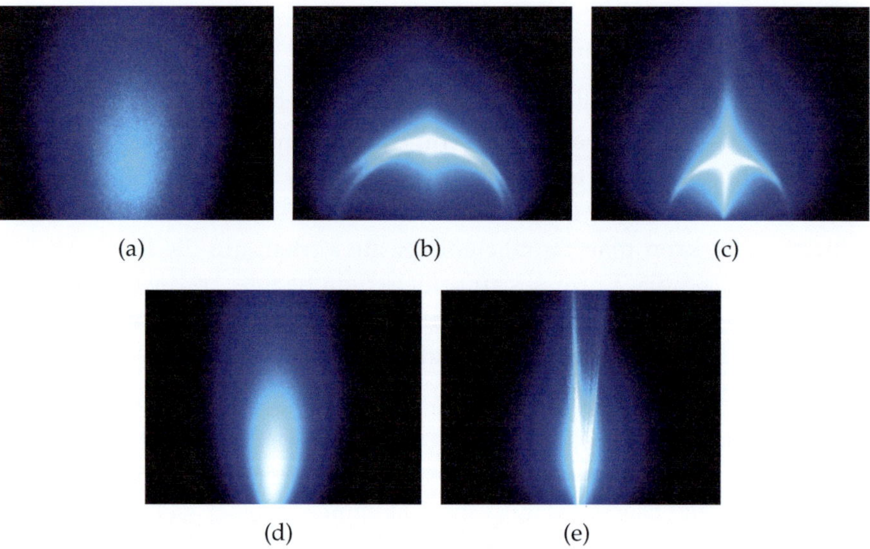

Abbildung 7.31. Streulichtbilder verschiedener Oberflächen: (a) sandgestrahlter Stahl; (b) geschliffene Stahloberfläche mit einer Riefenschar; (c) geschliffener Stahl mit zwei unter einem Winkel von 90° kreuzenden Riefenscharen; (d) Alufolie, raue Seite; (e) Alufolie, glatte Seite.

7.3 Erfassung der räumlichen Gestalt (3D-Form)

Im Rahmen der Bildgewinnung für die automatische Sichtprüfung möchte man über Prüfobjekte im Wesentlichen zwei Informationen gewinnen: optische Eigenschaften und Gestalt. Während die vorangegangenen Abschnitte der Bestimmung der optischen Eigenschaften gewidmet waren, geht es im Folgenden um Verfahren zur Erfassung der dreidimensionalen Form.

7.3.1 Triangulation (punktweise Abtastung)

Die Triangulation ist ein Verfahren zur Entfernungsmessung. Sie beruht auf der Geometrie von ebenen Dreiecken. Ein solches Dreieck ist durch zwei Winkel und eine Seitenlänge eindeutig bestimmt. Bei der Triangulation bestimmt man die Länge einer Dreiecksseite, die sogenannte Basis, und die beiden daran anliegenden Winkel (Abb. 7.32). Die übrigen Größen des Dreiecks können nun berechnet werden, insbesondere die Entfernung des vermessenen Punkts vom Sensor. Im Falle der Lasertriangulation sind ein Winkel und eine Seitenlänge aus der Konstruktion des Aufbaus bekannt, der zweite Winkel wird gemessen. Bei der Stereorekonstruktion werden hingegen die beiden Winkel gemessen, während die Basislänge bekannt ist.

Bei der hier betrachteten Variante des Triangulationsverfahrens wird das zu untersuchende Objekt mit einem Laserstrahl beleuchtet (Abb. 7.33). Der Laserstrahl wird an der Objektoberfläche gestreut, was mit einem Detektor beobachtet wird. Vorausgesetzt wird also, dass die Oberfläche weder ein idealer Spiegel noch ein idealer Absorber ist, sondern einen Teil des Lichts in Richtung des Detektors streut (Abb. 7.33(b)). Für eine Triangulation sind opake Materialien am besten geeignet, bei transparenten und teiltransparenten Materialien wird der Lichtpunkt auf der Oberfläche durch innere Streuung aufgeweitet und die Messunsicherheit steigt (Abb. 7.33(a)). Die Steigung der Oberfläche muss für eine vollständige triangulatorische Vermessung beschränkt sein, da es ansonsten zur Abschattung des Beobachtungsstrahlengangs kommen kann (Abb. 7.33(c)).

Beim in Abb. 7.34 dargestellten Aufbau ist die Scheimpflug-Bedingung (siehe Abschn. 3.4.7) erfüllt, sodass der beleuchtete Oberflächenpunkt unabhängig von der Objektentfernung scharf auf den Detektor abgebildet wird, wenn das Objektiv für einen Punkt auf dem Laserstrahl fokussiert wird. Aus den bekannten Positionen von Detektor und Laser kann die Position des Objekts eindeutig berechnet werden: Es besteht eine bijektive Abbildung zwischen der Tiefe z des Ob-

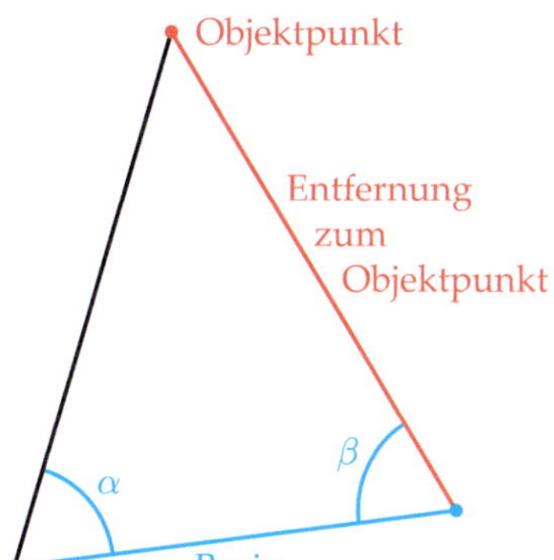

Abbildung 7.32.
Prinzip der Entfernungsbestimmung durch Triangulation: Aus der gemessenen Basislänge und den gemessenen Winkeln α und β lässt sich die gesuchte Entfernung zum Objektpunkt berechnen.

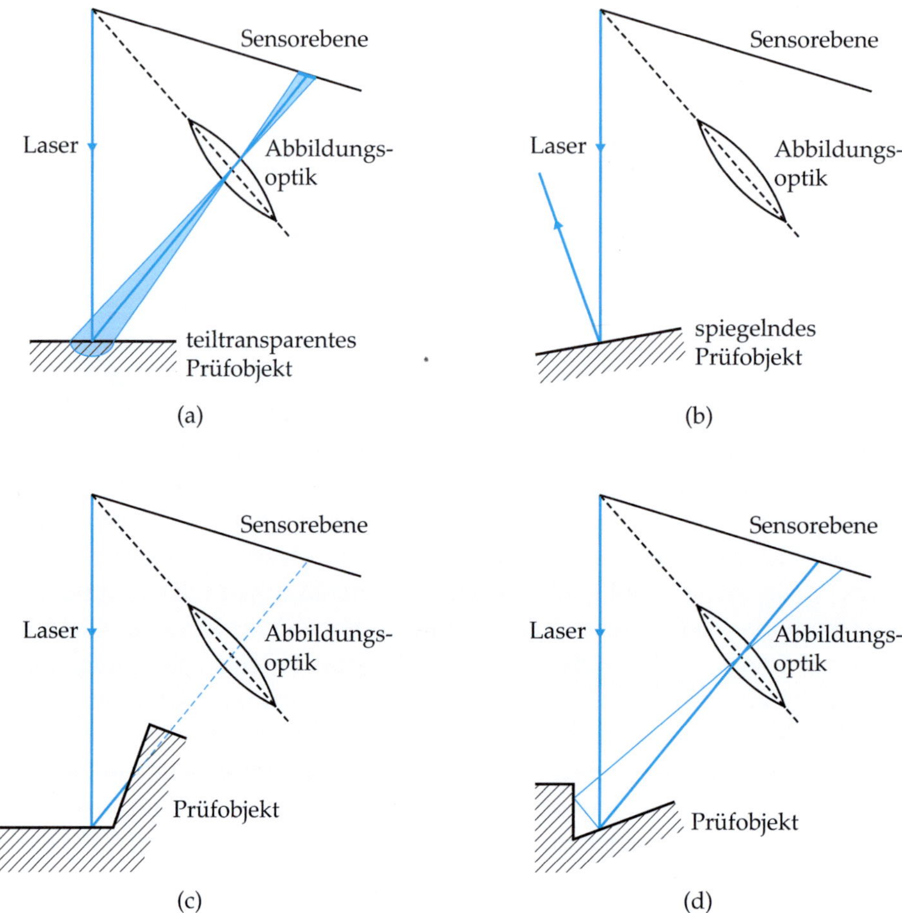

Abbildung 7.33. Mögliche Problemfälle bei der Triangulation eines Objektpunkts: (a) Aufweitung des Lichtpunktes durch ein teiltransparentes Objekt; (b) bei einer perfekt spiegelnden Oberfläche gelangt kein Licht auf den Detektor, bei einer teilspiegelnden Oberfläche unter Umständen zu wenig Licht; (c) das Oberflächenrelief verursacht eine Abschattung des Beobachtungsstrahlengangs; (d) Mehrfachreflexion am Objekt bewirkt zusätzliche Bildpunkte.

jektpunkts und der Auslenkung x des gestreuten Laserlichts auf dem Detektor. Als Detektor kann eine Zeilenkamera oder ein optoelektronischer Positionsdetektor (*position sensitive detector, PSD*) verwendet werden (vgl. Abschn. 6.9 und 6.5). Falls eine Zeilenkamera eingesetzt wird, ist eine subpixelgenaue Lokalisation des abgebildeten Laserpunkts durch eine geeignete Modellierung und Interpolation möglich [153]. Außerdem kann bei einer Zeilenkamera die Güte des Bildes $\mathbf{B}$ eines Punktes $\mathbf{G}$ bewertet werden. Falls erforderlich kann der Messfehler durch

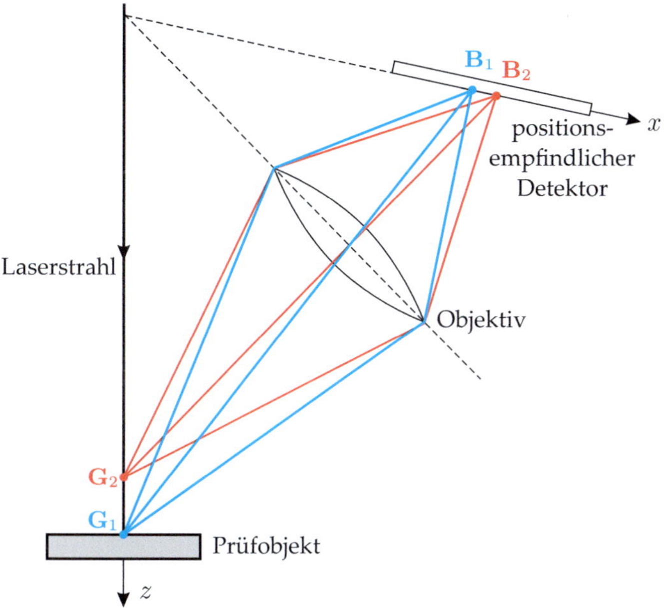

Abbildung 7.34. Punktweise Lasertriangulation (nach [50]).

eine entsprechende Signalverarbeitung vermindert werden. Beispielsweise kann im Fall einer Aufweitung des Lichtpunktes an einer teiltransparenten Oberfläche die Lage des Intensitätsschwerpunktes auf der Zeilenkamera geschätzt werden. Mehrfachreflexionen an einer stark reflektierenden Oberfläche können erkannt und bei der Berechnung der 3D-Rekonstruktion unterdrückt werden (Abb. 7.33(d)). Die Vorteile eines optoelektronischen Positionsdetektors sind eine höhere Messfrequenz und die Möglichkeit der Fremdlichtunterdrückung durch Modulation [50, 142].

Beispiel 7.6 (Triangulationsanordnung): Für die Geometrie in Abb. 7.35 soll die Abbildung $x \mapsto z$ explizit angegeben werden, vgl. [50, 142, 146]. Die Basislänge l, der Winkel β und die Brennweite f des Objektivs seien aus der Konstruktion bzw. Kalibrierung des Sensors bekannt. Gemessen wird die Bildkoordinate x. Der Nullpunkt der x- und der z-Achse befinde sich an deren Schnittpunkt **O** mit der Linsenebene.

Im Dreieck **ORB** erhält man nun für die Bildweite b in Abhängigkeit der Messung x:

$$b = x \cos \varphi \,. \tag{7.45}$$

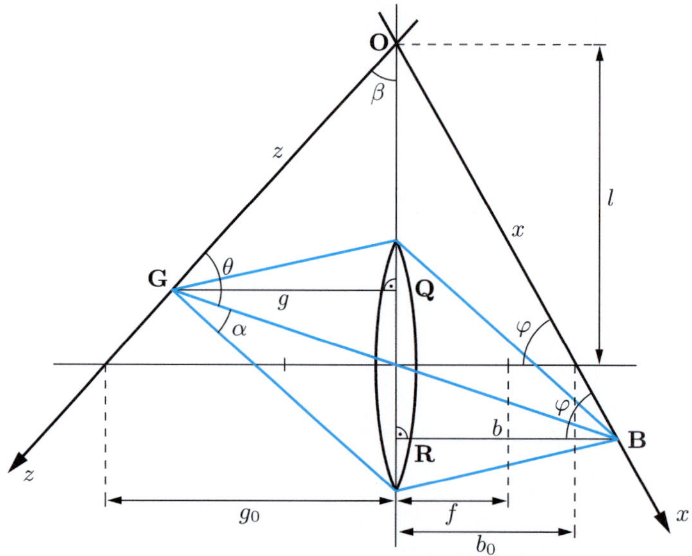

Abbildung 7.35. Geometrie einer Triangulationsanordnung.

Die zugehörige Gegenstandsweite g der scharfen Abbildung berechnet sich wie gewohnt mit Hilfe von (3.25) zu

$$g = \frac{bf}{b-f} = \frac{x\,f\cos\varphi}{x\cos\varphi - f}\,. \tag{7.46}$$

Die Betrachtung des Dreiecks **OGQ** liefert nun die gesuchte Objektentfernung z:

$$z = \frac{g}{\sin\beta} = \frac{x\,f\cos\varphi}{(x\cos\varphi - f)\sin\beta}\,. \tag{7.47}$$

Da die Anordnung die Scheimpflug-Bedingung erfüllt, ist der Winkel φ durch die gegebenen Größen eindeutig festgelegt (siehe Abschn. 3.4.7). Mit der Gegenstandsweite g_0 und der Bildweite b_0 bei scharfer Abbildung auf der optischen Achse erhält man in Abb. 7.35:

$$\tan\beta = \frac{g_0}{l}\,, \tag{7.48}$$

$$\tan\varphi = \frac{l}{b_0}\,. \tag{7.49}$$

Aus der Abbildungsgleichung (3.25) ergibt sich

$$\frac{1}{b_0} = \frac{1}{f} - \frac{1}{g_0}\,. \tag{7.50}$$

Somit folgt insgesamt

$$\tan\varphi = l\left(\frac{1}{f} - \frac{1}{g_0}\right) = \frac{l}{f} - \frac{1}{\tan\beta}, \tag{7.51}$$

$$\cos\varphi = \frac{1}{\sqrt{1 + \left(\frac{l}{f} - \frac{1}{\tan\beta}\right)^2}} \tag{7.52}$$

und schließlich

$$z = \frac{x\,f}{\left(x - f\sqrt{1 + \left(\frac{l}{f} - \frac{1}{\tan\beta}\right)^2}\right)\sin\beta}. \tag{7.53}$$

Der Zusammenhang zwischen x und z ist also nichtlinear. Der Grund hierfür sind die verkippten Abbildungsebenen [50]. Die Nichtlinearität hat unter anderem zur Folge, dass die Empfindlichkeit der Triangulation bei Verwendung eines Detektors mit gleichmäßiger Auflösung in x-Richtung nicht konstant über den Messbereich ist. ∎

Die Empfindlichkeit des Messprinzips verbessert sich mit steigendem Triangulationswinkel θ, da die gleiche Höhendifferenz Δz einer wachsenden Ortsdifferenz Δx auf dem Sensor entspricht (Abb. 7.36). Allerdings muss sichergestellt sein, dass weder im Beleuchtungs- noch im Beobachtungsstrahlengang Verdeckungen auftreten. Diese Bedingung schränkt für großes θ die zulässige Oberflächensteigung und damit die Klasse der zulässigen Objekte ein. Daher muss beim Entwurf des Messaufbaus ein Kompromiss zwischen den Zielen Empfindlichkeit und Verdeckungsfreiheit gefunden werden.

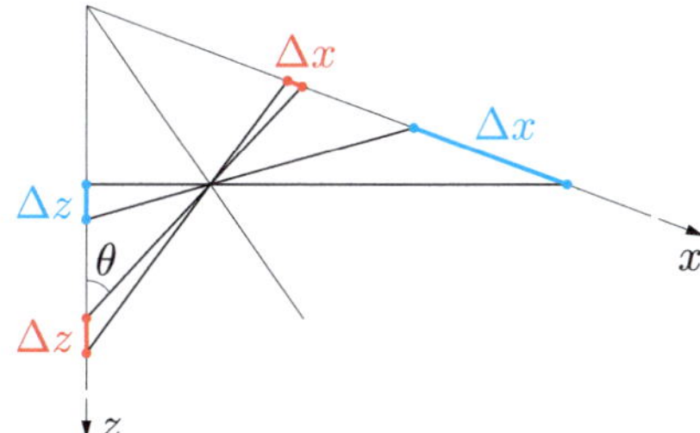

Abbildung 7.36. Die Empfindlichkeit $-\frac{\mathrm{d}x}{\mathrm{d}z}$ steigt monoton mit dem Triangulationswinkel θ.

Triangulationsverfahren können eine Messunsicherheit in der Größenordnung von 1 µm erreichen. Bei nicht ideal opaken Prüfobjekten ist die Auflösung allerdings entsprechend geringer.

Eine Triangulationsmessung liefert nur einen Punkt des Oberflächenreliefs. Soll die ganze Oberfläche erfasst werden, muss ein zeitaufwendiges Scanverfahren eingesetzt werden.

7.3.2 Lichtschnittverfahren (Linienabtastung)

Lichtschnittverfahren machen sich ebenfalls das Triangulationsprinzip zunutze, tasten dabei aber mit einer Messung einen eindimensionalen Schnitt des Objekts ab. Licht wird in Form eines „Fächers" auf die Oberfläche gestrahlt, meist mit Hilfe eines Lasers. Das am Objekt gestreute Licht wird von einer Flächenkamera, also einem 2D-Sensor, beobachtet. Eine einfache Möglichkeit zur Erzeugung des Lichtfächers bietet eine Zylinderlinse vor dem Laser. Bessere Ergebnisse erhält man mit Spezialoptiken, mit denen eine annähernd konstante Intensität entlang der projizierten Linie erreicht werden kann.

Lichtfächer, Abbildungsoptik und Sensor erfüllen im Idealfall die Scheimpflug-Bedingung, sodass alle Punkte auf dem Lichtfächer scharf abgebildet werden können; siehe Abb. 7.37(b). Bei Verwendung von Standardkameras und Standardobjektiven sind jedoch die Ebenen des Sensors und der Abbildungsoptik parallel, sodass die Geometrie der Scheimpflug-Bedingung nicht realisiert werden kann. Dazu müsste das Objektiv relativ zum Sensor verkippt werden können, z. B. mit einem Faltenbalgsystem. In der Praxis wird manchmal u. a. aus Kostengründen darauf verzichtet, so auch im folgenden Beispiel.

In der Anordnung von Abb. 7.38 erhält man für jede Bildspalte einen Tiefenwert, insgesamt also ein eindimensionales Relief der Oberfläche. Mittels eines Scanvorgangs senkrecht zur Beobachtungsrichtung können zweidimensionale Oberflächen rekonstruiert werden. Die Prüfobjekte können hierzu auf einem

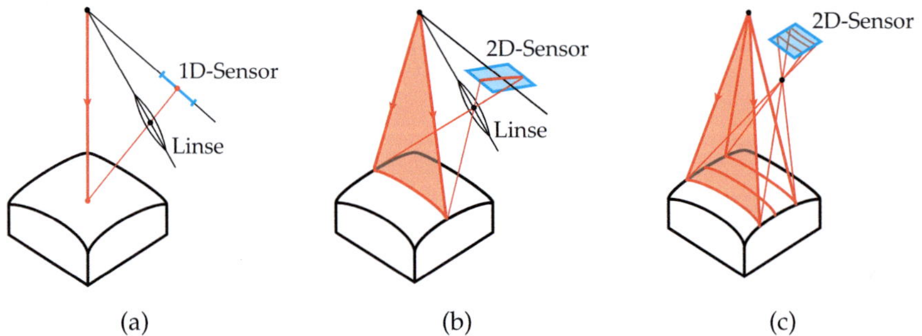

Abbildung 7.37. Erweiterung der punktweisen Triangulation auf Linien- und Flächenabtastung (nach [146]): (a) Bei der punktweisen Triangulation erfüllen Laserstrahl, Abbildungsoptik und 1D-Sensor die Scheimpflug-Bedingung, sodass der triangulierte Objektpunkt unabhängig von seiner Entfernung scharf abgebildet werden kann. (b) Bei der linienhaften Triangulation (Lichtschnittverfahren) erfüllen Lichtfächer, Abbildungsoptik und 2D-Sensor die Scheimpflug-Bedingung, sodass alle Objektpunkte auf dem Lichtfächer unabhängig von ihrer Entfernung scharf abgebildet werden können. (c) Bei der quasi-simultanen Erfassung der Objektoberfläche mit Streifenprojektionsverfahren kann lediglich eine mittlere Ebene durch die Oberfläche zusammen mit dem 2D-Sensor die Scheimpflug-Bedingung erfüllen. Nur der Schärfentiefebereich um diese Ebene wird scharf abgebildet.

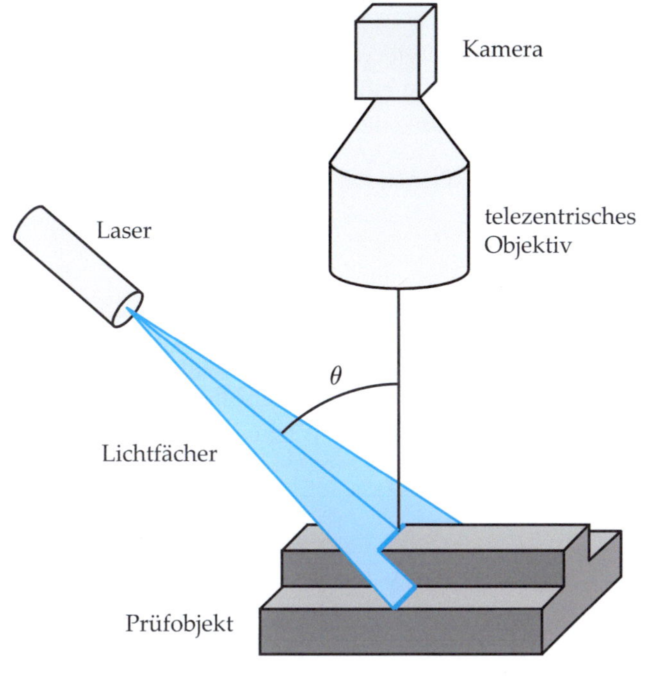

Abbildung 7.38. Lichtschnittsensor mit telezentrischer Beobachtung zur Tiefenmessung nach dem Triangulationsprinzip.

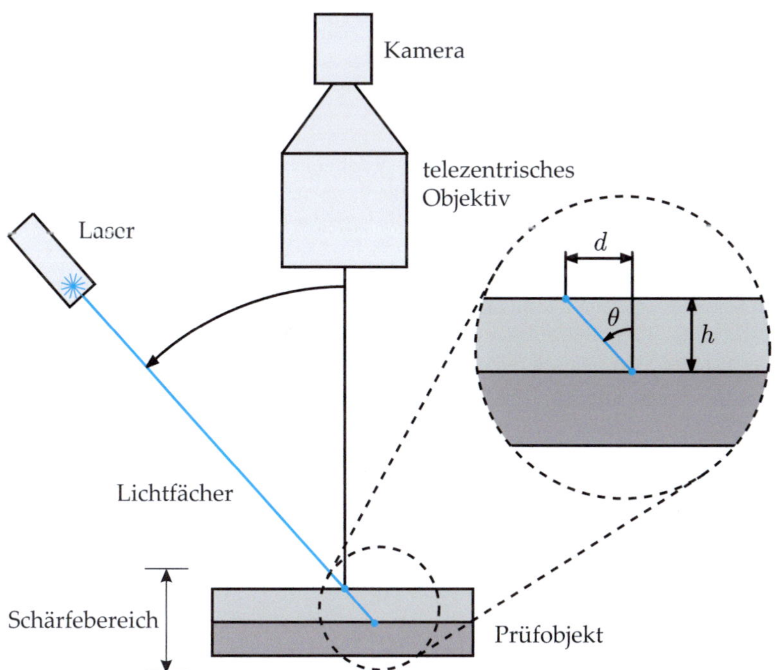

Abbildung 7.39. Berechnung der Höhendifferenz beim Lichtschnittverfahren.

Förderband unter dem Lichtschnittsensor hindurch geschoben werden, ähnlich wie beim Einsatz von Zeilenkameras zur Intensitätserfassung (vgl. Abschn. 6.9).

In der Anordnung von Abb. 7.39 lässt sich die Höhendifferenz h des Prüfobjekts wie folgt aus der lateralen Auslenkung d des detektierten Lichtfächers und dem Triangulationswinkel θ berechnen:

$$h = \frac{d}{\tan\theta} \,. \tag{7.54}$$

Beispiel 7.7 (3D-Erfassung eines Zylinderkopfes): Abbildung 7.40 zeigt die 3D-Erfassung eines Zylinderkopfes durch Beleuchtung mit einem fächerartig aufgeweiteten Laser und triangulatorischer Auswertung (Lichtschnittverfahren). ■

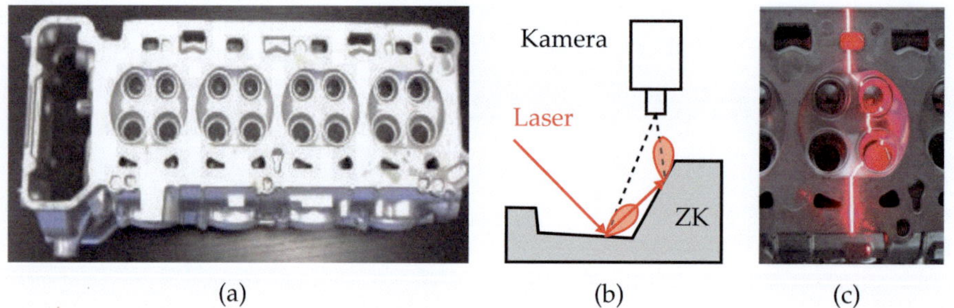

Abbildung 7.40. 3D-Erfassung eines Zylinderkopfes nach dem Lichtschnittprinzip: (a) Gegossener Zylinderkopf (ZK) aus Aluminium. Seine Oberfläche ist blank, rau und reflektiert stark. Von besonderem Interesse sind die genaue Form der Brennräume und die Lage der Einlass- und Auslasskanäle. (b) Der Laserfächer trifft schrägt auf die zu vermessende Oberfläche. Die Kamera schaut senkrecht von oben. Aufgrund der starken Reflektanz, in der Skizze angedeutet durch die Streukeulen, kann es zu Mehrfachreflexionen kommen, die es in der Bildauswertung zu unterdrücken gilt. (c) Aus der Perspektive der Kamera erscheint die Laserlinie aufgrund der Oberflächengestalt deformiert. Aus dem lateralen Versatz der Linie kann an jedem ihrer Punkte die Reliefhöhe bestimmt werden.

7.3.3 Messunsicherheit der Triangulation

Die Messunsicherheit von Triangulationsverfahren wird durch verschiedene Faktoren nach unten begrenzt:

1. Abbildungsqualität der Musterprojektion;
2. Abbildungsqualität der Aufnahmeoptik zur Abbildung des verzerrten Musters auf dem Sensor;
3. Sensorauflösung;

4. Speckle aufgrund der Kohärenz des Lichtes (siehe Abschn. 2.2.7). Speckle manifestiert sich als multiplikatives Rauschen.

Dies trifft auf alle mit aktiver Beleuchtung arbeitenden Verfahren zu: Punkt-, Linien-, Streifenprojektion und allgemein Musterprojektion.

Die Messunsicherheit wird typischerweise als Standardabweichung bezüglich des Messwerts angegeben [46]. In Bezug auf die Triangulation unterscheidet man die laterale Messunsicherheit σ_l parallel zur Oberfläche des Prüfobjekts und die vertikale Messunsicherheit σ_v senkrecht zur Oberfläche.

Hersteller von Triangulationssensoren geben oft nur die Sensorauflösung an, die nicht mit der Messunsicherheit verwechselt werden darf. Die Messunsicherheit ist i. d. R. erheblich größer als die Sensorauflösung, die als Verhältnis von vertikaler Messbereichslänge zur Anzahl der Abtaststufen des Sensors angegeben wird.

Bei den Unsicherheitsfaktoren 1. und 2. kann man im besten Fall beugungsbegrenzte Abbildungsoptiken einsetzen. Bei diesen Optiken sind sämtliche Aberrationen (siehe Abschn. 3.4.8) so weit korrigiert, dass sie keine Rolle mehr spielen. Dann werden die kleinsten Musterpunkte als Beugungsfiguren abgebildet, die von der Apertur der verwendeten Optik sowie von der Wellenlänge abhängen (siehe Abschn. 2.2.6.1). Die Beugung wirkt wie ein systematischer Störeinfluss auf die Messung. Prinzipiell können Bildrestaurationsverfahren eingesetzt werden, um Beugungseffekte im Bild zu kompensieren (siehe Kap. 11). Aufgrund des Rauschens kann jedoch in vielen Fällen nur eine sehr begrenzte Verbesserung erzielt werden.

Neben der Abbildungsoptik sind auch die Eigenschaften der Lichtquelle von Bedeutung, die häufig erheblich von den idealisierten Annahmen z. B. einer Punktlichtquelle abweichen.

Die Sensorauflösung (3.) kann bei Einsatz von kontinuierlich arbeitenden Sensoren wie z. B. PSD (Abschn. 6.5) zumindest nominell beliebig fein gestaltet werden.

Speckle (4.) wirkt wie ein stochastischer Störeinfluss und hängt maßgeblich von den Kohärenzeigenschaften des verwendeten Lichtes ab.

Viele technische Oberflächen haben eine Rauheit mit Amplitude R deutlich größer als die Wellenlänge λ des verwendeten Lichtes. Unter der Rauheit versteht man eine Feinstruktur des Oberflächenreliefs, die der nominal gewünschten bzw. erwarteten Oberfläche fertigungs- oder entstehungsbedingt überlagert ist [45].

Die Rauheit bewirkt eine Lichtstreuung, die für Triangulationsverfahren erforderlich ist. Die laterale Messunsicherheit wird wesentlich durch die örtliche Auflösung w des aufprojizierten Lichtmusters bestimmt: $\sigma_\mathrm{l} \sim w$. Es ist nicht sinnvoll, eine vertikale Messunsicherheit deutlich kleiner als R zu fordern.

Innerhalb des Beleuchtungsbereiches wirkt jeder Oberflächenpunkt nach dem Huygens'schen Prinzip als punktförmige Quelle einer Kugelwelle mit der Phase des dort einfallenden Lichtes (siehe Abschn. 2.2.3). Eine raue Oberfläche hat im Kleinen ein unregelmäßiges Oberflächenprofil, sodass die Kugelwellen, die von den Oberflächen ausgehen, quasistochastische Phasendifferenzen haben und sich im umliegenden Raum zu einem räumlich unregelmäßigen, zeitlich konstanten Interferenzmuster überlagern. Bei kohärentem Licht wie z. B. von einem Laser zeigt dieses Interferenzmuster einen starken Kontrast zwischen räumlich benachbarten Punkten mit konstruktiver und destruktiver Interferenz, sofern die Kohärenzlänge größer ist als die Oberflächenrauheit R. Dieses Phänomen wird Speckle genannt.

Bei der Abbildung des Lichtmusters auf den Sensor bewirkt Speckle ein multiplikatives örtliches Rauschen in der Sensorebene.

Da alle Triangulationsverfahren letztendlich auf der Lagemessung des Bildes des aufprojizierten Lichtmusters beruhen und deren Messunsicherheit durch den Speckleeffekt steigt, führt Speckle auch zu einer Vergrößerung der Messunsicherheit der Triangulationsverfahren.

Für die minimal möglichen Messunsicherheiten verschiedener optischer Messverfahren wurden theoretische untere Schranken in Form der Standardabweichung hergeleitet [51,80]. Bei den projizierenden Triangulationsverfahren mit kohärentem Licht liegt diese untere Schranke für die vertikale Messunsicherheit bei

$$\sigma_{\mathrm{v}} = \frac{\lambda}{2\pi \sin\alpha \sin\theta} \tag{7.55}$$

mit der Wellenlänge λ, dem Triangulationswinkel θ und dem halben objektseitigen Aperturwinkel α (siehe Abb. 7.35). Für $\lambda = 660\,\mathrm{nm}$, $\theta \in [45°, 60°]$ und $2\alpha \in [6°, 18°]$ liegt σ_{v} näherungsweise im Intervall $0{,}8\ \mu\mathrm{m} < \sigma_{\mathrm{v}} < 2{,}8\ \mu\mathrm{m}$. Sowohl eine Vergrößerung von θ als auch eine Vergrößerung von α reduzieren die untere Schranke für die Messunsicherheit σ_{v}.

Die Verwendung von weißem Licht, d. h. inkohärentem Licht bzw. Licht mit einer Kohärenzlänge deutlich kleiner als R, vermeidet bzw. vermindert den Speckle-Effekt und senkt damit die theoretische Schranke um bis zu Faktor 10 ab.

Technisch realisierbare Messunsicherheiten liegen um ca. Faktor 5 höher als die theoretische untere Schranke [153].

7.3.4 Strukturierte Beleuchtung (Flächenabtastung)

Punktweise Triangulation liefert aus einer Messung die 3D-Koordinaten eines einzelnen Punktes; mit einem Lichtschnittsensor lässt sich eine Linie auf dem Prüfobjekt entlang des Schnitts mit dem zweidimensionalen Lichtfächer simultan vermessen. Um aus einer Aufnahmeposition heraus ein dreidimensionales Oberflächenrelief messen zu können, kann das Lichtschnittprinzip verallgemeinert werden, indem gleichzeitig mehrere Lichtfächer auf das Objekt gerichtet werden. Problematisch ist dabei allerdings die Identifikation der einzelnen Streifen im beobachteten Bild, insbesondere an Objektkanten. Um eine eindeutige Zuordnung zu gewährleisten, können speziell entworfene inhomogene Lichtmuster anstelle eines einfachen Streifenmusters verwendet werden. Entscheidend ist dabei, dass aus den Bildern der Oberfläche die individuellen Strahlen der Beleuchtung eindeutig identifiziert werden können, damit die für die triangulatorische Entfernungsbestimmung auszuwertenden Dreiecke wohlbestimmt sind. Die Muster können entweder von einem Laser zusammen mit einer speziellen Optik oder von einem rechnergesteuerten Videoprojektor („Beamer") erzeugt werden. Anders als bei punktweiser Triangulation und Lichtschnittverfahren kann die Scheimpflug-Bedingung nicht für die gesamte Oberfläche erfüllt werden, sondern nur für eine Ebene, die sinnvollerweise entsprechend der mittleren Objektentfernung gewählt wird (Abb. 7.37(c)). Messbereich und Auflösung werden daher durch die Schärfentiefe der Beobachtung begrenzt.

Diese Verfahren werden mit dem Begriff **strukturierte Beleuchtung** überschrieben. Mit dem Ziel der Erfassung eines Oberflächenreliefs $z(\mathbf{x})$ wird ein inhomogenes Lichtmuster $b(\mathbf{x})$ auf die Objektoberfläche projiziert. Bei der Beobachtung mit einer Kamera erscheint das Muster verzerrt, wenn Kamera- und Projektionsperspektive nicht übereinstimmen. Die Verzerrung entsteht durch lokal variierende Verschiebungen des Musters bedingt durch die Objektgeometrie. Aus dem beobachteten Signal $b_{\text{zerr}}(\mathbf{x})$ lässt sich das Relief quantitativ rekonstruieren (Abb. 7.41). Alternativ ist auch eine qualitative Auswertung ohne explizite Rekonstruktion möglich, z. B. zur Detektion von Defekten, die sich durch eine lokale Abweichung des Musters gegenüber einem Referenzmuster bemerkbar machen. Häufig werden Streifenmuster verwendet, auf die im folgenden Abschnitt ausführlicher eingegangen wird.

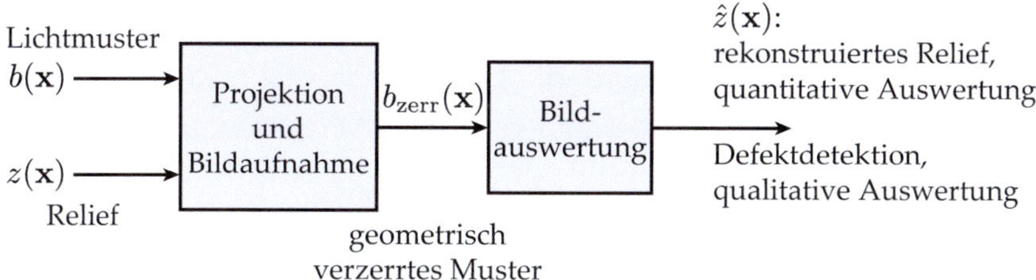

Abbildung 7.41. Signalmodell der Musterprojektion.

Da nur die geometrische Verschiebung und Verzerrung des Musters und nicht dessen Intensität ausgewertet wird, ist das Messergebnis weitgehend unabhängig von den optischen Eigenschaften (Farbe, Reflektivität, Streuverhalten) der Ober-

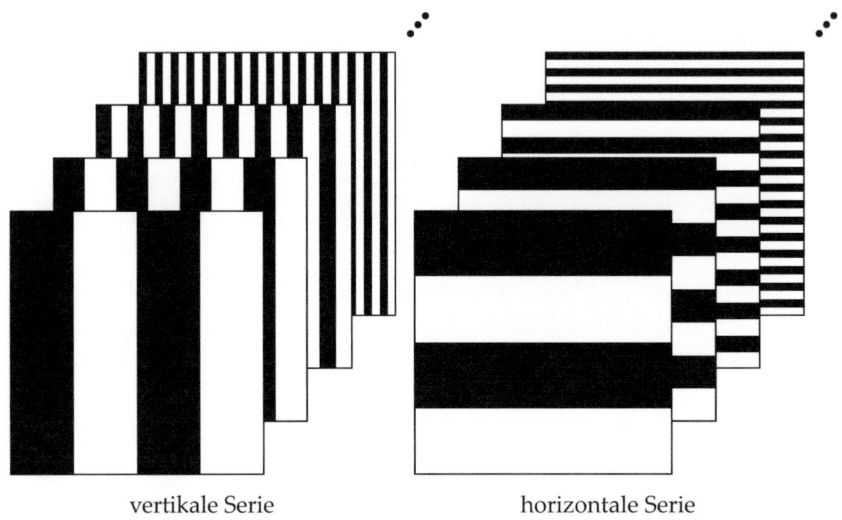

Abbildung 7.42. Beispiel für Bildserien zur Binärcodierung der Pixelposition im projizierten Muster.

fläche. Voraussetzung ist lediglich, dass ein Teil des Lichts zum Sensor gestreut wird, die Oberfläche also weder ein idealer Spiegel ist noch die Beleuchtung vollständig absorbiert (siehe Abschn. 7.3.1 und Abb. 7.33(b)). Für spiegelnde Oberflächen können deflektometrische Verfahren eingesetzt werden, die weiter unten in Abschn. 7.3.5 beschrieben werden.

7.3.4.1 Streifenprojektion

Bei der flächenhaften Anwendung des Triangulationsprinzips auf komplexere Objekte ergibt sich das Problem der mehrdeutigen Zuordnung zwischen den beobachteten Bildpunkten und den Punkten des Beleuchtungsmusters. Die eindeutige Identifikation eines Punktes kann über codierte Beleuchtungssequenzen erfolgen, bei denen jeder Beleuchtungsstrahl ein eindeutiges Codewort zugewiesen bekommt (Abb. 7.42). Beispielsweise kann die x-Koordinate eines Lichtpunktes des Projektors bzw. Schirms im Gray-Code dargestellt werden, wie in Abb. 7.43 veranschaulicht. Das m-te Bild entspricht dem m-ten Bit in der Codierung der Koordinaten. Ein Projektorpixel wird weiß dargestellt, wenn das m-te Bit in seiner Koordinatendarstellung gleich 1 ist, und schwarz, wenn es gleich 0 ist.

Diese bitweise Darstellung kann zu einer codierten Bildserie zusammengesetzt werden. Die Anzahl der Bilder entspricht der Anzahl der Bits bei der Diskretisierung der Koordinatenwerte. Mit einer zweiten Bildserie kann die y-Position codiert werden, sodass insgesamt eine eindeutige Zuordnung im Zweidimensionalen möglich wird. Allgemein beträgt die Anzahl Q der darzustellenden Projektormuster in einer Binärcodierung für die $M \cdot N$ Projektorstrahlen (Projektor-

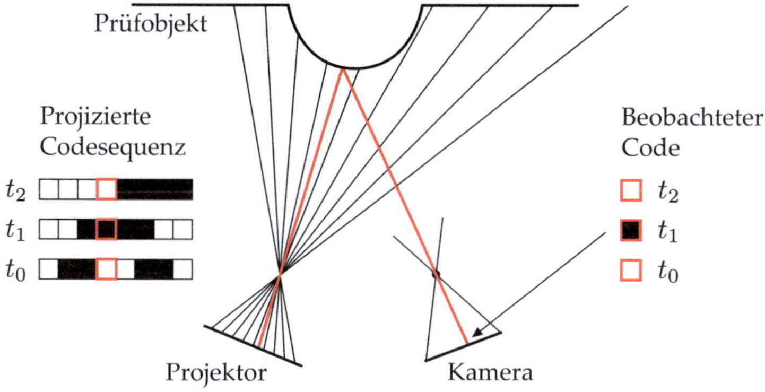

Abbildung 7.43. Decodierung einer Pixelkoordinate aus aufeinanderfolgenden Gray-Code-Bildern.

pixel):

$$Q = \lceil \text{ld}(M \cdot N) \rceil = \lceil \text{ld}\, M + \text{ld}\, N \rceil \,. \tag{7.56}$$

Im Gray-Code unterscheiden sich benachbarte Codewörter stets in genau einem Bit, anders als bei der Darstellung im Dualsystem. Das Codewort zur Dualzahl x erhält man mit Hilfe einer binären XOR-Operation:

$$x \;\mapsto\; x\,\text{XOR}\, \left\lfloor \tfrac{x}{2} \right\rfloor \,. \tag{7.57}$$

Der Gray-Code zeichnet sich gegenüber der Dualdarstellung durch eine erhöhte Robustheit aus: Im Falle einer Fehldecodierung im Übergangsbereich zwischen einem schwarzen und einem weißen Streifen erhält man das benachbarte Codewort des Gray-Codes, sodass der Decodierungsfehler bei dieser in der Praxis häufig auftretenden Situation begrenzt ist. Die Codewörter örtlich benachbarter Musterpunkte unterscheiden sich pro Koordinate nur in einem Bit, sodass nur in einem Bild der Projektionsserie ein Hell-Dunkel-Übergang zwischen den benachbarten Musterpunkten vorliegt. Ein weiterer Vorteil des Gray-Codes besteht darin, dass die Streifenbreite stets mindestens zwei Pixel beträgt, während im Dualcode ein Pixel breite Streifen für die Codierung des niederwertigsten Bits auftreten [73]. Für eine robuste Decodierung wird durch die zusätzliche Projektion eines komplett weißen und eines komplett schwarzen Musters für jeden Bildpunkt ein individueller Binarisierungsschwellwert bestimmt [147]. Auf diese Weise wird die Decodierung robust gegenüber Variationen in den Reflektanzeigenschaften der Oberfläche.

Neben der Binärcodierung eines Musters ist auch die Verwendung von n-adischen Codes möglich, die nicht nur die beiden Werte schwarz und weiß annehmen können, sondern n verschiedene Werte [170]. Im Muster können diese

Werte entweder durch n verschiedene Grauwerte oder durch n Farben dargestellt werden. Der wesentliche Vorteil einer n-adischen Codierung ist, dass eine geringere Anzahl $Q_n < Q$ an Mustern projiziert werden muss: Der Zweierlogarithmus ld in (7.56) kann ersetzt werden durch den Logarithmus zur Basis n:

$$Q_n = \lceil \log_n M + \log_n N \rceil \,. \tag{7.58}$$

Nachteilig ist hingegen, dass es schwieriger wird, die n Werte im Kamerabild zuverlässig zu unterscheiden. Je nach Reflektanz und Geometrie des Prüfobjekts können verschiedene projizierte Farben oder Grauwerte im Bild sehr ähnlich erscheinen. Bei farbigen oder gar farblich strukturierten Objekten wird die spektrale Zusammensetzung des reflektierten Lichts verändert, was eine fehlerfreie Decodierung von Farbmustern erschweren oder vereiteln kann. Beispielsweise kann eine mit rotem Licht beleuchtete weiße Oberfläche genauso erscheinen wie eine rot gefärbte Fläche, die mit weißem Licht beleuchtet wird. Bei weitgehend homogenen Prüfobjekten mit vorab bekannten Reflektanzeigenschaften können die verwendeten Muster angepasst werden, um solche Mehrdeutigkeiten zu vermeiden. Gravierender ist diese Problematik, wenn die betreffenden Eigenschaften des Prüfobjekts unbekannt oder inhomogen sind. In diesem Fall wird häufig eine Farbkalibrierung des Systems erforderlich [170].

Eine Alternative zur Gray-Code-Sequenz sind Phasenschiebeverfahren. Phasenschiebeverfahren verwenden periodische Muster und rekonstruieren aus mehreren Aufnahmen die Phase des beobachteten Musters. Typischerweise werden Sinuswellen der Form $g_{\mathrm{x},\varphi_x}(\mathbf{x}) = \frac{1}{2}(1 + \sin(f_x x + \varphi_x))$ und $g_{\mathrm{y},\varphi_y}(\mathbf{x}) = \frac{1}{2}(1 + \sin(f_y y + \varphi_y))$ verwendet. Mit einer einzelnen Aufnahme lässt sich die Phase nicht eindeutig bestimmen. Hierzu sind mindestens drei Aufnahmen mit unterschiedlich verschobenem Muster erforderlich. Zusätzliche Aufnahmen erhöhen die Robustheit des Verfahrens. Die verschobenen Muster erhält man durch Variation des Phasenversatzes φ_x bzw. φ_y. Häufig werden Phasenschiebeverfahren mit vier Aufnahmen eingesetzt. In diesem Fall können die Werte $k\frac{\pi}{4}$, $k = 0, 1, 2, 3$ für den Phasenversatz gewählt werden (siehe auch Abschn. 7.3.16.1). Da in der Auswertung nur Intensitätsverhältnisse verwendet werden, sind Phasenschiebeverfahren ebenfalls weitgehend unabhängig von den absoluten Reflektanzeigenschaften der Oberfläche.

Phasenschiebeverfahren erlauben eine subpixelgenaue Decodierung und sind auch bei leicht unscharfer Abbildung einsetzbar: Da ein Sinusmuster keine Oberwellen, d. h. keine höheren Harmonischen hat, bleibt die Sinusform auch bei unscharfer Abbildung, die systemtheoretisch eine lineare Tiefpassfilterung bedeutet, erhalten (siehe Kap. 8). Lediglich die Amplitude und mithin der Kontrast wird verringert. Andererseits liefert die Phaseninformation keine eindeutige Zuordnung zwischen Bild- und Musterkoordinaten, da dieselben Phasenwerte mehrfach im Muster vorkommen. Für stetige Oberflächen kann mit Hilfe einer Phasenentfaltung eine global eindeutige Zuordnung geschätzt werden [66, 196]. Alternativ können mehrere Mustersequenzen mit unterschiedlichen Frequenzen f_x bzw. f_y verwendet werden, um eine eindeutige Zuordnung berechnen zu können. Auch die Kombination mit einer Gray-Code-Sequenz ist möglich [108].

Neben der zeitsequenziellen Codierung in einer Bildserie ist auch eine örtliche Codierung denkbar [170]. Hierfür wird das Codewort der Position auf die Nachbarschaft der Musterpunkte verteilt. Somit ist die Zuordnung prinzipbedingt nur für eine Region des Musters möglich und nicht mehr für einzelne Musterpunkte, sodass die erreichbare Ortsauflösung geringer ist als bei der zeitsequenziellen Codierung. Außerdem wird ein örtlich verteilt dargestelltes Codewort auf verschiedene Bildbereiche verteilt, wenn es auf eine Objektkante projiziert wird. In diesem Fall ist eine korrekte Decodierung kaum noch möglich, sodass Lücken in der Zuordnung und damit auch in der 3D-Rekonstruktion entstehen. Vorteil der örtlichen Codierung ist, dass eine wesentlich geringere Anzahl an Mustern projiziert werden muss und der Prüfvorgang somit schneller ablaufen kann. Im Extremfall genügt ein einziges Muster und damit ein einziges Bild für die 3D-Oberflächenerfassung, sodass auch bewegte Objekte vermessen werden können. Die Codierung der örtlichen Muster basiert i. d. R. auf Pseudozufallszahlenfolgen. Damit lassen sich Muster konstruieren, in denen jede Nachbarschaft einer festen Größe global eindeutig ist und somit die Position im Muster eindeutig codiert. Die Darstellung der Muster kann wiederum binär, mit mehreren Grauwerten oder mit verschiedenen Farben erfolgen (Abb. 7.44).

Abbildung 7.44. Projektion eines periodischen Farbstreifenmusters auf eine Testszene bestehend aus einer umgedrehten Tasse auf Papier. Einige Farben wie Weiß, Gelb und Blau kommen mehrmals innerhalb einer Periode vor, können aber mit Hilfe der benachbarten Streifen eindeutig zugeordnet werden.

Eine weitere Alternative ist die direkte Codierung einer Positionskoordinate durch einen Intensitätswert oder durch eine bestimmte Wellenlänge. Es resultiert ein einzelnes Projektionsbild mit einem Grauwertverlauf bzw. mit einem Farbverlauf aus monochromatischen Farben. Die intensitätsbasierte Variante ist jedoch sehr anfällig für Rauschen und kann daher nicht die gleiche Robustheit und Auf-

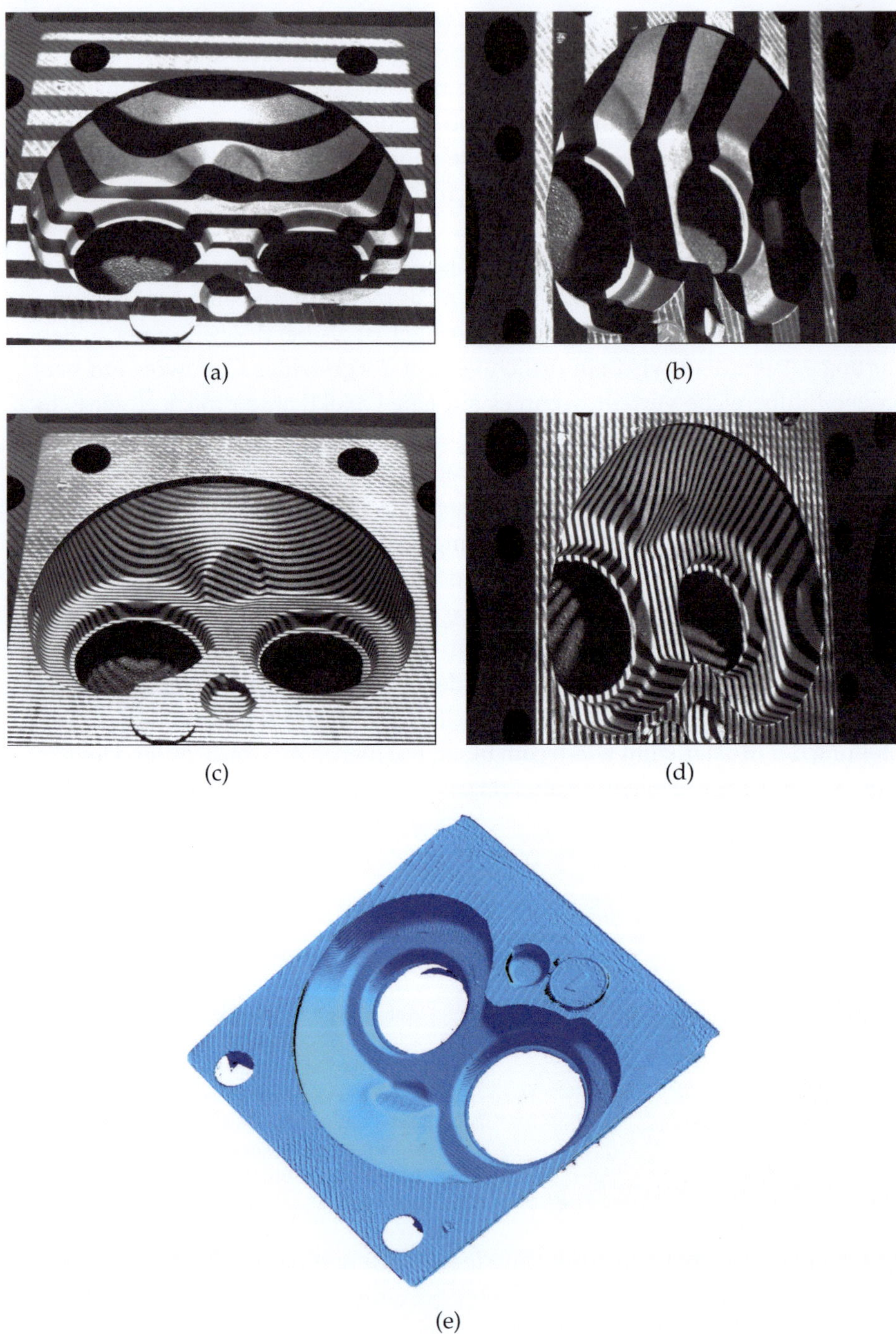

Abbildung 7.45. Inspektion eines Brennraums in einem Zylinderkopf: (a) – (d) einzelne Aufnahmen der projizierten Streifenmustersequenz; (e) 3D-Rekonstruktion (Quelle: inspectomation GmbH).

lösung erreichen wie die zeitsequenzielle Musterprojektion [170]. Besonders stark ausgeprägt sind die Nachteile der direkten Codierung bei Prüfobjekten mit inhomogener Reflektanz bzw. Farbe.

Eine zusätzliche Nebenbedingung, die zur 3D-Rekonstruktion aus projizierten Mustersequenzen eingesetzt werden kann, resultiert aus der Epipolargeometrie zwischen Projektor und Kamera (vgl. Abschn. 7.3.8).

Sobald die Zuordnung zwischen Bild- und Projektorpunkten hergestellt ist, kann das gesuchte Oberflächenrelief wie bei Triangulations- oder Lichtschnittverfahren berechnet werden (Abschn. 7.3.1).

Beispiel 7.8 (Inspektion von Zylinderköpfen): Abbildung 7.45 zeigt die Anwendung des Streifenprojektionsverfahrens zur 3D-Rekonstruktion des Zylinderkopfes eines Dieselmotors. Die Öffnungen für die beiden Ventile sind deutlich zu erkennen. Horizontale und vertikale Position werden jeweils über eine Streifenbildsequenz codiert. Zur Vermeidung von Verdeckungen sind Aufnahmen aus zwei verschiedenen Perspektiven erforderlich. ■

7.3.5 Deflektometrie

Die bisher betrachteten Projektionsverfahren sind weitgehend unabhängig von den *optischen* Eigenschaften des Objekts wie Farbe, Reflektivität und Streuverhalten, da sie auf der Deformation des Lichtmusters durch das Oberflächen*relief* beruhen. Allerdings muss vorausgesetzt werden, dass die Oberfläche zumindest etwas Licht zum Sensor streut. Sie darf also weder alles Licht absorbieren noch ein idealer Spiegel sein.

Im zweiten Fall, bei spiegelnden Oberflächen, kann jedoch ein verwandtes Verfahren angewendet werden: die **Deflektometrie** oder Rasterreflexion. Das Verfahren lehnt sich an die Vorgehensweise an, die der Mensch zur Prüfung spiegelnder Oberflächen verwendet: Er schaut sich das Spiegelbild der Umgebung in der Oberfläche an und fahndet z. B. nach lokalen Verzerrungen zur Entdeckung von Dellen.

Bei der Deflektometrie beobachtet eine Kamera die Spiegelung eines Musters in der Objektoberfläche (siehe Abb. 7.46). Das Muster wird hier auf einem Schirm oder auf einem Monitor erzeugt (Abb. 7.47). Um nicht zwischen diesen beiden Möglichkeiten unterscheiden zu müssen, wird im Folgenden der Begriff Mustergenerator verwendet. Im Gegensatz zur Streifenprojektion wird das Muster nicht auf die Oberfläche abgebildet (projiziert).

Während die Kamera bei der Streifenprojektion auf das Bild einer Projektion auf der Objektoberfläche fokussiert, beobachtet sie bei der Deflektometrie direkt den Mustergenerator. Dies hat einen wesentlichen Unterschied der beiden Ver-

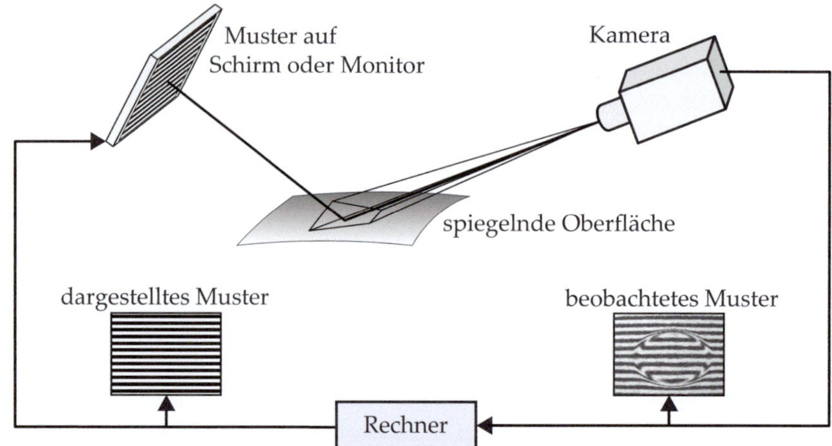

Abbildung 7.46. Anordnung von Mustergenerator und Kamera bei der Deflektometrie.

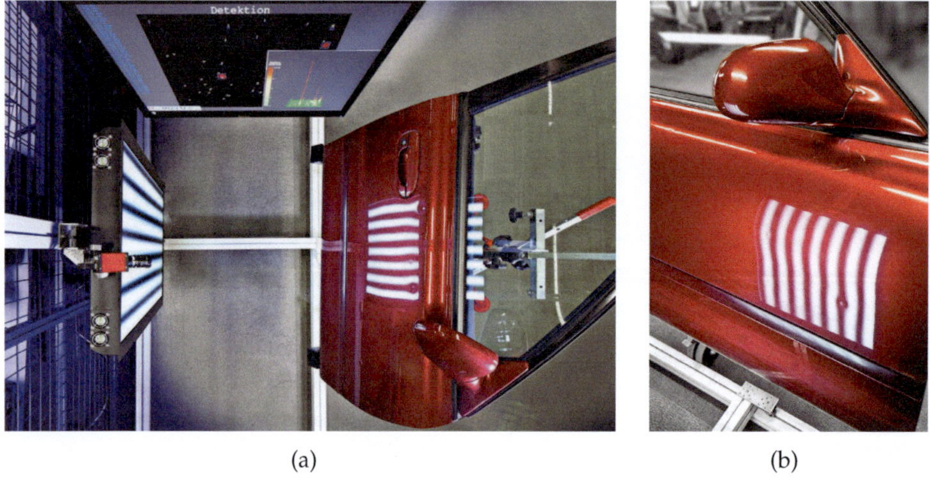

(a) (b)

Abbildung 7.47. Deflektometrischer Messaufbau zur Inspektion einer lackierten Fahrzeugtür: (a) Anordnung von Schirm, Prüfobjekt und Kamera; (b) bei der Beobachtung des reflektierten Streifenmusters ist ein Defekt deutlich erkennbar.

fahren in Bezug auf die Empfindlichkeit gegenüber der Oberflächenneigung zur Folge: Die Streifenprojektion ist lokal unempfindlich bezüglich der Oberflächensteigung, da sie auf gestreutem Licht beruht. Hingegen ist die Deflektometrie sehr empfindlich bezüglich lokaler Änderungen der Oberflächensteigung, weil sich mit der Oberflächennormalen sofort auch der Strahlengang der Spiegelung ändert (Abb. 7.48). Daher eignet sich die Deflektometrie besonders zur Detektion von Oberflächendefekten, die sich in der Oberflächenneigung, d. h. im Oberflächengradienten bemerkbar machen.

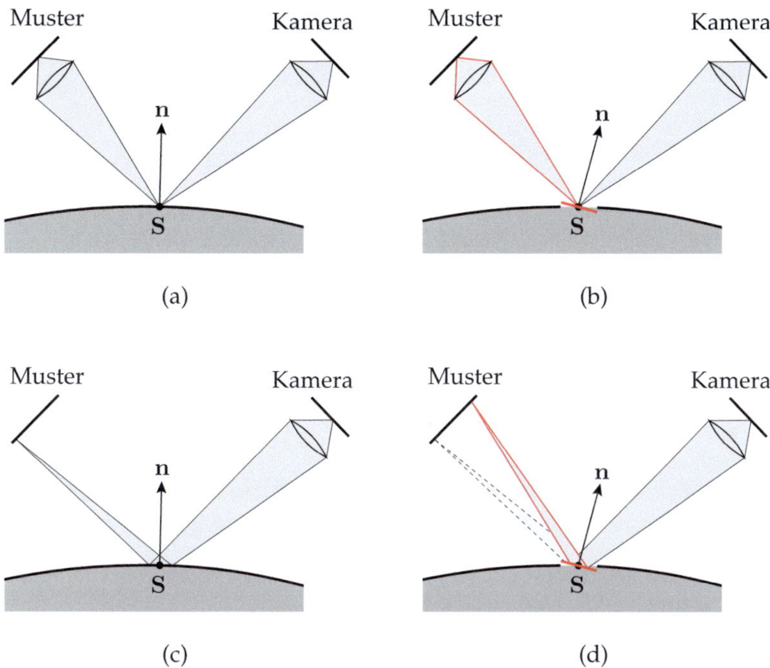

Abbildung 7.48. Strahlengang von Streifenprojektion und Deflektometrie im Vergleich [21]: (a), (b) Abbildung des Musters auf die Oberfläche, Fokussierung der Kamera auf die Oberfläche, lokale Unempfindlichkeit der Streifenprojektion bezüglich der Oberflächensteigung; (c), (d) Fokussierung der Kamera auf den Mustergenerator, lokale Empfindlichkeit der Deflektometrie bezüglich der Oberflächensteigung (-gradient).

Zur Defektdetektion genügt häufig bereits eine einzige Aufnahme mit einem geeigneten Muster. Abbildung 7.49 veranschaulicht dies am Beispiel einer Kunststofflinse für den Infrarotbereich, die für das bei der Bildaufnahme verwendete Licht opak ist. Der Oberflächendefekt ist durch die lokale Unregelmäßigkeit des beobachteten Streifenmusters deutlich zu erkennen, während bei diffuser Beleuchtung Staubpartikel auf der Linse auffälliger sind als der Defekt. Eine mögliche Wahl des Musters ist ein speziell an ein Referenzobjekt angepasstes inverses Muster, siehe Abschn. 7.6.2.

Zur Prüfung transparenter Objekte kann Deflektometrie auch im Durchlicht betrieben werden: Die Brechung an der Oberfläche des transparenten Objekts bewirkt eine Verzerrung des Musters in Abhängigkeit der Objektgeometrie [15]. Abbildung 7.50 zeigt ein Beispiel.

Für eine weitergehende Inspektion und eine Rekonstruktion der Oberflächengeometrie ist eine Zuordnung zwischen den Bildpunkten der Kamera und des

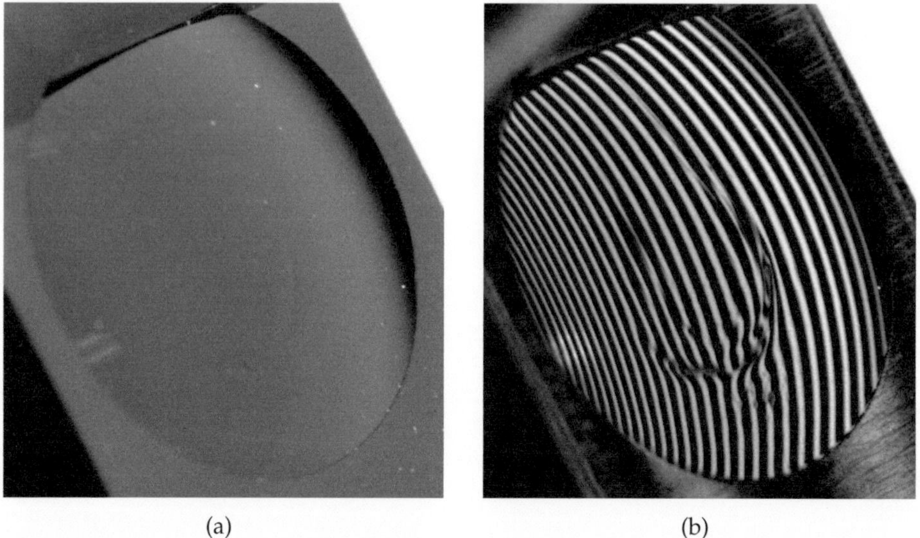

(a) (b)

Abbildung 7.49. Inspektion einer Kunststofflinse mit einem Durchmesser von ca. 1 cm: (a) Aufnahme unter diffuser Beleuchtung; (b) deflektometrische Aufnahme.

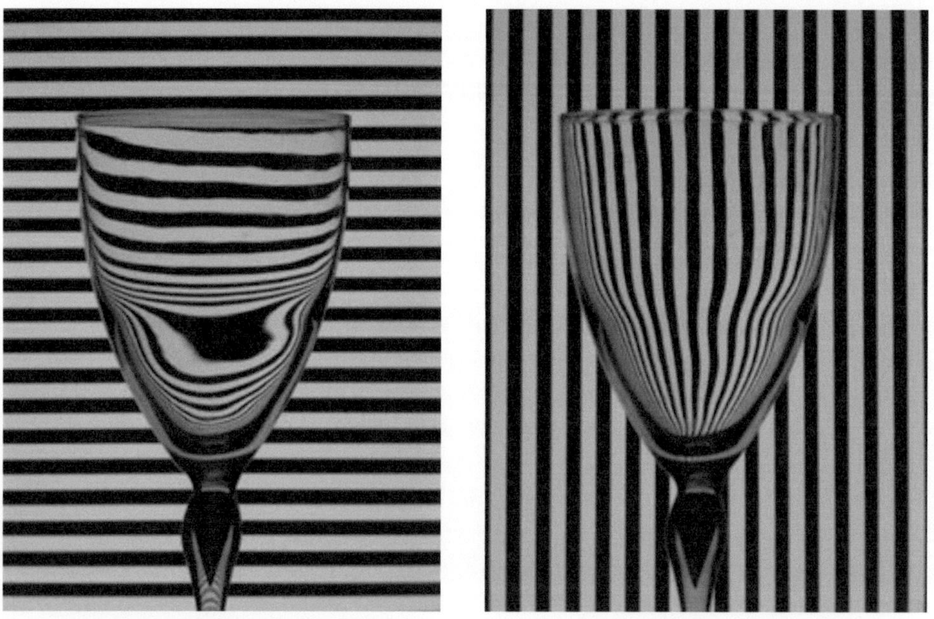

(a) horizontales Streifenmuster (b) vertikales Streifenmuster

Abbildung 7.50. Deflektometrische Aufnahmen eines transparenten Objekts im Durchlicht.

Mustergenerators erforderlich. Um diese Zuordnung zu erhalten, können die in Abschn. 7.3.4.1 beschriebenen Mustersequenzen eingesetzt werden (Abb. 7.51). Beim Gray-Code-Verfahren muss die Kamera auf den Mustergenerator fokussieren, um eine zuverlässige Decodierung zu ermöglichen. Darunter leidet jedoch die laterale Auflösung auf der Objektoberfläche (Abb. 7.52): Der beobachtete Intensitätswert mittelt über ein Gebiet auf der Prüfobjektoberfläche. Phasenschiebeverfahren sind robust gegenüber einer Abbildungsunschärfe und erlauben daher eine Fokussierung auf die Objektoberfläche [213]. Örtlich begrenzte Defekte können somit besser erkannt werden. Nun mittelt der beobachtete Intensitätswert über ein Gebiet auf dem Mustergenerator, weshalb die Auflösung des

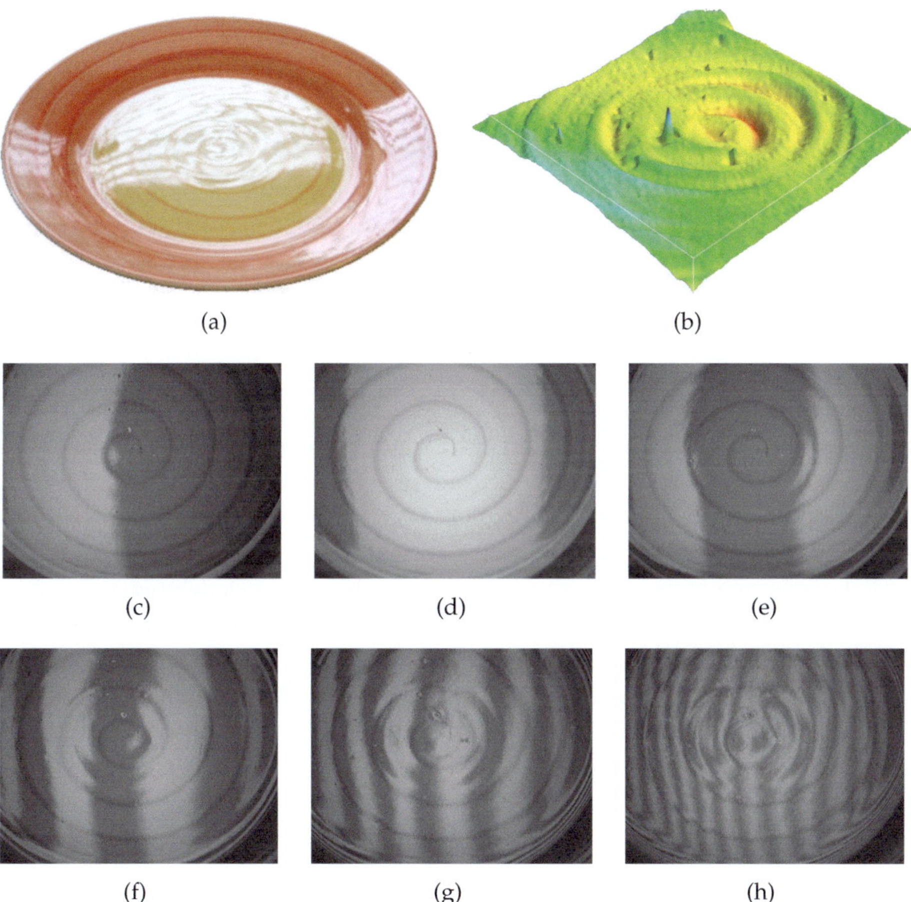

Abbildung 7.51. Deflektometrische Inspektion eines glasierten Tellers: (a) Aufnahme des Prüfobjekts; (b) deflektometrische Rekonstruktion der lokalen Oberflächenkrümmung; (c) – (h) beobachtete Reflexion einiger Streifenmuster aus der horizontalen Gray-Code-Sequenz.

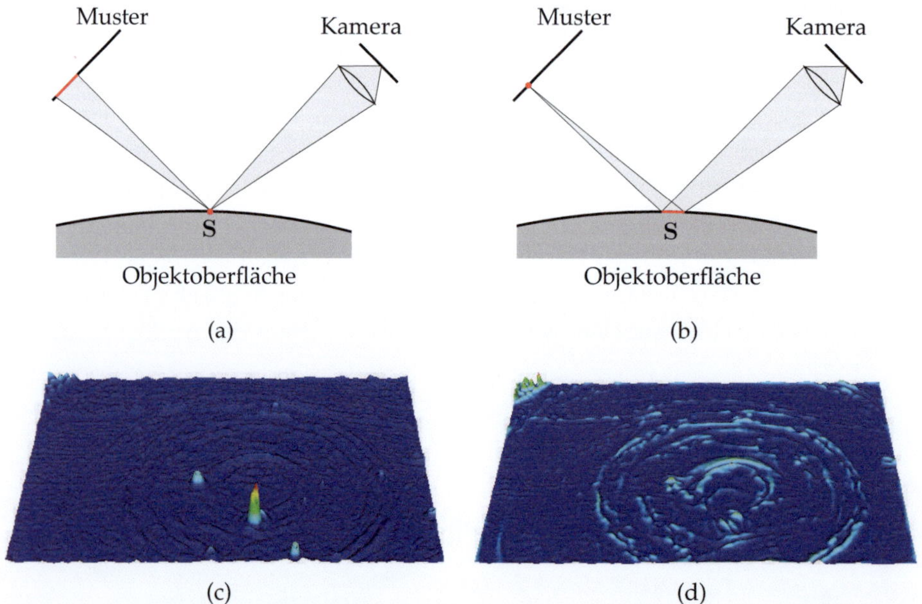

(c) (d)

Abbildung 7.52. Fokussierung der Kamera für die Deflektometrie: (a) Fokussierung auf die Oberfläche des Prüfobjekts; (b) Fokussierung auf den Mustergenerator; (c) Rekonstruktion des Tellers aus Abb. 7.51(a) bei Fokussierung auf die Oberfläche; (d) Rekonstruktion des Tellers bei Fokussierung auf den Mustergenerator.

Neigungswinkels bei einer Fokussierung auf den Mustergenerator höher ist. Die Neigungsempfindlichkeit verbessert sich außerdem mit steigendem Abstand zwischen Mustergenerator und Oberfläche. Andererseits verkleinert sich durch die Vergrößerung des Abstands das erfassbare Messfeld, und der Bereich messbarer Neigungen reduziert sich ebenfalls.

Im Folgenden wird eine mathematische Beschreibung des Deflektometrieproblems hergeleitet. Die verwendete Notation wird anhand von Abb. 7.53 eingeführt. Sei $\mathbf{O}$ der Ursprung des Kamerakoordinatensystems, $\mathbf{S}$ der betrachtete Oberflächenpunkt und $\mathbf{L}$ der Schirmpunkt, der sich in $\mathbf{S}$ spiegelt. Die jeweiligen Ortsvektoren zu $\mathbf{S}$ und $\mathbf{L}$ in Bezug auf $\mathbf{O}$ werden mit $\sigma\mathbf{s}$ und $\mathbf{l}$ bezeichnet. Der Einheitsvektor $\mathbf{s}$ in Sichtrichtung ist über die Kamerakalibrierung bekannt. Ebenso kann $\mathbf{l}$ mit Hilfe einer Kalibrierung und der mittels Decodierung erhaltenen Zuordnung zwischen Kamera- und Schirmpunkt bestimmt werden. Unbekannt sind der Abstand σ des Punktes $\mathbf{S}$ vom Ursprung $\mathbf{O}$, der Reflexionsvektor $\rho\,\mathbf{r}$ sowie die Oberflächennormale $\mathbf{n}$ im Punkt $\mathbf{S}$. Der Vektor $\rho\,\mathbf{r}$ mit dem Einheitsvektor $\mathbf{r}$ und der Länge ρ beschreibt den reflektierten Sichtstrahl zwischen $\mathbf{L}$ und $\mathbf{S}$.

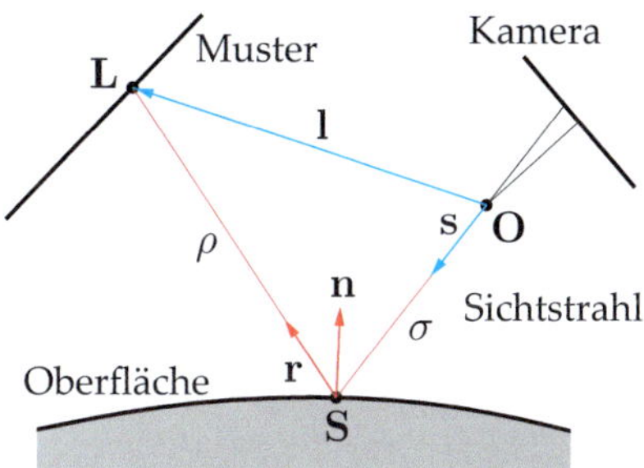

Abbildung 7.53. Notation beim deflektometrischen Messprinzip [13,21].

Das vektorielle Reflexionsgesetz (2.203) lautet mit diesen Bezeichnungen:

$$\mathbf{r} = \mathbf{s} - 2\mathbf{n}\,\mathbf{n}^{\mathrm{T}}\mathbf{s}\,, \qquad \|\mathbf{n}\| = 1\,, \quad \|\mathbf{r}\| = 1\,, \quad \|\mathbf{s}\| = 1\,. \tag{7.59}$$

Ferner gilt in Abb. 7.53:

$$\mathbf{l} = \sigma\,\mathbf{s} + \rho\,\mathbf{r}\,. \tag{7.60}$$

Damit ergibt sich:

$$\mathbf{l} - \rho\,(\mathbf{s} - 2\mathbf{n}\,\mathbf{n}^{\mathrm{T}}\mathbf{s}) - \sigma\mathbf{s} = \mathbf{0}\,. \tag{7.61}$$

Dieses Gleichungssystem ist unterbestimmt. Bei punktweiser Betrachtung ist das deflektometrische Rekonstruktionsproblem also nicht eindeutig lösbar.

Betrachtet man alle Sichtstrahlen, dann ergibt sich folgendes Gleichungssystem:

$$\begin{aligned} &\mathbf{l}_{ij} - \rho_{ij}(\mathbf{s}_{ij} - 2\mathbf{n}_{ij}\,\mathbf{n}_{ij}^{\mathrm{T}}\,\mathbf{s}_{ij}) - \sigma_{ij}\,\mathbf{s}_{ij} = \mathbf{0}\,, \\ &\qquad i \in \{0,\ldots,I-1\}\,, \quad j \in \{0,\ldots,J-1\}\,. \end{aligned} \tag{7.62}$$

Dabei nummerieren i und j die Kamerapixel bzw. die von ihnen ausgehenden Sichtstrahlen $\mathbf{s}_{ij}$. Auch dieses Gleichungssystem ist unterbestimmt.

Eine alternative Betrachtungsweise des Deflektometrieproblems wird mit dem Konzept des Normalenfelds ermöglicht. Aus der deflektometrischen Messung, die per Decodierung zu jedem Sichtstrahl $\mathbf{s}_{ij}$ den zugehörigen Vektor $\mathbf{l}_{ij}$ bestimmt, kann man für jeden Punkt im dreidimensionalen Messbereich diejenige Normale berechnen, die eine spiegelnde Oberfläche haben müsste, falls sie durch diesen Punkt verliefe (Abb. 7.54). Für jeden Punkt im Sichtfeld erhält man einen Normalenvektor, der zusammen mit den Sichtstrahlen zum entsprechenden Paar $(\mathbf{s}_{ij}, \mathbf{l}_{ij})$ aus der deflektometrischen Messung das Reflexionsgesetz erfüllt.

Die Berechnung der Normalen basiert auf einer alternativen Formulierung des Reflexionsgesetzes [13]. Der betrachtete Punkt im Raum wird eindeutig charakte-

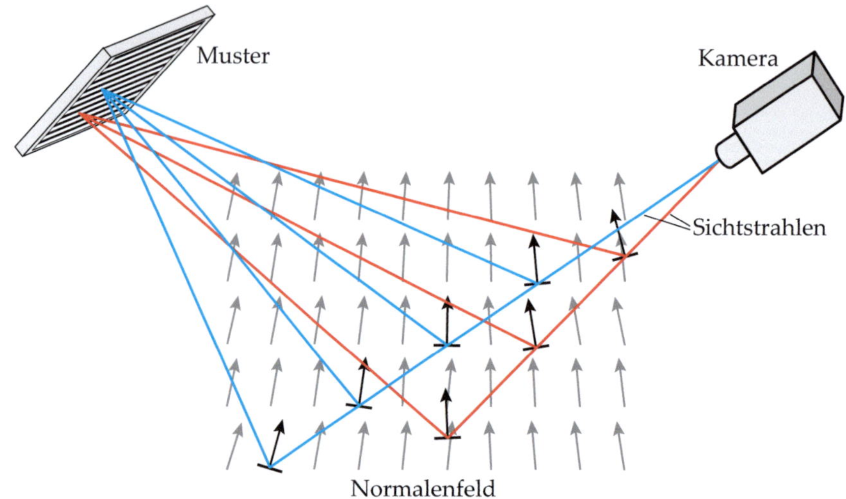

Abbildung 7.54. Normalenfeld zu einer deflektometrischen Messung.

risiert durch seinen Sichtvektor $\sigma\mathbf{s}$. Die Tangentialebene einer spiegelnden Oberfläche an diesem Punkt wird von zwei orthogonalen Vektoren $\mathbf{a}(\sigma\mathbf{s})$ und $\mathbf{b}(\sigma\mathbf{s})$ aufgespannt. Der Vektor $\mathbf{a}(\sigma\mathbf{s})$ liegt in der Reflexionsebene, in der die Sichtstrahlen $\mathbf{s}$ und $\mathbf{r}$ verlaufen (Abb. 7.55). Er wird definiert als:

$$\mathbf{a}(\sigma\mathbf{s}) := \mathbf{s} + \mathbf{r}(\sigma\mathbf{s}) = \mathbf{s} + \frac{\mathbf{l}(\sigma\mathbf{s}) - \sigma\mathbf{s}}{\|\mathbf{l}(\sigma\mathbf{s}) - \sigma\mathbf{s}\|}\,. \tag{7.63}$$

Die obige Umformung erfolgt unter Verwendung von (7.60). Dieser Vektor steht senkrecht zur zugehörigen Oberflächennormalen:

$$\mathbf{a}(\sigma\mathbf{s})^{\mathrm{T}}\mathbf{n}(\sigma\mathbf{s}) = (\mathbf{s} + \mathbf{r}(\sigma\mathbf{s}))^{\mathrm{T}}\,\frac{1}{\|\mathbf{n}(\sigma\mathbf{s})\|}(\mathbf{r}(\sigma\mathbf{s}) - \mathbf{s}) \tag{7.64}$$

$$= \frac{1}{\|\mathbf{n}(\sigma\mathbf{s})\|}(\mathbf{s} + \mathbf{r}(\sigma\mathbf{s}))^{\mathrm{T}}(\mathbf{r}(\sigma\mathbf{s}) - \mathbf{s}) \tag{7.65}$$

$$= \frac{1}{\|\mathbf{n}(\sigma\mathbf{s})\|}(\mathbf{s}^{\mathrm{T}}\mathbf{r}(\sigma\mathbf{s}) - 1 + 1 - (\mathbf{r}(\sigma\mathbf{s}))^{\mathrm{T}}\mathbf{s}) = 0\,. \tag{7.66}$$

Der zweite Basisvektor wird so gewählt, dass er senkrecht auf der Reflexionsebene steht:

$$\mathbf{b}(\sigma\mathbf{s}) := \mathbf{l}(\sigma\mathbf{s}) \times \sigma\mathbf{s}\,. \tag{7.67}$$

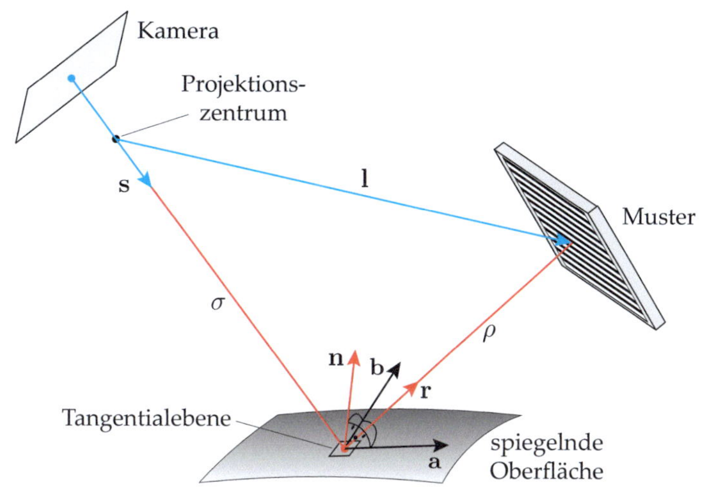

Abbildung 7.55. Die Vektoren $\mathbf{a}$ und $\mathbf{b}$ spannen die Tangentialebene der Oberfläche auf.

Somit ist dieser Vektor orthogonal sowohl zu $\mathbf{a}(\sigma\mathbf{s})$ als auch zu $\mathbf{n}(\sigma\mathbf{s})$:

$$(\mathbf{a}(\sigma\mathbf{s}))^{\mathrm{T}}\mathbf{b}(\sigma\mathbf{s}) = 0\,, \tag{7.68}$$

$$(\mathbf{b}(\sigma\mathbf{s}))^{\mathrm{T}}\mathbf{n}(\sigma\mathbf{s}) = 0\,. \tag{7.69}$$

Daraus folgt, dass $\mathbf{a}(\sigma\mathbf{s})$ und $\mathbf{b}(\sigma\mathbf{s})$ in der Tat die gesuchte Tangentialebene aufspannen. Der zugehörige Normalenvektor kann nun als derjenige Einheitsvektor berechnet werden, der auf den beiden Basisvektoren senkrecht steht:

$$\mathbf{n}(\sigma\mathbf{s}) = \frac{\mathbf{a}(\sigma\mathbf{s}) \times \mathbf{b}(\sigma\mathbf{s})}{\|\mathbf{a}(\sigma\mathbf{s}) \times \mathbf{b}(\sigma\mathbf{s})\|}\,. \tag{7.70}$$

Diese Gleichung beschreibt zusammen mit (7.63) und (7.67) das Normalenfeld der deflektometrischen Messung. Für jeden Sichtstrahl $\mathbf{s}$ und jede angenommene Entfernung σ zur spiegelnden Oberfläche, d. h. für jeden Ortsvektor $\sigma\mathbf{s}$, kann sie unter Verwendung der mittels codierter Beleuchtungsserien gewonnenen Zuordnung $\mathbf{l}(\sigma\mathbf{s})$ ausgewertet werden. Zu jeder Länge σ des Beobachtungsvektors $\sigma\mathbf{s}$ lässt sich also eine passende Oberflächennormale finden. Somit sieht man auch in der Normalenfeldformulierung, dass die deflektometrische Rekonstruktion nicht eindeutig lösbar ist (Abb. 7.56). Nimmt man eine stetige und differenzierbare Oberfläche an, so ist die Lösungsmenge dieses Gleichungssystems eine eindimensionale Mannigfaltigkeit [13]. Zu jedem Sichtstrahl $\mathbf{s}$ gibt es eindimensional unendlich viele Paare von Distanz σ und Oberflächennormalenvektor $\mathbf{n}$, die den Sichtstrahl auf den gleichen Musterpunkt leiten und mithin die gleiche Kamerabe-

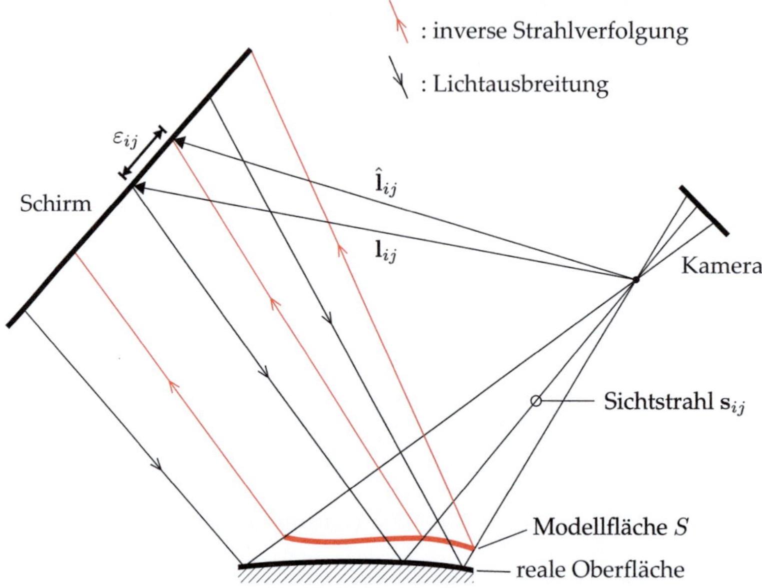

Abbildung 7.56. Anpassung eines Oberflächenmodells an das gemessene Normalenfeld bei der Rekonstruktion spiegelnder Oberflächen.

obachtung liefern. Um eine eindeutige Lösung für die rekonstruierte Oberfläche zu erhalten, benötigt man Zusatzwissen.

Eine formale Spezifikation des Rekonstruktionsproblems lautet wie folgt: Gesucht ist eine Fläche S, deren Normalen $\mathbf{n}_S$ möglichst gut mit dem Normalenfeld $\mathbf{n}$ aus der deflektometrischen Messung übereinstimmen:

$$J(S) = \int_S \|\mathbf{n}_S - \mathbf{n}\|^2 \mathrm{d}s\,, \tag{7.71}$$

$$S_{\text{opt}} = \arg\min_S J(S)\,. \tag{7.72}$$

Wie bereits erläutert, ist dieses Problem schlecht gestellt (vgl. Anhang A.2), da keine eindeutige Lösung existiert. Die Mannigfaltigkeit der möglichen Lösungen ist eindimensional. Daher genügt die Bestimmung eines einzigen Parameters, um das inverse Problem zu regularisieren und somit die spiegelnde Oberfläche rekonstruieren zu können. Dieser Parameter muss im Allgemeinen durch eine zusätzliche Messung bestimmt werden [14, 213]. Dabei kann es sich um zusätzliche deflektometrische Aufnahmen mit variierter Kamera- oder Schirmposition handeln (Stereo-Deflektometrie). Für teilspiegelnde Oberflächen können auch andere Verfahren zur 3D-Erfassung die erforderliche Zusatzinformation liefern, etwa die Lasertriangulation eines einzelnen Oberflächenpunktes oder Shading-Verfahren (siehe Abschn. 7.3.1 und 7.3.11).

Die Oberfläche kann mit Hilfe dieser Zusatzinformation durch Integration des Normalenfelds rekonstruiert werden. Einen möglichen Ansatz stellt eine reguläre Fläche $(x, y, f(x, y))$ mit dem Relief $z = f(x, y)$ dar, sodass die Normale als

$$\mathbf{n} = \left(-\frac{\partial f}{\partial x}, -\frac{\partial f}{\partial y}, 1\right)^{\mathrm{T}} \tag{7.73}$$

geschrieben werden kann [14]. Aus den Orthogonalitätsrelationen (7.66), (7.69) für die Basisvektoren $\mathbf{a}(\mathbf{x}) = (a_x, a_y, a_z)^{\mathrm{T}}$, $\mathbf{b}(\mathbf{x}) = (b_x, b_y, b_z)^{\mathrm{T}}$ der Tangentialebene erhält man das folgende quasilineare partielle Differentialgleichungssystem:

$$a_x(x, y, f)\,\frac{\partial f}{\partial x} + a_y(x, y, f)\,\frac{\partial f}{\partial y} = a_z(x, y, f)\,, \tag{7.74}$$

$$b_x(x, y, f)\,\frac{\partial f}{\partial x} + b_y(x, y, f)\,\frac{\partial f}{\partial y} = b_z(x, y, f)\,. \tag{7.75}$$

Dieses System kann mit der Methode der Charakteristikenexpansion gelöst werden [13]. Als Anfangsbedingung dient die Kenntnis eines 3D-Punkts der Oberfläche aus einem Regularisierungsverfahren. Ergebnis der Integration ist eine Fläche $S = \{(x, y, f(x, y))^{\mathrm{T}}\}$, die zu dem gemessenen Normalenfeld passt.

Mit einer deflektometrischen Messung kann im Allgemeinen nur ein relativ kleiner Ausschnitt der spiegelnden Oberfläche erfasst werden, da je nach Krümmung der Oberfläche nur in einem kleinen Bereich des Kamerabildes die Reflexion des Musters zu sehen ist. Dieser Ausschnitt ist natürlich um so größer, je größer der Schirm ist. In manchen Anwendungen bringt ein sphärisch geformter Schirm Vorteile [108]. Zur automatischen Sichtprüfung größerer Objekte müssen jedoch i. d. R. mehrere deflektometrische Messungen kombiniert werden. Eine mögliche Realisierung ist die Integration von Mustergenerator und Kamera zu einem Sensorkopf, der von einem Industrieroboter beliebig positioniert und ausgerichtet werden kann [167,213] (siehe auch Abschn. 7.6.3.2).

7.3.5.1 Offene Forschungsfragen der Deflektometrie

Neuere Forschungen [123] zeigen mittels differenzialgeometrischer Methoden, dass fast alle Flächen auf Basis der deflektometrischen Messung (7.62) eindeutig rekonstruiert werden können, ohne dass zusätzlich regularisierende Maßnahmen und Daten benötigt werden. Allerdings erhöhen regularisierende Zusatzinformationen und Daten die Genauigkeit der Rekonstruktion erheblich [154].

Die derzeitige Forschung konzentriert sich insbesondere auf die Frage, für welche Teilmenge aller Flächen das Rekonstruktionsproblem vieldeutig bleibt und für welche es eindeutig wird. Dabei würde es offenbar schon reichen, wenn eine Fläche lokal eindeutig aus Daten der deflektometrischen Messung rekonstruiert werden könnte. Von dieser lokalen Rekonstruktion aus ließe sich das Normalenfeld dann integrieren, sodass die Eindeutigkeit global auf die ganze Fläche ausgebreitet werden könnte [35, 120, 154].

7.3.5.2 Wahrnehmbarkeit von Defekten

Grenzwerte für die tolerierbaren Abweichungen eines Prüfobjekts von der Sollgeometrie lassen sich beispielsweise bei optischen Bauelementen aus technischen Anforderungen ableiten. In vielen Fällen sind aber nicht technische Kriterien ausschlaggebend, sondern die ästhetische Wahrnehmung der Abweichungen durch das menschliche Sehvermögen. Messbare Abweichungen, die weder funktional relevant noch für den Kunden wahrnehmbar sind, können toleriert werden. Daher werden Modelle benötigt, die solche Abweichungen quantifizieren, um die Qualität von Objekten wie z. B. Autokarosserien automatisch prüfen zu können.

Eine mögliche Modellierung basiert auf dem **spekularen Fluss**, über den sich ein Zusammenhang zwischen einer Formabweichung und der resultierenden Winkeländerung der zum Auge führenden Sichtstrahlen herleiten lässt [169, 219]. Die Wahrnehmbarkeit von Abweichungen wird u. a. durch die Rauheit und Welligkeit der Oberfläche sowie durch den Anteil des spiegelnd reflektierten Lichts beeinflusst. Auf stark spiegelnden Oberflächen sind Defekte leichter erkennbar als auf teilspiegelnden Oberflächen. Unter bestimmten Bedingungen sind bereits Höhenabweichungen von 1 µm wahrnehmbar [219].

7.3.5.3 Infrarotdeflektometrie

Ebenso wie viele andere Bildaufnahmeverfahren kann die Deflektometrie nicht nur im Wellenlängenbereich des sichtbaren Lichts, sondern darüber hinaus auch mit infrarotem oder ultraviolettem Licht durchgeführt werden [88, 110, 189]. Auf einen anderen Spektralbereich auszuweichen, ist vorteilhaft, wenn das Prüfobjekt für sichtbares Licht nicht spiegelnd, sondern diffus reflektierend oder transparent ist [35].

Insbesondere das langwellige Infrarot (LWIR) ist für die Deflektometrie von Interesse, weil der Anteil des spiegelnd reflektierten Lichts mit steigender Wellenlänge λ zunimmt (siehe Abb. 7.57). Das Rauheitskriterium nach Rayleigh besagt, dass für eine spiegelnde Reflexion die Bedingung

$$R < \frac{\lambda}{8\cos\theta} \tag{7.76}$$

erfüllt sein muss, wobei R die Oberflächenrauheit[2] und θ den Einfallswinkel bezeichnet [171, 185]. Viele technisch relevante Oberflächen, wie z. B. unlackierte

---

[2]Die Oberflächenrauheit R ist hier definiert als quadratischer Mittelwert (*root mean square, RMS*) der Differenzen zwischen dem Relief der Oberfläche und einem mittleren Relief.

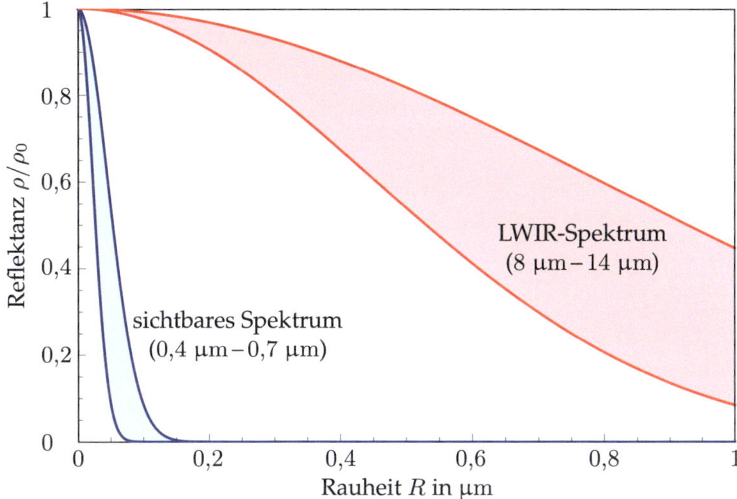

Abbildung 7.57. Reflektanz ρ einer rauen Oberfläche relativ zur Reflektanz ρ_0 einer perfekt glatten Oberfläche in Abhängigkeit von ihrer Rauheit R [20, 87].

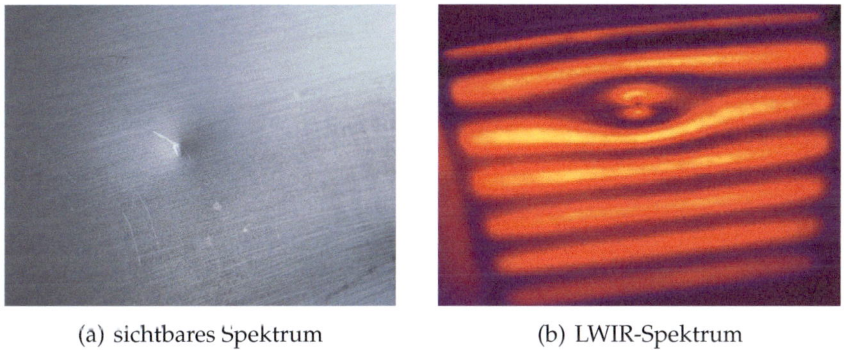

(a) sichtbares Spektrum (b) LWIR-Spektrum

Abbildung 7.58. Reflexion eines Streifenmusters an einer gebürsteten Aluminiumoberfläche [87]. Sichtbares Licht wird diffus reflektiert, sodass der Defekt in der Oberflächenform nur anhand der Schattierung zu sehen ist. Im LWIR-Bereich ist hingegen die Verzerrung des spiegelnd reflektierten thermischen Streifenmusters deutlich erkennbar, sodass hier eine deflektometrische Auswertung möglich ist.

Metallteile, reflektieren im sichtbaren Bereich diffus, im langwelligen Infrarot jedoch spiegelnd (siehe Abb. 7.58). Somit kann die Infrarotdeflektometrie angewendet werden, um die Vorteile des Messprinzips – wie die hohe Neigungsempfindlichkeit – auch für solche Oberflächen nutzen zu können.

Während für den LWIR-Bereich geeignete Kameras, wie etwa die Bolometer-Kameras aus Abschn. 6.8.1, kommerziell erhältlich sind, trifft dies auf entsprechende Mustergeneratoren nicht zu: Die verfügbaren Projektoren und Monitore sind nur im sichtbaren Spektrum einsetzbar. In der Forschung werden daher verschiedene Alternativen zur Erzeugung von Infrarot-Mustern untersucht:

- Mustergeneratoren aus heterogenen Materialien [93, 206] oder Heizdrähten [194] zur Erzeugung statischer Streifenmuster, die ggf. für mehrere sequenzielle Aufnahmen unterschiedlich positioniert werden [88]
- Erzeugung thermischer Muster durch gezielte Erwärmung einer Projektionsfläche mittels eines Laserstrahls, dessen Richtung durch bewegliche Spiegel gesteuert werden kann [87]
- Elektronische Schaltungen, die beispielsweise mittels selektiv schaltbarer Widerstände thermische Muster erzeugen [87, 171]

7.3.6 Moiré-Verfahren

7.3.6.1 Der Moiré-Effekt

Der Moiré-Effekt tritt bei der Überlagerung zweier regelmäßiger Strukturen auf. Es sind Muster zu beobachten, die eine deutlich niedrigere Ortsfrequenz aufweisen als die ursprünglichen Strukturen. Ein Beispiel für den Moiré-Effekt an zwei regelmäßigen Streifenstrukturen mit leicht unterschiedlichen Perioden ist in Abb. 7.59(a) zu sehen. Mikroskopische Unterschiede in den Rasterstrukturen können makroskopische Effekte verursachen. Im Alltag entstehen solche Effekte häufig durch die Überlagerung zweier identischer Gitter in unterschiedlichen Entfernungen. Die scheinbar unterschiedlichen Perioden kommen in diesem Fall aufgrund der entfernungsabhängigen Vergrößerung der optischen Abbildung zustande. Auch andere Rasterstrukturen können Moiré-Effekte hervorrufen; siehe Abb. 7.60. Neben der Variation der Streifenabstände und der Vergrößerungsänderung kann ein Moiré-Effekt auch dadurch ausgelöst werden, dass die beiden Raster relativ zueinander verdreht werden; siehe Abb. 7.59(b). In diesem Fall verlaufen die Moiré-Streifen parallel zur Winkelhalbierenden der Drehung [52, 178].

Zur Anwendung in der automatischen Sichtprüfung wird ein Raster auf der Oberfläche des Prüfobjekts zusammen mit einer Referenzstruktur beobachtet. Das resultierende Moiré-Bild erlaubt Rückschlüsse auf das Relief der Oberfläche und auf mögliche Defekte. Allgemein bezeichnet man Verfahren, bei denen Lichtstrukturen auf die Oberfläche abgebildet und dann mit einer Referenzstruktur zur multiplikativen Überlagerung gebracht werden, als Moiré-Verfahren. Moiré-Verfahren können auch zur Messung der mechanischen Spannung in belasteten Bauteilen eingesetzt werden (vgl. Abschn. 7.4.7).

In anderen Fällen tritt der Moiré-Effekt bei der Bildaufnahme unerwünscht auf. Die Gitterstruktur des Bildsensors (siehe Kap. 6) kann zusammen mit Gitterstrukturen in der Szene Moiré-Muster hervorrufen. Zu beobachten ist dies häu-

Abbildung 7.59. Moiré-Effekt durch die Überlagerung zweier Streifenstrukturen: (a) unterschiedliche Streifenabstände; (b) rotierte Streifenmuster.

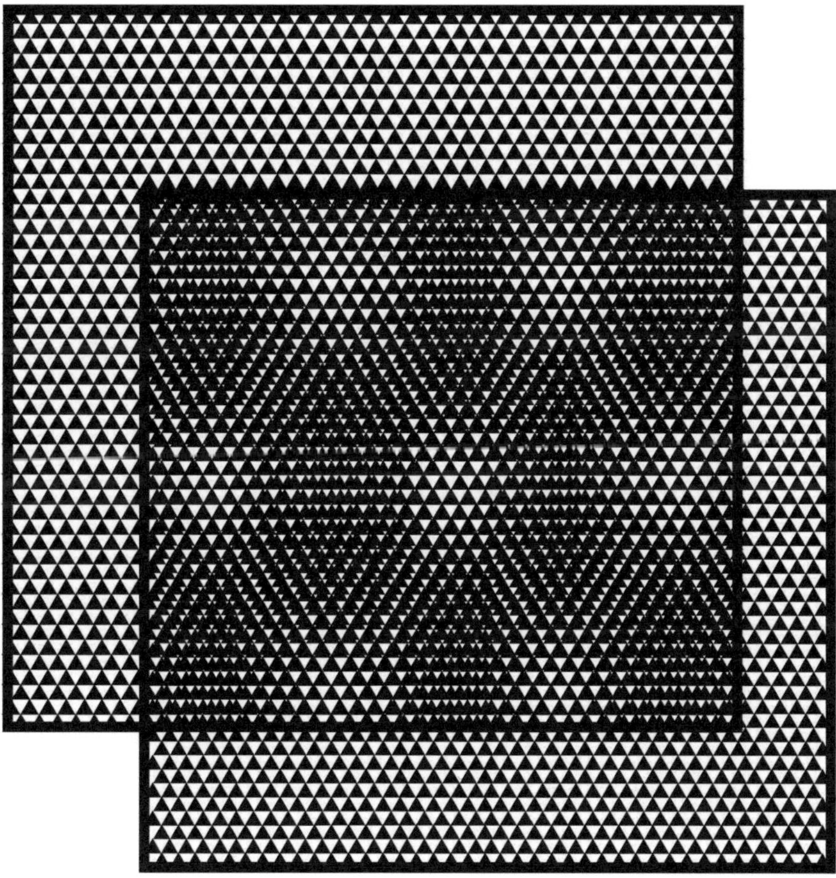

Abbildung 7.60. Moiré-Effekt durch die Überlagerung zweier Dreiecksmuster mit leicht unterschiedlichem Maßstab.

fig bei Photos oder Fernsehaufnahmen von gestreiften und karierten Kleidungsstücken.

7.3.6.2 Mathematisches Modell des Moiré-Effekts

Die Lichtdurchlässigkeit einer Struktur lässt sich durch eine Transparenzfunktion $p(\mathbf{x})$ in Abhängigkeit des Ortes $\mathbf{x}$ beschreiben, wobei $0 \leq p(\mathbf{x}) \leq 1$. In vollständig transparenten Bereichen der Struktur ist $p(\mathbf{x}) = 1$, in lichtundurchlässigen Bereichen ist $p(\mathbf{x}) = 0$. Die beobachtete Bestrahlungsstärke E_e ergibt sich durch Multiplikation des einfallenden Lichts E_i mit der Transparenzfunktion p:

$$E_\mathrm{e}(\mathbf{x}) = p(\mathbf{x})\, E_\mathrm{i}\,. \tag{7.77}$$

Die Beleuchtungsstärke E_i wird hier als konstant bezüglich des Ortes angenommen. Bei der Überlagerung zweier Gitter multiplizieren sich ihre Transparenzfunktionen $p_1(\mathbf{x})$ und $p_2(\mathbf{x})$ [91]:

$$E_\mathrm{e}(\mathbf{x}) = p_2(\mathbf{x})\, p_1(\mathbf{x})\, E_\mathrm{i}\,. \tag{7.78}$$

Periodische Streifenmuster lassen sich durch ihre Streifendichte f_k charakterisieren, die als Quotient aus der Streifenanzahl N_k und der Länge l_k des Musters in Richtung der periodischen Struktur definiert ist:

$$f_k = \frac{N_k}{l_k}\,, \qquad k = 1, 2\,. \tag{7.79}$$

Ein Moiré-Effekt wie in Abb. 7.59(a) entsteht für Muster mit unterschiedlichen Streifendichten, $f_1 \neq f_2$.

Moiré-Streifen maximaler Helligkeit entstehen dort, wo die transparenten Bereiche der beiden Gitter zusammenfallen: $p_1(\mathbf{x}) = 1 = p_2(\mathbf{x})$. Zwischen zwei hellen Moiré-Streifen hat eine der beiden Strukturen genau einen Streifen mehr [10,52]. Im Fall $f_1 > f_2$ bedeutet dies

$$N_1 = N_2 + 1\,. \tag{7.80}$$

Sei l_M der Abstand zweier benachbarter Moiré-Streifen maximaler Helligkeit. Zusammen mit Gleichung (7.79) erhält man:

$$l_\mathrm{M} f_1 = l_\mathrm{M} f_2 + 1\,. \tag{7.81}$$

Für die Streifendichte f_M des Moiré-Musters ergibt sich daher:

$$f_\mathrm{M} = \frac{1}{l_M} = f_1 - f_2\,. \tag{7.82}$$

Die Streifendichte des Moiré-Musters ist also die Differenz der beiden Streifendichten der realen Muster [75]. Dies gilt auch für den Fall, dass die Transparenz-

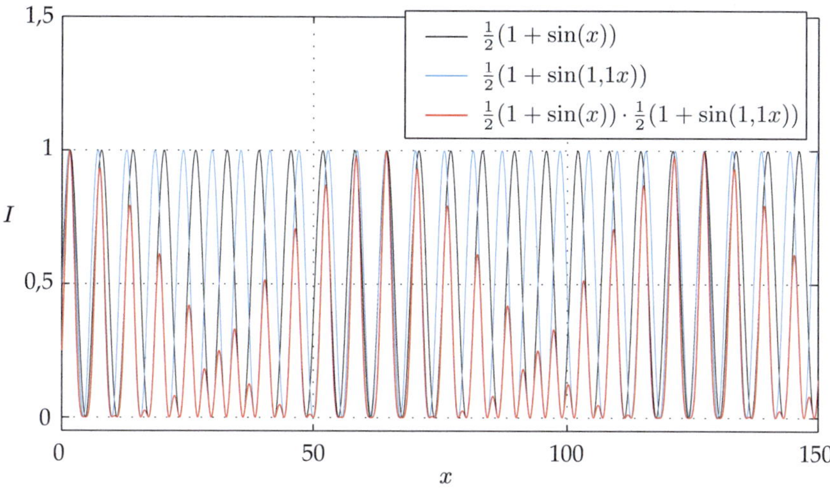

Abbildung 7.61. Moiré-Effekt durch die multiplikative Überlagerung zweier Sinuswellen. Die Grundfrequenz der Moiré-Schwingung entspricht nach (7.82) und (7.84) der Differenz der beiden ursprünglichen Frequenzen.

funktionen durch trigonometrische Schwingungen gegeben sind. Sei dazu ein Sinusmuster in x-Richtung gegeben: $p_k(\mathbf{x}) = \frac{1}{2}(1 + \sin(2\pi f_i x))\, 1(y)$, $k = 1, 2$. Dann erhält man nach (7.78):[3]

$$E_{\mathrm{e}}(\mathbf{x}) = \tfrac{1}{4}(1 + \sin(2\pi f_2 x) + \sin(2\pi f_1 x) + \sin(2\pi f_2 x)\sin(2\pi f_1 x))\, 1(y)\, E_{\mathrm{i}} \quad (7.83)$$

$$= \tfrac{1}{4}(1 + \sin(2\pi f_2 x) + \sin(2\pi f_1 x) + \tfrac{1}{2}(\cos(2\pi(f_1 - f_2)x) - \cos(2\pi(f_1 + f_2)x)))\, 1(y)\, E_{\mathrm{i}}\,. \quad (7.84)$$

Die Umformung erfolgt mit Hilfe der trigonometrischen Additionstheoreme [33, Kap. 2.7.2]. Das Moiré-Muster wird durch die Summe mehrerer trigonometrischer Wellenfunktionen beschrieben. Die Frequenz des niederfrequenten Anteils ist durch die Differenz der beiden Ausgangsfrequenzen gegeben: $f_{\mathrm{M}} = f_1 - f_2$. Dieser Schwingung sind höherfrequente Anteile additiv überlagert (Abb. 7.61).

7.3.6.3 Telezentrische Streifenprojektion

Als Beispiel für ein Moiré-Verfahren zur automatischen Sichtprüfung wird im Folgenden eine Analyse für den Spezialfall der parallelen Projektion einer peri-

[3] Es handelt sich um die multiplikative Überlagerung zweier Wellen mit geringfügig unterschiedlichen Frequenzen. Diese ist zu unterscheiden von der additiven Überlagerung solcher Wellen, die auf eine sogenannte Schwebung führt. Ebenso sind die Moiré-Muster auf eine multiplikative Überlagerung zurückzuführen, nicht auf eine additive Überlagerung wie die in Abschn. 2.2.5 beschriebenen Interferenzmuster.

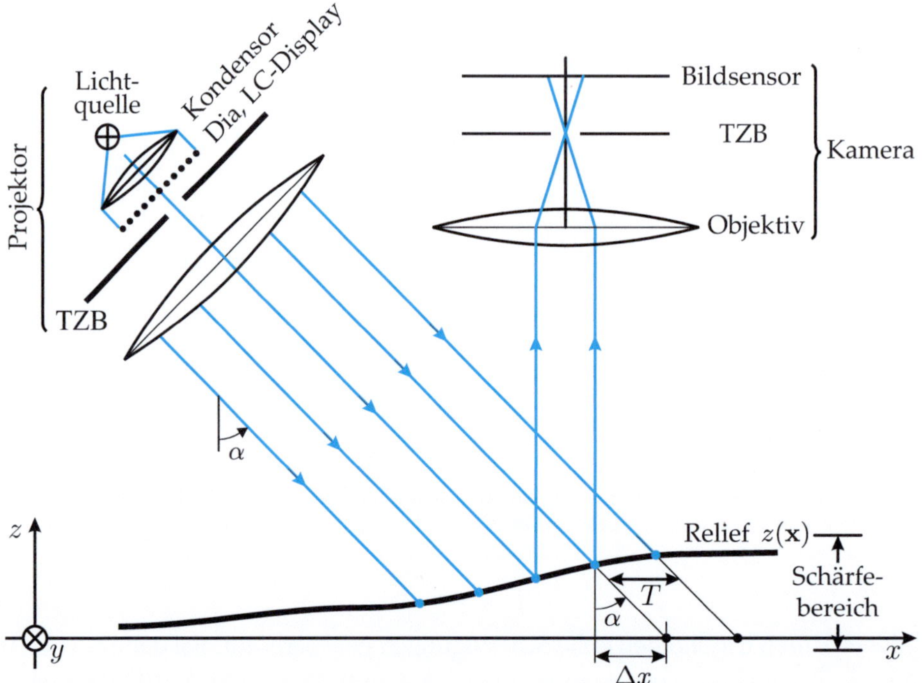

Abbildung 7.62. Parallele Projektion einer periodischen Linien- bzw. Streifenstruktur (TZB = Telezentrikblende).

odischen Struktur durchgeführt (Abb. 7.62). Das periodische Muster wird mit Hilfe einer telezentrischen Beleuchtung auf die zu untersuchende Oberfläche projiziert. Die Bildaufnahme erfolgt ebenfalls mit einer telezentrischen Optik, sodass die Verzerrung des Musters unabhängig von der Objektentfernung mit gleichbleibendem Abbildungsmaßstab beobachtet werden kann.

Sei α der Winkel zwischen dem Beleuchtungsstrahlengang und der z-Achse. Um Abschattungen auszuschließen, wird $\frac{\partial z(\mathbf{x})}{\partial x} > -\cot\alpha$ vorausgesetzt. Das Sollbeleuchtungsmuster hat in der Ebene $z = 0$ die Beleuchtungsdichte

$$b(\mathbf{x}) = E\, p(2\pi f_0 x)\, 1(y)\,, \tag{7.85}$$

wobei p periodisch ist mit Periode T:

$$\forall x: \quad p(2\pi f_0 x) = p(2\pi f_0 (x + T))\,. \tag{7.86}$$

Darin ist $f_0 = \frac{1}{T}$ die örtliche Streifenwiederholrate in der Einheit $\frac{1}{\mathrm{m}}$. Die konstante Amplitude der Bestrahlungsstärke E hat die Einheit $\frac{\mathrm{W}}{\mathrm{m}^2}$. Durch das Relief $z(\mathbf{x})$

erscheint das Muster wie folgt verzerrt:

$$b_{\mathrm{zerr}}(x,y) = b(x+\Delta x, y) \tag{7.87}$$

$$= E\,p(2\pi f_0 x + 2\pi f_0 z(\mathbf{x})\tan\alpha)\,, \tag{7.88}$$

denn $\Delta x = z(\mathbf{x})\tan\alpha$. Sei nun speziell $p(2\pi f_0 x) := 1 + \cos(2\pi f_0 x + \varphi_0)$, d. h. es wird der Gleichanteil und die erste Harmonische des Streifenmusters betrachtet. Dann erhält man

$$b_{\mathrm{zerr}}(\mathbf{x}) = E\left(1 + \cos(\underbrace{2\pi f_0 x + 2\pi f_0 z(\mathbf{x})\tan\alpha + \varphi_0}_{=:\,\varphi(\mathbf{x})})\right). \tag{7.89}$$

Also moduliert das Relief $z(\mathbf{x})$ die Phase $\varphi(\mathbf{x})$ des verzerrten Musters linear.

Einschub 7.1 (Ortsfrequenz): Eine zeitliche harmonische Schwingung wird beschrieben durch eine Gleichung der Form

$$h(t) = \cos(2\pi f t + \varphi_0)\,. \tag{7.90}$$

Dabei ist φ_0 eine Konstante, f die Frequenz der Schwingung und $T = 1/f$ ihre Periodendauer. Die Einheit der Frequenz ist s^{-1}.

Ist f selbst eine im Vergleich zur Periodendauer $1/f$ langsam veränderliche Funktion der Zeit, $f = f(t)$, so nennt man diese die **Momentanfrequenz** zum Zeitpunkt t. Man erhält sie durch partielle Ableitung des Phasenterms nach der Zeit:

$$f(t) = \frac{1}{2\pi}\,\frac{\partial(2\pi f(t)\,t + \varphi_0)}{\partial t} \tag{7.91}$$

Analog lässt sich eine örtliche harmonische Schwingung über dem Ort $\mathbf{x} = (x,y)^{\mathrm{T}}$ durch folgende Gleichung beschreiben:

$$h(\mathbf{x}) = \cos(2\pi\mathbf{f}^{\mathrm{T}}\mathbf{x} + \varphi_0) = \cos(2\pi(f_x x + f_y y) + \varphi_0)\,. \tag{7.92}$$

Dabei bezeichnet $\mathbf{f} = (f_x, f_y)^{\mathrm{T}}$ den Ortsfrequenzvektor. Die Einheit von f_x, f_y ist m^{-1}. Es gilt:

$$\|\mathbf{f}\| = \sqrt{f_x^2 + f_y^2}\,, \qquad T = \frac{1}{\|\mathbf{f}\|}\,, \qquad \gamma = \arctan\frac{f_y}{f_x}\,, \tag{7.93}$$

$$T_x = \frac{T}{\cos\gamma}\,, \qquad T_y = \frac{T}{\sin\gamma}\,, \qquad T_x = \frac{1}{f_x}\,, \qquad T_y = \frac{1}{f_y}\,; \tag{7.94}$$

siehe Abb. 7.63. Im Spezialfall $\gamma = 0$ erhält man:

$$h(\mathbf{x}) = \cos\left(2\pi \begin{pmatrix} f_0 \\ 0 \end{pmatrix}^{\mathrm{T}} \begin{pmatrix} x \\ y \end{pmatrix}\right) = \cos(2\pi f_0 x)\, 1(y)\,, \tag{7.95}$$

d. h. die Schwingung ist konstant bezüglich y.

Analog zur Momentanfrequenz wird die **lokale Ortsfrequenz** durch

$$\mathbf{f}(\mathbf{x}) = \begin{pmatrix} f_x(\mathbf{x}) \\ f_y(\mathbf{x}) \end{pmatrix} := \frac{1}{2\pi} \operatorname{grad} \varphi(\mathbf{x}) = \frac{1}{2\pi} \begin{pmatrix} \frac{\partial \varphi(\mathbf{x})}{\partial x} \\ \frac{\partial \varphi(\mathbf{x})}{\partial y} \end{pmatrix} \tag{7.96}$$

definiert. ■

Für $b_{\text{zerr}}(\mathbf{x})$ aus (7.89) erhält man nach (7.96) die lokale Ortsfrequenz

$$\mathbf{f}(\mathbf{x}) = \begin{pmatrix} f_0 + f_0 \tan\alpha \frac{\partial z}{\partial x} \\ f_0 \tan\alpha \frac{\partial z}{\partial y} \end{pmatrix} = \begin{pmatrix} f_0 \\ 0 \end{pmatrix} + f_0 \tan\alpha \operatorname{grad} z(\mathbf{x})\,. \tag{7.97}$$

Die „lokale Streifendichte" ist also eine lineare Funktion des Reliefgradienten. Es wäre nun wünschenswert, die additive Trägerfrequenz $(f_0, 0)^{\mathrm{T}}$ zu unterdrücken. Dazu wendet man das Verfahren der „kohärenten Demodulation" an: Zunächst wird mit der Trägerschwingung $\cos(2\pi f_0 x)$ multipliziert, anschließend wird eine gleitende Mittelung vorgenommen:

$$\tilde{b}(\mathbf{x}) := \frac{1}{T} \int_x^{x+T} b_{\text{zerr}}(\xi, y) \cos(2\pi f_0 \xi)\, \mathrm{d}\xi \tag{7.98}$$

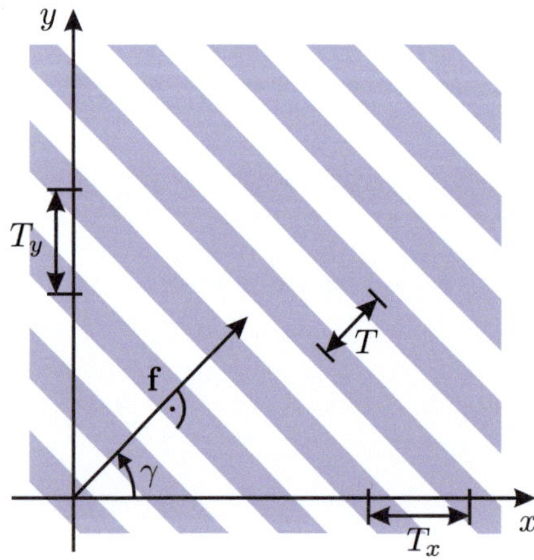

Abbildung 7.63.
Zur Definition der Ortsfrequenz.

$$= \underbrace{\frac{E}{T}\int_x^{x+T} \cos(2\pi f_0 \xi)\,\mathrm{d}\xi}_{=0} \tag{7.99}$$

$$+ \frac{E}{T}\int_x^{x+T} \cos(2\pi f_0 \xi + 2\pi f_0 \tan\alpha\, z(\xi,y) + \varphi_0)\cos(2\pi f_0 \xi)\,\mathrm{d}\xi$$

$$= \frac{E}{2T}\int_x^{x+T} \underbrace{\cos(2\pi f_0 \tan\alpha\, z(\xi,y) + \varphi_0)}_{\approx\ \text{const. für}\ \xi \in [x, x+T]}\,\mathrm{d}\xi$$

$$+ \underbrace{\frac{E}{2T}\int_x^{x+T} \cos(4\pi f_0 \xi + 2\pi f_0 \tan\alpha\, z(\xi,y) + \varphi_0)\,\mathrm{d}\xi}_{\approx 0}\,. \tag{7.100}$$

Bei der letzten Umformung geht die trigonometrische Gleichung

$$\cos v \cos w = \frac{1}{2}\left(\cos(v-w) + \cos(v+w)\right) \tag{7.101}$$

ein, die aus den Additionstheoremen folgt [33, Kap. 2.7.2]. Nimmt man nun an, dass $z(\mathbf{x})$ gegenüber $\cos(2\pi f_0 x)$ in x langsam veränderlich ist, dann verschwindet das zweite Integral näherungsweise und der erste Integrand ist für $\xi \in [x, x+T]$ annähernd konstant. Damit ergibt sich folgende Approximation:

$$\tilde{b}(\mathbf{x}) \approx \frac{E}{2}\cos(\underbrace{2\pi f_0 \tan\alpha\, z(\mathbf{x}) + \varphi_0}_{=:\ \psi(\mathbf{x})})\,. \tag{7.102}$$

Setzt man die Phase $\psi(\mathbf{x})$ des letzten Ausdrucks in die Definition der lokalen Ortsfrequenz ein, so ergibt sich

$$\mathbf{f}(\mathbf{x}) = \frac{1}{2\pi}\,\mathrm{grad}\,\psi(\mathbf{x}) = \underbrace{f_0 \tan\alpha}_{=\ \text{const.}}\ \mathrm{grad}\, z(\mathbf{x})\,. \tag{7.103}$$

Die „lokale Streifendichte" ist somit proportional zum Gradienten des Reliefs, die Streifen entsprechen also Höhenlinien. Allerdings ist die Gradienten*richtung* im Höhenlinienbild zweideutig. Dieses Problem löst man durch Auswertung mehrerer Aufnahmen unter Verschiebung des Prüfobjekts in z-Richtung.

Grundsätzlich gibt es für das vorliegende Beispiel zwei Verfahren zur kohärenten Demodulation, also zur Erzeugung einer Höhenlinienkarte aus dem Streifenprojektionsbild:

- Computerauswertung des Streifenbildes $b_{\mathrm{zerr}}(\mathbf{x})$,
- optische Interferenz mit einem Referenzstreifenmuster (Moiré-Effekt). Das Referenzstreifenmuster stellt die Trägerschwingung dar, mit der multipliziert wird. Die Unschärfe der optischen Abbildung und die begrenzte örtliche Sen-

sorauflösung verursachen einen Tiefpasseffekt, der die lokale örtliche Mittelung bewirkt. Die Demodulation erfolgt optisch und somit ohne Zeitverlust.

Die Kameraaufnahmen lassen sich unmittelbar visuell interpretieren, da die Streifen im Bild Höhenlinien des Objekts darstellen. Die meisten anderen Verfahren zur 3D-Erfassung verfügen nicht über eine vergleichbare Eigenschaft. Die kohärente Demodulation des Streifenbildes erlaubt Rückschlüsse aus der makroskopischen Streifenstruktur auf mikroskopische Formeigenschaften des Prüfobjekts.

7.3.6.4 Schattenmoiré

Beim **Schattenmoiré** wird ein Strichgitter unmittelbar über der Oberfläche des zu untersuchenden Gegenstands platziert. Die Anordnung wird von einer punktförmigen Lichtquelle im Einfallswinkel α zum Gitter beleuchtet (Abb. 7.64). Eine Kamera beobachtet das entstehende Moiré-Muster. Die Blickrichtung der Kamera wird möglichst senkrecht zur Oberfläche gewählt, um perspektivische Verzerrungen zu minimieren [116]. Auf paralleles Licht wird bei diesem Verfahren verzichtet, weil dies entsprechend große Linsen oder Spiegel erfordert. Stattdessen wird eine näherungsweise punktförmige Lichtquelle in möglichst großer Entfernung zur Oberfläche verwendet. Dadurch lässt sich der laterale Bereich der untersuchten Oberfläche vergrößern, in dem das einfallende Licht näherungsweise als parallel angesehen werden kann und somit eine Oberflächenerfassung mit akzeptabler Messunsicherheit möglich ist. Allerdings besitzt eine reale Lichtquelle stets eine endliche Ausdehnung, was einen verwaschenen Schattenwurf zur Folge hat: Es entstehen Halbschattenbereiche auf der Oberfläche, in denen die Lichtquelle nur zum Teil verdeckt ist (Abb. 7.65). Lediglich im Kernschatten ist die Lichtquel-

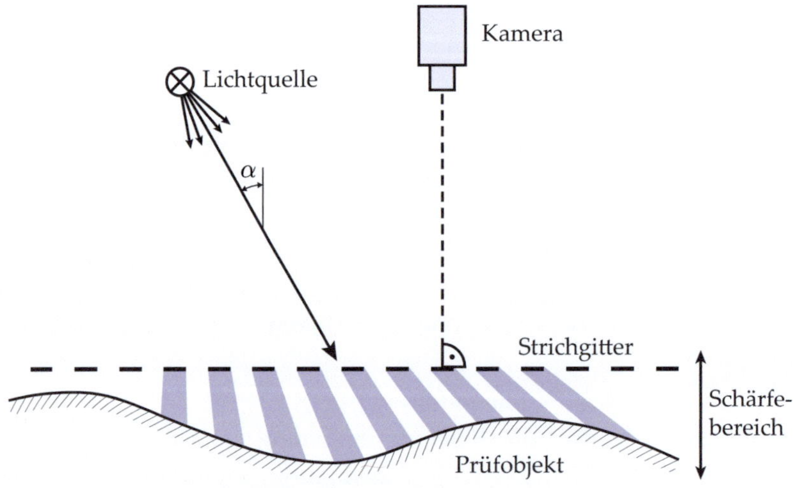

Abbildung 7.64. Schattenmoirésystem (nach [116]).

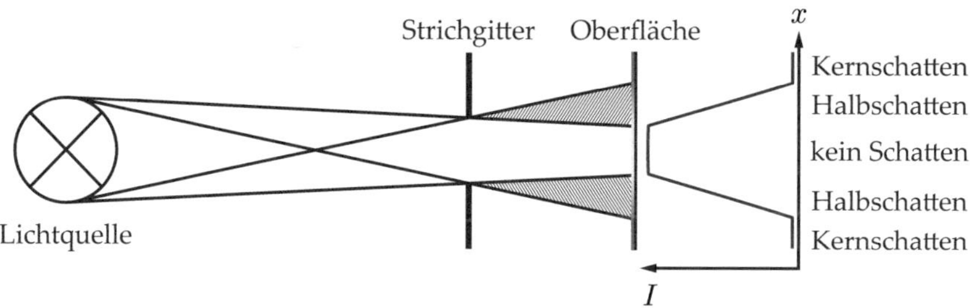

Abbildung 7.65. Verwaschener Schattenwurf bei einer realen Lichtquelle.

le vollständig durch das Gitter verdeckt. Zwischen dem schattenfreien Bereich, in dem die gesamte Lichtquelle sichtbar ist, und dem Kernschatten nimmt die eingestrahlte Lichtintensität I graduell ab [57,75].

Das Modell der multiplikativen Transparenzfunktionen aus (7.78) lässt sich nur näherungsweise realisieren: Das Gitter kann nicht beliebig nahe an die Oberfläche gebracht werden, wodurch Probleme mit dem Schattenwurf und dem begrenzten Schärfentiefebereich der Kamera verursacht werden. Außerdem entstehen perspektivische Verzerrungen bei der Projektion des Streifenmusters auf die Oberfläche und bei der entozentrischen Beobachtung. Deshalb sind die Moiré-Streifen keine echten, sondern nur „qualitative Höhenlinien".

7.3.6.5 Projektionsmoiré

Beim **Projektionsmoiré** wird eine Gitterstruktur auf die Oberfläche projiziert (vgl. Abschn. 3.5.1). Vor der Kamera wird ein Referenzgitter angebracht [91]. Dadurch können Prüfobjekte in größerer Entfernung untersucht werden. Der Strahlengang muss so eingerichtet werden, dass die Abbildungen zwischen den beiden Gittern und der Oberfläche scharf sind (Abb. 7.66). Das Referenzgitter kann auch direkt auf den Kamerachip aufgebracht werden [90], siehe Abb. 7.67.

Aufgrund der entozentrischen Projektion des Gitters kommt es bei der optischen Abbildung auf die Oberfläche zu perspektivischen Verzerrungen. Infolgedessen entsprechen die Moiré-Streifen nicht den Höhenlinien der Oberfläche, wenn man periodische Gitter verwendet. Korrigieren lässt sich dies durch spezielle nicht äquidistante Gitter oder durch eine Nachverarbeitung unter Verwendung einer Kalibrieraufnahme [116].

Das Oberflächenrelief lässt sich im Allgemeinen nicht eindeutig aus einem Höhenlinienbild rekonstruieren. Abhilfe kann die Projektion mehrerer phasenverschobener Gitterstrukturen schaffen [116,158] (vgl. auch Abschn. 7.3.4.1 und 7.3.16.1).

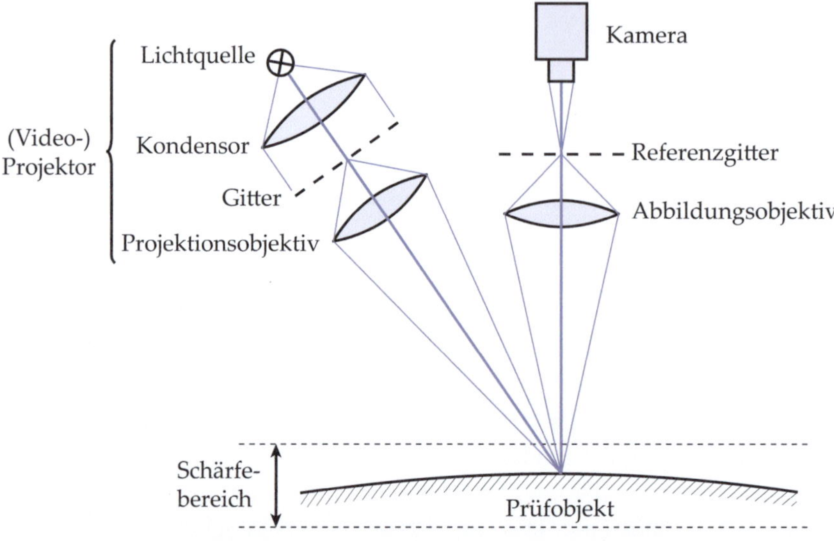

Abbildung 7.66. Projektionsmoirésystem (nach [116]).

Abbildung 7.67. Bildsensor mit Referenzgitter (nach [116]).

7.3.7 Schlussbetrachtung zur strukturierten Beleuchtung

Ob strukturierte oder homogene Beleuchtung eingesetzt werden sollte, hängt im Wesentlichen von den interessierenden Objekteigenschaften ab: Während strukturierte Beleuchtung zur Erfassung des Oberflächenreliefs sinnvoll ist, benutzt man homogene Beleuchtung für die Erfassung der optischen Eigenschaften wie Farbe, Textur oder Reflektivität.

7.3.8 Stereoaufnahmen

Wird derselbe Objektpunkt aus zwei verschiedenen Blickwinkeln beobachtet, so kann auf Grundlage des Stereoprinzips seine Gegenstandsweite, d. h. seine Entfernung zur Kamera, berechnet werden.

Dieser Zusammenhang wird im Folgenden für den einfachsten Fall zweier Kameras mit komplanaren Bildebenen hergeleitet (Abb. 7.68). Bezeichne g die gesuchte Gegenstandsweite, G die Objektgröße (bezogen auf die eingezeichnete Koordinatenachse), b die Bildweite beider Kameras, B_1 und B_2 die Bildgrößen (bezogen auf die optische Achse der jeweiligen Kamera) und a den Abstand zwischen den optischen Zentren der Kameras. Die Parallaxe (oder Disparität) p ist definiert als $p := B_1 - B_2$. Über den Strahlensatz erhält man

$$\frac{B_1}{b} = \frac{\frac{a}{2} - G}{g}, \tag{7.104}$$

$$\frac{-B_2}{b} = \frac{\frac{a}{2} + G}{g}. \tag{7.105}$$

Die Addition der beiden Gleichungen liefert nach einfacher Umformung den Zusammenhang

$$g = \frac{a\,b}{p}. \tag{7.106}$$

Die Entfernung ist also umgekehrt proportional zur Parallaxe.

Wenn die Kameras nicht parallel angeordnet sind, müssen die notwendigen Informationen über die relative Lage der Kameras über einen Kalibrierungsvorgang bestimmt werden. Das **Rekonstruktionsproblem**, also die Bestimmung der dreidimensionalen Position eines Objektpunkts bei bekannten Bildkoordinaten, führt in diesem Fall auf ein lineares Gleichungssystem, in das die Kameraparameter eingehen (vgl. Abschn. 3.3).

Der zweite wichtige Aspekt bei der Stereobildauswertung ist das **Korrespondenzproblem**: Welcher Bildpunkt in der zweiten Kamera entspricht einem gegebenen Bildpunkt in der ersten Kamera? Aus der Abbildungsgeometrie der Zen-

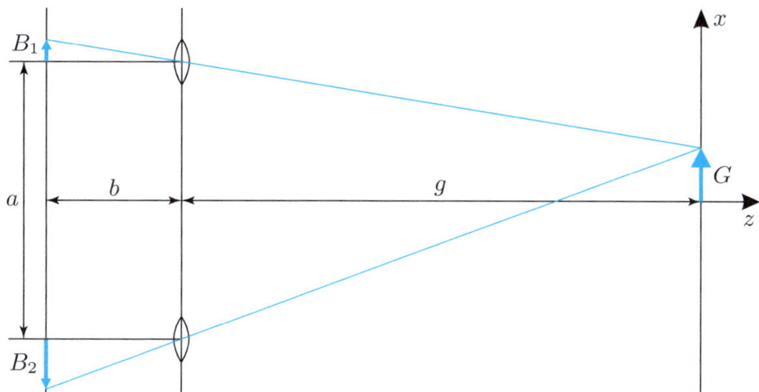

Abbildung 7.68. Prinzip der Stereoaufnahmen mit parallel angeordneten Kameras.

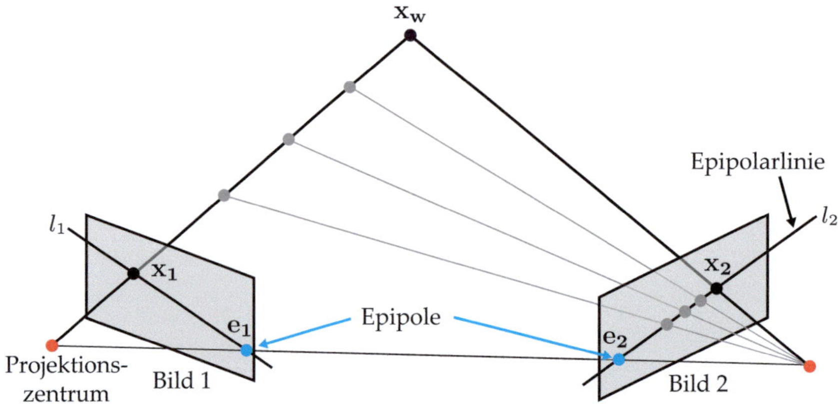

Abbildung 7.69. Epipolare Geometrie: Die möglichen Korrespondenzpunkte $\mathbf{x}_2$ im rechten Bild liegen auf einer Linie l_2, die durch den Schnitt der Epipolarebene mit der Bildebene bestimmt ist (nach [57]). Die Bildebenen sind an den rot markierten optischen Zentren gespiegelt gezeichnet. Diese äquivalente Darstellungsweise ist in der projektiven Geometrie üblich.

tralprojektion folgt, dass ein Objektpunkt $\mathbf{x}_\mathrm{w}$ und seine beiden Bildpunkte $\mathbf{x}_1$, $\mathbf{x}_2$ in einer Ebene liegen. Diese Ebene ist, von degenerierten Fällen abgesehen, durch den Bildpunkt in der ersten Kamera und die beiden optischen Projektionszentren eindeutig bestimmt. Sie heißt **Epipolarebene** und schneidet die Bildebene der zweiten Kamera in einer Geraden, der **Epipolarlinie** (siehe Abb. 7.69). Der korrespondierende Bildpunkt muss auf dieser Epipolarlinie liegen. Im einfachen Fall der komplanaren Bildebenen sind die Epipolarlinien stets achsenparallel. Ansonsten lassen sie sich bei gegebenem Bildpunkt in einer Kamera durch eine einfache Matrixmultiplikation berechnen. Die benötigte Matrix heißt **Fundamentalmatrix** der Stereokameraanordnung und kann mit den oben erwähnten Kalibrierungsverfahren geschätzt werden.

7.3.8.1 Herleitung der Fundamentalmatrix

Die Epipolargeometrie ist die intrinsische Geometrie der Zentralprojektion bezüglich zweier Kameraperspektiven. Sie hängt nicht von der Szene, sondern lediglich von den Kameras und deren räumlicher Anordnung ab. Die Fundamentalmatrix $\mathbf{F}$ verkörpert diese intrinsische Geometrie algebraisch [76, Kap. 9].

Satz 7.1: Fundamentalmatrix

Zu einer gegebenen Stereoanordnung zweier Kameras existiert eine Fundamentalmatrix $\mathbf{F} \in \mathbb{R}^3$, sodass für jede Punktkorrespondenz $\mathbf{x}_1' \leftrightarrow \mathbf{x}_2'$, ausgedrückt in homogenen Bildkoordinaten, die folgende Gleichung erfüllt ist:

$$\mathbf{x}_2'^{\mathrm{T}}\,\mathbf{F}\,\mathbf{x}_1' = 0\,. \tag{7.107}$$

Der Koeffizientenvektor $\mathbf{l}_2$ der Epipolarlinie l_2 im Bild 2, die den Korrespondenzpunkt $\mathbf{x}_2$ zu einem gegebenen Bildpunkt $\mathbf{x}_1$ aus Bild 1 enthält, ist bestimmt durch

$$\mathbf{l}_2 \propto \mathbf{F}\,\mathbf{x}_1' \,. \tag{7.108}$$

Die Epipolarlinie besitzt also die Geradengleichung $\mathbf{x}_2'^{\mathrm{T}}\,\mathbf{l}_2 = 0$. Umgekehrt erhält man die Normalenform der Epipolarlinie l_1 im Bild 1 zu einem bekannten Bildpunkt $\mathbf{x}_2$ aus Bild 2 durch

$$\mathbf{l}_1 \propto \mathbf{x}_2'^{\mathrm{T}}\,\mathbf{F} \,. \tag{7.109}$$

Alle Epipolarlinien eines Bildes i schneiden sich in einem Punkt, dem Epipol $\mathbf{e}_i$. Die Epipole $\mathbf{e}_1$ im Bild 1 und $\mathbf{e}_2$ im Bild 2 lassen sich berechnen aus den linearen Gleichungssystemen

$$\mathbf{F}\,\mathbf{e}_1' = \mathbf{0}\,, \qquad \mathbf{e}_2'^{\mathrm{T}}\,\mathbf{F} = \mathbf{0}\,. \tag{7.110}$$

◇

Beweis 7.1 (Fundamentalmatrix): Seien zwei Kameras mit Projektionsmatrizen $\mathbf{P}_1$, $\mathbf{P}_2$ (siehe Abschn. 3.3) und eine Punktkorrespondenz $\mathbf{x}_1' \leftrightarrow \mathbf{x}_2'$ in homogenen Bildkoordinaten gegeben, wobei die Komponenten der homogenen Vektoren für die folgende Herleitung abweichend von der sonst verwendeten Schreibweise durch numerische Indizes gekennzeichnet werden:

$$\mathbf{x}_i' = (x_i', y_i', w_i)^{\mathrm{T}} =: (x_{i1}', x_{i2}', x_{i3}')^{\mathrm{T}}\,, \qquad i = 1, 2\,. \tag{7.111}$$

Beide Punkte sind Bilder desselben räumlichen Punkts mit homogenen Weltkoordinaten $\mathbf{x}_{\mathrm{w}}' = (x_{\mathrm{w}}', y_{\mathrm{w}}', z_{\mathrm{w}}', w_{\mathrm{w}})^{\mathrm{T}}$. Wenn man die Zeilen der Projektionsmatrizen mit $\mathbf{p}_{1i}^{\mathrm{T}}$ bzw. $\mathbf{p}_{2i}^{\mathrm{T}}$ bezeichnet, ergibt sich folgendes Gleichungssystem [76, Abschn. 17.1]:

$$\begin{cases} \mathbf{x}_1' \propto \mathbf{P}_1\,\mathbf{x}_{\mathrm{w}}' \\ \mathbf{x}_2' \propto \mathbf{P}_2\,\mathbf{x}_{\mathrm{w}}' \end{cases} \tag{7.112}$$

$$\Leftrightarrow \begin{cases} -\alpha_1 \begin{pmatrix} x_{11}' \\ x_{12}' \\ x_{13}' \end{pmatrix} + \begin{pmatrix} \mathbf{p}_{11}^{\mathrm{T}} \\ \mathbf{p}_{12}^{\mathrm{T}} \\ \mathbf{p}_{13}^{\mathrm{T}} \end{pmatrix} \begin{pmatrix} x_{\mathrm{w}}' \\ y_{\mathrm{w}}' \\ z_{\mathrm{w}}' \\ w_{\mathrm{w}} \end{pmatrix} = \mathbf{0} \\[2ex] -\alpha_2 \begin{pmatrix} x_{21}' \\ x_{22}' \\ x_{23}' \end{pmatrix} + \begin{pmatrix} \mathbf{p}_{21}^{\mathrm{T}} \\ \mathbf{p}_{22}^{\mathrm{T}} \\ \mathbf{p}_{23}^{\mathrm{T}} \end{pmatrix} \begin{pmatrix} x_{\mathrm{w}}' \\ y_{\mathrm{w}}' \\ z_{\mathrm{w}}' \\ w_{\mathrm{w}} \end{pmatrix} = \mathbf{0} \end{cases} \tag{7.113}$$

$$\Leftrightarrow \quad \underbrace{\begin{pmatrix} \mathbf{p}_{11}^{\mathrm{T}} & x'_{11} & 0 \\ \mathbf{p}_{12}^{\mathrm{T}} & x'_{12} & 0 \\ \mathbf{p}_{13}^{\mathrm{T}} & x'_{13} & 0 \\ \mathbf{p}_{21}^{\mathrm{T}} & 0 & x'_{21} \\ \mathbf{p}_{22}^{\mathrm{T}} & 0 & x'_{22} \\ \mathbf{p}_{23}^{\mathrm{T}} & 0 & x'_{23} \end{pmatrix}}_{=:\,\mathbf{A}} \underbrace{\begin{pmatrix} x'_{\mathrm{w}} \\ y'_{\mathrm{w}} \\ z'_{\mathrm{w}} \\ w_{\mathrm{w}} \\ -\alpha_1 \\ -\alpha_2 \end{pmatrix}}_{=:\,\mathbf{v}} = \mathbf{0}\,. \tag{7.114}$$

Dabei sind $\alpha_i \neq 0$ geeignete Skalierungsfaktoren für die homogene Koordinatendarstellung. Die 6×6-Matrix $\mathbf{A}$ ist singulär, weil sie den Vektor $\mathbf{v} \neq \mathbf{0}$ in (7.114) auf $\mathbf{0}$ abbildet. Das ist gleichbedeutend mit $\det \mathbf{A} = 0$. Die Laplace-Entwicklung [55] dieser Determinante nach den letzten beiden Spalten führt auf eine Summe, bei der jeder Term das Produkt aus genau einer Komponente von $\mathbf{x}'_1$, genau einer Komponente von $\mathbf{x}'_2$ und einer 4×4-Determinante ist, die nicht mehr von den $\mathbf{x}'_i$ abhängt:

$$\sum_{k=1}^{3}\sum_{l=1}^{3} \phi_{kl}\, x'_{1l}\, x'_{2k} = 0\,. \tag{7.115}$$

Die ϕ_{kl} ergeben sich aus den 4×4-Unterdeterminanten der ersten vier Spalten von $\mathbf{A}$ mit geeignetem Vorzeichen und hängen nur von den Projektionsmatrizen ab [53,76]. Die Matrix $\mathbf{F} = (\phi_{kl}) \in \mathbb{R}^{3\times3}$ ist die Fundamentalmatrix der Kameras $\mathbf{P}_1$ und $\mathbf{P}_2$. Gleichung (7.115) kann nun wie im Satz behauptet in Matrizenform geschrieben werden:

$$\mathbf{x}_2'^{\mathrm{T}}\, \mathbf{F}\, \mathbf{x}'_1 = 0\,. \tag{7.116}$$

Die Epipolarlinie l_2 im Bild 2, die zum Punkt $\mathbf{x}_1$ im Bild 1 korrespondiert, lässt sich in Normalenform durch eine Gleichung der Form $\mathbf{x}_2'^{\mathrm{T}}\, \mathbf{l}_2 = 0$ beschreiben. Durch Vergleich dieser Gleichung mit (7.107) folgt $\mathbf{l}_2 \propto \mathbf{F}\,\mathbf{x}'_1$. Analog erhält man die Epipolarlinie l_1 im Bild 1 zum Punkt $\mathbf{x}_2$ gemäß der Formel $\mathbf{l}_1 \propto \mathbf{F}^{\mathrm{T}}\, \mathbf{x}'_2$.

Der Epipol $\mathbf{e}_2$ ist der Schnittpunkt aller Epipolarlinien l_2 im Bild 2, d. h. mathematisch ausgedrückt: $0 = \mathbf{e}_2'^{\mathrm{T}}\, \mathbf{l}_2 = \mathbf{e}_2'^{\mathrm{T}}\, \mathbf{F}\, \mathbf{x}'_1$. Da diese Gleichung für alle $\mathbf{x}'_1$ erfüllt ist, folgt $\mathbf{e}_2'^{\mathrm{T}}\, \mathbf{F} = \mathbf{0}$. Analog korrespondiert der Epipol $\mathbf{e}_1$ mit dem Rechtseigenvektor von $\mathbf{F}$ zum Eigenwert 0: $\mathbf{F}\,\mathbf{e}'_1 = \mathbf{0}$. ∎

Da die Epipole die Eigenvektoren der Fundamentalmatrix zum Eigenwert 0 sind, ist die Fundamentalmatrix singulär: $\det \mathbf{F} = 0$. Zusammen mit dem beliebigen Skalierungsfaktor der homogenen Koordinatendarstellung führt diese Nebenbedingung dazu, dass eine Fundamentalmatrix sieben Freiheitsgrade hat [53,76].

Dementsprechend sind zur Schätzung der Fundamentalmatrix mindestens sieben Punktkorrespondenzen $\mathbf{x}_{1,k} \leftrightarrow \mathbf{x}_{2,k}$, $k = 1,\ldots,7$, erforderlich. Diese

Punktkorrespondenzen liefern Gleichungen der Form

$$\mathbf{x}'^{\mathrm{T}}_{1,k}\,\mathbf{F}\,\mathbf{x}'_{2,k} = 0\,, \tag{7.117}$$

die ebenso wie (7.115) linear in den Einträgen der Fundamentalmatrix sind. Numerische Verfahren zur Lösung des resultierenden Gleichungssystems sind als Sieben-Punkt-Algorithmus und Acht-Punkt-Algorithmus bekannt, je nachdem ob exakt sieben oder acht und mehr Punktkorrespondenzen verwendet werden. Zur Verbesserung der numerischen Stabilität sollten geeignete Normalisierungsverfahren verwendet werden [53,76].

Die Epipolargeometrie besteht nicht nur zwischen den beiden Kameras einer Stereoanordnung, sondern auch zwischen Projektor und Kamera eines Musterprojektionssystems (siehe Abschn. 7.3.4.1). Ein gegebener Projektorpunkt muss im Kamerabild auf seiner korrespondierenden Epipolarlinie abgebildet werden, unabhängig vom beobachteten Prüfobjekt. Dies kann zur Verifikation der Zuordnung ausgenutzt werden, die aus der Decodierung der Mustersequenz berechnet wurde [44,99]. Voraussetzung ist eine entsprechende Kalibrierung des Projektor-Kamera-Systems.

7.3.8.2 Stereokorrespondenzalgorithmen

Obwohl sich das Korrespondenzproblem über die Epipolarbedingung auf eine eindimensionale Suche reduziert, ist seine Lösung immer noch vergleichsweise schwierig. Zunächst wird die Zuordnung dadurch erschwert, dass gleiche Objekte der Szene in aller Regel in den beiden Bildern unterschiedlich erscheinen. Einerseits ändert sich aufgrund der perspektivischen Abbildung die beobachtete Form und Größe der Objekte mit der Kameraposition. Bestimmte Bereiche der Szene können zudem für eine der Kamerapositionen verdeckt sein, sodass sie nur in einem der Bilder zu beobachten sind. Andererseits stimmen die gemessenen Intensitäten nur dann überein, wenn eine Lambert'sche Reflexion vorliegt. Insbesondere können Oberflächen mit spiegelnden Reflexionsanteilen von den beiden Stereokameras so unterschiedlich abgebildet werden, dass eine Zuordnung kaum noch möglich ist. Um identische Intensitäten zu erhalten, müssen außerdem Unterschiede in der Abbildungsoptik und den Bildsensoren der beiden Kameras vermieden oder durch Kalibrierung ausgeglichen werden.

Des Weiteren können Mehrdeutigkeiten eine erfolgreiche Korrespondenzsuche verhindern. Die erreichbare Qualität der Lösung hängt daher stark von der betrachteten Szene ab: Weist sie entlang der Epipolarlinien periodische, schwache oder gar keine Strukturen auf, so ist eine fehlerfreie lokale Zuordnung nahezu unmöglich. Daher versuchen viele Verfahren, das Problem durch die explizite oder implizite Forderung nach örtlicher Glattheit des Reliefs zu regularisieren [86]. Darunter leidet allerdings die laterale Auflösung.

Es wurden zahlreiche Algorithmen für das Stereokorrespondenzproblem vorgeschlagen, die sich in Ergebnisqualität und Rechenkomplexität erheblich unterscheiden. Beispiele sind Korrelationsverfahren, dynamische Programmierung, Minimierung von Energiefunktionalen und Diffusionsverfahren basierend auf Differentialgleichungen. Ein Vergleich dieser Verfahren für Stereoanordnungen findet sich in [173], für Mehrkamerasysteme in [181].

Eine Alternative zur Bestimmung eines dichten Reliefs sind merkmalsbasierte Stereokorrespondenzverfahren, die lediglich für einige gut identifizierbare und lokalisierbare Bildmerkmale die Korrespondenz herstellen. Als Merkmale können etwa Kanten oder Ecken verwendet werden (vgl. Abschn. 15.5). Neben dem geringeren Rechenzeitbedarf ist ein weiterer Vorteil dieser Vorgehensweise, dass die Merkmale mit Subpixelgenauigkeit im Bild lokalisiert werden können und somit auch die Tiefenrekonstruktion entsprechend genauer wird. Die Kombination von merkmalsbasierten und dichten Korrespondenzalgorithmen ist ebenfalls möglich [64].

7.3.8.3 Stereorekonstruktion

Ist eine Kamera intrinsisch kalibriert, so ist der Verlauf des Sichtstrahls für jeden beliebigen Bildpunkt bezüglich des Kamerakoordinatensystems quantitativ bekannt (vgl. Abschn. 3.3). Hat man nun in zwei intrinsisch und extrinsisch kalibrierten Kameras ein Paar von Korrespondenzpunkten zu einem Objektpunkt identifiziert, so kann man die zugehörigen Sichtstrahlen der beiden Bildpunkte zum Schnitt bringen. Der gesuchte Objektpunkt entspricht dem Schnittpunkt der Sichtstrahlen der beiden korrespondierenden Bildpunkte, sodass auf diese Weise seine 3D-Koordinaten berechnet werden können.

Aufgrund von Störungen und beschränkter Auflösung schneiden sich die korrespondierenden Sichtstrahlen im Allgemeinen nicht exakt [57]. Als Schätzung für den Objektpunkt $\mathbf{x}_\mathrm{w}$ kann in diesem Fall derjenige Punkt $\hat{\mathbf{x}}_\mathrm{w}$ im dreidimensionalen Raum verwendet werden, der minimalen Abstand zu den beiden Sichtstrahlen hat (Abb. 7.70). Die homogenen Koordinaten dieses Punktes erhält man mit der Methode der kleinsten Quadrate aus dem Gleichungssystem

$$\mathbf{x}_1' \times \mathbf{P}_1 \, \hat{\mathbf{x}}_\mathrm{w}' = \mathbf{0} \,, \tag{7.118}$$

$$\mathbf{x}_2' \times \mathbf{P}_2 \, \hat{\mathbf{x}}_\mathrm{w}' = \mathbf{0} \,, \tag{7.119}$$

wobei $\mathbf{x}_1' \leftrightarrow \mathbf{x}_2'$ das korrespondierende Bildpunktpaar in homogenen Koordinaten ist und $\mathbf{P}_1$, $\mathbf{P}_2$ die Projektionsmatrizen der Kameras bezeichnen.

Hinsichtlich der ausführlichen mathematischen Formulierung der Rekonstruktions- und Kalibrierungsverfahren sei auf die weiterführenden Lehrbücher [53,76] verwiesen.

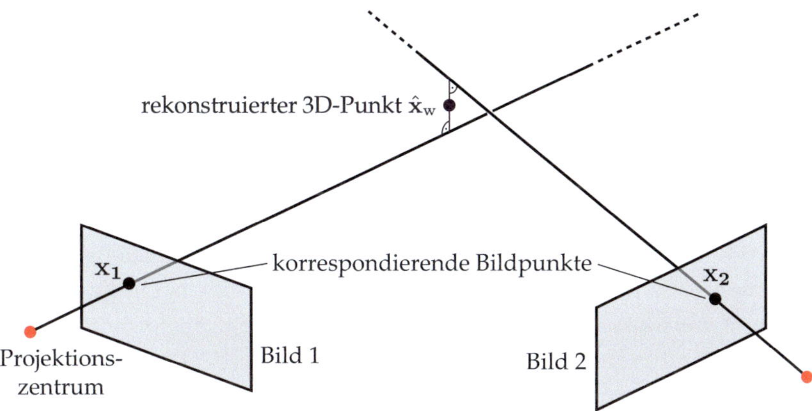

Abbildung 7.70. Stereorekonstruktion: Die Sichtstrahlen zweier korrespondierender Bildpunkte $\mathbf{x}_1 \leftrightarrow \mathbf{x}_2$ schneiden sich im Allgemeinen nicht exakt (nach [57]).

7.3.8.4 Mehrkamerasysteme

Durch die Verwendung von mehr als zwei Kameras lassen sich sowohl bei der Korrespondenzanalyse als auch bei der Rekonstruktion Verbesserungen erreichen. Beim Korrespondenzproblem reduzieren sich durch die Verwendung mehrerer Bilder die Mehrdeutigkeiten bei der Zuordnung. Auch die Problematik der Verdeckungen wirkt sich weniger stark aus.

Der Begriff der Fundamentalmatrix lässt sich für den Fall von drei Kameras, eingeschränkt auch für Systeme mit vier und mehr Kameras, verallgemeinern [53, 76]. Bei drei Kameras ergibt sich der Trifokal-Tensor der Größe $3 \times 3 \times 3$.

Die Rekonstruktionsgenauigkeit kann mit der Methode der **Bündelausgleichung** verbessert werden [126, Abschn. 4.3]. Seien M Objektpunkte $\mathbf{x}_{w,j}$, $j = 1, \ldots, M$, gegeben, die von N Kameras mit den Projektionsmatrizen $\mathbf{P}_i$, $i = 1, \ldots, N$, beobachtet werden. Für jeden Punkt erhält man $2N$ Gleichungen der Form (3.12), (3.13), insgesamt also $2N\,M$ Gleichungen. Da die Objektpunktkoordinaten $3M$ Unbekannte darstellen, ist das Gleichungssystem bereits für $N \geq 2$ Kameras überbestimmt. Mit Hilfe der Methode der kleinsten Quadrate kann eine fehlerminimierende Ausgleichslösung gefunden werden [76, Abschn. 18.1].

Wenn die extrinsischen Kameraparameter nicht vermessen wurden, können sie als zusätzliche Unbekannte aufgefasst und mitgeschätzt werden, falls eine genügende Anzahl von Punktkorrespondenzen vorliegt. Da jeder Kalibriervorgang fehlerbehaftet ist und die Kameraparameter zeitvariant sein können, ist es unter Umständen sinnvoll, die intrinsischen Parameter ebenfalls mitzuschätzen. In diesem Fall hat man insgesamt $11N$ unbekannte Kameraparameter.

Die Bündelausgleichung erfordert die Lösung eines großen nichtlinearen Gleichungssystems. Dafür sind spezielle numerische Verfahren zu empfehlen, die die dünn besetzte Struktur des Systems ausnutzen [126].

7.3.8.5 Monokulares Stereo

Bei einer statischen Szene macht es keinen prinzipiellen Unterschied, ob sie von N Kameras simultan aufgenommen wird oder ob eine Kamera nacheinander an die N Aufnahmepositionen verschoben wird. Im Fall einer bewegten Kamera ist es allerdings häufig erforderlich, die extrinsischen Kameraparameter mitzuschätzen, da die Bewegung nicht mit ausreichender Genauigkeit reproduzierbar ist. Dazu kann ähnlich vorgegangen werden wie im vorangegangenen Abschnitt beschrieben [43]. In manchen Anwendungen ergibt sich die Bewegung der Kamera als Nebeneffekt, etwa wenn diese auf einem mobilen Roboter montiert ist. Die Stereorekonstruktion aus solchen Bildsequenzen bezeichnet man im Englischen auch als *structure from motion*.

7.3.9 Lichtfeldkamera

Eine Lichtfeldkamera oder plenoptische Kamera ist eine spezielle Kamera, die einen Ausschnitt des Lichtfelds erfassen kann. Das in Abschn. 4.2 eingeführte Lichtfeld $L(\mathbf{x}_\mathrm{w}, \boldsymbol{\beta})$ beschreibt die Strahldichte aller Lichtstrahlen, die vom Punkt $\mathbf{x}_\mathrm{w}$ eines gegebenen Prüfobjekts unter festen Beleuchtungsbedingungen in Richtung $\boldsymbol{\beta}$ ausgehen [3, 4]. Zur vereinfachten Betrachtung wird die Abhängigkeit des Lichtfelds von Wellenlänge und Polarisationszustand des Lichts für die Darstellung der Lichtfeldkamera unterdrückt. Außerdem sei ein opakes Prüfobjekt angenommen und das Medium um das Prüfobjekt herum sei optisch klar, sodass keine Wechselwirkung, z. B. in Form von Streuung, zwischen dem einbettenden Medium und dem Lichtfeld auftritt.

Das Lichtfeld $L(\mathbf{x}_\mathrm{w}, \boldsymbol{\beta})$ ist eine fünfdimensionale Funktion des Ortes $\mathbf{x}_\mathrm{w} = (x_\mathrm{w}, y_\mathrm{w}, z_\mathrm{w})^\mathrm{T} \in \mathbb{R}^3$ und der Raumrichtung $\boldsymbol{\beta} = (\beta_1, \beta_2)$. Ist $L(\mathbf{x}_\mathrm{w}, \boldsymbol{\beta})$ für alle Punkte der Objektoberfläche $\mathbf{x}_\mathrm{w} \in \mathrm{OF}$ bekannt, so ist damit auch das vom Prüfobjekt induzierte Lichtfeld $L(\mathbf{u}, \boldsymbol{\beta})$, $\mathbf{u} \in \mathbb{R}^3$ beliebig, im umliegenden Raum eindeutig bestimmt. Das Lichtfeld $L(\mathbf{u}, \boldsymbol{\beta})$ beschreibt die Strahldichte aller Lichtstrahlen, die durch den Punkt $\mathbf{u}$ in Richtung β verlaufen, gibt also die Richtungsverteilung der Strahldichte in jedem Raumpunkt an (Abb. 7.71).

Obwohl das Argument des Lichtfelds $L(\mathbf{u}, \boldsymbol{\beta})$ fünfdimensional ist, genügt hier eine vierdimensionale Darstellung. Solange keine Verdeckungen auftreten, ist das Lichtfeld intrinsisch vierdimensional, denn in diesem Fall ist die Strahldichte entlang einer Geraden konstant, also unabhängig von der Entfernung zum Objekt (vgl. Abschn. 4.4). Eine Gerade im Raum ist durch vier Parameter eindeutig fest-

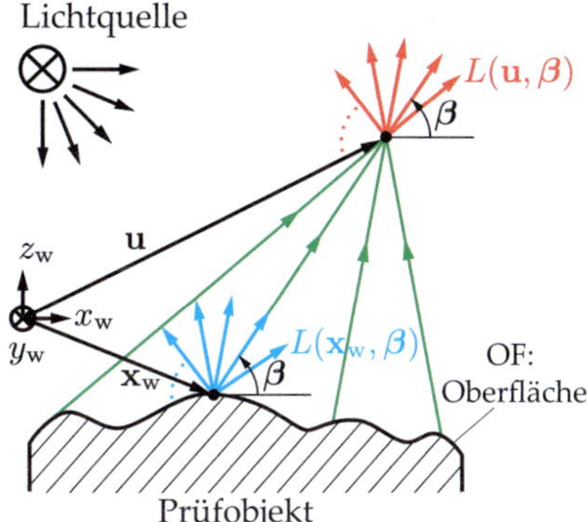

Abbildung 7.71.
Lichtfeld eines Prüfobjekts.

gelegt, z. B. durch ihren Durchstoßpunkt $(x_{\mathrm{w}}, y_{\mathrm{w}})^{\mathrm{T}}$ durch die Ebene $z_{\mathrm{w}} = 0$ sowie Azimut und Polwinkel [118].

Das Lichtfeld $L(\mathbf{u}, \boldsymbol{\beta})$ beinhaltet gewissermaßen alle möglichen Bilder des Prüfobjekts, die bei der gegebenen Konstellation zwischen Prüfobjekt und Lichtquellen gewonnen werden können. Eine Kamera nimmt einen Teil des Lichtfelds in Form eines zweidimensionalen Bildes auf. Das Bild einer Kamera mit beliebigen extrinsischen und intrinsischen Parametern ist durch das Lichtfeld eindeutig festgelegt. Daher wird das Lichtfeld auch als plenoptische Funktion bezeichnet.[4]

Das vollständige Lichtfeld hat vor allem konzeptionelle Bedeutung, da man es in der Praxis kaum erfassen kann. Hätte man es zur Verfügung, könnte man daraus für alle möglichen Kameraperspektiven und beliebige Kameraparameter die zugehörigen Bilder berechnen. Zur hypothetischen Messung des gesamten Lichtfelds könnte man an jedem Raumpunkt eine Lochkamera platzieren, die je ein Bild in eine Richtung und ein Bild in die entgegengesetzte Richtung aufnimmt. Tatsächlich reicht es wegen der intrinsischen Vierdimensionalität der Funktion $L(\mathbf{u}, \boldsymbol{\beta})$ unter den oben getroffenen Annahmen, das Lichtfeld auf einer unendlich ausgedehnten Fläche, z. B. einer Ebene, aufzunehmen.

Eine Lichtfeldkamera oder plenoptische Kamera ist in der Lage, einen Ausschnitt des Lichtfelds auf einer Ebene zu erfassen. Sie lässt sich aus einer Objektivlinse, einem Mikrolinsenarray und einem Bildsensor aufbauen; siehe Abb. 7.72(a). Die Objektivlinse habe die Brennweite f und den Aperturdurchmesser D. Sie bildet eine Ebene des Objektraums scharf auf das Mikrolinsenarray ab [145]. Jede Mikrolinse bildet die Ebene der Hauptlinse scharf auf den Bildsensor ab.

[4] Von „plenus", d. h. vollständig. Das Konzept der plenoptischen Funktion geht eigentlich bereits auf Leonardo da Vinci zurück [117]. Er sprach davon, dass jeder beleuchtete Körper den umliegenden Raum mit einem Kontinuum latenter Bilder erfüllt. Das Strahlenbüschel, das von einem Körper aus durch einen bestimmten Raumpunkt verläuft, bezeichnete er als Pyramide.

Das Mikrolinsenarray bestehe aus $N' \times N'$ Linsen, die in Form eines äquidistanten rechtwinkligen Gitters angeordnet sind. Die Annahme einer quadratischen Anzahl von Mikrolinsen dient lediglich der Vereinfachung der Notation. Eine Mikrolinse habe die Brennweite f' und die Apertur D'. Der Sensorchip sei ebenfalls quadratisch und habe $N \times N$ Pixel.

Zunächst sei angenommen, dass die optische Abbildung durch das Objektiv auf der Ebene des Mikrolinsenarrays ein scharfes Bild des Objektes erzeugt. Bei einer konventionellen Kamera befände sich hier der Bildsensor, der die vom Objekt kommenden Lichtstrahlen integrieren würde, sodass die Richtungsinformation der einzelnen Lichtstrahlen verloren ginge. Bei der Lichtfeldkamera gelangen die Lichtstrahlen hingegen zu dem hinter dem Mikrolinsenarray liegenden Bildsensor, der eine höhere örtliche Auflösung als das Mikrolinsenarray hat: $N > N'$.

Die Intensität des vom Objekt kommenden Lichts wird richtungsabhängig gemessen. Die Pixelposition unter einer Mikrolinse korrespondiert mit der Richtung des einfallenden Lichts. Somit kann ein Ausschnitt des Lichtfelds erfasst werden.

Bei optimaler Auslegung dürfen die Bilder der Objektivlinse auf dem Sensorchip unter der optischen Abbildung durch die Mikrolinsen weder überlappen, noch sollen zwischen ihnen Lücken entstehen, die Richtungsauflösung verschenken würden [145]. Diese Forderung ist erfüllt, falls

$$\frac{D}{b} = \frac{D'}{b'} \, . \tag{7.120}$$

Ein Bild, das eine Mikrolinse von der Hauptlinse auf dem Sensorchip entwirft, überdeckt in diesem Fall ca. $\eta := \left(\frac{N}{N'}\right)^2$ Pixel. Die Richtung des einfallenden Lichts wird also in η diskreten Werten erfasst (abgetastet).

Die N^2 Pixel des Bildsensors lassen sich in $(N')^2$ Felder einteilen; vgl. Abb. 7.73(a). Jedes Feld korrespondiert zu einer Mikrolinse und erfasst die dort einfallende Lichtintensität richtungsaufgelöst; vgl. Abb. 7.73(b).

Mithin muss für die Erfassung der Richtungsinformation ein Teil der örtlichen Auflösung aufgegeben werden. Es wird ein diskretes Bild mit $(N')^2$ Pixeln aufgenommen, wobei für jedes Pixel die Lichtrichtung in η Stufen erfasst wird.

Zur Beschreibung der Lichtfeldkamera wird eine alternative Parametrierung des Lichtfelds verwendet. Jeder Lichtstrahl wird anhand seiner Durchstoßpunkte (v, w) und (r, s) durch zwei parallele Ebenen eindeutig beschrieben. Als (v, w)-Ebene wird die Hauptebene der Objektivlinse gewählt, die (r, s)-Ebene liege in der Ebene des Mikrolinsenarrays. Innerhalb des von der Kamera erfassten Ausschnitts kann das Lichtfeld somit als $L(v, w, r, s)$ notiert werden.

Das Pixel A auf dem Bildsensor in Abb. 7.72(b) wird durch die davor liegende Mikrolinse auf die Hauptlinse abgebildet. Nur Licht, das durch den mit C bezeichneten Teilbereich der Hauptlinse tritt, erreicht das Pixel A. Dem Pixel A

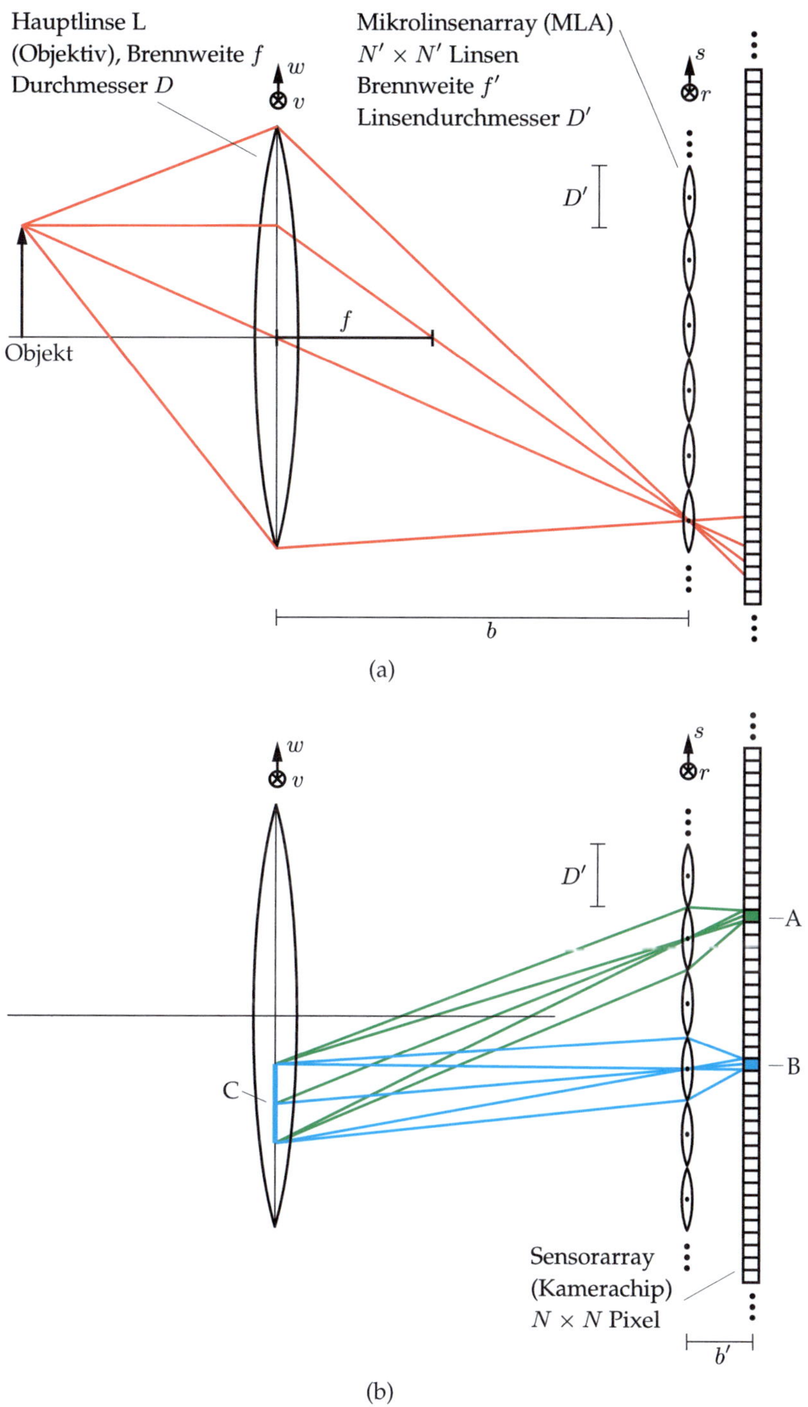

Abbildung 7.72. Aufbau einer Lichtfeldkamera: (a) optische Abbildung durch die Hauptlinse; (b) optische Abbildung durch das Mikrolinsenarray.

ist also eine Teilapertur C auf der Hauptlinse zugeordnet. Bei rechteckiger Pixelgeometrie und rechteckigen Mikrolinsen wird dadurch ein kleiner vierdimensionaler Quader im (v, w, r, s)-Raum beschrieben, über den das Pixel A integriert. Systemtheoretisch entspricht dieser Vorgang einer gleitenden Mittelung über ein vierdimensionales Intervall in der Größe dieses Quaders und einer anschließenden Abtastung.

Von den anderen Mikrolinsen wird die Teilapertur ebenfalls auf ein bestimmtes Pixel des Sensorchips abgebildet, z. B. auf das Pixel B. Alle diese Pixel erfassen Licht, das durch die Teilapertur C aus dem Objektraum einfällt. Man erhält ein Bild aus $(N')^2$ Pixeln, das über die Teilapertur C gewonnen wird.

Andererseits entspricht jeder der η Pixel, die von der gleichen Mikrolinse wie A belichtet werden, einer anderen Teilapertur der Hauptlinse. Somit wird die Hauptlinse in η im Idealfall disjunkte Teilaperturen unterteilt.

Mit der Lichtfeldkamera können also simultan η Bilder aus unterschiedlichen Perspektiven mit jeweils $(N')^2$ Pixeln aufgenommen werden. Die Perspektiven entsprechen den Teilaperturen, liegen also auf der Hauptlinse. Die resultierenden Bilder können mit multiokularen Stereoverfahren ausgewertet werden, um die 3D-Gestalt des Prüfobjekts zu rekonstruieren. Eine Lichtfeldkamera ist mithin auch eine 3D-Kamera [4]. Die maximal verfügbare Stereobasis ist durch den Objektivdurchmesser D bestimmt. Daher ist die 3D-Rekonstruktion besonders bei Nah- und Makroaufnahmen, wie sie bei vielen Sichtprüfungsaufgaben typisch sind, gut konditioniert.

Innerhalb des aufgenommenen Ausschnitts des Lichtfelds kann man aber nicht nur die Perspektive verändern, sondern kann dort virtuelle Kameras mit beliebiger synthetischer Perspektive und Apertur positionieren und dafür Bilder berechnen, vgl. Abb. 7.73(c), (d).

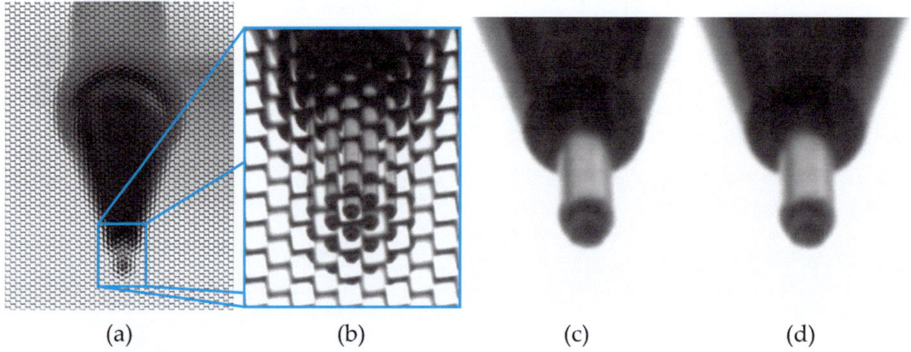

(a) (b) (c) (d)

Abbildung 7.73. Aufnahme der Spitze eines Druckbleistifts mit einer Lichtfeldkamera: (a) Rohdaten des Bildsensors; (b) Ausschnitt der Bleistiftspitze; die Bereiche der einzelnen Mikrolinsen sind deutlich zu erkennen; (c), (d) aus den Rohdaten synthetisierte Bilder mit horizontal verschobener Perspektive.

Auf der Basis des erfassten Ausschnitts des Lichtfelds lassen sich durch die Berechnung von Bildern virtueller Kameras auch die Schärfebereiche und die Schärfentiefe der synthetisierten Bilder im Nachhinein innerhalb gewisser Grenzen variieren. Diese Nachfokussierung kann durch die Addition verschobener Teilaperturbilder berechnet werden [144, 145].

Für die automatische Sichtprüfung besonders interessant ist die Möglichkeit, Bilder mit erhöhter Schärfentiefe zu gewinnen. Die bestimmende Aperturblende für die Bilder auf dem Sensorchip ist der Durchmesser D' einer Mikrolinse. Dieser ist erheblich kleiner als der Objektivdurchmesser D. Da Abblenden die Schärfentiefe erhöht, enthält das erfasste Lichtfeld das Potenzial für Bilder mit erhöhter Schärfentiefe (vgl. Abschn. 3.4.4). Tatsächlich lässt sich zeigen, dass die Schärfentiefe eines geeignet synthetisierten Bildes der Lichtfeldkamera um einen Faktor $\frac{N}{N'}$ größer ist als bei einer konventionellen Kamera mit Aperturblende gleichen Durchmessers D [145].

Der erfasste Ausschnitt des Lichtfelds ist in der v,w-Ebene durch die Apertur der Objektivlinse und in der r,s-Ebene durch die Ausdehnung des Mikrolinsenarrays begrenzt. Mit der Lichtfeldkamera kann man also eine höhere Schärfentiefe ohne Abblenden und mithin ohne Lichtmengenverlust erreichen. Damit erzielt man auch ein erheblich höheres Signal-Rausch-Verhältnis als bei konventionellen Kameras [145].

Inzwischen sind Lichtfeldkameras kommerziell verfügbar. Real ausgeführte Kameras haben z. B. folgende technische Daten und Varianten:

- Prototyp der Stanford University [145]:
  - Sensorchip mit $N \approx 4\,000$ (16 Megapixel), Pixelabstand $\Delta x = 9$ µm,
  - Mikrolinsenarray mit $N' = 296$, $D' = 125$ µm, Brennweite $f' = 500$ µm, Blendenzahl $O' = \frac{f'}{D'} = 4$,
  - effektiv erzielte Auflösung: 292×292 in der r,s-Ebene (Ortsauflösung), $\eta^2 \approx 14 \times 14$ in der v,w-Ebene (Richtungsauflösung),
- Kommerzielle Lichtfeldkamera R600 der Firma raytrix [161]:
  - Sensorchip mit 604 Megapixel, Pixelabstand $\Delta x = 3{,}76$ µm,
  - effektiv erzielte Auflösung: 150 Megapixel in der r,s-Ebene (Ortsauflösung), $\eta^2 \approx 2 \times 2$ in der v,w-Ebene (Richtungsauflösung),
- Mikrolinsenarray mit $N' = 1080$ [56],
- wenige Mikrolinsen, dadurch hohe Richtungsauflösung,
- Linsenarray mit unterschiedlichen Brennweiten benachbarter Mikrolinsen,
- Fokussierung der Mikrolinsen auf die Ebene der scharfen Abbildung der Objektivlinse, sodass jede Mikrolinse auf dem Bildsensor ein scharfes Miniaturbild erzeugt [65].

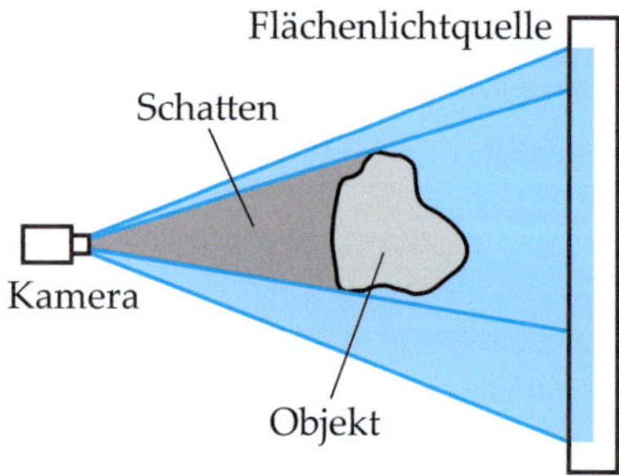

Abbildung 7.74.
Silhouettenaufnahme nach dem Hellfeldprinzip.

7.3.10 Silhouettenerfassung

Die Hellfeld- und Dunkelfeldanordnungen aus Abschn. 7.2.3 können nicht nur zur Reflektanzerfassung, sondern auch zur Prüfung der Objektsilhouette eingesetzt werden. Eine Silhouette eines Objekts ist die Projektion seiner 3D-Struktur auf eine Ebene. Durch die Silhouettenprüfung können Formabweichungen erkannt werden, die sich auf die aufgenommene Silhouette auswirken. Häufig genügt die Silhouettenprüfung aus einer oder wenigen Richtungen, um die relevanten Defekte eines Bauteils zu erkennen. Eine vollständige 3D-Erfassung ist in diesen Anwendungen nicht erforderlich.

Abbildung 7.74 zeigt das Prinzip der Silhouettenprüfung mittels einer Hellfeldanordnung. Die Kamera ist direkt auf eine flächenhafte Lichtquelle gerichtet. Das Prüfobjekt befindet sich zwischen Lichtquelle und Kamera, sodass es einen Schattenwurf verursacht. Im Kamerabild entsprechen die Kanten zwischen dem Schatten und dem Bild der Lichtquelle der Silhouette des Objekts.

Beispiel 7.9 (Bremsscheibeninspektion): Ein komplexes Anwendungsbeispiel der hellfeldbasierten Silhouettenerfassung ist in Abb. 7.75 dargestellt: die automatische Sichtprüfung innenbelüfteter Bremsscheiben [24]. Die Lüftungskanäle der Bremsscheibe verlaufen radial; siehe Abb. 7.75(b). Es ist zu prüfen, ob alle Lüftungskanäle durchlässig und frei von Verunreinigungen sind. Über einen kegelmantelförmigen Spiegel wird eine radiale Beleuchtung des Prüfobjekts realisiert. Im Inneren der Bremsscheibe ist ein zylinderförmiger Retroreflektor angeordnet (siehe Abschn. 7.3.10.3). Zur Kamera gelangt das reflektierte Licht über den gleichen Strahlengang und einen halbdurchlässigen Spiegel. Im Ergebnisbild bilden die intakten Lüftungskanäle kreisförmig angeordnete helle Bereiche; siehe Abb. 7.75(c). Bei ganz oder teilweise blockierten Kanälen bleiben die entsprechenden Bildregionen dunkel. Das Resultatbild hat Binärbildcharakter und lässt sich leicht auswerten. ■

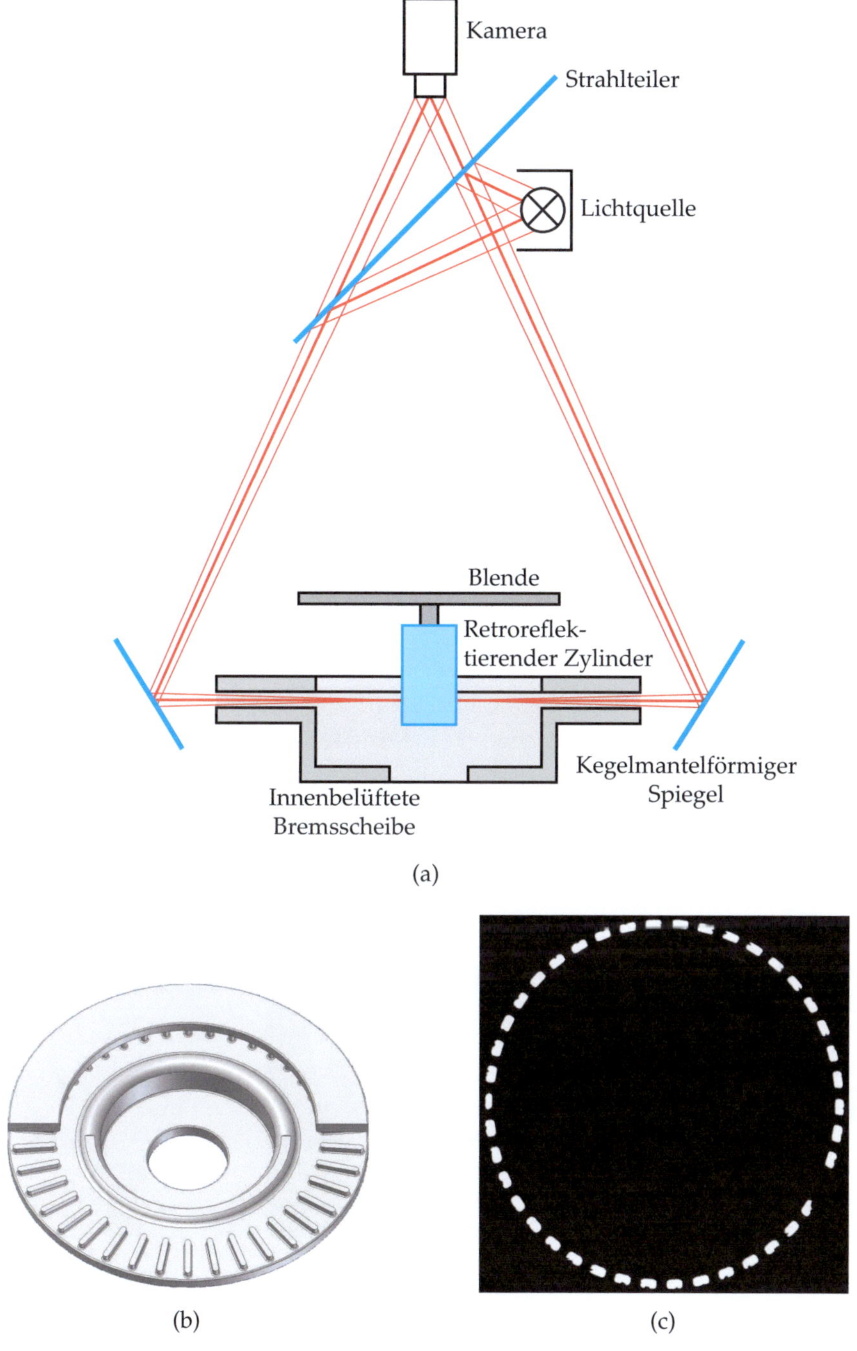

Abbildung 7.75. Automatische Sichtprüfung der Lüftungskanäle einer Bremsscheibe: (a) Aufbau des Sichtprüfsystems; (b) Skizze einer innenbelüfteten Bremsscheibe; (c) Ergebnis der Bildaufnahme (Quelle: inspectomation GmbH).

Auch Laserscanner (siehe Abschn. 7.2.3.4) können im Hellfeldbetrieb zur Silhouettenvermessung nach dem Schattenwurfprinzip eingesetzt werden (Abb. 7.76). Der Laserstrahl wird mittels eines Drehspiegels oder eines Polygonrads so abgelenkt, dass der Messbereich sequenziell abgetastet wird. Aus der Zeitspanne, während derer am Detektor kein Signal beobachtet wird, kann der Durchmesser des Prüfobjekts berechnet werden.

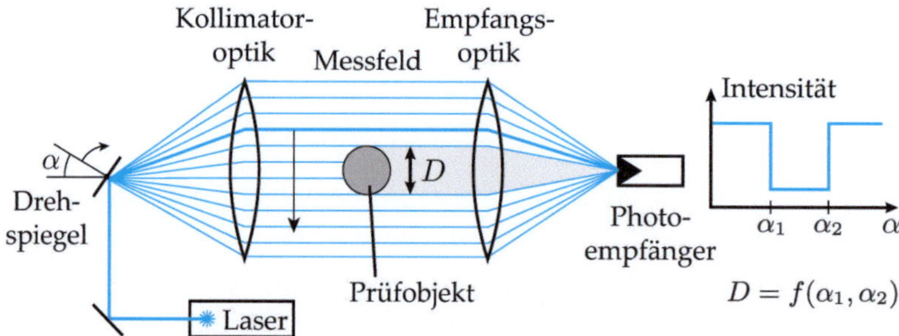

Abbildung 7.76. Einsatz eines telezentrischen Laserscanners zur Silhouettenvermessung nach dem Schattenwurfprinzip (nach [202]).

Dunkelfeldverfahren können ebenfalls zur Silhouettenerfassung eingesetzt werden. Ein Anwendungsbeispiel ist die Sichtprüfung von transparenten Objekten wie z. B. Glas- oder Plastikflaschen [16]. Die flächenhafte Beleuchtung wird mit einer Maske abgedunkelt, die geringfügig größer als das Sehfeld der Kamera ist (Abb. 7.77). Infolge des Streulichts erscheinen vor allem die Kanten des transparenten Objekts im Kamerabild hell, der Hintergrund hingegen dunkel. Mit dem Aufbau lassen sich auch Reflektanzabweichungen und Kratzer sichtbar machen.

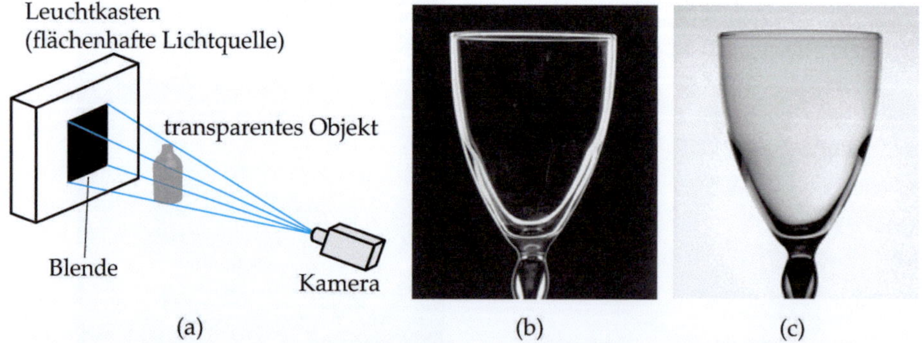

Abbildung 7.77. Dunkelfeldbeleuchtung zur Erfassung der Silhouette transparenter Objekte: (a) Prinzip (nach [16]); (b) Dunkelfeldaufnahme; (c) Hellfeldaufnahme desselben Objekts zum Vergleich.

7.3.10.1 Telezentrische Silhouettenerfassung

Abbildung 7.78(a) zeigt ein Bildaufnahmesystem mit telezentrischem Objektiv zur Silhouettenvermessung. Mit einem Leuchtkasten (links im Bild) wird eine flächenhafte Hellfeldbeleuchtung realisiert. Für kleinere Objekte kann auch eine telezentrische Beleuchtung verwendet werden.

7.3.10.2 Beleuchtung für die telezentrische Abbildung

Diffuse Beleuchtung kann beim Einsatz der telezentrischen Abbildung in der optischen Messtechnik zu einer Verfälschung des Messergebnisses führen: Eine nicht parallele Beleuchtung (in Abb. 7.79 rot eingezeichnet) kann beispielsweise zur Folge haben, dass der Durchmesser eines Objekts systematisch zu klein gemessen wird.

Eine mögliche Lösung dieses Problems ist eine telezentrische Beleuchtung [125]. Wie in Abb. 7.80 zu sehen, wird dazu die Lichtquelle im Brennpunkt einer zweiten Linse platziert. Dadurch ist der Beleuchtungsstrahlengang ebenfalls parallel zur optischen Achse des telezentrischen Objektivs. Somit wird der Durchmesser des Objekts korrekt gemessen. Um die beiden Strahlengänge exakt parallel auszurichten, ist allerdings ein hoher Justageaufwand erforderlich.

Eine quasitelezentrische Beleuchtung lässt sich auch mittels eines Monitors erreichen, auf dem nur die geringfügig ausgedehnte Kontur des Prüfobjektes hell dargestellt wird und der ansonsten komplett schwarz ist (Abb. 7.81). Das verhindert systematische Messfehler einer nicht telezentrischen Hintergrundbeleuchtung und ist bei großen Objektivdurchmessern wesentlich preiswerter als eine telezentrische Beleuchtung.

Eine andere Möglichkeit, um einen parallelen Beleuchtungsstrahlengang sicherzustellen, ist die in Abb. 7.82 dargestellte Anordnung mit einem halbdurchlässigen Spiegel und einem **Retroreflektor**. Die Lichtquelle und der halbdurchlässige Spiegel bewirken in Verbindung mit der Objektivlinse ein koaxiales Auflicht parallel zur optischen Achse, sofern die Länge des Strahlengangs von der Lichtquelle zur Linse genau der Brennweite entspricht. Vom Retroreflektor wird das Licht so reflektiert, dass es wiederum parallel zur optischen Achse auf das Objektiv trifft. Der Einsatz eines Retroreflektors anstelle eines Spiegels hat den Vorteil, dass die parallele Reflexion auch dann gewährleistet ist, wenn er nicht exakt senkrecht zur optischen Achse ausgerichtet ist.

7.3.10.3 Retroreflektoren

Ein Retroreflektor wirft einen Lichtstrahl in sich selbst zurück [164]. Ein Lichtstrahl wird stets in die Richtung reflektiert, aus der er gekommen ist. Anders als bei einem ebenen Spiegel führt eine Drehung des Reflektors nicht zu einer Änderung der Reflexionsrichtung. Diese Insensitivität ist bei manchen Anwendun-

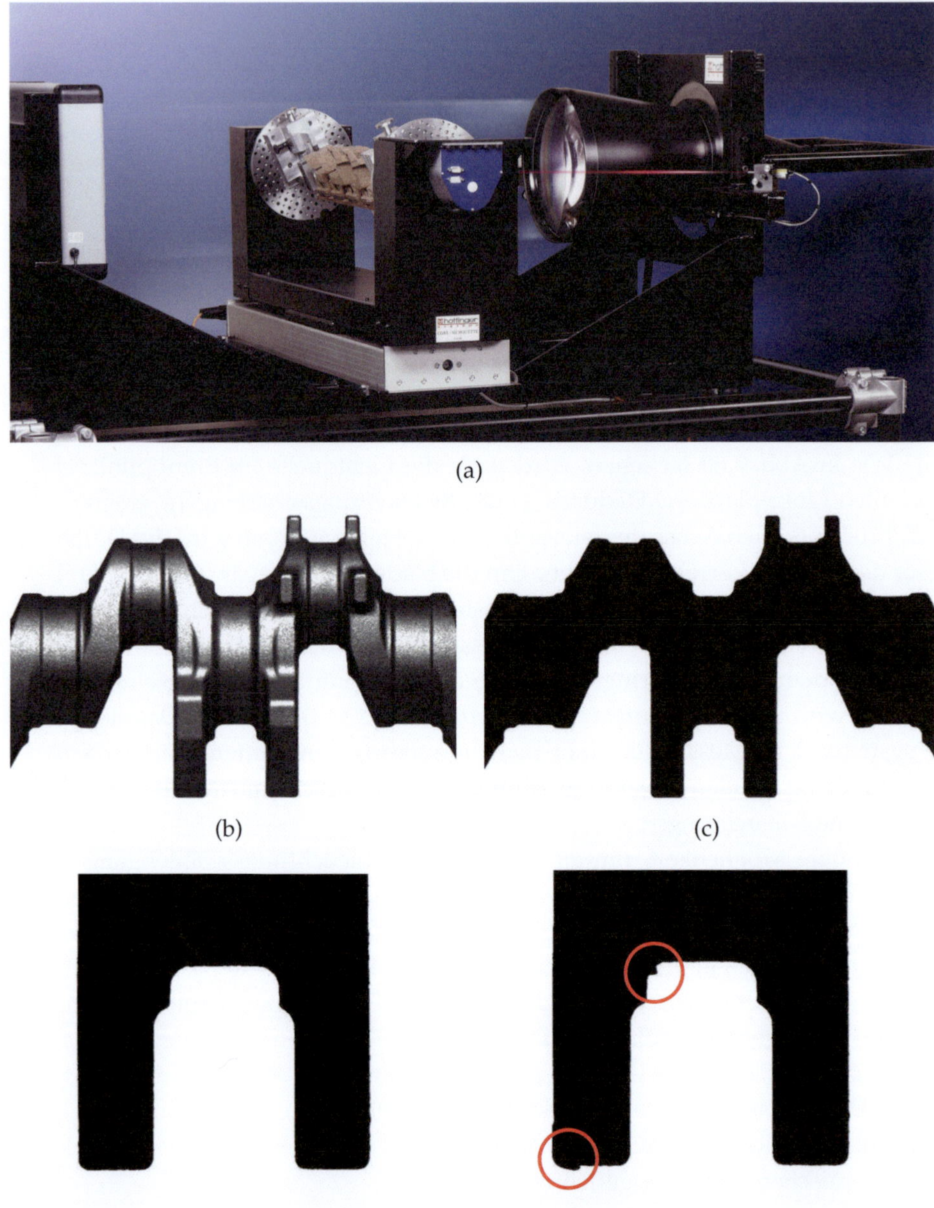

(a)

(b) (c)

(d) (e)

Abbildung 7.78. Silhouettenprüfung nach dem Hellfeldverfahren: (a) Bildaufnahmesystem mit Hellfeldbeleuchtung und telezentrischem Kameraobjektiv; (b) Kurbelwelle eines Verbrennungsmotors als Prüfobjekt; (c) telezentrische Silhouettenaufnahme einer Kurbelwelle, gewonnen mit dem System aus (a); (d) Silhouette eines intakten Referenzobjekts (Ausschnitt); (e) Prüfobjekt mit Defekten (rot markiert) (Quelle: inspectomation GmbH).

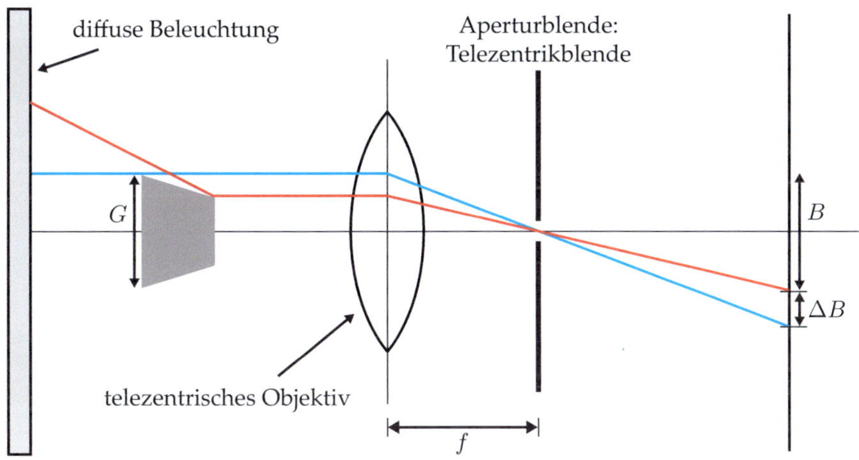

Abbildung 7.79. Telezentrische Abbildung bei diffuser Beleuchtung.

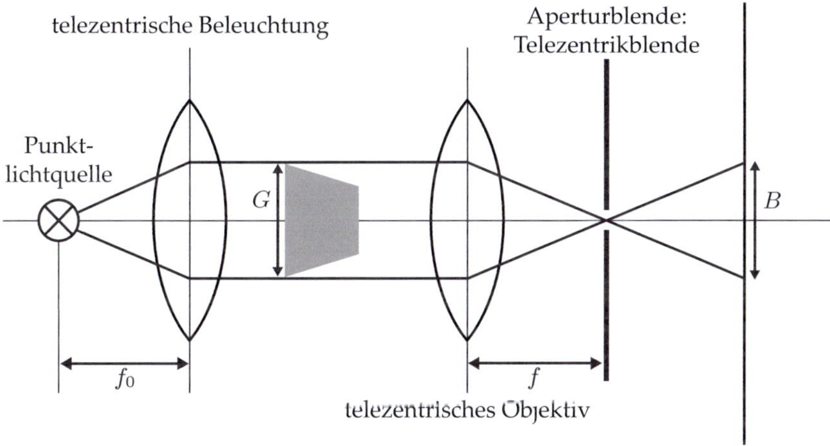

Abbildung 7.80. Telezentrische Beleuchtung.

gen in der automatischen Sichtprüfung vorteilhaft, weil die Notwendigkeit zu einer exakten Ausrichtung des Reflektors entfällt. Retroreflektoren sind vor allem aus dem Straßenverkehr bekannt, wo sie an Fahrzeugen, Fahrrädern, Leitpfosten und Kleidungsstücken zu finden sind. Werden die Retroreflektoren bei Dunkelheit z. B. von einem Autoscheinwerfer beleuchtet, reflektieren sie das Licht zurück zum Auto und sind daher für den Autofahrer gut zu erkennen.

Zur Konstruktion von Retroreflektoren werden hier zwei Möglichkeiten genannt (Abb. 7.83). Kleine Glaskugeln, die in ein Trägermaterial eingebettet sind, reflektieren das einfallende Licht an ihrer Rückseite. Die zweite Möglichkeit sind rechtwinklige Tetraeder mit drei verspiegelten und einer offenen Seite. In beiden

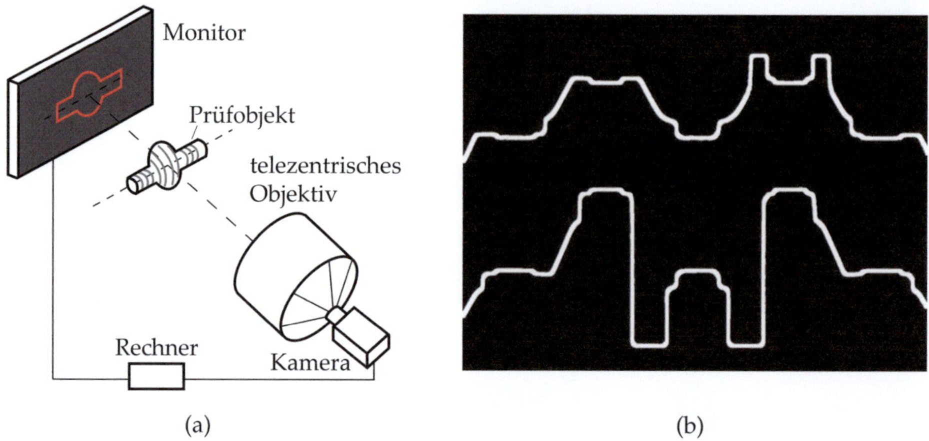

Abbildung 7.81. Telezentrische Silhouettenerfassung mit objektangepasster Beleuchtung durch einen Monitor: (a) Prinzipskizze; (b) Aufnahme der Kurbelwelle aus Abb. 7.78(b) mit diesem Verfahren.

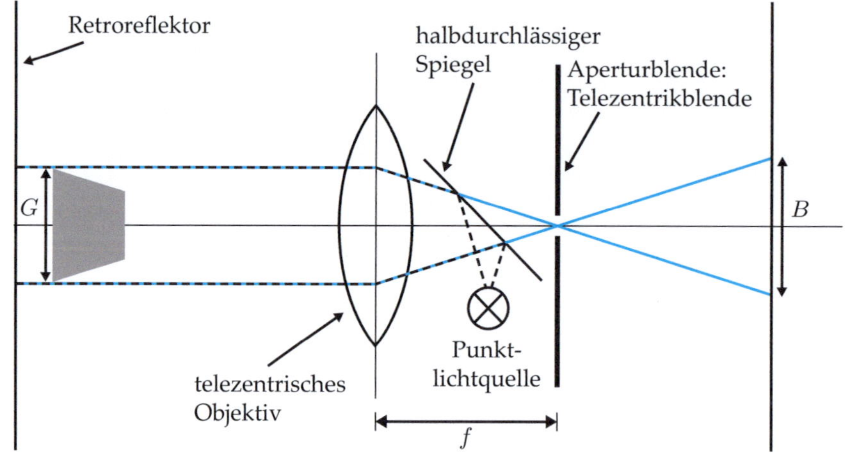

Abbildung 7.82. Telezentrische Beleuchtung mittels Retroreflektor.

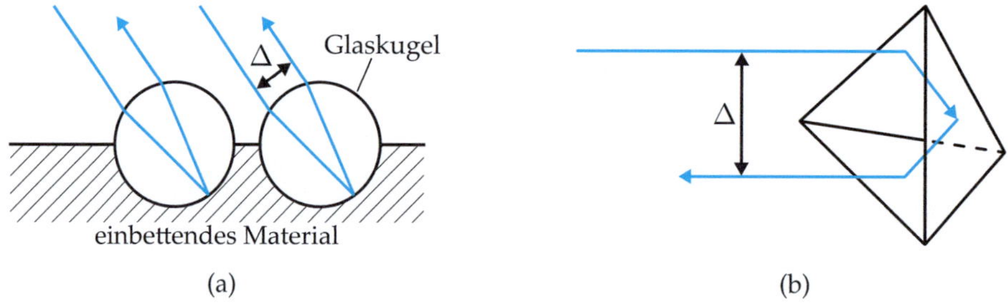

Abbildung 7.83. Aufbau von Retroreflektoren: (a) Glaskugeln; (b) Tripelspiegel: Die drei Spiegel stehen paarweise senkrecht aufeinander.

Fällen liegen einfallender und reflektierter Strahl nicht exakt aufeinander, sondern weisen einen Versatz Δ auf, der von der Größe der einzelnen retroreflektierenden Elemente abhängt.

7.3.11 Shape from Shading

Die von einer Oberfläche ausgehende Strahldichte L hängt unter anderem von der Oberflächennormale und der Beleuchtungsrichtung ab (vgl. Abschn. 4.3). Das Verfahren **Shape from Shading** versucht, aus diesem Zusammenhang bei bekannten Beleuchtungsparametern die Oberflächennormalen und per Integration daraus die 3D-Gestalt des Objekts zu rekonstruieren.

Häufig wird das Lambert'sche Reflektanzmodell (4.29) für das Prüfobjekt angenommen. Für die von einer Kamera beobachtete Strahldichte L_e erhält man in diesem Fall:

$$L_\mathrm{e}(\theta_\mathrm{e},\varphi_\mathrm{e}) = BRDF(\mathbf{x},\theta_\mathrm{i},\varphi_\mathrm{i},\theta_\mathrm{e},\varphi_\mathrm{e})\,E_\mathrm{i}(\theta_\mathrm{i},\varphi_\mathrm{i}) \tag{7.121}$$

$$= \frac{R(\mathbf{x})}{\pi}\,\frac{\mathrm{d}\Phi_\mathrm{i}}{\mathrm{d}A}(\theta_\mathrm{i},\varphi_\mathrm{i}) \tag{7.122}$$

$$= \max\left\{0, \frac{R(\mathbf{x})}{\pi}\,\Phi_\mathrm{i}\,\mathbf{i}^\mathrm{T}\mathbf{n}(\mathbf{x})\right\}. \tag{7.123}$$

Dabei bezeichnet Φ_i den von der Lichtquelle emittierten kollimierten Strahlungsfluss, $\mathbf{i}$ die Beleuchtungsrichtung und $\mathbf{n}(\mathbf{x})$ die Oberflächennormale am Ort $\mathbf{x}$, jeweils als Einheitsvektoren. Das Skalarprodukt in Gleichung (7.123) beschreibt die Projektion des parallelen Lichts aus Richtung $\mathbf{i}$ auf die Oberfläche. Die Maximumbildung berücksichtigt den Fall, dass die Beleuchtung von hinten auf die Oberfläche trifft: Dann wird die Vorderseite nicht beleuchtet, es liegt eine Abschattung vor. Nimmt man die Beleuchtungsbedingungen als bekannt an, sind zur Berechnung des Oberflächenreliefs zwei mathematische Probleme zu lösen:

1. Bestimmung der Normalen durch Auswertung von (7.123) bei unbekannter Reflektanz $c(\mathbf{x})$.
2. Rekonstruktion des Oberflächenreliefs aus dem Normalenfeld $\mathbf{n}(\mathbf{x})$.

Die Integration des Normalenfelds kann ähnlich wie bei der Deflektometrie erfolgen (siehe Abschn. 7.3.5). Da es sich um ein unterbestimmtes, schlecht gestelltes Problem handelt, ist eine numerisch stabile Lösung vergleichsweise anspruchsvoll. Hierzu können beispielsweise Methoden der Variationsrechnung eingesetzt werden [94, 209].

Eine andere Möglichkeit zur Regularisierung des Shading-Problems ist die Verwendung mehrerer Aufnahmen mit variierter Beleuchtung (Abb. 7.84). Dieses Verfahren ist unter dem Namen **photometrisches Stereo** bekannt. Die Verwendung gezielt gewählter Beleuchtungsrichtungen ermöglicht eine geschlosse-

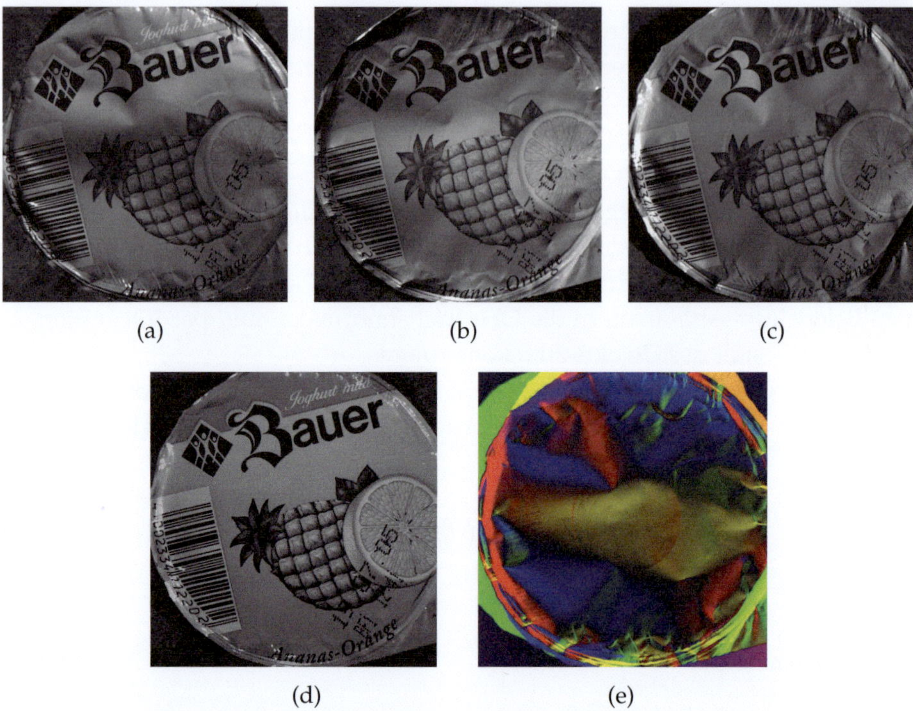

Abbildung 7.84. Beispielaufnahme zu Shape from Shading: (a) – (c) Aufnahmen einer Verpackungsfolie mit unterschiedlichen Beleuchtungsrichtungen; (d) berechnete Reflektanz $R(\mathbf{x})$; (e) Normalenfeld $\mathbf{n}(\mathbf{x})$ in Falschfarbendarstellung (vgl. Abschn. 10.1.3).

ne mathematische Lösung [100]. Auch bei allgemeinen Beleuchtungsrichtungen ist es vergleichsweise einfach, Gleichung (7.123) nach dem Normalenfeld aufzulösen [85]. Für jede Aufnahme erhält man eine Gleichung

$$g_k(\mathbf{x}) = \frac{R(\mathbf{x})}{\pi}\,\Phi_\mathrm{i}\,\mathbf{i}_k^\mathrm{T}\mathbf{n}(\mathbf{x}) \qquad k = 1, \ldots, n\,, \tag{7.124}$$

wobei $\mathbf{i}_k$ die Beleuchtungsrichtung der k-ten Aufnahme bezeichnet. Hier wurde der gemessene Bildwert $g_k(\mathbf{x})$ mit der dazu proportionalen Strahldichte L_e identifiziert (vgl. Abschn. 4.4), und es wurde eine abschattungsfreie Beleuchtung angenommen. Zusammenfassung der Gleichungen liefert ein lineares System

$$\mathbf{g}(\mathbf{x}) = \frac{R(\mathbf{x})}{\pi}\,\Phi_\mathrm{i}\,\mathbf{B}^\mathrm{T}\mathbf{n}(\mathbf{x}) \tag{7.125}$$

mit $\mathbf{g} := (g_1, \ldots, g_n)^\mathrm{T}$ und $\mathbf{B} := (\mathbf{i}_1, \ldots, \mathbf{i}_n)$. Für $n = 3$ ist $\mathbf{B}$ genau dann invertierbar, wenn die Beleuchtungsrichtungen $\mathbf{i}_k$ nicht komplanar sind. In diesem Fall existiert eine eindeutige Lösung. Für $n > 3$ kann mit Hilfe der Pseudoinversen eine Least-Squares-Lösung des Systems angegeben werden:

$$\mathbf{v}(\mathbf{x}) := \mathbf{n}(\mathbf{x})\, R(\mathbf{x}) = \pi\, \Phi_{\mathrm{i}}^{-1}\, (\mathbf{B}\mathbf{B}^{\mathrm{T}})^{-1}\, \mathbf{B}\, \mathbf{g}(\mathbf{x}) \tag{7.126}$$

Daraus erhält man die Reflektanz und die Normale der Oberfläche am Punkt $\mathbf{x}$ durch

$$R(\mathbf{x}) = \|\mathbf{v}(\mathbf{x})\|\,, \tag{7.127}$$

$$\mathbf{n}(\mathbf{x}) = \frac{\mathbf{v}(\mathbf{x})}{R(\mathbf{x})}\,. \tag{7.128}$$

Auch der Einsatz einer farbcodierten Beleuchtungssequenz ist möglich [100,122]. Damit lässt sich einerseits die Reflektanz in verschiedenen Spektralbereichen erfassen. Im Fall bekannter, wellenlängenunabhängiger Reflektanz kann andererseits die Beleuchtung simultan aus mehreren Richtungen in verschiedenen Spektralbereichen erfolgen, sodass eine einzige Aufnahme mit einer Farbkamera zur Rekonstruktion genügt und die Erfassung bewegter Objekte möglich wird.

7.3.12 Autofokussensoren

In einem **Autofokussensor** wird das Licht einer Laserdiode über einen Kollimator und eine weitere, bewegliche Linse auf das zu messende Objekt abgebildet [113,157]. Das reflektierte Licht gelangt über einen Strahlteiler auf einen Detektor (siehe Abb. 7.85). Die bewegliche Linse wird nun so verschoben, dass die Abbildungsunschärfe auf dem Sensor minimiert wird. Bei Verwendung einer Zylinderlinse kann die notwendige Bewegungsrichtung aus der Form des Unschärfeflecks ermittelt werden. Je nach Vorzeichen der Intensitätsdifferenz $(a + c) - (b + d)$ auf dem 4-Quadranten-Detektor in Abb. 7.86 wird die Linse in Richtung der scharfen Abbildung verschoben. Aus der Position der korrekt fokussierten Linse kann mit Hilfe der Abbildungsgleichung die Entfernung zum Prüfobjekt berechnet werden.

Zur vertikalen Verschiebung der Objektivlinse kann ein Tauchspulensystem, ähnlich dem zum Antrieb eines Lautsprechers, dienen. Die Linse wird an einer linearen Feder aufgehängt, deren Kraft F proportional zur Auslenkung in z Richtung ist, $F \propto \Delta z$. Bei einem in z-Richtung homogenen Magnetfeld ist der Spulenstrom dann proportional zur Auslenkung: $I \propto F \propto \Delta z$. Der Spulenstrom I stellt also ein Signal dar, aus dem die Position der Linse und damit des Objekts berechnet werden kann.

Infolge des massenhaften Einsatzes in CD- und DVD-Spielern handelt es sich bei Autofokussensoren um eine ausgereifte, preiswerte Technik. Voraussetzung für eine einwandfreie Messung ist allerdings eine gut reflektierende, nicht zu stark streuende, opake Objektoberfläche. Es handelt sich um einen Punktsensor; eine flächige Abtastung ist entsprechend zeitaufwendig.

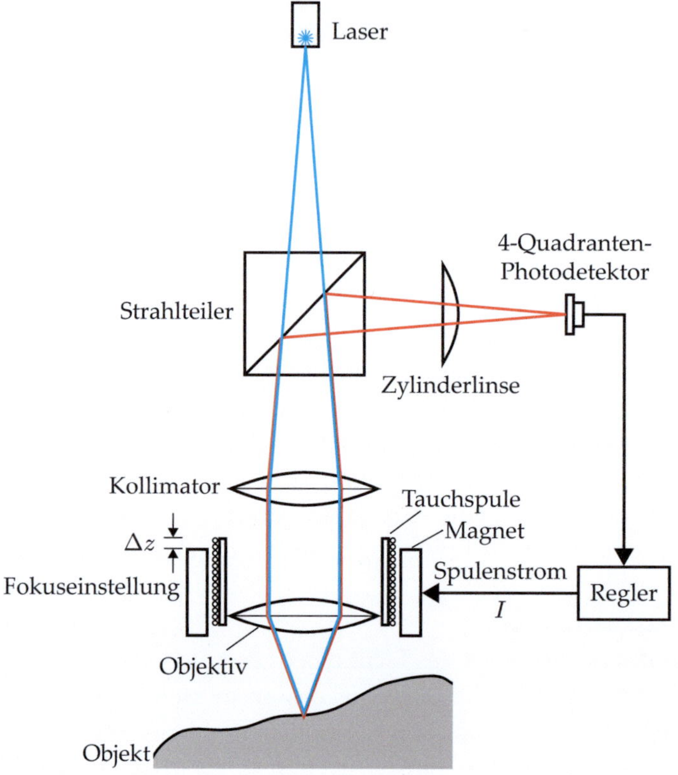

Abbildung 7.85. Autofokussensor: Strahlengang und elektromechanische Fokusnachführung.

Die erreichbare Tiefenauflösung liegt bei ca. 10 bis 25 nm. Der Messbereich beträgt etwa 1 mm. Die laterale Auflösung wird durch die Größe des Lichtflecks auf der Prüfobjektoberfläche bestimmt, die 1 bis 10 µm beträgt [31, 113]. Die Messfrequenz wird durch die dynamischen Eigenschaften des elektromechanischen Antriebssystems sowie durch die Eigenschaften des aufzunehmenden Oberflächenreliefs beschränkt. Sie kann bis zu ca. 10 kHz betragen [113].

7.3.13 Konfokale Mikroskopie

In Beispiel 3.3 wurde gezeigt, dass die Schärfentiefe bei Mikroskopaufnahmen sehr gering ist. Dieser Effekt kann zur 3D-Rekonstruktion genutzt werden: Im Bild sind nur solche Strukturen erkennbar, die sich sehr nah an der scharf abgebildeten Objektebene befinden. Für andere Strukturen ist die Abbildungsunschärfe so groß, dass sie praktisch gar nicht mehr sichtbar sind. Der Abstand zwischen Prüfobjekt und Objektivlinse wird systematisch variiert und eine Bildserie mit unterschiedlichen Objektpositionen wird aufgenommen [174]. In dieser **Fokusserie** wird nun für jede Pixelposition das Maximum eines geeigneten loka-

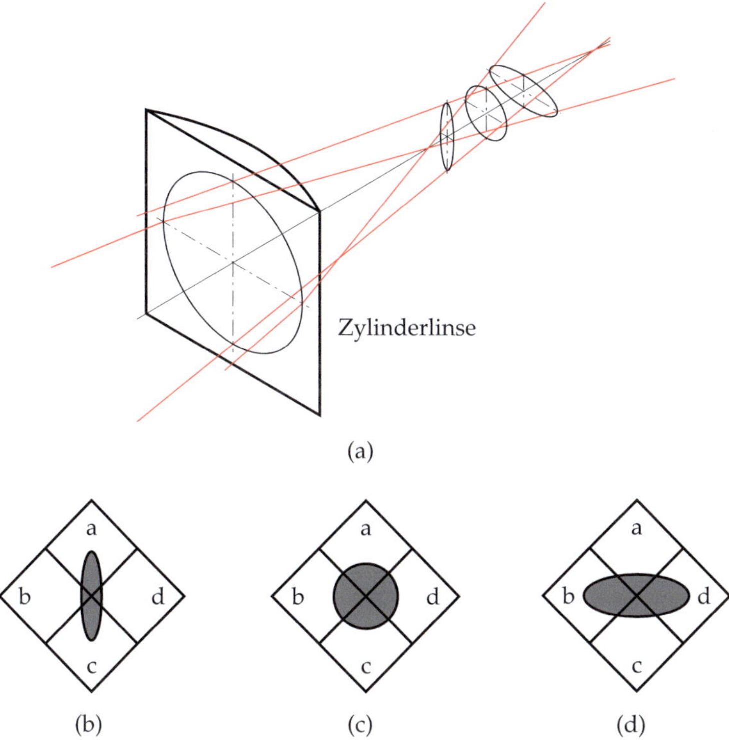

Abbildung 7.86. Prinzip der astigmatischen Fokusdetektion mit Hilfe einer Zylinderlinse und eines 4-Quadranten-Photodetektors: (a) Verzerrung des Strahlenbündels bei Abbildung mit einer Zylinderlinse; (b) Abbildung auf dem 4-Quadranten-Detektor bei zu geringem Abstand zum Objekt; (c) bei scharfer Abbildung; (d) bei zu großem Abstand.

len Bildmerkmals bestimmt. Hierzu können Kontrastmaße eingesetzt werden, die über ein Hochpassfilter realisiert werden [159]. Mit Hilfe der bekannten Aufnahmebedingungen der einzelnen Bilder lässt sich das Objekt dann dreidimensional rekonstruieren.

In der **konfokalen Mikroskopie** wird das Objekt zusätzlich fokussiert beleuchtet [134]. Eine Lichtquelle wird über einen Strahlteiler auf das Prüfobjekt abgebildet. Über dieselbe Abbildungsoptik gelangt das gestreute Licht zum Sensor (siehe Abb. 7.87). Eine Lochblende bewirkt, dass nur fokussiertes Licht zum Detektor gelangt. Die Lochblende wird bei beugungsbegrenzter Optik als sogenannte Pinhole-Blende in der Größe des zentralen Teils des Airy-Scheibchens ausgeführt (vgl. Abschn. 2.2.6).

Da nun sowohl bei der Beleuchtung als auch bei der Bildaufnahme auf eine Ebene fokussiert wird, ist eine noch höhere Tiefenauflösung im Nanometerbereich möglich [210]. Die Bestrahlungsstärke am Objekt nimmt proportional zum

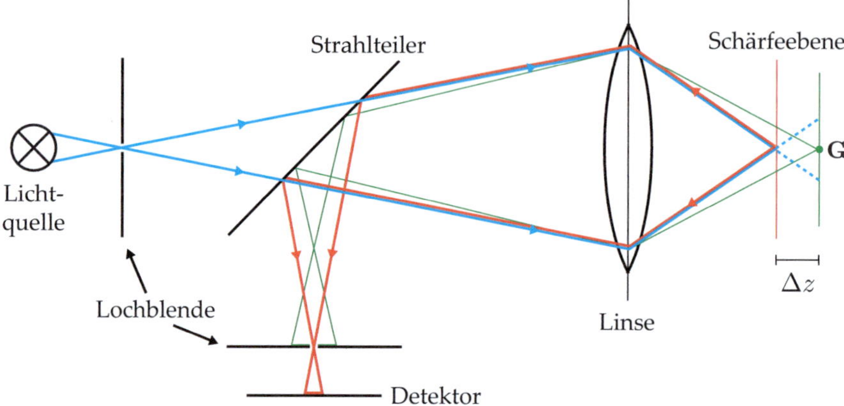

Abbildung 7.87. Strahlengang in der konfokalen Mikroskopie. Das Beleuchtungsbündel ist blau, die Abbildungsstrahlenbündel sind rot und grün dargestellt. Der größte Teil des grün eingezeichneten defokussierten Lichtbündels kann die Detektorblende nicht passieren.

Quadrat der Tiefenabweichung Δz von der Schärfeebene ab, da die angestrahlte Fläche quadratisch wächst. Ebenso nimmt die vom Objekt ausgehende Bestrahlungsstärke an der Detektorblende quadratisch mit Δz ab. Durch die Lochblende gelangt nur Intensität zum Detektor, die auf eine Fläche konstanter Größe an der Blende auftrifft. Insgesamt ist die Intensität am Detektor, die vom Objektpunkt **G** herrührt, näherungsweise proportional zu $(\Delta z)^{-4}$.

Als Lichtquelle dient meistens ein Laser, als Sensor kann ein Photomultiplier oder eine Photodiode eingesetzt werden [100]. Die beobachtete Intensität ist maximal, wenn das Objekt in der scharf abgebildeten Ebene liegt. Dieses Maximum wird gesucht, indem das Objekt entlang der optischen Achse des Mikroskops verschoben wird. Anders als beim oben erwähnten Fokusserien-Verfahren kann hier mit einer Serie von Aufnahmen in z-Richtung nur ein Objektpunkt vermessen werden. Um die gesamte 3D-Struktur zu erhalten, ist zusätzlich ein zweidimensionaler lateraler Scanvorgang erforderlich. Eine Möglichkeit bietet das konfokale Laserscanning-Mikroskop, in dem der Laserstrahl mit Hilfe beweglicher Spiegel das Objekt sequenziell abtastet [163]. Alternativ kann mit geeigneten optischen Bauteilen eine simultane Vermessung mehrerer Punkte erreicht werden. Beide Varianten ermöglichen die flächenhafte Tiefenmessung durch Aufnahme von Bildserien mit einem Zeitaufwand im Sekundenbereich.

Ein schnelles zweidimensionales laterales Scannen in der x,y-Ebene kann mit einer Mehrfachlochblende und einem zweidimensionalen Sensorarray realisiert werden; siehe Abb. 7.88(a). Diese Multipinhole-Blende kann z. B. als sogenannte Nipkow-Scheibe ausgeführt werden. Bei einer Nipkow-Scheibe sind die Blendenlöcher spiralförmig angeordnet. Die Scheibe rotiert schnell und ragt mit ei-

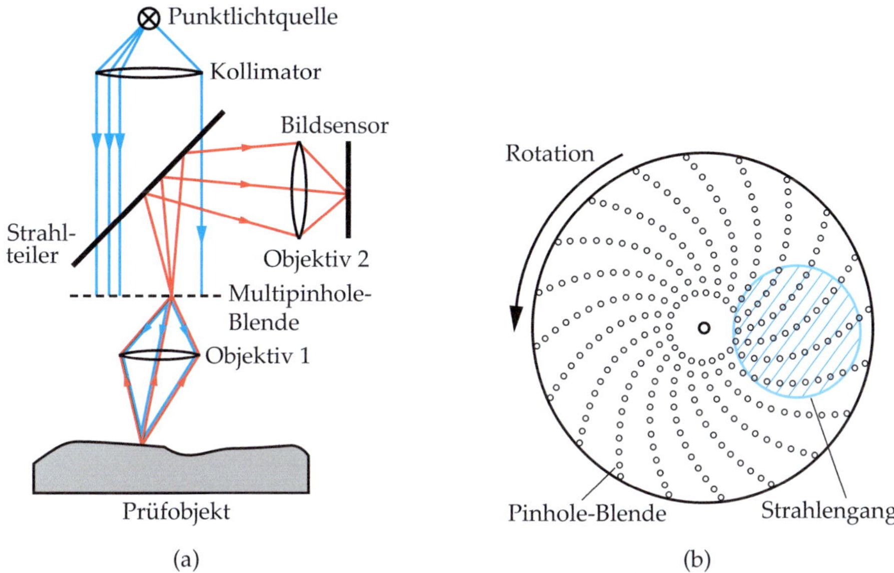

Abbildung 7.88. Konfokalmikroskop mit Multipinhole-Blende: (a) Strahlengang im Mikroskop; (b) Nipkow-Scheibe.

ner Hälfte in den Strahlengang; siehe Abb. 7.88(b). Durch die parallele Nutzung mehrerer Pinholes und den schnellen Wechsel der Pinhole-Anordnung durch die Rotation erreicht man einen schnellen lateralen Scan.

Eine Alternative zur Mehrfachlochblende ist ein rotierendes Mikrolinsenarray [203]. Die Mikrolinsen ersetzen im Strahlengang die beiden Objektive. Im Vergleich zur Mehrfachlochblende zeichnet sich das Mikrolinsenarray durch einen wesentlich geringeren Lichtverlust aus.

Für die Realisierung des vertikalen Scanvorgangs gibt es ebenfalls mehrere Möglichkeiten:

- vertikale Verschiebung des Objektivs,
- vertikale Verschiebung des Prüfobjekts,
- vertikale Schwingung des objektseitigen Fokuspunkts durch schwingende optische Elemente im Strahlengang [175],
- chromatische Parallelisierung.

Auf die letztgenannte Möglichkeit wird nun kurz eingegangen. Die Höhe z wird abgebildet auf die Wellenlänge des Lichtes, sodass der mechanische vertikale Scanvorgang durch eine Spektralanalyse ersetzt werden kann. Somit ist eine schnelle, simultane Erfassung eines Intervalls in z-Richtung möglich. Es wird ein Objektiv mit starker chromatischer Aberration verwendet, sodass die Beleuchtung je nach Wellenlänge in unterschiedlichen Ebenen fokussiert wird (siehe

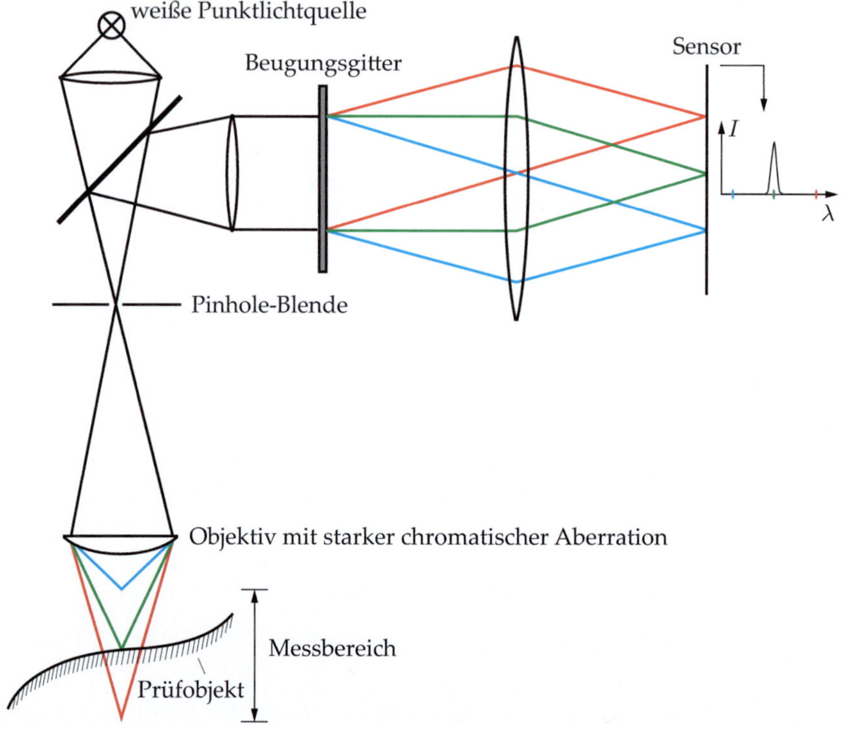

Abbildung 7.89. Chromatische Parallelisierung des vertikalen Scanvorgangs bei einem konfokalen Mikroskop.

Abschn. 3.4.8.2). Vor dem Bildsensor befindet sich ein Beugungsgitter, das zu einer spektralen Zerlegung des einfallenden Lichts führt (Abb. 7.89). Das örtliche Intensitätsmaximum auf dem Sensor entspricht nun der Wellenlänge mit optimaler Fokussierung und somit der Objektentfernung z.

Der vertikale Scan liefert, unabhängig von seiner Realisierung, für jeden Punkt eine sogenannte Konfokalkurve. Die Lage des Intensitätsmaximums entspricht der z-Position des Oberflächenpunktes. Die Halbwertsbreite der Konfokalkurve hängt im Wesentlichen von der numerischen Apertur des Objektivs ab. Mit wachsender numerischer Apertur wird das Maximum schlanker. Minimal ist eine Halbwertsbreite in der Größenordnung der Wellenlänge des verwendeten Lichtes erreichbar. Durch eine Kurvenanpassung an die diskreten Messpunkte mittels einer Regressionsrechnung lässt sich die Höhe z mit einer Auflösung im nm-Bereich bestimmen [210].

Die Hauptanwendungen der konfokalen Mikroskopie sind die Profilerfassung technischer Oberflächen und die 3D-Mikroskopie teiltransparenter Objekte, z. B. in der Biologie und Medizin.

Aus den Bildserien erhält man nicht nur die 3D-Struktur, sondern auch Reflektanzinformation. Mittels **Bildfusion** kann daraus ein Bild berechnet werden, in dem alle Objektbereiche scharf zu sehen sind [159]. Ein solches Bild lässt sich in vielen Fällen nicht mit einer einzigen realen Aufnahme erzielen.

7.3.14 Konfokale chromatische Triangulation

Der CCT-Sensor (*confocal chromatic triangulation*) [198,199] kombiniert das Prinzip eines chromatisch konfokalen Mikroskops mit dem Triangulationsprinzip. Der Beleuchtungs- und der Beobachtungsstrahlengang sind gegenüber der Messebene um den Winkel θ verkippt. Eine solche Optik wird auch als konfokales θ-Mikroskop [191] bzw. als *dual-axes confocal microscopy* [212] bezeichnet.

Der CCT-Sensor erfasst das Höhenprofil $z(x, y)$ einer Objektoberfläche als Zeilensensor in einem eindimensionalen Scanvorgang. Um direkt benachbarte Messungen zu ermöglichen, ist die Blende des konfokalen Ansatzes als Schlitzblende in y-Richtung ausgeführt. Die Verkippung von Beleuchtungs- und Beobachtungsstrahlengang verbessert das vertikale Auflösungsvermögen und ist besonders bei kleinen numerischen Aperturen vorteilhaft [182]. Abbildung 7.90 zeigt den prinzipiellen Aufbau eines CCT-Sensors.

Bei der chromatischen konfokalen Mikroskopie wird die Höhe z als Wellenlänge λ codiert, die dann spektroskopisch gemessen und damit die Höhe z geschätzt wird. Zur Beschleunigung des Verfahrens wird beim CCT-Sensor auf eine spektroskopische Ermittlung der Wellenlänge verzichtet. Stattdessen wird eine

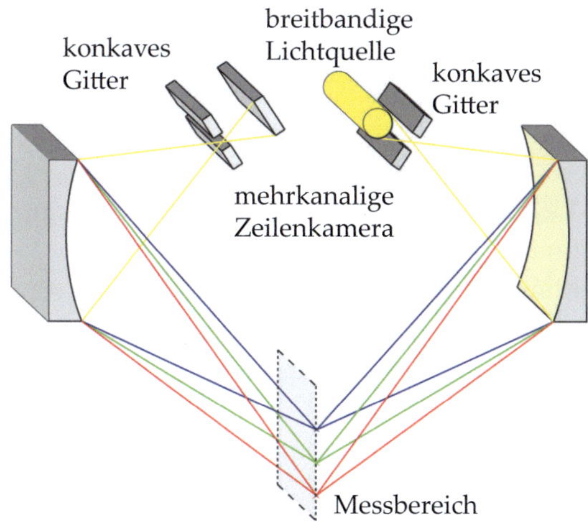

Abbildung 7.90.
Prinzipbild eines CCT-Sensors.

Q-kanalige Zeilenkamera eingesetzt. Jeder der Kanäle wird mit speziell optimierten Interferenzfiltern [200] ausgestattet, sodass man aus den Q beobachteten Intensitätswerten die Wellenlänge schnell und ausreichend genau schätzen kann.

Prinzipiell eignet sich das Messverfahren zum Aufbau sehr schneller Sensoren. Durch die Verwendung einer Q-kanalige Zeilenkamera müssen nur wenige Daten erfasst werden, was eine hohe Zeilenrate und damit eine hohe Scangeschwindigkeit ermöglicht.

7.3.15 Lichtlaufzeitsensoren

Ein weiteres Prinzip zur 3D-Vermessung beruht auf der Laufzeit des Lichts (*time of flight, ToF*). Wenn das Licht vom Sensor zum Objekt und zurück die Zeit t benötigt, so berechnet sich der Objektabstand d zu

$$d = \tfrac{1}{2}\,c\,t \tag{7.129}$$

mit der Lichtgeschwindigkeit c. Aufgrund der hohen Lichtgeschwindigkeit ist eine sehr hoch aufgelöste Zeitmessung erforderlich, um die gewünschte Genauigkeit zu erhalten. Ein Punktsensor nach dem Lichtlaufzeitprinzip nutzt üblicherweise einen gepulsten Laser als Lichtquelle. Die Zeitmessung muss mit dem Impulsgeber des Lasers synchronisiert werden. Alternativ können der Lichtquelle Codesequenzen aufmoduliert werden, damit die Laufzeit des Lichts anhand der Lage des Maximums der Kreuzkorrelationsfunktion von gesendetem und reflektiertem Signal bestimmt werden kann [127].

Ein 2D-Schnitt des Objektraums kann mit Hilfe eines Scanvorgangs vermessen werden. Man spricht dann von einem **Lidar-Sensor**. Diese Bezeichnung steht für *light detection and ranging* und wurde in Analogie zum Radar (*radiowave detection and ranging*) gewählt. Die Scanbewegung wird meist mit einem Drehspiegel realisiert. Ergebnis einer Messung ist die Entfernung der Objektpunkte vom Sensor als Funktion des Winkels in der Scanebene. Typische technische Daten sind ein Gesichtsfeld von $90°$ mit einer Winkelauflösung von $0{,}5°$, einer Reichweite von $80\ \mathrm{m}$ und einer Tiefenauflösung von $1\ \mathrm{cm}$ [184]. Bei dynamischen Szenen entsteht eine Verzerrung der gemessenen Objektgeometrie, da die Messung der Objektpunkte aufgrund des Scanvorgangs nicht simultan erfolgt. Lidar-Sensoren sind insbesondere in der Robotik sehr verbreitet.

Um Daten aus dem gesamten dreidimensionalen Raum zu erhalten, kann entweder eine zusätzliche Scan- oder Drehbewegung genutzt werden, oder es werden mehrere Laserscanner übereinander angeordnet, sodass man entsprechend viele Zeilen im Entfernungsbild erhält.

Aufgrund ihrer niedrigen Auflösung eignen sich Lichtlaufzeitsensoren für die automatischen Sichtprüfung nur in makroskopischen Prüfszenarien mit Strukturgrößen im cm-Bereich und darüber.

Weitere Sensoren, die dieses Prinzip zur 3D-Erfassung nutzen, sind die in Abschn. 6.12 beschriebenen Lichtlaufzeitkameras.

7.3.16 Phasenbasierte Verfahren

Alternativ zur direkten Laufzeitmessung kann auch die Phasenverschiebung des Lichts ausgewertet werden. Ein wichtiges Messverfahren nach diesem Prinzip ist die Interferometrie.

7.3.16.1 Interferometrie

Ziel der Interferometrie ist die genaue Vermessung eines Oberflächenreliefs einer spiegelnd oder diffus reflektierenden, glatten Oberfläche mit einer Messunsicherheit im Submikrometerbereich. Eine solche Messunsicherheit zu fordern ist nur dann sinnvoll, wenn die Oberflächenrauheit nicht größer ist.

Das Messprinzip beruht auf der optischen Interferenz (siehe Abschn. 2.2.5) eines Beobachtungsstrahls mit einem Referenzstrahl. Kohärentes, monochromatisches Licht wird in eine „Referenzwelle" und in eine „Messwelle" unterteilt. Die Referenzwelle durchläuft den Referenzpfad bekannter Länge und die Messwelle einen Pfad, der über das Prüfobjekt führt. Der Unterschied der zurückgelegten optischen Weglängen in den beiden Pfaden wird als Gangunterschied bezeichnet und bewirkt eine Phasenverschiebung zwischen den beiden Wellen.

Führt man beide Wellen dann wieder zusammen, entsteht ein Interferenzmuster, dessen Intensität erfasst wird. Das Interferenzmuster hängt vom Gangunterschied und somit von den Längen der beiden Pfade ab.

Aus der Beobachtung eines oder mehrerer Interferenzmuster kann man rechnerisch auf die Eigenschaften des Prüfobjekts zurückschließen, z. B. auf sein Oberflächenrelief.

Aufgrund der Periodizität der kohärenten Lichtwellen hängen auch die Interferenzerscheinungen periodisch vom Gangunterschied ab. Daher liegt beim Rückschluss vom Interferenzmuster auf das Oberflächenrelief ein schlecht gestelltes inverses Problem vor, das im Allgemeinen nur mit Regularisierungsmaßnahmen eindeutig gelöst werden kann (siehe Anhang A.2). Eine mögliche Regularisierungsannahme ist z. B. das Vorwissen, dass die Variation des Oberflächenreliefs beschränkt ist. Eine andere Regularisierungsmöglichkeit stellen zusätzliche Messungen mit variierter Wellenlänge dar. Auf beide Ansätze wird nachfolgend noch genauer eingegangen.

Bei glatten Oberflächen mit einer Rauheit, die klein gegenüber der Wellenlänge λ ist, erhält man makroskopisch beobachtbare Interferenzmuster, die durch Interferenzstreifen charakterisiert sind. Dies wird bei der klassischen Interferometrie ausgenutzt.

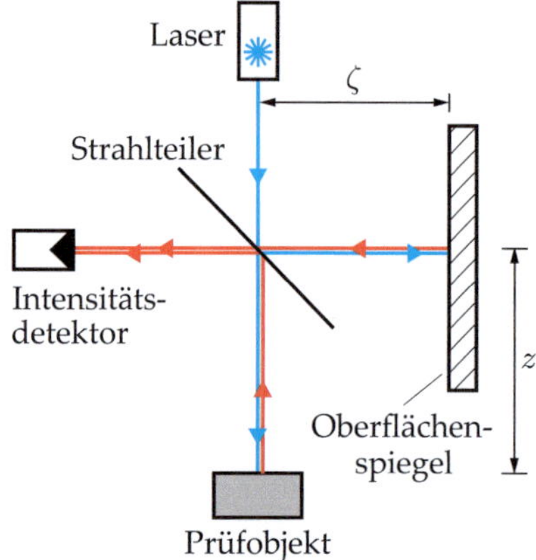

Abbildung 7.91.
Prinzip der Interferometrie.

Wenn die Wellenlänge hingegen klein gegenüber den Profilfluktuationen der Prüfobjektoberfläche ist, werden die beobachteten Interferenzmuster vom Speckle dominiert. In diesem Fall kann die Speckle-Interferometrie eingesetzt werden, auf die weiter unten in Abschn. 7.3.16.2 kurz eingegangen wird.

Als monochromatische Lichtquelle für ein Interferometer kann ein Laser der Wellenlänge λ verwendet werden, dessen Kohärenzlänge viel größer ist als die Abmessungen des Aufbaus [162]. Das Laserlicht wird an einem Strahlteiler aufgespalten (Abb. 7.91). Der Referenzstrahlengang wird an einem ebenen Oberflächenspiegel reflektiert und gelangt anschließend zum Intensitätsdetektor. Der Beobachtungsstrahlengang wird am Prüfobjekt reflektiert, sodass seine Länge mit der Objektgeometrie variiert. Die Länge der Messstrecke zwischen Strahlteiler und Prüfobjekt wird mit z bezeichnet, die Länge der Referenzstrecke zwischen Strahlteiler und Oberflächenspiegel mit ζ. Da diese Strecken jeweils vom einfallenden und vom reflektierten Licht durchlaufen werden, sind die optischen Längen doppelt so groß: $2z$ bzw. 2ζ.

Am Detektor wird die Interferenz des Lichtes aus Mess- und Referenzstrahlengang beobachtet; vgl. Abb. 7.101 auf S. 408. Damit deutlich ausgeprägte Interferenzstreifen entstehen, müssen Referenz und Prüfobjekt ähnliche Reflektanzen besitzen. Gemäß (2.123) wird die gemessene Intensität $I(z,\zeta)$ maximal, wenn der Gangunterschied $2z - 2\zeta = k\,\lambda$ beträgt für ein $k \in \mathbb{Z}$. In diesem Fall liegt konstruktive Interferenz vor. Die Intensität wird minimal, wenn der Gangunterschied $(k+\frac{1}{2})\lambda$ beträgt, also eine destruktive Interferenz erfolgt. Die Intensität ist $\frac{\lambda}{2}$-periodisch bezüglich z und ζ:

$$I(z,\zeta) = I(z + k\tfrac{\lambda}{2}, \zeta) = I(z, \zeta + l\tfrac{\lambda}{2})\,, \qquad k,l \in \mathbb{Z}\,. \tag{7.130}$$

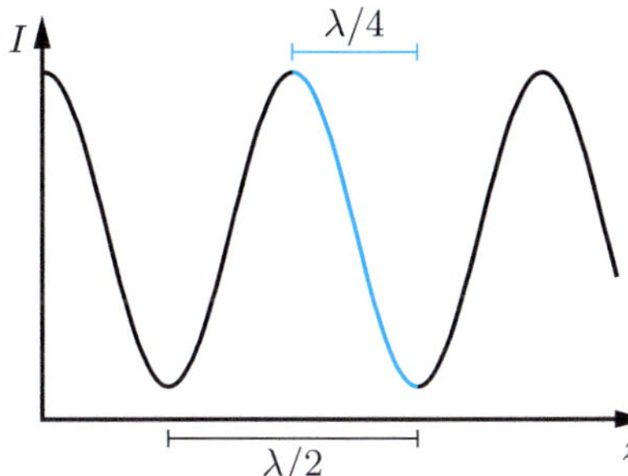

Abbildung 7.92.
Eindeutigkeitsbereich bei der interferometrischen Entfernungsbestimmung.

Aus der gemessenen Intensität $I(z, \zeta)$ kann daher nur für einen Bereich von $z \in [z_0, z_0 + \frac{\lambda}{4}]$ eindeutig auf den gesuchten Objektabstand z zurück geschlossen werden (Abb. 7.92).

Der Eindeutigkeitsbereich lässt sich vergrößern, indem eine langwelligere Lichtquelle verwendet wird, was aber spätestens im Infrarotbereich bei Wellenlängen von $\lambda > 10\ \mu\mathrm{m}$ an die Grenzen des technisch und wirtschaftlich Machbaren stößt.

Der Einsatz mehrerer unterschiedlicher Wellenlängen $\lambda_1, \lambda_2, \ldots$ erlaubt eine Interferometrie mit synthetischen Wellenlängen Λ_i, die erheblich länger sein können als die physikalischen Wellenlängen $\lambda_1, \lambda_2, \ldots$ [208]. Im Fall von zwei Wellenlängen $\lambda_1 > \lambda_2$ erhält man eine synthetische Wellenlänge

$$\Lambda = \frac{\lambda_1 \lambda_2}{\lambda_1 - \lambda_2}\,. \tag{7.131}$$

Diese ist größer als jede der beiden physikalischen Wellenlängen, falls gilt:

$$0 < \lambda_2 < \lambda_1 < 2\lambda_2 \qquad \Leftrightarrow \qquad \Lambda > \max\{\lambda_1, \lambda_2\} = \lambda_1\,. \tag{7.132}$$

Für $\lambda_1 \in (\lambda_2, 2\lambda_2]$ folgt $\Lambda \in [\lambda_1, \infty)$.

Interferometrie mit der synthetischen Wellenlänge Λ erweitert den Eindeutigkeitsbereich auf $\frac{\Lambda}{4}$, sodass der Eindeutigkeitsbereich im Prinzip beliebig gesteigert werden kann. Mehrwellenlängeninterferometrie lässt sich im Zeitmultiplex realisieren, indem λ_1 und λ_2 sequenziell eingesetzt werden und dann die beiden Interferenzbilder rechnerisch ausgewertet werden. Alternativ ist auch eine optisch parallelisierte Messung möglich, wobei ein Teil der Rechenoperationen optisch und elektronisch durchgeführt wird [208].

Voraussetzung für die interferometrische 3D-Bildaufnahme ist eine geringe Oberflächenrauheit im Vergleich zur Wellenlänge: Die Abstandsvariation innerhalb des Messflecks, der dem Bild eines Kamerapixels auf der Prüfoberfläche entspricht, muss klein sein im Vergleich zur Wellenlänge. Das gilt sowohl für die physikalische Wellenlänge λ bei der Einwellenlängeninterferometrie als auch

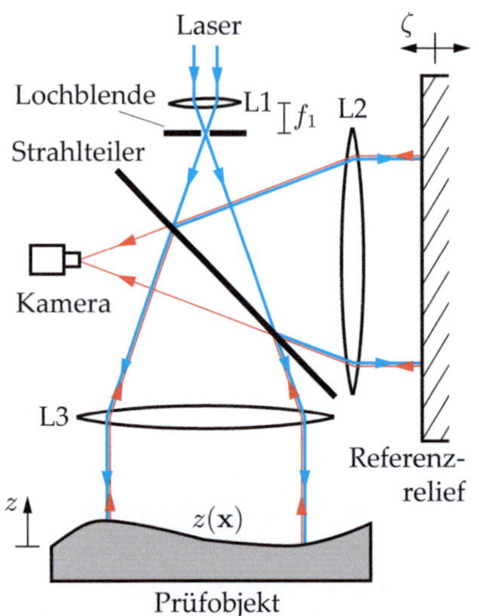

Abbildung 7.93.
Aufbau eines Twyman-Green-Interferometers.

für die synthetische Wellenlänge Λ bei der Mehrwellenlängeninterferometrie. Die Messunsicherheit wird bei der Interferometrie im Prinzip nur durch die Oberflächenrauheit begrenzt [208].

Zur simultanen interferometrischen Aufnahme eines Oberflächenreliefs $z(\mathbf{x})$ kann z. B. das Twyman-Green-Interferometer eingesetzt werden [25, 162]. Das Oberflächenrelief des Prüfobjekts wird dabei simultan für jeden Sichtstrahl der Kamera mit einer Referenzfläche $\zeta(\mathbf{x})$ verglichen. Im einfachsten Fall wird als Referenzfläche ein ebener Spiegel senkrecht zur optischen Achse verwendet, sodass $\zeta(\mathbf{x}) = \zeta = \text{const.}$ gilt (Abb. 7.93). In der Bildebene der Kamera interferieren Referenz- und Beobachtungsstrahlen, sodass ein Interferenzbild $I(z(\mathbf{x}), \zeta, \mathbf{x})$ beobachtet wird.

In Abb. 7.93 befindet sich eine Lochblende in der Brennebene der Linse L1. In dieser Ebene wird die Fourier-Transformierte des einfallenden Laserstrahls erzeugt (vgl. Abschn. 2.2.6). Die Lochblende wirkt dort wie ein Tiefpassfilter. Sie lässt niedrige Ortsfrequenzen passieren, während hohe Ortsfrequenzen gesperrt werden. Damit wird der Laserstrahl über seinen Querschnitt homogenisiert.

Typische Interferenzstreifenmuster, die für unterschiedliche Oberflächendefekte charakteristische Interferenzstreifenmuster zeigen, sind in Abb. 7.102 auf S. 408 dargestellt. Dass die Abstände der mit den Extrema von $I(z(\mathbf{x}), \zeta, \mathbf{x})$ einhergehenden Interferenzstreifen einem Gangunterschied von nur einer halben Wellenlänge entsprechen, begründet die hohe Empfindlichkeit interferometrischer Verfahren.

Die Rekonstruktion eines Reliefs $z(\mathbf{x})$ mit einer Höhendifferenz $|\max_{\mathbf{x}}\{z(\mathbf{x})\} - \min_{\mathbf{x}}\{z(\mathbf{x})\}| > \frac{\lambda}{4}$ erfordert Phasenentfaltungsverfahren (vgl.

auch Abschn. 7.3.4.1). Mit Hilfe von Glattheitsannahmen über $z(\mathbf{x})$ wird ein stetiges Relief $\hat{z}(\mathbf{x})$ rekonstruiert.

Durch Parallelverschiebung der Referenzfläche entsteht eine Bildserie $I(z(\mathbf{x}), \zeta_l, \mathbf{x})$, aus der die Phase geschätzt werden kann.

Mit (2.121) erhält man für $r_1 = 2\zeta$, $r_2 = 2z$, $\delta_1 = \delta_2 = 0$:

$$I = I_1 + I_2 + 2\sqrt{I_1 I_2}\cos\varphi\,, \tag{7.133}$$

$$\varphi = \frac{4\pi}{\lambda}\,(z - \zeta)\,, \qquad \varphi = \varphi(\mathbf{x}) = \varphi(z(\mathbf{x}) - \zeta(\mathbf{x}))\,. \tag{7.134}$$

Mittelbar über z und ζ ist φ eine Funktion der Ortskoordinate $\mathbf{x}$. Da I_1 und I_2 im Allgemeinen ebenfalls Funktionen des Ortes $\mathbf{x}$ sind, kann man allgemeiner schreiben:

$$I(z(\mathbf{x}), \zeta(\mathbf{x}), \mathbf{x}) = a(\mathbf{x}) + b(\mathbf{x})\cos\varphi(\mathbf{x})\,. \tag{7.135}$$

Zur übersichtlicheren Handhabung wird dies im Folgenden vereinfacht geschrieben als

$$I = a + b\cos\varphi\,. \tag{7.136}$$

Durch definierte Veränderungen der Referenzpfadlänge können definierte Phasenverschiebungen ψ_q realisiert werden:

$$I_q = a + b\cos(\varphi + \psi_q)\,, \qquad \psi_q := q\,\frac{2\pi}{Q}\,,\ Q \in \mathbb{N}\,,\ q = 0, \ldots, Q-1\,. \tag{7.137}$$

Damit erhält man für $Q \geq 3$ ein eindeutig lösbares nichtlineares Gleichungssystem, aus dem die Phase φ und somit die eigentlich interessierende Größe z berechnet werden kann [41, 108, 115, 150, 195]. Die Funktion I_q ist periodisch in q und enthält neben einem Gleichanteil nur eine harmonische Schwingung. Bestimmt man für deren Frequenz die diskrete Fourier-Transformierte (siehe Kap. 8) von I_q, so folgt als Winkel dieser komplexen Zahl die Lösung

$$\varphi_\mathrm{w} = -\arctan\frac{\sum_{q=0}^{Q-1} I_q \sin\psi_q}{\sum_{q=0}^{Q-1} I_q \cos\psi_q}\,, \qquad Q \geq 3\,. \tag{7.138}$$

Die Tangensfunktion hat mehrere Zweige, weshalb diese Gleichung zunächst nur für den Hauptzweig gültig ist und Werte im Intervall $(-\frac{\pi}{2}, \frac{\pi}{2})$ liefert. Durch eine Fallunterscheidung bezüglich der Vorzeichen von Zähler und Nenner des Arguments der Arcustangensfunktion können die beiden dem Hauptzweig benachbarten Zweige genutzt werden, um die Eindeutigkeit auf ein Intervall von $(-\pi, \pi)$ zu erweitern. Bezüglich z entspricht dies einer Erweiterung des Eindeutigkeitsbereichs auf ein Intervall der Länge $\frac{\lambda}{2}$.

Beispiel 7.10 (Phasenschiebeverfahren): Für die Wahl $Q = 4$ erhält man den einfachen Zusammenhang

$$\varphi_{\mathrm{w}} = -\arctan\frac{I_1 - I_3}{I_0 - I_2}\,. \tag{7.139}$$

Wegen der höheren Robustheit verglichen mit dem Minimalfall $Q = 3$ ist dieses Verfahren recht verbreitet. ■

Aufgrund der Mehrdeutigkeit der Arcustangensfunktion unterscheidet sich die berechnete Phase φ_{w} von der tatsächlichen Phase φ, denn es werden alle Phasenwerte auf das Intervall $(-\pi, \pi)$ abgebildet. Im Englischen bezeichnet man dies als „wrapped" (eingewickelt), daher der Index von φ_{w}. Eine Übereinstimmung besteht lediglich modulo 2π:

$$\varphi_{\mathrm{w}}(\mathbf{x}) = \frac{4\pi}{\lambda}\,(z(\mathbf{x}) - \zeta(\mathbf{x})) \mod 2\pi\,. \tag{7.140}$$

Dies lässt sich schreiben als

$$\varphi_{\mathrm{w}}(\mathbf{x}) = \varphi(\mathbf{x}) + 2\pi\, n(\mathbf{x}) \qquad \text{mit} \quad n(\mathbf{x}) \in \mathbb{Z}\,. \tag{7.141}$$

Bei Interferenzstreifen bezeichnet man $n(\mathbf{x})$ auch als die Interferenzordnung [150]. Für $z(\mathbf{x})$ folgt ein Eindeutigkeitsbereich von $(\zeta(\mathbf{x}) - \frac{\lambda}{4}, \zeta(\mathbf{x}) + \frac{\lambda}{4})$.

Mit Stetigkeits- und Glattheitsannahmen für $z(\mathbf{x})$ und mithin für $\varphi(\mathbf{x})$ lassen sich die $n(\mathbf{x})$ so bestimmen, dass die rekonstruierte Phase $\hat{\varphi}(\mathbf{x})$ keine 2π-Sprünge mehr aufweist. Man spricht hier von **Phasenentfaltung** oder *phase unwrapping* [66]. Aus der rekonstruierten Phase lassen sich dann Schätzungen für die Tiefenwerte $z(\mathbf{x})$ berechnen:

$$\hat{\varphi}(\mathbf{x}) = \varphi_{\mathrm{w}}(\mathbf{x}) - 2\pi\,\hat{n}(\mathbf{x})\,, \tag{7.142}$$

$$\hat{z}(\mathbf{x}) = \frac{\lambda}{4\pi}\,\hat{\varphi}(\mathbf{x}) + \zeta(\mathbf{x})\,. \tag{7.143}$$

Bei der **Weißlichtinterferometrie** wird im Gegensatz zum bisher beschriebenen Verfahren breitbandiges Licht mit kurzer Kohärenzlänge verwendet [17]. Die konstruktive Interferenz weist für $z = \zeta$ ein absolutes Maximum auf. Die Nebenmaxima sind bei kurzkohärentem Weißlicht schwächer ausgeprägt, weil in einigen Spektralbereichen des verwendeten Weißlichts konstruktive Interferenz und gleichzeitig in anderen Spektralbereichen destruktive Interferenz vorliegt. Es resultiert eine ortsvariante spektrale Zusammensetzung des beobachteten Interferenzbildes in Abhängigkeit der Differenz $z - \zeta$, d. h. das Relief erscheint im Kamerabild farbcodiert [1].

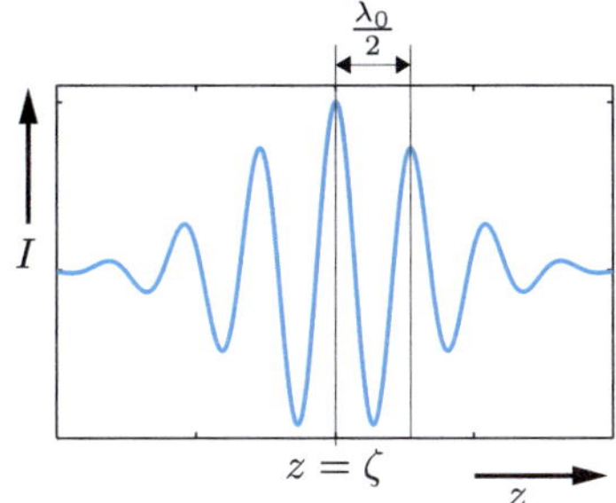

Abbildung 7.94. Mit einem Weißlichtinterferometer beobachtete Intensität I in Abhängigkeit der Objektverschiebung z und der mittleren Wellenlänge λ_0 des Weißlichts.

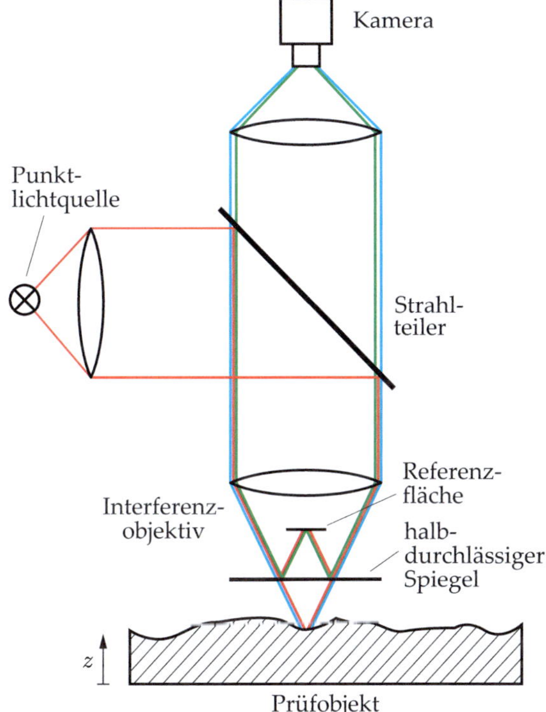

Abbildung 7.95. Aufbau eines Weißlichtinterferometers.

In einem Weißlichtinterferometer kann z. B. die ebene Referenzfläche verschoben werden, um in der resultierenden Bildserie das Interferenzmaximum für jedes Pixel ermitteln zu können (Abb. 7.94). Daraus kann das Oberflächenrelief eindeutig rekonstruiert werden.

Bei dem Weißlichtinterferometer aus Abb. 7.95 ist der Referenzspiegel in das Objektiv integriert, sodass für beide Strahlengänge die gleiche Fokussierungsoptik verwendet werden kann. Zur Gewinnung der Bildserie wird hier das Prüfobjekt relativ zum Interferometer in z-Richtung verschoben.

7.3.16.2 Speckleinterferometrie für die Materialprüfung

Die interferometrische Aufnahme einer rauen Oberfläche führt zur Beobachtung eines Interferenzmusters, das von Speckle dominiert wird. Dieses Interferenzmuster verändert sich mit hoher Empfindlichkeit in Abhängigkeit von Deformationen der Prüfobjektoberfläche [50, 111, 216].

In der Speckleinterferometrie werden Intensitätsbilder des unbelasteten und des mechanisch belasteten Prüfobjekts interferometrisch aufgenommen, die mit $g_1(\mathbf{x})$ und $g_2(\mathbf{x})$ bezeichnet werden. Aus den Unterschieden zwischen den in $g_1(\mathbf{x})$ und $g_2(\mathbf{x})$ beobachteten Interferenzmustern wird rechnerisch auf die Deformation der Oberfläche zurückgeschlossen. Damit ist die Bestimmung von Deformationen im Subwellenlängenbereich möglich.

Während in den Bildern $g_1(\mathbf{x})$ und $g_2(\mathbf{x})$ einer rauen Oberfläche jeweils kein makroskopisches Interferenzstreifenmuster sichtbar ist, entsteht durch die Subtraktion $g_2(\mathbf{x}) - g_1(\mathbf{x})$ ein Bild mit einem Interferenzstreifenmuster, das die Formunterschiede des Objektes zwischen dem unbelasteten und dem belasteten Zustand wiedergibt [79]. Abbildung 7.96 zeigt ein derart gewonnenes Speckleinterferogramm $g_2(\mathbf{x}) - g_1(\mathbf{x})$ eines scheibenförmigen Objekts, das in $g_1(\mathbf{x})$ im unbelasteten Zustand und in $g_2(\mathbf{x})$ mit einer mechanischen Belastung aufgenommen wurde.

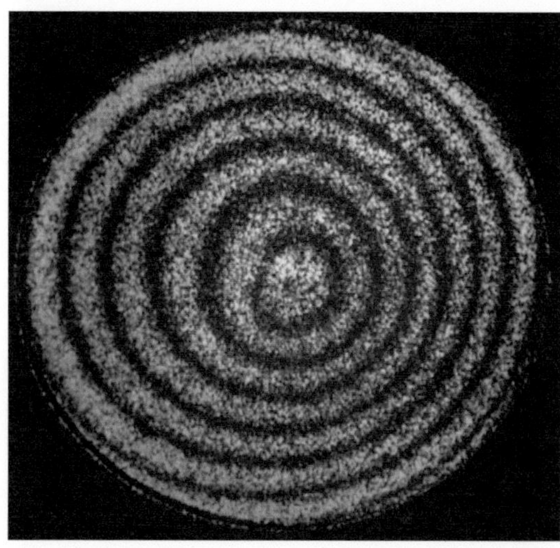

Abbildung 7.96. Speckleinterferogramm einer Scheibe, die im Zentrum mechanisch belastet wurde (Quelle: Prof. Dr. W. Osten [151]).

Eine spezielle Variante der Speckleinterferometrie, die in der Praxis erfolgreich eingesetzt wird, ist die Scherographie.

7.3.16.3 Scherographie

Die Scherographie ist eine kohärent optische Methode, die ein spezielles Speckleinterferometrieverfahren ist [97]. Das Ziel ist die Sichtbarmachung von inneren

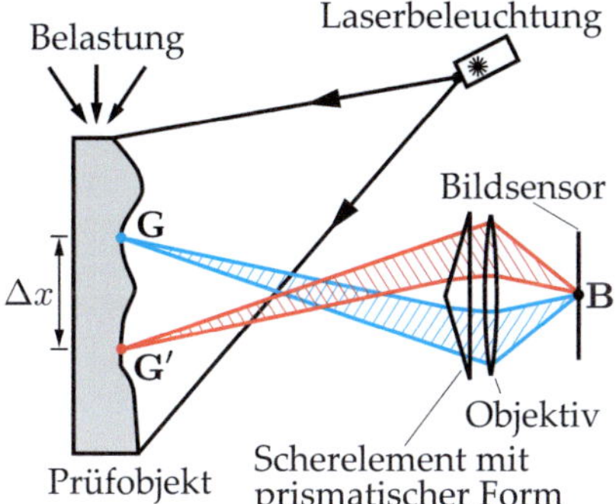

Abbildung 7.97.
Prinzip der Scherographie.

Defekten eines Prüfobjekts, die unter Belastung zu einer lokalen Deformation der Oberfläche führen. Verformungen bis in den Subwellenlängenbereich können erkannt und vermessen werden. Die Scherographie ist sowohl bei teilspiegelnden als auch bei rauen Oberflächen anwendbar, die in vielen Fertigungsprozessen vorkommen. Flächen bis zu einer Größe von $1\ \mathrm{m}^2$ können mit einer Aufnahme geprüft werden [107].

Das Prüfobjekt wird mit kohärentem Licht beleuchtet, typischerweise von einem Laser. Durch ein Scherelement werden zwei Objektpunkte $\mathbf{G}$, $\mathbf{G}'$ auf denselben Sensorpunkt $\mathbf{B}$ abgebildet (Abb. 7.97). Der Betrag der Scherung entspricht dem Abstand Δx der beiden Punkte $\mathbf{G}$ und $\mathbf{G}'$ in x-Richtung. Die von $\mathbf{G}$ und $\mathbf{G}'$ ausgehenden kohärenten Lichtwellen interferieren im Punkt $\mathbf{B}$. Auf dem Bildsensor entstehen zwei verschobene kohärente Teilbilder, die miteinander interferieren [50, 190].

Nacheinander werden zwei Bilder $g_1(\mathbf{x})$ und $g_2(\mathbf{x})$ des unbelasteten und des belasteten Objekts aufgenommen. Die Belastung kann mechanisch oder thermisch erzeugt werden.

Das Resultat der Bildgewinnung ist die Differenz der beiden Intensitätsbilder $g_1(\mathbf{x})$ und $g_2(\mathbf{x})$:

$$\Delta g(\mathbf{x}) = g_1(\mathbf{x}) - g_2(\mathbf{x}) \,. \tag{7.144}$$

Dieses Differenzbild ist die Grundlage für die anschließende Bildauswertung. Für kleine Δx gilt näherungsweise [107]:

$$\Delta g(\mathbf{x}) \approx a(\mathbf{x}) + b(\mathbf{x}) \sin\Bigg(\underbrace{\mathbf{v}^{\mathrm{T}}(\mathbf{x}) \, \frac{\partial \mathbf{d}(\mathbf{x})}{\partial x} \, \frac{\pi \, \Delta x}{\lambda}}_{=:\, \varphi(\mathbf{x})} \Bigg) \,. \tag{7.145}$$

Darin ist $a(\mathbf{x})$ ein additiver Störterm, $b(\mathbf{x})$ ein multiplikativer Störterm, Δx die Scherung, λ die Wellenlänge des kohärenten Lichts und $\mathbf{d}(\mathbf{x})$ die relative dreidimensionale Verschiebung der beiden im Punkt $\mathbf{x}$ abgebildeten Objektpunkte zu-

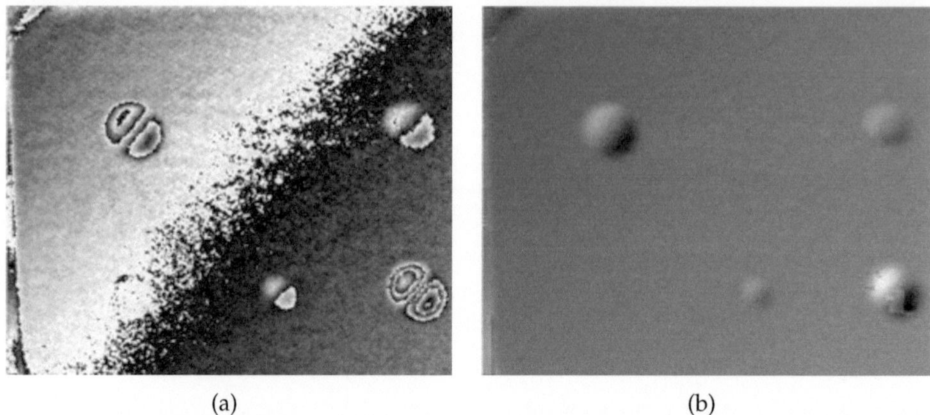

(a) (b)

Abbildung 7.98. Scherographische Prüfung eines belasteten Flugzeugbauteils: (a) im Scherogramm $\Delta g(\mathbf{x})$ zeigen sich lokale Verformungen, die durch Hohlräume im Objektinneren verursacht werden, als charakteristische Schmetterlingsmuster; die Belastung erfolgte hier thermisch durch die Erwärmung der Oberfläche mit einem Lichtblitz; (b) demoduliertes Phasenbild $\varphi(\mathbf{x})$, vgl. (7.145) (Quelle: Prof. Dr. W. Osten [151]).

einander aufgrund der Belastung. Das Verstärkungsvektorfeld (oder auch Sensitivitätsvektorfeld) $\mathbf{v}(\mathbf{x})$ hängt von der Konstellation des Aufbaus ab. Das Differenzbild $\Delta g(\mathbf{x})$ gibt für festes $\mathbf{x}$ und kleine Δx, sodass der Sinus linear approximiert werden kann, bis auf eine multiplikative und eine additive Konstante die partielle Ableitung des Verschiebungsfeldes $\mathbf{d}(\mathbf{x})$ wieder.

Die Scherographie ist in zweierlei Hinsicht ein selbstreferenzierendes Aufnahmeverfahren: einerseits durch die Erzeugung zweier kohärenter Teilbilder auf dem Bildsensor und andererseits durch die Differenzbildung der Aufnahmen im unbelasteten und belasteten Zustand. Das Verfahren ist daher sehr unempfindlich gegenüber Starrkörperverschiebungen des Prüfobjekts, wie sie durch Positionierungsungenauigkeiten bei der Darbietung des Objekts auftreten können. Anhand von (7.145) sieht man diese Robustheit wie folgt: Für eine Starrkörperverschiebung (Translation) ist das Verschiebungsvektorfeld konstant bezüglich des Ortes,

$$\mathbf{d}_{\text{Starr}}(\mathbf{x}) = \text{const.} \qquad \Rightarrow \qquad \frac{\partial \mathbf{d}_{\text{Starr}}(\mathbf{x})}{\partial x} = 0\,. \tag{7.146}$$

Da $\mathbf{d}(\mathbf{x})$ in (7.145) nur in Form dieser partiellen Ableitung eingeht, wird das Ergebnis nicht von einer starren Verschiebung des gesamten Prüfobjekts beeinflusst.

Lokale Einsinkungen oder Ausbuchtungen der Objektoberfläche infolge der Belastung zeigen sich in $\Delta g(\mathbf{x})$ als charakteristische Streifenmuster, die entfernt an eine Schmetterlingsform erinnern (Abb. 7.98) [107, 151].

Dreht man das Scherelement um $90°$ um die optische Achse, kann Information über die Ableitung $\frac{\partial \mathbf{d}(\mathbf{x})}{\partial y}$ in y-Richtung ebenso ermittelt werden.

7.3.16.4 Holographie

Bei der Holographie[5] wird das Interferenzmuster einer Referenz- und einer Objektwelle aufgezeichnet. Diese Aufzeichnung wird als Hologramm bezeichnet. Beim späteren Auslesen wird das Hologramm lediglich mit der Referenzwelle beleuchtet. Dadurch wird die Objektwelle rekonstruiert [27].

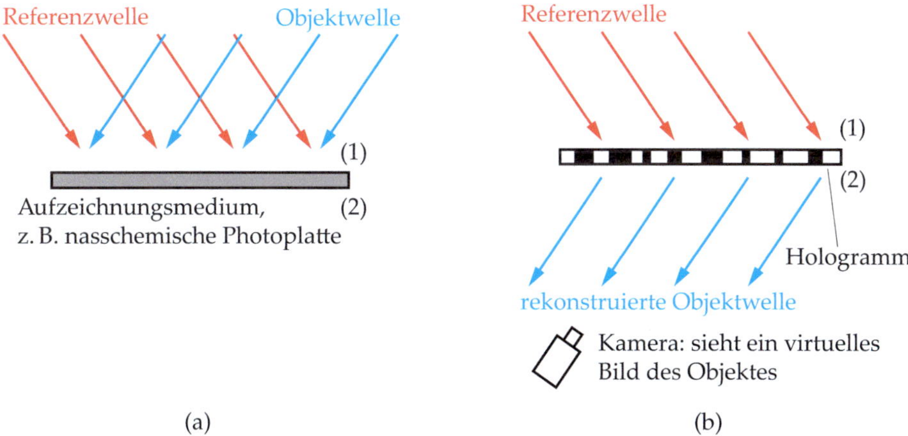

Abbildung 7.99. Prinzip der Holographie: (a) Aufzeichnung des Hologramms; (b) holographische Rekonstruktion.

Das Licht der Referenz- und Objektwelle stammt aus einer kohärenten Lichtquelle (z. B. Laserlicht). Die Objektwelle wird vom zu untersuchenden Objekt diffus reflektiert. Beide Wellen erzeugen auf dem Aufzeichnungsmedium ein Interferenzmuster, das dort gespeichert wird; siehe Abb. 7.99(a). Das Interferenzmuster enthält gemäß (2.121) die Phaseninformation der Objektwelle. Die Aufzeichnung der Phaseninformation ist eine Besonderheit der Holographie, denn in gewöhnliche Kameraaufnahmen geht nur die Lichtintensität ein. Sie erfolgt indirekt durch Aufzeichnung der Intensität des Interferenzmusters [50]. Als Aufzeichnungsmedium können z. B. nasschemische Photoplatten verwendet werden, die nach der Belichtung zu einem Hologramm entwickelt werden. Es gibt aber auch Phasenhologramme, bei denen die Information in der Dicke einer transparenten Schicht codiert ist.

Beleuchtet man das entwickelte Hologramm mit der Referenzwelle alleine, entsteht auf der Seite (2) die holographisch rekonstruierte Objektwelle; siehe Abb. 7.99(b). Vereinfacht kann man diesen Effekt wie folgt erklären: Wenn in Abb.

---

[5] Holographie, vom griechischen „holos“, also „Gesamtabbildung“, wurde 1948 von Dennis Gábor erfunden, der 1971 mit dem Nobelpreis für Physik ausgezeichnet wurde [61,82].

7.99(a) im ganzen Raum die Objektwelle unter Beibehaltung des Interferenzmusters subtrahiert würde, verschwindet sie auf Seite (1), während sie auf der Seite (2) mit negativem Vorzeichen neu auftaucht. Für die Intensität, die von der Kamera wahrgenommen wird, ist das Vorzeichen der Welle unerheblich, sodass die holographische Rekonstruktion genauso wie das Objekt aussieht.

Die holographische Interferometrie kann zum Vergleich von beliebig geformten Prüfobjekten, die eine raue Oberflächenstruktur aufweisen, mit einem Musterobjekt eingesetzt werden [42, 178, 216]. Musterobjekt und Prüfobjekt können physisch verschiedene Objekte sein, zwischen denen man Unterschiede quantitativ feststellen möchte, oder ein und dasselbe Objekt im belasteten und unbelasteten Zustand.

Beliebig geformte makroskopische Prüfobjekte, deren räumliche Struktur sich über sehr viele Wellenlängen λ erstreckt und mithin zu sehr großen Gangunterschiedsfluktuationen zwischen Referenz- und Objektwelle führen, würden bei konventioneller Interferometrie extrem dicht liegende Interferenzstreifen erzeugen, die mit einer Kamera nicht mehr aufgelöst werden können. Ein holographischer Vergleich schafft hier Abhilfe. Holographische Methoden erlauben die Inspektion von diffus streuenden Oberflächen beliebiger Form [50].

Die Objektwelle des Musterobjekts wird auf Basis einer primären Referenzwelle in einem Hologramm gespeichert. Beim späteren Prüfvorgang wird mittels der primären Referenzwelle die Objektwelle des Musterobjekts rekonstruiert, die nun als sekundäre Referenzwelle dient. Sie enthält die Phasenverschiebungen gemäß dem Relief des Musterobjekts.

Mit der primären Referenzwelle wird zum Prüfzeitpunkt eine Objektwelle des Prüfobjektes durch Reflexion erzeugt. Ebenso wird mit der primären Referenzwelle das Hologramm des Musterobjektes ausgelesen, sodass die sekundäre Referenzwelle entsteht.

Die Überlagerung der Objektwelle des Prüfobjektes und der sekundären Referenzwelle erzeugt ein Interferenzmuster, das Gangunterschiede in der Größe der Reliefdifferenzen zwischen Prüfobjekt und Musterobjekt (Soll-Relief) entspricht.

Abbildung 7.100 zeigt einen konkreten Aufbau für die holographische Interferometrie. Das Musterobjekt wird zur Aufzeichnung des Hologramms kohärent beleuchtet. Über einen Strahlteiler wird die beleuchtende Referenzwelle zusätzlich auf das Aufzeichnungsmedium reflektiert, wo sie mit der Objektwelle, die vom Musterobjekt diffus reflektiert wird, zur Interferenz gebracht wird; siehe Abb. 7.100(a). Als Aufzeichnungsmedium kommt eine nasschemische Photoplatte oder ein Sensorarray in Frage.

Zur automatischen Sichtprüfung wird das Prüfobjekt an die gleiche Position gebracht wie zuvor das Musterobjekt; siehe Abb. 7.100(b). Die Objektwelle des Prüfobjekts und die sekundäre Referenzwelle, d. h. die holographisch rekonstru-

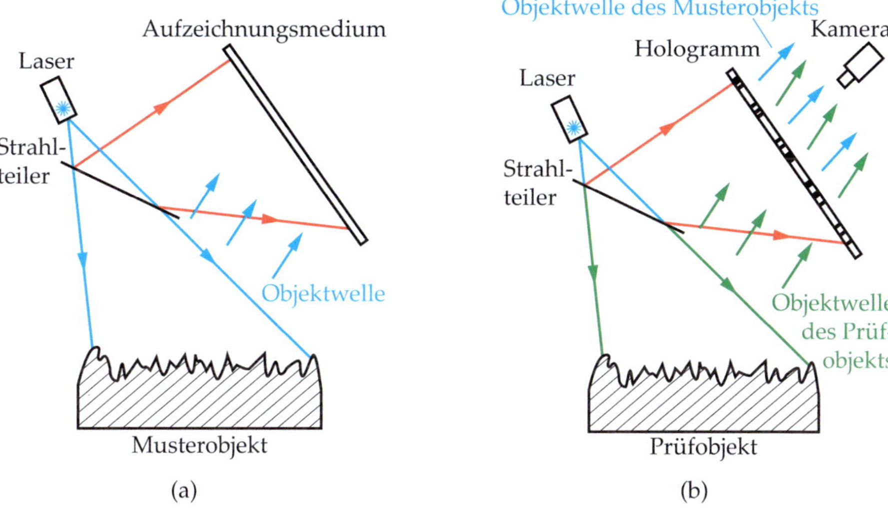

Abbildung 7.100. Automatische Sichtprüfung mittels holographischer Interferometrie: (a) Aufzeichnung des Hologramms eines Musterobjekts; (b) Interferenz der sekundären Referenzwelle (Objektwelle des Musterobjekts) und der Objektwelle des Prüfobjekts (Prinzipskizze).

ierte Objektwelle des Musterobjekts, erzeugen auf dem Bildsensor der Kamera ein Interferenzmuster. Das Interferenzmuster hängt nur von den Unterschieden zwischen Muster- und Prüfobjekt ab. Die zugehörigen Phasenunterschiede und damit die Gangunterschiede lassen sich aus dem Interferenzmuster quantitativ berechnen, sodass eine quantitative Vermessung der Unterschiede beider Objekte im Subwellenlängenbereich möglich wird. Ein holographisches Inspektionssystem lässt allerdings nicht platzsparend aufbauen, weil die verschiedenen Referenz- und Beobachtungsstrahlengänge realisiert werden müssen [79].

Ein Beispiel für das Ergebnis einer holographischen Bildaufnahme ist in Abb. 7.101 dargestellt. Die sekundäre Referenzwelle, mit der die Interferenzstreifen erzeugt werden, stammt von einem Hologramm des Musterobjekts, in diesem Fall von einem Zylinder mit Sollgeometrie. Daher zeigt das Interferogramm nur Streifen, die von Gangunterschieden und mithin von Formabweichungen zwischen Musterobjekt und aktuellem Prüfobjekt resultieren. Solche Abweichungen können somit im Sub-Wellenlängenbereich erfasst werden. Defekte des Prüfobjekts rufen charakteristische Interferenzstreifenmuster im Hologramm hervor (Abb. 7.102).

Anstelle eines nasschemischen Filmes kann auch ein Sensorarray, d. h. ein Kamerachip, ohne Abbildungsoptik direkt zur Aufzeichnung des Hologramms verwendet werden. Ersetzt man dann bei der Prüfung dieses Sensorarray durch einen räumlichen Lichtmodulator, d. h. ein Durchsichtdisplay, der das aufgezeich-

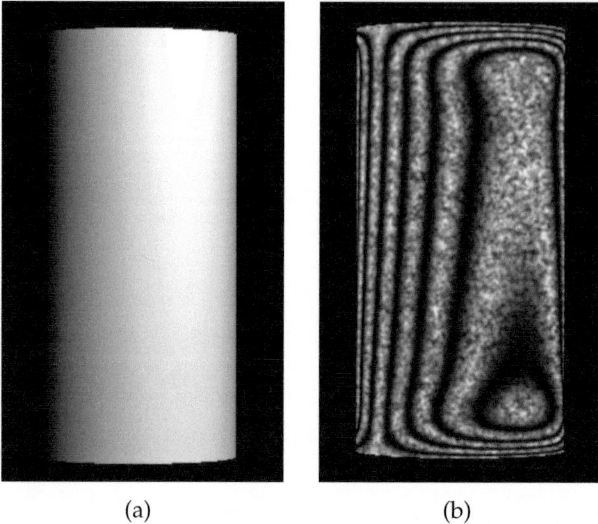

(a) (b)

Abbildung 7.101. Simulation der Aufnahme eines Zylinders mittels holographischer Interferometrie: (a) Zylinder; (b) holographisches Interferogramm (Quelle: Prof. Dr. W. Osten [151]).

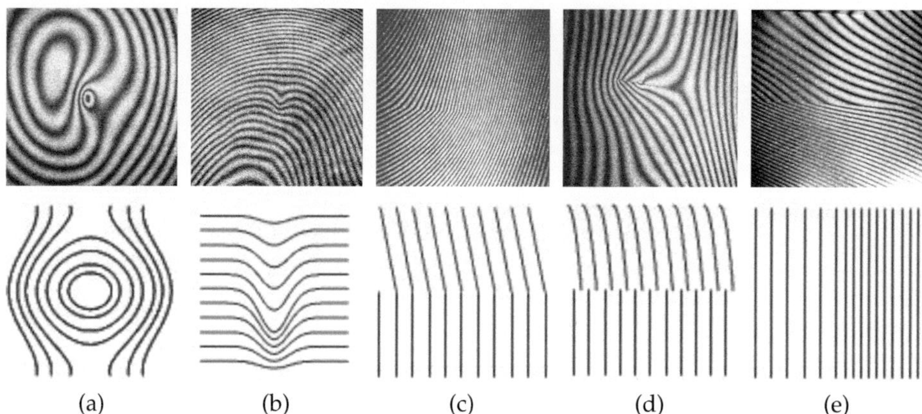

(a) (b) (c) (d) (e)

Abbildung 7.102. Grundmuster verschiedener Defekttypen im Hologramm: (a) Delle (*bull's eye*); (b) Rille (*groove*); (c) Biegung (*bend*); (d) Versatz (*displacement*); (e) Knick (*compression*); obere Reihe: holographische Interferenzmuster, untere Reihe: schematische Darstellungen des charakteristischen Streifenverlaufs (Quelle: Prof. Dr. W. Osten [151]).

nete Hologramm wiedergibt, erhält man eine elektrooptische Realisierung der holographischen Interferometrie.

Eine noch weiter gehende Alternative ist die digitale Holographie [104]: Hologramme von Musterobjekt und Prüfobjekt werden durch das Sensorarray aufgezeichnet und anschließend rechnerisch ausgewertet. Eine physikalische Interferenz der beiden Objektwellen findet nicht statt. Vielmehr werden mit Hilfe des

Huygens'schen Prinzips rechnerisch die Phasen punktweise rekonstruiert und voneinander subtrahiert. Daraus wird punktweise die Gangunterschiedsdifferenz und damit die Abweichung zwischen Muster- und Prüfobjekt quantitativ berechnet.

Bei rauen Oberflächen zeigen die Interferenzmuster keine Streifenstruktur, sondern sind vom Speckle dominiert. Die Interferometrie ist auch hier anwendbar, wenn man im Referenz- oder Objektstrahlengang eine technische Möglichkeit vorsieht, die Phase um einen definierten Betrag schieben zu können. Aus einer Serie von mindestens drei Aufnahmen mit definierten Phasenverschiebungen lässt sich dann die Phase punktweise berechnen [50].

Setzt man für das Hologramm einen räumlichen Lichtmodulator ein, so kann man dort prinzipiell auch im Rechner synthetisch erzeugte Hologramme von Musterobjekten darstellen. Man spricht dann von computergenerierten Hologrammen (*computer generated holograms*, CGH).

Für eine umfassende Darstellung interferometrischer, holographischer und scherographischer Verfahren zur automatischen Sichtprüfung sei auf [151] verwiesen.

7.4 Erfassung innerer Objektstrukturen

Spezielle Prüfverfahren auf Grundlage elektromagnetischer Wellen können nicht nur die Oberfläche opaker Objekte erfassen, sondern auch innere Strukturen von Prüfobjekten. Zum einen kann man Strahlung in einem Wellenlängenbereich verwenden, in dem die zu untersuchenden Objekte transparent sind, z. B. Röntgenstrahlung oder Terahertz-Strahlung (Abschn. 7.4.2, 7.4.6). Zum anderen kann man Effekte an der Objektoberfläche beobachten, die durch innere Strukturen hervorgerufen werden, wie z. B. bei der Thermographie, die im folgenden Abschnitt behandelt wird.

Typische Prüfaufgabe ist die Detektion von inneren Defekten wie Hohlräumen, Delaminationen, Fremdstoffeinschlüssen, Klebefehlern usw.

7.4.1 Thermographie

In der Thermographie wird die Wärmestrahlung eines Prüfobjekts mit Hilfe einer Wärmebildkamera beobachtet, um Defekte an und unter der Oberfläche zu detektieren. Die Wärmestrahlung von Objekten mit Zimmertemperatur ($T \approx 300$ K) liegt im infraroten Wellenlängenbereich oberhalb von ca. 4 μm. Nach dem Planck'schen Strahlungsgesetz (2.258) emittiert jeder Körper mit einer Temperatur oberhalb des absoluten Nullpunkts elektromagnetische Strahlung, ist also selbstleuchtend. Für eine Temperatur von $T = 300$ K liegt das Emissionsmaximum nach dem Wien'schen Verschiebungsgesetz (2.260) bei $\lambda_{\max} \approx 9{,}66$ μm.

Die von einem Objekt mit Zimmertemperatur ausgesandte Strahlung kann von einer Wärmebildkamera aufgenommen werden. Bei homogenem Material können typischerweise Temperaturunterschiede von wenigen $10\ \mathrm{mK}$ aufgelöst werden.

Die meisten realen Objekte strahlen im Vergleich zum idealen schwarzen Körper weniger Strahlung ab. Dieses Verhalten lässt sich mit einem multiplikativen Faktor ε beschreiben,

$$I_{\mathrm{real}}(\lambda, T, \theta, \varphi) = \varepsilon(\lambda, T, \theta, \varphi)\, I_{\mathrm{Planck,schwarz}}(\lambda, T)\,, \qquad \varepsilon \in [0, 1]\,, \tag{7.147}$$

wobei ε im Allgemeinen von der Wellenlänge λ, der absoluten Temperatur T und der Abstrahlrichtung (θ, φ) abhängt. Kann man diese Abhängigkeiten vernachlässigen, d. h. ist $\varepsilon \approx \mathrm{const.}$, so spricht man von einem grauen Strahler.

Der Faktor ε heißt Emissivität und hängt von der Beschaffenheit der Objektoberfläche ab, insbesondere von ihrer Rauheit. Bei bekannter spektraler Emissivität kann aus den gemessenen Intensitätswerten mit Hilfe der Zusammenhänge aus Abschn. 2.7.1.1 die Temperatur des Objektpunkts berechnet werden.

Nach dem Kirchhoff'schen Gesetz stimmt die Emissivität opaker Objekte mit ihrer Absorptivität überein. Die Absorptivität und die Reflektanz R summieren sich zu 1, d. h. opake Objekte absorbieren einen Teil des Lichts und reflektieren den verbleibenden Anteil. Somit folgt insgesamt

$$\varepsilon = 1 - R\,. \tag{7.148}$$

Das bedeutet insbesondere, dass stark reflektierende Oberflächen nur wenig Wärmestrahlung aussenden.[6] Beispielsweise beträgt die Emissivität von poliertem Aluminium bei $100\ ^\circ\mathrm{C}$ im Mittel lediglich $\varepsilon \approx 0{,}05$, während gleichzeitig die Reflektanz mit $R \approx 0{,}95$ sehr hoch ist. Anodisiertes Aluminium hat hingegen bei gleicher Temperatur eine mittlere Emissivität von $\varepsilon \approx 0{,}55$, was einer Reflektanz von $R \approx 0{,}45$ entspricht. Die Emissivitäten weiterer Materialien sind in [5] tabelliert.

Bei der thermographischen Inspektion von stark reflektierenden Oberflächen ist Vorsicht geboten, da die am Prüfobjekt reflektierte Umgebungsstrahlung seine Eigenstrahlung übertreffen und somit einen erheblichen Störeinfluss verursachen kann.

Abbildung 7.103 zeigt eine Taxonomie thermographischer Verfahren. Bei der statischen Thermographie wird die Strahlungsemission eines Prüfobjektes im Zustand einer zeitlich konstanten, d. h. stationären, Temperaturverteilung aufge-

[6] Perfekt schwarze Objekte, die kein Licht reflektieren, besitzen also die maximal erreichbare Emissivität $\varepsilon = 1$. Sie sind daher die idealen Temperaturstrahler (vgl. Abschn. 2.7.1.1).

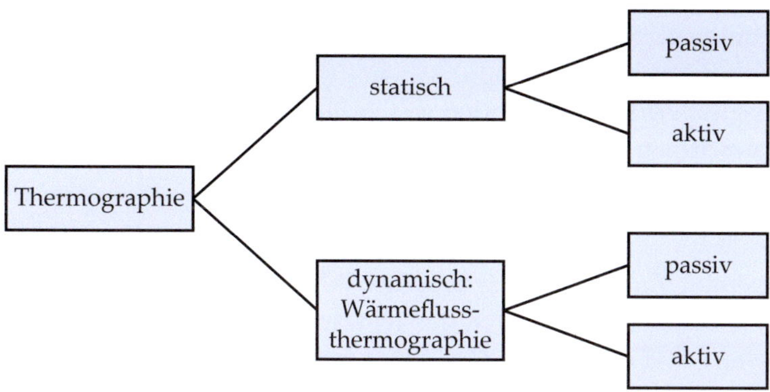

Abbildung 7.103. Einteilung thermographischer Verfahren. Die aktiven Verfahren beleuchten oder erwärmen das Prüfobjekt gezielt. Bei passiven Verfahren erfolgt keine Beleuchtung bzw. kein Energieeintrag zum Zweck der automatischen Sichtprüfung, sondern es wird die ohnehin vorhandene Eigenstrahlung des Objekts beobachtet.

nommen und ausgewertet. Passive statische Thermographie nimmt die Eigenstrahlung der Oberfläche auf. Der aktive statische Fall liegt vor, wenn die Oberfläche mit thermischem Infrarot beleuchtet und die reflektierte Strahlung ausgewertet wird. Hat beispielsweise die Oberfläche eine bezüglich des Ortes konstante Temperatur, so lassen sich mit der passiven Thermographie Emissivitäts-bedingte lokale Abweichungen bzw. Defekte auf der Oberfläche entdecken und quantifizieren. Nach (7.148) sind die Emissivitäts-bedingten Abweichungen gleichbedeutend mit Reflektanz-basierten Abweichungen.

Eine wesentlich größere Bedeutung für die automatische Sichtprüfung und die zerstörungsfreie Materialprüfung hat die Wärmeflussthermographie. Mit der Wärmeflussthermographie können Bauteile auf innere Defekte geprüft werden, die an der Oberfläche optisch nicht direkt zu erkennen sind.

Dabei werden im Allgemeinen thermische Ausgleichsvorgänge am Prüfobjekt zeitlich aufgelöst mit einer Wärmebildkamera erfasst. Daher spricht man auch von dynamischer Thermographie. Für die Sichtprüfung wird ausgenutzt, dass lokale Defekte während des Ausgleichsvorganges temporär zu lokalen Kontrasten im Wärmebild führen.

Da bei thermischen Ausgleichsvorgängen Wärme in kältere Regionen des Objekts fließt, spricht man von Wärmeflussthermographie. Durchlaufen Prüfobjekte ohnehin einen Ausgleichsvorgang, z. B. eine Abkühlung nach einer produktionsbedingten Erhitzung, spricht man von passiver Wärmeflussthermographie.

Besondere Bedeutung hat die aktive Wärmeflussthermographie. Bei dieser wird gezielt eine Wärmeverteilung in das Prüfobjekt eingebracht und der anschließende Ausgleichsvorgang beobachtet, indem die währenddessen emittierte Wärmestrahlung gemessen wird. Die Erwärmung kann z. B. mittels Heizstrahler,

Blitzlicht, Ultraschall, Mikrowellenstrahlung, Kontakt mit heißen Medien (Luft, Wasser) oder Induktion erfolgen.

Wärmeausgleichsvorgänge werden durch die Diffusionsgleichung beschrieben [6]. Es handelt sich um eine lineare partielle Differentialgleichung:

$$\mathrm{div}(D\,\mathrm{grad}\,(T)) = \rho\, c\, \frac{\partial T}{\partial t} \tag{7.149}$$

mit der Temperatur $T = T(x, y, z, t)$ in K, der Wärmeleitfähigkeit $D = D(x, y, z)$ (die hier den Diffusionskoeffizienten darstellt) in $\mathrm{W\ K^{-1}\ m^{-1}}$, der spezifischen Wärmekapazität $c = c(x, y, z)$ in $\mathrm{Ws\ kg^{-1}\ K^{-1}}$ und der spezifischen Massendichte $\rho = \rho(x, y, z)$ in $\mathrm{kg\ m^{-3}}$. In Medien mit anisotroper Wärmeleitfähigkeit wird D zu einem Tensor zweiter Stufe, der als 3×3-Matrix dargestellt werden kann, siehe auch Abschn. 12.3.

Aus der Diffusionsgleichung kann zusammen mit Rand- und Anfangsbedingungen das Temperaturfeld $T(x, y, z, t)$ als Funktion von Ort und Zeit berechnet werden.

Defekte, die sich als örtliche Inhomogenitäten von D, ρ oder c ausprägen, führen bei Erwärmungs- oder Abkühlungsvorgängen zu lokalen, temporären Temperaturunterschieden. Wenn diese Temperaturunterschiede von einer Wärmebildkamera mit ausreichendem Kontrast festgestellt werden können, lassen sich die Defekte auf Grundlage dieser Messung detektieren. Typische Defekte, die mit der Wärmeflussthermographie erkannt werden können, umfassen Lufteinschlüsse, Klebefehler, Delaminationen und eingedrungene Feuchtigkeit.

Abbildung 7.104(a) zeigt ein Beispiel für einen Aufbau zur Defektdetektion mittels Wärmeflussthermographie. Das Prüfobjekt wird zunächst durch eine Strahlungsquelle, z. B. eine Blitzlampe, erwärmt. Anschließend wird die vom Objekt emittierte Infrarotstrahlung von einer Wärmebildkamera aufgezeichnet. Unmittelbar nach der Erwärmung beobachtet man einen örtlich homogenen Temperaturverlauf, Abb. 7.104(c). Anschließend fließt die Wärme ins Innere des Objekts ab. Defekte im Objektinneren verursachen Unregelmäßigkeiten in diesem Prozess. Beispielsweise weist ein Hohlraum i. d. R. eine geringere Wärmeleitfähigkeit auf als das Material des Prüfobjekts. Daher fließt die Wärme im Material oberhalb des Hohlraums langsamer ab, sodass während des Abkühlvorgangs eine lokal erhöhte Temperatur der Objektoberfläche beobachtet wird, Abb. 7.104(d).

Abhängig vom Material und von der Lage und Größe des Defektes gibt es einen optimalen Zeitpunkt t_{opt}, zu dem der Defekt sich im Temperaturprofil $T(x)$ mit maximalem thermischen Kontrast zeigt. Zu diesem Zeitpunkt sollte die Bildaufnahme erfolgen. Treten typische Defekte in einer bekannten Tiefe in einem Bauteil auf, z. B. im Falle der Lamination oder Verklebung von Schichten bekannter Dicke, kann man durch numerische Lösung der Differentialgleichung (7.149)

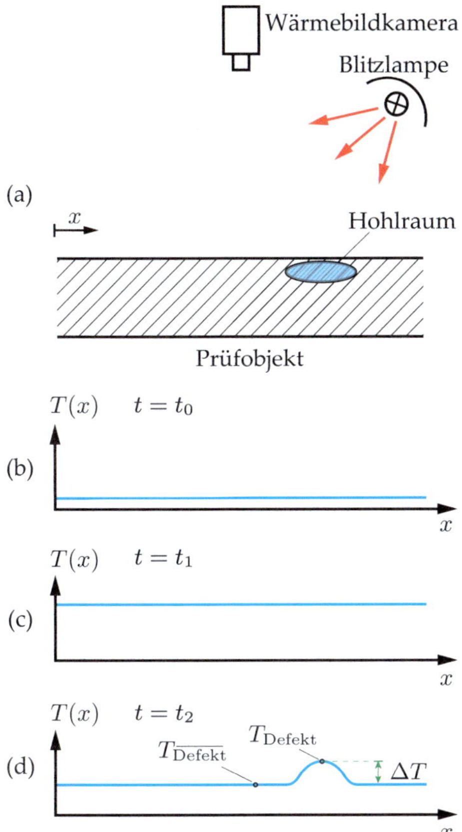

Abbildung 7.104.
Defektdetektion mittels Wärmeflussthermographie: (a) Prinzipskizze des Aufbaus; (b) Temperaturverteilung zum Zeitpunkt t_0, vor der Erwärmung; (c) Temperaturverteilung zum Zeitpunkt t_1 unmittelbar nach der Erwärmung; (d) Temperaturverteilung zum Zeitpunkt t_2 bei der Bildaufnahme für die Defektdetektion.
In dieser Prinzipdarstellung wird der Einfachheit halber eine örtlich konstante Temperaturerhöhung durch die Blitzlampe angenommen, die in der Praxis i. d. R. nicht vorliegt. Stattdessen wird es einen für das Prüfobjekt und die Beleuchtungskonstellation typischen Temperaturverlauf zum Zeitpunkt $t = t_2$ geben, der in der Bildvorverarbeitung eliminiert werden kann, sodass nur noch das Differenzbild zum Referenzobjekt weiterverarbeitet wird.

den optimalen Aufnahmezeitpunkt t_{opt} berechnen, zu dem der thermische Kontrast $A(t)$ maximal wird. Alternativ kann dieser Zeitpunkt empirisch bestimmt werden, indem der Zeitverlauf des thermischen Kontrastes an Objekten mit typischen Defekten beobachtet wird.

Der thermische Kontrast $A(t)$ ist definiert als

$$A(t) := \frac{|\Delta T(t)|}{T_{\overline{\text{Defekt}}}(t)} = \frac{|T_{\text{Defekt}}(t) - T_{\overline{\text{Defekt}}}(t)|}{T_{\overline{\text{Defekt}}}(t)}\,, \tag{7.150}$$

wobei T_{Defekt} die örtlich extremale Temperatur im Bereich des Defektes zum Zeitpunkt t und $T_{\overline{\text{Defekt}}}(t)$ die mittlere Temperatur abseits des Defektes zum Zeitpunkt t bezeichnet. Im Allgemeinen sinkt der thermische Kontrast mit kleiner werdenden und tiefer liegenden Defekten.

Bei unbekannter, variabler Defekttiefe und -größe kann eine Bildserie, die während des Wärmeausgleichsvorgangs aufgenommen wird, ausgewertet wer-

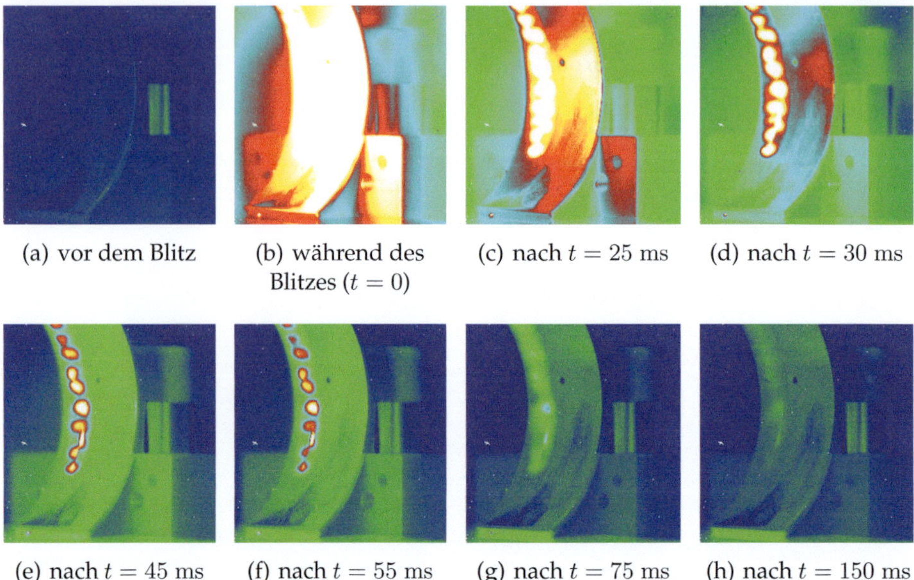

(a) vor dem Blitz (b) während des Blitzes ($t = 0$) (c) nach $t = 25$ ms (d) nach $t = 30$ ms

(e) nach $t = 45$ ms (f) nach $t = 55$ ms (g) nach $t = 75$ ms (h) nach $t = 150$ ms

Abbildung 7.105. Haftungsprüfung bei einem Nickel-beschichteten Stahlteil mittels Impulsthermographie (Quelle: Dr. U. Netzelmann, G. Walle, Fraunhofer IZFP [141]).

den. Oberflächennahe bzw. -ferne Defekte zeigen in früheren bzw. späteren Aufnahmen der Bildserie einen lokal maximalen thermischen Kontrast.

Die wichtigsten Varianten der aktiven Wärmeflussthermographie sind die Impulsthermographie und die Lock-in-Thermographie. Bei der **Impulsthermographie** wird die Oberfläche durch eine kurzzeitig einwirkende Hochleistungswärmequelle aufgeheizt, z. B. durch eine Blitzlampe oder einen Heizstrahler. Anschließend wird der Abkühlvorgang mit einer Wärmebildkamera beobachtet.

Als Beispiel zeigt Abb. 7.105 thermographische Aufnahmen eines Stahlrings mit einer $100\ \mu\mathrm{m}$ dicken Innenbeschichtung aus Nickel, der auf Haftungsfehler zwischen Stahl und Nickel geprüft werden soll [141]. Die thermische Diffusionszeit ist aufgrund der hohen thermischen Diffusivität von Nickel in der Größenordnung von einigen Millisekunden, sodass eine schnelle Infrarotkamera gefordert ist. In der Pseudofarbendarstellung entsprechen blaue Farben der Raumtemperatur, rote Farben Temperaturen von einigen $10\ \mathrm{K}$ über der Raumtemperatur. Etwa 30 bis $50\ \mathrm{ms}$ nach der Erwärmung durch die Blitzlampe sind im Infrarotbild Temperaturkontraste von schlecht haftenden Bereichen zu erkennen, in denen die Wärme langsamer abfließt. Nach etwa $150\ \mathrm{ms}$ erreicht die Temperaturverteilung wieder weitgehend den Ausgangszustand vor der Erwärmung.

Bei der **Lock-in-Thermographie** wird die Prüfobjektoberfläche periodisch aufgeheizt, idealerweise mit einer sinusförmig modulierten Heizleistung

$$P(t) = \tfrac{1}{2}\, P_{\max}\, (1 + \sin(2\pi f_0 t))\,. \tag{7.151}$$

Die Frequenz f_0 muss den prüfobjektspezifischen Zeitkonstanten des Wärmeausgleichs angepasst werden. Mit einer Wärmebildkamera wird eine Bildserie $\{g(\mathbf{x}, n\Delta t)\}, n = 0, \ldots, N-1$ aufgenommen, wobei die Abtastbedingung $\Delta t < \frac{1}{2f_0}$ eingehalten werden muss, d. h. es werden mehr als zwei Abtastwerte pro Periode f_0^{-1} benötigt (siehe Abschn. 8.3.2).

Nach einem Einschwingvorgang von einigen Periodendauern f_0^{-1} wird die Bildserie für jeden Bildpunkt mit den Trägersignalen $\sin(2\pi f_0 t)$ und $\cos(2\pi f_0 t)$ kohärent demoduliert und damit für jeden Oberflächenpunkt Amplitude und Phase der Temperaturschwingung gemessen (vgl. Abschn. 7.3.6.3). Aufgrund der geringeren Störempfindlichkeit des Lock-in-Prinzips erhält man eine höhere Empfindlichkeit als bei der Impulsthermographie, benötigt aber eine längere Messdauer von ca. 10 Perioden: $10 f_0^{-1}$.

Beispiele für die Anwendung der Lock-in-Thermographie sind die Inspektion von Solarzellen [114] und die Verbundwerkstoffprüfung [112].

7.4.2 Bildgebung mit Röntgenstrahlung

Als Röntgenstrahlung[7] bezeichnet man elektromagnetische Strahlung mit Wellenlängen von ca. $10\ \mathrm{nm}$ bis ca. $1\ \mathrm{pm} = 10^{-12}\ \mathrm{m}$. Dies entspricht Frequenzen von ca. $2 \cdot 10^{16}$ bis ca. $5 \cdot 10^{19}\ \mathrm{Hz}$ und Photonenenergien von ca. $100\ \mathrm{eV}$ bis einigen MeV. Die Röntgenstrahlen schließen sich also im elektromagnetischen Spektrum unmittelbar an die UV-Strahlen an und besitzen kürzere Wellenlängen als diese.

Aufgrund der hohen Photonenenergie $E = \frac{h\,c}{\lambda}$ (2.192) ist Röntgenstrahlung ionisierend und für den Menschen gefährlich. Röntgengeräte in der automatischen Sichtprüfung müssen daher geeignet abgeschirmt werden. Für den Umgang mit Röntgenstrahlung gibt es gesetzliche Sicherheitsvorschriften [34].

Die hohe Photonenenergie von Röntgenstrahlung führt zu einem hohen Durchdringungsvermögen durch Materie. Tendenziell nimmt das Durchdringungsvermögen mit wachsender Dichte der Materie ab. Ziel beim Einsatz von Röntgenstrahlen für die automatische Sichtprüfung und Qualitätssicherung ist die Sichtbarmachung von inneren Strukturen und Defekten in Bauteilen.

Erzeugung von Röntgenstrahlen: Ein Elektronenstrahl wird in einer Vakuumröhre mit einer Hochspannung U beschleunigt und auf eine Metallplatte (typi-

---

[7] Röntgenstrahlung (engl. *X-radiation*) wurde 1895 von Wilhelm Conrad Röntgen entdeckt.

scherweise aus Wolfram, Kupfer oder Molybdän) fokussiert [157]. Die Elektronen werden im Metall stark verzögert. Da beschleunigte Ladungen elektromagnetische Strahlung emittieren, entsteht eine breitbandige Röntgenstrahlung, die sogenannte Röntgenbremsstrahlung [82]. Die maximale Photonenenergie wird bestimmt durch die kinetische Energie eines einzelnen Elektrons. Beim Beschleunigen mit der Spannung U nimmt ein Elektron die kinetische Energie $E = e\,U$ auf, wobei $e \approx 1{,}602 \cdot 10^{-19}$ C die Elementarladung des Elektrons bezeichnet. Nach (2.192) erhält man daher Röntgenstrahlung mit einer minimalen Wellenlänge von

$$\lambda_{\mathrm{min}} = \frac{h\,c}{e\,U}\,. \tag{7.152}$$

Mit der Spannung U kann somit die maximale Photonenenergie und damit gleichbedeutend die minimale Wellenlänge der Röntgenstrahlung eingestellt werden. Die Energie der Photonen wird bei Röntgenstrahlung typisch in eV angegeben und entspricht der Beschleunigungsspannung. Ein Elektronenvolt $1\,\mathrm{eV} \approx 1{,}602 \cdot 10^{-19}$ J ist die kinetische Energie, die ein Elektron beim Durchlaufen einer Beschleunigungsspannung von 1 V aufnimmt. Typische Beschleunigungsspannungen liegen zwischen einigen 10 kV und einigen 100 kV.

Dem kontinuierlichen Röntgenbremsspektrum ist abhängig vom Anodenmaterial noch ein Linienspektrum überlagert, das von hochenergetischen Übergängen in der Elektronenhülle der Atome herrührt (charakteristische Röntgenstrahlung).

Je höher die Beschleunigungsspannung und mithin die Energie der Photonen wird, desto durchdringungsfähiger wird die Röntgenstrahlung. Man sagt auch, die Röntgenstrahlung wird mit wachsender Spannung „härter“.

Abbildungsgeometrie bei Röntgenstrahlen: Die Strahlbeeinflussung elektromagnetischer Strahlung ist grundsätzlich durch Brechung (Refraktion), Reflexion oder Beugung (Diffraktion) möglich, was jeweils z. B. mit Linsen, Spiegeln oder Gittern zur Strahlformung genutzt werden kann (vgl. Kap. 2).

Für weiche Röntgenstrahlung, die als Röntgenstrahlung mit einer Wellenlänge größer als der Atomabstand im Festkörper definiert ist, verhält sich die Materie wie ein homogenes Kontinuum. Für harte Röntgenstrahlung, deren Wellenlänge definitionsgemäß kleiner als der Atomabstand ist, kommt die diskrete Struktur der Materie ins Spiel. Da der Brechungsindex von Festkörpern für Röntgenstrahlung nahe bei 1 liegt, lassen sich keine besonders wirksamen Röntgenlinsen oder Röntgenspiegel für steilen Lichteinfall herstellen. Für Spiegel müssten die Oberflächen eine Rauheit kleiner als die Wellenlänge aufweisen, was technisch schwierig zu erreichen ist. Allenfalls Spiegel für streifenden Lichteinfall lassen sich realisieren, da bei großem Einfallswinkel der Anteil des reflektierten Lichts bis hin zur

Totalreflexion[8] ansteigt (siehe Abschn. 2.6.5). Existierende Röntgenobjektive und -teleskope verwenden hyperbolische oder parabolische Spiegel mit streifendem Einfall [82].

In der automatischen Sichtprüfung werden jedoch aufgrund der genannten Schwierigkeiten bei der Strahlführung i. d. R. einfache projizierende Röntgenstrahlengänge eingesetzt. Die in der Praxis bedeutendsten optischen Elemente für die „Strahlformung" von Röntgenstrahlung sind daher absorbierende Blenden aus dichtem Material wie Blei.

Wegen der sehr kurzen Wellenlänge von Röntgenstrahlen im Vergleich zu den typischerweise relevanten Strukturen in Prüfobjekten kann die Röntgenstrahlung in guter Näherung gemäß der geometrischen Optik auf der Basis von Lichtstrahlen beschrieben werden. Beugungseffekte sind meist vernachlässigbar.

Bildgebende Systeme mit Röntgenlicht bestehen praktisch meist aus einer punktförmigen Röntgenstrahlenquelle, deren Strahlung durch ein Prüfobjekt hindurchgeht, und einem hinter dem Objekt befindlichen Schirm, auf dem die einfallende Strahlung ortsaufgelöst gemessen wird. Aufgrund der Strahlengeometrie entspricht diese Bildgebung einer Zentralprojektion, wobei die punktförmige Röntgenstrahlenquelle das Projektionszentrum darstellt (vgl. Abschn. 3.2). Für die Vergrößerung bei der Bildaufnahme erhält man nach dem Strahlensatz in Abb. 7.106

$$V := \frac{B}{G} = \frac{a+b}{a} = 1 + \frac{b}{a}, \qquad V > 1, \tag{7.153}$$

wobei a den Abstand zwischen Quelle und Objekt, b den Abstand zwischen Objekt und Bildebene sowie B und G wie gewohnt die Bild- und Objektgröße bezeichnen. Die Messunsicherheit bei der Vermessung von Strukturen in Prüfobjekten hängt vom Durchmesser D der Röntgenstrahlenquelle ab. Je kleiner der Brennfleck der Elektronen auf der Wolframplatte der Röntgenröhre ist, desto feinere Strukturen können abgebildet werden (Abb. 7.106). Die resultierende geometrische Unschärfe Δq ergibt sich nach dem Strahlensatz zu

$$\Delta q = \frac{b}{a}\, D = (V-1)\, D\,. \tag{7.154}$$

---

[8]Totalreflexion gibt es nach Abschn. 2.6.5 nur bei einem Übergang vom optisch dichteren in das optisch dünnere Medium. Bestimmte Materialien weisen für Röntgenstrahlung einen Brechungsindex $n < 1$ auf, sodass beim Übergang vom Vakuum oder von Luft in ein solches Material unter hinreichend flachem Einfall Totalreflexion auftritt. Dieses Phänomen lässt sich für abbildende Röntgenobjektive nutzen [82].

Dass die Phasengeschwindigkeit für $n < 1$ größer wird als die Vakuumlichtgeschwindigkeit c, steht übrigens nicht im Widerspruch zur speziellen Relativitätstheorie, da die Gruppengeschwindigkeit (siehe Beispiel 8.31), mit der der Transport von Energie und Information geschieht, stets kleiner oder gleich c bleibt.

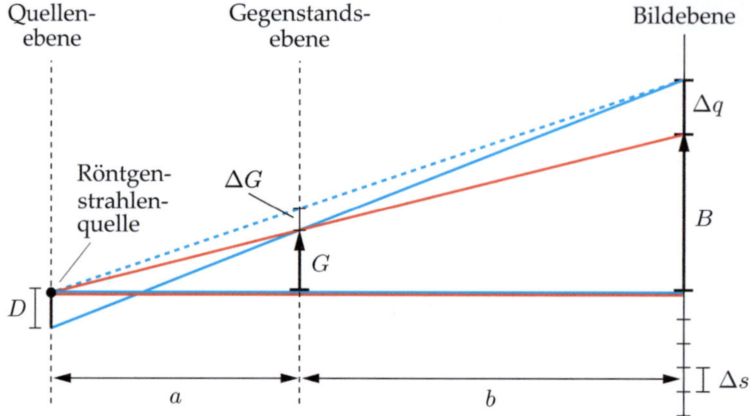

Abbildung 7.106. Bildentstehung bei der Röntgenprojektion und Auswirkung des endlichen Quellendurchmessers D.

Mikrofokusröntgenröhren erreichen einen minimalen Brennfleckdurchmesser von $D = 1\ \mu\mathrm{m}$ [58].

Neben dem Durchmesser D der Röntgenstrahlenquelle wirkt sich auch die Diskretisierung Δs des bildgebenden Sensors auf die Messunsicherheit aus. Als Messunsicherheit wird hierbei die maximale Abweichung ΔG bei der Bestimmung von G definiert. Sie lässt sich aus der maximalen Abweichung ΔB in der Bildebene herleiten:

$$G + \Delta G = \frac{B + \Delta B}{V}, \tag{7.155}$$

$$\Delta B = \Delta q + \Delta s\,, \tag{7.156}$$

$$\Rightarrow \quad \Delta G = \frac{\Delta q + \Delta s}{V} = \frac{V-1}{V}\,D + \frac{\Delta s}{V}\,. \tag{7.157}$$

Für eine hohe Vergrößerung $V \to \infty$ erhält man $\Delta G \to D$ und der Einfluss der Sensordiskretisierung wird unerheblich. Für eine Bildebene dicht hinter dem Objekt, $b \to 0$, $V \to 1$ geht $\Delta G \to \Delta s$ und der Einfluss der endlichen Quellenausdehnung wird unerheblich.

Die praktisch erreichbare Auflösungsgrenze bei Prüfobjektgrößen im Millimeterbereich liegt bei ca. $2{,}5\ \mu\mathrm{m}$ [58].

Radiometrie: Beim Durchlaufen von Materie wird Röntgenstrahlung abgeschwächt. Die Messung der verbleibenden Röntgenstrahlung erlaubt Rückschlüsse auf Dicke und Beschaffenheit des Prüfobjekts. Die Wirkung des Prüfobjekts auf die Röntgenstrahlung wird durch den Absorptionskoeffizienten $\mu(\mathbf{x})$ als Funktion

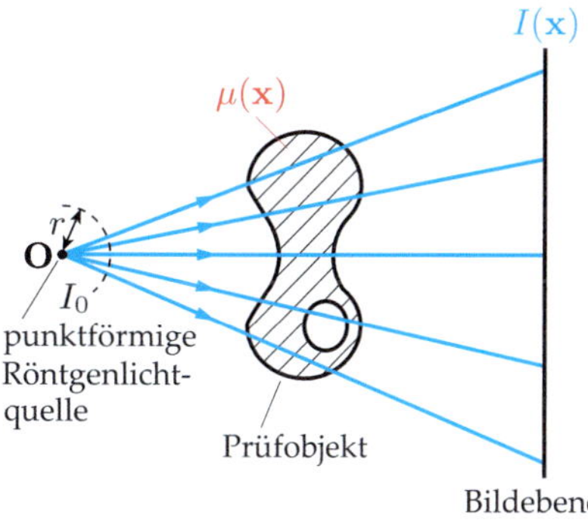

Abbildung 7.107.
Absorption von Röntgenstrahlung im Prüfobjekt.

des Ortes $\mathbf{x}$ beschrieben:

$$\mu(\mathbf{x}) \;:\; \mathbb{R}^3 \to [0, \infty)\,. \tag{7.158}$$

Sitze nun eine punktförmige Röntgenquelle im Ursprung $\mathbf{O}$ des Koordinatensystems, sodass der Abstand r von der Quelle durch $r = \|\mathbf{x}\| = \sqrt{x^2 + y^2 + z^2}$ gegeben ist (Abb. 7.107). Die Intensität (Leistung pro Fläche) I der Röntgenstrahlung verändert sich bei einer Ausbreitung um $\mathrm{d}r$ um $\mathrm{d}I$:

$$\mathrm{d}I = -I\,\frac{2}{r}\,\mathrm{d}r - I\,\mu\,\mathrm{d}r\,. \tag{7.159}$$

Der erste Term folgt aus dem Energieerhaltungssatz für die Kugelwelle, der zweite beschreibt die Absorption im Medium. Integriert man diese Differentialgleichung von r_0 bis r, so folgt:

$$I(\mathbf{x}) = I_0\,\frac{r_0^2}{r^2}\,\exp\!\left(-\int_{r_0}^{r} \mu\!\left(\frac{\mathbf{x}}{\|\mathbf{x}\|}\rho\right)\mathrm{d}\rho\right), \tag{7.160}$$

wobei $r_0 > 0$ als Radius der Röntgenlichtquelle interpretiert werden kann. Der Term r^{-2} erklärt den Abfall der Intensität aufgrund der Kugelwelleneigenschaft und des Energieerhaltungssatzes, weil die Kugeloberfläche quadratisch mit dem Ausbreitungsradius wächst. Die Exponentialfunktion entspricht dem Lambert-Beer'schen Absorptionsgesetz. In einem homogenen Medium, $\mu = \text{const.}$, nimmt die Intensität der Röntgenstrahlung exponentiell mit dem zurückgelegten Weg r ab, denn in homogenen Schichten gleicher Dicke wird der gleiche relative Anteil der Strahlung absorbiert. Ist beispielsweise nach einem Lichtweg von r_1 die Hälfte der Strahlung absorbiert, so wird in der nächsten Schicht der Dicke r_1 wiederum die Hälfte der verbleibenden Strahlung absorbiert, sodass noch ein Viertel der ursprünglichen Intensität erhalten bleibt. Nach einem Lichtweg von $3r_1$ ist die Intensität auf ein Achtel gefallen, sodass eine exponentielle Abnahme vorliegt [26]. Der Absorptionskoeffizient μ ist näherungsweise proportional zu $\lambda^3 Z^3$, wobei λ die Wellenlänge der Röntgenstrahlung und Z die Ordnungszahl der Atome im Medium ist [157].

Probleme bei der Bildgebung mit Röntgenstrahlung:

- Eine optische Strahlformung ist in der Praxis kaum möglich. Anders als im sichtbaren Spektralbereich ist eine optische Punkt-zu-Punkt-Abbildung praktisch kaum realisierbar.
- Die exponentielle Dämpfung der Röntgenstrahlung aufgrund des Lambert-Beer'schen Gesetzes führt zu einer sehr hohen Intensitätsdynamik, insbesondere bei Prüfobjekten mit großen Dickenunterschieden. Daraus ergeben sich hohe Dynamikanforderungen an die Sensorik.
- Röntgenstrahlung wird zum Teil an den äußeren Elektronen der Atome des Prüfobjektes gestreut. Bei dieser sogenannten Compton-Streuung ändern die Photonen ihre Ausbreitungsrichtung und geben Energie ab, sodass sich ihre Wellenlänge vergrößert. Es entsteht diffuses Röntgenstreulicht, das den Kontrast der Aufnahme vermindert.
- Die in der Bildebene gemessene Intensität ergibt sich aus einem Wegintegral über den vom Licht im Prüfobjekt zurückgelegten Weg. Strukturen entlang der Integrationswege sind im Intensitätssignal superponiert enthalten. Beim Rückschluss von der gemessenen Intensität $I(\mathbf{x})$ auf die Objekteigenschaft $\mu(\mathbf{x})$ liegt ein inverses Problem vor, das nur mit Hilfe von mehreren Röntgenaufnahmen aus verschiedenen Richtungen befriedigend gelöst werden kann. Dieser Ansatz wird in der Tomographie verwendet [105].

Tomographie: Bei einfachen Sichtprüfungsaufgaben reicht die Auswertung eines einzelnen Röntgenbildes. Für genauere Untersuchungen der Geometrie und der inneren Strukturen des Prüfobjektes müssen mehrere Bilder mit unterschiedlichen Drehlagen aufgenommen werden. Hierzu wird das Objekt schrittweise um eine feste Achse gedreht. Die 3D-Rekonstruktion des Prüfobjektes aus den Intensitätsbildern entspricht der inversen Radon-Transformation, die in Kap. 15 behandelt wird. Sie liefert den Absorptionskoeffizienten $\mu(\mathbf{x})$ als dreidimensionale Funktion über das Messvolumen. Daraus lassen sich beliebige Schnittbilder durch das Innere des Objekts berechnen, weshalb das Verfahren als Tomographie[9] bezeichnet wird. Da die Rekonstruktion sehr aufwendig ist und erst mit leistungsfähigen Rechnern möglich wurde, spricht man auch von Computer-Tomographie [105, 106, 157].

Detektion von Röntgenlicht: Flächensensoren für industrielle Anwendungen beruhen überwiegend auf dem Szintillationsprinzip [19, 157]. Röntgenstrahlung

[9] Von griechisch τόμος, *tómos*, Schnitt.

trifft auf eine Szintillationsschicht, in der sie durch Fluoreszenz in sichtbares Licht umgewandelt wird (vgl. Abschn. 7.2.2). Dieses sichtbare Licht wird von Bildsensoren direkt hinter der Szintillationsschicht oder mittels einer Kamera erfasst. Bei sogenannten Bildverstärkern erfolgt vor der Wandlung in ein Bild noch eine elektronische Vorverstärkung nach dem Prinzip des Photomultipliers (vgl. Abschn. 6.3).

Beispiel 7.11 (Zerstörungsfreie Materialprüfung mit Röntgenstrahlen): In Röntgenaufnahmen werden innere Defekte von Bauteilen sichtbar. Als Beispiel zeigt Abb. 7.108 das Aluminium-Gussteil eines Fahrwerkträgers. Das Röntgenprojektionsbild in Abb. 7.108(b) wurde mit einer Beschleunigungsspannung von $U = 140\,\mathrm{kV}$, einem Röhrenstrom von $5\,\mathrm{mA}$ und einer Belichtungszeit von $500\,\mathrm{ms}$ aufgenommen. In der Aufnahme äußern sich Defekte als etwas hellere Stellen verglichen mit der Umgebung, da an den Defekten eine geringere Materialstärke vorliegt. Entsprechend wird dort die Röntgenstrahlung weniger gedämpft. Allerdings sind die Fehler im Absorptionsbild für den Menschen schwierig zu erkennen. Zur Fehlerdetektion wird daher das Differenzbild zu einer Referenzaufnahme berechnet; siehe Abb. 7.108(c). ■

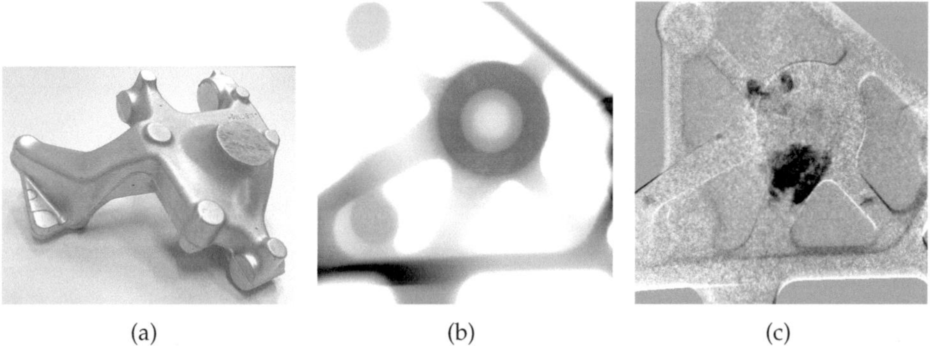

(a) (b) (c)

Abbildung 7.108. Prüfung eines Fahrwerkträgerbauteils auf innere Defekte: (a) Photo des Aluminium-Gussteils; (b) Röntgenaufnahme eines Prüfobjekts; (c) Differenzbild zur Aufahme eines Referenzobjekts (Quelle: Dr. N. Uhlmann, Fraunhofer EZRT).

7.4.3 Optische Kohärenztomographie

Die optische Kohärenztomographie (*optical coherence tomography*, OCT) ist ein interferenzbasiertes Verfahren zur Erfassung innerer Objektstrukturen. Ähnlich wie bei der Weißlichtinterferometrie (Abschn. 7.3.16.1) wird eine Lichtquelle mit einer kurzen Kohärenzlänge verwendet. Das aus dem Objektinnern reflektierte Licht wird mit einem Referenzstrahlengang zur Interferenz gebracht [60]. Aus der be-

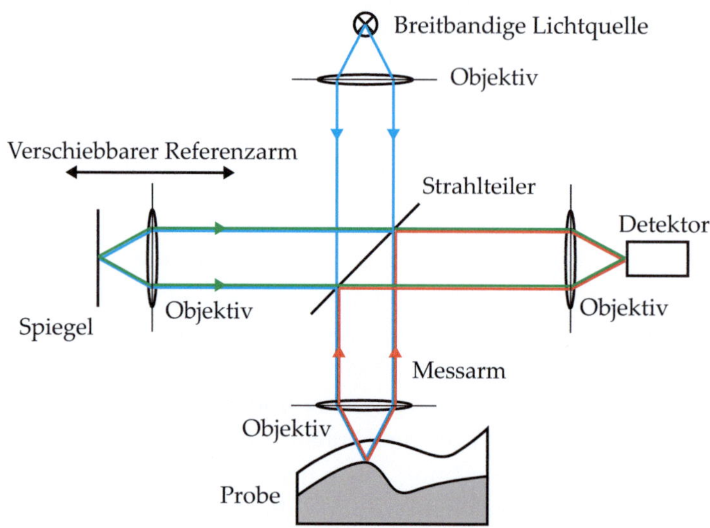

Abbildung 7.109. Prinzip der optischen Kohärenztomographie. Die Lichtquelle sendet breitbandiges Licht mit kurzer Kohärenzlänge aus, das an einem Strahlteiler aufgespalten wird. Die eine Hälfte durchläuft den sogenannten Referenzarm, der aus einem axial verschiebbaren Spiegel besteht, passiert den Strahlteiler ein zweites Mal und wird dann auf den Detektor fokussiert. Die andere Hälfte wird in die zu untersuchende Probe hinein fokussiert, wird dort von eventuell vorhandenen Strukturen reflektiert, wird dann vom Strahlteiler umgelenkt und schließlich ebenfalls auf den Detektor fokussiert, wo sie mit dem Licht aus dem Referenzarm interferiert (nach [60]).

kannten Länge des Referenzstrahlengangs, für die das Interferenzmaximum vorliegt, kann man auf die Tiefe des beobachteten Objektpunkts schließen. Die Intensität des Interferenzmaximums erlaubt Aussagen über die optischen Materialeigenschaften im Objektinnern. Störungen durch mehrfach reflektierte und gestreute Strahlung sind gering, weil aufgrund der unterschiedlichen Weglängen keine konstruktive Interferenz auftritt. Abbildung 7.109 verdeutlicht das Prinzip.

Um ein Volumen zu erfassen, können laterale Scanbewegungen durchgeführt werden oder bildgebende Flächensensoren eingesetzt werden. Für die Realisierung des Messaufbaus sind zahlreiche Varianten denkbar [8, 176, 192]. Von besonderer Relevanz ist die Verwendung eines Spektralsensors zur Erfassung des Interferenzmusters. Aus dem Spektrum kann mittels Fourier-Transformation die Interferenzkurve berechnet werden, sodass die zeitaufwendige mechanische Verschiebung des Referenzspiegels nicht mehr erforderlich ist.

Die erreichbare Auflösung in longitudinaler Richtung entlang der optischen Achse hängt mit der Kohärenzlänge der verwendeten Beleuchtung zusammen

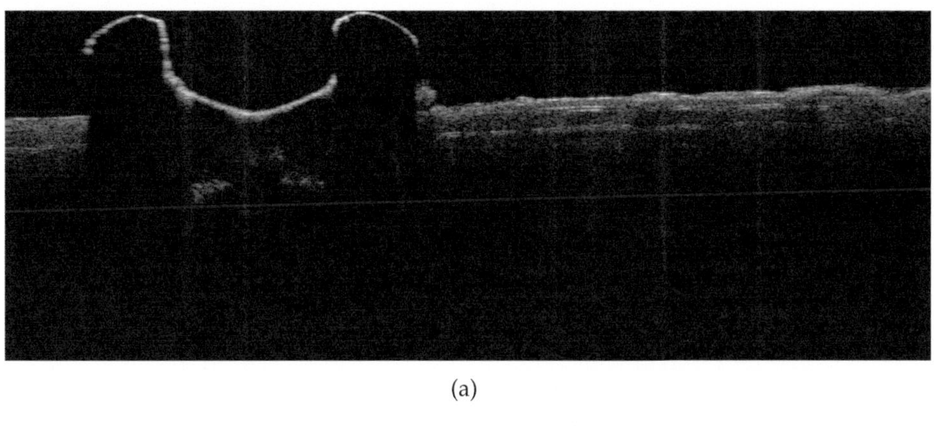

(a)

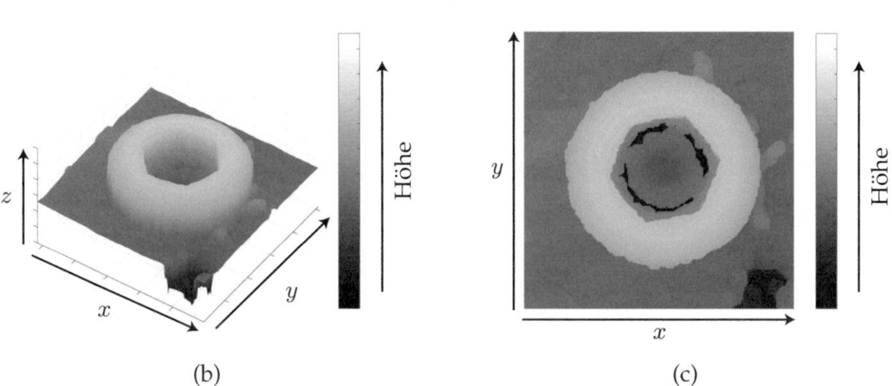

(b) (c)

Abbildung 7.110. Unterstützung einer Cochlea-Implantation: (a) Bild eines zweidimensionalen OCT-Scans in der x,z-Ebene, in der der Querschnitt einer Titanschraube zu erkennen ist; (b) aus mehreren Scans an unterschiedlichen y-Positionen wurde die Oberfläche der Titanschraube und der Schädeldecke rekonstruiert; (c) Ansicht von oben: Das Innensechskantprofil der Titanschraube ist deutlich sichtbar. (Quelle: Dr. Y. Zhang, IPR, KIT)

und liegt im Bereich weniger Mikrometer. Die laterale Auflösung wird im Wesentlichen von der Abbildungsoptik bestimmt.

Die Medizintechnik ist der bedeutendste Anwendungsbereich der optischen Kohärenztomographie. Mit einer Beleuchtung im nahen Infrarot lassen sich im Gewebe Eindringtiefen von einigen Millimetern erzielen. Die Auflösung ist wesentlich höher als bei alternativen Messverfahren wie z. B. mit Ultraschall [8].

Abbildung 7.110 zeigt ein Beispiel, bei dem die OCT zur Erkennung der 3D-Position und Orientierung von Titanschrauben verwendet wurde, die als Orientierungshilfe für eine Cochlea-Implantation in die Schädeldecke eines Patienten eingesetzt wurden.

In der automatischen Sichtprüfung wird die optische Kohärenztomographie zur Detektion von Defekten unterhalb der Oberfläche eingesetzt, z. B. bei Keramik- oder bei Halbleiterbauteilen [74, 192].

7.4.4 Schlierenmessverfahren und Schlierentomographie

In Medien mit inhomogenem, d. h. örtlich variierendem Brechungsindex verlaufen Lichtstrahlen nicht gerade, sondern werden in Abhängigkeit des Brechungsindexgradienten abgelenkt. Diesen Effekt kann man messen und daraus Information über die Brechungsindexverteilung und damit zusammenhängende Eigenschaften des Mediums gewinnen [180]. Zur Transformation der Strahlablenkung in ein Intensitätsbild kann eine sogenannte Schlierenblende eingesetzt werden, die asymmetrisch im Abbildungsstrahlengang platziert wird. Dadurch verursacht die Richtungsänderung der abgelenkten Lichtstrahlen eine Intensitätsänderung auf dem Bildsensor. Wird das zu untersuchende Medium aus unterschiedlichen Projektionsrichtungen aufgenommen, können tomographische Verfahren angewendet werden, um die Brechungsindexverteilung im Inneren des Mediums zu rekonstruieren.

(a)

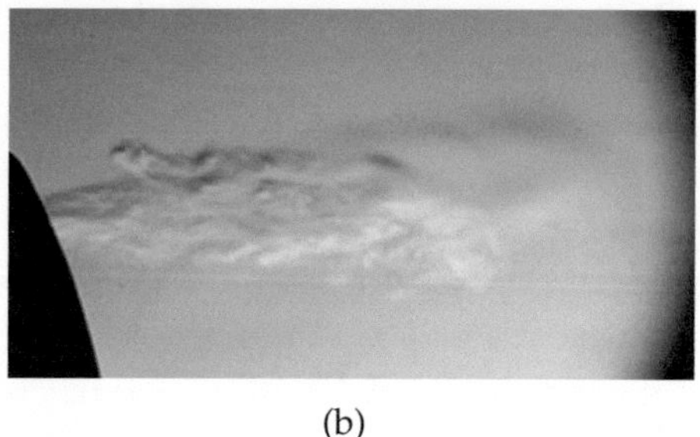

(b)

Abbildung 7.111. Schlierenbilder von ausströmendem Butangas: (a) laminare Strömung; (b) turbulente Strömung. Die Düse, aus der das Gas austritt, befindet sich in der Mitte des linken Bildrandes.

Anwendungen des Schlierenmessverfahrens und der Schlierentomographie sind die Untersuchung von Flammen und Strömungen (siehe Abb. 7.111) sowie von transparenten Objekten.

Abbildung 7.112 zeigt den prinzipiellen Aufbau des Schlierenmessverfahrens.

7.4.5 Lichtfeldmethoden zur Inspektion transparenter Objekte

Transparente Materialien werden zur Produktion unterschiedlichster Objekte, wie z. B. Windschutzscheiben, Linsen, Brillengläser usw. eingesetzt. Je nach Anwendungsfall müssen dabei entsprechende Qualitätskriterien eingehalten werden und die Objekte dürfen nur eine gewisse Anzahl von lichtabsorbierenden Fremdkörpern (z. B. Staub- oder Schmutzpartikel) und lichtstreuenden Verun-

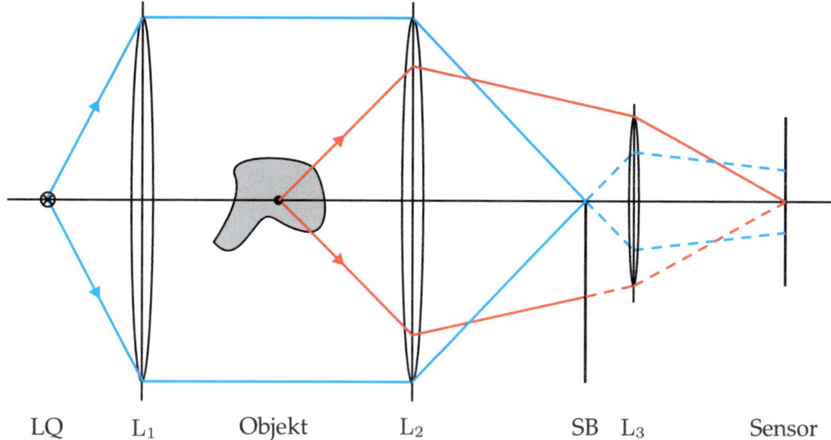

Abbildung 7.112. Prinzip des Schlierenverfahrens nach [180]. Das von L_1 kollimierte Licht der Punktlichtquelle LQ durchleuchtet das zu untersuchende transparente Objekt. Mittels L_2 wird das kollimierte Licht wieder fokussiert. Im Brennpunkt von L_2 befindet sich die asymmetrische Schlierenblende SB, die ohne Objekt die Lichtmenge idealerweise halbiert. Lichtstrahlen, die aufgrund des Objektes nach oben (unten) abgelenkt werden, passieren die SB (werden abgeblockt) und sorgen auf dem Sensor für eine Aufhellung (Abdunkelung). Die so entstehenden Intensitätsstrukturen bezeichnet man als Schlieren. Die Linsen L_2 und L_3 erledigen zusammen die scharfe Abbildung des Objektes auf den Sensor.

reinigungen (z. B. eingeschlossene Luftblasen) bis zu einer gewissen Größe enthalten. Transparente Objekte geringer geometrischer Komplexität (z. B. Flachglas) können mit gängigen Sichtprüfsystemen (z. B. in Transmission, vgl. Abschn. 7.2.3.2) inspiziert werden, wohingegen für die Prüfung komplex geformter transparenter Objekte spezielle optische Verfahren und passende Bildauswertemethoden nötig sind. Die wesentliche Herausforderung besteht dabei darin, dass sowohl die transparenten Objekte selbst, als auch die in ihnen enthaltenen Materialdefekte die Ausbreitungsrichtung von sie durchdringendem Licht beeinflussen. Eine Möglichkeit zur Defektdetektion besteht folglich darin, ein transparentes Prüfobjekt mit Lichtstrahlen bekannter Richtung (z. B. mit kollimiertem Licht) zu durchleuchten und auf der Austrittsseite das Lichtfeld, also die örtlich aufgelösten Richtungsänderungen des transmittierten Lichts, zu erfassen und entsprechend zu verarbeiten [129].

Zur Erfassung des Lichtfelds können beispielsweise Lichtfeldkameras (vgl. Abschn. 7.3.9) oder sogenannte *Laser Deflection Scanner* eingesetzt werden [131]. Letztere bestehen aus zwei Komponenten, einer Beleuchtungseinheit, die das Messfeld zeitsequenziell mit zur optischen Achse parallel verlaufenden Laserstrahlen beleuchtet und einer Empfangseinheit, die den Ablenkungswinkel der Laserstrahlen bezüglich der optischen Achse erfasst (siehe Abb. 7.113). Zur Realisierung der kollimierten Beleuchtung wird ein Laserstrahl über ein rotierendes

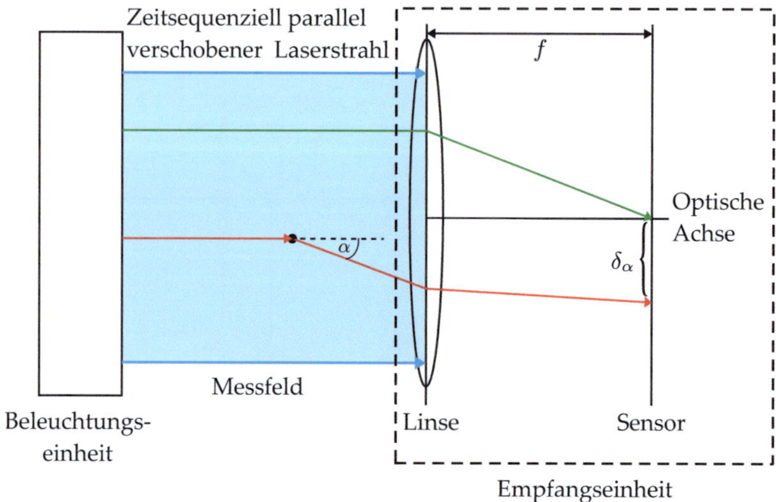

Abbildung 7.113. Prinzip eines Laser Deflection Scanners: Die Beleuchtungseinheit realisiert eine zeitsequenzielle telezentrische Beleuchtung des Messfeldes (vgl. Abb. 7.23). Beispielhaft durchläuft der grün gezeichnete Lichtstrahl das Messfeld ohne Ablenkung und erreicht den Sensor daher in dessen Zentrum. Der rot gezeichnete Strahl hingegen wird durch eine Störung (schwarzer Punkt) im Messfeld um den Winkel α nach unten abgelenkt und trifft daher mit einem örtlichen Versatz von $\delta_\alpha = f \cdot \tan\alpha$ auf dem Sensor auf. Im Vergleich zu dem telezentrischen Laserscanner aus Abb. 7.76 besitzt der Laser Deflection Scanner einen ortsauflösenden Sensor und erfasst damit die Richtungen der im Messfeld auftretenden Lichtablenkungen.

Polygonrad abgelenkt und fungiert damit als Punktlichtquelle (oder anschaulich als Lichtfächer) in einer Ebene. Eine Linse (bzw. ein Parabolspiegel), die im Abstand ihrer Brennweite zum Polygonrad positioniert ist, wandelt den Lichtfächer in zueinander parallele Strahlen (telezentrische Beleuchtung, vgl. Abb. 7.76). In der Empfangseinheit treffen inzidente Lichtstrahlen auf eine weitere Linse (bzw. Parabolspiegel), in deren Brennebene sich ein zweidimensionaler Sensor befindet. Lichtstrahlen, die das Messfeld parallel zur optischen Achse, also ohne Ablenkung durchlaufen, werden durch die Linse (bzw. Parabolspiegel) auf das Zentrum des Sensors gelenkt. Findet hingegen eine Ablenkung um den Winkel α statt, so treffen die Lichtstrahlen mit einem örtlichen Versatz von $\delta_\alpha = f \cdot \tan\alpha$ auf den Sensor, wobei f die Brennweite des Parabolspiegels bezeichnet [131]. In der Empfangseinheit werden also Richtungsinformationen im Sinne der Ablenkungswinkel im Messfeld in örtliche Informationen transformiert. Die Information über den Ort des Lichtstrahls im Messfeld geht dabei verloren, sie ist allerdings durch das zeitsequenzielle Beleuchten bekannt. Da ein Lichtstrahl im Messfeld auch in mehrere Richtungen gestreut werden kann, spricht man bei den vom Sensor der Empfangseinheit aufgenommenen Bildern auch von sogenannten Ablenkungsspektren $a(m,n,j,k) \in \mathbb{R}$ oder *deflection maps*, dabei entspricht (m,n) der diskre-

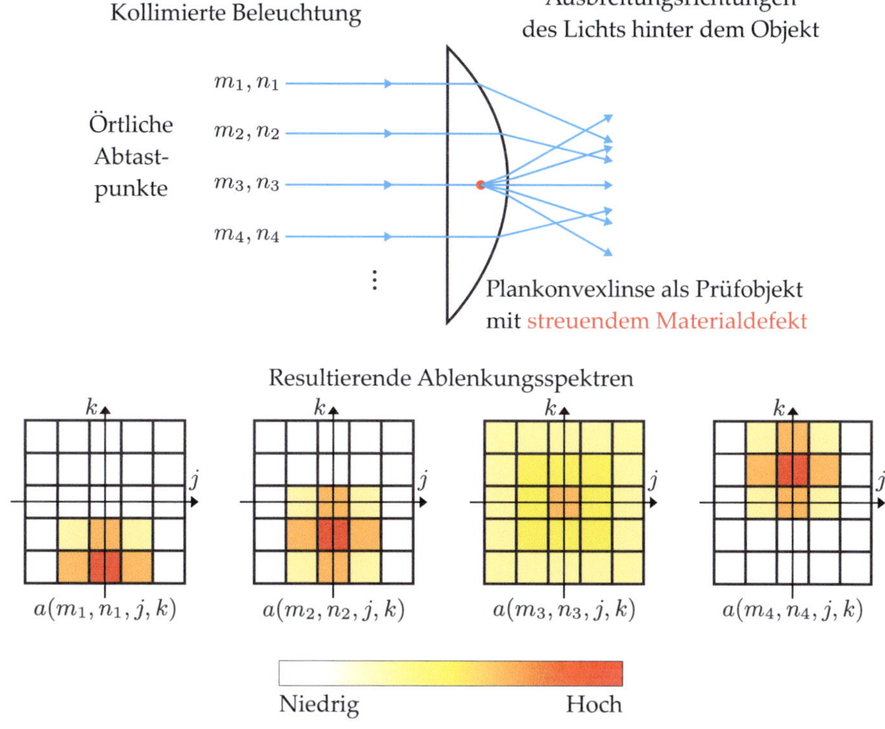

Abbildung 7.114. Konzept von Ablenkungsspektren zur Sichtbarmachung von lichtablenkenden Materialdefekten: Für eine beispielhaft als Prüfling dienende Plankonvexlinse mit eingeschlossenem Materialdefekt werden Ablenkungsspektren an vier Positionen erfasst. Der Verlauf der benachbarten Ablenkungsspektren wird durch den richtungsändernden Einfluss der Prüflingsoberfläche und durch den lichtstreuenden Materialdefekt bestimmt. Zur Sichtbarmachung des Materialdefekts muss die starke Änderung der Ablenkungsspektren zwischen den Messpunkten (m_2, n_2) und (m_3, n_3) bzw. zwischen (m_3, n_3) und (m_4, n_4) herausgearbeitet werden.

ten örtlichen Position im Messfeld und (j, k) der Pixelkoordinate auf dem Sensor, also der Richtungsinformation.

Um lichtstreuende Materialdefekte in einem transparenten Objekt zu erkennen, wird die im Folgenden beschriebene Idee zur Verarbeitung der aufgenommenen Ablenkungsspektren verfolgt (siehe auch Abb. 7.114) [130]. Es wird angenommen, dass defektfreie Prüflingsregionen zu keiner Lichtstreuung, aber aufgrund der Prüflingsgeometrie zu Lichtablenkungen führen können. Kann davon ausgegangen werden, dass die Oberflächenverläufe der Prüflinge örtlich glatt und langsam veränderlich sind, so ergeben sich zwischen den Ablenkungsspektren benachbarter Objektpunkte nur geringfügige Änderungen. Zur Hervorhebung von streuenden oder stark lichtablenkenden Materialdefekten können somit Unstetigkeiten im örtlichen Verlauf benachbarter Ablenkungsspektren herausgearbeitet werden. Dazu kann auf den Ablenkungsspektren $a(m,n,j,k)$ ein Gradient bezüglich der örtlichen Koordinaten (m,n) mit Hilfe des symmetrischen Differenzenquotienten definiert werden:

$$\operatorname{grad}_{(m,n)} a(m,n,\cdot,\cdot) := \frac{1}{2}\begin{pmatrix} d\{a(m+1,n,\cdot,\cdot), a(m-1,n,\cdot,\cdot)\} \\ d\{a(m,n+1,\cdot,\cdot), a(m,n-1,\cdot,\cdot)\} \end{pmatrix}, \quad (7.161)$$

wobei d eine geeignete Distanzfunktion für benachbarte zweidimensionalen Ablenkungsspektren darstellt. Wie in Abb. 7.114 motiviert, soll d hohe Werte annehmen, wenn sich die Ablenkungsrichtung zwischen benachbarten Objektpunkten stark geändert hat (Hinweis auf einen makroskopischen Materialdefekt) oder beim plötzlichen Auftreten vieler Ablenkungsrichtungen (Hinweis auf einen streuenden Materialdefekt). Mögliche Kandidaten für d sind beispielsweise die *Earth Mover's Distance* und die generalisierte Cramér-von Mises-Distanz [132].

Abbildung 7.115 zeigt beispielhaft die mit dem beschriebenen Verfahren berechneten Inspektionsbilder einer Kunststoffabdeckscheibe eines Frontscheinwerfers aus dem Automobilbereich. Im Vergleich zu einer Inspektion in einer einfachen Hellfeldkonstellation können deutlich mehr Materialdefekte kontrastreich abgebildet werden.

7.4.6 Bildaufnahme mit Terahertz-Strahlung

Elektromagnetische Strahlung im Frequenzbereich von 100 GHz bis 10 THz wird als Terahertz-Strahlung oder kurz THz-Strahlung[10] bezeichnet [165]. Die Definition des Frequenzbereichs ist nicht eindeutig; manche Quellen nennen ein Intervall von 300 GHz bis 3 THz [152]. Dies entspricht dann Wellenlängen im Bereich von 1 mm bis $0{,}1$ mm, der als Submillimeterwellenlängenbereich bezeichnet wird.

THz-Strahlung liegt zwischen dem Infrarot und den Mikrowellen. Lange Zeit blieb dieser Bereich technisch ungenutzt, da keine industriell brauchbaren Technologien für die effektive Erzeugung und die Detektion von THz-Strahlung verfügbar waren. Für Hochfrequenzelektronik waren die Frequenzen zu hoch und für optische Sensoren waren die Quantenenergien zu niedrig. Man spricht daher von der „THz-Lücke".

Moderne Lasertechnologien brachten den Durchbruch. THz-Bildgebung ist ein aktuelles Forschungsgebiet und erste kommerzielle Systeme zur Qualitätsprüfung sind verfügbar. Die Technologie hat noch ein hohes Entwicklungspotenzial für die Bildgebung zur automatischen Qualitätsprüfung.

THz-Strahlung ist aufgrund der niedrigen Photonenenergien nichtionisierend und gilt daher für den Menschen als ungefährlich.

---

[10] $1\ \mathrm{THz} = 10^{12}\ \mathrm{Hz}$.

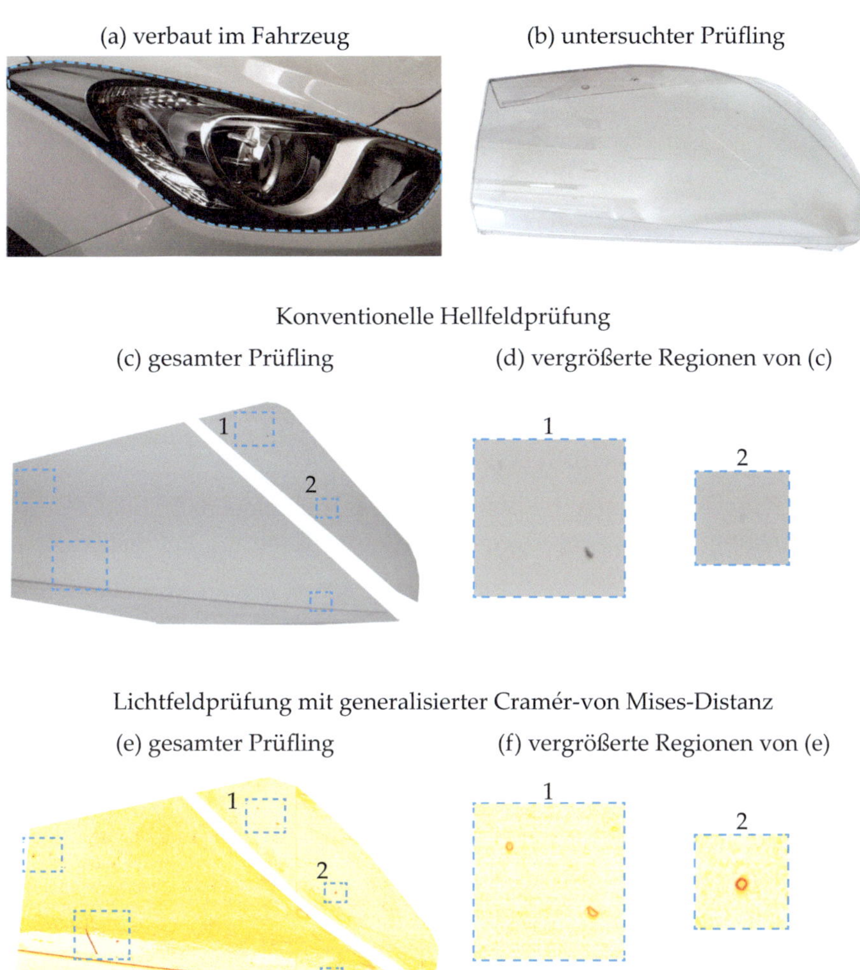

Abbildung 7.115. Inspektion einer Kunststoffabdeckscheibe eines Frontscheinwerfers zum Vergleich mit einer konventionellen Hellfeldbeleuchtung im Durchlicht und der beschriebenen Lichtfeldprüfung durch Verarbeitung erfasster Ablenkungsspektren auf Basis der generalisierten Cramér-von Mises-Distanz, visualisiert in Pseudofarben. Da es sich bei den vorhandenen Materialdefekten um lichtstreuende Verunreinigungen wie Kratzer und eingeschlossene Luftblasen handelt, werden die Defekte mit dem Lichtfeldansatz mit sichtbar höheren Kontrasten abgebildet.

THz-Strahlung durchdringt sehr gut nichtleitende Materialien wie z. B. Kunststoffe, trockenes Papier und trockenes Holz. Hingegen wird THz-Strahlung in leitenden Materialien und insbesondere von Wasser absorbiert. Bereits Luftfeuchtigkeit führt zu einer merklichen Dämpfung.

Die Photonenenergien von THz-Strahlung liegen im Bereich der Anregungsenergien von Molekül- und Gitterschwingungen, sodass durch Absorptionsspektroskopie Stoffe mit THz-Strahlung erkannt werden können. Eine bekannte Anwendung ist z. B. die Detektion von Sprengstoffen, die meist organische Verbindungen mit Anregungsenergien im THz-Bereich sind bzw. enthalten.

THz-Strahlung ermöglicht für die automatische Sichtprüfung[11] vor allem die Sichtbarmachung innerer Strukturen und Defekte, die in anderen Spektralbereichen nicht von außen zu sehen sind. Nachfolgend werden einige konkrete Anwendungsbeispiele genannt:

- Detektion von Fremdkörpern in Lebensmitteln, z. B. in Schokolade [103].
- Prüfen von Objekten durch Verpackungen aus Papier und Kunststoff hindurch, die für sichtbares Licht undurchsichtig sind.
- Erkennung von Hohlräumen in Keramik und Kunststoffen [160].
- Sichtbarmachung verborgener Gegenstände unter Kleidung bei Sicherheitskontrollen z. B. an Flughäfen.
- Detektion gediegener Metalle[12] in Gesteinsbrocken in der automatischen Schüttgutsortierung.

Jedes Objekt emittiert THz-Strahlung entsprechend seiner Temperatur gemäß dem Planck'schen Strahlungsgesetz (2.258). Nach dem Wien'schen Verschiebungsgesetz (2.260) liegt die maximale Intensität der emittierten Strahlung für Objekte bei niedrigen Temperaturen im THz-Bereich (Tab. 7.2). Bei Innenraumtemperatur verschiebt sich zwar das Intensitätsmaximum in den Infrarotbereich, da aber die Eigenstrahlung insgesamt gemäß dem Stefan-Boltzmann-Gesetz (2.259) stark ansteigt, wird auch mehr Terahertz-Strahlung emittiert (vgl. Abb. 2.34 auf S. 102). Die Strahlung aus dieser thermischen Emission ist inkohärent und entspricht mithin einer Rauschquelle im THz-Bereich. Bei Zimmertemperatur kann die thermische Eigenstrahlung im THz-Bereich übrigens für die Detektion von Gegenständen unter der Kleidung genutzt werden.

Alternativ zu der passiven Messung der Eigenstrahlung ist auch die aktive Beleuchtung der Prüfobjekte mit THz-Strahlung möglich. Die Beobachtung erfolgt überwiegend in Transmission. Beide Varianten werden momentan erforscht; es

---

[11] Bzw. Qualitätsprüfung oder zerstörungsfreie Materialprüfung, da bei Verwendung elektromagnetischer Strahlung außerhalb des sichtbaren Bereichs nicht mehr von Sichtprüfung im engeren Sinn gesprochen werden kann.

[12] Als gediegen werden reine chemische Elemente bezeichnet, die natürlich vorkommen.

Tabelle 7.2. Wellenlänge und Frequenz des Intensitätsmaximums der thermischen Eigenstrahlung eines schwarzen Strahlers nach (2.260), (2.1).

Temperatur T	Wellenlänge λ	Frequenz ν
≈ 1 K	3 mm	100 GHz
≈ 10 K	0,3 mm	1 THz
≈ 100 K	30 µm	10 THz

ist noch nicht absehbar, welche Verfahren sich für welche Anwendungen durchsetzen werden. Im Folgenden werden aktive THz-Verfahren beschrieben.

Technisch bedeutende Verfahren für die **Erzeugung** von THz-Strahlung sind u. a. [152, 183]:

- Elektronische Frequenzvervielfachung hochfrequenter Schwingungen mit Hilfe der Nichtlinearität von GaAs-Schottky-Dioden. Bei diesem Verfahren entsteht kohärente, schmalbandige THz-Strahlung im Dauerbetrieb (CW, *continuous wave*).
- Differenzfrequenzbildung von zwei Lasern mit Frequenzen, die um die gewünschte THz-Frequenz voneinander abweichen, in einem nichtlinearen[13] optischen Material. Dieses Prinzip kann mit einem Zweifarbendiodenlaser realisiert werden [89]. Es entsteht ebenfalls kohärente, schmalbandige CW-THz-Strahlung.
- Ein ultrakurzer Laserimpuls mit einer Dauer von etwa 20 bis 100 fs wird durch ein nichtlineares optisches Material geschickt.[14] Ein solcher Laserimpuls ist aufgrund seiner kurzen Dauer breitbandig und hat eine sehr hohe elektrische Feldstärke.[15] Im nichtlinearen optischen Material entsteht durch die spektralen Anteile des Lasers mit Frequenzdifferenzen im THz-Bereich ein breitbandiger THz-Impuls. Man nennt dieses Verfahren **optische Gleichrichtung**. Der breitbandige THz-Impuls ist kohärent zum erzeugenden Laserimpuls.
- Ein ultrakurzer Laserimpuls trifft auf ein zwischen zwei Elektroden unter Spannung stehendes Halbleitermaterial, typisch GaAs. Der Laserimpuls er-

---

[13] In einem nichtlinearen optischen Medium lässt sich die Lichtausbreitung nicht mehr durch lineare Differentialgleichungen beschreiben, da bestimmte Materialeigenschaften von der Lichtintensität abhängig sind. Das Superpositionsprinzip gilt nicht [156].

[14] $1\ \text{fs} = 10^{-15}$ s (Femtosekunde).

[15] Wegen der Reziprozität der Fourier-Transformation (siehe Kap. 8) hat ein kurzer Impuls ein breites Frequenzspektrum. Da die Energie auf einen kurzen Zeitraum konzentriert ist, hat der Laserimpuls eine hohe momentane Leistung und mithin eine hohe elektrische Feldstärke.

zeugt dort kurzlebige Ladungsträger, die zu einem extrem kurzen Stromimpuls mit einer Dauer von einigen Pikosekunden[16] führen. Dieser Stromimpuls erzeugt wiederum einen Strahlungsimpuls im THz-Bereich. Ein derartiges Bauelement heißt **photoleitende Dipolantenne** (*photoconductive antenna*, PCA) [109]. Die entstehende THz-Strahlung ist breitbandig und kohärent zum erzeugenden Laserimpuls.

Die Abbildung von THz-Strahlung ist möglich über metallische Spiegel und spezielle Linsen aus THz-durchlässigem Material, z. B. Silizium (Si).

Zur **Detektion** von THz-Strahlung gibt es u. a. folgende Möglichkeiten [152]:

- Die photoleitende Dipolantenne kann auch als Detektor dienen. Als Empfänger wird sie ohne Vorspannung als Photostromquelle betrieben. Ein ultrakurzer Laserimpuls erzeugt kurzlebige Ladungsträger, die vom elektrischen Feld gleichzeitig vorhandener THz-Strahlung beschleunigt werden und als Strom an den Elektroden abgegriffen werden.
- **Freespace electrooptic sampling**: Ein linear polarisierter ultrakurzer Laserimpuls wird kollinear mit der THz-Strahlung durch ein Material geschickt, das in Anwesenheit von THz-Strahlung doppelbrechend wird [39].
  Mit einer $\frac{\lambda}{4}$-Platte wird in Abwesenheit von THz-Strahlung aus dem Laser zirkular polarisiertes Licht erzeugt. Das polarisierte Laserlicht wird anschließend mit einem Wollaston-Prisma in zwei gleichstarke, senkrecht zueinander polarisierte Lichtstrahlen zerlegt, die auf zwei Photodetektoren gelangen. Deren elektrische Signale werden subtrahiert, sodass sich ohne THz-Strahlung der Signalwert null ergibt. Daher spricht man von **balancierten Detektoren**. Ist hingegen THz-Strahlung vorhanden, wird die Polarisationsrichtung des Laserimpulses gedreht und an der $\frac{\lambda}{4}$-Platte entsteht elliptisch polarisiertes Licht. In diesem Fall wird die Balance der beiden Detektoren aufgehoben und es entsteht ein nichtverschwindendes elektrisches Signal, das proportional zur elektrischen Feldstärke der THz-Strahlung ist.
- **Bolometer** (vgl. Abschn. 6.8.1): Material wird durch THz-Strahlung erwärmt und ändert seinen elektrischen Widerstand. Aus Bolometern lassen sich Flächensensoren aufbauen, sie sind aber recht unempfindlich und nicht für kohärente Detektion geeignet, wie sie bei den oben genannten Verfahren durch die präzise Triggerung des Detektors mittels eines Laserimpulses durchgeführt wird.

---

[16] $1\ \mathrm{ps} = 10^{-12}\ \mathrm{s}$.

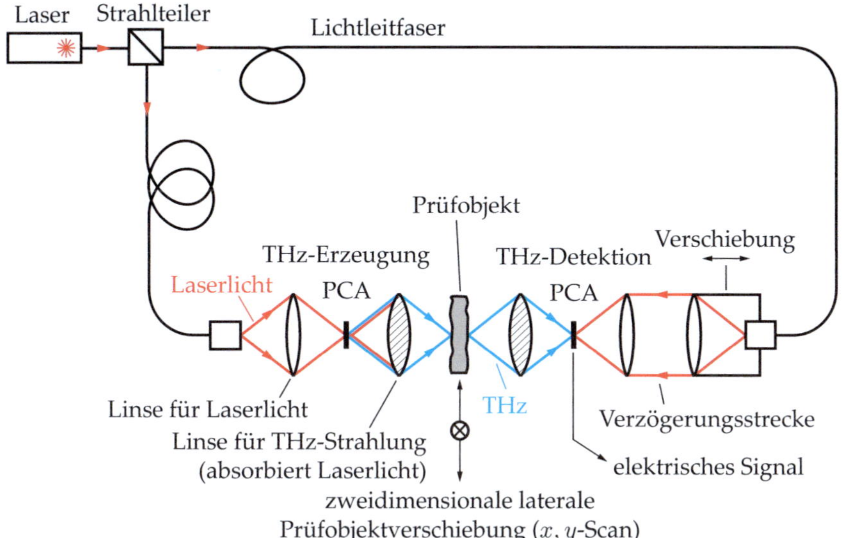

Abbildung 7.116. Aufbau eines THz-Bildaufnahmesystems auf PCA-Basis.

Systeme zur THz-Bildgebung: Bis auf die bolometrische Detektion, die aber recht unempfindlich ist, sind THz-Detektoren wegen ihres Aufwandes für praktisch einsetzbare Arrays ungeeignet. Prüfobjekte müssen daher zweidimensional abgescannt werden, was derzeit noch sehr zeitaufwendig ist [165].

Die THz-Erzeugungs- und -Detektionsverfahren, die mit ultrakurzen Laserimpulsen arbeiten und bei denen mithin eine feste zeitliche Beziehung zwischen Laserimpuls und THz-Impuls herrscht, erlauben die Realisierung von kohärenten THz-Aufnahmesystemen mit extrem hohen Signal-Rausch-Verhältnissen SNR bis zu 10^6 [165]. Man nutzt dabei den Synchronismus zwischen den Laser- und den THz-Impulsen und die optische Schaltbarkeit der beiden erstgenannten Detektoren mit Laserlicht. Die ultrakurzen Laserimpulse haben eine typische Dauer zwischen 20 und 100 fs bei einer Repetierrate von 10 bis 100 MHz.

Abbildung 7.116 zeigt ein Beispiel für den Aufbau eines THz-Bildaufnahmesystems. Das Laserlicht wird von einem Strahlteiler in zwei Hälften geteilt. Eine Hälfte erzeugt die kohärente THz-Strahlung, die andere Hälfte wird über eine variable Verzögerungsstrecke auf die als Empfänger dienende PCA geleitet, die eine Veränderung der Länge des Lichtwegs und damit der Laufzeit ermöglicht. Sie aktiviert den Detektor synchron zu den THz-Impulsen jeweils für sehr kurze Zeit. Da der Laserimpuls viel kürzer als der THz-Impuls ist und der Laserimpuls am Detektor über die variable Verzögerungsstrecke relativ zum THz-Impuls verschoben werden kann, lässt sich der THz-Impuls zeitaufgelöst in seinem Verlauf

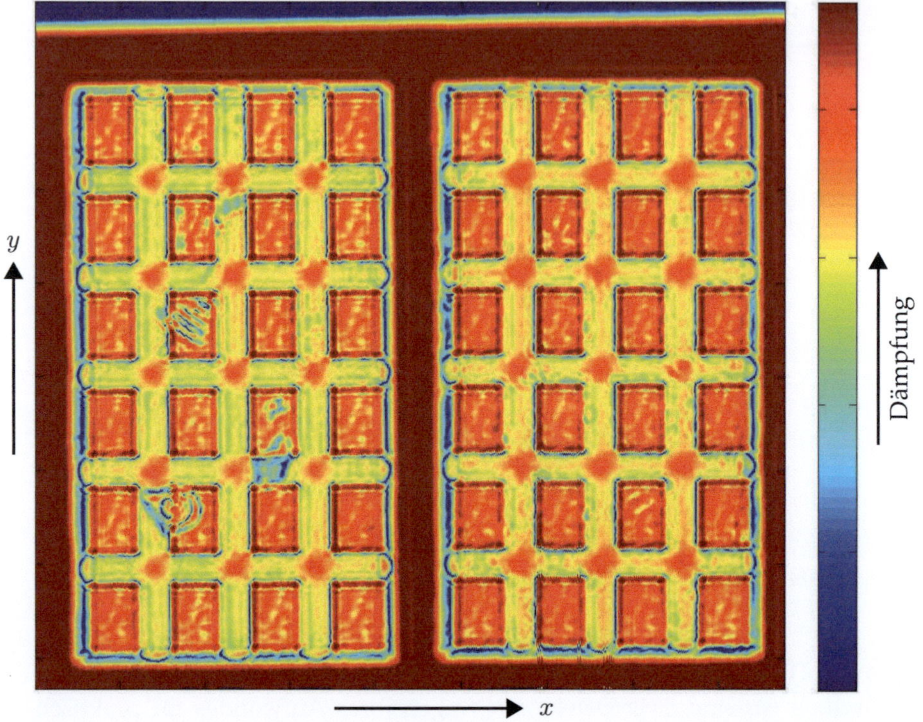

Abbildung 7.117. Terahertz-Aufnahme von Schokoladentafeln, links mit mehreren Verunreinigungen aus Metall, Glas und Kunststoff, rechts ein Referenzobjekt ohne Verunreinigungen [148]. Die Pseudofarbendarstellung zeigt die örtliche Verteilung des Dämpfungskoeffizienten, gemessen in Transmission (Quelle: Dr. D. Nüßler, Fraunhofer FHR [148]).

abtasten, sodass Amplitude, Laufzeit und Spektrum des THz-Impulses ermittelt werden können.

Je nach Wellenlänge und Bandbreite der THz-Strahlung reicht die erzielbare räumliche **Auflösung** vom Zentimeter- bis in den Submillimeterbereich [165,201]. Abbildung 7.117 zeigt als Anwendungsbeispiel die Detektion von Verunreinigungen in Schokolade [148].

THz-Bildgebung mit dem *„Compressed Sensing“*-Ansatz: Als Alternative zum zeitsequenziellen Scannen mit mechanischer Verschiebung des Prüfobjekts und zu einem aufwendigen Sensorarray wurde für die THz-Bildgebung ein Ansatz auf Basis von *Compressed Sensing* vorgeschlagen [36,215]. Abbildung 7.118 zeigt das Prinzip. Das Prüfobjekt wird über eine THz-durchlässige Linse L1 mit THz-Strahlung beleuchtet. Die Intensität $i(\mathbf{x})$, die das Prüfobjekt passiert hat, wird von einer weiteren Linse L2 scharf auf eine Maske abgebildet. Diese Maske enthält variable Elemente, die entweder transparent oder absorbierend geschaltet wer-

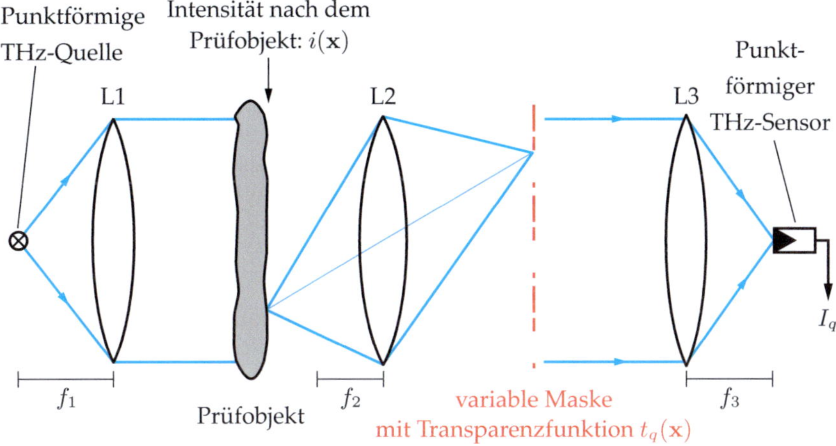

Abbildung 7.118. Prinzip der THz-Bildgebung mit dem *„Compressed Sensing"*-Ansatz.

den können. Die von der Maske durchgelassene Strahlung wird von der Linse L3 gebündelt und von einem punktförmigen THz-Detektor gemessen. Der skalare Messwert I entspricht dem Integral über die von den einzelnen Punkten der Maske durchgelassene Intensität. Beim *Compressed Sensing* werden nun mehrere Messungen mit unterschiedlichen Konfigurationen $q = 1, \ldots, Q$ der Maske durchgeführt. Das resultierende Tupel von Intensitätsmesswerten I_q erlaubt Rückschlüsse auf die Eigenschaften des Prüfobjekts.

Alternativ zu dem Aufbau aus Linsen kann auch mit Spiegeln ein Abbildungssystem konstruiert werden. Ebenso kann die variable Maske alternativ als Array aus schaltbaren Mikrospiegeln in einem Reflexionsstrahlengang aufgebaut werden.

Formal lässt sich der Messvorgang wie folgt beschreiben: Sei $\mathbf{i} := \mathrm{col}\{i(\mathbf{x})\} \in \mathbb{R}^{N^2}$ der Spaltenvektor der vom Prüfobjekt durchgelassenen Intensitätswerte und $\mathbf{t}_q := \mathrm{col}\{t_q(\mathbf{x})\} \in [0,1]^{N^2}$ der Transparenzvektor der variablen Maske in der Konfiguration q, wobei eine $N{\times}N$-Anordnung der Bildpunkte angenommen wird. Die gesamte Information über die Konfigurationen der Maske wird durch die Transparenzmatrix $\mathbf{T} := (\mathbf{t}_1, \mathbf{t}_2, \ldots, \mathbf{t}_Q)^\mathrm{T} \in [0,1]^{Q\times N^2}$ beschrieben. Gemessen werden die Intensitäten $\mathbf{I} = (I_1, \ldots, I_Q)^\mathrm{T} \in \mathbb{R}^Q$. Die Messung in Konfiguration q der Maske lässt sich nun wie folgt schreiben:

$$I_q \propto \sum_{\mathbf{x}} t_q(\mathbf{x}) i(\mathbf{x}) = \mathbf{t}_q^\mathrm{T} \mathbf{i} \,. \tag{7.162}$$

Der Intensitätsvektor $\mathbf{I}$ ist gegeben durch

$$\mathbf{I} = \mathbf{T}\,\mathbf{i} \,. \tag{7.163}$$

Wenn die Transparenzvektoren $\{\mathbf{t}_q \,|\, q = 1, \ldots, Q\}$ linear unabhängig sind, spannen sie einen Q-dimensionalen Vektorraum auf. Die Erzeugung des Intensitätsvektors $\mathbf{I}$ entspricht einer Projektion des Signals $\mathbf{i}(\mathbf{x})$ auf diesen Vektorraum. Beim *Compressed Sensing* wählt man ein $Q \ll N^2$ und erzielt mit geeigneten $\{\mathbf{t}_q\}$ eine ausreichend gute Rekonstruktion des Signals $\mathbf{i}(\mathbf{x})$. Diese Rekonstruktion $\hat{\mathbf{i}}$ lässt sich mit Hilfe der Pseudoinversen $\mathbf{T}^{\mathrm{T}}(\mathbf{T}\,\mathbf{T}^{\mathrm{T}})^{-1}$ aus (7.163) berechnen:

$$\hat{\mathbf{i}} = \mathbf{T}^{\mathrm{T}}(\mathbf{T}\,\mathbf{T}^{\mathrm{T}})^{-1}\mathbf{I}\,. \tag{7.164}$$

Die Verwendung der Pseudoinversen ist erforderlich, weil (7.163) im Fall $Q < N^2$ ein unterbestimmtes Gleichungssystem für $\mathbf{i}$ ist.

Die Basisfunktionen $\{t_q(\mathbf{x}) \,|\, q = 1, \ldots, Q\}$ gilt es möglichst gut an die Aufgabenstellung, also an die zu erwartenden Prüfobjekte, anzupassen, damit für $Q \ll N^2$ eine brauchbare Rekonstruktion möglich wird. Statt N^2 Scanschritten braucht man dann nur Q Aufnahmen ohne mechanische Abtastbewegung. Lediglich die Konfiguration der transparenten Maske wird variiert.

Man spricht hier auch von einer *single-pixel camera* [36]. Das Prinzip des *Compressed Sensing* lässt sich natürlich auch auf beliebige andere Frequenzbereiche des elektromagnetischen Spektrums anwenden.

7.4.7 Spannungsoptik

Spannungsoptische Verfahren dienen zur optischen Sichtbarmachung und Vermessung von mechanischen Spannungszuständen in transparenten Materialien. Diese Methoden sind bereits seit langem bekannt.[17] Ursprünglich wurden durchsichtige Modelle realer Bauelemente unter mechanischer Belastung qualitativ geprüft und ihre Spannungsverteilung quantitativ gemessen. Für die quantitative Spannungsmessung muss das Modell des Bauteils allerdings einen 2-achsigen Spannungszustand aufweisen, d. h. der Spannungszustand muss in Durchstrahlungsrichtung konstant sein. Die klassische modellbasierte Spannungsoptik wurde inzwischen durch FEM-Berechnungen[18] weitgehend verdrängt. Diese rechnerbasierte Simulationstechnik ist mit wesentlich geringerem Aufwand einsetzbar und zudem nicht auf 2-achsige Spannungszustände beschränkt.

Heute wird die Spannungsoptik in der automatischen Sichtprüfung zur schnellen Untersuchung von transparenten Bauteilen auf Eigenspannungen und Spannungsverteilungen unter Belastung eingesetzt. Es werden keine Modelle angefertigt, sondern tatsächliche Bauteile geprüft. Im Allgemeinen hat man weder

[17] Sie wurden erstmals durch den schottischen Physiker David Brewster beschrieben [29, 30].

[18] Finite-Elemente-Methode.

2-achsige Spannungszustände noch eine prismatische Bauteilgeometrie, sodass die Verhältnisse ungleich komplizierter werden.

Die Spannungsoptik ermöglicht sowohl eine schnelle, qualitative Prüfung als auch eine quantitative 3D-Rekonstruktion des Spannungszustands. Bei einer qualitativen Prüfung können hohe Spannungsgradienten bzw. Spannungen anhand der Beobachtung hoher Streifendichten bzw. Streifenanzahlen in einer spannungsoptischen Aufnahme erkannt werden; vgl. Abb. 7.121 auf S. 442. Die quantitative Auswertung durch eine 3D-Rekonstruktion des 3-achsigen Spannungszustands erfordert Methoden der Tensortomographie [179, 207]. Diese Vorgehensweise ist sehr aufwendig, weshalb hier nur die qualitative Detektion behandelt wird.

Das Prinzip der Spannungsoptik beruht darauf, dass bestimmte transparente Materialien unter mechanischer Belastung doppelbrechend werden, während sie im unbelasteten Zustand ein homogenes, isotropes Brechungsverhalten aufweisen (zur Doppelbrechung siehe auch Abschn. 2.2.2.4). Dieser Effekt heißt spannungsinduzierte Doppelbrechung (engl. *photoelasticity*). Er tritt z. B. bei Glas, Plexiglas[19] und Kunstharzen auf.

Statt mit dem skalaren, ortsunabhängigen Brechungsindex n für den unbelasteten Fall muss die Brechung im belasteten Zustand mit einem symmetrischen Brechungsindextensor $\mathbf{N}$ beschrieben werden:

$$\mathbf{N} = \begin{pmatrix} n_x & n_{xy} & n_{xz} \\ n_{xy} & n_y & n_{yz} \\ n_{xz} & n_{yz} & n_z \end{pmatrix} . \tag{7.165}$$

Der skalare Brechungsindex n bei isotropem Brechungsverhalten entspricht einem Brechungstensor $\mathbf{N} = n\,\mathbf{I}$ mit der Einheitsmatrix $\mathbf{I}$.

Der Spannungszustand in einem dreidimensionalen Körper wird durch den Spannungstensor $\mathbf{S}$ beschrieben, der ebenfalls als symmetrische 3×3-Matrix dargestellt werden kann [69]:

$$\mathbf{S} = \begin{pmatrix} \sigma_x & \tau_{xy} & \tau_{xz} \\ \tau_{xy} & \sigma_y & \tau_{yz} \\ \tau_{xz} & \tau_{yz} & \sigma_z \end{pmatrix} . \tag{7.166}$$

Die Diagonalelemente σ_i heißen Normalspannungen und beschreiben den Spannungszustand senkrecht zu einer Schnittebene mit dem Normalenvektor $\mathbf{e}_i$, $i \in \{x, y, z\}$. Die Normalspannungen resultieren aus einer Belastung auf Zug, Druck oder Biegung (Abb. 7.119). Die Schubspannungen τ_{ij} wirken in Richtung $\mathbf{e}_j$ tangential in der Schnittebene senkrecht zu $\mathbf{e}_i$, $i, j \in \{x, y, z\}$. Sie resultieren aus einer Belastung auf Scherung oder Torsion. Die Spannungen beschreiben die auf ein

[19] Plexiglas® ist in Europa ein eingetragenes Markenzeichen der Röhm GmbH.

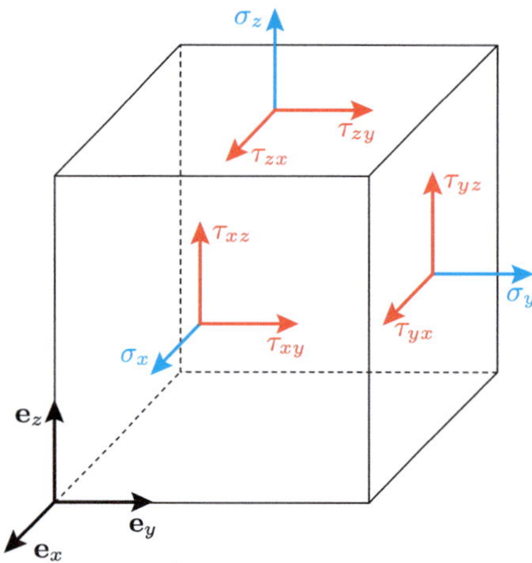

Abbildung 7.119.
Spannungszustand eines Volumenelements. Infolge der Gleichgewichtsbedingungen für die Drehmomente um die Koordinatenachsen gilt $\tau_{xy} = \tau_{yx}$, $\tau_{xz} = \tau_{zx}$, $\tau_{yz} = \tau_{zy}$.

Raumelement des Objekts wirkende Kraft pro Fläche in der Einheit $\mathrm{N/m^2}$. Im Fall eines 2-achsigen Spannungszustand verschwinden alle Spannungen senkrecht zu einer Ebene, sodass etwa $\sigma_z = \tau_{xz} = \tau_{yz} = 0$ gilt [217].

Im Allgemeinen beschreibt der Tensor $\mathbf{S}$ einen 3-achsigen Spannungszustand. Mittels Hauptachsentransformation (Hauptkomponentenanalyse, siehe Abschn. 8.8) lässt sich $\mathbf{S}$ in Diagonalgestalt darstellen. Der Tensor wird in das Koordinatensystem seiner Eigenvektoren transformiert. In diesem Koordinatensystem verschwinden alle Schubspannungen:

$$\tilde{\mathbf{S}} = \begin{pmatrix} \sigma_1 & 0 & 0 \\ 0 & \sigma_2 & 0 \\ 0 & 0 & \sigma_3 \end{pmatrix} . \tag{7.167}$$

Die Eigenwerte $\sigma_1 \geq \sigma_2 \geq \sigma_3$ heißen Hauptspannungen. Die zugehörigen Eigenvektoren $\boldsymbol{\epsilon}_1$, $\boldsymbol{\epsilon}_2$, $\boldsymbol{\epsilon}_3$ zeigen in Richtung der Hauptachsen. Für die Schnittebene mit dem Normalenvektor $\boldsymbol{\epsilon}_1$ bzw. $\boldsymbol{\epsilon}_3$ nimmt die Normalspannung ihr Maximum σ_1 bzw. ihr Minimum σ_3 an.

Spannungstensor $\mathbf{S}$ und Brechungsindextensor $\mathbf{N}$ haben die gleichen Hauptachsen. Zwischen den beiden Tensoren gilt folgender Zusammenhang [2,179,207]:

$$\mathbf{N} = n\,\mathbf{I} + A\,\mathrm{Spur}(\mathbf{S})\,\mathbf{I} + B\,\mathbf{S} . \tag{7.168}$$

Darin ist n der skalare Brechungsindex des unbelasteten Materials, A und B sind spannungsoptische Materialkonstanten. Sowohl der Spannungstensor $\mathbf{S} = \mathbf{S}(x, y, z)$ als auch der Brechungsindextensor $\mathbf{N} = \mathbf{N}(x, y, z)$ sind im Allgemeinen Funktionen des Ortes $\mathbf{x} = (x, y, z)^{\mathrm{T}}$. Solche ortsvarianten Tensoren heißen

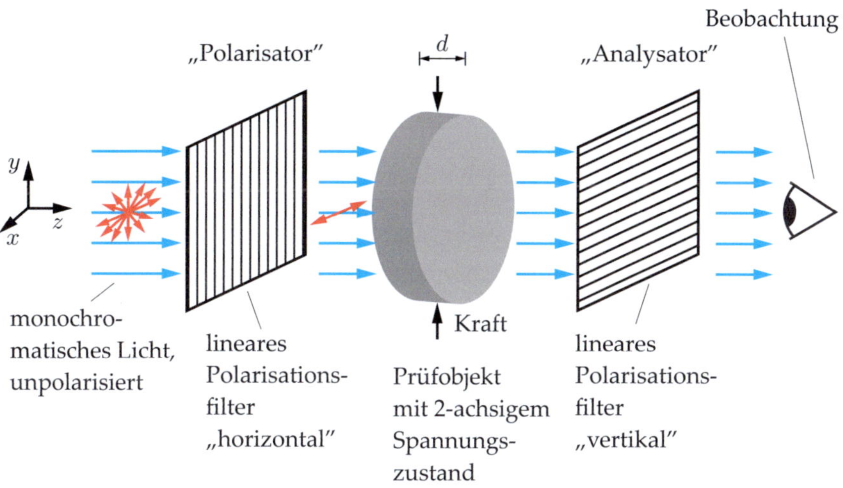

Abbildung 7.120. Polariskop mit gekreuzten linearen Polarisationsfiltern.

Tensorfelder. Mit Hilfe von (7.168) kann das Spannungstensorfeld aus dem spannungsoptisch gemessenen Brechungsindextensorfeld berechnet werden [179].

Bei der Durchstrahlung mit einer ebenen Lichtwelle, die sich in z-Richtung ausbreitet, sind nur die Komponenten des Brechungsindextensors senkrecht zu $\mathbf{e}_z$ wirksam. In diesem Fall lässt sich das Brechungsverhalten durch einen reduzierten Brechungsindextensor $\mathbf{N}_z$ charakterisieren, der sich als 2×2-Matrix schreiben lässt:

$$\mathbf{N}_z = (\mathbf{e}_x, \mathbf{e}_y)^{\mathrm{T}} \, \mathbf{N} \, (\mathbf{e}_x, \mathbf{e}_y) \qquad \text{mit} \qquad \mathbf{e}_i^{\mathrm{T}} \mathbf{e}_j = \delta_{ij} \, , \quad i, j \in \{x, y, z\} \, . \tag{7.169}$$

Die Hauptachsentransformation von $\mathbf{N}_z$ führt auf die langsame und schnelle Achse der Doppelbrechung in der $\mathbf{e}_x$,$\mathbf{e}_y$-Ebene (vgl. Abschn. 2.2.2.4). Die Eigenwerte sind die zugehörigen Brechungsindizes n_{l} und n_{s} mit $n_{\mathrm{l}} > n_{\mathrm{s}}$ [2, 179, 207].

In der klassischen Spannungsoptik wird ein 2-achsiger („ebener") Spannungszustand vorausgesetzt. Die Spannungen wirken nur in Richtungen parallel zur x,y-Ebene und sind unabhängig von z. Die Durchsichtprüfung erfolgt in z-Richtung. Bei der einfachsten Variante eines „Polariskops" gemäß Abb. 7.120 handelt es sich um eine Dunkelfeldanordnung. Die monochromatische Beleuchtung gelangt durch den „Polarisator", das transparente Prüfobjekt und den „Analysator" in Richtung des Beobachters. Im unbelasteten Zustand verändert das Prüfobjekt den linearen Polarisationszustand des einfallenden Lichts nicht, sodass es vom Analysator gesperrt wird, der um $90°$ gegenüber dem Polarisator gedreht ist. Man erhält ein homogenes, dunkles Bild. Eine mechanische Belastung des Prüfobjekts induziert Doppelbrechung, die im Allgemeinen das linear polarisierte in elliptisch polarisiertes Licht wandelt. Ein Teil dieses Lichts kann nun den Analysator passieren, sodass helle Strukturen sichtbar werden.

Für den Transmissionsgrad T bezüglich der Lichtintensität gilt beim Polariskop aus Abb. 7.120 [63, 178]:

$$T \propto \sin^2(2\gamma)\,\sin^2\!\left(\frac{C\,d\,\pi}{\lambda}(\sigma_1 - \sigma_2)\right). \tag{7.170}$$

Darin ist C eine weitere spannungsoptische Materialkonstante, d die Dicke des Objekts in z-Richtung, λ die Wellenlänge des monochromatischen Lichts und γ der Winkel zwischen der Polarisationsrichtung des Polarisators und einer der beiden Hauptspannungsrichtungen $\boldsymbol{\epsilon}_1$ oder $\boldsymbol{\epsilon}_2$ [137, 178]. Wegen $\sin^2(2\gamma) = \sin^2(2(\frac{\pi}{2} - \gamma))$ spielt es keine Rolle, welche der beiden orthogonalen Hauptspannungsrichtungen ausgewählt wird.

Dunkle Linien im Bild entstehen dort, wo der Transmissionsgrad T den Wert null annimmt, also an den Nullstellen eines der beiden $\sin^2$-Terme [178]:

- **Isoklinen** ergeben sich für

$$\sin^2(2\gamma) = 0 \quad \Leftrightarrow \quad 2\gamma = k\pi \quad \Leftrightarrow \quad \gamma = k\tfrac{\pi}{2}\,, \qquad k \in \mathbb{Z}\,. \tag{7.171}$$

  Isoklinen[20] verbinden diejenigen Punkte (x, y), an denen die Hauptspannungsrichtung $\boldsymbol{\epsilon}_1(x, y)$ mit der Richtung des Polarisators und die Hauptspannungsrichtung $\boldsymbol{\epsilon}_2(x, y)$ mit der Richtung des Analysators zusammenfällt oder umgekehrt. Dreht man Polarisator und Analysator simultan in gekreuztem Zustand, so wandern die Isoklinen. Aus einer so gewonnenen Bildsequenz lassen sich das Richtungsfeld der Hauptspannungen und daraus die Verläufe der Hauptspannungen (Hauptspannungslinien) rekonstruieren: An jedem Punkt einer Isokline ist eine Hauptspannungsrichtung durch den Winkel γ des polarisierten Lichts gegeben, die zweite ist orthogonal dazu [217].

- **Isochromaten** erhält man für

$$\sin^2\!\left(\frac{C\,d\,\pi}{\lambda}(\sigma_1 - \sigma_2)\right) = 0 \tag{7.172}$$

$$\Leftrightarrow \quad \frac{C\,d\,\pi}{\lambda}(\sigma_1 - \sigma_2) = k\pi \tag{7.173}$$

$$\Leftrightarrow \quad \sigma_1(x, y) - \sigma_2(x, y) = k\,\frac{\lambda}{C\,d}\,, \qquad k \in \mathbb{Z}\,. \tag{7.174}$$

---

[20] Allgemeiner sind Isoklinen bzw. Isochromaten als Linien mit konstantem Winkel γ bzw. mit konstanter Hauptspannungsdifferenz $\sigma_1 - \sigma_2$ definiert. Da aber gerade die Nullstellen der beiden $\sin^2$-Terme zu einer deutlich sichtbaren Linienstruktur führen, sollen hier Isoklinen und Isochromaten als die Nullstellenlinien der beiden $\sin^2$-Terme definiert werden.

Mit zunehmendem Gradienten der Hauptspannungsdifferenz treten die Isochromaten örtlich dichter auf. Die Isochromaten sind die „Höhenlinien" des „Belastungsgebirges" [178]. Durch quantitative Auswertung des Streifenmusters der Isochromaten kann die Hauptspannungsdifferenz $\sigma_1 - \sigma_2$ quantitativ bestimmt werden. Dazu werden die Isochromaten ausgehend von der „Null-Isochromaten" abgezählt, die dem spannungsfreien Zustand mit $k=0$ entspricht. Die Hauptspannungsdifferenz ist gleich der maximalen Schubspannung $\tau_{\max}$ (Hauptschubspannung), die bei Festigkeitsbetrachtungen eine besonders wichtige Rolle spielt [217].
Die Isochromaten bleiben unverändert, wenn Polarisator und Analysator simultan gedreht werden. Bei Verwendung von weißem anstatt von monochromatischem Licht entsteht wegen der Wellenlängenabhängigkeit von (7.170) für jede Wellenlänge ein anderes Streifenmuster. Diese Streifenmuster überlagern sich zu einem farbigen Streifenbild. Von diesem Effekt leitet sich der Begriff Isochromaten ab. Lediglich die Isochromate für $k = 0$ ist unabhängig von der Wellenlänge und zeigt sich daher auch unter Weißlicht als dunkle Linie.
Fügt man nach dem Polarisator und vor dem Analysator jeweils eine $\frac{\lambda}{4}$-Verzögerungsplatte in das Polariskop aus Abb. 7.120 ein, die um den Winkel $\alpha = \frac{\pi}{4}$ zur Polarisationsrichtung des Polarisators gedreht ist, so tritt zirkular polarisiertes Licht durch das Prüfobjekt. Dadurch wird der Faktor $\sin^2(2\gamma)$ in (7.170) zu einer von null verschiedenen Konstante gemittelt, sodass keine Isoklinen mehr auftreten und mithin die Isochromaten isoliert betrachtet werden können.

Es gibt zahlreiche weitere Varianten von Polariskopen, die mit linear oder zirkular polarisiertem Licht, im Durchlicht oder in Reflexion, als Dunkelfeld- oder Hellfeldanordnung betrieben werden [217]. Das Polariskop aus Abb. 7.120 wird z. B. zu einer Hellfeldanordnung, wenn man den Analysator um $90°$ dreht, sodass die Durchlassrichtungen von Polarisator und Analysator übereinstimmen.

In der automatischen Sichtprüfung interessiert die Analyse von Spannungsverläufen an transparenten Modellen realer Bauteile weniger. Vielmehr möchte man Spannungsverläufe, seien sie durch Belastung induziert oder durch Eigenspannungen bedingt, an transparenten Prüfobjekten aus spannungsdoppelbrechendem Material sichtbar machen und auswerten. Beispiele sind Bauteile aus Glas oder transparentem Kunststoff. Im Allgemeinen treten hierbei jedoch 3-achsige Spannungszustände auf, die wesentlich schwieriger zu messen sind. Der spannungsoptische Effekt in Durchstrahlungsrichtung wird aufintegriert. Zusätzliche Schwierigkeiten entstehen, wenn das Prüfobjekt keine prismatische Geometrie aufweist. Dann können seine Grenzflächen nicht senkrecht zu den Lichtstrahlen liegen, sodass das Licht an den Grenzflächen gebrochen wird. Im Objekt und danach verläuft es daher nicht mehr parallel zur optischen Achse des Pola-

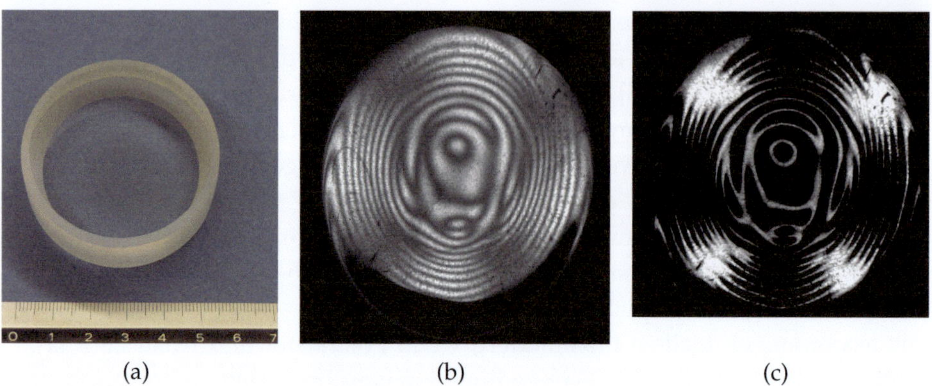

Abbildung 7.121. Spannungsoptische Inspektion eines Linsenrohlings: (a) Photographie des Prüfobjekts zusammen mit einer cm-Skala zum Größenvergleich; (b) spannungsoptische Aufnahme der Gesamtintensität; (c) spannungsoptische Aufnahme mit gekreuzten Polarisatoren.

riskops. Will man die Spannungszustände räumlich punktgenau rekonstruieren, muss man Tensortomographie betreiben [2, 179, 207]. Dies erfordert Aufnahmeserien für unterschiedlichen Drehlagen des Objekts und ein Immersionsbad mit passendem Brechungsindex zur Vermeidung der Brechung (vgl. Abschn. 7.4.2 und 7.5). Daher ist die 3D-Rekonstruktion des Spannungszustands sehr aufwendig.

Für eine qualitative spannungsoptische Analyse kann das Streifenbild des Prüfobjekts mit Streifenbildern von Referenzobjekten verglichen werden. Eine weitere Möglichkeit zur Defekterkennung ist die Suche nach Bereichen mit einer lokal sehr hohen Streifendichte. Zur Auswertung der Streifenbilder aus Isoklinen und Isochromaten können ähnliche Methoden eingesetzt werden wie bei Moiré-Verfahren [10, 52].

Beispiel 7.12 (Spannungsoptische Untersuchung einer Linse): Der Linsenrohling aus Abb. 7.121(a) soll spannungsoptisch geprüft werden. Zur Bilderfassung wird ein scannendes System verwendet, dass gleichzeitig die Intensität bei parallel ausgerichteten und bei gekreuzten Polarisationsfiltern aufnehmen kann. Zur Beleuchtung wird monochromatisches Laserlicht verwendet, das vom Polarisator linear polarisiert wird. Die Summe der Intensitäten bei parallelen und gekreuzten Polarisatoren ergibt das Bild 7.121(b), während Abb. 7.121(c) nur den Anteil bei gekreuztem Polarisator und Analysator wie beim Aufbau aus Abb. 7.120 zeigt. Der unsymmetrische Linienverlauf deutet auf eine inhomogene Spannungsverteilung hin. Zusätzlich zur spannungsoptischen Auswertung lassen sich im Intensitätsbild Defekte wie Blasen und Einschlüsse erkennen. ■

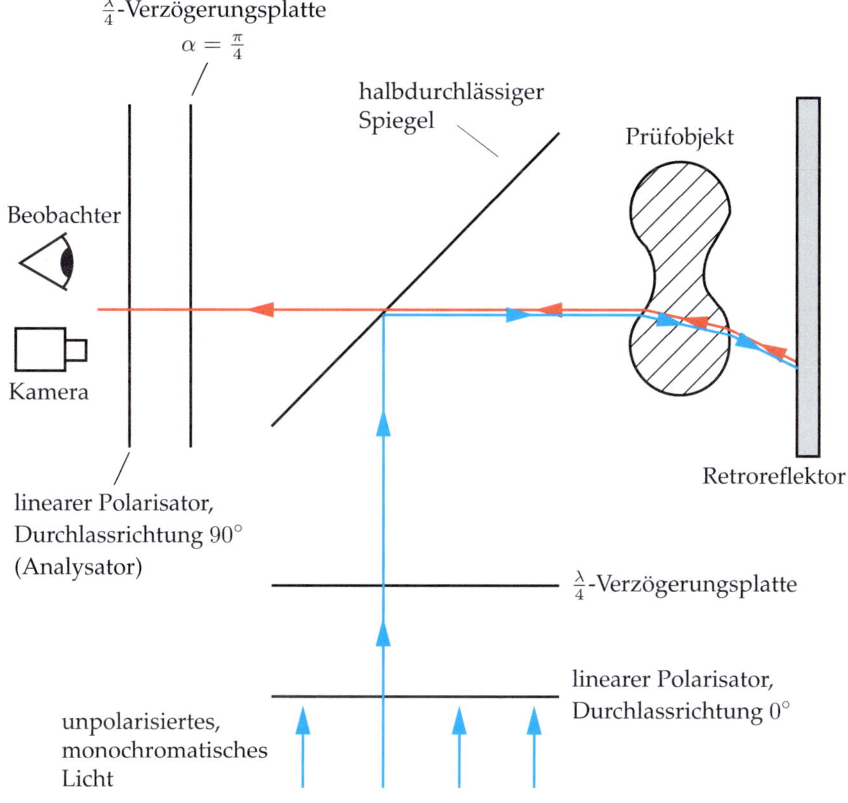

Abbildung 7.122. Polariskop für die automatische Sichtprüfung.

Abbildung 7.122 zeigt einen Polariskopaufbau für die qualitative Defekterkennung in der automatischen Sichtprüfung. Das Polariskop arbeitet mit zirkular polarisiertem Licht, sodass keine Isoklinen sichtbar sind und die dunklen Linien ausschließlich Isochromaten entsprechen. Die Beobachtung erfolgt in Reflexion. Ein polarisationserhaltender Retroreflektor (siehe Abschn. 7.3.10.3) bewirkt, dass die Lichtrichtung auf der Beobachtungsseite auch bei nicht prismatischer Form des Prüfobjektes parallel zur optischen Achse ist, indem er das auftreffende Licht auf gleichem Wege zurückpropagiert. Auf diese Weise wird die Brechung an den Objektgrenzflächen kompensiert (vgl. Abschn. 7.5).

Beispiel 7.13 (Kamera mit Polarisationsfiltern für jedes Pixel): Eine pixelweise Erfassung des Polarisationszustands eröffnet weitere Möglichkeiten zur spannungsoptischen Materialprüfung. Es gibt kommerziell verfügbare CMOS-Kameras, bei denen jedes lichtempfindliche Element mit einem linearen Po-

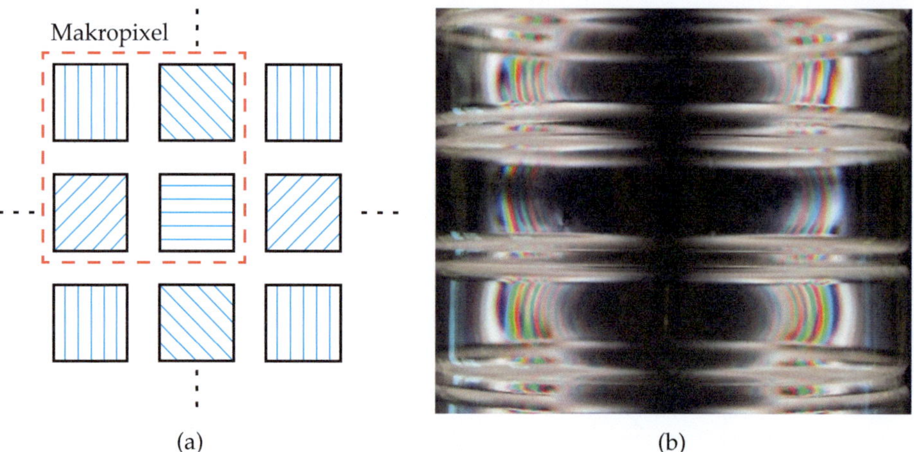

Abbildung 7.123. Spannungsoptische Materialprüfung unter Verwendung einer Polarisationskamera: (a) Prinzipbild des Kamerachips der Polarisationskamera POLKA, der eine Auflösung von 640×480 Pixeln besitzt [177]. Jeweils vier benachbarte Kamerapixel sind mit individuellen linearen Polarisationsfiltern mit Orientierung $0°$, $45°$, $90°$ und $135°$ ausgestattet; (b) Durchlichtaufnahme einer PET-Getränkeflasche bei linear polarisierter Beleuchtung. Die vier Kanäle sind als Falschfarbenbild mit CMYK-Codierung dargestellt. Deutlich ist die polarisationsbeeinflussende Wirkung von Materialspannungen zu erkennen. (Quelle: A. Nowak, Fraunhofer IIS)

larisationsfilter mit einer Orientierung von $0°$, $45°$, $90°$ oder $135°$ ausgestattet ist; siehe Abb. 7.123. Mit einer solchen Kamera lässt sich ortsaufgelöst der Polarisationszustand des aufgenommenen Lichtes teilweise ermitteln; siehe Abschnitt 2.2.2.5.

Erhältlich sind Bildsensoren mit Auflösungen von bis zu ca. $4\,000 \times 3\,000$ Pixeln (ca. $2\,000 \times 1\,500$ Makropixeln) und Bildraten in der Größenordnung von 100 Bildern pro Sekunde [11, 140, 187]. Um für jeden der vier Polarisationskanäle die volle Auflösung zu erhalten, kann zur Kompensation der örtlichen Versätze und vierteligen disjunkten Aufteilung der lichtempfindlichen Elemente auf die vier Polarisationsrichtungen eine örtliche Interpolation durchgeführt werden. ■

7.5 Spezielle Bildaufnahmeverfahren

Die Vielgestaltigkeit von Aufgabenstellungen der automatischen Sichtprüfung hat eine Große Anzahl unterschiedlicher Bildaufnahmeverfahren hervorgebracht. In der folgenden Tabelle werden einige dieser Verfahren dargestellt und erläutert.

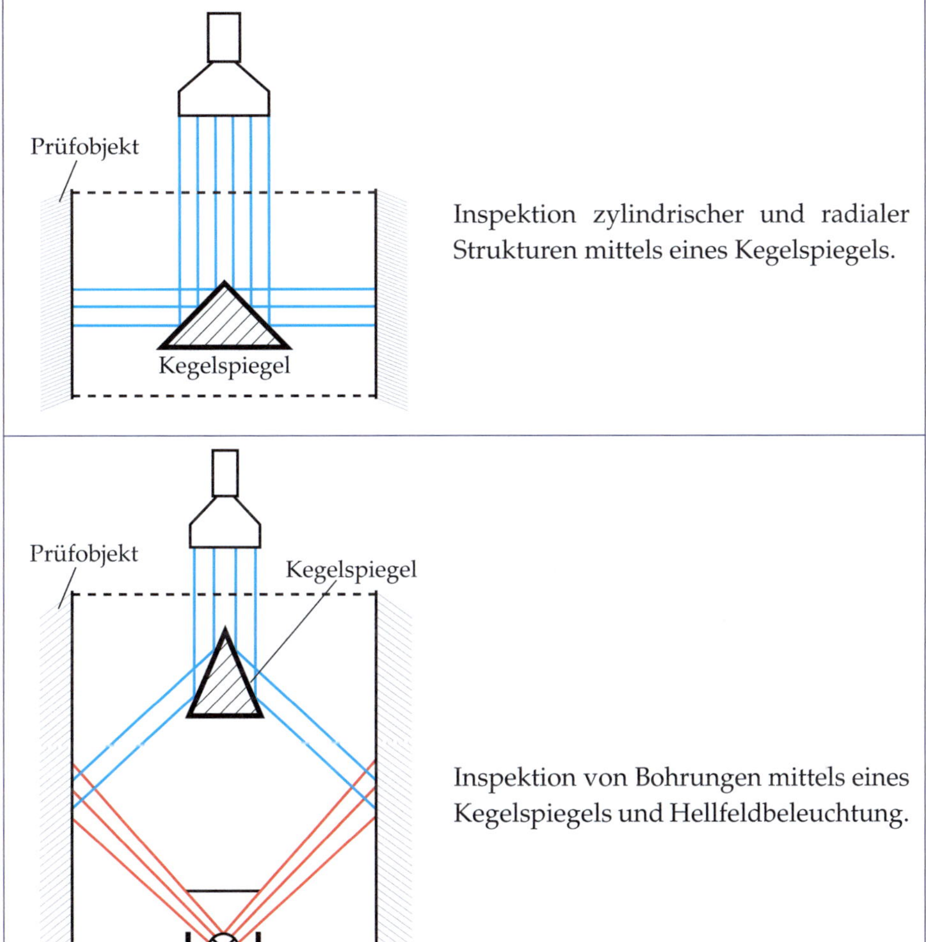

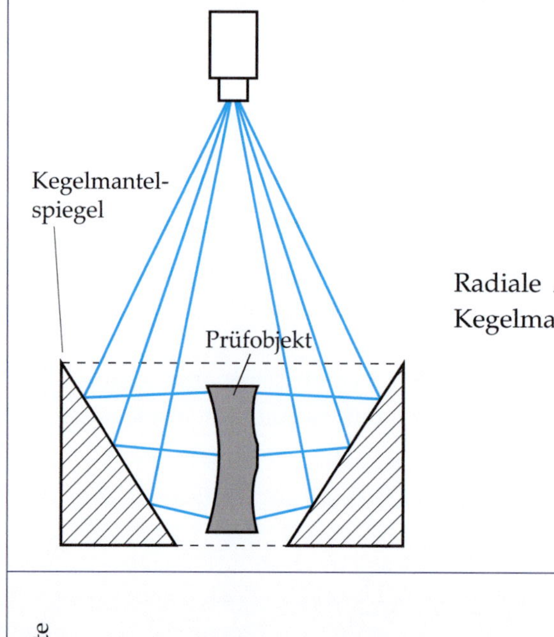

Radiale Außeninspektion mittels eines Kegelmantelspiegels.

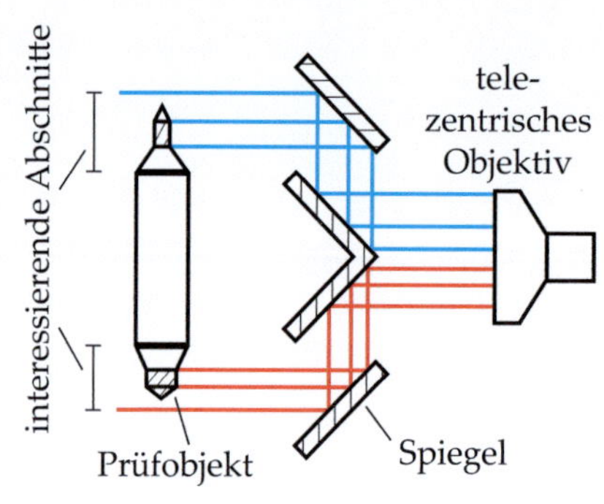

Telezentrische Vermessung und Inspektion ausgewählter Objektabschnitte mit Spiegelanordnungen.

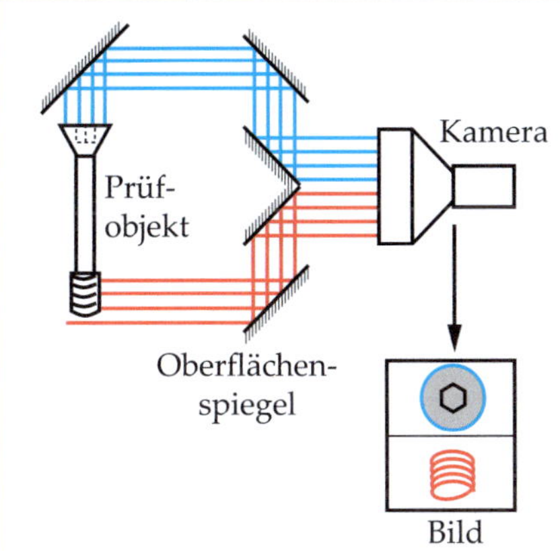	Inspektion ausgewählter Bereiche an verschiedenen Seiten des Prüfobjekts mit Hilfe von Spiegelanordnungen.
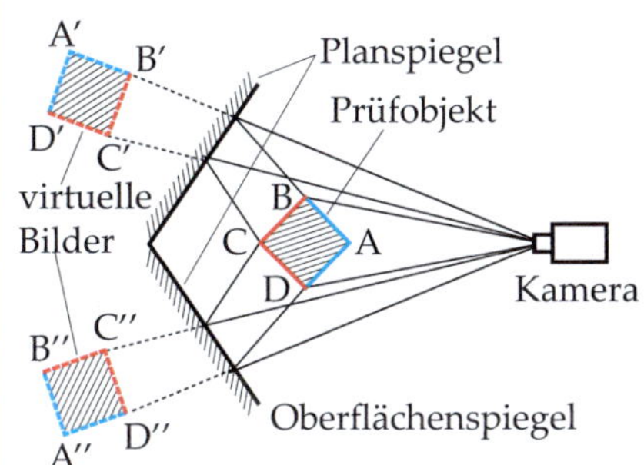	Runduminspektion mit Spiegeln. Zwei Planspiegel werden so hinter dem Prüfobjekt angeordnet, dass sie dessen Rückseiten ins Kamerabild abbilden. Somit kann die Umfangsfläche des Objekts vollständig erfasst werden.
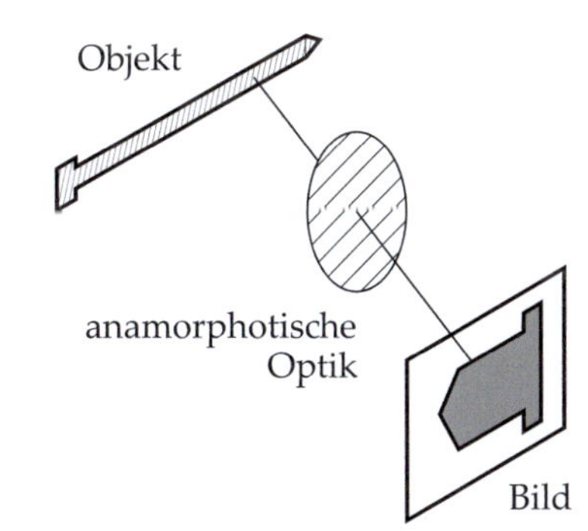	Anamorphotisches Abbildungssystem aus Objektiv und Zylinderlinse. Eine anamorphotische Optik besitzt unterschiedliche Abbildungsmaßstäbe in x- und y-Richtung und ermöglicht dadurch die formatfüllende Abbildung langgestreckter Objekte. Eine solche Optik lässt sich mit Hilfe zweier Zylinderlinsen realisieren, die zueinander um $90°$ verdreht sind [178].

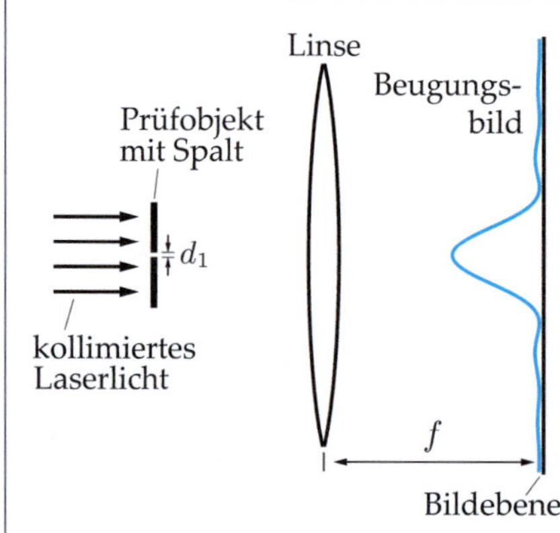

Messung von kleinen Spaltbreiten anhand des Beugungsbildes. Die Abstände der Extrema sind umgekehrt proportional zur Spaltbreite d_1.

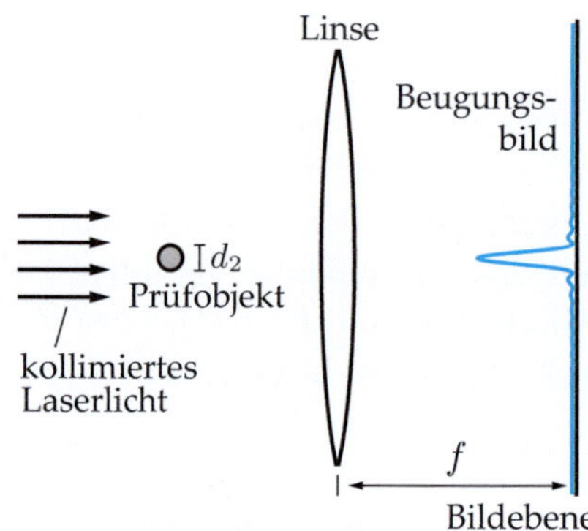

Vermessung des Durchmessers d_2 zylindrischer Objekte. Das Babinet'sche Prinzip besagt, dass eine zum Spalt komplementäre Blende das gleiche Beugungsbild erzeugt (siehe Abschn. 2.2.6). Wegen $d_1 < d_2$ ist das Beugungsbild hier schmaler als im vorangegangenen Beispiel.

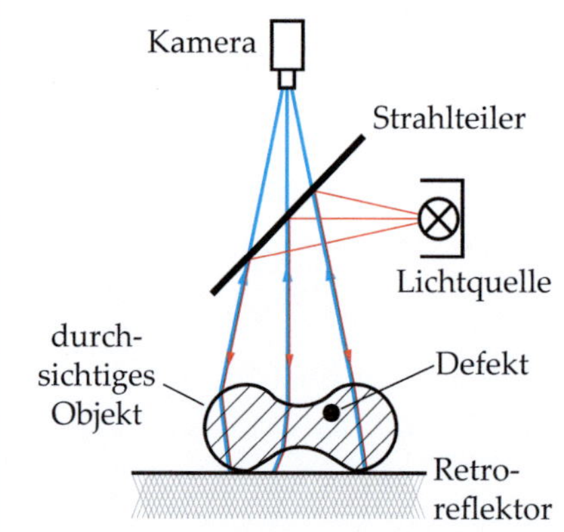

Durchsichtinspektion transparenter Prüfobjekte. Der Einfluss der Brechung wird durch den Retroreflektor weitgehend unterdrückt, da das Licht auf dem gleichen Weg wieder zurückläuft. Man erhält daher Durchsichtbilder mit weitgehend gleichmäßiger Intensität [78].

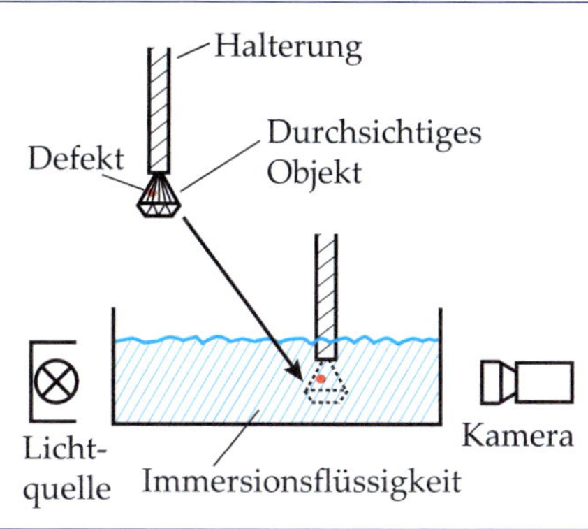

Durchsichtinspektion transparenter Prüfobjekte. In einem Immersionsbad aus einer Flüssigkeit mit gleichem Brechungsindex wie das Prüfobjekt wird dieses in Bezug auf die Brechung an der Oberfläche unsichtbar, sodass sich innere Defekte besser erkennen lassen.

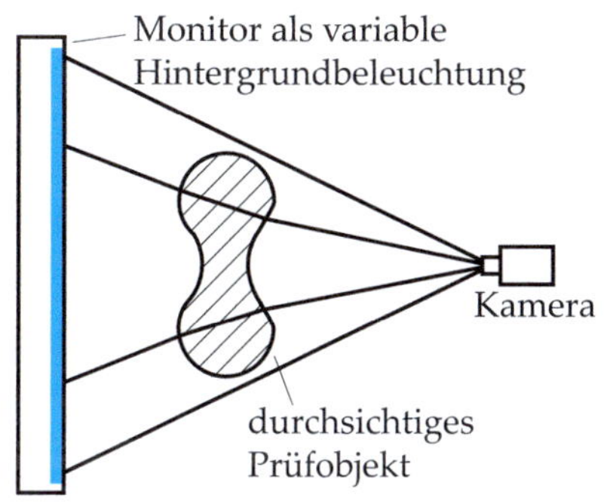

Durchlichtinspektion transparenter oder teiltransparenter Objekte mit variabler Hintergrundbeleuchtung durch einen Monitor.

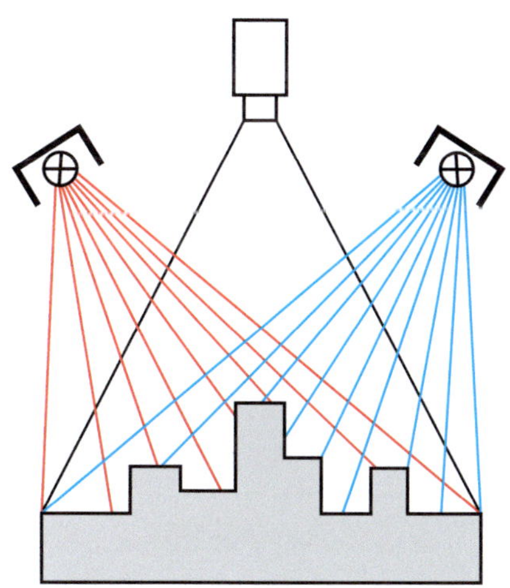

N Lichtquellen mit unterschiedlichen Beleuchtungsrichtungen beleuchten das Prüfobjekt im Zeit- oder Farbmultiplex und erzeugen eine Bildserie mit unterschiedlichen Schattenwürfen [22, 23, 84]. Die Schatten enthalten implizit 3D-Information. Durch Vergleich mit Referenzbildern ist eine robuste Detektion von Abbrüchen und anderen 3D-Defekten möglich.

7.5.1 Bildaufnahmesystem mit variabler Beleuchtungsrichtung

Für manche Inspektionsaufgaben ist es hilfreich, wenn die Beleuchtungsrichtung beliebig variiert werden kann. Abbildung 7.124 zeigt einen möglichen Systemaufbau [71,102]. Die Beleuchtung erfolgt durch einen Videoprojektor („Beamer"), der von einem Rechner angesteuert wird. Die divergenten Projektionsstrahlen werden durch eine Sammellinse parallelisiert, in deren Brennpunkt sich das Projektionszentrum des Objektivs des Projektors befindet. Aufgrund der erforderlichen Größe bietet sich die Verwendung einer Fresnel-Linse als Sammellinse an, die stufenförmig aufgebaut ist. Solche Linsen sind aus den sogenannten Overhead-Projektoren bekannt, die vor dem Aufkommen der rechnergesteuerten Projektoren sehr verbreitet waren.

Von der Sammellinse gelangt die Beleuchtung auf einen Reflektor von der Form eines Rotationsparaboloiden. Dieser leitet das parallelisierte Licht zu seinem Brennpunkt, an dem sich das Prüfobjekt befindet. Der Reflektor muss kein perfekter Spiegel sein, da er keine optische Abbildung, sondern nur eine Ablenkung des Lichtes bewirken soll. Es genügt, wenn er den größten Teil des Lichtstroms auf das Prüfobjekt richtet. Die Beleuchtungsrichtung lässt sich nun variieren, indem die zugeordneten Beleuchtungsstrahlen im Projektorbild hell und das restliche Bild dunkel geschaltet werden. Es können aber auch beliebige Lichtmuster projiziert werden, die dann in ein entsprechendes Beleuchtungsrichtungsfeld überführt werden. Sowohl Azimut als auch Elevationswinkel der Beleuchtungsrichtung sind variabel.

Die Kamera wird gegenüber des Projektors angeordnet und beobachtet das Objekt durch eine Öffnung im Reflektor. Je nach Aufgabenstellung bietet sich die

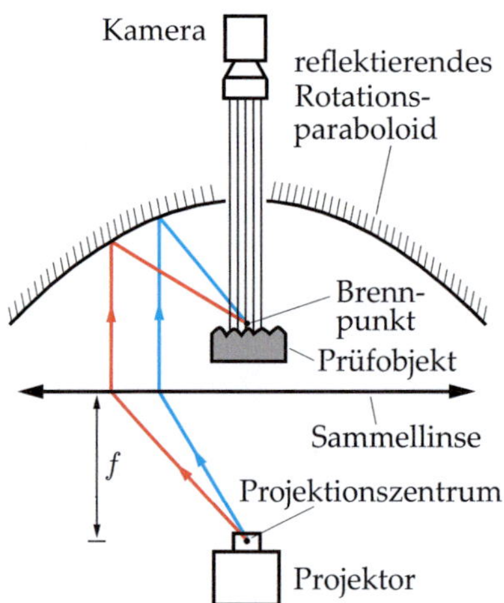

Abbildung 7.124. Bildaufnahmesystem mit variabler Beleuchtungsrichtung.

Verwendung eines telezentrischen Objektivs an. Mit dem beschriebenen Aufbau lassen sich im Aufnahmetakt der Kamera Bildserien mit variierter Beleuchtungsrichtung gewinnen. Ein Beispiel für eine solche Bildserie wurde bereits weiter oben in Abb. 7.17 gezeigt. Allerdings lassen sich im Vergleich zur Größe des Reflektors nur vergleichsweise kleine Objekte auf diese Weise inspizieren, da die Beleuchtungsintensität abseits des Paraboloidbrennpunkts rasch abnimmt.

Alternative Realisierungsmöglichkeiten für eine variable Beleuchtungsrichtung sind ein Leuchtdiodenarray oder ein lichtstarker Monitor [84, 128, 159].

7.5.2 Endoskopie

Ein Endoskop bezeichnet ein schlankes optisches System, das in Innenräume von Prüfobjekten eingeführt werden kann, um dort Bilder aufzunehmen. Die Bildaufnahme erfolgt entweder durch eine Miniaturkamera im Endoskop oder durch eine außerhalb befindliche Kamera, zu der das Licht durch das Endoskop über eine spezielle abbildende Optik gelangt. Zur Inspektion von Bohrungen können Endoskope mit Rundumsicht verwendet werden [188]. Neben der Bildaufnahme muss auch die Beleuchtung des Objektinnenraums häufig mit endoskopischen Mitteln realisiert werden. Dies kann durch eine im Endoskop integrierte Lichtquelle oder durch ein separates Hilfsinstrument erreicht werden (Abb. 7.125).
Folgende Prinzipien für Endoskope sind möglich:

- „Starres" Endoskop: Das Bild wird über ein Linsensystem im Endoskop nach außen zu einer Kamera geleitet.
- „Flexibles" Endoskop: Ein Bündel aus Lichtleitfasern leitet das Bild durch das Endoskop nach außen zu einer Kamera. Die Flexibilität des Endoskops erlaubt die Inspektion komplex geformter Innenräume.
- Endoskop mit miniaturisierter Kamera. Die Kamera befindet sich direkt an der Endoskopspitze. Das Bild wird elektronisch nach außen geleitet. Ein solches Endoskop ist daher ebenfalls flexibel. Aufgrund der Fortschritte bei der Miniaturisierung von Kameras nimmt die Verbreitung solcher Endoskope zu.
- Stereoendoskope zur 3D-Erfassung von Innenräumen. Die Stereorekonstruktion wird allerdings dadurch erschwert, dass die realisierbare stereoskopische Basislänge aufgrund der Größenrestriktionen für das Endoskop sehr klein ist (vgl. Abschn. 7.3.8). Eine Alternative zur 3D-Erfassung ist die Stereorekonstruktion aus mehreren Aufnahmen eines konventionellen Endoskops mit definierter Verschiebung.

Die erforderliche Miniaturisierung der optischen Bauteile und gegebenenfalls die enge Raumsituation im zu inspizierenden Innenraum führen zu Bildern mit eingeschränkter Qualität. Insbesondere verfügen Endoskope auf der Basis von Lichtleitfasern nur über eine geringe Auflösung.

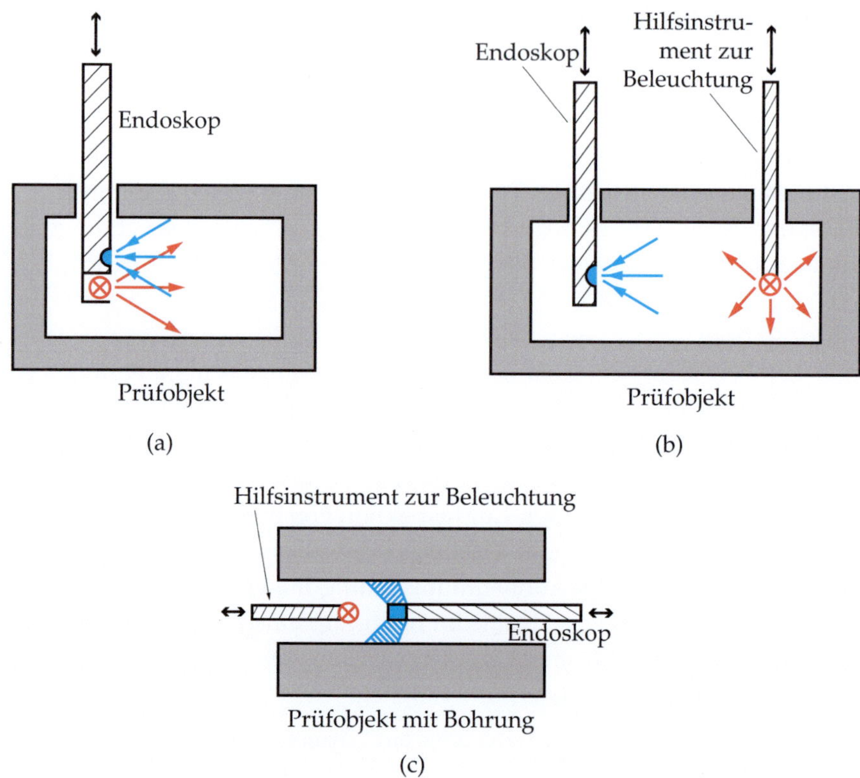

Abbildung 7.125. Beispiele für Endoskope: (a) Endoskop mit integrierter Beleuchtung; (b) Hilfsinstrument zur Beleuchtung; (c) Endoskop mit Rundumsicht zur Bohrungsinspektion.

Angesichts der Bildaufnahmekonstellation ist es häufig sinnvoll, die Bildqualität durch eine nachträgliche geometrische Entzerrung zu verbessern (siehe Abschn. 10.2.1). Beispielsweise kann die Polarkoordinatentransformation eingesetzt werden, um Aufnahmen von Rundumsicht-Endoskopen zu entzerren [188].

7.6 Allgemeine Prinzipien

7.6.1 Fremdlichtunterdrückung

Fremdlicht stellt für die Reproduzierbarkeit und Bildqualität der Bildaufnahme in der automatischen Sichtprüfung ein ernstzunehmendes Problem dar. Beispielsweise kann Sonneneinstrahlung durch die Fenster einer Werkshalle die Aufnahmen durch Überbelichtung unbrauchbar machen, während umgekehrt im Schatten liegende Objekte mangelhaften Kontrast aufweisen.

Insgesamt möchte man bei der automatischen Sichtprüfung immer eine kontrollierte, bestmöglich auf die nachfolgende Verarbeitung abgestimmte Beleuchtung haben. Unkontrolliertes Fremdlicht ist daher grundsätzlich als störend anzusehen, und sein Einfluss sollte unterdrückt werden.

Fremdlichtunterdrückung ist daher eine wichtige Grundlage für ein robustes Sichtprüfsystem. Folgende Methoden können zur Fremdlichtunterdrückung eingesetzt werden:

- **Abdunkelung**: Indem der Sichtprüfungsaufbau gegenüber dem Sonnenlicht und/oder der Raumbeleuchtung abgedunkelt wird, kann eine gezielte, reproduzierbare Beleuchtung erreicht werden.
- **Modulation** der Beleuchtung und entsprechende Demodulation auf Sensorseite. Beispiel: Durch die sinusförmige zeitliche Modulation der Laserlichtquelle eines Triangulationsaufbaus mit der Frequenz f_0 und die Verwendung eines entsprechenden schmalbandigen elektronischen Bandpassfilters nach dem Sensor wird der Empfang blind für Licht, das nicht mit f_0 fluktuiert.
- **Großer Störabstand** durch hohen Nutzsignalpegel. Dies ist z. B. bei der Hellfeldbeleuchtung gegeben. Eine andere Möglichkeit ist, mit einem Blitz zu beleuchten und die Aufnahmen mit einem darauf synchronisierten Shutter zu machen.
- **Schmalbandige Beleuchtung** (im Idealfall monochromatisch) und schmalbandige optische Filter vor der Kamera (vgl. Abschn. 5.3). Indem die Beleuchtungsenergie auf einen kleinen Wellenlängenbereich konzentriert wird, kann in diesem Bereich ein hohes Signal-Rausch-Verhältnis erreicht werden. Empfängerseitige optische Filter sperren das Fremdlicht in den anderen Wellenlängenbereichen. Voraussetzung ist, dass das Prüfobjekt im gewählten Wellenlängenbereich geeignete Reflektanzeigenschaften aufweist.
- **Referenzaufnahme** des Störlichteinflusses und Berücksichtigung bei der weiteren rechnerischen Verarbeitung. Vom Zeitpunkt der Referenzaufnahme bis zu ihrer Verwendung muss der Fremdlichteinfluss zeitlich konstant sein. Gegebenenfalls muss unmittelbar vor jeder Aufnahme eine zusätzliche Referenzaufnahme gemacht werden, um die aktuelle Fremdlichtsituation zu erfassen.

  Im Fall der gezielten Beleuchtung mit schaltbaren Lichtquellen kann einfach eine zusätzliche Aufnahme bei ausgeschalteten Lichtquellen gemacht werden, die dann ausschließlich das Fremdlicht widerspiegelt. Aus den Aufnahmen mit künstlichem Licht kann anschließend der Fremdlichteinfluss herausgerechnet werden.

  Ein weiterer Ansatz ist die Schätzung der veränderten Beleuchtungsbedingungen anhand der Bilddaten, ohne dass gesonderte Referenzaufnahmen gemacht werden.

Eine effektive Fremdlichtunterdrückung erleichtert i. d. R. die nachgelagerte Bildverarbeitung und verbessert die Ergebnisqualität.

7.6.2 Inverse Beleuchtung

Eine wohldurchdachte Bildaufnahmeanordnung kann die nachfolgende Bildauswertung wesentlich vereinfachen und robuster machen. Das Prinzip der inversen Beleuchtung stellt eine Möglichkeit dar, um einfach auszuwertende Bilder zu gewinnen. Insbesondere Abweichungen von einem Referenzobjekt können schnell erkannt werden.

Beleuchtung und Bildaufnahme werden an ein Referenzobjekt angepasst, sodass ein einfach auszuwertendes Bild $g_{\mathrm{Ref}}(\mathbf{x})$ resultiert. Dieses Bild kann sich z. B. durch eine homogene Intensität oder ein regelmäßiges Muster auszeichnen. Bestimmte Eigenschaften des Referenzobjekts werden durch die inverse Beleuchtung gewissermaßen neutralisiert. Abweichungen der zu prüfenden Objekteigenschaften rufen signifikante Änderungen im beobachteten Bild $g_{\mathrm{Test}}(\mathbf{x})$ hervor, die mit einfachen Bildauswertungsverfahren sicher detektiert werden können. Die Merkmalsextraktion erfolgt zu einem großen Teil bereits bei der Bildaufnahme, sodass der Rechenaufwand für die Bildauswertung sinkt.

Die Dunkelfeldbeleuchtung aus Abschn. 7.2.3.3 kann für bestimmte Objekte als inverse Beleuchtung aufgefasst werden. Ein Beispiel sind die in Abb. 7.20 gezeigten Spiegel: Ein intakter Spiegel erzeugt im Idealfall ein homogen schwarzes Bild, während Kratzer Streulicht erzeugen und somit hell hervortreten.

Eine weitere Anwendung für eine inverse Beleuchtung ist die **Schüttgutsortierung**. Das Ziel ist, Fremdkörper im Schüttgut zu erkennen und auszusortieren. Das Schüttgut fällt von einem Förderband oder aus einer Rinne und wird in der Flugphase von einer Zeilenkamera mit Farbsensor beobachtet (Abb. 7.126). Pneumatische Düsen dienen zur Entfernung der Fremdkörper. Die Düsen sind zeilenförmig angeordnet. Falls ein Fremdkörper erkannt wird, bläst die entsprechende Düse diesen in einen separaten Auffangbehälter. Die Ansteuerung der Düsen muss in Echtzeit erfolgen, während das Material fällt. Daher sind sehr effiziente Bildauswertungsverfahren erforderlich.

Die möglichen Sortierkriterien sind im Wesentlichen die Form, die Größe und die spektrale Reflektanz (oder „Farbe“) der Partikel. Reflektanzabweichungen können mit Hilfe einer inversen Beleuchtung kontrastreich aufgenommen werden: Die Zeilenkamera beobachtet im Hellfeld eine spektral einstellbare Lichtquelle; siehe Abb. 7.126(a). Eine einfache Realisierung für eine solche Lichtquelle ist ein Monitor. Die Lichtquelle wird so konfiguriert, dass sie das gleiche Spektrum erzeugt wie das Schüttgut mit den gewünschten Eigenschaften. Zusätzlich wird das fallende Schüttgut aus der Beobachtungsrichtung mit weißem Licht beleuchtet. Das vom Schüttgut reflektierte Weißlicht stimmt im Idealfall spektral

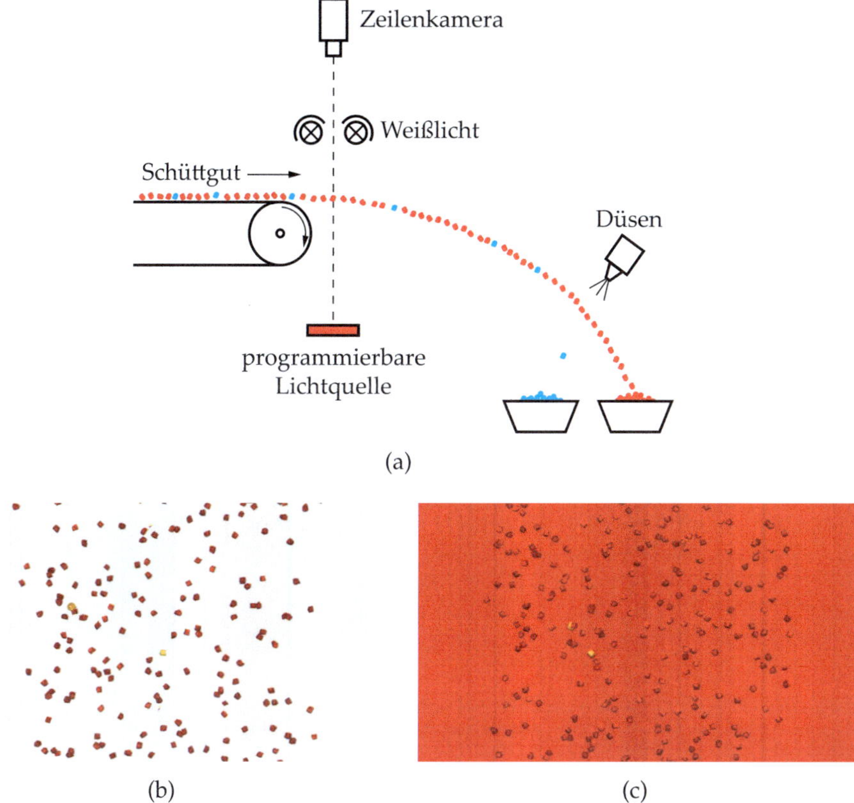

Abbildung 7.126. Inverse Beleuchtung zur Sortierung von Schüttgut: (a) Sortieranlage mit inverser Beleuchtung; (b) Aufnahme von Kunststoffgranulat unter Weißlicht ohne angepassten Hintergrund; (c) Aufnahme mit inverser Hintergrundbeleuchtung.

mit der dahinter befindlichen Lichtquelle überein, sodass ein homogenes Bild entsteht. Fremdkörper mit abweichender Reflektanz heben sich deutlich von diesem homogenen Hintergrund ab und sind daher wesentlich einfacher zu detektieren als ohne die inverse Beleuchtung (Abb. 7.126). Anwendungsgebiete sind die Sortierung von Lebensmitteln, Kunststoffgranulaten und Mineralien [18,72].

Bei der Schüttgutsortierung wird eine örtlich homogene inverse Beleuchtung eingesetzt, um die spektrale Reflektanz der Referenzpartikel und mithin ihre Erscheinung im Kamerabild zu neutralisieren. Darüber hinaus ist auch eine ortsvariante inverse Beleuchtung denkbar, mit der die inhomogene Reflektanz eines Referenzobjekts neutralisiert werden kann, sodass ein homogenes Kamerabild entsteht. Dies kann mit Hilfe eines Videoprojektors („Beamer") realisiert werden, der das Objekt über einen halbdurchlässigen Spiegel koaxial zur Kamera beleuchtet (Abb. 7.127). Die projizierte Beleuchtung wird iterativ an das Referenzobjekt an-

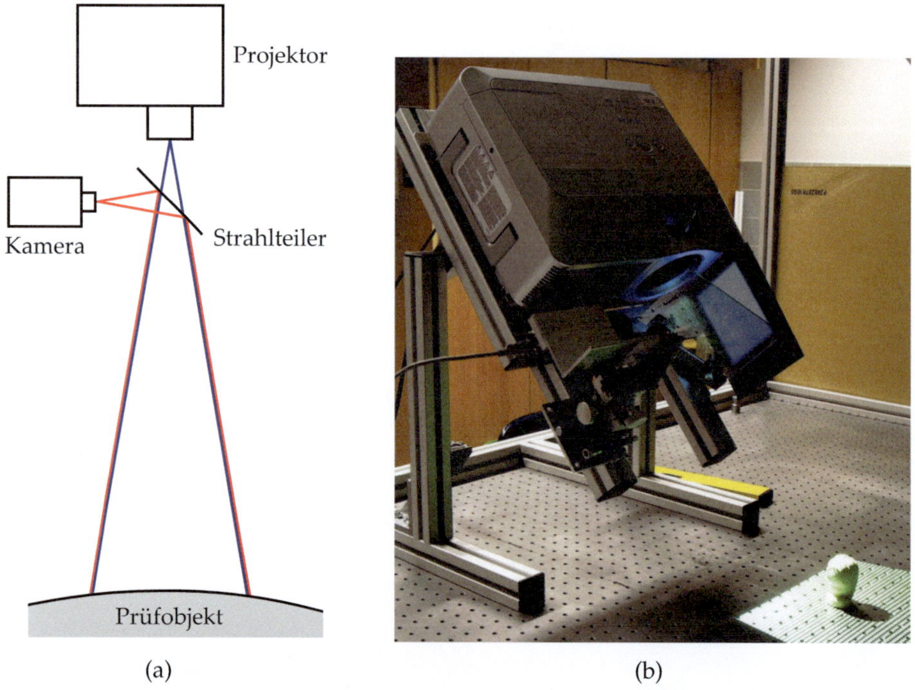

Abbildung 7.127. Aufbau zur variablen, koaxialen inversen Beleuchtung.

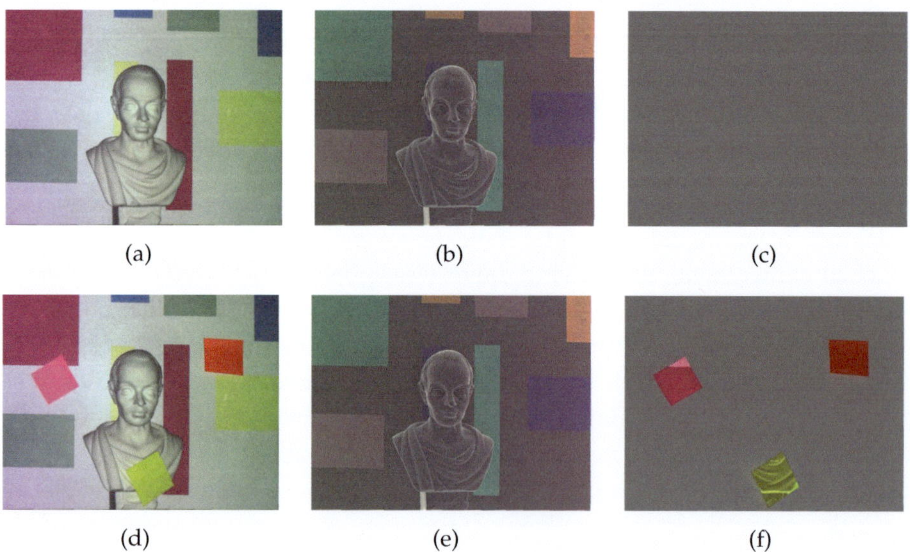

Abbildung 7.128. Beispiel zur variablen inversen Beleuchtung mit dem Aufbau aus Abb. 7.127: (a) Szene; (b) projizierte inverse Beleuchtung; (c) Kamerabild; (d) Szene mit Abweichungen; (e) projizierte inverse Beleuchtung (identisch zu (b)); (f) zugehöriges Kamerabild.

gepasst, indem die beobachtete Abweichung vom gewünschten homogenen Kamerabild minimiert wird [59, 70, 214]. Mit der objektangepassten inversen Beleuchtung erscheint das Referenzobjekt als Fläche homogener Intensität. Abweichungen der Objektreflektanz sind mit einem hohen Signal-Rausch-Verhältnis auf dieser homogenen Fläche zu erkennen (Abb. 7.128).

Ein weiterer Freiheitsgrad bei Beleuchtung und Bildaufnahme ist die Polarisation. Die Veränderung des Polarisationszustands von Licht an einem Objekt hängt vor allem von den Materialeigenschaften ab (siehe auch Abschn. 7.2.1.2). Die Reflexion von linear polarisiertem Licht an einer glatten Metalloberfläche resultiert wiederum in Licht mit definiertem Polarisationszustand. Wird eine solche Metall-

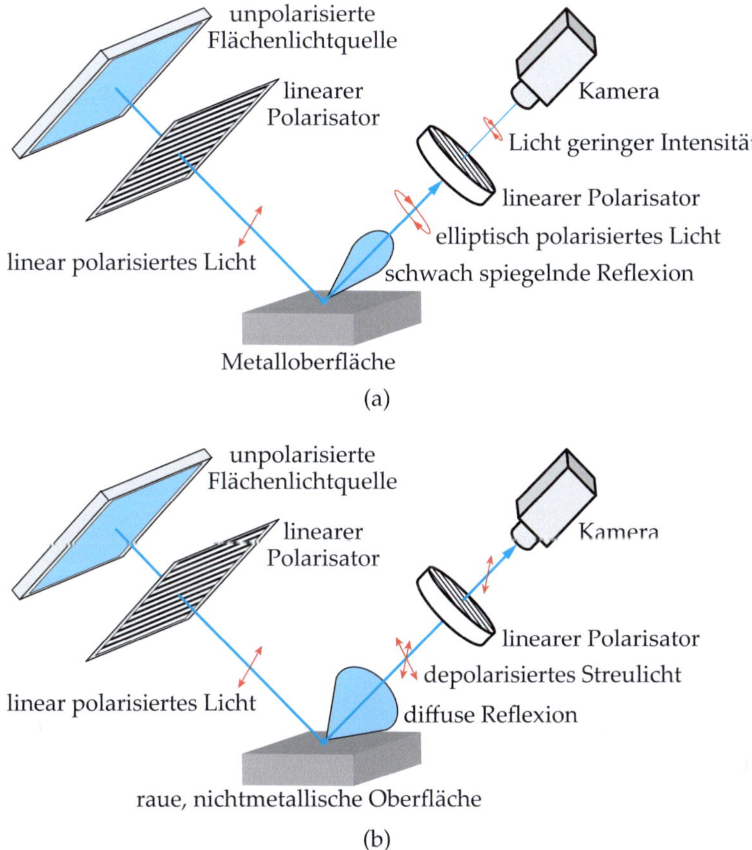

Abbildung 7.129. Unterscheidung von Metallen und Nichtmetallen durch Polarisationseffekte: (a) linear polarisiertes Licht besitzt nach der Reflexion an einer Metalloberfläche einen definierten Polarisationszustand und kann daher von einem gekreuzten Polarisator weitgehend gesperrt werden; (b) Nichtmetalle mit rauer Oberfläche depolarisieren das reflektierte Licht teilweise, sodass es zum Teil den gekreuzten Polarisator passieren kann.

oberfläche mit linear polarisiertem Licht beleuchtet, so entsteht im Allgemeinen elliptisch polarisiertes Licht. Jedoch dominiert je nach Einfallswinkel und Material unter Umständen der linear polarisierte Anteil gegenüber dem zirkular polarisierten. Mit einem zur dominierenden Polarisationsrichtung des reflektierten Lichts gekreuzten Polarisationsfilter vor der Kamera erscheint die Metalloberfläche dunkel; siehe Abb. 7.129(a). Nach dem Prinzip der inversen Beleuchtung liegt ein homogen dunkles Bild vor, das leicht auf lokale helle Abweichungen geprüft werden kann. Besonders nichtmetallische Materialien mit rauer Oberfläche sowie Reflexionen und Brechungsvorgängen an oberflächennahen inneren Korngrenzen depolarisieren das Licht teilweise (vgl. Abb. 2.9 auf S. 50). Dieses wird dann am Polarisationsfilter des Beobachtungsstrahlengangs nur noch zum Teil absorbiert, sodass die Nichtmetalle im Kamerabild hell erscheinen; siehe Abb. 7.129(b).

Beispiel 7.14 (Inspektion von Sandkernen): Eine Anwendung der polarisierten inversen Beleuchtung ist in Abb. 7.130 gezeigt. Bei der Inspektion von Sandkernen für den Guss von Zylinderköpfen eines Vierventilmotors muss geprüft werden, ob die metallischen Ventilsitzringe mit Sand verunreinigt sind. Die Ventilsitzringe aus gehärtetem Stahl befinden sich bereits vor dem Guss des Zylinderkopfes aus Aluminium auf dem Sandkern. Verunreinigungen aus Sand auf den Ventilsitzringen verhindern daher eine korrekte Verbindung zwischen dem Stahl und dem gegossenen Aluminium.

Bei unpolarisierter Beleuchtung lassen sich Sand und Metall kaum unterscheiden, da die geschliffene, glatte Metalloberfläche schwach spiegelnd reflektiert und dadurch in der Metalloberfläche Spiegelungen des Sandkerns zu

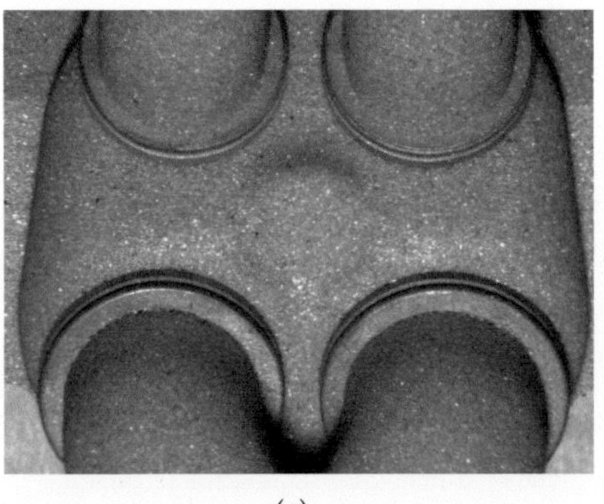

(a)

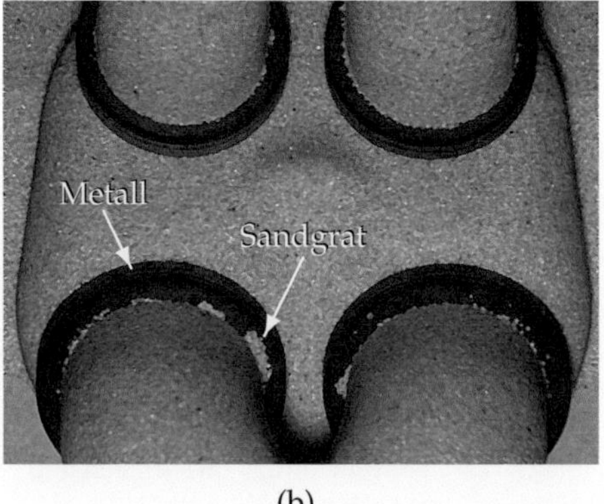

(b)

Abbildung 7.130. Polarisierte Beleuchtung zur Detektion von Sandgraten in Sandkernen von Brennräumen: (a) Aufnahme mit unpolarisiertem Licht; (b) Aufnahme mit linear polarisierter Beleuchtung und Beobachtung durch einen zum reflektierten Licht gekreuzten Polarisator.

sehen sind (Abb. 7.130(a)). Bei der beschriebenen inversen Beleuchtung tritt diese Spiegelung des vom Sandkern depolarisierten Lichts zwar ebenfalls auf, ist jedoch nicht dominierend. Das am glatten Metall direkt reflektierte Licht wird vom Polarisationsfilter vor der Kamera sehr stark geschwächt. Das vom Sand direkt zur Kamera reflektierte Licht wird durch die Rauheit der Oberfläche, aber auch durch teilweises Eindringen und mehrfache Reflexion und Brechung an Korngrenzen stärker depolarisiert (vgl. Abb. 2.9), sodass ein größerer Anteil dieses Lichts durch das Polarisationsfilter zur Kamera gelangt. Insgesamt erscheinen daher die Metalloberflächen im Bild dunkel und lassen sich klar vom heller erscheinenden Sand unterscheiden. Verunreinigungen durch Sandgrate auf dem Metall können so sicher detektiert werden (Abb. 7.130(b)). ■

Das Prinzip der inversen Beleuchtung lässt sich auch auf die 3D-Erfassung nach dem Triangulationsprinzip anwenden. In diesem Fall werden statt der objektunabhängigen Codierungssequenzen der strukturierten Beleuchtung (siehe Abschn. 7.3.4.1) objektangepasste inverse Muster verwendet. Bei der Musterprojektion zur flächenhaften Triangulation kann ein inverses Muster projiziert werden, das aus der Perspektive der Kamera als regelmäßiges Streifenmuster erscheint [119]. Ein ähnliches Vorgehen ist auch bei der Deflektometrie möglich: Das inverse Muster erscheint bei Reflexion am Referenzobjekt als regelmäßiges Streifenmuster. Defekte bewirken eine Abweichung von der regelmäßigen Struktur, die sehr einfach zu erkennen ist. Das inverse Muster lässt sich aus der Zuordnung zwischen Kamera- und Schirmpunkten für das Referenzobjekt berechnen [213]. Abb. 7.131 zeigt ein Beispiel. Das inverse Muster (Abb. 7.131(d)) erscheint bei der Reflexion an einem intakten Objekt, das die Sollgeometrie aufweist, als regelmäßiges Streifenmuster (Abb. 7.131(b)), bei der Reflexion an einem defekten, deformierten Objekt hingegen verzerrt (Abb. 7.131(c)). Durch die rechnerische spaltenweise Projektion des beobachteten Bildes ist eine einfache Auswertung und Defektdetektion möglich (Abb. 7.131(e), (f)). Die vertikale Projektion entspricht der Radon-Transformation für den Winkel $\varphi = 0$, siehe Kap. 15.

7.6.3 Planungsalgorithmen für Sichtprüfungsaufgaben

Entwurf und Auslegung von Sichtprüfsystemen erfolgen meistens basierend auf Erfahrungswerten und Versuchsergebnissen. Prinzipiell ist jedoch auch eine systematische Optimierung der Systemparameter möglich. Dies ist insbesondere bei komplexen Systemen empfehlenswert, deren hohe Anzahl an Freiheitsgraden auf einen hochdimensionalen Designraum Θ und ein komplexes Optimierungsproblem führt. Ein solcher Fall kann z. B. vorliegen, wenn mehrere Aufnahmen kombiniert werden müssen, um die Prüfaufgabe zu lösen. Dann kann eine algorith-

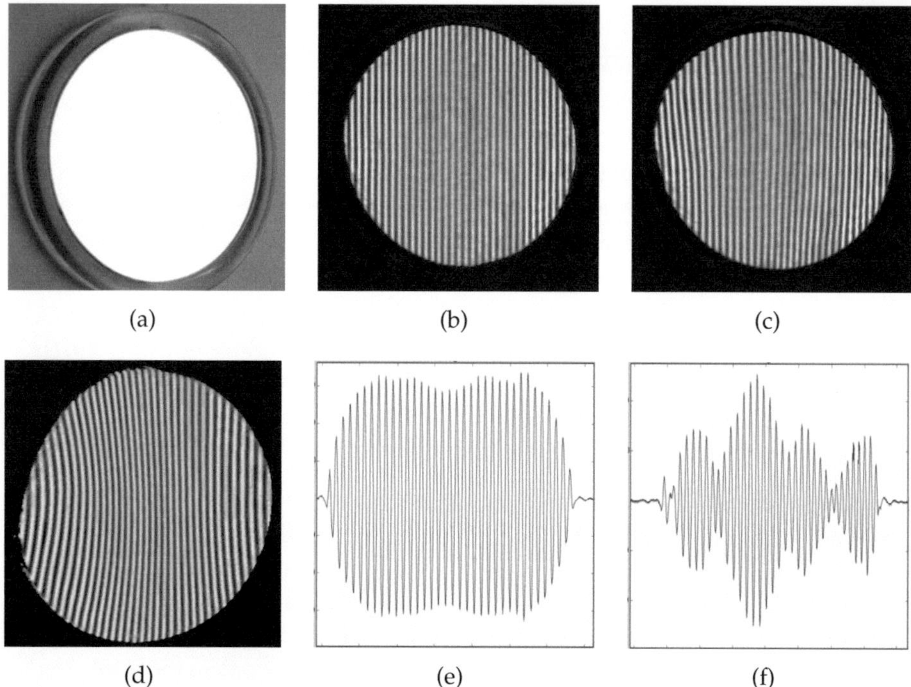

Abbildung 7.131. Inverse Muster zur deflektometrischen Inspektion eines Vergrößerungsspiegels: (a) Referenzobjekt; (b) deflektometrische Aufnahme des intakten Referenzobjekts; (c) deflektometrische Aufnahme eines deformierten Objekts, hier eines gewölbten Rasierspiegels; (d) auf dem Schirm dargestelltes inverses Muster; (e) Auswertung für das Referenzobjekt, vertikale Projektion von (b); (f) Auswertung für das deformierte Objekt, vertikale Projektion von (c).

mische Optimierung der Aufnahmeparameter $\boldsymbol{\theta} \in \Theta$, z. B. der Sensorpositionen relativ zum Prüfobjekt, durchgeführt werden.

Zunächst müssen die Prüfaufgabe und das Sichtprüfsystem auf geeigneter Abstraktionsebene modelliert werden. Ein solches Modell umfasst typischerweise Gesichtsfeld und Auflösung der Sensoren sowie Form, Abmessungen und Reflektanzeigenschaften der Oberfläche des Prüfobjekts. Ein detailliertes Systemmodell kann die Simulation der Lichtausbreitung mittels Strahlverfolgung (*ray tracing*) beinhalten [135]. Darüber hinaus kann es sinnvoll sein, die Messunsicherheit in Abhängigkeit der Aufnahmeparameter zu modellieren [167].

Anschließend wird eine Zielfunktion für das Optimierungsproblem formuliert. In der Regel ist die Zielsetzung, das Prüfobjekt mit möglichst wenigen Aufnahmen vollständig zu erfassen,

$$\min_{n,\, \boldsymbol{\theta}_1,\ldots,\boldsymbol{\theta}_n} \left\{ n \;\middle|\; \bigcup_{i=1}^{n} A(\boldsymbol{\theta}_i) = \mathcal{A} \right\}, \tag{7.175}$$

wobei n die Anzahl der Aufnahmen, $\boldsymbol{\theta}_i$ $(i=1,\ldots,n)$ die Aufnahmeparameter, $A(\boldsymbol{\theta}_i)$ die mit der i-ten Aufnahme erfasste Objektregion und $\mathcal{A}$ die gesamte zu erfassende Objektoberfläche bezeichnen [136, 166]. Falls der Sensor relativ zum Objekt bewegt wird, entspricht dieses Minimum einer möglichst kurzen Erfassungszeit. In diesem Fall ist es zudem erstrebenswert, die Aufnahmepositionen und deren Reihenfolge so zu wählen, dass eine möglichst schnelle Positionierung erreicht wird. Dies lässt sich in Verallgemeinerung der Kostenfunktion (7.175) formulieren als

$$\min_{n,\,\boldsymbol{\theta}_1,\ldots,\boldsymbol{\theta}_n} \left\{ \sum_{i=1}^{n} c_\mathrm{d}(\boldsymbol{\theta}_i) + \sum_{i=1}^{n-1} c_\mathrm{t}(\boldsymbol{\theta}_i, \boldsymbol{\theta}_{i+1}) \,\middle|\, \mathbf{f}(\boldsymbol{\theta}_1,\ldots,\boldsymbol{\theta}_n) \geq \mathbf{0} \right\}, \tag{7.176}$$

wobei $c_\mathrm{d}(\boldsymbol{\theta}_i)$ die Kosten der Durchführung einer Messung, $c_\mathrm{t}(\boldsymbol{\theta}_i, \boldsymbol{\theta}_j)$ die Kosten für die Veränderung der Aufnahmeparameter von Konstellation $\boldsymbol{\theta}_i$ nach Konstellation $\boldsymbol{\theta}_j$ und $\mathbf{f}(\,\cdot\,) \geq \mathbf{0}$ die zu erfüllenden Nebenbedingungen – wie Abdeckung oder Messunsicherheit – bezeichnet [135]. Falls mehrere – nicht notwendigerweise baugleiche – Sensoren zur simultanen Erfassung des Objekts aus verschiedenen Perspektiven verwendet werden, entspricht die minimale Anzahl an Aufnahmen einem möglichst geringen Aufwand für Beschaffung und Betrieb der Sensoren und $c_\mathrm{d}(\boldsymbol{\theta}_i)$ beschreibt die Kosten des i-ten Sensors.

Aufgrund der kombinatorischen Komplexität des Optimierungsproblems ist es oft nicht praktikabel, die optimale Lösung exakt zu bestimmen. Man kann aber gute Näherungslösungen berechnen. Der sogenannte gierige (*greedy*) Algorithmus wählt für jeden Schritt die besten Aufnahmeparameter aus, ohne die nachfolgenden Aufnahmen zu berücksichtigen. Diese Vorgehensweise wird auch als *next best view* bezeichnet [168, 186]. Das Optimierungskriterium für die Bestimmung der Parameter $\boldsymbol{\theta}_i$ der i-ten Aufnahme kann hierbei die Erfassung eines größtmöglichen, von den bisherigen Aufnahmen noch nicht abgedeckten Bereichs sein,

$$\boldsymbol{\theta}_i^* := \arg\max_{\boldsymbol{\theta}_i \in \Theta} \left\{ \left| A(\boldsymbol{\theta}_i) \setminus \bigcup_{j=1}^{i-1} A(\boldsymbol{\theta}_j^*) \right| \right\}, \quad i = 1, 2, \ldots\,, \tag{7.177}$$

wobei die Notation $|A|$ den Flächeninhalt bezeichnet. Alternativ können weitere Zielkriterien oder Nebenbedingungen berücksichtigt werden, etwa die Minimierung der Messunsicherheit oder der maximale Informationsgewinn [95]. Darüber hinaus können auch klassische Optimierungsmethoden wie *simulated annealing* oder Partikelschwarmoptimierung auf die Planung von Sichtprüfsystemen angewendet werden [92, 135]. Diese Methoden können die Lösung des gierigen Algorithmus weiter verbessern, aber nicht garantieren, das Optimum zu finden.

In der automatischen Sichtprüfung ist üblicherweise die Sollgeometrie des Prüfobjekts bekannt (z. B. als CAD-Modell), sodass die gesamte Erfassungssequenz vorab optimiert werden kann. Ein anderes Optimierungsproblem ergibt sich bei der Inspektion unbekannter Objekte. Deren Exploration wird typischerweise während des Erfassungsprozesses iterativ geplant.

Zusätzliche Komplexität entsteht, wenn man mit einer fest konfigurierten Sichtprüfanlage mehrere unterschiedliche Objekttypen prüfen will. Dann müssen die Aufnahmeparameter in einer Weise optimiert werden, die auch für den ungünstigsten Objekttyp eine ausreichende Erfassung sicherstellt. Eine Zielfunktion, die eine möglichst hohe Abdeckung dieses Objekttyps anstrebt, lässt sich wie folgt formulieren:

$$\max_{(\boldsymbol{\theta}_1,\ldots,\boldsymbol{\theta}_n)\in\Theta^n} \; \min_{k=1}^{K} \left\{ \frac{\left|\bigcup_{i=1}^{n} A_k(\boldsymbol{\theta}_i)\right|}{|\mathcal{A}_k|} \right\}, \tag{7.178}$$

wobei $k = 1, \ldots, K$ die Objekttypen indiziert [124]. Bei dieser Formulierung wird angenommen, dass eine vollständige Erfassung aller Objekttypen möglicherweise nicht realisierbar ist.

Mögliche Anwendungen für die erwähnten Planungsalgorithmen sind Verfahren zur 3D-Erfassung komplex geformter Objekte. Insbesondere bei nichtkoaxialen Verfahren, die zwei verschiedene verdeckungsfreie Strahlengänge für Beleuchtung und Beobachtung des Prüfobjekts benötigen, entstehen schwierige Optimierungsprobleme, für die sich eine gute Lösung oft nicht intuitiv finden lässt, sodass der Einsatz von Planungsalgorithmen vorteilhaft ist. Je nach Messprinzip reicht die Abdeckung des Objekts nach (7.175) nicht aus, um die Prüfaufgabe zufriedenstellend zu lösen, sondern es müssen weitere Kriterien wie Auflösung und Messunsicherheit berücksichtigt werden. Ergebnisqualität und Prüfaufwand stellen häufig konkurrierende Kriterien dar, die gegeneinander abgewogen werden müssen.

7.6.3.1 Planungsverfahren für die triangulationsbasierte 3D-Erfassung

Als erste Anwendung von Planungsverfahren wird die 3D-Erfassung mittels eines Lichtschnittsensors (siehe Abschn. 7.3.2) vorgestellt. Das zugrunde liegende Messprinzip ist die Triangulation, sodass sich aus der Anordnung von Lichtquelle, Prüfobjekt und Sensor zahlreiche Freiheitsgrade für die Inspektionsplanung ergeben. Position und Orientierung von Kamera und Prüfobjekt relativ zum Lichtfächer des Lasers lassen sich für einen Linearscan des Lichtschnittsensors durch insgesamt neun Parameter $\boldsymbol{\theta} \in \Theta \subset \mathbb{R}^9$ modellieren [135]. Zusätzlich können Kameraparameter wie Blendenzahl und Belichtungszeit optimiert werden.

Bei der Simulation des Messvorgangs wird ein probabilistisches Oberflächenmodell verwendet. Für eine akzeptable Fertigungstoleranz s sollte die Messun-

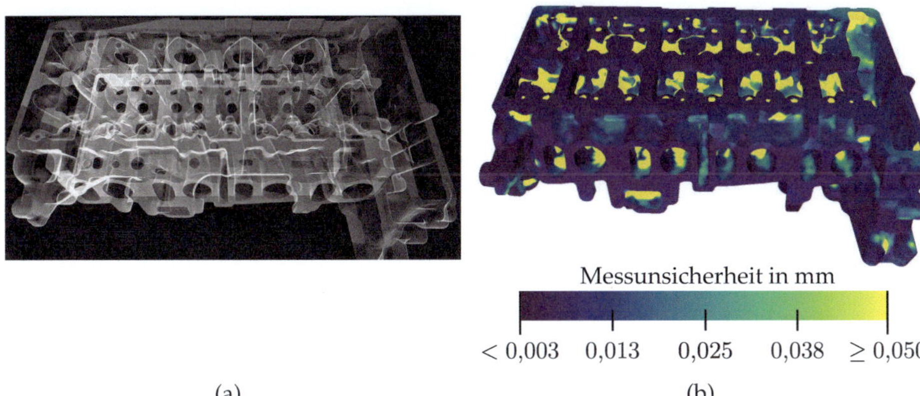

Abbildung 7.132. Planung der Inspektion eines Zylinderkopfes: (a) Punktwolke nach 10 simulierten Lichtschnitt-Scans; (b) geschätzte Messunsicherheit nach 21 simulierten Scans [135].

sicherheit u kleiner als $\frac{1}{4}s$ sein [135]. Das führt auf die Zielfunktion

$$\max_{(\boldsymbol{\theta}_1,\ldots,\boldsymbol{\theta}_n)} \sum_{k=1}^{M} H\Big(\frac{s}{4} - u(\mathbf{p}_k, \boldsymbol{\theta}_1, \ldots, \boldsymbol{\theta}_n)\Big) , \tag{7.179}$$

wobei $H(\cdot)$ die Heaviside-Einheitssprungfunktion (8.19) bezeichnet und die M Abtastpunkte $\mathbf{p}_k$, an denen die simulierte Messunsicherheit $u(\cdot)$ ausgewertet wird, durch Diskretisierung des CAD-Modells des Prüfobjekts erhalten werden. Durch diese Zielfunktion werden die Aufnahmeparameter $\boldsymbol{\theta}_i$ so optimiert, dass an möglichst vielen Abtastpunkten $\mathbf{p}_k$ die gewünschte Messunsicherheit u erreicht wird.

Beispiel 7.15 (Inspektion eines Zylinderkopfes): Die 3D-Geometrie eines Zylinderkopfes soll mit dem Lichtschnittverfahren erfasst werden (vgl. Abb. 7.40 auf S. 332). Für die Simulation des Aufnahmeprozesses ist ein CAD-Modell des Prüfobjekts verfügbar. Außerdem sind seine Reflektanzeigenschaften aus einer experimentellen Messung seiner BRDF bekannt (siehe Abb. 4.10 auf Seite 198). Damit lässt sich der gesamte Messvorgang realistisch simulieren, wobei zusätzlich zur Strahlverfolgung auch wellenoptische Effekte kohärenten Lichts, insbesondere Speckle (siehe Abschn. 2.2.7), berücksichtigt werden [135].

Zielvorgabe ist die 3D-Erfassung der Objektoberfläche mit einer Messunsicherheit von weniger als $\frac{s}{4} = 0{,}05$ mm. Trotz der herausfordernden Objektgeometrie mit tiefen Kavitäten können Inspektionspläne berechnet werden, die mit weniger als 30 Lichtschnitt-Scans für mehr als $80\ \%$ der Oberfläche des Zylinderkopfes die gewünschte Genauigkeit erreichen; siehe Abb. 7.132. Auch tiefe Kavitäten werden in einem Umfang erfasst, der durch manuelle Wahl der Aufnahmeparameter kaum erreichbar ist. Die Partikelschwarmoptimierung liefert im Vergleich mit anderen Planungsalgorithmen die besten Ergebnisse [135]. ■

7.6.3.2 Planungsverfahren für die deflektometrische Oberflächeninspektion

Bei der Deflektometrie hängt der Messbereich nicht nur von der Positionierung des Mustergenerators und der Kamera ab, sondern auch von der Krümmung der Oberfläche (siehe Abschn. 7.3.5). Daraus resultiert ein komplexes Optimierungsproblem für die Aufnahmeparameter [167].

Da bei der deflektometrischen Inspektion häufig Abweichungen der Oberflächenneigung von besonderem Interesse sind, kann anstelle von (7.175) eine Zielfunktion verwendet werden, welche die Unsicherheit in der Schätzung der Oberflächennormalen bewertet. Hierzu wird die Oberfläche $\mathcal{A}$ in M Zellen A_k partitioniert und für jede Zelle die Varianz $\mathrm{Var}\{\mathbf{n}\}$ der Normalen $\mathbf{n}$ geschätzt, indem ein probabilistisches Oberflächenmodell anhand simulierter Beobachtungen erstellt wird.[21] Für einen simulierten Messvorgang wird die totale Varianz

$$\sum_{k=1}^{M} |A_k| \; \mathrm{Var}\{\mathbf{n}(A_k)\} \tag{7.180}$$

ausgewertet und iterativ über die Aufnahmeparameter $(\boldsymbol{\theta}_1, \ldots, \boldsymbol{\theta}_n)$ minimiert, z. B. unter Verwendung des gierigen Algorithmus [167].

Beispiel 7.16 (Deflektometrische Inspektion einer Motorhaube): Zur deflektometrischen Inspektion wird ein Sensorkopf verwendet, bei dem eine Kamera und ein Bildschirm als Mustergenerator fest zueinander positioniert sind. Dieser Sensorkopf wird auf einem Industrieroboter montiert, sodass er innerhalb des Arbeitsraums des Roboters in 6 Freiheitsgraden $\boldsymbol{\theta} \in \Theta \subset \mathbb{R}^6$ beliebig positioniert und ausgerichtet werden kann.

Mit diesem Aufbau wird die Inspektion der Motorhaube eines Kleinwagens geplant und durchgeführt, wobei ein 3D-Modell der Sollgeometrie bekannt ist. Bei einer vorgegebenen maximalen Messunsicherheit von $0{,}1^\circ$ für die Oberflächenneigung erhält man einen Inspektionsplan, der aus 40 Aufnahmen besteht. In Abb. 7.133 ist zu sehen, dass die Form und die Größe der Messbereiche der einzelnen Aufnahmen stark von der Oberflächenkrümmung

---

[21] Dabei ist die Varianz des Vektors $\mathbf{n}$ als Spur der Kovarianzmatrix (8.379) definiert: $\mathrm{Var}\{\mathbf{n}\} := \mathrm{Spur}(\mathbf{C_{nn}})$.

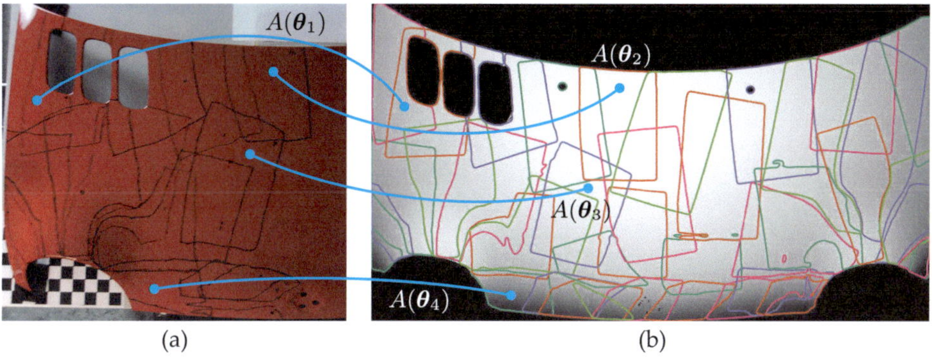

Abbildung 7.133. Inspektionsplanung für die deflektometrische Prüfung einer Motorhaube: (a) Prüfobjekt mit Markierung der tatsächlichen Messbereiche; (b) CAD-Modell mit eingezeichneten Messbereichen des Inspektionsplans. Messbereich $A(\boldsymbol{\theta}_1)$ stimmt im Plan und in der Realität gut überein; bei $A(\boldsymbol{\theta}_2)$ und $A(\boldsymbol{\theta}_3)$ sind Abweichungen in Form und Größe zu erkennen; unterhalb von $A(\boldsymbol{\theta}_4)$ konnte ein kleiner Bereich aufgrund der starken Krümmung nicht wie geplant erfasst werden [167].

abhängen. Aufgrund von Ungenauigkeiten in der Sensorpositionierung und Kalibrierung stimmen die tatsächlichen Messbereiche nicht exakt mit den geplanten überein. In der Regel ist die Überlappung jedoch ausreichend, um eine vollständige Erfassung des Prüfobjekts zu erreichen. Verschiedene Oberflächendefekte auf der Motorhaube konnten durch Auswertung der deflektometrischen Messungen erfolgreich detektiert werden [167]. ■

7.7 Zusammenfassung

In diesem Kapitel wurden Bildaufnahmeverfahren für die automatische Sichtprüfung vorgestellt. Zur Auswahl eines Verfahrens muss zunächst die Frage gestellt werden, welche Eigenschaften des Objekts für die Prüfaufgabe relevant sind: die optischen Eigenschaften wie Reflektanz und komplexer Brechungsindex oder die Gestalt des Objekts.

In Abb. 7.134 ist die Taxonomie der optischen Verfahren zur 3D-Erfassung nochmals dargestellt. Die auf dem Lichtlaufzeit- oder Fokusprinzip beruhenden Messverfahren haben den Vorteil, dass eine koaxiale Antastung möglich ist, d. h. es können Bereiche vermessen werden, die nur über einen schlanken Zugang erreichbar sind, wie etwa Bohrungen. Bei den Triangulations- und Shadingverfahren ist dies nicht möglich, weil die notwendig unterschiedlichen Perspektiven von Beleuchtungs- und Beobachtungsstrahlengang die Einsehbarkeit der Oberfläche über einen entsprechend großen Winkelbereich erfordern.

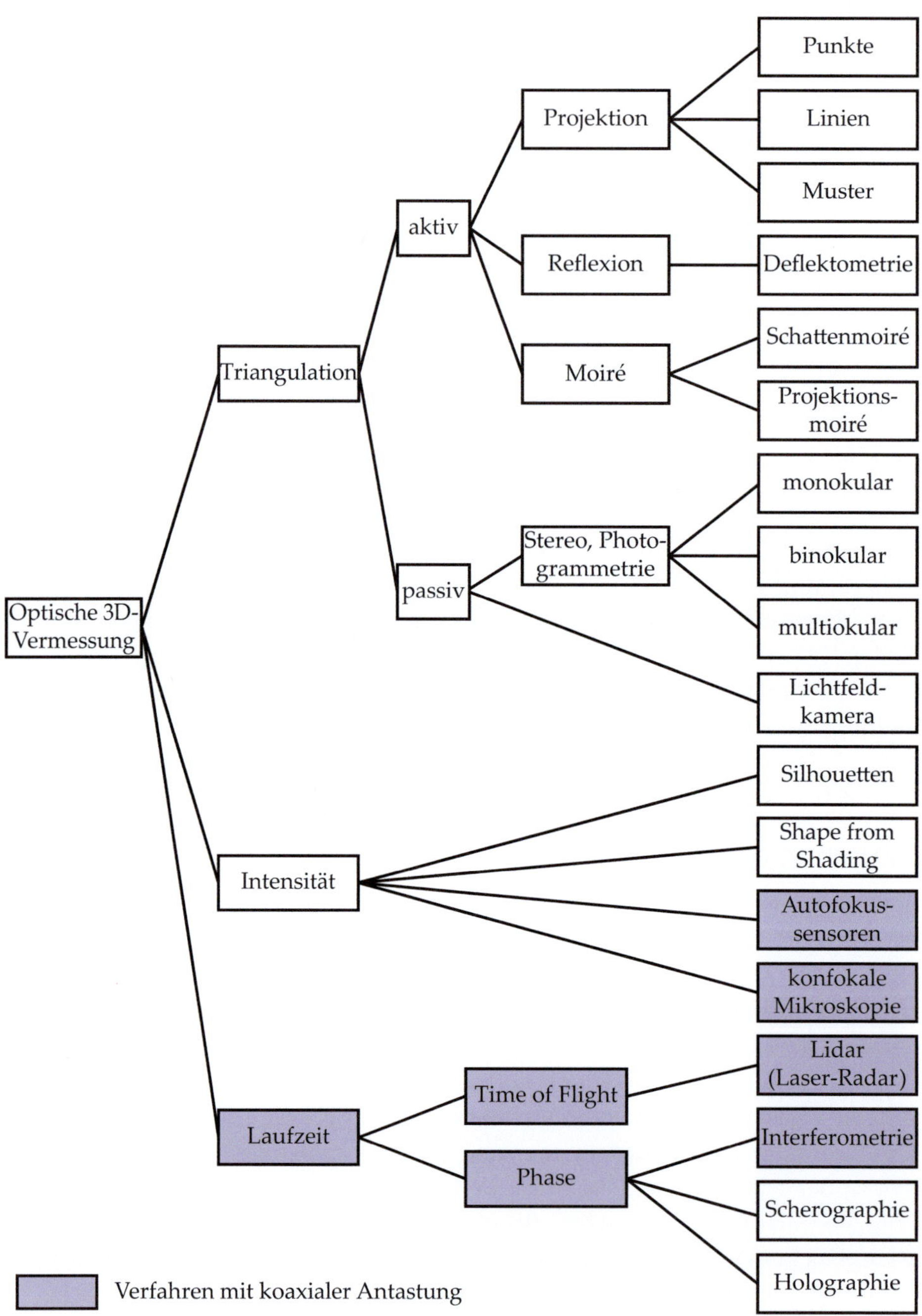

Abbildung 7.134. Systematik der Verfahren zur optischen 3D-Erfassung.

7.8 Literatur

[1] Bernd Aatz, Dieter Müller und Heimo Weber. Interferometrisches Messen mechanischer Bauteile. In Bernd Breuckmann (Hrsg.), *Bildverarbeitung und optische Messtechnik in der industriellen Praxis*, Seiten 231–255. Franzis, München, 1993.

[2] Hillar Aben. *Integrated photoelasticity*. McGraw-Hill, 1979.

[3] Edward H. Adelson und James R. Bergen. The Plenoptic Function and the Elements of Early Vision. In Michael Landy und J. Anthony Movshon (Hrsg.), *Computational Models of Visual Processing*, Seiten 3–20. MIT Press, Cambridge, MA, 1991.

[4] Edward H. Adelson und John Y. A. Wang. Single Lens Stereo with a Plenoptic Camera. *IEEE Transactions on Pattern Analysis and Machine Intelligence*, 14(2):99–106, Februar 1992.

[5] Jochen Aderhold und Peter Meinlschmidt. Grundlagen der Infrarot-Thermographie. In Norbert Bauer (Hrsg.), *Handbuch zur Industriellen Bildverarbeitung*, Seiten 360–363. Fraunhofer IRB Verlag, Stuttgart, 1. Auflage, 2007.

[6] Jochen Aderhold und Peter Meinlschmidt. Online-Thermographie als Werkzeug zur Qualitätskontrolle. In Norbert Bauer (Hrsg.), *Handbuch zur Industriellen Bildverarbeitung*, Seiten 364–368. Fraunhofer IRB Verlag, Stuttgart, 1. Auflage, 2007.

[7] Jochen Aderhold und Peter Meinlschmidt. Spektroskopische Charakterisierung von Oberflächen. In Norbert Bauer (Hrsg.), *Handbuch zur Industriellen Bildverarbeitung*, Seiten 145–151. Fraunhofer IRB Verlag, Stuttgart, 1. Auflage, 2007.

[8] Stephen Anderson. Optical Coherence Tomography. *SPIE Professional*, Seiten 16–19, Januar 2014.

[9] David E. Aspnes. The Accurate Determination of Optical Properties by Ellipsometry. In Edward Palik (Hrsg.), *Handbook of Optical Constants of Solids*, Seiten 89–112. Academic Press, 1985.

[10] Anand Asundi. Photoelasticity and Moiré. In Pramod Rastogi (Hrsg.), *Optical Measurement Techniques and Applications*, Seiten 183–215. Artech House, 1997.

[11] Gary A. Atkinson und Jürgen D. Ernst. High-sensitivity analysis of polarization by surface reflection. *Machine Vision and Applications*, 29:1171–1189, 2018.

[12] Rasheed M.A. Azzam. Ellipsometric Methods of Characterization of Optical Thin Films. In *Thin Film Technologies II, Proc. SPIE*, Bd. 652, 1986.

[13] Jonathan Balzer. *Regularisierung des Deflektometrieproblems – Grundlagen und Anwendung*. Universitätsverlag Karlsruhe, Karlsruhe, 2008.

[14] Jonathan Balzer und Stefan Werling. Principles of Shape from Specular Reflection. *Measurement*, 43(10):1305–1317, Dezember 2010.

[15] Bruce Batchelor (Hrsg.). *Machine Vision Handbook*. Springer, London, 2012.

[16] Bruce Batchelor, Denys Hill und David Hodgson (Hrsg.). *Automated visual inspection*. IFS, Kempston, 1985.

[17] Wilfried Bauer. Weißlichtinterferometrie. In Norbert Bauer (Hrsg.), *Handbuch zur Industriellen Bildverarbeitung*, Seiten 297–301. Fraunhofer IRB Verlag, Stuttgart, 1. Auflage, 2007.

[18] Sarah Bee und Mark Honeywood. Colour Sorting in the Food Industry. In Mark Graves und Bruce Batchelor (Hrsg.), *Machine vision for the inspection of natural products*. Springer, London, 2003.

[19] Rolf Behrendt, Peter Schmitt und Norman Uhlmann. Bildgebende Röntgensensoren. In Norbert Bauer (Hrsg.), *Handbuch zur Industriellen Bildverarbeitung*, Seiten 72–74. Fraunhofer IRB Verlag, Stuttgart, 1. Auflage, 2007.

[20] H. E. Bennett und J. O. Porteus. Relation Between Surface Roughness and Specular Reflectance at Normal Incidence. *Journal of the Optical Society of America*, 51(2):123–129, Februar 1961.

[21] Jürgen Beyerer und Denis Pérard. Automatische Inspektion spiegelnder Freiformflächen anhand von Rasterreflexionen. *tm – Technisches Messen*, 64(10):394–400, 1997.

[22] Jürgen Beyerer und Mohammed Ali Seiraffi. Qualitätssicherung in Kernmachereien und Gießereien durch den Einsatz automatischer Sichtprüfungssysteme. *Gießerei-Praxis*, (6):245–254, 2000.

[23] Jürgen Beyerer und Mohammed Ali Seiraffi. Verfahren und Vorrichtung zur Objekterkennung. Patent PCT/DE1999/004070, 2000.

[24] Jürgen Beyerer, Dirk vom Stein und Thomas Klawitter. Automatische Sichtprüfung belüfteter Bremsscheiben. *Giesserei-Erfahrungsaustausch*, 47(7):283–286, 2003.

[25] Stephan Bichmann. 3-D-Formprüfinterferometrie. In Norbert Bauer (Hrsg.), *Handbuch zur Industriellen Bildverarbeitung*, Seite 62. Fraunhofer IRB Verlag, Stuttgart, 1. Auflage, 2007.

[26] Fred Billmeyer und Max Saltzman. *Grundlagen der Farbtechnologie*. Muster-Schmidt, Göttingen, 2. Auflage, 1993.

[27] Pierre-Alexandre Blanche. *Field guide to holography*. SPIE Press, 2014.

[28] Gerra Bosco. James L. Waters Symposium 2009 on near-infrared spectroscopy: meeting report. *Trends in Analytical Chemistry*, 29(3):197–208, 2010.

[29] David Brewster. Experiments on the depolarisation of light as exhibited by various mineral, animal, and vegetable bodies, with a reference of the phenomena to the general principles of polarisation. *Philosophical Transactions of the Royal Society of London*, 105:29–53, 1815.

[30] David Brewster. On the communication of the structure of doubly refracting crystals to glass, muriate of soda, fluor spar, and other substances, by mechanical compression and dilatation. *Philosophical Transactions of the Royal Society of London*, 106:156–178, 1816.

[31] Rainer Brodmann. Autofokussensor. In Tilo Pfeifer (Hrsg.), *Optoelektronische Verfahren zur Messung geometrischer Größen in der Fertigung*, Seiten 123–139. expert-Verlag, 1993.

[32] Rainer Brodmann und Walter Kimmelmann. Streulichtsensor. In Tilo Pfeifer (Hrsg.), *Optoelektronische Verfahren zur Messung geometrischer Größen in der Fertigung*, Seiten 96–122. expert-Verlag, 1993.

[33] Ilja Bronstejn, Konstantin Semendjajew, Gerhard Musiol und Heiner Mühlig. *Taschenbuch der Mathematik*. Deutsch, 5. Auflage, 2000.

[34] Bundesamt für Justiz (Hrsg.). Verordnung zum Schutz vor der schädlichen Wirkung ionisierender Strahlung (Strahlenschutzverordnung – StrlSchV). `https://www.gesetze-im-internet.de/strlschv_2018/`, 2024.

[35] Jan Burke, Alexey Pak, Sebastian Höfer, Mathias Ziebarth, Masoud Roschani und Jürgen Beyerer. Deflectometry for specular surfaces: an overview. *Advanced Optical Technologies*, 12, 2023.

[36] Wai Lam Chan, Kriti Charan, Dharmpal Takhar, Kevin Kelly, Richard Baraniuk und Daniel Mittleman. A single-pixel terahertz imaging system based on compressed sensing. *Applied Physics Letters*, 93(12), September 2008.

[37] Chia-Wei Chen, Matthias Hartrumpf, Thomas Längle und Jürgen Beyerer. Analytical determination of the complex refractive index and the incident angle of an optically isotropic substrate by ellipsometric parameters and reflectance. *Applied Optics*, 60(22):F33–F38, 2021.

[38] Chia-Wei Chen, Matthias Hartrumpf, Thomas Längle und Jürgen Beyerer. Retroreflex ellipsometry for isotropic three-phase systems with nonplanar surfaces. *Thin Solid Films*, 769:139732, 2023.

[39] Clean Energy Wiki. Terahertz Radiation. Clean Energy Institute, University of Washington, `http://cleanenergywiki.org`, 2011.

[40] Edward Collett. *Field guide to polarization*. SPIE Press, 2005.

[41] Katherine Creath. Phase-Measurement Interferometry Techniques. In Emil Wolf (Hrsg.), *Progress in Optics*, Bd. 26, Seiten 349–393. Elsevier, 1988.

[42] René Dändliker und Pierre Jacquot. Holographic Interferometry and Speckle Methods. In E. Wagner, R. Dändliker und K. Spenner (Hrsg.), *Optical Sensors*, Bd. 6 der Reihe *Sensors*, Seiten 589–628. VCH, 1992.

[43] Thao Dang. *Kontinuierliche Selbstkalibrierung von Stereokameras*. Dissertation, Universität Karlsruhe (TH), 2007.

[44] Colin Davies und Mark Nixon. A Hough Transform for Detecting the Location and Orientation of Three-Dimensional Surfaces Via Color Encoded Spots. *IEEE Transactions on Systems, Man, and Cybernetics Part B*, 28(1):90–95, Februar 1998.

[45] Deutsches Institut für Normung (Hrsg.). *Gestaltabweichungen*. DIN 4760, Beuth, 1982.

[46] Deutsches Institut für Normung (Hrsg.). *Leitfaden zur Angabe der Unsicherheit beim Messen*. Beuth, 1. Auflage, 1995.

[47] *Optik und optische Instrumente – Bestimmung von Streustrahlung, hervorgerufen durch optische Komponenten*. DIN EN ISO 13696:2002-12 (D), Beuth, 2002.

[48] Deutsches Institut für Normung (Hrsg.). *Sicherheit von Lasereinrichtungen - Teil 1: Klassifizierung von Anlagen und Anforderungen*. DIN EN 60825-1; VDE 0837-1, Beuth, Mai 2008.

[49] Rainer Dohlus. *Photonik: Physikalisch-technische Grundlagen der Lichtquellen, der Optik und des Lasers*. Oldenbourg, München, 2010.

[50] Axel Donges und Reinhard Noll. *Lasermesstechnik: Grundlagen und Anwendungen*. Hüthig, Heidelberg, 1993.

[51] Rainer Dorsch, Gerd Häusler und Jürgen Herrmann. Laser triangulation: fundamental uncertainty in distance measurement. *Applied Optics*, 33(5):1306–1314, März 1994.

[52] Augusto Durelli und Vincent Parks. *Moire analysis of strain*. Prentice Hall, Englewood Cliffs, NJ, 1970.

[53] Olivier Faugeras und Quang-Tuan Luong. *The Geometry of Multiple Images*. MIT Press, Cambridge, MA, 2001.

[54] Thomas Finke. *Laserscanner in der automatischen Sichtprüfung*. Dissertation, Universität Karlsruhe (TH), 1996.

[55] Gerd Fischer. *Lineare Algebra*. Vieweg, Wiesbaden, 15. Auflage, 2005.

[56] Udo Flohr und Birte Schlund. Erst schießen, dann schärfen. *Technology Review*, (3):8–9, März 2012.

[57] David A. Forsyth und Jean Ponce. *Computer Vision – A Modern Approach*. Prentice Hall, Upper Saddle River, NJ, 2003.

[58] Theobald Fuchs, Randolf Hanke und Michael Maisl. Röntgenbasierte Methoden für die Zerstörungsfreie Prüfung. In Norbert Bauer (Hrsg.), *Handbuch zur Industriellen Bildverarbeitung*, Seiten 316–321. Fraunhofer IRB Verlag, Stuttgart, 1. Auflage, 2007.

[59] Kensaku Fujii, Michael Grossberg und Shree Nayar. A projector-camera system with real-time photometric adaptation for dynamic environments. In *Proc. IEEE Conference on Computer Vision and Pattern Recognition*, Bd. 1, Seiten 814–821, 2005.

[60] James Fujimoto, Mark Brezinski, Guillermo Tearney, Stephen Boppart, Brett Bouma, Michael Hee, James Southern und Eric Swanson. Optical biopsy and imaging using optical coherence tomography. *Nature Medicine*, 1(9):970–972, September 1995.

[61] Dennis Gabor. A New Microscopic Principle. *Nature*, 161(4098):777–778, Mai 1948.

[62] Enric Garcia-Caurel, Razvigor Ossikovski, Martin Foldyna, Angelo Pierangelo, Bernard Drévillon und Antonello De Martino. Advanced Mueller ellipsometry instrumentation and data analysis. In Maria Losurdo und Kurt Hingerl (Hrsg.), *Ellipsometry at the Nanoscale*, Seiten 31–143. Springer, Berlin Heidelberg, 2013.

[63] Martin-Mathias Gaupp. *Die digitale Bildverarbeitung als Hilfsmittel in der Spannungsoptik – Verfahren und Möglichkeiten*. Dissertation, Universität Stuttgart, 1989.

[64] Andreas Geiger, Martin Roser und Raquel Urtasun. Efficient Large-Scale Stereo Matching. In *Asian Conference on Computer Vision*, November 2010.

[65] Todor Georgiev und Andrew Lumsdaine. Focused plenoptic camera and rendering. *Journal of Electronic Imaging*, 19(2), 2010.

[66] Dennis Ghiglia und Mark Pritt. *Two-dimensional phase unwrapping: theory, algorithms, and software*. Wiley, 1998.

[67] Stefan Gliech. *Entwicklung und Anwendung eines Messsystems zur Bestimmung des totalen Streulichts von optischen und technisch rauhen Oberflächen und Schichten*. Dissertation, Technische Universität Ilmenau, 2003.

[68] Dennis H. Goldstein. *Polarized light*. CRC Press, 3. Auflage, 2011.

[69] Karl-Heinrich Grote und Jörg Feldhusen (Hrsg.). *Dubbel: Taschenbuch für den Maschinenbau*. Springer, 22. Auflage, 2007.

[70] Robin Gruna und Jürgen Beyerer. On Scene-Adapted Illumination Techniques for Industrial Inspection. In *Proc. IEEE Instrumentation and Measurement Technology Conference*, Seiten 498–503, Austin, USA, Mai 2010.

[71] Robin Gruna und Jürgen Beyerer. Acquisition and Evaluation of Illumination Series for Unsupervised Defect Detection. In *Proc. IEEE Instrumentation and Measurement Technology Conference*, Seiten 192–197, Hangzhou, China, Mai 2011.

[72] Robin Gruna, Kai-Uwe Vieth, Matthias Michelsburg und Fernando Puente León. Hyperspectral Imaging – From Laboratory to In-line Food Sorting. In László Baranyai (Hrsg.), *Second International Workshop on Image Analysis in Agriculture*, Seiten 79–90, Budapest, August 2010.

[73] Jens Gühring. *3D-Erfassung und Objektrekonstruktion mittels Streifenprojektion*. Dissertation, Universität Stuttgart, 2002.

[74] Gabe Guss, Isaac Bass, Richard Hackel, Christian Mailhiot und Stavros Demos. High-resolution 3D imaging of surface damage sites in fused silica with optical coherence tomography. In *Laser-Induced Damage in Optical Materials, Proc. SPIE*, Bd. 6720, Dezember 2007.

[75] Tobias Haist. *Optische Phänomene in Natur und Alltag*. `http://www.optipina.de`, 2010.

[76] Richard Hartley und Andrew Zisserman. *Multiple View Geometry in Computer Vision*. Cambridge University Press, 2. Auflage, 2003.

[77] Matthias Hartrumpf und Rüdiger Heintz. Device and method for the classification of transparent components in a material flow. Patent WO 2009/049594 A1, 2009.

[78] Matthias Hartrumpf, Kai-Uwe Vieth, Thomas Längle und Günter Struck. Neues Verfahren zur Sichtprüfung transparenter Materialien. In *Sensorgestützte Sortierung*, Seiten 57–58, Aachen, März 2008. Gesellschaft für Bergbau, Metallurgie, Rohstoff- und Umwelttechnik.

[79] Jörg Haus. *Optical sensors: basics and applications*. Wiley-VCH, Weinheim, 2010.

[80] Gerd Häusler, Peter Ettl, M. Schenk, Gunther Bohn und Ildiko Laszlo. Limits of Optical Range Sensors and How to Exploit Them. In Toshimitsu Asakura (Hrsg.), *International Trends in Optics and Photonics*, Seiten 328–342. Springer, 1999.

[81] Oliver Heavens. *Thin film physics*. Methuen, London, 1970.

[82] Eugene Hecht. *Optics*. Addison-Wesley, San Francisco, 4. Auflage, 2002.

[83] Karl Hehl, Albrecht Hertzsch, Knut Kröger und Horst Truckenbrodt. Topographiemessungen technischer Oberflächen mit einer Streulichtanordnung. *tm – Technisches Messen*, 70(1):4–9, Januar 2003.

[84] Michael Heizmann. *Auswertung von forensischen Riefenspuren mittels automatischer Sichtprüfung*. Dissertation, Universität Karlsruhe (TH), 2004.

[85] Michael Heizmann und Ioana Gheţa. Methoden der 3-D-Vermessung von Oberflächen. In Norbert Bauer (Hrsg.), *Handbuch zur Industriellen Bildverarbeitung*, Seiten 159–168. Fraunhofer IRB Verlag, Stuttgart, 1. Auflage, 2007.

[86] Heiko Hirschmüller. Stereo Processing by Semiglobal Matching and Mutual Information. *IEEE Transactions on Pattern Analysis and Machine Intelligence*, 30(2):328–341, Februar 2008.

[87] Sebastian Höfer. *Untersuchung diffus spiegelnder Oberflächen mittels Infrarotdeflektometrie*. Dissertation, Karlsruher Institut für Technologie, 2016.

[88] Sebastian Höfer, Jan Burke und Michael Heizmann. Infrared deflectometry for the inspection of diffusely specular surfaces. *Advanced Optical Technologies*, 5(5-6):377–387, 2016.

[89] Stefan Hoffmann und Martin Hofmann. Terahertz-Strahlung entgeht nichts. *Rubin*, (1):42–48, 2005.

[90] Heinrich Höfler und Michael Seib. Überblick über die verschiedenen Moiré-Techniken. *Vision and Voice Magazine*, 4(2):145–151, 1990.

[91] Heinrich Höfler und Michael Seib. Optical Surface and Morphology Inspection Techniques. In E. Wagner, R. Dändliker und K. Spenner (Hrsg.), *Optical Sensors*, Bd. 6 der Reihe *Sensors*, Seiten 551–587. VCH, 1992.

[92] Stefan Holtzhausen. *Erfassungsplanung nach dem Optimierungsprinzip am Beispiel des Streifenprojektionsverfahrens*. Dissertation, Technische Universität Dresden, 2015.

[93] Jan W. Horbach und Sören Kammel. Deflectometric inspection of diffuse surfaces in the far-infrared spectrum. In *Machine Vision Applications in Industrial Inspection XIII, Proc. SPIE*, Bd. 5679, Seiten 108–117, 2005.

[94] Berthold K. P. Horn und Michael J. Brooks (Hrsg.). *Shape from Shading*. MIT Press, Cambridge, MA, 1989.

[95] Marco Huber, Tobias Dencker, Masoud Roschani und Jürgen Beyerer. Bayesian active object recognition via Gaussian process regression. In *Proceedings of the 15th International Conference on Information Fusion*, 2012.

[96] D. Hünerhoff, U. Grusemann und A. Höpe. New robot-based gonioreflectometer for measuring spectral diffuse reflection. *Metrologia*, 43(2):11–16, 2006.

[97] Y. Y. Hung und C. Y. Liang. Image-shearing camera for direct measurements of surface strains. *Applied Optics*, 18(7):1046–1051, 1979.

[98] W. R. Hunter. Measurement of Optical Constants in the Vacuum Ultraviolet Spectral Region. In Edward Palik (Hrsg.), *Handbook of Optical Constants of Solids*, Seiten 69–88. Academic Press, 1985.

[99] Minoru Ito und Akira Ishii. A three-level checkerboard pattern (TCP) projection method for curved surface measurement. *Pattern Recognition*, 28(1):27–40, Januar 1995.

[100] Bernd Jähne. *Practical handbook on image processing for scientific and technical applications*. CRC Press, Boca Raton, 2. Auflage, 2004.

[101] Ingmar Jahr. Lighting in Machine Vision. In Alexander Hornberg (Hrsg.), *Handbook of Machine Vision*, Seiten 73–203. Wiley-VCH, 2006.

[102] Markus Jehle, Christoph Sommer und Bernd Jähne. Learning of Optimal Illumination for Material Classification. In *Pattern Recognition – 32nd DAGM Symposium*, Seiten 563–572. Springer, 2010.

[103] Christian Jördens und Martin Koch. Detection of foreign bodies in chocolate with pulsed terahertz spectroscopy. *Optical Engineering*, 47(3), März 2008.

[104] Werner Jüptner. Holografische Interferometrie. In *Optische Messung technischer Oberflächen in der Praxis*, Seiten 287–296. VDI-Verlag, 2007.

[105] Avinash Kak und Malcolm Slaney. *Principles of computerized tomographic imaging*. Society for Industrial and Applied Mathematics, 2001.

[106] Willi Kalender. *Computertomographie: Grundlagen, Gerätetechnologie, Bildqualität, Anwendungen*. Publicis, Erlangen, 2. Auflage, 2006.

[107] Michael Kalms, Wolfgang Osten und Werner Jüptner. Scherografie – die Umsetzung des Prinzips in ein mobiles Prüfsystem. *tm – Technisches Messen*, 69(5):217–226, 2002.

[108] Sören Kammel. *Deflektometrische Untersuchung spiegelnd reflektierender Freiformflächen*. Dissertation, Universität Karlsruhe (TH), 2005.

[109] Kodo Kawase, Takayuki Shibuya, Koji Suizu und Shinichiro Hayashi. THz wave generation and imaging for industrial applications. In Mehdi Anwar, Nibir Dhar und Thomas Crowe (Hrsg.), *Terahertz Physics, Devices, and Systems IV: Advanced Applications in Industry and Defense, Proc. SPIE*, Bd. 7671, April 2010.

[110] Christian Kludt und Jan Burke. Coding strategies for static patterns suitable for UV deflectometry. In Thomas Längle, Fernando Puente León und Michael Heizmann (Hrsg.), *Forum Bildverarbeitung 2018*, Seiten 1–12, 2018.

[111] Alexander Koch, Michael Ruprecht, Olaf Toedter, Gerd Häusler, Stefan Blossey, Harald Schoenfeld und Veit Windbichler. *Optische Messtechnik an technischen Oberflächen*. expert-Verlag, 1998.

[112] Antje Kochan. *Untersuchungen zur zerstörungsfreien Prüfung von CFK-Bauteilen für die fertigungsbegleitende Qualitätssicherung im Automobilbau*. Dissertation, Technische Universität Dresden, 2011.

[113] Friedel Koerfer und Robert Schmitt. In-Prozess Mikrostrukturprüfung. In Norbert Bauer (Hrsg.), *Handbuch zur Industriellen Bildverarbeitung*, Seiten 182–187. Fraunhofer IRB Verlag, Stuttgart, 1. Auflage, 2007.

[114] Matthias Krauß, Guido Mahler, David Pfengler und Birgit Vollheim. Solarzellenprüfung mittels lichtmodulierter Lock-In-Thermographie. In Norbert Bauer (Hrsg.), *Handbuch zur Industriellen Bildverarbeitung*, Seiten 411–416. Fraunhofer IRB Verlag, Stuttgart, 1. Auflage, 2007.

[115] Thomas Kreis, Jürgen Geldmacher und Werner Jüptner. Phasenschiebe-Verfahren in der interferometrischen Meßtechnik: Ein Vergleich. In Wilhelm Waidelich (Hrsg.), *Kongress Laser in der Technik*, Seiten 119–126. Springer, 1993.

[116] Robert Lalla. *Verfahren zur Auswertung von Moiréaufnahmen technischer Oberflächen*. Dissertation, Universität Karlsruhe (TH), 1993.

[117] Leonardo da Vinci. *The notebooks of Leonardo da Vinci*. Herausgegeben von Jean Paul Richter, Dover, 1970.

[118] Marc Levoy und Pat Hanrahan. Light field rendering. In *Proc. ACM SIGGRAPH*, Seiten 31–42, 1996.

[119] Wansong Li, Thorsten Bothe, Wolfgang Osten und Michael Kalms. Object adapted pattern projection—Part I: generation of inverse patterns. *Optics and Lasers in Engineering*, 41:31–50, 2004.

[120] Hanning Liang, Alexander Zimmermann, Reiner Kickingereder und Christian Faber. A new method for solving the height problem in deflectometry. In *Optical Engineering + Applications, Applied Optical Metrology III, Proc. SPIE*, Bd. 11102, 2019.

[121] David Lide (Hrsg.). *Handbook of chemistry and physics*. CRC Press, 89. Auflage, 2008.

[122] Michael Liepert. 3-D-Oberflächeninspektionssystem mit fotometrischem Stereo. In Norbert Bauer (Hrsg.), *Handbuch zur Industriellen Bildverarbeitung*, Seiten 169–172. Fraunhofer IRB Verlag, Stuttgart, 1. Auflage, 2007.

[123] Miaomiao Liu, Richard Hartley und Mathieu Salzmann. Mirror surface reconstruction from a single image. In *Proceedings of 2013 IEEE Conference on Computer Vision and Pattern Recognition (CVPR)*, Seiten 129–136, 2013.

[124] Oleg Lobachev, Martin Schmidt und Michael Guthe. Optimizing Multiple Camera Positions for the Deflectometric Measurement of Multiple Varying Targets. *Journal of WSCG*, 21(2):145–152, 2013.

[125] Ulrich Lübbert und Frank Muth. Beleuchtung und Optik für die genaue Vermessung von Werkstücken mit bildgebenden Sensoren. *IITB-Mitteilungen*, Seiten 9–14, 1993.

[126] Thomas Luhmann. *Nahbereichsphotogrammetrie*. Wichmann, Heidelberg, 2. Auflage, 2003.

[127] Hans Dieter Lüke. *Korrelationssignale: Korrelationsfolgen und Korrelationsarrays in Nachrichten- und Informationstechnik, Messtechnik und Optik*. Springer, 1992.

[128] Reinhard Malz. *Codierte Lichtstrukturen für 3-D-Meßtechnik und Inspektion*. Dissertation, Universität Stuttgart, 1992.

[129] Johannes Meyer. *Light Field Methods for the Visual Inspection of Transparent Objects*. Dissertation, Karlsruher Institut für Technologie, 2019.

[130] Johannes Meyer, Thomas Längle und Jürgen Beyerer. About the Acquisition and Processing of Ray Deflection Histograms for Transparent Object Inspection. In *Irish Machine Vision & Image Processing Conference Proceedings*, Seiten 9–16, 2016.

[131] Johannes Meyer, Thomas Längle und Jürgen Beyerer. Acquiring and Processing Light Deflection Maps for Transparent Object Inspection. In *2nd International Conference on Frontiers of Signal Processing*, Seiten 104–109, 2016.

[132] Johannes Meyer, Thomas Längle und Jürgen Beyerer. General Cramér-von Mises, a Helpful Ally for Transparent Object Inspection Using Deflection Maps? In *Scandinavian Conference on Image Analysis*, Seiten 526–537, 2017.

[133] Matthias Michelsburg, Robin Gruna, Kai-Uwe Vieth und Fernando Puente León. Spektrale Bandselektion für das Filterdesign optischer Inspektionssysteme. *tm – Technisches Messen*, 78(9):384–390, 2011.

[134] Marvin Minsky. Microscopy apparatus. Patent US 3013467, 1957.

[135] Mahsa Mohammadikaji. *Simulation-based Planning of Machine Vision Inspection Systems with an Application to Laser Triangulation*. Dissertation, Karlsruher Institut für Technologie, 2019.

[136] Mahsa Mohammadikaji, Stephan Bergmann, Stephan Irgenfried, Jürgen Beyerer, Carsten Dachsbacher und Heinz Wörn. Inspection Planning for Optimized Coverage of Geometrically Complex Surfaces. In *2018 Workshop on Metrology for Industry 4.0 and IoT*, Seiten 52–67, 2018.

[137] Robert Müller. *Handbuch der Modellstatik*. Springer, 1971.

[138] Christian Negara und Matthias Hartrumpf. Ellipsometrie an gekrümmten Oberflächen. In Fernando Puente León und Michael Heizmann (Hrsg.), *Forum Bildverarbeitung*, Seiten 227–238. KIT Scientific Publishing, 2014.

[139] Christian Negara, Thomas Längle und Jürgen Beyerer. Imaging ellipsometry for curved surfaces. *Journal of Vacuum Science & Technology B*, 38:014016, 2020.

[140] Christian E. Negara. *Abbildende Ellipsometrie mit Lichtwegumkehrung für die optische Charakterisierung von gekrümmten Oberflächen*. Dissertation, Karlsruher Institut für Technologie, 2023.

[141] Udo Netzelmann. Impuls- und Lock-In-Thermographie. In Norbert Bauer (Hrsg.), *Handbuch zur Industriellen Bildverarbeitung*, Seiten 373–377. Fraunhofer IRB Verlag, Stuttgart, 1. Auflage, 2007.

[142] Ulrich Neuschaefer-Rube. Optische Oberflächenmesstechnik für Topografie und Material. Habilitationsschrift, Universität Gesamthochschule Kassel, 2002.

[143] Don Newsome und Peter Modreski. The colors and spectral distributions of fluorescent minerals. *Journal of the Fluorescent Mineral Society*, 10:7–57, 1981.

[144] Ren Ng. Fourier slice photography. In *Proc. ACM SIGGRAPH*, Seiten 735–744, 2005.

[145] Ren Ng, Marc Levoy, Mathieu Brédif, Gene Duval, Mark Horowitz und Pat Hanrahan. Light Field Photography with a Hand-held Plenoptic Camera. Technical Report CTSR 2005-02, Stanford University, 2005.

[146] Reinhard Noll. Lasertriangulation. In Norbert Bauer (Hrsg.), *Handbuch zur Industriellen Bildverarbeitung*, Seiten 56–60. Fraunhofer IRB Verlag, Stuttgart, 1. Auflage, 2007.

[147] Gunther Notni. Verfahren zur optischen 3-D-Messtechnik. In Norbert Bauer (Hrsg.), *Handbuch zur Industriellen Bildverarbeitung*, Seiten 214–231. Fraunhofer IRB Verlag, Stuttgart, 1. Auflage, 2007.

[148] Dirk Nüßler, Christian Krebs, Stefan Schneider und Eva Schlauch. Material Analysis for the Millimeter Wave Frequencies. In *Proc. International Radar Symposium (IRS)*, 2007.

[149] H. M. O'Bryan. The Optical Constants of Several Metals in Vacuum. *Journal of the Optical Society of America*, 26(3):122–127, 1936.

[150] Wolfgang Osten. *Digitale Verarbeitung und Auswertung von Interferenzbildern*. Akademie-Verlag, 1991.

[151] Wolfgang Osten. Digital Image Processing for Optical Metrology. In William Sharpe (Hrsg.), *Springer handbook of experimental solid mechanics*, Seiten 481–564. Springer, 2008.

[152] Creidhe O'Sullivan und J. Anthony Murphy. *Field guide to terahertz sources, detectors, and optics*. SPIE Press, 2012.

[153] Peter Ott und Gao Jun. Optische Grenzen von Triangulationsmethoden auf technischen Oberflächen. In Norbert Bauer (Hrsg.), *Handbuch zur Industriellen Bildverarbeitung*, Seiten 281–287. Fraunhofer IRB Verlag, Stuttgart, 1. Auflage, 2007.

[154] Alexey Pak. Stability of absolute depth reconstruction from deflectometric measurement data. In *Optical Engineering and Applications, Proc. SPIE*, Bd. 9203, Seiten 92030E–1 - 92030E–7, 2014.

[155] Edward Palik (Hrsg.). *Handbook of Optical Constants of Solids*. Academic Press, 1998.

[156] Frank Pedrotti, Leno Pedrotti, Werner Bausch und Hartmut Schmidt. *Optik für Ingenieure*. Springer, 4. Auflage, 2008.

[157] Tilo Pfeifer und Robert Schmitt. *Fertigungsmesstechnik*. Oldenbourg, 3. Auflage, 2010.

[158] Daniel Post, Bongtae Han und Peter Ifju. Moiré Methods for Engineering and Science – Moiré Interferometry and Shadow Moiré. In Pramod Rastogi (Hrsg.), *Photomechanics*, Seiten 151–196. Springer, 2000.

[159] Fernando Puente León und Jürgen Beyerer. Datenfusion zur Gewinnung hochwertiger Bilder in der automatischen Sichtprüfung. *at – Automatisierungstechnik*, 45(10):480–489, 1997.

[160] Ehsan Kabiri Rahani, Tribikram Kundu, Ziran Wu und Hao Xin. Mechanical Damage Detection in Polymer Tiles by THz Radiation. *IEEE Sensors Journal*, 11(8):1720–1725, August 2011.

[161] raytrix GmbH. Raytrix light field cameras. `https://raytrix.de/products/`.

[162] Harald Rein und Pirmin Gerspacher. Interferometrische Meßtechnik und Streifenanalyse. In Bernd Breuckmann (Hrsg.), *Bildverarbeitung und optische Messtechnik in der industriellen Praxis*, Seiten 66–100. Franzis, München, 1993.

[163] Franz Reischer und Bernhard Zimmermann. Laser Scanning Mikroskopie – Schnell und berührungslos Oberflächen dreidimensional analysieren. In *Optische Messung technischer Oberflächen in der Praxis*, Seiten 131–139. VDI-Verlag, 2007.

[164] Justin Rennilson. Retroreflection. In Casimer DeCusatis (Hrsg.), *Handbook of applied photometry*, Seiten 289–325. Springer, 1998.

[165] Stefan Riehemann, Boris Pradarutti und Gunther Notni. Bildgebende Terahertz-Systeme zur Qualitätssicherung. In Norbert Bauer (Hrsg.), *Handbuch zur Industriellen Bildverarbeitung*, Seiten 420–425. Fraunhofer IRB Verlag, Stuttgart, 1. Auflage, 2007.

[166] Masoud Roschani. Optimizing Deflectometric Measurements for Visibility. Technical Report IES-2013-09. In Jürgen Beyerer und Alexey Pak (Hrsg.), *Proceedings of the 2013 Joint Workshop of Fraunhofer IOSB and Institute for Anthropomatics, Vision and Fusion Laboratory*, Seiten 101–111. KIT Scientific Publishing, 2014.

[167] Masoud Roschani. *Probabilistische Planungsverfahren für die deflektometrische Oberflächeninspektion*. Dissertation, Karlsruher Institut für Technologie, 2018.

[168] Masoud Roschani und Jürgen Beyerer. Planungsbasierte Oberflächeninspektion in der Deflektometrie mittels Greedy-Optimierung. *tm – Technisches Messen*, 80(6):189–195, 2013.

[169] Stefan Roth und Michael J. Black. Specular Flow and the Recovery of Surface Structure. In *Proceedings of the 2006 IEEE Conference on Computer Vision and Pattern Recognition (CVPR)*, Seiten 1869–1876, 2006.

[170] Joaquim Salvi, Jordi Pagès und Joan Batlle. Pattern codification strategies in structured light systems. *Pattern Recognition*, 37:827–849, 2004.

[171] Zoltán Sárosi, Wolfgang Knapp, Andreas Kunz und Konrad Wegener. Detection of surface defects on sheet metal parts by using one-shot deflectometry in the infrared range. In *InfraMation 2010 Proceedings*, 2010.

[172] Indu Saxena. Ellipsometry. In Pramod Rastogi (Hrsg.), *Optical Measurement Techniques and Applications*, Seiten 406–409. Artech House, 1997.

[173] Daniel Scharstein und Richard Szeliski. A Taxonomy and Evaluation of Dense Two-Frame Stereo Correspondence Algorithms. *International Journal of Computer Vision*, 47(1-3):7–42, 2002.

[174] Torsten Scheuermann. *Berührungslose Gestaltvermessung von Mikrostrukturen durch Fokussuche*. Dissertation, Universität Stuttgart, 1997.

[175] Anton Schick. Konfokale 3-D-Bildaufnahme zur Oberflächenanalyse. In Norbert Bauer (Hrsg.), *Handbuch zur Industriellen Bildverarbeitung*, Seiten 188–192. Fraunhofer IRB Verlag, Stuttgart, 1. Auflage, 2007.

[176] Joseph M. Schmitt. Optical Coherence Tomography (OCT): A Review. *IEEE Journal of Selected Topics in Quantum Electronics*, 5(4):1205–1215, 1999.

[177] Michael Schöberl, Koray Kasnakli und Arne Nowak. Measuring Strand Orientation in Carbon Fiber Reinforced Plastics (CFRP) with Polarization. In *19th World Conference on Non-Destructive Testing*, 2016.

[178] Gottfried Schröder und Hanskarl Treiber. *Technische Optik*. Vogel, Würzburg, 9. Auflage, 2002.

[179] Dietrich Schupp. *Optische Tensortomographie zur Untersuchung räumlicher Spannungsverteilungen*. Dissertation, Universität Karlsruhe (TH), 2000.

[180] Alexander Schwarz. *Multitomographische Temperaturmessung in Flammen mit einem Schlierenmeßaufbau*. Dissertation, Universität Karlsruhe (TH), 1995.

[181] Steven Seitz, Brian Curless, James Diebel, Daniel Scharstein und Richard Szeliski. A Comparison and Evaluation of Multi-View Stereo Reconstruction Algorithms. In *Proc. IEEE Conference on Computer Vision and Pattern Recognition (CVPR)*, 2006.

[182] C.J.R. Sheppard. Fundamental reduction of the observation volume in far-field light microscopy by detection orthogonal to the illumination axis: confocal theta microscopy (Comment). *Optics communications*, 119(5):693–695, 1995.

[183] Pavel Shumyatsky und Robert Alfano. Terahertz sources. *Journal of Biomedical Optics*, 16(3), März 2011.

[184] Sick AG. LMS Fast Laser Measurement Systems. Product Information, 2007.

[185] Ingve Simonsen. Optics of surface disordered systems: A random walk through rough surface scattering phenomena. *European Physics Journal Special Topics*, 181:1–103, 2010.

[186] Petr Slavík. A tight analysis of the greedy algorithm for set cover. In *Proceedings of the 28th annual ACM symposium on Theory of Computing (STOC)*, Seiten 435–441, 1996.

[187] Sony Semiconductor Solutions Corporation. Polarization Image Sensor. `https://www.sony-semicon.com/files/62/flyer_industry/IMX250_264_253MZR_MYR_Flyer_en.pdf`, 2021.

[188] Klaus Spinnler. Inspektion von Bohrungen und Rohren mit Panorama-Endoskopie. In Norbert Bauer (Hrsg.), *Handbuch zur Industriellen Bildverarbeitung*, Seiten 124–131. Fraunhofer IRB Verlag, Stuttgart, 1. Auflage, 2007.

[189] Dennis Sprenger, Christian Faber, Markus C. Seraphim und Gerd Häusler. UV-Deflectometry: No parasitic reflections. In *DGaO Proceedings*, 2010.

[190] Wolfgang Steinchen und Lianxiang Yang. *Digital shearography: theory and application of digital Speckle pattern shearing interferometry*. SPIE Press, 2003.

[191] Ernst H.K. Stelzer und Steffen Lindek. Fundamental reduction of the observation volume in far-field light microscopy by detection orthogonal to the illumination axis: confocal theta microscopy. *Optics Communications*, 111(5):536–547, 1994.

[192] David Stifter. Beyond biomedicine: a review of alternative applications and developments for optical coherence tomography. *Applied Physics B*, 88(3):337–357, August 2007.

[193] John C. Stover. *Optical scattering: measurement and analysis*. SPIE Optical Engineering Press, 2. Auflage, 1995.

[194] Tianquan Su, Won Hyun Park, Robert E. Parks, Peng Su und James H. Burge. Scanning Long-wave Optical Test System: a new ground optical surface slope test system. In *Optical Manufacturing and Testing IX, Proc. SPIE*, Bd. 8126, 2011.

[195] Yves Surrel. Design of algorithms for phase measurements by the use of phase stepping. *Applied Optics*, 35(1):51–60, Januar 1996.

[196] Yves Surrel. Fringe Analysis. In Pramod Rastogi (Hrsg.), *Photomechanics*, Seiten 55–102. Springer, 2000.

[197] Ernst Sutter. *Schutz vor optischer Strahlung: Laserstrahlung, inkohärente Strahlung, Sonnenstrahlung; Normenreihe DIN EN 60825 (VDE 0837)*, Bd. 104 der Reihe *VDE-Schriftenreihe Normen verständlich*. VDE-Verlag, 3. Auflage, 2008.

[198] Miro Taphanel. Device for Optically Determining the Surface Geometry of a Three-dimensional Sample. Patent WO 2013/064395 A1, 2013.

[199] Miro Taphanel und Jürgen Beyerer. Fast 3D in-line sensor for specular and diffuse surfaces combining the chromatic confocal and triangulation principle. In *2012 IEEE International Instrumentation and Measurement Technology Conference Proceedings (I2MTC 2012)*, Seiten 1072 –1077, Graz, Austria, Mai 2012.

[200] Miro Taphanel, Bastiaan Hovestreydt und Jürgen Beyerer. Speed-up Chromatic Sensors by Optimized Optical Filters. In *Optical Measurement Systems for Industrial Inspection VIII, Proc. SPIE*, Bd. 8788, Seiten 87880S–1 – 87880S–10, 2013.

[201] Michael Theuer, Garik Torosyan, Frank Ellrich, Joachim Jonuscheit und René Beigang. Terahertz-Bildgebung in industriellen Anwendungen. *tm – Technisches Messen*, 75(1):64–70, 2008.

[202] Jürgen Thiel und Bernhard Brand. Laserscanner. In Tilo Pfeifer (Hrsg.), *Optoelektronische Verfahren zur Messung geometrischer Größen in der Fertigung*, Seiten 85–95. expert-Verlag, 1993.

[203] Hans Tiziani, Michael Wegner und Daniela Steudle. Confocal principle for macro- and microscopic surface and defect analysis. *Optical Engineering*, 39(1):32–39, 2000.

[204] Harland G. Tompkins und Eugene A. Irene (Hrsg.). *Handbook of ellipsometry*. Andrew, Norwich, NY, 2005.

[205] Harland G. Tompkins und William A. McGahan. *Spectroscopic ellipsometry and reflectometry: a user's guide*. Wiley, New York, 1999.

[206] Horea Toniuc und Fabrice Pierron. Infrared deflectometry for slope deformation measurements. *Experimental Mechanics*, 59(2):1187–1202, 2019.

[207] Ansgar Trächtler. *Tomographische Methoden in der Meßtechnik*, Bd. 897 der Reihe *Fortschritt-Berichte VDI, Reihe 8*. VDI-Verlag, Düsseldorf, 2001.

[208] Johannes Trautner, Karl Walcher, Gerd Leuchs, Bernd Bodermann und Harald Telle. Mehrwellenlängen-Interferometrie zur absoluten Abstandsmessung und 3D-Bildgebung. *tm – Technisches Messen*, 67(10):406–409, 2000.

[209] Emanuele Trucco und Alessandro Verri. *Introductory Techniques for 3-D Computer Vision*. Prentice Hall, Upper Saddle River, NJ, 1998.

[210] Jürgen Valentin und Mark Weber. Konfokale Mikroskopie zur Rauheits- und Schichtdickenmessung. In *Optische Messung technischer Oberflächen in der Praxis*, Seiten 113–122. VDI-Verlag, 2007.

[211] Matthias Vaupel. Abbildende Ellipsometrie und ihre Anwendungen. In *Optische Messung technischer Oberflächen in der Praxis*, Seiten 141–150. VDI-Verlag, 2007.

[212] D. Wang, Y. Chen, Y. Wang und J.T.C. Liu. Comparison of line-scanned and point-scanned dual-axis confocal microscope performance. *Optics letters*, 38(24):5280–5283, 2013.

[213] Stefan B. Werling. *Deflektometrie zur automatischen Sichtprüfung und Rekonstruktion spiegelnder Oberflächen*. KIT Scientific Publishing, Karlsruhe, 2011.

[214] Gordon Wetzstein und Oliver Bimber. Radiometric compensation through inverse light transport. In *Proc. 15th Pacific Conference on Computer Graphics and Applications*, Seiten 391–399, 2007.

[215] Rebecca Willett, Roummel Marcia und Jonathan Nichols. Compressed sensing for practical optical imaging systems: a tutorial. *Optical Engineering*, 50(7), Juli 2011.

[216] Horst Winterberg. Holografie und Speckle-Meßtechnik. In Bernd Breuckmann (Hrsg.), *Bildverarbeitung und optische Messtechnik in der industriellen Praxis*, Seiten 101–123. Franzis, München, 1993.

[217] Helmut Wolf. *Spannungsoptik*. Springer, 2. Auflage, 1976.

[218] Günter Wyszecki und Walter S. Stiles. *Color Science: Concepts and Methods, Quantitative Data and Formulae*. Wiley, New York, 2. Auflage, 2000.

[219] Mathias Ziebarth. *Wahrnehmungsgrenzen kleiner Verformungen auf spiegelnden Oberflächen*. Dissertation, Karlsruher Institut für Technologie, 2018.

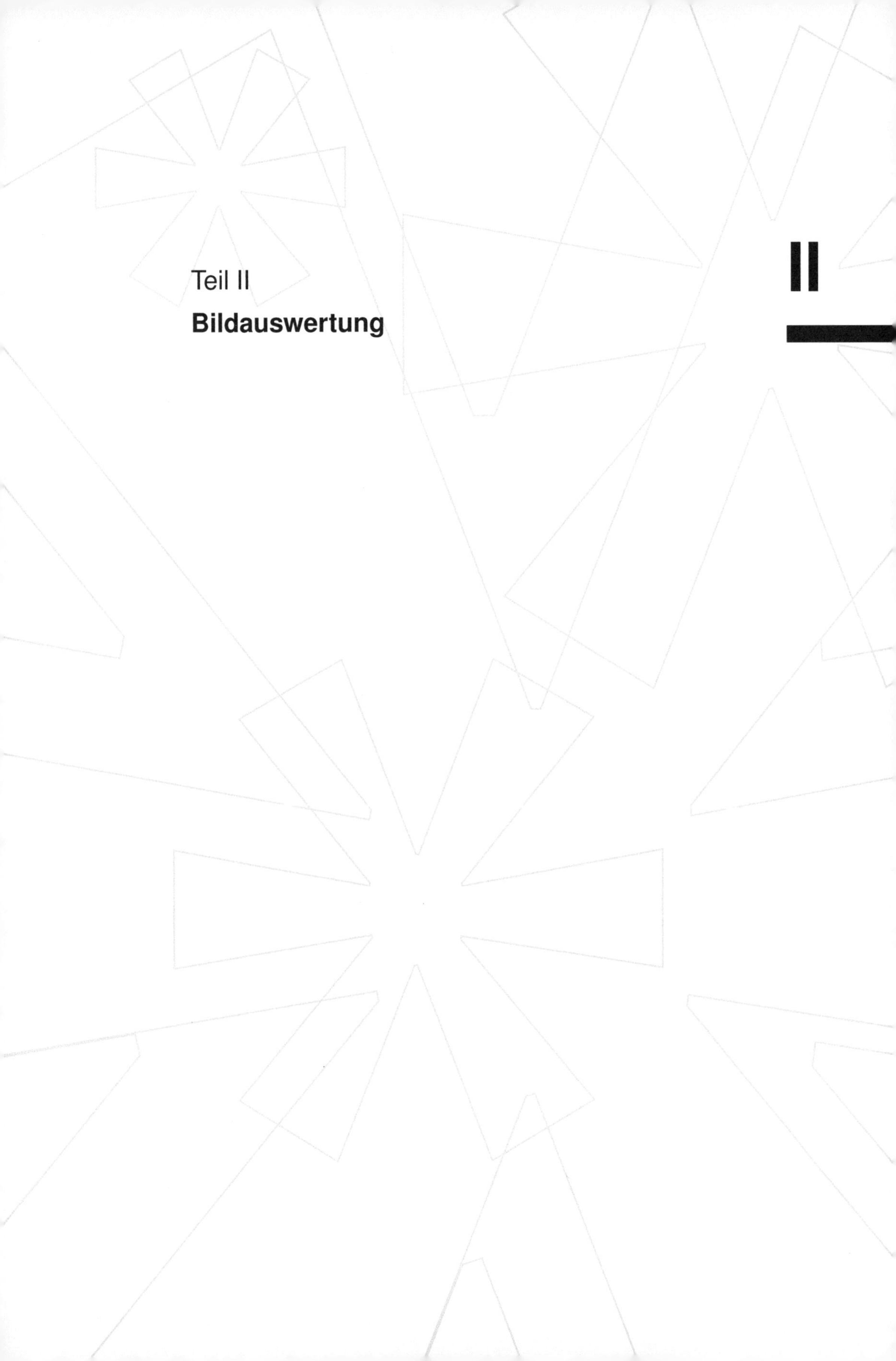

Teil II

Bildauswertung

II

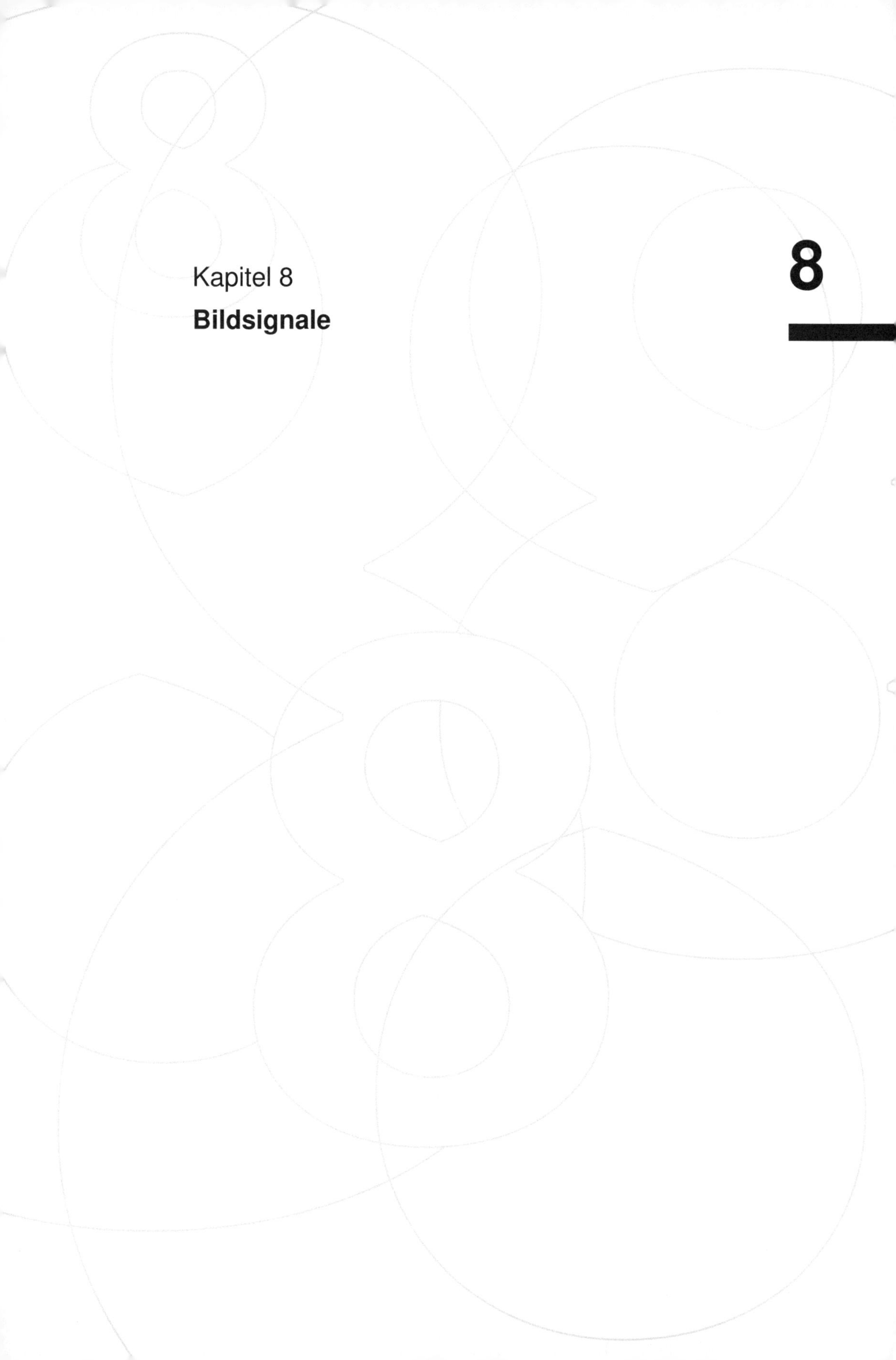

Kapitel 8
Bildsignale

8

8

8 Bildsignale

8 Bildsignale

8.1 Mathematische Beschreibung von Bildsignalen

Das mit den in Kap. 7 beschriebenen Verfahren gewonnene Bildsignal $\mathbf{g}(\mathbf{x})$ ist eine Funktion $\mathbf{g} : \mathbb{R}^2 \to \mathbb{R}^Q$, welche die gesamte Bildebene auf i. Allg. vektorielle Werte abbildet, wobei Q die Anzahl der Kanäle bezeichnet (vgl. Abschn. 1.3). Zunächst sollen sowohl der Definitionsbereich als auch der Wertebereich als kontinuierlich betrachtet werden. Folglich bezeichnet man $\mathbf{g}(\mathbf{x})$ als *kontinuierliches* oder *analoges Bildsignal*.

Um derartige Signale speichern und mit einem Computer verarbeiten zu können, ist eine Überführung in eine rechnergerechte Repräsentation erforderlich. Dieser als **Digitalisierung** bezeichnete Übergang muss eine Diskretisierung der Werte $\mathbf{g}$ und der Orte $\mathbf{x}$, eine Beschränkung des Ortsbereichs auf einen endlichen Ausschnitt sowie eine Beschränkung auf einen endlichen Wertebereich umfassen. Das resultierende digitale Signal wird als $\mathbf{g}_{mn}$ bezeichnet. Abbildung 8.1 veranschaulicht den Effekt der Orts- und Wertdiskretisierung am Beispiel eines eindimensionalen, skalaren Bildsignals $g(x) : \mathbb{R} \to \mathbb{R}$.

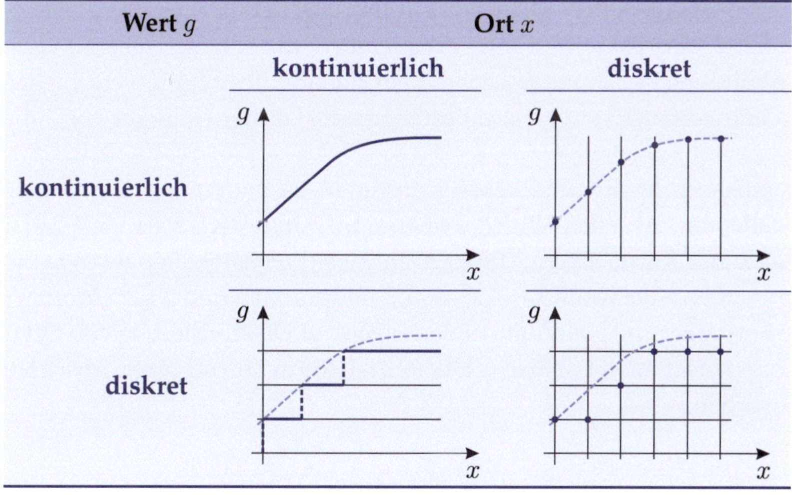

Abbildung 8.1. Orts- und Wertdiskretisierung.

Die *Digitalisierung* ist allgemein mit einem enormen Informationsverlust verbunden, da unendlich viele verschiedene vektorwertige Funktionen $\mathbf{g}(\mathbf{x})$ auf ein und dieselbe Matrix $\mathbf{g}_{mn}$ abgebildet werden; es handelt sich offensichtlich um eine nicht umkehrbare Abbildung. Einerseits ist eine möglichst grobe Diskretisierung

J. Beyerer et al., *Automatische Sichtprüfung*,
https://doi.org/10.1007/978-3-662-69951-5_8

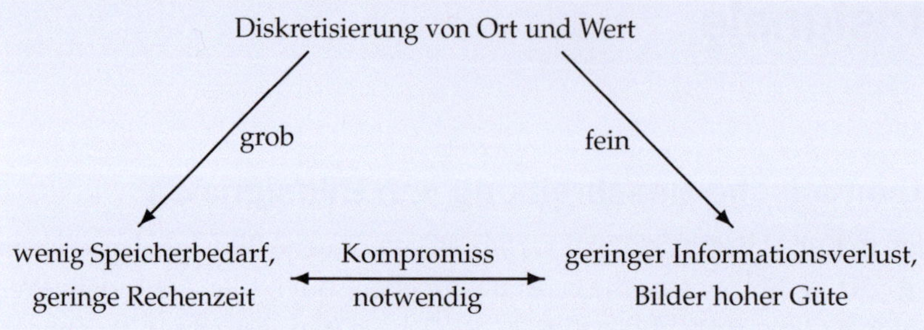

Abbildung 8.2. Folgen der Orts- und Wertdiskretisierung.

von Ort und Wert vorteilhaft, um den Bedarf an Speicher und Rechenzeit gering zu halten. Andererseits bringt eine feinere Diskretisierung einen geringeren Informationsverlust und damit Bilder höherer Güte mit sich; siehe Abb. 8.2. Daher stellt sich in der Praxis oftmals die Frage, wie grob man Ort und Wert diskretisieren darf, damit die zur Lösung der Problemstellung erforderliche Information noch im Bild enthalten ist und somit keine wesentlichen Signalinhalte verloren gehen.

Auf diese Frage kann zunächst eine qualitative, subjektive Antwort gegeben werden: Um einen zufriedenstellenden visuellen Eindruck zu erzielen, erfordern detailreiche Bilder eine feine Ortsdiskretisierung. Bei detailarmen Bildern ist hingegen eine feine Wertdiskretisierung vorzunehmen, um Scheinkanten zu vermeiden. Die Abbildungen 8.3 und 8.4 zeigen ein skalares Testbild in verschiedenen Orts- und Grauwertauflösungen und bestätigen die Gültigkeit dieser vorläufigen Antwort.

Als Faustregel sollte die Bilddiskretisierung, insbesondere wenn es auf einen zufriedenstellenden visuellen Eindruck ankommt, mindestens 256×256 Pixel und $64 = 2^6$ Werte pro Kanal liefern. Typisch für zweidimensional erfassende Sichtprüfsysteme sind Kameras mit ca. 512^2–4096^2 Bildpunkten und 2^8–2^{16} Werten pro Kanal. Die Formulierung quantitativer Aussagen zur Diskretisierung von Ort und Wert erfordert jedoch mathematische Hilfsmittel, die in den nächsten Abschnitten behandelt werden.

8.2 Systeme und Signale

Unter einem **System** versteht man allgemein eine Menge zusammenhängender Komponenten, die der Erfüllung eines bestimmten Zweckes dienen. In der Informationstechnik ist dieser Zweck meist die Umformung bestimmter Eingangsgrößen zu einem Satz von Ausgangsgrößen. Im Folgenden wird daher ein System einfach als eine Vorschrift zur Transformation eines Eingangssignals $g(\mathbf{x})$ in ein

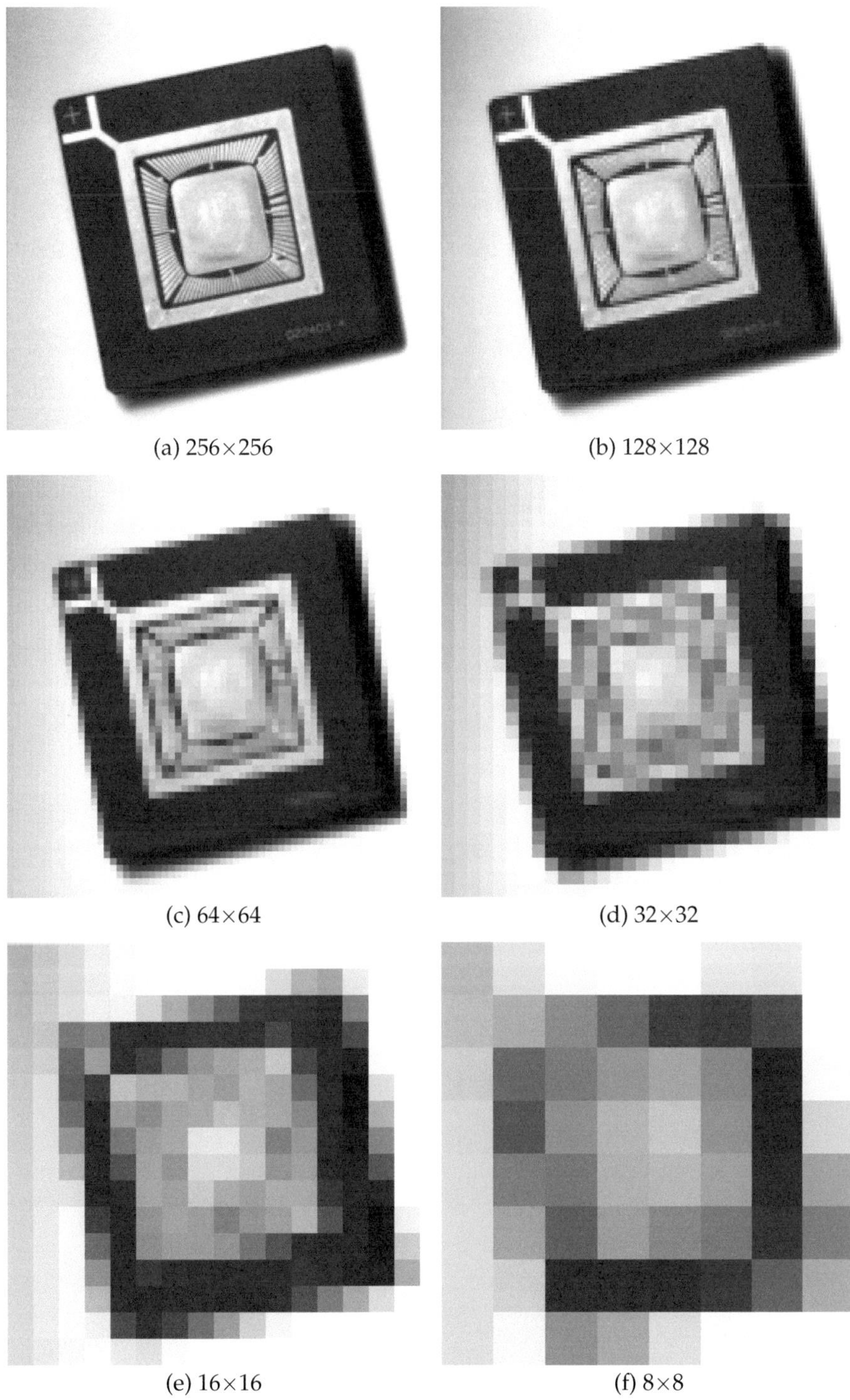

(a) 256×256 (b) 128×128

(c) 64×64 (d) 32×32

(e) 16×16 (f) 8×8

Abbildung 8.3. Ortsdiskretisierung: Testbild in verschiedenen Ortsauflösungen.

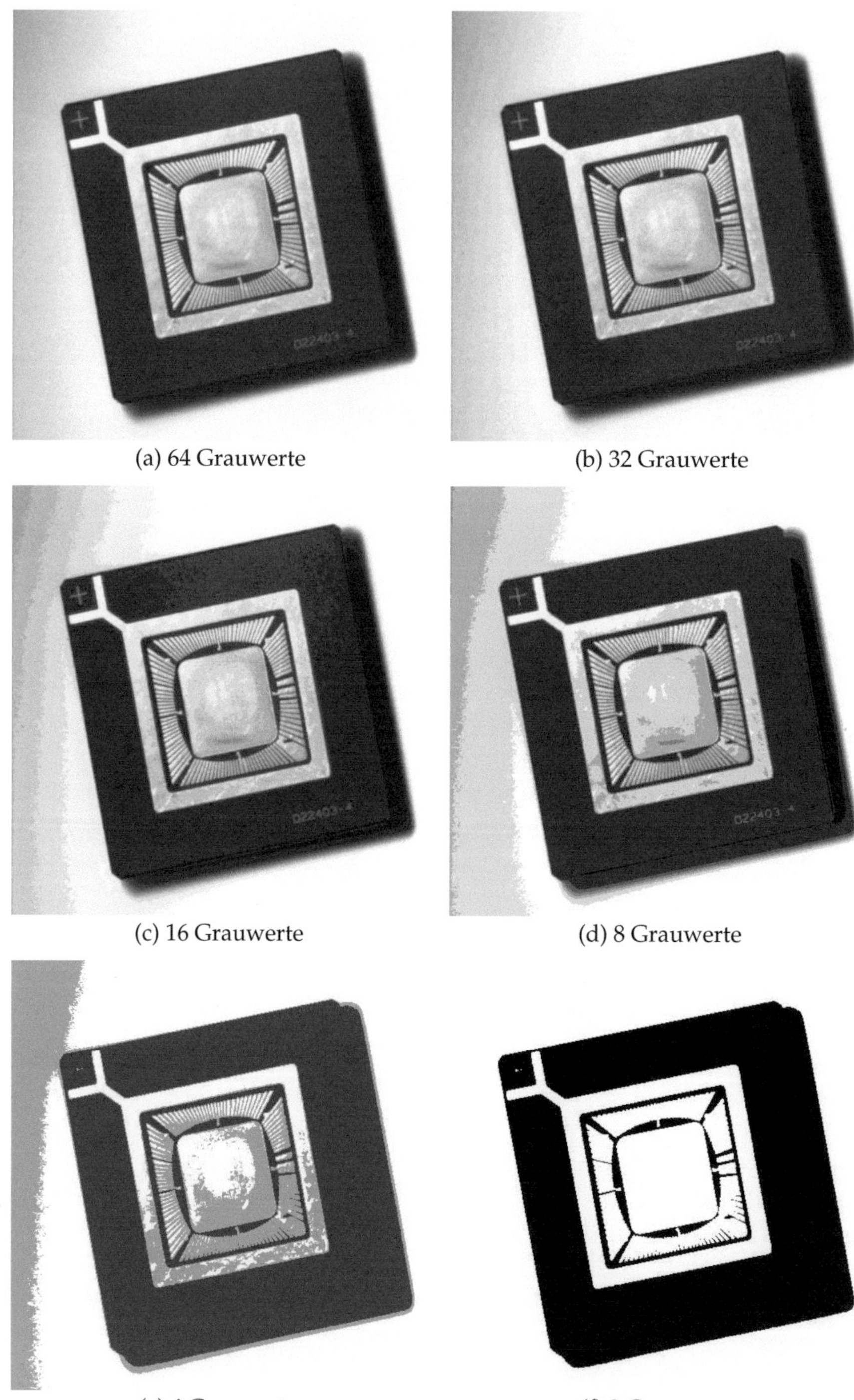

(a) 64 Grauwerte (b) 32 Grauwerte

(c) 16 Grauwerte (d) 8 Grauwerte

(e) 4 Grauwerte (f) 2 Grauwerte

Abbildung 8.4. Wertdiskretisierung: Testbild in verschiedenen Grauwertauflösungen.

Ausgangssignal $\mathbf{k}(\mathbf{x})$ aufgefasst. Mathematisch wird diese Vorschrift mittels des Operators $\mathcal{S}\{\cdot\}$ beschrieben:

$$\mathbf{k}(\mathbf{x}) = \mathcal{S}\{\mathbf{g}(\mathbf{x})\}\,. \tag{8.1}$$

Ein solches System lässt sich gemäß Abb. 8.5 darstellen. Dabei deuten die Pfeile an, dass die Übertragung der Signale gerichtet erfolgt, d. h. die Ausgangsgrößen des Systems beeinflussen seine Eingangsgrößen nicht. Das System ist somit rückwirkungsfrei.

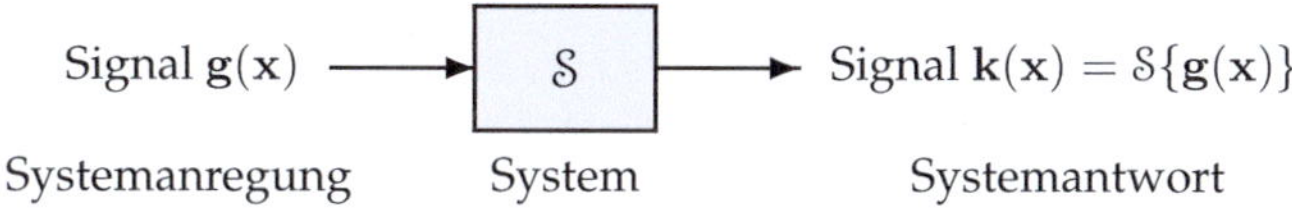

Abbildung 8.5. Übertragung eines Signals durch ein System.

Bevor wichtige mathematische Hilfsmittel zur Darstellung und Analyse von Systemen behandelt werden, sollen im nächsten Unterabschnitt Kriterien zu ihrer Klassifikation vorgestellt werden. Dabei soll der Einfachheit halber von skalaren Bildsignalen ausgegangen werden.

8.2.1 Systemeigenschaften

Im Rahmen dieses Buches werden Systeme, sofern nichts anderes angegeben wird, als *deterministisch* betrachtet, d. h. einem Eingangssignal ist in eindeutiger Weise ein Ausgangssignal zugeordnet.

Definition 8.1: Linearität

Ein System $\mathcal{S}$ heißt linear, wenn für beliebige Signale $g(\mathbf{x})$ und $h(\mathbf{x})$ und beliebige Konstanten a und b die folgende Gleichung gilt:

$$\mathcal{S}\{a\,g(\mathbf{x}) + b\,h(\mathbf{x})\} = a\,\mathcal{S}\{g(\mathbf{x})\} + b\,\mathcal{S}\{h(\mathbf{x})\}\,. \tag{8.2}$$

Besteht demnach ein Eingangssignal aus der gewichteten Überlagerung mehrerer Signale, so bewirkt ein lineares System ein Ausgangssignal, welches der gewichteten Summe der jeweiligen Ausgangssignale entspricht (Superpositionsprinzip). ◇

Definition 8.2: Verschiebungsinvarianz

Ein System $\mathcal{S}$ heißt verschiebungsinvariant, wenn gilt:

$$\mathcal{S}\{g(\mathbf{x}-\mathbf{x}_0)\} = k(\mathbf{x}-\mathbf{x}_0) \qquad \text{mit} \qquad k(\mathbf{x}) = \mathcal{S}\{g(\mathbf{x})\}\,. \tag{8.3}$$

Wird somit ein Eingangssignal an einem bestimmten Ort oder verschoben um den Vektor $\mathbf{x}_0$ in das System eingespeist, so werden die entsprechenden Ausgangssignale bis auf die Verschiebung $\mathbf{x}_0$ identisch sein. Das Systemverhalten ist somit unabhängig des Ortes $\mathbf{x}$. ◇

Lineare, verschiebungsinvariante Methoden lassen eine einfache mathematische Behandlung zahlreicher wichtiger Systeme zu, weshalb sie in der Praxis eine große Bedeutung haben.

Definition 8.3: Gedächtnisfreiheit

Ein System $\mathcal{S}$ heißt gedächtnisfrei, wenn

$$\mathcal{S}\{g(\mathbf{x})\} = \nu(g(\mathbf{x})) \qquad \text{mit} \qquad \nu : \mathbb{R} \to \mathbb{R} \tag{8.4}$$

gilt, d. h. wenn das Ausgangssignal $\mathcal{S}\{g(\mathbf{x})\}$ nur vom Wert des Eingangssignals $g(\mathbf{x})$ an der Stelle $\mathbf{x}$ abhängt. ◇

Beispiel 8.1 (Gleitende Mittelung): Als erstes Beispiel eines Systems sei die gleitende Mittelung betrachtet:

$$\mathcal{S}\{g(\mathbf{x})\} := \frac{1}{T^2} \int\limits_{x-\frac{T}{2}}^{x+\frac{T}{2}} \int\limits_{y-\frac{T}{2}}^{y+\frac{T}{2}} g(\boldsymbol{\alpha})\, \mathrm{d}\boldsymbol{\alpha} = k(\mathbf{x})\,. \tag{8.5}$$

Das System ist linear, verschiebungsinvariant und gedächtnisbehaftet. ■

Beispiel 8.2 (Potenzierer): Als Nächstes sei der Potenzierer betrachtet:

$$\mathcal{S}\{g(\mathbf{x})\} := g^p(\mathbf{x}) = k(\mathbf{x})\,. \tag{8.6}$$

Das System ist nichtlinear, verschiebungsinvariant und gedächtnisfrei. ■

Beispiel 8.3 (Idealer Modulator): Schließlich sei der ideale Modulator untersucht:

$$\mathcal{S}\{g(\mathbf{x})\} := m(\mathbf{x}) \cdot g(\mathbf{x})\,. \tag{8.7}$$

Das System ist linear und gedächtnisfrei. Da

$$\mathcal{S}\{g(\mathbf{x}-\mathbf{x}_0)\} = m(\mathbf{x}) \cdot g(\mathbf{x}-\mathbf{x}_0) \neq m(\mathbf{x}-\mathbf{x}_0) \cdot g(\mathbf{x}-\mathbf{x}_0) = k(\mathbf{x}-\mathbf{x}_0) \tag{8.8}$$

gilt, ist das System verschiebungsvariant. ■

8.2.2 Dirac-Impuls

8.2.2.1 Definition des Dirac-Impulses

Anders als Funktionen werden Distributionen nicht durch ihren exakten Verlauf, etwa in Abhängigkeit des Ortes x oder der Zeit t, sondern durch ihre Eigenschaft definiert [27]. Insbesondere aufgrund seiner Eigenschaft, Werte einer bestimmten Funktion $g(x)$ entnehmen zu können, kommt dem sogenannten **Dirac-Impuls** $\delta(x)$ (auch δ-Distribution oder „δ-Funktion" genannt) in der Signalanalyse eine besondere Bedeutung zu.

Definition 8.4: Dirac-Impuls

Der Dirac-Impuls ist folgendermaßen definiert:

$$g(x_0) = \int_{-\infty}^{\infty} \delta(x - x_0)\, g(x)\, \mathrm{d}x \qquad \text{mit } g(x) \text{ stetig in } x_0\,. \tag{8.9}$$

Er bewirkt gemeinsam mit dem Integral die Entnahme des Funktionswertes von $g(x)$ an der Stelle x_0. ◇

Offensichtlich handelt es sich bei der „δ-Funktion" nicht um eine Funktion im üblichen Sinne, sondern vielmehr um eine Distribution, denn $\delta(x)$ wird durch ihre Wirkung auf Funktionen $g(x)$ nach Multiplikation und Integration definiert und nicht durch ihren exakten Verlauf.

Da für $x \neq x_0$ beliebige Verläufe von $g(x)$ zulässig sind, muss für diese Werte $\delta(x) = 0$ gelten. Setzt man ferner $g(x) \equiv 1$ in (8.9) ein, so erhält man unmittelbar

$$\int_{-\infty}^{\infty} \delta(x)\, \mathrm{d}x = 1\,. \tag{8.10}$$

Man kann sich daher den Dirac-Impuls als eine sehr schmale, impulsförmige Funktion mit dem Integral eins vorstellen, die in ihrem Verlauf anhand einer geeigneten Funktion angenähert werden kann. Wählt man hierfür z. B. eine rechteckförmige Impulsform, so folgt für die Approximation:

$$\delta_\varepsilon(x) := \frac{1}{\varepsilon}\,\mathrm{rect}\!\left(\frac{x}{\varepsilon}\right), \tag{8.11}$$

wobei die **Rechteckfunktion** durch

$$\mathrm{rect}(x) := \begin{cases} 1 & \text{für } |x| < \frac{1}{2} \\ 0 & \text{sonst} \end{cases} \tag{8.12}$$

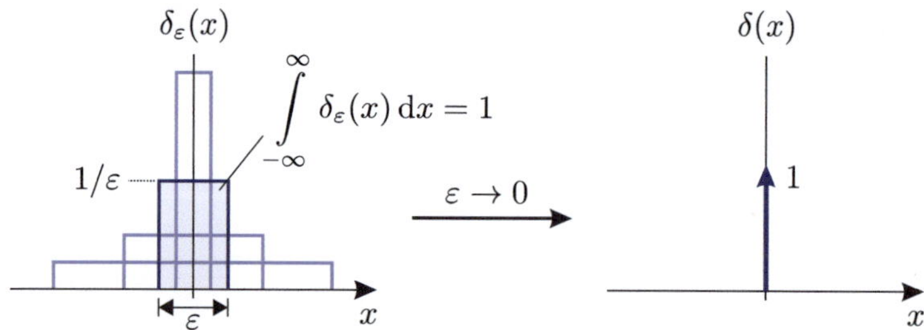

Abbildung 8.6. Approximation des Dirac-Impulses mittels der Rechteckfunktion. Der Dirac-Impuls wird durch einen Pfeil dargestellt, dessen Länge sein Gewicht (Integral) beschreibt.

definiert ist und wie folgt auf eine Impulsbreite von ε skaliert werden kann (siehe Abb. 8.6):

$$\operatorname{rect}\left(\frac{x}{\varepsilon}\right) = \begin{cases} 1 & \text{für } |x| < \frac{\varepsilon}{2} \\ 0 & \text{sonst} \end{cases}, \quad \varepsilon > 0\,. \tag{8.13}$$

Bildet man den Grenzübergang $\varepsilon \to 0$, so weist die Approximation $\delta_\varepsilon(x)$ die gleichen Eigenschaften wie der Dirac-Impuls auf:

$$\lim_{\varepsilon \to 0} \int_{-\infty}^{\infty} \delta_\varepsilon(x - x_0)\, g(x)\,\mathrm{d}x = g(x_0)\,, \qquad g(x) \text{ stetig in } x_0\,, \tag{8.14}$$

da aufgrund der Stetigkeit von $g(x)$ in einer hinreichend kleinen ε-Umgebung von x_0 die Näherung $g(x) \approx g(x_0)$ gilt; siehe Abb. 8.7. Damit geht die Approximation $\delta_\varepsilon(x)$ in die δ-Distribution über:

$$\delta_\varepsilon(x) \xrightarrow{\varepsilon \to 0} \delta(x)\,. \tag{8.15}$$

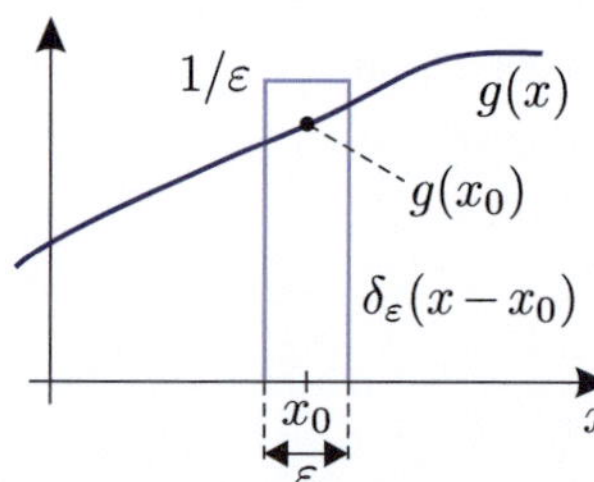

Abbildung 8.7. Übergang $\delta_\varepsilon(x) \to \delta(x)$.

8.2.2.2 Eigenschaften des Dirac-Impulses

Der Dirac-Impuls besitzt die folgenden Eigenschaften:

- **Geradheit**: Der Dirac-Impuls verhält sich wie eine gerade Funktion, d. h. $\delta(x)$ ist achsensymmetrisch zur Geraden $x = 0$:

$$\delta(x) = \delta(-x)\,. \tag{8.16}$$

- **Anschauliche Charakterisierung**: Nach (8.15) lässt sich der Dirac-Impuls anschaulich als eine unendlich schmale Rechteckfunktion unendlicher Höhe interpretieren:

$$\delta(x) \text{ „=“ } \begin{cases} 0 & \text{für } x \neq 0 \\ \infty & \text{für } x = 0 \end{cases}\,. \tag{8.17}$$

- **Einheitssprung als Integral**: Durch Integration des Dirac-Impulses erhält man den **Einheitssprung** (auch **Heaviside-Funktion** genannt):

$$H(x) = \int_{-\infty}^{x} \delta(\xi)\,\mathrm{d}\xi\,, \tag{8.18}$$

Tabelle 8.1. Rechengesetze für Dirac-Impulse.

Definition	$\int_{-\infty}^{\infty} \delta(x-x_0)\,u(x)\,\mathrm{d}x = u(x_0)$	mit $u(x)$ stetig bei $x = x_0$
Orthogonalität	$\int_{-\infty}^{\infty} \delta(x-x_1)\,\delta(x-x_2)\,\mathrm{d}x = \delta(x_1-x_2)$	
Ausblend-eigenschaft	$\delta(x-x_0)\,u(x) = \delta(x-x_0)\,u(x_0)$	
Koordinaten-transformation	$\delta(a(x)) = \sum_{i=1}^{N} \lvert a'(x_i)\rvert^{-1}\,\delta(x-x_i)$	mit $a(x_i) = 0$ (einfache Nullstellen)
Skalierung	$\delta(k\,x) = \lvert k\rvert^{-1}\,\delta(x)$ mit k reell $\neq 0$	
Faltung	$u(x) * \delta(x-x_0) = u(x-x_0)$	
n-dimensionaler Dirac-Impuls	$\delta(\mathbf{x}) = \delta(x_1, x_2, \ldots, x_n) = \delta(x_1)\,\delta(x_2)\ldots\delta(x_n)\,,\quad \mathbf{x} \in \mathbb{R}^n$	

der folgendermaßen definiert ist:

$$H(x) := \begin{cases} 0 & \text{für } x < 0 \\ \frac{1}{2} & \text{für } x = 0 \\ 1 & \text{für } x > 0 \end{cases} . \tag{8.19}$$

Der Dirac-Impuls $\delta(x)$ ist somit die Ableitung des Einheitssprunges $H(x)$ im Sinne der Distributionentheorie.

Tabelle 8.1 fasst die wichtigsten Rechengesetze für Dirac-Impulse zusammen. Um zu zeigen, wie man mit Dirac-Impulsen rechnet, wird hier beispielhaft der Beweis für die Skalierung (Ähnlichkeitstransformation) geführt.

Beweis 8.1 (Skalierung eines Dirac-Impulses): Für den Beweis des Skalierungsgesetzes aus Tab. 8.1 wird in (8.9) $x_0 = 0$ eingesetzt,

$$\int_{-\infty}^{\infty} g(x)\,\delta(x)\,\mathrm{d}x = g(0)\,, \tag{8.20}$$

und von der Approximation (8.15) Gebrauch gemacht:

$$\int_{-\infty}^{\infty} g(x)\,\delta(k\,x)\,\mathrm{d}x \overset{\substack{\text{Geradheit}\\ \downarrow}}{=} \int_{-\infty}^{\infty} g(x)\,\delta(|k|\,x)\,\mathrm{d}x \tag{8.21}$$

$$= \lim_{\varepsilon\to 0} \int_{-\infty}^{\infty} g(x)\,\frac{1}{\varepsilon}\,\mathrm{rect}\left(\frac{|k|\,x}{\varepsilon}\right)\mathrm{d}x \tag{8.22}$$

$$= \frac{1}{|k|}\,\lim_{\gamma\to 0} \int_{-\infty}^{\infty} g(x)\,\underbrace{\frac{1}{\gamma}\,\mathrm{rect}\left(\frac{x}{\gamma}\right)}_{\delta_\gamma(x)}\mathrm{d}x \qquad \text{mit} \qquad \gamma := \frac{\varepsilon}{|k|} \tag{8.23}$$

$$= \frac{1}{|k|}\,g(0)\,, \tag{8.24}$$

woraus sofort das Skalierungsgesetz

$$\delta(k\,x) = |k|^{-1}\,\delta(x) \tag{8.25}$$

folgt. ■

Für einen tieferen Einblick in die Distributionentheorie sei auf [27] verwiesen.

8.2.3 Der Faltungsoperator

Definition 8.5: Faltung

Die **Faltung** zweier Funktionen ist durch das folgende Integral definiert:

$$g(x) * h(x) := \int_{-\infty}^{\infty} g(\alpha)\, h(x-\alpha)\, \mathrm{d}\alpha = \int_{-\infty}^{\infty} g(x-\alpha)\, h(\alpha)\, \mathrm{d}\alpha\,. \tag{8.26}$$

In Abb. 8.8 wird diese Operation graphisch veranschaulicht. ◇

Die Faltung einer beliebigen Funktion $g(x)$ mit einem um x_0 verschobenen Dirac-Impuls $\delta(x - x_0)$ entspricht einer Verschiebung von $g(x)$ um x_0:

$$g(x) * \delta(x - x_0) = \int_{-\infty}^{\infty} g(\alpha)\, \delta(\underbrace{x - x_0 - \alpha}_{=0 \Leftrightarrow \alpha = x - x_0})\, \mathrm{d}\alpha = g(x - x_0)\,. \tag{8.27}$$

Insbesondere folgt aus (8.27) für $x_0 = 0$:

$$g(x) * \delta(x) = g(x)\,. \tag{8.28}$$

Der Dirac-Impuls $\delta(x)$ ist somit das Einselement der Faltung.

Im Folgenden wird ein allgemeines lineares, verschiebungsinvariantes System (**LSI-System**, engl. *linear shift-invariant system*) $\mathcal{S}\{\,\cdot\,\}$ betrachtet. Ein derartiges Sys-

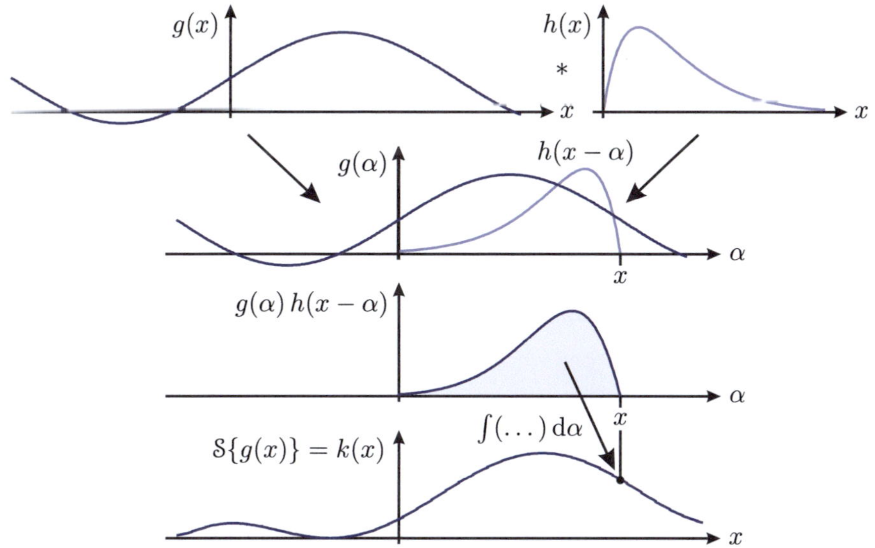

Abbildung 8.8. Graphische Veranschaulichung der Faltung.

tem wirkt auf Signale, die von x abhängen. Die Antwort des LSI-Systems $\mathcal{S}\{\,\cdot\,\}$ auf das Eingangssignal $g(x)$ lässt sich nach (8.28) mit Hilfe eines Faltungsintegrals darstellen:

$$\mathcal{S}\{g(x)\} = \mathcal{S}\{g(x) * \delta(x)\} = \mathcal{S}\left\{ \int_{-\infty}^{\infty} g(\alpha)\,\delta(x-\alpha)\,\mathrm{d}\alpha \right\} \tag{8.29}$$

Linearität (8.2)

$$\overset{\downarrow}{=} \int_{-\infty}^{\infty} g(\alpha)\,\underbrace{\mathcal{S}\{\delta(x-\alpha)\}}_{h(x-\alpha)}\,\mathrm{d}\alpha = g(x) * h(x)\,. \tag{8.30}$$

Die Antwort $h(x) = \mathcal{S}\{\delta(x)\}$ des LSI-Systems $\mathcal{S}\{\,\cdot\,\}$ auf den Delta-Impuls wird als **Impulsantwort** des Systems $\mathcal{S}\{\,\cdot\,\}$ bezeichnet. Die Antwort eines linearen, verschiebungsinvarianten Systems auf eine Anregung $g(x)$ ergibt sich somit als Faltung von $g(x)$ mit der Impulsantwort $h(x)$ des Systems. Durch die Impulsantwort $h(x)$ wird ein LSI-System vollständig charakterisiert [22].

Beispiel 8.4 (Impulsantwort der Differentiation): Die Differentiation stellt ein lineares, verschiebungsinvariantes System dar:

$$\mathcal{S}\{g(x)\} := \frac{\mathrm{d}}{\mathrm{d}x}\, g(x)\,. \tag{8.31}$$

Die Impulsantwort $h(x)$ der Differentiation kann über die Antwort von $\mathcal{S}$ auf den Delta-Impuls mittels seiner Approximation δ_ε aus Gleichung (8.11) folgendermaßen hergeleitet werden:

$$h(x) = \mathcal{S}\{\delta(x)\} = \frac{\mathrm{d}}{\mathrm{d}x}\,\delta(x) = \lim_{\varepsilon\to 0} \frac{\mathrm{d}}{\mathrm{d}x}\,\delta_\varepsilon(x) = \lim_{\varepsilon\to 0} \frac{\mathrm{d}}{\mathrm{d}x}\,\frac{1}{\varepsilon}\,\mathrm{rect}\Big(\frac{x}{\varepsilon}\Big) \tag{8.32}$$

$$= \lim_{\varepsilon\to 0} \frac{1}{\varepsilon}\Big(\delta\Big(x+\frac{\varepsilon}{2}\Big) - \delta\Big(x-\frac{\varepsilon}{2}\Big)\Big)\,, \tag{8.33}$$

wobei im letzten Schritt ausgenutzt wird, dass die Ableitung der Rechteckfunktion über ihren Zusammenhang zur Heaviside-Funktion hergeleitet werden kann (vgl. Abschn. 8.2.2.2). Die Faltung einer Funktion $g(x)$ mit $h(x)$ liefert also die erste Ableitung von $g(x)$:

$$g(x) * h(x) = g(x) * \lim_{\varepsilon \to 0} \frac{1}{\varepsilon} \left(\delta\left(x + \frac{\varepsilon}{2}\right) - \delta\left(x - \frac{\varepsilon}{2}\right) \right) \tag{8.34}$$

$$= \int_{-\infty}^{\infty} g(\alpha) \lim_{\varepsilon \to 0} \frac{1}{\varepsilon} \left(\delta\left(x - \alpha + \frac{\varepsilon}{2}\right) - \delta\left(x - \alpha - \frac{\varepsilon}{2}\right) \right) \mathrm{d}\alpha \tag{8.35}$$

$$= \lim_{\varepsilon \to 0} \frac{g(x + \frac{\varepsilon}{2}) - g(x - \frac{\varepsilon}{2})}{\varepsilon} = g'(x)\,.$$

■

Beispiel 8.5 (Impulsantwort der Integration): Wie die Differentiation stellt auch die Integration ein lineares, verschiebungsinvariantes System dar:

$$\mathcal{S}\{g(x)\} := \int_{-\infty}^{x} g(\alpha)\, \mathrm{d}\alpha\,. \tag{8.36}$$

In Abschn. 8.2.2.2 wurde gezeigt, dass die Heaviside-Funktion $H(x)$ aus Gleichung (8.18) aus der Integration des Dirac-Impulses hervorgeht und somit die Impulsantwort der Integration darstellt. Entsprechend kann das Integral aus Gleichung (8.36) einer Funktion $g(x)$ durch eine Faltung mit $H(x)$ ausgedrückt werden:

$$g(x) * H(x) = \int_{-\infty}^{\infty} g(\alpha) \underbrace{H(x - \alpha)}_{1 \text{ für } \alpha \leq x} \mathrm{d}\alpha = \int_{-\infty}^{x} g(\alpha)\, \mathrm{d}\alpha\,. \tag{8.37}$$

■

8.3 Die Fourier-Transformation

8.3.1 Eindimensionale Fourier-Transformation

8.3.1.1 Definition der Fourier-Transformation

Durch die Fourier-Transformation[1] wird eine eindimensionale, meist reellwertige Funktion $g(x)$ in eine komplexe Funktion $G(f)$ der Frequenz f überführt.[2]

[1]Benannt nach Jean Baptiste Joseph Fourier, 1768–1830, französischer Mathematiker und Physiker.

[2]Der Leser mag sich fragen, warum anstelle der Fourier-Transformation nicht die in der Systemtheorie ebenfalls etablierte Laplace-Transformation betrachtet wird. Bei der Laplace-Transformation eines zweidimensionalen Bildes wäre dabei jedoch ein vierdimensionaler Argumentraum zu untersuchen [22], was für ein zweidimensionales Signal einen

Definition 8.6: Fourier-Transformation
Die Fourier-Transformation bildet die Funktion $g(x)$ in eine komplexwertige Funktion $G(f) : \mathbb{R} \to \mathbb{C}$ gemäß der folgenden Integraltransformation ab:

$$G(f) := \int_{-\infty}^{\infty} g(x)\, \mathrm{e}^{-\mathrm{j}2\pi f x}\, \mathrm{d}x =: \mathcal{F}\{g(x)\}\,. \tag{8.38}$$

Die Vorschrift zur Rücktransformation[3] der komplexen Fourier-Transformierten $G(f)$ in die ursprüngliche Funktion $g(x)$ lautet [22]:

$$g(x) = \int_{-\infty}^{\infty} G(f)\, \mathrm{e}^{\mathrm{j}2\pi f x}\, \mathrm{d}f = \mathcal{F}^{-1}\{G(f)\}\,. \tag{8.39}$$

Die Fourier-Transformierte $G(f)$ wird als **Spektrum** des Signals $g(x)$ bezeichnet.

◇

Aufgrund der Bijektion gemäß (8.38) und (8.39) ist $G(f)$ somit nichts anderes als eine weitere Darstellungsform für $g(x)$. Zur Unterscheidung verwendet man für Ortssignale Kleinbuchstaben, für die transformierten komplexen Funktionen im Fourier-Bereich dagegen Großbuchstaben. Die Variable $f \in \mathbb{R}$ ist dabei die mit x korrespondierende Frequenz; für ihre Einheit gilt: $[f] = [x]^{-1}$. Um sprachlich von einer zeitbezogenen Frequenz zu unterscheiden, werden wir diese Frequenz „Ortsfrequenz“ nennen. Oft wird bei der Definition der Fourier-Transformation anstelle der herkömmlichen Frequenz f die Kreisfrequenz $\omega = 2\pi f$ verwendet.

Häufig wird das Korrespondenzzeichen („Hantelsymbol“) $\circ\!\!-\!\!\bullet$ benutzt. Die Schreibweise

$$g(x) \quad \circ\!\!-\!\!\bullet \quad G(f) \tag{8.40}$$

bedeutet, dass es sich bei den Funktionen $g(x)$ und $G(f)$ um ein Transformationspaar handelt.

---

unverhältnismäßig großen Aufwand darstellen würde. Darüber hinaus kommt die Fourier-Transformation gewissermaßen in der Natur vor und kann zur Erklärung wesentlicher Effekte physikalischer Systeme herangezogen werden (vgl. Abschn. 8.4).

[3]Streng genommen müsste für die Gültigkeit der Gleichungen (8.38) und (8.39) die Menge der Funktionen $g(x)$ eingeschränkt werden, da z. B. schon an Sprungstellen von $g(x)$ nach Hin- und anschließender Rücktransformation der Mittelwert zwischen links- und rechtsseitigem Grenzwert angenommen wird. Da solche Funktionen in der Praxis allerdings nur eine geringe Relevanz haben, soll im Folgenden die Menge der Funktionen entweder entsprechend eingeschränkt vorausgesetzt werden oder diese Funktionen ignoriert werden [13].

Wegen der Euler'schen Formel

$$\mathrm{e}^{\mathrm{j}2\pi fx} = \cos(2\pi fx) + \mathrm{j}\,\sin(2\pi fx) \tag{8.41}$$

ist das Fourier-Spektrum eines Signals i. Allg. komplex. Es lässt sich daher für jede Ortsfrequenz f nach Betrag und Phase oder nach Realteil und Imaginärteil angeben:

$$G(f) = |G(f)| \cdot \mathrm{e}^{\mathrm{j}\,\varphi(f)} = \Re\{G(f)\} + \mathrm{j}\,\Im\{G(f)\}\,. \tag{8.42}$$

Das **Betragsspektrum** $|G(f)|$ lässt sich aus $G(f)$ mit dem Satz des Pythagoras berechnen:

$$|G(f)| = \sqrt{\Re\{G(f)\}^2 + \Im\{G(f)\}^2}\,. \tag{8.43}$$

Es gibt an, welche Frequenz wie stark am Aufbau von $g(x)$ beteiligt ist.

Das **Phasenspektrum** $\varphi(f)$ entspricht dem Winkel bzw. dem Argument der komplexen Zahl $G(f)$:

$$\varphi(f) = \angle G(f) = \begin{cases} \arctan\left(\frac{\Im\{G(f)\}}{\Re\{G(f)\}}\right) & \text{für } \Re\{G(f)\} \geq 0 \\ \arctan\left(\frac{\Im\{G(f)\}}{\Re\{G(f)\}}\right) - \pi & \text{für } \Re\{G(f)\} < 0 \end{cases}. \tag{8.44}$$

Die inverse Fourier-Transformation (8.39) lässt eine anschauliche Interpretation des komplexen Fourier-Spektrums zu. Demnach wird das Signal $g(x)$ aus überabzählbar unendlich vielen komplexen harmonischen Schwingungen, die mit $G(f)$ gewichtet werden, additiv synthetisiert. Die Fourier-Transformation hingegen leistet die zugehörige Analyse. Sie zerlegt also eine Funktion $g(x)$ in ein Kontinuum harmonischer Funktionen verschiedener Ortsfrequenzen. Feine Details von $g(x)$ korrespondieren mit höherfrequenten Anteilen des Spektrums $G(f)$. Grobe Details, d. h. langsam mit x veränderliche Anteile von $g(x)$, werden dagegen durch niederfrequente Anteile von $G(f)$ beschrieben.

Die Fourier-Transformation ist eine globale Transformation. Für jede Frequenz f hängt $G(f)$ vom gesamten Verlauf von $g(x)$ ab.

Existenzbedingung des Fourier-Integrals: Da das Fourier-Integral (8.38) ein uneigentliches Integral ist, muss geprüft werden, für welche Funktionen $g(x)$ dieses Integral existiert [13]. Wegen

$$\left| \int_{-\infty}^{\infty} g(x)\, \mathrm{e}^{-\mathrm{j}2\pi ft}\, \mathrm{d}x \right| \leq \int_{-\infty}^{\infty} |g(x)|\, \mathrm{d}x \tag{8.45}$$

konvergiert das Fourier-Integral (8.38) immer, wenn $g(x)$ absolut integrierbar ist:[4]

$$\int_{-\infty}^{\infty} |g(x)| \,\mathrm{d}x < \infty \,. \tag{8.46}$$

Dies ist für reale, ortsbegrenzte Funktionen immer der Fall.

8.3.1.2 Eigenschaften der Fourier-Transformation

In der Signalverarbeitung stellt die Fourier-Transformation ein wichtiges „Denk- und Entwurfswerkzeug" dar, mit dem sich viele unterschiedliche Problemstellungen und Sachverhalte übersichtlich behandeln lassen. In der Praxis ist der Umgang mit den uneigentlichen Integralen (8.38) und (8.39) jedoch unpraktisch. Stattdessen greift man lieber auf Tabellen zurück, die häufig benötigte Rechenregeln und Korrespondenzen enthalten (vgl. Anhang B). Die wichtigsten Eigenschaften und Gesetze werden im vorliegenden Abschnitt hergeleitet.

Satz 8.1: Linearität

Die Fourier-Transformation (8.38) ist eine lineare Signaltransformation. Nach (8.2) gilt mit beliebigen Konstanten a und b:

$$\mathcal{F}\{a\, g(x) + b\, h(x)\} = a\, G(f) + b\, H(f) \,. \tag{8.47}$$

Die gleiche Eigenschaft besitzt die inverse Fourier-Transformation (8.39). ◇

Satz 8.2: Skalierungssatz (Ähnlichkeitssatz)

Durch Multiplikation der Variablen x mit einer Konstante $k \in \mathbb{R}\backslash\{0\}$ erfolgt eine **Ortsskalierung** des Signals $g(x)$ [17]. Für die Fourier-Transformierte des skalier-

---

[4] Diese Bedingung ist allerdings nicht notwendig, sondern nur hinreichend. Tatsächlich werden wir die Fourier-Transformation auch für Funktionen berechnen, die (8.46) nicht erfüllen, z. B. für die komplexe harmonische Schwingung $g(x) = \mathrm{e}^{\mathrm{j}2\pi f_0 x}$, deren Betrag konstant ist: $|\mathrm{e}^{\mathrm{j}2\pi f_0 x}| \equiv 1$; siehe (8.96). Die Existenz der Fourier-Transformierten $G(f)$ muss dann aber im Distributionensinne verstanden werden.

ten Signals $g(k\,x)$ erhält man:

$$\mathcal{F}\{g(k\,x)\} = \int_{-\infty}^{\infty} g(k\,x)\,\mathrm{e}^{-\mathrm{j}2\pi f x}\,\mathrm{d}x \qquad \left|\begin{array}{l}\tau = k\,x\\ \mathrm{d}\tau = k\,\mathrm{d}x\end{array}\right. \tag{8.48}$$

$$= \underbrace{\begin{cases} \dfrac{1}{k}\displaystyle\int_{\infty}^{-\infty} g(\tau)\,\mathrm{e}^{-\mathrm{j}2\pi\frac{f}{k}\tau}\,\mathrm{d}\tau & \text{für } k<0 \\ \dfrac{1}{k}\displaystyle\int_{-\infty}^{\infty} g(\tau)\,\mathrm{e}^{-\mathrm{j}2\pi\frac{f}{k}\tau}\,\mathrm{d}\tau & \text{für } k>0 \end{cases}}_{\text{Fourier-Transformierte von } g(x) \text{ an der Stelle } \frac{f}{k}} \tag{8.49}$$

$$= \frac{1}{|k|}\,G\!\left(\frac{f}{k}\right) \qquad \text{mit} \qquad g(x) \;\circ\!\!-\!\!\bullet\; G(f)\,. \tag{8.50}$$

Bezüglich der Koordinaten x und f im Orts- bzw. im Ortsfrequenzbereich verhalten sich die beiden Signaldarstellungen also reziprok. Eine Stauchung $g(k\,x)$ von $g(x)$ um den Faktor k ($|k|>1$) bewirkt eine Dehnung $G\big(\frac{f}{k}\big)$ des zugehörigen Spektrums $G(f)$ um den Faktor k in Abszissenrichtung sowie eine Skalierung mit $|k|^{-1}$ in Ordinatenrichtung. Eine Dehnung $g\big(\frac{x}{k}\big)$ von $g(x)$ um den Faktor k bewirkt eine Stauchung $G(k\,f)$ des zugehörigen Spektrums um den Faktor k in Abszissenrichtung sowie eine Skalierung mit $|k|$ in Ordinatenrichtung. ◇

Zur Herleitung des Faltungssatzes der Fourier-Transformation wird die Faltung der Signale $g(x)$ und $h(x)$ in den Ortsfrequenzbereich überführt:

$$\mathcal{F}\{g(x)*h(x)\} = \int_{-\infty}^{\infty}\int_{-\infty}^{\infty} g(\alpha)\,h(x-\alpha)\,\mathrm{d}\alpha\,\mathrm{e}^{-\mathrm{j}2\pi f x}\,\mathrm{d}x \tag{8.51}$$

$$= \int_{-\infty}^{\infty} g(\alpha)\int_{-\infty}^{\infty} h(x-\alpha)\,\mathrm{e}^{-\mathrm{j}2\pi f x}\,\mathrm{d}x\,\mathrm{d}\alpha\,. \tag{8.52}$$

Mit der Substitution $\beta := x-\alpha$ ergibt sich daraus:

$$\mathcal{F}\{g(x)*h(x)\} = \int_{-\infty}^{\infty} g(\alpha)\int_{-\infty}^{\infty} h(\beta)\,\mathrm{e}^{-\mathrm{j}2\pi f(\alpha+\beta)}\,\mathrm{d}\beta\,\mathrm{d}\alpha \tag{8.53}$$

$$= \underbrace{\int_{-\infty}^{\infty} g(\alpha)\,\mathrm{e}^{-\mathrm{j}2\pi f\alpha}\,\mathrm{d}\alpha}_{G(f)}\cdot\underbrace{\int_{-\infty}^{\infty} h(\beta)\,\mathrm{e}^{-\mathrm{j}2\pi f\beta}\,\mathrm{d}\beta}_{H(f)}\,. \tag{8.54}$$

Satz 8.3: Faltungssatz
Die Faltung zweier Funktionen $g(x)$ und $h(x)$ wird durch die Fourier-Transformation in eine Multiplikation ihrer Spektren überführt:

$$g(x) * h(x) \quad \circ\!\!-\!\!\bullet \quad G(f) \cdot H(f)\,. \tag{8.55}$$

Ebenso gilt [22]:

$$g(x) \cdot h(x) \quad \circ\!\!-\!\!\bullet \quad G(f) * H(f)\,. \tag{8.56}$$

Eine Multiplikation zweier Signale geht also in eine Faltung ihrer zugehörigen Fourier-Spektren über. ◇

Somit stellt die Fourier-Transformation einen Homomorphismus dar, mit dem die relativ komplizierte Operation der Faltung in die viel einfachere Operation der Multiplikation übersetzt wird. Die Faltung im Ortsbereich lässt sich damit durch

$$g(x) * h(x) = \mathcal{F}^{-1}\{\mathcal{F}\{g(x)\} \cdot \mathcal{F}\{h(x)\}\} \tag{8.57}$$

realisieren.

Satz 8.4: Differentiationssatz
Die Differentiation eines Signals $g(x)$ lässt sich mit Hilfe der inversen Fourier-Transformation (8.39) darstellen als:

$$\frac{\mathrm{d}}{\mathrm{d}x}\, g(x) = \frac{\mathrm{d}}{\mathrm{d}x} \int\limits_{-\infty}^{\infty} G(f)\,\mathrm{e}^{\mathrm{j}2\pi f x}\,\mathrm{d}f \tag{8.58}$$

$$= \int\limits_{-\infty}^{\infty} \mathrm{j}2\pi f\, G(f)\,\mathrm{e}^{\mathrm{j}2\pi f x}\,\mathrm{d}f \tag{8.59}$$

$$= \mathcal{F}^{-1}\{\mathrm{j}2\pi f\, G(f)\}\,. \tag{8.60}$$

Infolge der Differentiation wird also das Fourier-Spektrum $G(f)$ mit dem Faktor $\mathrm{j}2\pi f$ gewichtet. Durch mehrfache Anwendung des Differentiationssatzes (8.60) ergibt sich die folgende Korrespondenz:

$$\frac{\mathrm{d}^n g(x)}{\mathrm{d}x^n} \quad \circ\!\!-\!\!\bullet \quad (\mathrm{j}2\pi f)^n\, G(f)\,, \qquad n \in \mathbb{N}\,. \tag{8.61}$$

◇

Qualitativ besagt der Differentiationssatz, dass die Differentiation niederfrequente Signalanteile abschwächt und gleichzeitig hochfrequente Signalanteile verstärkt. Bekanntermaßen ist die Ableitung einer additiven Konstanten gleich null.

Eine solche Konstante kann als Gleichanteil des Signals $g(x)$ gedeutet werden, der im Ortsfrequenzbereich bei $f = 0$ zu liegen kommt und durch Differentiation im Ortsbereich im Ortsfrequenzbereich mit $\mathrm{j}2\pi 0 = 0$ multipliziert wird.

Satz 8.5: Verschiebungssatz (Ortsverschiebung)
Zur Herleitung des Verschiebungssatzes der Fourier-Transformation wird das örtlich verschobene Signal $g(x - x_0)$ in den Frequenzbereich transformiert:

$$\mathcal{F}\{g(x - x_0)\} = \int\limits_{-\infty}^{\infty} g(x - x_0)\,\mathrm{e}^{-\mathrm{j}2\pi f x}\,\mathrm{d}x \qquad \left|\begin{array}{l} \alpha = x - x_0 \\ \mathrm{d}\alpha = \mathrm{d}x \end{array}\right. \tag{8.62}$$

$$= \int\limits_{-\infty}^{\infty} g(\alpha)\,\mathrm{e}^{-\mathrm{j}2\pi f(\alpha + x_0)}\,\mathrm{d}\alpha \tag{8.63}$$

$$= \mathrm{e}^{-\mathrm{j}2\pi f x_0}\,G(f)\,. \tag{8.64}$$

◇

Wegen $|\mathrm{e}^{-\mathrm{j}2\pi f x_0}| = 1$ bleibt bei einer Ortsverschiebung das Betragsspektrum unverändert; nur die Phase wird verändert. Wir werden das später noch folgendermaßen interpretieren: Die örtliche Lageinformation eines Signals steckt in der Phase der zugehörigen Fourier-Transformierten; siehe Abschn. 8.3.9.3.

Satz 8.6: Modulationssatz (Frequenzverschiebung)
Analog erhält man für eine Verschiebung des Spektrums um die Frequenz f_0:

$$\mathcal{F}^{-1}\{G(f - f_0)\} = \int\limits_{-\infty}^{\infty} G(f - f_0)\,\mathrm{e}^{\mathrm{j}2\pi f x}\,\mathrm{d}f \qquad \left|\begin{array}{l} \alpha = f - f_0 \\ \mathrm{d}\alpha = \mathrm{d}f \end{array}\right. \tag{8.65}$$

$$= \int\limits_{-\infty}^{\infty} G(\alpha)\,\mathrm{e}^{\mathrm{j}2\pi(\alpha + f_0)x}\,\mathrm{d}\alpha \tag{8.66}$$

$$= \mathrm{e}^{\mathrm{j}2\pi f_0 x}\,g(x)\,. \tag{8.67}$$

Eine ideale Modulation mit der Funktion $\mathrm{e}^{\mathrm{j}2\pi f_0 x}$ verschiebt das Fourier-Spektrum um f_0. ◇

Satz 8.7: Nullwertsatz
Für die Ortsfunktion $g(x)$ an der Stelle $x = 0$ erhält man mit der inversen Fourier-

Transformation (8.39):

$$g(0) = \int_{-\infty}^{\infty} G(f)\, \mathrm{e}^{\mathrm{j}2\pi f x}\, \mathrm{d}f \bigg|_{x=0} = \int_{-\infty}^{\infty} G(f)\, \mathrm{d}f\,. \tag{8.68}$$

Ebenso ergibt sich aus (8.38) für das Fourier-Spektrum an der Stelle $f = 0$:

$$G(0) = \int_{-\infty}^{\infty} g(x)\, \mathrm{e}^{-\mathrm{j}2\pi f x}\, \mathrm{d}x \bigg|_{f=0} = \int_{-\infty}^{\infty} g(x)\, \mathrm{d}x\,. \tag{8.69}$$

Dabei bezeichnet $G(0)$ den Gleichanteil des Signals $g(x)$. ◇

Satz 8.8: Spiegelung

Eine Spiegelung des reellwertigen Signals $g(x) = g^*(x) \in \mathbb{R}$ am Ursprung ergibt aus (8.39):

$$g(-x) = \int_{-\infty}^{\infty} G(f)\, \mathrm{e}^{-\mathrm{j}2\pi f x}\, \mathrm{d}f\,. \tag{8.70}$$

Durch komplexe Konjugation erhält man den folgenden Zusammenhang:

$$g^*(-x) = g(-x) = \int_{-\infty}^{\infty} G^*(f)\, \mathrm{e}^{\mathrm{j}2\pi f x}\, \mathrm{d}f = \mathcal{F}^{-1}\{G^*(f)\}\,. \tag{8.71}$$

Insbesondere bleibt der Betrag $|G(f)|$ des Fourier-Spektrums nach einer Spiegelung unverändert. ◇

Satz 8.9: Mehrfachanwendung

Betrachtet man bei der Herleitung des Satzes zur Spiegelung die rechte Seite von Gleichung (8.70), so stellt diese eine Fourier-Transformation der Fourier-Transformierten von $g(x)$ dar:

$$g(-x) = \int_{-\infty}^{\infty} G(f)\, \mathrm{e}^{-\mathrm{j}2\pi f x}\, \mathrm{d}f = \mathcal{F}\{G(f)\} = \mathcal{F}\{\mathcal{F}\{g(x)\}\}\,. \tag{8.72}$$

Eine zweifache Anwendung der Fourier-Transformation führt also zu einer Spiegelung der ursprünglichen Funktion $g(x)$. Mithin führt eine vierfache Anwendung der Fourier-Transformation zu einer zweifachen Spiegelung und stellt somit die Identitätsabbilung dar:

$$\mathcal{F}\{\mathcal{F}\{\mathcal{F}\{\mathcal{F}\{g(x)\}\}\}\} = g(x)\,. \tag{8.73}$$

Hieraus lässt sich durch zweifaches Anwenden der inversen Fourier-Transformation auf beide Seiten der Gleichung noch folgender Zusammenhang herleiten:

$$\mathcal{F}\{\mathcal{F}\{g(x)\}\} = \mathcal{F}^{-1}\{\mathcal{F}^{-1}\{g(x)\}\}\,.$$

◇

Satz 8.10: Fourier-Transformation reeller Signale
Für die Fourier-Transformierte eines reellwertigen Signals $g(x) = g^*(x) \in \mathbb{R}$ ergibt sich durch komplexe Konjugation von (8.38):

$$G^*(f) = \left(\int_{-\infty}^{\infty} g(x)\,\mathrm{e}^{-\mathrm{j}2\pi f x}\,\mathrm{d}x\right)^* = \int_{-\infty}^{\infty} g^*(x)\,\mathrm{e}^{\mathrm{j}2\pi f x}\,\mathrm{d}x \tag{8.74}$$

$$= \int_{-\infty}^{\infty} g(x)\,\mathrm{e}^{-\mathrm{j}2\pi(-f)x}\,\mathrm{d}x = G(-f)\,. \tag{8.75}$$

Daraus folgen die Symmetrie des Betrages (d. h. das Betragsspektrum ist eine gerade Funktion):

$$|G(f)| = |G(-f)| \tag{8.76}$$

und die Schiefsymmetrie der Phase (d. h. das Phasenspektrum ist eine ungerade Funktion):

$$\angle G(f) = -\angle G(-f)\,. \tag{8.77}$$

Die Fourier-Transformierte eines reellwertigen Signals weist also eine Hermite'sche Symmetrie auf. ◇

Für die Herleitung des Satzes von Parseval wird die Fourier-Transformierte eines komplex konjugierten Signals $g^*(x)$ benötigt. Mit (8.38) erhält man:

$$\mathcal{F}\{g^*(x)\} = \int_{-\infty}^{\infty} g^*(x)\,\mathrm{e}^{-\mathrm{j}2\pi f x}\,\mathrm{d}x = \left(\int_{-\infty}^{\infty} g(x)\,\mathrm{e}^{\mathrm{j}2\pi f x}\,\mathrm{d}x\right)^* = G^*(-f)\,. \tag{8.78}$$

Satz 8.11: Satz von Parseval

Der Satz von Parseval hat eine große praktische Bedeutung. Er besagt, dass gewisse Operationen – insbesondere die Innenproduktbildung von Signalen [22] und die Berechnung der Signalenergie – äquivalent im Ortsbereich und im Ortsfrequenzbereich durchgeführt werden können. Zu dessen Herleitung wird das Produkt der Funktionen $g(x)$ und $h^*(x)$ einer Fourier-Transformation unterzogen. Nach (8.56) und (8.78) gilt:

$$\mathcal{F}\{g(x)\,h^*(x)\} = G(f) * H^*(-f)\,. \tag{8.79}$$

Werden die Fourier-Transformation und die Faltung als Integral geschrieben,

$$\int_{-\infty}^{\infty} g(x)\,h^*(x)\,\mathrm{e}^{-\mathrm{j}2\pi f x}\,\mathrm{d}x = \int_{-\infty}^{\infty} G(\alpha)\,H^*(\alpha - f)\,\mathrm{d}\alpha\,, \tag{8.80}$$

und wird schließlich $f = 0$ eingesetzt, so erhält man die allgemeine Form des Satzes von Parseval:

$$\int_{-\infty}^{\infty} g(x)\,h^*(x)\,\mathrm{d}x = \int_{-\infty}^{\infty} G(f)\,H^*(f)\,\mathrm{d}f\,. \tag{8.81}$$

Diese Gleichung stellt eine Identität zwischen dem Innenprodukt[5] der Signale $g(x)$ und $h(x)$ im Ortsbereich und im Ortsfrequenzbereich her [22].

Für $g(x) = h(x)$ resultiert ein wichtiger Spezialfall des Satzes von Parseval:

$$\int_{-\infty}^{\infty} |g(x)|^2\,\mathrm{d}x = \int_{-\infty}^{\infty} |G(f)|^2\,\mathrm{d}f =: E_g\,. \tag{8.82}$$

Dieser Zusammenhang besagt, dass die Energie E_g eines Signals $g(x)$ sowohl aus der Energiedichte im Zeitbereich $|g(x)|^2$ als auch aus der Energiedichte im Ortsfrequenzbereich $|G(f)|^2$ durch Integration ermittelt werden kann. Da das Signal $g(x)$ und das Spektrum $G(f)$ die gleiche Energie enthalten, gilt bei der Fourier-Transformation die Eigenschaft der Energieerhaltung. ◇

[5]Bei (8.81) handelt es sich um ein Innenprodukt von sogenannten Energiesignalen [22]. Das sind Signale, die quadratisch integrierbar sind. Da Bildsignale in der Praxis stets örtlich begrenzt und amplitudenbeschränkt sind, stellt dies keine Einschränkung dar.

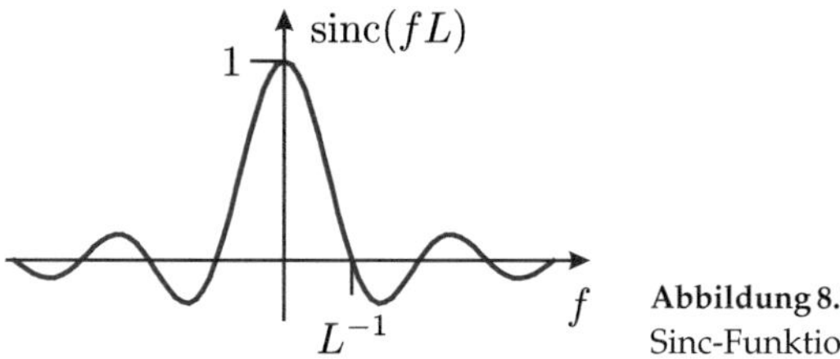

Abbildung 8.9.
Sinc-Funktion.

8.3.1.3 Korrespondenzen der Fourier-Transformation

Beispiel 8.6 (Fourier-Transformierte der Rechteckfunktion): Die Fourier-Transformation einer auf die Fläche eins normierten Rechteckfunktion

$$g(x) = \frac{1}{L}\,\mathrm{rect}\Big(\frac{x}{L}\Big) \tag{8.83}$$

ergibt

$$G(f) = \frac{1}{L}\int\limits_{-\frac{L}{2}}^{\frac{L}{2}} \mathrm{e}^{-\mathrm{j}2\pi f x}\,\mathrm{d}x = \frac{\mathrm{j}}{2\pi f L}\underbrace{\left(\mathrm{e}^{-\mathrm{j}\pi f L} - \mathrm{e}^{\mathrm{j}\pi f L}\right)}_{-2\mathrm{j}\,\sin(\pi f L)} = \frac{\sin(\pi f L)}{\pi f L} \tag{8.84}$$

$$= \mathrm{sinc}(fL)\,, \tag{8.85}$$

wobei die Funktion

$$\mathrm{sinc}(w) := \frac{\sin(\pi w)}{\pi w} \tag{8.86}$$

als **Sinus cardinalis** oder, kurz, **Sinc-Funktion** bezeichnet wird. Abbildung 8.9 zeigt den Verlauf der Sinc-Funktion. ■

Beispiel 8.7 (Fourier-Transformierte des Dirac-Impulses): Aus (8.15), (8.83) und (8.85) ergibt sich für $L \to 0$ die folgende Korrespondenz:

$$\delta(x) \quad \circ\!\!-\!\!\bullet \quad 1 = \mathrm{sinc}(0)\,. \tag{8.87}$$

Für $L \to \infty$ folgt analog:

$$1 \quad \circ\!\!-\!\!\bullet \quad \delta(f)\,. \tag{8.88}$$

Die Gleichungen (8.87) und (8.88) illustrieren die Reziprozität von Ortsbereich und Frequenzbereich. ■

Beispiel 8.8 (Fourier-Transformierte der Vorzeichenfunktion): Die Vorzeichenfunktion oder Signumfunktion $\mathrm{sgn}(x)$ ist definiert als

$$\mathrm{sgn}(x) := \begin{cases} +1 & \text{für } x > 0 \\ 0 & \text{für } x = 0 \\ -1 & \text{für } x < 0 \end{cases} . \tag{8.89}$$

Um ihre Fourier-Transformierte zu berechnen, wird zuvor eine alternative Darstellung gewählt. Die Vorzeichenfunktion lässt sich mit Hilfe der Heaviside-Funktion $H(x)$ aus (8.18) ausdrücken:

$$\mathrm{sgn}(x) = 2\,H(x) - 1 . \tag{8.90}$$

Da der Dirac-Impuls die Ableitung der Heaviside-Funktion ist (siehe Abschn. 8.2.2.2), führt das Ableiten dieses Ausdrucks zu

$$\frac{\mathrm{d}}{\mathrm{d}x}\,\mathrm{sgn}(x) = 2\,\delta(x) . \tag{8.91}$$

Von dieser Gleichung wird mit Hilfe von Satz 8.4 die Fourier-Transformierte berechnet:

$$\mathrm{j}2\pi f \cdot \mathcal{F}\{\mathrm{sgn}(x)\} = 2 \tag{8.92}$$

und mithin:

$$\mathrm{sgn}(x) \quad \circ\!\!-\!\!\bullet \quad \frac{1}{\mathrm{j}\pi f} . \tag{8.93}$$

■

Beispiel 8.9 (Fourier-Transformierte der Sprungfunktion): Die Sprungfunktion $H(x)$ gemäß (8.19) kann durch die Vorzeichenfunktion $\mathrm{sgn}(x)$ aus (8.89) ausgedrückt werden:

$$H(x) = \frac{1}{2} + \frac{1}{2} \cdot \mathrm{sgn}(x) . \tag{8.94}$$

Aufgrund von (8.88) und (8.93) folgt unmittelbar:

$$H(x) \quad \circ\!\!-\!\!\bullet \quad \frac{1}{2}\,\delta(f) + \frac{1}{\mathrm{j}2\pi f} . \tag{8.95}$$

■

Beispiel 8.10 (Fourier-Transformierte einer komplexen Harmonischen): Die Fourier-Transformierte einer komplexen harmonischen Schwingung lässt sich mit Hilfe des Modulationssatzes (8.67) und von (8.88) einfach angeben:

$$g(x) = \mathrm{e}^{\mathrm{j}2\pi f_0 x} = 1 \cdot \mathrm{e}^{\mathrm{j}2\pi f_0 x} \quad \circ\!\!-\!\!\bullet \quad \delta(f - f_0)\,. \tag{8.96}$$

Im Frequenzbereich erhält man einen Dirac-Impuls an der Stelle f_0. ■

Beispiel 8.11 (Fourier-Transformierte der Cosinus-Funktion): Die Cosinus-Funktion lässt sich mit Hilfe der Euler'schen Formel (8.41) wie folgt darstellen:

$$g(x) = \cos(2\pi f_0 x) = \frac{1}{2}\left(\mathrm{e}^{-\mathrm{j}2\pi f_0 x} + \mathrm{e}^{\mathrm{j}2\pi f_0 x}\right)\,. \tag{8.97}$$

Daraus ergibt sich mit (8.96) unmittelbar die folgende Korrespondenz:

$$\cos(2\pi f_0 x) \quad \circ\!\!-\!\!\bullet \quad \frac{1}{2}\left(\delta(f + f_0) + \delta(f - f_0)\right)\,. \tag{8.98}$$

Verglichen mit dem Spektrum der komplexen harmonischen Schwingung (8.96) tritt hier ein Dirac-Impuls bei der negativen Frequenz $-f_0$ auf. Dies bestätigt die in Satz 8.10 diskutierten Symmetrieeigenschaften des Fourier-Spektrums reeller Signale. ■

Beispiel 8.12 (Fourier-Transformierte der Impulsfolge): Zur Beschreibung von Abtastvorgängen sind die **Impulsfolge** und ihre Fourier-Transformierte außerordentlich wichtig. Aufgrund ihrer Periodizität lässt sich die Impulsfolge $g(x)$ in eine Fourier-Reihe entwickeln [3,4,13,22]:

$$g(x) = \sum_{m=-\infty}^{\infty} \delta(x - m\,\Delta x) \stackrel{!}{=} \sum_{k=-\infty}^{\infty} a_k\, \mathrm{e}^{\mathrm{j}2\pi \frac{k}{\Delta x} x}\,. \tag{8.99}$$

Die Koeffizienten a_k der Fourier-Reihe werden wie folgt berechnet [3]:

$$a_k = \frac{1}{\Delta x} \int_{-\frac{\Delta x}{2}}^{\frac{\Delta x}{2}} \underbrace{g(x)}_{\delta(x)}\, \mathrm{e}^{-\mathrm{j}2\pi \frac{k}{\Delta x} x}\, \mathrm{d}x = \frac{1}{\Delta x}\,. \tag{8.100}$$

Für die Impulsfolge (8.99) ergibt sich mit (8.100) und (8.96) die folgende Korrespondenz:

$$g(x) = \frac{1}{\Delta x} \sum_{k=-\infty}^{\infty} \mathrm{e}^{\mathrm{j}2\pi \frac{k}{\Delta x} x} \quad \circ\!\!-\!\!\bullet \quad \frac{1}{\Delta x} \sum_{k=-\infty}^{\infty} \delta\Big(f - \frac{k}{\Delta x}\Big)\,. \tag{8.101}$$

Somit ergibt sich für die Fourier-Transformierte der Impulsfolge ebenfalls eine Impulsfolge im Ortsfrequenzbereich:

$$\sum_{m=-\infty}^{\infty} \delta(x - m\,\Delta x) \quad \circ\!\!-\!\!\bullet \quad f_0 \sum_{k=-\infty}^{\infty} \delta(f - k\,f_0)\,, \qquad f_0 = \frac{1}{\Delta x}\,. \tag{8.102}$$

Die Abstände zwischen den Dirac-Impulsen im Orts- und im Ortsfrequenzbereich sind zueinander reziprok. ■

Beispiel 8.13 (Fourier-Transformierte der Gauß-Funktion): Die **Gauß-Funktion**

$$g(x) = \frac{1}{\sqrt{2\pi}\sigma}\,\mathrm{e}^{-\frac{x^2}{2\sigma^2}} \tag{8.103}$$

wird u. a. als Impulsantwort zur Tiefpassfilterung verwendet, weshalb ihre Fourier-Transformierte von Interesse ist (vgl. Abschn. 10.3.1.4). Durch Fourier-Transformation von (8.103) erhält man:

$$G(f) = \int_{-\infty}^{\infty} g(x)\,\mathrm{e}^{-\mathrm{j}2\pi f x}\,\mathrm{d}x = \frac{1}{\sqrt{2\pi}\sigma}\int_{-\infty}^{\infty} \mathrm{e}^{-\frac{x^2}{2\sigma^2}}\,\mathrm{e}^{-\mathrm{j}2\pi f x}\,\mathrm{d}x \tag{8.104}$$

$$= \frac{1}{\sqrt{2\pi}\sigma}\int_{-\infty}^{\infty} \mathrm{e}^{-\left(\frac{x^2}{2\sigma^2}+\mathrm{j}2\pi f x\right)}\,\mathrm{d}x\,. \tag{8.105}$$

Der Exponent in (8.105) lässt sich wie folgt quadratisch ergänzen:

$$\frac{x^2}{2\sigma^2} + \mathrm{j}2\pi f x = \left(\frac{x}{\sqrt{2}\sigma}\right)^2 + 2\,\frac{x}{\sqrt{2}\sigma}\,\mathrm{j}\pi\sqrt{2}\sigma f + (\mathrm{j}\pi\sqrt{2}\sigma f)^2 - (\mathrm{j}\pi\sqrt{2}\sigma f)^2$$

$$= \left(\frac{x}{\sqrt{2}\sigma} + \mathrm{j}\pi\sqrt{2}\sigma f\right)^2 - (\mathrm{j}\pi\sqrt{2}\sigma f)^2 \tag{8.106}$$

$$= \frac{(x + \mathrm{j}\pi 2\sigma^2 f)^2}{2\sigma^2} + (\pi\sqrt{2}\sigma f)^2\,. \tag{8.107}$$

Einsetzen in (8.105) ergibt:

$$G(f) = \frac{1}{\sqrt{2\pi}\sigma}\,\mathrm{e}^{-(\pi\sqrt{2}\sigma f)^2}\int_{-\infty}^{\infty} \mathrm{e}^{-\frac{(x+\mathrm{j}2\pi\sigma^2 f)^2}{2\sigma^2}}\,\mathrm{d}x\,. \tag{8.108}$$

Mit der Substitution $u = x + \mathrm{j}2\pi\sigma^2 f$ und $\mathrm{d}u = \mathrm{d}x$ folgt schließlich:

$$G(f) = \frac{1}{\sqrt{2\pi}\sigma}\,\mathrm{e}^{-(\pi\sqrt{2}\sigma f)^2}\int_{-\infty}^{\infty} \mathrm{e}^{-\frac{u^2}{2\sigma^2}}\,\mathrm{d}u = \mathrm{e}^{-(\pi\sqrt{2}\sigma f)^2}\,, \tag{8.109}$$

wobei das Integral der Gauß-Funktion beispielsweise [5] entnommen werden kann. Insgesamt ergibt sich für die Fourier-Transformierte der Gauß-Funktion ebenfalls eine Gauß-Funktion im Ortsfrequenzbereich. Die Breiten der Funktionen $g(x)$ und $G(f)$ verhalten sich zueinander reziprok. ■

8.3.1.4 Zusammenhang zwischen Glattheit im Ortsbereich und Abklingverhalten im Frequenzbereich

Das Abklingverhalten der Fourier-Transformierten $G(f)$ wird durch die Glattheit der korrespondierenden Funktion $g(x)$ und ihrer Ableitungen im Ortsbereich bestimmt. Enthält $g(x)$ Dirac-Impulse, so ist $G(f)$ nach (8.87) konstant und fällt nicht ab (vgl. Abb. 8.10(a)). Ist $g(x)$ hingegen frei von Dirac-Impulsen, enthält jedoch Unstetigkeitsstellen, wie beispielsweise die Rechteckfunktion $\mathrm{rect}(x)$ aus (8.12), so treten Dirac-Impulse in der ersten Ableitung von $g(x)$ auf und $G(f) = \mathcal{F}\{\mathrm{rect}(x)\} = \frac{\sin(f)}{f}$ fällt mit f^{-1} für $f \to \infty$ ab (vgl. Abb. 8.10(b)). Weist der Verlauf von $g(x)$ Knicke auf, wie z. B. die Dreieckfunktion $\Lambda(x)$ aus (10.36), so treten erst in ihrer zweiten Ableitung Dirac-Impulse auf, $g(x)$ ist also entsprechend glatter und ihre Fourier-Transformierte $G(f) = \frac{\sin^2(x)}{f^2}$ klingt umso stärker mit f^{-2} für $f \to \infty$ ab (vgl. Abb. 8.10(c)). Wenn also für eine Funktion $g(x)$ erstmalig in ihrer n-ten Ableitung Dirac-Impulse auftreten, so fällt ihre Fourier-Transformierte $G(f)$ mit f^{-n} ab für $f \to \infty$. Sind alle Ableitungen einer Funktion $g(x)$ stetig, wie beispielsweise bei der Gauß-Funktion aus (8.103), so fällt ihre Fourier-Transformierte $G(f)$ schneller als jede Potenz von f ab (vgl. Abb. 8.10(d)).

Dieser beispielhaft beschriebene Zusammenhang wird im folgenden Satz präzisiert [9].

Satz 8.12: Zusammenhang zwischen Glattheit im Ortsbereich und Abklingverhalten im Frequenzbereich

Besitzt eine Funktion $g(x)$ mindestens n integrierbare[6] Ableitungen, dann existiert eine Konstante $C \in \mathbb{R}$, sodass folgender Zusammenhang bezüglich ihrer Fourier-Transformierten $G(f)$ gilt:

$$|G(f)| \leq \frac{C}{(1+|f|)^n} \quad \text{für } f \neq 0 . \tag{8.110}$$

◇

[6] Hierbei ist unter der Integrierbarkeit einer Funktion $g(x)$ ihre absolute Integrierbarkeit wie in (8.46) zu verstehen, dass also ihre Stammfunktion nur endliche Werte hat.

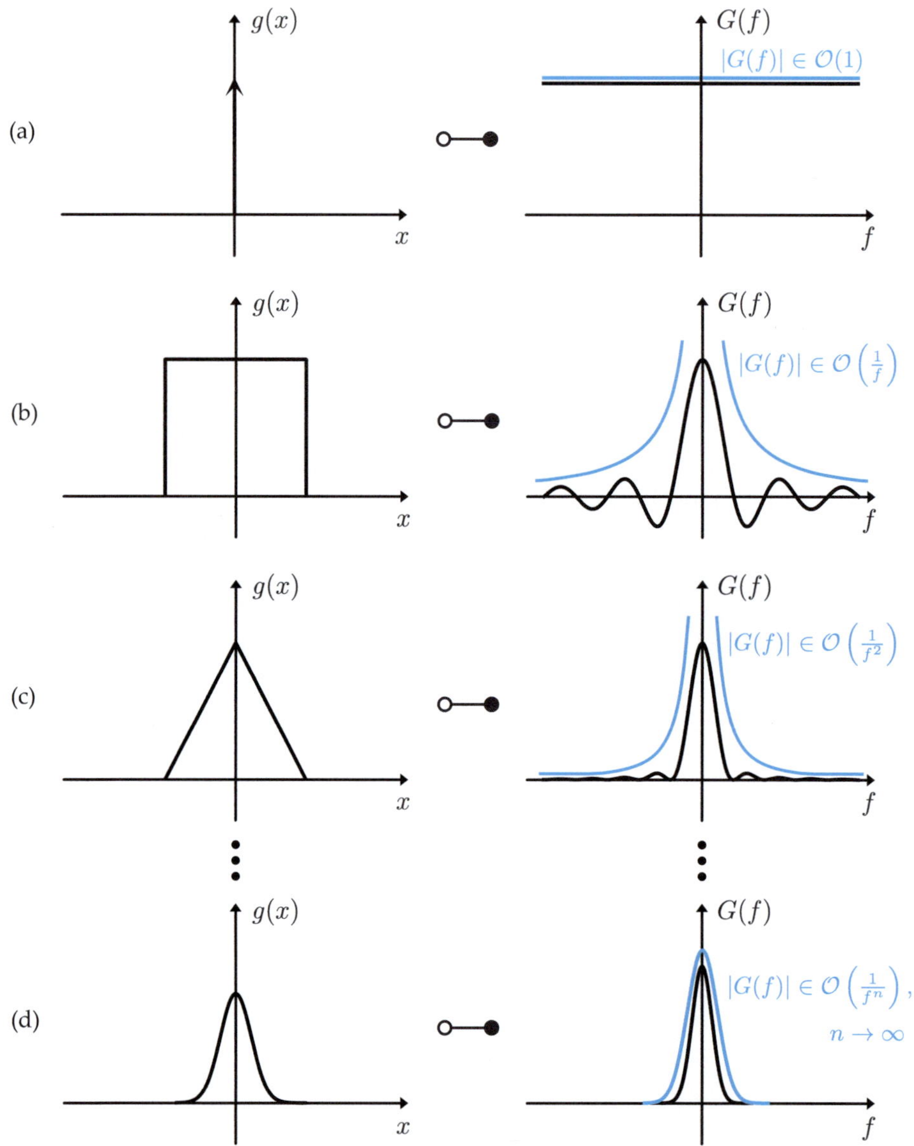

Abbildung 8.10. Zusammenhang zwischen der Glattheit von Funktionen $g(x)$ im Ortsbereich und dem Abklingverhalten der entsprechenden Fourier-Transformierten $G(f)$ im Frequenzbereich [1].

8.3.2 Das eindimensionale Abtasttheorem

In Abschn. 8.1 wurde qualitativ untersucht, wie grob man eine Funktion abtasten – d. h. örtlich diskretisieren – darf, damit keine wesentlichen Signalinhalte infolge der Digitalisierung verloren gehen. Das **Abtasttheorem** beantwortet diese Frage quantitativ und formuliert eine konkrete Abtastbedingung, damit Funktionen fehlerfrei aus ihren Abtastwerten rekonstruiert werden können.

Satz 8.13: Abtasttheorem für eindimensionale Signale

Ein bandbegrenztes Signal

$$g(x) \quad \circ\!\!-\!\!\bullet \quad G(f) \qquad \text{mit} \qquad G(f) = 0 \quad \text{für} \quad |f| \geq \frac{F}{2} \tag{8.111}$$

lässt sich durch ein geeignetes Tiefpassfilter (Interpolationsfilter) fehlerfrei aus seinen äquidistanten Abtastwerten $g(m\,\Delta x)$, $m \in \mathbb{Z}$, rekonstruieren, falls für die Abtastfrequenz $f_\mathrm{A} = \frac{1}{\Delta x}$ die Bedingung

$$f_\mathrm{A} \geq F \tag{8.112}$$

erfüllt ist. ◇

Ist f_A fest vorgegeben, so muss $g(x)$ vor der Abtastung durch Tiefpassfilterung (sog. **Anti-Aliasing-Filterung** zur Unterdrückung hochfrequenter Signalanteile) auf das Frequenzband $\left(-\frac{f_\mathrm{A}}{2}, \frac{f_\mathrm{A}}{2}\right)$ begrenzt werden.

Abbildung 8.11 veranschaulicht das Abtasttheorem. Das bandbegrenzte Signal $g(x)$ wird durch Multiplikation mit einer Impulsfolge abgetastet und ergibt damit das Abtastsignal $g_*(x)$. Nach dem Faltungssatz (8.56) der Fourier-Transformation korrespondiert die Multiplikation von $g(x)$ mit der Impulsfolge mit einer Faltung des Spektrums $G(f)$ mit der Fourier-Transformierten der Impulsfolge – nach (8.102) ist letztere wiederum eine Impulsfolge – im Ortsfrequenzbereich, was nach (8.27) zu einer periodischen Fortsetzung des Spektrums führt:

$$g(x) \cdot \sum_{m=-\infty}^{\infty} \delta(x - m\,\Delta x) \quad \circ\!\!-\!\!\bullet \quad G(f) * f_\mathrm{A} \sum_{k=-\infty}^{\infty} \delta(f - k\,f_\mathrm{A})\,, \tag{8.113}$$

$$g_*(x) \quad \circ\!\!-\!\!\bullet \quad G_*(f) = f_\mathrm{A} \sum_{k=-\infty}^{\infty} G(f - k\,f_\mathrm{A}) \tag{8.114}$$

mit

$$g_*(x) = \sum_{m=-\infty}^{\infty} g(m\,\Delta x)\,\delta(x - m\,\Delta x)\,. \tag{8.115}$$

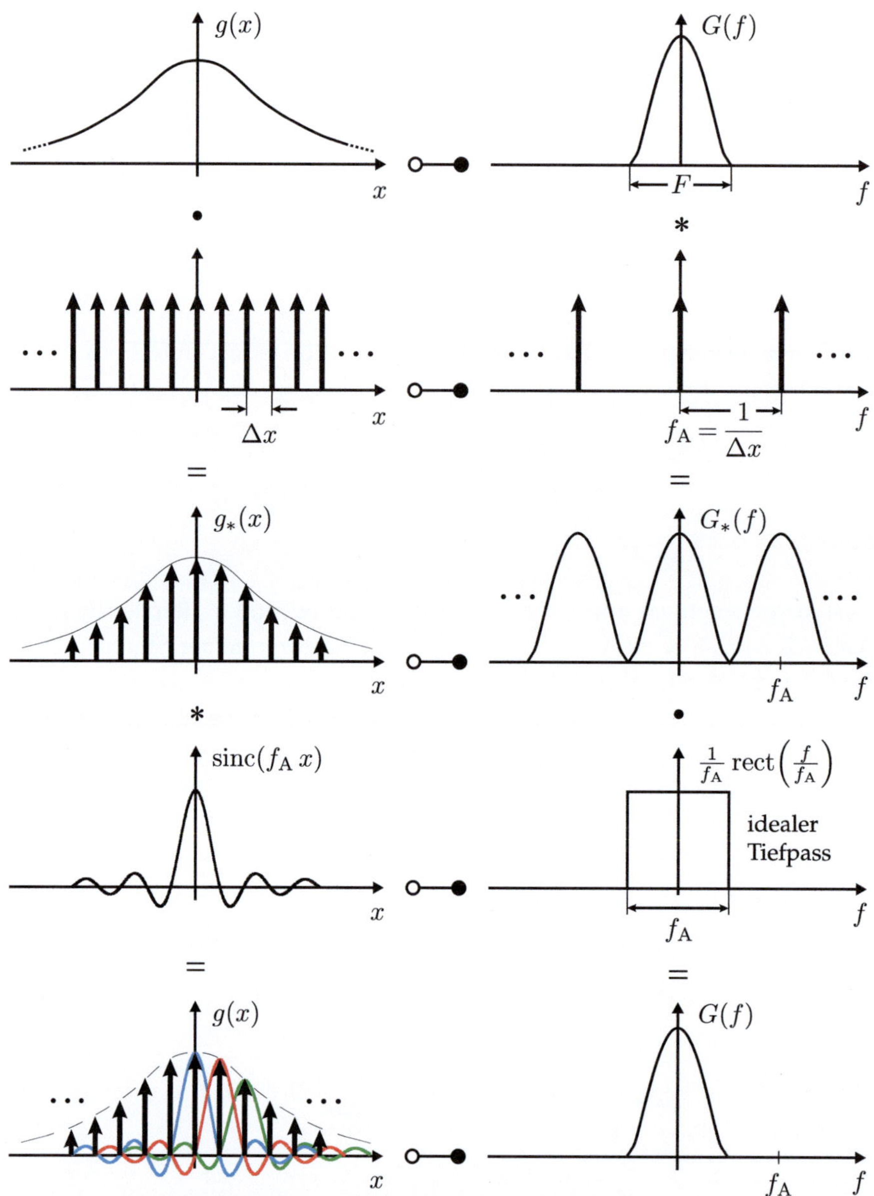

Abbildung 8.11. Veranschaulichung des Abtasttheorems.

Die Rekonstruktion basiert auf einer Unterdrückung der periodischen Fortsetzungen des Spektrums durch Multiplikation mit dem idealen Tiefpass; im Ortsbereich entspricht diese Filterung einer Faltung mit einer Sinc-Funktion:

$$g_*(x) * \operatorname{sinc}(f_\mathrm{A}\, x) \quad \circ\!\!-\!\!\bullet \quad G_*(f) \cdot \frac{1}{f_\mathrm{A}} \operatorname{rect}\!\left(\frac{f}{f_\mathrm{A}}\right). \tag{8.116}$$

Bei Einhaltung der Abtastbedingung $f_\mathrm{A} \geq F$ ergibt diese Filterung das perfekt rekonstruierte Signal

$$g(x) = \sum_{m=-\infty}^{\infty} g(m\,\Delta x) \operatorname{sinc}(f_\mathrm{A}(x - m\,\Delta x)) \quad \circ\!\!-\!\!\bullet \quad G(f)\,. \tag{8.117}$$

Da an den Abtaststellen $x = n\,\Delta x$, $n \in \mathbb{Z}$,

$$\operatorname{sinc}(f_\mathrm{A}(n\,\Delta x - m\,\Delta x)) = \delta_{mn} = \begin{cases} 1 & \text{für } m = n \\ 0 & \text{für } m \neq n \end{cases} \tag{8.118}$$

gilt, werden die Abtastwerte „durchgereicht" und die zwischen den Abtaststellen liegenden Werte exakt interpoliert.

Wird die Abtastbedingung jedoch verletzt, so kommt es wegen der zu niedrigen Abtastfrequenz f_A zu einer Überlappung der Spektren in $G_*(f)$. Das ursprüngliche Signal lässt sich dann nicht mehr fehlerfrei rekonstruieren.

Bemerkungen:

- Das Abtasttheorem gilt nicht nur für die Abtastung von Ortssignalen $g(x)$, sondern ebenso für die Abtastung der Fourier-Transformierten $G(f)$ ortsbegrenzter Signale $g(x)$ mit $g(x) = 0$ für $|x| \geq \frac{L}{2}$. Die Abtastbedingung lautet dann:

$$(\Delta f)^{-1} \geq L\,. \tag{8.119}$$

- Ein Signal kann nicht gleichzeitig orts- und bandbegrenzt sein. Um diese Aussage zu plausibilisieren, sei die Fensterung (d. h. Multiplikation) eines beliebigen Signals $g(x)$ mit der rechteckförmigen Fensterfunktion

$$w(x) = \operatorname{rect}\!\left(\frac{x}{L}\right) \quad \circ\!\!-\!\!\bullet \quad W(f) = L \operatorname{sinc}(fL) \tag{8.120}$$

betrachtet. Die Fensterung bewirkt eine Ortsbegrenzung des Signals $g(x)$ auf das Intervall $[-\frac{L}{2}, \frac{L}{2}]$ und korrespondiert im Frequenzbereich mit einer Faltung mit einer Sinc-Funktion:

$$g_w(x) = g(x) \operatorname{rect}\!\left(\frac{x}{L}\right) \quad \circ\!\!-\!\!\bullet \quad G_w(f) = G(f) * L \operatorname{sinc}(fL)\,. \tag{8.121}$$

Da die Sinc-Funktion unendlich ausgedehnt ist, ergibt folglich die Faltung $G(f) * L\,\mathrm{sinc}(fL)$ ein ebenfalls unendlich ausgedehntes Spektrum $G_w(f)$, d. h. das gefensterte Signal $g_w(x)$ ist nicht bandbegrenzt.

8.3.3 Diskrete Fourier-Transformation (DFT)

8.3.3.1 Definition der DFT

Die Fourier-Transformation (8.38) ist für die Implementierung auf einem Rechner nicht geeignet, da die Darstellung unbegrenzter kontinuierlicher Signale unendlich viel Speicher erfordern würde. Im Folgenden wird daher die diskrete Fourier-Transformation (DFT) als rechnertaugliche Näherung der Fourier-Transformation abgeleitet. Ausgehend von der Fourier-Transformation

$$G(f) = \int_{-\infty}^{\infty} g(x)\,\mathrm{e}^{-\mathrm{j}2\pi f x}\,\mathrm{d}x \tag{8.122}$$

ergibt sich durch Abtastung des Signals $g(x)$ mit $x = n\,\Delta x$ und Rechteckintegration die Näherung

$$G(f) \approx \sum_{n=-\infty}^{\infty} g(n\,\Delta x)\,\mathrm{e}^{-\mathrm{j}2\pi f n \Delta x}\,\Delta x\,. \tag{8.123}$$

Durch Begrenzung der Summation auf einen endlichen Signalausschnitt folgt:

$$G(f) \approx \sum_{n=0}^{N-1} g(n\,\Delta x)\,\mathrm{e}^{-\mathrm{j}2\pi f n \Delta x}\,\Delta x\,. \tag{8.124}$$

Schließlich erfolgt mit $f = l\,\Delta f$, $l \in \mathbb{Z}$, eine Ortsfrequenzdiskretisierung, die einer Abtastung im Ortsfrequenzbereich mit der Frequenzschrittweite $\Delta f = f_\mathrm{A}/N = 1/(N\,\Delta x)$ entspricht:

$$G(l\,\Delta f) \approx \underbrace{\sum_{n=0}^{N-1} g(n\,\Delta x)\,\mathrm{e}^{-\mathrm{j}2\pi \frac{nl}{N}}}_{=:\,G_l}\,\Delta x\,. \tag{8.125}$$

Definition 8.7: Diskrete Fourier-Transformation (DFT)

Die diskrete Fourier-Transformation (DFT) eines diskreten Signals g_n lautet:

$$G_l = \sum_{n=0}^{N-1} g_n\,\mathrm{e}^{-\mathrm{j}2\pi \frac{ln}{N}} \qquad \text{mit} \qquad g_n := g(n\,\Delta x)\,. \tag{8.126}$$

Aus dem frequenzdiskreten Spektrum G_l lässt sich das diskrete Signal durch die inverse DFT rekonstruieren:

$$g_n = \frac{1}{N} \sum_{l=0}^{N-1} G_l \, e^{j2\pi \frac{ln}{N}} \, . \tag{8.127}$$

Der Vorfaktor $\frac{1}{N}$ lässt sich dabei beliebig auf die Hin- und Rücktransformation verteilen. Hierzu sind verschiedene Definitionen gebräuchlich. ◇

Tabelle 8.2. Zusammenhang zwischen kontinuierlichen und diskreten Größen.

	kontinuierlich		diskret		
Ort	x	=	$n\,\Delta x$		
Ortsfrequenz	f	=	$l\,\Delta f$	mit	$\Delta f = f_\mathrm{A}/N$ $f_\mathrm{A} = (\Delta x)^{-1}$

Tabelle 8.2 fasst den Zusammenhang zwischen dem Ort x bzw. der Ortsfrequenz f und den zugehörigen diskreten Größen zusammen. Insbesondere entspricht die Frequenzauflösung

$$\Delta f = \frac{f_\mathrm{A}}{N} = \frac{1}{N\,\Delta x} \tag{8.128}$$

dem Kehrwert der Signallänge $N\,\Delta x$, sie ist also durch die Abtastschrittweite Δx und die Anzahl N der Abtastwerte vollständig bestimmt.

Abbildung 8.12 veranschaulicht die DFT schematisch ausgehend von einem eindimensionalen Ortssignal $g(x)$ (a). Die Abtastung entspricht einer Multiplikation des Signals $g(x)$ mit einer Impulsfolge (b) und bewirkt eine periodische Fortsetzung des Spektrums $G_*(f)$ (c), die im abgebildeten Fall mit einem **Aliasing-Fehler** einhergeht, da das Abtasttheorem nicht eingehalten wurde. Die Multiplikation mit dem rechteckförmigen Fenstersignal (d) begrenzt die Anzahl der Abtastwerte des ortsdiskreten Signals g_n auf N (e). Im Fourier-Bereich korrespondiert diese Fensterung mit einer Faltung mit einer Sinc-Funktion, was zu einer Verschmierung des Spektrums führt (**Leckeffekt**; siehe Abschn. 8.3.3.3). Schließlich erfolgt bei der Frequenzdiskretisierung eine Abtastung des Spektrums durch Multiplikation mit einer Impulsfolge (f), was im Ortsbereich eine periodische Fortsetzung des Signals g_n zur Folge hat. Das resultierende Spektrum G_l enthält Informationen lediglich an diskreten Frequenzen, weshalb bei diesem Informationsverlust anschaulich vom **Lattenzaun-Effekt** (engl. *picket-fence effect*) gesprochen wird.

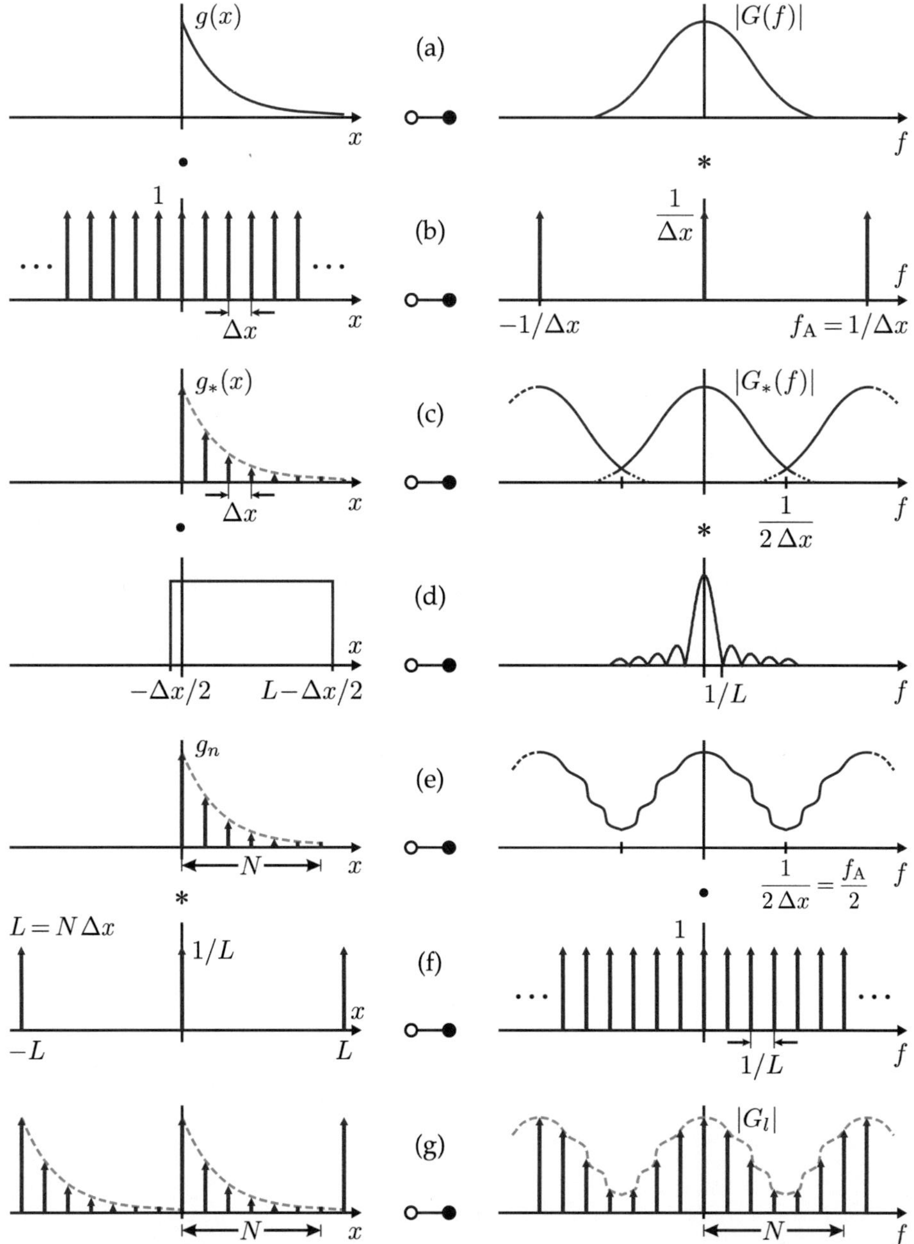

Abbildung 8.12. Graphische Veranschaulichung der DFT [4]. Wegen der Komplexwertigkeit von $G(f)$, $G_*(f)$ und G_l sind in der Abbildung nur die Beträge dargestellt.

8.3.3.2 Eigenschaften der DFT

Im Folgenden sollen die wesentlichen Unterschiede zwischen der kontinuierlichen Fourier-Transformation (8.38) und der DFT (8.126) diskutiert werden. Aufgrund der gleichzeitigen Diskretisierung von Ortsfrequenz und Ort setzt die DFT die Signale g_n und G_l implizit periodisch fort:

$$g_n = g_{n+kN}\,, \tag{8.129}$$

$$G_l = G_{l+kN}\,. \tag{8.130}$$

Somit beschreibt das DFT-Spektrum G_l das Signal g_n ausschließlich im sog. Nyquist-Band $[-f_\mathrm{A}/2, f_\mathrm{A}/2]$.

Obwohl das ortsdiskrete Signal g_n aus dem kontinuierlichen Signal $g(x)$ durch Abtastung resultiert,

$$g_n = g(x)\big|_{x=n\Delta x}\,, \tag{8.131}$$

stellt das DFT-Spektrum G_l i. Allg. lediglich eine Näherung der Abtastwerte $G(f)|_{f=l\Delta f}$ des kontinuierlichen Fourier-Spektrums $G(f)$ dar:

$$G_l \overset{\text{i. Allg.}}{\neq} G(f)\big|_{f=l\Delta f}\,. \tag{8.132}$$

Abgesehen vom Informationsverlust infolge der Frequenzdiskretisierung lassen sich die Abweichungen zwischen $G(f)$ und G_l durch den **Bandüberlappungsfehler (Aliasing)** und durch den **Leckeffekt** erklären. Der bei Verletzung des Abtasttheorems entstehende Aliasing-Fehler ist in der Realität unvermeidbar, da Bildsignale grundsätzlich ortsbegrenzt sind und somit nach (8.121) diese nicht gleichzeitig bandbegrenzt sein können. Der folgende Abschnitt behandelt den Leckeffekt sowie Strategien zu dessen Verminderung.

8.3.3.3 Leckeffekt

Der Leckeffekt beschreibt die Auswirkung, welche die Ortsbegrenzung eines Signals auf dessen Fourier-Transformierte hat. Anhand von Abb. 8.12(c) – (e) wurde bereits gezeigt, dass eine Multiplikation des Ortssignals $g_*(x)$ mit einer rechteckförmigen Fensterfunktion $w(x) = \mathrm{rect}(\frac{x-x_0}{L})$ eine Faltung des Spektrums $G_*(f)$ mit der Fourier-Transformierten $W(f)$ des Ortsfensters und somit eine „Verschmierung" von $G_*(f)$ zur Folge hat. Nun sollen zwei weitere Interpretationen des Leckeffekts diskutiert werden.

- Durch die periodische Fortsetzung (8.129) des Ortssignals g_n entstehen in der Regel Unstetigkeitsstellen oder Knicke an den Stößen der periodischen Fortsetzung. Zur Beschreibung derartiger Artefakte bedarf es einer breitbandigen Verteilung an Spektralanteilen, die dem Leckeffekt entsprechen.

- Die inverse DFT (8.127) entspricht einer Approximation des Signals $g(x)$ durch eine Linearkombination von N periodischen Basisfunktionen $e^{j2\pi l\,\Delta f x}$, $l = 0,\ldots,N-1$, die einen N-dimensionalen Funktionenraum $\mathcal{U}$ aufspannen. Für $g(x) \in \mathcal{U}$ wird $g(x)$ fehlerfrei approximiert, d. h. ohne Leckeffekt transformiert. Für $g(x) \notin \mathcal{U}$ entspricht die DFT einer orthogonalen Projektion von $g(x)$ auf $\mathcal{U}$; die Abweichung zwischen Original und Projektion entspricht dem Leckeffekt. In der Regel werden dann alle Basisfunktionen zur Approximation benötigt.

Entsprechend diesen Interpretationen gibt es Fälle, in denen trotz der Fensterung eines Signals kein Leckeffekt entsteht. Um dies zu demonstrieren, wird im folgenden Beispiel die DFT einer harmonischen Schwingung betrachtet.

Beispiel 8.14 (DFT einer harmonischen Schwingung): Es soll die DFT einer harmonischen Schwingung

$$g(x) = \cos(2\pi f_0 x) \tag{8.133}$$

der Frequenz f_0 untersucht werden, die mit der Abtastschrittweite $\Delta x = 1$ und $N = 32$ Punkten abgetastet wurde (siehe Abb. 8.13). Für die Frequenzauflösung ergibt sich nach (8.128):

$$\Delta f = \frac{1}{N\,\Delta x} = \frac{1}{32}\,. \tag{8.134}$$

Wenn das Verhältnis von Ortsfrequenz f_0 und Frequenzauflösung Δf ganzzahlig ist, entsteht kein Leckeffekt [4, 22]. Abbildung 8.13 (oben) zeigt eine Schwingung der Frequenz $f_0 = 1/8$, bei der ein ganzzahliges Verhältnis $f_0/\Delta f = 4$ resultiert. Das Abtastsignal besteht also aus exakt vier Perioden der Schwingung, weshalb eine periodische Fortsetzung des Signals keine Änderungen am Signal hervorruft. Im DFT-Spektrum G_l sind lediglich die zwei zur Cosinus-Schwingung gehörenden Dirac-Impulse zu sehen; vgl. (8.98).

Anders sieht es bei der Schwingung in Abb. 8.13 (Mitte) aus, deren Ortsfrequenz $f_0 = 1/9{,}143$ beträgt. Hier umfasst das Abtastsignal $f_0/\Delta f = 3{,}5$ Perioden der Schwingung, sodass das periodisch fortgesetzte Signal ausgeprägte Unstetigkeitsstellen aufweist. Im DFT-Spektrum G_l kann der Leckeffekt deutlich erkannt werden.

Zur Reduktion des Leckeffektes kann das Abtastsignal g_n mit einer Fensterfunktion w_n multipliziert werden, welche die Stöße der periodischen Fortsetzung glättet. Dabei muss in Kauf genommen werden, dass die Funktion $g(x)$ zu den Rändern hin abgeschwächt in die Fourier-Analyse eingeht [19]. Als Fensterfunktionen eignen sich insbesondere Signale, die im Ortsfrequenzbereich möglichst kompakt sind [17]. In Abb. 8.13 (unten) wurde exemplarisch

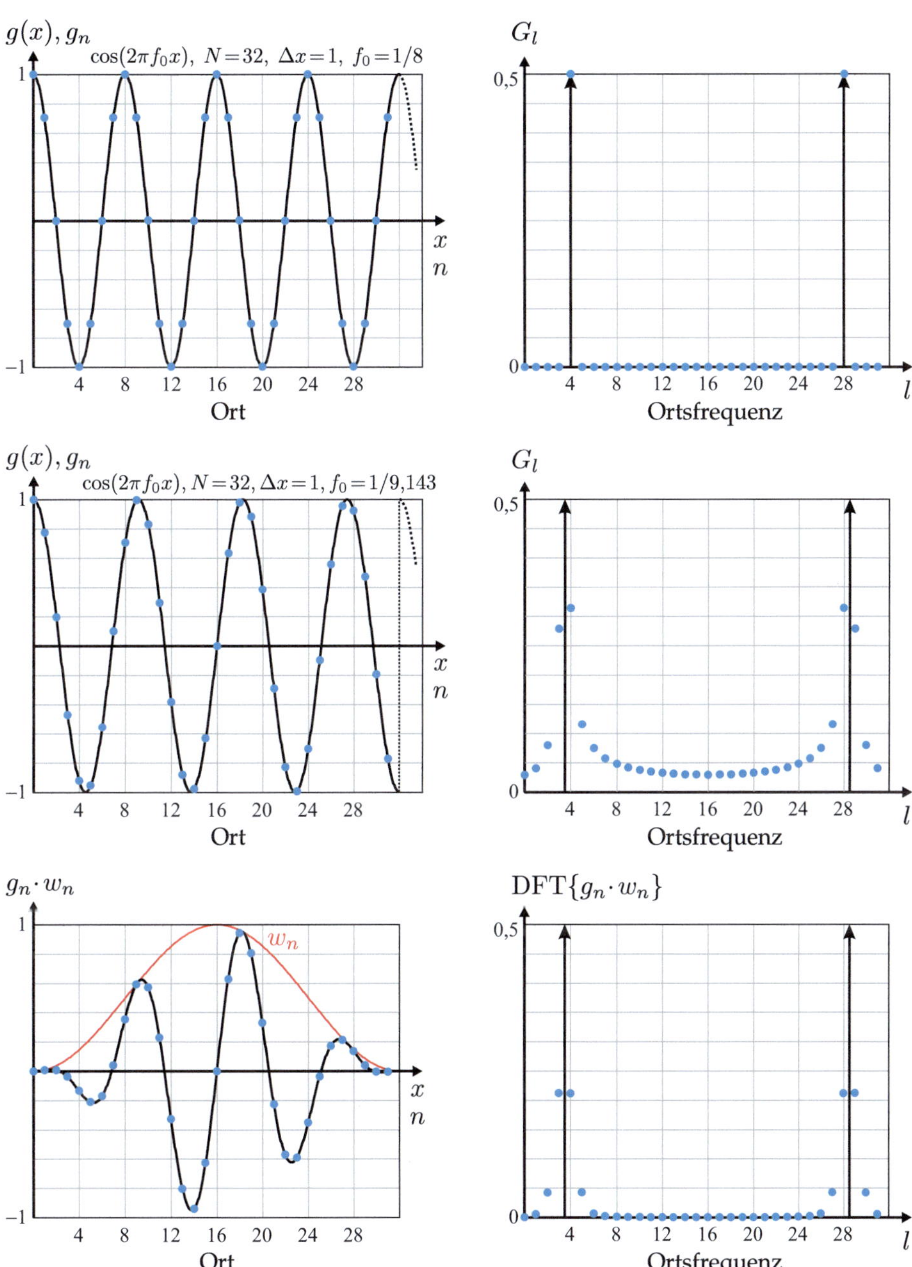

Abbildung 8.13. Leckeffekt: (oben) DFT einer Schwingung ohne Leckeffekt; (Mitte) DFT einer Schwingung mit Leckeffekt; (unten) Reduktion des Leckeffekts durch Fensterung [4].

ein Hann-Fenster herangezogen:

$$w_n := \frac{1}{2}\left(1 - \cos\left(\frac{2\pi n}{N}\right)\right), \qquad x \in [0, N]. \tag{8.135}$$

Verglichen mit dem ungefensterten Signal weist das DFT-Spektrum des gefensterten Signals einen deutlich verminderten Leckeffekt auf. ■

8.3.3.4 Schnelle Fourier-Transformation (FFT)

Die Berechnung der DFT G_l ist sehr rechenintensiv, da für jeden diskreten Frequenzindex l sämtliche Signalwerte g_n, $n \in \{0, \ldots, N-1\}$, herangezogen werden müssen. Mit der **schnellen Fourier-Transformation** (engl. *fast Fourier transform*, FFT) existiert ein schneller Algorithmus zur Berechnung der DFT, der die identische Rechnung wie die DFT durchführt, jedoch mit weniger Rechenoperationen [4,7,16]. Der Rechenaufwand entspricht ca.

- N^2 komplexen Additionen und Multiplikationen bei der DFT und
- $N \,\mathrm{ld}\, N$ komplexen Additionen und Multiplikationen bei der FFT.

Dabei wurde bei der FFT angenommen, dass N eine Potenz von zwei ist, da sich dann der FFT-Algorithmus am effizientesten implementieren lässt.

Der Laufzeitvorteil der FFT gegenüber der DFT macht sich jedoch erst ab einer Signallänge von $N = 16$ bemerkbar. Exemplarisch sei ein Signal der Länge $N = 1024$ betrachtet. Für die DFT ergibt sich in diesem Fall ein Aufwand von $N^2 \approx 10^6$ komplexen Additionen und Multiplikationen; bei Verwendung des FFT-Algorithmus sind es lediglich $N \,\mathrm{ld}\, N \approx 10^4$.

Für eine ausführliche Behandlung der FFT sei insbesondere auf das Buch [4] verwiesen.

8.3.3.5 Faltungstheorem der DFT

Nach dem Faltungssatz (8.55) wird durch die Fourier-Transformation eine Faltung zweier Signale in eine Multiplikation ihrer Spektren überführt. Wenn ein Signal g_n zu dessen Filterung mit einer langen Impulsantwort h_n gefaltet werden soll, ist es aus Rechenzeitgründen vorteilhaft, diese Operation im Ortsfrequenzbereich durchzuführen. Dazu werden zunächst sowohl das Signal g_n als auch die Impulsantwort h_n mit dem FFT-Algorithmus transformiert. Nach der Multiplikation der resultierenden DFT-Spektren G_l bzw. H_l erfolgt die Rücktransformation in den Ortsbereich ebenfalls mit dem FFT-Algorithmus:

$$\mathrm{DFT}^{-1}\{G_l \cdot H_l\} = \sum_{\nu=0}^{N-1} g_\nu \, h_{(n-\nu) \bmod N} = g_n \overset{\substack{\text{zyklisch} \\ \downarrow}}{*} h_n = k_n \,. \tag{8.136}$$

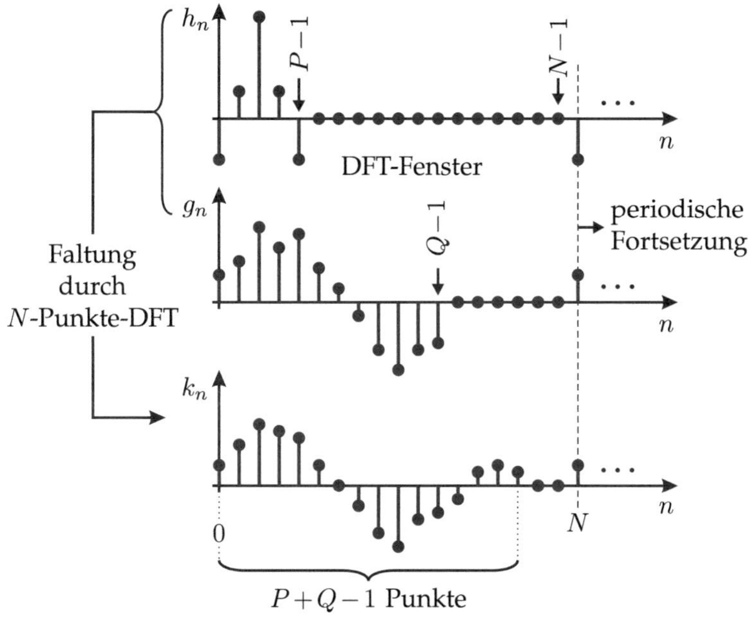

Abbildung 8.14. Zyklische Faltung bei Verwendung der DFT.

Dabei muss beachtet werden, dass die DFT sowohl die Signale g_n und h_n als auch das Faltungsergebnis k_n N-periodisch fortsetzt; bei der Berechnung im Frequenzbereich der DFT resultiert somit eine zyklische Faltung. Der Index $n-\nu$ in der Faltungssumme in (8.136) ist daher modulo N zu verstehen!

Zur Veranschaulichung der zyklischen Faltung sei angenommen, dass das Originalsignal g_n die Länge Q und die Impulsantwort h_n die Länge P habe. Bei einer nichtzyklischen Faltung im Ortsbereich würde ein Signal k_n der Länge $P+Q-1$ resultieren. Das Ergebnis der zyklischen Faltung bei Verwendung der DFT stimmt daher nur mit dem Ergebnis der üblichen (nichtzyklischen) Faltung im Ortsbereich überein, falls die folgende Bedingung erfüllt ist (siehe Abb. 8.14):

$$N \geq P + Q - 1 \,. \tag{8.137}$$

Um sicherzustellen, dass das Ergebnis der Faltung im Frequenzbereich identisch mit dem Ergebnis der Faltung im Ortsbereich ist, kann entweder vor der Fourier-Transformation der Signale g_n und h_n deren Länge N durch Hinzufügen von Nullen (engl. *zero padding*) verlängert werden, damit die Bedingung (8.137) erfüllt ist oder bei der Faltung im Ortsbereich kann bei der Randbehandlung eine zyklische Signalfortsetzung angenommen werden (vgl. Abschn. 9.1.2.3). Der Fehler infolge der Nichtbeachtung dieser Regel wird **Randeffekt** (engl. *end effect*) genannt.

8.3.4 Die zweidimensionale Fourier-Transformation

8.3.4.1 Definition der zweidimensionalen Fourier-Transformation

Die Erweiterung der Fourier-Transformation auf zweidimensionale Signale erfolgt dadurch, dass der Integrationskern $\mathrm{e}^{-\mathrm{j}2\pi fx}$ in (8.38) als Funktion von vier Variablen $\mathrm{e}^{-\mathrm{j}2\pi(f_x x+f_y y)}$ definiert wird [1].

Definition 8.8: Zweidimensionale Fourier-Transformation

Die zweidimensionale Fourier-Transformation bildet die zweidimensionale Funktion $g(\mathbf{x}) : \mathbb{R}^2 \to \mathbb{C}$ des Ortes $\mathbf{x} = (x, y)^\mathrm{T}$ in eine zweidimensionale Funktion $G(\mathbf{f}) : \mathbb{R}^2 \to \mathbb{C}$ der Ortsfrequenz $\mathbf{f} = (f_x, f_y)^\mathrm{T}$ gemäß der folgenden Integraltransformation ab:

$$G(\mathbf{f}) = \mathcal{F}\{g(\mathbf{x})\} := \int_{-\infty}^{\infty}\int_{-\infty}^{\infty} g(\mathbf{x})\,\mathrm{e}^{-\mathrm{j}2\pi\mathbf{f}^\mathrm{T}\mathbf{x}}\,\mathrm{d}\mathbf{x} \tag{8.138}$$

$$= \underbrace{\int_{-\infty}^{\infty}\left(\int_{-\infty}^{\infty} g(\mathbf{x})\,\mathrm{e}^{-\mathrm{j}2\pi f_x x}\,\mathrm{d}x\right)\mathrm{e}^{-\mathrm{j}2\pi f_y y}\,\mathrm{d}y}_{\text{Separabilität}} \tag{8.139}$$

mit $\mathbf{f}^\mathrm{T}\mathbf{x} = f_x\,x + f_y\,y$. Wegen

$$\mathrm{e}^{-\mathrm{j}2\pi\mathbf{f}^\mathrm{T}\mathbf{x}} = \mathrm{e}^{-\mathrm{j}2\pi f_x x}\cdot\mathrm{e}^{-\mathrm{j}2\pi f_y y} \tag{8.140}$$

ist der Kern der Fourier-Transformation faktorisierbar, woraus die Separabilität (8.139) der Transformation resultiert: Eine zweidimensionale Fourier-Transformation lässt sich also durch zwei eindimensionale Transformationen realisieren. Dabei gilt die vektorielle Formulierung (8.138) auch im n-dimensionalen Fall $\mathbf{x} \in \mathbb{R}^n$, $\mathbf{f} \in \mathbb{R}^n$, wenn entsprechend eine n-fache Integration erfolgt.

Zur Rücktransformation der Fourier-Transformierten $G(\mathbf{f})$ in die ursprüngliche Funktion $g(\mathbf{x})$ lautet die Vorschrift:

$$g(\mathbf{x}) = \mathcal{F}^{-1}\{G(\mathbf{f})\} = \int_{-\infty}^{\infty}\int_{-\infty}^{\infty} G(\mathbf{f})\,\mathrm{e}^{\mathrm{j}2\pi\mathbf{f}^\mathrm{T}\mathbf{x}}\,\mathrm{d}\mathbf{f}\,. \tag{8.141}$$

Die Fourier-Transformierte $G(\mathbf{f})$ wird Spektrum des Signals $g(\mathbf{x})$ genannt. ◇

Als Korrespondenzzeichen wird bei der zweidimensionalen Fourier-Transformation im Folgenden das Symbol ○━● verwendet.

Zwar ist die Fourier-Transformation für komplexwertige Signale $g(\mathbf{x}) : \mathbb{R}^2 \rightarrow \mathbb{C}$ definiert, in der Bildverarbeitung tritt jedoch meist der Spezialfall reellwertiger Signale $g(\mathbf{x}) : \mathbb{R}^2 \rightarrow \mathbb{R}$ auf.

Beispiel 8.15 (Fourier-Synthese elektromagnetischer Wellen): Sei $g(\mathbf{x}, t)$ ein beliebiges Signal über Ort $\mathbf{x} = (x, y, z)^{\mathrm{T}}$ und Zeit t. Mit $\boldsymbol{\xi} := (\mathbf{x}^{\mathrm{T}}, t)^{\mathrm{T}} = (x, y, z, t)^{\mathrm{T}}$ kann man $g(\mathbf{x}, t) = g(\boldsymbol{\xi})$ schreiben. Nun wird die vierdimensionale Fourier-Transformierte dieses Signals betrachtet:

$$\begin{aligned}\mathcal{F}\{g(\boldsymbol{\xi})\} &= \int_{-\infty}^{\infty}\int_{-\infty}^{\infty}\int_{-\infty}^{\infty}\int_{-\infty}^{\infty} g(\boldsymbol{\xi})\,\mathrm{e}^{-\mathrm{j}2\pi\boldsymbol{\eta}^{\mathrm{T}}\boldsymbol{\xi}}\,\mathrm{d}\boldsymbol{\xi} \qquad \text{mit} \quad \mathrm{d}\boldsymbol{\xi} = \mathrm{d}x\,\mathrm{d}y\,\mathrm{d}z\,\mathrm{d}t \\ &=: G(\boldsymbol{\eta}), \end{aligned} \tag{8.142}$$

wobei $\boldsymbol{\eta} := (f_x, f_y, f_z, \nu)^{\mathrm{T}}$ mit dem Ortsfrequenzvektor $\mathbf{f} = (f_x, f_y, f_z)^{\mathrm{T}}$ und der Zeitfrequenz ν. Die inverse Fourier-Transformation liefert nun

$$g(\boldsymbol{\xi}) = \mathcal{F}^{-1}\{G(\boldsymbol{\eta})\} = \int_{-\infty}^{\infty}\int_{-\infty}^{\infty}\int_{-\infty}^{\infty}\int_{-\infty}^{\infty} G(\boldsymbol{\eta})\,\mathrm{e}^{\mathrm{j}2\pi\boldsymbol{\eta}^{\mathrm{T}}\boldsymbol{\xi}}\,\mathrm{d}\boldsymbol{\eta} \tag{8.143}$$

mit $\mathrm{d}\boldsymbol{\eta} = \mathrm{d}f_x\,\mathrm{d}f_y\,\mathrm{d}f_z\,\mathrm{d}\nu$ und folglich

$$g(\mathbf{x}, t) = g(\boldsymbol{\xi}) = \mathcal{F}^{-1}\{G(\boldsymbol{\eta})\} = \int_{-\infty}^{\infty}\int_{-\infty}^{\infty}\int_{-\infty}^{\infty}\int_{-\infty}^{\infty} G(\mathbf{f}, \nu)\,\underbrace{\mathrm{e}^{\mathrm{j}2\pi(\mathbf{f}^{\mathrm{T}}\mathbf{x}+\nu t)}}_{\text{ebene Welle}}\,\mathrm{d}\mathbf{f}\,\mathrm{d}\nu\,.$$

Die Kernfunktionen $\mathrm{e}^{\mathrm{j}2\pi(\mathbf{f}^{\mathrm{T}}\mathbf{x}+\nu t)}$ entsprechen ebenen harmonischen Wellen gemäß (2.32), wie man mittels $\omega = 2\pi\nu$ und $\mathbf{k} = -2\pi\mathbf{f}$ sieht.[7] Eine beliebige elektromagnetische Welle $g(\mathbf{x}, t)$ kann somit als Überlagerung von überabzählbar unendlich vielen ebenen harmonischen Wellen dargestellt werden [8].

Allgemein bezeichnet man die Konstruktion einer Funktion $g(\,\cdot\,)$ durch inverse Fourier-Transformation ihres Spektrums $G(\,\cdot\,)$ als **Fourier-Synthese**. ■

8.3.4.2 Eigenschaften der zweidimensionalen Fourier-Transformation

Zusätzlich zu den in Abschn. 8.3.1 behandelten Eigenschaften der eindimensionalen Fourier-Transformation werden im Folgenden Zusammenhänge vorgestellt,

---

[7]Den in Kap. 2 verwendeten Spezialfall $\mathbf{k} = \frac{2\pi}{\lambda}\mathbf{e}_3$ erhält man durch Transformation in ein geeignetes Koordinatensystem. Dies schränkt die Aussage ebensowenig ein wie der Unterschied im Vorzeichen von $\mathbf{f}$ und $\mathbf{k}$. Durch die Integration über ν von $-\infty$ bis ∞ werden sowohl „vorwärts-" als auch „rückwärtslaufende" Wellen abgedeckt.

die speziell für die zweidimensionale Fourier-Transformation von großer praktischer Bedeutung sind.

Satz 8.14: Separationssatz
Sind die Variablen x und y der Funktion $g(\mathbf{x})$ separierbar, so lässt sich die Funktion faktorisieren. Wegen der Separabilität der Fourier-Transformation werden die Faktoren getrennt transformiert:

$$g(\mathbf{x}) = g_1(x)\, g_2(y) \quad \circ\!\!-\!\!\bullet \quad G(\mathbf{f}) = G_1(f_x)\, G_2(f_y) \tag{8.144}$$

mit

$$g_1(x) \;\circ\!\!-\!\!\bullet\; G_1(f_x) \qquad \text{und} \qquad g_2(y) \;\circ\!\!-\!\!\bullet\; G_2(f_y)\,. \tag{8.145}$$

Jeder Faktor wird also für sich eindimensional transformiert. ◇

Beispiel 8.16 (2D-Fourier-Transformation einer separierbaren Funktion): Gegeben sei die Funktion

$$g(\mathbf{x}) = \delta(x)\, \cos(2\pi f_{y0} y)\,. \tag{8.146}$$

Mit dem Separationssatz (8.144) ergibt sich die Fourier-Transformierte zu:

$$G(\mathbf{f}) = 1(f_x)\, \frac{1}{2}\big(\delta(f_y + f_{y0}) + \delta(f_y - f_{y0})\big)\,, \tag{8.147}$$

wobei der Ausdruck $1(f_x)$ andeuten soll, dass $G(\mathbf{f})$ unabhängig von f_x ist.[8] Abbildung 8.15 illustriert die Funktion $g(\mathbf{x})$ und deren Spektrum $G(\mathbf{f})$. ■

Beispiel 8.17 (Fourier-Transformation der zweidimensionalen Gauß-Funktion): Die zweidimensionale Gauß-Funktion $g(\mathbf{x})$ lässt sich als Produkt zweier eindimensionaler Gauß-Funktionen gemäß (8.103) darstellen:

$$g(\mathbf{x}) = \frac{1}{2\pi\sigma^2}\, \mathrm{e}^{-\frac{\|\mathbf{x}\|^2}{2\sigma^2}} = \underbrace{\frac{1}{\sqrt{2\pi}\sigma}\, \mathrm{e}^{-\frac{x^2}{2\sigma^2}}}_{g(x)} \cdot \underbrace{\frac{1}{\sqrt{2\pi}\sigma}\, \mathrm{e}^{-\frac{y^2}{2\sigma^2}}}_{g(y)}\,. \tag{8.148}$$

---

[8] Die Funktion $1(u) : \mathbb{R} \to \{1\}$ oder $1(u) \equiv 1$ ist konstant gleich eins bzgl. ihres Argumentes u und somit als Faktor eigentlich redundant. Bei Signalen mit mehrdimensionalem Argument fungiert sie aber als hilfreicher Merkposten, um insbesondere die mehrdimensionale Fourier-Transformation korrekt durchzuführen.

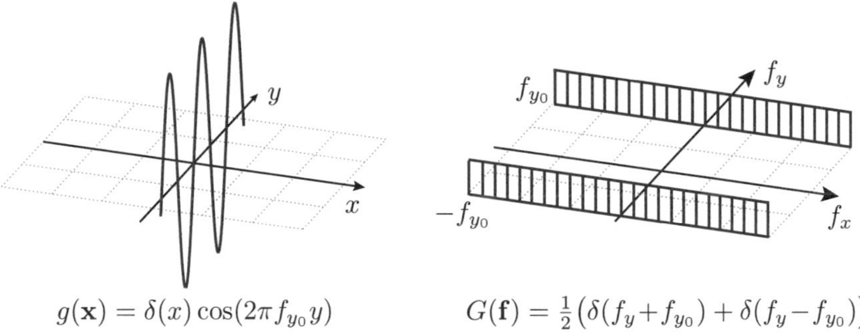

Abbildung 8.15. Beispiel zum Separationssatz. Dieses Bild strapaziert insofern das Anschauungsvermögen, dass auf beiden Seiten „Dirac-Terme" auftreten; die dargestellten Verläufe sind die Gewichte davon. Was es mit diesen sogenannten Messerfunktionen auf sich hat, wird in Abschn. 8.3.5 behandelt.

Mit dem Separationssatz (8.144) und mit (8.109) ergibt sich für die Fourier-Transformierte $G(\mathbf{f})$:

$$G(\mathbf{f}) = G(f_x)\, G(f_y) = \mathrm{e}^{-(\pi\sqrt{2}\sigma f_x)^2}\, \mathrm{e}^{-(\pi\sqrt{2}\sigma f_y)^2} = \mathrm{e}^{-2\pi^2\sigma^2\|\mathbf{f}\|^2} . \tag{8.149}$$

Hierbei handelt es sich ebenfalls um eine Gauß-Funktion. ■

Satz 8.15: Lineare Koordinatentransformation

Die lineare Koordinatentransformation ist das Pendant der eindimensionalen Ortsskalierung im Mehrdimensionalen. Betrachtet wird hier eine lineare Transformation des Ortsvektors $\mathbf{x} = (x, y)^{\mathrm{T}}$ durch die reguläre $2{\times}2$-Matrix $\mathbf{A}$:

$$\boldsymbol{\xi} = \mathbf{A}\mathbf{x} , \qquad \det \mathbf{A} \neq 0 \tag{8.150}$$

Für das Spektrum des transformierten Signals $g(\boldsymbol{\xi}) = g(\mathbf{A}\mathbf{x})$ erhält man:

$$\mathcal{F}\{g(\mathbf{A}\mathbf{x})\} = \int_{-\infty}^{\infty}\int_{-\infty}^{\infty} g(\mathbf{A}\mathbf{x})\, \mathrm{e}^{-\mathrm{j}2\pi\mathbf{f}^{\mathrm{T}}\mathbf{x}}\, \mathrm{d}\mathbf{x} \quad \text{mit} \quad \mathrm{d}\boldsymbol{\xi} = |\det \mathbf{A}|\, \mathrm{d}\mathbf{x} \tag{8.151}$$

$$= |\det \mathbf{A}|^{-1} \int_{-\infty}^{\infty}\int_{-\infty}^{\infty} g(\boldsymbol{\xi})\, \mathrm{e}^{-\mathrm{j}2\pi((\mathbf{A}^{-1})^{\mathrm{T}}\mathbf{f})^{\mathrm{T}}\boldsymbol{\xi}}\, \mathrm{d}\boldsymbol{\xi} \tag{8.152}$$

$$= |\det \mathbf{A}|^{-1}\, G\big((\mathbf{A}^{-1})^{\mathrm{T}}\mathbf{f}\big) . \tag{8.153}$$

Abbildung 8.16 zeigt Beispiele zur Drehung, Stauchung/Dehnung und Scherung eines rechteckförmigen Signals. Die entsprechenden Transformationsmatrizen sind für die Drehung

$$\mathbf{A} = \begin{pmatrix} \cos\alpha & \sin\alpha \\ -\sin\alpha & \cos\alpha \end{pmatrix}, \tag{8.154}$$

für die Stauchung und Dehnung

$$\mathbf{A} = \begin{pmatrix} k_1 & 0 \\ 0 & k_2 \end{pmatrix} \tag{8.155}$$

und für die Scherung

$$\mathbf{A} = \begin{pmatrix} 1 & -a \\ 0 & 1 \end{pmatrix}. \tag{8.156}$$

Insbesondere folgt aus Abb. 8.16(b), dass rotationssymmetrische Signale rotationssymmetrische Spektren haben. ◇

Satz 8.16: Faltungssatz
Genauso wie im Eindimensionalen, wird auch im Mehrdimensionalen die Faltung zweier Funktionen $g(\mathbf{x})$ und $h(\mathbf{x})$ durch die Fourier-Transformation in eine Multiplikation ihrer Spektren überführt:

$$k(\mathbf{x}) = g(\mathbf{x}) ** h(\mathbf{x}) = \int_{-\infty}^{\infty}\int_{-\infty}^{\infty} g(\alpha,\beta)\, h(x-\alpha, y-\beta)\, \mathrm{d}\alpha\, \mathrm{d}\beta \tag{8.157}$$

$$K(\mathbf{f}) = G(\mathbf{f}) \cdot H(\mathbf{f}). \tag{8.158}$$

Dabei bezeichnet der Operator $**$ eine zweidimensionale Faltung. ◇

Beispiel 8.18 (Systemtheoretische Beschreibung der optischen Abbildung): Die optische Abbildung mit einer Linse kann näherungsweise durch ein LSI-System beschrieben werden. Dabei wird durch die Impulsantwort $h(\mathbf{x})$ die Antwort des Abbildungssystems auf einen Dirac-Impuls $\delta(\mathbf{x})$ beschrieben, der als Eingangsbild anschaulich einem sehr hellen Punkt eingebettet in einem dunklen Hintergrund entspricht (siehe Abb. 8.17). Die Impulsantwort $h(\mathbf{x})$ wird daher auch **Punktverschmierungsfunktion** (engl. *point spread function*, PSF) genannt.

Durch Fourier-Transformation ergibt sich aus der Impulsantwort die **optische Übertragungsfunktion** (engl. *optical transfer function*, OTF) $H(\mathbf{f})$ des Abbildungssystems.

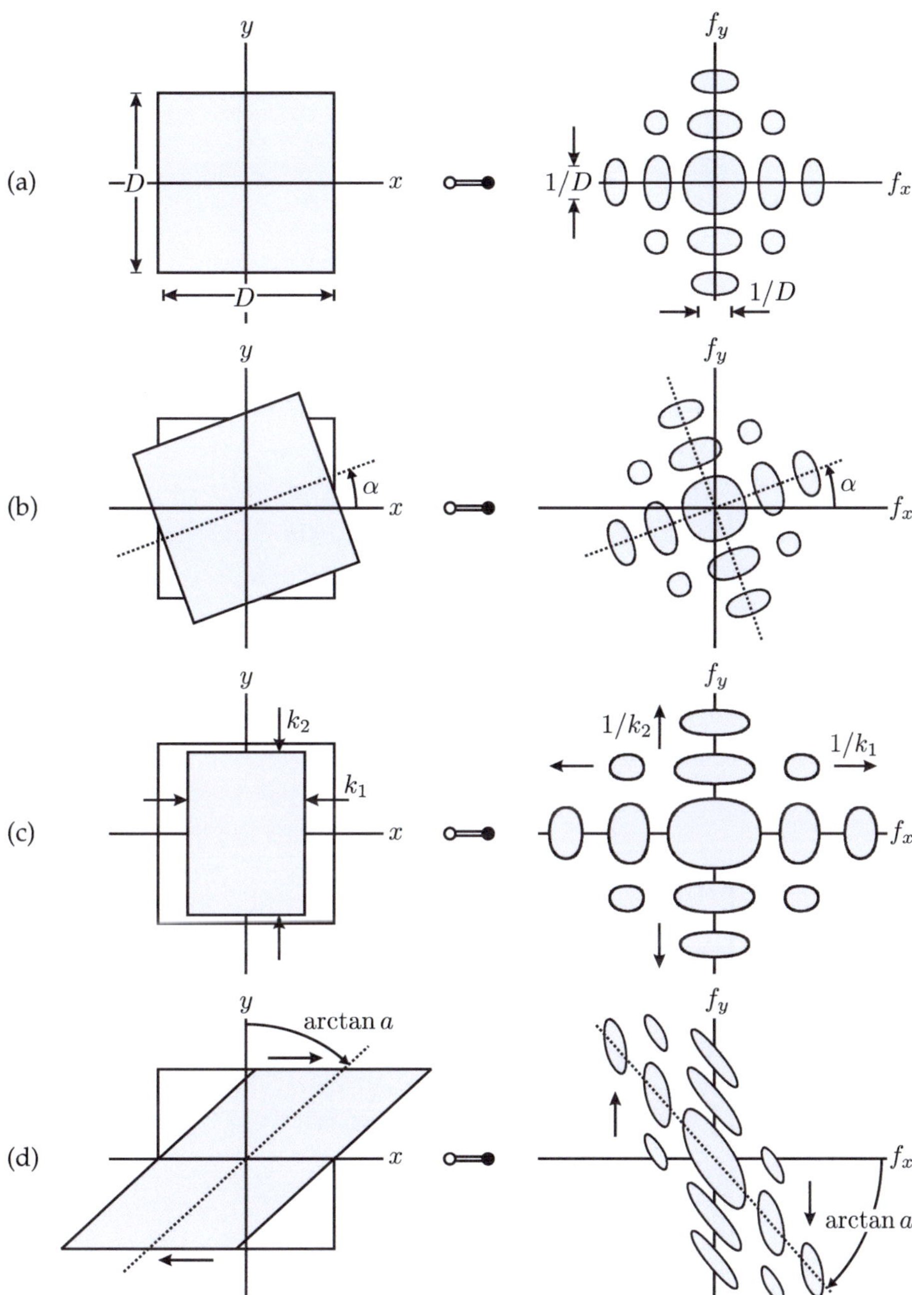

Abbildung 8.16. Beispiele zur linearen Koordinatentransformation: (a) Original; (b) Drehung; (c) Stauchung/Dehnung; (d) Scherung [1].

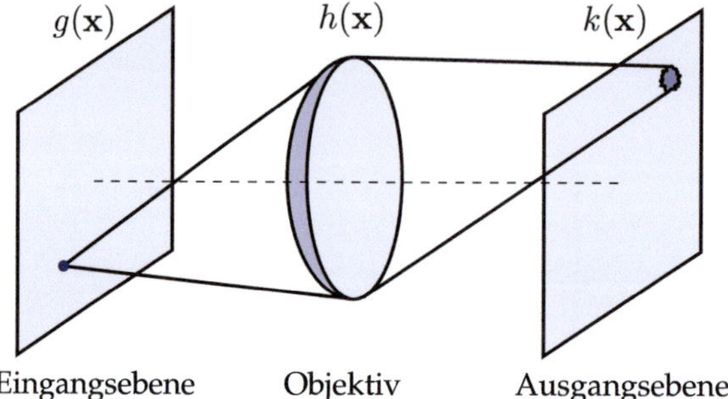

Abbildung 8.17. Systemtheoretische Beschreibung der optischen Abbildung als LSI-System.

Diese Beschreibung umfasst insbesondere auch den Fall der unscharfen optischen Abbildung (vgl. Abschn. 3.4.4):

$$h(\mathbf{x}) = k \operatorname{rect}\left(\frac{\|\mathbf{x}\|}{\varepsilon}\right) \quad ○\!\!-\!\!● \quad H(\mathbf{f}) = k\,\frac{\varepsilon}{2} \cdot \frac{J_1(\pi\varepsilon\|\mathbf{f}\|)}{\|\mathbf{f}\|}\,. \tag{8.159}$$

Dabei bezeichnet J_n die Bessel-Funktion 1. Art der Ordnung n; vgl. (2.170) [5]. Abbildung 8.18 zeigt den Verlauf der Übertragungsfunktion $H(\mathbf{f})$ der unscharfen optischen Abbildung, die Tiefpasscharakteristik aufweist. Der erste Nullstellenkreis von $H(\mathbf{f})$ liegt bei $\|\mathbf{f}\| = 1{,}22\,\varepsilon^{-1}$. Geht man mit $\varepsilon \to 0$ zur scharfen Abbildung über, wandert dieser Kreis nach unendlich, sodass $H(\mathbf{f}) \equiv 1$ wird, was einer idealen Übertragungsfunktion im Ortsfrequenzbereich und einem Dirac-Impuls im Ortsbereich entspricht. ■

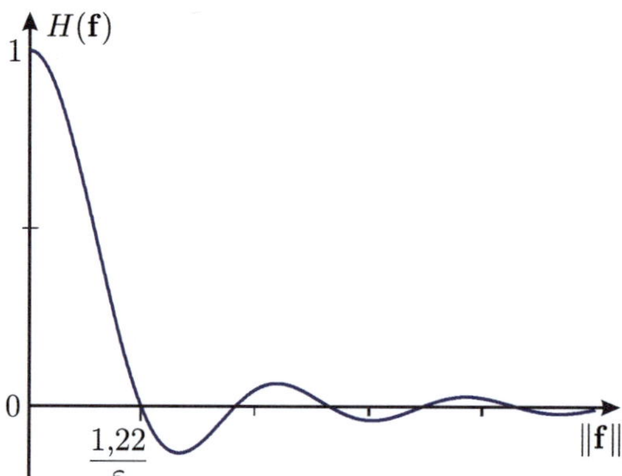

Abbildung 8.18. Übertragungsfunktion der unscharfen optischen Abbildung. Aufgrund der Rotationssymmetrie genügt die Darstellung eines radialen Schnittes durch $H(\mathbf{f})$. Qualitativ erinnert dieser Verlauf an die Sinc-Funktion.

8.3.5 Delta-Funktionen im Zweidimensionalen

Beim Übergang in das Zweidimensionale müssen beim Dirac-Impuls zwei wichtige Fälle unterschieden werden. Bei einem skalaren Argument wie der Ortsvariablen x bedeutet $\delta(x)$ im Zweidimensionalen implizit, dass $\delta(x)$ bzgl. der zweiten Ortsvariablen y konstant ist. Bildlich gesprochen ist der Dirac-Impuls in y-Richtung extrudiert und es resultiert eine in y-Richtung unendlich ausgedehnte, sogenannte **Messerfunktion** (vgl. Abb. 8.15 rechts). Die folgende Formulierung macht den Sachverhalt explizit:

$$\delta(x) = \delta(\mathbf{x}^{\mathrm{T}}\mathbf{e}_x) = \delta(x)\,1(y) \quad \circ\!\!-\!\!\bullet \quad 1(f_x)\,\delta(f_y) = \delta(f_y) = \delta(\mathbf{f}^{\mathrm{T}}\mathbf{e}_y)\,. \tag{8.160}$$

Anschaulich lässt sich diese Messerfunktion wie folgt charakterisieren:

$$\delta(x) \text{ „=“ } \begin{cases} \infty & \text{für } x = 0, \text{ d. h. auf der } y\text{-Achse} \\ 0 & \text{sonst} \end{cases} . \tag{8.161}$$

Eine Messerfunktion in allgemeiner Lage lässt sich durch die Einführung von um den Winkel φ rotierten Basisvektoren $\mathbf{e}_\varphi$ und $\mathbf{e}_{\varphi\perp}$ mit

$$\mathbf{e}_\varphi = (\cos\varphi, \sin\varphi)^{\mathrm{T}}, \quad \mathbf{e}_{\varphi\perp} = (-\sin\varphi, \cos\varphi)^{\mathrm{T}} \tag{8.162}$$

und eines Ursprungsabstandes $d \in \mathbb{R}$ beschreiben:

$$\delta(\mathbf{x}^{\mathrm{T}}\mathbf{e}_\varphi - d)\,. \tag{8.163}$$

Der Ursprungsabstand d kann auch durch den Vektor

$$\mathbf{d} := \mathbf{e}_\varphi\, d \tag{8.164}$$

ausgedrückt werden, sodass aus (8.163) folgt:

$$\delta(\mathbf{x}^{\mathrm{T}}\mathbf{e}_\varphi - d) = \delta(\mathbf{x}^{\mathrm{T}}\mathbf{e}_\varphi - \mathbf{d}^{\mathrm{T}}\mathbf{e}_\varphi) = \delta((\mathbf{x}-\mathbf{d})^{\mathrm{T}}\mathbf{e}_\varphi)\,. \tag{8.165}$$

Nach (8.160), (8.164) und mit Hilfe des Verschiebungssatzes (8.64) ergibt sich für die Messerfunktion in allgemeiner Lage:

$$\delta((\mathbf{x}-\mathbf{d})^{\mathrm{T}}\mathbf{e}_\varphi) \quad \circ\!\!-\!\!\bullet \quad \delta(\mathbf{f}^{\mathrm{T}}\mathbf{e}_{\varphi\perp})\,\mathrm{e}^{-\mathrm{j}2\pi\mathbf{f}^{\mathrm{T}}\mathbf{d}} = \delta(\mathbf{f}^{\mathrm{T}}\mathbf{e}_{\varphi\perp})\,\mathrm{e}^{-\mathrm{j}2\pi\mathbf{f}^{\mathrm{T}}\mathbf{e}_\varphi d}\,. \tag{8.166}$$

Die Messerfunktion $\delta(\mathbf{f}^{\mathrm{T}}\mathbf{e}_{\varphi\perp})$ geht durch den Ursprung des Ortsfrequenzbereiches und steht senkrecht auf der Messerfunktion $\delta(\mathbf{x}^{\mathrm{T}}\mathbf{e}_\varphi - d)$ im Ortsbereich.

Beim zweiten wichtigen Fall hat der Dirac-Impuls ein vektorielles Argument. Hier wird die Definition (8.9) praktisch unverändert ins Zweidimensionale (ins Höherdimensionale) übertragen.

Definition 8.9: Zweidimensionaler Dirac-Impuls

Der zweidimensionale Dirac-Impuls ist wie folgt definiert:

$$\int\limits_{-\infty}^{\infty}\int\limits_{-\infty}^{\infty} \delta(\mathbf{x}-\mathbf{x}_0)\, g(\mathbf{x})\, \mathrm{d}\mathbf{x} = g(\mathbf{x}_0) \qquad \text{mit } g(\mathbf{x}) \text{ stetig in } \mathbf{x}_0. \tag{8.167}$$

Genauso wie im Eindimensionalen bewirkt der zweidimensionale Dirac-Impuls $\delta(\mathbf{x}-\mathbf{x}_0)$ zusammen mit dem Integral die Entnahme des Funktionswertes von $g(\mathbf{x})$ an der Stelle $\mathbf{x}_0$. ◇

Der zweidimensionale Dirac-Impuls lässt sich wie folgt approximieren:

$$\delta_\varepsilon(\mathbf{x}-\mathbf{x}_0) = \frac{1}{\varepsilon^2}\,\mathrm{rect}\left(\frac{x-x_0}{\varepsilon}\right)\mathrm{rect}\left(\frac{y-y_0}{\varepsilon}\right) \xrightarrow{\varepsilon\to 0} \delta(\mathbf{x}-\mathbf{x}_0)\,. \tag{8.168}$$

Dies entspricht dem Produkt der Approximationen $\delta_\varepsilon(x)$ und $\delta_\varepsilon(y)$ zweier eindimensionaler Dirac-Impulse nach (8.11); siehe Abb. 8.19.

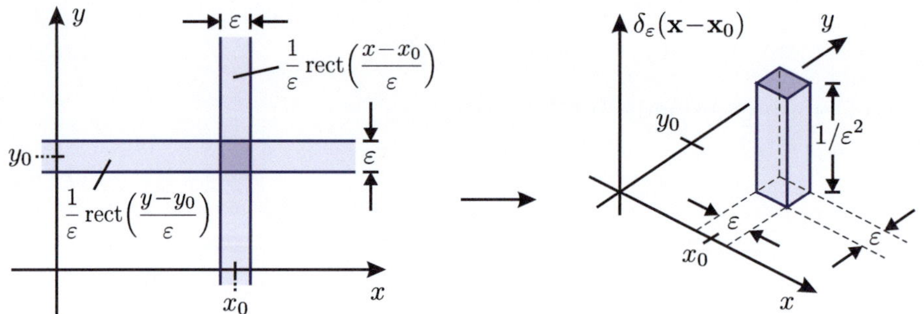

Abbildung 8.19. Approximation der zweidimensionalen δ-Funktion.

Für den zweidimensionalen Dirac-Impuls gilt der folgende Zusammenhang:

$$\delta(\mathbf{x}) = \delta(x)\,\delta(y)\,, \tag{8.169}$$

d. h. der zweidimensionale Dirac-Impuls lässt sich als Produkt zweier orthogonal verlaufender Messerfunktionen schreiben (dyadisches Produkt). Ferner gilt:

$$\int\limits_{-\infty}^{\infty}\int\limits_{-\infty}^{\infty} \delta(\mathbf{x})\, \mathrm{d}\mathbf{x} = 1\,, \tag{8.170}$$

$$g(\mathbf{x}) ** \delta(\mathbf{x}-\mathbf{x}_0) = g(\mathbf{x}-\mathbf{x}_0)\,. \tag{8.171}$$

Nach (8.168) lässt sich der zweidimensionale Dirac-Impuls anschaulich als eine unendlich schmale Funktion unendlicher Höhe interpretieren:

$$\delta(\mathbf{x}) \text{ „=“ } \begin{cases} \infty & \text{für } \mathbf{x} = \mathbf{0} \\ 0 & \text{sonst} \end{cases} . \tag{8.172}$$

8.3.6 Sprungfunktion im Zweidimensionalen

Mit der Sprungfunktion in zwei Dimensionen können sogenannte Stufenkanten (siehe Abschn. 12.2) in Bildern signaltheoretisch modelliert werden.

Eine Sprungfunktion, die beim Übergang von der linken zur rechten Halbebene des $\mathbb{R}^2$ von null auf eins springt, kann durch die Heaviside-Funktion $H(x)$ aus (8.18) notiert werden als:

$$H(x) = H(x)\,1(y) = H(\mathbf{x}^{\mathrm{T}}\mathbf{e}_x)\,1(\mathbf{x}^{\mathrm{T}}\mathbf{e}_y)\,. \tag{8.173}$$

Mit Hilfe des Separationssatzes (8.144) und der Korrespondenz für die eindimensionale Sprungfunktion (8.95) lässt sich die Fourier-Transformierte wie folgt berechnen:

$$\begin{aligned} \mathcal{F}\{H(\mathbf{x}^{\mathrm{T}}\mathbf{e}_x)\,1(\mathbf{x}^{\mathrm{T}}\mathbf{e}_y)\} &= \mathcal{F}\{H(\mathbf{f}^{\mathrm{T}}\mathbf{e}_x)\}\,\delta(\mathbf{f}^{\mathrm{T}}\mathbf{e}_y) && (8.174)\\ &= \left(\frac{1}{\mathrm{j}2\pi f_x} + \frac{1}{2}\,\delta(f_x)\right)\delta(f_y) && (8.175)\\ &= \frac{\delta(f_y)}{\mathrm{j}2\pi f_x} + \frac{1}{2}\,\delta(\mathbf{f}) && (8.176)\\ &= \frac{\delta(\mathbf{f}^{\mathrm{T}}\mathbf{e}_y)}{\mathrm{j}2\pi\mathbf{f}^{\mathrm{T}}\mathbf{e}_x} + \frac{1}{2}\,\delta(\mathbf{f})\,. && (8.177) \end{aligned}$$

Nun soll die Orientierung der Stufenkante durch eine Rotation verallgemeinert werden. Dazu wird das Koordinatensystem um den Winkel φ gedreht, was zu den entsprechenden Basisvektoren $\mathbf{e}_\varphi = (\cos\varphi, \sin\varphi)^{\mathrm{T}}$ und $\mathbf{e}_{\varphi\perp} = (-\sin\varphi, \cos\varphi)^{\mathrm{T}}$ führt. Ersetzen der bisherigen Basisvektoren in (8.177) durch die rotierten Basisvektoren liefert die Fourier-Transformierte einer Stufenkante, die durch den Ursprung geht und um den Winkel φ gedreht ist:[9]

$$\mathcal{F}\{H(\mathbf{x}^{\mathrm{T}}\mathbf{e}_\varphi)\} = \frac{\delta(\mathbf{f}^{\mathrm{T}}\mathbf{e}_{\varphi\perp})}{\mathrm{j}2\pi\mathbf{f}^{\mathrm{T}}\mathbf{e}_\varphi} + \frac{1}{2}\,\delta(\mathbf{f})\,. \tag{8.178}$$

Abschließend folgt noch eine letzte Verallgemeinerung, die einen Ursprungsabstand von d berücksichtigt:

$$H(\mathbf{x}^{\mathrm{T}}\mathbf{e}_\varphi - d)\,. \tag{8.179}$$

---

[9] Es gilt $g(\mathbf{x}^{\mathrm{T}}\mathbf{e}_\varphi) = g(\mathbf{x}^{\mathrm{T}}\mathbf{e}_\varphi)1(\mathbf{x}^{\mathrm{T}}\mathbf{e}_{\varphi\perp})$.

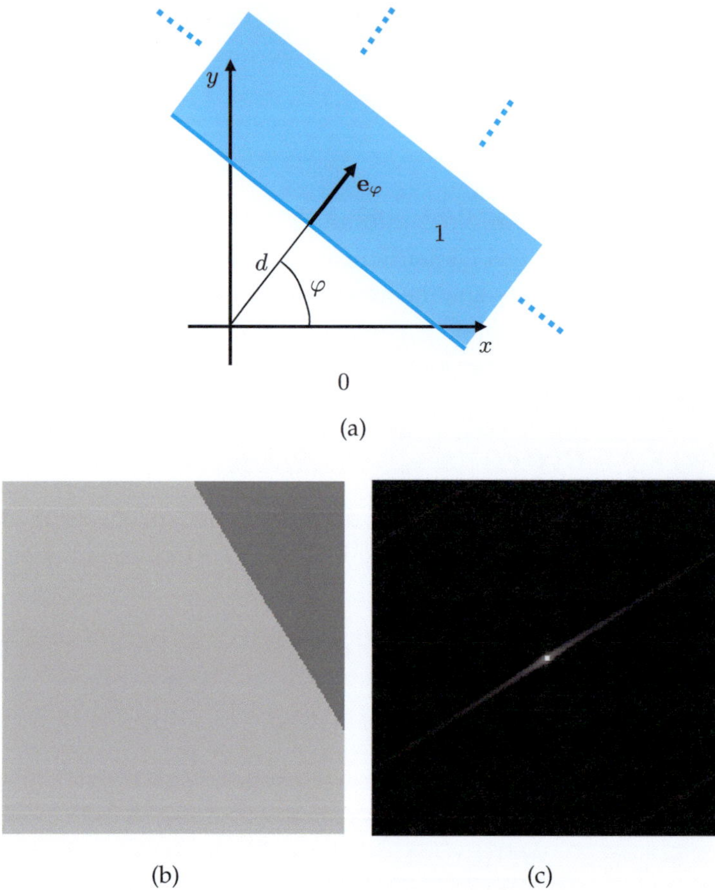

Abbildung 8.20. Veranschaulichungen zur Sprungfunktion: (a) Signalmodell für eine Stufenkante in einem Bild – die blaue Halbebene des $\mathbb{R}^2$ habe den Wert 1 und die verbleibende Halbebene den Wert 0; (b) Grauwertbild $g(\mathbf{x})$ mit Stufenkante; (c) zweidimensionale Fourier-Transformierte von $g(\mathbf{x})$, berechnet mittels der diskreten Fourier-Transformation (DFT) und dargestellt als $\log\left(1 + |\mathrm{DFT}\{g_{mn}\}|\right)$, wobei für die zweidimensionale DFT auf Abschn. 8.3.9 verwiesen sei. Wie man sieht, konzentriert sich das Spektrum auf eine Ursprungsgerade senkrecht zum Verlauf der Stufenkante.

Mit Hilfe des Verschiebungssatzes (8.64) folgt:

$$H(\mathbf{x}^{\mathrm{T}}\mathbf{e}_\varphi - d) \quad \circ\!\!-\!\!\bullet \quad \mathcal{F}\{H(\mathbf{x}^{\mathrm{T}}\mathbf{e}_\varphi)\}\,\mathrm{e}^{-\mathrm{j}2\pi\mathbf{f}^{\mathrm{T}}\mathbf{e}_\varphi d} \tag{8.180}$$

$$= \left(\frac{\delta\left(\mathbf{f}^{\mathrm{T}}\mathbf{e}_{\varphi\perp}\right)}{\mathrm{j}2\pi\mathbf{f}^{\mathrm{T}}\mathbf{e}_\varphi} + \frac{1}{2}\,\delta(\mathbf{f})\right)\mathrm{e}^{-\mathrm{j}2\pi\mathbf{f}^{\mathrm{T}}\mathbf{e}_\varphi d}\,. \tag{8.181}$$

Abbildung 8.20 dient der zusätzlichen Veranschaulichung.

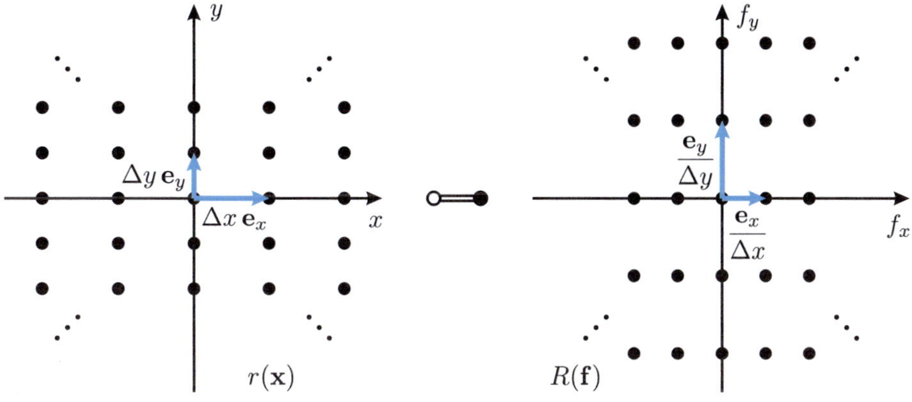

Abbildung 8.21. Zweidimensionales Abtastraster $r(\mathbf{x})$ und Fourier-Transformierte $R(\mathbf{f})$.

8.3.7 Abtastung zweidimensionaler Signale

Analog zu Abschn. 8.3.2 kann die Abtastung zweidimensionaler Signale mathematisch durch eine Multiplikation des kontinuierlichen Signals $g(\mathbf{x})$ mit einer zweidimensionalen Impulsfolge $r(\mathbf{x})$ beschrieben werden, die als Abtastraster fungiert (vgl. Abb. 8.21):

$$r(\mathbf{x}) = \sum_{m=-\infty}^{\infty} \sum_{n=-\infty}^{\infty} \delta(\mathbf{x} - m\,\Delta x\,\mathbf{e}_x - n\,\Delta y\,\mathbf{e}_y) \tag{8.182}$$

$$= \left(\sum_{m=-\infty}^{\infty} \delta(x - m\,\Delta x) \right) \left(\sum_{n=-\infty}^{\infty} \delta(y - n\,\Delta y) \right) \tag{8.183}$$

$$\circ\!\!-\!\!\bullet$$

$$R(\mathbf{f}) = \left(\frac{1}{\Delta x} \sum_{k=-\infty}^{\infty} \delta\!\left(f_x - \frac{k}{\Delta x} \right) \right) \left(\frac{1}{\Delta y} \sum_{l=-\infty}^{\infty} \delta\!\left(f_y - \frac{l}{\Delta y} \right) \right) \tag{8.184}$$

$$= \frac{1}{\Delta x\,\Delta y} \sum_{k=-\infty}^{\infty} \sum_{l=-\infty}^{\infty} \delta\!\left(\mathbf{f} - \frac{k}{\Delta x}\,\mathbf{e}_x - \frac{l}{\Delta y}\,\mathbf{e}_y \right) . \tag{8.185}$$

Dabei lässt sich die zweidimensionale Folge von 2D-Impulsen (8.182) durch eine Multiplikation zweier orthogonaler Folgen von Messerfunktionen gemäß (8.183) darstellen. Beim Übergang in den Frequenzbereich wurde vom Separationssatz der Fourier-Transformation Gebrauch gemacht, sodass jeder der beiden Faktoren eindimensional transformiert wurde. Die Fourier-Transformierte $R(\mathbf{f})$ des Abtastrasters $r(\mathbf{x})$ ist somit ebenfalls eine zweidimensionale Impulsfolge (vgl. Abb. 8.21).

Die Abtastraster $r(\mathbf{x})$ und $R(\mathbf{f})$ sind durch die „Gittervektoren" $\Delta x\,\mathbf{e}_x$ und $\Delta y\,\mathbf{e}_y$ (bzw. durch $\frac{\mathbf{e}_x}{\Delta x}$ und $\frac{\mathbf{e}_y}{\Delta y}$) eindeutig festgelegt. Bis auf eine Translation lässt sich jedes regelmäßige Abtastraster durch eine lineare Koordinatentransformation aus dem achsparallelen Raster (8.182) erzeugen, wofür der Ortsvektor $\mathbf{x}$ gemäß (8.150) mit der regulären Transformationsmatrix $\mathbf{A}$ multipliziert wird:

$$\tilde{r}(\mathbf{x}) = \sum_m \sum_n \delta(\mathbf{A}\mathbf{x} - m\,\Delta x\,\mathbf{e}_x - n\,\Delta y\,\mathbf{e}_y)\,, \qquad \det \mathbf{A} \neq 0 \tag{8.186}$$

$$= \sum_m \sum_n \delta(\mathbf{A}(\mathbf{x} - m\,\underbrace{\Delta x\,\mathbf{A}^{-1}\,\mathbf{e}_x}_{=:\,\mathbf{b}_1} - n\,\underbrace{\Delta y\,\mathbf{A}^{-1}\,\mathbf{e}_y}_{=:\,\mathbf{b}_2})) \tag{8.187}$$

$$\propto \sum_m \sum_n \delta(\mathbf{x} - m\,\mathbf{b}_1 - n\,\mathbf{b}_2)\,. \tag{8.188}$$

Die Lokationen der Dirac-Impulse sind durch die Nullstellen ihrer Argumente bestimmt. Wegen der Regularität von $\mathbf{A}$ gilt

$$\mathbf{A}\boldsymbol{\xi} = \mathbf{0} \qquad \Leftrightarrow \qquad \boldsymbol{\xi} = \mathbf{0}\,, \tag{8.189}$$

was die Umformung von (8.187) zu (8.188) begründet. Dabei wurde in (8.188) der Vorfaktor unterdrückt, da im Folgenden lediglich die Lokationen der Dirac-Impulse interessieren. Durch Fourier-Transformation von (8.186) erhält man:

$$\tilde{R}(\mathbf{f}) \propto \sum_k \sum_l \delta\Big((\mathbf{A}^{-1})^{\mathrm{T}}\mathbf{f} - k\,\frac{\mathbf{e}_x}{\Delta x} - l\,\frac{\mathbf{e}_y}{\Delta y}\Big) \tag{8.190}$$

$$= \sum_k \sum_l \delta\Big((\mathbf{A}^{-1})^{\mathrm{T}}\Big(\mathbf{f} - k\,\underbrace{\mathbf{A}^{\mathrm{T}}\,\frac{\mathbf{e}_x}{\Delta x}}_{=:\,\mathbf{w}_1} - l\,\underbrace{\mathbf{A}^{\mathrm{T}}\,\frac{\mathbf{e}_y}{\Delta y}}_{=:\,\mathbf{w}_2}\Big)\Big) \tag{8.191}$$

$$\propto \sum_k \sum_l \delta(\mathbf{f} - k\,\mathbf{w}_1 - l\,\mathbf{w}_2)\,. \tag{8.192}$$

Durch die Koordinatentransformation ergibt sich aus dem achsparallelen Raster $r(\mathbf{x})$ im Allgemeinen ein schiefwinkliges Abtastraster $\tilde{r}(\mathbf{x})$, das im Ortsbereich durch die Gittervektoren $\mathbf{b}_1$ und $\mathbf{b}_2$ und im Frequenzbereich durch die Gittervektoren $\mathbf{w}_1$ und $\mathbf{w}_2$ bestimmt wird (vgl. Abb. 8.22). Für die Innenprodukte der Gittervektoren gilt:

$$\mathbf{b}_1^{\mathrm{T}}\,\mathbf{w}_1 = \Delta x\,\mathbf{e}_x^{\mathrm{T}}\,\underbrace{(\mathbf{A}^{-1})^{\mathrm{T}}\mathbf{A}^{\mathrm{T}}}_{\mathbf{I}}\,\frac{\mathbf{e}_x}{\Delta x} = 1\,, \tag{8.193}$$

$$\mathbf{b}_1^{\mathrm{T}}\,\mathbf{w}_2 = \Delta x\,\mathbf{e}_x^{\mathrm{T}}\,\underbrace{(\mathbf{A}^{-1})^{\mathrm{T}}\mathbf{A}^{\mathrm{T}}}_{\mathbf{I}}\,\frac{\mathbf{e}_y}{\Delta y} = 0\,, \tag{8.194}$$

$$\mathbf{b}_2^{\mathrm{T}}\,\mathbf{w}_2 = 1\,, \tag{8.195}$$

$$\mathbf{b}_2^{\mathrm{T}}\,\mathbf{w}_1 = 0\,, \tag{8.196}$$

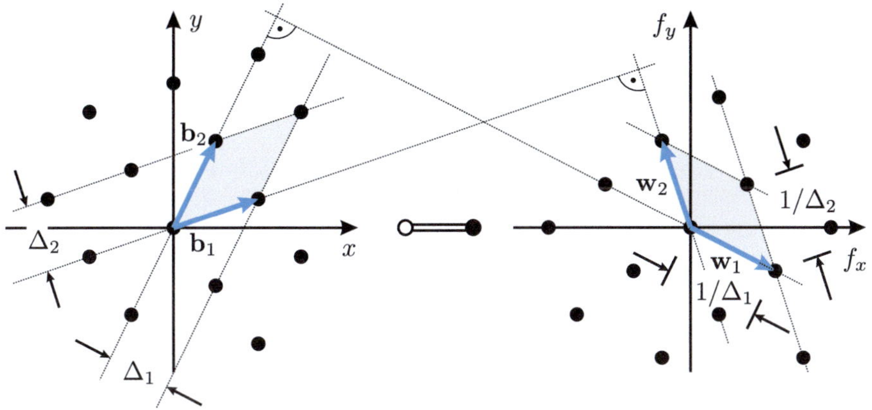

Abbildung 8.22. Basisvektoren zur Beschreibung eines schiefwinkligen Abtastrasters $\tilde{r}(\mathbf{x})$ und seines Spektrums $\tilde{R}(\mathbf{f})$ [1].

wobei $\mathbf{I}$ die Einheitsmatrix bezeichnet. In Matrixschreibweise ergibt sich daraus der Zusammenhang:

$$\begin{pmatrix} \mathbf{b}_1^{\mathrm{T}}\mathbf{w}_1 & \mathbf{b}_1^{\mathrm{T}}\mathbf{w}_2 \\ \mathbf{b}_2^{\mathrm{T}}\mathbf{w}_1 & \mathbf{b}_2^{\mathrm{T}}\mathbf{w}_2 \end{pmatrix} = (\mathbf{b}_1, \mathbf{b}_2)^{\mathrm{T}} (\mathbf{w}_1, \mathbf{w}_2) = (\mathbf{w}_1, \mathbf{w}_2)^{\mathrm{T}} (\mathbf{b}_1, \mathbf{b}_2) = \mathbf{I} \tag{8.197}$$

und somit:

$$(\mathbf{w}_1, \mathbf{w}_2) = \begin{pmatrix} \mathbf{b}_1^{\mathrm{T}} \\ \mathbf{b}_2^{\mathrm{T}} \end{pmatrix}^{-1}, \qquad (\mathbf{b}_1, \mathbf{b}_2) = \begin{pmatrix} \mathbf{w}_1^{\mathrm{T}} \\ \mathbf{w}_2^{\mathrm{T}} \end{pmatrix}^{-1}. \tag{8.198}$$

Mit diesen Gleichungen lässt sich aus einem Abtastraster im Ortsbereich das korrespondierende Raster im Ortsfrequenzbereich berechnen und umgekehrt. Zwischen den Rastern im Ortsbereich und im Ortsfrequenzbereich gilt die folgende Reziprozitätsbeziehung [1]:

$$\det(\mathbf{b}_1, \mathbf{b}_2) = \frac{1}{\det(\mathbf{w}_1, \mathbf{w}_2)}. \tag{8.199}$$

Die Fläche des durch $\mathbf{b}_1$ und $\mathbf{b}_2$ aufgespannten Parallelogramms ist damit reziprok zur Fläche des durch $\mathbf{w}_1$ und $\mathbf{w}_2$ aufgespannten Parallelogramms.

Mit dem Abtastraster $\tilde{r}(\mathbf{x})$ lässt sich schließlich die Abtastung des kontinuierlichen Signals $g(\mathbf{x})$ wie folgt beschreiben:

$$g_*(\mathbf{x}) = g(\mathbf{x}) \cdot \tilde{r}(\mathbf{x}) \quad \circ\!\!-\!\!\bullet \quad G_*(\mathbf{f}) = G(\mathbf{f}) ** \tilde{R}(\mathbf{f}) \tag{8.200}$$

bzw.

$$\sum_{m,n} g(m\mathbf{b}_1 + n\mathbf{b}_2)\,\delta(\mathbf{x} - m\mathbf{b}_1 - n\mathbf{b}_2) \quad \circ\!\!-\!\!\bullet \quad \propto \sum_{k,l} G(\mathbf{f} - k\mathbf{w}_1 - l\mathbf{w}_2)\,. \tag{8.201}$$

An den Abtaststellen $\mathbf{x} = m\,\mathbf{b}_1 + n\,\mathbf{b}_2$ erhält man das zweidimensionale, ortsdiskrete Signal

$$g_{mn} := g(m\,\mathbf{b}_1 + n\,\mathbf{b}_2)\,, \qquad m, n \in \mathbb{Z}\,. \tag{8.202}$$

Infolge der Abtastung wird das Spektrum $G(\mathbf{f})$ mit dem Abtastraster $\tilde{R}(\mathbf{f})$ periodisch fortgesetzt. Jeder Dirac-Impuls von $\tilde{R}(\mathbf{f})$ reproduziert durch die Faltung (8.200) das ursprüngliche Spektrum $G(\mathbf{f})$ an seiner Position.

8.3.8 Abtasttheorem für zweidimensionale Signale

Bei zweidimensionalen Signalen kann die Abtastbedingung (8.111) verallgemeinert werden, damit aus den diskreten Abtastwerten g_{mn} das kontinuierliche Signal $g(\mathbf{x})$ vollständig und fehlerfrei rekonstruiert werden kann.

Satz 8.17: Abtasttheorem für zweidimensionale Signale

Sei $g(\mathbf{x})$ bandbegrenzt, d. h. es gibt ein beschränktes Gebiet $\Omega_G \in \mathbb{R}^2$, sodass gilt:

$$G(\mathbf{f}) = 0 \qquad \text{für} \qquad \mathbf{f} \notin \Omega_G\,. \tag{8.203}$$

Das Signal $g(\mathbf{x})$ kann dann aus seinen auf einem regelmäßigen Abtastraster gewonnenen Abtastwerten g_{mn} fehlerfrei rekonstruiert werden, wenn bei der periodischen Fortsetzung des Spektrums $G(\mathbf{f})$ keine Überlappungen entstehen. ◇

Die Rekonstruktion des kontinuierlichen Signals $g(\mathbf{x})$ kann mit einem Interpolationsfilter mit der Impulsantwort $i_{\Omega_G}(\mathbf{x})$ erfolgen:

$$i_{\Omega_G}(\mathbf{x}) = \mathcal{F}^{-1}\{I_{\Omega_G}(\mathbf{f})\} \qquad \text{mit} \qquad I_{\Omega_G}(\mathbf{f}) := \begin{cases} 1 & \text{für } \mathbf{f} \in \Omega_G \\ 0 & \text{sonst} \end{cases}\,. \tag{8.204}$$

Die zweidimensionale Faltung des diskreten Signals g_{mn} mit $i_{\Omega_G}(\mathbf{x})$ entspricht im Ortsfrequenzbereich einer Multiplikation des Spektrums $G_*(\mathbf{f})$ mit der Übertragungsfunktion $I_{\Omega_G}(\mathbf{f})$ und ergibt das Rekonstruktionsergebnis:

$$g(\mathbf{x}) = \sum_m \sum_n g_{mn}\, i_{\Omega_G}(\mathbf{x} - m\,\mathbf{b}_1 - n\,\mathbf{b}_2) \quad \circ\!\!-\!\!\bullet \quad G(\mathbf{f})\,. \tag{8.205}$$

Um eine optimale Abtastung eines Signals $g(\mathbf{x})$ – im Sinne der gröbsten zulässigen Abtastung – zu erzielen, muss es infolge der periodischen Fortsetzung zu einer möglichst dichten Packung der Spektren $G(\mathbf{f} - k\,\mathbf{w}_1 - l\,\mathbf{w}_2)$ im Frequenzbereich kommen. Dies wird anhand des folgenden Beispiels gezeigt.

Beispiel 8.19 (Optimale Abtastung): Gegeben sei ein bandbegrenztes Bildsignal $g(\mathbf{x})$ mit einem Spektrum $G(\mathbf{f})$ gemäß Abb. 8.23 (oben links). Gesucht wird ein Abtastraster $r(\mathbf{x})$, welches das Bild möglichst sparsam abtastet. Aus der dichtesten Packung der Spektren (Abb. 8.23 oben rechts) werden die Gittervektoren $\mathbf{w}_1, \mathbf{w}_2$ des optimalen Abtastrasters $R(\mathbf{f})$ im Ortsfrequenzbereich abgeleitet (Abb. 8.23 unten rechts). Schließlich können mit (8.198) die Gittervektoren $\mathbf{b}_1, \mathbf{b}_2$ des Abtastrasters $r(\mathbf{x})$ im Ortsbereich berechnet werden (Abb. 8.23 unten links). ■

Beispiel 8.20 (Aliasing bei Bildsignalen): Wird bei zweidimensionalen Signalen das Abtasttheorem verletzt, so ändert sich im Allgemeinen nicht nur der Betrag der im Bild enthaltenen Frequenzkomponenten, sondern auch die Richtung der zugehörigen harmonischen Funktionen (vgl. Abb. 8.24). Vermeiden lässt

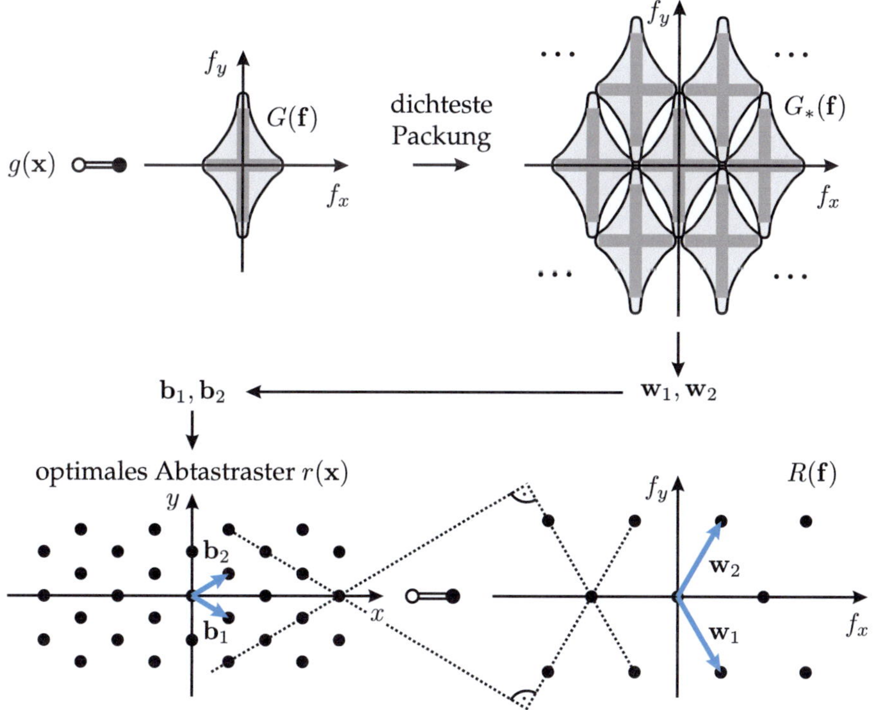

Abbildung 8.23. Konstruktion eines optimalen Abtastrasters $r(\mathbf{x})$.

sich dieser Aliasing-Effekt bei bandbegrenzten Signalen (8.203) durch eine ausreichend hohe Abtastrate, sodass das Abtasttheorem erfüllt wird. Alternativ kann zur Bandbegrenzung eine Tiefpassfilterung des Eingangsbildes vor der Diskretisierung vorgenommen werden, was z. B. durch eine unscharfe optische Abbildung gemäß (8.159) realisiert werden kann. ■

Abbildung 8.24. Aliasing-Effekt an einem Testbild mit konzentrischen Ringen: linker oberer Quadrant mit 512×512, rechter oberer Quadrant mit 256×256, linker unterer Quadrant mit 128×128 und rechter unterer Quadrant mit 64×64 Pixeln abgetastet. (Testbild links oben nach [14])

8.3.9 Die zweidimensionale DFT

Aufgrund der Separabilität der Fourier-Transformation kann die DFT (8.126) auf nahe liegende Weise auf zwei Dimensionen erweitert werden.

Definition 8.10: Zweidimensionale DFT

Die zweidimensionale diskrete Fourier-Transformation (2D-DFT) eines Signals g_{mn} lautet:

$$G_{kl} := \sum_{m=0}^{M-1} \left(\sum_{n=0}^{N-1} g_{mn} \, \mathrm{e}^{-\mathrm{j}2\pi \frac{nl}{N}} \right) \mathrm{e}^{-\mathrm{j}2\pi \frac{mk}{M}} \tag{8.206}$$

$$= \sum_{m=0}^{M-1} \sum_{n=0}^{N-1} g_{mn} \, \mathrm{e}^{-\mathrm{j}2\pi \left(\frac{mk}{M} + \frac{nl}{N} \right)} . \tag{8.207}$$

Aus dem frequenzdiskreten Spektrum G_{kl} lässt sich das diskrete Signal durch die inverse 2D-DFT rekonstruieren:

$$g_{mn} = \frac{1}{MN} \sum_{k=0}^{M-1} \sum_{l=0}^{N-1} G_{kl} \, \mathrm{e}^{\mathrm{j}2\pi \left(\frac{mk}{M} + \frac{nl}{N} \right)} . \tag{8.208}$$

Analog zur DFT setzt die 2D-DFT implizit g_{mn} und G_{kl} in beide Koordinatenrichtungen *periodisch* fort (vgl. Abb. 8.25). ◇

Zwischen dem Ortsvektor **x** bzw. dem Ortsfrequenzvektor **f** und den zugehörigen Indizes m, n bzw. k, l gelten die folgenden Zusammenhänge:

$$\mathbf{x} = (m\,\Delta x, n\,\Delta y)^{\mathrm{T}} , \qquad \mathbf{f} = \left(\frac{k}{M\,\Delta x}, \frac{l}{N\,\Delta y} \right)^{\mathrm{T}} . \tag{8.209}$$

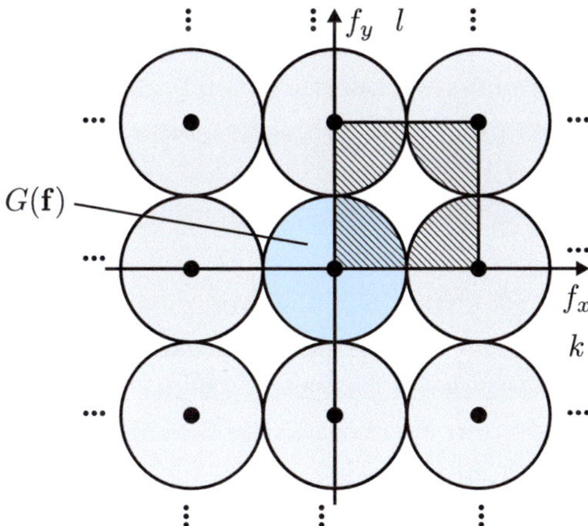

Abbildung 8.25. Periodische Fortsetzung des Spektrums $G(\mathbf{f})$ sowie Ausschnitt, den die DFT liefert.

8.3.9.1 Praktische Berechnung der 2D-DFT

Aufgrund der Separabilität der Fourier-Transformation lässt sich die 2D-DFT (8.206) durch eine zeilen- und anschließend eine spaltenweise 1D-DFT oder umgekehrt berechnen. Der Aufwand dabei entspricht

- N^2M^2 komplexen Multiplikationen und Additionen bei einer direkten Berechnung,
- $MN(\mathrm{ld}\,M + \mathrm{ld}\,N)$ komplexen Multiplikationen und Additionen bei einer Berechnung mittels der 1D-FFT.

Der infolge der Frequenzbegrenzung resultierende Ausschnitt des DFT-Spektrums weist eine ungewohnte Anordnung der Frequenzen auf (schraffiertes Fenster in Abb. 8.25). Der Koordinatenursprung befindet sich an der unteren linken Ecke $(k, l) = (0, 0)$ des Fensters; die Fenstermitte entspricht den höchsten Ortsfrequenzen im Bild. Die gewohnte Anordnung des DFT-Spektrums, bei der sich der Koordinatenursprung mittig an der Position $(M/2, N/2)$ befindet, erhält man durch Überkreuzvertauschung der vier Quadranten des DFT-Fensters. Der gleiche Sachverhalt gilt auch im Ortsbereich.

8.3.9.2 Faltungstheorem der 2D-DFT

Auch im Zweidimensionalen kann eine Faltung zweier Signale oftmals effizienter im Ortsfrequenzbereich mit Hilfe des FFT-Algorithmus implementiert werden:

$$\mathrm{DFT}^{-1}\{G_{kl} \cdot H_{kl}\} = g_{mn} \underbrace{**}_{\text{zyklische Faltung}} h_{mn} \tag{8.210}$$

$$= \sum_{\mu=0}^{M-1} \sum_{\nu=0}^{N-1} g_{\mu,\nu}\, h_{(m-\mu) \bmod M,\, (n-\nu) \bmod N} \,. \tag{8.211}$$

Wie in Abschn. 8.3.3.5 erläutert, handelt es sich hierbei um eine zyklische Faltung. Um den Randeffekt zu vermeiden, muss das Bild durch Hinzufügen von Nullen (engl. *zero padding*) in beiden Dimensionen vergrößert werden (vgl. Abb. 8.26) oder bei der Behandlung des Bildrandes muss eine zyklische Fortsetzung des Bildes angenommen werden (vgl. Abschn. 9.1.2.3).

8.3.9.3 Bedeutung von Betrag und Phase

Als komplexwertige Größe lässt sich das DFT-Spektrum (8.206) getrennt nach Betrag und Phase angeben. Meist wird lediglich das Betragsspektrum dargestellt, welches beschreibt, welche Ortsfrequenzen wie stark am Aufbau des Bildes beteiligt sind. Damit gibt das Betragsspektrum Auskunft darüber, ob die Bildstrukturen eher langwellig („glatt") oder hochfrequent („rau") sind.

Nach dem Verschiebungssatz (8.64) liefert jedoch das Phasenspektrum die äußerst wichtige Information über die Lage, an der diese Strukturen auftreten. Für

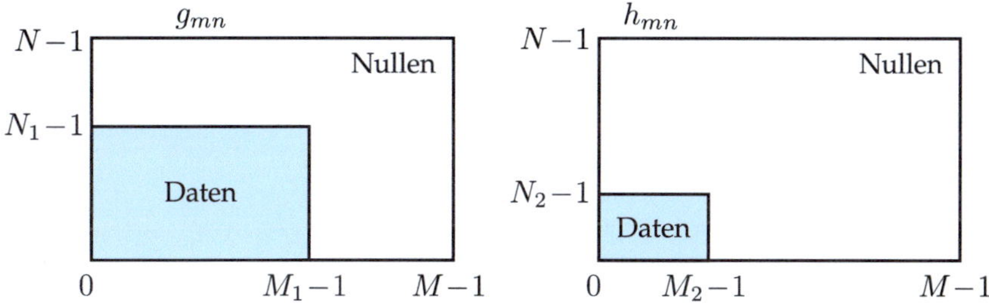

Abbildung 8.26. Hinzufügen von Nullen (*zero padding*) zur Vermeidung des Randeffektes.

eine Verschiebung eines Bildsignals $g(\mathbf{x})$ um den Vektor $\mathbf{x}_0$ gilt demnach der Zusammenhang:

$$g(\mathbf{x}-\mathbf{x}_0) \quad \circ\!\!-\!\!\bullet \quad G(\mathbf{f})\,\mathrm{e}^{-\mathrm{j}2\pi\mathbf{f}^{\mathrm{T}}\mathbf{x}_0}\,. \tag{8.212}$$

Wegen $|\mathrm{e}^{-\mathrm{j}2\pi\mathbf{f}^{\mathrm{T}}\mathbf{x}_0}| = 1$ ändert eine Verschiebung um $\mathbf{x}_0$ *nur* die Phase des Spektrums, nicht aber den Betrag. Die Bedeutung der Phase des Spektrums soll anhand eines Beispiels illustriert werden.

Beispiel 8.21 (Bedeutung des Phasenspektrums): Die Bilder $g_1(\mathbf{x})$ und $g_2(\mathbf{x})$ nach Abb. 8.27(a) bzw. (b) werden einer diskreten Fourier-Transformation unterzogen. Im Fourier-Bereich wird dem Spektrum $|G_1(\mathbf{f})|\,\mathrm{e}^{\mathrm{j}\varphi_1(\mathbf{f})}$ des ersten Bildes die Phase $\varphi_2(\mathbf{f})$ des zweiten Bildes zugeordnet und umgekehrt. Anschließend werden beide Bilder mit der inversen DFT rücktransformiert, vgl. Abb. 8.27(c) und (d). An den Ergebnissen wird deutlich, dass die in den Originalbildern erkenntlichen Strukturen im Wesentlichen durch das Phasenspektrum geprägt werden. Ohne die Phaseninformation lässt sich daher ein Signal nicht rekonstruieren. ■

8.3.9.4 Beispiele zur zweidimensionalen DFT

Im vorliegenden Abschnitt werden Beispiele zur zweidimensionalen DFT anhand von Testsignalen und von realen Aufnahmen diskutiert. Zur Definition einiger wichtiger Testsignale ist es erforderlich, zuvor den ortsdiskreten Dirac-Impuls einzuführen.

Definition 8.11: Ortsdiskreter Dirac-Impuls

Der eindimensionale ortsdiskrete Dirac-Impuls ist wie folgt definiert:

$$\delta_n := \begin{cases} 1 & \text{für } n = 0 \\ 0 & \text{sonst} \end{cases} \,. \tag{8.213}$$

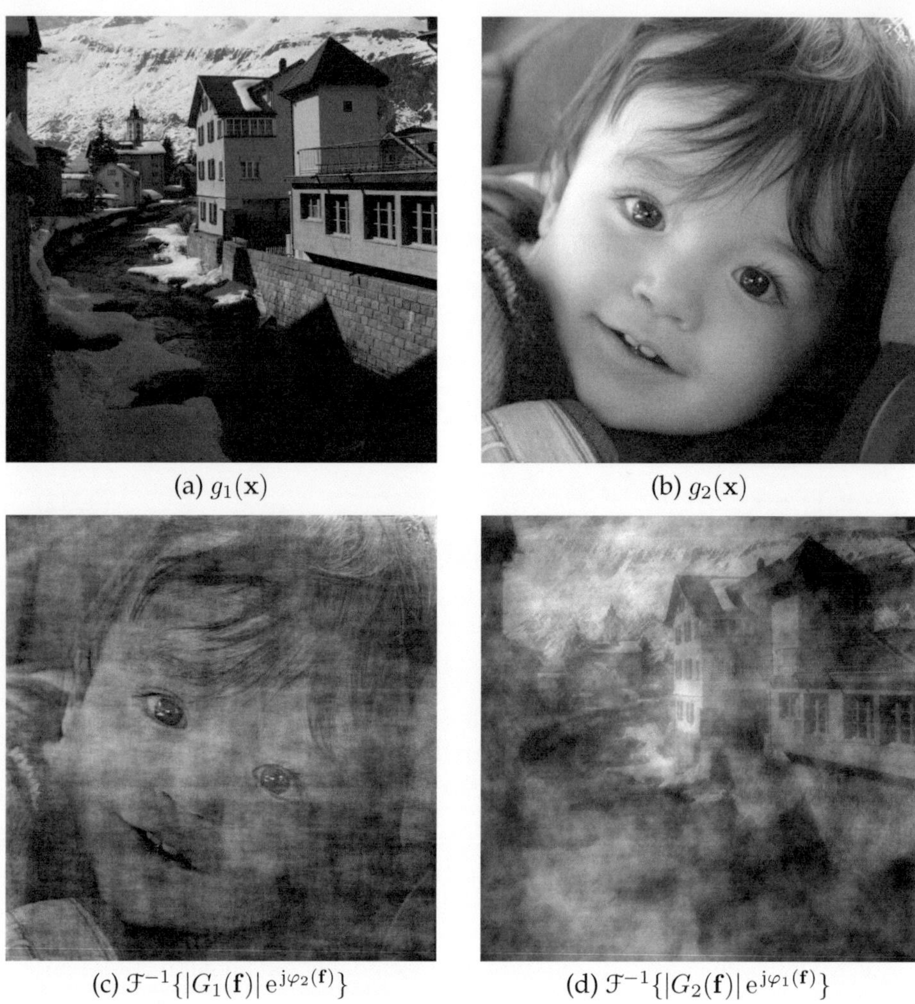

(a) $g_1(\mathbf{x})$ (b) $g_2(\mathbf{x})$

(c) $\mathcal{F}^{-1}\{|G_1(\mathbf{f})|\,\mathrm{e}^{\mathrm{j}\varphi_2(\mathbf{f})}\}$ (d) $\mathcal{F}^{-1}\{|G_2(\mathbf{f})|\,\mathrm{e}^{\mathrm{j}\varphi_1(\mathbf{f})}\}$

Abbildung 8.27. Beispiel zur Bedeutung von Betrag und Phase. Die Lageinformation von Bildstrukturen steht im Ortsfrequenzbereich im Phasenspektrum.

Der zweidimensionale ortsdiskrete Dirac-Impuls ist definiert durch

$$\delta_{mn} := \delta_m \cdot \delta_n = \begin{cases} 1 & \text{für } m = 0 \text{ und } n = 0 \\ 0 & \text{sonst} \end{cases} . \tag{8.214}$$

◇

Beispiel 8.22 (DFT einer horizontalen Linie): Ein Bild mit einer horizontalen Linie lässt sich mathematisch mittels einer ortsdiskreten Dirac-Geraden oder „Messerfunktion"

$$g_{mn} = \delta_{n-n_0} \tag{8.215}$$

gemäß Abb. 8.28(a) darstellen. Durch zweidimensionale DFT erhält man:

$$G_{kl} = \sum_{n=0}^{N-1} \left(\sum_{m=0}^{M-1} g_{mn}\, \mathrm{e}^{-\mathrm{j}2\pi \frac{mk}{M}} \right) \mathrm{e}^{-\mathrm{j}2\pi \frac{nl}{N}} \tag{8.216}$$

$$= \sum_{n=0}^{N-1} \delta_{n-n_0} \underbrace{\sum_{m=0}^{M-1} \mathrm{e}^{-\mathrm{j}2\pi \frac{mk}{M}}}_{=M\,\delta_k} \mathrm{e}^{-\mathrm{j}2\pi \frac{nl}{N}} \tag{8.217}$$

$$= M\,\delta_k\, \mathrm{e}^{-\mathrm{j}2\pi \frac{n_0 l}{N}} \,. \tag{8.218}$$

Der Betrag des DFT-Spektrums

$$|G_{kl}| = M\,\delta_k \tag{8.219}$$

ist sowohl unabhängig von l als auch von der vertikalen Verschiebung n_0 und entspricht einer Dirac-Geraden durch den Koordinatenursprung senkrecht zur ursprünglichen Geraden; siehe Abb. 8.28(a) unten. Da infolge der periodischen Fortsetzung des Bildes g_{mn} keine Signalverfälschungen entstehen, weist das DFT-Spektrum trotz der Ortsbegrenzung keinen Leckeffekt auf. ■

Beispiel 8.23 (DFT einer diagonalen Linie): Das Bild der diagonalen Linie in Abb. 8.28(b) oben lässt sich mit $M = N$ durch die folgende Funktion beschreiben:

$$g_{mn} = \delta_{m+n-M+1} \,. \tag{8.220}$$

Eine zweidimensionale DFT ergibt:

$$G_{kl} = \sum_{n=0}^{M-1} \left(\sum_{m=0}^{M-1} \delta_{m+n-M+1}\, \mathrm{e}^{-\mathrm{j}2\pi \frac{mk}{M}} \right) \mathrm{e}^{-\mathrm{j}2\pi \frac{nl}{M}} \tag{8.221}$$

$$= \sum_{n=0}^{M-1} \mathrm{e}^{-\mathrm{j}2\pi \frac{(M-1-n)k}{M}}\, \mathrm{e}^{-\mathrm{j}2\pi \frac{nl}{M}} \tag{8.222}$$

$$= \mathrm{e}^{\mathrm{j}2\pi \frac{k}{M}} \sum_{n=0}^{M-1} \mathrm{e}^{\mathrm{j}2\pi \frac{n}{M}(k-l)} \tag{8.223}$$

$$= M\,\delta_{k-l}\, \mathrm{e}^{\mathrm{j}2\pi \frac{k}{M}} \,. \tag{8.224}$$

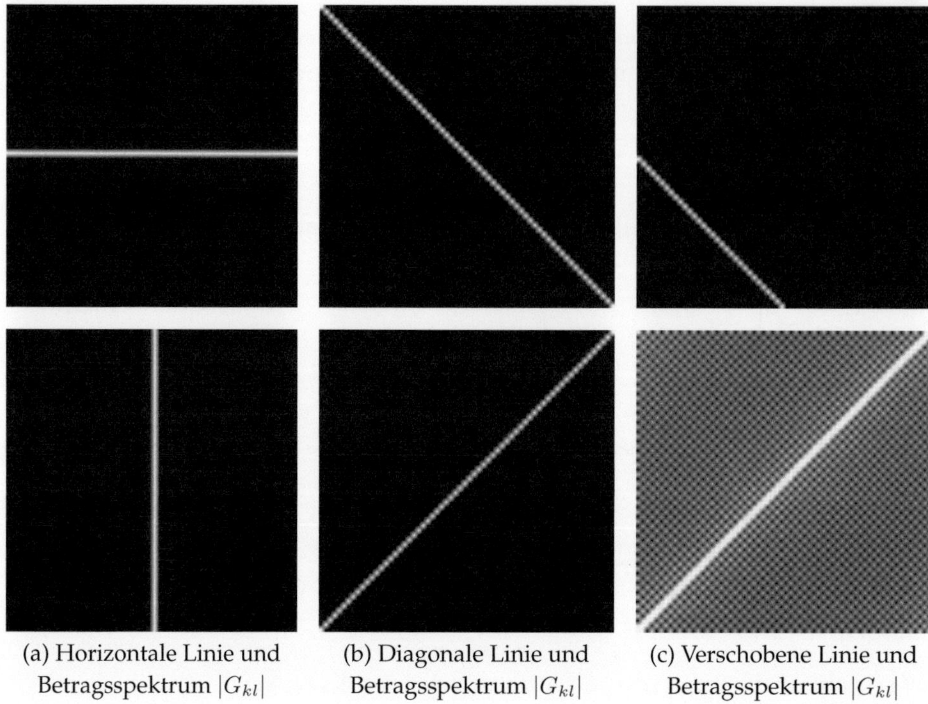

(a) Horizontale Linie und Betragsspektrum $|G_{kl}|$

(b) Diagonale Linie und Betragsspektrum $|G_{kl}|$

(c) Verschobene Linie und Betragsspektrum $|G_{kl}|$

Abbildung 8.28. Beispiele zur zweidimensionalen DFT von Linienbildern: (oben) Linienbilder g_{mn}; (unten) Betragsspektren $|G_{kl}|$. Zur besseren Visualisierung des Leckeffektes in (c) wurden die Betragsspektren entsprechend $\log(1 + |G_{kl}|)$ logarithmiert.

Das DFT-Betragsspektrum

$$|G_{kl}| = M\,\delta_{k-l} \tag{8.225}$$

entspricht einer Dirac-Geraden, die senkrecht zur ursprünglichen Linie in g_{mn} verläuft. Dies bestätigt zusammen mit Bsp. 8.22 die Aussage von Satz 8.15, nach der eine Drehung des Bildes zu einer Drehung des Fourier-Spektrums um den gleichen Winkel führt (vgl. Abb. 8.16). Auch in diesem Fall entsteht kein Leckeffekt, da die periodische Fortsetzung des Bildes an den Stoßstellen keine Diskontinuitäten aufweist; siehe Abb. 8.28(b).

Bei einer Verschiebung der Geraden entsprechend Abb. 8.28(c) bleibt zwar das DFT-Betragsspektrum linienförmig, aber die Fensterung geht in diesem Fall mit einem ausgeprägten Leckeffekt einher (vgl. Abschn. 8.3.3.3). Zur besseren Visualisierung des Leckeffektes wurden in Abb. 8.28 sämtliche Betragsspektren logarithmiert. ■

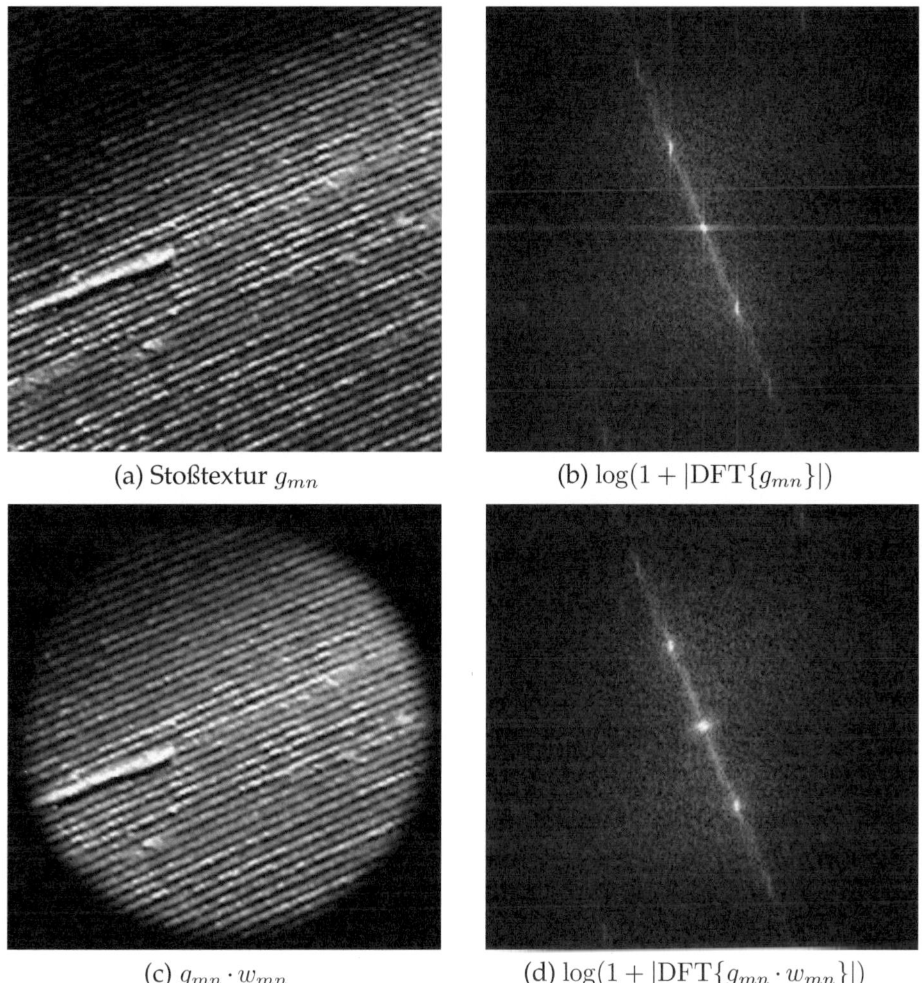

(a) Stoßtextur g_{mn}

(b) $\log(1 + |\mathrm{DFT}\{g_{mn}\}|)$

(c) $g_{mn} \cdot w_{mn}$

(d) $\log(1 + |\mathrm{DFT}\{g_{mn} \cdot w_{mn}\}|)$

Abbildung 8.29. Beispiel zur DFT einer periodischen Riefentextur mit Leckeffekt.

Beispiel 8.24 (DFT einer periodischen Riefentextur): Besteht eine Textur aus geraden, parallelen Riefen, so konzentrieren sich nach den Beispielen 8.22 und 8.23 und unter Berücksichtigung der Linearität der Fourier-Transformation die zugehörigen Spektralanteile längs einer Geraden durch den Ursprung senkrecht zur Riefenschar. Sind die Riefen zudem periodisch, wie bei der in Abb. 8.29(a) gezeigten Aufnahme g_{mn} einer Stoßtextur, so bilden die Spektralanteile einen gewichteten Kamm aus Dirac-Impulsen („Linienspektrum"); siehe Abb. 8.29(b). Dabei wurde das DFT-Betragsspektrum logarithmiert, um dessen Dynamikumfang zu Darstellungszwecken zu reduzieren.

Aufgrund der Abdunkelung des Originalbildes g_{mn} an der oberen und an

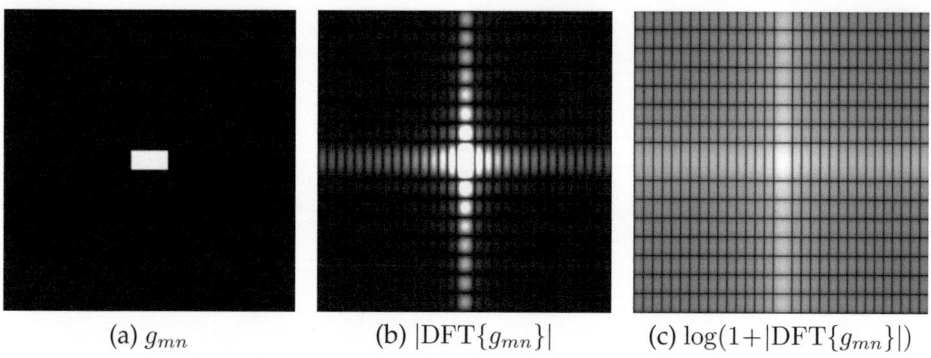

(a) g_{mn} (b) $|\mathrm{DFT}\{g_{mn}\}|$ (c) $\log(1+|\mathrm{DFT}\{g_{mn}\}|)$

Abbildung 8.30. Beispiel zur zweidimensionalen DFT eines Rechtecks.

der linken Bildkante entstehen Helligkeitssprünge infolge der impliziten periodischen Fortsetzung des Bildes bei Anwendung der DFT, die nach Abschn. 8.3.3.3 einen Leckeffekt hervorrufen. Deutlich ist der Leckeffekt in Form der horizontalen und vertikalen Verschmierungen der Dirac-Impulse in Abb. 8.29(b) zu sehen.

Um den Leckeffekt zu verringern, wird das Originalbild mit einer glatten, rotationssymmetrischen Fensterfunktion w_{mn} multipliziert; siehe Abb. 8.29(c). Im zugehörigen DFT-Betragsspektrum Abb. 8.29(d) sind die horizontalen und vertikalen Linien zwar nicht mehr zu sehen; dafür weisen die Dirac-Impulse eine etwas breitere Gestalt auf. ∎

Beispiel 8.25 (DFT eines Rechtecks): Abbildung 8.30(a) zeigt ein Bild g_{mn} eines Rechtecks. Im Kontinuierlichen lässt sich ein solches Signal durch ein Produkt zweier verschobener, eindimensionaler Rechteckfunktionen (8.12) darstellen:

$$g(\mathbf{x}) = \frac{1}{L_x\,L_y}\,\mathrm{rect}\Big(\frac{x-x_0}{L_x}\Big)\,\mathrm{rect}\Big(\frac{y-y_0}{L_y}\Big)\,. \tag{8.226}$$

Mit dem Verschiebungssatz (8.64) und dem Separationssatz (8.144) der Fourier-Transformation erhält man für das Betragsspektrum ein Produkt zweier Sinc-Funktionen (vgl. Abb. 8.9):

$$|G(\mathbf{f})| = |\mathrm{sinc}(f_x\,L_x)|\cdot|\mathrm{sinc}(f_y\,L_y)|\,. \tag{8.227}$$

In Abbildung 8.30(b) ist das aus dem diskreten Signal g_{mn} berechnete DFT-Betragsspektrum $|\mathrm{DFT}\{g_{mn}\}|$ zu sehen. Daran lässt sich die Auswirkung von Dehnung und Stauchung eines Signals gut erkennen. Die breitere Ausdehnung des Rechtecks erzeugt im Fourier-Bereich schmalere Strukturen, die schmalere dagegen breitere, was abermals die Reziprozität der Fourier-Trans-

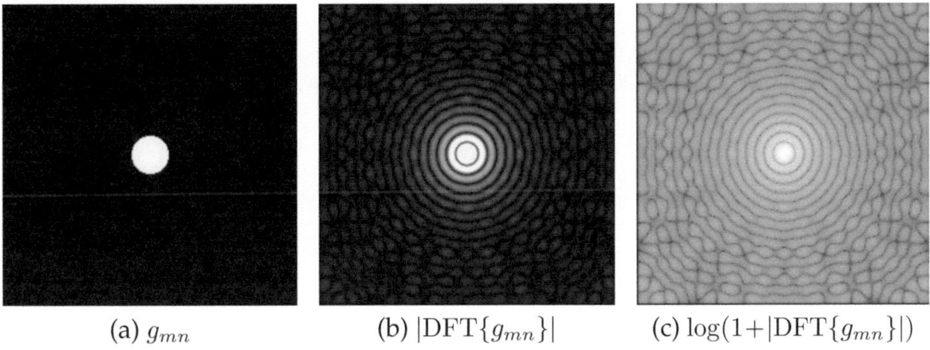

(a) g_{mn} (b) $|\mathrm{DFT}\{g_{mn}\}|$ (c) $\log(1+|\mathrm{DFT}\{g_{mn}\}|)$

Abbildung 8.31. Beispiel zur zweidimensionalen DFT einer Kreisscheibe.

formation zeigt. Je kompakter eine Funktion im Ortsbereich ist, umso größer ist ihre Ausdehnung im Ortsfrequenzbereich und umgekehrt. Dieser Sachverhalt ist in der Bildverarbeitung als **Unschärferelation** von Ort und Ortsfrequenz bekannt. ■

Beispiel 8.26 (DFT einer Kreisscheibe): Abbildung 8.31 zeigt ein Bild g_{mn}, das durch Ortsdiskretisierung einer Kreisscheibenfunktion

$$g(\mathbf{x}) = \mathrm{rect}\left(\frac{\|\mathbf{x}\|}{D}\right) \tag{8.228}$$

mit dem Durchmesser D entstanden ist. Nach (8.159) weist die Fourier-Transformierte

$$G(\mathbf{f}) = \frac{D}{2} \cdot \frac{J_1(\pi D\|\mathbf{f}\|)}{\|\mathbf{f}\|}, \tag{8.229}$$

deren Betragsquadrat formal dem Airy-Scheibchen in Abb. 2.20 entspricht, ringförmige Strukturen um den Koordinatenursprung auf. Diese Strukturen lassen sich im DFT-Betragsspektrum Abb. 8.31(b) gut erkennen. Im logarithmierten Spektrum Abb. 8.31(c) wird darüber hinaus deutlich, dass infolge der Ortsdiskretisierung die Nullstellen keine perfekten konzentrischen Kreise mehr bilden. ■

Beispiel 8.27 (DFT zweier Kreisscheiben): In Abb. 8.32 ist ein Bild g_{mn} zweier ortsdiskreter Kreisscheiben dargestellt. Durch Erweiterung von (8.228) lässt sich

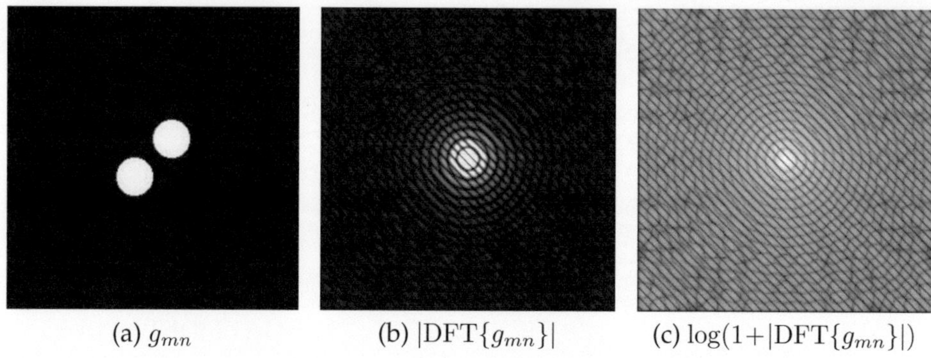

(a) g_{mn} (b) $|\mathrm{DFT}\{g_{mn}\}|$ (c) $\log(1+|\mathrm{DFT}\{g_{mn}\}|)$

Abbildung 8.32. Beispiel zur zweidimensionalen DFT zweier Kreisscheiben.

dieses Signal im Kontinuierlichen wie folgt beschreiben:

$$g(\mathbf{x}) = \mathrm{rect}\left(\frac{\|\mathbf{x}\|}{D}\right) ** \left(\delta(\mathbf{x}-\mathbf{x}_0) + \delta(\mathbf{x}+\mathbf{x}_0)\right) \tag{8.230}$$

$$= \mathrm{rect}\left(\frac{\|\mathbf{x}-\mathbf{x}_0\|}{D}\right) + \mathrm{rect}\left(\frac{\|\mathbf{x}+\mathbf{x}_0\|}{D}\right). \tag{8.231}$$

Mit dem Faltungssatz der Fourier-Transformation folgt für das Spektrum:

$$G(\mathbf{f}) = \mathcal{F}\left\{\mathrm{rect}\left(\frac{\|\mathbf{x}\|}{D}\right)\right\} \cdot 2\cos(2\pi\mathbf{f}^{\mathrm{T}}\mathbf{x}_0) \tag{8.232}$$

$$= D\,\frac{J_1(\pi D\|\mathbf{f}\|)}{\|\mathbf{f}\|}\,\cos(2\pi\mathbf{f}^{\mathrm{T}}\mathbf{x}_0)\,. \tag{8.233}$$

Verglichen mit dem Fourier-Spektrum (8.229) der Kreisscheibe kommt es in diesem Fall zu einer Modulation mit einer Cosinus-Schwingung, die sich im DFT-Betragsspektrum Abb. 8.32(b) und (c) an den dunklen Linien senkrecht zum Ortsvektor $\mathbf{x}_0$ erkennen lässt. ■

Beispiel 8.28 (DFT eines Farbluftbildes): In Abb. 8.33(a) ist ein RGB-Farbbild $\mathbf{g}(\mathbf{x})$ des Karlsruher Schlosses zu sehen. Zur Berechnung des DFT-Betragsspektrums Abb. 8.33(b) wurden die drei Farbkanäle getrennt einer DFT unterzogen und die Ergebnisse Abb. 8.33(c) – (e) wiederum als Farbbild dargestellt. Wegen der starken Ähnlichkeit der drei Farbkanäle unterscheiden sich die Spektren Abb. 8.33(c) – (e) nur wenig. Die linienhaften Strukturen im Originalbild (vor allem sind das die Gebäudeflügel und die Wege) erzeugen im Betragsspektrum orthogonal dazu liegende Strukturen durch den Koordinatenursprung (vgl. Beispiele 8.22 und 8.23). Infolge der periodischen Fortsetzung des Bildes weist das DFT-Spektrum einen Leckeffekt auf, der insbesondere an der ausge-

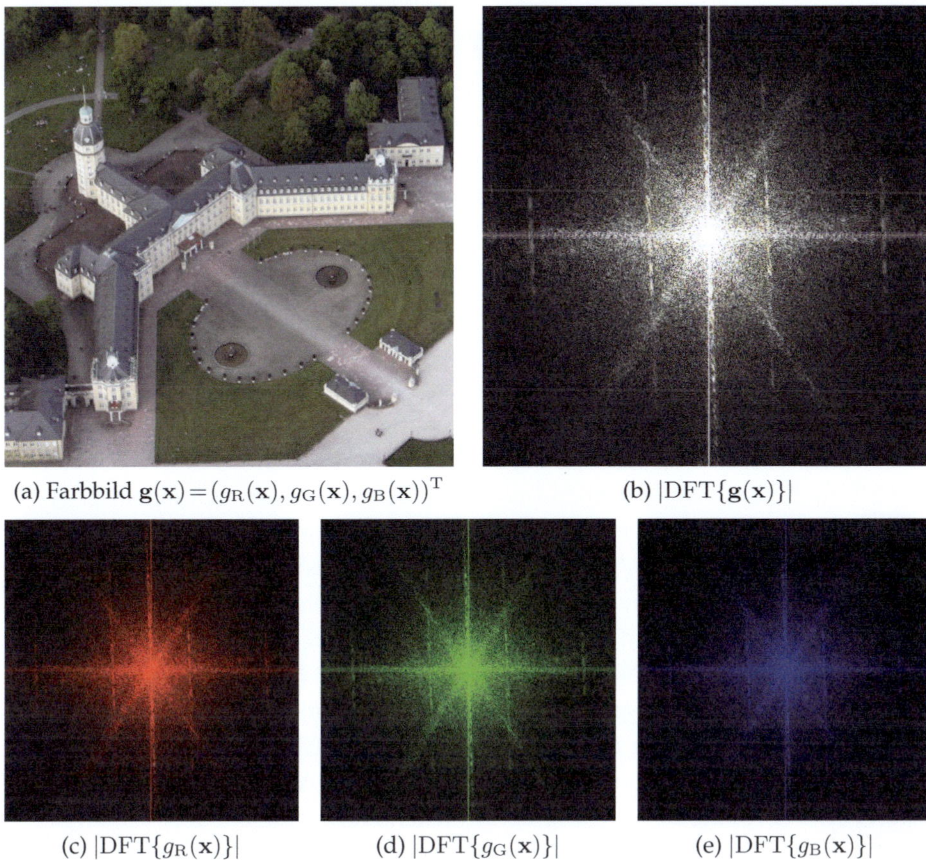

(a) Farbbild $\mathbf{g}(\mathbf{x}) = (g_\mathrm{R}(\mathbf{x}), g_\mathrm{G}(\mathbf{x}), g_\mathrm{B}(\mathbf{x}))^\mathrm{T}$ (b) $|\mathrm{DFT}\{\mathbf{g}(\mathbf{x})\}|$

(c) $|\mathrm{DFT}\{g_\mathrm{R}(\mathbf{x})\}|$ (d) $|\mathrm{DFT}\{g_\mathrm{G}(\mathbf{x})\}|$ (e) $|\mathrm{DFT}\{g_\mathrm{B}(\mathbf{x})\}|$

Abbildung 8.33. Beispiel zur DFT eines Luftbildes des Karlsruher Schlosses (Quelle: ONUK). Die Betragsspektren wurden zur Darstellung auf 1 ‰ des Maximalwertes geklippt.

prägten vertikalen Linie durch den Ursprung auffällt.

Darüber hinaus sind vier schwächer ausgeprägte senkrechte Strukturen beidseitig des Koordinatenursprungs zu sehen – sie beschreiben die regelmäßige waagerechte Anordnung der Fenster des Gebäudes, deren Intensitätsprofil sich im Ortsbereich näherungsweise durch eine Rechteckschwingung darstellen lässt. Die näher am Ursprung des Ortsfrequenzspektrums liegenden Linien entsprechen der Grundschwingung; die Linien weiter außen beschreiben die erste ungeradzahlige Harmonische mit der dreifachen Ortsfrequenz. ■

8.4 Anwendungsbeispiele zur Systemtheorie und Fourier-Transformation

Die Systemtheorie stellt Methoden zur Verfügung, mit denen unterschiedliche physikalische Systeme einheitlich in ihrem Verhalten beschrieben werden können. Ganz besonders gilt das für die Systemdarstellung im Frequenzbereich mit Hilfe der Fourier-Transformation. Dieser Abschnitt diskutiert exemplarisch Anwendungen der automatischen Sichtprüfung aus der Sicht der Systemtheorie.

Beispiel 8.29 (Moiré-Verfahren): Die Entstehung von Moiré-Bildern gemäß Abschn. 7.3.6.4 kann anschaulich im Fourier-Bereich erklärt werden. Bei Annahme einer parallelen, örtlich konstanten Beleuchtung in Abb. 7.64 ist das Ortsfrequenzspektrum des Beleuchtungssignals proportional zu einem Dirac-Impuls; siehe Abb. 8.34(a). Vereinfachend soll beim Schattenmoiré von einem Cosinus-Gitter ausgegangen werden, sodass die Multiplikation der Gittertransparenzfunktion mit der konstanten Beleuchtung eine cosinusförmige Modulation gemäß Abb. 8.34(b) bewirkt. Infolge des Oberflächenreliefs kommt es zu einer Phasenmodulation, die eine Verbreiterung der Spektrallinien bewirkt – das entstehende Schattenbild wird daher entsprechend Abb. 8.34(c) breitbandiger. Bei der Beobachtung des Moiré-Musters durch die Kamera erfolgt eine erneute Multiplikation mit der cosinusförmigen Gittertransparenzfunktion, die eine Demodulation des Schattenbildes gemäß Abb. 8.34(d) verursacht. Schließlich führt eine Begrenzung der örtlichen Auflösung bei der Aufnahme – etwa durch eine unscharfe optische Abbildung – zu einer Tiefpassfilterung (TP), bei der hochfrequente Strukturen unterdrückt werden. Das resultierende Tiefpasssignal Abb. 8.34(e) entspricht dem aufgezeichneten Moiré-Bild [18]. ■

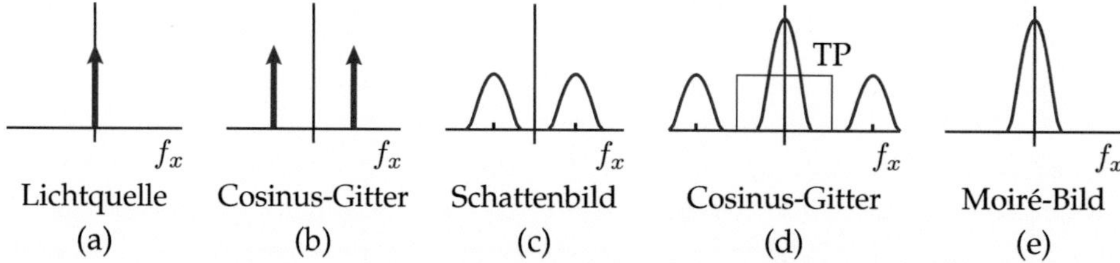

Abbildung 8.34. Systemtheoretische Beschreibung des Schattenmoirés: (a) örtlich konstantes Licht; (b) cosinusförmige Modulation, Multiplikation der Gittertransparenzfunktion mit der konstanten Beleuchtung; (c) Oberflächenrelief bewirkt Phasenmodulation $\rightarrow$ Verbreiterung der Spektrallinien; (d) zweites Gitter bewirkt Demodulation durch erneute Multiplikation mit Gittertransparenzfunktion; (e) begrenzte örtliche Auflösung der Kamera bewirkt Tiefpassfilterung, d. h. Unterdrückung hochfrequenter Strukturen.

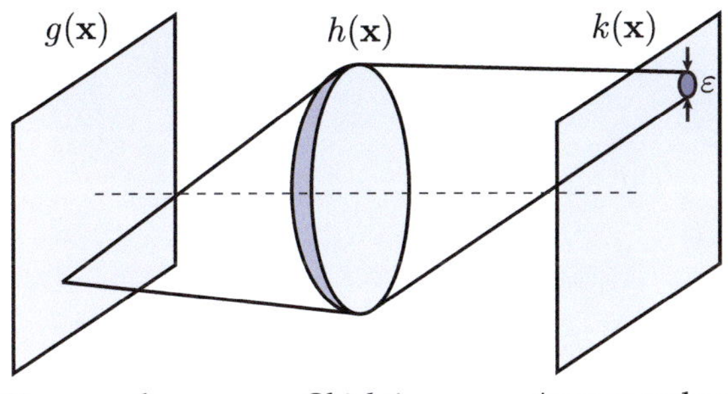

Abbildung 8.35. Unscharfe optische Abbildung.

Beispiel 8.30 (Unscharfe optische Abbildung): Entsprechend Bsp. 8.18 lässt sich die unscharfe optische Abbildung (Abb. 8.35) näherungsweise durch ein LSI-System beschreiben. Hierbei wird von inkohärentem Licht ausgegangen, sodass sowohl das Bild $g(\mathbf{x})$ in der Eingangsebene als auch dessen Abbild $k(\mathbf{x})$ Intensitäten (d. h. Leistung pro Fläche) beschreiben, deren Überlagerung gemäß (2.127) interferenzfrei erfolgt.

Befindet sich wie in Abb. 3.16 ein Objektpunkt um Δg außer Fokus, so wird dieser auf eine Unschärfescheibe mit dem Durchmesser $\varepsilon(\Delta g)$ in der Bildebene abgebildet. Das Ausgangsbild

$$k(\mathbf{x}) = g(\mathbf{x}) ** h(\mathbf{x}) \quad \circ\!\!-\!\!\bullet \quad K(\mathbf{f}) = G(\mathbf{f})\,H(\mathbf{f}) \tag{8.234}$$

errechnet sich durch eine zweidimensionale Faltung des Eingangsbildes $g(\mathbf{x})$ mit der Impulsantwort

$$h(\mathbf{x}) \approx \frac{4}{\pi\varepsilon^2}\,\mathrm{rect}\left(\frac{\|\mathbf{x}\|}{\varepsilon}\right), \tag{8.235}$$

wobei mit

$$\int_{-\infty}^{\infty}\int_{-\infty}^{\infty} h(\mathbf{x})\,\mathrm{d}\mathbf{x} = 1 \tag{8.236}$$

die Abbildung verlustfrei erfolgen soll. Aus der Punktverschmierungsfunktion (8.235) erhält man durch Fourier-Transformation analog zu (8.159) die optische Übertragungsfunktion der unscharfen Abbildung:

$$H(\mathbf{f}) = \frac{2}{\pi\varepsilon}\cdot\frac{J_1(\pi\varepsilon\|\mathbf{f}\|)}{\|\mathbf{f}\|}\,. \tag{8.237}$$

Die unscharfe optische Abbildung hat Tiefpasscharakter (vgl. Abb. 8.18) und kann daher z. B. als Anti-Aliasing-Filter verwendet werden.

Um die Auswirkung der negativen Werte der Übertragungsfunktion der

(a) Siemens-Stern (b) Unscharfe Abbildung von (a)

Abbildung 8.36. Simulation der Auswirkung der negativen Werte der Übertragungsfunktion $H(\mathbf{f})$ der unscharfen optischen Abbildung. Die Kontrastumkehr bei unscharfer Abbildung lässt sich in (a) auch direkt beobachten, wenn man sich dem Bild so weit nähert, dass die Augen nicht mehr scharf abbilden können.

unscharfen Abbildung (Abb. 8.18) zu verdeutlichen, soll ein sogenannter **Siemens-Stern** gemäß Abb. 8.36(a) herangezogen werden. In Abb. 8.36(b) ist das Ergebnis der Faltung des Siemens-Sterns mit einer kreisscheibenförmigen Punktverschmierungsfunktion gemäß (8.235) zu sehen. Im Randbereich des Bildes erscheinen die weißen und schwarzen Sektoren des Siemens-Sterns infolge der begrenzten Auflösung der auf diese Weise simulierten optischen Abbildung verschwommen. Zur Mitte hin – d. h. mit steigendem Betrag der Ortsfrequenz – ändern die Sektoren abhängig von ihrer Breite mehrmals ihre Polarität entsprechend den alternierend positiven und negativen Werten der Übertragungsfunktion. In der Bildmitte kann ein homogener grauer Bereich erkannt werden, der mit dem Sperrbereich des Filters korrespondiert. ■

Beispiel 8.31 (Gruppengeschwindigkeit): Gegeben sei ein Wellenpaket mit dem elektrischen Feld

$$\mathbf{E}(\mathbf{x},t) = E_y(x,t)\,\mathbf{e}_y \tag{8.238}$$

mit

$$E_y(x,t) = \int_{-\infty}^{\infty} E_y(\nu)\,\mathrm{e}^{\,\mathrm{j}(2\pi\nu t - k(\nu)x)}\,\mathrm{d}\nu\,. \tag{8.239}$$

$E_y(x,t)$ wird also per Fourier-Synthese aus infinitesimalen harmonischen Wellenbeiträgen $\mathrm{e}^{\mathrm{j}(2\pi\nu t - k(\nu)x)}\,\mathrm{d}\nu$ mit der Gewichtung $E_y(\nu)$ gebildet.

Sei nun das Spektrum $E_y(\nu)$ schmalbandig im Sinne von:

$$\int\limits_{\mathcal{B}} |E_y(\nu)|^2\,\mathrm{d}\nu \gg \int\limits_{-\infty}^{\infty} |E_y(\nu)|^2\,\mathrm{d}\nu - \int\limits_{\mathcal{B}} |E_y(\nu)|^2\,\mathrm{d}\nu \tag{8.240}$$

mit $\mathcal{B} := \left[\nu_0 - \frac{\Delta\nu}{2}, \nu_0 + \frac{\Delta\nu}{2}\right]$ und $\Delta\nu \ll \nu_0$.

Für die Wellenzahl $k(\nu)$ gilt $k(\nu) = \frac{2\pi n\nu}{c}$, wobei hier $n = n(\nu)$ ebenfalls von der Frequenz ν des Lichtes abhängen darf. Leitet man nach ν ab, so folgt:

$$k'(\nu) = \frac{\mathrm{d}k}{\mathrm{d}\nu} = \frac{2\pi}{c}\left(\frac{\mathrm{d}n}{\mathrm{d}\nu}\nu + n\right). \tag{8.241}$$

Aufgrund der vorausgesetzten Schmalbandigkeit kann man $k(\nu)$ hinreichend gut linear approximieren. Mit der Substitution $\nu := \nu_0 + \delta$ folgt $k(\nu) \approx k(\nu_0) + k'(\nu_0)\,\delta$.

Für $E_y(x,t)$ ergibt sich dann näherungsweise:

$$E_y(x,t) \approx \int\limits_{-\infty}^{\infty} E_y(\nu_0 + \delta)\,\mathrm{e}^{\mathrm{j}\left(2\pi(\nu_0+\delta)t - (k(\nu_0) + k'(\nu_0)\delta)x\right)}\,\mathrm{d}\delta \tag{8.242}$$

$$\approx \mathrm{e}^{\mathrm{j}(2\pi\nu_0 t - k(\nu_0)x)} \cdot \int\limits_{-\infty}^{\infty} \underbrace{E_y(\nu_0 + \delta)}_{=:W(\delta)}\,\mathrm{e}^{\mathrm{j}2\pi\left(t - \frac{k'(\nu_0)}{2\pi}x\right)\delta}\,\mathrm{d}\delta \tag{8.243}$$

$$\approx \mathrm{e}^{\mathrm{j}(2\pi\nu_0 t - k(\nu_0)x)} \cdot w\left(t - \frac{k'(\nu_0)}{2\pi}x\right) \tag{8.244}$$

mit $w(\,\cdot\,) \circ\!\!-\!\!\bullet\, W(\,\cdot\,)$.

Da $W(\delta)$ nach Voraussetzung schmalbandig ist bezogen auf ν_0, ist gemäß der Reziprozität der Fourier-Transformation $w(\xi) = \mathcal{F}^{-1}\{W(\delta)\}$ mit $\xi := \left(t - \frac{k'(\nu_0)}{2\pi}x\right)$ breit. D. h. in seiner örtlichen Ausdehnung ist $w(\xi)$ viel länger als die Wellenlänge $\lambda_0 = \frac{2\pi}{k(\nu_0)}$.

Damit kann das Ergebnis folgendermaßen interpretiert werden:

$$E_y(x,t) = \underbrace{\mathrm{e}^{\mathrm{j}(2\pi\nu_0 t - k(\nu_0)x)}}_{\substack{\text{Hochfrequente}\\ \text{harmonische Welle}\\ \text{mit der Frequenz } \nu_0}} \cdot \underbrace{w\left(t - \frac{k'(\nu_0)}{2\pi}x\right)}_{\substack{\text{Niederfrequente}\\ \text{Welle im Vergleich zur}\\ \text{Frequenz } \nu_0}}. \tag{8.245}$$

Beide Wellen sind multiplikativ verknüpft. Für die Ausbreitungsgeschwindigkeit der beiden Wellen setzt man den jeweiligen Phasenterm gleich einer

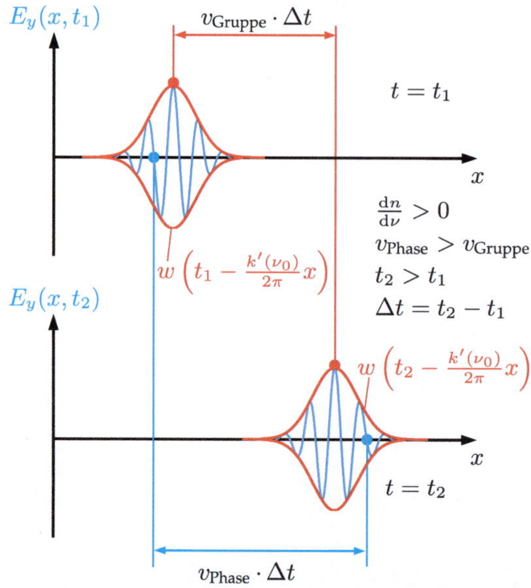

Abbildung 8.37. Ein Wellenpaket $E_y(x,t)$ für zwei verschiedene Zeitpunkte t_1 und t_2 für den Fall $v_{\text{Gruppe}} < v_{\text{Phase}}$. Während die hochfrequente Welle schneller voranschreitet, bewegt sich das Wellenpaket als Ganzes nur so schnell wie die rot dargestellte Hüllwelle $w\left(t - \frac{k'(\nu_0)}{2\pi}x\right)$.

Konstante und differenziert nach der Zeit:

$$2\pi\nu_0 t - k(\nu_0)\,x = \text{const.} \quad \xrightarrow{\frac{\mathrm{d}}{\mathrm{d}t}} \quad \dot{x} = \frac{2\pi\nu_0}{k(\nu_0)} = v_{\text{Phase}}\,, \tag{8.246}$$

$$t - \frac{k'(\nu_0)}{2\pi}\,x = \text{const.} \quad \xrightarrow{\frac{\mathrm{d}}{\mathrm{d}t}} \quad \dot{x} = \frac{2\pi}{k'(\nu_0)} = v_{\text{Gruppe}}\,. \tag{8.247}$$

Der erste Term liefert die bereits aus Abschn. 2.2 bekannte Phasengeschwindigkeit. Die mit dem zweiten Term beschriebene Welle bewegt sich mit der Gruppengeschwindigkeit

$$v_{\text{Gruppe}} = \frac{2\pi}{k'(\nu_0)} = \frac{c}{n(\nu_0) + n'(\nu_0)\,\nu_0} \tag{8.248}$$

mit $n' = \frac{\mathrm{d}n}{\mathrm{d}\nu}$.

Wie man sieht, werden Gruppen- und Phasengeschwindigkeit $v_{\text{Phase}} = \frac{c}{n(\nu_0)}$ in Medien mit bezüglich der Frequenz ν konstanten Brechungsindex n und mithin $n'(\nu) \equiv 0$ gleich groß.

Für $n' > 0$ folgt $v_{\text{Gruppe}} < v_{\text{Phase}}$ und für $n' < 0$ wird $v_{\text{Gruppe}} > v_{\text{Phase}}$. Abbildung 8.37 illustriert die Zusammenhänge beispielhaft für $n' > 0$ und damit für $v_{\text{Gruppe}} < v_{\text{Phase}}$.

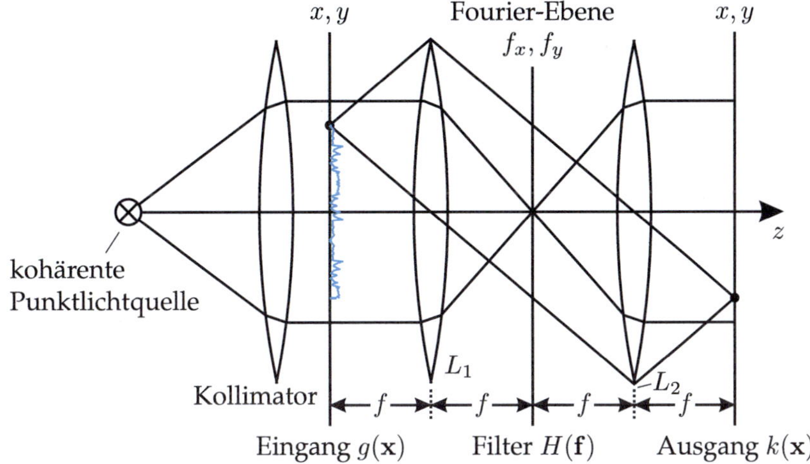

Abbildung 8.38. Kohärent-optische Bildfilterung.

Medien mit $n' \equiv 0$ nennt man dispersionsfrei, solche mit frequenzabhängigen Brechungsindex nennt man dispersive Medien. ■

Beispiel 8.32 (Kohärent-optische Bildfilterung): Nach Abschn. 2.2.6 entspricht das Fraunhofer'sche Beugungsbild eines Objekts bei Beleuchtung mit einer ebenen Welle der Fourier-Transformierten des Objekts. Dieser Effekt kann genutzt werden, um eine lineare optische Filterung eines Bildes $g(\mathbf{x})$ in Echtzeit zu realisieren. Voraussetzung dafür ist die Verwendung einer kohärenten Beleuchtung, z. B. eines Lasers.

Abbildung 8.38 zeigt den Aufbau zur kohärent optischen Bildfilterung. Durch den Kollimator entsteht aus dem monochromatischen Licht des Lasers eine ebene Welle, die auf das Eingangsbild $g(\mathbf{x})$ trifft. Dieses kann z. B. durch eine Blende, ein Gitter oder eine Transparenzfunktion realisiert werden. Dabei werden hier alle Signale als elektrische Felder behandelt, da das System mit kohärentem Licht arbeitet.

Die Linse L_1 bewirkt, dass die Fernfeldbeugung von $g(\mathbf{x})$ – die der Fourier-Ebene entspricht – auf deren Brennebene abgebildet wird, sodass diese durch ein optisches Filter $H(\mathbf{f})$ multiplikativ manipuliert werden kann. Mittels einer weiteren Linse L_2 wird das gefilterte Fourier-Spektrum abermals Fourier-transformiert und auf das Ausgangsfeld $k(\mathbf{x})$ abgebildet.

Zur Plausibilisierung der Fourier-Transformation durch eine Linse wird in der Eingangsebene ein Lichtpunkt $g(\mathbf{x}) = \delta(\mathbf{x})$ im Fokus von L_1 betrachtet, der in der Fourier-Ebene zu einer konstanten Beleuchtung $G(\mathbf{f}) = 1$ führt. Wird

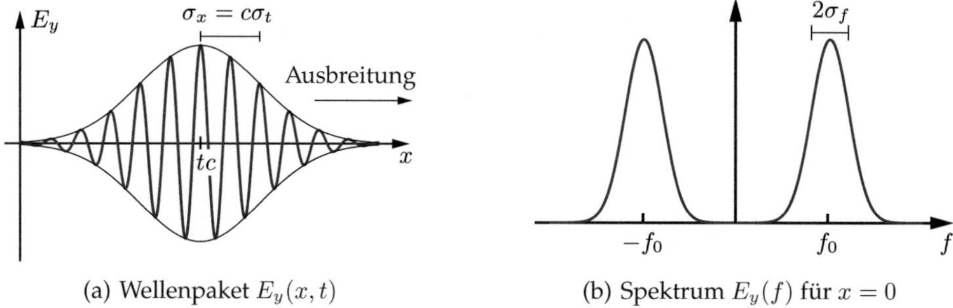

(a) Wellenpaket $E_y(x,t)$ (b) Spektrum $E_y(f)$ für $x=0$

Abbildung 8.39. Zusammenhang zwischen Kohärenzlänge und Bandbreite: (a) Wellenpaket $E_y(x,t)$; (b) Spektrum $E_y(f)$ für $x=0$.

dagegen die Eingangsebene entsprechend $g(\mathbf{x}) = c$ gleichmäßig beleuchtet, so werden parallele Beleuchtungsstrahlen durch die Linse L_1 fokussiert, sodass in der Fourier-Ebene ein Dirac-Impuls $G(\mathbf{f}) = c\,\delta(\mathbf{f})$ resultiert. ■

Beispiel 8.33 (Kohärenzlänge): Betrachtet sei eine elektromagnetische ebene Welle, die sich in x-Richtung ausbreitet und eine Gauß'sche Hüllkurve aufweist, sodass sie näherungsweise eine begrenzte Dauer hat:

$$\mathbf{E}(\mathbf{x},t) = \mathbf{e}_y\,E_0\,\exp\!\left(-\frac{1}{2}\left(\frac{t-\frac{x}{c}}{\sigma_t}\right)^2\right)\cos\!\left(2\pi f_0\left(t-\frac{x}{c}\right)\right). \tag{8.249}$$

Dabei ist $2\sigma_t$ ein Maß für die Dauer und mithin für die Länge $2\sigma_x = 2\sigma_t\,c$ des Wellenpaketes; siehe Abb. 8.39(a).

Da im Propagator $2\pi f_0(t-\frac{x}{c})$ der Ort und die Zeit linear verknüpft sind, reicht es für den spektralen Gehalt der Welle, die Fourier-Transformation *bezüglich der Zeit* für ein festes x zu betrachten. Sei $x := 0$ und außerdem sollen die Vorfaktoren o. B. d. A. im Folgenden unterdrückt werden:

$$E_y(t) = \exp\!\left(-\frac{1}{2}\left(\frac{t}{\sigma_t}\right)^2\right)\cos(2\pi f_0 t) \tag{8.250}$$

$$\circ\!\!-\!\!\bullet$$

$$E_y(f) = \mathcal{F}\left\{\exp\!\left(-\frac{1}{2}\left(\frac{t}{\sigma_t}\right)^2\right)\right\} * \frac{1}{2}\big(\delta(f+f_0)+\delta(f-f_0)\big). \tag{8.251}$$

Mit

$$\mathrm{e}^{-\pi t^2} \quad \circ\!\!-\!\!\bullet \quad \mathrm{e}^{-\pi f^2} \tag{8.252}$$

und mit dem Skalierungssatz 8.2

$$g(at) \quad \circ\!\!-\!\!\bullet \quad |a|^{-1}\, G\left(\frac{f}{a}\right) \tag{8.253}$$

sowie

$$a := \frac{1}{\sqrt{2\pi}\sigma_t} \tag{8.254}$$

ergibt sich:

$$\exp\left(-\frac{1}{2}\frac{t^2}{\sigma_t^2}\right) \tag{8.255}$$

$$\circ\!\!-\!\!\bullet$$

$$\sqrt{2\pi}\,\sigma_t\, \exp\left(-\frac{1}{2}(2\pi\sigma_t f)^2\right) = \sqrt{2\pi}\, \exp\left(-\frac{1}{2}\frac{f^2}{\sigma_f^2}\right) \tag{8.256}$$

mit

$$\sigma_f := \frac{1}{2\pi\sigma_t}\,. \tag{8.257}$$

Somit folgt schließlich:

$$E_y(f) = \sqrt{\frac{\pi}{2}}\,\sigma_t \left(\exp\left(-\frac{1}{2}\left(\frac{f+f_0}{\sigma_f}\right)^2\right) + \exp\left(-\frac{1}{2}\left(\frac{f-f_0}{\sigma_f}\right)^2\right)\right), \tag{8.258}$$

wobei $2\sigma_f$ ein Maß für die Bandbreite der Welle ist; siehe Abb. 8.39(b).

Multipliziert man die Breite im Zeitbereich mit der im Frequenzbereich, folgt:

$$2\sigma_t \cdot 2\sigma_f = \frac{2}{\pi} \approx 0{,}64\,. \tag{8.259}$$

Somit besteht eine Reziprozität zwischen Zeitdauer und Bandbreite, da $\sigma_t \propto \sigma_f^{-1}$ gilt.

Damit lässt sich jetzt elegant der Zusammenhang zwischen der Kohärenzlänge d_K und der spektralen Bandbreite $\Delta\nu$ von Licht zeigen (vgl. Abschn. 2.2.4). Man stelle sich ein Wellenpaket wie in Abb. 8.39(a) vor, das an einem Strahlteiler in zwei Hälften aufgeteilt wird, die auf unterschiedlichen Pfaden laufen und danach wieder vereinigt werden (z. B. in einem interferometrischen Aufbau nach Abschn. 7.3.16.1). Nur wenn der Gangunterschied kleiner ist als die Länge d_K des Wellenpaketes, kann es zu einem Interferenzeffekt kommen. Der maximale Gangunterschied, für den noch Interferenz beobachtet werden kann, definiert die Kohärenzlänge d_K.

Naturgemäß gibt es unterschiedliche Möglichkeiten, die Länge eines allmählich abklingenden Signales zu definieren. Identifiziert man $2\sigma_t$ mit der zeitlichen Dauer der Welle, so folgt für die Länge des Wellenpaketes

$$d_{\mathrm{K}} \approx 2\sigma_t\, c\,. \tag{8.260}$$

Identifiziert man $2\sigma_f$ mit der Bandbreite $\Delta\nu$ der Welle, dann folgt:

$$\Delta\nu \cdot d_{\mathrm{K}} \approx c\, 2\sigma_t\, 2\sigma_f = \frac{2c}{\pi} \tag{8.261}$$

und mithin

$$d_{\mathrm{K}} \approx \frac{c}{\Delta\nu}\,, \tag{8.262}$$

was dem Ergebnis aus Abschn. 2.2.4 entspricht. ■

8.5 Bildsignale als stochastische Prozesse

Viele Probleme der Signalverarbeitung (und insbesondere auch der Bildverarbeitung) erfordern i. Allg. Lösungen, die nicht nur für bestimmte einzelne Signale, sondern für eine große Zahl möglicher Signale mit gewissen gemeinsamen Eigenschaften gelten. Das mathematische Modell für eine derartige Schar von Signalen wird als **stochastischer Prozess** oder **Zufallsprozess** bezeichnet [11,20,21,29].

Definition 8.12: Stochastischer Prozess

Ein stochastischer Prozess[10] $\mathtt{g}(x, e)$ besteht aus einem Zufallsexperiment und einer Zuordnung von deterministischen Funktionen $g(x, e_\nu)$, den sogenannten Musterfunktionen (oder Realisierungen), zu den Elementarereignissen e_ν des Zufallsexperimentes (siehe Abb. 8.40). Für jeden festen Ort $x_i = \mathrm{const.}$ geht der stochastische Prozess $\mathtt{g}(x, e)$ in eine Zufallsvariable $\mathtt{g}(x_i, e)$ über, die sich mit Hilfe einer Wahrscheinlichkeitsverteilung beschreiben lässt [20,21]. ◇

Bemerkungen:

- Bei einem stochastischen Prozess sind die Funktionen $g(x, e_\nu)$, die dem Zufallsexperiment zugeordnet werden, deterministisch. Der Zufall spielt sich allein beim Zufallsexperiment ab.

---

[10] Üblicherweise werden Zufallsvariable und Zufallsprozesse durch Großbuchstaben und deren Realisierungen durch Kleinbuchstaben gekennzeichnet. Da hier Großbuchstaben in der Regel Frequenzspektren bezeichnen, werden Zufallsgrößen zu ihrer besseren Unterscheidung stattdessen in Schreibmaschinenschrift gesetzt.

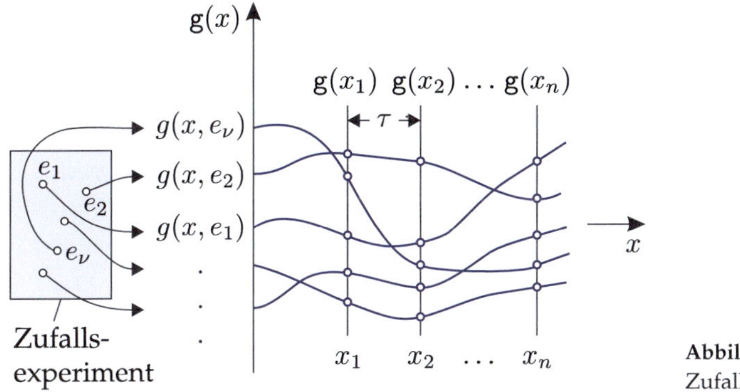

Abbildung 8.40. Zufallsprozess.

- Die Größen g, x und e können kontinuierlich oder diskret sein.
- Bei Bildsignalen $\mathrm{g}(\mathbf{x})$ sind i. Allg. der Ort $\mathbf{x} \in \mathbb{R}^2$ zweidimensional und das Bild $\mathbf{g} \in \mathbb{R}^Q$ vektorwertig, wobei Q die Anzahl der Kanäle bezeichnet. Im Folgenden werden jedoch ausschließlich skalare Bilder $g(\mathbf{x}) \in \mathbb{R}$ betrachtet.

Tabelle 8.3. Interpretationen eines Zufallsprozesses.

Elementarereignis e	**Ort x**	
	fest	**variabel**
fest	Zahlenwert $g(\mathbf{x}_i, e_\nu)$	Musterfunktion $g(\mathbf{x}, e_\nu)$
variabel	Zufallsvariable $\mathrm{g}(\mathbf{x}_i, e)$	Zufallsprozess $\mathrm{g}(\mathbf{x}, e)$

Ein Zufallsprozess $\mathrm{g}(\mathbf{x}, e)$ hat zwei Parameter. Je nachdem, ob diese als fest oder variabel angenommen werden, ergeben sich folgende Interpretationen (Tab. 8.3):

1. $\mathbf{x}$ ist variabel, e ist variabel:
   $\mathrm{g}(\mathbf{x}, e)$ ist ein Zufallsprozess, d. h. eine Schar von Musterfunktionen. Zur Vereinfachung der Schreibweise wird oftmals das Elementarereignis e unterdrückt und lediglich $\mathrm{g}(\mathbf{x})$ geschrieben.
2. $\mathbf{x}$ ist variabel, $e = e_\nu$ ist fest:
   $g(\mathbf{x}, e_\nu)$ ist in diesem Fall eine einzelne Realisierung des stochastischen Prozesses, also eine deterministische Musterfunktion.
3. $\mathbf{x} = \mathbf{x}_i$ ist fest, e ist variabel:
   $\mathrm{g}(\mathbf{x}_i, e)$ ist eine Zufallsvariable, die jedem Elementarereignis e den entsprechenden Funktionswert der zugehörigen Musterfunktion zuordnet. Bei Unterdrückung des Elementarereignisses e wird dafür zuweilen auch $\mathrm{g}(\mathbf{x}_i)$ geschrieben.

4. $\mathbf{x} = \mathbf{x}_i$ ist fest, $e = e_\nu$ ist fest:
   $g(\mathbf{x}_i, e_\nu)$ ist in diesem Fall ein Zahlenwert.

Beispiel 8.34 (Radiosender): Als Beispiel eines Zufallsprozesses wird ein Radiosender betrachtet, der aus der Warte des Hörers zufällig Lieder aus einer Sammlung spielt. Die Musiktitel in der Sammlung sind die verfügbaren Elementarereignisse. Die Auswahl des Liedes entspricht dem Zufallsexperiment. Das ausgewählte Lied selbst ist die Musterfunktion, die offensichtlich deterministisch ist. ■

8.5.1 Momente stochastischer Prozesse

Für einen festen Ort $\mathbf{x} = \mathbf{x}_i$ geht ein stochastischer Prozess $\mathrm{g}(\mathbf{x})$ in eine Zufallsvariable $\mathrm{g}(\mathbf{x}_i)$ über. Bei gleichzeitiger Betrachtung zweier Orte $\mathbf{x}_i$ und $\mathbf{x}_j$ reicht die Beschreibung der zugehörigen Zufallsvariablen nicht aus, sondern es müssen ihre gemeinsamen statistischen Eigenschaften $f(\mathrm{g}(\mathbf{x}_i), \mathrm{g}(\mathbf{x}_j))$ berücksichtigt werden, da die Zufallsgrößen stochastisch abhängig sein können [11, 20, 21]. Allgemein wird ein ortsdiskreter stochastischer Prozess für beliebige endliche Punktmengen $\{\mathbf{x}_1, \mathbf{x}_2, \ldots, \mathbf{x}_n\}$, $n \in \mathbb{N}$, durch die Verbundwahrscheinlichkeitsdichtefunktion $f(\mathrm{g}(\mathbf{x}_1), \mathrm{g}(\mathbf{x}_2), \ldots, \mathrm{g}(\mathbf{x}_n))$ vollständig beschrieben.

In den vielen praktischen Fällen ist die Angabe der Verbundwahrscheinlichkeitsdichtefunktion zu aufwendig oder nicht möglich. Stattdessen werden zur kompakten, approximativen Beschreibung stochastischer Prozesse meist die Wahrscheinlichkeitsdichtefunktionen 1. und 2. Ordnung (d. h. $n = 1, 2$) sowie deren Momente herangezogen.

Definition 8.13: Statistik n-ter Ordnung

Bezieht sich eine statistische Betrachtung eines Zufallsprozesses $\mathrm{g}(\mathbf{x})$ auf n verschiedene Orte $(\mathbf{x}_1, \mathbf{x}_2, \ldots, \mathbf{x}_n)$, so spricht man von einer **Statistik n-ter Ordnung**. Diese wird durch eine Verbundwahrscheinlichkeitsdichtefunktion

$$f_{\mathrm{g}}(\mathbf{x}_1, \mathbf{x}_2, \ldots, \mathbf{x}_n) \tag{8.263}$$

vollständig beschrieben. ◇

Die im Folgenden vorgestellten Momente und Momentenfunktionen wie Erwartungswert, Autokorrelationsfunktion usw. beschreiben die Musterfunktionen im statistischen Mittel und lassen sich allesamt über den Erwartungswert definieren.

Definition 8.14: Erwartungswert eines stochastischen Prozesses
Der Erwartungswert eines stochastischen Prozesses errechnet sich wie folgt:

$$\mathrm{E}\{\mathrm{g}(\mathbf{x})\} = \int_{-\infty}^{\infty} g\, f_{\mathrm{g}(\mathbf{x})}(g)\, \mathrm{d}g =: \mu_{\mathrm{g}}(\mathbf{x})\,. \tag{8.264}$$

Der Erwartungswertoperator $\mathrm{E}\{\,\cdot\,\}$ bewirkt, dass für einen jeden Ort $\mathbf{x}$ über die Schar der Musterfunktionen gemittelt wird. Das Ergebnis der Erwartungswertbildung ist daher i. Allg. eine Funktion des Ortes $\mathbf{x}$. ◇

Definition 8.15: Moment eines stochastischen Prozesses
Das m-te Moment eines stochastischen Prozesses $\mathrm{g}(\mathbf{x})$ ist wie folgt definiert:

$$\mu_{\mathrm{g},m}(\mathbf{x}) := \mathrm{E}\{\mathrm{g}^m(\mathbf{x})\} = \int_{-\infty}^{\infty} g^m\, f_{\mathrm{g}(\mathbf{x})}(g)\, \mathrm{d}g\,. \tag{8.265}$$

Das erste Moment entspricht dem Erwartungswert $\mu_{\mathrm{g}}(\mathbf{x})$ und beschreibt anschaulich die lokale mittlere Intensität des Bildes. ◇

Höhere Momente werden meist um den Erwartungswert zentriert [11,20].

Definition 8.16: Zentrales Moment eines stochastischen Prozesses
Das m-te zentrale Moment eines stochastischen Prozesses $\mathrm{g}(\mathbf{x})$ ist definiert zu:

$$\mathrm{E}\{(\mathrm{g}(\mathbf{x}) - \mu_{\mathrm{g}}(\mathbf{x}))^m\} = \int_{-\infty}^{\infty} (g - \mu_{\mathrm{g}}(\mathbf{x}))^m\, f_{\mathrm{g}(\mathbf{x})}(g)\, \mathrm{d}g\,. \tag{8.266}$$

Bis auf die Zentrierung um den Erwartungswert (8.264) entspricht diese Definition (8.265). ◇

Definition 8.17: Varianz eines stochastischen Prozesses
Die Varianz eines stochastischen Prozesses $\mathrm{g}(\mathbf{x})$ ist definiert zu

$$\mathrm{Var}\{\mathrm{g}(\mathbf{x})\} = \mathrm{E}\{(\mathrm{g}(\mathbf{x}) - \mu_{\mathrm{g}}(\mathbf{x}))^2\} \tag{8.267}$$

$$= \int_{-\infty}^{\infty} (g - \mu_{\mathrm{g}}(\mathbf{x}))^2\, f_{\mathrm{g}(\mathbf{x})}(g)\, \mathrm{d}g =: \sigma_{\mathrm{g}}^2(\mathbf{x})\,. \tag{8.268}$$

Die Varianz entspricht somit dem zweiten zentralen Moment. ◇

Definition 8.18: Autokorrelationsfunktion eines stochastischen Prozesses
Die Autokorrelationsfunktion (AKF) eines stochastischen Prozesses $\mathrm{g}(\mathbf{x})$ ist wie folgt definiert:

$$r_{\mathrm{gg}}(\mathbf{x}_1,\mathbf{x}_2) = \mathrm{E}\{\mathrm{g}(\mathbf{x}_1)\,\mathrm{g}(\mathbf{x}_2)\} = \int_{-\infty}^{\infty}\int_{-\infty}^{\infty} g_1\, g_2\, f_{\mathrm{g}(\mathbf{x}_1)\mathrm{g}(\mathbf{x}_2)}(g_1,g_2)\,\mathrm{d}g_1\,\mathrm{d}g_2\,. \quad (8.269)$$

Mit $\mathbf{x}_1 = \mathbf{x}$ und $\mathbf{x}_2 = \mathbf{x}+\boldsymbol{\tau}$ lässt sich die AKF wie folgt schreiben:

$$r_{\mathrm{gg}}(\mathbf{x},\boldsymbol{\tau}) = \mathrm{E}\{\mathrm{g}(\mathbf{x})\,\mathrm{g}(\mathbf{x}+\boldsymbol{\tau})\} = \int_{-\infty}^{\infty}\int_{-\infty}^{\infty} g_1\, g_2\, f_{\mathrm{g}(\mathbf{x})\mathrm{g}(\mathbf{x}+\boldsymbol{\tau})}(g_1,g_2)\,\mathrm{d}g_1\,\mathrm{d}g_2 \quad (8.270)$$

mit $\boldsymbol{\tau} = (\tau_x,\tau_y)^{\mathrm{T}}$. Die AKF eines zweidimensionalen Zufallsprozesses ist somit eine Funktion eines vierdimensionalen Argumentes. ◇

Begrifflich ist zwischen der Ordnung n einer Statistik und der Ordnung eines Momentes streng zu unterscheiden. Das letztere bezeichnet den Grad m der Potenz in (8.265). Demgemäß ist die AKF ein Moment 2. Ordnung einer Statistik 2. Ordnung.

Definition 8.19: Kreuzkorrelationsfunktion stochastischer Prozesse
Die Kreuzkorrelationsfunktion (KKF) zweier stochastischer Prozesse $\mathrm{g}(\mathbf{x})$ und $\mathrm{k}(\mathbf{x})$ wird analog zur AKF definiert:

$$r_{\mathrm{gk}}(\mathbf{x},\boldsymbol{\tau}) = \mathrm{E}\{\mathrm{g}(\mathbf{x})\,\mathrm{k}(\mathbf{x}+\boldsymbol{\tau})\} = \int_{-\infty}^{\infty}\int_{-\infty}^{\infty} g\, k\, f_{\mathrm{g}(\mathbf{x})\mathrm{k}(\mathbf{x}+\boldsymbol{\tau})}(g,k)\,\mathrm{d}g\,\mathrm{d}k \quad (8.271)$$

mit $\boldsymbol{\tau} = (\tau_x,\tau_y)^{\mathrm{T}}$. ◇

Definition 8.20: Autokovarianzfunktion, Kreuzkovarianzfunktion
Die Autokovarianzfunktion eines stochastischen Prozesses $\mathrm{g}(\mathbf{x})$ ist definiert als:

$$C_{\mathrm{gg}}(\mathbf{x},\boldsymbol{\tau}) = \mathrm{E}\{(\mathrm{g}(\mathbf{x})-\mu_{\mathrm{g}}(\mathbf{x}))(\mathrm{g}(\mathbf{x}+\boldsymbol{\tau})-\mu_{\mathrm{g}}(\mathbf{x}+\boldsymbol{\tau}))\}\,. \quad (8.272)$$

Analog ist die Kreuzkovarianzfunktion $C_{\mathrm{gk}}(\mathbf{x},\boldsymbol{\tau})$ definiert:

$$C_{\mathrm{gk}}(\mathbf{x},\boldsymbol{\tau}) = \mathrm{E}\{(\mathrm{g}(\mathbf{x})-\mu_{\mathrm{g}}(\mathbf{x}))(\mathrm{k}(\mathbf{x}+\boldsymbol{\tau})-\mu_{\mathrm{k}}(\mathbf{x}+\boldsymbol{\tau}))\}\,. \quad (8.273)$$

Bis auf die Zentrierung um die Erwartungswerte entsprechen diese Definitionen (8.270) bzw. (8.271). ◇

Die Korrelation ist ein Maß für die lineare stochastische Abhängigkeit zwischen Zufallsgrößen, im vorliegenden Fall also ein Maß für die lineare stochastische Abhängigkeit von Bildintensitäten im Abstand $\boldsymbol{\tau}$. Für Korrelationsfunktionen gelten die folgenden Zusammenhänge:

$$r_{\mathrm{gk}}(\mathbf{x},\boldsymbol{\tau}) = C_{\mathrm{gk}}(\mathbf{x},\boldsymbol{\tau}) + \mu_{\mathrm{g}}(\mathbf{x})\,\mu_{\mathrm{k}}(\mathbf{x}+\boldsymbol{\tau})\,, \tag{8.274}$$

$$r_{\mathrm{gg}}(\mathbf{x},\mathbf{0}) = \mu_{\mathrm{g}}^2(\mathbf{x}) + \sigma_{\mathrm{g}}^2(\mathbf{x})\,. \tag{8.275}$$

Definition 8.21: Unkorreliertheit

Zwei stochastische Prozesse $\mathrm{g}(\mathbf{x})$ und $\mathtt{k}(\mathbf{x})$ heißen unkorreliert, wenn der Zusammenhang

$$\mathrm{E}\{\mathrm{g}(\mathbf{x})\,\mathtt{k}(\mathbf{x}+\boldsymbol{\tau})\} = \mathrm{E}\{\mathrm{g}(\mathbf{x})\}\cdot\mathrm{E}\{\mathtt{k}(\mathbf{x}+\boldsymbol{\tau})\} \tag{8.276}$$

bzw.

$$C_{\mathrm{gk}}(\mathbf{x},\boldsymbol{\tau}) = 0 \tag{8.277}$$

für beliebige Orte $\mathbf{x}$ und Verschiebungen $\boldsymbol{\tau} = (\tau_x,\tau_y)^{\mathrm{T}}$ gilt. ◇

Definition 8.22: Stochastische Unabhängigkeit

Zwei stochastische Prozesse $\mathrm{g}(\mathbf{x})$ und $\mathtt{k}(\mathbf{x})$ heißen stochastisch unabhängig, wenn die Bedingung

$$f_{\mathrm{g}(\mathbf{x})\mathtt{k}(\mathbf{x}+\boldsymbol{\tau})}(g,k) = f_{\mathrm{g}(\mathbf{x})}(g)\cdot f_{\mathtt{k}(\mathbf{x}+\boldsymbol{\tau})}(k) \tag{8.278}$$

für beliebige Orte $\mathbf{x}$ und Verschiebungen $\boldsymbol{\tau} = (\tau_x,\tau_y)^{\mathrm{T}}$ erfüllt ist. ◇

Sind zwei Prozesse nach (8.278) stochastisch unabhängig, so folgt daraus unmittelbar ihre Unkorreliertheit. Die Umkehrung dieser Aussage gilt jedoch nur, wenn die betrachteten Zufallsprozesse normalverteilt sind, da sich dann die gesamte Statistik durch die zwei ersten Momente ausdrücken lässt [20, 21]. In allen anderen Fällen können zwei Zufallsprozesse zwar unkorreliert, aber stochastisch abhängig sein.

Beispiel 8.35 (Stochastische Abhängigkeit bei Unkorreliertheit): Sei $\mathtt{a} \sim \mathcal{N}(0,\sigma_{\mathtt{a}}^2)$ eine normalverteilte Zufallsvariable mit Erwartungswert null und Varianz $\sigma_{\mathtt{a}}^2$. Sei $\mathtt{b} := \mathtt{a}^2$ eine zweite Zufallsvariable, die aus $\mathtt{a}$ durch Quadrierung hervorgeht. Offensichtlich sind $\mathtt{a}$ und $\mathtt{b}$ stochastisch abhängig, da man aus der Beobachtung von $\mathtt{a}$ über $\mathtt{b}$ erfährt und umgekehrt.

Berechnet man nun die Kovarianz zwischen $\mathtt{a}$ und $\mathtt{b}$, so folgt:

$$\mathrm{E}\big\{(\mathtt{a}-\mathrm{E}\{\mathtt{a}\})\,(\mathtt{b}-\mathrm{E}\{\mathtt{b}\})\big\} = \mathrm{E}\{\mathtt{ab}\} = \mathrm{E}\big\{\mathtt{a}^3\big\} = 0\,. \tag{8.279}$$

Das erste Gleichheitszeichen resultiert aus $\mathrm{E}\{\mathtt{a}\}=0$ und das letzte aus der Symmetrie der Normalverteilung. Mithin sind $\mathtt{a}$ und $\mathtt{b}$ unkorreliert, aber statistisch abhängig. ∎

8.5.2 Stationarität und Ergodizität

Im Allgemeinen sind sowohl die Wahrscheinlichkeitsverteilungen als auch die Momente stochastischer Prozesse ortsabhängig. Insbesondere sind die Momente der Statistik erster Ordnung (Erwartungswert, Varianz) zweidimensionale Ortsfunktionen; die Momente der Statistik zweiter Ordnung (Autokorrelationsfunktion, Autokovarianzfunktion) sind sogar vierdimensional. Neben dem hohen Aufwand, der mit derart hochdimensionalen Momentenfunktionen verbunden ist, scheitert ihre Berechnung häufig daran, dass nur eine einzige Musterfunktion vorliegt, sodass sich keine Scharmittelwerte bilden lassen. Diese beiden Einschränkungen werden jeweils bei zwei wichtigen Klassen von Zufallsprozessen überwunden: den stationären Prozessen und den ergodischen Prozessen.

Definition 8.23: Stationarität

Ein stochastischer Prozess heißt (streng) stationär, wenn seine statistischen Eigenschaften invariant gegenüber Ortsverschiebungen sind. ◇

Konzentriert man sich bei einem Zufallsprozess auf das erste Moment der Statistik 1. Ordnung und auf das zweite Moment der Statistik 2. Ordnung, so erhält man die Eigenschaft der schwachen Stationarität.

Definition 8.24: Schwache Stationarität

Ein stochastischer Prozess $\mathrm{g}(\mathbf{x})$ heißt schwach stationär, wenn dessen Erwartungswert $\mu_{\mathrm{g}}(\mathbf{x})$ und dessen Autokorrelationsfunktion (AKF) $r_{\mathrm{gg}}(\mathbf{x},\boldsymbol{\tau})$ invariant gegenüber Ortsverschiebungen sind, also wenn

$$\mu_{\mathrm{g}}(\mathbf{x}) = \mu_{\mathrm{g}} = \text{const.} \tag{8.280}$$

und

$$r_{\mathrm{gg}}(\mathbf{x},\boldsymbol{\tau}) = r_{\mathrm{gg}}(\boldsymbol{\tau}) \tag{8.281}$$

gilt. Beide Momente sind dann unabhängig von $\mathbf{x}$. Somit ist die AKF eines zweidimensionalen, schwach stationären Prozesses nur noch Funktion eines zweidimensionalen Argumentes. ◇

Bei normalverteilten Zufallsprozessen folgt aus der schwachen Stationarität die strenge Stationarität.

Bei ergodischen Zufallsprozessen ist es möglich, Momente durch eine Ortsmittelung anstelle einer Scharmittelung zu berechnen. Dies ist praktisch äußerst nützlich, da in vielen Fällen aus der Schar der Musterfunktionen eines Zufallsprozesses nur eine einzelne Musterfunktion verfügbar ist.

Definition 8.25: Ergodizität

Ein stochastischer Prozess $\mathrm{g}(\mathbf{x})$ heißt (streng) ergodisch,[11] wenn die Ortsmittelwerte einer beliebigen Musterfunktion $g(\mathbf{x}, e_\nu)$ mit der Wahrscheinlichkeit eins mit den entsprechenden Scharmittelwerten des Prozesses übereinstimmen. ◇

Ein instationärer Zufallsprozess kann nicht ergodisch sein, da seine Momente (Scharmittelwerte) ortsabhängig sind. Stationarität ist daher eine notwendige Bedingung für Ergodizität.

Definition 8.26: Schwache Ergodizität

Ein stochastischer Prozess $\mathrm{g}(\mathbf{x})$ heißt schwach ergodisch, wenn die anhand einer beliebigen Musterfunktion $g(\mathbf{x}, e_\nu)$ berechneten Ortsmittelwerte für das erste Moment und für die Autokorrelationsfunktion mit den entsprechenden Scharmittelwerten mit Wahrscheinlichkeit eins übereinstimmen, also wenn die Bedingungen

$$\lim_{\substack{M\to\infty\\ N\to\infty}} \frac{1}{MN} \int\limits_{-\frac{M}{2}}^{\frac{M}{2}} \int\limits_{-\frac{N}{2}}^{\frac{N}{2}} g(\mathbf{x}, e_\nu)\,\mathrm{d}\mathbf{x} = \mathrm{E}\{\mathrm{g}(\mathbf{x})\} = \mu_\mathrm{g} \tag{8.282}$$

und

$$\lim_{\substack{M\to\infty\\ N\to\infty}} \frac{1}{MN} \int\limits_{-\frac{M}{2}}^{\frac{M}{2}} \int\limits_{-\frac{N}{2}}^{\frac{N}{2}} g(\mathbf{x}, e_\nu)\, g(\mathbf{x}+\boldsymbol{\tau}, e_\nu)\,\mathrm{d}\mathbf{x} = \mathrm{E}\{\mathrm{g}(\mathbf{x})\,\mathrm{g}(\mathbf{x}+\boldsymbol{\tau})\} = r_{\mathrm{gg}}(\boldsymbol{\tau}) \tag{8.283}$$

erfüllt sind. Die linke Seite der Gleichungen (8.282) und (8.283) stellt eine Integration *einer* beliebigen Musterfunktion $g(\mathbf{x}, e_\nu)$, also eine Ortsmittelung, dar. In der

[11] Der strenge Beweis, ob ein gegebener stochastischer Prozess ergodisch ist, lässt sich in der Praxis nur selten erbringen. Ergodizität wird daher oft nur angenommen und empirisch geprüft. Details hierzu findet man z. B. in [11].

rechten Seite dieser Gleichungen erfolgt durch die Erwartungswertbildung eine Mittelung über die Schar aller Musterfunktionen für einen festen Ort $\mathbf{x}$. $\diamond$

Bemerkungen:

- Bei schwach ergodischen Zufallsprozessen ist *jede* Musterfunktion in der Lage, die Schar – d. h. den gesamten Prozess – bezüglich der ersten beiden Momente der Statistik 1. und 2. Ordnung zu vertreten.
- Aus der Eigenschaft der schwachen Ergodizität folgt die schwache Stationarität des Prozesses.
- Für die **mittlere Leistung** eines schwach ergodischen Prozesses – bzw. für die mittlere Leistung jeder einzelnen Musterfunktion des Prozesses – gilt:

$$r_{\mathrm{gg}}(\mathbf{0}) = \mu_{\mathrm{g}}^2 + \sigma_{\mathrm{g}}^2 \,. \tag{8.284}$$

- Darf für einen Zufallsprozess keine schwache Ergodizität angenommen werden, so schließt das nicht aus, dass einzelne Musterfunktionen – aber eben nicht alle – für den Prozess repräsentativ sind. In diesem Fall ist eine geeignete Auswahl notwendig.

Definition 8.27: Autoleistungsdichtespektrum

Das Autoleistungsdichtespektrum (kurz: Leistungsdichtespektrum, LDS) eines schwach stationären stochastischen Prozesses $\mathrm{g}(\mathbf{x})$ ist wie folgt definiert:

$$S_{\mathrm{gg}}(\mathbf{f}) := \lim_{\substack{M\to\infty \\ N\to\infty}} \mathrm{E}\Bigg\{ \underbrace{\frac{|\mathcal{F}\{\mathrm{g}(\mathbf{x})\,\mathrm{rect}(\frac{x}{M})\,\mathrm{rect}(\frac{y}{N})\}|^2}{M\cdot N}}_{\text{Periodogramm}} \Bigg\} . \tag{8.285}$$

Das Leistungsdichtespektrum gibt an, welche Frequenzen im statistischen Mittel wie stark am Aufbau einer Musterfunktion $g(\mathbf{x}, e_\nu)$ beteiligt sind. Es gilt:
$S_{\mathrm{gg}}(\mathbf{f}) \geq 0 \quad \forall\, \mathbf{f}$. $\diamond$

Satz 8.18: Wiener-Khintchine-Theorem

Das Autoleistungsdichtespektrum eines schwach stationären Zufallsprozesses $\mathrm{g}(\mathbf{x})$ ist die Fourier-Transformierte der Autokorrelationsfunktion:

$$S_{\mathrm{gg}}(\mathbf{f}) = \mathcal{F}_{\boldsymbol{\tau}}\{r_{\mathrm{gg}}(\boldsymbol{\tau})\} = \int\limits_{-\infty}^{\infty}\int\limits_{-\infty}^{\infty} r_{\mathrm{gg}}(\boldsymbol{\tau})\, \mathrm{e}^{-\mathrm{j}2\pi\mathbf{f}^{\mathrm{T}}\boldsymbol{\tau}}\, \mathrm{d}\boldsymbol{\tau} \,. \tag{8.286}$$

Autokorrelationsfunktion und Leistungsdichtespektrum sind damit ein Fourier-Transformationspaar:

$$\text{AKF } r_{\mathrm{gg}}(\boldsymbol{\tau}) \quad \circ\!\!=\!\!\bullet \quad \text{LDS } S_{\mathrm{gg}}(\mathbf{f})\,. \tag{8.287}$$

Voraussetzung dafür ist, dass der zugrunde liegende Zufallsprozess schwach stationär ist. ◇

Beweis 8.2 (Wiener-Khintchine-Theorem): Der Beweis soll auf den eindimensionalen Fall beschränkt werden. Dafür wird das Leistungsdichtespektrum

$$S_{\mathrm{gg}}(f) := \lim_{M\to\infty} \mathrm{E}\left\{ \frac{|\mathcal{F}\{\mathrm{g}(x)\,\mathrm{rect}(\frac{x}{M})\}|^2}{M} \right\} \tag{8.288}$$

$$= \lim_{M\to\infty} \mathrm{E}\left\{ \frac{\mathtt{G}_M(f)\,\mathtt{G}_M^*(f)}{M} \right\} \tag{8.289}$$

mit

$$\mathrm{g}_M(x) := \mathrm{g}(x)\,\mathrm{rect}\Big(\frac{x}{M}\Big) \quad \circ\!\!-\!\!\bullet \quad \mathtt{G}_M(f) \tag{8.290}$$

einer inversen Fourier-Transformation unterzogen:

$$\mathcal{F}^{-1}\{S_{\mathrm{gg}}(f)\} = \lim_{M\to\infty} \mathrm{E}\left\{ \frac{\mathcal{F}^{-1}\{\mathtt{G}_M(f)\,\mathtt{G}_M^*(f)\}}{M} \right\} \tag{8.291}$$

$$= \lim_{M\to\infty} \mathrm{E}\left\{ \frac{\mathrm{g}_M(x) * \mathrm{g}_M(-x)}{M} \right\} \tag{8.292}$$

$$= \lim_{M\to\infty} \mathrm{E}\left\{ \frac{\int_{-\infty}^{\infty} \mathrm{g}_M(\alpha)\,\mathrm{g}_M(\alpha+x)\,\mathrm{d}\alpha}{M} \right\} \tag{8.293}$$

$$= \lim_{M\to\infty} \frac{\int_{-\infty}^{\infty} \mathrm{E}\{\mathrm{g}(\alpha)\,\mathrm{g}(\alpha+x)\}\,\mathrm{rect}(\frac{\alpha}{M})\,\mathrm{rect}(\frac{\alpha+x}{M})\,\mathrm{d}\alpha}{M} \tag{8.294}$$

$$= \lim_{M\to\infty} \frac{r_{\mathrm{gg}}(x)\int_{-\infty}^{\infty} \mathrm{rect}(\frac{\alpha}{M})\,\mathrm{rect}(\frac{\alpha+x}{M})\,\mathrm{d}\alpha}{M} \tag{8.295}$$

$$= \lim_{M\to\infty} r_{\mathrm{gg}}(x)\,\Lambda\Big(\frac{x}{M}\Big) \tag{8.296}$$

$$= r_{\mathrm{gg}}(x)\,, \tag{8.297}$$

wobei $\Lambda(\,\cdot\,)$ die Dreieckfunktion (10.36) bezeichnet. Durch Umbenennen von x in τ folgt daraus unmittelbar das Wiener-Khintchine-Theorem; vgl. (8.286). ■

Insgesamt lassen sich abhängig von der Signalklasse zwei Alternativen zur **Spektralanalyse** unterscheiden [29]:

- Im Rahmen der **harmonischen Analyse** einer deterministischen Funktion $g(\mathbf{x})$ wird durch Fourier-Transformation deren komplexwertiges Spektrum $G(\mathbf{f})$ berechnet. Diese Abbildung ist vollständig informationserhaltend und daher umkehrbar.
- Bei Musterfunktionen stationärer Zufallsprozesse g$(\mathbf{x})$ konvergiert in der Regel das Fourier-Integral nicht [20,21]. Alternativ lassen sich in solchen Fällen die Prozesseigenschaften in Form der Autokorrelationsfunktion $r_{\mathrm{gg}}(\boldsymbol{\tau})$ erfassen und daraus durch Fourier-Transformation das Leistungsdichtespektrum $S_{\mathrm{gg}}(\mathbf{f})$ berechnen. Bei dieser sogenannten **verallgemeinerten harmonischen Analyse** kommt es zu einem Informationsverlust, da das Phasenspektrum verloren geht. Insofern lassen sich die Musterfunktionen $g(\mathbf{x}, e_\nu)$ nicht aus dem Leistungsdichtespektrum $S_{\mathrm{gg}}(\mathbf{f})$ rekonstruieren (vgl. Bsp. 8.21), sondern lediglich eine mittlere Aussage über deren spektralen Signalaufbau ableiten.
  Die mittlere Leistung $P_{\mathcal{B}}$ in einem Frequenzband $\mathcal{B}$ erhält man durch entsprechende Integration:
  $$P_{\mathcal{B}} = \int\limits_{\mathbf{f}\in\mathcal{B}} S_{\mathrm{gg}}(\mathbf{f})\,\mathrm{d}\mathbf{f}\,. \tag{8.298}$$
  Die mittlere Gesamtleistung erhält man über Integration über alle Frequenzen:
  $$\int\limits_{-\infty}^{\infty}\int\limits_{-\infty}^{\infty} S_{\mathrm{gg}}(\mathbf{f})\,\mathrm{d}\mathbf{f} = r_{\mathrm{gg}}(\mathbf{0})\,, \tag{8.299}$$
  was über das Wiener-Khintchine-Theorem und den Mittelwertsatz der Fourier-Transformation abermals aussagt, dass $r_{\mathrm{gg}}(\mathbf{0})$ die mittlere Signalleistung ist.

8.5.3 Übertragung stochastischer Prozesse durch LSI-Systeme

Die Übertragung deterministischer Signale durch LSI-Systeme wird im Ortsbereich durch die Impulsantwort $h(\mathbf{x})$ des Systems vollständig charakterisiert (vgl. Abschn. 8.2.3). Im Frequenzbereich ergibt sich die Systemantwort als Multiplikation der Übertragungsfunktion $H(\mathbf{f})$ des Systems mit der Fourier-Transformierten $G(\mathbf{f})$ des Eingangssignals:

$$k(\mathbf{x}) = h(\mathbf{x}) ** g(\mathbf{x}) \quad \circ\!\!-\!\!\bullet \quad K(\mathbf{f}) = H(\mathbf{f})\,G(\mathbf{f})\,. \tag{8.300}$$

Da für stationäre Zufallsprozesse die Fourier-Transformation der Musterfunktionen nur in Ausnahmefällen konvergiert, wird ihre Übertragung durch LSI-Systeme anhand ihrer Momente beschrieben.

$$\mathrm{g}(\mathbf{x}) \longrightarrow \boxed{h(\mathbf{x})} \longrightarrow \mathrm{k}(\mathbf{x}) = h(\mathbf{x}) ** \mathrm{g}(\mathbf{x})$$

Abbildung 8.41. Übertragung eines stochastischen Prozesses $\mathrm{g}(\mathbf{x})$ durch ein LSI-System.

Im Folgenden wird ein stochastischer Prozess $\mathrm{g}(\mathbf{x})$ betrachtet, der in den Eingang eines LSI-Systems mit der Impulsantwort $h(\mathbf{x})$ eingespeist wird (Abb. 8.41):

$$\mathrm{k}(\mathbf{x}) = h(\mathbf{x}) ** \mathrm{g}(\mathbf{x}) . \tag{8.301}$$

Für den **Erwartungswert** $\mu_\mathrm{k}(\mathbf{x})$ des Ausgangsprozesses ergibt sich:

$$\mu_\mathrm{k}(\mathbf{x}) = \mathrm{E}\{\mathrm{k}(\mathbf{x})\} = \mathrm{E}\left\{ \int_{-\infty}^{\infty}\int_{-\infty}^{\infty} \mathrm{g}(\boldsymbol{\alpha})\, h(\mathbf{x}-\boldsymbol{\alpha})\, \mathrm{d}\boldsymbol{\alpha} \right\} \tag{8.302}$$

$$= \int_{-\infty}^{\infty}\int_{-\infty}^{\infty} \mathrm{E}\{\mathrm{g}(\boldsymbol{\alpha})\}\, h(\mathbf{x}-\boldsymbol{\alpha})\, \mathrm{d}\boldsymbol{\alpha} = \mu_\mathrm{g}(\mathbf{x}) ** h(\mathbf{x}) . \tag{8.303}$$

Ist der Eingangsprozess $\mathrm{g}(\mathbf{x})$ schwach stationär, so folgt wegen $\mu_\mathrm{g}(\mathbf{x}) = \mu_\mathrm{g}$:

$$\mu_\mathrm{k}(\mathbf{x}) = \mu_\mathrm{g} ** h(\mathbf{x}) = \mu_\mathrm{g} \int_{-\infty}^{\infty}\int_{-\infty}^{\infty} h(\boldsymbol{\alpha})\, \mathrm{d}\boldsymbol{\alpha} = \mu_\mathrm{g}\, H(\mathbf{0}) . \tag{8.304}$$

Der konstante Gleichanteil μ_g wird aber mit der Übertragungsfunktion bei der Frequenz null übertragen.

Für die **Autokorrelationsfunktion** $r_\mathrm{kk}(\boldsymbol{\tau})$ des Ausgangsprozesses erhält man:

$$r_\mathrm{kk}(\boldsymbol{\tau}) = \mathrm{E}\{\mathrm{k}(\mathbf{x})\,\mathrm{k}(\mathbf{x}+\boldsymbol{\tau})\} \tag{8.305}$$

$$= \mathrm{E}\left\{ \iint_{-\infty}^{\infty} h(\boldsymbol{\alpha})\, \mathrm{g}(\mathbf{x}-\boldsymbol{\alpha})\, \mathrm{d}\boldsymbol{\alpha} \cdot \iint_{-\infty}^{\infty} h(\boldsymbol{\beta})\, \mathrm{g}(\mathbf{x}+\boldsymbol{\tau}-\boldsymbol{\beta})\, \mathrm{d}\boldsymbol{\beta} \right\} \tag{8.306}$$

$$= \iint_{-\infty}^{\infty}\iint_{-\infty}^{\infty} h(\boldsymbol{\alpha})\, h(\boldsymbol{\beta})\, \underbrace{\mathrm{E}\{\mathrm{g}(\mathbf{x}-\boldsymbol{\alpha})\,\mathrm{g}(\mathbf{x}+\boldsymbol{\tau}-\boldsymbol{\beta})\}}_{r_\mathrm{gg}(\boldsymbol{\tau}-\boldsymbol{\beta}+\boldsymbol{\alpha})}\, \mathrm{d}\boldsymbol{\alpha}\, \mathrm{d}\boldsymbol{\beta} \tag{8.307}$$

$$= \iint_{-\infty}^{\infty} \underbrace{\left(\iint_{-\infty}^{\infty} h(\boldsymbol{\alpha})\, h(\boldsymbol{\alpha}+\boldsymbol{\gamma})\, \mathrm{d}\boldsymbol{\alpha} \right)}_{=:\, \phi_{hh}(\boldsymbol{\gamma})} r_\mathrm{gg}(\boldsymbol{\tau}-\boldsymbol{\gamma})\, \mathrm{d}\boldsymbol{\gamma} \tag{8.308}$$

$$= \phi_{hh}(\boldsymbol{\tau}) ** r_\mathrm{gg}(\boldsymbol{\tau}) \tag{8.309}$$

mit $\boldsymbol{\gamma} := \boldsymbol{\beta} - \boldsymbol{\alpha}$. Die Funktion $\phi_{hh}(\boldsymbol{\tau})$ bezeichnet nach (8.308) eine formal durch Ortsmittelung berechnete Autokorrelationsfunktion der Impulsantwort $h(\mathbf{x})$. Da es sich bei der Impulsantwort um eine deterministische Funktion handelt, erfolgt in diesem Fall keine Korrelation im stochastischen Sinn. Man spricht auch von einer **Impulskorrelation**.

Durch Vergleich von (8.300) und (8.309) erkennt man, dass beim Übergang von deterministischen Signalen zu (schwach stationären) stochastischen Prozessen an die Stelle der Signale bzw. der Impulsantwort die zugehörigen Korrelationsfunktionen treten. Durch Fourier-Transformation von (8.309) erhält man schließlich einen Zusammenhang zwischen den Leistungsdichtespektren des Eingangs- und des Ausgangsprozesses:[12]

$$S_{\mathtt{kk}}(\mathbf{f}) = |H(\mathbf{f})|^2 \cdot S_{\mathtt{gg}}(\mathbf{f}) \,, \tag{8.312}$$

der eine Beschreibung im Ortsfrequenzbereich ermöglicht.

Beispiel 8.36 (Weißes Rauschen): Unter **weißem Rauschen** versteht man einen stationären Zufallsprozess $\mathtt{n}(\mathbf{x})$, dessen Leistungsdichtespektrum $S_{\mathtt{nn}}(\mathbf{f})$ für alle Frequenzen $\mathbf{f}$ konstant ist:

$$S_{\mathtt{nn}}(\mathbf{f}) = c = \text{const.} > 0 \qquad \bullet\!\!-\!\!\circ \qquad r_{\mathtt{nn}}(\boldsymbol{\tau}) = c\,\delta(\boldsymbol{\tau})\,. \tag{8.313}$$

Der Name „weißes" Rauschen rührt daher, dass in Analogie zum weißen Licht alle Frequenzen des Spektrums im gleichen Maße vertreten sind.

Aus der Autokorrelationsfunktion $r_{\mathtt{nn}}(\boldsymbol{\tau})$ geht hervor, dass die Werte beliebig nahe benachbarter Punkte unkorreliert sind. Es handelt sich dabei um ein idealisiertes Signalmodell, welches physikalisch so nicht möglich ist, da es eine unendliche mittlere Leistung

$$r_{\mathtt{nn}}(\mathbf{0}) \to \infty \tag{8.314}$$

aufweist. Wie das nächste Beispiel 8.37 zeigt, stellt das weiße Rauschen dennoch ein brauchbares Rauschmodell dar, das beim Durchgang durch reale Systeme zu realisierbaren Signalen führt.

Abbildung 8.42(a) zeigt exemplarisch eine Realisierung eines weißen

---

[12] Es gilt:

$$\mathcal{F}\{\phi_{hh}(\tau)\} = \mathcal{F}\left\{\int h(\alpha+\tau)\,h^*(\alpha)\,\mathrm{d}\alpha\right\} = \mathcal{F}\left\{h(\tau) * h^*(-\tau)\right\} \tag{8.310}$$

$$= H(f)\,H^*(f) = |H(f)|^2\,. \tag{8.311}$$

(a) Realisierung des Prozesses $\mathtt{n}(\mathbf{x})$

(b) Autokorrelationsfunktion $\hat{r}_{\mathtt{nn}}(\boldsymbol{\tau})$

Abbildung 8.42. Beispiel eines weißen Rauschprozesses $\mathtt{n}(\mathbf{x})$.

Rauschprozesses $\mathtt{n}(\mathbf{x})$. Zur Schätzung der Autokorrelationsfunktion $\hat{r}_{\mathtt{nn}}(\boldsymbol{\tau})$ des Zufallsprozesses wurden sowohl eine Mittelung über $B = 10$ Musterfunktionen als auch wegen der Ergodizität eine örtliche Mittelung vorgenommen. Im Ergebnisbild Abb. 8.42(b), das einem Dirac-Impuls entspricht, befindet sich der Koordinatenursprung in der Bildmitte. ■

Beispiel 8.37 (Farbiges Rauschen): Sogenanntes **farbiges Rauschen** kann dadurch erzeugt werden, dass man einen weißen Rauschprozess $\mathtt{n}(\mathbf{x})$ linear filtert:

$$\mathtt{k}(\mathbf{x}) = h(\mathbf{x}) ** \mathtt{n}(\mathbf{x}) , \tag{8.315}$$

wobei $h(\mathbf{x})$ die Impulsantwort des Filters bezeichnet. Für die Autokorrelationsfunktion und das Leistungsdichtespektrum des Ausgangsprozesses $\mathtt{k}(\mathbf{x})$ erhält man entsprechend (8.309) und (8.313):

$$r_{\mathtt{kk}}(\boldsymbol{\tau}) = \phi_{hh}(\boldsymbol{\tau}) ** c\,\delta(\boldsymbol{\tau}) = c\,\phi_{hh}(\boldsymbol{\tau}) \tag{8.316}$$

$$\circ\!\!-\!\!\bullet$$

$$S_{\mathtt{kk}}(\mathbf{f}) = c\,|H(\mathbf{f})|^2 . \tag{8.317}$$

Der Begriff „farbiges Rauschen“ lehnt sich ebenfalls an Lichtspektren an, nur hier mit einer nichtkonstanten Verteilung der spektralen Anteile.

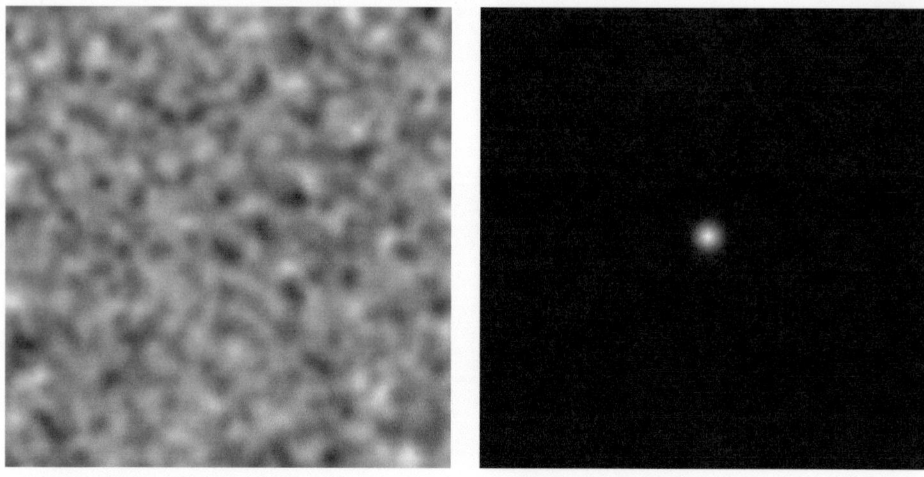

(a) Gefilterte Realisierung von $\mathtt{n}(\mathbf{x})$ (b) Autokorrelationsfunktion $\hat{r}_{\mathtt{kk}}(\boldsymbol{\tau})$

Abbildung 8.43. Beispiel zur Erzeugung eines diskreten farbigen Rauschprozesses $\mathtt{k}(\mathbf{x})$ durch Tiefpassfilterung eines weißen Prozesses $\mathtt{n}(\mathbf{x})$.

Bei Verwendung eines Rechteckfilters mit der Impulsantwort

$$h(\mathbf{x}) = \frac{1}{L^2}\,\mathrm{rect}\Big(\frac{x}{L}\Big)\,\mathrm{rect}\Big(\frac{y}{L}\Big) \tag{8.318}$$

ergibt sich eine Tiefpassfilterung des weißen Rauschens:

$$r_{\mathtt{kk}}(\boldsymbol{\tau}) = c\,\phi_{hh}(\boldsymbol{\tau}) = c\cdot\Lambda\Big(\frac{\tau_x}{L}\Big)\,\Lambda\Big(\frac{\tau_y}{L}\Big) \tag{8.319}$$

$$\circ\!\!-\!\!\bullet$$

$$S_{\mathtt{kk}}(\mathbf{f}) = c\,L^2\,\mathrm{sinc}^2(L\,f_x)\,\mathrm{sinc}^2(L\,f_y)\,. \tag{8.320}$$

Durch die Tiefpassfilterung ist der Prozess $\mathtt{k}(\mathbf{x})$ korreliert für $\boldsymbol{\tau} \in (-L, L)^2$. Die mittlere Leistung

$$r_{\mathtt{kk}}(\mathbf{0}) = c < \infty \tag{8.321}$$

des Ausgangsprozesses ist endlich. Daher ist $\mathtt{k}(\mathbf{x})$ ein physikalisch sinnvoller, realisierbarer stochastischer Prozess.

In Abb. 8.43(a) ist das Ergebnis der Tiefpassfilterung der Musterfunktion aus Abb. 8.42(a) dargestellt. Die Bildintensitäten benachbarter diskreter Orte weisen hier eine hohe Korrelation auf, was man ebenfalls deutlich anhand der – verglichen mit Abb. 8.42(b) – breiteren Autokorrelationsfunktion Abb. 8.43(b) erkennen kann. ■

Beispiel 8.38 (Schleiftextur als stochastischer Prozess): Die makroskopische Textur geschliffener Wellendichtringe von Automobilen besteht aus kurzen, stochastisch platzierten Schleifriefen, denen unter Umständen periodische Drallriefen überlagert sind (siehe Abb. 8.44(a)). Die Drallriefen sind unerwünscht, da sie einen schraubenlinienartigen Verlauf aufweisen und sie während des Betriebs zu Leckage oder Trockenlauf führen können. Zu ihrer Charakterisierung müssen ihre Periodenlänge und ihre Ausprägung gemessen werden [23].

Durch Variation der Drehlage des Werkstücks bei der Aufnahme können verschiedene Ausschnitte der Oberflächentextur erfasst werden, die sich als Musterfunktionen desselben Zufallsprozesses $g(\mathbf{x})$ interpretieren lassen (siehe Abb. 8.44(b)). Aus der Menge der aufgenommenen Bilder lassen sich die Autokorrelationsfunktion $\hat{r}_{gg}(\boldsymbol{\tau})$ und die Autokovarianzfunktion $\hat{C}_{gg}(\boldsymbol{\tau})$ entsprechend Bsp. 8.36 schätzen. An der Autokorrelationsfunktion Abb. 8.44(c) lassen sich vier Anteile erkennen [2]:

- Im Ursprung befindet sich ein ortsdiskreter Dirac-Impuls, der das unkorrelierte Rauschen im Prozess beschreibt.
- Die periodischen Drallriefen induzieren in der Autokorrelationsfunktion ebenfalls periodische Strukturen mit der gleichen Ausrichtung. Periodische Signale haben periodische Autokorrelationsfunktionen [21].
- Die stochastischen Schleifriefen erzeugen in der Autokorrelationsfunktion eine Linie durch den Ursprung in Riefenrichtung. Aufgrund der begrenzten longitudinalen Ausdehnung der Schleifriefen weisen sie eine endliche Korrelationslänge in Riefenrichtung auf.
- Schließlich weist die Autokorrelationsfunktion ebenfalls einen konstanten Offset auf, der die mittlere Intensität des Prozesses beschreibt.

Aufgrund der empirischen Berechnung der Autokorrelationsfunktion aus endlich großen Bildern klingt die Autokorrelationsfunktion zum Bildrand hin ab [16]. Mit Ausnahme der mittleren Intensität beschreibt die Autokovarianzfunktion Abb. 8.44(d) die gleichen Komponenten des Prozesses.

Gemäß dem Wiener-Khintchine-Theorem (8.286) ergibt sich aus der Autokorrelationsfunktion durch Fourier-Transformation das Leistungsdichtespektrum eines Zufallsprozesses. Alternativ kann nach (8.285) das aus einer Musterfunktion berechnete **Periodogramm** $\hat{S}_{gg}(\mathbf{f})$ als Schätzung für das Leistungsdichtespektrum herangezogen werden (siehe Abb. 8.44(e)). Zwar ist das Periodogramm ein stark rauschender Schätzer für das Leistungsdichtespektrum, da die Standardabweichung seines Schätzfehlers in der Größenordnung der zu schätzenden Größe selbst liegt [16, 20]. Liegen jedoch wie im vorliegenden Fall mehrere Musterfunktionen des Zufallsprozesses vor, so können die daraus berechneten Periodogramme einer Mittelung $\overline{\hat{S}_{gg}(\mathbf{f})}$ unterzogen wer-

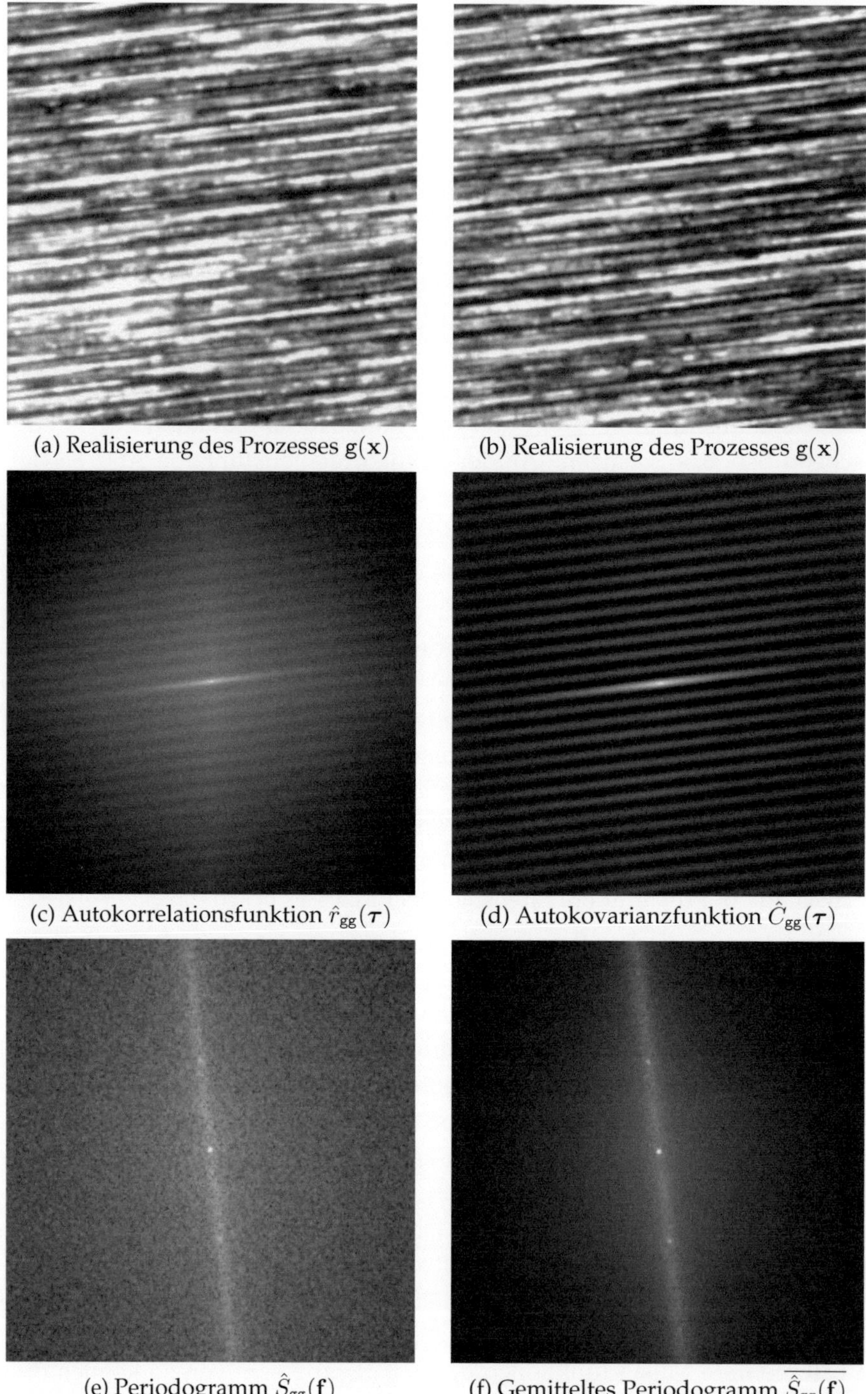

(a) Realisierung des Prozesses $g(\mathbf{x})$

(b) Realisierung des Prozesses $g(\mathbf{x})$

(c) Autokorrelationsfunktion $\hat{r}_{gg}(\boldsymbol{\tau})$

(d) Autokovarianzfunktion $\hat{C}_{gg}(\boldsymbol{\tau})$

(e) Periodogramm $\hat{S}_{gg}(\mathbf{f})$

(f) Gemitteltes Periodogramm $\overline{\hat{S}_{gg}(\mathbf{f})}$

Abbildung 8.44. Schleiftextur als stochastischer Prozess.

den [20,21]. Bei Annahme unkorrelierter Störungen wird durch die Mittelung von B Bildern die Varianz des Schätzfehlers um den gleichen Faktor reduziert. Die auf diese Weise erhaltene Schätzung des Leistungsdichtespektrums Abb. 8.44(f) lässt sich ähnlich wie ein DFT-Betragsspektrum interpretieren, weist jedoch im Vergleich dazu deutlich weniger Störungen auf, da ihre Berechnung im vorliegenden Fall auf $B = 120$ Bildern basiert. Da die Schleiftextur aus geraden, parallelen Riefen besteht, konzentrieren sich im Ortsfrequenzbereich die zugehörigen Leistungsanteile längs einer Geraden durch den Ursprung senkrecht zur Riefenschar. Aufgrund der Periodizität der Drallriefen schlagen sich die zugehörigen Spektralanteile zusätzlich in Form eines Kamms aus Dirac-Impulsen nieder. Der Abstand zwischen den Dirac-Impulsen ist umgekehrt proportional zur Periodenlänge; die Höhe der Dirac-Impulse beschreibt die Ausprägung der Drallriefen und ist somit ein Maß für die Qualität des Werkstücks. ■

8.6 Quantisierung

Zur rechnergerechten Darstellung von Bildern $\mathbf{g}(\mathbf{x})$ müssen neben den Orten $\mathbf{x}$ auch die Bildwerte $\mathbf{g}$ diskretisiert werden, wobei im Folgenden der Einfachheit halber und ohne Einschränkung von skalaren Bildern $g(\mathbf{x})$ ausgegangen wird. Bei der Wertdiskretisierung, auch als Quantisierung bezeichnet, wird jedem kontinuierlichen Bildwert $\tilde{g}$ ein quantisierter Wert g zugeordnet,[13] der aus einer Menge von K diskreten Werten stammt. Meist wird die Auflösung der Quantisierung als Anzahl $\operatorname{ld} K$ von Bit angegeben, die es braucht, um die Werte binär zu codieren.

Die Kennlinie des Quantisierers kann durch eine Treppenfunktion (Abb. 8.45) beschrieben werden, bei der die kontinuierlichen, auf das Intervall

$$\tilde{g} \in [g_0, g_K] \tag{8.322}$$

begrenzten Bildwerte am Eingang auf K Quantisierungsstufen

$$g \in \{q_0, q_1, \ldots, q_{K-1}\} \tag{8.323}$$

abgebildet werden. Mit den Quantisierungsgrenzen g_i, $i \in \{0, \ldots, K\}$, und dem Operator $\mathcal{Q}\{\,\cdot\,\}$ lässt sich die Quantisierung wie folgt beschreiben:

$$\mathcal{Q}\{\tilde{g}\} = q_i \qquad \text{für} \qquad \tilde{g} \in [g_i, g_{i+1})\,. \tag{8.324}$$

[13] Abweichend von der sonstigen Praxis im Buch werden in diesem Abschnitt lokal kontinuierliche Bildwerte mit $\tilde{g}$ statt g bezeichnet. Auf diese Weise bleibt die Bezeichnung nach dem Übergang zu wertdiskreten Bildern konsistent.

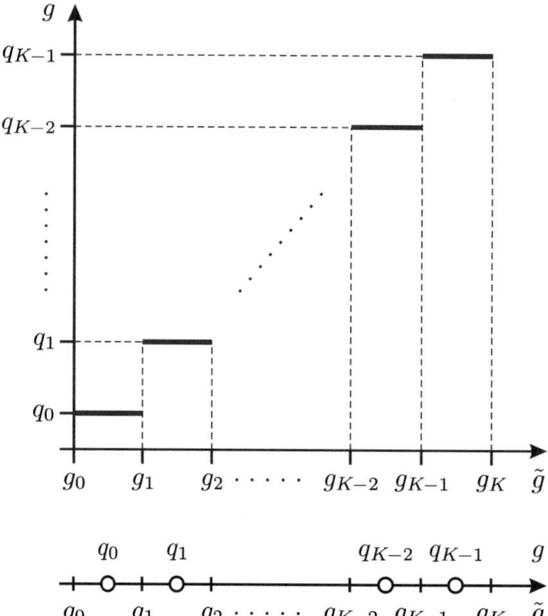

Abbildung 8.45. Quantisierungskennlinie.

Dabei handelt es sich bei $\mathcal{Q}\{\cdot\}$ um einen nichtlinearen, gedächtnisfreien, verschiebungsinvarianten und nicht umkehrbaren Operator (Abb. 8.46). Trotz der Nichtlinearität dieser Operation wird in Abschn. 8.6.2 gezeigt, dass sich die Auswirkung der Quantisierung auf die Statistik des Signals mit Hilfe der linearen Systemtheorie berechnen und anschaulich beschreiben lässt.

8.6.1 Optimale Quantisierung

Zur Herleitung einer optimalen Quantisierungskennlinie werden die kontinuierlichen Bildwerte als Zufallsgröße $\tilde{\mathrm{g}}$ mit einer als bekannt vorausgesetzten Wahrscheinlichkeitsdichtefunktion $f_{\tilde{\mathrm{g}}}(\tilde{g})$ beschrieben. Die Bestimmung der Quantisierungsgrenzen g_i und der Quantisierungsstufen q_i erfolgt durch Minimierung eines Gütemaßes, wobei hierfür üblicherweise der mittlere quadratische Quantisie-

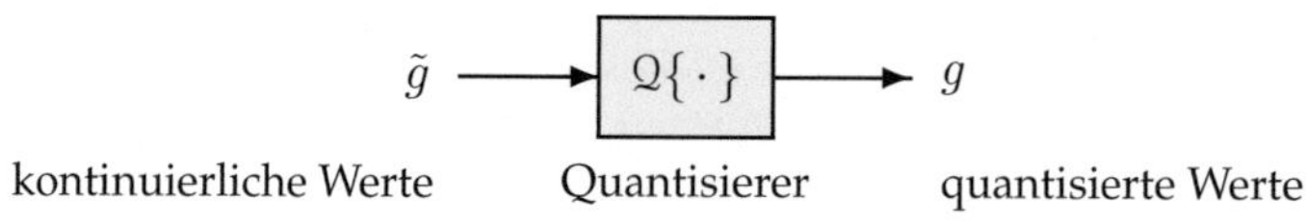

Abbildung 8.46. Quantisierer als System.

rungsfehler herangezogen wird:

$$\overline{\varepsilon^2} := \sum_{l=0}^{K-1} \int\limits_{g_l}^{g_{l+1}} (\tilde{g} - q_l)^2 \, f_{\tilde{\mathrm{g}}}(\tilde{g}) \, \mathrm{d}\tilde{g} = \mathrm{E}\left\{ \sum_{l=0}^{K-1} (\tilde{\mathrm{g}} - q_l)^2 \right\} \xrightarrow{!} \text{Min.} \tag{8.325}$$

Dabei wird angenommen, dass sowohl die Zahl der Quantisierungsstufen K als auch die untere und die obere Quantisierungsgrenze g_0 bzw. g_K fest vorgegeben sind.

Zunächst wird (8.325) nach den Quantisierungsgrenzen g_i abgeleitet:

$$\frac{\partial \overline{\varepsilon^2}}{\partial g_i} = (g_i - q_{i-1})^2 \, f_{\tilde{\mathrm{g}}}(g_i) - (g_i - q_i)^2 \, f_{\tilde{\mathrm{g}}}(g_i) \stackrel{!}{=} 0\,, \tag{8.326}$$

woraus sich für die g_i die folgende Bedingung ergibt:

$$g_i = \frac{q_{i-1} + q_i}{2}\,. \tag{8.327}$$

Die optimalen Quantisierungsgrenzen g_i liegen also im Mittelpunkt zwischen den unmittelbar benachbarten Quantisierungsstufen q_{i-1} und q_i.

Für die Quantisierungsstufen erhält man durch Differentiation von (8.325) nach q_i die Bedingung:

$$\frac{\partial \overline{\varepsilon^2}}{\partial q_i} = -2 \int\limits_{g_i}^{g_{i+1}} (\tilde{g} - q_i) \, f_{\tilde{\mathrm{g}}}(\tilde{g}) \, \mathrm{d}\tilde{g} \stackrel{!}{=} 0 \tag{8.328}$$

und daraus durch Auflösen nach q_i:

$$q_i = \frac{\int_{g_i}^{g_{i+1}} \tilde{g} \, f_{\tilde{\mathrm{g}}}(\tilde{g}) \, \mathrm{d}\tilde{g}}{\int_{g_i}^{g_{i+1}} f_{\tilde{\mathrm{g}}}(\tilde{g}) \, \mathrm{d}\tilde{g}}\,. \tag{8.329}$$

Die Quantisierungsstufen müssen demnach am Schwerpunkt der Wahrscheinlichkeitsdichtefunktion $f_{\tilde{\mathrm{g}}}(\tilde{g})$ im Intervall $[g_i, g_{i+1})$ liegen.

Zur Festlegung der optimalen Quantisierungskennlinie müssen die Bedingungen (8.327) und (8.329) für $i \in \{1, \ldots, K-1\}$ bzw. $i \in \{0, \ldots, K-1\}$ erfüllt werden. Insgesamt ergibt sich ein System aus $K-1$ linearen und K nichtlinearen Gleichungen, welches i. Allg. numerisch gelöst werden muss, um die Unbekannten $g_1, \ldots, g_{K-1}$ und $q_0, \ldots, q_{K-1}$ zu bestimmen.

Beispiel 8.39 (Optimale Quantisierung bei gleichverteilten Bildwerten): Darf von einer Gleichverteilung

$$f_{\tilde{\mathrm{g}}}(\tilde{g}) = \frac{1}{g_K - g_0} = \text{const.} \tag{8.330}$$

der Bildwerte im Intervall $g_0 \leq \tilde{\mathrm{g}} \leq g_K$ ausgegangen werden, so folgt aus (8.329) für die Quantisierungsstufen ein linearer Zusammenhang:

$$q_i = \frac{\int\limits_{g_i}^{g_{i+1}} \tilde{g}\,\mathrm{d}\tilde{g}}{\int\limits_{g_i}^{g_{i+1}} \mathrm{d}\tilde{g}} = \frac{1}{2} \cdot \frac{g_{i+1}^2 - g_i^2}{g_{i+1} - g_i} = \frac{g_{i+1} + g_i}{2} \,. \tag{8.331}$$

Durch Einsetzen von (8.331) in (8.327) erhält man:

$$g_i - g_{i-1} = g_{i+1} - g_i \,, \tag{8.332}$$

$$q_i - q_{i-1} = q_{i+1} - q_i \,. \tag{8.333}$$

Da in diesem Fall sowohl die optimalen Quantisierungsstufen q_i als auch die optimalen Quantisierungsgrenzen g_i äquidistant sind, spricht man von einer **äquidistanten Quantisierung**. Mit dem Abstand

$$\Delta g = \frac{g_K - g_0}{K} \tag{8.334}$$

zwischen zwei benachbarten Quantisierungsgrenzen ergibt sich der mittlere quadratische Quantisierungsfehler (8.325) zu

$$\overline{\varepsilon^2} = \frac{K}{g_K - g_0} \int\limits_0^{\Delta g} \left(\tilde{g} - \frac{\Delta g}{2}\right)^2 \mathrm{d}\tilde{g} = \frac{1}{\Delta g} \left[\frac{1}{3}\left(\tilde{g} - \frac{\Delta g}{2}\right)^3\right]_0^{\Delta g} = \frac{(\Delta g)^2}{12} \,.$$

Dieser Wert entspricht der Varianz des sogenannten Quantisierungsrauschens; siehe Abschn. 8.6.3. ■

Beispiel 8.40 (Optimale äquidistante Quantisierung): Marktübliche Analog-digital-Umsetzer nehmen in guter Näherung eine äquidistante Quantisierung des Eingangssignals vor [25]. Liegt – anders als in Bsp. 8.39 – keine Gleichverteilung der kontinuierlichen Bildwerte $\tilde{\mathrm{g}}$ vor, so sind die Quantisierungsergebnisse im Sinne des mittleren quadratischen Quantisierungsfehlers (8.325) i. Allg. suboptimal.

Um dennoch eine optimale Quantisierung zu erzielen, kann vor der Quantisierung eine nichtlineare Transformation $\mathcal{T}\{\,\cdot\,\}$ der Signalwerte $\tilde{\mathrm{g}}$ erfolgen, die als Ergebnis im Intervall $[g_0, g_K]$ gleichverteilte Werte k erzeugt (Abb. 8.47). Nach der äquidistanten Quantisierung $\mathcal{Q}\{\cdot\}$ der Werte k wird durch $\mathcal{T}^{-1}\{\cdot\}$ die nichtlineare Transformation rückgängig gemacht. Die auf diese Weise durchgeführte Quantisierung weist insgesamt Quantisierungsstufen auf, die im Bereich hoher Werte der Wahrscheinlichkeitsdichtefunktion $f_{\tilde{\mathrm{g}}}(\tilde{g})$ dichter zusammen liegen. ■

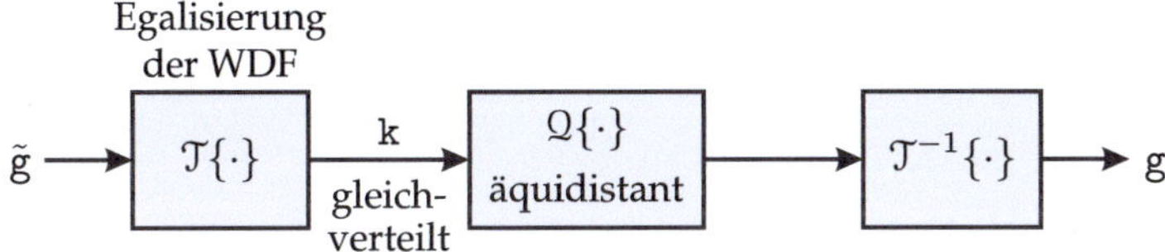

Abbildung 8.47. Optimale Quantisierung bei Verwendung eines äquidistanten Quantisierers.

8.6.2 Quantisierungstheorem

Analog zur Abtastung von Signalen, bei der eine Diskretisierung des Definitionsbereichs des Signals erfolgt, entspricht die Quantisierung einer Diskretisierung des Wertebereichs. Die Auswirkungen der Abtastung wurden in Abschn. 8.3.2 mit Hilfe der linearen Systemtheorie untersucht, und als Ergebnis wurde mit dem Abtasttheorem eine Bedingung zur fehlerfreien Rekonstruktion kontinuierlicher Signale aus ihren Abtastwerten formuliert. Es stellt sich daher die Frage, ob ein Analogon zum Abtasttheorem für die „Abtastung" der Werte existiert – also ob sich eine Bedingung angeben lässt, damit die kontinuierlichen Werte g̃ aus ihren wertdiskreten Pendants g zurückgewonnen werden können.

Im Folgenden wird eine Antwort für den Fall der äquidistanten Quantisierung gegeben. Bei der Quantisierung handelt es sich allerdings um eine nichtlineare Operation, weshalb hierbei die Methoden der linearen Systemtheorie nicht auf die Signale direkt angewendet werden können. Es wird sich jedoch zeigen, dass mittels der linearen Systemtheorie Aussagen über die Wahrscheinlichkeitsdichtefunktionen (WDF) der quantisierten Signale getroffen werden können (Abb. 8.48). Unter gewissen Annahmen lässt sich sogar die Wahrscheinlichkeitsdichtefunktion des kontinuierlichen Signals aus der Wahrscheinlichkeitsdichtefunktion des quantisierten Signals fehlerfrei rekonstruieren. Dies wird die wesentliche Aussage

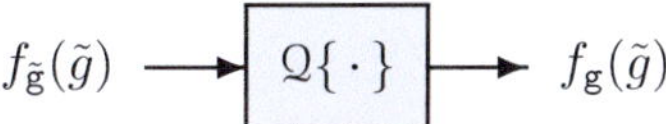

Abbildung 8.48. Beschreibung der Quantisierung mittels der linearen Systemtheorie.

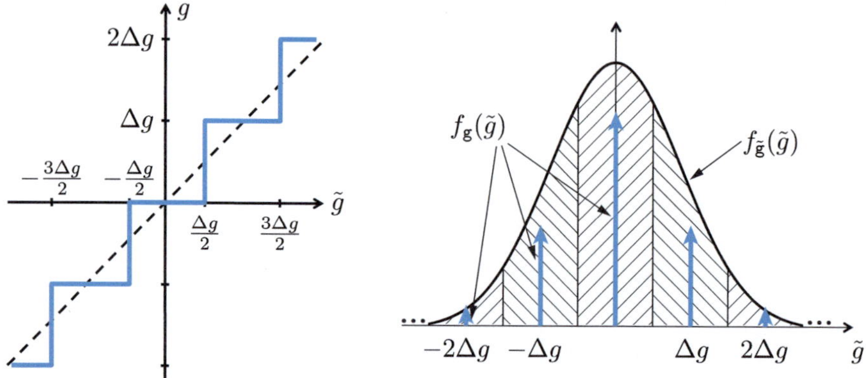

Abbildung 8.49. Flächenabtastung der Wahrscheinlichkeitsdichtefunktion: (links) Quantisierungskennlinie; (rechts) Wahrscheinlichkeitsdichtefunktionen $f_{\tilde{\mathrm{g}}}(\tilde{g})$ und $f_{\mathrm{g}}(\tilde{g})$ der kontinuierlichen bzw. der quantisierten Werte (nach [28]).

des im Folgenden herzuleitenden **Quantisierungstheorems** sein, die im Vergleich mit dem Abtasttheorem insofern schwächer ist, als dass sich die kontinuierlichen Originalwerte $\tilde{\mathrm{g}}$ selbst nicht fehlerfrei aus den quantisierten Werten g rekonstruieren lassen [28].

Aufgrund der Forderung einer Quantisierung mit einer endlichen Auflösung ist der Träger der Wahrscheinlichkeitsdichtefunktion $f_{\mathrm{g}}(\tilde{g})$ des quantisierten Signals g diskret. Jeder Eingangswert wird somit auf den nächsten Quantisierungswert q_i gemäß (8.324) abgebildet. Die zugehörige Wahrscheinlichkeitsdichtefunktion $f_{\mathrm{g}}(\tilde{g})$ ist daher eine Impulsfolge; die Impulsgewichte sind die diskreten Wahrscheinlichkeiten der zugehörigen Quantisierungsintervalle der Eingangs-Wahrscheinlichkeitsdichtefunktion und errechnen sich durch Integration von $f_{\tilde{\mathrm{g}}}(\tilde{g})$ im jeweiligen Intervall (vgl. Abb. 8.49). Die Quantisierung entspricht somit einer „Flächenabtastung" der Wahrscheinlichkeitsdichtefunktion.

Die „Flächenabtastung" der Wahrscheinlichkeitsdichtefunktion $f_{\tilde{\mathrm{g}}}(\tilde{g})$ kann äquivalent durch eine gleitende Mittelung und eine anschließende Abtastung beschrieben werden. Der Vorgang ist in Abb. 8.50 links veranschaulicht. Die gleitende Mittelung erfolgt durch Faltung von $f_{\tilde{\mathrm{g}}}(\tilde{g})$ mit der Rechteckfunktion

$$f_{\mathrm{n}}(\tilde{g}) = \frac{1}{\Delta g}\,\mathrm{rect}\left(\frac{\tilde{g}}{\Delta g}\right). \tag{8.335}$$

Die anschließende Multiplikation mit der Impulsfolge $r(\tilde{g})$ ergibt als Wahrscheinlichkeitsdichtefunktion $f_{\mathrm{g}}(\tilde{g})$ der quantisierten Werte eine Folge von mit dem entsprechenden Flächenanteil der Eingangs-Wahrscheinlichkeitsdichtefunktion $f_{\tilde{\mathrm{g}}}(\tilde{g})$ gewichteten Dirac-Impulsen:

$$f_{\mathrm{g}}(\tilde{g}) = \big(f_{\tilde{\mathrm{g}}}(\tilde{g}) * f_{\mathrm{n}}(\tilde{g})\big)\cdot r(\tilde{g}) \tag{8.336}$$

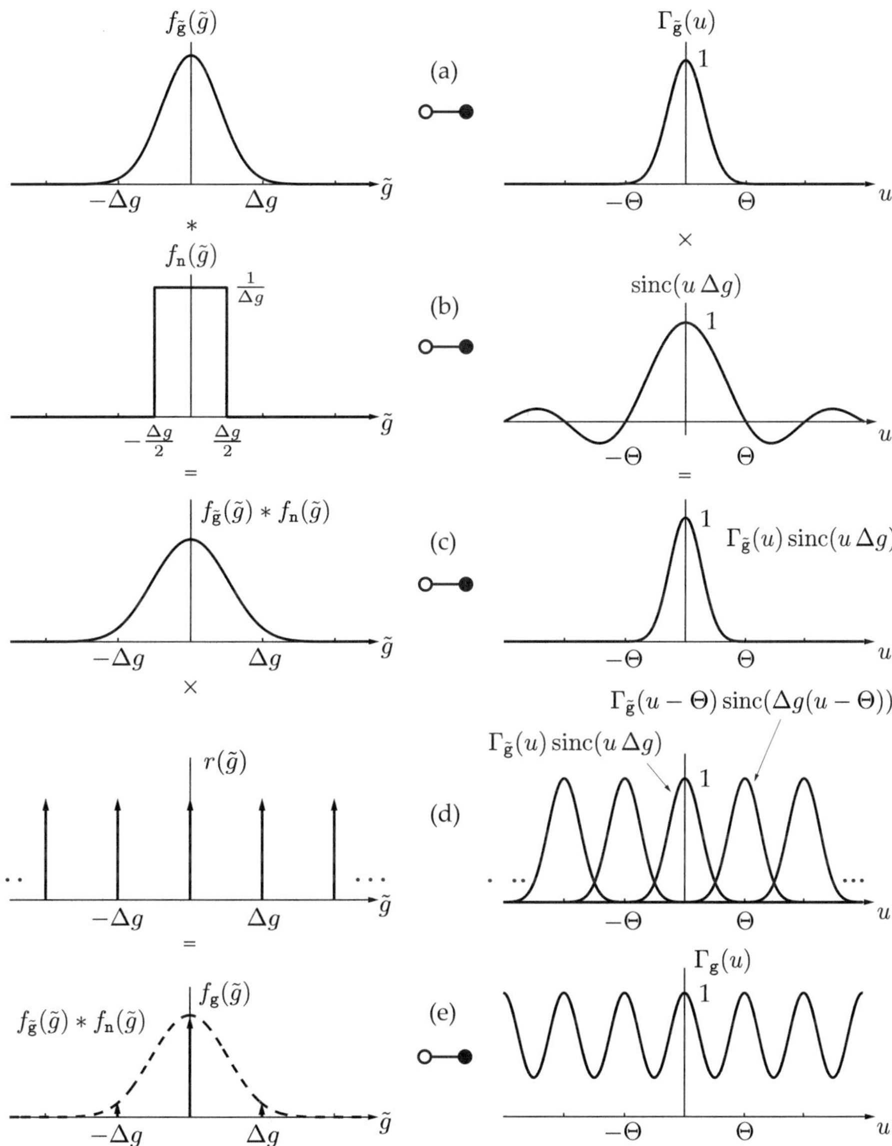

Abbildung 8.50. Veranschaulichung der Flächenabtastung der Wahrscheinlichkeitsdichtefunktion $f_{\tilde{g}}(\tilde{g})$ im Werte- und im zugehörigen Frequenzbereich (nach [28]).

$$= \left(f_{\tilde{g}}(\tilde{g}) * \frac{1}{\Delta g} \operatorname{rect}\left(\frac{\tilde{g}}{\Delta g} \right) \right) \cdot \sum_{n=-\infty}^{\infty} \delta(\tilde{g} - n\Delta g) \tag{8.337}$$

$$= \frac{1}{\Delta g} \sum_{n=-\infty}^{\infty} \int_{-\infty}^{\infty} f_{\tilde{g}}(\alpha) \operatorname{rect}\left(\frac{\tilde{g} - \alpha}{\Delta g} \right) \mathrm{d}\alpha \cdot \delta(\tilde{g} - n\Delta g) \tag{8.338}$$

$$= \frac{1}{\Delta g} \sum_{n=-\infty}^{\infty} \int_{(n-\frac{1}{2})\Delta g}^{(n+\frac{1}{2})\Delta g} f_{\tilde{g}}(\alpha)\, \delta(\tilde{g} - n\Delta g)\, \mathrm{d}\alpha \tag{8.339}$$

$$= \sum_{n=-\infty}^{\infty} \delta(\tilde{g} - n\Delta g) \cdot \frac{1}{\Delta g} \int_{(n-\frac{1}{2})\Delta g}^{(n+\frac{1}{2})\Delta g} f_{\tilde{g}}(\alpha)\, \mathrm{d}\alpha\,. \tag{8.340}$$

Zur Herleitung des Quantisierungstheorems muss die Beschreibung der Flächenabtastung in den Frequenzbereich überführt werden, wofür zunächst die sogenannte **charakteristische Funktion** einer Zufallsvariablen eingeführt wird. Aus dieser lassen sich dann sehr elegant die Momente der Zufallsvariablen bestimmen; siehe Satz 8.19.

Definition 8.28: Charakteristische Funktion

Die charakteristische Funktion einer Zufallsvariablen g ist durch den folgenden Erwartungswert definiert:

$$\Gamma_{\mathrm{g}}(u) = \mathrm{E}\{\mathrm{e}^{\mathrm{j}2\pi u\mathrm{g}}\} = \int_{-\infty}^{\infty} f_{\mathrm{g}}(g)\, \mathrm{e}^{\mathrm{j}2\pi ug}\, \mathrm{d}g = \mathcal{F}^{-1}\{f_{\mathrm{g}}(g)\} = \mathcal{F}^{*}\{f_{\mathrm{g}}(g)\}\,. \tag{8.341}$$

Die charakteristische Funktion (8.341) entspricht offensichtlich der inversen Fourier-Transformierten (8.39) der Wahrscheinlichkeitsdichtefunktion $f_{\mathrm{g}}(g)$. Da aber $f_{\mathrm{g}}(g)$ reell ist, kann $\Gamma_{\mathrm{g}}(u)$ ebenfalls als die komplex konjugierte Fourier-Transformierte von $f_{\mathrm{g}}(g)$ aufgefasst werden, weshalb hier u als die mit g korrespondierende Frequenz interpretiert werden kann. Insbesondere sind der Betrag von $\Gamma_{\mathrm{g}}(u)$ und das Betragsspektrum $|\mathcal{F}\{f_{\mathrm{g}}(g)\}|$ identisch. ◇

Definition 8.29: Moment einer Zufallsvariablen

Das n-te Moment einer Zufallsvariablen g wird entsprechend (8.265) definiert:

$$\mu_{\mathrm{g},n} := \mathrm{E}\{\mathrm{g}^n\} = \int_{-\infty}^{\infty} g^n\, f_{\mathrm{g}}(g)\, \mathrm{d}g\,. \tag{8.342}$$

Das erste Moment entspricht dabei dem Erwartungswert $\mu_{\mathrm{g}} := \mu_{\mathrm{g},1}$ der Zufallsvariablen g. ◇

Satz 8.19: Momente einer Zufallsvariablen
Anhand der charakteristischen Funktion $\Gamma_{\mathrm{g}}(u)$ lassen sich die Momente einer Zufallsvariablen g wie folgt bestimmen:

$$\mu_{\mathrm{g},n} = \mathrm{E}\{\mathrm{g}^n\} = \frac{1}{(\mathrm{j}2\pi)^n} \left. \frac{\mathrm{d}^n \Gamma_{\mathrm{g}}(u)}{\mathrm{d}u^n} \right|_{u=0} . \tag{8.343}$$

Zur Berechnung der Momente wird also die charakteristische Funktion $\Gamma_{\mathrm{g}}(u)$ lediglich in der Umgebung des Punktes $u = 0$ benötigt. ◇

Beweis 8.3 (Momente einer Zufallsvariablen): Die Gültigkeit von (8.343) lässt sich mittels des Differentiationssatzes (8.61) der Fourier-Transformation zeigen:

$$\frac{\mathrm{d}^n \Gamma_{\mathrm{g}}(u)}{\mathrm{d}u^n} = \mathcal{F}^{-1}\{(\mathrm{j}2\pi g)^n \, f_{\mathrm{g}}(g)\} = \int_{-\infty}^{\infty} (\mathrm{j}2\pi g)^n \, f_{\mathrm{g}}(g) \, \mathrm{e}^{\mathrm{j}2\pi u g} \, \mathrm{d}g \, . \tag{8.344}$$

Durch Division von (8.344) durch $(\mathrm{j}2\pi)^n$ resultiert für $u = 0$ unmittelbar die Definitionsgleichung (8.342) des n-ten Moments. ■

Mit der charakteristischen Funktion (8.341) lässt sich nun die Flächenabtastung im Frequenzbereich darstellen. Die Faltung von $f_{\tilde{\mathrm{g}}}(\tilde{g})$ mit der Rechteckfunktion (8.335) geht in eine Multiplikation der charakteristischen Funktion $\Gamma_{\tilde{\mathrm{g}}}(u)$ mit der inversen Fourier Transformierten von (8.335) über:

$$\mathcal{F}^{-1}\{f_{\tilde{\mathrm{g}}}(\tilde{g}) * f_{\mathrm{n}}(\tilde{g})\} = \Gamma_{\tilde{\mathrm{g}}}(u) \, \Gamma_{\mathrm{n}}(u) = \Gamma_{\tilde{\mathrm{g}}}(u) \, \mathrm{sinc}(u \, \Delta g) \, ; \tag{8.345}$$

siehe Abb. 8.50(a) – (c). Der Kehrwert

$$\Theta = \frac{1}{\Delta g} \tag{8.346}$$

der Intervallbreite Δg wird dabei als **Quantisierungsfrequenz** bezeichnet.

Analog wie bei der Abtastung von Signalen (Abb. 8.11) geht die Multiplikation der gefilterten Dichte $f_{\tilde{\mathrm{g}}}(\tilde{g}) * f_{\mathrm{n}}(\tilde{g})$ mit der Impulsfolge $r(\tilde{g})$ im Originalbereich mit einer periodischen Fortsetzung des in Abb. 8.50(c) rechts dargestellten Produktes $\Gamma_{\tilde{\mathrm{g}}}(u) \, \mathrm{sinc}(u \, \Delta g)$ im Frequenzbereich einher:

$$\Gamma_{\mathrm{g}}(u) = \sum_{l=-\infty}^{\infty} \Gamma_{\tilde{\mathrm{g}}}(u + l\,\Theta) \, \mathrm{sinc}(\Delta g (u + l\,\Theta)) \, . \tag{8.347}$$

Dabei entspricht die Wiederholungsfrequenz der Quantisierungsfrequenz Θ; vgl. Abb. 8.50(d) – (e).

Aus diesem Ergebnis lässt sich unmittelbar das Quantisierungstheorem ableiten [28]. Kommt es infolge der periodischen Fortsetzung (8.347) nicht zu einer Überlappung der charakteristischen Funktionen, gilt also

$$\Gamma_{\tilde{\mathrm{g}}}(u) = \mathcal{F}^{-1}\{f_{\tilde{\mathrm{g}}}(\tilde{g})\} = 0 \qquad \text{für} \qquad |u| \geq \frac{\Theta}{2} = \frac{1}{2\Delta g}\,, \tag{8.348}$$

so lassen sich aus $\Gamma_{\mathrm{g}}(u)$ sowohl die charakteristische Funktion $\Gamma_{\tilde{\mathrm{g}}}(u)$ der kontinuierlichen Werte $\tilde{\mathrm{g}}$ als auch die zugehörige Wahrscheinlichkeitsdichtefunktion $f_{\tilde{\mathrm{g}}}(\tilde{\mathrm{g}})$ fehlerfrei rekonstruieren.

In der Praxis genügt meist eine schwächere Formulierung des Quantisierungstheorems, da nach (8.343) lediglich die charakteristische Funktion $\Gamma_{\tilde{\mathrm{g}}}(u)$ in der Umgebung des Punktes $u = 0$ benötigt wird, um die Momente von $\tilde{\mathrm{g}}$ zu berechnen. Demnach lassen sich aus den Momenten der quantisierten Werte g die Momente der kontinuierlichen Werte $\tilde{\mathrm{g}}$ berechnen, wenn

$$\Gamma_{\mathrm{g}}(u) = \Gamma_{\tilde{\mathrm{g}}}(u)\,\mathrm{sinc}(u\,\Delta g) \qquad \text{für} \qquad u = 0 \tag{8.349}$$

gilt, also wenn die periodische Fortsetzung nicht zu einer Überlappung bei der Frequenz $u = 0$ führt.

Satz 8.20: Quantisierungstheorem

Ist die Wahrscheinlichkeitsdichtefunktion $f_{\tilde{\mathrm{g}}}(\tilde{g})$ der kontinuierlichen Signalwerte $\tilde{\mathrm{g}}$ bandbegrenzt, d. h. gilt der Zusammenhang

$$\Gamma_{\tilde{\mathrm{g}}}(u) = \mathcal{F}^{-1}\{f_{\tilde{\mathrm{g}}}(\tilde{g})\} = 0 \qquad \text{für} \qquad |u| > \frac{\Xi}{2}\,, \tag{8.350}$$

so können aus den mit Δg äquidistant quantisierten Werten g die Momente (Erwartungswert, Varianz und höhere Momente) der kontinuierlichen Originalwerte $\tilde{\mathrm{g}}$ fehlerfrei bestimmt werden, falls gilt:

$$\frac{\Xi}{2} + \varepsilon < \Theta = \frac{1}{\Delta g} \qquad \Leftrightarrow \qquad \Delta g < \left(\frac{\Xi}{2} + \varepsilon\right)^{-1}, \qquad \varepsilon > 0\,. \tag{8.351}$$

Das Quantisierungstheorem beantwortet in diesem Sinne die Frage, wie grob man Signale quantisieren darf, ohne wesentliche Signalinhalte zu verlieren. ◇

Ist das Quantisierungstheorem erfüllt, so lassen sich die Momente der kontinuierlichen Bildwerte $\tilde{\mathrm{g}}$ wie folgt aus den Momenten der quantisierten Bildwerte g berechnen:

$$\mathrm{E}\{\tilde{\mathrm{g}}\} = \mathrm{E}\{\mathrm{g}\}\,, \tag{8.352}$$

$$\mathrm{E}\{\tilde{\mathrm{g}}^2\} = \mathrm{E}\{\mathrm{g}^2\} - \frac{1}{12}\,(\Delta g)^2\,, \tag{8.353}$$

$$\mathrm{E}\{\tilde{\mathrm{g}}^3\} = \mathrm{E}\{\mathrm{g}^3\} - \frac{1}{4}\,\mathrm{E}\{\mathrm{g}\}\,(\Delta g)^2\,, \tag{8.354}$$

$$\mathrm{E}\{\tilde{\mathrm{g}}^4\} = \mathrm{E}\{\mathrm{g}^4\} - \frac{1}{2}\,\mathrm{E}\{\mathrm{g}^2\}\,(\Delta g)^2 + \frac{7}{240}\,(\Delta g)^4\,. \tag{8.355}$$

Die bei den Momenten höherer Ordnung erforderliche Korrektur mittels der rechten Terme in (8.353) – (8.355) wird in der Statistik-Literatur als Sheppard-Korrektur bezeichnet [24].

8.6.3 Modellierung der Quantisierung

Obwohl die Quantisierung eine nichtlineare Operation ist, lässt sich dieser Vorgang äquivalent durch ein lineares additives Modell beschreiben. Um dieses herzuleiten, wird zunächst die Addition zweier Zufallsgrößen betrachtet.

Satz 8.21: Summe stochastisch unabhängiger Zufallsvariabler

Werden zwei stochastisch unabhängige Zufallsvariable x und y addiert,

$$\mathrm{z} = \mathrm{x} + \mathrm{y}\,, \tag{8.356}$$

so ergibt sich die Wahrscheinlichkeitsdichtefunktion $f_\mathrm{z}(z)$ der resultierenden Zufallsgröße z durch Faltung

$$f_\mathrm{z}(z) = f_\mathrm{x}(z) * f_\mathrm{y}(z) \tag{8.357}$$

der Wahrscheinlichkeitsdichtefunktionen der Zufallsvariablen x und y. ◇

Beweis 8.4 (Summe stochastisch unabhängiger Zufallsvariabler): Wegen der stochastischen Unabhängigkeit von x und y gilt:

$$f_\mathrm{xy}(x,y) = f_\mathrm{x}(x)\,f_\mathrm{y}(y)\,. \tag{8.358}$$

Für die bedingte Wahrscheinlichkeitsdichte der Summe z gegeben y erhält man mit (8.358) und (8.356):

$$f_{\mathrm{z}|\mathrm{y}}(z|y) = f_\mathrm{x}(z-y)\,. \tag{8.359}$$

Ist y gegeben, unterscheiden sich die Zufallsvariablen x und z nur noch durch die additive Konstante y, welche die Wahrscheinlichkeitsdichtefunktion von z aus der Wahrscheinlichkeitsdichtefunktion von x durch Verschiebung um y entstehen lässt. Die Verbunddichte $f_\mathrm{zy}(z,y)$ kann damit wie folgt ausgedrückt

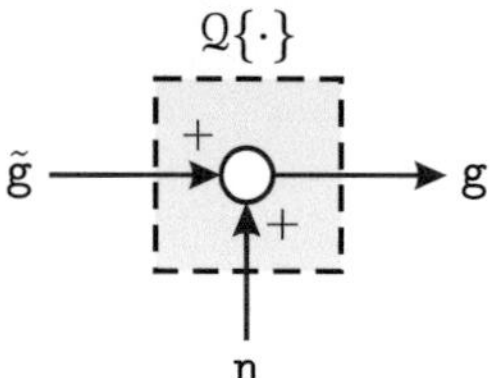

Abbildung 8.51.
Lineares Quantisierungsmodell.

werden:

$$f_{\mathrm{zy}}(z,y) = f_{\mathrm{z|y}}(z|y)\, f_{\mathrm{y}}(y) = f_{\mathrm{x}}(z-y)\, f_{\mathrm{y}}(y)\,. \tag{8.360}$$

Durch Marginalisierung (Herausintegrieren von y) ergibt sich die Randdichte $f_{\mathrm{z}}(z)$ zu:

$$f_{\mathrm{z}}(z) = \int_{-\infty}^{\infty} f_{\mathrm{zy}}(z,y)\,\mathrm{d}y = \int_{-\infty}^{\infty} f_{\mathrm{x}}(z-y)\, f_{\mathrm{y}}(y)\,\mathrm{d}y = f_{\mathrm{x}}(z) * f_{\mathrm{y}}(z)\,, \tag{8.361}$$

was der Faltung (8.357) entspricht. ■

Die „Flächenabtastung" der Wahrscheinlichkeitsdichtefunktion $f_{\tilde{\mathrm{g}}}(\tilde{g})$ der kontinuierlichen Bildwerte wurde in (8.336) als eine Faltung zweier Dichtefunktionen dargestellt. Diese Faltung entspricht nach Satz 8.21 der Summe der zwei unabhängigen Zufallsvariablen $\tilde{\mathrm{g}}$ und n, wobei letztere gemäß (8.335) gleichverteilt ist. Insofern können die „Flächenabtastung" und damit der Quantisierungsvorgang selbst als eine additive Überlagerung eines unabhängigen, gleichverteilten, mittelwertfreien Quantisierungsrauschens n aufgefasst werden. Für die Quantisierung ergibt sich daraus das in Abb. 8.51 dargestellte lineare Modell.

Im Falle einer äquidistanten Quantisierung $\mathcal{Q}\{\,\cdot\,\}$ wird das Quantisierungsrauschen n durch die Gleichverteilung (8.335) charakterisiert, woraus sich der Erwartungswert

$$\mu_{\mathrm{n}} = \mathrm{E}\{\mathrm{n}\} = \int_{-\infty}^{\infty} \tilde{g}\, f_{\mathrm{n}}(\tilde{g})\,\mathrm{d}\tilde{g} = \frac{1}{\Delta g} \int_{-\Delta g/2}^{\Delta g/2} \tilde{g}\,\mathrm{d}\tilde{g} = 0 \tag{8.362}$$

und die Varianz

$$\sigma_{\mathrm{n}}^2 = \mathrm{E}\{\mathrm{n}^2\} = \int_{-\infty}^{\infty} \tilde{g}^2\, f_{\mathrm{n}}(\tilde{g})\,\mathrm{d}\tilde{g} = \frac{1}{\Delta g} \int_{-\Delta g/2}^{\Delta g/2} \tilde{g}^2\,\mathrm{d}\tilde{g} = \frac{(\Delta g)^2}{12} \tag{8.363}$$

ergeben.

Darüber hinaus kann gezeigt werden, dass bei Erfüllung des Quantisierungstheorems das Quantisierungsrauschen als weißer, mit dem Quantisierereingang $\tilde{\mathrm{g}}(\mathbf{x})$ näherungsweise unkorrelierter Prozess $\mathrm{n}(\mathbf{x})$ beschrieben werden kann [28]:

$$C_{\tilde{\mathrm{g}}\mathrm{n}}(\boldsymbol{\tau}) = \mathrm{E}\{(\tilde{\mathrm{g}}(\mathbf{x}) - \mu_{\tilde{\mathrm{g}}}(\mathbf{x}))\,(\mathrm{n}(\mathbf{x}+\boldsymbol{\tau}) - \mu_{\mathrm{n}}(\mathbf{x}+\boldsymbol{\tau}))\} \tag{8.364}$$

$$= \mathrm{E}\{\tilde{\mathrm{g}}(\mathbf{x})\,\mathrm{n}(\mathbf{x}+\boldsymbol{\tau})\} - \mu_{\tilde{\mathrm{g}}}(\mathbf{x})\,\mathrm{E}\{\mathrm{n}(\mathbf{x}+\boldsymbol{\tau})\} \tag{8.365}$$

$$= r_{\tilde{\mathrm{g}}\mathrm{n}}(\boldsymbol{\tau}) \approx 0\,. \tag{8.366}$$

Da das Quantisierungsrauschen $\mathrm{n}(\mathbf{x})$ breitbandig ist, während der Quantisierereingang $\tilde{\mathrm{g}}(\mathbf{x})$ typischerweise bandbegrenzt ist, lassen sich Quantisierungsfehler durch eine Tiefpassfilterung vermindern [21].

8.7 Rauschen digitaler Bildsensoren

Mit den Erkenntnissen der beiden vorangehenden Abschnitte können nun die Betrachtungen des Abschnitts 2.3 und des Kapitels 6 um ein Systemmodell für eine digitale Kamera ergänzt werden. Dem Modell liegt die Annahme einer linearen Kennlinie zugrunde, welche die physikalische Eingangsgröße Licht mit der Ausgangsgröße Grauwert g über eine Geradengleichung verknüpft.

Damit lässt sich insbesondere das Übertragungsverhalten bezüglich der Erwartungswerte der Signale und ihrer stochastischen Fluktuation, die mittels Varianzen beschrieben werden, untersuchen. Die betrachteten Signale werden hier als Zufallsvariablen modelliert, die das Geschehen an einem Pixel wiedergeben. Die Fluktuationen können mithin als zeitliches Rauschen eines Pixels aufgefasst werden.

Abbildung 8.52 zeigt das Systemmodell in Anlehnung an den Standard EMVA 1288 [10]. Die Anzahl der eingehenden Photonen $\mathrm{n_p}$ wird als Poisson-verteilte Zufallsvariable mit $\mathrm{E}\{\mathrm{n_p}\} = \mu_\mathrm{p}$ und $\mathrm{Var}\{\mathrm{n_p}\} = \sigma_\mathrm{p}^2 = \mu_\mathrm{p}$ modelliert. Mit Wahrscheinlichkeit $\alpha \in [0,1]$ (Quantenwirkungsgrad) erzeugt ein Photon ein Elektron. Die Zahl der Elektronen $\mathrm{n_e}$ ist ebenfalls Poisson-verteilt mit $\mathrm{E}\{\mathrm{n_e}\} = \mu_\mathrm{e}$ und $\mathrm{Var}\{\mathrm{n_e}\} = \sigma_\mathrm{e}^2 = \mu_\mathrm{e}$. Das additive Dunkelrauschen d wird als normalverteilt angenommen, wobei $\mathrm{E}\{\mathrm{d}\} = \mu_\mathrm{d}$ und $\mathrm{Var}\{\mathrm{d}\} = \sigma_\mathrm{d}^2$ ist. Die Proportionalität zwischen $\mathrm{n_e} + \mathrm{d}$ und dem kontinuierlichen Grauwert $\tilde{\mathrm{g}}$ wird mit der Systemverstärkung K als Faktor beschrieben. Der Einfluss einer äquidistanten Quantisierung wird gemäß Abschn. 8.6.3 als additives, gleichverteiltes Quantisierungsrauschen n modelliert mit $\mathrm{E}\{\mathrm{n}\} = 0$ und $\mathrm{Var}\{\mathrm{n}\} = \sigma_\mathrm{n}^2 = \frac{(\Delta g)^2}{12}$. Die Zufallsvariablen $\mathrm{n_e}, \mathrm{d}$ und n werden als stochastisch unabhängig angenommen. Am Ausgang des Systems Kamera erscheint der digitale Grauwert g, der hier ebenfalls als Zufallsvariable modelliert wird.

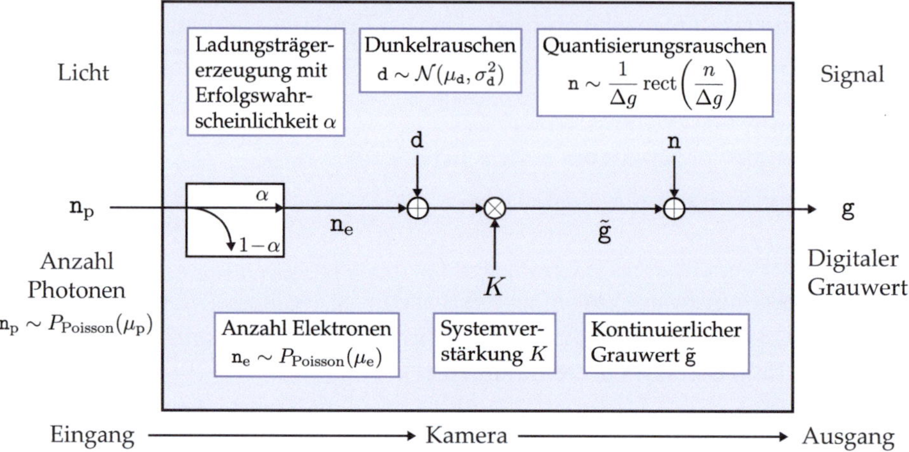

Abbildung 8.52. Systemmodell einer digitalen Kamera mit linearer Kennlinie.

Der Grauwert am Ausgang der Kamera ergibt sich nach dem Modell in Abb. 8.52 zu

$$\mathtt{g} = K\,(\mathtt{n}_\mathrm{e} + \mathtt{d}) + \mathtt{n}\,. \tag{8.367}$$

Die Quanteneigenschaften des Lichtes bedingen, dass die Zahl der während der Belichtungszeit eintreffenden Photonen Poisson-verteilt ist. Nicht jedes Photon erzeugt aber ein Elektron im Sensor; das geschieht nur mit einer Wahrscheinlichkeit α, die den **Quantenwirkungsgrad** (Quantenausbeute) des Sensors beschreibt. Da der Erfolg der Ladungsträgererzeugung für jedes Photon als stochastisch unabhängig von den anderen Photonen angenommen werden kann, hat man es hier mit einer sogenannten Ausdünnung der Poisson-verteilten Zufallsvariable $\mathtt{n}_\mathrm{p}$ zu tun, die auf die dann ebenfalls Poisson-verteilte Anzahl von Elektronen $\mathtt{n}_\mathrm{e}$ führt, wobei die Erwartungswerte von $\mathtt{n}_\mathrm{p}$ und $\mathtt{n}_\mathrm{e}$ über $\mu_\mathrm{e} = \mathrm{E}\{\mathtt{n}_\mathrm{e}\} = \alpha\,\mathrm{E}\{\mathtt{n}_\mathrm{p}\} = \alpha\,\mu_\mathrm{p}$ zusammenhängen.

Die Größe $\mathtt{d}$ fasst alle Rauscheinflüsse der Elektronik – außer dem Quantisierungsrauschen $\mathtt{n}$, das auf Grund der Nichtlinearität der Quantisierung im Modell nicht nach vorne verlagert werden kann – als sogenanntes **Dunkelrauschen** zusammen. Geht man von vielen unabhängigen Einflüssen, die sich additiv zu $\mathtt{d}$ überlagern aus, so kann hier unter Berufung auf den zentralen Grenzwertsatz der Stochastik unter sehr allgemeinen Bedingungen eine Normalverteilung für $\mathtt{d}$ angenommen werden. Die Bezeichnung Dunkelrauschen gibt wieder, dass dieses Rauschen auch präsent ist, wenn auf den Sensor kein Licht trifft.

Im Modell gibt es insgesamt drei Rauschquellen: das Rauschen des Lichtes aufgrund seiner Quanteneigenschaften, das durch die Elektronik bedingte Dunkelrauschen und das Quantisierungsrauschen. Während das erste unabhängig von der Kamera mit der Natur des Lichtes einhergeht, sind die beiden anderen Rauschquellen Teil der digitalen Kamera.

Für die Charakterisierung der Rauscheigenschaften einer Kamera sind die drei empirisch zu bestimmenden Parameter Quantenwirkungsgrad α, Varianz σ_{d}^2 des Dunkelrauschens und Systemverstärkung K von besonderer Bedeutung [10, 15].

Für den Erwartungswert von g ergibt sich:

$$\mathrm{E}\{\mathrm{g}\} = \underbrace{K\mu_{\mathrm{d}}}_{=:\,g_{\mathrm{d}}} + K\,\mu_{\mathrm{e}} = g_{\mathrm{d}} + \alpha\,K\,\mu_{\mathrm{p}}\,, \tag{8.368}$$

wobei g_{d} den mittleren Dunkelwert des Signals g bezeichnet, der ohne Belichtung des Sensors entsteht. Gleichung (8.368) entspricht einer Geradengleichung mit Offset g_{d} und einer Steigung $\alpha\,K$.

Für die Varianz von g folgt:

$$\sigma_{\mathrm{g}}^2 = \mathrm{Var}\{\mathrm{g}\} = \sigma_{\mathrm{n}}^2 + K^2\left(\sigma_{\mathrm{d}}^2 + \alpha\,\mu_{\mathrm{p}}\right)\,. \tag{8.369}$$

Dabei wurde der für Poisson-Verteilungen gültige Sachverhalt $\mathrm{Var}\{\mathrm{n_e}\} = \mathrm{E}\{\mathrm{n_e}\} = \mu_{\mathrm{e}}$ sowie $\mu_{\mathrm{e}} = \alpha\,\mu_{\mathrm{p}}$ berücksichtigt.

Aus (8.368) und (8.369) zusammen folgt:

$$\sigma_{\mathrm{g}}^2 = \underbrace{K^2\,\sigma_{\mathrm{d}}^2 + \sigma_{\mathrm{n}}^2}_{=\,\sigma_{\mathrm{g}}^2(\mathrm{n_p}\equiv 0)} + K\left(\mathrm{E}\{\mathrm{g}\} - g_{\mathrm{d}}\right)\,. \tag{8.370}$$

Die ersten beiden Summanden beschreiben die Varianz $\sigma_{\mathrm{g}}^2(\mathrm{n_p}\equiv 0)$ des Dunkelsignals, also die Varianz von g, wenn kein Licht auf den Sensor fällt. Der letzte Term in (8.370) gibt den Varianzbeitrag des Lichtes auf σ_{g}^2 wieder.

Für die Charakterisierung der Signalqualität am Kameraausgang ist das **Signal-Rausch-Verhältnis** (SNR) besonders wichtig. Das Nutzsignal steckt im Erwartungswert von g, wobei nur der vom Licht induzierte Anteil $\mathrm{E}\{\mathrm{g}\} - g_{\mathrm{d}}$ hierbei relevant ist. Das SNR wird somit definiert als

$$SNR(\mu_{\mathrm{p}}) := \frac{\left(\mathrm{E}\{\mathrm{g}\} - g_{\mathrm{d}}\right)^2}{\sigma_{\mathrm{g}}^2} = \frac{(\alpha\mu_{\mathrm{p}})^2}{\alpha\mu_{\mathrm{p}} + \sigma_{\mathrm{d}}^2 + \frac{\sigma_{\mathrm{n}}^2}{K^2}}\,. \tag{8.371}$$

Für $\alpha\,\mu_{\mathrm{p}} \ll \sigma_{\mathrm{d}}^2 + \frac{\sigma_{\mathrm{n}}^2}{K^2}$ steigt das SNR mit μ_{p} zunächst quadratisch, für größere $\alpha\,\mu_{\mathrm{p}} \gg \sigma_{\mathrm{d}}^2 + \frac{\sigma_{\mathrm{n}}^2}{K^2}$ dann schließlich linear mit μ_{p}.

Um für die Qualität hinsichtlich des Rauschens einen Referenzfall zu schaffen, kann die „ideale Kamera“ betrachtet werden, für die ein Quantenwirkungsgrad von $\alpha = 1$ angenommen wird sowie die Varianzen σ_{d}^2 und σ_{n}^2 auf null gesetzt werden. Für diesen Fall erhält man:

$$SNR_{\text{ideal}}(\mu_{\text{p}}) = SNR(\mu_{\text{p}})\Big|_{\alpha=1,\,\sigma_{\text{d}}^2=0,\,\sigma_{\text{n}}^2=0} = \mu_{\text{p}}\,, \tag{8.372}$$

was dem Ergebnis von (2.199) in Abschnitt 2.3 entspricht. Der Vergleich von $SNR(\mu_{\text{p}})$ eines realen Sensors mit dem Idealfall $SNR_{\text{ideal}}(\mu_{\text{p}})$ erlaubt es in anschaulicher Weise, die rauschbezogene Signalqualität des Sensors und das mögliche Verbesserungspotenzial zu beurteilen.

Löst man (8.371) nach μ_{p} auf, so erhält man eine Aussage über die Bestrahlung $H \propto \mu_{\text{p}}$ des Sensors, die für ein vorgegebenes SNR notwendig ist:

$$\mu_{\text{p}}(SNR) = \frac{SNR}{2\alpha}\left(1+\sqrt{1+4\left(\frac{\sigma_{\text{d}}^2+\frac{\sigma_{\text{n}}^2}{K^2}}{SNR}\right)}\right). \tag{8.373}$$

Für $SNR = 1$ lässt sich damit die rauschäquivalente mittlere Photonenzahl $\mu_{\text{p,min}}$ pro Pixel als absolute Empfindlichkeitsschwelle definieren und damit die entsprechende rauschäquivalente Bestrahlung $H_{\min}$ (NEE, engl. für *noise-equivalent exposure*) angeben:

$$\mu_{\text{p,min}} := \mu_{\text{p}}(SNR=1) = \frac{1}{2\alpha}\left(1+\sqrt{1+4\left(\sigma_{\text{d}}^2+\frac{\sigma_{\text{n}}^2}{K^2}\right)}\right), \tag{8.374}$$

$$H_{\min} = \frac{h\,c}{\lambda A}\,\mu_{\text{p,min}}\,, \tag{8.375}$$

wobei A die Sensorfläche bezeichnet.

Die lineare Modellannahme in Abb. 8.52 verliert für hohe μ_{p} durch Sättigungs- und Abschneidungseffekte bei realen Kameras ihre Gültigkeit. Sobald diese Effekte zu wirken beginnen, fängt die Varianz σ_{g}^2, die ja nach (8.369) linear mit μ_{p} anwächst, an sich zu verringern. Das führt zur Definition der sättigungsäquivalenten Bestrahlung H_{sat} (SEE, engl. für *saturation-equivalent exposure*).

Aus Gründen der praktischen Bestimmbarkeit definiert man $\mu_{\text{p,sat}}$ als die mittlere Photonenzahl pro Pixel, für welche die Varianz $\sigma_{\text{g}}^2(\mu_{\text{p}})$ maximal wird. Für die sättigungsäquivalente Bestrahlung ist dann

$$H_{\text{sat}} = \frac{h\,c}{\lambda A}\,\mu_{\text{p,sat}}\,. \tag{8.376}$$

Die Größen $H_{\min}$ und H_{sat} kennzeichnen in Bezug auf die Modellannahmen das Intervall $[H_{\min}, H_{\text{sat}}]$ sinnvoll nutzbarer Bestrahlungen eines Kamerapixels. Damit lässt sich als wichtige Bildsensorkenngröße der **Dynamikbereich** DR (engl. für *dynamic range*) definieren:

$$DR := \frac{H_{\text{sat}}}{H_{\min}} = \frac{\mu_{\text{p,sat}}}{\mu_{\text{p,min}}}\,. \tag{8.377}$$

Der Dynamikbereich DR liegt bei üblichen CCD- und CMOS-Kamerasensoren in der Größenordnung von ca. 10^3.

Alle in diesem Abschnitt angestellten Betrachtungen beziehen sich auf ein Sensorelement eines Kamerachips. Bei realen Bildsensoren weichen die Eigenschaften der einzelnen Pixel des Arrays voneinander ab, sodass neben dem hier betrachteten zeitlichen Rauschen auch noch örtliche Inhomogenitäten für die Qualität eines Bildsensors betrachtet und quantifiziert werden müssen. Diesbezüglich sei auf die sehr gute und ausführliche Darstellung in [15] verwiesen, an der sich auch die Darstellung dieses Abschnitts stark anlehnt.

8.8 Karhunen-Loève-Transformation

Zur Lösung von Sichtprüfungsaufgaben werden vielfach vektorwertige Bildsignale $\mathbf{g}(\mathbf{x})$ bzw. $\mathbf{g}_{mn}$ herangezogen. Hierzu gehören im einfachsten Fall RGB-Farbbilder, aber auch Multispektralbilder oder Bildserien kommen häufig zum Einsatz (siehe z. B. Abbildungen 8.33(a) und 5.21(a)). Dabei weisen die verschiedenen Kanäle oder Komponenten eines vektorwertigen Bildes typischerweise eine hohe Korrelation auf – sie sind also gewissermaßen teilweise redundant.

Beispiel 8.41 (Korrelation zwischen Farbkanälen): Exemplarisch zeigt Abb. 8.53 die drei Kanäle des RGB-Bildes aus Abb. 8.33(a), zwischen denen bereits visuell eine ausgeprägte Korrelation vermutet werden kann. Tatsächlich beträgt der Korrelationskoeffizient zwischen dem Rotkanal und dem Blaukanal $\rho_{\mathrm{RB}} = 0{,}955$, der Korrelationskoeffizient zwischen dem Grünkanal und dem Blaukanal $\rho_{\mathrm{GB}} = 0{,}931$ und der Korrelationskoeffizient zwischen dem Rotkanal und dem Grünkanal gar $\rho_{\mathrm{RG}} = 0{,}985$. ■

(a) Rotkanal $g_{\mathrm{R}}(\mathbf{x})$

(b) Grünkanal $g_{\mathrm{G}}(\mathbf{x})$

(c) Blaukanal $g_{\mathrm{B}}(\mathbf{x})$

Abbildung 8.53. Grauwertcodierte Farbkanäle des RGB-Bildes Abb. 8.33(a) des Karlsruher Schlosses (Quelle: ONUK).

Es liegt daher nahe, eine Transformation des Bildes vorzunehmen, die eine Dekorrelation der Komponenten bewirkt. Diese Aufgabe wird von der **Karhunen-Loève-Transformation** bewerkstelligt, die auch als **Hauptachsentransformation**, **Hauptkomponentenanalyse** (engl. *principal component analysis*, PCA) oder **Hotelling-Transformation** bekannt ist. Aufgrund ihrer Dekorrelationseigenschaft wird die Karhunen-Loève-Transformation häufig zur Bildfusion und zur Bildkompression eingesetzt. Im letzteren Fall werden nach der Transformation jene Komponenten, die den geringsten Anteil zur Signalenergie beisteuern, verworfen oder verlustbehaftet codiert.

8.8.1 Definition der Karhunen-Loève-Transformation

Im Kontext der Karhunen-Loève-Transformation werden die vektorwertigen Bildintensitäten stochastisch durch den Zufallsvektor g beschrieben. Der Mittelwert des Wertevektors ist durch den Erwartungswert

$$\boldsymbol{\mu}_{\mathsf{g}} = \mathrm{E}\{\mathsf{g}\} \tag{8.378}$$

gegeben. Die **Kovarianzmatrix** von g ist wie folgt definiert:

$$\mathbf{C}_{\mathsf{gg}} = \mathrm{E}\big\{(\mathsf{g} - \boldsymbol{\mu}_{\mathsf{g}})(\mathsf{g} - \boldsymbol{\mu}_{\mathsf{g}})^{\mathrm{T}}\big\} \,. \tag{8.379}$$

Definition 8.30: Karhunen-Loève-Transformation

Die Karhunen-Loève-Transformation ist eine lineare Transformation

$$\mathbf{k} = \mathcal{K}\{\mathsf{g}\} = \mathbf{A}\,(\mathsf{g} - \boldsymbol{\mu}_{\mathsf{g}}) \tag{8.380}$$

des um den Mittelwert $\boldsymbol{\mu}_{\mathsf{g}}$ zentrierten Vektors g und wird im Folgenden durch den Operator $\mathcal{K}\{\,\cdot\,\}$ beschrieben. Dabei bezeichnet $\mathbf{A}$ eine Matrix, die als Zeilenvektoren die Eigenvektoren $\mathbf{e}_i$, $i = 1, \ldots, Q$, der Kovarianzmatrix $\mathbf{C}_{\mathsf{gg}}$ enthält. Die Anordnung der Eigenvektoren

$$\mathbf{A} = (\mathbf{e}_1, \ldots, \mathbf{e}_i, \ldots, \mathbf{e}_Q)^{\mathrm{T}} \tag{8.381}$$

erfolgt in absteigender Reihenfolge der Eigenwerte $\lambda_i \geq \lambda_{i+1}$ der Kovarianzmatrix $\mathbf{C}_{\mathsf{gg}}$. ◇

Da es sich bei der Kovarianzmatrix eines reellwertigen Zufallsvektors $\mathsf{g} \in \mathbb{R}^Q$ definitionsbedingt um eine reelle, symmetrische, positiv semidefinite Matrix handelt, sind alle Eigenwerte $\lambda_i \geq 0$. Bei real auftretenden Bildsignalen sind, insbesondere bedingt durch immer vorhandenes Rauschen, alle $\lambda_i > 0$ und in der Regel sind diese auch alle verschieden.

Zur praktischen Implementierung der Karhunen-Loève-Transformation wird folgendermaßen verfahren:

1. Schätzung des Mittelwertvektors $\boldsymbol{\mu}_{\mathbf{g}}$ und der Kovarianzmatrix $\mathbf{C}_{\mathbf{gg}}$, ggf. durch örtliche Mittelung unter Annahme eines ergodischen Prozesses $\mathbf{g}_{mn}$:

$$\hat{\boldsymbol{\mu}}_{\mathbf{g}} = \frac{1}{MN} \sum_{m=0}^{M-1} \sum_{n=0}^{N-1} \mathbf{g}_{mn} \,, \tag{8.382}$$

$$\hat{\mathbf{C}}_{\mathbf{gg}} = \frac{1}{MN-1} \sum_{m=0}^{M-1} \sum_{n=0}^{N-1} (\mathbf{g}_{mn} - \hat{\boldsymbol{\mu}}_{\mathbf{g}})(\mathbf{g}_{mn} - \hat{\boldsymbol{\mu}}_{\mathbf{g}})^{\mathrm{T}} \,; \tag{8.383}$$

2. Lösung des Eigenwertproblems und Sortierung der Eigenvektoren $\mathbf{e}_i$ von $\hat{\mathbf{C}}_{\mathbf{gg}}$ nach fallenden Eigenwerten λ_i zur Bildung der Transformationsmatrix $\mathbf{A}$ nach (8.381);
3. Durchführung der Transformation gemäß (8.380).

Nachteilig an der Karhunen-Loève-Transformation ist, dass kein schneller Algorithmus zu ihrer Berechnung existiert – anders als etwa bei der DFT (Abschn. 8.3.3) oder bei der diskreten Wavelet-Transformation (Abschn. 16.2). Darüber hinaus ist die Karhunen-Loève-Transformation nicht separierbar. Dafür handelt es sich um eine signalangepasste Transformation, denn die Transformationsmatrix $\mathbf{A}$ und damit auch die zur Signaldarstellung verwendeten Basisvektoren $\mathbf{e}_i$ werden aus dem Signal selbst abgeleitet.

8.8.2 Eigenschaften der Karhunen-Loève-Transformation

Satz 8.22: Linearität

Die Karhunen-Loève-Transformation (8.380) ist eine lineare Signaltransformation. Nach (8.2) gilt

$$\mathcal{K}\{a\,\mathbf{g}_1 + b\,\mathbf{g}_2\} = a \cdot \mathcal{K}\{\mathbf{g}_1\} + b \cdot \mathcal{K}\{\mathbf{g}_2\} \tag{8.384}$$

mit beliebigen Konstanten a und b. ◇

Satz 8.23: Orthogonalität

Die Karhunen-Loève-Transformation (8.380) ist eine orthogonale Signaltransformation und daher gilt:

$$\mathbf{A}^{-1} = \mathbf{A}^{\mathrm{T}} \,. \tag{8.385}$$

Dies liegt darin begründet, dass die Transformationsmatrix $\mathbf{A}$ aus den Eigenvektoren $\mathbf{e}_i$ der Kovarianzmatrix $\mathbf{C}_{\mathsf{gg}}$ aufgebaut wird, und dass die Eigenvektoren einer symmetrischen reellen Matrix $\mathbf{C}_{\mathsf{gg}}$ stets eine orthogonale Basis bilden [6]. ◇

Satz 8.24: Umkehrbarkeit
Die Umkehrung der Karhunen-Loève-Transformation

$$\mathsf{g} = \mathcal{K}^{-1}\{\mathbf{k}\} = \mathbf{A}^{\mathrm{T}}\,\mathbf{k} + \boldsymbol{\mu}_{\mathsf{g}} \tag{8.386}$$

folgt unmittelbar aus der Definitionsgleichung (8.380) mit (8.385). ◇

Satz 8.25: Mittelwertfreiheit
Bei der Karhunen-Loève-Transformation (8.380) ist das Transformationsergebnis $\mathbf{k}$ mittelwertfrei:

$$\mathrm{E}\{\mathbf{k}\} = \mathrm{E}\big\{\mathbf{A}\,(\mathsf{g} - \boldsymbol{\mu}_{\mathsf{g}})\big\} = \mathbf{A}\,\big(\mathrm{E}\{\mathsf{g}\} - \boldsymbol{\mu}_{\mathsf{g}}\big) = \mathbf{0}\,, \tag{8.387}$$

wobei $\mathbf{0}$ den Nullvektor bezeichnet. ◇

Satz 8.26: Unkorreliertheit der Komponenten
Bei der Karhunen-Loève-Transformation (8.380) sind die Komponenten des transformierten Vektors $\mathbf{k}$ unkorreliert – die zugehörige Kovarianzmatrix $\mathbf{C}_{\mathbf{kk}}$ ist somit eine Diagonalmatrix:

$$\mathbf{C}_{\mathbf{kk}} = \mathbf{A}\,\mathbf{C}_{\mathsf{gg}}\,\mathbf{A}^{\mathrm{T}} \tag{8.388}$$

$$= \begin{pmatrix} \lambda_1 & & & 0 \\ & \lambda_2 & & \\ & & \ddots & \\ 0 & & & \lambda_Q \end{pmatrix}. \tag{8.389}$$

Da die Transformationsmatrix $\mathbf{A}$ nach (8.385) orthogonal ist, bewirkt sie eine unitäre – und somit energieerhaltende – Transformation der Kovarianzmatrix $\mathbf{C}_{\mathsf{gg}}$ in die Diagonalmatrix $\mathbf{C}_{\mathbf{kk}}$ ihrer Eigenwerte. Folglich entsprechen die Komponenten $\lambda_i = \mathrm{Var}\{\mathrm{k}_i\}$ der Kovarianzmatrix $\mathbf{C}_{\mathbf{kk}}$ der Signalenergie, welche die i-te Komponente von $\mathbf{k}$ zum Kontrast des vektoriellen Bildes beiträgt. Wegen

$$\mathrm{E}\big\{(\mathrm{k}_i - \mathrm{E}\{\mathrm{k}_i\})\,(\mathrm{k}_j - \mathrm{E}\{\mathrm{k}_j\})\big\} = \mathrm{E}\{\mathrm{k}_i\,\mathrm{k}_j\} = \lambda_i\,\delta_i^j \tag{8.390}$$

sind die Komponenten von $\mathbf{k}$ paarweise unkorreliert.

Bei Gauß'schen Prozessen folgt aus der Unkorreliertheit der Komponenten ihre stochastische Unabhängigkeit. ◇

Beweis 8.5 (Unkorreliertheit der Komponenten): Für die Kovarianzmatrix $\mathbf{C}_{\mathbf{kk}}$ des transformierten Vektors $\mathbf{k}$ ergibt sich mit (8.387):

$$\mathbf{C}_{\mathbf{kk}} = \mathrm{E}\{\mathbf{k}\,\mathbf{k}^{\mathrm{T}}\} = \mathrm{E}\{\mathbf{A}(\mathbf{g} - \boldsymbol{\mu}_{\mathbf{g}})(\mathbf{g} - \boldsymbol{\mu}_{\mathbf{g}})^{\mathrm{T}}\,\mathbf{A}^{\mathrm{T}}\} \tag{8.391}$$

$$= \mathbf{A}\,\mathrm{E}\{(\mathbf{g} - \boldsymbol{\mu}_{\mathbf{g}})(\mathbf{g} - \boldsymbol{\mu}_{\mathbf{g}})^{\mathrm{T}}\}\,\mathbf{A}^{\mathrm{T}} = \mathbf{A}\,\mathbf{C}_{\mathbf{gg}}\,\mathbf{A}^{\mathrm{T}} \tag{8.392}$$

$$= \begin{pmatrix} \mathbf{e}_1^{\mathrm{T}} \\ \vdots \\ \mathbf{e}_Q^{\mathrm{T}} \end{pmatrix} \mathbf{C}_{\mathbf{gg}}\,(\mathbf{e}_1, \ldots, \mathbf{e}_Q) \tag{8.393}$$

$$= \begin{pmatrix} \mathbf{e}_1^{\mathrm{T}} \\ \vdots \\ \mathbf{e}_Q^{\mathrm{T}} \end{pmatrix} (\mathbf{C}_{\mathbf{gg}}\,\mathbf{e}_1, \ldots, \mathbf{C}_{\mathbf{gg}}\,\mathbf{e}_Q) \tag{8.394}$$

$$= \begin{pmatrix} \mathbf{e}_1^{\mathrm{T}} \\ \vdots \\ \mathbf{e}_Q^{\mathrm{T}} \end{pmatrix} (\lambda_1\,\mathbf{e}_1, \ldots, \lambda_Q\,\mathbf{e}_Q) \tag{8.395}$$

$$= \begin{pmatrix} \lambda_1\,\mathbf{e}_1^{\mathrm{T}}\mathbf{e}_1 & \lambda_2\,\mathbf{e}_1^{\mathrm{T}}\mathbf{e}_2 & \\ \lambda_1\,\mathbf{e}_2^{\mathrm{T}}\mathbf{e}_1 & \ddots & \\ & & \lambda_Q\,\mathbf{e}_Q^{\mathrm{T}}\mathbf{e}_Q \end{pmatrix} = \begin{pmatrix} \lambda_1 & & 0 \\ & \ddots & \\ 0 & & \lambda_Q \end{pmatrix}. \tag{8.396}$$

Die Eigenvektormatrix $\mathbf{A}$ bewirkt also eine Diagonalisierung der Kovarianzmatrix $\mathbf{C}_{\mathbf{gg}}$. ■

Satz 8.27: Beste lineare Approximation

Die Karhunen-Loève-Transformation erlaubt es, einen gegebenen Q-dimensionalen Zufallsvektor $\mathbf{g}$ durch einen Vektor $\hat{\mathbf{g}}$ der Dimension $\nu < Q$ optimal im Sinne des mittleren quadratischen Darstellungsfehlers zu approximieren. Dafür wird der Vektor $\mathbf{g}$ gemäß (8.386) durch eine Reihe dargestellt:

$$\mathbf{g} = \mathbf{A}^{\mathrm{T}}\,\mathbf{k} + \boldsymbol{\mu}_{\mathbf{g}} = \sum_{i=1}^{Q} \mathbf{e}_i\,\mathrm{k}_i + \boldsymbol{\mu}_{\mathbf{g}}\,. \tag{8.397}$$

Wird die Reihe nach $\nu < Q$ Gliedern abgebrochen, so erhält man eine Schätzung des Vektors $\mathbf{g}$:

$$\hat{\mathbf{g}} = \sum_{i=1}^{\nu} \mathbf{e}_i \, \mathrm{k}_i + \boldsymbol{\mu}_{\mathbf{g}} \,. \tag{8.398}$$

Die mittlere Energie

$$\mathrm{E}\{\Delta\mathbf{g}^{\mathrm{T}}\Delta\mathbf{g}\} = \sum_{i=\nu+1}^{Q} \lambda_i \tag{8.399}$$

des Darstellungsfehlers

$$\Delta\mathbf{g} := \mathbf{g} - \hat{\mathbf{g}} \tag{8.400}$$

ist dabei minimal. ◇

Wegen ihrer Eigenschaft, die Energie (8.399) des Darstellungsfehlers zu minimieren, bewirkt die Karhunen-Loève-Transformation eine optimale Signalkompression. Durch Normierung lassen sich die Eigenwerte λ_i formal als Wahrscheinlichkeiten

$$\xi_i := \frac{\mathrm{E}\{\mathrm{k}_i^2\}}{\sum_{i=1}^{Q} \mathrm{E}\{\mathrm{k}_i^2\}} = \frac{\lambda_i}{\sum_{i=1}^{Q} \lambda_i} \tag{8.401}$$

interpretieren, für die sich eine minimale **Entropie**

$$H = -\sum_{i=1}^{Q} \xi_i \,\mathrm{ld}\, \xi_i \tag{8.402}$$

ergibt. Da die Entropie der Varianzen λ_i minimal ist, wird die Signalenergie und damit auch gewissermaßen die Information durch die Karhunen-Loève-Transformation maximal stark auf möglichst wenige Komponenten konzentriert.

Beweis 8.6 (Beste lineare Approximation): Sei $\mathbf{e}$ ein beliebiger Vektor mit $\|\mathbf{e}\| = 1$ und $\mathrm{k} = \mathbf{g}^{\mathrm{T}}\mathbf{e}$ die Projektion von $\mathbf{g}$ auf $\mathbf{e}$. Da bei der Karhunen-Loève-Transformation (8.380) der Mittelwertvektor $\boldsymbol{\mu}_{\mathbf{g}}$ vor der Projektion subtrahiert wird, soll im Rahmen dieses Beweises angenommen werden, dass der Vektor $\mathbf{g}$ mittelwertfrei sei. Der Erwartungswert von k lautet dann:

$$\mathrm{E}\{\mathrm{k}\} = \mathrm{E}\{\mathbf{g}^{\mathrm{T}}\mathbf{e}\} = \mathrm{E}\{\mathbf{g}^{\mathrm{T}}\}\,\mathbf{e} = 0 \,. \tag{8.403}$$

Für die Varianz von $\mathtt{k}$ erhält man:

$$\mathrm{Var}\{\mathtt{k}\} = \mathrm{E}\{(\mathtt{k} - \mathrm{E}\{\mathtt{k}\})^2\} = \mathrm{E}\{\mathtt{k}^2\} = \mathrm{E}\{\mathbf{g}^{\mathrm{T}}\mathbf{e} \cdot \mathbf{g}^{\mathrm{T}}\mathbf{e}\} \tag{8.404}$$

$$= \mathrm{E}\{\mathbf{e}^{\mathrm{T}}\mathbf{g}\mathbf{g}^{\mathrm{T}}\mathbf{e}\} = \mathbf{e}^{\mathrm{T}}\,\mathrm{E}\{\mathbf{g}\mathbf{g}^{\mathrm{T}}\}\,\mathbf{e} = \mathbf{e}^{\mathrm{T}}\,\mathbf{C}_{\mathbf{gg}}\,\mathbf{e}\,. \tag{8.405}$$

Nun gilt es, den Vektor $\mathbf{e}$ zu bestimmen, der die Varianz von $\mathtt{k}$ maximiert. Der Ausdruck (8.405) wird offensichtlich maximal, wenn die Vektoren $\mathbf{e}$ und $\mathbf{C}_{\mathbf{gg}}\,\mathbf{e}$ linear abhängig (d. h. parallel) sind, also wenn

$$\lambda\,\mathbf{e} = \mathbf{C}_{\mathbf{gg}}\,\mathbf{e} \tag{8.406}$$

gilt. Diese Gleichung ist genau dann erfüllt, wenn $\mathbf{e}$ ein Eigenvektor der Kovarianzmatrix $\mathbf{C}_{\mathbf{gg}}$ ist, durch die der Vektor $\mathbf{e}$ auf sein Vielfaches $\lambda\,\mathbf{e}$ abgebildet wird [12]. Bei λ handelt es sich um den Eigenwert zum Eigenvektor $\mathbf{e}$. Die maximal mögliche Varianz von $\mathtt{k}$ folgt für den größten Eigenwert λ:

$$\lambda = \mathbf{e}^{\mathrm{T}}\,\mathbf{C}_{\mathbf{gg}}\,\mathbf{e}\,. \tag{8.407}$$

Nachdem mit $\mathbf{e}$ der Projektionsvektor bestimmt wurde, der zu einer transformierten Komponente $\mathtt{k}$ mit maximaler Varianz führt, wird die von $\mathbf{e}$ aufgespannte Dimension abgespalten,

$$\mathtt{g}' = \mathtt{g} - \mathbf{e}\,\mathbf{e}^{\mathrm{T}}\mathtt{g}\,, \tag{8.408}$$

und das Verfahren iterativ auf $\mathtt{g}'$ angewandt. Nach dem Q-ten Schritt erhält man als Ergebnis einen Satz von Varianzen

$$\lambda_1 \geq \lambda_2 \geq \ldots \geq \lambda_Q\,, \tag{8.409}$$

wobei λ_i im i-ten Schritt der Iteration unter allen möglichen Projektionen den maximalen Wert liefert. Damit ist die mittlere Energie (8.399) des Darstellungsfehlers insgesamt minimal. ■

8.8.3 Anwendungsbeispiele zur Karhunen-Loève-Transformation

Beispiel 8.42 (Dekorrelation zwischen Farbkanälen): In diesem Beispiel wird die Karhunen-Loève-Transformation herangezogen, um eine Dekorrelation zwischen den Kanälen des RGB-Bildes aus Abb. 8.33(a) zu bewirken. Die drei Komponenten der Karhunen-Loève-Transformierten sind in Abb. 8.54 zu sehen. Anhand der Verteilung der Eigenwerte λ_i erkennt man, dass die erste Komponente ca. 97,1 % der Signalenergie darstellt; der Beitrag der letzten Komponenten entspricht dagegen lediglich ca. 0,4 % der Signalenergie. Demnach kann

(a) $\lambda_1 = 7780$ (b) $\lambda_2 = 204$ (c) $\lambda_3 = 30$

Abbildung 8.54. Komponenten der Karhunen-Loève-Transformierten des RGB-Bildes Abb. 8.33(a) mit Eigenwerten λ_i (Originalbild: ONUK).

in diesem Fall zum Zwecke einer Bildkompression problemlos auf die letzte Komponente verzichten werden, da dadurch keine wesentlichen Qualitätseinbußen zu erwarten sind, wie im folgenden Beispiel gezeigt wird. ■

Beispiel 8.43 (Farbkompression): Zur Veranschaulichung der Qualität der Farbkompression wurden jeweils aus den ersten ν ($\nu \in \{1, 2, 3\}$) Komponenten der Karhunen-Loève-Transformierten RGB-Bilder rekonstruiert (Abb. 8.55). Für $\nu = 1$ ergibt sich ein eindimensionaler Farbraum, weshalb bis auf den im Originalbild dominanten Farbton die Rekonstruktion Abb. 8.55(a) der ersten Komponente Abb. 8.54(a) der Karhunen-Loève-Transformierten entspricht. Bei Verwendung zweier Komponenten ($\nu = 2$) gelingt bereits eine hochwertige Rekonstruktion des Originals; siehe Abb. 8.55(b). Lediglich rötliche Bereiche

(a) $\nu = 1$ (b) $\nu = 2$ (c) $\nu = 3$

Abbildung 8.55. Rekonstruktion des RGB-Farbbildes Abb. 8.33(a) durch Verwendung von ν Komponenten der Karhunen-Loève-Transformierten (Originalbild: ONUK).

im Original (rot-braune Blätter einzelner Bäume, Vordach und Terrasse des Schlosses) sowie die cyanfarbene Kuppel des Turmes sind in dieser Rekonstruktion nicht farbtreu enthalten. Im Falle einer Rekonstruktion aus allen $\nu = 3$ Komponenten (Abb. 8.55(c)) gibt es wegen der Umkehrbarkeit der Karhunen-Loève-Transformation keinen Unterschied zum Original. ■

Beispiel 8.44 (Farbkompression bei schwach korrelierten Kanälen): Nun soll die Farbkompression mittels der Karhunen-Loève-Transformation an einem Beispiel mit schwach korrelierten Farbkanälen untersucht werden; siehe Abb. 8.56. Hier beträgt der Korrelationskoeffizient zwischen dem Rotkanal und dem Grünkanal $\rho_{\mathrm{RG}} = 0{,}585$, der Korrelationskoeffizient zwischen dem Grünkanal und dem Blaukanal $\rho_{\mathrm{GB}} = 0{,}700$ und der Korrelationskoeffizient zwischen dem Rotkanal und dem Blaukanal $\rho_{\mathrm{RB}} = 0{,}318$. Bei Rekonstruktion des Farbbildes anhand von weniger als $\nu = 3$ Komponenten müssen in diesem Fall offensichtlich große Abstriche bei der Farbwiedergabe in Kauf genommen werden. ■

(a) $\nu = 1$ (b) $\nu = 2$ (c) $\nu = 3$

Abbildung 8.56. Rekonstruktion eines RGB-Farbbildes durch Verwendung von ν Komponenten der Karhunen-Loève-Transformierten.

Beispiel 8.45 (Dekorrelation multispektraler Bilder): Schließlich sei erneut auf die multispektrale Bildserie in Abb. 5.21 hingewiesen. Bei multispektralen Aufnahmen ergeben sich typischerweise hohe Korrelationswerte zwischen spektral benachbarten Kanälen. Im vorliegenden Fall liegen die Korrelationskoeffizienten zwischen den jeweiligen spektralen Kanälen allesamt im Intervall $0{,}548 \leq \rho \leq 0{,}997$. Es ist daher nicht verwunderlich, dass nach einer Karhunen-Loève-Transformation sich 99,5 % der Signalenergie durch die ersten drei Komponenten Abb. 8.57(a) – (c) darstellen lässt. Dies kann zur Datenkompres-

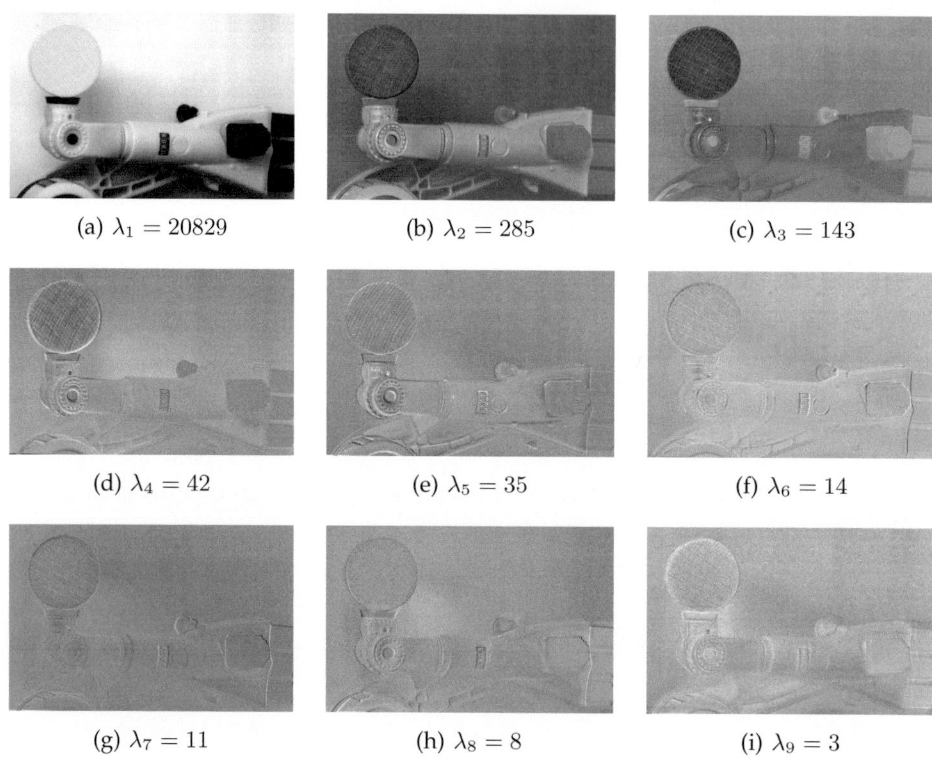

(a) $\lambda_1 = 20829$ (b) $\lambda_2 = 285$ (c) $\lambda_3 = 143$

(d) $\lambda_4 = 42$ (e) $\lambda_5 = 35$ (f) $\lambda_6 = 14$

(g) $\lambda_7 = 11$ (h) $\lambda_8 = 8$ (i) $\lambda_9 = 3$

Abbildung 8.57. Komponenten der Karhunen-Loève-Transformierten mit Eigenwerten λ_i.

sion genutzt werden oder, wie das folgende Beispiel zeigt, zur Bildfusion (9 auf 3 Kanäle) zu einem Resultat in Falschfarbendarstellung. ■

Beispiel 8.46 (Fusion multispektraler Bilder): Als Ausgangspunkt zur Fusion multispektraler Bilder sollen die Komponenten der Karhunen-Loève-Transformierten aus Bsp. 8.45 betrachtet werden; siehe Abb. 8.57. Da die ersten drei Komponenten Abb. 8.57(a) – (c) bereits 99,5 % der Signalenergie beschreiben, liegt es nahe, diese drei Komponenten zu fusionieren, indem man sie als dreikanaliges Farbbild interpretiert. Zur Farbdarstellung kommen mehrere Farbräume in Betracht (Abschn. 5.2); die dabei resultierenden Fusionsergebnisse sind sogenannte **Falschfarbenbilder** (vgl. Abschn. 10.1.3). Speziell beim Fusionsergebnis Abb. 8.58(b), bei welchem die 3 KLT-Komponenten als HSV-Farbbild interpretiert wurden, kann man das Material des Roboters von dem des Holzklotzes und des Hintergrundes unterscheiden, was im Originalfarbbild Abb. 5.21(a) nicht möglich ist. ■

(a) Die ersten 3 KLT-Komponenten als RGB-Bild interpretiert

(b) Die ersten 3 KLT-Komponenten als HSV-Bild interpretiert [26]

Abbildung 8.58. Codierung der drei Komponenten der Karhunen-Loève-Transformierten (KLT) mit den größten Eigenwerten als Kanäle eines Farbbildes.

8.9 Literatur

[1] Richard Bamler. *Mehrdimensionale lineare Systeme*. Springer, 1989.

[2] Jürgen Beyerer. *Analyse von Riefentexturen*, Bd. 390 der Reihe *Fortschritt-Berichte VDI, Reihe 8*. VDI-Verlag, Düsseldorf, 1994.

[3] Ronald N. Bracewell. *The Fourier transform and its applications*. McGraw-Hill, Boston, MA, 3. Auflage, 2000.

[4] Elbert Oran Brigham. *The fast Fourier transform and its applications*. Prentice Hall, Upper Saddle River, NJ, 1988.

[5] Ilja Bronstejn, Konstantin Semendjajew, Gerhard Musiol und Heiner Mühlig. *Taschenbuch der Mathematik*. Deutsch, 5. Auflage, 2000.

[6] Ole Christensen. *Frames and Bases – An Introductory Course*. Birkhäuser, Boston, 2008.

[7] James W. Cooley und John W. Tukey. An algorithm for the machine calculation of complex Fourier series. *Mathematics of Computation*, 19(90):297–301, 1965.

[8] Dan E. Dudgeon und Russell M. Mersereau. *Multidimensional digital signal processing*. Prentice-Hall, 1984.

[9] Charles L. Epstein (Hrsg.). *Introduction to the Mathematics of Medical Imaging: Second Edition*. Society for Industrial and Applied Mathematics, Philadelphia, PA, 2. Auflage, Januar 2007.

[10] European Machine Vision Association. *EMVA 1288, Standard for Characterization of Image Sensors and Cameras*. 2010.

[11] Eberhard Hänsler. *Statistische Signale: Grundlagen und Anwendungen*. Springer, 3. Auflage, 2001.

[12] Harro Heuser. *Funktionalanalysis – Theorie und Anwendung*. Teubner, Wiesbaden, 4. Auflage, 2006.

[13] Harro Heuser. *Lehrbuch der Analysis*, Bd. 2. Vieweg+Teubner, 14. Auflage, 2008.

[14] Bernd Jähne. *Digital image processing*. Springer, 6. Auflage, 2005.

[15] Bernd Jähne. *Digitale Bildverarbeitung*. Springer, Berlin Heidelberg, 7. Auflage, 2012.

[16] Karl-Dirk Kammeyer und Kristian Kroschel. *Digitale Signalverarbeitung – Filterung und Spektralanalyse*. Vieweg+Teubner, Wiesbaden, 7. Auflage, 2009.

[17] Uwe Kiencke, Michael Schwarz und Thomas Weickert. *Signalverarbeitung – Zeit-Frequenz-Analyse und Schätzverfahren*. Oldenbourg, München, 2008.

[18] Robert Lalla. *Verfahren zur Auswertung von Moiréaufnahmen technischer Oberflächen*. Dissertation, Universität Karlsruhe (TH), 1993.

[19] Alan V. Oppenheim und Ronald W. Shafer. *Discrete-time signal processing*. Pearson, Upper Saddle River, NJ, 3. Auflage, 2010.

[20] Athanasios Papoulis und S. Unnikrishna Pillai. *Probability, random variables and stochastic processes*. McGraw-Hill, New York, 4. Auflage, 2002.

[21] Fernando Puente León. *Messtechnik – Systemtheorie für Ingenieure und Informatiker*. Springer, Berlin Heidelberg, 10. Auflage, 2015.

[22] Fernando Puente León und Holger Jäkel. *Signale und Systeme*. De Gruyter, Berlin, 6. Auflage, 2015.

[23] Fernando Puente León und Norbert Rau. Detection of machine lead in ground sealing surfaces. *Annals of the CIRP*, 52(1):459–462, 2003.

[24] Alan Stuart und J. Keith Ord. *Kendall's advanced theory of statistics*, Bd. 1, Distribution theory. Arnold, London, 6. Auflage, 2004.

[25] Ulrich Tietze, Christoph Schenk und Eberhard Gamm. *Halbleiter-Schaltungstechnik*. Springer, 13. Auflage, 2010.

[26] J. Scott Tyo und Richard C. Olsen. PC-based display strategy for spectral imagery. In *IEEE Workshop on Advances in Techniques for Analysis of Remotely Sensed Data*, Seiten 276–281, Oktober 2003.

[27] Wolfgang Walter. *Einführung in die Theorie der Distributionen*. Bibliographisches Institut, 3. Auflage, 1994.

[28] Bernard Widrow, István Kollár und Ming-Chang Liu. Statistical theory of quantization. *IEEE Transactions on Instrumentation and Measurement*, 45(2):353–361, April 1996.

[29] Hellmuth Wolf. *Nachrichtenübertragung: eine Einführung in die Theorie*. Springer, 2. Auflage, 1987.

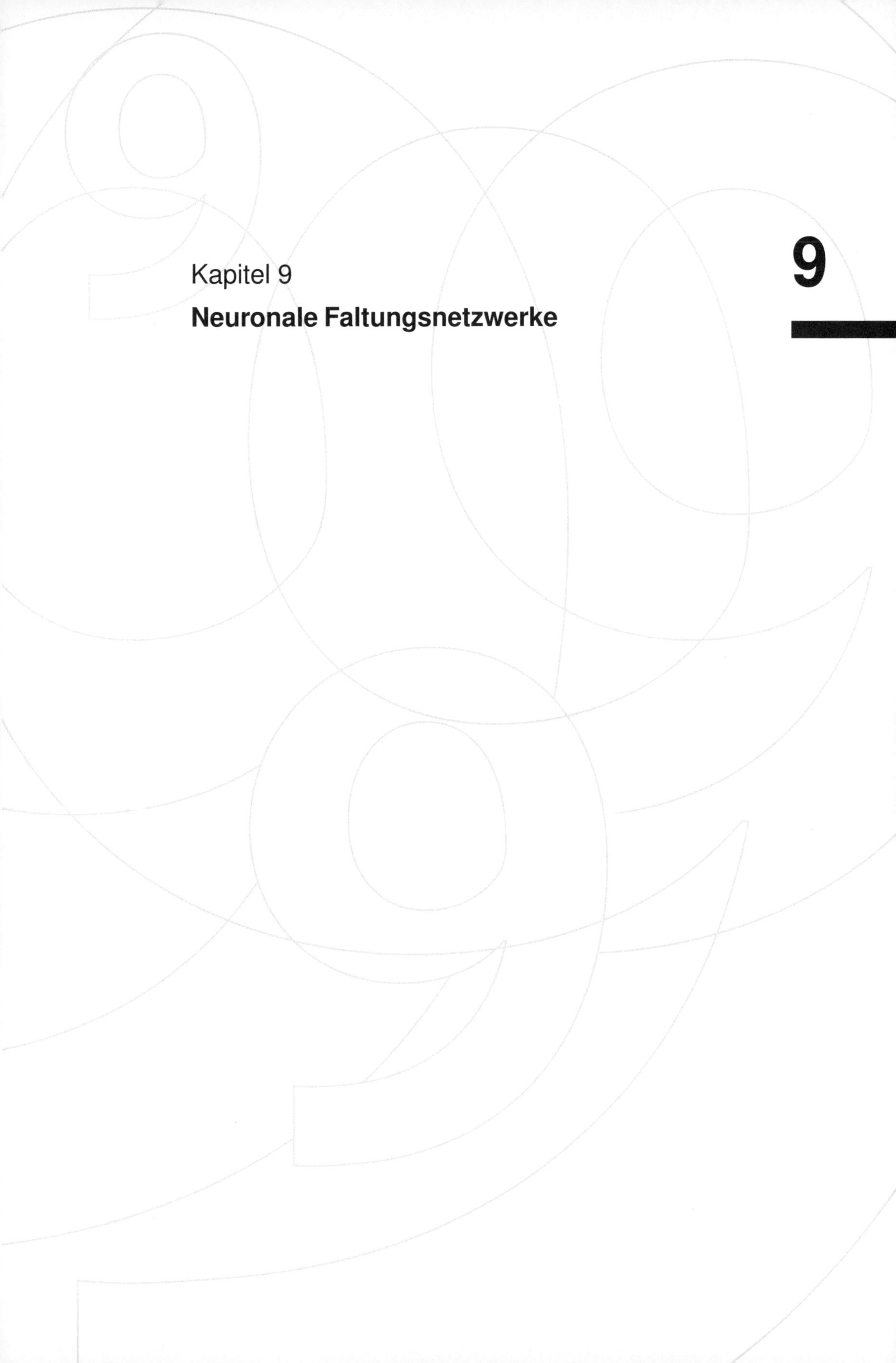

Kapitel 9

Neuronale Faltungsnetzwerke

9

9

9 Neuronale Faltungsnetzwerke

9 Neuronale Faltungsnetzwerke

Neuronale Netze bilden eine Klasse maschineller Lernverfahren, die insbesondere in der Bildverarbeitung zur Lösung unterschiedlicher (Teil-)Probleme eingesetzt werden. Die grundlegende Funktionsweise künstlicher neuronaler Netze ist an die des menschlichen Gehirns angelehnt und wurde erstmals 1943 beschrieben [41]. Die Neuronen als Elementarbestandteile sind untereinander durch gerichtete Verbindungen, sogenannte **Synapsen**, vernetzt und können mit einer Gewichtung versehene Signale an verbundene Neuronen weiterleiten. Eintreffende Signale werden von den Neuronen aggregiert. Bei Überschreitung eines Schwellwerts wird wiederum ein Signal an erreichbare Nachbarneuronen ausgesandt. Sobald die letzten Neuronen erreicht wurden, lassen sich an deren Ausgabe das Ergebnis der von dem neuronalen Netzwerk realisierten Funktion ablesen. Mathematisch kann die Funktionsweise eines neuronalen Netzes als Kombination von linearen (Aggregierung der gewichteten Signale) und nichtlinearen Funktionen (Schwellwertfilterung) zusammengefasst werden. Es lässt sich zeigen, dass sich bei einer ausreichend hohen Zahl von Neuronen allein mit dieser simplen Verarbeitungsweise jede kontinuierliche Funktion mit beliebiger Genauigkeit approximieren lässt (siehe Abschn. 9.1).

Im Gegensatz zum Vorgehen beim Entwurf klassischer Algorithmen werden die freien Parameter eines neuronalen Netzwerks mit Hilfe sogenannter Trainingsdaten und -algorithmen (siehe Abschn. 9.2) gelernt. Der Benutzer muss für einen erfolgreichen Einsatz eine für das zu lösende Problem passende Netzwerkarchitektur (siehe Abschn. 9.3) auswählen oder entwickeln.

Der breite und erfolgreiche Einsatz neuronaler Netzwerke in der Bildverarbeitung wurde insbesondere durch die Verfügbarkeit hochparalleler Recheneinheiten (z. B. sog. GPUs, kurz für *graphics processing units*), durch moderne Netzwerkarchitekturen mit vielen sogenannter Schichten[1] (siehe Abschn. 9.3) und durch die Nutzung umfangreicher Trainingsdatensätze ermöglicht [16].

Dieses Kapitel bietet eine Einführung in neuronale Netze mit Fokus auf die in der Bildverarbeitung verbreiteten sogenannten tiefen Faltungsnetze (*deep convolutional neural networks*, CNNs). Dazu werden neben den Grundlagen (Abschn. 9.1) die wesentlichen Komponenten von Faltungsnetzen (Abschn. 9.1.2), das automatische Lernen der Netzwerkparameter (Abschn. 9.2) und häufig verwendete Netzwerkarchitekturen (Abschn. 9.3) behandelt.

Beispielanwendungen von neuronalen Netzwerken in der automatischen Sichtprüfung werden in den entsprechenden Kapiteln vorgestellt. So werden in Abschn. 10.3.3 zwei Verfahren zur Störungsunterdrückung, in Abschn. 12.7 ein

[1] Verfahren im Zusammenhang mit solchen sogenannten tiefen neuronalen Netzen sind allgemein unter dem Begriff *deep learning* zusammengefasst.

J. Beyerer et al., *Automatische Sichtprüfung*,
https://doi.org/10.1007/978-3-662-69951-5_9

Ansatz zur Segmentierung und in Abschn. 14.5 eine Möglichkeit zur Texturanalyse mittels neuronaler Faltungsnetze gezeigt.

Außerdem können neuronale Faltungsnetze für viele weitere Bildverarbeitungsaufgaben eingesetzt werden, z. B. Bildfusion [37], Stereokorrespondenz [53,56], Bildrestauration [8,17] und 3D-Erfassung [58].

9.1 Grundlagen neuronaler Netze

Die grundlegende Funktionsweise eines neuronalen Netzes lässt sich am Beispiel des sogenannten **Perzeptrons** (siehe Abb. 9.1) erklären. Ein zu verarbeitender Eingabevektor $(g_1, g_2, \ldots, g_N)^{\mathrm{T}}$ wird durch Eingangsneuronen in das neuronale Netz eingespeist. Die Neuronen des Netzes sind in aufeinanderfolgenden Schichten organisiert. Die inneren Schichten des Netzes, die weder Eingang noch Ausgang darstellen, werden als verdeckte Schichten bezeichnet. Bei der voll-vernetzten Architektur des Perzeptrons sind alle Neuronen einer Schicht mit allen Neuronen der nachfolgenden Schicht verbunden. Damit ist die Topologie des sich ergebenden Graphen zyklenfrei (*feed-forward*). Im abgebildeten Beispiel bildet das j-te Neuron der verdeckten Schicht die gewichtete Summe

$$\Sigma_j^1 = \sum_{i=1}^{N} w_{ji}^1 \, g_i + b_j^1 \tag{9.1}$$

der Eingabewerte, wendet darauf eine nichtlineare Funktion $\psi : \mathbb{R} \to \mathbb{R}$ an (auch **Aktivierungsfunktion** genannt) und gibt das Ergebnis $\psi(\Sigma_j^1)$ weiter an die Neuronen der nächsten Schicht. Dabei sind die w_{ij}^1 Gewichte der Synapsen und die b_j^1 additive Terme (auch **Bias** genannt) der ersten Schicht. Die Ausgangsneuronen berechnen ihrerseits gewichtete Summen

$$\Sigma_j^2 = \sum_{i=1}^{K} w_{ji}^2 \, \psi(\Sigma_i^1) + b_j^2 \tag{9.2}$$

der Teilergebnisse der verdeckten Schicht und wenden darauf wiederum eine Aktivierungsfunktion ψ an. Die resultierenden Werte bilden bei dem Beispiel in Abb. 9.1 den Ausgang des neuronalen Netzes.

Die Gewichte w_{ij} und Biaswerte b_j gehören zu **lernbaren Parametern** $\boldsymbol{\theta}$ des neuronalen Netzes und müssen anhand von Trainingsdaten bestimmt werden (siehe Abschn. 9.2). Die Anzahl von Schichten und Neuronen und die Aktivierungsfunktionen bestimmen die Architektur des Netzwerks, werden auch als **Hyperparameter** bezeichnet und müssen in Hinblick auf das zu lösende Problem passend gewählt werden. Es gibt Ansätze, um auch die Hyperparameter algorithmisch zu bestimmen. Dazu wird versucht, mit einer passenden Strategie aus einem vorgegebenen Raum möglicher Netzwerkarchitekturen automatisiert die für die vorliegende Problemstellung optimale Variante zu identifizieren. Entsprechende Verfahren sind unter dem Begriff *neural architecture search* bekannt [13].

Neuronale Netze mit *feed-forward*-Architektur und nur einer verdeckten Schicht erlauben die Darstellung jeder stetigen Funktion $\mathbf{g} \mapsto \mathbf{m}$. Nach einem Satz von Kolmogorov gilt, dass eine auf $[0,1]^d$, $d > 1$ stetige Funktion $f(\mathbf{g})$ sich darstellen lässt als

$$f(\mathbf{g}) = \sum_{j=1}^{2d+1} \Xi_j \left(\sum_{i=1}^{d} \psi_{ij}(g_i) \right), \tag{9.3}$$

wobei Ξ_j und ψ_{ij} nichtlineare Funktionen sind. Neuronale Netze mit *feed-forward*-Architektur sind somit universelle Approximatoren für stetige Funktionen [5,26].

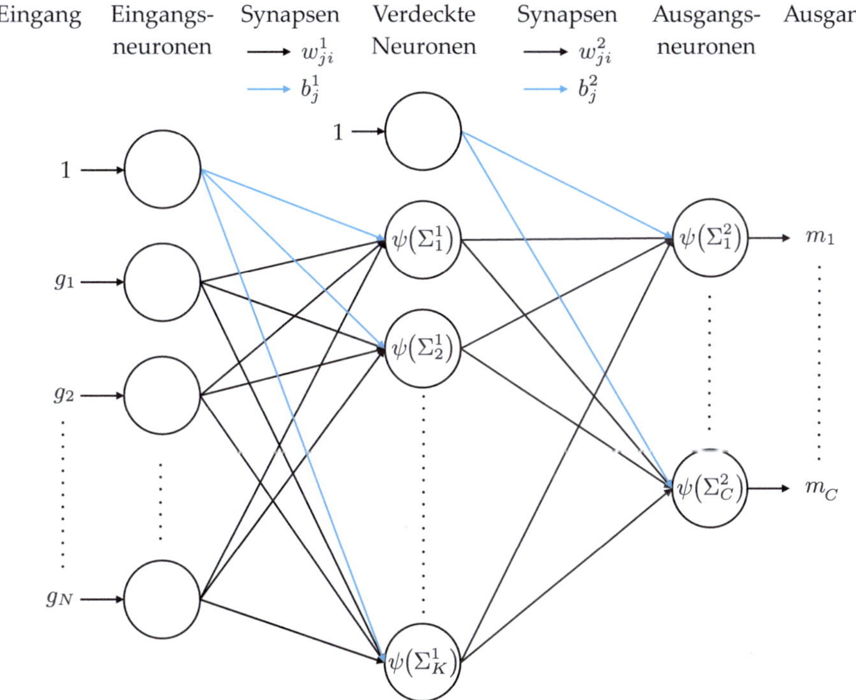

Abbildung 9.1. Ein voll-vernetztes *feed-forward*-Perzeptron mit einer verdeckten Schicht von K Neuronen zur Verarbeitung eines Eingabevektors $\mathbf{g}$ der Länge $N+1$ zu einem Ausgabevektor $\mathbf{m}$ der Länge C unter Verwendung einer Aktivierungsfunktion ψ. Die Knoten (Kreise) des Graphen repräsentieren die Neuronen und die Pfeile stehen für die gewichteten Synapsen. Die Σ_j^1, Σ_j^2 repräsentieren die gewichteten Summen der Eingangssignale von Neuron j in Schicht 1 bzw. von Ausgangsneuron j in Schicht 2.

In anderen Anwendungsfeldern werden sogenannte rekurrente neuronale Netze mit Rückwärtsverbindungen eingesetzt, die Teilergebnisse eines vorherigen Durchlaufs zwischenspeichern können. Dadurch kann eine Art zeitliches Gedächtnis realisiert werden, was beispielsweise bei der Verarbeitung von zeitsequenziellen Daten vorteilhaft sein kann.

9.1.1 Aufbau einer Neuronenschicht

Wie am Beispiel des Perzeptrons illustriert, berechnet ein einzelnes Neuron aus der Eingabe $\mathbf{g} = (1, g_1, g_2, \ldots, g_N)^{\mathrm{T}}$ und seinem individuellen Gewichtungsvektor $\mathbf{w} = (b, w_1, w_2, \ldots, w_N)^{\mathrm{T}}$ eine gewichtete Summe verschoben um den Biaswert b und wendet darauf eine nichtlineare Aktivierungsfunktion ψ an. Am Ausgang des Neurons ergibt sich der Ausgabewert

$$m = \psi\left(\sum_{i=1}^{N} w_i\, g_i + b\right) = \psi(\mathbf{w}^{\mathrm{T}}\mathbf{g})\,. \tag{9.4}$$

Eine voll-vernetzte Schicht von K Neuronen mit Gewichtungsfaktoren w_{ji}, $j \in \{1, \ldots, K\}$, $i \in \{1, \ldots, N\}$ berechnet gewichtete Summen verschoben um die Biaswerte b_j, $j \in \{1, \ldots, K\}$, auf die wiederum die Aktivierungsfunktion ψ angewandt wird. Damit resultieren die Ausgabewerte

$$\underbrace{\begin{pmatrix} m_1 \\ m_2 \\ \vdots \\ m_K \end{pmatrix}}_{\mathbf{m}} = \psi\left(\underbrace{\begin{pmatrix} \mathbf{w}_1^{\mathrm{T}} \\ \mathbf{w}_2^{\mathrm{T}} \\ \vdots \\ \mathbf{w}_K^{\mathrm{T}} \end{pmatrix}}_{\mathbf{W}} \cdot \underbrace{\begin{pmatrix} 1 \\ g_1 \\ g_2 \\ \vdots \\ g_N \end{pmatrix}}_{\mathbf{g}}\right) = \psi(\mathbf{W} \cdot \mathbf{g})\,, \tag{9.5}$$

wobei $\mathbf{w}_j = (b_j, w_{j1}, w_{j2}, \ldots, w_{jN})^{\mathrm{T}}$ den Gewichtsvektor (inklusive Bias) des j-ten Neurons bezeichnet und die Aktivierungsfunktion ψ komponentenweise angewandt wird. Die K Gewichtsvektoren werden dabei in einer Matrix $\mathbf{W}$ zusammengefasst.

Analog kann die Verarbeitung von B Eingabevektoren (auch Batch der Größe B genannt)[2] kompakt in Matrix-Vektor-Schreibweise ausgedrückt werden:

$$\psi\left(\begin{pmatrix}\mathbf{w}_1^{\mathrm{T}}\\ \mathbf{w}_2^{\mathrm{T}}\\ \vdots\\ \mathbf{w}_K^{\mathrm{T}}\end{pmatrix}\cdot\begin{pmatrix}\mathbf{g}_1 & \mathbf{g}_2 & \cdots & \mathbf{g}_B\end{pmatrix}\right)=\psi\begin{pmatrix}\mathbf{w}_1^{\mathrm{T}}\cdot\mathbf{g}_1 & \mathbf{w}_1^{\mathrm{T}}\cdot\mathbf{g}_2 & \cdots & \mathbf{w}_1^{\mathrm{T}}\cdot\mathbf{g}_B\\ \mathbf{w}_2^{\mathrm{T}}\cdot\mathbf{g}_1 & \mathbf{w}_2^{\mathrm{T}}\cdot\mathbf{g}_2 & \cdots & \mathbf{w}_2^{\mathrm{T}}\cdot\mathbf{g}_B\\ \vdots & \vdots & \ddots & \vdots\\ \mathbf{w}_K^{\mathrm{T}}\cdot\mathbf{g}_1 & \mathbf{w}_K^{\mathrm{T}}\cdot\mathbf{g}_2 & \cdots & \mathbf{w}_K^{\mathrm{T}}\cdot\mathbf{g}_B\end{pmatrix} \tag{9.6}$$

$$=\begin{pmatrix}\mathbf{m}_1 & \mathbf{m}_2 & \cdots & \mathbf{m}_B\end{pmatrix}\,. \tag{9.7}$$

Als häufig verwendete Aktivierungsfunktionen sind die Sigmoid-Funktion

$$\sigma(x)=\frac{1}{1+\exp(-x)} \tag{9.8}$$

und die sogenannte *rectified linear unit* (ReLU)

$$\mathrm{ReLU}(x)=\max(0,x) \tag{9.9}$$

zu nennen (siehe Abb. 9.2).

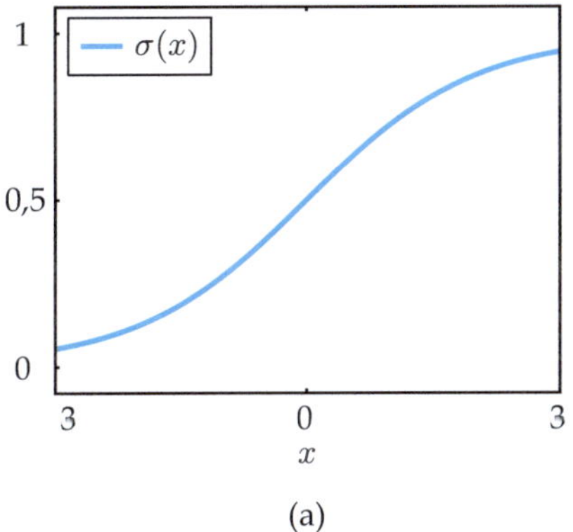

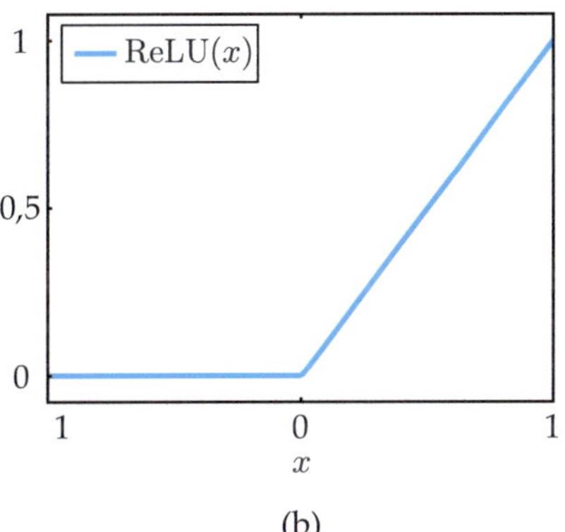

Abbildung 9.2. Zwei häufig verwendete nichtlineare Aktivierungsfunktionen: (a) Sigmoid-Funktion; (b) Rectified linear unit (ReLU).

9.1.2 Faltungsnetze

Im Bereich der Bildverarbeitung kommen häufig sogenannte **Faltungsnetze** zum Einsatz, bei denen das Konzept der in Abschn. 8.2.3 eingeführten Faltung in die Strukturen neuronaler Netze integriert wird. Wie in Abb. 9.3 illustriert, wird da-

[2] In gängigen Softwarebibliotheken für neuronale Faltungsnetze werden die Eingabebilder in Form vierdimensionaler Datenblöcke der Dimensionen $B \times Q \times M \times N$ verarbeitet, wobei Q der Anzahl der Bildkanäle entspricht.

bei ein Eingabebild sukzessive mit verschiedenen Filtermasken gefaltet, um für die zu lösende Aufgabe relevante Merkmale zu extrahieren. Für jede Filtermaske resultiert ein entsprechender, zusätzlicher Kanal. Durch Auslassen von Randpixeln, für welche die Faltung nicht wohldefiniert ist, durch Verschieben der Filtermasken während der Faltung um größere Schrittweiten (siehe Abschn. 9.1.2.2) und durch eine nachgeschaltete Reduktion quadratischer Bildregionen auf beispielsweise ihren maximalen Pixelwert (sogenanntes Max-Pooling, siehe Abschn. 9.1.2.1) verringert sich fortlaufend die örtliche Auflösung der Bilddaten, während die Anzahl der Kanäle ansteigt. Analog zu voll-vernetzten Schichten wird auf das Ergebnis einer Faltung eine nichtlineare Aktivierungsfunktion ψ angewandt. Aufgrund der örtlich beschränkten Wirkung eines Faltungsschritts bleibt der Ortsbezug der Daten bei der Faltung prinzipiell erhalten, wohingegen er bei vollvernetzten Architekturen verloren geht. Faltungsschichten entsprechen lokalen Operationen (Transformationen) und voll-vernetzte Schichten globalen Operatoren (Transformationen). Damit besteht zwischen den beiden Architekturen ein ähnliches Verhältnis wie zwischen der lokal wirkenden Wavelet-Transformation und der global wirkenden Fourier-Transformation. Abbildung 9.4 fasst anhand eines Beispiels die Unterschiede zwischen voll- bzw. teil-vernetzten Schichten und Faltungsschichten zusammen.

Bei Faltungsnetzen nennt man die berechneten Zwischenergebnisse auch Merkmalskarten oder *feature maps*. Die so extrahierten Merkmale können dann beispielsweise zur Bildklassifikation, -segmentierung oder -restauration genutzt werden. Im Gegensatz zu vordefinierten Filtern wie z. B. dem Sobel-Operator (vgl. Abschn. 12.2.1.4) werden die Koeffizienten der Filtermasken nicht fest vorgegeben, sondern anhand der Trainingsdaten automatisch bestimmt, d. h. gelernt.

In den folgenden Abschnitten wird auf die Details der wesentlichen Komponenten von Faltungsnetzen eingegangen.

9.1.2.1 Poolingschichten

Poolingschichten verringern die örtliche Auflösung ihrer Eingabedaten. Ein üblicherweise quadratisches Fenster mit Kantenlänge L wird dazu über das Bild geschoben und aus den im Fenster liegenden Pixeln wird ein einzelner Wert berechnet, der als Eingang der nachfolgenden Schicht dient. Die sogenannte Schrittweite s (*stride*) bestimmt dabei, um wie viele Pixel das Fenster in jedem Schritt verschoben wird und damit auch wie stark die Auflösung verringert wird (siehe Abb. 9.5). Häufig wird sogenanntes *Max-Pooling* angewandt, wobei jeweils der maximale Wert des Fensters extrahiert wird. Die Kantenlänge L und die Schrittweite s einer Poolingschicht sind Hyperparameter.

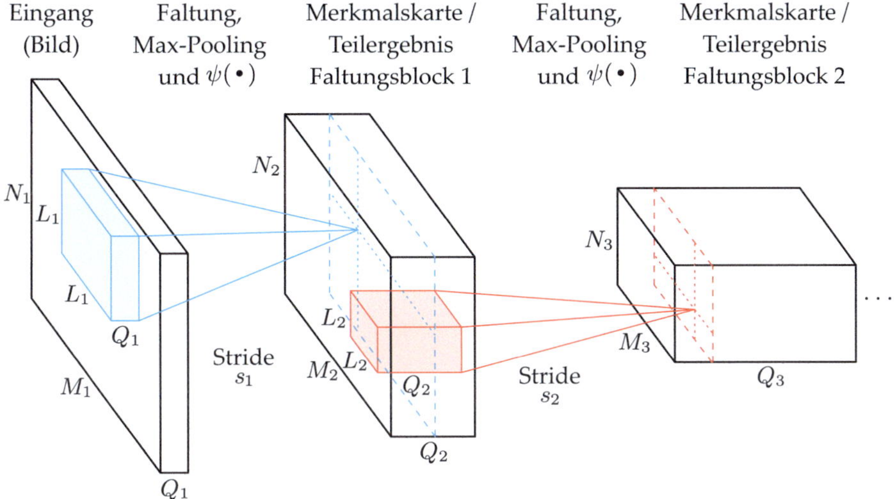

Abbildung 9.3. Zwischenergebnisse der ersten zwei Faltungsblöcke (bestehend aus Faltung und Max-Pooling, siehe Abschn. 9.1.2.1) eines Faltungsnetzes: Das $M_1 \times N_1$ Pixel große, Q_1-kanalige Eingabebild (z. B. Farbkanäle oder andere Merkmale) wird zuerst mit $Q_2 > Q_1$ Filtermasken der Dimension $L_1 \times L_1 \times Q_1$ gefaltet (siehe Abschn. 9.1.2.2). Das Max-Pooling, das Auslassen von Randpixeln und Verschiebungen der Filtermasken mit einer Schrittweite $s_1 > 1$ resultieren in einem Zwischenergebnis mit einer örtlichen Auflösung von $M_2 \times N_2$, $M_2 < M_1$, $N_2 < N_1$ Pixeln und $Q_2 > Q_1$ Kanälen. Analog führt ein weiterer Faltungsblock mit $Q_3 > Q_2$ Filtermasken der Größe $L_2 \times L_2 \times Q_2$ und Schrittweite $s_2 > 1$ und ein nachgeschaltetes Max-Pooling zu einem Q_3-kanaligen Bild mit örtlicher Auflösung von $M_3 \times N_3$, $M_3 > M_2$, $N_3 > N_2$. Die Filtermasken des abgebildeten Teils des Faltungsnetzes resultieren in $L_1 \cdot L_1 \cdot Q_1 \cdot Q_2 + L_2 \cdot L_2 \cdot Q_2 \cdot Q_3$ zu lernenden Parametern.

9.1.2.2 Faltungsschichten

Faltungsschichten falten das ein- oder mehrkanalige Eingangsbild mit einer oder mehreren üblicherweise quadratischen Filtermasken. Die Kanäle sind hierbei nicht ausschließlich als Farbkanäle zu verstehen, sondern allgemeiner als Platzhalter für beliebige Merkmale mit Ortsbezug, wie beispielsweise die Ergebnisse einer Merkmalsextraktion vorheriger Schichten. Die Koeffizienten der Filtermasken von Faltungsschichten werden als Teil der Netzwerkparameter $\boldsymbol{\theta}$ im Rahmen des Trainings automatisch bestimmt. Typischerweise wird für jeden Kanal der Eingabe eine separate Filtermaske verwendet, bei einem Q-kanaligen Eingabebild hat eine passende Filtermaske also ebenfalls Q Kanäle. Nach der Faltung wird entlang der Kanaldimension aufsummiert und es resultiert ein einkanaliges Ergebnisbild. Werden Q' Filtermasken mit Q Kanälen verwendet, gibt die Faltungsschicht ein Q'-kanaliges Ergebnisbild aus.

Ähnlich wie bei den Poolingschichten kann in gängigen Softwarebibliotheken zur Parametrierung neuronaler Faltungsschichten die Kantenlänge L der Filter und eine Schrittweite s angegeben werden (siehe Abb. 9.6). Für $s > 1$ entspricht

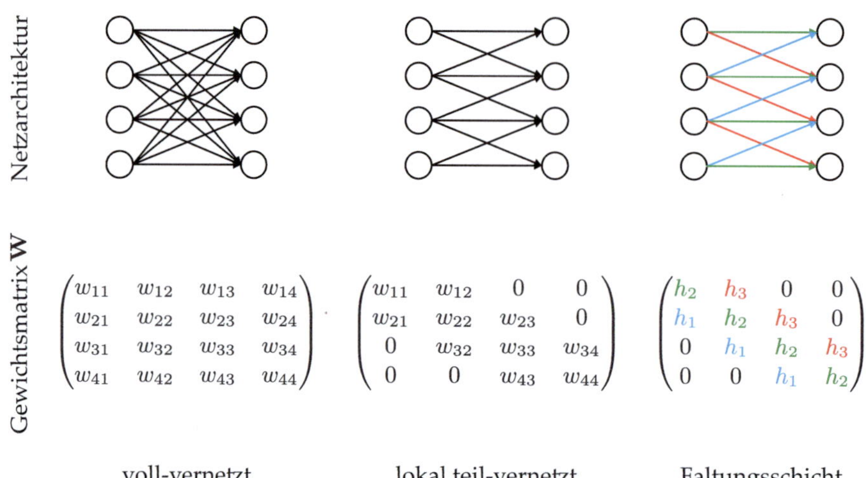

Abbildung 9.4. Beispielhafte Visualisierung der Unterschiede zwischen voll-, teil-vernetzten Schichten und einer eindimensionalen Faltungsschicht mit Filtermaske h bezüglich der Netzwerkarchitektur und der resultierenden Gewichtsmatrix $\mathbf{W}$. Zwischen der Anzahl zu bestimmender Parameter und der Anzahl von Neuronen besteht bei voller Vernetzung ein quadratischer und bei lokaler Teilvernetzung ein linearer Zusammenhang. Bei Faltungsschichten hingegen ist die Parameteranzahl konstant und hängt lediglich von der Größe der Filtermaske ab.

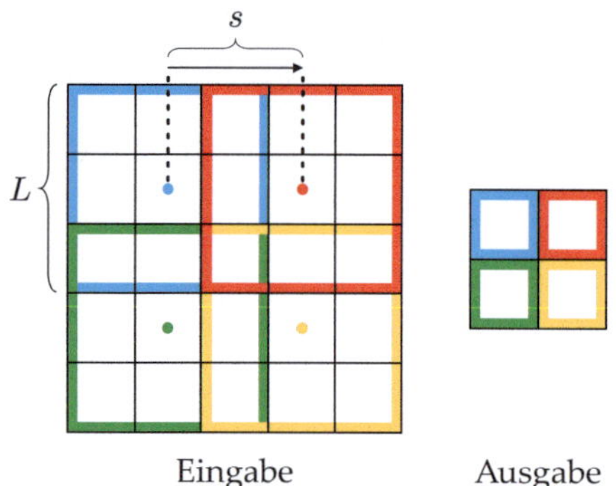

Abbildung 9.5. Schema einer Poolingschicht mit Fenstergröße $L = 3$ und Schrittweite $s = 2$. Aus den farblich gekennzeichneten Bildregionen der Größe 3×3 wird jeweils ein Ausgabewert erzeugt (beispielsweise durch Maximumbildung).

die dann durchgeführte Operation nicht mehr dem diskreten Faltungsoperator $*$, da Zwischenschritte ausgelassen werden.

Je nach gewählter Schrittweite s und dem Umgang mit den Bildrändern (z. B. *zero padding*, vgl. Abschn. 9.1.2.3 und Abschn. 8.3.3.5) schrumpfen die Ausgabebilder einer Faltungsschicht in ihren örtlichen Dimensionen. Abbildung 9.3 illustriert diesen Vorgang für zwei Faltungsschichten mit jeweils nachgeschalteten Max-Pooling-Schichten mit nichtlinearer Aktivierungsfunktion ψ.

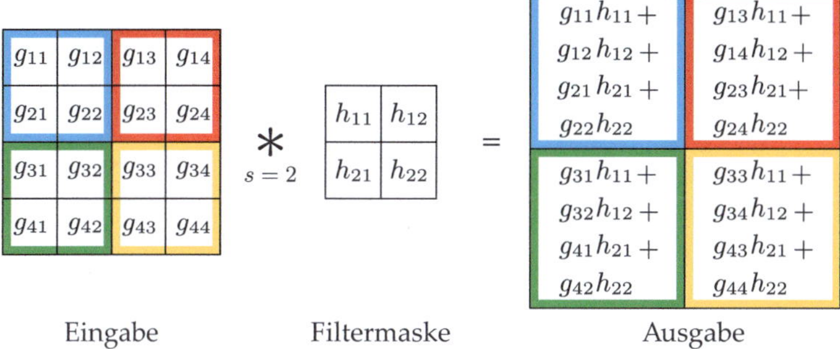

Abbildung 9.6. Schema einer Faltungsschicht mit Filtergröße $L = 2$ und Schrittweite $s = 2$. Die resultierenden Werte ergeben sich aus der komponentenweisen Multiplikation und Summierung der farblich gekennzeichneten Bildregionen mit den Filterkoeffizienten h_{ij}.

Bei Faltungsschichten zählen die Schrittweite s, die Kantenlänge L der Filter, die Anzahl Q' an Filtermasken und die Randbehandlungsmethode (vgl. Abschn. 9.1.2.3) zu den Hyperparametern.

Es wurde gezeigt, dass die Filtermasken von am Anfang eines Faltungsnetzes liegenden Faltungsschichten oft Strukturen aufweisen, die ähnlich den Kantenfiltern geartet sind, die auch im visuellen Kortex des Menschen vermutet werden. Basierend darauf realisieren tieferliegende Faltungsschichten mit ihren Filtermasken Impulsantworten zur Detektion komplexerer Strukturen [14].

9.1.2.3 Randbehandlung bei Faltungsschichten

An den Rändern eines Bildes ist die Faltung nicht wohldefiniert, weswegen gängige Softwarebibliotheken typischerweise die folgenden Möglichkeiten zur Randbehandlung anbieten [44]:

- Reduzierung der Bildgröße:
  Die Faltung wird in den Regionen des Eingabebildes ausgeführt, die von der Filtermaske komplett abgedeckt werden können. Dadurch verringert sich die Größe des Ausgabebildes entsprechend.
- Auffüllen mit einer Konstante c (vgl. Abb. 9.7(a)):
  Außerhalb der Bildgrenzen wird eine Konstante c angenommen.
- Spiegeln des Bildes (vgl. Abb. 9.7(b)):
  Hinter dem Bildrand werden die Grauwerte der entsprechenden Bildzeile (bzw. Bildspalte) gespiegelt wiederholt.
- Nächster Nachbar (vgl. Abb. 9.7(c)):
  Außerhalb des Bildes wird jeweils der Grauwert des nächstgelegenen Bildpixels angenommen.

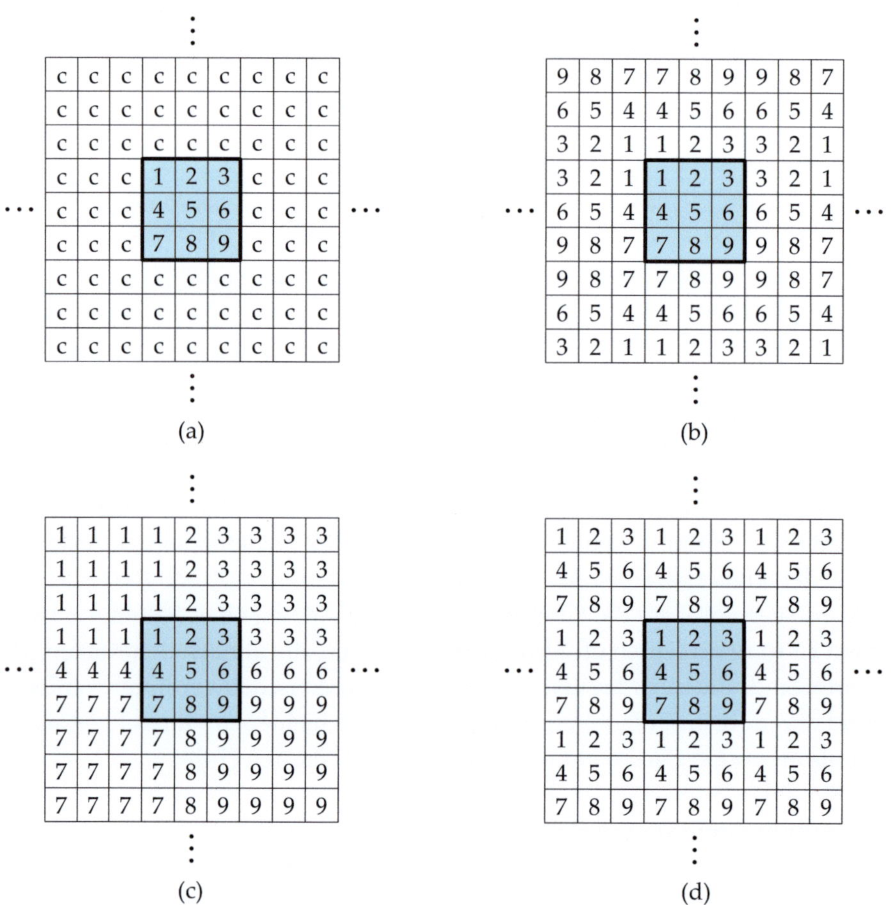

Abbildung 9.7. Gängige Möglichkeiten zur Randbehandlung bei der Faltung am Beispiel eines Bildes (fett umrandete, blaue Bildregion) mit 3×3 Pixeln: (a) Auffüllen mit einer Konstante c; (b) Spiegeln des Bildes; (c) nächster Nachbar; (d) periodische Bildwiederholung.

- Periodische Bildwiederholung (vgl. Abb. 9.7(d)):
  Es wird eine zweidimensionale periodische Wiederholung des Bildes angenommen.

Welche Methode für welchen Anwendungsfall zu besseren Ergebnissen führt, muss üblicherweise empirisch ermittelt werden. Alternativ können separate Filterkoeffizienten für die Bearbeitung der Randpixel – und somit die Randbehandlung selbst – gelernt werden [29]. Erreicht dabei die Faltung den Bildrand, werden für jeden möglichen Randtyp aus obere(r)/untere(r), linke(r)/rechte(r) Ecke (Rand) individuelle Koeffizienten gelernt und die über den Bildrand hinausragenden Koeffizienten auf 0 gesetzt (vgl. Abb. 9.8).

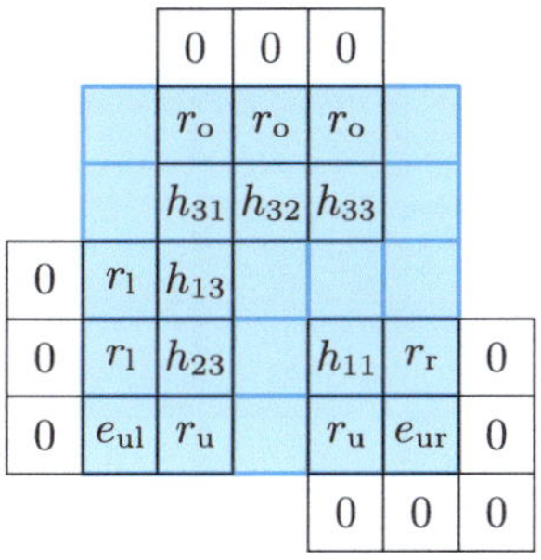

		0	0	0		
		r_o	r_o	r_o		
		h_{31}	h_{32}	h_{33}		
0	r_l	h_{13}				
0	r_l	h_{23}		h_{11}	r_r	0
0	e_ul	r_u		r_u	e_ur	0
				0	0	0

Lernbare Koeffizienten zur Randbehandlung:

r_o Rand oben
r_u Rand unten
r_l Rand links
r_r Rand rechts
e_ul Ecke unten links
e_ur Ecke unten rechts

Abbildung 9.8. Beispiel zur Einführung von lernbaren individuellen Filterkoeffizienten für die Behandlung der Randbereiche bei der Faltung eines Bildes mit 5×5 Pixeln (blau) mit einer Filtermaske mit 3×3 Koeffizienten (schwarz) $h_{ij}, i, j \in \{1, 2, 3\}$, die an den Randbereichen durch entsprechende Koeffizienten ersetzt werden.

9.1.2.4 Schichten zur Erhöhung der örtlichen Auflösung

Je nach Anwendungsfall (siehe Abschn. 9.3) kann es notwendig sein, die durch Pooling- und Faltungsschichten verringerte örtliche Auflösung wieder zu erhöhen. In gängigen Architekturen neuronaler Netze werden dazu entweder klassische Interpolationsverfahren wie beispielsweise die Nächster-Nachbar-Interpolation oder die bilineare Interpolation implementiert (siehe Abschn. 10.2.1) oder auf lernbaren Filtermasken basierende Methoden. Letztere werden auch als sogenannte transponierte Faltungen (*transposed convolutions*) bezeichnet, obwohl dieser Begriff in seiner mathematischen Bedeutung irreführend ist.[3]

In transponierten Faltungsschichten ergeben sich die Ausgabewerte, indem eine Filtermaske jeweils mit einem Wert des Eingabebildes skaliert wird und die resultierenden Werte dann an der entsprechenden Position im Ausgabebild eingetragen werden. Bei Filtermasken mit Kantenlänge $L > 1$ und Schrittweite $s < L$ treten dabei zwangsweise Überlappungen auf und die entsprechenden Einträge werden aufsummiert. Nach jedem Schritt wird die Filtermaske im Ausgabebild um die Schrittweite s verschoben und der beschriebene Vorgang wird mit dem nächsten Wert des Eingabebildes wiederholt (siehe Abb. 9.9). Wie bei der herkömmlichen Faltung gibt es bei der transponierten Faltung ebenfalls unterschiedliche Möglichkeiten zur Randbehandlung. Die Koeffizienten der Filtermas-

[3]Die Bezeichnung transponierte Faltung rührt daher, dass man eine diskrete, auflösungsreduzierende Faltung auch als Matrix-Vektor-Multiplikation mit einer die Faltung implementierenden Matrix $\mathbf{A} \in \mathbb{R}^{M \times N}$, $N > M$ beschreiben kann. Die Transponierte dieser Matrix $\mathbf{A}^\text{T} \in \mathbb{R}^{N \times M}$ würde rein von ihren Dimensionen her einen niedrig aufgelösten Vektor (mit M Elementen) in einen höher aufgelösten Vektor (mit N Elementen) transformieren. Allerdings wird die Wirkung der eigentlichen Faltung dadurch nicht rückgängig gemacht.

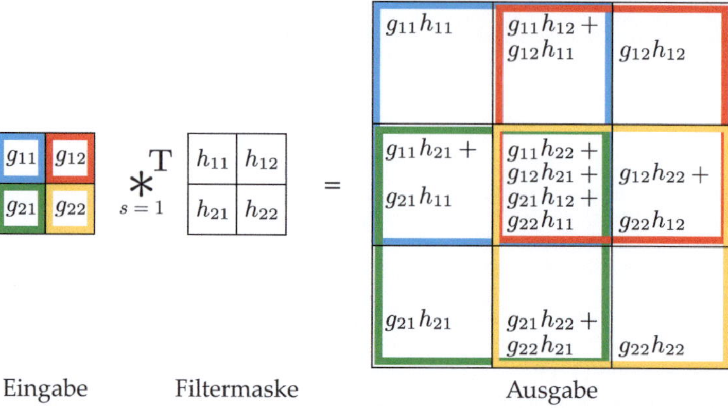

Abbildung 9.9. Schema einer transponierten Faltung $*^{\mathrm{T}}$ mit Filtergröße $L = 2$, Schrittweite $s = 1$ und ohne Randbehandlung. Die resultierenden Werte ergeben sich aus der additiven Überlagerung der mit den Eingabewerten skalierten Filtermaske (Überlappungen der farblich gekennzeichneten Bildregionen).

ke werden im Rahmen des Trainings der Netzwerkparameter bestimmt. Bezüglich der Hyperparameter besteht kein Unterschied zwischen transponierten und nicht-transponierten Faltungsschichten.

9.2 Lernen der Netzwerkparameter

9.2.1 Lernverfahren

Die lernbaren Parameter $\boldsymbol{\theta}$ eines neuronalen Netzes $\phi_{\boldsymbol{\theta}}$ werden mit Hilfe einer Trainingsmenge $\mathcal{T} = \{(\mathbf{g}_i, \mathbf{m}_i), i \in [1, \ldots, N_{\mathrm{t}}]\}$ bestehend aus Paaren von Eingabedaten $\mathbf{g}_i$ und den bekannt richtigen entsprechenden Ausgabedaten[4] $\mathbf{m}_i$ mittels automatisierter Lernverfahren bestimmt. Um die Eignung gegebener Parameter $\boldsymbol{\theta}$ zu quantifizieren, wird eine für den konkreten Anwendungsfall passende Fehlerfunktion $\ell : (\mathcal{T}, \phi_{\boldsymbol{\theta}}) \to \mathbb{R}$ definiert (häufig auch **Loss-Funktion** genannt), die jedem Tupel $(\mathbf{g}, \mathbf{m})$ der Trainingsmenge anhand der Ausgabe $\phi_{\boldsymbol{\theta}}(\mathbf{g})$ des mit $\boldsymbol{\theta}$ parametrierten neuronalen Netzes für den Eingabevektor $\mathbf{g}$ und der zu $\mathbf{g}$ korrespondierenden Grundwahrheit $\mathbf{m}$ einen Distanzwert zuordnet und für die gesamte Trainingsmenge aggregiert. Im sogenannten **Training des neuronalen Netzwerks** wird versucht, Netzwerkparameter $\boldsymbol{\theta}^*$ zu wählen, mit denen die Fehlerfunktion ℓ

---

[4] Falls bekannt ist, dass zu einem $\mathbf{g}$ ein bestimmtes $\mathbf{m}$ gehört, nennt man $\mathbf{m}$ die Grundwahrheit oder *ground truth* zu $\mathbf{g}$.

minimiert wird, also

$$\boldsymbol{\theta}^* = \arg\min_{\boldsymbol{\theta}} \ell(\mathcal{T}, \phi_{\boldsymbol{\theta}}) \,. \tag{9.10}$$

Dieses Optimierungsproblem kann beispielsweise mit Methoden des **Gradientenabstiegs** gelöst werden. Dazu wird der Parametervektor $\boldsymbol{\theta}$ beginnend von einer Startbelegung $\boldsymbol{\theta}_0$ (beispielsweise mit zufällig gewählten Einträgen) iterativ in entgegengesetzter Richtung des Gradienten $\nabla_{\boldsymbol{\theta}} \ell$ der Fehlerfunktion bzgl. $\boldsymbol{\theta}$ verändert:

$$\boldsymbol{\theta}_{k+1} := \boldsymbol{\theta}_k - \lambda \nabla_{\boldsymbol{\theta}} \ell(\mathcal{T}, \phi_{\boldsymbol{\theta}_k}) \,, \qquad k = 0, 1, 2, \ldots \,, \tag{9.11}$$

wobei $\lambda > 0$ die Schrittweite darstellt, die auch Lernrate genannt wird. Um die Wahrscheinlichkeit zu reduzieren, mit dem beschriebenen Verfahren lediglich ein lokales Minimum zu erreichen, kann beim Gradientenabstieg aus (9.11) zusätzlich der Aktualisierungsschritt $\Delta\boldsymbol{\theta}_{k-1}$ der vorherigen Iteration anteilig hinzugefügt werden:

$$\boldsymbol{\theta}_{k+1} := \boldsymbol{\theta}_k - \lambda \Delta\boldsymbol{\theta}_k \,, \quad \text{mit} \tag{9.12}$$

$$\Delta\boldsymbol{\theta}_k := \nabla_{\boldsymbol{\theta}} \ell(\mathcal{T}, \phi_{\boldsymbol{\theta}_k}) + \alpha \Delta\boldsymbol{\theta}_{k-1} \,, \qquad k = 0, 1, 2, \ldots \,, \qquad \Delta\boldsymbol{\theta}_{-1} := \mathbf{0} \,, \tag{9.13}$$

wobei $\alpha \in [0, 1)$ auch als Momentum-Faktor bezeichnet wird. Der damit einfließende Beitrag zuvor berechneter Gradienten kann dabei helfen, lokale Minima sowie Sattelpunkte oder Plateaus der Fehlerfunktion zu überwinden [14].

Moderne Softwarebibliotheken für neuronale Netze nutzen effiziente Methoden des automatischen Differenzierens, um den Gradienten $\nabla_{\boldsymbol{\theta}} \ell$ automatisch für die konkrete Eingabe und Belegung des Parametervektors zu berechnen [4].

Sowohl zur Verbesserung der Leistungsfähigkeit des neuronalen Netzes nach dem Training als auch zur Reduzierung von Speicherbedarf während des Trainings bei großen Trainingsdatensätzen kann es hilfreich oder nötig sein, in jeder Iteration des Optimierungsverfahrens jeweils nur eine zufällig gewählte Teilmenge $\mathcal{T}' \subset \mathcal{T}$ der gesamten Trainingsdaten zu betrachten. Entsprechend wird dieser Ansatz als **stochastischer Gradientenabstieg** bezeichnet. Darauf aufbauend kann zusätzlich die Lernrate λ anhand der kontinuierlich berechneten Mittelwerte und Varianzen des Gradienten $\nabla_{\boldsymbol{\theta}} \ell$ angepasst werden, um so die Konvergenzgeschwindigkeit der Trainingsprozedur zu erhöhen [35].

In der Anwendung ist das neuronale Netz i. d. R. mit unbekannnten Eingabedaten konfrontiert, die nicht im Trainingsdatensatz vorkommen. Ziel des Trainings ist daher, möglichst gute Ergebnisse auf solchen Eingaben zu erreichen und nicht in erster Linie auf den Trainingsdaten selbst. Die Fähigkeit, allgemeingültige Strukturen aus den Trainingsdaten zu lernen und auf neue Eingaben zu verallgemeinern, bezeichnet man als **Generalisierungsfähigkeit** des neuronalen Netzes.

Umgekehrt spricht man von Überanpassung oder *Overfitting*, wenn das Netz irrelevante, zufällige Eigenschaften der Trainingsdaten lernt, die im Allgemeinen nicht auf neue Eingabedaten zutreffen. Um Überanpassung zu erkennen, kann man die Fehlerfunktion auf einer kleineren Teilmenge des Datensatzes auswerten, die beim Training nicht verwendet wird. Nur wenn der Fehler auf diesem Testdatensatz beim Gradientenabstieg abnimmt, kann man von einem generalisierungsfähigen Lernerfolg ausgehen. Sofern der Fehler auf dem Trainingsdatensatz abnimmt, auf dem Testdatensatz jedoch ansteigt, liegt vermutlich eine Überanpassung vor und das Training auf diesem Datensatz sollte nicht mehr weitergeführt werden.

Eine Regularisierungsmethode, die zur Vermeidung von Überanpassung beiträgt, ist unter der Bezeichnung *Dropout* bekannt. Dabei werden in jeder Trainingsiteration einzelne Neuronen – insbesondere in den vollvernetzten Schichten – mit einer gewissen Wahrscheinlichkeit außer Acht gelassen, indem ihre Ausgabewerte auf 0 gesetzt werden. Dadurch reduzieren sich wechselseitige Abhängigkeiten zwischen den Neuronen und es werden redundante Strukturen gelernt, sodass die Generalisierungsfähigkeit gesteigert wird [36,51].

9.2.2 Batch-Normalisierung

Insbesondere bei neuronalen Netzen mit vielen Schichten können für ein erfolgreiches Training viele Iterationen des Gradientenabstiegs nötig sein. Ein möglicher Grund dafür besteht darin, dass sich die Verteilungen der Eingabedaten der einzelnen Schichten während des Trainings aufgrund der Variabilität der Trainingsdaten kontinuierlich verschieben und somit die Konvergenz des Optimierungsverfahrens behindern.[5] Sogenannte **Batch-Normalisierungsschichten** (*batch normalization layers*) können diesen Effekt vermindern. Dazu werden im Training die Eingabedaten der Batch-Normalisierungsschicht mit einer Normalisierung zweiter Ordnung behandelt, also um ihren Mittelwert und Standardabweichung bzgl. des in der aktuellen Iteration betrachteten Batches (siehe Abschn. 9.1.1) bereinigt. Um die Generalisierungsfähigkeit des Netzes nicht einzuschränken, werden die Daten daraufhin mit neuem Mittelwert und neuer Varianz versehen. Die Transformationsvorschrift für einen Batch der Größe B von N-dimensionalen Eingabedaten $g_i^j, i \in \{1, \ldots, N\}$, $j \in \{1, \ldots, B\}$ lautet entsprechend:

$$m_i^j := \frac{g_i^j - \mu_i}{\sqrt{\sigma_i^2 + \varepsilon}} \gamma_i + \beta_i \,, \tag{9.14}$$

[5] Dieser Effekt wird auch als *internal covariate shift* bezeichnet.

mit den über den Batch berechneten arithmetischen Mittelwerten

$$\mu_i := \frac{1}{B}\sum_{j=1}^{B} g_i^j \tag{9.15}$$

und empirischen Varianzen

$$\sigma_i^2 := \frac{1}{B}\sum_{j=1}^{B} (g_i^j - \mu_i)^2 , \tag{9.16}$$

einer positiven Konstante ε zur Erhöhung der numerischen Stabilität des Gradientenabstiegs und mit $\gamma_i, \beta_i, i \in \{1, \ldots, N\}$ als lernbare neue Standardabweichungen und Mittelwerte [30].

In gängigen Softwarebibliotheken für neuronale Faltungsnetze aktualisieren die Implementierungen von Batch-Normalisierungsschichten während des Trainings nach jedem Batch fortlaufende Mittelwerte $\hat{\mu}_i$ und Varianzen $\hat{\sigma}_i^2$:

$$\hat{\mu}_i := (1-\alpha)\hat{\mu}_i + \alpha\mu_i , \tag{9.17}$$

$$\hat{\sigma}_i^2 := (1-\alpha)\hat{\sigma}_i^2 + \alpha\sigma_i^2 , \tag{9.18}$$

wobei der Faktor α den Einfluss neuer Werte bestimmt (gängig ist $\alpha = 0{,}1$) [44]. Die Werte $\hat{\mu}_i, \hat{\sigma}_i^2$ werden dann beim Anwenden des fertig trainierten Netzes außerhalb des Trainings verwendet.

9.2.3 Trainingsdaten

Neuronale Faltungsnetzwerke können für viele verschiedene Aufgaben in der automatischen Sichtprüfung und Bildverarbeitung eingesetzt werden und in Bezug auf die erreichbare Ergebnisqualität häufig klassische Algorithmen übertreffen. Voraussetzung dafür ist allerdings, dass repräsentative Trainingsdaten in ausreichender Menge und Qualität verfügbar sind. Die Schichten neuronaler Netze haben viele freie Parameter, sodass große Datenmengen zu ihrer Optimierung erforderlich sind. Um leistungsfähige neuronale Netze zu trainieren, werden teilweise Datensätze aus mehr als einer Million Bildern genutzt [11,22,50]. Die Beschaffung und Annotation von Trainingsdaten macht einen Großteil des Aufwands beim Entwurf von Bildauswertungsverfahren aus, die auf neuronalen Netzen basieren. Insbesondere ist häufig die manuelle Annotation der Grundwahrheit des neuronalen Netzes für jedes Trainingsbild bzw. je nach Aufgabenstellung sogar für jedes Bildpixel erforderlich. Dieser Aufwand sollte bei der Auswahl der Verfahren berücksichtigt werden. Wenn der Aufwand für die Bereitstellung geeigneter Trainingsdaten zu groß ist, kann es unter Umständen effizienter sein, klassische Bildverarbeitungsalgorithmen anstelle neuronaler Netze einzusetzen.

Speziell in der automatischen Sichtprüfung können sich in Bezug auf Trainingsdaten die folgenden Herausforderungen ergeben:

- Die Trainingsdaten müssen repräsentativ für die im Einsatz vorkommenden Bilddaten sein und insbesondere die Variabilität der Prüfobjekte, Defekte und Umgebungsbedingungen (z. B. Lichtverhältnisse) widerspiegeln.
- Die Prüfobjekte sind meist keine Alltagsgegenstände, sondern sehr spezifische Produkte, Zwischenprodukte oder Bauteile, sodass frei verfügbare Datensätze nur begrenzt anwendbar sind.
- Wenn bestimmte Defekte im Produktionsprozess nur selten auftreten oder eine große Variabilität haben, sind entsprechende Trainingsbilder nicht in ausreichender Zahl verfügbar. Zudem besteht häufig die Anforderung, auch vorab unbekannte Defekttypen zu erkennen.

Um diese Problematik abzumildern, werden Methoden zur teilautomatisierten Generierung und zur Qualitätsverbesserung von Trainingsdaten verwendet. Einige dieser Methoden werden im Folgenden kurz vorgestellt.

9.2.3.1 Augmentierung von Trainingsdaten

Die Augmentierung hat das Ziel, aus vorhandenen Trainingsbildern weitere, modifizierte Trainingsdaten zu generieren. Damit wird erreicht, dass die neuronalen Netze invariant gegenüber bestimmten Transformationen der Bilder werden, anstatt irrelevante Eigenschaften der Bilder bzw. der Bildaufnahme und Beleuchtungsbedingungen zu lernen [10, 36]. Für die automatisierte Durchführung ist wichtig, dass die annotierte Grundwahrheit des Trainingsbeispiels nach der Transformation unverändert bleibt oder sich ebenfalls automatisiert transformieren lässt. Zur Augmentierung können u. a. folgende Transformationen – auch in Kombination – angewandt werden (vgl. Kap. 10):

- Geometrische Transformationen
  - Translation (Verschiebung)
  - Rotation (Drehung)
  - Spiegelung
  - Skalierung
  - Bildausschnitt
  - Perspektivische Verzerrung
- Intensitätstransformationen
  - Kontrasterhöhung
  - Histogrammmanipulation
  - Homogenisierung
  - Karhunen-Loève-Transformation der Spektralkanäle
- Bildfilterung

- Manipulation der Bildschärfe (z. B. künstliche Unschärfe durch Faltung mit Gauß-Tiefpassfilter)
- Hinzufügen von künstlichem Rauschen

Anzahl und Parameter (z. B. Drehwinkel, Skalierungsfaktor) der Transformationen können vorgegeben oder innerhalb bestimmter Intervalle zufällig gewählt werden [24, 42]. Gängige Softwarebibliotheken für neuronale Faltungsnetzwerke stellen Funktionen zur Trainingsdatenaugmentierung bereit.

9.2.3.2 Generierung synthetischer Trainingsdaten

Wenn die Erstellung einer ausreichenden Menge realer Trainingsdaten nicht möglich oder zu aufwendig ist, können synthetisch generierte Daten eine sinnvolle Ergänzung darstellen. Mithilfe von Modellen des Prüfobjekts, der Kamera und der Umgebung einschließlich der Beleuchtungsbedingungen kann der gesamte Prozess der Bildaufnahme am Rechner simuliert werden [45]. Je nach Anwendungszweck kann zusätzlich die Defektentstehung simuliert werden, um die Vielfalt möglicher Defekte abzudecken [12, 21, 48]. Die Parameter der Simulation werden variiert, um eine große Anzahl verschiedener Trainingsbilder zu generieren. Ein großer Vorteil synthetischer Daten ist, dass die Grundwahrheit aus dem Simulationsmodell bekannt ist und somit keine manuelle Annotation der Trainingsdaten erforderlich ist.

Es ist auch möglich, neuronale Netze zur Generierung synthetischer Daten einzusetzen. **Generative adversarial networks** (GANs) sind ein spieltheoretischer Ansatz hierfür, bei dem sich zwei neuronale Netzwerke gegenseitig optimieren, die als Generator und Diskriminator bezeichnet werden [15, 32, 34, 39, 49]. Der Generator erzeugt aus einer latenten Repräsentation synthetische Bilddaten, ähnlich wie ein Decoder (siehe Abschn. 9.3.3). Der Diskriminator bewertet die Realitätsnähe der generierten Daten, typischerweise im Vergleich mit einem realen Datensatz, sodass die Qualität der synthetischen Daten durch unüberwachtes Lernen sukzessive verbessert wird. Auch Diffusionsmodelle, die in Abschn. 9.3.5 vorgestellt werden, eignen sich zur Generierung synthetischer Trainingsbilder.

9.2.3.3 Transferlernen

Viele Bildauswertungsaufgaben weisen untereinander Gemeinsamkeiten auf, sodass auch die Parameter der dafür trainierten neuronalen Netze ähnlich sein können. Beispielsweise extrahieren Faltungsschichten grundlegende Bildmerkmale wie Kanten oder Texturen, die für viele Anwendungen nützlich sind. Daher ist es nicht notwendig, für jede neue Aufgabe ein neuronales Netz von Grund auf neu zu trainieren. **Transferlernen** nutzt solche Gemeinsamkeiten, um ein bereits trainiertes neuronales Netz auf eine neue Aufgabe anzupassen. Wenn die gleiche Aufgabe in einem anderen Kontext gelöst werden soll, spricht man auch von

Domänenadaption. In der automatischen Sichtprüfung könnte dies z. B. die Anpassung der Defekterkennung auf eine neue Produktvariante sein.

Es gibt verschiedene Möglichkeiten, das Prinzip des Transferlernens umzusetzen. Ein neuronales Netz kann auf einem umfangreichen Datensatz vortrainiert werden (*pre-training*). Anschließend werden einige Schichten des Netzes ersetzt oder hinzugefügt, die im zweiten Schritt die Anpassung auf die neue Aufgabe lernen sollen. Die Parameter der übrigen Schichten bleiben dabei unverändert [43]. Daher müssen nun deutlich weniger Parameter optimiert werden, sodass ein kleinerer Datensatz ausreicht und der Zeitaufwand für das Training geringer ist. Optional kann anschließend das gesamte Netz auf dem Datensatz der Zieldomäne nachtrainiert werden, wobei auch die Parameter der zuvor festgehaltenen Schichten angepasst werden. Dabei sollte eine niedrige Lernrate verwendet werden, um Überanpassung zu vermeiden.

Auf welcher Schicht der Transfer erfolgen sollte, hängt von der Anwendung und den Unterschieden zwischen den Domänen ab. Geht es beispielsweise um die Anpassung an veränderte Beleuchtungsbedingungen, kann ein Transfer bereits vor der Eingangsschicht des neuronalen Netzes auf der Ebene der Bildwerte der einzelnen Pixel durch ein dafür trainiertes neuronales Netzwerk realisiert werden [25, 31]. Wenn das neuronale Netz an andere Objekttypen angepasst werden soll, werden typischerweise die letzten Schichten inklusive der Ausgabeschicht ersetzt [43].

Auch die im vorigen Abschnitt erwähnten GANs können für die Parameteroptimierung beim Transferlernen eingesetzt werden [25, 57]. Inkrementelle Lernverfahren ermöglichen die wiederholte Anpassung eines neuronalen Netzes an veränderte Aufgaben, z. B. die Berücksichtigung zusätzlicher Objekttypen [7, 19, 40]. Dabei muss darauf geachtet werden, dass das neuronale Netz die zuvor gelernten Fähigkeiten nicht vergisst [18, 33].

9.2.3.4 Bewertung von Trainingsdaten und Erklärbarkeit

Die verwendeten Trainingsdaten sind entscheidend für die Ergebnisqualität neuronaler Netze. Aufgrund des benötigten großen Umfangs der Datensätze und der Notwendigkeit zur manuellen oder teilautomatisierten Annotation ist es jedoch schwierig, fehlerfreie Datensätze zu erzeugen. Ein weiteres Problem sind unausgewogene, nicht repräsentative Trainingsdaten, die zu einer Verzerrung der Ausgabe des neuronalen Netzes führen können [52]. Um solche Probleme zu erkennen, können Metriken zur Datensatzbewertung eingesetzt werden [20, 23, 38].

Ein grundsätzlicher Nachteil neuronaler Netze ist die fehlende **Erklärbarkeit**, d. h. anders als bei klassischen Algorithmen ist nur sehr schwer nachvollziehbar, wie die Ergebnisse zustande kommen. Auch das Verhalten bei neuartigen Eingabebildern ist häufig schwer vorhersehbar. In der automatischen Sichtprüfung betrifft dies beispielsweise die Erkennung erstmals auftretender Defekttypen. Das Forschungsgebiet *explainable artificial intelligence (XAI)* versucht die Erklärbarkeit neuronaler Netze zu verbessern [1–3, 54]. Dennoch kann die eingeschränkte Erklärbarkeit ein Argument sein, auf den Einsatz neuronaler Netze zu verzichten, z. B. bei der Qualitätsprüfung sicherheitskritischer Teile.

9.3 Netzwerkarchitekturen für die Bildverarbeitung

In der Bildverarbeitung haben sich einige Standardarchitekturen für neuronale Faltungsnetze etabliert, die in den folgenden Abschnitten eingeführt werden. Je nach Aufgabenstellung können die entsprechenden Konzepte direkt angewandt, angepasst oder auch miteinander kombiniert werden.

9.3.1 Tiefe Faltungsnetze zur Bildklassifikation

Bei der Bildklassifikation soll einem Eingabebild g die Klasse $m \in \mathcal{C}$ zugeordnet werden, die den Bildinhalt am besten beschreibt. Dabei bezeichnet $\mathcal{C}$ die endliche Menge der bezüglich einer Aufgabe zu erwartenden Klassen.

Gängige Netzwerkarchitekturen zur Bildklassifikation extrahieren dazu mittels Faltungs- und Pooling-Schichten aussagekräftige Merkmale aus den Bilddaten. Durch eine sukzessive Reduzierung der örtlichen Auflösung während der Verarbeitungskette werden die Bilddaten implizit auf mehreren Skalen analysiert (vgl. Kap. 16). Die Kanaldimension steigt durch die zunehmende Menge extrahierter Merkmale schrittweise an. Zwischengeschaltete nichtlineare Schichten sorgen für eine hohe Approximationsfähigkeit der Architektur. Den Abschluss des Netzwerks bilden mehrere vollvernetzte Schichten gefolgt von einer Normierungsschicht. In dieser letzten Schicht ist die örtliche Auflösung auf 1×1 Pixel reduziert und die Kanaldimension entspricht der Menge möglicher Klassen. Zur Normierung der resultierenden Werte verwendet man häufig die **Softmax-Funktion**

$$\mathbf{m} \mapsto \mathbf{p}, \quad \text{mit } p(\mathbf{m})_i := \frac{\exp(m_i)}{\sum\limits_{j=1}^{|\mathcal{C}|} \exp(m_j)}, \quad i \in \{1, \ldots, |\mathcal{C}|\}, \ \mathbf{m} \in \mathbb{R}^{|\mathcal{C}|}, \ \mathbf{p} \in (0,1)^{|\mathcal{C}|}.$$

Damit ist sichergestellt, dass die Elemente des Ausgabevektors nicht negativ sind und sich auf 1 summieren, sodass sie als Wahrscheinlichkeitsverteilung über den möglichen Klassen interpretiert werden können [14]. Es gilt dann also für die

Ausgabe des neuronalen Netzwerks ϕ:

$$\phi(\mathbf{g}) = \mathbf{p} \in [0,1]^{|\mathcal{C}|} \quad \text{mit} \quad \sum_{i=1}^{|\mathcal{C}|} p_i = 1\,. \tag{9.19}$$

Das Klassifikationsergebnis kann dann so interpretiert werden, dass der Index $\hat{i} = \arg\max_i p_i$ der wahrscheinlichsten Klasse entspricht. Abbildung 9.10 zeigt als Beispiel die Netzwerkarchitektur eines weitverbreiteten Faltungsnetzes zur Bildklassifikation.

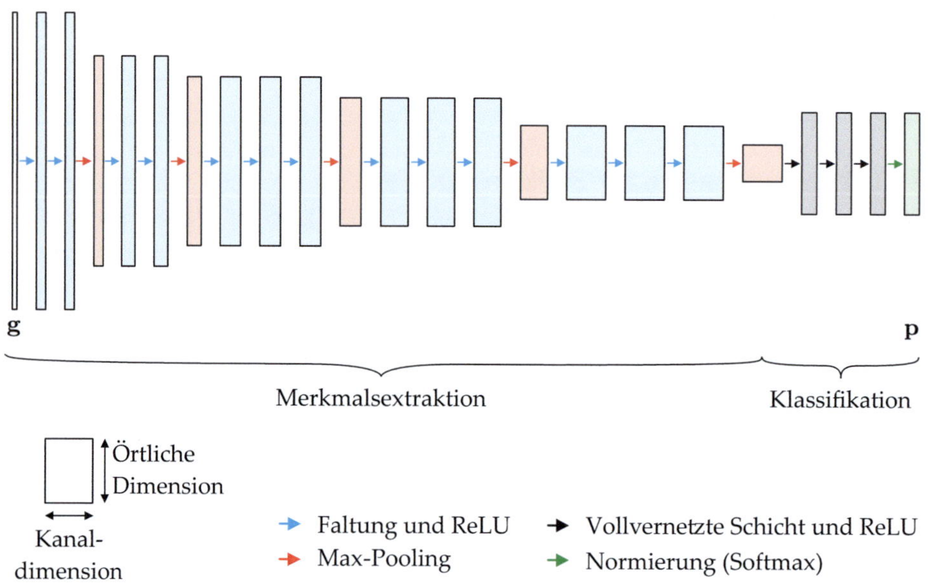

Abbildung 9.10. Netzwerkarchitektur des unter dem Kürzel VGG (*Visual Geometry Group*) bekannten Faltungsnetzes zur Bildklassifikation [50]. Die Zwischenergebnisse sind entsprechend der vorausgegangenen Schicht eingefärbt.

Beim Training entsprechender Netze minimiert man in der Regel die sogenannte **Cross-entropy**

$$\ell_{\text{cross}} = -\log(p_i)\,, \tag{9.20}$$

wobei i dem Klassenindex der zugehörigen Grundwahrheit entspricht. Es wird also gefordert, dass der korrekten Klasse eine möglichst hohe Pseudowahrscheinlichkeit zugewiesen wird.

9.3.2 Residuale neuronale Netze

Residuale neuronale Netze (*residual nets*) nutzen spezielle Vorwärtsverbindungen (*skip connections*) bei denen in Form eines Bypasses eine oder mehrere Schichten umgangen werden [22]. Realisiert beispielsweise ein Block von Schichten den Operator $\mathcal{F}\{\mathrm{g}\}$, so wäre die Ausgabe der letzten Schicht aufgrund des Bypasses gegeben durch $\mathcal{F}\{\mathrm{g}\}+\mathrm{g}$ (siehe Abb. 9.11). Ist es zur Lösung einer gegebenen Aufgabe für das neuronale Netz vorteilhaft, eine Identitätsabbildung zu implementieren, muss im Gegensatz zu einer Architektur ohne Bypass nicht $\mathcal{F}\{\mathrm{g}\}=\mathrm{g}$ im Training gelernt werden, sondern lediglich die einfacherer Abbildung $\mathcal{F}\{\mathrm{g}\} \equiv \mathbf{0}$, sodass $\mathcal{F}\{\mathrm{g}\} + \mathrm{g} = \mathrm{g}$.

Residuale neuronale Netze haben dadurch den Vorteil, dass die Optimierung ihrer Parameter auch bei vielen Schichten zuverlässig durchgeführt werden kann. Das Konzept des Bypasses kommt beispielsweise bei der Störungsunterdrückung zum Einsatz (vgl. Abschn. 10.3.3).

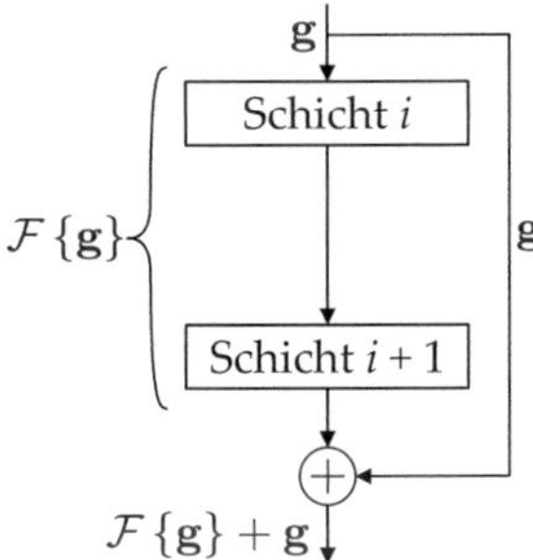

Abbildung 9.11.
Beispiel für eingefügten Bypass bei residualen neuronalen Netzen.

9.3.3 Encoder-/Decoder-Architekturen

Encoder sind spezielle Netzwerkarchitekturen, die Eingabebilder in eine bzgl. der benötigten Datenmenge effiziente, niedrigdimensionale Repräsentation überführen. Dabei bleiben die wesentlichen Bildstrukturen in kodierter Form erhalten und können durch einen **Decoder** wieder in das ursprüngliche Bildformat dekodiert werden. Der Encoder $\mathcal{E}$ verringert zur Kodierung der Eingabe g durch wiederholtes Anwenden von Faltungs- und Pooling-Schichten sowie nichtlinearen Aktivierungsfunktionen sukzessive die örtliche Auflösung und extrahiert dabei informationstragende Merkmale aus den Bilddaten. Die Repräsentation der Daten nach Anwendung des Encoders, $\mathcal{E}\{\mathrm{g}\} = \mathbf{z}$, wird häufig auch als latente Repräsentation bezeichnet. Basierend auf der Eingabe von $\mathbf{z}$ berechnet der Decoder $\mathcal{D}$ eine Rekonstruktion $\hat{\mathrm{g}} = \mathcal{D}\{\mathbf{z}\}$, die dem ursprünglichen Eingabebild g möglichst nahe kommen soll (siehe Abb. 9.12). Dazu wird, beispielsweise mittels transponierter Faltungsschichten, sukzessive die örtliche Auflösung erhöht, unter Verringerung der Kanaldimension, bis letztendlich wieder die Auflösung von g erreicht ist [14].

Encoder- und Decoder-Netze werden typischerweise gemeinsam, als dann sogenannte **Autoencoder**, optimiert. Dazu wird anhand einer Menge von Trainingsbildern $\mathcal{T}$ der mittlere quadratische Fehler (*mean squared error*) zwischen der Eingabe $\mathbf{g} \in \mathcal{T}$ und der Rekonstruktion $\hat{\mathbf{g}}$ minimiert:

$$\ell_{\mathrm{MSE}} = \frac{1}{|\mathcal{T}|} \sum_{\mathbf{g} \in \mathcal{T}} \|\mathbf{g} - \mathcal{D}\{\mathcal{E}\{\mathbf{g}\}\}\|_2^2 \,. \tag{9.21}$$

Die latente Repräsentation $\mathbf{z}$ kann beispielsweise zur Kompression der Datenmenge [6] oder zur Detektion von Abweichungen genutzt werden (vgl. Abschn. 14.5) [55].

Aufgrund von (9.21) kann der Autoencoder unüberwacht lernen, da für die Trainingsbilder keine Grundwahrheit benötigt wird. Autoencoder können zum (unüberwachten) Vortrainieren von Faltungsschichten (z. B. der Schichten zur Merkmalsextraktion in Abb. 9.10) genutzt werden. Nach Fertigstellung des Autoencoders ersetzt man den Decoder durch den vollvernetzten Teil des Zielnetzes und führt das Training mit annotierten Daten fort.

Autoencoder können auch zur Erzeugung synthetischer Daten ähnlich der Trainingsdaten genutzt werden. Dazu zieht man zufällige Vektoren $\mathbf{z}$ mit der Dimension der latenten Repräsentation und lässt sie vom Decoder in ein Ausgabebild transformieren [9].

9.3.4 U-Net-Architekturen für pixelweise Operationen

In vielen Aufgabenstellungen der Bildverarbeitung (z. B. der Bildrestauration und der Segmentierung) sind sowohl die Ein- als auch Ausgabedaten Bilder oder bildhafte Strukturen. Soll mit neuronalen Netzen eine entsprechende Operation realisiert werden, muss am Ausgang des Netzes wieder ein örtlich gleich oder ähnlich aufgelöstes Bild entstehen. Eine in entsprechenden Fällen häufig einge-

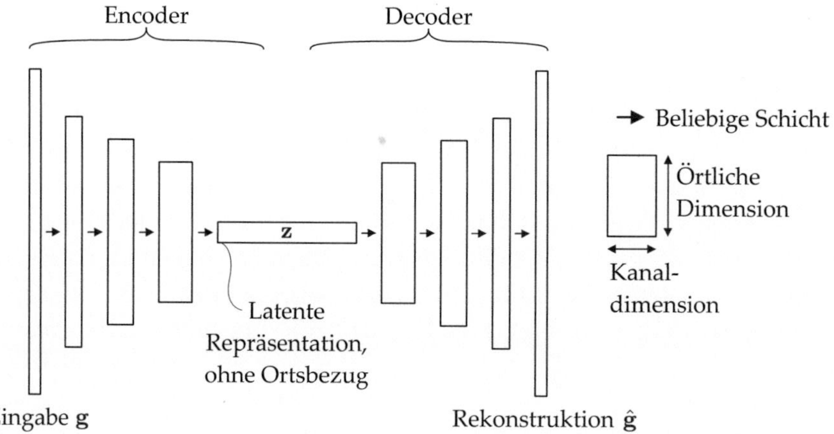

Abbildung 9.12. Netzwerkarchitektur basierend auf dem Autoencoder-Schema.

setzte Netzwerkarchitektur ist das sogenannte **U-Net**, dessen Name von seiner, dem Buchstaben U ähnelnden makroskopischen Erscheinung abgeleitet ist (siehe Abb. 9.13) [47].

U-Net-Architekturen bestehen im Wesentlichen aus einem Unterabtastungspfad und einem anschließenden Interpolationspfad. Zusätzlich sind Zwischenergebnisse gleicher örtlicher Auflösung der beiden Pfade mit Bypässen verknüpft. Die Auflösungsreduzierung erfolgt durch wiederholtes Anwenden von Faltungsschichten, nichtlinearen Schichten (meistens mit ReLU-Aktivierungsfunktion) und Max-Pooling-Schichten. Während die örtliche Auflösung sinkt, steigt die Kanaldimension schrittweise an. Zur Erhöhung der Auflösung wird auf jeder Stufe des Interpolationspfades das entsprechende Zwischenergebnis des Unterabtastungspfades in Form zusätzlicher Kanäle hinzugezogen (durch Konkatenation entlang der Kanaldimension), mittels Faltungsschichten und nichtlinearen Aktivierungsfunktionen weiterverarbeitet und dann durch transponierte Faltungsschichten auf die nächste Auflösungsstufe gehoben. Auf der höchsten Auflösungsstufe wird anstelle der abschließenden transponierten Faltungsschicht eine spezielle Faltungsschicht mit Filtermasken der Größe 1×1 angewandt, um die Kanaldimension an die der ursprünglichen Eingabe anzupassen.

Um U-Net-Architekturen für ein konkretes Problem einsetzen zu können, muss die gesamte Netzwerkstruktur an die Auflösung der Eingabebilder angepasst werden. Entsprechende Softwarebibliotheken bieten die dafür notwendige Funktionalität [27, 28].

9.3.5 Diffusionsmodelle

Diffusionsmodelle stellen eine weitere für die automatische Sichtprüfung relevante Klasse von neuronalen Netzwerkarchitekturen dar. Sie können einerseits wie Generative adversarial networks und Autoencoder (vgl. Abschn. 9.2.3.2 und Abschn. 9.3.3) zur Erzeugung künstlicher Daten genutzt werden und andererseits zur Entrauschung von Bildern eingesetzt werden (vgl. Abschn. 10.3.3). Abbildung 9.14 zeigt den grundlegenden Aufbau eines Vertreters dieser Modelle [46]. Bei diesen sogenannten latenten Diffusionsmodellen werden beim Training die Eingabebilder $\mathbf{g}$ zuerst mittels des Encoders $\mathcal{E}$ eines vortrainierten Autoencoders in eine latente Repräsentation $\mathbf{z}_1$ überführt. Diese wird sukzessive durch wiederholte Addition von normalverteiltem Rauschen $\mathbf{n}_i, i \in \{1, \ldots, T\}$ gestört (oberer Pfad in Abb. 9.14). Durch mehrfaches Anwenden von entsprechenden Rekonstruktionsnetzwerken (z. B. U-Nets, vgl. Abschn. 9.3.4) wird in mehreren Zwischenschritten $\hat{\mathbf{z}}_i, i \in \{T, \ldots, 1\}$ das Rauschen iterativ entfernt bis zur abschließenden Transformation in die ursprüngliche Repräsentation $\hat{\mathbf{g}}$ durch den Decoder $\mathcal{D}$ des genutzten Autoencoders (unterer Pfad in Abb. 9.14). Beim Training wird der mittlere quadratische Fehler zwischen der Eingabe $\mathbf{g}$ und der Ausga-

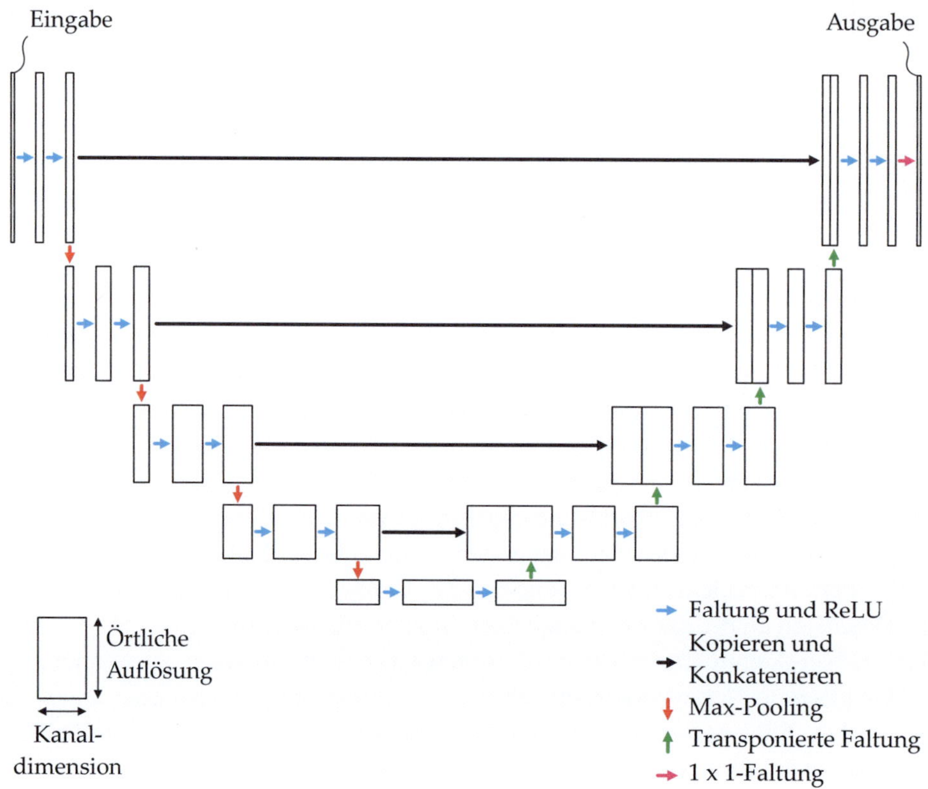

Abbildung 9.13. Die U-Net-Netzwerkarchitektur.

be $\hat{\mathbf{g}}$ und zwischen den Teilergebnissen $\mathbf{z}_i$ auf dem Bildverschlechterungs- und $\hat{\mathbf{z}}_i, i \in \{1, \ldots, T\}$ auf dem Entrauschungspfad minimiert. Die Komplexität des Trainings wird reduziert durch die Nutzung von U-Net-Instanzen, die sich ihre Parameter teilen und durch die Dimensionsreduktion des umschließenden Autoencoders.

Beim Anwenden der Diffusionsmodelle zur Bildsynthese wird lediglich der Entrauschungspfad verwendet (siehe Abb. 9.15) und zufälliges Rauschen als Eingabe genutzt. Da es bezüglich der Ergebnisse jedes Entrauschungsschritts $\hat{\mathbf{z}}_i$ insbesondere bei den ersten Iterationen potenziell mehrere Lösungen gibt, die zu den jeweiligen Eingangsdaten $\hat{\mathbf{z}}_{i+1}$ passen, kann das Entrauschungsproblem durch Einbringen einer Zusatzinformation regularisiert werden. Die U-Nets favorisieren damit gewissermaßen ein gewünschtes Ergebnisbild. Die Zusatzinformation kann beispielsweise in Textform vom Benutzer eingegeben werden und wird dann durch eine geeignete Vorverarbeitung in die U-Nets integriert [46].

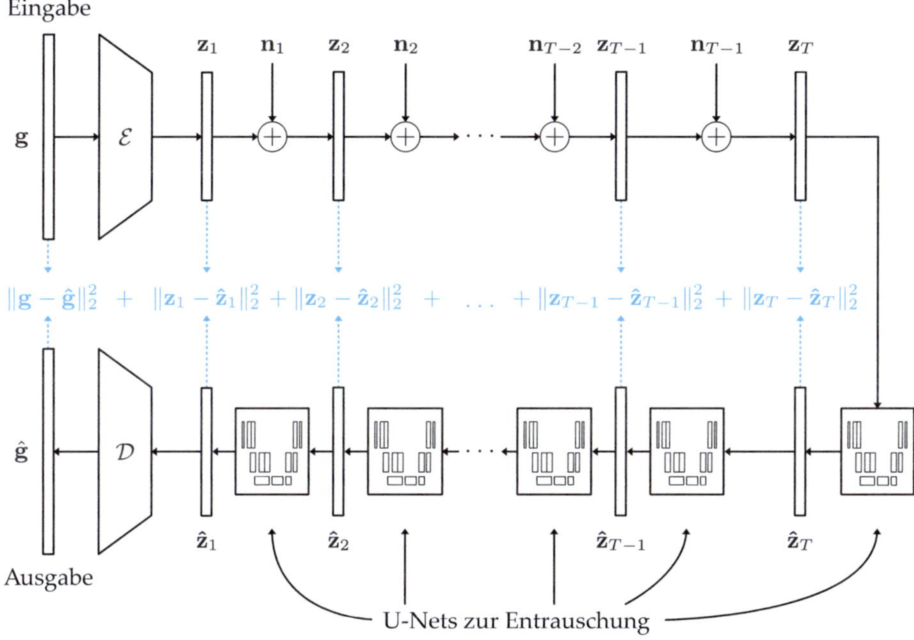

Abbildung 9.14. Netzwerkarchitektur eines latenten Diffusionsmodells: Im Training minimiert man den mittleren quadratischen Fehler (blau gekennzeichnet) sowohl zwischen der Eingabe $\mathbf{g}$ und der Ausgabe $\hat{\mathbf{g}}$ des Gesamtnetzwerks als auch zwischen den jeweils korrespondierenden Schritten $\mathbf{z}_i$ der sukzessiven Störung und $\hat{\mathbf{z}}_i, i \in \{1, \ldots, T\}$ der nachfolgenden Entrauschungsstufen.

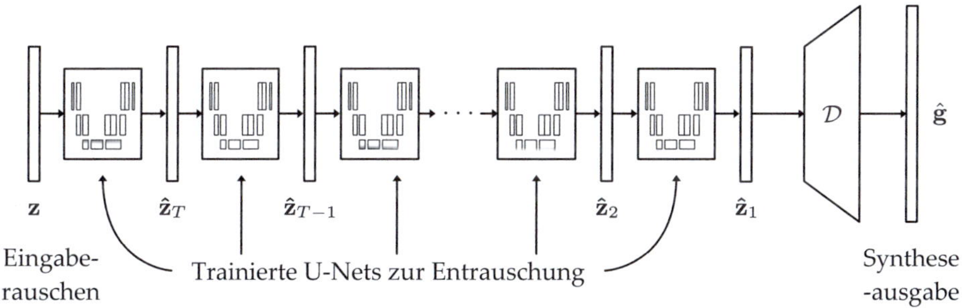

Abbildung 9.15. Bei der Bildsynthese mittels Diffusionsmodellen dient eine zufällig gewählte Rauschinstanz $\mathbf{z}$ als Eingabe für den zuvor trainierten Entrauschungspfad. Das letzte Zwischenergebnis $\hat{\mathbf{z}}_1$ der U-Net-Kaskade wird durch den Decoder $\mathcal{D}$ letztendlich in die Syntheseausgabe $\hat{\mathbf{g}}$ überführt.

9.4 Literatur

[1] Mathias Anneken, Manjunatha Veerappa, Marco F. Huber, Christian Kühnert, Felix Kronenwett und Georg Maier. Explainable AI for sensor-based sorting systems. *tm – Technisches Messen*, 90(3):154–165, 2023.

[2] Sebastian Bach, Alexander Binder, Grégoire Montavon, Frederick Klauschen, Klaus-Robert Müller und Wojciech Samek. On Pixel-Wise Explanations for Non-Linear Classifier Decisions by Layer-Wise Relevance Propagation. *PLOS ONE*, 10(7):e0130140, 2015.

[3] Alejandro Barredo Arrieta, Natalia Díaz-Rodríguez, Javier Del Ser, Adrien Bennetot, Siham Tabik, Alberto Barbado, Salvador Garcia, Sergio Gil-Lopez, Daniel Molina, Richard Benjamins, Raja Chatila und Francisco Herrera. Explainable Artificial Intelligence (XAI): Concepts, Taxonomies, Opportunities and Challenges toward Responsible AI. *Information Fusion*, 58:82–115, 2020.

[4] Michael Bartholomew-Biggs, Steven Brown, Bruce Christianson und Laurence Dixon. Automatic differentiation of algorithms. *Journal of Computational and Applied Mathematics*, 124(1-2):171–190, 2000.

[5] Jürgen Braun und Michael Griebel. On a Constructive Proof of Kolmogorov's Superposition Theorem. *Constructive Approximation*, 30(3):653–675, Dezember 2009.

[6] Benoit Brummer und Christophe De Vleeschouwer. End-to-end optimized image compression with competition of prior distributions. In *2021 IEEE/CVF Conference on Computer Vision and Pattern Recognition Workshops (CVPRW)*, Seiten 1890–1894. IEEE, Juni 2021.

[7] Fabio Cermelli, Dario Fontanel, Antonio Tavera, Marco Ciccone und Barbara Caputo. Incremental Learning in Semantic Segmentation from Image Labels. In *Proceedings of the IEEE/CVF International Conference on Computer Vision (ICCV)*, Seiten 4371–4381, 2022.

[8] Zixuan Chen, Zewei He und Zhe-Ming Lu. DEA-Net: Single Image Dehazing Based on Detail-Enhanced Convolution and Content-Guided Attention. *IEEE Transactions on Image Processing*, 33:1002–1015, 2024.

[9] Lucas Pinheiro Cinelli, Matheus Araújo Marins, Eduardo Antônio Barros da Silva und Sergio L. Netto. *Variational methods for machine learning with applications to deep networks*. Springer, 2021.

[10] Dan Cireşan, Ueli Meier, Jonathan Masci und Jürgen Schmidhuber. A Committee of Neural Networks for Traffic Sign Classification. In *Proceedings of International Joint Conference on Neural Networks*, Seiten 1918–1921, 2011.

[11] Jia Deng, Wei Dong, Richard Socher, Li-Jia Li, Kai Li und Li Fei-Fei. ImageNet: A Large-Scale Hierarchical Image Database. In *IEEE Conference on Computer Vision and Pattern Recognition (CVPR)*, Seiten 248–255, 2009.

[12] Xinghui Dong, Christopher J. Taylor und Tim F. Cootes. Defect Detection and Classification by Training a Generic Convolutional Neural Network Encoder. *IEEE Transactions on Signal Processing*, 68:6055–6069, 2020.

[13] Thomas Elsken, Jan Hendrik Metzen und Frank Hutter. Neural Architecture Search: A Survey. *Journal of Machine Learning Research*, 20(55):1–21, 2019.

[14] Ian Goodfellow, Yoshua Bengio und Aaron Courville. *Deep Learning*. Adaptive computation and machine learning. The MIT Press, Cambridge, Massachusetts, 2016.

[15] Ian Goodfellow, Jean Pouget-Abadie, Mehdi Mirza, Bing Xu, David Warde-Farley, Sherjil Ozair, Aaron Courville und Yoshua Bengio. Generative Adversarial Networks. *Communications of the ACM*, 63(11):139–144, 2020.

[16] Alex Graves, Marcus Liwicki, Santiago Fernández, Roman Bertolami, Horst Bunke und Jürgen Schmidhuber. A Novel Connectionist System for Improved Unconstrained Handwriting Recognition. *IEEE Transactions on Pattern Analysis and Machine Intelligence*, 31(5):855–868, 2009.

[17] Jie Gui, Xiaofeng Cong, Yuan Cao, Wenqi Ren, Jun Zhang, Jing Zhang und Dacheng Tao. A Comprehensive Survey on Image Dehazing Based on Deep Learning. In *Proceedings of the Thirtieth International Joint Conference on Artificial Intelligence*, Seiten 4426–4433, Montreal, Canada, August 2021.

[18] Karim Guirguis, George Eskandar, Mingyang Wang, Matthias Kayser, Eduardo Monari, Bin Yang und Jürgen Beyerer. Uncertainty-based Forgetting Mitigation for Generalized Few-Shot Object Detection. In *Proceedings of the IEEE/CVF Conference on Computer Vision and Pattern Recognition (CVPR) Workshops*, Seiten 2586–2595, 2024.

[19] Karim Guirguis, Ahmed Hendawy, George Eskandar, Mohamed Abdelsamad, Matthias Kayser und Jürgen Beyerer. CFA: Constraint-based Finetuning Approach for Generalized Few-Shot Object Detection. In *Proceedings of the IEEE/CVF Conference on Computer Vision and Pattern Recognition (CVPR) Workshops*, Seiten 4039–4049, 2022.

[20] Karthik S. Gurumoorthy, Amit Dhurandhar, Guillermo Cecchi und Charu Aggarwal. Efficient Data Representation by Selecting Prototypes with Importance Weights. In *IEEE International Conference on Data Mining (ICDM)*, Seiten 260–269, 2019.

[21] Matthias Haselmann und Dieter P. Gruber. Pixel-Wise Defect Detection by CNNs without Manually Labeled Training Data. *Applied Artificial Intelligence*, 33(6):548–566, 2019.

[22] Kaiming He, Xiangyu Zhang, Shaoqing Ren und Jian Sun. Deep Residual Learning for Image Recognition. In *2016 IEEE Conference on Computer Vision and Pattern Recognition (CVPR)*, Seiten 770–778. IEEE, Juni 2016.

[23] Nina F. Heide, Alexander Albrecht und Michael Heizmann. A Step towards Explainable Artificial Neural Networks in Image Processing by Dataset Assessment. In *Forum Bildverarbeitung 2020*, Seiten 291–303, 2020.

[24] Dan Hendrycks, Norman Mu, Ekin D. Cubuk, Barret Zoph, Justin Gilmer und Balaji Lakshminarayanan. AugMix: A Simple Data Processing Method to Improve Robustness and Uncertainty. In *International Conference on Learning Representations*, 2020.

[25] Judy Hoffman, Eric Tzeng, Taesung Park, Jun-Yan Zhu, Phillip Isola, Kate Saenko, Alexei A. Efros und Trevor Darrell. CyCADA: Cycle-Consistent Adversarial Domain Adaptation. In *Proceedings of the 35th International Conference on Machine Learning*, Seiten 1989–1998, 2018.

[26] Kurt Hornik, Maxwell Stinchcombe und Halbert White. Multilayer feedforward networks are universal approximators. *Neural Networks*, 2(5):359–366, Januar 1989.

[27] Jeremy Howard und Sylvain Gugger. *Deep Learning for Coders with fastai and PyTorch*. O'Reilly Media, 2020.

[28] Jeremy Howard und Sylvain Gugger. Fastai: A Layered API for Deep Learning. *Information*, 11(2):108, Februar 2020.

[29] Carlo Innamorati, Tobias Ritschel, Tim Weyrich und Niloy J. Mitra. Learning on the Edge: Investigating Boundary Filters in CNNs. *International Journal of Computer Vision*, 128(4):773–782, April 2020.

[30] Sergey Ioffe und Christian Szegedy. Batch Normalization: Accelerating Deep Network Training by Reducing Internal Covariate Shift. In *Proceedings of the 32nd International Conference on Machine Learning - Volume 37*, ICML'15, Seiten 448–456, 2015.

[31] Phillip Isola, Jun-Yan Zhu, Tinghui Zhou und Alexei A. Efros. Image-to-Image Translation with Conditional Adversarial Networks. In *Proceedings of the IEEE/CVF International Conference on Computer Vision (ICCV)*, Seiten 1125–1134, 2017.

[32] Saksham Jain, Gautam Seth, Arpit Paruthi, Umang Soni und Girish Kumar. Synthetic data augmentation for surface defect detection and classification using deep learning. *Journal of Intelligent Manufacturing*, 33:1007–1020, 2022.

[33] Tobias Kalb, Masoud Roschani, Miriam Ruf und Jürgen Beyerer. Continual Learning for Class- and Domain-Incremental Semantic Segmentation. In *Proc. IEEE Intelligent Vehicles Symposium*, Seiten 1345–1351, 2021.

[34] Tero Karras, Samuli Laine und Timo Aila. A Style-Based Generator Architecture for Generative Adversarial Networks. In *Proceedings of the IEEE/CVF Conference on Computer Vision and Pattern Recognition (CVPR)*, Seiten 4401–4410, 2019.

[35] Diederik P. Kingma und Jimmy Ba. Adam: A Method for Stochastic Optimization. *Proceedings of the 3rd International Conference on Learning Representations (ICLR)*, 2017.

[36] Alex Krizhevsky, Ilya Sutskever und Geoffrey E. Hinton. ImageNet Classification with Deep Convolutional Neural Networks. *Communications of the ACM*, 60(6):84–90, 2017.

[37] Jiayi Ma, Han Xu, Junjun Jiang, Xiaoguang Mei und Xiao-Ping Zhang. DDcGAN: A Dual-Discriminator Conditional Generative Adversarial Network for Multi-Resolution Image Fusion. *IEEE Transactions on Image Processing*, 29:4980–4995, 2020.

[38] Senthil Mani, Anush Sankaran, Srikanth Tamilselvam und Akshay Sethi. Coverage Testing of Deep Learning Models using Dataset Characterization. arXiv Preprint 1911.07309, 2019.

[39] Xudong Mao, Qing Li, Haoran Xie, Raymond Y.K. Lau, Zhen Wang und Stephen Paul Smolley. Least Squares Generative Adversarial Networks. In *Proceedings of the IEEE/CVF International Conference on Computer Vision (ICCV)*, Seiten 2794–2802, 2017.

[40] Andrea Maracani, Umberto Michieli, Marco Toldo und Pietro Zanuttigh. RECALL: Replay-based Continual Learning in Semantic Segmentation. In *Proceedings of the IEEE/CVF International Conference on Computer Vision (ICCV)*, Seiten 7026–7035, 2021.

[41] Warren S. McCulloch und Walter Pitts. A logical calculus of the ideas immanent in nervous activity. *The Bulletin of Mathematical Biophysics*, 5(4):115–133, Dezember 1943.

[42] Samuel G. Müller und Frank Hutter. TrivialAugment: Tuning-Free Yet State-of-the-Art Data Augmentation. In *Proceedings of the IEEE/CVF International Conference on Computer Vision (ICCV)*, Seiten 774–782, 2021.

[43] Maxime Oquab, Leon Bottou, Ivan Laptev und Josef Sivic. Learning and Transferring Mid-Level Image Representations using Convolutional Neural Networks. In *Proceedings of the IEEE Conference on Computer Vision and Pattern Recognition (CVPR)*, Seiten 1717–1724, 2014.

[44] Adam Paszke, Sam Gross, Francisco Massa, Adam Lerer, James Bradbury, Gregory Chanan, Trevor Killeen, Zeming Lin, Natalia Gimelshein, Luca Antiga, Alban Desmaison, Andreas Köpf, Edward Yang, Zach DeVito, Martin Raison, Alykhan Tejani, Sasank Chilamkurthy, Benoit Steiner, Lu Fang, Junjie Bai und Soumith Chintala. PyTorch: An Imperative Style, High-Performance Deep Learning Library. In *Proceedings of the 33rd International Conference on Neural Information Processing Systems*, Seiten 8026–8037, Red Hook, NY, USA, 2019. Curran Associates Inc.

[45] Max-Gerd Retzlaff, Johannes Hanika, Jürgen Beyerer und Carsten Dachsbacher. Physically based computer graphics for realistic image formation to simulate optical measurement systems. *Journal of Sensors and Sensor Systems*, 6:171–184, 2017.

[46] Robin Rombach, Andreas Blattmann, Dominik Lorenz, Patrick Esser und Björn Ommer. High-Resolution Image Synthesis with Latent Diffusion Models. In *2022 IEEE/CVF Conference on Computer Vision and Pattern Recognition (CVPR)*, Seiten 10674–10685. IEEE, 2022.

[47] Olaf Ronneberger, Philipp Fischer und Thomas Brox. U-Net: Convolutional Networks for Biomedical Image Segmentation. In *Medical Image Computing and Computer-Assisted Intervention – MICCAI 2015*, Bd. 9351 der Reihe *Lecture Notes in Computer Science*, Seiten 234–241. Springer International Publishing, 2015.

[48] Ole Schmedemann, Melvin Baaß, Daniel Schoepflin und Thorsten Schüppstuhl. Procedural synthetic training data generation for AI-based defect detection in industrial surface inspection. In *55th CIRP Conference on Manufacturing Systems, Procedia CIRP*, Bd. 107, Seiten 1101–1106, 2022.

[49] Ashish Shrivastava, Tomas Pfister, Oncel Tuzel, Josh Susskind, Wenda Wang und Russ Webb. Learning from Simulated and Unsupervised Images through Adversarial Training. In *Proceedings of the IEEE/CVF Conference on Computer Vision and Pattern Recognition (CVPR)*, Seiten 2107–2116, 2017.

[50] Karen Simonyan und Andrew Zisserman. Very Deep Convolutional Networks for Large-Scale Image Recognition. In Yoshua Bengio und Yann LeCun (Hrsg.), *3rd International Conference on Learning Representations, ICLR 2015, San Diego, CA, USA, May 7-9, 2015, Conference Track Proceedings*, 2015.

[51] Nitish Srivastava, Geoffrey Hinton, Alex Krizhevsky, Ilya Sutskever und Ruslan Salakhutdinov. Dropout: A Simple Way to Prevent Neural Networks from Overfitting. *Journal of Machine Learning Research*, 15:1929–1958, 2014.

[52] Antonio Torralba und Alexei A. Efros. Unbiased look at dataset bias. In *Proceedings of the Conference on Computer Vision and Pattern Recognition (CVPR)*, Seiten 1521–1528, 2011.

[53] Jure Žbontar und Yann LeCun. Stereo Matching by Training a Convolutional Neural Network to Compare Image Patches. *Journal of Machine Learning Research*, 17(65):1–32, 2016.

[54] Matthew D. Zeiler und Rob Fergus. Visualizing and Understanding Convolutional Networks. In *Computer Vision – ECCV 2014*, Bd. 8689 der Reihe *Lecture Notes in Computer Science*, Seite 818–833, 2014.

[55] Chong Zhou und Randy Paffenroth. Anomaly Detection with Robust Deep Autoencoders. In *Proceedings of the 23rd ACM SIGKDD International Conference on Knowledge Discovery and Data Mining*, Seiten 665–674. ACM, August 2017.

[56] Kun Zhou, Xiangxi Meng und Bo Cheng. Review of Stereo Matching Algorithms Based on Deep Learning. *Computational Intelligence and Neuroscience*, 2020(8562323), 2020.

[57] Barret Zoph, Golnaz Ghiasi, Tsung-Yi Lin, Yin Cui, Hanxiao Liu, Ekin D. Cubuk und Quoc V. Le. Rethinking Pre-training and Self-training. In *34th Conference on Neural Information Processing Systems*, Seiten 3833–3845, 2020.

[58] Chao Zuo, Jiaming Qian, Shijie Feng, Wei Yin, Yixuan Li, Pengfei Fan, Jing Han, Kemao Qian und Qian Chen. Deep learning in optical metrology: a review. *Light: Science & Applications*, 11(39), 2022.

10

Kapitel 10

Vorverarbeitung und Bildverbesserung

10

10 Vorverarbeitung und Bildverbesserung

10 Vorverarbeitung und Bildverbesserung

Wesentliche Ziele der Vorverarbeitung und Bildverbesserung sind

- die Gewinnung visuell aufschlussreicherer Bilder sowie
- eine Vereinfachung der nachfolgenden Signalverarbeitung – und damit der automatischen Bildauswertung.

Die im folgenden Abschnitt behandelten einfachen Bildverbesserungsmaßnahmen dienen vorrangig der Verbesserung des visuellen Eindrucks von Bildern. Abschnitt 10.2 stellt Methoden vor, um den Einfluss systematischer Störungen – etwa infolge einer unvollkommenen Beleuchtungs- oder Aufnahmetechnik – zu vermindern. Abschnitt 10.3 widmet sich schließlich der Unterdrückung zufälliger Störungen mit linearen und nichtlinearen Filtern. In Abschnitt 10.4 wird der Fall behandelt, dass mehrere Bilder über dieselbe Szene vorliegen und man diese per Transformation zur Deckung bringen möchte, um sie z. B. zum Zwecke der Bildverbesserung fusionieren zu können.

10.1 Einfache Bildverbesserungsmaßnahmen

10.1.1 Kontrasterhöhung durch Histogrammspreizung

Ziel der Kontrasterhöhung durch eine **Histogrammspreizung** ist es, die Bildwerte zu manipulieren, um den gesamten verfügbaren Wertebereich $[q_0, q_{K-1}]$ auszuschöpfen. Dies erfolgt durch eine lineare Streckung der Wahrscheinlichkeitsdichtefunktion

$$f_{\mathrm{g}}(g) = \sum_{i=0}^{K-1} P_i \, \delta(g - q_i) \tag{10.1}$$

der quantisierten Bildwerte, wobei die P_i die Wahrscheinlichkeiten der quantisierten Bildwerte q_i bezeichnen (vgl. Abb. 8.45). In der Praxis wird die Wahrscheinlichkeitsdichtefunktion $f_{\mathrm{g}}(g)$ der Bildwerte durch das sogenannte **Histogramm** geschätzt.

Definition 10.1: Histogramm

Das Histogramm eines skalaren Bildes g_{mn} ist folgendermaßen definiert:

$$\hat{P}_i = \frac{1}{MN} \sum_{m=0}^{M-1} \sum_{n=0}^{N-1} \delta_{g_{mn}}^{q_i} , \qquad i = 0, \ldots, K-1 , \tag{10.2}$$

J. Beyerer et al., *Automatische Sichtprüfung*,
https://doi.org/10.1007/978-3-662-69951-5_10

wobei

$$\delta_a^b := \begin{cases} 1 & \text{für } a = b \\ 0 & \text{für } a \neq b \end{cases} \tag{10.3}$$

das **Kronecker-Delta** bezeichnet. ◇

Die einzelnen Werte $\hat{P}_i$ des Histogramms dienen somit als Schätzwerte der diskreten Wahrscheinlichkeiten P_i der Bildwerte.

Die Histogrammspreizung erfolgt durch die folgende ortsinvariante Transformation der Bildwerte:

$$\gamma(g) = (g - g_{\min}) \frac{q_{K-1} - q_0}{g_{\max} - g_{\min}} + q_0 \tag{10.4}$$

mit $g, g_{\min}, g_{\max} \in \{q_0, \ldots, q_{K-1}\}$. Die Spannweite der transformierten Bildwerte ist durch $\gamma(g_{\min}) = q_0$ und $\gamma(g_{\max}) = q_{K-1}$ gegeben (vgl. Abb. 10.1). Bei der Transformation (10.4) ist zu beachten, dass i. Allg.

$$\gamma(g_i) \notin \{q_0, \ldots, q_{K-1}\} \tag{10.5}$$

gilt, weshalb in der Praxis diese Operation mit einer Rundung einhergeht, bei der dem Transformationsergebnis $\gamma(g_i)$ das nächstgelegene q_j zugewiesen wird.

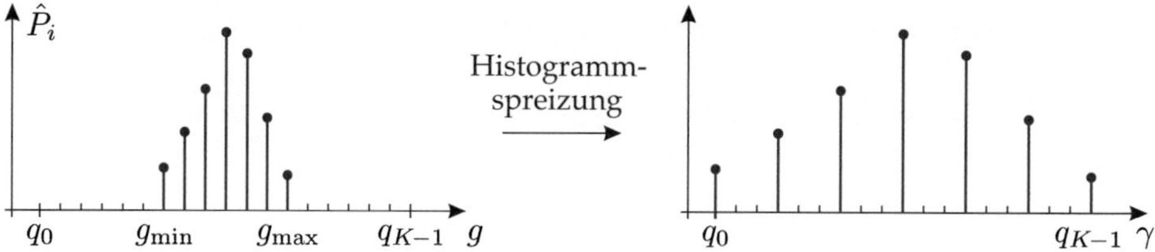

Abbildung 10.1. Histogrammspreizung.

Es sei noch angemerkt, dass die Histogrammspreizung sowohl den Mittelwert als auch die Streuung der Bildwertverteilung manipuliert – und damit die ersten beiden Momente der Wahrscheinlichkeitsdichtefunktion. Die Form der Wahrscheinlichkeitsdichtefunktion und mithin auch des Histogramms bleibt dabei unverändert.

Beispiel 10.1 (Histogrammspreizung): Als Beispiel zur Histogrammspreizung zeigt Abb. 10.2 das Bild eines Chips sowie das Ergebnis der Histogrammspreizung zusammen mit den zugehörigen Histogrammen. Obwohl bei der Histogrammspreizung die gleiche Anzahl an Grauwerten wie beim Original verwendet wird, um die Intensitäten aufzulösen, wirkt das Resultat wegen des höheren Kontrasts insgesamt detailreicher. ■

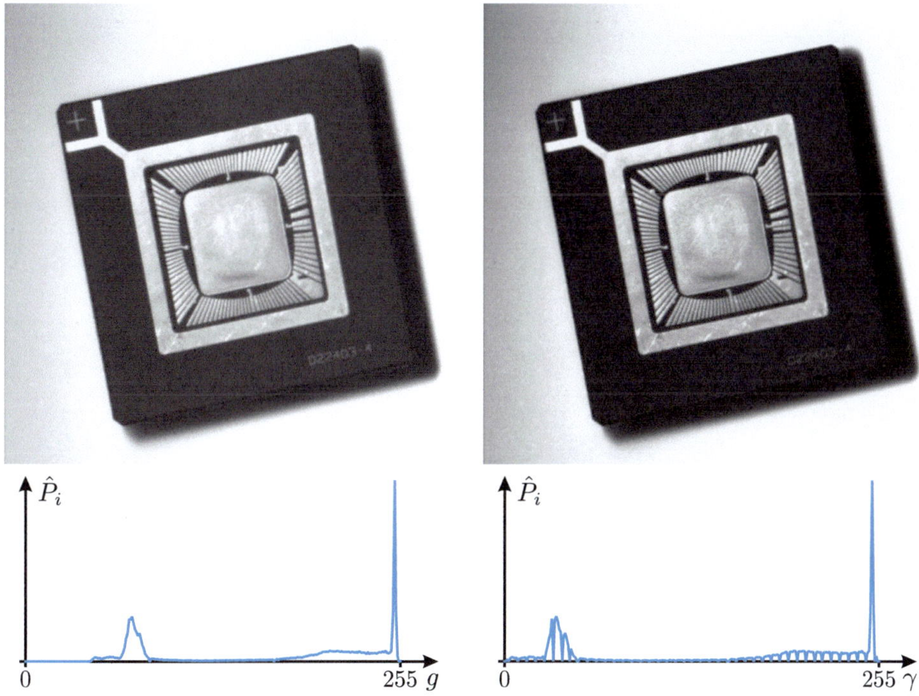

Abbildung 10.2. Beispiel zur Histogrammspreizung: (links) Original; (rechts) Ergebnis der Histogrammspreizung. Unten sind die zugehörigen Histogramme dargestellt.

10.1.2 Histogrammmanipulation

Bei der **Histogrammmanipulation** wird in der Regel ebenfalls eine Kontrasterhöhung angestrebt, wobei im Gegensatz zur Histogrammspreizung die Form des Zielhistogramms als „Wunschhistogramm" vorzugeben ist. Die resultierende Transformation $\mathcal{T}\{\,\cdot\,\}$ ist gedächtnislos, ortsinvariant und i. Allg. nichtlinear (Abb. 10.3).

$g \longrightarrow \boxed{\mathcal{T}\{\,\cdot\,\}} \longrightarrow \gamma(g)$

WDF $f_{\mathrm{g}}(g)$ Wunsch-WDF $f_{\gamma}(\gamma(g))$

Abbildung 10.3. Histogrammmanipulation.

Die Wahrscheinlichkeitsverteilung (kumulative Wahrscheinlichkeit) der zu transformierenden Bildwerte g ist gegeben durch:

$$F_{\mathrm{g}}(g) = \int_{-\infty}^{g} f_{\mathrm{g}}(\alpha)\,\mathrm{d}\alpha\,. \tag{10.6}$$

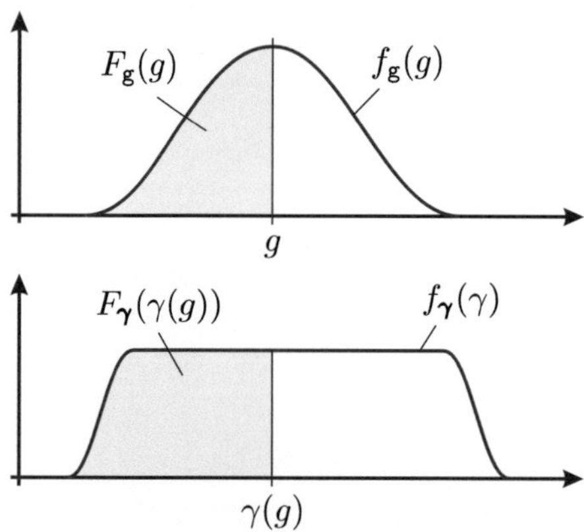

Abbildung 10.4. Wahrscheinlichkeitsverteilungen vor und nach der Histogrammmanipulation.

Sie bezeichnet die Wahrscheinlichkeit, dass ein Bildwert der Eingangsgröße $\leq g$ ist (Abb. 10.4 oben).

Infolge der Histogrammmanipulation ergeben sich transformierte Bildwerte $\gamma(g)$ mit der Wahrscheinlichkeitsverteilung

$$F_\gamma(\gamma(g)) = \int_{-\infty}^{\gamma(g)} f_\gamma(\beta)\,\mathrm{d}\beta\,, \tag{10.7}$$

welche entsprechend die Wahrscheinlichkeit beschreibt, dass ein Bildwert der Ausgangsgröße $\leq \gamma(g)$ ist (Abb. 10.4 unten).

Im Folgenden soll zunächst angenommen werden, dass die Bildwerte g kontinuierlich und die Wahrscheinlichkeitsverteilung $F_\gamma(\gamma)$ streng monoton wachsend seien. Folglich wählt man als Ansatz zur Bestimmung der Histogrammtransformation:

$$F_g(g) \stackrel{!}{=} F_\gamma(\gamma(g)) \qquad \Leftrightarrow \qquad \gamma(g) = F_\gamma^{-1}(F_g(g))\,. \tag{10.8}$$

Dabei sorgt die strenge Monotonie von $F_\gamma(\gamma)$ für den Erhalt der Ordnung der Bildwerte.

Der Ansatz (10.8) entspricht der Forderung, dass die Wahrscheinlichkeiten von Intervallen unter der Transformation $\mathcal{T}\{\,\cdot\,\}$ unverändert bleiben:

$$P([g_1, g_2]) = P([\gamma(g_1), \gamma(g_2)])\,. \tag{10.9}$$

Beispiel 10.2 (Histogrammegalisierung): Die **Histogrammegalisierung** zielt darauf ab, ein Bild zu erhalten, bei dem die Bildwerte gleichverteilt sind. Ausgangspunkt ist dabei die Wahrscheinlichkeitsverteilung $f_g(g)$ der Bildwerte, aus denen die gewünschte Wahrscheinlichkeitsdichtefunktion

$$f_{\mathsf{Y}}(\gamma) = c \cdot (H(\gamma - \gamma_{\min}) - H(\gamma - \gamma_{\max})) \tag{10.10}$$

erhalten werden soll, wobei $H(\gamma)$ die Heaviside-Funktion (8.18) bezeichnet. Durch Gleichsetzen der zugehörigen Wahrscheinlichkeitsverteilungen gemäß (10.8) ergibt sich:

$$F_{\mathsf{Y}}(\gamma(g)) = \int_{-\infty}^{\gamma(g)} f_{\mathsf{Y}}(\beta)\,\mathrm{d}\beta = c \cdot (\gamma(g) - \gamma_{\min}) \tag{10.11}$$

$$\stackrel{!}{=} F_{\mathsf{g}}(g) \qquad \text{für} \qquad \gamma \in [\gamma_{\min}, \gamma_{\max}] \tag{10.12}$$

$$\Rightarrow \quad \gamma(g) = c^{-1} \cdot F_{\mathsf{g}}(g) + \gamma_{\min}\,. \tag{10.13}$$

Abbildung 10.5 illustriert die Vorgehensweise zur Histogrammegalisierung.

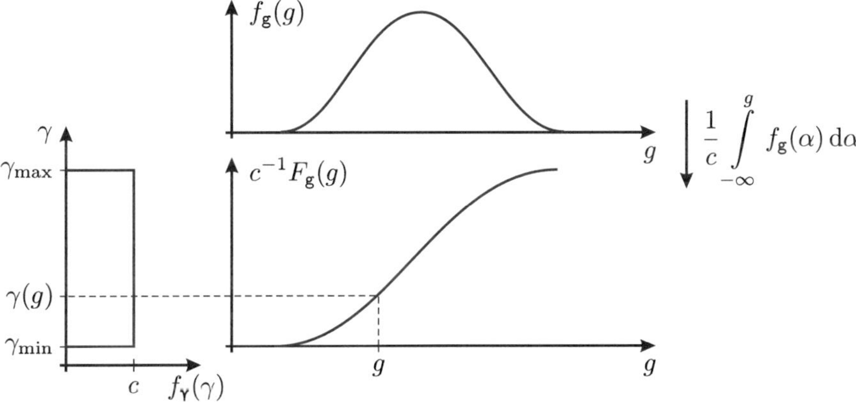

Abbildung 10.5. Histogrammegalisierung.

Abbildung 10.6 zeigt zwei Beispiele zur Histogrammegalisierung. Das oben links gezeigte Originalbild eines Chips weist zwei ausgeprägte Moden im Histogramm auf, die infolge der Histogrammegalisierung „verschmolzen" werden und in diesem Fall zu einem visuell unbefriedigenden Resultat führen.

Anders sieht es bei dem in Abb. 10.6 unten dargestellten Sonogramm aus. Das Histogramm des Originalbildes besitzt eine unimodale Verteilung, die sich im Bereich dunkler Grauwerte konzentriert. Durch die Egalisierung des Histogramms treten vor allem in dunklen Bildregionen neue Details hervor.

Dass die resultierenden Histogramme nicht gleichverteilt aussehen, liegt an der Diskretheit der Bildwerte. Tatsächlich werden in (10.8) ja auch nicht die Wahrscheinlichkeitsdichten bzw. die damit assoziierten Histogramme gleich-

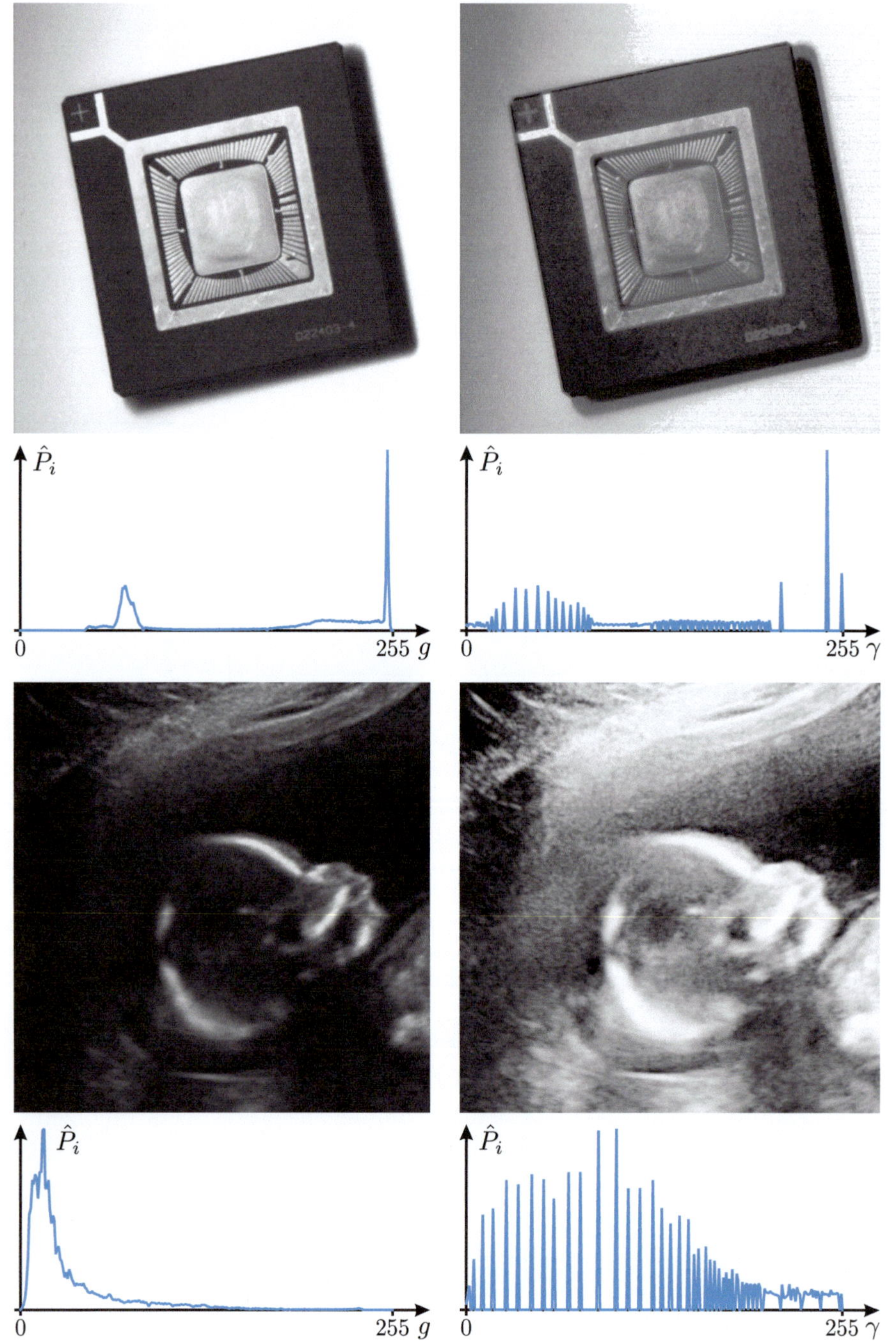

Abbildung 10.6. Beispiele zur Histogrammegalisierung: (links) Originale; (rechts) Ergebnisse der Histogrammegalisierung. Jeweils darunter sind die zugehörigen Histogramme dargestellt.

gesetzt, sondern die zugehörigen Wahrscheinlichkeitsverteilungen (kumulative Wahrscheinlichkeiten). ■

Bei der Histogrammmanipulation bei Vorgabe eines beliebigen Zielhistogrammes ist zu beachten, dass sich die Transformationskennlinie $F_{\mathsf{Y}}^{-1}(\,\cdot\,)$ gemäß (10.8) i. Allg. nicht explizit berechnen lässt. Ein rechnertauglicher Ansatz zur Lösung dieses Problems besteht in der Zuordnung von diskreten Bildwerten $\gamma(g) = q_i$, sodass $|F_{\mathsf{Y}}(q_i) - \hat{F}_{\mathsf{g}}(g)|$ minimal wird.

10.1.3 Pseudo- und Falschfarbendarstellung

Ziel der Pseudo- und der Falschfarbendarstellung ist es, durch die Verwendung von Farbe visuell aufschlussreichere Bilder zu generieren. Dies ist vor allem deswegen vorteilhaft, da das menschliche Auge wesentlich mehr Farbwerte als Grauwerte unterscheiden kann.

10.1.3.1 Pseudofarbendarstellung

Bei einer Pseudofarbendarstellung wird ein skalarwertiges Bild $g(\mathbf{x})$ – typischerweise ein Grauwertbild – mittels einer Bildwerttransformation der Form

$$g \quad \mapsto \quad \begin{pmatrix} \mathrm{Rot}(g) \\ \mathrm{Grün}(g) \\ \mathrm{Blau}(g) \end{pmatrix} \tag{10.14}$$

in ein Farbbild überführt. Die Transformationskennlinien für die einzelnen Farbkanäle sind i. Allg. nichtlinear; darüber hinaus ist die Transformation wegen ihrer Unabhängigkeit vom Ort $\mathbf{x}$ gedächtnislos und ortsinvariant.

Beispiel 10.3 (Pseudofarbendarstellung): Als Beispiel einer Bildwerttransformation zur Pseudofarbendarstellung sei die in Abb. 10.7 veranschaulichte addi-

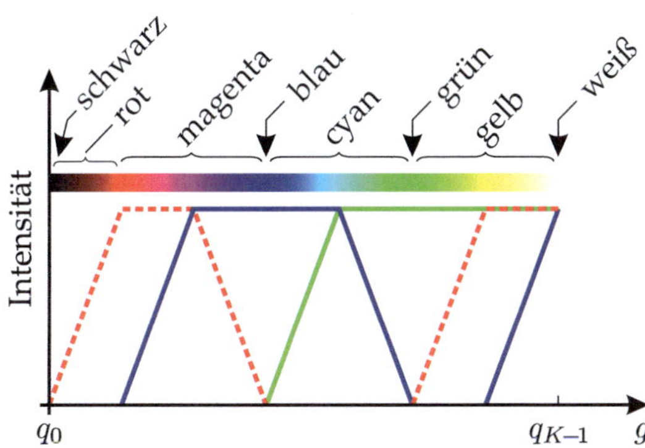

Abbildung 10.7. Bildwerttransformation zur Pseudofarbendarstellung.

tive Mischung der drei Farbkomponenten Rot(g), Grün(g) und Blau(g) gemäß (10.14) betrachtet. Mit dieser Darstellung lässt sich insbesondere die Problematik der relativen Wahrnehmung von Intensitäten lösen (vgl. Abb. 1.1), indem diese auf absolut erkennbare Farbtöne abgebildet werden.

Ein Beispiel der Anwendung der Pseudofarbendarstellung aus Abb. 10.7 ist in Abb. 10.8 zu sehen. Obwohl im resultierenden Farbbild manche Details schlechter als im Original erkennbar sind, lässt diese Darstellung eine weitaus bessere Interpretation der absoluten Intensitäten zu. ■

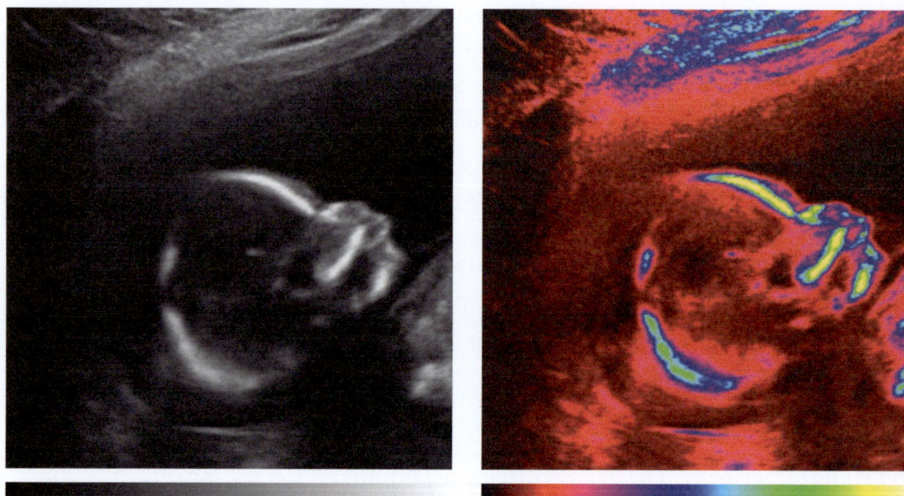

Abbildung 10.8. Beispiel zur Pseudofarbendarstellung: (links) Grauwertbild; (rechts) Pseudofarbendarstellung gemäß Abb. 10.7.

10.1.3.2 Falschfarbendarstellung

Anders als bei der Pseudofarbendarstellung wird bei der Falschfarbendarstellung von einem multikanaligen (d. h. vektorwertigen) Bild $\mathbf{g}(\mathbf{x})$ ausgegangen. Exemplarisch sei in diesem Kontext die multispektrale Bildserie aus Abb. 5.21 erwähnt. Bei der Falschfarbendarstellung erfolgt die vektorwertige Bildwerttransformation entsprechend

$$\mathbf{g} \in \mathbb{R}^Q \quad \mapsto \quad \begin{pmatrix} \text{Rot}(\mathbf{g}) \\ \text{Grün}(\mathbf{g}) \\ \text{Blau}(\mathbf{g}) \end{pmatrix}, \tag{10.15}$$

weshalb in diesem Fall i. Allg. ebenfalls eine nichtlineare, gedächtnislose und ortsinvariante Transformation erfolgt.

Mit den Beispielen 7.4 und 8.46 wurden bereits auf den Seiten 320 bzw. 605 im Kontext der Fusion multispektraler Bilder Beispiele zur Falschfarbendarstellung vorgestellt.

Beispiel 10.4 (Änderungsdetektion): Abbildung 10.9 zeigt eine weitere Anwendung der Falschfarbendarstellung. In einer zu zwei aufeinanderfolgenden Zeitpunkten t_1 und t_2 ($t_2 > t_1$) beobachteten Szene sollen Änderungen erkannt werden; die entsprechenden Grauwertaufnahmen seien $g_1(\mathbf{x})$ bzw. $g_2(\mathbf{x})$. Zur Hervorhebung der Änderungen in einem Falschfarbenbild können die RGB-Farbkanäle wie folgt definiert werden:

$$\gamma(\mathbf{x}) = \begin{pmatrix} g_2(\mathbf{x}) \\ g_1(\mathbf{x}) \\ g_1(\mathbf{x}) \end{pmatrix} =: \begin{pmatrix} r \\ g \\ b \end{pmatrix} . \tag{10.16}$$

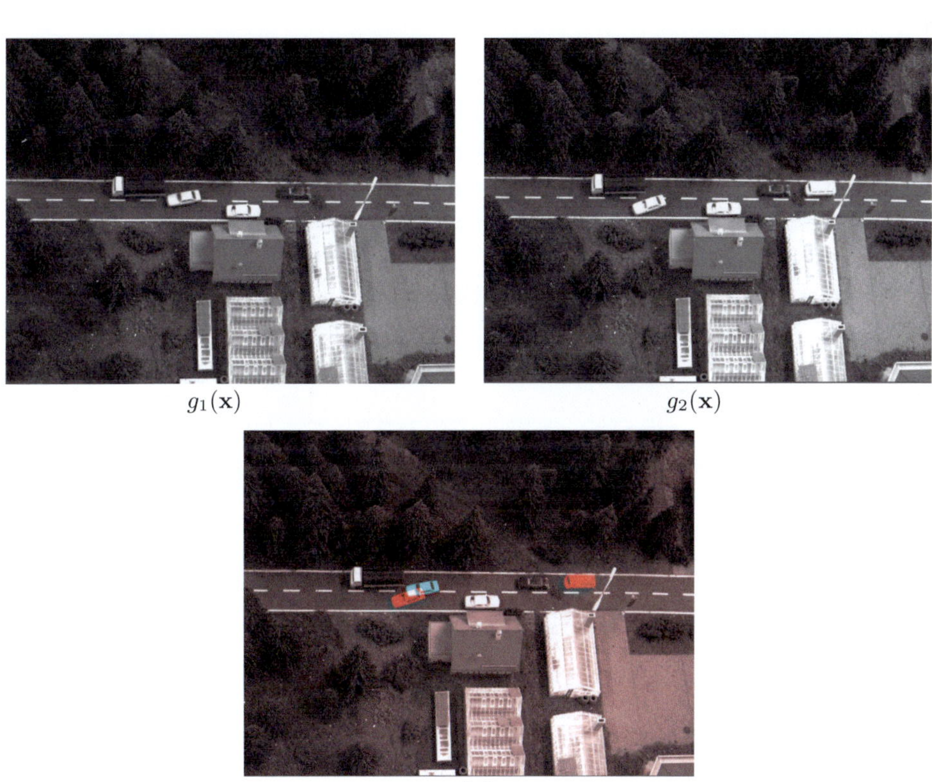

Abbildung 10.9. Falschfarbendarstellung zur Änderungsdetektion: (oben) zu zwei verschiedenen Zeitpunkten erfasste Grauwertbilder $g_1(\mathbf{x})$ und $g_2(\mathbf{x})$; (unten) Falschfarbendarstellung $\gamma(\mathbf{x})$ (der Blau- und der Grünkanal entsprechen $g_1(\mathbf{x})$; der Rotkanal entspricht $g_2(\mathbf{x})$).

Veränderungen von $g_2(\mathbf{x})$ gegenüber $g_1(\mathbf{x})$ treten dann in der Falschfarbendarstellung farblich hervor (vgl. Abb. 10.9 unten). ■

10.1.4 Bildverschärfung

Feine Bilddetails korrespondieren mit hohen Ortsfrequenzen. Durch eine Verstärkung höherer Ortsfrequenzen kann daher eine Verbesserung des visuellen Schärfeeindrucks eines Bildes erzielt werden. Allerdings geht diese Maßnahme mit einer gleichzeitigen Verstärkung hochfrequenter Störungen einher. Des Weiteren wird bei der **Bildverschärfung** gefordert, dass der mittlere Bildwert unverändert bleibt.

Beispiel 10.5 (Bildverschärfung): Abbildung 10.10 zeigt exemplarisch einen Signalflussplan zur Bildverschärfung. Zunächst wird das Eingangsbild $g(\mathbf{x})$ mit dem Tiefpassfilter

$$h(\mathbf{x}) \quad \circ\!\!-\!\!\bullet \quad H(\mathbf{f})\,, \qquad H(\mathbf{0}) = 1\,, \qquad H(\mathbf{f}) \xrightarrow[\|\mathbf{f}\| \to \infty]{} 0 \tag{10.17}$$

gefiltert und um den Faktor $\alpha \in [0,1)$ gedämpft; das Ergebnis wird dann vom Signal $g(\mathbf{x})$ abgezogen. Dadurch werden tieffrequente Signalanteile insgesamt gedämpft; hochfrequente Anteile bleiben dagegen unverändert. Anschließend erfolgt eine Multiplikation mit $(1-\alpha)^{-1} > 1$, die u. a. für einen unveränderten mittleren Bildwert sorgt.

Für die Übertragungsfunktion der Bildverschärfung ergibt sich:

$$V(\mathbf{f}) := \frac{\Gamma(\mathbf{f})}{G(\mathbf{f})} = \frac{1 - \alpha\, H(\mathbf{f})}{1-\alpha} \tag{10.18}$$

mit $\Gamma(\mathbf{f}) := \mathcal{F}\{\gamma(\mathbf{x})\}$ und $G(\mathbf{f}) := \mathcal{F}\{g(\mathbf{x})\}$. Für die Grenzfälle $\|\mathbf{f}\| \to 0$ und $\|\mathbf{f}\| \to \infty$ folgt daraus:

$$V(\mathbf{0}) = 1\,, \qquad V(\mathbf{f}) \xrightarrow[\|\mathbf{f}\| \to \infty]{} \frac{1}{1-\alpha} > 1\,. \tag{10.19}$$

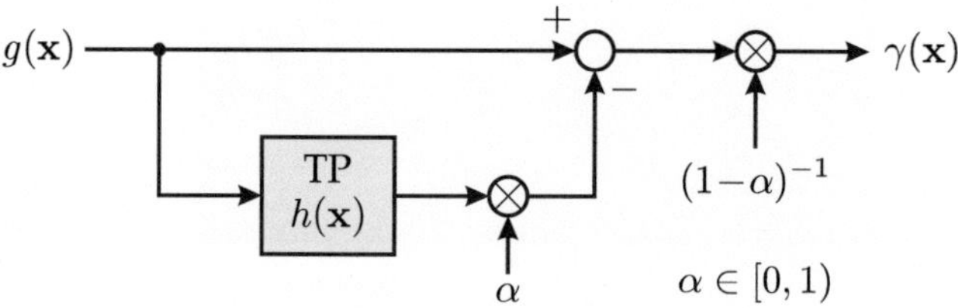

Abbildung 10.10. Signalflussplan zur Bildverschärfung.

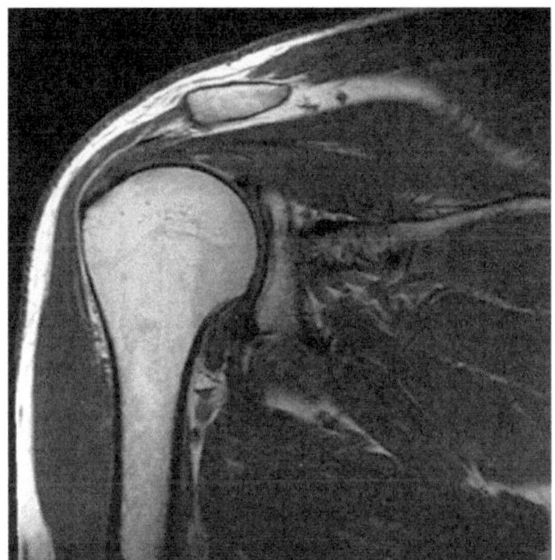
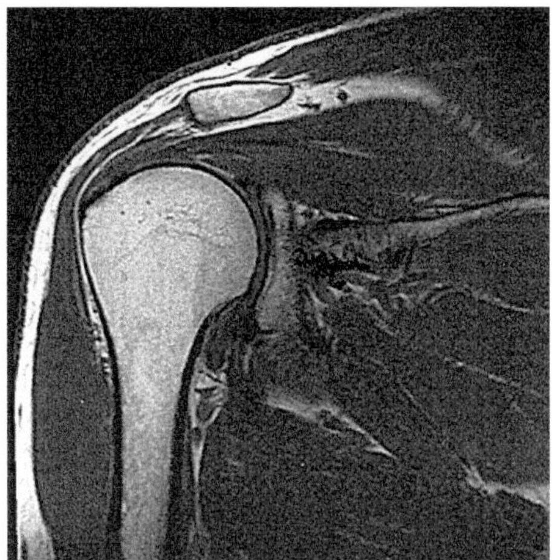

Abbildung 10.11. Beispiel zur Bildverschärfung: (links) MRT-Bild einer menschlichen Schulter; (rechts) Ergebnis der Bildverschärfung.

Abbildung 10.11 zeigt ein Beispiel zur Bildverschärfung. Als Tiefpass wurde ein Binomialfilter der Größe 11×11 herangezogen (vgl. Abschn. 10.3.1.1); der Faktor $\alpha = 0{,}75$ bewirkt eine Verstärkung hochfrequenter Anteile um den Faktor 4. Im Ergebnisbild lassen sich – trotz identischen Informationsgehalts – feine Details deutlich besser als im Original erkennen. Gleichzeitig geht mit der Bildverschärfung eine Rauschverstärkung einher. ■

10.2 Verminderung systematischer Störeinflüsse

Bei der Aufnahme von Bildern kommt es vielfach zu unerwünschten systematischen Störungen – z. B. bedingt durch Fehler der Abbildungsoptik, durch Beleuchtungsinhomogenitäten oder durch eine ortsabhängige Empfindlichkeit des verwendeten Sensors. Dieser Abschnitt behandelt Maßnahmen zur Unterdrückung derartiger Störeinflüsse. Dabei widmet sich Abschn. 10.2.1 der Korrektur geometrischer Verzerrungen, wohingegen in Abschn. 10.2.2 auf den Ausgleich von Inhomogenitäten der Bildintensitäten eingegangen wird.

10.2.1 Geometrische Entzerrung

Eine geometrische Verzerrung, wie sie beispielsweise infolge von Abbildungsfehlern (Abschn. 3.4.8) oder perspektivischen Verzerrungen (Abschn. 3.4.6) entstehen kann, wird im Folgenden durch den Operator $\mathcal{V}$ beschrieben. Dieser bildet gemäß Abb. 10.12 die lateralgeometrischen Objektkoordinaten $(\tilde{x}, \tilde{y})^{\mathrm{T}}$ i. Allg. nichtlinear

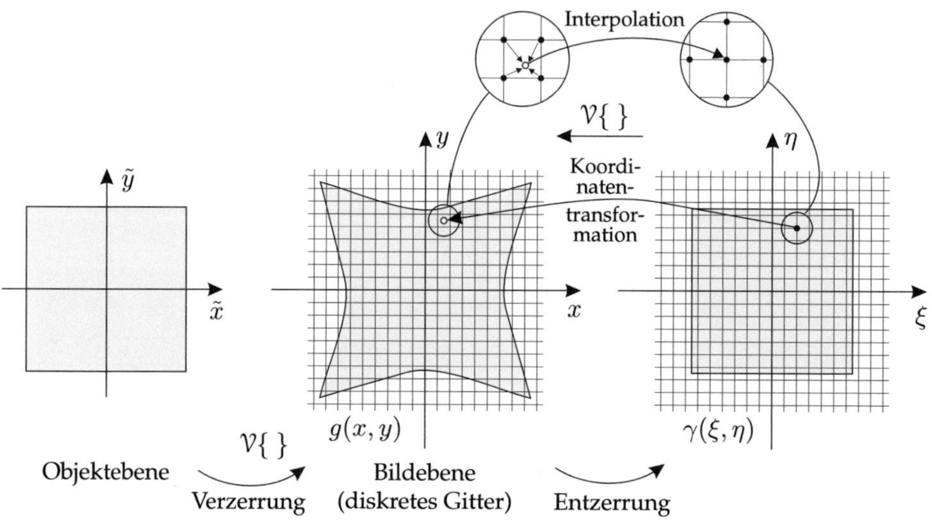

Abbildung 10.12. Illustration der geometrischen Entzerrung.

auf die Bildkoordinaten $(x, y)^{\mathrm{T}}$ ab:

$$\begin{pmatrix} x \\ y \end{pmatrix} = \mathcal{V}\left\{ \begin{pmatrix} \tilde{x} \\ \tilde{y} \end{pmatrix} \right\} . \tag{10.20}$$

Ist die Abbildung $\mathcal{V}$ bekannt, so kann eine **geometrische Entzerrung** des Bildes $g(x, y)$ vorgenommen werden. Dafür wird von den regelmäßig angeordneten diskreten Bildkoordinaten $(\xi, \eta)^{\mathrm{T}}$ des entzerrten Bildes $\gamma(\xi, \eta)$ ausgegangen, woraufhin die durch (10.20) indizierten Bildwerte $g(x, y)$ des verzerrten Bildes zu übernehmen sind: $\gamma(\xi, \eta) := g\big(\mathcal{V}\{(\xi, \eta)^{\mathrm{T}}\}\big)$. Allerdings liegen die durch (10.20) berechneten Koordinaten $(x, y)^{\mathrm{T}} = \mathcal{V}\{(\xi, \eta)^{\mathrm{T}}\}$ i. Allg. zwischen den Gitterpunkten der x, y-Ebene, weshalb die Bildwerte $g(x, y)$ zwischen den g_{mn} interpoliert werden müssen.

Für eine perfekte Rekonstruktion des kontinuierlichen Bildsignals $g(x, y)$ sollte entsprechend (8.204) bei Einhaltung der Abtastbedingung (8.203) ein ideales Interpolationsfilter mit der Impulsantwort

$$i_{\Omega_G}(\mathbf{x}) = \mathrm{sinc}\left(\frac{x}{\Delta x}\right) \mathrm{sinc}\left(\frac{y}{\Delta y}\right) \tag{10.21}$$

herangezogen werden. Dieses kann jedoch wegen der unendlich langen Impulsantwort nur näherungsweise und mit hohem Aufwand implementiert werden, weshalb in der Praxis Alternativen benötigt werden:

- Die **Nächster-Nachbar-Interpolation** (Interpolation 0. Ordnung) ordnet der zu interpolierenden Stützstelle $(x, y)^{\mathrm{T}}$ den nächstgelegenen Funktionswert des diskreten Signals g_{mn} zu. Zum Zwecke der Bildinterpolation ist sie jedoch meist zu schlecht.

- Die in Abschn. 10.2.1.1 vorgestellte **bilineare Interpolation** (Interpolation 1. Ordnung) ist in den meisten Fällen ausreichend, insbesondere wenn Überabtastung vorliegt.
- Alternativ kann ebenfalls eine Interpolation höherer Ordnung vorgenommen werden, wobei in diesem Zusammenhang die auf kubischen Splines basierende **bikubische Interpolation** (Interpolation 3. Ordnung) am häufigsten zum Einsatz kommt.

Beispiel 10.6 (Gezielte Verzerrung): In manchen Anwendungsfällen können geometrische Transformationen auch gezielt eingesetzt werden. Ein Beispiel einer praxisrelevanten geometrischen Verzerrung $\mathcal{V}$ ist die Polarkoordinatentransformation entsprechend

$$\begin{pmatrix} x \\ y \end{pmatrix} = \mathcal{V}\left\{\begin{pmatrix} r \\ \varphi \end{pmatrix}\right\} = \begin{pmatrix} r\,\cos\varphi \\ r\,\sin\varphi \end{pmatrix}; \tag{10.22}$$

siehe Abb. 10.13. Durch diese Transformation werden radial angeordnete Strukturen parallel angeordnet. Informationen auf konzentrischen Kreisen erscheinen nach der Abbildung auf horizontalen Geraden.

Exemplarisch sei der Einsatz der Polarkoordinatentransformation im Rahmen der effizienten Berechnung der Radon-Transformation erwähnt (Abschn. 15.3.1.3). Eine weitere Anwendung der Polarkoordinatentransformation wird im folgenden Beispiel gezeigt. ■

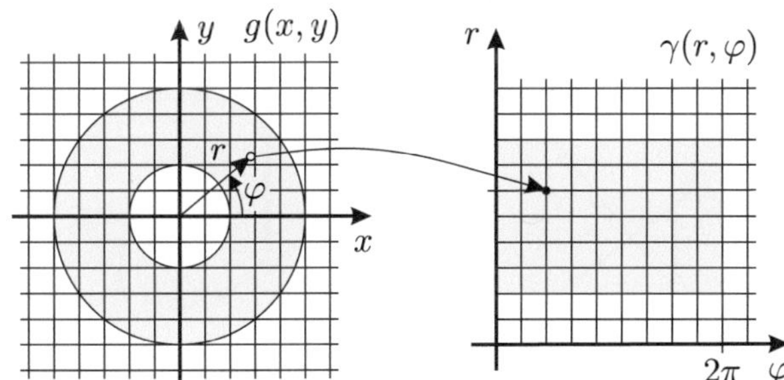

Abbildung 10.13. Polarkoordinatentransformation als gezielte Verzerrung $\mathcal{V}$.

Beispiel 10.7 (Detektion von Defekten an Bremsscheiben): Als weiteres Beispiel des Einsatzes einer gezielten Verzerrung sei die in Bsp. 1.4 vorgestellte Inspektion der Lüftungskanäle von Bremsscheiben erwähnt. Da im Ergebnis der Bildgewinnung Abb. 1.9(b) die Nutzinformation entlang eines schmalen Kreisringes enthalten ist, kann diese Nutzinformation mittels einer Polarkoordinatentransformation in ein streifenförmiges Bild konvertiert werden, welches u. a. eine ortsinvariante Untersuchung der Lüftungskanäle erlaubt; siehe Abb. 1.9(c). Weitere Details zum Verfahren finden sich in Bsp. 1.4 und Bsp. 7.9. ∎

10.2.1.1 Bilineare Interpolation

Bei der bilinearen Interpolation geht es darum, den Funktionswert $\hat{g}(x, y)$ an der Stelle $\mathbf{x} = (x, y)^{\mathrm{T}} \in \mathbb{R}^2$ mittels einer linearen Interpolation in zwei Dimensionen zu interpolieren, wobei i. Allg. $\mathbf{x} \notin \mathbb{Z}^2$ gilt; siehe Abb. 10.14. Der Einfachheit halber wird im Folgenden angenommen, dass das zu interpolierende Bildsignal an allen ganzzahligen Stützstellen gegeben ist und somit die Stützstellenweite

$$\Delta x = \Delta y := 1$$

beträgt. Die diskreten Signalwerte an den vier zu $\mathbf{x}$ benachbarten Stützstellen

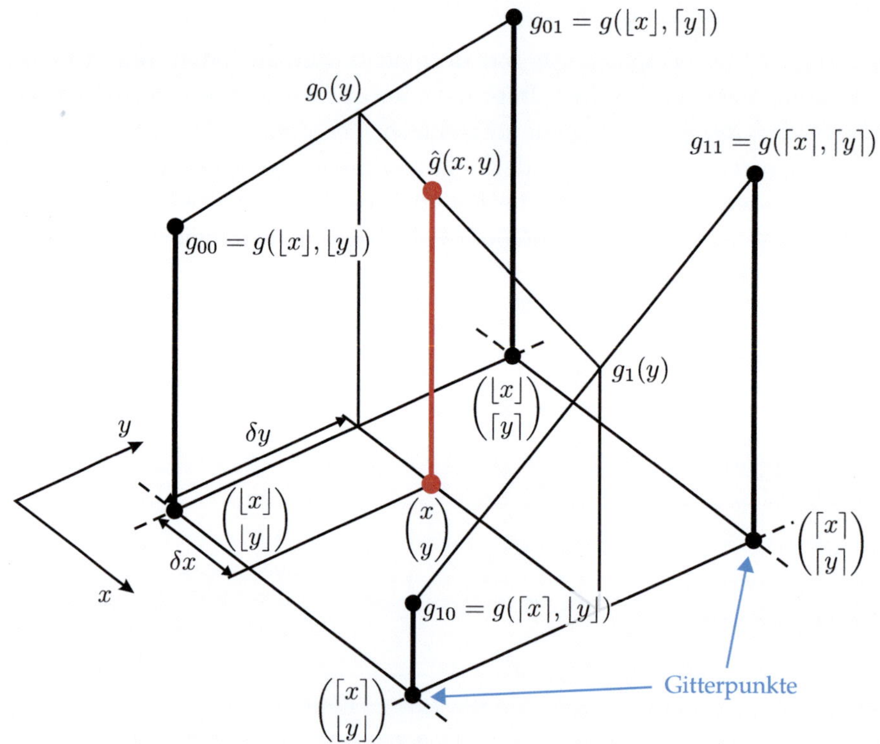

Abbildung 10.14. Bilineare Interpolation.

werden im Folgenden mit

$$g_{00} = g(\lfloor x \rfloor, \lfloor y \rfloor)\,, \tag{10.23}$$

$$g_{01} = g(\lfloor x \rfloor, \lceil y \rceil)\,, \tag{10.24}$$

$$g_{10} = g(\lceil x \rceil, \lfloor y \rfloor)\,, \tag{10.25}$$

$$g_{11} = g(\lceil x \rceil, \lceil y \rceil) \tag{10.26}$$

abgekürzt, wobei $\lfloor x \rfloor \in \mathbb{Z}$ die größte ganze Zahl kleiner gleich x und

$$\lceil x \rceil := \lfloor x \rfloor + 1 \;\in\; \mathbb{Z} \tag{10.27}$$

die kleinste ganze Zahl größer x bezeichnen. Schließlich sind mit

$$x = \lfloor x \rfloor + \delta x\,, \tag{10.28}$$

$$y = \lfloor y \rfloor + \delta y \tag{10.29}$$

die Abstände δx und δy zu $\lfloor x \rfloor$ bzw. $\lfloor y \rfloor$ gegeben. Damit lassen sich die Zwischenwerte

$$g_0(y) = (g_{01} - g_{00})\,\delta y + g_{00}\,, \tag{10.30}$$

$$g_1(y) = (g_{11} - g_{10})\,\delta y + g_{10} \tag{10.31}$$

linear in y-Richtung interpolieren und daraus durch erneute lineare Interpolation in x-Richtung

$$\hat{g}(\mathbf{x}) = \mathrm{Bilin}\{g(\mathbf{x})\} = (g_1(y) - g_0(y))\,\delta x + g_0(y) \tag{10.32}$$

der Funktionswert an der Stelle $\mathbf{x}$ schätzen, wobei der Operator $\mathrm{Bilin}\{\,\cdot\,\}$ die bilineare Interpolation bezeichnet. Die Differenz $\hat{g}(\mathbf{x}) - g(\mathbf{x})$ zwischen dem interpolierten Wert $\hat{g}(\mathbf{x})$ und dem wahren Wert $g(\mathbf{x})$ ist der Interpolationsfehler.

10.2.1.2 Systemtheoretische Deutung der Interpolation

Bei äquidistanten Stützstellen lässt sich die zu interpolierende Funktion $g_*(\mathbf{x})$ entsprechend (8.200) durch eine Multiplikation einer kontinuierlichen Funktion $g(\mathbf{x})$ mit einem zweidimensionalen Abtastraster ausdrücken:

$$g_*(\mathbf{x}) = \sum_{m=-\infty}^{\infty} \sum_{n=-\infty}^{\infty} g(m\Delta x, n\Delta y)\,\delta(\mathbf{x} - m\Delta x\,\mathbf{e}_x - n\Delta y\,\mathbf{e}_y)\,. \tag{10.33}$$

Bestimmte Interpolationen können als Faltung des diskreten Signals $g_*(\mathbf{x})$ mit einem linearen, verschiebungsinvarianten Interpolationsfilter mit der Impulsantwort $i(\mathbf{x})$ dargestellt werden:

$$\hat{g}(\mathbf{x}) = \left[\sum_{m=-\infty}^{\infty}\sum_{n=-\infty}^{\infty} g(m\Delta x, n\Delta y)\,\delta(\mathbf{x} - m\Delta x\,\mathbf{e}_x - n\Delta y\,\mathbf{e}_y)\right] ** \, i(\mathbf{x}) \quad (10.34)$$

$$\circ\!\!-\!\!\bullet$$

$$\hat{G}(\mathbf{f}) = \left[\frac{1}{\Delta x \Delta y}\sum_{k,l} G\left(\mathbf{f} - \frac{l}{\Delta x}\mathbf{e}_x - \frac{k}{\Delta y}\mathbf{e}_y\right)\right] \cdot I(\mathbf{f})\,. \quad (10.35)$$

Die zweidimensionale Faltung des Abtastsignals $g_*(\mathbf{x})$ mit der Interpolationsfunktion $i(\mathbf{x})$ geht dann im Frequenzbereich in eine Multiplikation des periodisch fortgesetzten Spektrums $G_*(\mathbf{f})$ mit der Übertragungsfunktion des Interpolationsfilters $I(\mathbf{f})$ über. Weist das Interpolationsfilter $I(\mathbf{f})$ eine geeignete Tiefpasscharakteristik auf und wurde ferner die Abtastbedingung (8.203) eingehalten, so kann durch die Multiplikation das kontinuierliche Signal rekonstruiert werden.

Tabelle 10.1 zeigt eine Übersicht einfacher Interpolationsverfahren zusammen mit ihrer jeweiligen Impulsantwort $i(\mathbf{x})$ und Übertragungsfunktion $I(\mathbf{f})$. Dabei ist die **Dreieckfunktion** wie folgt definiert:

$$\Lambda(x) := \mathrm{rect}(x) * \mathrm{rect}(x) = \begin{cases} 1 - |x| & \text{für } |x| < 1 \\ 0 & \text{sonst} \end{cases}\,. \quad (10.36)$$

Die Skalierung der Dreieckfunktion auf eine Breite von $2B$ ist gegeben durch:

$$\Lambda\left(\frac{x}{B}\right) = \frac{1}{B}\,\mathrm{rect}\left(\frac{x}{B}\right) * \mathrm{rect}\left(\frac{x}{B}\right) = \begin{cases} 1 - \left|\frac{x}{B}\right| & \text{für } |x| < B \\ 0 & \text{sonst} \end{cases}, \quad B > 0\,. \quad (10.37)$$

Tabelle 10.1. Vergleich von Interpolatoren.

Interpolation	$i(\mathbf{x})$	$I(\mathbf{f})$
Nächster Nachbar	$\mathrm{rect}\left(\frac{x}{\Delta x}\right)\mathrm{rect}\left(\frac{y}{\Delta y}\right)$	$\Delta x\,\Delta y\,\mathrm{sinc}(f_x\,\Delta x)\,\mathrm{sinc}(f_y\,\Delta y)$
Bilinear	$\Lambda\left(\frac{x}{\Delta x}\right)\Lambda\left(\frac{y}{\Delta y}\right)$	$\Delta x\,\Delta y\,\mathrm{sinc}^2(f_x\,\Delta x)\,\mathrm{sinc}^2(f_y\,\Delta y)$
Ideal	$\mathrm{sinc}\left(\frac{x}{\Delta x}\right)\mathrm{sinc}\left(\frac{y}{\Delta y}\right)$	$\Delta x\,\Delta y\,\mathrm{rect}(f_x\,\Delta x)\,\mathrm{rect}(f_y\,\Delta y)$

10.2.2 Ausgleich von Inhomogenitäten

Viele gängige stochastische Modelle für Bildsignale – z. B. *autoregressive* (AR), *moving average* (MA), *autoregressive moving average* (ARMA) und *Markov-Random-Field*-Modelle (MRF) [7] – sowie Texturanalyseverfahren wie *Cooccurrence*-Methoden [4] oder Eigenfilter [11] setzen homogene oder sogar stationäre[1] Bilder voraus. Zwar können in manchen Fällen diese Methoden an inhomogene oder instationäre Bilder angepasst werden, aber dadurch muss zugleich eine erhebliche Zunahme des Rechenaufwandes in Kauf genommen werden.

In diesem Abschnitt wird zunächst der Begriff der **Homogenität** m-ten Grades eingeführt [2]. Weiterhin werden Verfahren vorgestellt, die eine **Homogenisierung** vom Grad eins, zwei und unendlich erlauben. Davor wird jedoch das Standardverfahren der **homomorphen Filterung** behandelt. Schließlich dient ein Vergleich der Verfahren anhand von realen Oberflächen dazu, ihre Eignung zur Intensitätskorrektur von Bildern zu beurteilen.

10.2.2.1 Signalmodell

In diesem Abschnitt wird angenommen, dass ein Bild $g(\mathbf{x})$ aus einer Verknüpfung eines Nutzsignals $s(\mathbf{x})$ und einer unerwünschten Inhomogenität $b(\mathbf{x})$ resultiert, wobei letztere unterdrückt werden soll, um das Nutzsignal $s(\mathbf{x})$ – welches die Information über eine Szene oder ein Prüfobjekt enthält – zu verbessern. Typische Ursachen für die Inhomogenität $b(\mathbf{x})$ könnten z. B. eine inhomogene Beleuchtung oder eine ortsvariante Empfindlichkeit des Bildaufnahmesystems sein.

Für die folgenden Betrachtungen ist es zweckmäßig, ein einfaches Signalmodell der Bildentstehung heranzuziehen:

$$g(\mathbf{x}) = b(\mathbf{x}) \diamond s(\mathbf{x}) \,, \tag{10.38}$$

wobei $\diamond$ einen Verknüpfungsoperator bezeichnet. Um eine **Homogenisierung** des Bildes $g(\mathbf{x})$ zu erzielen, muss die Inhomogenität $b(\mathbf{x})$ unterdrückt werden. Dies ist nur möglich, wenn gewisse Eigenschaften darüber bekannt sind, wie sich $b(\mathbf{x})$ und $s(\mathbf{x})$ unterscheiden.

Da die Inhomogenität $b(\mathbf{x})$ meist durch die Aufnahmesituation fest vorgegeben ist, kann $b(\mathbf{x})$ manchmal empirisch bestimmt werden; siehe z. B. Bsp. 10.8. Alternativ wird oftmals angenommen, dass $b(\mathbf{x})$ ein örtlich langsam veränderliches Signal (Tiefpasssignal) ist, wohingegen das Nutzsignal $s(\mathbf{x})$ als Bandpasssignal angesetzt wird [3]. Im Idealfall sollten dann die Fourier-Transformierten beider

---

[1]Der hier erläuterte Begriff von Homogenität betrifft lediglich die Statistik 1. Ordnung. Im Gegensatz hierzu bedeutet Stationarität, dass die Statistiken 2. und höherer Ordnung unabhängig vom Ort $\mathbf{x}$ sind.

Anteile $B(\mathbf{f}) = \mathcal{F}\{b(\mathbf{x})\}$ und $S(\mathbf{f}) = \mathcal{F}\{s(\mathbf{x})\}$ disjunkte Träger haben:

$$\operatorname{supp}\{B(\mathbf{f})\} \cap \operatorname{supp}\{S(\mathbf{f})\} = \varnothing\,, \tag{10.39}$$

$$\operatorname{supp}\{B(\mathbf{f})\} := \{\mathbf{f} \mid |B(\mathbf{f})| > 0\}\,. \tag{10.40}$$

Außerdem erfordert eine erfolgreiche Unterdrückung von $b(\mathbf{x})$ Vorwissen oder eine plausible Annahme über den funktionalen Zusammenhang $\diamond$ zwischen beiden Komponenten. In den folgenden Abschnitten wird die Verknüpfung $\diamond$ so definiert, dass sie sowohl kompatibel mit der hier vorgestellten Definition von Homogenität ist als auch geeignet ist, um darauf basierend leistungsfähige Homogenisierungsverfahren zu entwickeln.

Darf das Nutzsignal $s(\mathbf{x})$ als homogen angenommen werden, so ist es vorteilhaft, das Bild $g(\mathbf{x})$ zu homogenisieren, um die anschließende Bildauswertung zu vereinfachen. Außerdem führt eine solche Homogenisierung in der Regel zu einer Bildverbesserung, sodass die visuelle Interpretation des Bildes ebenfalls erleichtert wird.

10.2.2.2 Homogenität

Bei der Definition des Begriffes der Homogenität m-ten Grades wird angenommen, dass das Signal $g(\mathbf{x})$ die Realisation eines stochastischen Prozesses ist [2].

Definition 10.2: Homogenität m-ten Grades

Ein bilderzeugender stochastischer Prozess wird homogen m-ten Grades (oder kurz m-homogen) genannt, falls

$$\operatorname{grad}_{\mathbf{x}} \mathrm{E}\{\mathrm{g}^{\nu}(\mathbf{x})\} \equiv 0 \qquad \forall\, \nu : 1 \leq \nu \leq m\,, \quad \nu \in \mathbb{N} \tag{10.41}$$

gilt. Anders ausgedrückt wird ein Prozess m-homogen genannt, falls dessen m ersten Momente nicht vom Ort $\mathbf{x}$ abhängig sind. $\diamond$

Es sei angemerkt, dass diese Art von Homogenität lediglich die Statistik 1. Ordnung betrifft. Die Statistiken 2. oder höherer Ordnung, welche die Nachbarschaftsbeziehungen zwischen Bildpunkten beschreiben, charakterisieren im Wesentlichen den lateralgeometrischen Aufbau des Bildes und sollten daher nicht Gegenstand einer örtlichen Egalisierung sein. Homogenität ist eine notwendige Bedingung für Stationarität [12].

Bevor das Problem der Homogenisierung eines Bildes $g(\mathbf{x})$ behandelt wird, soll zunächst ausführlicher auf mögliche Ursachen von Inhomogenitäten von $g(\mathbf{x})$ infolge des Aufnahmeprozesses eingegangen werden, wenn das zugrunde liegende physikalische Aufnahmeobjekt homogen ist. Beispiele hierfür sind:

1. eine örtlich veränderliche Beleuchtung der Oberfläche,

2. die $\cos^4 \alpha$-Abhängigkeit der Empfindlichkeit eines Bildaufnahmesystems (vgl. Abschn. 4.4),
3. Vignettierung (vgl. Abschn. 3.4.3),
4. eine örtlich veränderliche Empfindlichkeit des Kamerasensors sowie
5. eine örtlich veränderliche geometrische Konstellation von Oberflächenrelief, Beleuchtung und Aufnahmeoptik.

Die unter den Punkten 1 bis 4 beschriebenen Inhomogenitäten können mittels eines multiplikativen Signalmodells

$$g(\mathbf{x}) = b(\mathbf{x}) \cdot s(\mathbf{x}) \tag{10.42}$$

beschrieben werden. In diesen Fällen kann die Inhomogenität $b(\mathbf{x})$ durch eine homomorphe Filterung [3] oder anhand einer Division durch ein zu $b(\mathbf{x})$ proportionales Referenzbild [17] unterdrückt werden.

Anders sieht es mit der in Punkt Nr. 5 aufgeführten Ursache aus. In diesem Fall lässt sich die Inhomogenität nicht alleine mit Hilfe eines multiplikativen Modells beschreiben. Obwohl die in Abb. 10.21(a) auf S. 667 dargestellte Frästextur als Relief homogen ist und sie mit örtlich konstanter Beleuchtung aufgenommen wurde, ist das erfasste Bild – selbst bei vernachlässigbarem Einfluss der Faktoren 1 bis 4 – aufgrund der Oberflächenstruktur offensichtlich inhomogen. Aus diesem Grund führen Homogenisierungsverfahren, bei denen ein rein multiplikatives Modell zugrunde gelegt wird – wie z. B. die homomorphe Filterung – zu unbefriedigenden Ergebnissen; siehe Abb. 10.21(b) auf S. 667 [2].

Beispiel 10.8 (Multiplikatives Modell): Für die Verknüpfung (10.38) von Inhomogenität $b(\mathbf{x})$ und Nutzsignal $s(\mathbf{x})$ sei ein multiplikatives Modell gemäß (10.42) angenommen. Falls $b(\mathbf{x})$ bekannt ist, kann die Inhomogenität durch Division eliminiert werden:

$$s(\mathbf{x}) = \frac{g(\mathbf{x})}{b(\mathbf{x})} \,. \tag{10.43}$$

Die Inhomogenität $b(\mathbf{x})$ kann dabei z. B. durch eine Referenzaufnahme eines strukturlosen, diffus streuenden Objektes bestimmt werden, für welches das Nutzsignal $s(\mathbf{x})$ konstant ist [6, 17].

Ist die Inhomogenität $b(\mathbf{x})$ jedoch nicht genau bekannt, so kann zu deren Unterdrückung eine homomorphe Filterung vorgenommen werden (Abschn. 10.2.2.3). ■

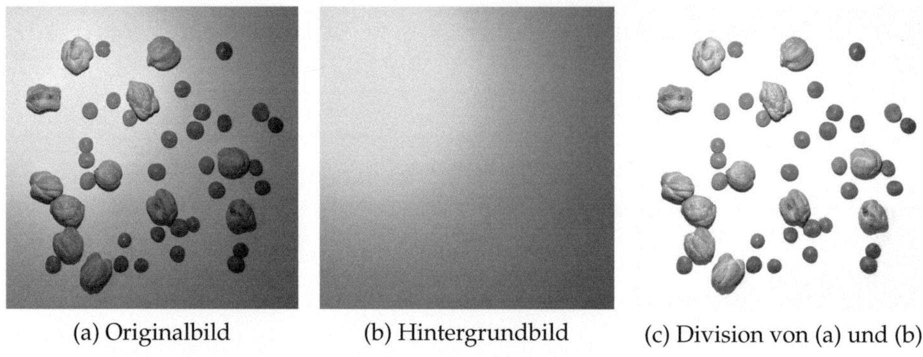

(a) Originalbild (b) Hintergrundbild (c) Division von (a) und (b)

Abbildung 10.15. Beispiel zur Division durch eine Referenzaufnahme.

Beispiel 10.9 (Division durch eine Referenzaufnahme): Abbildung 10.15(a) zeigt eine Aufnahme von Hülsenfrüchten, die mit einer inhomogenen Beleuchtung gewonnen wurde. Nach Entfernung der Aufnahmeobjekte wurde das Referenzbild Abb. 10.15(b) erfasst, welches im Wesentlichen die örtliche Variation der Beleuchtungsdichte beschreibt. Durch Division der Aufnahmen (a) und (b) erhält man das in Abb. 10.15(c) dargestellt Resultat, in welchem sämtliche Objekte nahezu gleichmäßig ausgeleuchtet sind. ■

10.2.2.3 Homomorphe Filterung

Bei der homomorphen Filterung wird eine multiplikative Verknüpfung von Inhomogenität $b(\mathbf{x})$ und Nutzsignal $s(\mathbf{x})$ gemäß (10.42) vorausgesetzt. Diese Annahme ist in vielen praktischen Fällen physikalisch sinnvoll, insbesondere dann, wenn $b(\mathbf{x})$ eine Beleuchtungsinhomogenität – also eine inhomogene Beleuchtungsdichte – und $s(\mathbf{x})$ die „Reflektanz" einer Oberfläche bezeichnen [17].

Damit trotz der Unkenntnis von $b(\mathbf{x})$ eine Unterdrückung gelingt, wird ferner angenommen, dass $b(\mathbf{x})$ ein verglichen mit $s(\mathbf{x})$ örtlich langsam veränderliches Signal ist. Im Idealfall sollten die zugehörigen Fourier-Spektren $B(\mathbf{f})$ und $S(\mathbf{f})$ entsprechend (10.39) disjunkte Träger besitzen. Schließlich wird gefordert, dass $g(\mathbf{x})$ positive Werte für alle $\mathbf{x}$ annimmt.

Abbildung 10.16 zeigt ein Beispiel zweier Spektren $S(\mathbf{f})$ und $B(\mathbf{f})$ eines Nutzsignals bzw. einer Inhomogenität, bei welchen die Annahme (10.39) disjunkter Träger erfüllt ist. Aufgrund der multiplikativen Verknüpfung von $s(\mathbf{x})$ und $b(\mathbf{x})$ kommt es nach dem Faltungssatz (8.56) der Fourier-Transformation zu einer zweidimensionalen Faltung der zugehörigen Spektren im Ortsfrequenzbereich; vgl. Abb. 10.16 rechts. Aufgrund der spektralen Faltung können die Anteile $S(\mathbf{f})$ und $B(\mathbf{f})$ mit einem linearen Filter nicht mehr getrennt werden, da lineare Filter eine additive Überlagerung der Signalkomponenten voraussetzen.

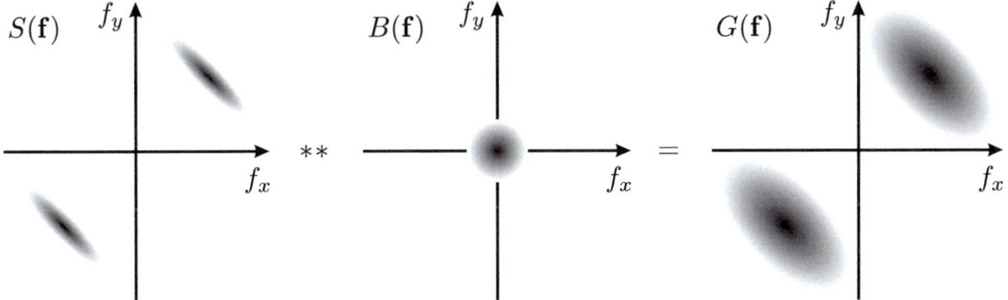

Abbildung 10.16. Eine multiplikative Verknüpfung von Nutzsignal $s(\mathbf{x})$ und Inhomogenität $b(\mathbf{x})$ geht im Ortsfrequenzbereich in eine zweidimensionale Faltung der jeweiligen Fourier-Spektren $S(\mathbf{f})$ bzw. $B(\mathbf{f})$ über.

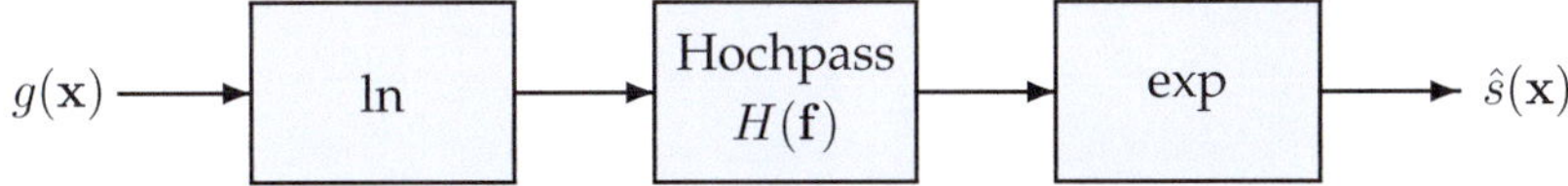

Abbildung 10.17. Homomorphe Filterung.

Deshalb wird beim homomorphen Filter zunächst eine Logarithmierung des Eingangssignals $g(\mathbf{x})$ vorgenommen, wodurch die multiplikative Verknüpfung (10.42) von $b(\mathbf{x})$ und $s(\mathbf{x})$ in eine additive Überlagerung ihrer Logarithmen überführt wird (vgl. Abb. 10.17):

$$\ln g(\mathbf{x}) = \underbrace{\ln b(\mathbf{x})}_{\substack{\text{örtlich langsam} \\ \text{veränderlich}}} + \underbrace{\ln s(\mathbf{x})}_{\substack{\text{örtlich schnell} \\ \text{veränderlich}}} \quad . \tag{10.44}$$

Aufgrund der Monotonie und Glattheit der Logarithmusfunktion sind weiterhin $\ln b(\mathbf{x})$ ein örtlich langsam veränderliches und $\ln s(\mathbf{x})$ ein örtlich schnell veränderliches Signal, sodass nun eine Unterdrückung von $\ln b(\mathbf{x})$ mit einem linearen Hochpass $H(\mathbf{f})$ erfolgen kann. Eine in diesem Zusammenhang häufig verwendete Übertragungsfunktion ist:

$$H(\mathbf{f}) = \begin{cases} 1 & \text{für } \mathbf{f} = \mathbf{0} \\ \alpha - (\alpha - \beta)\exp\left(-\frac{\|\mathbf{f}\|^2}{\rho^2}\right) & \text{sonst} \end{cases} \tag{10.45}$$

mit $\alpha > \beta$; der radiale Verlauf der rotationssymmetrischen Funktion $H(\mathbf{f})$ ist in Abb. 10.18 dargestellt. Nach der Hochpassfilterung wird die Logarithmierung durch eine Exponentialfunktion rückgängig gemacht (Abb. 10.17).

Beispiel 10.10 (Beleuchtungsausgleich durch homomorphe Filterung): Abbildung 10.19 zeigt ein Beispiel zur homomorphen Filterung. Ein Teil der im linken Bild abgebildeten Szene befindet sich im Schatten und weist daher kaum De-

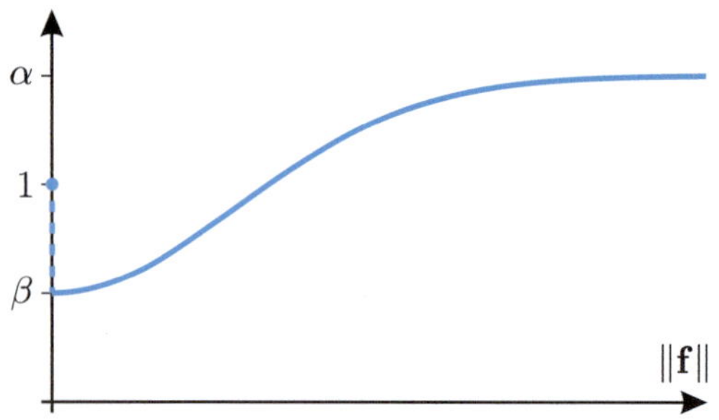

Abbildung 10.18. Übertragungsfunktion $H(\mathbf{f})$ des Hochpasses (10.45) zur homomorphen Filterung.

(a) Originalbild (b) Homomorphe Filterung

Abbildung 10.19. Beispiel zur homomorphen Filterung: (a) RGB-Originalbild; (b) Ergebnis der kanalweise durchgeführten homomorphen Filterung ($\alpha = 1$; $\beta = 0$; $\rho = 4$).

tails auf. Durch die homomorphe Filterung gelingt es, diese Bereiche wirksam aufzuhellen und Bildstrukturen herauszuarbeiten. Gleichzeitig wird jedoch die Helligkeit des schneebedeckten Berges im Hintergrund stark gedämpft, sodass dieser im Resultat grau erscheint. Auch die Farben im Ergebnisbild wirken insgesamt eher flau. Die homomorphe Filterung wurde für jeden der Farbkanäle separat berechnet. ■

10.2.2.4 Homogenisierung

In diesem Abschnitt werden Methoden behandelt, die eine Homogenisierung von Bildern $g(\mathbf{x})$ erlauben. Dafür wird zunächst eine Menge $\mathcal{U}$ definiert, welche eine Nachbarschaft des x, y-Ursprunges des Bildkoordinatensystems bezeichnet. Diese Nachbarschaft sollte einerseits hinreichend klein gewählt werden, sodass die

Inhomogenität $b(\mathbf{x})$ innerhalb einer Nachbarschaft $\mathcal{U}(\mathbf{x})$ um den Ort $\mathbf{x}$

$$\mathcal{U}(\mathbf{x}) := \{\boldsymbol{\chi} \,|\, \boldsymbol{\chi} = \mathbf{x} + \boldsymbol{\epsilon},\ \boldsymbol{\epsilon} \in \mathcal{U}\} \tag{10.46}$$

annähernd konstant angenommen werden kann. Andererseits sollte $\mathcal{U}$ deutlich ausgedehnter als die größten Details von $s(\mathbf{x})$ sein. Diese Forderung ist aufgrund der Annahme (10.39), dass $b(\mathbf{x})$ langsam veränderlich im Vergleich zu $s(\mathbf{x})$ ist, bei geeigneter Wahl von $\mathcal{U}$ zumindest näherungsweise erfüllbar.

Ferner wird für den stochastischen Prozess des Nutzsignals approximative Ergodizität im Sinne von

$$\mathrm{E}\{\mathrm{s}^{\nu}(\mathbf{x})\} \approx \frac{1}{|\mathcal{U}|} \int\limits_{\mathcal{U}} s^{\nu}(\mathbf{x} + \boldsymbol{\epsilon})\,\mathrm{d}\boldsymbol{\epsilon} \qquad \forall\, \nu \in \mathbb{N} \tag{10.47}$$

angenommen, wobei $|\mathcal{U}|$ die Fläche von $\mathcal{U}$ bezeichnet. Für solch einen stochastischen Prozess bedeutet Homogenität m-ten Grades auch, dass die ersten m empirischen Momente auf der rechten Seite von (10.47) örtlich konstant sind.

In der Praxis ist oftmals nur ein Bild – d. h. nur eine Realisation des stochastischen Prozesses – verfügbar. In diesem Fall rechtfertigt (10.47) die Prüfung auf Homogenität und die Homogenisierung des Bildes unter Verwendung von lokalen Nachbarschaftsoperatoren. Im Folgenden bezeichnet $\mathcal{H}_m\{\,\cdot\,\}$ einen lokalen Nachbarschaftsoperator, der ein Bild m-homogen macht.

Homogenisierung ersten Grades

Da Homogenität ersten Grades nach (10.41) fordert, dass der Erwartungswert von $g(\mathbf{x})$ unabhängig vom Ort $\mathbf{x}$ sein soll, erscheint es sinnvoll, eine Homogenisierung zu betrachten, bei der lediglich das erste Moment betroffen ist. Eine solche Homogenisierung ist zweckmäßig, wenn für die Bildwerte das folgende additive Modell gilt:

$$g(\mathbf{x}) = b(\mathbf{x}) + s(\mathbf{x})\,. \tag{10.48}$$

Die Homogenisierung ersten Grades kann mittels einer Hochpassfilterung realisiert werden:

$$\hat{s}(\mathbf{x}) = \mathcal{H}_1\{g(\mathbf{x})\} = g(\mathbf{x}) - \hat{b}(\mathbf{x}) \tag{10.49}$$

mit

$$\hat{b}(\mathbf{x}) = \mathrm{TP}\{g(\mathbf{x})\}\,. \tag{10.50}$$

Die Tiefpassfilterung $\mathrm{TP}\{\,\cdot\,\}$ kann beispielsweise durch eine gewichtete Mittelung innerhalb der Nachbarschaft $\mathcal{U}(\mathbf{x})$ erfolgen. Hierbei stellt $b(\mathbf{x})$ den lokalen mittleren Bildwert von $g(\mathbf{x})$ dar. Insofern bewirkt (10.49) eine Homogenisierung des lokalen mittleren Bildwertes.

Homogenisierung zweiten Grades

In manchen Situationen – z. B. bei anisotropen Reliefen – reicht weder ein rein multiplikatives noch ein rein additives Modell zur Erklärung und Beschreibung der auftretenden Inhomogenitäten aus. Abhilfe kann hier eine Homogenisierung zweiten Grades schaffen, die sowohl den lokalen mittleren Bildwert als auch den lokalen Kontrast egalisiert.

Da Homogenität zweiten Grades erfordert, dass die zwei ersten Momente von $g(\mathbf{x})$ unabhängig vom Ort x sind, ist eine entsprechende Homogenisierung sinnvoll für ein Signalmodell der Form

$$g(\mathbf{x}) = \sigma(\mathbf{x}) \cdot s(\mathbf{x}) + \mu(\mathbf{x})\,, \tag{10.51}$$

wobei hier die Inhomogenität $b(\mathbf{x})$ in zwei örtlich langsam veränderliche Komponenten $\sigma(\mathbf{x})$ und $\mu(\mathbf{x})$ zerlegt wurde. Dabei bezeichnet $\mu(\mathbf{x})$ den lokalen mittleren Bildwert und $\sigma(\mathbf{x}) > 0 \;\forall\; \mathbf{x}$ den lokalen Kontrast. Für das schnell veränderliche Nutzsignal $s(\mathbf{x})$ wird angenommen, dass es innerhalb eines beliebigen, hinreichend großen Gebietes $\mathcal{U}(\mathbf{x})$ mittelwertfrei ist,

$$\frac{1}{|\mathcal{U}|} \iint\limits_{\mathcal{U}(\mathbf{x})} s(\boldsymbol{\xi})\,\mathrm{d}\boldsymbol{\xi} \approx 0\,, \tag{10.52}$$

und einen örtlich konstanten Kontrast aufweist:

$$\frac{1}{|\mathcal{U}|} \iint\limits_{\mathcal{U}(\mathbf{x})} s^2(\boldsymbol{\xi})\,\mathrm{d}\boldsymbol{\xi} \approx \mathrm{const}_{\mathbf{x}}\,. \tag{10.53}$$

Unter diesen Annahmen kann eine Homogenisierung zweiten Grades entsprechend

$$\hat{s}(\mathbf{x}) = \mathcal{H}_2\{g(\mathbf{x})\} = \frac{g(\mathbf{x}) - \hat{\mu}(\mathbf{x})}{\hat{\sigma}(\mathbf{x})} \cdot \mathrm{const}_{\mathbf{x}} \tag{10.54}$$

realisiert werden, wobei

$$\hat{\mu}(\mathbf{x}) = \mathrm{TP}\{g(\mathbf{x})\} \tag{10.55}$$

und

$$\hat{\sigma}(\mathbf{x}) = \sqrt{\mathrm{TP}\{(g(\mathbf{x}) - \hat{\mu}(\mathbf{x}))^2\}} \tag{10.56}$$

durch lokale örtliche Mittelung geschätzt werden. Die Subtraktion von $\hat{\mu}(\mathbf{x})$ in (10.54) entspricht einer Homogenisierung ersten Grades, und die Division durch

$\hat{\sigma}(\mathbf{x})$ homogenisiert das zweite Moment von $g(\mathbf{x})$. Anschließend kann das homogenisierte Bild $\hat{s}(\mathbf{x})$ mit einem örtlich konstanten mittleren Bildwert μ_0 und einem örtlich konstanten Kontrast $\sigma_0 > 0$ versehen werden:

$$\gamma(\mathbf{x}) = \sigma_0 \cdot \hat{s}(\mathbf{x}) + \mu_0 \,, \tag{10.57}$$

Abbildung 10.20 zeigt einen Signalflussplan zur effizienten Implementierung der Homogenisierung zweiten Grades im Ortsfrequenzbereich.

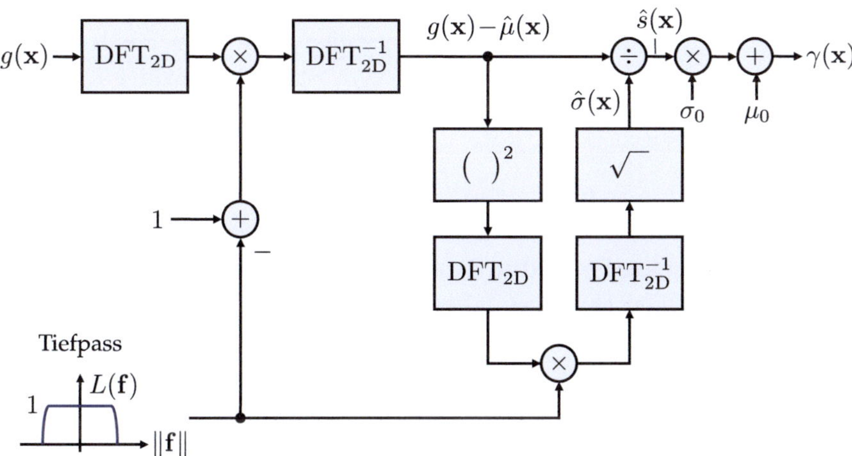

Abbildung 10.20. Realisierung der Homogenisierung zweiten Grades im Ortsfrequenzbereich.

Bemerkungen:

- Gleichung (10.54) stellt einen Sonderfall des sogenannten Wallis-Operators [4, 18]

$$\text{Wallis}\{g(\mathbf{x})\} = \frac{b\,s}{b\,\hat{\sigma}(\mathbf{x}) + s}\,[g(\mathbf{x}) - \hat{\mu}(\mathbf{x})] + \beta\,m + (1-\beta)\,\hat{\mu}(\mathbf{x}) \tag{10.58}$$

  dar, wobei m und s Konstanten und $b \in [3; 25]$ und $\beta \in [0; \frac{2}{5}]$ Einstellparameter sind. Dieser Operator wird als Bildverbesserungswerkzeug für szenische Bilder verwendet. Bis auf eine additive Konstante geht (10.58) für $\beta = 1$ und $b \to \infty$ in (10.54) über. Diese für den Wallis-Operator untypischen Parameterwerte führen zwar zu einer unerwünschten Verstärkung feiner Details auf Kosten der wesentlichen Merkmale bei szenischen Daten [9], stellen jedoch eine vernünftige Wahl für Bilder texturierter Oberflächen dar.
- Die visuell auffälligsten Inhomogenitäten entstehen durch örtliche Fluktuationen des lokalen mittleren Bildwertes und des lokalen Kontrastes. Daher ist in den meisten Fällen eine Homogenisierung zweiten Grades ausreichend, um eine homogene Erscheinung eines Bildes zu erhalten. Für Fälle, bei denen ein

noch höherer Homogenitätsgrad erwünscht ist, wird in [2] eine Homogenisierung vom Grad unendlich empfohlen; siehe S. 669.

- Bemerkt sei schließlich noch, dass eine homomorphe Filterung von $\mathcal{H}_1\{\,\cdot\,\}$ gemäß

$$\exp\big(\mathcal{F}^{-1}\{H(\mathbf{f})\cdot\mathcal{F}\{\log\mathcal{H}_1\{g(\mathbf{x})\}\}\}\big) \tag{10.59}$$

ungeeignet ist, um $\mathcal{H}_2\{\,\cdot\,\}$ zu generieren, weil der örtliche Mittelwert von $g(\mathbf{x}) - \hat{\mu}(\mathbf{x})$ gleich null ist. Dabei bezeichnet $H(\mathbf{f})$ die Übertragungsfunktion innerhalb des homomorphen Filters. Um negative Argumente bei der Logarithmusfunktion zu vermeiden, könnte $g(\mathbf{x}) - \hat{\mu}(\mathbf{x})$ um eine positive Konstante erhöht werden. In diesem Fall würde jedoch beim resultierenden Bild keine rein multiplikative Überlagerung von $\sigma(\mathbf{x})$ und $s(\mathbf{x})$ mehr vorliegen.

Beispiel 10.11 (Homogenisierung einer Frästextur): Abbildung 10.21(a) zeigt eine gleichmäßig beleuchtete Frästextur, die aufgrund des Zusammenspiels von Beleuchtung, Oberflächenstruktur und Beobachtungsrichtung einen hellen Streifen aufweist. Nach einer homomorphen Filterung sind die Inhomogenitäten zwar deutlich schwächer ausgeprägt, aber dennoch weiterhin klar sichtbar; siehe Abb. 10.21(b). Mittels einer Homogenisierung 1. Grades wird lediglich der lokale mittlere Grauwert egalisiert; der lokale Kontrast ist jedoch entlang des Streifens weiterhin wesentlich höher als an den seitlichen Bildrändern; siehe Abb. 10.21(c). Im Gegensatz dazu erhält man mit einer Homogenisierung des lokalen mittleren Grauwertes und des lokalen Kontrastes das signifikant bessere Ergebnis in Abb. 10.21(d), in welchem bislang unsichtbare Details zu sehen sind und die Inhomogenitäten nicht mehr wahrgenommen werden können. ■

Beispiel 10.12 (Homogenisierung einer Stoßtextur): In Abb. 10.22(a) ist eine ungleichmäßig beleuchtete Stoßtextur zu sehen, die einen Schatten an der oberen linken Ecke aufweist. Auch bei diesem Bild vermag die homomorphe Filterung die Inhomogenität nicht vollständig zu unterdrücken; siehe Abb. 10.22(c). Bei Einsatz einer Homogenisierung 2. Grades erhält man ein Resultat, in welchem nicht nur der Schatten nicht mehr erkannt werden kann, sondern darüber hinaus die Stoßtextur deutlich gleichmäßiger als im Original erscheint; vgl. Abb. 10.22(e). ■

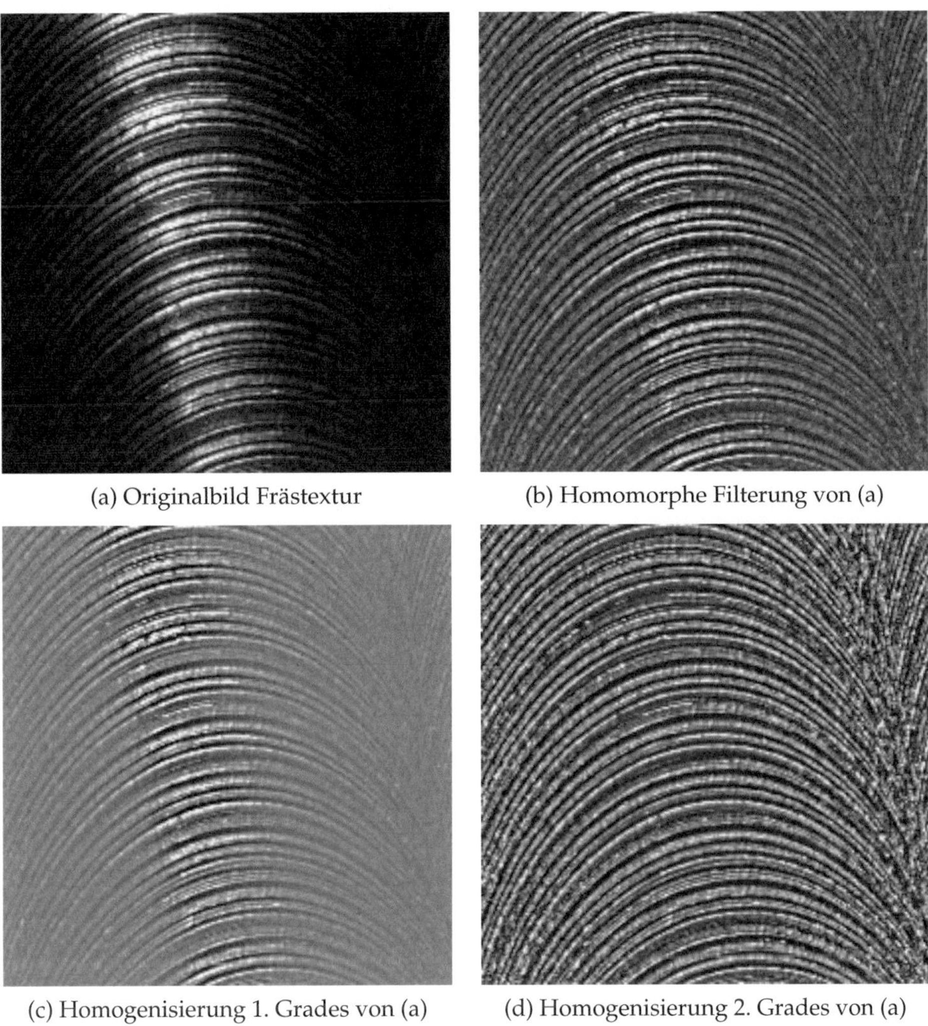

(a) Originalbild Frästextur

(b) Homomorphe Filterung von (a)

(c) Homogenisierung 1. Grades von (a)

(d) Homogenisierung 2. Grades von (a)

Abbildung 10.21. Beispiel zur Homogenisierung einer Frästextur.

Beispiel 10.13 (Homogenisierung einer Korktextur): Als letztes Beispiel zur Homogenisierung zeigt Abb. 10.22(b) eine Korktextur mit einer künstlich eingebrachten Inhomogenität. Bei der Verknüpfung der Inhomogenität erfolgte ein sanfter Übergang von einer rein additiven Überlagerung am linken Bildrand zu einer rein multiplikativen Überlagerung am rechten Bildrand [2]. Erwartungsgemäß liefert die homomorphe Filterung bessere Ergebnisse in der rechten Bildhälfte, wo die multiplikative Verknüpfung dominiert; vgl. Abb. 10.22(d). Die linke Bildhälfte wirkt hingegen kontrastarm. Im Gegensatz dazu zeichnet

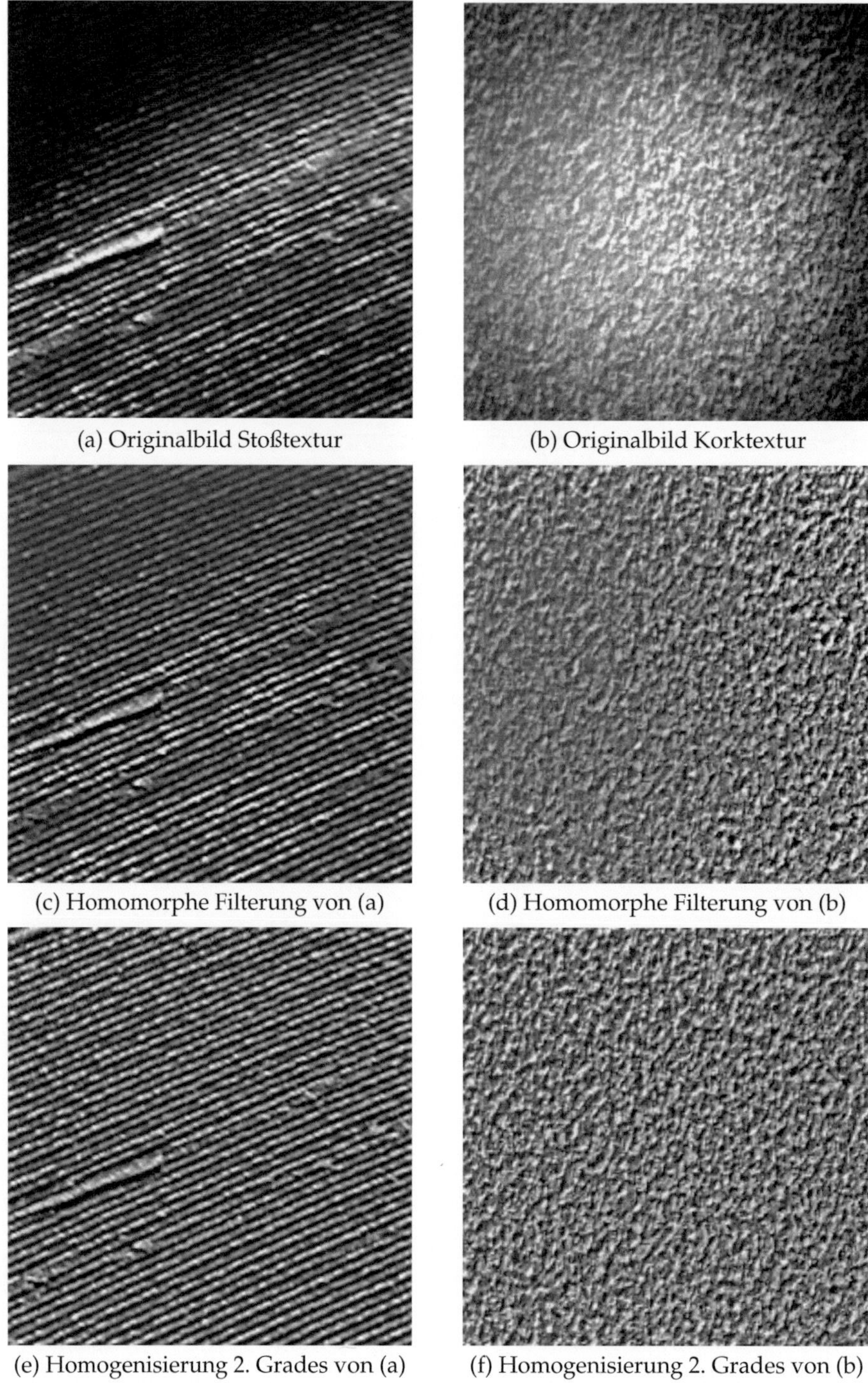

(a) Originalbild Stoßtextur
(b) Originalbild Korktextur
(c) Homomorphe Filterung von (a)
(d) Homomorphe Filterung von (b)
(e) Homogenisierung 2. Grades von (a)
(f) Homogenisierung 2. Grades von (b)

Abbildung 10.22. Beispiele zum Ausgleich aufnahmebedingter Inhomogenitäten.

sich das Resultat der Homogenisierung 2. Grades in Abb. 10.22(f) durch einen gleichmäßig hohen Kontrast im ganzen Bild aus. ■

Homogenisierung vom Grad unendlich

Homogenität vom Grad unendlich erfordert, dass sämtliche Momente der Statistik 1. Ordnung unabhängig vom Ort $\mathbf{x}$ sind. Dies ist äquivalent zu der Forderung, dass jede lokale Wahrscheinlichkeitsdichtefunktion $f_{\mathrm{g}}(g;\mathbf{x})$ gleich der globalen ortsunabhängigen Wahrscheinlichkeitsdichtefunktion $f_{\mathrm{g}}(g)$ sein muss. Daher kann eine Homogenisierung vom Grad unendlich durch Egalisieren aller lokalen Wahrscheinlichkeitsdichtefunktionen erfolgen.

Die Bildwerte g sind auf Werte $\gamma(g;\mathbf{x})$ derart abzubilden, dass $\gamma(g;\mathbf{x})$ gemäß $f_{\Upsilon}(\gamma)$ verteilt ist. Da dazu die kumulativen Verteilungen $F_{\Upsilon}(\gamma)$ und $F_{\mathrm{g}}(g;\mathbf{x})$ an der Stelle $\gamma(g;\mathbf{x})$ gleich sein müssen [3], ergibt sich entsprechend (10.8) die gewünschte Abbildung wie folgt:

$$F_{\Upsilon}(\gamma(g;\mathbf{x})) = \int_{-\infty}^{\gamma(g;\mathbf{x})} f_{\Upsilon}(\beta)\,\mathrm{d}\beta \stackrel{!}{=} \int_{-\infty}^{g} f_{\mathrm{g}}(\beta;\mathbf{x})\,\mathrm{d}\beta = F_{\mathrm{g}}(g;\mathbf{x}) \tag{10.60}$$

$$\Rightarrow \quad \gamma(g;\mathbf{x}) = F_{\Upsilon}^{-1}(F_{\mathrm{g}}(g;\mathbf{x}))\,. \tag{10.61}$$

Dabei führt $F_{\mathrm{g}}(g;\mathbf{x})$ eine ortsvariante Transformation von g auf eine im Intervall $[0;1]$ gleichverteilte Zufallsvariable durch, welche anschließend durch $F_{\Upsilon}^{-1}(\,\cdot\,)$ in eine weitere, gemäß $f_{\Upsilon}(\gamma)$ verteilte Zufallsvariable abgebildet wird; siehe Abb. 10.23.

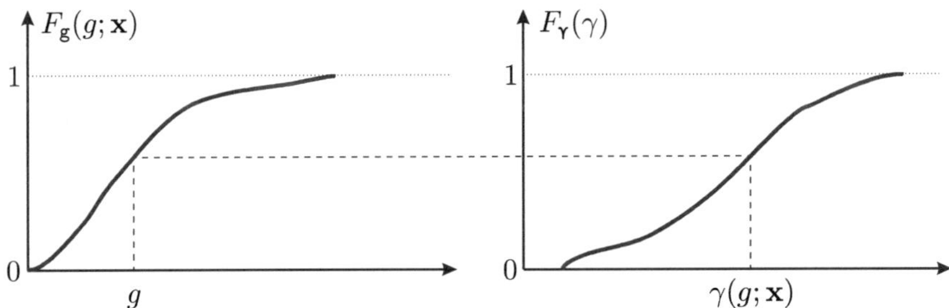

Abbildung 10.23. Ortsvariante Abbildung der Bildwerte g auf $\gamma(g;\mathbf{x})$.

Um (10.61) auf digitale Bilder anzuwenden, muss berücksichtigt werden, dass sowohl die Bildwerte (8.323) als auch die Orte $\mathbf{x}$ diskret sind. Da gemäß (10.47) lokale Ergodizität angenommen wurde, können die lokalen Wahrscheinlichkeitsdichtefunktionen und Verteilungen mit Hilfe von lokalen Histogrammen

$$h(g;\mathbf{x},\mathcal{U}) = \frac{1}{|\mathcal{U}|}\sum_{\boldsymbol{\epsilon}\in\mathcal{U}} \delta^{g}_{g(\mathbf{x}+\boldsymbol{\epsilon})} \tag{10.62}$$

und lokalen kumulativen Histogrammen

$$H(g;\mathbf{x},\mathcal{U}) = \sum_{\gamma=g_1}^{g} h(\gamma;\mathbf{x},\mathcal{U}) \tag{10.63}$$

geschätzt werden. Jetzt ist die Nachbarschaftsmenge $\mathcal{U}$ diskret und besteht aus $|\mathcal{U}|$ Elementen. Eine Näherung für die in (10.61) angegebene Transformation ist:

$$\mathcal{H}_{\infty}\{g(\mathbf{x}); H(g)\} = \underset{\gamma\in\{q_0,\ldots,q_{K-1}\}}{\arg\min} \{|H(\gamma) - H(g;\mathbf{x},\mathcal{U})|\}\,, \tag{10.64}$$

wobei $H(g)$ ein willkürlich vorgebbares globales kumulatives Histogramm bezeichnet, zu dem alle lokalen Bildwertverteilungen gleich sein sollen [1].

In manchen Fällen kann es wünschenswert sein, ein Resultat zu erzeugen, das nicht nur homogen ist, sondern dessen höhere Momente gewisse Werte haben. Als Beispiel dafür könnte ein homogenes Bild dienen, dessen Histogramm zusätzlich keine Schiefe aufweisen soll. Dafür wird in [2] vorgeschlagen, eine Homogenisierung vom Grad unendlich unter Verwendung einer Edgeworth-Approximation des gewünschten globalen Histogramms durchzuführen. Diese Näherung hängt explizit vom Erwartungswert, der Standardabweichung, der Schiefe und dem Exzess der Bildwerte ab. Durch eine Edgeworth-Serie können sowohl eine Anpassung an die gegebenen Daten (u. a. um nichtlineare Verzerrungen gering zu halten [2]) als auch eine spezifische Manipulation der genannten statistischen Kennwerte erzielt werden.

10.3 Verminderung zufälliger Störungen

Nachdem bislang Methoden zur Unterdrückung systematischer Störungen behandelt wurden, stehen in diesem Abschnitt vor allem zufällige Störungen im Vordergrund. Letztere werden als stochastische Prozesse $\mathtt{n}(\mathbf{x})$ modelliert, für die i. d. R. schwache Stationarität sowie Mittelwertfreiheit

$$\mathrm{E}\{\mathtt{n}(\mathbf{x})\} = 0 \tag{10.65}$$

angenommen wird. Meist wird davon ausgegangen, dass Nutzsignal $\mathtt{s}(\mathbf{x})$ und Störungen $\mathtt{n}(\mathbf{x})$ additiv verknüpft werden:

$$\mathtt{g}(\mathbf{x}) = \mathtt{s}(\mathbf{x}) + \mathtt{n}(\mathbf{x})\,, \tag{10.66}$$

obwohl in der Praxis auch andere Zusammenhänge möglich sind. Ferner wird häufig angenommen, dass Nutzsignal $\mathrm{s}(\mathbf{x})$ und Rauschen $\mathrm{n}(\mathbf{x})$ unkorreliert seien:

$$C_{\mathrm{ns}}(\boldsymbol{\tau}) \equiv 0\,. \tag{10.67}$$

10.3.1 Lineare Filter

In der Bildverarbeitung werden lineare Filter – für die (8.2) stets erfüllt ist – häufig eingesetzt. Insbesondere lassen lineare Filter bei Annahme einer additiven Störung $\mathrm{n}(\mathbf{x})$ gemäß (10.66) eine Störungsunterdrückung zu, wenn die spektralen Träger von Nutz- und Störsignal disjunkt sind:

$$\mathrm{supp}\{\mathcal{F}\{\mathrm{s}(\mathbf{x})\}\} \cap \mathrm{supp}\{\mathcal{F}\{\mathrm{n}(\mathbf{x})\}\} = \varnothing\,. \tag{10.68}$$

Darüber hinaus kann durch lineare Filter – selbst im Falle einer spektralen Überlappung von Nutz- und Störsignal – oft eine Bildverbesserung erzielt werden, wie im folgenden Beispiel gezeigt wird.

Beispiel 10.14 (Breitbandiges Rauschen): Es sei ein Prozess $\mathrm{g}(\mathbf{x})$ gemäß (10.66) betrachtet, welcher aus einer additiven Überlagerung eines Tiefpasssignals $\mathrm{s}(\mathbf{x})$ und eines mittelwertfreien, breitbandigen Rauschens $\mathrm{n}(\mathbf{x})$ besteht. Die Eigenschaften beider Teilprozesse lassen sich nach Abschn. 8.5.3 bei schwacher Stationarität durch ihre jeweiligen Autokorrelationsfunktionen beschreiben. Bei Unkorreliertheit von $\mathrm{s}(\mathbf{x})$ und $\mathrm{n}(\mathbf{x})$ ergibt sich:

$$r_{\mathrm{gg}}(\boldsymbol{\tau}) = r_{\mathrm{ss}}(\boldsymbol{\tau}) + r_{\mathrm{nn}}(\boldsymbol{\tau}) \tag{10.69}$$

$$\circ\!\!-\!\!\bullet$$

$$S_{\mathrm{gg}}(\mathbf{f}) = S_{\mathrm{ss}}(\mathbf{f}) + S_{\mathrm{nn}}(\mathbf{f})\,. \tag{10.70}$$

Abbildung 10.24 zeigt exemplarisch die Verläufe der Leistungsdichtespektren eines möglichen Nutzsignals und einer breitbandigen Störung. Zwar kann mit einem linearen Filter die Störung nicht vollständig unterdrückt werden, aber mit dem dargestellten (linearen) Tiefpass mit der Übertragungsfunktion $H(\mathbf{f})$

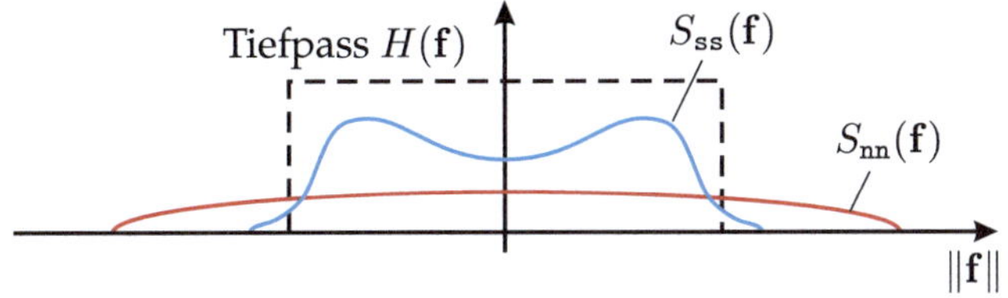

Abbildung 10.24. Breitbandiges Rauschen.

lassen sich immerhin jene Anteile der Störung beseitigen, die Frequenzen oberhalb der höchsten im Nutzsignal enthaltenen Frequenz aufweisen. ■

Das Ergebnis einer linearen Filterung ist durch die Faltung

$$\mathtt{k}(\mathbf{x}) = \mathtt{g}(\mathbf{x}) ** h(\mathbf{x}) \tag{10.71}$$

mit der Impulsantwort $h(\mathbf{x})$ des Filters gegeben; im Ortsfrequenzbereich ergibt sich nach (8.312)

$$S_{\mathtt{kk}}(\mathbf{f}) = |H(\mathbf{f})|^2 \, S_{\mathtt{gg}}(\mathbf{f}) \,. \tag{10.72}$$

Bei einer spektralen Überlappung von Nutzsignal und Störung gilt es nun, die Übertragungsfunktion $H(\mathbf{f})$ so zu wählen, dass jene Frequenzbänder, in welchen die Störungen dominieren, stärker gedämpft werden, wohingegen dort, wo das Nutzsignal überwiegt, sich das Filter durchlässiger verhalten sollte.

Um eine quantitative Vorschrift für das Filterdesign zu erhalten, wird als Maß für die Störungsunterdrückung das Verhältnis der Signal-Rausch-Verhältnisse der Signale nach und vor der Filterung herangezogen:

$$\frac{SNR\{\mathtt{k}(\mathbf{x})\}}{SNR\{\mathtt{g}(\mathbf{x})\}} \,, \tag{10.73}$$

wobei das Signal-Rausch-Verhältnis[2] als das Verhältnis von Nutzsignalleistung zu Störsignalleistung definiert wird:

$$SNR := \frac{\text{Nutzsignalleistung}}{\text{Störsignalleistung}} \,. \tag{10.75}$$

Für das Signal vor der Filterung $\mathtt{g}(\mathbf{x})$ ergibt sich damit:

$$SNR\{\mathtt{g}(\mathbf{x})\} = \frac{\iint S_{\mathtt{ss}}(\mathbf{f}) \, \mathrm{d}\mathbf{f}}{\iint S_{\mathtt{nn}}(\mathbf{f}) \, \mathrm{d}\mathbf{f}} \,. \tag{10.76}$$

Entsprechend folgt für das Ergebnis der Filterung $\mathtt{k}(\mathbf{x})$:

$$SNR\{\mathtt{k}(\mathbf{x})\} = \frac{\iint S_{\mathtt{ss}}(\mathbf{f}) \, |H(\mathbf{f})|^2 \, \mathrm{d}\mathbf{f}}{\iint S_{\mathtt{nn}}(\mathbf{f}) \, |H(\mathbf{f})|^2 \, \mathrm{d}\mathbf{f}} \,. \tag{10.77}$$

Da $SNR\{\mathtt{g}(\mathbf{x})\}$ gemäß (10.76) unabhängig von der Übertragungsfunktion $H(\mathbf{f})$ des Filters ist, genügt zur Maximierung von (10.73) eine Optimierung von (10.77).

---

[2]Oft werden die Signal-Rausch-Verhältnisse in der dimensionslosen Pseudoeinheit Dezibel (dB) angegeben:

$$SNR/\mathrm{dB} = 10 \, \log_{10}(SNR) \,. \tag{10.74}$$

Sie muss durch Variation von $H(\mathbf{f})$ unter geeigneten Nebenbedingungen erfolgen, die sicherstellen, dass keine Trivialergebnisse resultieren.

Vor der systematischen Behandlung von linearen und nichtlinearen Filtern soll zunächst ihr Potenzial anhand zweier Beispiele demonstriert werden.

Beispiel 10.15 (Störungsunterdrückung mit Glättungsfiltern): Zur Veranschaulichung der Wirkung von linearen und nichtlinearen Glättungsfiltern wird als Referenzbild $s(\mathbf{x})$ das in Abb. 10.25(a) dargestellte Porträt der Größe 250×250 herangezogen. Abbildung 10.25(b) zeigt das künstlich gestörte Testbild $g(\mathbf{x})$, welchem ein normalverteiltes weißes Rauschen $n(\mathbf{x})$ der Varianz $\sigma^2 = 900$ additiv überlagert wurde. Dadurch sind die Voraussetzungen von Bsp. 10.14 erfüllt.

Als lineare Glättungsfilter werden eine gleitende Mittelung, ein Kegel-Tiefpass und ein Binomial-Tiefpass jeweils der Größe 7×7 untersucht; siehe Abb. 10.25(c) – (e). Sämtliche Filter werden in Abschn. 10.3.1.1 vorgestellt. Es fällt auf, dass die Filterwirkung bei der gleitenden Mittelung am ausgeprägtesten ausfällt: abrupte Helligkeitsübergänge werden dabei weichgezeichnet. Die schwächste Glättungswirkung zeigt der Binomial-Tiefpass.

Zum Vergleich zeigt Abb. 10.25(f) das mit einem Medianfilter der Größe 7×7 erzielte Glättungsergebnis. Hierbei handelt es sich um ein nichtlineares Verfahren, das in Abschn. 10.3.2.1 behandelt wird. Trotz der ausgeprägten Filterwirkung zeichnet sich dieses Resultat durch weiterhin scharfe Übergänge zwischen hellen und dunklen Bildbereichen aus. ■

Beispiel 10.16 (Quasiperiodische Störungen): Nun soll der Fall betrachtet werden, dass das Signal

$$\mathtt{g}(\mathbf{x}) = \mathtt{s}(\mathbf{x}) + \mathtt{n}(\mathbf{x}) \tag{10.78}$$

von einer näherungsweise periodischen Störung

$$\mathtt{n}(\mathbf{x}) = \mathtt{a}(\mathbf{x}) \cos(2\pi \mathbf{f}_0^{\mathrm{T}} \mathbf{x} + \varphi) \tag{10.79}$$

überlagert ist. Die Amplitude $\mathtt{a}(\mathbf{x})$ der Störung wird als schmalbandiger, schwach stationärer Zufallsprozess angesetzt. Die Phase φ der periodischen Störung wird als gleichverteilte Zufallsgröße angenommen, sodass die WDF lautet:

$$f_{\varphi}(\varphi) = \frac{1}{2\pi} \operatorname{rect}\left(\frac{\varphi}{2\pi}\right) . \tag{10.80}$$

Ferner wird davon ausgegangen, dass Amplitude $\mathtt{a}(\mathbf{x})$ und Phase φ stochastisch unabhängig seien. Daraus folgt unmittelbar die Mittelwertfreiheit der

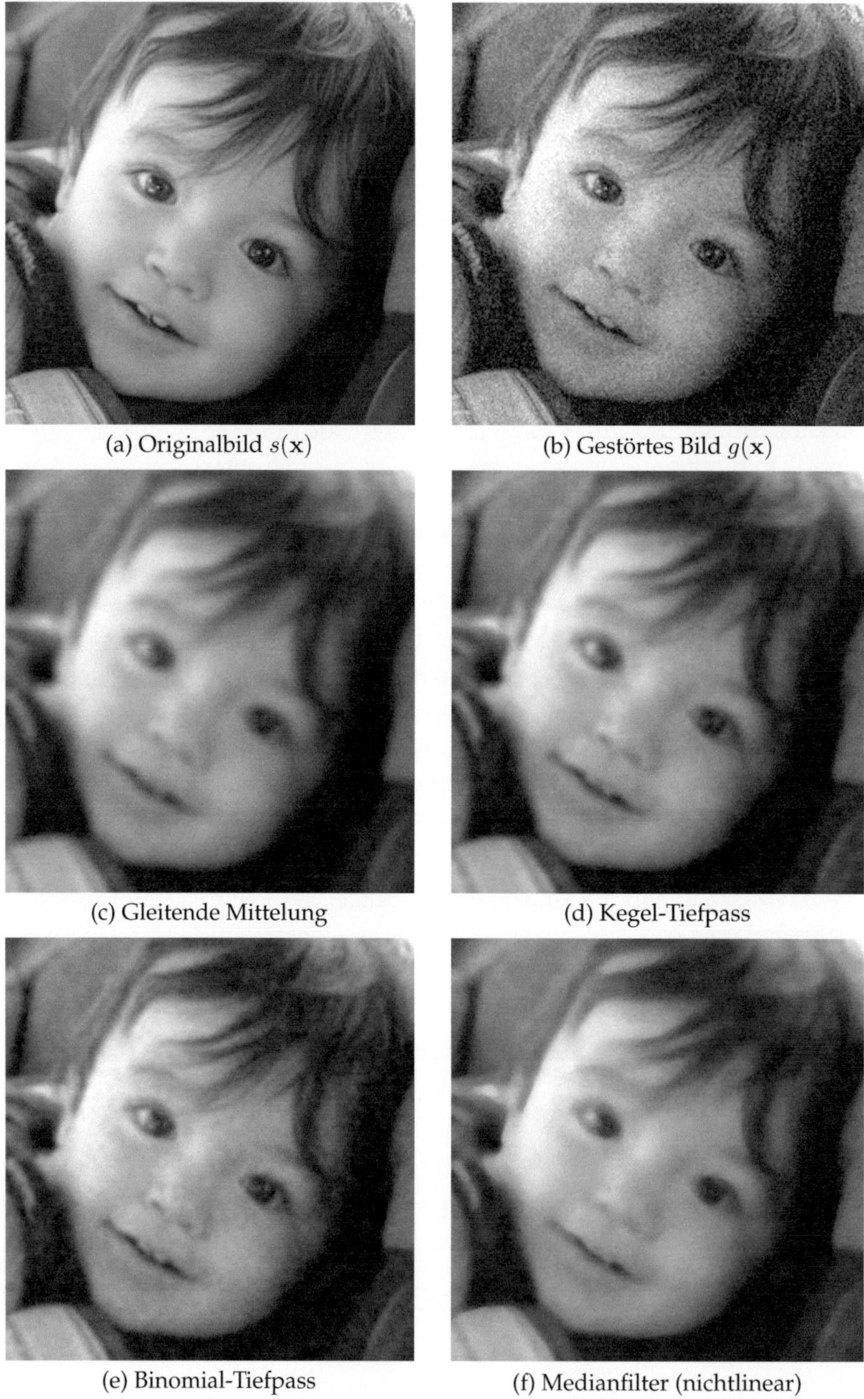

(a) Originalbild $s(\mathbf{x})$

(b) Gestörtes Bild $g(\mathbf{x})$

(c) Gleitende Mittelung

(d) Kegel-Tiefpass

(e) Binomial-Tiefpass

(f) Medianfilter (nichtlinear)

Abbildung 10.25. Beispiele zur Störungsunterdrückung mit Glättungsfiltern der Größe 7×7.

Störung $\mathrm{n}(\mathbf{x})$:

$$\mathrm{E}\{\mathrm{n}(\mathbf{x})\} = \mathrm{E}\{\mathrm{a}(\mathbf{x})\} \cdot \mathrm{E}\{\cos(2\pi\mathbf{f}_0^{\mathrm{T}}\mathbf{x} + \varphi)\} \tag{10.81}$$

$$= \mathrm{E}\{\mathrm{a}(\mathbf{x})\} \cdot \underbrace{\frac{1}{2\pi}\int_{-\pi}^{\pi} \cos(2\pi\mathbf{f}_0^{\mathrm{T}}\mathbf{x} + \varphi)\,\mathrm{d}\varphi}_{=0} = 0\,. \tag{10.82}$$

Für die Autokorrelationsfunktion der Störung $\mathrm{n}(\mathbf{x})$ erhält man:

$$r_{\mathrm{nn}}(\mathbf{x},\boldsymbol{\tau}) = \mathrm{E}\{\mathrm{a}(\mathbf{x})\,\mathrm{a}(\mathbf{x}+\boldsymbol{\tau})\,\cos(2\pi\mathbf{f}_0^{\mathrm{T}}\mathbf{x}+\varphi)\,\cos(2\pi\mathbf{f}_0^{\mathrm{T}}\mathbf{x}+2\pi\mathbf{f}_0^{\mathrm{T}}\boldsymbol{\tau}+\varphi)\} \tag{10.83}$$

$$= r_{\mathrm{aa}}(\boldsymbol{\tau}) \cdot \frac{1}{2\pi}\int_{-\pi}^{\pi} \frac{1}{2}\Big[\cos(2\pi\mathbf{f}_0^{\mathrm{T}}\boldsymbol{\tau}) + \underbrace{\cos(4\pi\mathbf{f}_0^{\mathrm{T}}\mathbf{x} + 2\pi\mathbf{f}_0^{\mathrm{T}}\boldsymbol{\tau} + 2\varphi)}_{\int \mathrm{d}\varphi = 0}\Big]\,\mathrm{d}\varphi$$

$$= r_{\mathrm{aa}}(\boldsymbol{\tau}) \cdot \frac{1}{2}\cos(2\pi\mathbf{f}_0^{\mathrm{T}}\boldsymbol{\tau}) \tag{10.84}$$

$$= r_{\mathrm{nn}}(\boldsymbol{\tau})\,. \tag{10.85}$$

Der Störprozess $\mathrm{n}(\mathbf{x})$ ist also schwach stationär, weshalb er im Ortsfrequenzbereich anhand des Leistungsdichtespektrums beschrieben werden kann. Durch zweidimensionale Fourier-Transformation von $r_{\mathrm{nn}}(\boldsymbol{\tau})$ ergibt sich:

$$S_{\mathrm{nn}}(\mathbf{f}) = \frac{1}{4}\left(S_{\mathrm{aa}}(\mathbf{f}+\mathbf{f}_0) + S_{\mathrm{aa}}(\mathbf{f}-\mathbf{f}_0)\right)\,. \tag{10.86}$$

Abbildung 10.26 zeigt exemplarisch den Verlauf des Leistungsdichtespektrums $S_{\mathrm{ss}}(\mathbf{f})$ eines Nutzsignals sowie das Leistungsdichtespektrum $S_{\mathrm{nn}}(\mathbf{f})$ einer näherungsweise periodischen Störung gemäß (10.86). Da die Störung Bandpasscharakter aufweist, kann diese wirkungsvoll durch eine Bandsperre (gestrichelter Verlauf in Abb. 10.26) unterdrückt werden. Das Nutzsignal wird dabei nur geringfügig beeinträchtigt.

Als praktisches Beispiel zur Unterdrückung näherungsweise periodischer Störungen zeigt Abb. 10.27(a) die Originalaufnahme eines Fingerabdrucks auf einem regelmäßig texturierten Baumwolltuch. Durch Unterdrückung der Frequenzanteile, die im Wesentlichen die Tuchtextur konstituieren (vgl. Abschn. 14.3.1), erhält man das in Abb. 10.27(b) gezeigte Resultat. Zwar vermag das

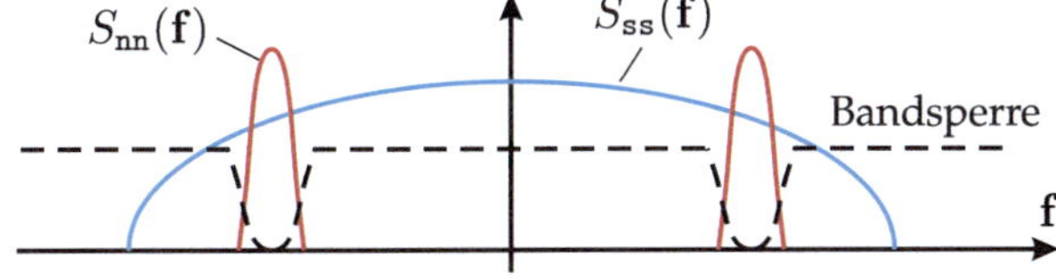

Abbildung 10.26. Störungsunterdrückung durch eine Bandsperre.

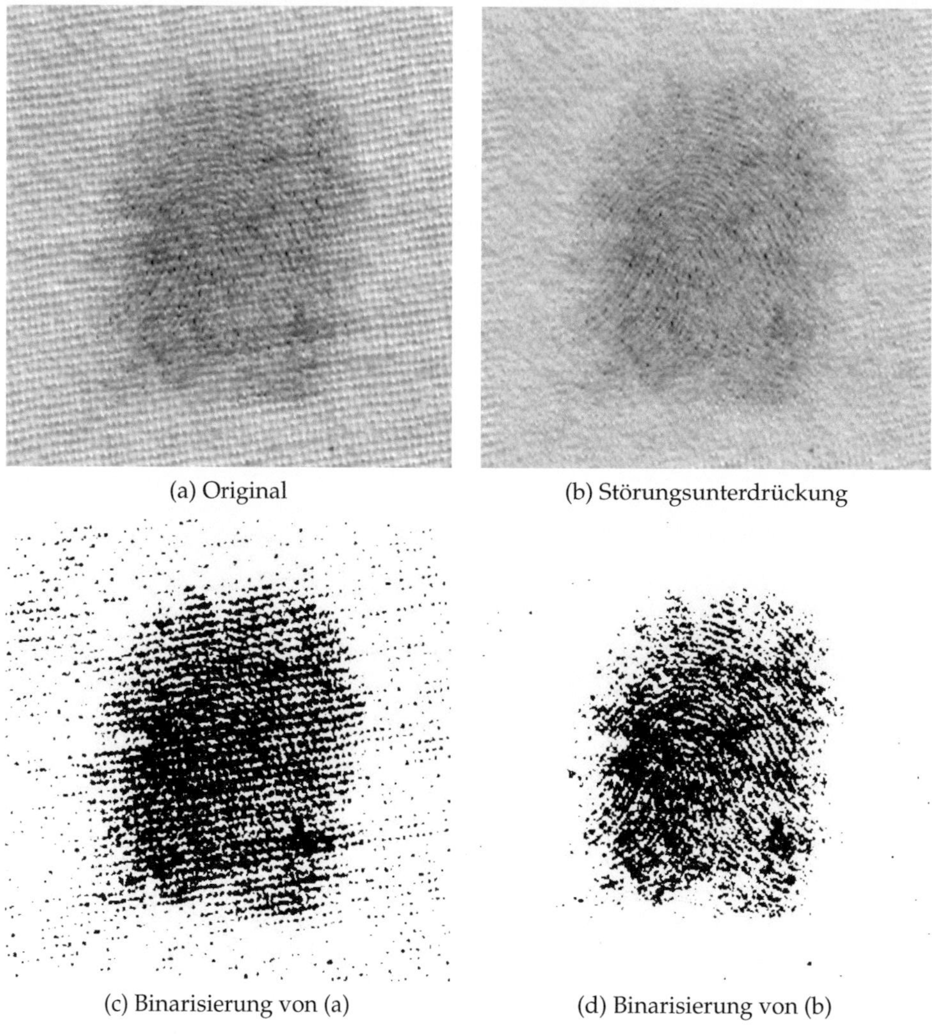

(a) Original (b) Störungsunterdrückung

(c) Binarisierung von (a) (d) Binarisierung von (b)

Abbildung 10.27. Beispiel zur Unterdrückung näherungsweise periodischer Störungen.

Verfahren die Störtextur nicht perfekt zu unterdrücken, aber das Ergebnis der Filterung lässt eine weitaus bessere Extraktion des Fingerabdrucks als Abb. 10.27(a) zu. Um sich davon zu überzeugen, zeigen die Abbildungen 10.27(c) und (d) die Ergebnisse der Binarisierung der oberen Bilder mit einem örtlich konstanten Schwellwert. ■

10.3.1.1 Tiefpassfilter zur Störungsunterdrückung

Da man aus Tiefpässen in einfacher Weise Hoch- und Bandpässe sowie Bandsperren erzeugen kann (siehe Abschn. 10.3.1.6), sollen nun einige wichtige lineare **Tiefpassfilter** behandelt werden.

An den Entwurf geeigneter Tiefpässe sind folgende Bedingungen zu stellen:

- Damit der Mittelwert von $g(\mathbf{x})$ unverändert bleibt, wird für die Impulsantwort $h(\mathbf{x})$ ortskontinuierlicher Filter

$$\int_{-\infty}^{\infty}\int_{-\infty}^{\infty} h(\mathbf{x})\,\mathrm{d}\mathbf{x} = 1 = H(\mathbf{0}) \tag{10.87}$$

  gefordert. Im Diskreten lautet die entsprechende Bedingung für h_{mn}:

$$\sum_{m=-\infty}^{\infty}\sum_{n=-\infty}^{\infty} h_{mn} = 1 = H_{00}\,. \tag{10.88}$$

- Des Weiteren wird für die Impulsantwort des Filters Geradheit gefordert, damit die Werte zu beiden Seiten des Ursprungs gleichermaßen in das Ergebnis der Filterung eingehen:

$$h(\mathbf{x}) = h(-\mathbf{x}) \tag{10.89}$$

  bzw. für ortsdiskrete Filter

$$h_{mn} = h_{-m,-n}\,. \tag{10.90}$$

Es existieren unendlich viele Filter, die beide Bedingungen erfüllen. Im Folgenden werden die wichtigsten vorgestellt.

10.3.1.2 Gleitende Mittelung

Die **gleitende Mittelung** ist durch die folgende Impulsantwort definiert:

$$h(\mathbf{x}) = \frac{1}{D^2}\,\mathrm{rect}\left(\frac{x}{D}\right)\mathrm{rect}\left(\frac{y}{D}\right), \tag{10.91}$$

wobei D die lateralen Abmessungen des Mittelungsfensters bezeichnet.

Eigenschaften:

⊕ **Endliche örtliche Ausdehnung**: Zu den herausragenden Eigenschaften der gleitenden Mittelung zählt die endliche örtliche Ausdehnung ihrer Impulsantwort $h(\mathbf{x})$, was sich im Falle einer ortsdiskreten Implementierung positiv auf die Rechenzeit auswirkt.

⊕ **Separierbarkeit**: In vielen praktischen Fällen lässt sich der Rechenaufwand zur Filterung eines Bildes erheblich reduzieren, wenn die zugehörige Impulsantwort separierbar ist – d. h. sich in jeweils eine horizontale und eine vertikale eindimensionale Impulsantwort zerlegen lässt. Speziell im Falle der gleitenden Mittelung lässt sich die zweidimensionale Faltung eines Bildes $g(\mathbf{x})$ mit der Impulsantwort (10.91) wie folgt zerlegen:

$$g(\mathbf{x}) ** h(\mathbf{x}) = \left(g(\mathbf{x}) \overset{x}{*} \frac{1}{D} \operatorname{rect}\left(\frac{x}{D}\right) \right) \overset{y}{*} \frac{1}{D} \operatorname{rect}\left(\frac{y}{D}\right) , \tag{10.92}$$

wobei $\overset{x}{*}$ und $\overset{y}{*}$ eindimensionale Faltungen in x- bzw. y-Richtung bezeichnen.

⊖ **Nebenextrema der Übertragungsfunktion** $H(\mathbf{f})$: „Gute“ Tiefpassfilter sollten die wichtige Monotonieeigenschaft besitzen, dass sie höherfrequente Signalanteile (die mit feineren Strukturen im Ortsbereich korrespondieren) stärker als tieferfrequente Signalanteile (d. h. gröbere Ortsstrukturen) unterdrücken. Die gleitende Mittelung erfüllt diese Forderung nicht. Die Übertragungsfunktion der eindimensionalen gleitenden Mittelung ist nach (8.85) eine Sinc-Funktion. Für die zweidimensionale Fourier-Transformierte von (10.91) erhält man entsprechend:

$$H(\mathbf{f}) = \operatorname{sinc}(f_x D) \cdot \operatorname{sinc}(f_y D) . \tag{10.93}$$

Gemäß Abb. 8.9 weist diese Funktion nicht nur Nebenextrema auf, sondern sie nimmt für gewisse Ortsfrequenzen sogar negative Werte an, was – ähnlich wie bei der unscharfen optischen Abbildung (vgl. Abb. 8.36) – für die betroffenen Ortsfrequenzen zu einer Kontrastumkehr führt.

⊖ **Anisotropie**: Ferner macht sich die unerwünschte Anisotropie[3] der gleitenden Mittelung darin bemerkbar, dass weder die Impulsantwort noch die Übertragungsfunktion des Filters rotationssymmetrisch sind. Infolgedessen werden diagonale Strukturen im Bild stärker geglättet als achsenparallele Strukturen.

Diskrete Näherung der gleitenden Mittelung

Die Impulsantwort (10.91) der gleitenden Mittelung lässt sich durch die folgende ortsdiskrete Funktion mit $D = L\Delta x = L\Delta y$ approximieren:

$$h_{mn,L} = \frac{1}{L^2} \cdot \begin{cases} 1 & \text{für } |m|, |n| \leq \frac{L-1}{2} \\ 0 & \text{sonst} \end{cases} , \tag{10.94}$$

wobei die Filterlänge $L = 2K + 1$ mit $K \in \mathbb{N}$ ungerade gewählt wird, sodass das Impulsantwortszentrum auf einen Gitterpunkt des diskreten Ortsrasters fällt und so eine Verschiebung des Bildes durch die Filterung vermieden wird. Bei diesem Filter erfolgt eine gleichgewichtige Mittelung sämtlicher Bildwerte innerhalb ei-

---

[3] Anisotropie: Richtungsabhängigkeit.

ner quadratischen Umgebung der Größe $L \times L$ des Punktes $(m,n)^{\mathrm{T}}$; das Ergebnis der Filterung wird dem zentralen Pixel $(m,n)^{\mathrm{T}}$ zugewiesen.

Die Impulsantwort (10.94) lässt sich in Matrixschreibweise wie folgt darstellen:

$$h_{mn,L}: \quad \underbrace{\frac{1}{L^2}\left.\begin{pmatrix} 1 & \cdots & 1 \\ \vdots & & \vdots \\ 1 & \cdots & 1 \end{pmatrix}\right\} L}_{L} = \underbrace{\frac{1}{L}\begin{pmatrix} 1 \\ \vdots \\ 1 \end{pmatrix}}_{h_{n,L}} \cdot \underbrace{\frac{1}{L}\begin{pmatrix} 1 & \cdots & 1 \end{pmatrix}}_{h_{m,L}}, \tag{10.95}$$

wobei sich die Separierbarkeit des Filters dadurch manifestiert, dass $h_{mn,L}$ als Matrixmultiplikation eines Spaltenvektors $h_{n,L}$ und eines Zeilenvektors $h_{m,L}$ angegeben werden kann.

Durch diskrete Fourier-Transformation der Impulsantwort erhält man die DFT-Übertragungsfunktion. Für eine eindimensionale Impulsantwort $h_{m,3}$ der Länge $L = 3$ ergibt sich speziell:

$$H_k = \frac{1}{3}\left(1 + \mathrm{e}^{-\mathrm{j}2\pi\frac{k}{N}} + \mathrm{e}^{-\mathrm{j}2\pi\frac{k(N-1)}{N}}\right) \tag{10.96}$$

$$= \frac{1}{3}\Bigg(1 + \underbrace{\mathrm{e}^{-\mathrm{j}2\pi\frac{k}{N}} + \mathrm{e}^{\mathrm{j}2\pi\frac{k}{N}} \cdot \underbrace{\mathrm{e}^{-\mathrm{j}2\pi k}}_{1}}_{2\cos\left(2\pi\frac{k}{N}\right)}\Bigg) = \frac{1}{3} + \frac{2}{3}\cos\!\left(2\pi\frac{k}{N}\right). \tag{10.97}$$

Abbildung 10.28 zeigt links den Verlauf der DFT-Übertragungsfunktion der eindimensionalen ortsdiskreten gleitenden Mittelung für die Filterlängen $L \in \{3, 5, 7\}$.

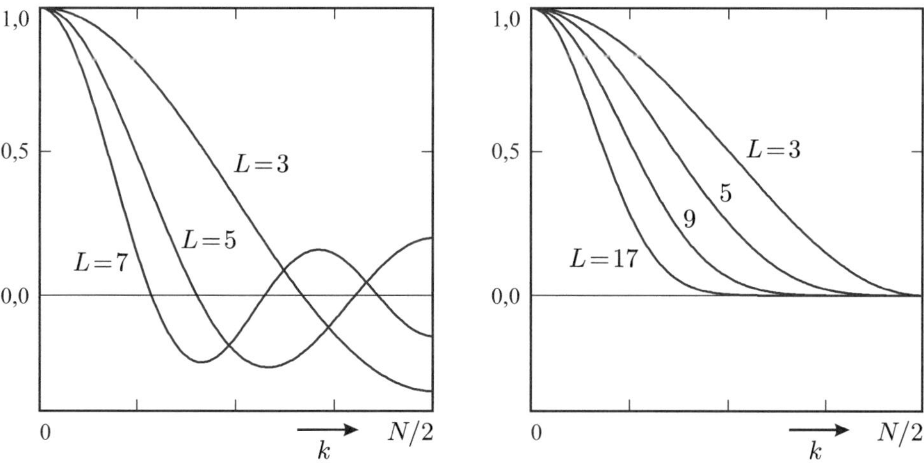

Abbildung 10.28. DFT-Übertragungsfunktionen H_k der eindimensionalen ortsdiskreten gleitenden Mittelung (links) und des eindimensionalen Binomial-Tiefpasses (rechts). Der Frequenzindex $N/2$ entspricht der halben Abtastfrequenz und damit der höchsten darstellbaren Signalfrequenz.

Gut erkennen lassen sich darin sowohl die Nebenextrema als auch die negativen Werte der Übertragungsfunktion. In geeigneten Anwendungen können die Nullstellen der Übertragungsfunktion genutzt werden, um streng periodische Störungen – z. B. infolge von Netzbrummen – zu unterdrücken.

Aufgrund der Separierbarkeit der gleitenden Mittelung folgt die zweidimensionale DFT-Übertragungsfunktion des Filters der Größe 3×3 unmittelbar aus (10.97):

$$H_{kl} = \frac{1}{9}\left(1 + 2\cos\left(2\pi\frac{k}{N}\right)\right)\left(1 + 2\cos\left(2\pi\frac{l}{N}\right)\right) . \tag{10.98}$$

Abbildung 10.29 zeigt die DFT-Übertragungsfunktion H_{kl} der gleitenden Mittelung für Impulsantworten der Größen 3×3 (oben) und 7×7 (unten). Letztere fällt insbesondere wegen der ausgeprägten Anisotropie des Filters auf.

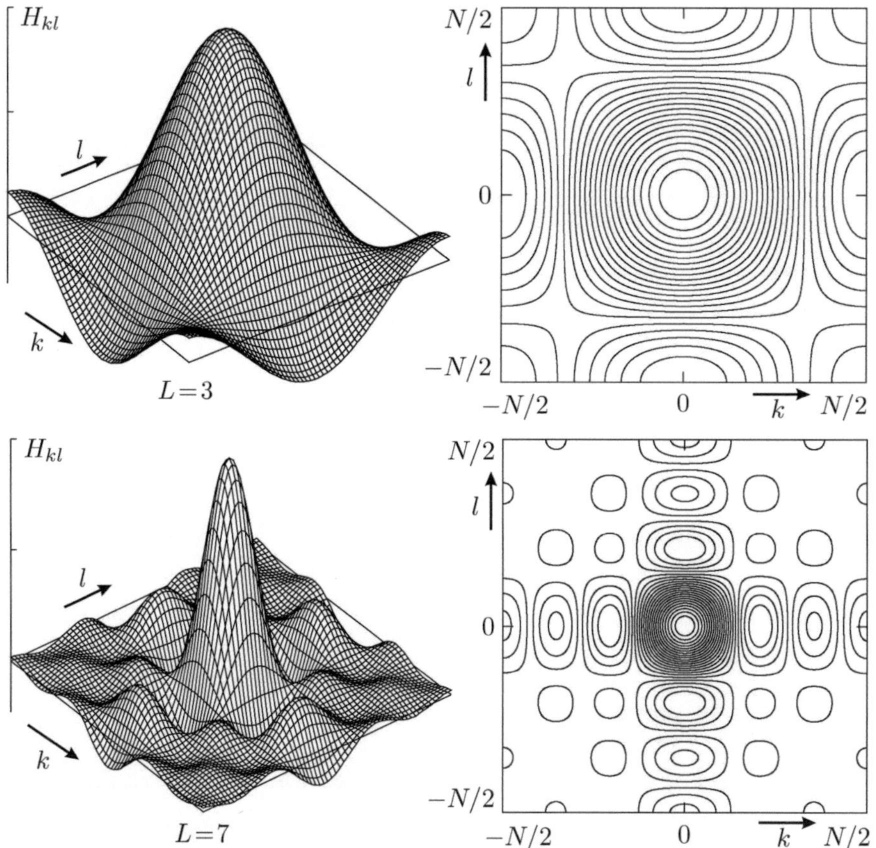

Abbildung 10.29. DFT-Übertragungsfunktion H_{kl} der gleitenden Mittelung für Impulsantworten der Größen $L\times L = 3\times3$ (oben) und $L\times L = 7\times7$ (unten).

10.3.1.3 Kegel-Tiefpass

Der **Kegel-Tiefpass** ist durch eine kegelförmige Impulsantwort

$$h(\mathbf{x}) = \frac{3}{\pi D^2} \cdot \Lambda\left(\frac{2\|\mathbf{x}\|}{D}\right) = \frac{3}{\pi D^2} \cdot \begin{cases} 1 - \frac{\|\mathbf{x}\|}{D} & \text{für } \|\mathbf{x}\| \leq D \\ 0 & \text{sonst} \end{cases} \tag{10.99}$$

gekennzeichnet. Er ist zwar rotationssymmetrisch und weist günstigere Übertragungseigenschaften als die gleitende Mittelung auf, spielt jedoch in der Praxis nur eine untergeordnete Rolle, da er nicht separierbar ist und dem Gauß-Tiefpass in nahezu jeder Hinsicht unterlegen ist. Daher wird dieses Filter nicht näher betrachtet.

10.3.1.4 Gauß-Tiefpass

Beim **Gauß-Tiefpass** besitzt die Impulsantwort

$$h(\mathbf{x}) = \frac{1}{2\pi D^2}\,\mathrm{e}^{-\frac{1}{2}\frac{\|\mathbf{x}\|^2}{D^2}} \tag{10.100}$$

die Form einer zweidimensionalen Gauß'schen Glockenkurve. Dadurch weisen benachbarte Punkte einen stärkeren Einfluss auf das Ergebnis der Mittelung auf als Punkte, die weiter davon entfernt sind.

Eigenschaften:

⊕ **Monotonie der Übertragungsfunktion**: Im Gegensatz zur gleitenden Mittelung besitzt der Gauß-Tiefpass die günstige Eigenschaft, Strukturen umso stärker zu unterdrücken, je feiner diese sind. Entsprechend weist die Übertragungsfunktion

$$H(\mathbf{f}) = \mathrm{e}^{-\frac{1}{2}D^2\|\mathbf{f}\|^2} \tag{10.101}$$

des Filters – ebenfalls eine Gauß-Funktion – keine Nebenextrema auf.

⊕ **Isotropie**: Ferner ist dieses Filter rotationssymmetrisch und damit auch isotrop, also richtungsunabhängig.

⊕ **Separierbarkeit**: Wie auch die gleitende Mittelung, lässt sich die Gauß-Tiefpassfilterung aufgrund ihrer Separierbarkeit effizient im Mehrdimensionalen implementieren.

⊕ **Günstige Glättungseigenschaften**: Der Gauß-Tiefpass besitzt in dem Sinne günstige Glättungseigenschaften, als dass durch die Filterung keine neuen Extrema erzeugt, sondern lediglich bestehende gedämpft werden [10]. Diese Eigenschaft gilt allerdings streng nur im Eindimensionalen. Interessanterweise ist die Glättung mit einem Gauß'schen Tiefpass analog zu einem Abkühlungsvorgang, der Unterschiede einer örtlichen Temperaturverteilung ausgleicht; siehe Abschn. 12.3.

$\oplus$ **Minimales Breite-Bandbreite-Produkt**: Der Gauß-Tiefpass besitzt von allen Tiefpässen das kleinstmögliche Produkt von örtlicher Ausdehnung der Impulsantwort und zugehöriger Bandbreite im Ortsfrequenzbereich.[4] Dadurch ermöglicht er eine optimale Lokalisation von Bildinhalten gleichzeitig im Orts- und im Ortsfrequenzbereich.

$\ominus$ **Unendliche Ausdehnung**: Nachteilig wirkt sich beim Gauß-Tiefpass vor allem seine unendliche Ausdehnung sowohl im Ortsbereich als auch im Ortsfrequenzbereich aus, weshalb das Filter lediglich näherungsweise implementiert werden kann. Die dafür erforderliche scharfe Begrenzung bringt letztendlich wieder Nebenextrema mit sich, welche die optimalen Eigenschaften des Filters geringfügig relativieren.

Diskrete Näherung: Binomial-Tiefpass

Der **Binomial-Tiefpass** hat sich in der Bildverarbeitung als eine effiziente ortsdiskrete Näherung des Gauß-Tiefpasses etabliert. Die Impulsantwort des eindimensionalen Binomialfilters ist wie folgt definiert:

$$h_{m,L} = \frac{1}{2^{L-1}} \binom{L-1}{\frac{L-1}{2}+m}, \qquad m \in \{-\tfrac{L-1}{2}, \ldots, \tfrac{L-1}{2}\}, \tag{10.102}$$

wobei L die Länge der Impulsantwort bezeichnet. Mit

$$D = \frac{\sqrt{L-1}}{2}\,\Delta x \tag{10.103}$$

lässt sich ein Zusammenhang zwischen L und der Standardabweichung D des Gauß-Tiefpasses (10.100) herstellen.

Die Binomialkoeffizienten

$$\binom{L-1}{\frac{L-1}{2}+m} = \frac{(L-1)!}{(\frac{L-1}{2}+m)!\,(\frac{L-1}{2}-m)!} \tag{10.104}$$

können nach Tab. 10.2 mit Hilfe des Pascal'schen Dreiecks rekursiv berechnet werden. Entsprechend lässt sich das Binomialfilter rekursiv implementieren. Insbesondere gilt:

$$h_{m,3} * h_{m,L} = h_{m,L+2}\,. \tag{10.105}$$

So kann beispielsweise eine Filterung mit dem eindimensionalen Filter

$$h_{m,5}: \quad \frac{1}{16}\begin{pmatrix} 1 & 4 & 6 & 4 & 1 \end{pmatrix} \tag{10.106}$$

---

[4] Dies setzt voraus, dass man die örtliche Ausdehnung und die Bandbreite eines Signals geeignet definiert; siehe z. B. [15].

Tabelle 10.2. Pascal'sches Dreieck zur Berechnung der Binomialkoeffizienten.

L	Normierungsfaktor	Binomialkoeffizienten	effektive Mittelungsbreite
1	1	**1**	0
	1/2	1 1	1
3	1/4	**1 2 1**	$\sqrt{2}$
	1/8	1 3 3 1	$\sqrt{3}$
5	1/16	**1 4 6 4 1**	2
	1/32	1 5 10 10 5 1	$\sqrt{5}$
7	1/64	**1 6 15 20 15 6 1**	$\sqrt{6}$

äquivalent durch zwei aufeinanderfolgende Filterungen mit Binomialfiltern der Form

$$h_{m,3}: \quad \frac{1}{4}\begin{pmatrix}1 & 2 & 1\end{pmatrix} \tag{10.107}$$

realisiert werden. Größere Filter $h_{m,L}$ mit $L > 3$ lassen sich auf eine wiederholte Faltung mit $h_{m,3}$ zurückführen.

Darüber hinaus ist der Binomial-Tiefpass separierbar. Damit ergibt sich für das zweidimensionale Binomialfilter:

$$h_{mn,L} = h_{m,L} \cdot h_{n,L}\,, \tag{10.108}$$

wodurch Rechenzeit gespart wird. Exemplarisch soll die Zerlegung des zweidimensionalen Binomialfilters der Größe $L \times L = 3 \times 3$ betrachtet werden:

$$h_{mn,3}: \quad \frac{1}{16}\begin{pmatrix}1 & 2 & 1\\ 2 & 4 & 2\\ 1 & 2 & 1\end{pmatrix} = \underbrace{\frac{1}{4}\begin{pmatrix}1\\2\\1\end{pmatrix}}_{h_{n,3}} \cdot \underbrace{\frac{1}{4}\begin{pmatrix}1 & 2 & 1\end{pmatrix}}_{h_{m,3}}. \tag{10.109}$$

Für die DFT-Übertragungsfunktion des eindimensionalen Binomialfilters $h_{m,3}$ der Länge $L = 3$ ergibt sich:

$$H_k = \frac{1}{2} + \underbrace{\frac{1}{4}\,\mathrm{e}^{-\mathrm{j}2\pi\frac{k}{N}} + \frac{1}{4}\,\mathrm{e}^{-\mathrm{j}2\pi\frac{k(N-1)}{N}}}_{\frac{1}{2}\cos\left(2\pi\frac{k}{N}\right)} = \frac{1}{2} + \frac{1}{2}\cos\left(2\pi\frac{k}{N}\right). \tag{10.110}$$

Abbildung 10.28 zeigt im rechten Diagramm den Verlauf der Übertragungsfunktion H_k des Binomial-Tiefpasses für die Filterlängen $L \in \{3, 5, 9, 17\}$. In sämtlichen Fällen nimmt der Frequenzgang für größer werdende Frequenzen monoton ab.

Ferner werden beim Binomial-Tiefpass – bedingt durch die Nullstelle $H_{\frac{N}{2}} = 0$ – die höchsten im Signal vorkommenden Frequenzanteile perfekt unterdrückt.

Man sieht aber auch, dass für eine bestimmte Durchlassbreite beim Gauß-Tiefpass eine wesentlich breitere Impulsantwort benötigt wird als bei der gleitenden Mittelung. Das liegt an dem quadratischen Zusammenhang zwischen D und L in (10.103). Insofern war der Vergleich zwischen gleitender Mittelung und Binomialfilter mit gleicher Impulsantwortgröße in Abb. 10.25(c) und (e) nicht ganz „fair".

Für die DFT-Übertragungsfunktion des zweidimensionalen Binomialfilters der Größe $L \times L = 3 \times 3$ erhält man mit (10.110):

$$H_{kl} = \frac{1}{4}\left(1 + \cos\left(2\pi\frac{k}{N}\right)\right)\left(1 + \cos\left(2\pi\frac{l}{N}\right)\right) . \tag{10.111}$$

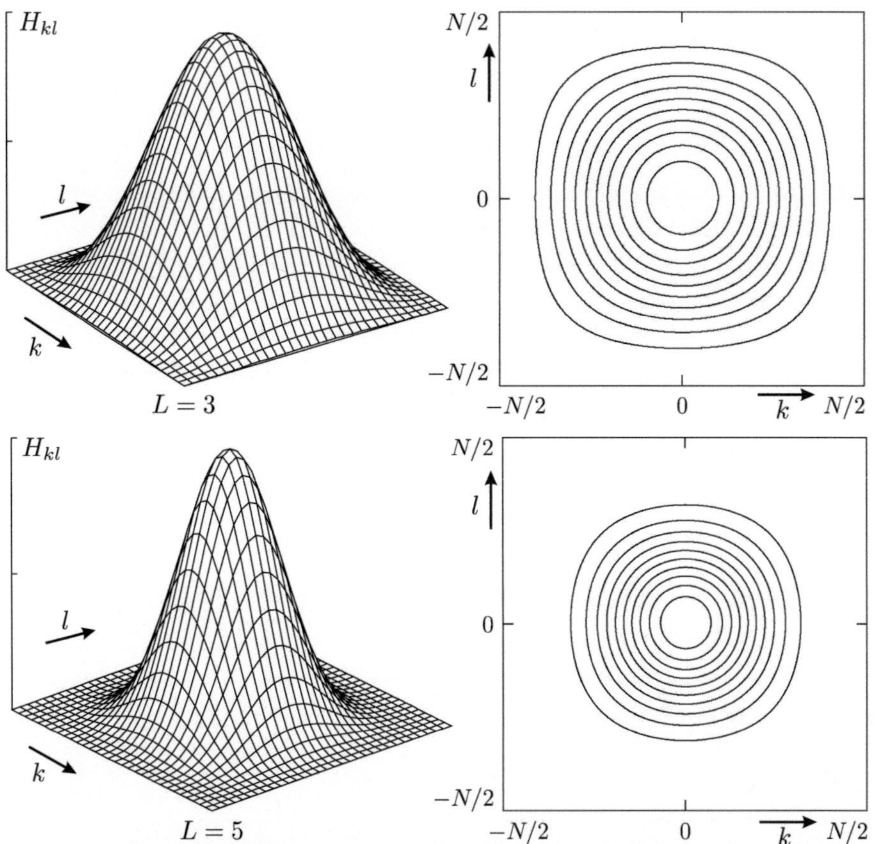

Abbildung 10.30. DFT-Übertragungsfunktion H_{kl} des Binomial-Tiefpasses für Impulsantworten der Größen $L \times L = 3 \times 3$ (oben) und $L \times L = 5 \times 5$ (unten).

Abbildung 10.30 zeigt die DFT-Übertragungsfunktion H_{kl} für Impulsantworten der Größen $L \times L = 3 \times 3$ (oben) und $L \times L = 5 \times 5$ (unten). Obwohl für $L = 3$ noch eine leichte Anisotropie zu verzeichnen ist, sieht die Übertragungsfunktion für $L \geq 5$ schon nahezu isotrop aus.

Schließlich sei noch angemerkt, dass nach dem Moivre-Laplace-Theorem – einem Spezialfall des zentralen Grenzwertsatzes – die Binomialverteilung für $L \to \infty$ in eine Normalverteilung übergeht [12]. Insofern konvergiert der Binomial-Tiefpass für $L \to \infty$ asymptotisch gegen den Gauß-Tiefpass.

Beispiel 10.17 (Störungsunterdrückung mit Tiefpassfiltern): Um die Wirkung der vorgestellten Tiefpassfilter zu demonstrieren, wurden ausgehend vom Bild eines Chips aus Abb. 10.2(a) zwei gestörte Testbilder generiert. Bei Abb. 10.31(a) wurde normalverteiltes weißes Rauschen der Varianz $\sigma^2 = 400$ additiv überlagert. In Abb. 10.31(b) wurden 15 % der Pixel zufällig ausgewählt und mit impulsförmigem Rauschen – sogenanntem **Salz-und-Pfeffer-Rauschen** – versehen, d. h. die ausgewählten Bildpunkte wurden entweder auf den Wert 255 (weiß) oder 0 (schwarz) gesetzt.

Zur Untersuchung der gleitenden Mittelung wurde eine Impulsantwort der Größe $L \times L = 5 \times 5$ gewählt. Anhand von Abb. 10.31(c) erkennt man die gute Eignung dieses Filters zur Unterdrückung von additivem normalverteilten Rauschen. Die Anwendung bei Vorhandensein impulsförmiger Störungen führt jedoch zu unbefriedigenden Ergebnissen, wie in Abb. 10.31(d) zu sehen ist.

Ähnlich wie die gleitende Mittelung zeigt das Binomialfilter gute Ergebnisse bei der Unterdrückung von additivem normalverteilten Rauschen; siehe Abb. 10.31(e). Um eine Vergleichbarkeit beider Filter zu erlauben, wurde hierbei ein Binomialfilter der gleichen effektiven Mittelungsbreite[5] ($L \times L = 9 \times 9$) herangezogen; vgl. Tab. 10.2 und Abb. 10.28. Abbildung 10.31(f) bestätigt hingegen die schlechte Eignung linearer Filter zur Beseitigung impulsförmiger Störungen. ■

---

[5] Zur Definition der *effektiven Mittelungsbreite* werden die Koeffizienten der Impulsantwort als diskrete Wahrscheinlichkeitsbelegung aufgefasst. Die effektive Mittelungsbreite beträgt 2σ, wobei σ die Standardabweichung der Wahrscheinlichkeitsbelegung bezeichnet.

(a) Bild mit Gauß'schem Rauschen

(b) Bild mit impulsartigem Rauschen

(c) Gleitende Mittelung von (a)

(d) Gleitende Mittelung von (b)

(e) Binomialfilterung von (a)

(f) Binomialfilterung von (b)

Abbildung 10.31. Beispiele zur Störungsunterdrückung mit lokalen Tiefpassfiltern.

10.3.1.5 Idealer Tiefpass

Die Übertragungsfunktion des idealen Tiefpasses zeichnet sich durch einen abrupten Übergang vom Durchlassbereich in den Sperrbereich aus:

$$H(\mathbf{f}) = \operatorname{rect}\left(\frac{\|\mathbf{f}\|}{F}\right), \tag{10.112}$$

wobei F die Bandbreite und $F/2$ somit die Grenzfrequenz des Filters bezeichnen. Durch inverse Fourier-Transformation erhält man die Impulsantwort zu:

$$h(\mathbf{x}) = \frac{F}{2} \cdot \frac{J_1(\pi F \|\mathbf{x}\|)}{\|\mathbf{x}\|}. \tag{10.113}$$

J_1 ist dabei die Bessel-Funktion 1. Art erster Ordnung; vgl. (2.170).

Eigenschaften:

⊕ **Ideale Unterdrückung hoher Frequenzen**: Aufgrund des unendlich steilen Übergangs zwischen Durchlass- und Sperrbereich vermag der ideale Tiefpass, Signalanteile oberhalb der Grenzfrequenz $F/2$ perfekt zu unterdrücken.

⊕ **Isotropie**: Ferner ist dieses Filter wegen der Rotationssymmetrie von Impulsantwort und Übertragungsfunktion richtungsunabhängig.

⊖ **Impulsantwort unendlich lang**: Wegen seiner unendlich langen Impulsantwort $h(\mathbf{x})$ lässt sich der ideale Tiefpass nur mit unendlich hohem Aufwand realisieren. Eine örtliche Begrenzung der Impulsantwort würde zu Lasten der idealen Frequenzcharakteristik des Filters gehen.

⊖ **Überschwinger an Bildwertsprüngen**: Bei Bildwertsprüngen kommt es im Ergebnis einer idealen Tiefpassfilterung zu Überschwingern, die den Einsatz derartiger Tiefpässe im Kontext vieler Bildverarbeitungsaufgaben unbrauchbar machen. Diese Erscheinung ist auch als **Gibbs'sches Phänomen** bekannt [15].

Diskrete Näherung des idealen Tiefpasses

Nachdem die Impulsantwort des idealen Tiefpasses örtlich unbegrenzt ist, bietet sich vor allem eine Implementierung im Ortsfrequenzbereich mit Hilfe der DFT an. Die DFT-Übertragungsfunktion des idealen Tiefpasses lautet wie folgt:

$$H_{kl} = \begin{cases} 1 & \text{im Durchlassbereich (niedrige Frequenzen)} \\ 0 & \text{im Sperrbereich (hohe Frequenzen)} \end{cases}. \tag{10.114}$$

Problematisch ist dabei jedoch der starke Randeffekt im Ortsbereich wegen der schwach ($\propto \|\mathbf{x}\|^{-\frac{3}{2}}$) abklingenden Impulsantwort (10.113). Eine Verbesserung kann durch eine Glättung der Übertragungsfunktion im Ortsfrequenzbereich erzielt werden.

(a) Originalbild

(b) Ideale Tiefpassfilterung

Abbildung 10.32. Beispiel zur idealen Tiefpassfilterung: (a) Originalbild; (b) Ergebnis der idealen Tiefpassfilterung.

Beispiel 10.18 (Ideale Tiefpassfilterung mittels der DFT): Abbildung 10.32(a) zeigt eine Aufnahme, die ausgeprägte Linien und Kanten enthält. Nach einer scharfen Bandbegrenzung des Originalbildes mit einem idealen Tiefpass im Ortsfrequenzbereich sind im Ergebnisbild Abb. 10.32(b) deutliche Überschwinger in der Nähe jeglicher Kanten zu erkennen. Hierbei handelt es sich um das sogenannte Gibbs'sche Phänomen. ■

10.3.1.6 Erzeugung von Hochpässen, Bandsperren und Bandpässen aus gegebenem Tiefpass

Bislang wurden lediglich Tiefpassfilter zur Störungsunterdrückung betrachtet. Mit Hilfe von sogenannten **Filtertransformationen** ist es möglich, **Hochpässe**, **Bandsperren** und **Bandpässe** aus einem gegebenen Tiefpass zu erzeugen. Damit kann der Entwurf all dieser Filtertypen auf den Entwurf von Tiefpässen zurückgeführt werden. Abbildung 10.33 zeigt ein Schema zur Erzeugung einfacher linearer Hochpässe $h_{\mathrm{HP}}(\mathbf{x})$, Bandsperren $h_{\mathrm{BS}}(\mathbf{x})$ und Bandpässe $h_{\mathrm{BP}}(\mathbf{x})$ aus einem gegebenen Tiefpass $h_{\mathrm{TP}}(\mathbf{x})$.

10.3.1.7 Exkurs: Z-Transformation

Die Z-Transformation überführt eine Folge von Werten (diskretes Signal) in ein komplexes Polynom.

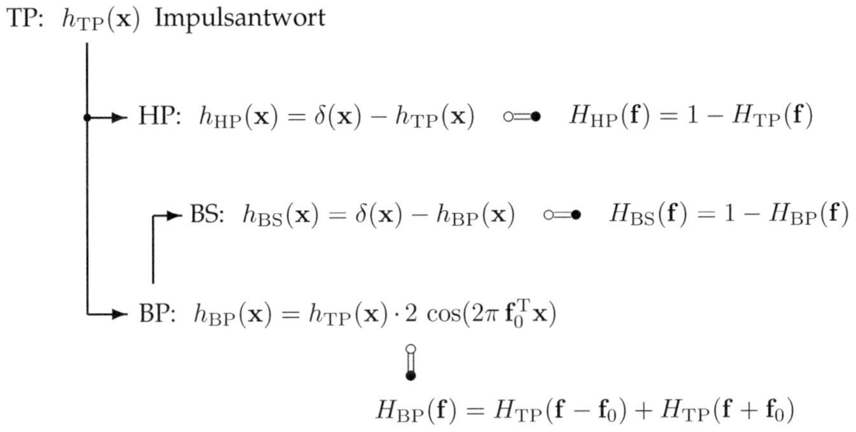

TP: $h_{\mathrm{TP}}(\mathbf{x})$ Impulsantwort

$$\text{HP: } h_{\mathrm{HP}}(\mathbf{x}) = \delta(\mathbf{x}) - h_{\mathrm{TP}}(\mathbf{x}) \quad \circ\!\!-\!\!\bullet \quad H_{\mathrm{HP}}(\mathbf{f}) = 1 - H_{\mathrm{TP}}(\mathbf{f})$$

$$\text{BS: } h_{\mathrm{BS}}(\mathbf{x}) = \delta(\mathbf{x}) - h_{\mathrm{BP}}(\mathbf{x}) \quad \circ\!\!-\!\!\bullet \quad H_{\mathrm{BS}}(\mathbf{f}) = 1 - H_{\mathrm{BP}}(\mathbf{f})$$

$$\text{BP: } h_{\mathrm{BP}}(\mathbf{x}) = h_{\mathrm{TP}}(\mathbf{x}) \cdot 2\,\cos(2\pi\,\mathbf{f}_0^{\mathrm{T}}\mathbf{x})$$

$$H_{\mathrm{BP}}(\mathbf{f}) = H_{\mathrm{TP}}(\mathbf{f} - \mathbf{f}_0) + H_{\mathrm{TP}}(\mathbf{f} + \mathbf{f}_0)$$

Abbildung 10.33. Erzeugung einfacher linearer Hochpässe, Bandpässe und Bandsperren aus einem gegebenen Tiefpass. Bei Bandpässen und Bandsperren bezeichnet $\mathbf{f}_0$ die Mittenfrequenz.

Definition 10.3: Z-Transformation

Die Z-Transformation $\mathcal{Z}\{\cdot\}$ bildet das diskrete Signal $g_n \in \mathbb{R}$, $n \in \mathbb{Z}$, auf ein komplexwertiges Polynom $G(z) : \mathbb{C} \to \mathbb{C}$ gemäß der folgenden Abbildungsvorschrift ab:

$$\mathcal{Z}\{g_n\} := G(z) = \sum_{l=-\infty}^{\infty} g_l\, z^{-l}, \quad z \in \mathbb{C}\,. \tag{10.115}$$

◇

Weit verbreitet wird die Z-Transformation bei der Verarbeitung zeitdiskreter Signale eingesetzt. Für Bilder, also Signale über dem Ort, ist der Einsatz der Z-Transformation weniger gebräuchlich. Zum einen liefert die zweidimensionale Verallgemeinerung

$$\mathcal{Z}\{g_{mn}\} := G(z_1, z_2) = \sum_{m=-\infty}^{\infty} \sum_{n=-\infty}^{\infty} g_{mn}\, z_1^{-m}\, z_2^{-n}\,, \tag{10.116}$$

$$G(z_1, z_2) \;:\; \mathbb{C}^2 \to \mathbb{C}\,, \tag{10.117}$$

Z-Transformierte über der vierdimensionalen Definitionsmenge $\mathbb{C}^2$, die unanschaulich sind und viel Speicherplatz benötigen. Zum anderen gilt im Zweidimensionalen kein Fundamentalsatz der Algebra, der eine Faktorisierung bezüglich der Nullstellen erlaubt.

Dennoch soll hier kurz auf die Z-Transformation eingegangen werden, da sich bei separierbaren Signalen $g_{mn} = p_m\, q_n$ die beiden Faktoren jeweils mit der eindimensionalen Z-Transformation behandeln lassen.

In diesem Exkurs soll anhand von Beispielen gezeigt werden, dass die diskrete Faltung von Signalen im Z-Bereich in eine Polynommultiplikation überführt wird. Mithin lassen sich längere Signale durch Polynomfaktorisierung im Z-Bereich in eine Faltung kürzerer Signale zerlegen.

Beispiel 10.19 (Z-Transformation diskreter Signale): Gegeben seien die diskreten Signale c_n und d_n durch

$$c_n := \begin{cases} -1 & \text{für } n = 0 \\ 1 & \text{für } n = 1 \\ 0 & \text{sonst} \end{cases}, \qquad d_n := \begin{cases} 1 & \text{für } n = -1, n = 1 \\ 2 & \text{für } n = 0 \\ 0 & \text{sonst} \end{cases}. \tag{10.118}$$

Die Z-Transformierten von c_n und d_n lauten folglich:

$$\mathcal{Z}\{c_n\} = C(z) = -z^0 + z^{-1}, \tag{10.119}$$

$$\mathcal{Z}\{d_n\} = D(z) = z^1 + 2\,z^0 + z^{-1}. \tag{10.120}$$

■

Die inverse Z-Transformation kann informell durch Ablesen der Koeffizienten des entsprechenden Polynoms durchgeführt werden, was man leicht z. B. beim Übergang von (10.119) bzw. (10.120) zu (10.118) nachvollziehen kann.

Satz 10.1: Faltungssatz der Z-Transformation

Die Z-Transformierte der Faltung zweier diskreter Signale g_n, h_n ist gleich dem Produkt der Z-Transformierten der beiden Signale:

$$\mathcal{Z}\{g_n * h_n\} = \mathcal{Z}\{g_n\} \cdot \mathcal{Z}\{h_n\}. \tag{10.121}$$

Beweis siehe z. B. [8, 15]. ◇

Beispiel 10.20 (Faltung zweier diskreter Signale): Gesucht ist das Faltungsergebnis $g_n = c_n * d_n$, das sich über die Z-Transformierten $C(z), D(z)$ der beiden Signale c_n und d_n aus Bsp. 10.19 mit Hilfe des Faltungssatzes (10.121) berechnen lässt:

$$\mathcal{Z}\{c_n * d_n\} = \mathcal{Z}\{c_n\} \cdot \mathcal{Z}\{d_n\} = C(z) \cdot D(z) \tag{10.122}$$

$$= (-1 + z^{-1})(z + 2 + z^{-1}) = -z - 1 + z^{-1} + z^{-2}. \tag{10.123}$$

Ablesen der Koeffizienten liefert das Faltungsergebnis:

$$g_n = c_n * d_n = \begin{cases} -1 & \text{für } n = -1, n = 0 \\ 1 & \text{für } n = 1, \quad n = 2 \\ 0 & \text{sonst} \end{cases} . \tag{10.124}$$

■

Beispiel 10.21 (Zerlegung eines Signals mit Hilfe der Z-Transformation): Gegeben sei das Signal g_n anhand seiner Z-Transformierten:

$$\mathcal{Z}\{g_n\} = G(z) = -z - 1 + z^{-1} + z^{-2} . \tag{10.125}$$

g_n soll in eine Faltung kürzerer Signale zerlegt werden. Dazu wird $G(z)$ in ein Produkt kürzerer Polynome faktorisiert:

$$G(z) = -z - 1 + z^{-1} + z^{-2} = \frac{-z^3 - z^2 + z + 1}{z^2} \tag{10.126}$$

$$= \frac{(z^2 + 2z + 1)(1 - z)}{z^2} = \frac{(z+1)^2(1-z)}{z^2} \tag{10.127}$$

$$= \underbrace{(z+1)}_{=:\mathcal{Z}\{a_n\}} \underbrace{(1 + z^{-1})}_{=:\mathcal{Z}\{b_n\}} \underbrace{(-1 + z^{-1})}_{=:\mathcal{Z}\{c_n\}} . \tag{10.128}$$

Somit kann g_n in eine Faltung der Signale

$$a_n = \begin{cases} 1 & \text{für } n = -1 \\ 1 & \text{für } n = 0 \\ 0 & \text{sonst} \end{cases} , \qquad b_n = \begin{cases} 1 & \text{für } n = 0 \\ 1 & \text{für } n = 1 \\ 0 & \text{sonst} \end{cases} \tag{10.129}$$

und

$$c_n = \begin{cases} -1 & \text{für } n = 0 \\ 1 & \text{für } n = 1 \\ 0 & \text{sonst} \end{cases} \tag{10.130}$$

zerlegt werden:

$$g_n = a_n * b_n * c_n . \tag{10.131}$$

■

Die Z-Transformation kann also z. B. dazu verwendet werden, ein lineares, verschiebungsinvariantes System in eine Reihenschaltung einfacherer Systeme dieser Art mit kürzeren Impulsantworten zu zerlegen.

10.3.2 Störungsunterdrückung mit nichtlinearen Filtern

Die bisher behandelten linearen Filter wirken sich meist negativ auf die Glättung von Bildern aus, die Kanten oder impulsförmige Störungen enthalten: Tiefpassfilter verursachen durch die gewichtete Mittelung eine „Verschmierung" der örtlichen Bildinformation. Bei abrupten Bildwertübergängen wirkt sich diese Verschmierung negativ auf die gesamte Umgebung $\mathcal{U}(\mathbf{x})$ des Bezugspunktes $\mathbf{x}$ aus.

Beispiel 10.22 (Gleitende Mittelung): Exemplarisch sei die gleitende Mittelung

$$k_m = \frac{1}{5} \sum_{\nu=-2}^{2} g_{m-\nu} \tag{10.132}$$

des in Abb. 10.34 dargestellten diskreten eindimensionalen Signals betrachtet. Die Umgebung hat in diesem Beispiel die Breite $|\mathcal{U}| = 5$. Liegt an der Stelle m eine impulsartige Störung $g_m \to \infty$ vor, so wird sich diese infolge der Mittelung auf die gesamte Umgebung $k_{m-i} \to \infty$, $i \in \{-2, -1, 0, 1, 2\}$, auswirken. ■

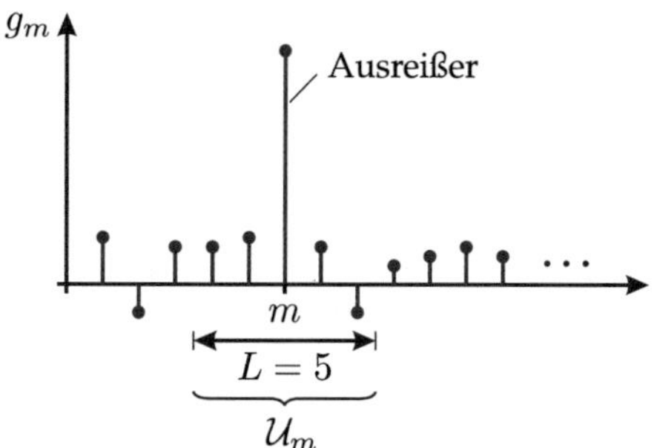

Abbildung 10.34. Ausreißerempfindlichkeit der gleitenden Mittelung.

Ein ganz anderer Ansatz zur Glättung von Bildern basiert auf der Sortierung der Werte innerhalb der Umgebung $\mathcal{U}$. Diese Vorgehensweise erlaubt die Konstruktion kantenerhaltender Glättungsfilter, deren Übertragungseigenschaften allerdings nichtlinear sind. Eine wichtige Klasse nichtlinearer Glättungsfilter sind die **Rangordnungsfilter**, von denen im Folgenden das Medianfilter als wichtigster Vertreter behandelt werden soll.

10.3.2.1 Medianfilter

Das **Medianfilter** basiert auf der Sortierung der Bildwerte innerhalb einer Umgebung $\mathcal{U}_m$ des zu bearbeitenden Bildpunktes:

$$\{g_{m-\mu} | \mu \in \mathcal{U}\} \xrightarrow[\text{Sortieren}]{} {}^m g_{(-K)} \leq \ldots \leq \underbrace{{}^m g_{(0)}}_{\text{Median}} \leq \ldots \leq {}^m g_{(K)} \tag{10.133}$$

mit

$$\mathcal{U} := \{-K, -K+1, \ldots, 0, \ldots, K\}, \qquad K \in \mathbb{N}. \tag{10.134}$$

Aus der resultierenden sortierten Liste wird der sogenannte **Median** – d. h. der in der Mitte der Liste zu liegen kommende Wert – ausgewählt:

$$k_m = \text{med}_{\mathcal{U}}\{g_m\} = {}^m g_{(0)}. \tag{10.135}$$

Die Sortierung drängt eventuell vorhandene Ausreißer nach „außen". Falls weniger als $K+1$ positive Ausreißer $g_{m-\mu} \to \infty$ und weniger als $K+1$ negative Ausreißer $g_{m-\mu} \to -\infty$ innerhalb der Umgebung $\mathcal{U}_m$ vorhanden sind, bleibt der resultierende Medianwert k_m endlich. In diesem Fall schlagen die Ausreißer nicht direkt auf k_m durch. Die Tatsache vorhandener Ausreißer beeinflusst zwar den Sortiervorgang; dieser Einfluss ist jedoch praktisch sehr gering verglichen mit dem bei linearen Glättungsfiltern.

Zur Realisierung eines zweidimensionalen Medianfilters genügt es, die Umgebung $\mathcal{U}$ als zweidimensionale Punktmenge zu definieren. Abbildung 10.35 illustriert dies am Beispiel einer Umgebung der Größe $L \times L = 3 \times 3$.

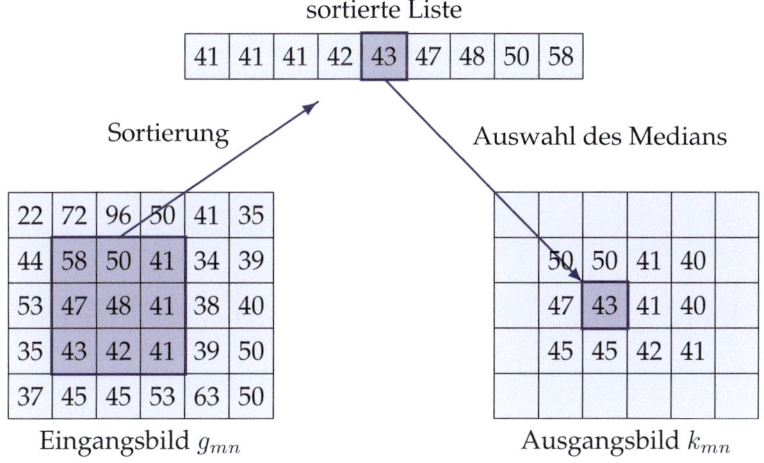

Abbildung 10.35. Illustration des Medianfilters der Größe $L \times L = 3 \times 3$ (nach [6]).

Eigenschaften:

⊕ **Kantenerhaltend**: Bei der Medianfilterung bleiben Bildstrukturen breiter als K Pixel und insbesondere Stufenkanten – d. h. sprunghafte Übergänge zwischen zwei Bildwertplateaus (vgl. Abschn. 12.2) – erhalten.

⊕ **Optimal bei Impulsrauschen**: Darüber hinaus ist das Medianfilter optimal zur Unterdrückung impulsförmiger Störungen (Salz-und-Pfeffer-Rauschen).

⊖ **Ungeeignet bei additivem Gauß'schen Rauschen**: Handelt es sich bei den Störungen jedoch um additives normalverteiltes Rauschen, so sind lineare Filter als optimale Störungsunterdrückungsfilter zu bevorzugen.

Um die günstigen Eigenschaften des Medianfilters hinsichtlich der Kantenerhaltung und der Unterdrückung von Störimpulsen zu verdeutlichen, zeigt Abb. 10.36 einen Vergleich der gleitenden Mittelung und der Medianfilterung.

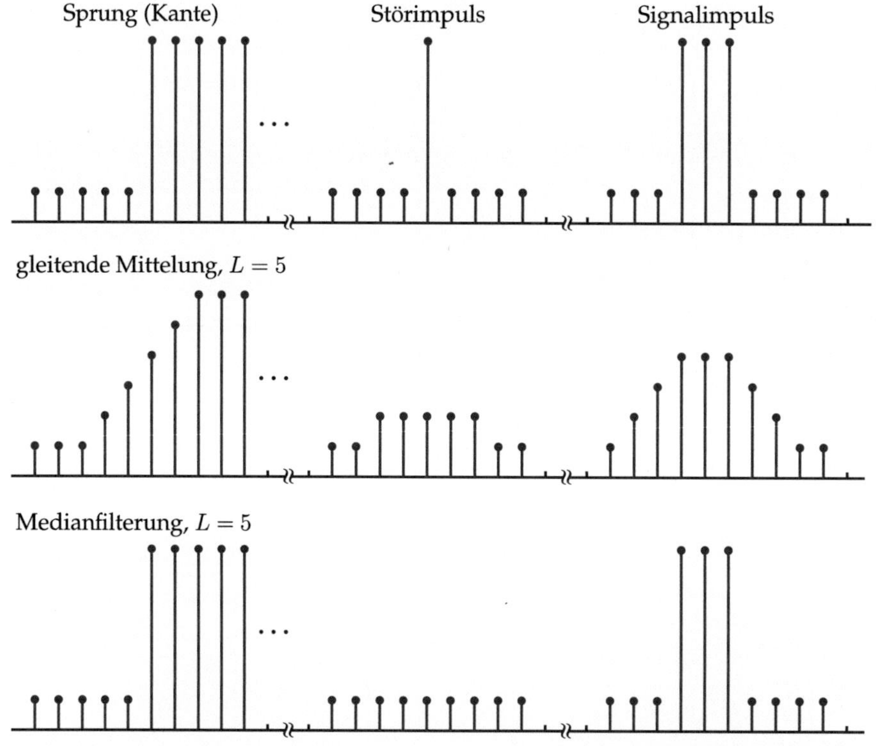

Abbildung 10.36. Vergleich der gleitenden Mittelung und der Medianfilterung.

(a) Medianfilterung von 10.31(a)

(b) Medianfilterung von 10.31(b)

Abbildung 10.37. Störungsunterdrückung mit einem Medianfilter der Größe $L \times L = 3 \times 3$.

Beispiel 10.23 (Störungsunterdrückung mit dem Medianfilter): Abbildung 10.37 zeigt das Ergebnis der Medianfilterung der verrauschten Testbilder aus Abb. 10.31(a) und (b). Bei additivem normalverteilten Rauschen führt das Medianfilter verglichen mit den linearen Glättungsfiltern nur zu mäßigen Ergebnissen; siehe Abb. 10.37(a). Anders sieht es bei impulsförmigen Störungen aus. Hier vermag das Medianfilter, die Störungen wirksam zu unterdrücken bei gleichzeitiger Erhaltung der Kanteninformation, was anhand von Abb. 10.37(b) deutlich wird. Bei Ballungen von Ausreißern versagt jedoch das Medianfilter. ■

Vertiefung Medianfilter: Als nichtlineares Filter ist das Medianfilter der Behandlung mit der linearen Systemtheorie nicht zugänglich. Um dennoch ein tieferes Verständnis für dieses wichtige Filter zu entwickeln, soll gezeigt werden, dass es ein Optimalfilter im Sinne der minimalen mittleren absoluten Abweichung von den zu mittelnden Werten und mithin optimal im Sinne einer minimalen l^1-Metrik ist.

Im Gegensatz dazu wird gezeigt, dass die gleitende Mittelung nach Unterabschnitt 10.3.1.2 optimal im Sinne einer minimalen mittleren quadratischen Abweichung und mithin optimal im Sinne einer minimalen l^2-Metrik (euklidische Metrik) ist.

Satz 10.2: Optimalität des Medianfilters
Seien $a, b, g_{mn} \in \mathbb{R}$, so gilt:

$$\mathrm{med}_{\mathcal{U}}\{g_{mn}\} = \arg\min_{a\in\mathbb{R}} \left\{ \sum_{b\in\mathcal{V}_{mn}} |a-b| \right\} \tag{10.136}$$

mit

$$\mathcal{V}_{mn} := \{g_{m-\mu,n-\nu} | (\mu,\nu) \in \mathcal{U}\}\,. \tag{10.137}$$

◇

Beweis 10.1 (Optimalität des Medianfilters): O. B. d. A. werden die folgenden Überlegungen für ein festes (m, n), d. h. für das Zustandekommen des Medianfilterergebnisses am Ort (m, n) angestellt. Mithin entfällt für $\mathcal{V}$ die Indexierung mit (m, n), was die Schreibweise vereinfacht.

In dieser Beweisskizze wird angenommen, dass $a_i \neq a_j$ für $i \neq j$ und L ungerade sei. Die Funktion $J(a)$ sei definiert als:

$$J(a) := \sum_{i=1}^{L} |a - a_i|\,, \quad a \in \mathcal{V} = \{a_1, a_2, \ldots, a_L\}\,, \quad L := |\mathcal{V}_{mn}|\,. \tag{10.138}$$

Es ist nun zu zeigen, dass gilt:

$$\arg\min_{a\in\mathcal{V}} J(a) = \mathrm{med}_{\mathcal{U}}\{g_{mn}\}\,. \tag{10.139}$$

Dazu wird die Ableitung von $J(a)$ gebildet und gleich null gesetzt. Die dafür notwendige Ableitung der Betragsfunktion $|\cdot|$ kann mittels der Vorzeichenfunktion $\mathrm{sgn}(\,\cdot\,)$ aus (8.89) ausgedrückt werden:

$$\frac{\mathrm{d}J(a)}{\mathrm{d}a} = \sum_{i=1}^{L} \mathrm{sgn}(a - a_i) = \sum_{\{i|a_i>a\}} (-1) + \sum_{\{i|a_i=a\}} (0) + \sum_{\{i|a_i<a\}} (1)\,. \tag{10.140}$$

Nullsetzen dieses Ausdrucks führt zu:

$$\frac{\mathrm{d}J(a)}{\mathrm{d}a} \stackrel{!}{=} 0 \quad \Leftrightarrow \quad |\{i|a_i > a\}| = |\{i|a_i < a\}| = \frac{L-1}{2} \tag{10.141}$$

$$\Leftrightarrow \quad a = \mathrm{med}_{\mathcal{U}}\{g_{mn}\}\,. \tag{10.142}$$

Die Menge der Elemente, die größer als das gesuchte Element sind, muss also gleich mächtig sein wie die Menge der Elemente, die kleiner als das gesuchte Element sind. Daher ist das gesuchte Element der Median. ■

Eine mögliche Verallgemeinerung für vektorielle Werte wäre:

$$\mathrm{med}_{\mathcal{U}}\{\mathbf{g}_{mn}\} = \arg\min_{\mathbf{a}\in\mathbb{R}^Q}\left\{\sum_{\mathbf{b}\in\mathcal{V}_{mn}} \|\mathbf{a}-\mathbf{b}\|_1\right\}, \tag{10.143}$$

mit

$$\mathcal{V}_{mn} := \{\mathbf{g}_{m-\mu,n-\nu}|(\mu,\nu)\in\mathcal{U}\}. \tag{10.144}$$

Zum Vergleich soll nun die gleitende Mittelung betrachtet werden, die sich für jeden Ort (m,n) als arithmetischer Mittelwert der Punkte der Menge $\mathcal{V}_{mn}$ berechnet.

Satz 10.3: Optimalität der gleitenden Mittelung
Es gilt:

$$\bar{a}_{\mathcal{U}} = \arg\min_{a\in\mathbb{R}}\left\{\sum_{i=1}^{L}(a-a_i)^2\right\} \tag{10.145}$$

mit

$$\bar{a}_{\mathcal{U}} := \frac{1}{L}\sum_{i=1}^{L} a_i\,, \quad a_i\in\mathcal{V}_{mn} := \{g_{m-\mu,n-\nu}|(\mu,\nu)\in\mathcal{U}\}\,, \quad L := |\mathcal{V}_{mn}|\,. \tag{10.146}$$

◇

Beweis 10.2 (Optimalität der gleitenden Mittelung): Die Funktion $J(a)$ sei definiert als:

$$J(a) := \sum_{i=1}^{L}(a-a_i)^2\,, \qquad a_i\in\mathcal{V} = \{a_1,a_2,\ldots,a_L\}\,. \tag{10.147}$$

Es ist nun zu zeigen, dass gilt:

$$\bar{a}_{\mathcal{U}} = \arg\min_{a\in\mathbb{R}} J(a)\,. \tag{10.148}$$

Durch Ableiten von $J(a)$ nach a und Nullsetzen folgt die Behauptung:

$$\frac{\mathrm{d}J(a)}{\mathrm{d}a} \overset{!}{=} 0 \quad\Leftrightarrow\quad 2\sum_{i=1}^{L}(a-a_i) = 0 \tag{10.149}$$

$$\Leftrightarrow\quad a = \bar{a}_{\mathcal{U}} = \frac{1}{L}\sum_{i=1}^{L} a_i\,. \tag{10.150}$$

■

Während bei der gleitenden Mittelung Abweichungen quadratisch eingehen und damit große Einzeldifferenzen sehr starken Einfluss gewinnen, gehen beim Medianfilter die Differenzbeträge nur linear ein, was den Einfluss großer Einzeldifferenzen stark mindert. Das liefert eine weitere Erklärung für die Ausreißerunempfindlichkeit des Medianfilters gegenüber der gleitenden Mittelung.

10.3.2.2 Filter auf Basis von Ordnungsstatistiken

Auf der Basis von Ordnungsstatistiken lassen sich Filter konstruieren, die robust gegen Ausreißer sind. Neben dem Medianfilter soll mit dem **getrimmten Mittelwertfilter** ein weiterer Vertreter dieser Filtergattung behandelt werden.

Getrimmtes Mittelwertfilter

Wie beim Medianfilter erfolgt beim getrimmten Mittelwertfilter zunächst auch eine Sortierung der Bildwerte aus einer Umgebung $\mathcal{U}_m$ des zu bearbeitenden Bildpunktes. Dabei werden die $2(K-J)$ extremsten Werte zu Ausreißern deklariert. Alle übrigen Bildwerte nehmen an einer linearen Mittelwertbildung teil:

$$ {}^m g_{(-K)} \leq \ldots \leq \underbrace{{}^m g_{(-J)} \leq \ldots \leq \underbrace{{}^m g_{(0)}}_{\text{Median}} \leq \ldots \leq {}^m g_{(J)}}_{\text{Mittelwertbildung}} \leq \ldots \leq {}^m g_{(K)} \tag{10.151} $$

und ergeben somit das Resultat der getrimmten Mittelwertbildung zu:

$$ k_m = \frac{1}{2J+1} \sum_{i=-J}^{J} {}^m g_{(i)} \,. \tag{10.152} $$

Das getrimmte Mittelwertfilter kann als Verallgemeinerung sowohl der gleitenden Mittelung als auch der Medianfilterung aufgefasst werden und enthält beide Filter als Sonderfälle:

- Für $J = 0$ folgt das Medianfilter.
- Für $J = K$ ergibt sich aus (10.152) der arithmetische Mittelwert.

10.3.2.3 Bilateralfilter

Ein leistungsfähiger Ansatz zur kantenerhaltenden Glättung ist die **Bilateralfilterung** [16]. Wie bei linearen Tiefpassfiltern basiert das Bilateralfilter auf einer gewichteten Mittelung örtlich benachbarter Bildwerte, die sich entsprechend Abschn. 10.3.1 durch eine Faltung des Eingangsbildes $g(\mathbf{x})$ mit dem Filter $h(\mathbf{x})$

darstellen lässt:

$$k(\mathbf{x}) = \frac{\int\limits_{-\infty}^{\infty}\int\limits_{-\infty}^{\infty} g(\boldsymbol{\xi})\, h(\mathbf{x}-\boldsymbol{\xi})\, \mathrm{d}\boldsymbol{\xi}}{\int\limits_{-\infty}^{\infty}\int\limits_{-\infty}^{\infty} h(\boldsymbol{\xi})\, \mathrm{d}\boldsymbol{\xi}}\,. \tag{10.153}$$

Dabei sorgt der Faktor im Nenner für einen unveränderten Mittelwert im Ergebnis der Filterung, vgl. (10.87). Um zu verhindern, dass Kanten durch die Filterung weichgezeichnet werden, berücksichtigt das Bilateralfilter jedoch nur Bildpunkte mit ähnlichen Bildwerten, was sich mit einem weiteren Filterkern $f(g)$ erreichen lässt:

$$k(\mathbf{x}) = \frac{\int\limits_{-\infty}^{\infty}\int\limits_{-\infty}^{\infty} g(\boldsymbol{\xi})\, h(\mathbf{x}-\boldsymbol{\xi})\, f(g(\mathbf{x})-g(\boldsymbol{\xi}))\, \mathrm{d}\boldsymbol{\xi}}{\int\limits_{-\infty}^{\infty}\int\limits_{-\infty}^{\infty} h(\mathbf{x}-\boldsymbol{\xi})\, f(g(\mathbf{x})-g(\boldsymbol{\xi}))\, \mathrm{d}\boldsymbol{\xi}}\,. \tag{10.154}$$

Auch hier bewirkt der Nenner eine Normalisierung, damit der mittlere Bildwert konstant bleibt. Als Filterkerne $h(\mathbf{x})$ und $f(g)$ werden oft Gauß-Funktionen herangezogen.

Da in die Mittelung ausschließlich ähnliche Bildwerte eingehen, ist das Bilateralfilter weniger gut geeignet, um impulsartige Störungen zu unterdrücken. Bei additivem Gauß'schem Rauschen können dagegen damit in der Regel sehr gute Ergebnisse erzielt werden.

Durch Erweiterung von (10.154) auf den Fall vektorwertiger Bildsignale $\mathbf{g}(\mathbf{x})$ lässt sich das Bilateralfilter auch auf Farb- oder Multispektralbilder anwenden:

$$\mathbf{k}(\mathbf{x}) = \frac{\int\limits_{-\infty}^{\infty}\int\limits_{-\infty}^{\infty} \mathbf{g}(\boldsymbol{\xi})\, h(\mathbf{x}-\boldsymbol{\xi})\, f(\mathbf{g}(\mathbf{x})-\mathbf{g}(\boldsymbol{\xi}))\, \mathrm{d}\boldsymbol{\xi}}{\int\limits_{-\infty}^{\infty}\int\limits_{-\infty}^{\infty} h(\mathbf{x}-\boldsymbol{\xi})\, f(\mathbf{g}(\mathbf{x})-\mathbf{g}(\boldsymbol{\xi}))\, \mathrm{d}\boldsymbol{\xi}}\,. \tag{10.155}$$

Dabei können insbesondere bei Farbbildern Farbabweichungen an den Übergängen vermieden werden, wenn die Filterung im CIELAB-Farbraum erfolgt [16]. Die Auswertung der Bildwertähnlichkeit erfolgt in diesem Fall anhand der Funktion f durch Berechnung der euklidischen Distanz im CIELAB-Farbraum.

Die direkte Auswertung des zweifachen Integrals in (10.154) und (10.155) ist rechnerisch allerdings suboptimal. Für eine effiziente Implementierung des Bilateralfilters sei an dieser Stelle auf [14] verwiesen. In diesem Zusammenhang sei schließlich erwähnt, dass die Filterung eines skalaren Ortssignals $g(\mathbf{x})$ mit einem (nichtlinearen) Bilateralfilter sich mittels einer linearen Filterung eines binären Signals

$$b(\mathbf{x}, g) = \delta^g_{g(\mathbf{x})} \tag{10.156}$$

in einem kombinierten Raum aus Ort $\mathbf{x}$ und Wert g darstellen lässt [13].

Beispiel 10.24 (Störungsunterdrückung mit dem Bilateralfilter): Abbildung 10.38 zeigt vier Ergebnisse der Bilateralfilterung des additiv verrauschten Testbildes

(a) $\sigma_h = 2, \sigma_f = 0{,}1$ (b) $\sigma_h = 2, \sigma_f = 0{,}3$

(c) $\sigma_h = 5, \sigma_f = 0{,}1$ (d) $\sigma_h = 5, \sigma_f = 0{,}3$

Abbildung 10.38. Ergebnisse der Filterung des Testbildes aus Abb. 10.31(a) mit Bilateralfiltern verschiedener Mittelungsbreiten. In den Beispielen wurden Gauß-Kerne $h(\mathbf{x})$ und $f(g)$ mit den Standardabweichungen σ_h bzw. σ_f verwendet.

aus Abb. 10.31(a) bei Verwendung unterschiedlicher Parametrierungen der Filterkerne. Die Bildwerte wurden dabei vor der Filterung auf das Intervall $[0, 1]$ normiert. Verglichen mit den linearen Filtern aus Abb. 10.31(c) und (e) führt das Bilateralfilter zu einer wirksameren Rauschunterdrückung bei gleichzeitiger Erhaltung der Kanteninformation. ■

(a) $\sigma_h = 5, \sigma_f = 0{,}1$

(b) $\sigma_h = 5, \sigma_f = 0{,}15$

Abbildung 10.39. Ergebnisse der Bilateralfilterung der Farbbilder aus Abb. 8.33(a) und 10.19(a). Verwendet wurden Gauß-Kerne $h(\mathbf{x})$ und $f(g)$ mit den Standardabweichungen σ_h bzw. σ_f. Die Filterung erfolgte im CIELAB-Farbraum.

Beispiel 10.25 (Bilateralfilterung von Farbbildern): Abbildung 10.39 zeigt die Ergebnisse der Bilateralfilterung der RGB-Farbbilder aus Abb. 8.33(a) und 10.19(a). Zur Vermeidung von Farbabweichungen an den Kanten erfolgte die Filterung im CIELAB-Farbraum. Insbesondere intensitätsmäßig schwach texturierte Flächen (Rasen, Schnee, Fluss, Fassaden) erscheinen in diesen Resultaten deutlich homogener; ausgeprägte Kanten sind in den Bildern dagegen weiterhin sehr gut erkennbar. ■

10.3.3 Störungsunterdrückung mit neuronalen Faltungsnetzen

Auch neuronale Faltungsnetze (vgl. Kap. 9) können zur Unterdrückung zufälliger Störungen eingesetzt werden. Für diese Anwendung passende Netzwerkarchitekturen basieren beispielsweise auf Autoencodern, dem U-Net-Ansatz oder Diffusionsmodellen (vgl. Abschn. 9.3.3, 9.3.4 und 9.3.5), da sie die örtlich aufgelösten Eingabebilder in Ausgabebilder mit gleichem örtlichen Bezug transformieren. Im

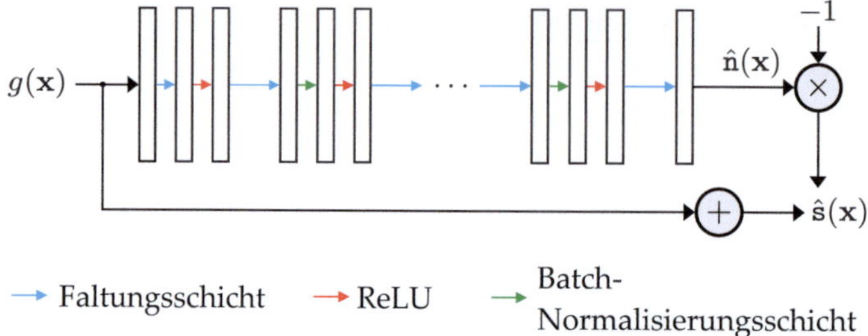

Abbildung 10.40. Netzwerkarchitektur von DnCNN zur Unterdrückung von normalverteiltem additivem Rauschen.

Folgenden werden zwei konkrete Beispiele zur Unterdrückung von normalverteiltem Rauschen mit neuronalen Netzen beschrieben.

Beispiel 10.26 (Faltungsnetzarchitektur zur auflösungsunabhängigen Rauschunterdrückung): Abbildung 10.40 zeigt die Netzwerkarchitektur des als DnCNN (*denoising convolutional neural network* [19]) bekannten neuronalen Netzes ϕ_{DnCNN} zur Unterdrückung von normalverteiltem Rauschen $\mathtt{n}(\mathbf{x})$, das dem Nutzsignal $\mathtt{s}(\mathbf{x})$ additiv überlagert ist:

$$\mathtt{g}(\mathbf{x}) = \mathtt{s}(\mathbf{x}) + \mathtt{n}(\mathbf{x})\,. \tag{10.157}$$

Da die Gleichung (10.157) bis auf das addierte Rauschen eine Identitätsabbildung ist, wird beim Netzaufbau von DnCNN das Konzept residualer neuronaler Netze (vgl. Abschn. 9.3.2) verfolgt. Anstelle einer direkten Schätzung von $\mathtt{s}(\mathbf{x})$ wird versucht, die konkrete Ausprägung des Rauschens zu schätzen, also

$$\hat{\mathtt{n}}(\mathbf{x}) = \phi_{\mathrm{DnCNN}}\left(g(\mathbf{x})\right) \tag{10.158}$$

und dann von der Beobachtung $g(\mathbf{x})$ zu subtrahieren:

$$\hat{\mathtt{s}}(\mathbf{x}) = g(\mathbf{x}) - \phi_{\mathrm{DnCNN}}\left(g(\mathbf{x})\right)\,. \tag{10.159}$$

Die Netzwerkarchitektur besteht wie in Abb. 10.40 gezeigt aus einer Abfolge von Faltungsschichten, Batch-Normalisierungsschichten und der nichtlinearen Aktivierungsfunktion ReLU (vgl. Abschn. 9.1.2.2, 9.2.2 und 9.1.1). Da diese Schichten nicht an eine spezifische örtliche Auflösung der Eingabedaten angepasst werden müssen, kann DnCNN auf Bilder beliebiger Größe angewandt werden. Zum Training von DnCNN werden Paare aus Bildern jeweils mit und ohne künstlich erzeugtem Gauß'schen Rauschen verwendet. Als Fehlerfunktion nutzt man die mittlere quadratische Abweichung zwischen der tatsächlichen Störung $n(\mathbf{x})$ und der Ausgabe $\phi_{\mathrm{DnCNN}}\left(g(\mathbf{x})\right)$ des neuronalen Netzes.

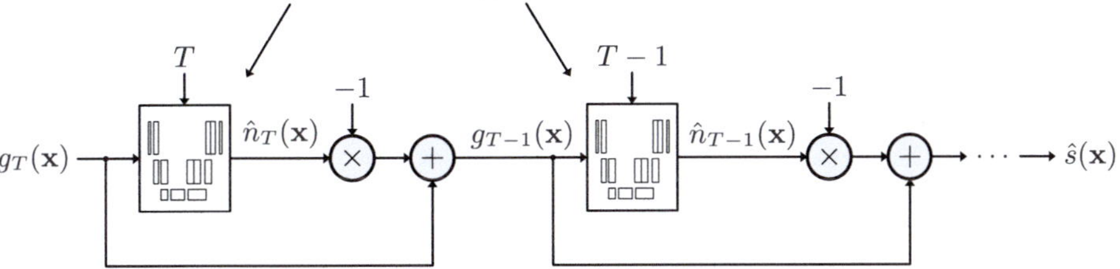

Abbildung 10.41. Netzwerkarchitektur eines Diffusionsmodells zur Unterdrückung von normalverteiltem additivem Rauschen.

Abbildung 10.42(c), (d) zeigt die Ergebnisse der Anwendung von DnCNN auf die Beispielbilder aus Abb. 10.31. Während das Gauß'sche Rauschen nahezu perfekt unterdrückt wird, führt das Verfahren bei impulsartigem Rauschen zu keiner Verbesserung. Der Grund hierfür ist, dass die verwendeten Trainingsdaten lediglich mit Gauß'schem Rauschen versehen wurden. ■

Beispiel 10.27 (Neuronales Diffusionsmodell zur Rauschunterdrückung): Auch die in Abschn. 9.3.5 eingeführten neuronalen Diffusionsmodelle können zur Unterdrückung von normalverteiltem Rauschen eingesetzt werden. Dabei wird das überlagerte Rauschen $n(\mathbf{x})$ als Ergebnis eines Diffusionsprozesses betrachtet, bei dem dem ungestörten Signal $s(\mathbf{x})$ iterativ Rauschanteile additiv hinzugefügt wurden. Die genutzte Netzwerkarchitektur ist dabei ähnlich zu der aus Abb. 9.14, allerdings wird auf den umschließenden Autoencoder verzichtet, sodass die sukzessiven Verrauschungs- bzw. Entrauschungsschritte auf dem Raum der Bilddaten wirken und nicht auf einer latenten Repräsentation [5]. Verrauschte Bilder können somit direkt dem Entrauschungspfad zugeführt werden. Wie in Abb. 10.41 gezeigt, wird während der Bildverbesserung iterativ versucht, mittels U-Net-Instanzen $\phi_{\text{U-Net}}$ den Rauschanteil $\hat{n}_t(\mathbf{x})$ der aktuellen Iteration t anhand des Eingangssignals $g_t(\mathbf{x})$ zu schätzen und dann von diesem zu subtrahieren. Es gilt also folgende Iterationsvorschrift:

$$g_{t-1}(\mathbf{x}) := g_t(\mathbf{x}) - \phi_{\text{U-Net}}(g_t(\mathbf{x}), t), \quad t \in \{T, \ldots, 1\} . \tag{10.160}$$

Die U-Nets erhalten neben den Bilddaten $g_t(\mathbf{x})$ die aktuelle Iteration t als zusätzliche Eingabe. Dadurch kann die Entrauschungsleistung im Verlauf der Iterationen angepasst werden. Das Ergebnis $g_0(\mathbf{x})$ der letzten Iteration ergibt die Schätzung $\hat{s}(\mathbf{x})$ des ungestörten Nutzsignals $s(\mathbf{x})$. Das Training des Gesamtnetzwerks erfolgt analog zu dem in Abschn. 9.3.5 beschriebenen Vorgehen. Nachteilig an Diffusionsmodellen zur Entrauschung ist, dass der Ein-

(a) Bild mit Gauß'schem Rauschen

(b) Bild mit impulsartigem Rauschen

(c) Ergebnis der Anwendung von DnCNN auf (a)

(d) Ergebnis der Anwendung von DnCNN auf (b)

(e) Ergebnis der Anwendung eines Diffusionsmodells auf (a)

(f) Ergebnis der Anwendung eines Diffusionsmodells auf (b)

Abbildung 10.42. Beispiele zur Anwendung des neuronalen Faltungsnetz DnCNN und eines Diffusionsmodells zur Störungsunterdrückung (vgl. Abb. 10.31).

stiegspunkt t in den Entrauschungspfad vom Nutzer passend zur Stärke des vorliegenden Rauschens gewählt werden muss. Abbildung 10.42(e), (f) zeigt die Ergebnisse der Anwendung von Diffusionsmodellen zur Entrauschung der Beispielbilder aus Abb. 10.31. Wie im vorherigen Beispiel wird das Gauß'sche Rauschen nahezu perfekt unterdrückt, das Verfahren führt jedoch bei impulsartigem Rauschen zu keiner Verbesserung. Beim Vergleich zum Ergebnis von DnCNN fällt auf, dass der Schriftzug nahe der unteren rechten Ecke des abgebildeten Chips bei der Anwendung des Diffusionsmodells besser erhalten bleibt. Ein Grund hierfür könnte sein, dass die U-Nets das Erscheinungsbild von Schriftzügen in ihrem Training erlernt hatten und somit entsprechendes Zusatzwissen in die Entrauschung einbringen können. ■

10.4 Registrierung

Mit der **Registrierung** von Bildern wird das Ziel verfolgt, unterschiedliche Bilder örtlich und wertlich zur Deckung zu bringen. Sie ist insbesondere eine Voraussetzung für die **Fusion** mehrerer Bilder zu einem Bild höherer Qualität und/oder mit einem größeren Gesichtsfeld.

O. B. d. A. seien zwei Bilder g_1 und g_2 gegeben, die zumindest teilweise das gleiche Objekt oder die gleiche Szene zeigen. Durch Bestimmung korrespondierender Paare von Bildpunkten, das heißt von Bildpunkten in g_1 und g_2, die den gleichen Objektpunkt zeigen, kann man eine Abbildung konstruieren, mit der die beiden Bilder geometrisch und radiometrisch aufeinander abgebildet werden. Diesen Vorgang nennt man Registrierung. Formal lässt sich die Registrierung durch zwei Transformationen T_I und T_G, welche die Abbildung der Werte bzw. der Orte durchführen, bewerkstelligen.

Die Transformationsvorschriften lassen sich schätzen, indem man eines der beiden Bilder so transformiert, dass ein Abstandsmaß D zwischen den Bildern minimal wird:

$$\left(\hat{T}_\mathrm{I}, \hat{T}_\mathrm{G}\right) = \underset{T_\mathrm{I}, T_\mathrm{G}}{\arg\min} \{D(g_1(\mathbf{x}), T_\mathrm{I}[g_2(T_\mathrm{G}[\mathbf{x}])])\} \,. \tag{10.161}$$

Beispiel 10.28 (Registrierung zweier Bilder): Abbildung 10.43 zeigt zwei Bilder eines Zylinderkopfes, die aufeinander registriert wurden. ■

Mit den geschätzten Transformationen lassen sich dann die zwei Bilder bezüglich der Werte und geometrisch passgenau übereinanderlegen und z. B. punktweise

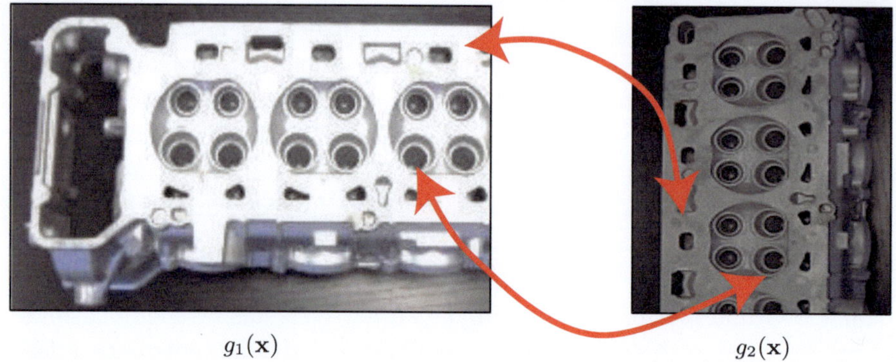

Abbildung 10.43. Zwei Bilder ein und desselben Objektes. Durch Bestimmung einer Menge von mit denselben Objektpunkten korrespondierenden Bildpunktepaaren (Pfeile) lassen sich die beiden Bilder aufeinander registrieren, d. h. geometrisch und radiometrisch aufeinander abbilden.

fusionieren:

$$r(\mathbf{x}) = \Phi(g_1(\mathbf{x}), \tilde{g}_2(\mathbf{x})) = \Phi\Big(g_1(\mathbf{x}), \underbrace{\hat{T}_\mathrm{I}\Big[g_2\Big(\hat{T}_\mathrm{G}[\mathbf{x}]\Big)\Big]}_{\tilde{g}_2(\mathbf{x})}\Big), \tag{10.162}$$

wobei $\Phi(\cdot)$ einen Punktoperator bezeichnet, der die Fusion bewerkstelligt, und $r(\mathbf{x})$ das Fusionsresultat darstellt.

Beispiel 10.29 (Fusion registrierter Bilder): Abbildung 10.44 zeigt exemplarisch, wie durch die Registrierung und anschließende Fusion von Bildern desselben Objekts ein Panoramabild erzeugt werden kann. ■

10.5 Literatur

[1] Jürgen Beyerer. *Analyse von Riefentexturen*, Bd. 390 der Reihe *Fortschritt-Berichte VDI, Reihe 8*. VDI-Verlag, Düsseldorf, 1994.

[2] Jürgen Beyerer und Fernando Puente León. Suppression of inhomogeneities in images of textured surfaces. *Optical Engineering*, 36(1):85–93, 1997.

[3] Rafael Gonzalez und Richard Woods. *Digital image processing*. Pearson Prentice Hall, Upper Saddle River, NJ, 3. Auflage, 2008.

[4] Robert Haralick und Linda Shapiro. *Computer and robot vision*. Addison-Wesley, Reading, MA, 1992.

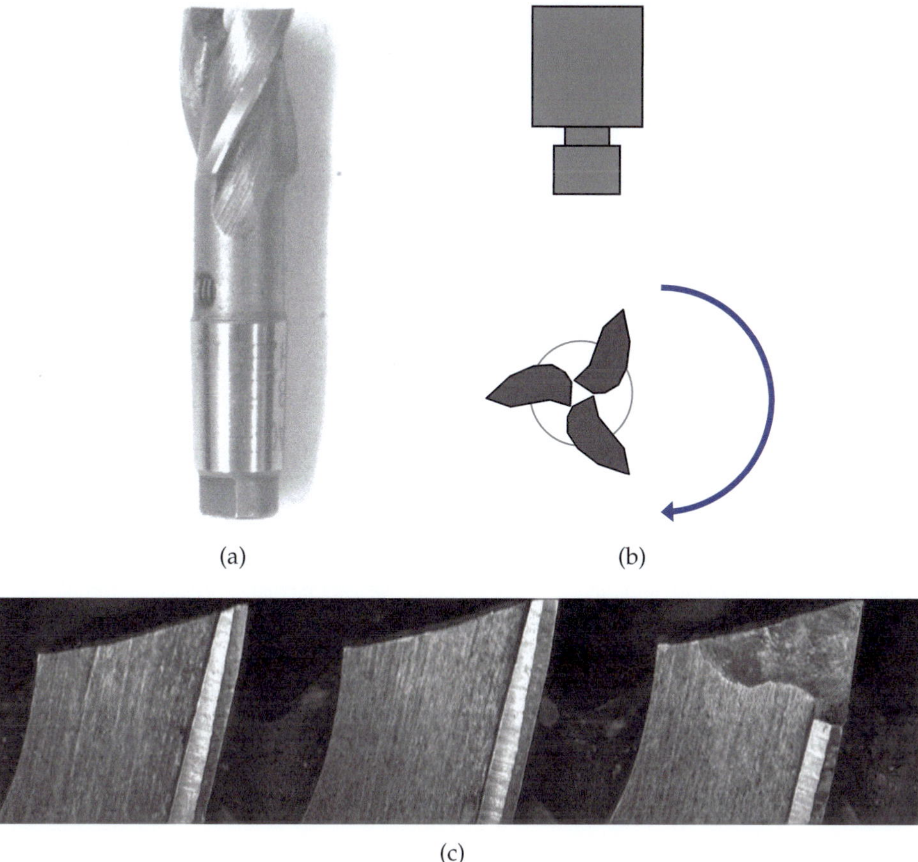

(a) (b)

(c)

Abbildung 10.44. Fusion einer Serie von Bildern, die von einem Fräser (a) in radialer Richtung (b) unter verschiedenen Drehwinkeln aufgenommen wurden und deren Fusion zu einem Panoramabild (c) des ganzen Umfangs des Fräsers.

[5] Jonathan Ho, Ajay Jain und Pieter Abbeel. Denoising diffusion probabilistic models. In *Proceedings of the 34th International Conference on Neural Information Processing Systems*, NIPS'20, Red Hook, NY, USA, 2020. Curran Associates Inc.

[6] Bernd Jähne. *Digitale Bildverarbeitung*. Springer, Berlin Heidelberg, 7. Auflage, 2012.

[7] Anil Jain. *Fundamentals of digital image processing*. Prentice Hall, Englewood Cliffs, NJ, 1989.

[8] Karl-Dirk Kammeyer und Kristian Kroschel. *Digitale Signalverarbeitung – Filterung und Spektralanalyse*. Vieweg+Teubner, Wiesbaden, 7. Auflage, 2009.

[9] Jong-Sen Lee. Digital image enhancement and noise filtering by use of local statistics. *IEEE Transactions on Pattern Analysis and Machine Intelligence*, 2(2):165–168, 1980.

[10] Tony Lindeberg. *Scale space theory in computer vision*. Kluwer, Boston, MA, 1994.

[11] Norbert Lins. *Beschreibung von Texturen mithilfe statistischer Methoden für die Anwendung bei der Segmentierung und Qualitätskontrolle*. Dissertation, ETH Zürich, 1987.

[12] Athanasios Papoulis und S. Unnikrishna Pillai. *Probability, random variables and stochastic processes*. McGraw-Hill, New York, 4. Auflage, 2002.

[13] Sylvain Paris und Frédo Durand. A fast approximation of the bilateral filter using a signal processing approach. In *Computer Vision–ECCV 2006*, Seiten 568–580. Springer, 2006.

[14] Sylvain Paris, Pierre Kornprobst, Jack Tumblin und Frédo Durand. Bilateral Filtering: Theory and Applications. *Foundations and Trends in Computer Graphics and Vision*, 4(1):1–73, 2009.

[15] Fernando Puente León und Holger Jäkel. *Signale und Systeme*. De Gruyter, Berlin, 6. Auflage, 2015.

[16] Carlo Tomasi und Roberto Manduchi. Bilateral filtering for gray and color images. In *Proc. Sixth International Conference on Computer Vision (ICCV '98)*, Seiten 839–846, Bombay, Indien, 4.–7. Januar 1998.

[17] Friedrich Wahl. *Digitale Bildsignalverarbeitung*. Springer, 1989.

[18] R. H. Wallis. An approach to the space variant restoration and enhancement of images. In *Proc. Symp. on Current Mathematical Problems in Image Scenes*, Seiten 329–340, Monterey, CA, 1976.

[19] Kai Zhang, Wangmeng Zuo, Yunjin Chen, Deyu Meng und Lei Zhang. Beyond a Gaussian Denoiser: Residual Learning of Deep CNN for Image Denoising. *IEEE Transactions on Image Processing*, 26(7):3142–3155, Juli 2017.

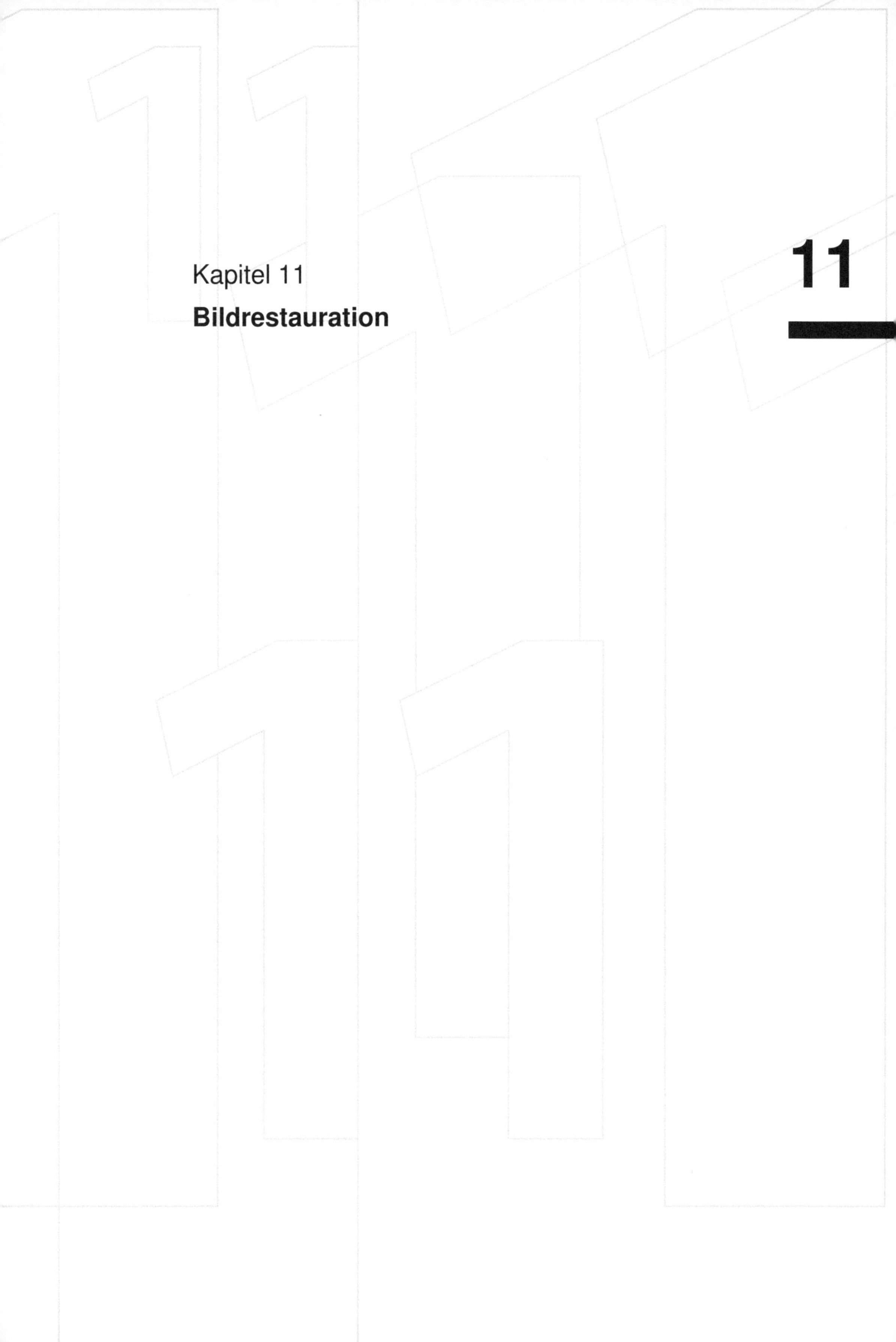

Kapitel 11
Bildrestauration

11

11

11 Bildrestauration

11 Bildrestauration

Bei den in Kap. 10 behandelten Bildverbesserungsverfahren wurden überwiegend subjektive oder qualitative Kriterien betrachtet. Insbesondere war hierbei die visuelle Interpretierbarkeit der Resultate wichtiger als die „Originaltreue“. Aus dieser Motivation heraus resultierte eine überwiegend heuristische Vorgehensweise, bei der teilweise sogar eine absichtliche Verfremdung der Bilder in Kauf genommen wurde, etwa bei der Pseudo- und Falschfarbendarstellung (Abschn. 10.1.3).

Bei der **Bildrestauration** geht es hingegen um die Rekonstruktion eines Originalbildes mit Hilfe eines Signalmodells für die Bildverschlechterung (Abschn. 11.1). Zunächst liegt es nahe, das Signalmodell zu nutzen, um mittels eines **inversen Filters** für eine „Rückgängigmachung“ der Bildverschlechterung zu sorgen (Abschn. 11.2). In der Regel werden jedoch mit dem **Wiener-Filter** (Abschn. 11.3), dem **geometrischen Mittelwertfilter** (11.4) und mit **Constraint-Filtern** (Abschn. 11.5) bessere Ergebnisse erzielt. In sämtlichen Fällen spielen vor allem quantitative Kriterien für „Originaltreue“ eine Rolle, die zur Berechnung der Rekonstruktionsergebnisse entsprechend optimiert werden. In Abschnitt 11.6 werden Restaurationsprobleme in Matrixnotation formuliert. Die Abschnitte 11.7 und 11.8 behandeln schließlich zwei Sonderfälle der Bildrestauration: die Restauration bei partizipierenden Medien und die ortsvariante Bildrestauration.

11.1 Signalmodell

Abbildung 11.1 zeigt das lineare Signalmodell, das den in diesem Kapitel behandelten Bildrestaurationsverfahren zugrunde liegt. Am Eingang befindet sich das gesuchte Originalsignal $s(\mathbf{x})$, wobei es sich bei diesem Signal durchaus um eine Idealisierung – ein „perfektes“ Signal also – handeln darf, die messtechnisch nicht direkt zugänglich sein muss. Bei Verwendung eines idealen Aufnahmesystems ließe sich das Originalsignal $s(\mathbf{x})$ fehlerfrei erfassen. Stattdessen wird in der Praxis das Signal $s(\mathbf{x})$ durch ein nichtideal abbildendes System verzerrt, das sich in

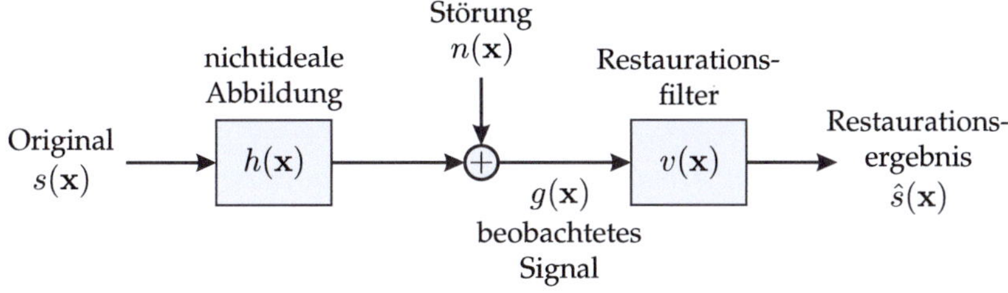

Abbildung 11.1. Signalmodell zur Bildrestauration.

J. Beyerer et al., *Automatische Sichtprüfung*,
https://doi.org/10.1007/978-3-662-69951-5_11

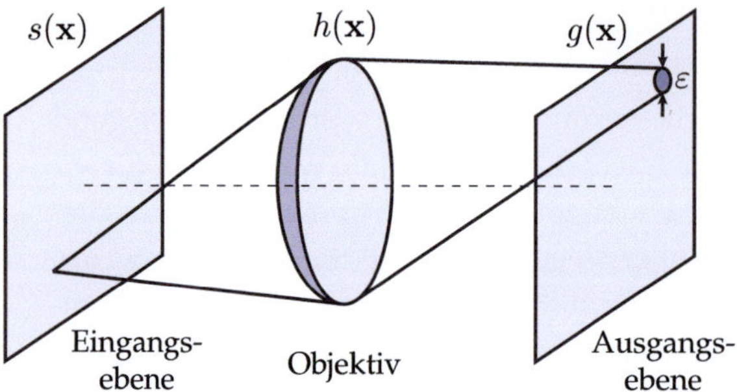

Abbildung 11.2.
Unscharfe optische Abbildung.

vielen Fällen näherungsweise durch ein LSI-System mit der Impulsantwort $h(\mathbf{x})$ beschreiben lässt. Beispiele nichtideal abbildender Systeme sind defokussierte optische Systeme (Bsp. 11.1) sowie Systeme, bei denen es bedingt durch eine Bewegung des Objektes oder der Kamera zu Bewegungsunschärfe kommt (Bsp. 11.2 und 11.3). Darüber hinaus werden dem verzerrten Signal Störungen $n(\mathbf{x})$ additiv überlagert, sodass für das tatsächlich vom Aufnahmesystem registrierte Signal $g(\mathbf{x})$ der Zusammenhang

$$g(\mathbf{x}) = s(\mathbf{x}) ** h(\mathbf{x}) + n(\mathbf{x}) \tag{11.1}$$

gilt. Das Restaurationsproblem besteht nun darin, aus dem Signal $g(\mathbf{x})$ mittels eines geeigneten Restaurationsfilters mit der Impulsantwort $v(\mathbf{x})$ einen möglichst guten Schätzwert $\hat{s}(\mathbf{x})$ des Originals zu gewinnen.

Aus Abb. 11.1 und (11.1) folgt unmittelbar:

$$\hat{s}(\mathbf{x}) = v(\mathbf{x}) ** g(\mathbf{x}) = v(\mathbf{x}) ** (s(\mathbf{x}) ** h(\mathbf{x}) + n(\mathbf{x})) \tag{11.2}$$

und daraus durch zweidimensionale Fourier-Transformation

$$\hat{S}(\mathbf{f}) = V(\mathbf{f})\, S(\mathbf{f})\, H(\mathbf{f}) + V(\mathbf{f})\, N(\mathbf{f})\,. \tag{11.3}$$

Die Übertragungsfunktion $H(\mathbf{f})$ des nichtideal abbildenden Systems hat typischerweise Nullstellen auf dem Träger $\operatorname{supp}\{S(\mathbf{f})\}$ des Spektrums $S(\mathbf{f})$. Daher ist i. Allg. selbst für $n(\mathbf{x}) \equiv 0$ keine exakte Restauration von $s(\mathbf{x})$ möglich.

Im Folgenden wird anhand mehrerer Beispiele die Entstehung der nichtidealen Abbildung verdeutlicht.

Beispiel 11.1 (Defokussierung): Die unscharfe optische Abbildung wurde bereits in den Abschnitten 3.4, 8.3.4 und 8.4 eingehend behandelt. Hier sei eine kreisförmige Apertur angenommen; siehe Abb. 11.2. Ferner sollen Beugungserscheinungen vernachlässigt werden. Unter der Annahme einer verlustfreien

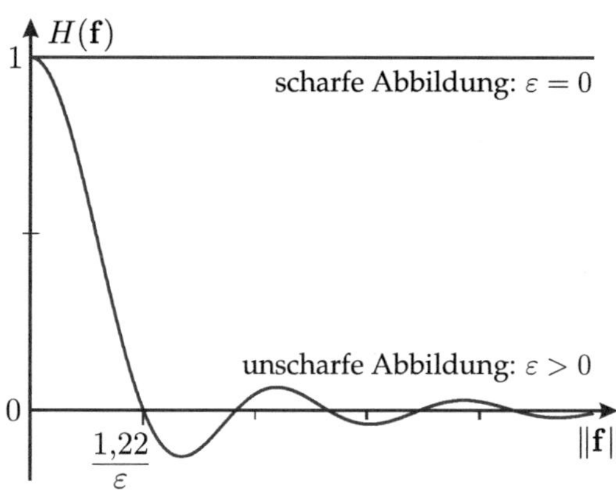

Abbildung 11.3. Übertragungsfunktion der unscharfen optischen Abbildung. Aufgrund der Rotationssymmetrie genügt die Darstellung eines radialen Schnittes durch $H(\mathbf{f})$.

Abbildung erhält man nach (8.237) die folgende Übertragungsfunktion:

$$H(\mathbf{f}) = \frac{2}{\pi\varepsilon} \cdot \frac{J_1(\pi\varepsilon\|\mathbf{f}\|)}{\|\mathbf{f}\|}, \tag{11.4}$$

wobei ε den Durchmesser des Unschärfescheibchens in der Bildebene und J_1 die Bessel-Funktion 1. Art erster Ordnung bezeichnen; vgl. (2.170). Bei Defokussierung hat die Übertragungsfunktion $H(\mathbf{f})$ Nullstellen auf konzentrischen Kreisen; siehe Abb. 11.3. ■

Beispiel 11.2 (Bewegungsunschärfe): Das vorliegende Beispiel behandelt den Fall einer linearen, gleichförmigen Bewegung des Bildsensors in der Bildebene, wie sie etwa bei einer Verschiebung der Kamera senkrecht zur optischen Achse während der Bildaufnahme vorkommen kann. Abbildung 11.4 zeigt exemplarisch eine Anordnung zur zweidimensionalen Geschwindigkeitsmessung, bei der diese Annahmen in guter Näherung erfüllt sind [6]. Für die in der Bildebene zurückgelegte Strecke $\mathbf{l}$ gilt:

$$\mathbf{l} := \mathbf{v} \cdot T = \|\mathbf{l}\| \cdot \mathbf{e} \tag{11.5}$$

mit

$$\mathbf{e} = \frac{\mathbf{l}}{\|\mathbf{l}\|} \qquad \text{und} \qquad \mathbf{e}_\perp : \begin{cases} \|\mathbf{e}_\perp\| = 1 \\ \mathbf{e}^{\mathrm{T}}\mathbf{e}_\perp = 0 \end{cases}, \tag{11.6}$$

wobei $\mathbf{v}$ die Geschwindigkeit in der Bildebene und T die Belichtungszeit bezeichnen. Bei einer perfekt gleichförmigen Bewegung resultiert daraus für die nichtideale Abbildung die folgende Impulsantwort $h(\mathbf{x})$ bzw. die Über-

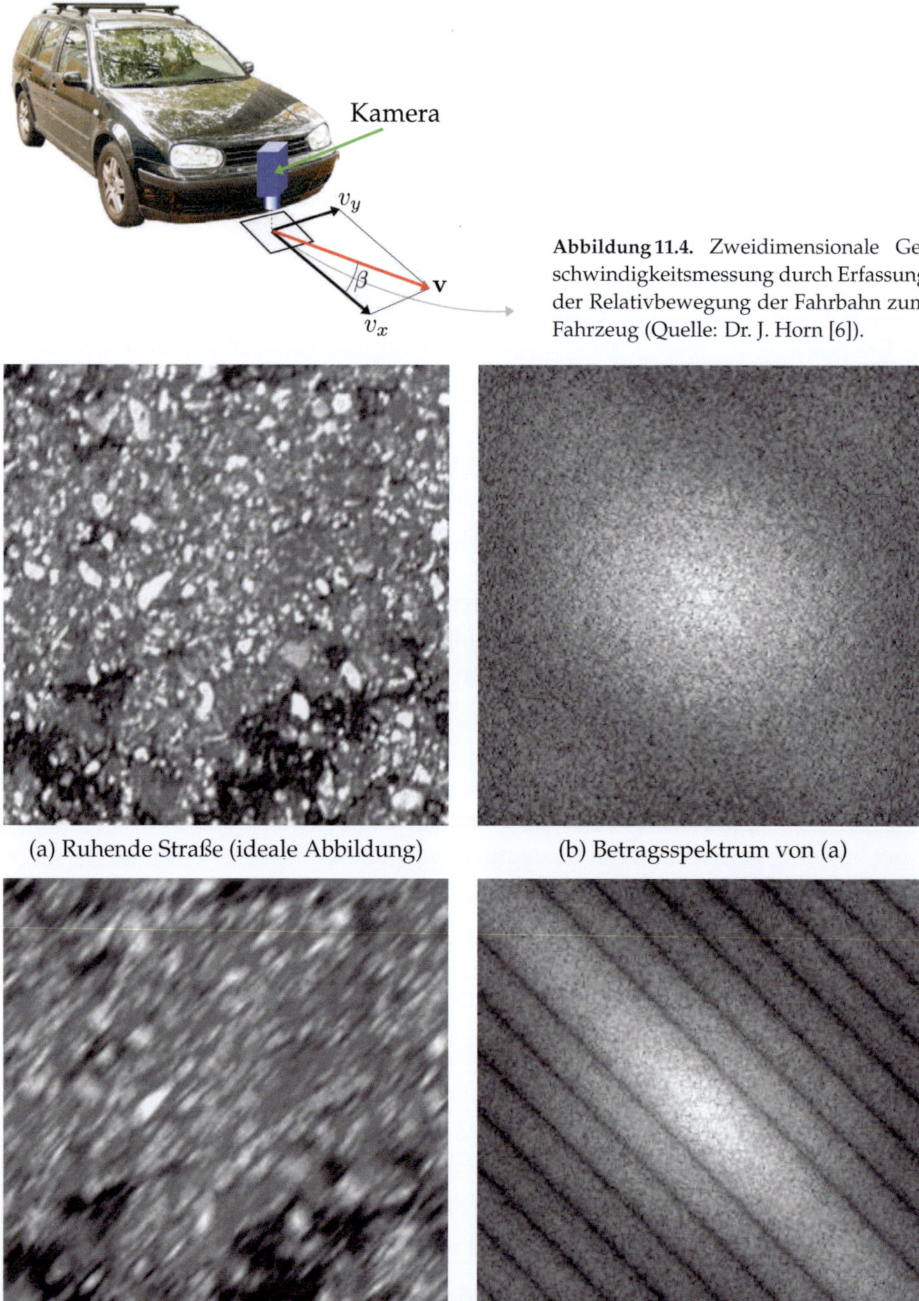

Abbildung 11.4. Zweidimensionale Geschwindigkeitsmessung durch Erfassung der Relativbewegung der Fahrbahn zum Fahrzeug (Quelle: Dr. J. Horn [6]).

(a) Ruhende Straße (ideale Abbildung)

(b) Betragsspektrum von (a)

(c) Bewegte Straße (verzerrte Abbildung)

(d) Betragsspektrum von (c)

Abbildung 11.5. Beispiele zur bewegungsunscharfen Abbildung. Zur Reduktion der Dynamik wurden die Betragsspektren (b) und (d) logarithmiert (Quelle: D. vom Stein).

tragungsfunktion $H(\mathbf{f})$:

$$h(\mathbf{x}) = \frac{1}{\|\mathbf{l}\|}\,\mathrm{rect}\left(\frac{\mathbf{x}^{\mathrm{T}}\mathbf{e}}{\|\mathbf{l}\|}\right) \cdot \delta(\mathbf{x}^{\mathrm{T}}\mathbf{e}_{\perp}) \tag{11.7}$$

$$H(\mathbf{f}) = \mathrm{sinc}(\mathbf{f}^{\mathrm{T}}\mathbf{l})\,. \tag{11.8}$$

Infolge der bewegungsunscharfen Abbildung ergeben sich also Nullstellen auf parallelen Geraden; siehe Abb. 11.5(d). Durch Auswertung der Abstände zwischen den Geraden lässt sich bei bekannter Belichtungszeit T die Geschwindigkeit v zweidimensional messen (vgl. Abschn. 14.3). ■

Beispiel 11.3 (Bewegungsunschärfe): Dieses Beispiel, in welchem beliebige ebene, translatorische Bewegungen betrachtet werden, stellt eine Verallgemeinerung von Bsp. 11.2 dar. Während des Belichtungszeitintervalls $t \in [0, T]$ beschreibt die Bewegung die Bahnkurve $\mathbf{x}_0(t)$ in der Bildebene. Für das beobachtete Bild erhält man:

$$g(\mathbf{x}) = s(\mathbf{x}) ** h(\mathbf{x}) + n(\mathbf{x}) = \int_0^T s(\mathbf{x} - \mathbf{x}_0(t))\,\mathrm{d}t + n(\mathbf{x})\,. \tag{11.9}$$

Die Übertragungsfunktion der bewegungsunscharfen Abbildung kann wie folgt geschrieben werden:

$$H(\mathbf{f}) = \mathcal{F}\left\{\int_0^T s(\mathbf{x} - \mathbf{x}_0(t))\,\mathrm{d}t\right\} S(\mathbf{f})^{-1}\,. \tag{11.10}$$

Durch Vertauschung der Reihenfolge von Integration und Fourier-Transformation sowie mit Hilfe des Verschiebungssatzes (8.64) der Fourier-Transformation ergibt sich:

$$\mathcal{F}\left\{\int_0^T s(\mathbf{x} - \mathbf{x}_0(t))\,\mathrm{d}t\right\} = \int_0^T \mathcal{F}\left\{s(\mathbf{x} - \mathbf{x}_0(t))\right\}\,\mathrm{d}t \tag{11.11}$$

$$= \int_0^T S(\mathbf{f})\,\mathrm{e}^{-\mathrm{j}2\pi\mathbf{f}^{\mathrm{T}}\mathbf{x}_0(t)}\,\mathrm{d}t\,. \tag{11.12}$$

Durch Einsetzen von (11.12) in (11.10) erhält man schließlich für die Übertragungsfunktion $H(\mathbf{f})$ bzw. für die Impulsantwort $h(\mathbf{x})$ der bewegungsunscharfen Abbildung folgendes Ergebnis:

$$H(\mathbf{f}) = \int_0^T \mathrm{e}^{-\mathrm{j}2\pi\mathbf{f}^{\mathrm{T}}\mathbf{x}_0(t)}\,\mathrm{d}t \tag{11.13}$$

$$\bullet\!-\!\circ$$

$$h(\mathbf{x}) = \int_0^T \delta(\mathbf{x} - \mathbf{x}_0(t))\,\mathrm{d}t\,. \tag{11.14}$$

Das Beispiel 11.7 demonstriert die Restauration eines bewegungsunscharfen Bildes. ■

Beispiel 11.4 (Atmosphärische Turbulenzen): Bei der Aufnahme von Bildern durch atmosphärische Turbulenzen kommt es zu einer Dämpfung der höheren Ortsfrequenzen, die im Falle einer Langzeitbelichtung mittels einer optischen Übertragungsfunktion der folgenden Gestalt beschrieben werden kann [7]:

$$H(\mathbf{f}) = \exp\Big(-k\,\|\mathbf{f}\|^{\frac{5}{3}}\Big)\,. \tag{11.15}$$

Die Übertragungsfunktion $H(\mathbf{f})$ hat keine Nullstellen, weshalb eine Restauration in diesem Fall weitaus unproblematischer als bei Unschärfe ist. Der Faktor k wächst mit größer werdenden Turbulenzen. Neben der Turbulenzstärke hängt k u. a. von der Brennweite und der Wellenlänge ab. ■

11.2 Inverses Filter

Zur Herleitung des inversen Filters wird gefordert, dass die quadratische Abweichung zwischen dem mit $h(\mathbf{x})$ gefilterten Restaurationsergebnis $\hat{s}(\mathbf{x})$ und der Beobachtung $g(\mathbf{x})$ minimal werden soll:

$$\begin{aligned} &\iint_{-\infty}^{\infty} \left(\hat{s}(\mathbf{x}) ** h(\mathbf{x}) - g(\mathbf{x})\right)^2 \mathrm{d}\mathbf{x} \\ &\quad = \iint_{-\infty}^{\infty} \left(g(\mathbf{x}) ** v(\mathbf{x}) ** h(\mathbf{x}) - g(\mathbf{x})\right)^2 \mathrm{d}\mathbf{x} \quad \stackrel{!}{\longrightarrow} \quad \text{Min}\,. \end{aligned} \tag{11.16}$$

Mit Hilfe der Parseval'schen Beziehung erhält man den Ansatz im Ortsfrequenzbereich:

$$\iint_{-\infty}^{\infty} |G(\mathbf{f})\, V(\mathbf{f})\, H(\mathbf{f}) - G(\mathbf{f})|^2 \,\mathrm{d}\mathbf{f} \quad \stackrel{!}{\longrightarrow} \quad \text{Min}\,. \tag{11.17}$$

Um dieses Integral zu minimieren, muss der Integrand für jede Ortsfrequenz $\mathbf{f}$ möglichst kleine Werte annehmen. Dies ist genau dann der Fall, wenn für das Restaurationsfilter $V(\mathbf{f})$ die Übertragungsfunktion

$$V(\mathbf{f}) = H^{-1}(\mathbf{f}) \tag{11.18}$$

gewählt wird, woraus die Bezeichnung des inversen Filters unmittelbar deutlich wird. Bei dieser Optimierung wurde der Einfluss der Störung $n(\mathbf{x})$ aus dem Signalmodell Abb. 11.1 vernachlässigt.

Für die Fourier-Transformierte des Restaurationsergebnisses folgt:

$$\hat{S}(\mathbf{f}) = S(\mathbf{f}) + \frac{N(\mathbf{f})}{H(\mathbf{f})}\,. \tag{11.19}$$

Durch inverse Fourier-Transformation erhält man schließlich:

$$\hat{s}(\mathbf{x}) = s(\mathbf{x}) + \mathcal{F}^{-1}\left\{\frac{N(\mathbf{f})}{H(\mathbf{f})}\right\}\,. \tag{11.20}$$

An dieser Gleichung lässt sich bereits erkennen, dass beim inversen Filter die Nullstellen der Übertragungsfunktion $H(\mathbf{f})$ das Rauschen bei den zugehörigen Ortsfrequenzen sehr stark verstärken. Falls $h(\mathbf{x})$ Tiefpassverhalten aufweist und $n(\mathbf{x})$ breitbandig ist, führt das inverse Filter zu einer Verstärkung hochfrequenter Störungen. Aus diesem Grund wird in der Praxis für das inverse Filter bevorzugt die folgende modifizierte Übertragungsfunktion verwendet:

$$V(\mathbf{f}) = \frac{H^*(\mathbf{f})}{\varepsilon + |H(\mathbf{f})|^2}\,, \tag{11.21}$$

wobei der Parameter $\varepsilon > 0$ zur Amplitudenbegrenzung der Übertragungsfunktion $V(\mathbf{f})$ dient. Es lassen sich die folgenden Fälle unterscheiden:

- Für $|H(\mathbf{f})|^2 \gg \varepsilon$ verhält sich das modifizierte Filter wie ein inverses Filter:

$$V(\mathbf{f}) \approx H^{-1}(\mathbf{f})\,. \tag{11.22}$$

- Für $|H(\mathbf{f})|^2 = \varepsilon$ ergibt sich:

$$V(\mathbf{f}) = \frac{1}{2}\, H^{-1}(\mathbf{f})\,. \tag{11.23}$$

– Für $H(\mathbf{f}) = 0$, also an den Nullstellen der Übertragungsfunktion, bewirkt die Modifikation (11.21), dass das Restaurationsfilter $V(\mathbf{f})$ sperrt:

$$V(\mathbf{f}) = 0\,. \tag{11.24}$$

In Abschn. 11.3 wird gezeigt, dass das modifizierte inverse Filter (11.21) ebenfalls als ein Sonderfall des Wiener-Filters für ein konstantes Signal-Rausch-Verhältnis interpretiert werden kann.

Die folgenden Beispiele demonstrieren den Einsatz des inversen Filters anhand von RGB-Farbbildern $\mathbf{g}(\mathbf{x})$. Zur Bildrestauration muss dabei das inverse Filter $V(\mathbf{f})$ jeweils auf alle drei Farbkanäle angewandt werden.

Beispiel 11.5 (Restauration eines gestörten Bildes): Abbildung 11.6 zeigt ein Beispiel zur Bildrestauration mit dem inversen Filter. Zur Simulation der nichtidealen Abbildung wurde ein rauscharmes RGB-Farbbild $\mathbf{s}(\mathbf{x})$ der Größe 512×512 einer Gauß-Tiefpassfilterung mit der Grenzortsfrequenz $f_\mathrm{g} = 80$ unterzogen. Dem Filterergebnis wurde anschließend ein normalverteiltes weißes Rauschen $\mathbf{n}(\mathbf{x})$ mit einer sehr kleinen Varianz ($\sigma^2 = 0{,}01$) additiv überlagert. Das resultierende Bild $\mathbf{g}(\mathbf{x})$ ist in Abb. 11.6(a) zu sehen; die Übertragungsfunktion $H(\mathbf{f})$ des Gauß-Tiefpasses ist in 11.6(b) dargestellt. Zur besseren Interpretation des Filterverlaufs ist in Abb. 11.6(b) ein horizontaler Schnitt von $H(\mathbf{f})$ durch den Ursprung des Ortsfrequenzbereiches (gestrichelte Linie) überlagert dargestellt.

Bei der Restauration von $\mathbf{g}(\mathbf{x})$ mit dem inversen Filter (11.18) werden die hochfrequenten Anteile des Rauschens $\mathbf{n}(\mathbf{x})$ wegen

$$V(\mathbf{f}) \gg 1 \qquad \text{für} \qquad \|\mathbf{f}\| \gg f_\mathrm{g} \tag{11.25}$$

(vgl. Abb. 11.6(d)) massiv verstärkt, weshalb das Restaurationsergebnis Abb. 11.6(c) trotz des äußerst schwach ausgeprägten Rauschens $\mathbf{n}(\mathbf{x})$ zahlreiche Störungen aufweist und nicht überzeugen kann. Man beachte, dass die Übertragungsfunktion $V(\mathbf{f})$ in Abb. 11.6(d) vor allem aufgrund der enormen Dynamik überall außer an den Rändern dunkel erscheint; der niedrigste Wert liegt am Ursprung ($\mathbf{f} = \mathbf{0}$) des Ortsfrequenzbereiches und beträgt $V(\mathbf{0}) = 1$.

Das modifizierte inverse Filter gemäß (11.21) mit $\varepsilon > 0$ sperrt hingegen für $H(\mathbf{f}) \to 0$, also für hohe Ortsfrequenzen, und erzielt daher wesentlich bessere Ergebnisse als (11.18). Das Resultat Abb. 11.6(e) ist im vorliegenden Fall vom ungestörten Original $\mathbf{s}(\mathbf{x})$ kaum zu unterscheiden. Die Übertragungsfunktion $V(\mathbf{f})$ des modifizierten inversen Filters Abb. 11.6(f) weist im Wesentlichen eine Bandpasscharakteristik auf, lässt tiefe Ortsfrequenzen jedoch weiterhin unverändert passieren. ■

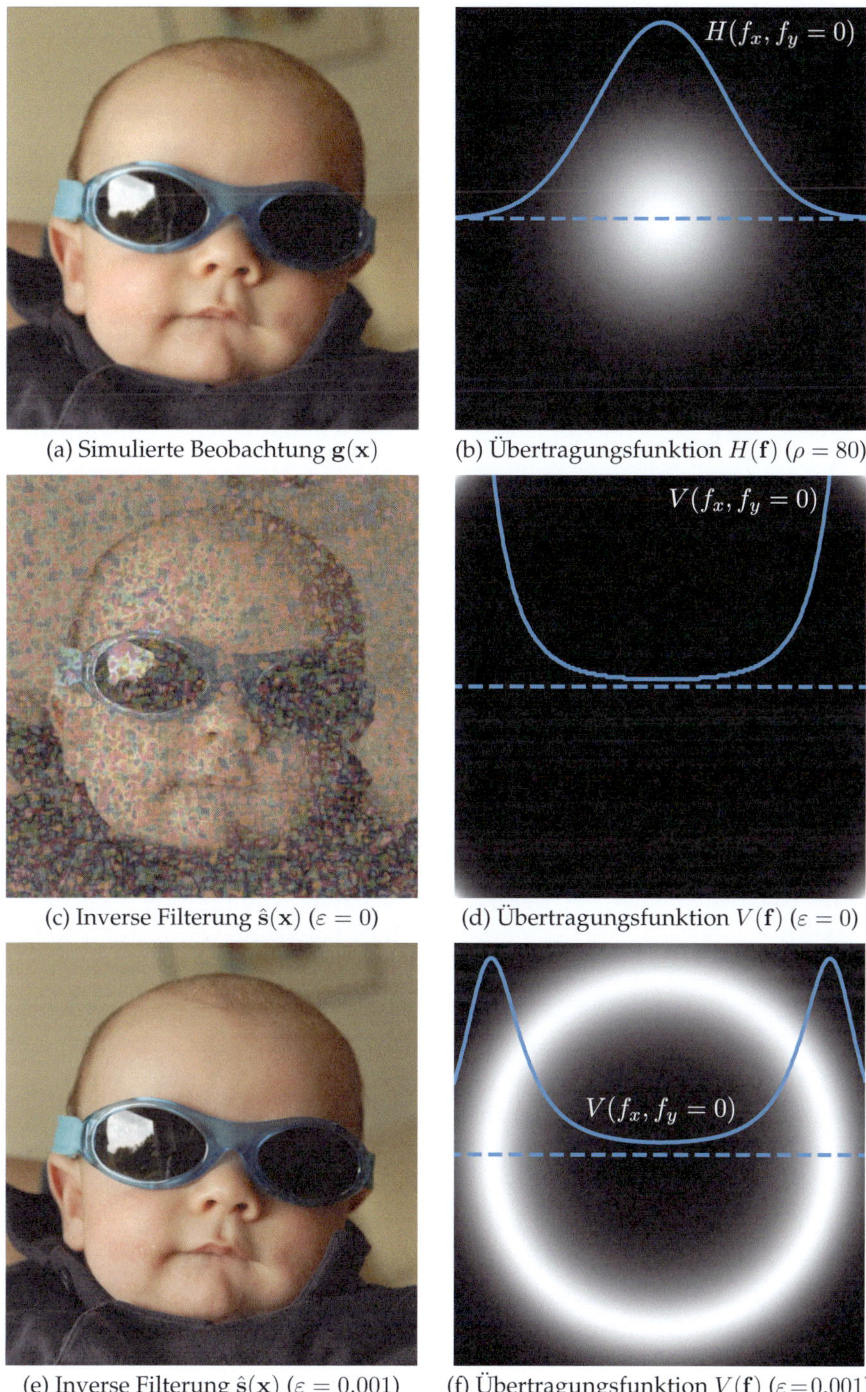

(a) Simulierte Beobachtung $\mathbf{g}(\mathbf{x})$

(b) Übertragungsfunktion $H(\mathbf{f})$ ($\rho = 80$)

(c) Inverse Filterung $\hat{\mathbf{s}}(\mathbf{x})$ ($\varepsilon = 0$)

(d) Übertragungsfunktion $V(\mathbf{f})$ ($\varepsilon = 0$)

(e) Inverse Filterung $\hat{\mathbf{s}}(\mathbf{x})$ ($\varepsilon = 0{,}001$)

(f) Übertragungsfunktion $V(\mathbf{f})$ ($\varepsilon = 0{,}001$)

Abbildung 11.6. Restauration eines gestörten Bildes mit einem inversen Filter.

Beispiel 11.6 (Bildrestauration bei Defokussierung): Eine weitere praxisrelevante Anwendung der inversen Filterung ist die Restauration defokussierter Bilder. Um die Vorgehensweise zu demonstrieren, wurde ein rauscharmes, scharfes RGB-Farbbild $\mathbf{s}(\mathbf{x})$ der Größe 512×512 (Abb. 11.7(a)) mit einer Kreisscheibe mit einem Durchmesser von 9 Pixeln gefaltet, um eine unscharfe optische Abbildung zu simulieren. Dem Faltungsergebnis wurde ein normalverteiltes weißes Rauschen $\mathbf{n}(\mathbf{x})$ der Varianz $\sigma^2 = 25$ additiv überlagert; siehe Abb. 11.7(b).

Wegen der Nullstellen der Übertragungsfunktion $H(\mathbf{f})$ der unscharfen optischen Abbildung kommt hier der Einsatz eines reinen inversen Filters gemäß (11.18) nicht in Frage. Stattdessen wurden zwei Parametrierungen des modifizierten inversen Filters (11.21) mit jeweils $\varepsilon = 0{,}001$ und $\varepsilon = 0{,}01$ untersucht; siehe Abb. 11.7(c) bzw. (d). Offensichtlich bewirkt eine größere Wahl von ε, dass das inverse Filter bei kleinen Werten der Übertragungsfunktion $H(\mathbf{f})$ früher sperrt und Störungen bei den entsprechenden Ortsfrequenzen wirksamer unterdrückt. Dafür muss jedoch eine Dämpfung der zugehörigen Nutzsignalanteile in Kauf genommen werden, die im vorliegenden Fall mit hohen Ortsfrequenzen – d. h. feinen Bildstrukturen – einhergehen, weshalb Abb. 11.7(c) trotz des deutlich ausgeprägteren Rauschens insgesamt schärfer als Abb. 11.7(d) wirkt.

Dieser Sachverhalt lässt sich durch Analyse der zugehörigen Betragsspektren Abb. 11.7(e) und (f) bestätigen. Zur Darstellung der Betragsspektren wurden die Amplituden jeweils auf 1 ‰ des Maximalwertes geklippt. ■

Beispiel 11.7 (Bildrestauration bei Bewegungsunschärfe): Abbildung 11.8 zeigt schließlich ein Beispiel zur Restauration eines bewegungsunscharfen RGB-Farbbildes. Zu Vergleichszwecken dient als ideales Signal $\mathbf{s}(\mathbf{x})$ die in Abb. 11.8(a) dargestellte unverwackelte Aufnahme einer Lichterkette. Durch Bewegung der Kamera während der Belichtung des Sensors entstand die Beobachtung $\mathbf{g}(\mathbf{x})$; siehe Abb. 11.8(b). Aus diesem Bild kann nach einer Schwellwertoperation mit einfachen binärmorphologischen Verfahren (siehe Kap. 13) das Bewegungsmuster Abb. 11.8(c) extrahiert werden, welches als Schätzung der Impulsantwort $h(\mathbf{x})$ der nichtidealen Abbildung herangezogen wird. Damit lässt sich die Übertragungsfunktion $V(\mathbf{f})$ eines modifizierten inversen Filters gemäß (11.21) berechnen und das beobachtete Bild $\mathbf{g}(\mathbf{x})$ rekonstruieren.

Am Restaurationsergebnis $\hat{\mathbf{s}}(\mathbf{x})$ werden jedoch die Grenzen des Verfahrens deutlich (vgl. Abb. 11.8(d)). Aufgrund der Nullstellen der Übertragungsfunktion $H(\mathbf{f})$ der nichtidealen Abbildung kommt es zu einem Informationsverlust, weshalb im Ergebnisbild $\hat{\mathbf{s}}(\mathbf{x})$ kaum noch Details der ursprünglichen Szene

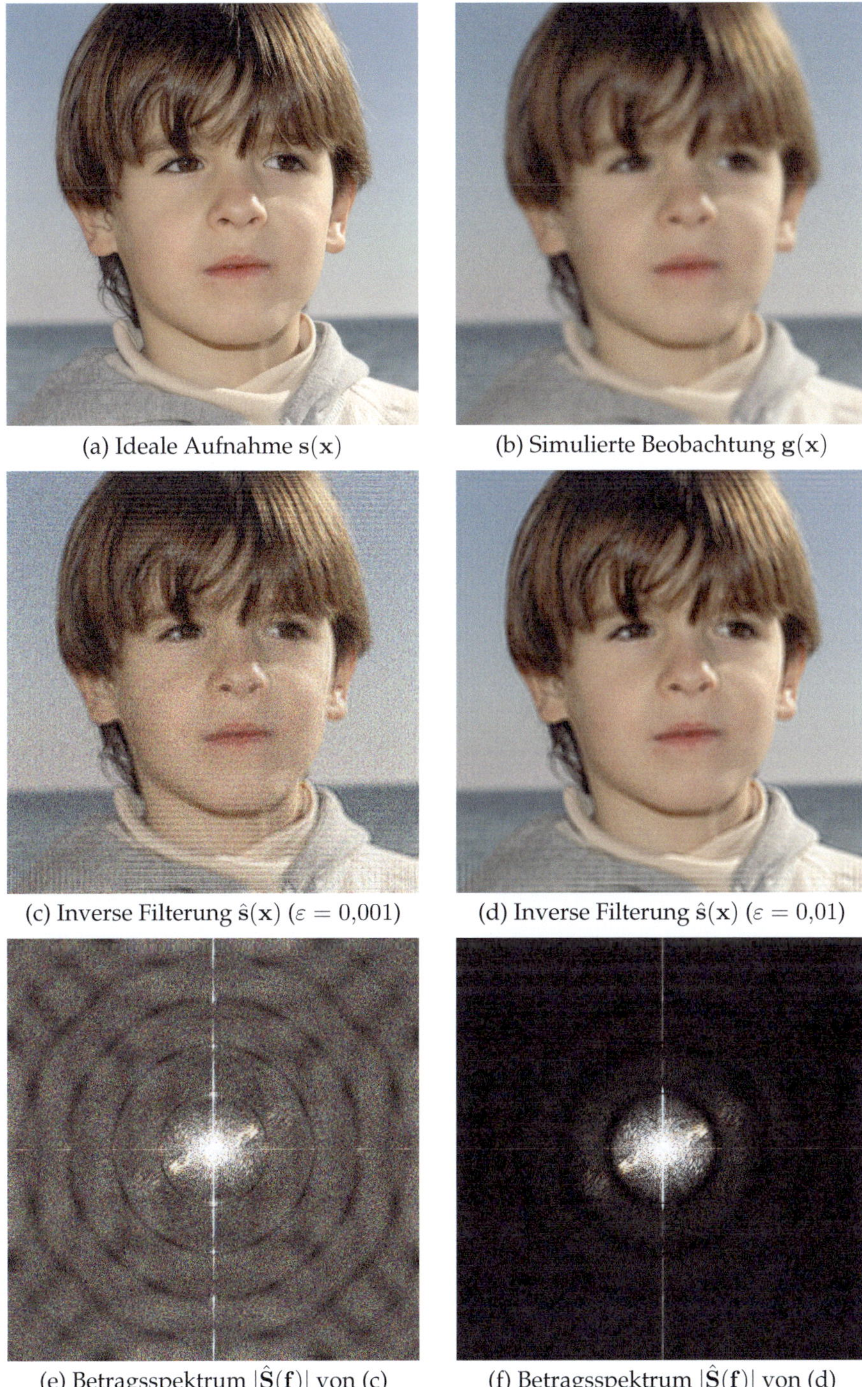

(a) Ideale Aufnahme $\mathbf{s}(\mathbf{x})$

(b) Simulierte Beobachtung $\mathbf{g}(\mathbf{x})$

(c) Inverse Filterung $\hat{\mathbf{s}}(\mathbf{x})$ ($\varepsilon = 0{,}001$)

(d) Inverse Filterung $\hat{\mathbf{s}}(\mathbf{x})$ ($\varepsilon = 0{,}01$)

(e) Betragsspektrum $|\hat{\mathbf{S}}(\mathbf{f})|$ von (c)

(f) Betragsspektrum $|\hat{\mathbf{S}}(\mathbf{f})|$ von (d)

Abbildung 11.7. Restauration eines defokussierten Bildes mit einem inversen Filter.

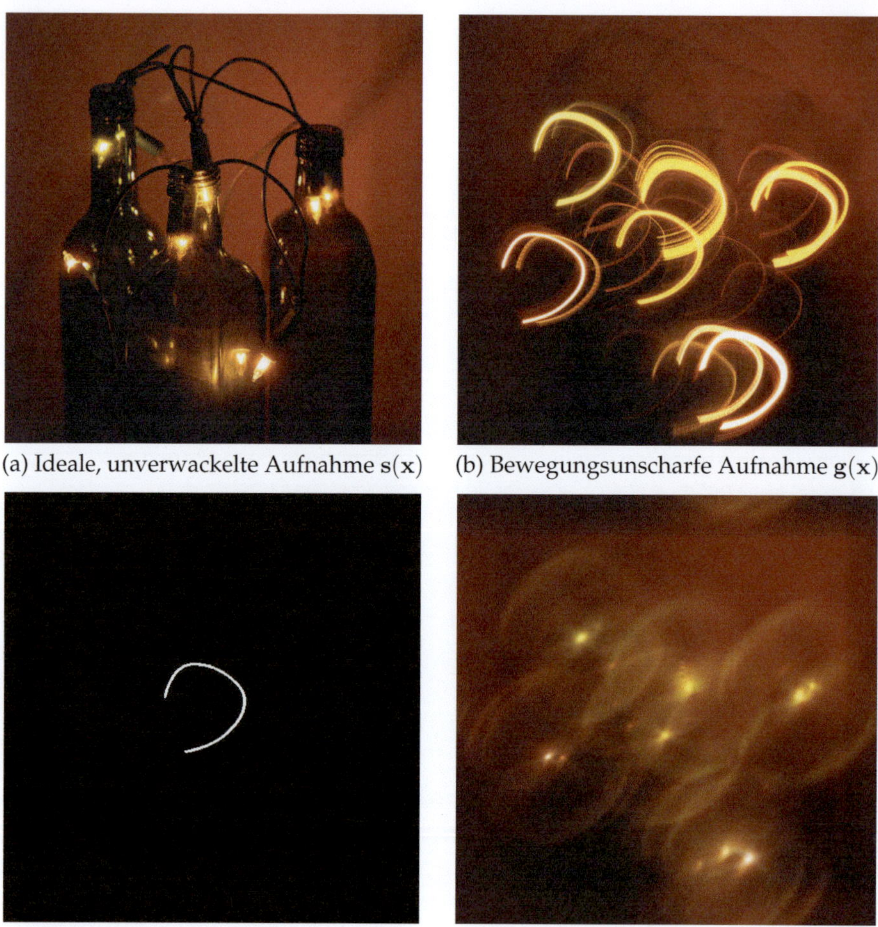

(a) Ideale, unverwackelte Aufnahme $\mathbf{s}(\mathbf{x})$ (b) Bewegungsunscharfe Aufnahme $\mathbf{g}(\mathbf{x})$

(c) Extrahiertes Bewegungsmuster $h(\mathbf{x})$ (d) Ergebnis $\hat{\mathbf{s}}(\mathbf{x})$ der inversen Filterung

Abbildung 11.8. Restauration einer bewegungsunscharfen Aufnahme einer Lichterkette.

enthalten sind. Dennoch können in diesem Bild die Anzahl und die Lage der einzelnen Lichter sehr gut erkannt werden. ■

11.3 Wiener-Filter

Das Wiener-Filter[1] ist ein lineares Optimalfilter zur Signalschätzung, welches den mittleren quadratischen Fehler zwischen dem Originalsignal $s(\mathbf{x})$ und dem

[1]Das Wiener-Filter (auch Wiener-Kolmogoroff-Filter) wurde nach dem US-amerikanischen Mathematiker Norbert Wiener (1894–1964) benannt.

Schätzergebnis $\hat{s}(\mathbf{x})$ minimiert (vgl. Abb. 11.1). In der Bildverarbeitung gehört das Wiener-Filter zum Standardrepertoire der Bildrestauration [5].

Abweichend vom Signalmodell Abb. 11.1 wird beim Wiener-Filter vorausgesetzt, dass die Signale $\mathrm{s}(\mathbf{x})$ und $\mathrm{n}(\mathbf{x})$ – und somit auch die daraus abgeleiteten Signale $\mathrm{g}(\mathbf{x})$ und $\hat{\mathrm{s}}(\mathbf{x})$ – schwach stationäre Zufallsprozesse sind, sodass sich diese nach dem Wiener-Khintchine-Theorem (Satz 8.18) auch im Ortsfrequenzbereich durch ihre jeweiligen Leistungsdichtespektren beschreiben lassen. Darüber hinaus wird das Störsignal $\mathrm{n}(\mathbf{x})$ als mittelwertfrei angesetzt:

$$\mu_{\mathrm{n}} = \mathrm{E}\{\mathrm{n}(\mathbf{x})\} = 0\,. \tag{11.26}$$

Vereinfachend wird hier ferner angenommen, dass das Originalsignal $\mathrm{s}(\mathbf{x})$ und die mittelwertfreie Störung $\mathrm{n}(\mathbf{x})$ unkorreliert seien:

$$r_{\mathrm{sn}}(\boldsymbol{\tau}) = \mu_{\mathrm{s}}\,\mu_{\mathrm{n}} = 0\,; \tag{11.27}$$

das Wiener-Filter kann jedoch auch für mit $\mathrm{s}(\mathbf{x})$ korrelierte Störungen angegeben werden.

Damit das Schätz- oder Restaurationsergebnis $\hat{\mathrm{s}}(\mathbf{x})$ dem Original $\mathrm{s}(\mathbf{x})$ möglichst nahe kommt, wird als Optimierungsziel gefordert, dass der mittlere quadratische Fehler minimal wird:

$$\mathrm{E}\big\{(\mathrm{s}(\mathbf{x}) - \hat{\mathrm{s}}(\mathbf{x}))^2\big\} \quad \stackrel{!}{\longrightarrow} \quad \text{Min}\,. \tag{11.28}$$

Durch Ausmultiplizieren von (11.28) ergibt sich mit (8.271) und (8.299):

$$\mathrm{E}\big\{(\mathrm{s}(\mathbf{x}) - \hat{\mathrm{s}}(\mathbf{x}))^2\big\} = \mathrm{E}\big\{\mathrm{s}^2(\mathbf{x}) - 2\,\mathrm{s}(\mathbf{x})\,\hat{\mathrm{s}}(\mathbf{x}) + \hat{\mathrm{s}}^2(\mathbf{x})\big\} \tag{11.29}$$

$$= r_{\mathrm{ss}}(\mathbf{0}) - 2\,r_{\mathrm{s}\hat{\mathrm{s}}}(\mathbf{0}) + r_{\hat{\mathrm{s}}\hat{\mathrm{s}}}(\mathbf{0}) \tag{11.30}$$

$$= \iint\limits_{-\infty}^{\infty} (S_{\mathrm{ss}}(\mathbf{f}) - 2\,S_{\mathrm{s}\hat{\mathrm{s}}}(\mathbf{f}) + S_{\hat{\mathrm{s}}\hat{\mathrm{s}}}(\mathbf{f}))\,\mathrm{d}\mathbf{f}\,. \tag{11.31}$$

Zur Darstellung des Kreuzleistungsdichtespektrums $S_{\mathrm{s}\hat{\mathrm{s}}}(\mathbf{f})$ in Abhängigkeit von $S_{\mathrm{ss}}(\mathbf{f})$ folgt eine eindimensionale Nebenrechnung.

Nebenrechnung 11.1 (Übertragung von Zufallsprozessen durch LSI-Systeme): Wird ein Zufallsprozess $\mathrm{g}(x)$ durch ein LSI-System übertragen, so erhält man am Ausgang des Systems den Prozess

$$\mathrm{k}(x) = \mathrm{g}(x) * h(x) = \int \mathrm{g}(x-\alpha)\,h(\alpha)\,\mathrm{d}\alpha\,, \tag{11.32}$$

wobei $h(x)$ die Impulsantwort des LSI-Systems bezeichnet (vgl. Abb. 11.9).

$$\mathrm{g}(x) \longrightarrow \boxed{h(x)} \longrightarrow \mathrm{k}(x) = \mathrm{g}(x) ** h(x)$$

Abbildung 11.9. Übertragung eines stochastischen Prozesses $\mathrm{g}(x)$ durch ein LSI-System.

Für die Kreuzkorrelationsfunktion $r_{\mathrm{gk}}(\tau)$ der Prozesse $\mathrm{g}(x)$ und $\mathrm{k}(x)$ gilt nach (8.271) bei schwacher Stationarität:

$$r_{\mathrm{gk}}(\tau) = \mathrm{E}\{\mathrm{g}(x)\,\mathrm{k}(x+\tau)\} \tag{11.33}$$

$$= \mathrm{E}\left\{\mathrm{g}(x) \int \mathrm{g}(x+\tau-\alpha)\,h(\alpha)\,\mathrm{d}\alpha\right\} \tag{11.34}$$

$$= \int \mathrm{E}\{\mathrm{g}(x)\,\mathrm{g}(x+\tau-\alpha)\}\,h(\alpha)\,\mathrm{d}\alpha \tag{11.35}$$

$$= \int r_{\mathrm{gg}}(\tau-\alpha)\,h(\alpha)\,\mathrm{d}\alpha\,. \tag{11.36}$$

Wegen der Symmetrie der Autokorrelationsfunktion $r_{\mathrm{gg}}(\tau)$ lässt sich äquivalent schreiben:

$$r_{\mathrm{gk}}(\tau) = \int r_{\mathrm{gg}}(\alpha-\tau)\,h(\alpha)\,\mathrm{d}\alpha = r_{\mathrm{gg}}(\tau) * h(-\tau)\,, \tag{11.37}$$

woraus durch Fourier-Transformation der Zusammenhang

$$S_{\mathrm{gk}}(f) = S_{\mathrm{gg}}(f)\,H^*(f) \tag{11.38}$$

resultiert. ■

Mit (11.38) kann das Kreuzleistungsdichtespektrum $S_{\mathrm{s}\hat{\mathrm{s}}}(\mathbf{f})$ wegen der Unkorreliertheit (11.27) von $\mathrm{s}(\mathbf{x})$ und $\mathrm{n}(\mathbf{x})$ wie folgt geschrieben werden:

$$S_{\mathrm{s}\hat{\mathrm{s}}}(\mathbf{f}) = V^*(\mathbf{f})\,H^*(\mathbf{f})\,S_{\mathrm{ss}}(\mathbf{f}) + V^*(\mathbf{f})\underbrace{S_{\mathrm{sn}}(\mathbf{f})}_{=0}\,. \tag{11.39}$$

Analog ergibt sich mit (8.312) für das Autoleistungsdichtespektrum $S_{\hat{\mathrm{s}}\hat{\mathrm{s}}}(\mathbf{f})$:

$$S_{\hat{\mathrm{s}}\hat{\mathrm{s}}}(\mathbf{f}) = |V(\mathbf{f})|^2 \underbrace{\left(|H(\mathbf{f})|^2\,S_{\mathrm{ss}}(\mathbf{f}) + S_{\mathrm{nn}}(\mathbf{f})\right)}_{=:\,\Gamma(\mathbf{f})} = |V(\mathbf{f})|^2\,\Gamma(\mathbf{f}) \tag{11.40}$$

mit

$$\Gamma(\mathbf{f}) := |H(\mathbf{f})|^2\,S_{\mathrm{ss}}(\mathbf{f}) + S_{\mathrm{nn}}(\mathbf{f})\,. \tag{11.41}$$

Im Folgenden wird zur besseren Übersicht die Abhängigkeit von $\mathbf{x}$ und $\mathbf{f}$ unterdrückt. Für den mittleren quadratischen Fehler nach (11.31) erhält man mit (11.39) und (11.40):

$$\mathrm{E}\{(\mathtt{s}-\hat{\mathtt{s}})^2\} = \iint (S_{\mathtt{ss}}\,(1-2\,V^*H^*) + |V|^2\,\Gamma)\,\mathrm{d}\mathbf{f}\,. \tag{11.42}$$

Damit der Integrand reell wird, muss die Bedingung

$$V(\mathbf{f}) = \alpha(\mathbf{f})\,H^*(\mathbf{f})\,, \qquad \alpha(\mathbf{f}) \in \mathbb{R}\,, \tag{11.43}$$

für alle **f** erfüllt sein. Einsetzen von (11.43) in (11.42) liefert:

$$\mathrm{E}\{(\mathtt{s}-\hat{\mathtt{s}})^2\} = \iint (S_{\mathtt{ss}}(1-2\alpha|H|^2) + \alpha^2|H|^2\Gamma)\,\mathrm{d}\mathbf{f} \quad \stackrel{!}{\longrightarrow} \quad \mathrm{Min}\,. \tag{11.44}$$

Um das Integral (11.44) zu minimieren, muss der Integrand für alle **f** minimal werden. Dafür muss die folgende notwendige Bedingung erfüllt sein:

$$\frac{\partial}{\partial\alpha} = 0\ : \qquad -2\,|H|^2\,S_{\mathtt{ss}} + 2\alpha\,|H|^2\,\Gamma = 0 \tag{11.45}$$

$$\Leftrightarrow \qquad \alpha = \frac{S_{\mathtt{ss}}}{\Gamma}\,. \tag{11.46}$$

Die hinreichende Bedingung für ein Minimum ist stets erfüllt:

$$\frac{\partial^2}{\partial\alpha^2} > 0\ : \qquad 2\,|H|^2\,\Gamma > 0\,. \tag{11.47}$$

Mit dem Ansatz (11.43), (11.46) und (11.41) erhält man schließlich das Optimalfilter nach Wiener:

$$V(\mathbf{f}) = \frac{H^*(\mathbf{f})\,S_{\mathtt{ss}}(\mathbf{f})}{|H(\mathbf{f})|^2\,S_{\mathtt{ss}}(\mathbf{f}) + S_{\mathtt{nn}}(\mathbf{f})} = \frac{1}{H(\mathbf{f})} \cdot \frac{|H(\mathbf{f})|^2}{|H(\mathbf{f})|^2 + \underbrace{\frac{S_{\mathtt{nn}}(\mathbf{f})}{S_{\mathtt{ss}}(\mathbf{f})}}_{SNR^{-1}(\mathbf{f})}}\,. \tag{11.48}$$

Die rechte Seite dieser Gleichung lässt das Wiener-Filter als eine Reihenschaltung eines inversen Filters und eines angepassten Störungsunterdrückungsfilters deuten, wobei letzteres praktisch meist Tiefpasscharakter aufweist. Wenn keine Störungen vorhanden sind, d. h. bei $\mathtt{n}(\mathbf{x}) \equiv 0$, geht $V(\mathbf{f})$ in die Übertragungsfunktion des inversen Filters über. Anderenfalls „öffnet“ das Filter bei Ortsfrequenzen, bei denen das Nutzsignal stark gegenüber der Störung ist und „schließt“ bei Ortsfrequenzen, bei denen die Störung stark gegenüber dem Nutzsignal ist.

Nachteilig am Wiener-Filter ist, dass das visuelle Güteempfinden des Menschen nicht mit dem Kriterium des minimalen quadratischen Fehlers konform ist, weshalb die Ergebnisse dieses Optimalfilters nicht zwangsläufig im Hinblick auf die visuelle Qualität optimal sein müssen. Dennoch zeigt das folgende Beispiel, dass sich mit dem Wiener-Filter durchaus visuell überzeugende Restaurationsergebnisse erzielen lassen.

(a) Simulierte Beobachtung $\mathbf{g}(\mathbf{x})$

(b) Ergebnis $\hat{\mathbf{s}}(\mathbf{x})$ der Wiener-Filterung

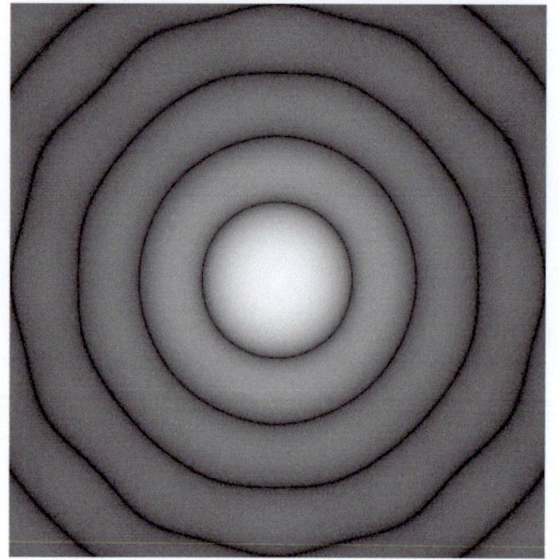

(c) Amplitudengang $\log(1 + |H(\mathbf{f})|)$

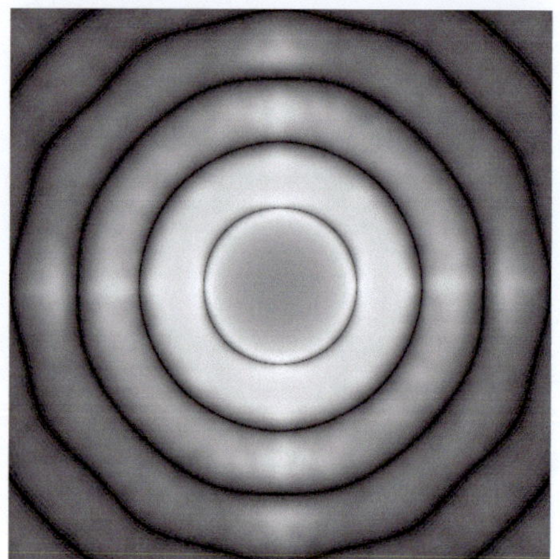

(d) Amplitudengang $\log(1 + |V(\mathbf{f})|)$

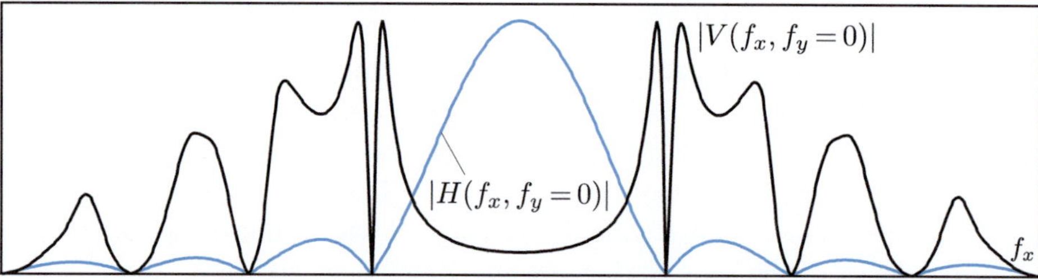

(e) Amplitudengänge von unscharfer Abbildung $|H(\mathbf{f})|$ und Wiener-Filter $|V(\mathbf{f})|$

Abbildung 11.10. Wiener-Filter zur Bildrestauration: (a) beobachtetes Signal $\mathbf{g}(\mathbf{x})$ (simulierte Unschärfe durch Faltung mit $h(\mathbf{x}) = k \cdot \mathrm{rect}(\|\mathbf{x}\|/9)$; normalverteiltes weißes Rauschen $\mathbf{n}(\mathbf{x})$ mit $\sigma^2 = 25$); (b) Ergebnis $\hat{\mathbf{s}}(\mathbf{x})$ der Restauration mit dem Wiener-Filter; (c) logarithmierter Amplitudengang $|H(\mathbf{f})|$ der unscharfen optischen Abbildung; (d) logarithmierter Amplitudengang $|V(\mathbf{f})|$ des Wiener-Optimalfilters; (e) Vergleich der Amplitudengänge von unscharfer optischer Abbildung $|H(\mathbf{f})|$ und Wiener-Filter $|V(\mathbf{f})|$.

Beispiel 11.8 (Restauration defokussierter Bilder): Ausgangspunkt ist in diesem Beispiel ein Farbbild $\mathbf{g}(\mathbf{x})$ (Abb. 11.10(a)), bei welchem bedingt durch eine simulierte unscharfe optische Abbildung $H(\mathbf{f})$ Spektralanteile abgeschwächt oder unterdrückt wurden. Der Amplitudengang $|H(\mathbf{f})|$ der unscharfen optischen Abbildung ist rotationssymmetrisch und weist nach Bsp. 11.1 Nullstellen auf konzentrischen Kreisen auf; er ist in den Abbildungen 11.10(c) und 11.10(e) dargestellt. Darüber hinaus enthält das beobachtete Signal $\mathbf{g}(\mathbf{x})$ ein additives normalverteiltes weißes Rauschen $\mathbf{n}(\mathbf{x})$ der Varianz $\sigma^2 = 25$.

Neben der spektralen Leistungsdichte $S_{\mathrm{nn}}(\mathbf{f})$ des Rauschens $\mathbf{n}(\mathbf{x})$, die bei einem weißen Prozess nach (8.313) konstant ist und hier als bekannt angenommen wurde, wird zur Berechnung der Übertragungsfunktion $V(\mathbf{f})$ des Wiener-Filters das Leistungsdichtespektrum $S_{\mathrm{ss}}(\mathbf{f})$ des unverzerrten Originalbildes $\mathbf{s}(\mathbf{x})$ benötigt. Diese Größe ist in der Regel nicht verfügbar, weshalb sie im vorliegenden Fall aus der Beobachtung $\mathbf{g}(\mathbf{x})$ geschätzt wurde. Dafür wurde das Periodogramm $\hat{S}_{\mathrm{gg}}(f)$ berechnet und geglättet; anschließend wurde davon das bekannte Leistungsdichtespektrum $S_{\mathrm{nn}}(\mathbf{f})$ des Rauschprozesses subtrahiert. Die damit nach (11.48) berechnete Übertragungsfunktion $V(\mathbf{f})$ des Wiener-Filters ist in Abb. 11.10(d) zu sehen. Das Ergebnis der Wiener-Filterung ist in Abb. 11.10(b) dargestellt. Verglichen mit den Resultaten Abb. 11.7(c) und (d) der inversen Filterung zeichnet sich dieses Bild durch eine wirksamere Rauschunterdrückung aus.

Zur besseren Interpretation des Wiener-Filters zeigt Abb. 11.10(e) zwei horizontale Schnitte der Amplitudengänge von $H(\mathbf{f})$ und $V(\mathbf{f})$ durch den Ursprung des Ortsfrequenzbereiches. Beide Verläufe weisen zwar die gleichen Nullstellen auf. Allerdings führt das Wiener-Filter eine höhere Verstärkung bei Ortsfrequenzen herbei, bei denen das Nutzsignal stark gegenüber der (im vorliegenden Fall konstanten) Störung ist. Entsprechend „schließt" das Filter bei Ortsfrequenzen, bei denen die Störung stark gegenüber dem Nutzsignal ist. ■

Beispiel 11.9 (Bildrestauration bei gleichförmiger Bewegungsunschärfe): Abbildung 11.11(a) zeigt ein Bild einer Platine auf einem unbewegten Förderband. Bei eingeschaltetem Förderband erfolgt aufgrund der linearen gleichförmigen Bewegung eine Faltung des Bildes mit einer Impulsantwort gemäß (11.7). Zusätzlich sind die einzelnen Pixel mit Sensorrauschen behaftet, welches für jedes Pixel als unabhängig von den anderen Pixeln angenommen wird. Abbildung 11.11(b) zeigt ein auf dieser Grundlage simuliertes verrauschtes und bewegungsunscharfes Bild $\mathbf{g}(\mathbf{x})$.

Das ideale unverrauschte Bild $\mathbf{s}(\mathbf{x})$ lässt sich schätzen, indem man mehrere

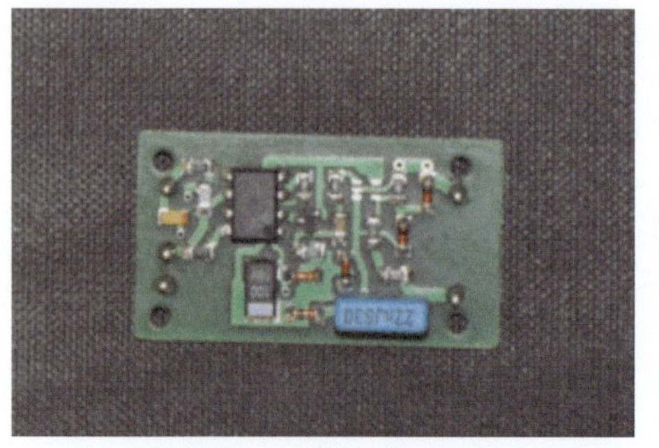

(a) Unbewegte Aufnahme

(b) Bewegungsunscharfes Bild $\mathbf{g}(\mathbf{x})$

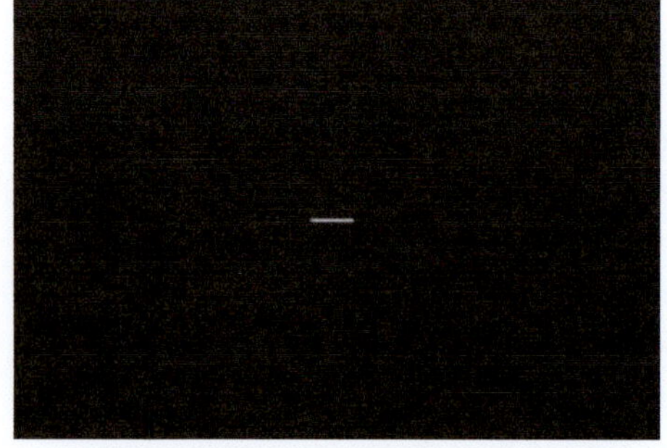

(c) Geschätzte Impulsantwort $\hat{h}(\mathbf{x})$

(d) Restaurationsergebnis $\hat{\mathbf{s}}(\mathbf{x})$

Abbildung 11.11. Bildrestauration bei gleichförmiger linearer Bewegungsunschärfe.

Bilder der Platine auf dem gestoppten Förderband aufnimmt und diese einer Mittelung unterzieht. Die Übertragungsfunktion $H(\mathbf{f})$ der nichtidealen Abbildung hat die Form (11.7); sie lässt sich durch Systemidentifikation schätzen, z. B. durch Quotientenbildung gemittelter Leistungsdichten [10]:

$$\hat{H}(\mathbf{f}) = \frac{\overline{\hat{S}_{\mathrm{gs}}(f)}}{\overline{\hat{S}_{\mathrm{ss}}(f)}} \approx \frac{\overline{G(f)\,\hat{S}_{\mathrm{ss}}(f)}}{\overline{\hat{S}_{\mathrm{ss}}(f)}}\,. \tag{11.49}$$

Abbildung 11.11(c) zeigt die zugehörige geschätzte Impulsantwort $\hat{h}(\mathbf{x})$. Damit und mit den durch Periodogrammen abschätzbaren Leistungsdichten von unverrauschtem Bild und Rauschen lässt sich das optimale Restaurationsfilter $V(\mathbf{f})$ nach Wiener angeben, welches bei laufendem Förderband aus den verschwommenen und verrauschten Kamerabildern wieder ein unverrauschtes und scharfes Bild $\hat{\mathbf{s}}(\mathbf{x})$ schätzt (Abb. 11.11(d)). ■

11.4 Geometrisches Mittelwertfilter

Das **geometrische Mittelwertfilter** kann als eine Verallgemeinerung des Wiener-Filters aufgefasst werden, die insbesondere bei schwach ausgeprägten Störungen $\mathtt{n}(\mathbf{x})$ oder bei zufälligen Variationen der nichtidealen Abbildung $H(\mathbf{f})$ Vorteile aufweisen soll [1]. Es ist durch die folgende Übertragungsfunktion definiert:

$$V(\mathbf{f}) = \left(\frac{H^*(\mathbf{f})}{|H(\mathbf{f})|^2}\right)^a \cdot \left(\frac{H^*(\mathbf{f})}{|H(\mathbf{f})|^2 + b\,\frac{S_{\mathrm{nn}}(\mathbf{f})}{S_{\mathrm{ss}}(\mathbf{f})}}\right)^{1-a} \tag{11.50}$$

mit den reellen Parametern $a \in [0, 1]$ und $b \geq 0$. Aufgrund der Wahlmöglichkeit von a und b ergibt sich eine parametrische Familie von Restaurationsfiltern, die sowohl das inverse Filter als auch das Wiener-Filter als Sonderfälle enthalten:

- Für $a = 1$ folgt das inverse Filter.
- Für $a = 0$ und $b = 1$ ergibt sich aus (11.50) das Wiener-Filter.
- Für $a = 0$ entsteht das **parametrische Wiener-Filter**:

$$V(\mathbf{f}) = \frac{H^*(\mathbf{f})}{|H(\mathbf{f})|^2 + b\,\frac{S_{\mathrm{nn}}(\mathbf{f})}{S_{\mathrm{ss}}(\mathbf{f})}}\,. \tag{11.51}$$

- Für $a = 0{,}5$ und $b = 1$ erhält man das eigentliche namensgebende geometrische Mittelwertfilter.

Der Parameter b vermittelt zwischen einer Rauschunterdrückung und einer „Entzerrung". Bei einer Wahl des Parameters b im Intervall $0 < b < 1$ sollen mit (11.50) und (11.51) visuell ansprechendere Ergebnisse erzielbar sein als bei Verwendung des Wiener-Filters [2].

Beispiel 11.10 (Bildrestauration mit dem geometrischen Mittelwertfilter): Um den Einfluss der beiden Parameter a und b des geometrischen Mittelwertfilters zu untersuchen, sei das defokussierte Bild eines Chips $g(\mathbf{x})$ in Abb. 11.12(a) betrachtet, das ferner ein additives normalverteiltes weißes Rauschen $n(\mathbf{x})$ der Varianz $\sigma^2 = 25$ aufweist. Zur Simulation der unscharfen optischen Abbildung wurde die Übertragungsfunktion $H(\mathbf{f})$ genauso wie in Bsp. 11.8 parametriert; vgl. Abb. 11.10(c).

Ausgehend von den Parametern des Wiener-Filters ($a = 0$ und $b = 1$; vgl. Abb. 11.12(b)) lässt sich in (11.50) durch Veränderung von b das SNR derart gewichten, dass entweder die inverse Filterung oder die Rauschunterdrückung dominiert; siehe Abb. 11.12(c) bzw. (d). Dies entspricht dem parametrischen Wiener-Filter (11.51).

Bei konstantem $b = 1$ lässt die Wahl von $a > 0$ eine stärkere Berücksichtigung der inversen Filterung zu, wodurch sich ein schärferer Eindruck ergibt.

(a) Simulierte Beobachtung $g(\mathbf{x})$

(b) Filterung mit $a = 0$ und $b = 1$

(c) Filterung mit $a = 0$ und $b = 10^{-3}$

(d) Filterung mit $a = 0$ und $b = 10^{3}$

(e) Filterung mit $a = 0{,}8$ und $b = 1$

(f) Filterung mit $a = 0{,}95$ und $b = 1$

Abbildung 11.12. Restauration eines defokussierten, verrauschten Bildes mit dem geometrischen Mittelwertfilter.

Insbesondere für $a = 0{,}8$ erhält man bei diesem Testbild ein Resultat, bei welchem die feinen Strukturen auf dem Chip deutlich kontrastreicher als in Abb. 11.12(b) erscheinen, ohne gleichzeitig Störungen übermäßig zu verstärken; vgl. Abb. 11.12(e). Für $a = 0{,}95$ sind dagegen deutlich ausgeprägtere Störungen und Artefakte erkennbar; vgl. Abb. 11.12(f). ■

11.5 Optimales Constraint-Filter

Nachteilig am Wiener-Filter (Abschn. 11.3) und am mit ihm verwandten geometrischen Mittelwertfilter (Abschn. 11.4) ist vor allem die Tatsache, dass die Leistungsdichtespektren $S_{\mathrm{ss}}(\mathbf{f})$ und $S_{\mathrm{nn}}(\mathbf{f})$ des Nutzsignals bzw. der Störung bekannt sein müssen. Im Gegensatz dazu sind die Voraussetzungen beim optimalen Constraint-Filter vergleichsweise leicht zu erfüllen. Neben der Beobachtung $g(\mathbf{x})$ und der Impulsantwort $h(\mathbf{x})$ der nichtidealen Abbildung wird lediglich die Energie der Störung

$$\rho = \iint\limits_{\Omega_g} n^2(\mathbf{x})\,\mathrm{d}\mathbf{x} \tag{11.52}$$

benötigt, wobei Ω_g das örtliche Gebiet bezeichnet, über das sich das Bild $g(\mathbf{x})$ erstreckt [4,8,14].

Mit der bekannten Energie ρ der Störung liegt es nahe, den Ansatz (11.16) vom inversen Filter, bei welchem die quadratische Abweichung zwischen der Beobachtung $g(\mathbf{x})$ und dem mit $h(\mathbf{x})$ gefilterten Restaurationsergebnis $\hat{s}(\mathbf{x})$ minimiert wurde, durch die folgende Forderung zu ersetzen:

$$\iint\limits_{\Omega_g} \left(g(\mathbf{x}) - \hat{s}(\mathbf{x}) ** h(\mathbf{x})\right)^2 \mathrm{d}\mathbf{x} \stackrel{!}{=} \rho\,. \tag{11.53}$$

Da diese Gleichung nicht eindeutig lösbar ist und somit lediglich eine Nebenbedingung (*constraint*) darstellt, wird zur Regularisierung des Restaurationsproblems ein weiteres Optimierungsziel formuliert:

$$\iint\limits_{\Omega_g} \left(\hat{s}(\mathbf{x}) ** c(\mathbf{x})\right)^2 \mathrm{d}\mathbf{x} \quad \stackrel{!}{\longrightarrow} \quad \mathrm{Min}\,. \tag{11.54}$$

Bei $c(\mathbf{x})$ handelt es sich um eine frei wählbare Designgröße, welche die Impulsantwort eines LSI-Filters bezeichnet, das im Allgemeinen Hochpasscharakter aufweist. Insofern entspricht die Bedingung (11.54) einer Glattheitsforderung für $\hat{s}(\mathbf{x})$. Mit der Parseval'schen Beziehung lassen sich die Forderungen (11.53) und

(11.54) in den Ortsfrequenzbereich überführen:

$$\iint\limits_{-\infty}^{\infty} \left|G(\mathbf{f}) - \hat{S}(\mathbf{f})\, H(\mathbf{f})\right|^2 \mathrm{d}\mathbf{f} \stackrel{!}{=} \rho\,, \tag{11.55}$$

$$\iint\limits_{-\infty}^{\infty} \left|\hat{S}(\mathbf{f})\, C(\mathbf{f})\right|^2 \mathrm{d}\mathbf{f} \quad \stackrel{!}{\longrightarrow} \quad \mathrm{Min}\,. \tag{11.56}$$

Um den Ausdruck (11.56) unter der Nebenbedingung (11.55) zu minimieren, wird ein Lagrange-Multiplikator λ eingeführt:

$$\iint\limits_{-\infty}^{\infty} \left|\hat{S}(\mathbf{f})\, C(\mathbf{f})\right|^2 \mathrm{d}\mathbf{f} + \lambda \cdot \left(\iint\limits_{-\infty}^{\infty} \left|G(\mathbf{f}) - \hat{S}(\mathbf{f})\, H(\mathbf{f})\right|^2 \mathrm{d}\mathbf{f} - \rho \right) \stackrel{!}{\longrightarrow} \mathrm{Min}\,. \tag{11.57}$$

Mit $\hat{S}(\mathbf{f}) = V(\mathbf{f})\, G(\mathbf{f})$ erhält man nach einer Zwischenrechnung (Details siehe [14, S. 99 ff]):

$$V(\mathbf{f}) = \frac{1}{H(\mathbf{f})} \cdot \frac{\lambda\, |H(\mathbf{f})|^2}{|C(\mathbf{f})|^2 + \lambda\, |H(\mathbf{f})|^2}\,. \tag{11.58}$$

Setzt man dieses Ergebnis in (11.55) ein, so resultiert schließlich:

$$\iint\limits_{-\infty}^{\infty} \frac{|C(\mathbf{f})|^4\, |G(\mathbf{f})|^2}{\left(|C(\mathbf{f})|^2 + \lambda\, |H(\mathbf{f})|^2\right)^2}\, \mathrm{d}\mathbf{f} = \rho\,. \tag{11.59}$$

Diese Gleichung muss numerisch gelöst werden, um den in (11.58) benötigten Lagrange-Multiplikator λ zu bestimmen.

Bemerkungen:

- Beim Constraint-Filter gilt die Lösung nur für ein spezielles Bild $g(\mathbf{x})$, d. h. für eine einzige Musterfunktion, da der Lagrange-Multiplikator λ sowohl vom Bild $g(\mathbf{x})$ als auch von der Energie ρ der Störung abhängig ist und bei Änderung dieser Vorgaben λ neu berechnet werden muss. Im Vergleich dazu ist das Wiener-Filter für alle Musterfunktionen eines stochastischen Prozesses $g(\mathbf{x})$ zugeschnitten.
- Eine Erhöhung der Energie ρ der Störung führt zu kleineren Werten des Lagrange-Multiplikators λ. Wenn dagegen die Energie ρ der Störung gegen null strebt, geht das Constraint-Filter in das inverse Filter über:

$$(\rho \to 0) \quad \Rightarrow \quad V(\mathbf{f}) \to H^{-1}(\mathbf{f})\,. \tag{11.60}$$

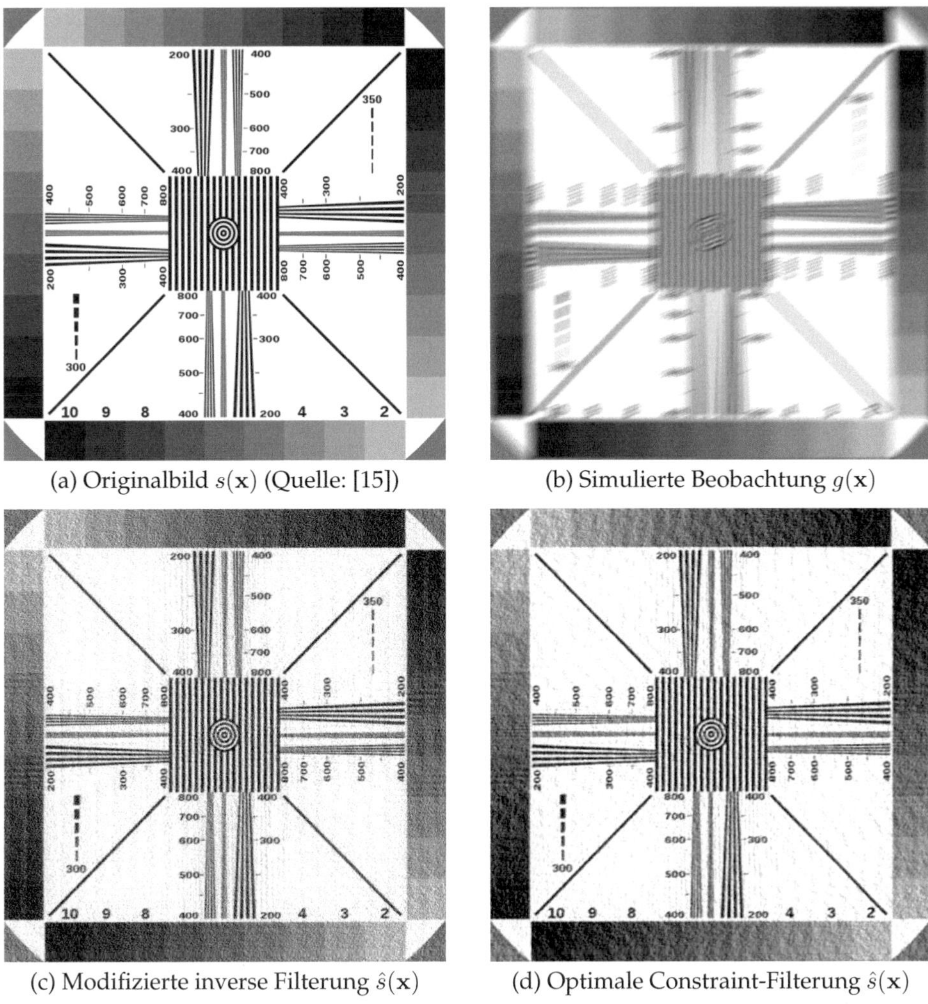

(a) Originalbild $s(\mathbf{x})$ (Quelle: [15])

(b) Simulierte Beobachtung $g(\mathbf{x})$

(c) Modifizierte inverse Filterung $\hat{s}(\mathbf{x})$

(d) Optimale Constraint-Filterung $\hat{s}(\mathbf{x})$

Abbildung 11.13. Restauration eines bewegungsunscharfen Bildes.

– Typischerweise weist die nichtideale Abbildung $H(\mathbf{f})$ Tiefpassverhalten auf. Wird $C(\mathbf{f})$ als Hochpass angesetzt, so entspricht das Restaurationsfilter $V(\mathbf{f})$ einem inversen Filter mit einem nachgeschalteten Tiefpass.

Beispiel 11.11 (Restauration eines Testbildes bei Bewegungsunschärfe): Als Beispiel zur Bildrestauration mit dem optimalen Constraint-Filter soll das Videotestbild Abb. 11.13(a) (EIA-Testbild, 1956) herangezogen werden. Als nichtideale Abbildung wurde in diesem Fall eine lineare Bewegungsunschärfe gemäß Bsp. 11.2 unter einem Winkel von $21°$ im mathematisch positiven Sinne simuliert;

siehe Abb. 11.13(b).

Die Restaurationsergebnisse Abb. 11.13(c) und (d) sind aus Abb. 11.13(b) durch eine modifizierte inverse Filterung gemäß (11.21) bzw. durch eine optimale Constraint-Filterung entstanden. Bei der Constraint-Filterung wurde als Filterfunktion $c(\mathbf{x})$ ein ortsdiskretes Laplace-Filter nach (12.61) gewählt, dessen Frequenzgang proportional zum Betragsquadrat der Ortsfrequenz ist und somit hochfrequente Anteile im Restaurationsergebnis $\hat{s}(\mathbf{x})$ bestraft. Aufgrund der Glattheitsforderung (11.54) weist Abb. 11.13(d) insgesamt weniger hochfrequente Störungen als Abb. 11.13(c) auf. ■

Beispiel 11.12 (Optimales Constraint-Filter bei Defokussierung): Um einen Vergleich des optimalen Constraint-Filters mit dem Wiener-Filter zu ermöglichen, zeigt Abb. 11.14 vier verschiedene Restaurationsergebnisse des defokussierten RGB-Farbbildes Abb. 11.10(a). In sämtlichen Fällen wurde $c(\mathbf{x})$ als ortsdiskretes Laplace-Filter gemäß (12.61) gewählt. Da die Energie ρ der Störung in der Praxis meist nicht genau bekannt ist, wurden bei der numerischen Lösung von (11.59) geringfügig abweichende Schätzwerte $\hat{\rho}$ verwendet, um die Robustheit des Verfahrens zu untersuchen.

Bei den Ergebnissen zeigt sich eine deutliche Empfindlichkeit gegenüber der Wahl dieses Parameters. Obgleich das beste Restaurationsergebnis Abb. 11.14(b) dem Ergebnis der Wiener-Filterung 11.10(b) sehr nahe kommt, muss hierfür eine um 10 % erhöhte Störungsenergie gegenüber der tatsächlichen angesetzt werden. Bei einer weiteren Erhöhung dieses Parameters werden zu viele höherfrequente Details unterdrückt (vgl. Abb. 11.14(c) und (d)); bei einer kleineren Wahl der Störungsenergie müssen Störungen sowie zahlreiche Überschwinger in Kauf genommen werden (vgl. Abb. 11.14(a)).

Schließlich sei noch angemerkt, dass bei fester Wahl des Parameters ρ sich das Verhalten des Constraint-Filters in ähnlicher Weise durch eine Korrektur des Lagrange-Multiplikators λ gegenüber dem Optimalwert beeinflussen lässt. ■

11.6 Restaurationsprobleme in Matrixnotation

Bei den bisherigen Restaurationsansätzen wurden Bilder als kontinuierliche Signale betrachtet. Werden diese diskretisiert,

$$g(\mathbf{x}), s(\mathbf{x}), n(\mathbf{x}), h(\mathbf{x}) \xrightarrow[\text{Diskretisierung}]{} g_{mn}, s_{mn}, n_{mn}, h_{mn}\,, \qquad (11.61)$$

(a) Restaurationsergebnis $\hat{\mathbf{s}}(\mathbf{x})$ ($\hat{\rho} = \rho$)

(b) Restaurationsergebnis $\hat{\mathbf{s}}(\mathbf{x})$ ($\hat{\rho} = 1{,}1\,\rho$)

(c) Restaurationsergebnis $\hat{\mathbf{s}}(\mathbf{x})$ ($\hat{\rho} = 1{,}2\,\rho$)

(d) Restaurationsergebnis $\hat{\mathbf{s}}(\mathbf{x})$ ($\hat{\rho} = 1{,}4\,\rho$)

Abbildung 11.14. Restauration des defokussierten Bildes Abb. 11.10(a) mit einem optimalen Constraint-Filter.

und als Spaltenvektoren angeordnet, so lassen sich Restaurationsprobleme in Matrixnotation formulieren.

Für ein diskretes Originalbild s_{mn} der Größe $P \times Q$ Pixel ergibt sich ein Spaltenvektor $\mathbf{s} \in \mathbb{R}^{PQ}$. Haben das beobachtete Bild g_{mn} und die Störung n_{mn} die Größe $M \times N$ Pixel, so erhält man die Spaltenvektoren $\mathbf{g}, \mathbf{r} \in \mathbb{R}^{MN}$. Damit lässt sich das Restaurationsproblem wie folgt schreiben:

$$\mathbf{g} = \mathbf{H}\,\mathbf{s} + \mathbf{n}\,, \tag{11.62}$$

wobei $\mathbf{H}$ einer $MN \times PQ$-Matrix entspricht, die aus h_{mn} gebildet wird.

Vorteilhaft an dieser Darstellung ist, dass Methoden der Matrizenrechnung anwendbar sind. Darüber hinaus kann $\mathbf{H}$ auch nicht verschiebungsinvariante lineare Systeme beschreiben. Problematisch dabei ist jedoch, dass die Matrix $\mathbf{H}$ sehr groß und meist schlecht konditioniert ist. Zur Lösung müssen daher spezielle Eigenschaften von $\mathbf{H}$ ausgenutzt werden.

Beispiel 11.13 (Wiener-Filter in Matrizenschreibweise): Bei Darstellung der Signale in Abb. 11.1 anhand von Spaltenvektoren ergibt sich nach (11.62) für das beobachtete Signal:

$$\mathbf{g} = \mathbf{H}\,\mathbf{s} + \mathbf{n}\,. \tag{11.63}$$

Das Restaurationsergebnis lautet entsprechend (11.2):

$$\hat{\mathbf{s}} = \mathbf{V}\,\mathbf{g} = \mathbf{V}\,\mathbf{H}\,\mathbf{s} + \mathbf{V}\,\mathbf{n}\,. \tag{11.64}$$

Als Optimierungsziel wurde beim Wiener-Filter eine Minimierung des mittleren quadratischen Fehlers (MSE) gefordert:

$$\mathrm{MSE} = \mathrm{E}\big\{(\mathbf{s}-\hat{\mathbf{s}})^{\mathrm{T}}(\mathbf{s}-\hat{\mathbf{s}})\big\} \quad \overset{!}{\longrightarrow} \quad \mathrm{Min}\,; \tag{11.65}$$

gegeben sind dabei die statistischen Eigenschaften des Rauschens $\mathbf{n}$ und des Nutzsignals s in Form der jeweiligen Korrelationsmatrizen:

$$\mathrm{E}\big\{\mathbf{n}\mathbf{n}^{\mathrm{T}}\big\} = \mathbf{R}_{\mathrm{nn}}\,, \qquad \mathrm{E}\{\mathbf{n}\} = \mathbf{0}\,, \tag{11.66}$$

$$\mathrm{E}\big\{\mathbf{s}\mathbf{s}^{\mathrm{T}}\big\} = \mathbf{R}_{\mathrm{ss}}\,, \tag{11.67}$$

$$\mathrm{E}\big\{\mathbf{n}\mathbf{s}^{\mathrm{T}}\big\} = \mathbf{0}\,. \tag{11.68}$$

Gesucht wird schließlich diejenige Filtermatrix $\mathbf{V}$, die (11.65) minimiert.

Der Minimierungsansatz (11.65) lässt sich wie folgt umschreiben:

$$\mathrm{MSE} = \mathrm{E}\big\{(\mathbf{s}-\hat{\mathbf{s}})^{\mathrm{T}}(\mathbf{s}-\hat{\mathbf{s}})\big\} \tag{11.69}$$

$$= \mathrm{E}\big\{\mathrm{Spur}\big((\mathbf{s}-\hat{\mathbf{s}})(\mathbf{s}-\hat{\mathbf{s}})^{\mathrm{T}}\big)\big\} \tag{11.70}$$

$$= \mathrm{Spur}\big(\mathrm{E}\big\{\hat{\mathbf{s}}\hat{\mathbf{s}}^{\mathrm{T}} - \hat{\mathbf{s}}\mathbf{s}^{\mathrm{T}} - \mathbf{s}\hat{\mathbf{s}}^{\mathrm{T}} + \mathbf{s}\mathbf{s}^{\mathrm{T}}\big\}\big)\,. \tag{11.71}$$

Für den ersten Term des Erwartungswertes gilt:

$$\mathrm{E}\big\{\hat{\mathbf{s}}\hat{\mathbf{s}}^{\mathrm{T}}\big\} = \mathrm{E}\big\{\mathbf{V}\,\mathbf{g}\,\mathbf{g}^{\mathrm{T}}\,\mathbf{V}^{\mathrm{T}}\big\} = \mathbf{V}\,\mathrm{E}\big\{\mathbf{g}\,\mathbf{g}^{\mathrm{T}}\big\}\,\mathbf{V}^{\mathrm{T}} = \ldots \tag{11.72}$$

$$= \mathbf{V}\left(\mathbf{H}\,\mathbf{R}_{\mathrm{ss}}\,\mathbf{H}^{\mathrm{T}} + \mathbf{R}_{\mathrm{nn}}\right)\mathbf{V}^{\mathrm{T}}\,. \tag{11.73}$$

Entsprechend lassen sich die restlichen Terme umformen. Mit der positiv definiten Matrix

$$\mathbf{Q} := \mathbf{H}\,\mathbf{R}_{ss}\,\mathbf{H}^{\mathrm{T}} + \mathbf{R}_{nn} \tag{11.74}$$

lässt sich (11.71) wie folgt darstellen:

$$\begin{aligned}\mathrm{MSE} &= \mathrm{Spur}\big(\mathbf{V}\,\mathbf{Q}\,\mathbf{V}^{\mathrm{T}} - \mathbf{V}\,\mathbf{H}\,\mathbf{R}_{ss} - \mathbf{R}_{ss}\,\mathbf{H}^{\mathrm{T}}\,\mathbf{V}^{\mathrm{T}} + \mathbf{R}_{ss} \\ &\quad + \mathbf{R}_{ss}\,\mathbf{H}^{\mathrm{T}}\,\mathbf{Q}^{-1}\,\mathbf{Q}\,\mathbf{Q}^{-1}\,\mathbf{H}\,\mathbf{R}_{ss} - \mathbf{R}_{ss}\,\mathbf{H}^{\mathrm{T}}\,\mathbf{Q}^{-1}\,\mathbf{Q}\,\mathbf{Q}^{-1}\,\mathbf{H}\,\mathbf{R}_{ss}\big) \qquad (11.75)\\ &= \mathrm{Spur}\big(\underbrace{(\mathbf{V} - \mathbf{R}_{ss}\,\mathbf{H}^{\mathrm{T}}\,\mathbf{Q}^{-1})\,\mathbf{Q}\,(\mathbf{V} - \mathbf{R}_{ss}\,\mathbf{H}^{\mathrm{T}}\,\mathbf{Q}^{-1})^{\mathrm{T}}}_{\mathbf{A}} \\ &\quad + \underbrace{\mathbf{R}_{ss} - \mathbf{R}_{ss}\,\mathbf{H}^{\mathrm{T}}\,\mathbf{Q}^{-1}\,\mathbf{H}\,\mathbf{R}_{ss}}_{\mathbf{B}}\big)\,. \qquad (11.76)\end{aligned}$$

Der zweite Term $\mathbf{B}$ in (11.76) ist unabhängig von $\mathbf{V}$, weshalb er bei einer Minimierung des mittleren quadratischen Fehlers bezüglich $\mathbf{V}$ nicht berücksichtigt werden braucht. Da die Kovarianzmatrix $\mathbf{A}$ positiv semidefinit ist, wird (11.76) minimal, wenn $\mathbf{A} = \mathbf{0}$ ist. Für den minimalen mittleren quadratischen Fehler ergibt sich dann:

$$\begin{aligned}\mathrm{MSE}_{\min} &= \mathrm{Spur}\big(\mathbf{R}_{ss} - \mathbf{R}_{ss}\,\mathbf{H}^{\mathrm{T}}\,\mathbf{Q}^{-1}\,\mathbf{H}\,\mathbf{R}_{ss}\big) \qquad (11.77)\\ &= \mathrm{Spur}\big(\mathbf{R}_{ss}\,\mathbf{R}_{nn}\,(\mathbf{H}\,\mathbf{R}_{ss}\,\mathbf{H}^{\mathrm{T}} + \mathbf{R}_{nn})^{-1}\big)\,. \qquad (11.78)\end{aligned}$$

Für die optimale Filtermatrix $\mathbf{V}$ folgt aus der Forderung $\mathbf{A} = \mathbf{0}$:

$$\begin{aligned}\mathbf{V} &= \mathbf{R}_{ss}\,\mathbf{H}^{\mathrm{T}}\,\mathbf{Q}^{-1} \qquad (11.79)\\ &= \mathbf{R}_{ss}\,\mathbf{H}^{\mathrm{T}}\,(\mathbf{H}\,\mathbf{R}_{ss}\,\mathbf{H}^{\mathrm{T}} + \mathbf{R}_{nn})^{-1} \qquad (11.80)\\ &= (\mathbf{H}^{\mathrm{T}}\,\mathbf{R}_{nn}^{-1}\,\mathbf{H} + \mathbf{R}_{ss}^{-1})^{-1}\,\mathbf{H}^{\mathrm{T}}\,\mathbf{R}_{nn}^{-1}\,. \qquad (11.81)\end{aligned}$$

Falls die Matrizen $\mathbf{H}^{\mathrm{T}}$ und $\mathbf{R}_{nn}^{-1}$ vertauschbar sind, kann die Filtermatrix $\mathbf{V}$ wie folgt geschrieben werden:

$$\mathbf{V} = (\mathbf{H}^{\mathrm{T}}\,\mathbf{H} + \mathbf{R}_{ss}^{-1}\,\mathbf{R}_{nn})^{-1}\,\mathbf{H}^{\mathrm{T}}\,. \tag{11.82}$$

Zum Schluss sei noch auf einen Zusammenhang hingewiesen, der durch Bildung des Erwartungswertes vom Kreuzprodukt des Schätzfehlervektors $(\hat{\mathrm{s}}-\mathrm{s})$

und des Beobachtungsvektors $\mathbf{g}^{\mathrm{T}}$ resultiert:

$$\mathrm{E}\{(\hat{\mathbf{s}}-\mathbf{s})\,\mathbf{g}^{\mathrm{T}}\} = \mathrm{E}\{(\mathbf{V}\,\mathbf{g}-\mathbf{s})(\mathbf{H}\,\mathbf{s}+\mathbf{n})^{\mathrm{T}}\} \tag{11.83}$$

$$= \mathrm{E}\{(\mathbf{V}\,\mathbf{H}\,\mathbf{s}+\mathbf{V}\,\mathbf{n}-\mathbf{s})(\mathbf{s}^{\mathrm{T}}\,\mathbf{H}^{\mathrm{T}}+\mathbf{n}^{\mathrm{T}})\} \tag{11.84}$$

$$= \mathrm{E}\{\mathbf{V}\,\mathbf{H}\,\mathbf{s}\,\mathbf{s}^{\mathrm{T}}\,\mathbf{H}^{\mathrm{T}} + \mathbf{V}\,\mathbf{n}\,\mathbf{s}^{\mathrm{T}}\,\mathbf{H}^{\mathrm{T}} - \mathbf{s}\,\mathbf{s}^{\mathrm{T}}\,\mathbf{H}^{\mathrm{T}} - \mathbf{V}\,\mathbf{H}\,\mathbf{s}\,\mathbf{n}^{\mathrm{T}} + \mathbf{V}\,\mathbf{n}\,\mathbf{n}^{\mathrm{T}} - \mathbf{s}\,\mathbf{n}^{\mathrm{T}}\} \tag{11.85}$$

$$= \mathbf{V}\,\mathbf{H}\,\mathbf{R}_{\mathrm{ss}}\,\mathbf{H}^{\mathrm{T}} + \mathbf{V}\,\mathbf{R}_{\mathrm{nn}} - \mathbf{R}_{\mathrm{ss}}\,\mathbf{H}^{\mathrm{T}} \tag{11.86}$$

$$= \mathbf{V}\left(\mathbf{H}\,\mathbf{R}_{\mathrm{ss}}\,\mathbf{H}^{\mathrm{T}} + \mathbf{R}_{\mathrm{nn}}\right) - \mathbf{R}_{\mathrm{ss}}\,\mathbf{H}^{\mathrm{T}}\,. \tag{11.87}$$

Mit (11.80) folgt schließlich das Orthogonalitätsprinzip

$$\mathrm{E}\{(\hat{\mathbf{s}}-\mathbf{s})\,\mathbf{g}^{\mathrm{T}}\} = \mathbf{0} \tag{11.88}$$

des Schätzfehlervektors $(\hat{\mathbf{s}}-\mathbf{s})$ und des Beobachtungsvektors $\mathbf{g}$. ■

11.7 Restauration bei partizipierenden Medien

Wenn das Medium für die Lichtausbreitung zwischen Beleuchtung, Objekt und Kamera mit dem Licht signifikant wechselwirkt, so spricht man von einem partizipierenden Medium.

Bei den typischerweise recht kurzen Entfernungen zu den Objekten bei der Bildaufnahme in der automatischen Sichtprüfung können die Eigenschaften des Mediums Luft meist vernachlässigt werden. Ausnahmen sind hier Rauch, Dampf oder das Flirren über heißen Objekten. Beim Medium Wasser sind die Auswirkungen auf die Lichtausbreitung durch Absorption und trübungsbedingte Streuung aber so erheblich, dass sie i. d. R. berücksichtigt werden müssen.

Automatische Sichtprüfung hat wichtige Anwendungen auch unter Wasser. Man denke hier z. B. an Schiffsrümpfe, Unterseekabel und -pipelines, Fundamente von Off-Shore-Windkraftwerken usw. Taucheinsätze zu deren Inspektion sind teuer und in größeren Tiefen für Taucher gar nicht möglich. Zunehmend werden daher ferngesteuerte oder autonome Unterwasserfahrzeuge für diese Aufgaben eingesetzt. Ausgestattet mit Kameras und künstlicher Beleuchtung können damit optische Inspektionen vorgenommen werden. Hierfür bedarf es Restaurationsverfahren, mit denen die Einflüsse des Mediums auf die Bildaufnahme rückgängig gemacht oder zumindest deutlich verringert werden können.

Im Vakuum kann sich Licht ungehindert ausbreiten, sodass sich die Strahldichte $L(\mathbf{r},\mathbf{x})$ in Ausstrahlungsrichtung $\mathbf{r}$ nicht ändert:

$$\mathbf{r}^{\mathrm{T}}\mathrm{grad}_{\mathbf{x}}L(\mathbf{r},\mathbf{x}) = 0\,, \tag{11.89}$$

d. h. die Strahldichte entlang der Geraden in Ausstrahlungsrichtung bleibt gleich:

$$L(\mathbf{r}, \mathbf{x} + \rho\mathbf{r}) = L(\mathbf{r}, \mathbf{x}) , \quad \text{wobei } \rho \in \mathbb{R} . \tag{11.90}$$

In partizipierenden Medien, wie z. B. Dunst, Nebel, Rauch oder Wasser interagiert die Strahlung mit dem Medium. Infolgedessen entstehen Bilddegradationen wie Farbverschiebungen, Kontrastverlust und Unschärfe. In Abb. 11.15 werden die entstehenden Bilddegradationen, die vor allem durch Absorption und Streuung verursacht werden, in einer Unterwasseraufnahme veranschaulicht.

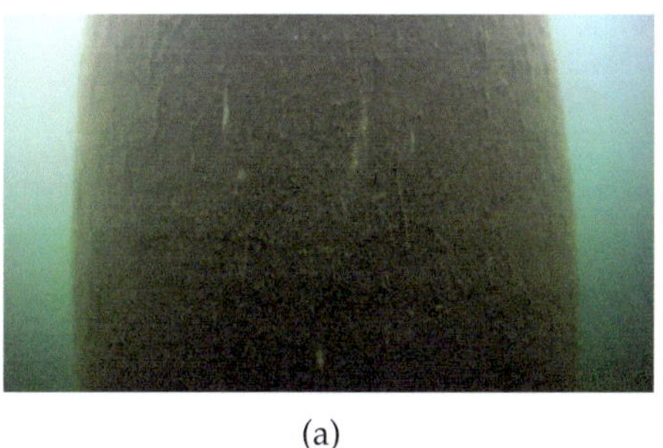

(a)

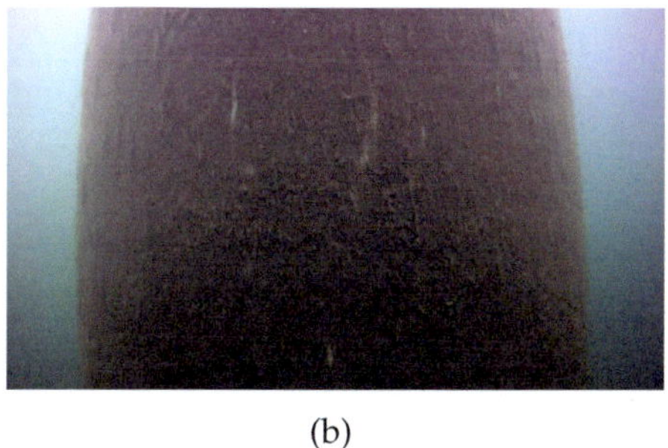

(b)

Abbildung 11.15. Unterwasser-Bildaufnahme: (a) Kamerabild einer Säule, aufgenommen bei Tageslicht, das von der Gewässeroberfläche nach unten dringt. Das Spektrum des Tageslichts ist in dieser Tiefe bereits erheblich zum Grünen/Blauen hin betont. Deutlich zu erkennen sind die Bilddegradationen, wie sie typisch für partizipierende Medien sind: Farbverschiebungen, Unschärfe und Kontrastverminderung. (b) Mittels Bildverbesserungsverfahren verändertes Bild. Durch Schätzung einer Transmissionskarte [13] wurde der Kontrast, der durch trübungsbedingte Streuung verloren ging, mittels einer lokalen Histogrammspreizung gesteigert.

Absorption entsteht dadurch, dass Strahlungsenergie vom Medium aufgenommen und z. B. in Wärmeenergie umgewandelt wird. Die Änderung der Strahldichte durch Absorption hängt linear von der Stärke der Strahldichte ab:

$$\mathbf{r}^{\mathrm{T}} \mathrm{grad}_{\mathbf{x}} L(\mathbf{r}, \mathbf{x}) = -\mu \, L(\mathbf{r}, \mathbf{x}) . \tag{11.91}$$

Aus dieser Differentialgleichung lässt sich das Lambert-Beer'sche Gesetz ableiten:

$$L(\mathbf{r}, \mathbf{x} + \rho\mathbf{r}) = L(\mathbf{r}, \mathbf{x}) \, \mathrm{e}^{-\mu\rho} . \tag{11.92}$$

Der Absorptionskoeffizient $\mu = \mu(\lambda)$ ist in Wasser stark von der Wellenlänge λ des Lichtes abhängig. Langwellige Bereiche des sichtbaren Spektralbereiches werden stärker gedämpft als kurzwellige, was zu einem Grün- bzw. Blaustich führt.

Als Streuung bezeichnet man den Effekt, dass die Lichtrichtung durch Partikel im Medium stochastisch verändert wird. Zum einen wird die Strahldichte durch Streuung reduziert, zum anderen wird die Strahldichte aber auch durch Einstreuung aus anderen Richtungen erhöht. Zusammen mit der Absorption ergibt sich die Strahlentransportgleichung (*Radiative Transfer Equation*, RTE) [3,9]:

$$\mathbf{r}^{\mathrm{T}}\mathrm{grad}_{\mathbf{x}} L(\mathbf{r},\mathbf{x}) = -(\mu + b)\, L(\mathbf{r},\mathbf{x}) + C(\mathbf{r},\mathbf{x})\,. \tag{11.93}$$

Die Zunahme der Strahldichte durch Einstreuung kann durch die gewichtete Integration der Strahldichten im Punkt $\mathbf{x}$ über die Einheitskugel $\mathcal{S}^2$ ermittelt werden:

$$C(\mathbf{r},\mathbf{x}) := \int_{\mathcal{S}^2} L(\mathbf{r}',\mathbf{x})\, \beta(\mathbf{r}' \to \mathbf{r},\mathbf{x})\, \mathrm{d}\mathbf{r}'\,. \tag{11.94}$$

Dabei beschreibt die Volumenstreufunktion $\beta(\mathbf{r}' \to \mathbf{r},\mathbf{x})$ die Verteilung der Streuung in Abhängigkeit des Winkels $\angle(\mathbf{r}',\mathbf{r})$ zwischen $\mathbf{r}'$ und $\mathbf{r}$ am Ort $\mathbf{x}$. Die Integration über die Einheitskugel ergibt wiederrum den Streukoeffizienten

$$b := \int_{\mathcal{S}^2} \beta(\mathbf{0} \to \mathbf{r},\mathbf{x})\, \mathrm{d}\mathbf{r}\,, \tag{11.95}$$

der in homogenen Medien vom Ort $\mathbf{x}$ unabhängig ist.

Für die Bildrestauration wird ein ausreichend genaues Modell der Bildentstehung benötigt. In [12] werden dazu die drei für die Bildentstehung relevantesten Pfade der Lichtausbreitung berücksichtigt; Abb. 11.16 illustriert diese drei Komponenten. Ausbreitungspfade mit zwei und mehr Streuereignissen tragen weniger zum Lichtfeld bei und werden hier vernachlässigt.

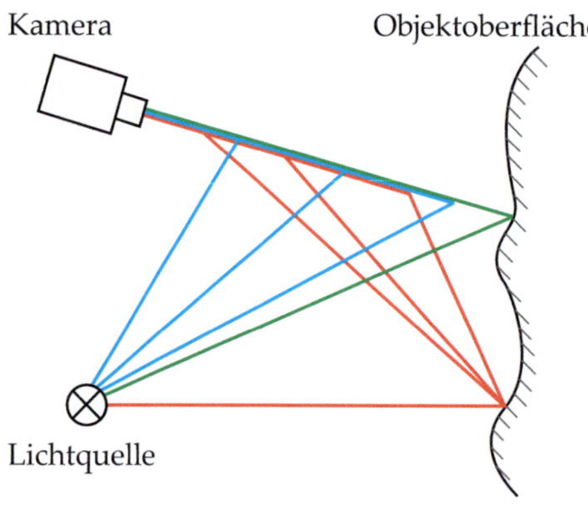

Abbildung 11.16. Unterteilung der wichtigsten Pfade der Lichtausbreitung in drei Komponenten.
Direkte Komponente (grün): Von der Lichtquelle ausgehende und an der Oberfläche reflektierte Lichtstrahlen.
Rückstreu-Komponente (blau): Von der Lichtquelle ausgehende und in den Sichtstrahl hineingestreute Lichtstrahlen.
Vorwärtsstreu-Komponente (rot): An der Oberfläche reflektierte und in den Sichtstrahl hineingestreute Lichtstrahlen.

Die direkte Komponente repräsentiert diejenigen Pfade, die von der Lichtquelle auf die Objektoberfläche treffen, dort reflektiert und vom Kamerasensor erfasst werden. Die Rückstreu-Komponente umfasst diejenigen Lichtstrahlen, die von der Lichtquelle ausgehend in Richtung der Kamera gestreut werden, ohne von der Objektoberfläche reflektiert worden zu sein. Die Vorwärtsstreu-Komponente repräsentiert die Lichtstrahlen, die von der Lichtquelle auf die Objektoberfläche treffen, dort reflektiert und anschließend in einen Sichtstrahl der Kamera hineingestreut werden. Alle drei Komponenten lassen sich zusammenfassen und in Matrixschreibweise als affine Transformation darstellen:

$$\mathbf{g} = \mathbf{H}\,\mathbf{s} + \mathbf{b} = (\mathbf{H}_{\text{direkt}} + \mathbf{H}_{\text{vorwärts}})\,\mathbf{s} + \mathbf{b}\,. \tag{11.96}$$

Die Matrix $\mathbf{H}$ ist die Summe der direkten Komponente $\mathbf{H}_{\text{direkt}}$ und der Vorwärtsstreu-Komponente $\mathbf{H}_{\text{vorwärts}}$. Der Vektor $\mathbf{b}$ beinhaltet die Rückstreu-Komponente. Die Einträge der Matrix $\mathbf{H}$ und des Vektors $\mathbf{b}$ können mittels der Strahlentransportgleichung (11.93) ermittelt werden [12]. Für den Fall, dass das beobachtete Objekt durch eine senkrecht zur optischen Achse stehende Ebene beschrieben werden kann, beschreibt $\mathbf{H}$ ein lineares verschiebungsinvariantes System.

Eine Schwierigkeit bei der Restauration von Bildern in partizipierenden Medien besteht in der Schätzung der Parameter. Meist sind der Absorptionskoeffizient und die Volumenstreufunktion nicht ausreichend genau bekannt. Aus diesem Grund wird für die Bildrestauration ein sogenanntes blindes Bildrestaurationsverfahren (*Blind Image Restauration*) verwendet, bei dem das Modell $\mathbf{H}$ mitgeschätzt wird, jedoch Abweichungen zu einem initialen Modell $\tilde{\mathbf{H}}$ bestraft werden:

$$\left(\hat{\mathbf{H}}, \hat{\mathbf{s}}\right) := \arg\min_{\mathbf{H},\mathbf{s}} \left\{ \|\mathbf{H}\,\mathbf{s} + \mathbf{b} - \mathbf{g}\|^2 + \eta_1\, Q(\mathbf{s}) + \eta_2\, R(\mathbf{H}) \right\}\,. \tag{11.97}$$

Der Regularisierungsterm

$$Q(\mathbf{s}) := \sum_i \sqrt{[D_x\mathbf{s}]_i^2 + [D_y\mathbf{s}]_i^2} \tag{11.98}$$

entspricht der isotropen totalen Variation, wobei D_x und D_y diskrete Approximationen der partiellen Ableitungsoperatoren $\frac{\partial}{\partial x}$ und $\frac{\partial}{\partial y}$ darstellen. Der Skalar $[D_x\mathbf{s}]_i$ bzw. $[D_y\mathbf{s}]_i$ ist das i-te Element des Vektors $D_x\mathbf{s}$ bzw. $D_y\mathbf{s}$. Der Regularisierungsterm

$$R(\mathbf{H}) := \sum_{i,j} \|H_{i,j} - \tilde{H}_{i,j}\|^2 \tag{11.99}$$

bestraft die Abweichung des Modells $\mathbf{H}$ zu der initialen Schätzung $\tilde{\mathbf{H}}$ quadratisch.

Für die Bildrestauration von Farbbildern kann der Restaurationsansatz für jeden Farbkanal mit jeweils individuell angepassten Parametern separat durchgeführt werden; siehe Beispiel in Abb. 11.17.

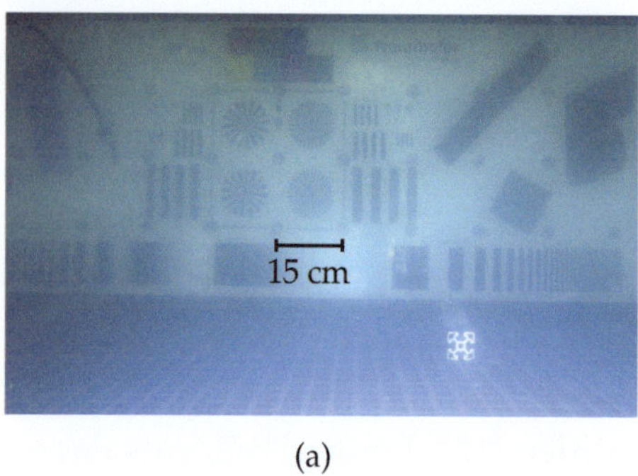

(a)

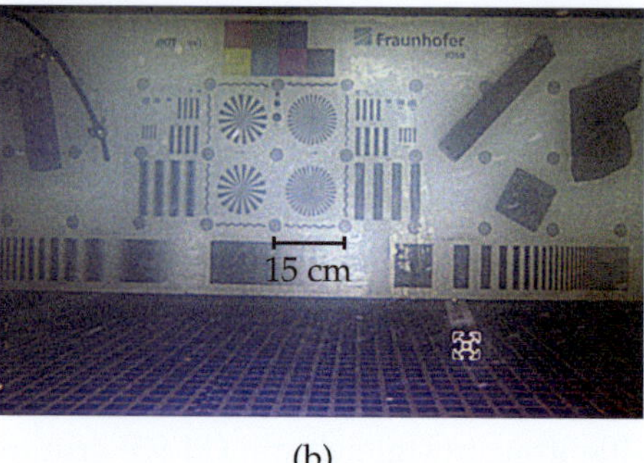

(b)

Abbildung 11.17. Restauration von Unterwasser-Farbbildern: (a) Originalbild eines ebenen Testmusters, das senkrecht zur optischen Achse der Kamera in 1,5 m Abstand in trübem Wasser steht; (b) Restaurationsergebnis – sowohl die Farbverschiebung als auch die Unschärfe konnten deutlich reduziert werden [12].

11.8 Ortsvariante Bildrestauration

Bisher wurde eine ortsinvariante Bildverschlechterung angenommen, d. h. die Bildverschlechterung war für jeden Bildpunkt x gleich. Entsprechend wurden auch ortsinvariante Restaurationsfilter verwendet.

Die Ortsinvarianz ist jedoch nicht bei jeder Anwendung gegeben [14]. Die dann erforderliche ortsvariante Bildrestauration ist im Allgemeinen mit wesentlich höherem Aufwand verbunden. In manchen Fällen ist es aber möglich, das ortsvariante Restaurationsproblem in ein ortsinvariantes zu überführen, z. B. durch eine geeignete Koordinatentransformation; vgl. Abschn. 10.2.1. Auf das transformierte Bild können die in diesem Kapitel beschriebenen ortsinvarianten Restaurationsverfahren angewendet werden, bevor das Ergebnis schließlich wieder in das ursprüngliche Koordinatensystem zurücktransformiert wird.

Beispiel 11.14 (Rotatorische Bewegungsunschärfe): Als Beispiel werden hier Aufnahmen mit rotatorischer Bewegungsunschärfe betrachtet. Die Bildverschlechterungsfunktion ist in diesem Fall ortsvariant: die Unschärfe nimmt mit der Entfernung von der Drehachse zu. Punkte auf einem Ausschnitt eines Kreisbogens um den Drehmittelpunkt überlagern sich während der Belichtungszeit zu einem unscharfen Bild. Der Ausschnitt des Kreisbogens besitzt ein konstantes Bogenmaß $\Delta\varphi$, sodass seine Länge mit dem Radius wächst. Transformiert man das Bild jedoch in Polarkoordinaten (r, φ), so ist die Bildverschlechterung ortsinvariant – sie entspricht der Faltung mit einem Rechteck

$$h(r, \varphi) = \frac{1}{|\Delta\varphi|} \operatorname{rect}\left(\frac{\varphi}{|\Delta\varphi|}\right) \delta(r) \tag{11.100}$$

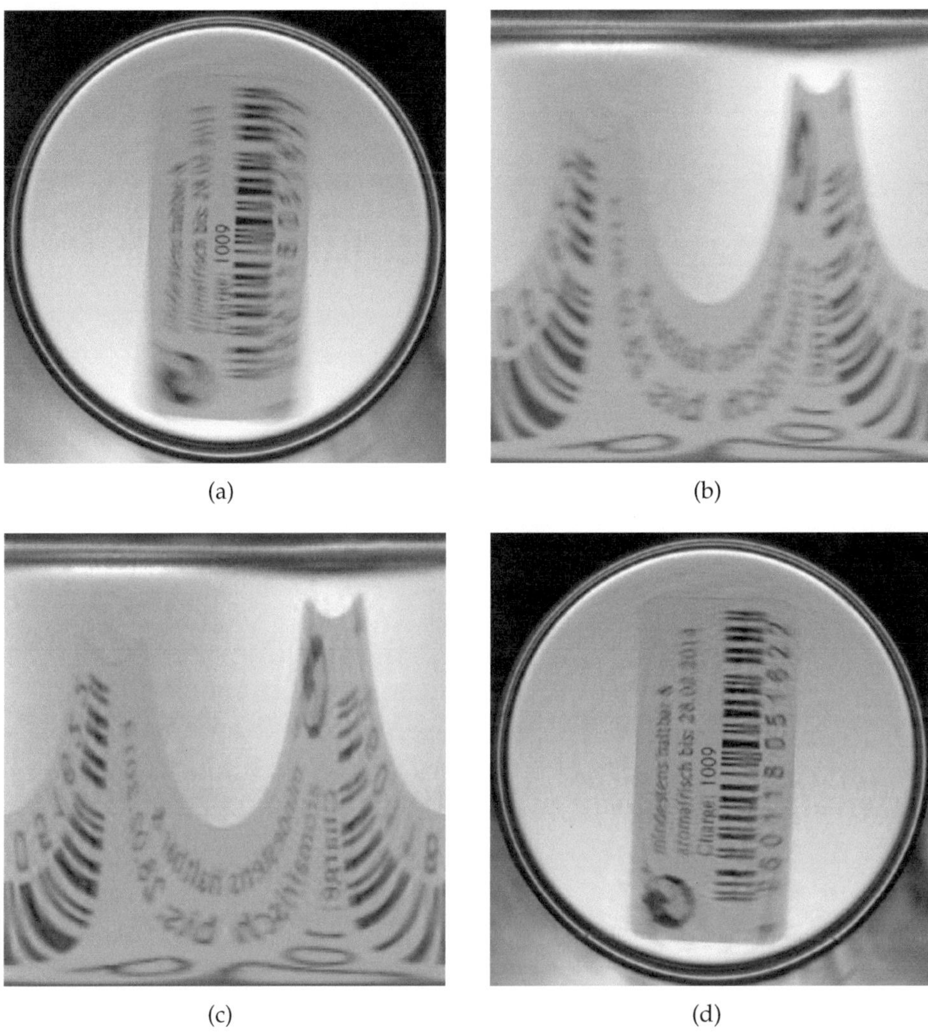

Abbildung 11.18. Ortsvariante Bildrestauration mit Hilfe der Polarkoordinatentransformation: (a) Originalaufnahme einer Blechdose mit rotatorischer Bewegungsunschärfe; (b) Polarkoordinatendarstellung von (a) – man beachte die Unschärfe in horizontaler Richtung (φ-Richtung); (c) Ergebnis des Wiener-Filters; (d) restauriertes Bild zurücktransformiert in kartesische Koordinaten.

in Richtung der Winkelkoordinate φ. Das transformierte Bild $\gamma(r, \varphi)$ kann nun z. B. mittels eines Wiener-Filters restauriert werden [11]. Schließlich wird die Polarkoordinatentransformation rückgängig gemacht, damit das Restaurationsergebnis wieder in den ursprünglichen Koordinaten vorliegt.

In Abb. 11.18 sind die Ergebnisse dieses Verfahrens für eine Aufnahme einer rotierenden Blechdose gezeigt. Nach der Restauration ist die Schrift auf dem Etikett der Dose wesentlich besser lesbar. ■

11.9 Literatur

[1] Harry C. Andrews und Bobby R. Hunt. *Digital Image Restoration*. Prentice Hall, Englewood Cliffs, NJ, 1977.

[2] Kenneth R. Castleman. *Digital Image Processing*. Prentice Hall, Upper Saddle River, NJ, 1996.

[3] Subrahmanyan Chandrasekhar. *Radiative Transfer*. Courier Corporation, 1960.

[4] Kris A. Dines und Avinash C. Kak. Constrained least squares filtering. *IEEE Transactions on Acoustics, Speech and Signal Processing*, 25(4):346–350, August 1977.

[5] Rafael Gonzalez und Richard Woods. *Digital image processing*. Pearson Prentice Hall, Upper Saddle River, NJ, 3. Auflage, 2008.

[6] Jan Horn. *Zweidimensionale Geschwindigkeitsmessung texturierter Oberflächen mit flächenhaften bildgebenden Sensoren*. Dissertation, Universität Karlsruhe (TH), 2007.

[7] R. E. Hufnagel und N. R. Stanley. An algorithm for the machine calculation of complex Fourier series. *Journal of the Optical Society of America*, 54(1):52–61, 1964.

[8] B. Hunt. The Application of Constrained Least Squares Estimation to Image Restoration by Digital Computer. *IEEE Transactions on Computers*, C-22(9):805–812, September 1973.

[9] Curtis D. Mobley. *Light and water: Radiative transfer in natural waters*. Academic press, 1994.

[10] Fernando Puente León. *Messtechnik – Systemtheorie für Ingenieure und Informatiker*. Springer, Berlin Heidelberg, 10. Auflage, 2015.

[11] Alexander Sawchuk. Space-variant image restoration by coordinate transformations. *Journal of the Optical Society of America*, 64(2):138–144, Februar 1974.

[12] Thomas Stephan und Jürgen Beyerer. Computergraphical Model for Underwater Image Simulation and Restoration. In *Computer Vision for Analysis of Underwater Imagery (CVAUI), 2014 ICPR Workshop on*, Seiten 73–79, August 2014.

[13] Thomas Stephan, Peter Frühberger, Stefan Werling und Michael Heizmann. Model based image restoration for underwater images. In *SPIE Optical Metrology 2013*, Seiten 87911F–87911F. International Society for Optics and Photonics, 2013.

[14] Friedrich Wahl. *Digitale Bildsignalverarbeitung*. Springer, 1989.

[15] Wikipedia. Optical resolution, `http://en.wikipedia.org/wiki/Optical_resolution`.

Kapitel 12

Segmentierung

12

12

12 Segmentierung

12 Segmentierung

Das Ziel der Segmentierung ist die Zerlegung eines Bildes $g(\mathbf{x})$ in getrennte bedeutungsvolle Bereiche. Beispielsweise kann die Trennung des Prüfobjekts vom Hintergrund gewünscht sein, oder es werden in einem Bildsignal die Grenzen zwischen verschiedenen Objekten gesucht. Das segmentierte Bild ist leichter automatisch zu analysieren. Das Segmentierungsergebnis kann z. B. genutzt werden, um in einer anschließenden Weiterverarbeitung die Lage und Größe der segmentierten Objekte zu bestimmen.

Segmentierungsverfahren sind auch in der medizinischen Bildverarbeitung von großer Bedeutung. Dort sind in Röntgen-, Magnetresonanz- oder Ultraschallbildern die Grenzen zwischen verschiedenen Organen oder Geweben gesucht.

Um das Segmentierungsproblem formal aufzuschreiben, wird der Begriff des Einheitlichkeitskriteriums eingeführt. Die Segmente des Bildes sollen in sich in gewisser Weise einheitlich sein und sich gleichzeitig gegenüber benachbarten Segmenten abgrenzen. Die Wahl des Einheitlichkeitskriteriums hängt von der Anwendung ab.

Definition 12.1: Vollständige Segmentierung

Unter einer vollständigen Segmentierung versteht man eine Unterteilung der Menge Ω_g aller Bildpunkte von $g(\mathbf{x})$, $\mathbf{x} \in \Omega_g$, in I disjunkte, nichtleere Teilmengen $\omega_1, \ldots, \omega_I$ so, dass mit einem gewissen Einheitlichkeitskriterium $\mathcal{E}$ gilt [38,44]:

1. $\bigcup_{i=1}^{I} \omega_i = \Omega_g$, die Teilmengen stellen also eine Partition der Definitionsmenge dar.
2. $\forall i$: ω_i ist zusammenhängend.
3. $\forall i$: $\mathcal{E}(\omega_i)$ ist erfüllt.
4. Für jede Vereinigungsmenge benachbarter ω_i, ω_j ist $\mathcal{E}(\omega_i \cup \omega_j)$ nicht erfüllt.

Ein Einheitlichkeitskriterium ist eine Funktion, die jeder Teilmenge von Ω_g einen Wahrheitswert zuordnet:

$$\mathcal{E} : \begin{cases} \mathcal{P}(\Omega_g) & \rightarrow \{\text{wahr}, \text{falsch}\} \\ \omega & \mapsto e\,, \end{cases} \tag{12.1}$$

wobei $\mathcal{P}(\Omega_g)$ die Potenzmenge, also die Menge aller Teilmengen von Ω_g bezeichnet. Das Einheitlichkeitskriterium $\mathcal{E}(\omega)$ hängt nur von den Bildwerten $g(\mathbf{x})$ der Pixel $\mathbf{x} \in \omega$ ab. Außerdem ist es für jede nichtleere Teilmenge einer Menge ω wahr, wenn es für ω erfüllt ist:

$$\mathcal{E}(\omega) = \text{wahr} \quad \Rightarrow \quad \forall \iota \subseteq \omega,\ \iota \neq \varnothing :\ \mathcal{E}(\iota) = \text{wahr}\,. \tag{12.2}$$

◇

J. Beyerer et al., *Automatische Sichtprüfung*,
https://doi.org/10.1007/978-3-662-69951-5_12

Ein einfaches Einheitlichkeitskriterium fordert z. B., dass sich die Bildwerte der Pixel aus ω höchstens um einen bestimmten Betrag ε voneinander unterscheiden:

$$\mathcal{E}(\omega) = \text{wahr} \quad :\Leftrightarrow \quad \forall \mathbf{x}, \mathbf{y} \in \omega : \ |g(\mathbf{x}) - g(\mathbf{y})| < \varepsilon \,. \tag{12.3}$$

Die Bildsegmentierung ist im Allgemeinen ein schwieriges Problem. Die beobachteten Intensitäten variieren häufig innerhalb der zu segmentierenden Objekte stärker als an den Objektgrenzen. Weitere Faktoren wie Rauschen und inhomogene Beleuchtungsbedingungen erschweren die Aufgabe zusätzlich. Abb. 12.1 zeigt ein Beispiel einer auch für einen menschlichen Betrachter nicht trivialen Segmentierungsaufgabe.

Abbildung 12.1. Beispiel für eine schwierige Segmentierungsaufgabe: ein Dalmatiner in einer schneebedeckten Landschaft (Bildquelle: E. Schneider).

Im Folgenden werden zwei unterschiedliche Herangehensweisen an das Segmentierungsproblem beschrieben: bereichsorientierte und kantenorientierte Verfahren [44].

12.1 Bereichsorientierte Segmentierung

12.1.1 Segmentierung durch merkmalsbasierte Klassifikation

Bereichsorientierte Segmentierungsverfahren ordnen jedem Pixel $\mathbf{x} \in \Omega_g$ einen Merkmalsvektor $\mathbf{m}(\mathbf{x}) \in \mathcal{M} \subseteq \mathbb{R}^K$ zu. Der Merkmalsraum $\mathcal{M}$ wird, z. B. mittels Ballungsanalyse (*clustering*), in I disjunkte Entscheidungsgebiete $\mathcal{R}_i$ partitioniert:

$$\bigcup_{i=1}^{I} \mathcal{R}_i = \mathcal{M} \,, \qquad \mathcal{R}_i \cap \mathcal{R}_j = \varnothing \ \text{ für } \ i \neq j \,. \tag{12.4}$$

Über die Zuordnungsvorschrift

$$\mathbf{m}(\mathbf{x}) \in \mathcal{R}_i \quad \Rightarrow \quad \hat{\omega}(\mathbf{x}) := \omega_i \tag{12.5}$$

erhält man daraus eine Segmentierung der Bildpunkte.

Die so gewonnenen Segmente ω_i sind allerdings nicht zwangsläufig zusammenhängend, erfüllen also nicht die Forderungen von Def. 12.1.

In einem K-dimensionalen Merkmalsraum werden die Grenzen zwischen den Entscheidungsgebieten $\mathcal{R}_i$ durch $(K-1)$-dimensionale Hyperflächen beschrieben (Abb. 12.2). Diese Grenzen bilden den Klassifikator und müssen an Beispielen gelernt werden. Die Qualität des Ergebnisses hängt von der erreichten Klassifikationsgüte ab. Diese wird im Wesentlichen durch die Eignung der gewählten Merkmale und die Qualität und Größe der Lernstichprobe beeinflusst.

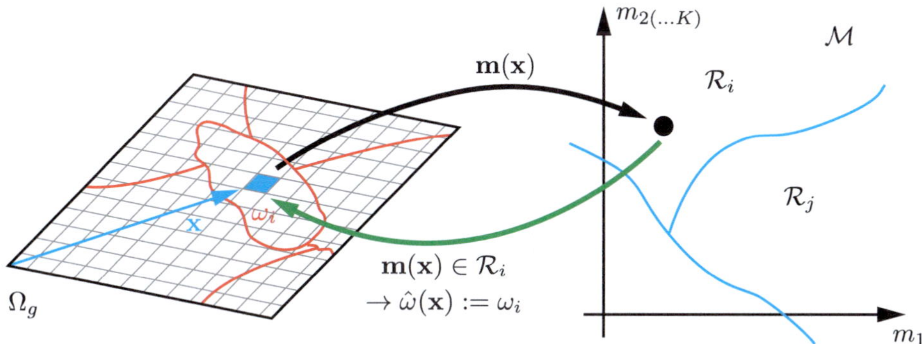

Abbildung 12.2. Segmentierung eines Bildes in Regionen ω_i durch Klassifikation im Merkmalsraum. Rechts ist ein zweidimensionaler Schnitt durch den K-dimensionalen Merkmalsraum $\mathcal{M}$ dargestellt.

Durch den beschriebenen Ansatz wird die bereichsorientierte Segmentierung auf die Standardvorgehensweise bei der Mustererkennung zurückgeführt [3, 18]. Die Zerlegung von $\mathcal{M}$ in die Entscheidungsgebiete $\mathcal{R}_i$ und mithin die Entscheidungsregel $\mathbf{m} \mapsto \hat{\omega} \in \{\omega_1, \ldots, \omega_I\}$ ist eine **Klassifikation** der Bildpunkte $\mathbf{x}$ auf der Grundlage ihrer Merkmale $\mathbf{m}(\mathbf{x})$. Daher kann sie mit Klassifikatoren, wie sie in der Mustererkennung gebräuchlich sind, bewerkstelligt werden.

Beispiel 12.1 (Bildwert als Merkmal): Die einfachste Wahl des Merkmalsraums ist es, als Merkmal direkt den Bildwert (im Fall eines Grauwertbildes den Grauwert) des Pixels zu verwenden: $\mathbf{m}(\mathbf{x}) = g(\mathbf{x})$, $K = 1$.

Die Segmentierung erfolgt durch Festlegung von Entscheidungsgebieten (in diesem Fall Intervalle von Grauwerten) und deren Grenzen (Schwellwerte).

Entsprechend kann bei mehrkanaligen Farb- oder Multispektralbildern der Vektor $\mathbf{g}(\mathbf{x})$ der Farb- bzw. Spektralwerte eines Pixels $\mathbf{x}$ als Merkmalsvektor verwendet werden [30, 35]. ■

Beispiel 12.2 (Beleuchtungsserie): Eine Platine soll in die drei Bereiche Grundmaterial, Gold und Silber segmentiert werden (Abb. 12.3). Hierzu wird mit dem in Abschn. 7.5.1 beschriebenen Aufbau eine Bildserie mit variierten Beleuchtungsbedingungen gewonnen. Die Bildwerte $g_i(\mathbf{x})$ des Pixels $\mathbf{x}$ unter den verschiedenen Beleuchtungskonstellationen $i = 1, \ldots, K$ bilden einen möglichen Merkmalsvektor für die Segmentierung: $\mathbf{m}(\mathbf{x}) = (g_1(\mathbf{x}), \ldots, g_K(\mathbf{x}))^{\mathrm{T}}$. Auf der Grundlage dieses Merkmalsvektors können nun verschiedene Klassifikatoren wie lineare Diskriminanzanalyse und Ballungsanalyse eingesetzt werden [25]. ■

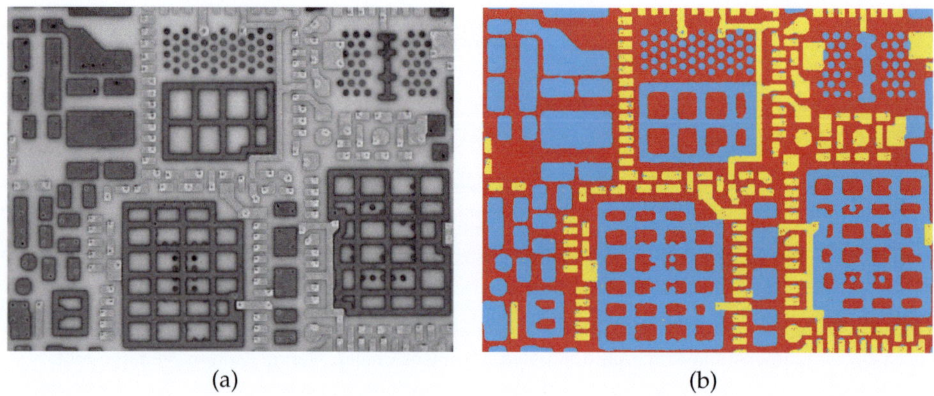

Abbildung 12.3. Segmentierung der verschiedenen Materialien einer Platine: (a) Aufnahme des Prüfobjekts unter diffuser Beleuchtung; (b) Segmentierungsergebnis in Falschfarbendarstellung (rot $\widehat{=}$ Platinengrundmaterial, gelb $\widehat{=}$ Gold, blau $\widehat{=}$ Silber).

Beispiel 12.3 (Mittelwert und Standardabweichung): Als Merkmale eignen sich für bestimmte Anwendungen auch Statistiken über die lokale Bildwertverteilung. Sei etwa

$$\mathbf{m}(\mathbf{x}) = \begin{pmatrix} \hat{\mu}(\mathbf{x}) \\ \hat{\sigma}(\mathbf{x}) \end{pmatrix} \tag{12.6}$$

mit dem mittleren lokalen Grauwert $\hat{\mu}(\mathbf{x}) =: m_1(\mathbf{x}) \geq 0$ und der lokalen Standardabweichung $\hat{\sigma}(\mathbf{x}) =: m_2(\mathbf{x}) \geq 0$, siehe Abschn. 10.2.2.

Abbildung 12.4 zeigt ein Beispiel für einen Merkmalsraum mit $I = 2$ Gebieten. Mit einem der Merkmale m_1 oder m_2 alleine sind die Klassen nicht trennbar. ■

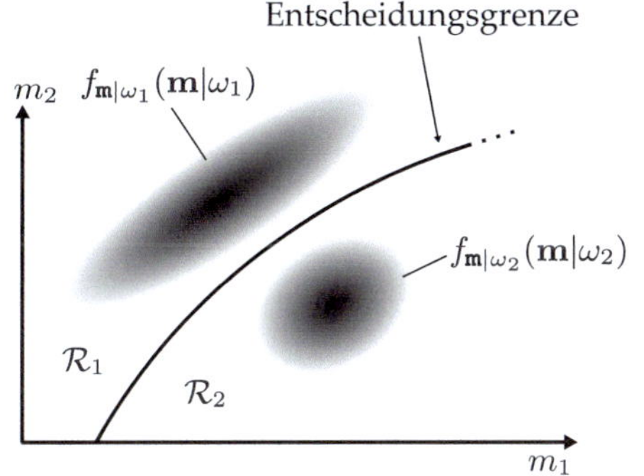

Abbildung 12.4.
Segmentierung durch Klassifikation eines zweidimensionalen Merkmalsraums in zwei Gebiete.

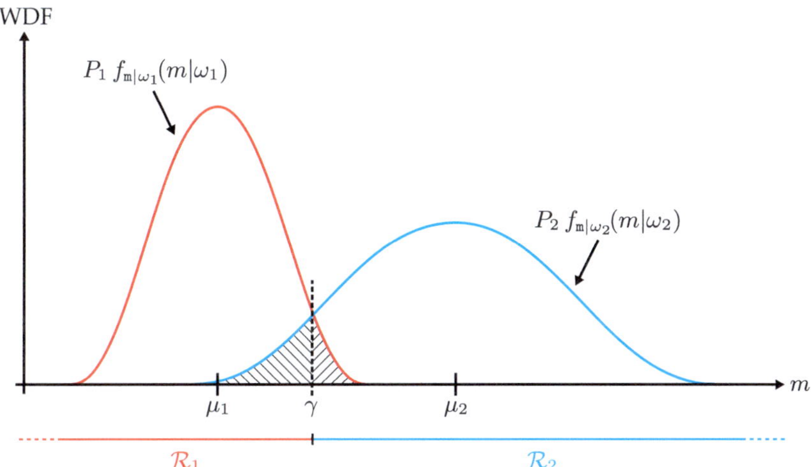

Abbildung 12.5. Optimale Entscheidungsgrenze für $K=1$ Merkmal und $I=2$ Gebiete.

Zur Klassifikation im Merkmalsraum werden oft parametrische Modelle der Entscheidungsgebiete bzw. ihrer Grenzen eingesetzt. Die folgenden Überlegungen beschränken sich auf den einfachsten Fall $K=1$ und $I=2$. Für die Merkmale jeder Klasse ω_i wird eine Gauß-Dichte mit Erwartungswert μ_i und Standardabweichung σ_i angenommen:

$$\mathbf{x} \in \omega_i \quad \Rightarrow \quad m(\mathbf{x}) = m \quad \text{mit Wahrscheinlichkeitsdichtefunktion (WDF):}$$

$$f_{\mathtt{m}|\omega_i}(m|\omega_i) = \frac{1}{\sqrt{2\pi}\sigma_i}\,\mathrm{e}^{-\frac{1}{2}\left(\frac{m-\mu_i}{\sigma_i}\right)^2}, \qquad i = 1, 2\,. \tag{12.7}$$

$f_{\mathtt{m}|\omega_i}(m|\omega_i)$ ist die bedingte Wahrscheinlichkeitsdichte des Merkmals $\mathtt{m}$ für den Fall, dass $\mathbf{x}$ zur Klasse ω_i gehört.

Sei $P_i := \Pr\{\mathbf{x} \in \omega_i\}$ die A-priori-Wahrscheinlichkeit, dass $\mathbf{x}$ zur Klasse ω_i gehört. Die Segmentierungsentscheidung kann z. B. durch die Maximierung der A-

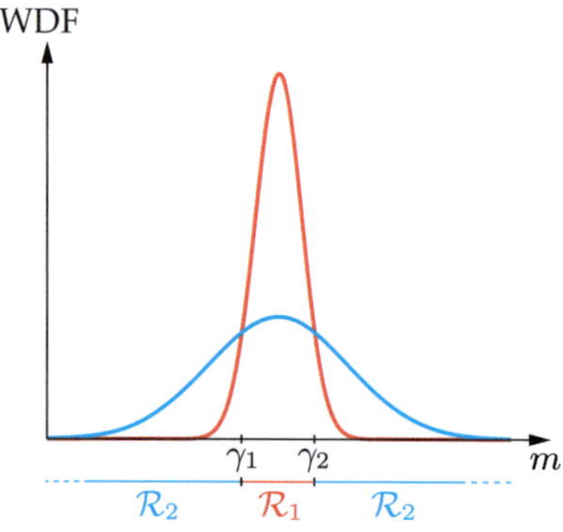

Abbildung 12.6.
In einem eindimensionalen Merkmalsraum können mehrere Schwellwerte γ erforderlich sein.

posteriori-Wahrscheinlichkeit $P(\omega|\mathbf{m})$ getroffen werden:

$$P(\omega_1|m(\mathbf{x})) > P(\omega_2|m(\mathbf{x})) \tag{12.8}$$

$$\Leftrightarrow \quad P_1\, f_{\mathtt{m}|\omega_1}(m(\mathbf{x})|\omega_1) > P_2\, f_{\mathtt{m}|\omega_2}(m(\mathbf{x})|\omega_2) \tag{12.9}$$

$$\Leftrightarrow \quad m(\mathbf{x}) \in \mathcal{R}_1 \tag{12.10}$$

$$\Rightarrow \quad \hat{\omega}(\mathbf{x}) := \omega_1\,. \tag{12.11}$$

Die Trennung im Merkmalsraum ist in diesem einfachen Fall durch einen oder zwei Schwellwerte bestimmt; siehe Abb. 12.5 und 12.6. Im Fall von Abb. 12.5 genügt ein Schwellwert γ, um die Entscheidungsgebiete $\mathcal{R}_1$ und $\mathcal{R}_2$ voneinander zu trennen. Dann erhält man

$$\hat{\omega}(\mathbf{x}) := \omega_1 \quad \Leftrightarrow \quad m(\mathbf{x}) < \gamma\,. \tag{12.12}$$

Die Fehlerwahrscheinlichkeit ε der Segmentierung lässt sich in Abhängigkeit von γ darstellen:

$$\varepsilon(\gamma) = P_1 \int\limits_{\gamma}^{\infty} f_{\mathtt{m}|\omega_1}(m|\omega_1)\,\mathrm{d}m + P_2 \int\limits_{-\infty}^{\gamma} f_{\mathtt{m}|\omega_2}(m|\omega_2)\,\mathrm{d}m\,. \tag{12.13}$$

Durch Minimierung dieses Ausdrucks erhält man die optimale Wahl des Schwellwerts γ in Abhängigkeit der Parameter μ_i, σ_i und P_i. Im Fall $\sigma_1 = \sigma_2 = \sigma$ ergibt sich beispielsweise [44]:

$$\gamma_{\mathrm{opt}} = \frac{\mu_1 + \mu_2}{2} - \frac{\sigma^2}{\mu_2 - \mu_1} \ln \frac{P_2}{P_1}\,. \tag{12.14}$$

Für $K > 1$ erhält man Erwartungswertvektoren $\boldsymbol{\mu}_i$ und Kovarianzmatrizen $\boldsymbol{\Sigma}_i$, $i = 1, \ldots, I$. Die Parameter $\boldsymbol{\mu}_i$, $\boldsymbol{\Sigma}_i$ und P_i können aus dem Histogramm $\hat{h}(m)$ geschätzt werden, das zuvor aus Trainingsbeispielen erstellt wurde. Dazu wird das Modell

$$f(\mathbf{m}) = f_{\mathbf{m}}(\mathbf{m}|\boldsymbol{\mu}_1, \boldsymbol{\Sigma}_1, P_1, \ldots, \boldsymbol{\mu}_I, \boldsymbol{\Sigma}_I, P_I) = \sum_{i=1}^{I} P_i\, f_{\mathbf{m}|\omega_i}(\mathbf{m}|\omega_i, \boldsymbol{\mu}_i, \boldsymbol{\Sigma}_i) \tag{12.15}$$

mit der Methode der kleinsten Quadrate an das empirisch beobachtete Histogramm angepasst; es wird also das folgende Optimierungsproblem gelöst:

$$\sum_{\mathbf{m}} (f(\mathbf{m}) - \hat{h}(\mathbf{m}))^2 \quad \to \quad \text{Min.} \tag{12.16}$$

Da es sich bei dem Modell (12.15) um eine Gauß-Mischdichte handelt, lässt sich keine geschlossene Lösung angeben. Zur Optimierung kann der Expectation-Maximization-Algorithmus (EM-Algorithmus) eingesetzt werden [17,42]. Er berechnet in jeder Iteration t zunächst die Likelihood-Funktion

$$Q^{(t)}(\mathbf{m}|\omega_i) = \frac{P_i^{(t)} \frac{1}{\sqrt{(2\pi)^K \det \boldsymbol{\Sigma}_i^{(t)}}} \mathrm{e}^{-\frac{1}{2}\left(\mathbf{m}-\boldsymbol{\mu}_i^{(t)}\right)^{\mathrm{T}}\left(\boldsymbol{\Sigma}_i^{(t)}\right)^{-1}\left(\mathbf{m}-\boldsymbol{\mu}_i^{(t)}\right)}}{\sum_{j=1}^{I} P_j^{(t)} \frac{1}{\sqrt{(2\pi)^K \det \boldsymbol{\Sigma}_j^{(t)}}} \mathrm{e}^{-\frac{1}{2}\left(\mathbf{m}-\boldsymbol{\mu}_j^{(t)}\right)^{\mathrm{T}}\left(\boldsymbol{\Sigma}_j^{(t)}\right)^{-1}\left(\mathbf{m}-\boldsymbol{\mu}_j^{(t)}\right)}} . \tag{12.17}$$

Anschließend werden darauf basierend die Parameter der Wahrscheinlichkeitsdichte geschätzt:

$$P_i^{(t+1)} = \sum_{\mathbf{m}} \hat{h}(\mathbf{m})\, Q^{(t)}(\mathbf{m}|\omega_i)\,, \tag{12.18}$$

$$\boldsymbol{\mu}_i^{(t+1)} = \frac{1}{P_i^{(t+1)}} \sum_{\mathbf{m}} \hat{h}(\mathbf{m})\, Q^{(t)}(\mathbf{m}|\omega_i)\, \mathbf{m}\,, \tag{12.19}$$

$$\boldsymbol{\Sigma}_i^{(t+1)} = \frac{1}{P_i^{(t+1)}} \sum_{\mathbf{m}} \hat{h}(\mathbf{m})\, Q^{(t)}(\mathbf{m}|\omega_i) \left(\mathbf{m} - \boldsymbol{\mu}_i^{(t+1)}\right) \left(\mathbf{m} - \boldsymbol{\mu}_i^{(t+1)}\right)^{\mathrm{T}} . \tag{12.20}$$

Beispiel 12.4 (Histogrammbasierte Segmentierung): Das Bild aus Abb. 12.7(a) soll in $I = 3$ Bereiche segmentiert werden. Dem ursprünglichen Bild $g_0(\mathbf{x})$ ist künstlich erzeugtes Rauschen $\mathtt{r}(\mathbf{x})$ additiv überlagert:

$$\mathtt{g}(\mathbf{x}) := g_0(\mathbf{x}) + \mathtt{r}(\mathbf{x})\,. \tag{12.21}$$

Das weiße, Gauß'sche Rauschen ist mittelwertfrei und besitzt eine Standardabweichung von $\sigma_{\mathtt{r}} = 10$:

$$\mathrm{E}\{\mathtt{r}(\mathbf{x})\} = 0\,, \qquad \mathrm{E}\{\mathtt{r}(\mathbf{x})\,\mathtt{r}(\mathbf{y})\} = \delta_{\mathbf{x}}^{\mathbf{y}}\, \sigma_{\mathtt{r}}^2\,. \tag{12.22}$$

Die Überlagerung mit einem künstlich erzeugten Rauschsignal ist eine gängige Methode, um die Robustheit von Bildverarbeitungsmethoden zu untersuchen.

Als Merkmal wird wie in Bsp. 12.1 der Grauwert des Bildsignals verwendet: $m(\mathbf{x}) := g(\mathbf{x})$. Abbildung 12.7(c) zeigt das Grauwerthistogramm des Bildes und die mit Hilfe des EM-Algorithmus geschätzten Gauß-Dichten für die drei Bereiche. Die deutliche Abweichung zwischen Histogramm und Modell im Intervall $\mathcal{R}_3$ deutet auf eine unpassende Wahl des Modells hin und ließe sich eventuell durch eine größere Anzahl I von Bereichen verbessern.

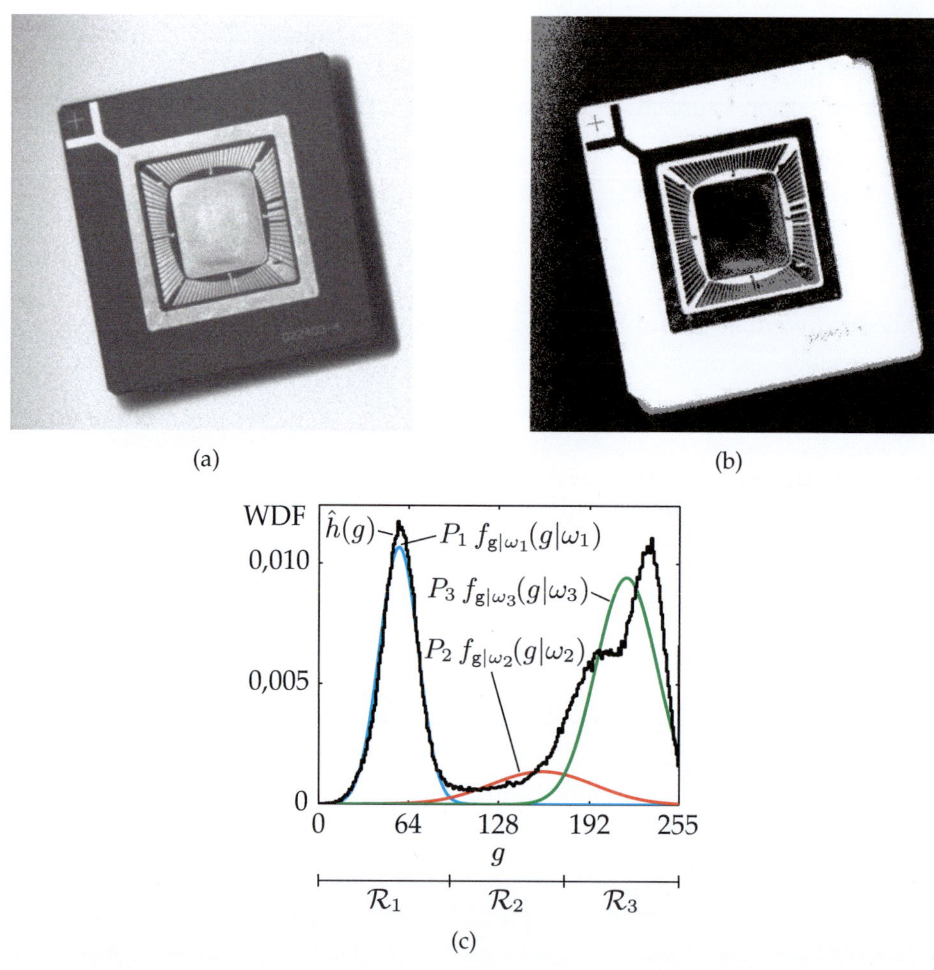

Abbildung 12.7. Beispiel zur bereichsorientierten Segmentierung mit Hilfe eines probabilistischen Modells für das Grauwerthistogramm: (a) verrauschtes Bild $g(\mathbf{x})$; (b) Ergebnis der Segmentierung in $I = 3$ Bereiche (weiß $\widehat{=}\, \omega_1$, grau $\widehat{=}\, \omega_2$, schwarz $\widehat{=}\, \omega_3$); (c) an das Grauwerthistogramm $\hat{h}(g)$ angepasste Gauß-Dichten $f_{\mathrm{g}|\omega_i}(g|\omega_i)$.

Das Ergebnis der Segmentierung ist in Abb. 12.7(b) dargestellt. Die segmentierten Bereiche sind nicht zusammenhängend. Unerwünscht sind insbesondere einzelne verrauschte Pixel, die anderen Bereichen zugeordnet wurden, sowie Fehlsegmentierungen von Objekten aufgrund inhomogener Reflektanzeigenschaften und Beleuchtungsbedingungen, z. B. links oben im Hintergrund und in der Bildmitte. ■

Eine weitere Möglichkeit für die Wahl von Schwellwerten im Histogramm ist die Maximierung der Varianz zwischen den Klassen. Für Grauwerthistogramme führt dieser Ansatz auf die Methode von Otsu [24, 37].

In manchen Anwendungen ist es sinnvoll, die Schwellwerte lokal adaptiv zu wählen [44]. Hierzu kann das Optimierungsproblem (12.16) für lokale Bereiche des Bildes gelöst werden. Beispielsweise können teilweise überlappende Rechteckfenster ausgewählt werden, für die lokale Histogramme $\hat{h}(\mathbf{m})$ berechnet werden. Die lokalen Schwellwerte $\gamma_{ij}(\mathbf{x})$ zur Unterscheidung zwischen ω_i und ω_j an der Pixelposition $\mathbf{x}$ werden anschließend über eine Interpolation aus den Schwellwerten der überlappenden Fenster bestimmt.

12.1.2 Bereichswachstumsverfahren

Die beschriebenen Klassifikationsverfahren führen im Allgemeinen nicht zu zusammenhängenden Segmenten. Dieses Problem vermeiden die **Bereichswachstumsverfahren** oder Regionenwachstumsverfahren [1, 26, 44]. Hier werden die Segmente ω_i iterativ vergrößert, indem Nachbarpunkte hinzugefügt werden, die das Einheitlichkeitskriterium erfüllen. Ausgehend von mindestens einem Initialpunkt pro Segment wird diese Iteration so lange wiederholt, bis alle Pixel $\mathbf{x} \in \Omega_g$ einer Klasse ω_i zugeordnet worden sind. Um eine vollständige Segmentierung zu erreichen, in der jeder Punkt einem Segment zugeordnet ist, muss das Einheitlichkeitskriterium gegebenenfalls im Laufe der Iterationen relaxiert (d. h. abgeschwächt) werden.

Abbildung 12.8 zeigt das Ergebnis des Bereichswachstumsverfahrens für das Testbild aus Bsp. 12.4. Es wurden die drei markierten Saatpunkte vorgegeben. Die segmentierten Bereiche sind zusammenhängend. Allerdings wurden die feinen Strukturen des Objekts nicht segmentiert. Einzelne verrauschte Pixel stören das Verfahren kaum.

Ein Nachteil des Bereichswachstumsverfahrens ist, dass das Ergebnis stark von der Wahl der Initialpunkte abhängig sein kann. Eine mögliche Abhilfe besteht darin, Initialpunkte zu verwenden, die sehr sicher klassifiziert werden konnten, also weitab der Entscheidungsgrenzen im Merkmalsraum liegen.

Abbildung 12.8.
Ergebnis des Bereichswachstumsverfahrens zur Segmentierung von Abb. 12.7(a) in $I = 3$ Bereiche. Die vorgegebenen Saatpunkte sind rot markiert.

Eine weitere Möglichkeit zur bereichsorientierten Segmentierung stellt das Pyramid-Linking-Verfahren dar, das in Kap. 16 im Zusammenhang mit der Repräsentation durch Bildpyramiden behandelt wird.

12.2 Kantenorientierte Verfahren

Während die bereichsorientierten Verfahren die innere Einheitlichkeit der Gebiete als Kriterium verwenden, suchen die kantenorientierten Segmentierungsverfahren nach den Grenzen zwischen den Gebieten.

Definition 12.2: Kante

Eine Kante ist die Grenze zwischen zwei Gebieten, die in sich bezüglich eines Einheitlichkeitskriteriums homogen sind. An einer Kante ändert sich die mit dem Einheitlichkeitskriterium auf Homogenität geprüfte lokale Bildeigenschaft örtlich sehr schnell, im Idealfall sprunghaft (d. h. es liegt eine Unstetigkeit vor). ◇

Eine Kante nach dieser Definition nennt man auch **Stufenkante**, da sie eine „Stufe" zwischen zwei bezüglich des Einheitlichkeitskriteriums verschiedenen Gebieten darstellt.

Kanten im Bild können von verschiedenen Phänomenen in der beobachteten Szene hervorgerufen werden (Abb. 12.9(a)):

- Objektkanten entsprechen der tatsächlichen geometrischen Grenze zwischen zwei Objekten.
- Reflektanzkanten werden von Reflektanzsprüngen innerhalb einer Objektoberfläche hervorgerufen und verursachen Intensitätssprünge im Bild.

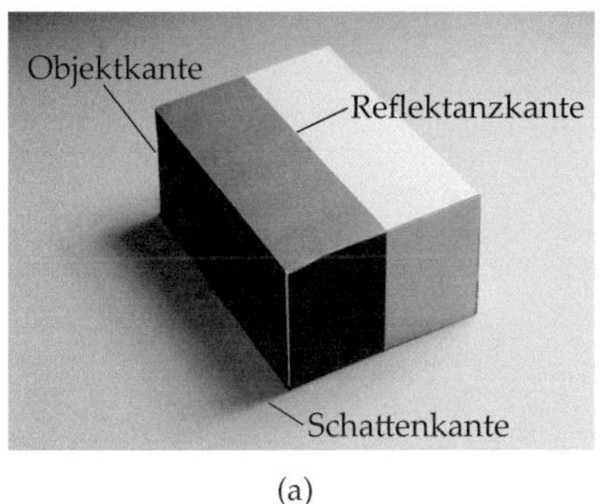

(a)

(b)

Abbildung 12.9. Kanten im Bild können verschiedene Ursachen in der Szene haben: (a) Bild eines Quaders mit Objekt-, Reflektanz- und Schattenkanten; (b) Bild derselben Szene bei geänderter Beleuchtungsrichtung.

- Schattenkanten entstehen an der Grenze zwischen direkt beleuchteten und abgeschatteten Bereichen eines Objekts. Sie können durch Variation der Beleuchtungsrichtung erkannt werden (Abb. 12.9(b)).

Die beiden letztgenannten Kantentypen werden auch unter dem Begriff **Scheinkanten** zusammengefasst, da sie keine geometrische Entsprechung in der Szene haben.

Das Problem der **Kantendetektion** tritt in der Bildverarbeitung sehr häufig auf. Es wurden zahlreiche Methoden zu seiner Lösung vorgeschlagen. Am häufigsten verwendet werden differenzierende Verfahren, die Kanten mit Hilfe der örtlichen Ableitung des Bildsignals detektieren. Eine Kante zeigt sich

- im Bildsignal $g(\mathbf{x})$ definitionsgemäß als Stufe,
- in dessen erster Ableitung (dem Gradienten) als Extremum,
- in der zweiten Ableitung als Nulldurchgang.

Abbildung 12.10 veranschaulicht die Ausprägungen einer Kante in der ersten und zweiten Ableitung an einem eindimensionalen Schnitt durch ein Bildsignal. Man beachte die Verstärkung des hochfrequenten Rauschens durch die Differentiation. Dieser Effekt lässt sich anhand der Übertragungsfunktionen der Ableitungsoperatoren erklären, deren Beträge mit der Frequenz wachsen:

$$\frac{\partial}{\partial x} \quad \circ\!\!-\!\!\bullet \quad \mathrm{j}2\pi\, f_x\,, \tag{12.23}$$

$$\frac{\partial^2}{\partial x^2} \quad \circ\!\!-\!\!\bullet \quad -4\pi^2\, f_x^2\,. \tag{12.24}$$

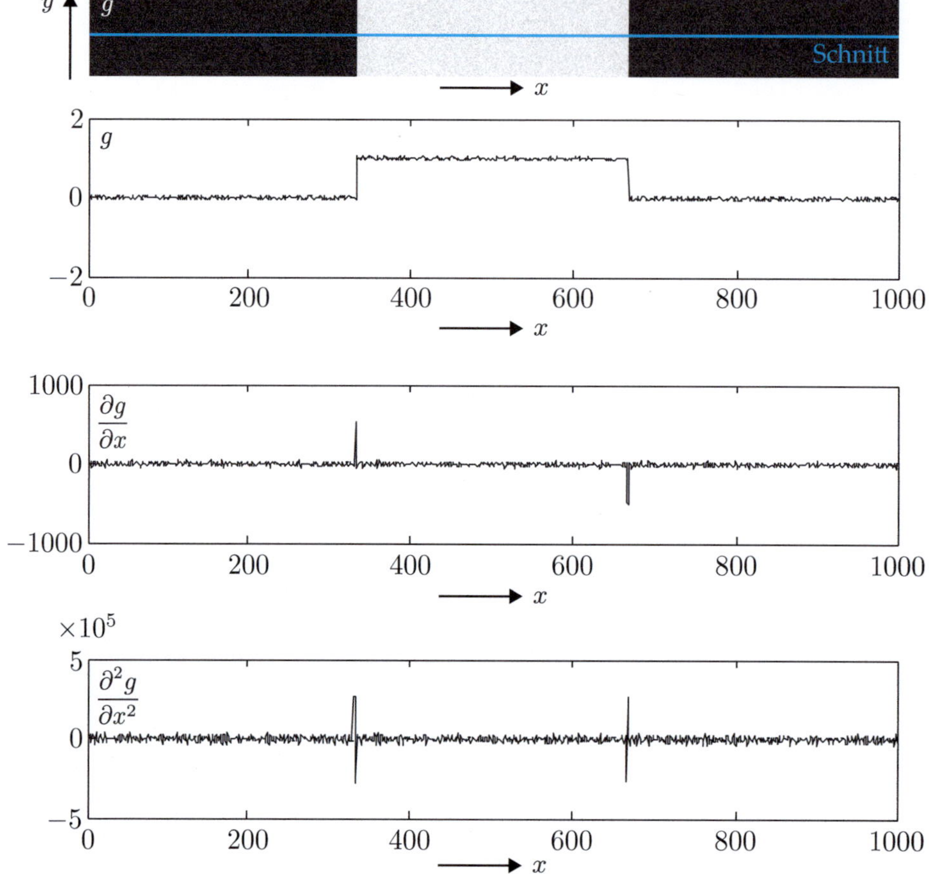

Abbildung 12.10. Auswirkungen von Kanten auf die erste und zweite Ableitung des Bildsignals. Die Diagramme zeigen die Bildwerte sowie die erste und zweite Ableitung entlang des Schnittes.

Da das Bildsignal in diskreter Form vorliegt, besteht ein wesentlicher Schritt zur Kantendetektion darin, geeignete diskrete Filter zur Approximation der ersten oder zweiten Ableitung zu entwerfen.

12.2.1 Gradientenfilter

Zunächst wird die Kantendetektion mit Hilfe der ersten Ableitung genauer betrachtet. Der Gradient des Bildsignals ist definiert als

$$\operatorname{grad} g(\mathbf{x}) := \left(\frac{\partial g(\mathbf{x})}{\partial x}, \frac{\partial g(\mathbf{x})}{\partial y} \right)^{\mathrm{T}} . \tag{12.25}$$

Es liege nun am Ort $\mathbf{x}$ eine Kante vor. Dann ist der Betrag $\|\operatorname{grad} g(\mathbf{x})\|$ des Gradienten ein Maß dafür, wie stark die Kante ausgeprägt ist. Der Gradient steht senkrecht auf der Kante, beschreibt also deren Normale. Die Normalenrichtung ist gegeben durch

$$\angle \text{grad}\, g(\mathbf{x}) = \arctan\left(\frac{\frac{\partial g}{\partial y}}{\frac{\partial g}{\partial x}}\right). \tag{12.26}$$

Im Folgenden werden lineare diskrete Filter zur Approximation des Gradienten hergeleitet. Dazu wird zunächst der eindimensionale Fall betrachtet. Gesucht sind Filter mit Impulsantwort d_m, sodass deren Faltung mit dem diskreten Signal g_m eine Approximation an den Gradienten darstellt:

$$\left.\frac{\mathrm{d}}{\mathrm{d}x} g(x)\right|_{x=m\Delta x} \approx d_m * g_m\,, \tag{12.27}$$

wobei m wie üblich die diskrete Ortskoordinate der Impulsantwort darstellt. Naheliegende Approximationen sind der unsymmetrische Differenzenquotient

$$\frac{g(x) - g(x - \Delta x)}{\Delta x} \tag{12.28}$$

und der symmetrische Differenzenquotient

$$\frac{g(x + \Delta x) - g(x - \Delta x)}{2\Delta x}\,, \tag{12.29}$$

jeweils mit der Diskretisierungsschrittweite Δx. Eine bessere Approximation liefert die Näherungsformel von Stirling:

$$\frac{-g(x + 2\Delta x) + 8g(x + \Delta x) - 8g(x - \Delta x) + g(x - 2\Delta x)}{12\Delta x}\,. \tag{12.30}$$

Die zugehörigen Impulsantworten erhält man jeweils unmittelbar durch Ablesen der Koeffizienten; z. B. ist

$$\left.\frac{g(x + \Delta x) - g(x - \Delta x)}{2\Delta x}\right|_{x=m\Delta x} = \begin{pmatrix} \frac{1}{2} & 0 & -\frac{1}{2} \end{pmatrix} * g_m\,. \tag{12.31}$$

In Tab. 12.1 sind die Impulsantworten der drei genannten Ableitungsfilter zusammengefasst. Der unsymmetrische Differenzenquotient führt zu einer Verschiebung der Kantenposition um einen halben Pixel, da das Zentrum seiner Impulsantwort quasi auf $m = \frac{1}{2}$ und damit zwischen das Pixelraster fällt.

Tabelle 12.1. Impulsantworten d_m einfacher linearer Ableitungsfilter.

diskreter Ort m	-3	-2	-1	0	1	2	3
unsymm. Differenzenquotient (12.28)	0	0	0	1	-1	0	0
symm. Differenzenquotient (12.29)	0	0	$\frac{1}{2}$	0	$-\frac{1}{2}$	0	0
Stirling'sche Approximation (12.30)	0	$-\frac{1}{12}$	$\frac{2}{3}$	0	$-\frac{2}{3}$	$\frac{1}{12}$	0

Beispiel 12.5 (Symmetrischer Differenzenquotient): Der symmetrische Differenzenquotient eines Grauwertbildes $g(x,y)$ berechnet sich in x- und y-Richtung zu

$$\frac{\partial g(x,y)}{\partial x} \approx \frac{g(x+\Delta x, y) - g(x-\Delta x, y)}{2\Delta x}, \tag{12.32}$$

$$\frac{\partial g(x,y)}{\partial y} \approx \frac{g(x, y+\Delta y) - g(x, y-\Delta y)}{2\Delta y}. \tag{12.33}$$

Der Gradientenbetrag ist gegeben durch

$$\|\mathrm{grad}\, g(\mathbf{x})\| = \sqrt{\left(\frac{\partial g(x,y)}{\partial x}\right)^2 + \left(\frac{\partial g(x,y)}{\partial y}\right)^2}. \tag{12.34}$$

Abbildung 12.11 zeigt die Gradientenapproximation durch den symmetrischen Differenzenquotienten an einem Beispielbild. Bei der Darstellung ist zu beachten, dass die Ableitungen in x- und y-Richtung negative Werte annehmen können, der Gradientenbetrag hingegen ebenso wie das Originalbild ausschließlich positive Werte. ∎

12.2.1.1 Konstruktion symmetrischer linearer Ableitungsfilter

Eine systematische Konstruktion linearer diskreter Ableitungsfilter kann mit Hilfe der Betrachtung der Übertragungsfunktion erfolgen. Ein idealer Differenzierer hat nach (8.60) die Übertragungsfunktion $\mathrm{j}2\pi f$:

$$\frac{\mathrm{d}}{\mathrm{d}x}\, g(x) \quad \circ\!\!-\!\!\bullet \quad \mathrm{j}2\pi f\, G(f)\,. \tag{12.35}$$

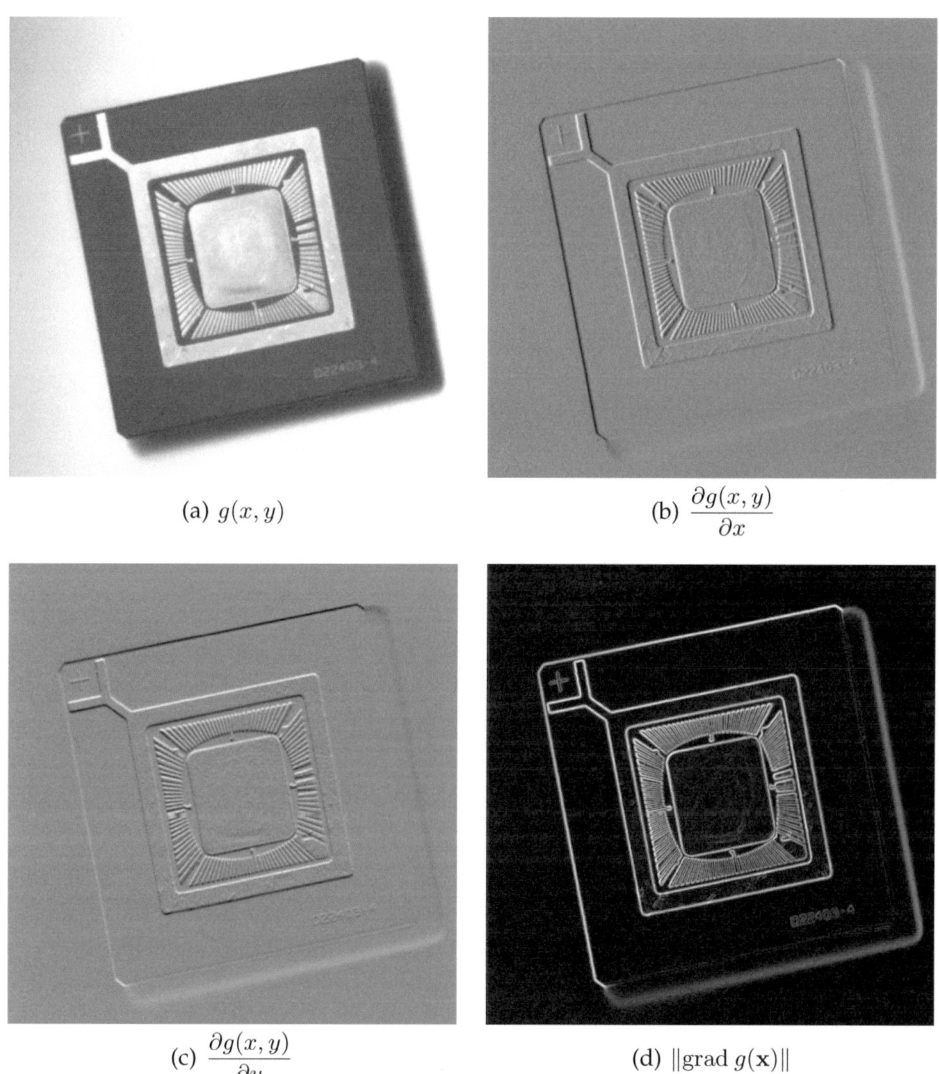

(a) $g(x, y)$ (b) $\frac{\partial g(x, y)}{\partial x}$

(c) $\frac{\partial g(x, y)}{\partial y}$ (d) $\|\text{grad}\, g(\mathbf{x})\|$

Abbildung 12.11. Kantendetektion mit dem symmetrischen Differenzenquotienten: (a) Originalbild; (b) symmetrischer Differenzenquotient in x-Richtung (schwarz $\widehat{=}$ negative Werte, grau $\widehat{=}$ 0, weiß $\widehat{=}$ positive Werte); (c) symmetrischer Differenzenquotient in y-Richtung; (d) Gradientenbetrag (schwarz $\widehat{=}$ 0).

Beispiel 12.6 (Übertragungsfunktion des symmetrischen Differenzenquotienten): Der symmetrische Differenzenquotient hat folgende DFT-Übertragungsfunktion:

$$D_k = \frac{1}{2}\left(-\mathrm{e}^{-\mathrm{j}2\pi\frac{k}{N}} + \mathrm{e}^{-\mathrm{j}2\pi\frac{k(N-1)}{N}}\right) = \frac{1}{2}\left(-\mathrm{e}^{-\mathrm{j}2\pi\frac{k}{N}} + \mathrm{e}^{\mathrm{j}2\pi\frac{k}{N}}\right) \tag{12.36}$$

$$= \mathrm{j}\sin\left(2\pi\frac{k}{N}\right) \tag{12.37}$$

$$\approx \mathrm{j}2\pi\frac{k}{N} \qquad \text{für } k \ll N\,. \tag{12.38}$$

Es ist $D_0 = 0$, $D_{\frac{N}{4}} = \mathrm{j} < \mathrm{j}\frac{\pi}{2}$, $D_{\frac{N}{2}} = 0 \ll \mathrm{j}\pi$. Für niedrige diskrete Frequenzen $\frac{k}{N}$ verhält sich der symmetrische Differenzenquotient annähernd wie ein idealer Differenzierer; bei höheren Frequenzen fällt seine Übertragungsfunktion jedoch wieder ab. ∎

Es soll nun ein symmetrisches lineares Ableitungsfilter ${}^r d_m$ der Länge $L = 2r + 1$ konstruiert werden, d. h.

$${}^r d_m = 0 \qquad \text{falls } m = 0 \vee |m| > r\,, \tag{12.39}$$

$${}^r d_m = -{}^r d_{-m}\,. \tag{12.40}$$

Die reelle, ungerade Funktion ${}^r d_m$ korrespondiert im Ortsfrequenzbereich mit einer rein imaginären, ungeraden Fourier-Transformierten ${}^r D_k$, vgl. (12.35):

$${}^r D_k = \sum_{\nu=0}^{N-1} {}^r d_\nu\, \mathrm{e}^{-\mathrm{j}2\pi\frac{k\nu}{N}} = \sum_{\nu=1}^{r} {}^r d_\nu \left(\mathrm{e}^{-\mathrm{j}2\pi\frac{k\nu}{N}} - \mathrm{e}^{\mathrm{j}2\pi\frac{k\nu}{N}}\right) \tag{12.41}$$

$$= -2\mathrm{j}\sum_{\nu=1}^{r} {}^r d_\nu \sin\left(2\pi\frac{k\nu}{N}\right), \qquad N > 2r\,. \tag{12.42}$$

Die Sinusfunktionen werden nun als Taylor-Reihe bezüglich $\frac{k}{N}$ dargestellt. Die r Freiheitsgrade des Filters werden so gewählt, dass folgende Forderungen erfüllt sind:

- Das lineare Glied der Taylor-Entwicklung ist gleich $\mathrm{j}2\pi\frac{k}{N}$, was der Übertragungsfunktion des idealen Differenzierers entspricht.
- Die $r - 1$ folgenden Glieder verschwinden.

Beispiel 12.7 (Symmetrisches lineares Ableitungsfilter der Länge 5): Es soll ein symmetrisches lineares Ableitungsfilter der Länge $L = 5$ konstruiert werden, so dass in diesem Fall $r = 2$ Koeffizienten zu bestimmen sind. Nach (12.42) ist

$${}^2 D_k = -2\mathrm{j}d_1 \sin\left(2\pi\frac{k}{N}\right) - 2\mathrm{j}d_2 \sin\left(4\pi\frac{k}{N}\right). \tag{12.43}$$

Setzt man die Potenzreihendarstellung $x - \frac{x^3}{3!} + \frac{x^5}{5!} \mp \ldots$ des Sinus ein, so ergibt sich:

$$\begin{aligned} {}^2D_k = \mathrm{j}2\pi \Bigg(& -2d_1 \frac{k}{N} + \frac{4}{3} d_1 \pi^2 \left(\frac{k}{N}\right)^3 \\ & - 4d_2 \frac{k}{N} + \frac{32}{3} d_2 \pi^2 \left(\frac{k}{N}\right)^3 + \mathcal{O}\left(\left(\frac{k}{N}\right)^5\right)\Bigg) \end{aligned} \tag{12.44}$$

$$\begin{aligned} = \mathrm{j}2\pi \Bigg(& (-2d_1 - 4d_2) \frac{k}{N} \\ & + \left(\frac{4}{3}\pi^2 d_1 + \frac{32}{3}\pi^2 d_2\right) \left(\frac{k}{N}\right)^3 + \mathcal{O}\left(\left(\frac{k}{N}\right)^5\right)\Bigg) . \end{aligned} \tag{12.45}$$

Die Lösung des resultierenden Gleichungssystems

$$-2d_1 - 4d_2 \stackrel{!}{=} 1 \qquad \frac{4}{3} d_1 + \frac{32}{3} d_2 \stackrel{!}{=} 0 \tag{12.46}$$

führt auf

$$d_1 = -\frac{2}{3} \qquad d_2 = \frac{1}{12} . \tag{12.47}$$

Dies entspricht der Stirling'schen Approximation (12.30). ■

Je länger das Ableitungsfilter, desto besser kann es die Übertragungsfunktion des idealen Differenzierers approximieren (Abb. 12.12). Dass die Übertragungsfunktionen der Ableitungsfilter für höhere Frequenzen abfallen, ist in der Praxis eher erwünscht als schädlich, da hochfrequentes Rauschen damit weniger verstärkt wird.

12.2.1.2 Differentiation mittels DFT

Eine andere Möglichkeit besteht darin, die Differentiation direkt über die diskrete Fourier-Transformation durchzuführen: Zunächst wird die diskrete Fourier-Transformierte G_k des Bildes berechnet, dann mit dem Differentiationsoperator D_k im Ortsfrequenzbereich multipliziert, und anschließend wird das Ergebnis in den Ortsbereich zurücktransformiert. Im eindimensionalen Fall führt diese Vorgehensweise auf folgende Gleichungen:

$$\frac{\mathrm{d}g(x)}{\mathrm{d}x} \approx \mathrm{DFT}^{-1}\{G_k\, D_k\} , \tag{12.48}$$

$$D_k := \begin{cases} \mathrm{j}2\pi \frac{k}{N} & \text{für } k < \frac{N}{2} \\ 0 & \text{für } k = \frac{N}{2} \\ \mathrm{j}2\pi \frac{k-N}{N} & \text{für } k > \frac{N}{2} \end{cases} \qquad k = 0, \ldots, N-1 . \tag{12.49}$$

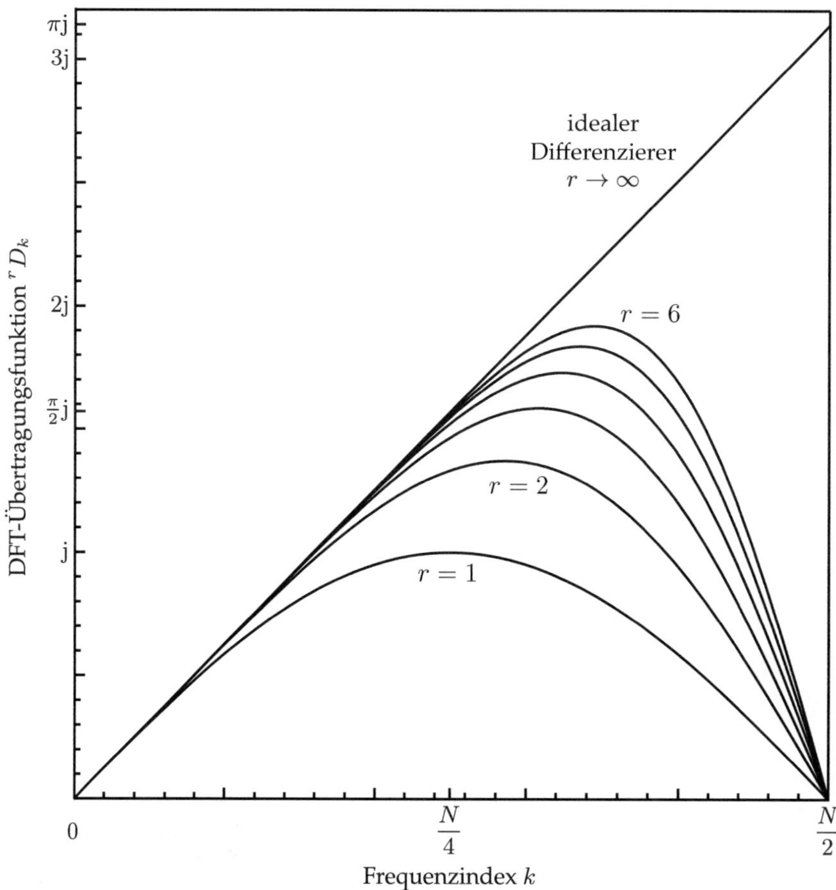

Abbildung 12.12. Übertragungsfunktionen symmetrischer linearer Ableitungsfilter der Länge $L = 2r + 1$.

Diese Herangehensweise ist jedoch problematisch, wenn ein stark ausgeprägter Leckeffekt auftritt (siehe Kap. 8).

Es gibt einige Probleme, die allen Gradientenfiltern gemeinsam sind. Zunächst verstärkt die Differentiation das Rauschen im Bild. Dieses Rauschen muss unterdrückt werden, indem hohe Ortsfrequenzen durch eine Tiefpassfilterung abgeschwächt werden. Somit ergibt sich für brauchbare lineare Kantendetektionsfilter insgesamt ein Bandpasscharakter. Des Weiteren zeigt das Filterergebnis häufig breite Konturen; die Kanten lassen sich also nicht pixelgenau lokalisieren. Dieses Problem kann durch eine nachgelagerte Kantenverdünnung abgemildert werden (siehe Kap. 13). Umgekehrt können auch Unterbrechungen der Konturen im Kantenbild auftreten. Dann bietet sich eine Kantenverfolgung als Nachverarbeitung an [24, 40]. Schließlich können auch Artefakte, also falsche Konturen, aufgrund von Störungen entstehen, die nachträglich unterdrückt werden müssen.

12.2.1.3 Differenzierter Gauß-Tiefpass

Ein gebräuchliches Gradientenfilter mit Bandpasscharakter ist der differenzierte Gauß-Tiefpass. Durch die einbezogene Glättung des Bildes mit dem Gauß-Filter $h(\mathbf{x})$ ist dieser Operator vergleichsweise störungsunempfindlich.

Die Filterung eines zweidimensionalen Signals mit einem in x-Richtung differenzierten Gauß-Tiefpass lässt sich wie folgt mathematisch beschreiben:

$$\frac{\partial g(\mathbf{x})}{\partial x} \approx \frac{\partial}{\partial x}(h(\mathbf{x}) ** g(\mathbf{x})) = \frac{\partial}{\partial x} \int_{-\infty}^{\infty} \int_{-\infty}^{\infty} g(\boldsymbol{\alpha})\, h(\mathbf{x} - \boldsymbol{\alpha})\, \mathrm{d}\boldsymbol{\alpha} \tag{12.50}$$

$$= \int_{-\infty}^{\infty} \int_{-\infty}^{\infty} g(\boldsymbol{\alpha})\, \frac{\partial h}{\partial x}(\mathbf{x} - \boldsymbol{\alpha})\, \mathrm{d}\boldsymbol{\alpha} = \underbrace{\left(\frac{\partial}{\partial x} h(\mathbf{x})\right)}_{=:\, d^x(\mathbf{x})} ** g(\mathbf{x}) , \tag{12.51}$$

$$h(\mathbf{x}) := \frac{1}{2\pi\sigma^2}\, \mathrm{e}^{-\frac{\|\mathbf{x}\|^2}{2\sigma^2}} , \tag{12.52}$$

$$d^x(\mathbf{x}) = -\frac{x}{2\pi\sigma^4}\, \mathrm{e}^{-\frac{\|\mathbf{x}\|^2}{2\sigma^2}} . \tag{12.53}$$

Die Differentiation in y-Richtung erfolgt ganz analog. Die resultierenden Impulsantworten d^x und d^y sind in Abb. 12.13 dargestellt. Insgesamt ergibt sich folgende Approximation für den Gradienten:

$$\operatorname{grad} g(\mathbf{x}) \approx (\operatorname{grad} h(\mathbf{x})) ** g(\mathbf{x}) , \tag{12.54}$$

$$\operatorname{grad} h(\mathbf{x}) = -\frac{\mathbf{x}}{\sigma^2}\, h(\mathbf{x}) =: \begin{pmatrix} d^x(\mathbf{x}) \\ d^y(\mathbf{x}) \end{pmatrix} . \tag{12.55}$$

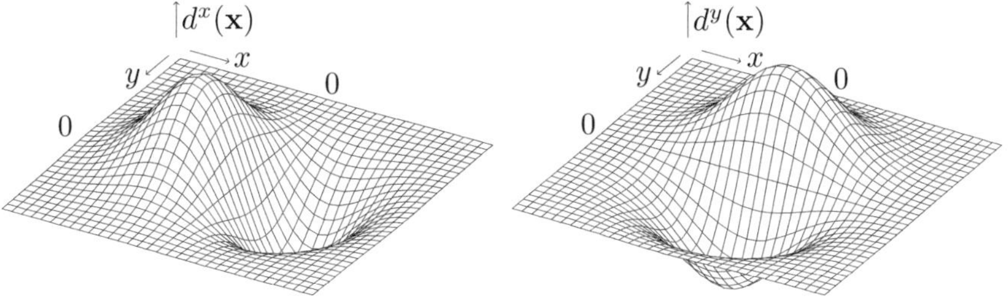

Abbildung 12.13. Graphische Darstellung der Impulsantworten $d^x(\mathbf{x})$ und $d^y(\mathbf{x})$ des differenzierten Gauß-Tiefpasses.

Wie die obige Rechnung zeigt, ist die Faltung mit dem differenzierten Gauß-Tiefpass äquivalent zu einer Glättung mit anschließender Differentiation. Dies wird auch bei Betrachtung der Übertragungsfunktion deutlich: Die Differentiation bezüglich x entspricht im Ortsfrequenzbereich der Multiplikation mit $j2\pi f_x$, die Faltung mit $h(\mathbf{x})$ entspricht einer Multiplikation mit $H(\mathbf{f})$, und beide Multiplikationen kommutieren. Für die Übertragungsfunktion $D^x(\mathbf{f})$ des in x-Richtung differenzierten Gauß-Tiefpasses $d^x(\mathbf{x})$ erhält man mit Hilfe der Korrespondenz $\mathrm{e}^{-\pi\|\mathbf{x}\|} \circ\!\!-\!\!\bullet\, \mathrm{e}^{-\pi\|\mathbf{f}\|}$ und des Differentiationssatzes der Fourier-Transformation:

$$D^x(\mathbf{f}) = j2\pi f_x \, \mathrm{e}^{-2\pi^2\sigma^2\|\mathbf{f}\|^2} \,. \tag{12.56}$$

Für kleine $\|\mathbf{f}\|$ entspricht dies näherungsweise dem Differentiationsoperator $j2\pi f_x$, für große $\|\mathbf{f}\|$ hat man $D^x(\mathbf{f}) \to 0$, was dem Bandpasscharakter entspricht.

Abbildung 12.14 zeigt die Ergebnisse des differenzierten Gauß-Tiefpasses an einem Beispiel. Je größer σ gewählt wird, desto besser ist die Störungsunter-

(a) (b) (c)

(d) (e) (f)

Abbildung 12.14. Beispiele zur Kantendetektion mit Hilfe der ersten Ableitung: (a) Ausgangsbild mit additivem Gauß'schen Rauschen der Standardabweichung $\sigma_r = 20$, vgl. (12.22); (b) symmetrischer Differenzenquotient; (c) Roberts-Operator; (d) Sobel-Operator; (e) differenzierter Gauß-Tiefpass mit Glättungsparameter $\sigma = 0{,}8$; (f) mit $\sigma = 2{,}2$. Dargestellt ist jeweils der Gradientenbetrag für $q = 2$.

drückung. Allerdings gehen feine Kantenstrukturen mit wachsendem σ verloren. Der Parameter σ legt fest, ob eher feine oder grobe Strukturen im Bild detektiert werden sollen, vgl. Kap. 16.

Zur Diskretisierung dieses Filters für die Anwendung auf Bilder gibt es wiederum zwei Möglichkeiten:

- Filterung mittels Faltung im Ortsbereich durch Abtastung von $d^x(\mathbf{x})$ und $d^y(\mathbf{x})$ zu d^x_{mn} und d^y_{mn};
- Filterung mittels Multiplikation im Ortsfrequenzbereich durch Abtastung von $D^x(\mathbf{f})$ und $D^y(\mathbf{f})$ zu D^x_{kl} und D^y_{kl}.

Canny hat Qualitätskriterien wie Signal-Rausch-Verhältnis und Lokalisierungsgenauigkeit formalisiert und daraus den optimalen Kantendetektor hergeleitet. Der differenzierte Gauß-Tiefpass stellt eine gute Näherung für den numerisch berechneten optimalen Kantendetektor dar [9, 24].

12.2.1.4 Einfache Kantenoperatoren

Die **Sobel-Filter** können als eine grobe Abtastung der differenzierten Gauß-Tiefpässe d^x und d^y im Ortsbereich aufgefasst werden:

$$s^x_{mn} = \begin{pmatrix} 1 & 0 & -1 \\ 2 & 0 & -2 \\ 1 & 0 & -1 \end{pmatrix}, \qquad s^y_{mn} = \begin{pmatrix} -1 & -2 & -1 \\ 0 & 0 & 0 \\ 1 & 2 & 1 \end{pmatrix}. \tag{12.57}$$

Der Gradientenbetrag kann damit durch den **Sobel-Operator** angenähert werden:

$$\left(|s^x_{mn} ** g_{mn}|^q + |s^y_{mn} ** g_{mn}|^q\right)^{\frac{1}{q}}, \qquad q \in \{1, 2, \infty\}. \tag{12.58}$$

In der Literatur werden verschiedene Normen für die Betragsberechnung verwendet. Während $q = 1$ bzw. $q = 2$ der Betragsnorm bzw. der euklidischen Norm entsprechen, führt $q = \infty$ auf die Maximum-Norm (Tschebyschew-Norm):

$$\max\left\{|s^x_{mn} ** g_{mn}|, |s^y_{mn} ** g_{mn}|\right\}. \tag{12.59}$$

Die Sobel-Filter lassen sich als Faltung eines Binomial-Tiefpasses – als diskrete Näherung eines Gauß-Tiefpasses – und des symmetrischen Differenzenquotienten darstellen. Beispielsweise entsteht s^x_{mn} durch die Faltung des Binomialfilters h^y_3 bezüglich y und des symmetrischen Differenzenquotienten in x-Richtung:

$$
\begin{array}{ccccc}
s^x_{mn} = & \begin{pmatrix} 1 \\ 2 \\ 1 \end{pmatrix} & ** & \begin{pmatrix} 1 & 0 & -1 \end{pmatrix} & \\
\circ\!\!-\!\!\bullet & \circ\!\!-\!\!\bullet & & \circ\!\!-\!\!\bullet & N \times N\text{-DFT} \\
S^x_{kl} = & \underbrace{2\left(1+\cos\left(2\pi\frac{l}{N}\right)\right)}_{\text{Tiefpass}} & \cdot & \underbrace{\mathrm{j}2\sin\left(2\pi\frac{k}{N}\right)}_{\text{Differentiation}} &
\end{array}
$$

Die kleinstmöglichen Filtermasken der Größe 2×2 nutzt der **Roberts-Operator** zur Kantendetektion:

$$
k_{m,n} = \left(|g_{m,n} - g_{m-1,n-1}|^q + |g_{m-1,n} - g_{m,n-1}|^q\right)^{\frac{1}{q}} \tag{12.60}
$$

mit $q \in \{1, 2, \infty\}$. Im Vergleich zum Sobel-Operator ist der Roberts-Operator viel rauschempfindlicher, da er keinerlei Glättung beinhaltet, liefert aber andererseits dünnere Kanten. Weil das Symmetriezentrum der Filtermasken zwischen den Pixeln zu liegen kommt, tritt im Ergebnisbild eine Verschiebung der Kantenpositionen auf.

12.2.2 Kantendetektion mit Hilfe der zweiten Ableitung

Bei jedem Differentiationsschritt wird hochfrequentes Rauschen weiter verstärkt. Daher ist eine geeignete Glättung bei der Kantendetektion mit Hilfe der zweiten Ableitung noch wichtiger. In der zweiten Ableitung zeigt sich eine Kante als Nulldurchgang zwischen einem ausgeprägten Maximum und einem ausgeprägten Minimum.

Die einfachste Approximation der zweiten Ableitung erhält man durch die Faltung des Bildes mit dem sogenannten **Laplace-Filter**:

$$
g_{mn} ** l_{mn}\,, \qquad l_{mn} = \begin{pmatrix} 0 & 1 & 0 \\ 1 & -4 & 1 \\ 0 & 1 & 0 \end{pmatrix}. \tag{12.61}
$$

Dieses Filter ist sehr rauschempfindlich, da es keine Glättung vornimmt.

Ein bekanntes Kantenfilter ist der sogenannte **Laplacian-of-Gaussian-Operator**, kurz **LoG**, der 1980 von Marr und Hildreth vorgeschlagen wurde [32]. Hier wird das Bild zunächst mit einem Gauß-Tiefpass $h(\mathbf{x})$ geglättet, um Rauschen zu unterdrücken (vgl. Kap. 10). Anschließend wird der Laplace-Operator $\Delta = \frac{\partial^2}{\partial x^2} + \frac{\partial^2}{\partial y^2}$ eingesetzt, um die zweite Ableitung des geglätteten Bildes zu erhalten. Da lineare Operatoren – in diesem Fall Δ und die Faltung mit $h(\mathbf{x})$ – in ihrer Reihenfolge vertauscht werden dürfen, ist dies äquivalent zu einer Faltung des ursprünglichen Bildes mit dem Filter $l(\mathbf{x})$, die man durch Anwendung des

Laplace-Operators auf den Gauß-Tiefpass erhält:

$$\mathrm{LoG}\{g(\mathbf{x})\} := -\Delta(h(\mathbf{x}) ** g(\mathbf{x})) = \underbrace{(-\Delta h(\mathbf{x}))}_{=:\, l(\mathbf{x})} ** g(\mathbf{x}), \tag{12.62}$$

$$l(\mathbf{x}) = -\frac{\partial^2 h(\mathbf{x})}{\partial x^2} - \frac{\partial^2 h(\mathbf{x})}{\partial y^2} = \frac{2\sigma^2 - \|\mathbf{x}\|^2}{2\pi\sigma^6}\,\mathrm{e}^{-\frac{\|\mathbf{x}\|^2}{2\sigma^2}} \tag{12.63}$$

$$\circ\!\!-\!\!\bullet$$

$$L(\mathbf{f}) = 4\pi^2\|\mathbf{f}\|^2\,\mathrm{e}^{-2\pi^2\sigma^2\|\mathbf{f}\|^2}. \tag{12.64}$$

Wegen $L(\mathbf{0}) = 0 = L(\infty)$ hat der LoG-Operator Bandpasscharakter, unterdrückt also hochfrequente Störungen. Aufgrund seiner Form ist dieser Operator auch unter dem Namen „Mexikanerhut" bekannt (siehe Abb. 12.15).

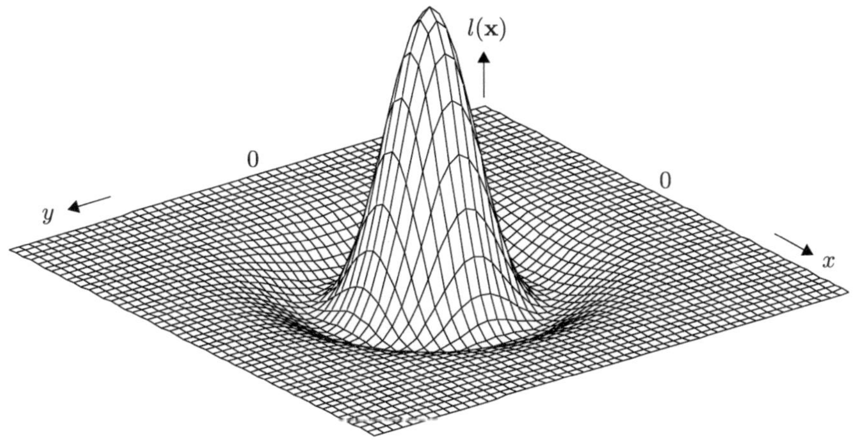

Abbildung 12.15. Laplacian of Gaussian („Mexikanerhut").

Zur diskreten Realisierung des LoG-Operators gibt es folgende Möglichkeiten:

- Abtastung von $l(\mathbf{x})$ zu einer diskreten Impulsantwort l_{mn}. Damit der Diskretisierungsfehler nicht zu groß wird, sollte die Maske großzügig gewählt werden: Ihre Kantenlänge sollte mindestens 7σ betragen.
- Abtastung von $L(\mathbf{f})$ zu einer DFT-Übertragungsfunktion L_{kl}. Angesichts der großen Filtermasken im Ortsbereich kann eine Realisierung über die schnelle Fourier-Transformation lohnenswert sein. Abbildung 12.16 zeigt das Ergebnis dieser Filterung für ein Beispielbild.
- Approximation durch den **Difference-of-Gaussians-Operator**, kurz **DoG** (siehe Abb. 12.17). Die zweite Ableitung der Gauß-Funktion lässt sich näherungsweise als Differenz zweier Gauß-Funktionen mit unterschiedlichen Standard-

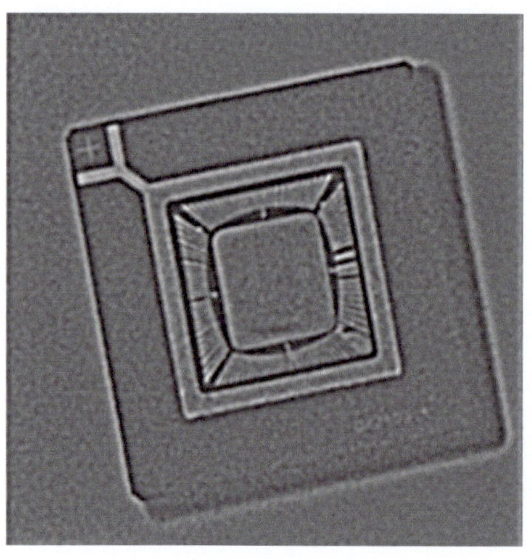

(a) $\sigma = 2{,}5$

(b) $\sigma = 7{,}5$

Abbildung 12.16. LoG-Filterung des Testbildes aus Abb. 12.14(a) mit unterschiedlichen Glättungsparametern σ. Die Kanten befinden sich an den steilen Flanken zwischen positiven (hellen) und negativen (dunklen) Werten.

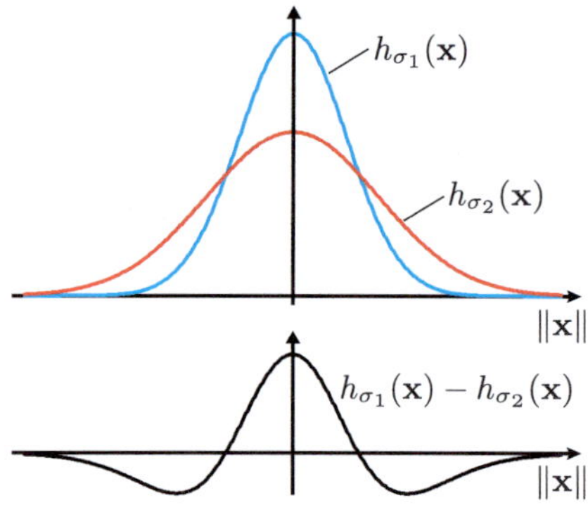

Abbildung 12.17.
Difference of Gaussians.

abweichungen σ_1, σ_2 schreiben:

$$l(\mathbf{x}) \approx \frac{1}{2\pi\sigma_1^2}\,\mathrm{e}^{-\frac{\|\mathbf{x}\|^2}{2\sigma_1^2}} - \frac{1}{2\pi\sigma_2^2}\,\mathrm{e}^{-\frac{\|\mathbf{x}\|^2}{2\sigma_2^2}} \qquad \text{mit} \qquad \frac{\sigma_2}{\sigma_1} \approx 1{,}6\,. \tag{12.65}$$

Die Übertragungsfunktion $L(\mathbf{f})$ ist rotationssymmetrisch und zeigt Bandpasscharakter:

$$L(\mathbf{0}) = 0\,, \qquad \lim_{\|\mathbf{f}\|\to\infty} L(\mathbf{f}) = 0\,. \tag{12.66}$$

Ihr Betragsmaximum liegt bei:

$$\|\mathbf{f}\|_{\max} = \frac{1}{\pi}\sqrt{\frac{\ln\frac{\sigma_2}{\sigma_1}}{\sigma_2^2 - \sigma_1^2}}\,. \tag{12.67}$$

Die beiden Gauß-Tiefpassfilter können durch Binomialfilter approximiert werden (siehe Kap. 10).

Ein wesentlicher Vorteil beim Einsatz der zweiten Ableitung zur Kantendetektion ist die präzisere Lokalisierbarkeit der Nullstellen, die den Wendepunkten quer zum Verlauf der Stufenkante entsprechen. Dadurch erhält man Kanten von einem Pixel Breite, eine nachgeschaltete Kantenverdünnung ist anders als bei den Gradientenfiltern nicht erforderlich. Es gibt Hinweise, dass die Kantenerkennung im menschlichen visuellen System nach einem ähnlichen Prinzip erfolgt [32].

Als Nachteil ist neben der Störempfindlichkeit der zweiten Ableitung zu nennen, dass die Forderung $\Delta g(\mathbf{x}) \overset{!}{=} 0$ lediglich eine notwendige Bedingung für das Vorhandensein einer Kante darstellt. Sie ist jedoch nicht hinreichend, d. h. an den Nulldurchgängen des LoG-Operators müssen sich nicht zwangsläufig Kanten befinden. Daher können bei Verwendung der zweiten Ableitung Kantenartefakte auftreten. Außerdem ist insbesondere an gekrümmten Kanten eine Kantenverschiebung zu beobachten. Als Ausweg ist eine Kombination mit einem gradientenbasierten Verfahren sinnvoll: Der Gradientenbetrag kann zur Verifikation der Ergebnisse des LoG-Operators eingesetzt werden.

Beispiel 12.8 (Kantendetektion mit dem LoG-Operator): Abbildung 12.18 demonstriert die Kantendetektion mit Hilfe des LoG-Operators. Ausgangspunkt sind dabei die LoG-gefilterten Bilder aus Abb. 12.16, bei denen zwei verschiedene Glättungsparameter σ verwendet wurden. Die Klassifikation der Konturen basiert auf der Steigung der Nulldurchgänge, die sich einfach durch die Differenz zwischen dem Maximalwert und dem Minimalwert in einer lokalen Umgebung approximieren lässt; die Ergebnisse dieser Operation sind in Abb. 12.18(a) und 12.18(b) gezeigt.

Die Klassifikation der resultierenden geschlossenen Konturverläufe erfolgt für jede Kontur separat auf der Grundlage der mittleren Steigung der Nulldurchgänge. Die Klassifikationsergebnisse sind in den Abbildungen 12.18(c) und 12.18(d) gezeigt. Zwar weist das binäre Ergebnis Abb. 12.18(d) entsprechend der Wahl des Parameters σ glattere Konturen als Abb. 12.18(c) auf, jedoch verschmelzen dabei visuell nicht zusammenhängende Bereiche in der Bildmitte zu einer einzigen Region. ■

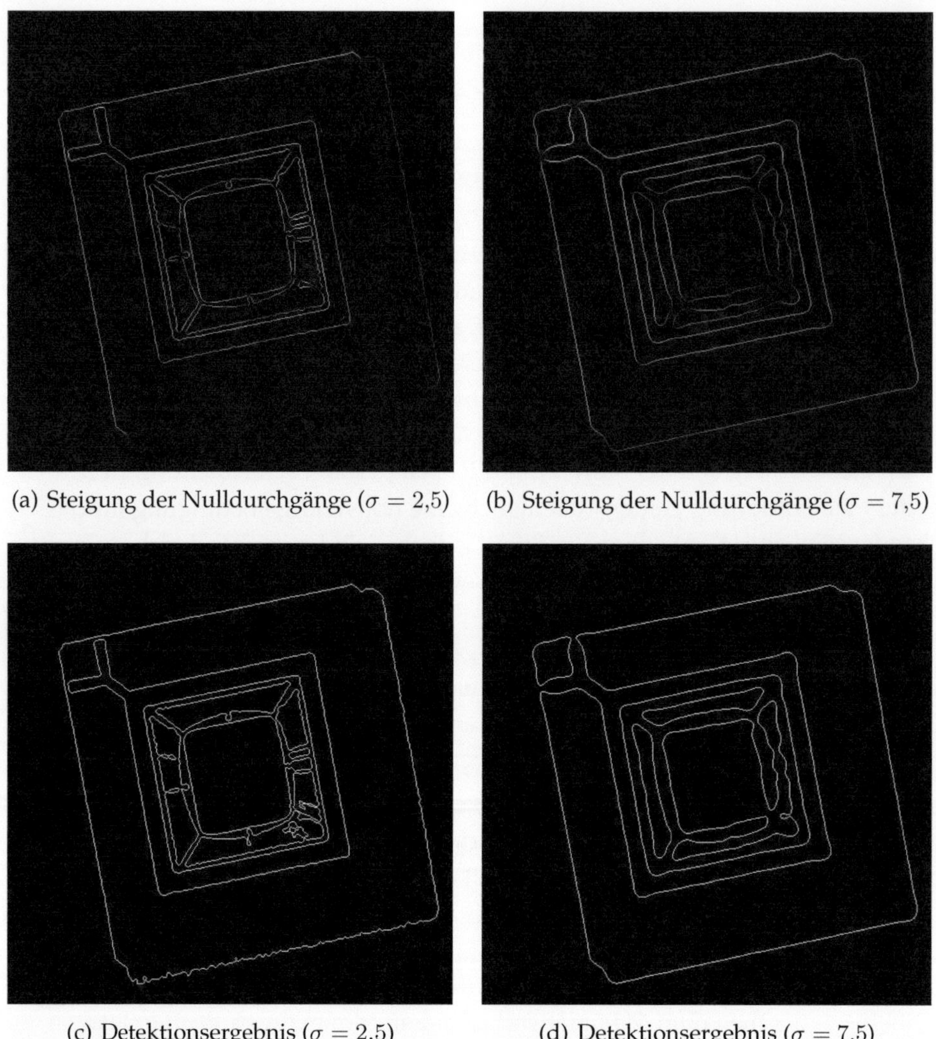

(a) Steigung der Nulldurchgänge ($\sigma = 2{,}5$) (b) Steigung der Nulldurchgänge ($\sigma = 7{,}5$)

(c) Detektionsergebnis ($\sigma = 2{,}5$) (d) Detektionsergebnis ($\sigma = 7{,}5$)

Abbildung 12.18. Kantendetektion mit dem LoG-Operator: (a) – (b) Steigung der Nulldurchgänge der Bilder aus Abb. 12.16; (c) – (d) Ergebnisse der Kantendetektion.

Beispiel 12.9 (Erkennung lokaler Defekte in Hontexturen): Zur Erkennung lokaler Defekte in Hontexturen[1] erfolgt zunächst eine adaptive Filterung des Originalbildes Abb. 12.19(a) entsprechend Abschn. 14.3.4, um defektfreie Riefen zu unterdrücken. Daraufhin wird eine LoG-Filterung des riefenunterdrückten Hintergrundbildes Abb. 12.19(b) mit $\sigma = 5$ durchgeführt. Um die Impulsant-

[1]Hontexturen werden ausführlich im Beispiel 14.5 ab S. 879 vorgestellt.

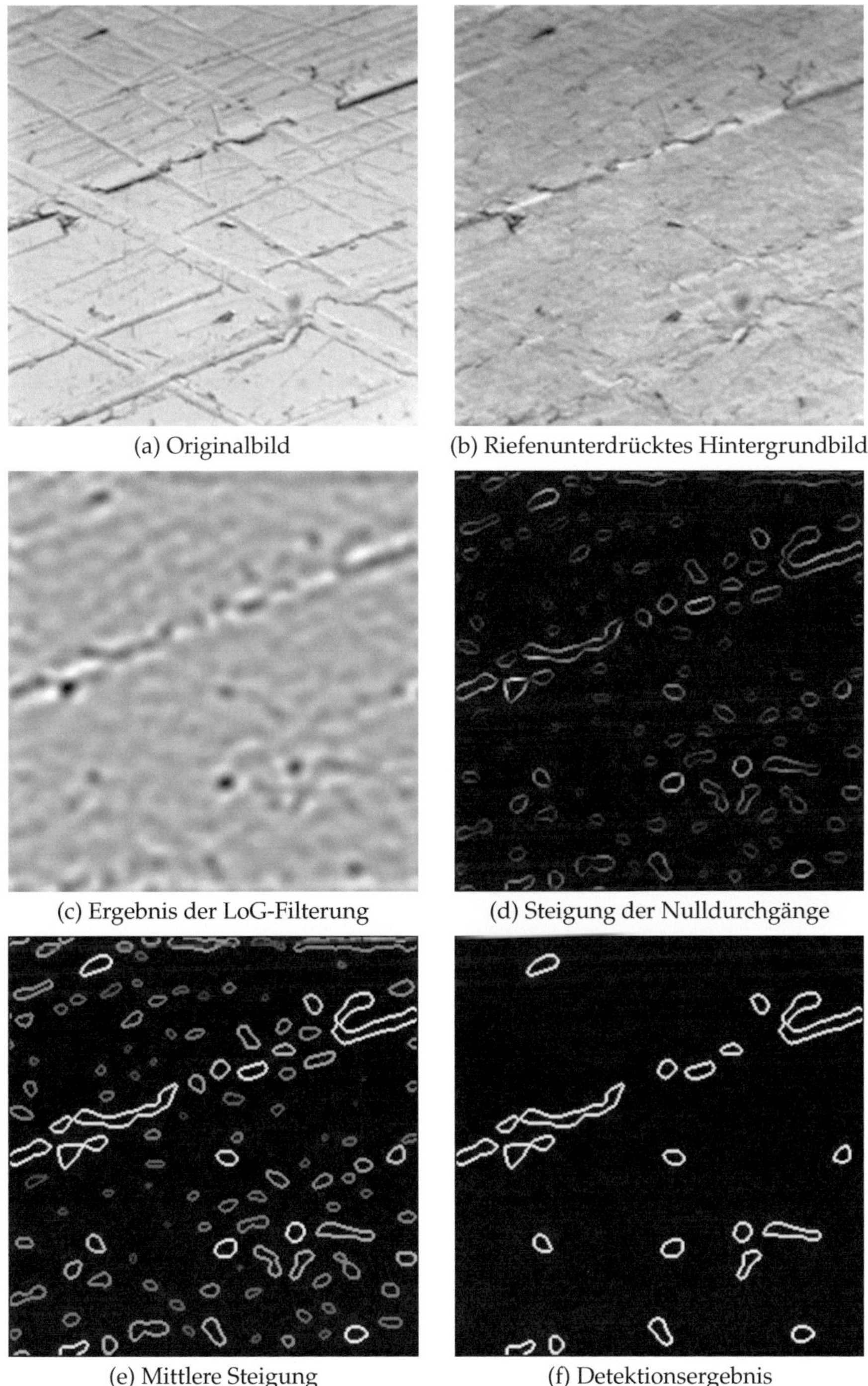

(a) Originalbild
(b) Riefenunterdrücktes Hintergrundbild
(c) Ergebnis der LoG-Filterung
(d) Steigung der Nulldurchgänge
(e) Mittlere Steigung
(f) Detektionsergebnis

Abbildung 12.19. Beispiele zur Defekterkennung in Hontexturen mit dem LoG-Operator.

wort des LoG-Filters hinreichend genau zu approximieren, wird mindestens ein Fenster der Größe 35×35 benötigt [32], weshalb eine Implementierung im Ortsfrequenzbereich vorteilhaft ist. Abbildung 12.19(c) zeigt das Ergebnis der Filterung, in welchem die Konturen der Defekte durch Nulldurchgänge dargestellt werden. Abbildung 12.19(d) zeigt die Steigung der Nulldurchgänge. Um ausschließlich geschlossene Konturverläufe zu erkennen, wird für jede geschlossene Kontur die mittlere Steigung berechnet und alle zugehörigen Bildpunkte werden auf diesen Wert gesetzt (Abb. 12.19(e)). Anhand einer konstanten Schwelle resultiert daraus das Detektionsergebnis in Abb. 12.19(f). ■

12.2.3 Wasserscheidentransformation

In vielen Fällen genügt ein Kantenbild zur Lösung der Sichtprüfaufgabe. Beispielsweise kann die Orientierung eines Objekts anhand der Kanten geschätzt werden, oder die Länge eines Objekts aus dem Abstand zweier gegenüberliegender Kanten geschätzt werden. Ist die Kanteninformation nicht ausreichend, so muss aus dem Kantenbild eine Segmentierung im Sinne von Def. 12.1 berechnet werden. Verschiedene Verfahren zur kantenorientierten Segmentierung werden im weiteren Verlauf dieses Kapitels vorgestellt.

Eine Möglichkeit ist die **Wasserscheidentransformation**. Sie betrachtet das Gradientenbild als Gebirgslandschaft, deren Wasserscheiden die Segmentgrenzen darstellen. Lokale Minima des Gradientenbetrags stellen die Saatpunkte der Segmente dar, von denen aus sukzessive benachbarte Punkte aufgesucht werden. Dabei wird in aufsteigender Reihenfolge des Gradientenbetrags vorgegangen, was in der Analogie einem Anstieg des Wasserstands entspricht. Pixel mit dem aktuell betrachteten Gradientenbetrag werden in Abhängigkeit der Segmentzuordnungen ihrer Nachbarpixel behandelt: Gehören alle zum selben Segment oder sind noch nicht markiert, wird das Pixel ebenfalls diesem Segment hinzugefügt. Sind sie jedoch verschiedenen Segmenten zugeordnet, handelt es sich um einen Grenzpunkt auf der Wasserscheide.

Es gibt verschiedene Varianten und algorithmische Realisierungen der Wasserscheidentransformation [24,33,41]. Häufig führt die Wasserscheidentransformation zu einer Übersegmentierung, d. h. sie liefert zu viele kleine Segmente. Abhilfe schafft hier entweder eine nachträgliche Zusammenfassung der Segmente oder eine Vorverarbeitung zur Extraktion von Saatpunkten. Abbildung 12.20(b) zeigt das Ergebnis der letzteren Variante für ein Beispielbild.

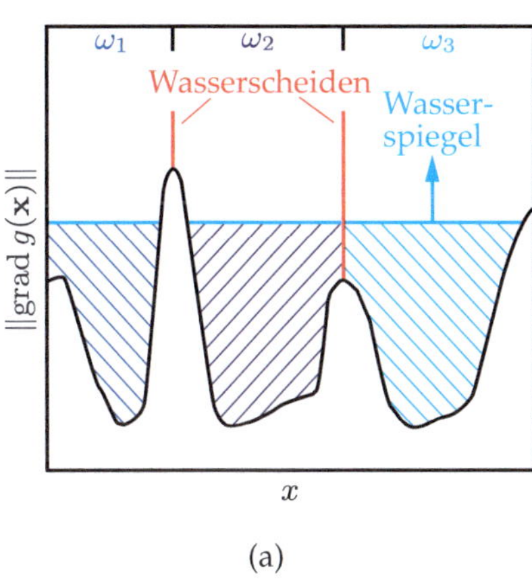

(a)

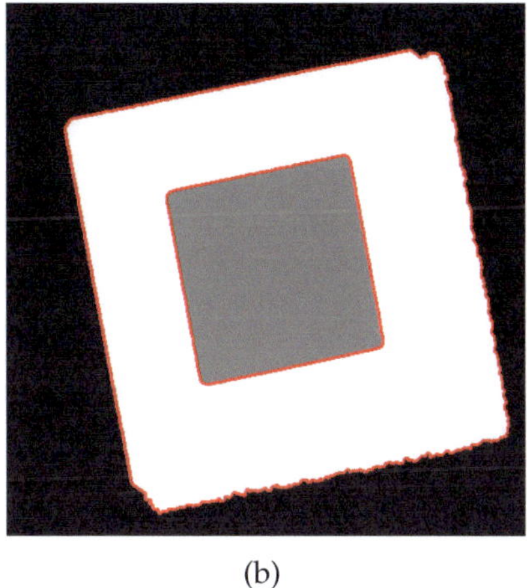

(b)

Abbildung 12.20. Bildsegmentierung mittels Wasserscheidentransformation: (a) Veranschaulichung des Prinzips; (b) Ergebnis der Wasserscheidentransformation für das Testbild aus Abb. 12.7(a). Die roten Linien repräsentieren die Wasserscheiden, also die Segmentgrenzen.

12.3 Diffusionsfilter

Diffusionsfilter können zur Glättung eines Bildes eingesetzt werden. Lineare Glättungsfilter bewirken eine Abschwächung und Verbreiterung von Kanten, die häufig nicht erwünscht ist (vgl. Abschn. 10.3.1.1). Im Idealfall sollte die Glättung homogene Bereiche liefern, die durch scharfe Kanten begrenzt werden. Dieses Verhalten kann näherungsweise mit anisotropen Diffusionsfiltern erzielt werden, die eine kantenerhaltende Glättung vornehmen.

Diffusionsfilter gehören zu den Bildverbesserungsverfahren aus Kap. 10. Da sie aber besonders zur kantenerhaltenden Glättung ein wichtiger Vorverarbeitungsschritt für die Kantendetektion sind, werden die Diffusionsfilter an dieser Stelle behandelt, nachdem Stufenkanten definiert und anhand der Ableitungen des Bildsignals charakterisiert wurden.

Die Herleitung der Diffusionsfilter beruht auf Analogien zum physikalischen Vorgang des Konzentrations- bzw. Wärmeausgleichs, der bei der Diffusion in Gasen und in Flüssigkeiten sowie bei der Wärmeleitung in Festkörpern auftritt. Die Konzentration bzw. Temperatur werde als Funktion von Ort $\mathbf{x}$ und Zeit t beschrieben durch $u(\mathbf{x}, t)$. Konzentrations- bzw. Temperaturunterschiede bewirken Ausgleichsvorgänge. Genauer verursacht ein räumlicher Gradient der Konzentration eine Ausgleichsstromdichte $\mathbf{j}$. Der Zusammenhang zwischen $\mathrm{grad}\, u$ und $\mathbf{j}$ wird durch eine positiv semidefinite, symmetrische Matrix $\mathbf{D}$ beschrieben, den Diffusionstensor:

$$\mathbf{j} = -\mathbf{D}\,\mathrm{grad}\, u\,. \tag{12.68}$$

Diese Gleichung heißt Fick'sches Gesetz [45]. Sie besagt, dass ein Strom in negativer Gradientenrichtung fließt, so dass ein Konzentrationsausgleich stattfindet. Zusätzlich gilt die Kontinuitätsgleichung

$$\frac{\partial u}{\partial t} = -\operatorname{div} \mathbf{j} \,. \tag{12.69}$$

Sie spiegelt die Massen- bzw. Energieerhaltung wider: Die zeitliche Änderung der Konzentration an einem Ort $\mathbf{x}$ entspricht genau dem gesamten von dort ausgehenden Ausgleichsstrom summiert über alle Raumrichtungen. Setzt man das Fick'sche Gesetz (12.68) in die Kontinuitätsgleichung (12.69) ein, so ergibt sich die folgende **Diffusionsgleichung** bzw. Wärmeleitungsgleichung:

$$\frac{\partial u}{\partial t} = \operatorname{div}(\mathbf{D} \operatorname{grad} u) \,. \tag{12.70}$$

Übertragen auf die Bildverarbeitung werden die Bildwerte $g(\mathbf{x})$ als Anfangszustand der Konzentrationsverteilung bzw. Temperaturverteilung interpretiert:

$$u(\mathbf{x}, 0) := g(\mathbf{x}) \,. \tag{12.71}$$

Die Diffusion ist nun ein Prozess, der über eine simulierte Zeit t abläuft. Mit fortschreitender Zeit t führen die Ausgleichsvorgänge zu einer Glättung des resultierenden Bildes $u(\mathbf{x}, t)$, die eine Tiefpassfilterung des Bildsignals darstellt. Die Kontinuitätsgleichung (12.69) bewirkt die Erhaltung des mittleren Bildwerts.

Die Wahl des Diffusionstensors $\mathbf{D}$ bestimmt die Eigenschaften der Diffusionsfilter [45]:

- lineare Diffusion: $\mathbf{D}$ ist unabhängig vom Gradienten $\operatorname{grad} u$;
- nichtlineare Diffusion: $\mathbf{D}$ ist eine Funktion des Gradienten: $\mathbf{D} = \mathbf{D}(\operatorname{grad} u)$;
- homogene Diffusion: $\mathbf{D}$ ist konstant bezüglich des Orts $\mathbf{x}$;
- inhomogene Diffusion: $\mathbf{D}$ ist eine Funktion des Orts: $\mathbf{D} = \mathbf{D}(\mathbf{x})$;
- isotrope Diffusion: der Zusammenhang zwischen Stromdichte $\mathbf{j}$ und Gradient ist für alle Richtungen identisch, sodass die Stromdichte parallel zum Gradienten ist; für den Diffusionstensor bedeutet dies $\mathbf{D} = D\,\mathbf{I}$ mit $D \in \mathbb{R}$, $D > 0$ und der Einheitsmatrix $\mathbf{I}$;
- anisotrope Diffusion: der Zusammenhang zwischen Stromdichte und Gradient ist orientierungsabhängig, $\mathbf{j}$ und $\operatorname{grad} u$ sind nicht parallel.

Durch Kombination der Eigenschaften bezüglich Linearität, Homogenität und Isotropie lassen sich verschiedene Diffusionsfilter konstruieren. Einige Varianten werden im Folgenden vorgestellt.

12.3.1 Lineare, homogene, isotrope Bilddiffusion

Im Fall der linearen, homogenen, isotropen Bilddiffusion ist der Diffusionstensor $\mathbf{D} = D\,\mathbf{I}$ über das ganze Bild konstant. Sei nun speziell $D = 1$. Dann vereinfacht sich die Diffusionsgleichung (12.70) zu

$$\frac{\partial u(\mathbf{x},t)}{\partial t} = \operatorname{div}_{\mathbf{x}}(\mathbf{I}\operatorname{grad}_{\mathbf{x}} u(\mathbf{x},t)) \tag{12.72}$$

$$= \Delta_{\mathbf{x}} u(\mathbf{x},t) \tag{12.73}$$

mit dem Laplace-Operator[2] $\Delta_{\mathbf{x}}$. Zusammen mit der Anfangsbedingung (12.71) stellt diese Gleichung ein Anfangswertproblem dar. Seine Lösung lautet:

$$u(\mathbf{x},t) = \begin{cases} g(\mathbf{x}) & \text{für } t = 0 \\ K(\mathbf{x},t) ** g(\mathbf{x}) & \text{für } t > 0 \end{cases} \tag{12.74}$$

mit dem Faltungskern

$$K(\mathbf{x},t) = \left.\frac{1}{2\pi\, s^2}\,\mathrm{e}^{-\frac{\|x\|^2}{2s^2}}\right|_{s=\sqrt{2t}} . \tag{12.75}$$

Dieser Faltungskern entspricht genau einem Gauß-Tiefpass (siehe Abschn. 10.3.1.1). Die lineare, homogene, isotrope Bilddiffusion stellt also eine lineare Tiefpassfilterung dar, wobei die Standardabweichung s der Gauß-Funktion mit fortschreitender Zeit t zunimmt. Die Differentialgleichung ist im Fall der linearen, homogenen, isotropen Diffusion geschlossen lösbar. Bei komplizierteren Diffusionsmodellen ist dies nicht mehr möglich, sodass eine iterative numerische Lösung erforderlich wird. Die Zeit t korrespondiert dann mit der Anzahl i der Iterationsschritte. In jeder Iteration wird folgende Berechnung durchgeführt:

$$u(\mathbf{x}, i+1) = u(\mathbf{x}, i) + \lambda\, D\, \Delta_{\mathbf{x}} u(\mathbf{x}, i)\,, \tag{12.76}$$

wobei $0 < \lambda < \frac{1}{4}$ die Schrittweite der numerischen Iteration ist [8,39]. Eine einfache Näherung für den Laplace-Operator Δ ist durch die Faltung mit der Impulsantwort l_{mn} aus (12.61) gegeben:

$$\Delta u(\mathbf{x},t) \approx l_{mn} ** u(\mathbf{x},t)\,, \quad l_{mn} = \begin{pmatrix} 0 & 1 & 0 \\ 1 & -4 & 1 \\ 0 & 1 & 0 \end{pmatrix}, \quad \mathbf{x} = \begin{pmatrix} m\,\Delta x \\ n\,\Delta y \end{pmatrix}. \tag{12.77}$$

[2] Im Folgenden wird bei den Differentialoperatoren grad, Δ und div im Index angegeben, auf welche Variablen sich die Differentiation bezieht, sofern dies nicht aus dem Kontext eindeutig hervorgeht. Bei der Bilddiffusion stehen die genannten Operatoren stets für eine örtliche Differentiation bezüglich $\mathbf{x}$, nicht für eine zeitliche Differentiation bezüglich t.

12.3.2 Lineare, inhomogene, isotrope Bilddiffusion

Wie bereits erwähnt, führt die homogene Tiefpassfilterung zu unscharfen Kanten. Um scharfe Kanten zwischen den Bereichen zu erhalten, sollte das Bild in der unmittelbaren Umgebung von Kanten weniger geglättet werden. Kanten im Bild $g(\mathbf{x})$ werden durch große Werte des Gradientenbetrags $\|\mathrm{grad}\, g(\mathbf{x})\|$ angezeigt. Bei einer inhomogenen Diffusion kann der Diffusionstensor als Funktion des Gradientenbetrags gestaltet werden. Wenn man weiterhin eine lineare und isotrope Diffusion annimmt, lautet der Ansatz für den Diffusionstensor:

$$\mathbf{D} = D(\|\mathrm{grad}\, g(\mathbf{x})\|)\,\mathbf{I}\,. \tag{12.78}$$

Die skalare Gewichtungsfunktion $D(\,\cdot\,)$ sollte mit wachsendem Gradientenbetrag $\|\mathrm{grad}\, g(\mathbf{x})\|$ monoton fallen, damit die Glättung an Kanten reduziert wird. Eine mögliche Wahl ist

$$D(\|\mathrm{grad}\, g(\mathbf{x})\|) := \frac{1}{\sqrt{1 + \left(\frac{\|\mathrm{grad}\, g(\mathbf{x})\|}{\gamma}\right)^p}} \tag{12.79}$$

mit den Parametern $\gamma > 0$ und p. Für $p = 1$ erhält man das Modell nach Charbonnier et al. [4, 13, 45]. Durch Einsetzen in (12.70) erhält man die Diffusionsgleichung der linearen, inhomogenen, isotropen Bilddiffusion:

$$\frac{\partial u(\mathbf{x}, t)}{\partial t} = \mathrm{div}_{\mathbf{x}}(D(\|\mathrm{grad}\, g(\mathbf{x})\|)\,\mathrm{grad}_{\mathbf{x}}\, u(\mathbf{x}, t))\,. \tag{12.80}$$

Kanten im Bild wirken gleichsam als Barrieren für den Diffusionsprozess, sodass die Glättung nicht über die Kanten hinweg, sondern überwiegend innerhalb von annähernd homogenen Bereichen stattfindet.

12.3.3 Nichtlineare, inhomogene, isotrope Bilddiffusion

Eine weitere Variante erhält man, wenn der Diffusionstensor vom Gradienten des aktuellen diffundierten Bildes $u(\mathbf{x}, t)$ statt vom Gradienten des Ausgangsbildes $g(\mathbf{x})$ abhängig ist:

$$\mathbf{D} = D(\|\mathrm{grad}_{\mathbf{x}}\, u(\mathbf{x}, t)\|)\,\mathbf{I}\,. \tag{12.81}$$

Neben (12.79) ist das Modell nach Perona und Malik eine mögliche Wahl der skalaren Funktion $D(\,\cdot\,)$:

$$D(\|\mathrm{grad}_{\mathbf{x}}\, u(\mathbf{x}, t)\|) := \frac{1}{\sqrt{1 + \left(\frac{\|\mathrm{grad}_{\mathbf{x}}\, u(\mathbf{x},t)\|}{\gamma}\right)^p}}\,. \tag{12.82}$$

Der Parameter γ entspricht hier der Standardabweichung der Bildwertunterschiede, die von der Diffusion noch ausgeglichen werden sollen. Größere Bildwertunterschiede werden als Kanten angesehen, die erhalten bleiben sollen [39].

Die Diffusionsgleichung (12.70) wird zu einer nichtlinearen partiellen Differentialgleichung:

$$\frac{\partial u(\mathbf{x},t)}{\partial t} = \operatorname{div}_{\mathbf{x}}(D(\|\operatorname{grad}_{\mathbf{x}} u(\mathbf{x},t)\|) \operatorname{grad}_{\mathbf{x}} u(\mathbf{x},t)) . \tag{12.83}$$

12.3.4 Nichtlineare, inhomogene, anisotrope Bilddiffusion

Durch die inhomogene Diffusion gelingt eine bessere Erhaltung scharfer Kanten im Bild. Allerdings geht die Glättungswirkung an den Kanten weitgehend verloren, sodass dort fast keine Störungsunterdrückung mehr stattfindet. Ideal wäre es, eine Glättung entlang von Kanten vorzunehmen, um Störungen zu unterdrücken, und gleichzeitig die Diffusion senkrecht zu den Kanten stark zu reduzieren, sodass scharfe Übergänge erhalten bleiben. Diese Vorgehensweise wird bei der anisotropen Diffusion verfolgt. Der Diffusionstensor hängt von der Kantenorientierung ab, die mit Hilfe der lokalen Vorzugsorientierung im Bild geschätzt wird.

Definition 12.3: Richtung und Orientierung

Die **Richtung** $\alpha \in [0, 2\pi)$ eines Vektors $\mathbf{v} = (x, y)^{\mathrm{T}} \in \mathbb{R}^2$, $\mathbf{v} \neq \mathbf{0}$ ist sein Winkel zur x-Achse:

$$\alpha = \arctan \frac{y}{x} \qquad \in [0, 2\pi) . \tag{12.84}$$

Der Vektor $\mathbf{v}$ lässt sich schreiben als $\mathbf{v} = \|\mathbf{v}\| \, (\cos\alpha, \sin\alpha)^{\mathrm{T}}$.

Die **Orientierung** $\beta \in [0, \pi)$ ist definiert als Richtung modulo π:

$$\beta := \begin{cases} \alpha & \text{falls } \alpha \in [0, \pi) \\ \alpha - \pi & \text{falls } \alpha \in [\pi, 2\pi) . \end{cases} \tag{12.85}$$

Vektoren $\mathbf{v}$ und $-\mathbf{v}$ mit um $180°$ entgegengesetzter Richtung besitzen nach dieser Definition die gleiche Orientierung. ◇

Der Gradientenvektor $\operatorname{grad} g(\mathbf{x})$ ist der Normalenvektor einer Kante und charakterisiert somit die Kantenrichtung $\alpha \in [0, 2\pi)$. Allerdings ist die Richtungsinformation an einem einzelnen Bildpunkt in realen Bildern häufig zu stark gestört, sodass eine Glättung erforderlich wird. Daher könnte man z. B. eine vorherige Glättung des Bildes mit einem Gauß-Tiefpass $h_\sigma(\mathbf{x})$ vornehmen, vgl. (12.52):

$$w_\sigma(\mathbf{x}) := h_\sigma(\mathbf{x}) ** g(\mathbf{x}) . \tag{12.86}$$

Abbildung 12.21. Verschiedene Diffusionsfilter angewandt auf ein Testbild mit additivem Gauß'schen Rauschen der Standardabweichung $\sigma_r = 20$, vgl. Abb. 12.14(a): (a) lineare, homogene, isotrope Diffusion nach (12.72); (b) lineare, inhomogene, isotrope Diffusion nach (12.80); (c) nichtlineare, inhomogene, isotrope Diffusion (12.83) nach dem Perona-Malik-Modell mit $\gamma = \sigma_r = 20$; (d) nichtlineare, inhomogene, anisotrope Diffusion nach (12.115).

Da Gradientenbildung und lineare Filterung vertauschbar sind, ist $\operatorname{grad} w_\sigma(\mathbf{x})$ identisch zur Glättung des Gradientenbildes mit einem Gauß-Tiefpass:

$$\operatorname{grad} w_\sigma(\mathbf{x}) = \operatorname{grad}\,(h_\sigma(\mathbf{x}) ** g(\mathbf{x})) = (h_\sigma(\mathbf{x}) ** (\operatorname{grad} g(\mathbf{x}))\,. \qquad (12.87)$$

Die örtliche Glättung der Gradientenvektoren führt jedoch nicht zum gewünschten Ergebnis, da sich benachbarte Gradientenvektoren mit gleicher Orientierung $\beta \in [0, \pi)$, aber entgegengesetzter Richtung $\alpha_2 = \alpha_1 \pm \pi$ gegenseitig auslöschen. Diese Situation ist typisch für Linien, die zu beiden Seiten eine Kante mit entgegengesetzter Gradientenrichtung aufweisen. Somit kann die Orientierungsinformation bei der örtlichen Mittelung der Gradientenvektoren verloren gehen.

Eine Alternative, die dieses Problem vermeidet, ist die Beschreibung der Orientierungsinformation durch das dyadische Produkt des Gradientenvektors:

$$\mathbf{J}_0(\operatorname{grad} w_\sigma(\mathbf{x})) := (\operatorname{grad} w_\sigma(\mathbf{x}))\,(\operatorname{grad} w_\sigma(\mathbf{x}))^{\mathrm{T}}\,. \tag{12.88}$$

Der Parameter σ wird dabei so klein gewählt, dass innerhalb des wesentlich von null verschiedenen Bereichs der Impulsantwort h_σ keine nennenswerte Auslöschung der Gradienten auftreten kann, also kleiner als die im Bild auftretenden Strukturgrößen wie z. B. Linienbreiten. Bei der Bildung des dyadischen Produkts geht die Vorzeicheninformation verloren. Das dyadische Produkt ist daher invariant bezüglich eines Vorzeichenwechsels des Gradienten. Somit ist eine örtliche Mittelung möglich, ohne dass es zu unerwünschten Auslöschungen kommen kann. Durch die Glättung wird die Orientierungsinformation auch an Bildpunkte mit geringem Gradientenbetrag propagiert, an denen sie direkt nicht zuverlässig geschätzt werden kann. Das geglättete dyadische Produkt heißt **Strukturtensor** (oder Grauwertstrukturtensor). Zur Glättung wird ein Gauß-Filter mit Standardabweichung ρ verwendet:

$$h_\rho(\mathbf{x}) := \frac{1}{2\pi\,\rho^2}\,\mathrm{e}^{-\frac{\|\mathbf{x}\|^2}{2\rho^2}}\,, \qquad \rho > 0\,, \tag{12.89}$$

$$\mathbf{J}_\rho(\operatorname{grad} w_\sigma(\mathbf{x})) := h_\rho(\mathbf{x}) ** (\operatorname{grad} w_\sigma(\mathbf{x})\,(\operatorname{grad} w_\sigma(\mathbf{x}))^{\mathrm{T}})\,. \tag{12.90}$$

Der Parameter ρ kann größer gewählt werden als σ, weil die entgegengesetzten Richtungen im Strukturtensor zu einer Orientierung gleichgerichtet sind. Die Glättung erfolgt, indem jeder Eintrag des dyadischen Produkts $\mathbf{J}_0$ als Funktion des Ortes aufgefasst und mit der Gauß-Funktion gefaltet wird. Wegen der Symmetrie des dyadischen Produkts müssen zur Berechnung des Strukturtensors insgesamt drei zweidimensionale Faltungsoperationen durchgeführt werden. Der resultierende Strukturtensor stellt eine Beschreibung für die Orientierung gerichteter Strukturen am Ort $\mathbf{x}$ des Bildes $g(\mathbf{x})$ dar.

Beispiel 12.10 (Mittelung von Orientierungen mittels des Strukturtensors): An den beiden Seiten einer Linie im Bild entstehen Gradientenvektoren mit entgegengesetzten Richtungen. Mittelt man diese Gradientenvektoren über ein Fenster, so können sie sich ganz oder teilweise auslöschen. Im Beispiel von Abb. 12.22

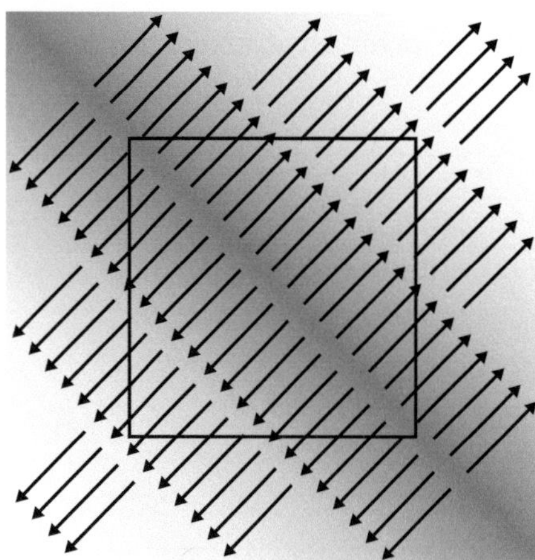

Abbildung 12.22.
Mittelung von Richtungen.

enthält das betrachtete Fenster gleich viele Gradientenvektoren der Richtungen

$$\operatorname{grad} g(\mathbf{x}) = \begin{pmatrix} 1 \\ 1 \end{pmatrix} \qquad \text{und} \qquad \operatorname{grad} g(\mathbf{x}) = \begin{pmatrix} -1 \\ -1 \end{pmatrix} . \tag{12.91}$$

Die örtliche Mittelung führt daher auf

$$\operatorname{grad}\left(w_\sigma(\mathbf{x})\right) = h_\sigma(\mathbf{x}) ** \operatorname{grad} g(\mathbf{x}) = \begin{pmatrix} 0 \\ 0 \end{pmatrix} . \tag{12.92}$$

Die Information über die Orientierung der Linienstruktur im Bild geht bei der örtlichen Mittelung des Gradienten verloren.

Für die dyadischen Produkte der Gradientenvektoren erhält man hingegen

$$\mathbf{J}_0(\operatorname{grad} g(\mathbf{x})) = (\operatorname{grad} g(\mathbf{x}))\,(\operatorname{grad} g(\mathbf{x}))^{\mathrm{T}} \tag{12.93}$$

$$= \begin{pmatrix} 1 \\ 1 \end{pmatrix} \begin{pmatrix} 1 & 1 \end{pmatrix} = \begin{pmatrix} 1 & 1 \\ 1 & 1 \end{pmatrix} \tag{12.94}$$

und

$$\mathbf{J}_0(\operatorname{grad} g(\mathbf{x})) = (\operatorname{grad} g(\mathbf{x}))\,(\operatorname{grad} g(\mathbf{x}))^{\mathrm{T}} \tag{12.95}$$

$$= \begin{pmatrix} -1 \\ -1 \end{pmatrix} \begin{pmatrix} -1 & -1 \end{pmatrix} = \begin{pmatrix} 1 & 1 \\ 1 & 1 \end{pmatrix} . \tag{12.96}$$

Die entgegengesetzten Vorzeichen fallen bei der Bildung des dyadischen Produkts weg. Örtliche Mittelung führt auf den Strukturtensor

$$\mathbf{J}_\rho(\mathrm{grad}\, g(\mathbf{x})) = \begin{pmatrix} 1 & 1 \\ 1 & 1 \end{pmatrix} . \tag{12.97}$$

Bei der Berechnung des Strukturtensors bleibt also die Orientierungsinformation erhalten.

Nun wird allgemeiner eine Gradientenorientierung $\mathbf{a} \in \mathbb{R}^2$, $\|\mathbf{a}\| = 1$ angenommen. Die Gradientenvektoren seien gegeben durch

$$\mathrm{grad}\, g(\mathbf{x}) = \mathtt{r}\, \mathbf{a} , \tag{12.98}$$

wobei die Länge $\mathtt{r} \in \mathbb{R}$ des Gradientenvektors eine mittelwertfreie Zufallsvariable sei:

$$\mathrm{E}\{\mathtt{r}\} = 0 . \tag{12.99}$$

Der örtlich gemittelte Gradient ist unter Annahme eines ergodischen Zufallsprozesses durch den folgenden Erwartungswert gegeben:

$$\mathrm{E}\{\mathrm{grad}\, g(\mathbf{x})\} = \mathrm{E}\{\mathtt{r}\}\, \mathbf{a} = \mathbf{0} . \tag{12.100}$$

Bei der Mittelung geht also die Orientierungsinformation verloren. Für den Strukturtensor erhält man hingegen

$$\mathbf{J}(\mathrm{grad}\, g(\mathbf{x})) = \mathrm{E}\{(\mathrm{grad}\, g(\mathbf{x}))\, (\mathrm{grad}\, g(\mathbf{x}))^{\mathrm{T}}\} \tag{12.101}$$

$$= \mathrm{E}\{\mathtt{r}\, \mathbf{a}\, \mathtt{r}\, \mathbf{a}^{\mathrm{T}}\} = \mathrm{E}\{\mathtt{r}^2\}\, \mathbf{a}\mathbf{a}^{\mathrm{T}} . \tag{12.102}$$

Der Orientierungsvektor $\mathbf{a}$ ist Eigenvektor des Strukturtensors zum Eigenwert $\mathrm{E}\{\mathtt{r}^2\}$, denn mit $\|\mathbf{a}\| = 1$ folgt

$$\mathbf{J}(\mathrm{grad}\, g(\mathbf{x}))\, \mathbf{a} = \mathrm{E}\{\mathtt{r}^2\}\, \mathbf{a}\mathbf{a}^{\mathrm{T}}\, \mathbf{a} = \mathrm{E}\{\mathtt{r}^2\}\, \mathbf{a} . \tag{12.103}$$

Die Orientierungsinformation ist also in den Eigenvektoren des Strukturtensors enthalten. Sie bleibt bei einer örtlichen Mittelung erhalten. ■

Beispiel 12.11 (Mittelung von Orientierungen mittels komplexer Zahlen): Ein alternativer Ansatz zur orientierungserhaltenden Mittelung ermöglicht die Richtungsdarstellung durch komplexe Zahlen. Eine komplexe Zahl $v \in \mathbb{C}$ lässt sich schreiben als

$$v = \mathbf{v}^{\mathrm{T}}\mathbf{e}_x + \mathrm{j}\mathbf{v}^{\mathrm{T}}\mathbf{e}_y\,, \tag{12.104}$$

$$v = |v|\,\mathrm{e}^{\mathrm{j}\varphi}\,, \quad |v| = \|\mathbf{v}\|\,, \quad \varphi = \angle v = \arctan\frac{\mathbf{v}^{\mathrm{T}}\mathbf{e}_y}{\mathbf{v}^{\mathrm{T}}\mathbf{e}_x}\,. \tag{12.105}$$

Real- und Imaginärteil lassen sich als Komponenten eines Vektors $\mathbf{v}$ auffassen, dessen Länge mit dem Betrag der komplexen Zahl übereinstimmt. Die entgegengesetzte Richtung wird durch die negierte komplexe Zahl w beschrieben. Die direkte Mittelung der beiden Richtungen v und w eliminiert die Orientierungsinformation:

$$w = -v = |v|\,\mathrm{e}^{\mathrm{j}(\varphi+\pi)} \quad \Rightarrow \quad v + w = 0\,. \tag{12.106}$$

Eine orientierungserhaltende Mittelung ist hingegen möglich, indem die Quadrate der komplexen Zahlen addiert werden:

$$v^2 + w^2 = |v|^2\,\mathrm{e}^{\mathrm{j}2\varphi} + |v|^2\,\mathrm{e}^{\mathrm{j}2\varphi}\underbrace{\mathrm{e}^{\mathrm{j}2\pi}}_{=1} = 2|v|^2\,\mathrm{e}^{\mathrm{j}2\varphi} = 2v^2 \tag{12.107}$$

$$\Rightarrow \quad \sqrt{v^2 + w^2} = v\sqrt{2}\,. \tag{12.108}$$

Der orientierungserhaltende Mittelwert von N komplexen Zahlen v_i kann daher wie folgt definiert werden:

$$\sqrt{\frac{1}{N}\sum_{i=1}^{N} v_i^2}\,. \tag{12.109}$$

■

Die weitere Herleitung der anisotropen Diffusion wird auf der Grundlage des Strukturtensors vorgenommen. Für jeden Bildpunkt $\mathbf{x}$ ist der Strukturtensor $\mathbf{J}_\rho(\operatorname{grad} w_\sigma(\mathbf{x})) \in \mathbb{R}^{2\times 2}$ eine symmetrische, positiv semidefinite Matrix. Daher existiert eine orthonormale Basis von Eigenvektoren $\mathbf{v}_1, \mathbf{v}_2 \in \mathbb{R}^2$ zu den Eigenwerten $\mu_1, \mu_2 \geq 0$ des Strukturtensors [20]. O. B. d. A. sei $\mu_1 \geq \mu_2 \geq 0$. Die Eigenvektoren erfüllen

$$\mathbf{v}_1^{\mathrm{T}}\mathbf{v}_2 = 0\,, \qquad \|\mathbf{v}_1\| = 1\,, \quad \|\mathbf{v}_2\| = 1\,. \tag{12.110}$$

Der Strukturtensor lässt sich nun schreiben als

$$\mathbf{J}_\rho(\operatorname{grad} w_\sigma(\mathbf{x})) = \mu_1\mathbf{v}_1\mathbf{v}_1^{\mathrm{T}} + \mu_2\mathbf{v}_2\mathbf{v}_2^{\mathrm{T}}\,. \tag{12.111}$$

Der Betrag des Eigenwerts ist ein Maß für den Kontrast des Bildes $w_\sigma(\mathbf{x})$ in der Orientierung des zugehörigen Eigenvektors. Der Eigenvektor $\mathbf{v}_1$ zum größeren

Eigenwert μ_1 beschreibt die Orientierung der größten Bildwertänderung, z. B. senkrecht zu einer Kante im Bild. Der Eigenvektor $\mathbf{v}_2$ zeigt die Orientierung der geringsten Bildwertänderung an, z. B. entlang einer Kante. Die Eigenwertdifferenz $(\mu_1 - \mu_2)^2$ ist ein Maß für die lokale Anisotropie des Bildes w_σ am Ort $\mathbf{x}$.

Die anisotrope Diffusion sollte nun eine geringe Glättung in der Orientierung der größten Bildwertänderung vornehmen, um Kanten und Linien im Bild zu erhalten. Die Diffusion soll also bezüglich der Orientierung $\mathbf{v}_1$ gering sein, während bezüglich der Orientierung $\mathbf{v}_2$ eine stärkere Glättung erfolgen soll. Diese Forderungen können durch eine geeignete Wahl des Diffusionstensors $\mathbf{D}$ erreicht werden. Der verwendete Ansatz definiert einen Diffusionstensor, der die gleichen Eigenvektoren wie der Strukturtensor, aber andere Eigenwerte λ_1, λ_2 besitzt:

$$\mathbf{D}(\mathbf{J}_\rho(\operatorname{grad} w_\sigma(\mathbf{x}))) := \lambda_1 \mathbf{v}_1 \mathbf{v}_1^{\mathrm{T}} + \lambda_2 \mathbf{v}_2 \mathbf{v}_2^{\mathrm{T}}\,, \qquad 0 \leq \lambda_1 \leq \lambda_2\,. \tag{12.112}$$

In der Orientierung $\mathbf{v}_1$ der größten Bildwertänderung soll die Diffusion minimal sein, weshalb $\lambda_1 \leq \lambda_2$ resultiert. Eine mögliche Wahl der Eigenwerte des Diffusionstensors lautet:

$$\lambda_1 := D(\|\operatorname{grad} w_\sigma(\mathbf{x})\|)\,, \tag{12.113}$$

$$\lambda_2 := \begin{cases} \lambda_1 & \text{falls } \mu_1 = \mu_2 \\ \lambda_1 + (1 - \lambda_1)\, \mathrm{e}^{-\frac{C}{(\mu_1 - \mu_2)^{2m}}} & \text{sonst}\,. \end{cases} \tag{12.114}$$

Der erste Eigenwert kann wie im Fall der isotropen Diffusion gemäß (12.79) oder (12.82) gewählt werden, sodass in homogenen Regionen eine stärkere Glättung erfolgt als an Kanten in Gradientenrichtung. Dort wo der erste Eigenwert klein ist, wird der zweite Eigenwert umso größer gewählt, je größer die lokale Anisotropie $(\mu_1 - \mu_2)^2$ ist. Also wird z. B. entlang von Kanten senkrecht zur Gradientenrichtung stark geglättet. Für die Parameter gilt $C > 0$ und $m \in \mathbb{N}$; üblicherweise wird $m := 1$ gewählt.

Dieser Diffusionstensor wird nun in die Diffusionsgleichung (12.70) eingesetzt:

$$\frac{\partial u(\mathbf{x}, t)}{\partial t} = \operatorname{div}_{\mathbf{x}}(\mathbf{D}(\mathbf{J}_\rho(\operatorname{grad} w_\sigma(\mathbf{x}))) \operatorname{grad}_{\mathbf{x}} u(\mathbf{x}, t))\,. \tag{12.115}$$

Im Fall der nichtlinearen Diffusion wird $u(\mathbf{x}, t)$ an Stelle von $g(\mathbf{x})$ zur Berechnung von $w_\sigma(\mathbf{x})$ in (12.86) eingesetzt.

Der Algorithmus zur anisotropen Diffusion kann wie folgt zusammengefasst werden:

1. Berechnung des aktuellen Gradienten $\operatorname{grad} w_\sigma(\mathbf{x})$, z. B. durch Faltung mit dem differenzierten Gauß-Tiefpass (12.55) mit Standardabweichung σ.

2. Berechnung des Strukturtensorfelds $\mathbf{J}_\rho(\text{grad}\, w_\sigma(\mathbf{x}))$ gemäß (12.90) durch örtliche Mittelung des dyadischen Produkts (12.88) des Gradienten mit einem Gauß-Tiefpass der Standardabweichung $\rho > \sigma$.
3. Bestimmung der Eigenwerte und Eigenvektoren des Strukturtensors an jedem Bildpunkt $\mathbf{x}$.
4. Gestaltung eines Diffusionstensorfelds $\mathbf{D}(\mathbf{J}_\rho(\text{grad}\, w_\sigma(\mathbf{x})))$ gemäß (12.112).
5. Numerische Lösung der Diffusionsgleichung (12.115).

Abbildung 12.21 zeigt die Ergebnisse der beschriebenen Diffusionsfilter an einem Beispielbild. Die homogene Diffusion wirkt wie ein Gauß'sches Tiefpassfilter: Störungen werden unterdrückt, aber feine Strukturen sind nicht mehr scharf zu erkennen. Die inhomogene Diffusion vermeidet diesen Nachteil, kann aber das Rauschen an Kanten nicht beseitigen. Bei der anisotropen Diffusion werden Störungen im gesamten Bild unterdrückt, während gleichzeitig scharfe Kanten erhalten bleiben.

12.4 Aktive Konturen

Aktive Konturmodelle (z. B. „Snakes", „Balloons") beschreiben eine Kontur, die sich nach ihrer Initialisierung als Funktion lokaler Bildeigenschaften verändert. Die Kontur bildet die Grenze zwischen zwei Bereichen des Bildes, sodass man eine Segmentierung in $I = 2$ Bereiche erhält: einen Bereich innerhalb der Kontur und einen Bereich außerhalb der Kontur.

Vereinfacht kann man sich die Grundidee aktiver Konturen wie folgt klar machen: Man legt ein „Gummiband" in das Bild hinein, das sich an die interessierenden Strukturen anschmiegt und sich zu einer möglichst kurzen, glatten Kurve zusammenzieht. Das Bild wird in die beiden Bereiche innerhalb und außerhalb der geschlossenen Kurve segmentiert. Tatsächlich hat man bei der Auslegung aktiver Konturen und der darauf wirkenden Kräfte aber weit mehr Freiheitsgrade, als jene, die der Physik eines Gummibandes innewohnen.

Dieser Abschnitt konzentriert sich auf das **Snake**-Modell, das auf Kass, Witkin und Terzopoulos zurückgeht [27]. Zunächst wird der ursprüngliche Ansatz dargestellt, anschließend die beiden Varianten *Gradient Vector Flow* und *Vector Field Convolution*.

Den Snakes liegt ein parametrisches Konturmodell zugrunde. Es wird ein Energiefunktional für die Kontur definiert, das gleichsam einer potenziellen Energie (Potenzial) mit inneren und äußeren Kräften korrespondiert.[3] Die Anpassung

[3]Für Kraftfelder $\mathbf{F}(\mathbf{x})$ mit verschwindender Rotation $\text{rot}\, \mathbf{F}(\mathbf{x}) = \mathbf{0}$ kann man ein skalares Potenzial $E(\mathbf{x})$ angeben, sodass gilt: $\mathbf{F}(\mathbf{x}) = -\text{grad}\, E(\mathbf{x})$. Solche Kraftfelder heißen konservativ, da die aufzubringende Energie, um vom Punkt $\mathbf{x}_1$ zum Punkt $\mathbf{x}_2$ zu

der Kontur an die lokalen Bildmerkmale erfolgt über die Minimierung dieses Energiefunktionals.

Eine geschlossene Kontur werde repräsentiert durch:

$$\mathbf{v} : [0,1] \to \mathbb{R}^2 , \qquad \mathbf{v}(s) = \begin{pmatrix} x(s) \\ y(s) \end{pmatrix}, \qquad s \in [0,1] , \qquad \mathbf{v}(0) = \mathbf{v}(1) .$$

Das Energiefunktional setzt sich aus der inneren und der äußeren Energie zusammen:

$$E_{\text{Snake}}(\mathbf{v}(s)) = \int_0^1 (E_{\text{int}}(\mathbf{v}(s), s) + E_{\text{ext}}(\mathbf{v}(s))) \, \mathrm{d}s . \tag{12.116}$$

Die innere Energie E_{int} bestimmt die Elastizitäts- und Glattheitseigenschaften der Kontur:

$$E_{\text{int}}(\mathbf{v}(s), s) = \underbrace{\frac{1}{2}\, w_1(s) \left\| \frac{\mathrm{d}}{\mathrm{d}s} \mathbf{v}(s) \right\|^2}_{\text{„Elastizität“, „Steifigkeit“}} + \underbrace{\frac{1}{2}\, w_2(s) \left\| \frac{\mathrm{d}^2}{\mathrm{d}s^2} \mathbf{v}(s) \right\|^2}_{\text{„Glattheit“}} . \tag{12.117}$$

Die beiden Terme werden über die Funktionen $w_1(s)$ und $w_2(s)$ gewichtet, die häufig als konstant angesetzt werden. Eine aktive Kontur kann als Kette von Punkten veranschaulicht werden, die durch Zugkräfte und Rückstellmomente miteinander gekoppelt sind (siehe Abb. 12.23). Der erste Term in (12.117) korrespondiert mit den Zugkräften $\mathbf{Z}_{\text{int}}$ und der zweite, mit der Krümmung der Kontur $\mathbf{v}(s)$ anwachsende Term korrespondiert mit den Rückstellmomenten (Biegemomenten) $\mathbf{M}_{\text{int}}$. Durch Verringern von w_1 wird die Kontur dehnbarer. Eine glattere Kontur kann durch Erhöhen von w_2 erreicht werden.

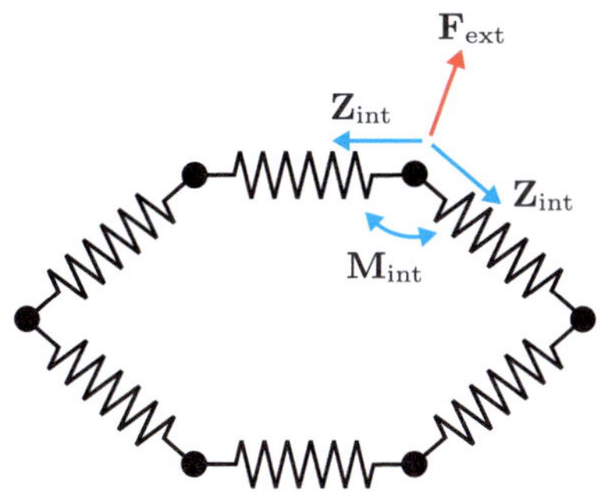

Abbildung 12.23. Aktive Kontur illustriert als Kette von mit Federn verbundenen Punkten, auf die einerseits innere Zugkräfte $\mathbf{Z}_{\text{int}}$ und innere Rückstellmomente $\mathbf{M}_{\text{int}}$ wirken, und die andererseits äußeren Kräften $\mathbf{F}_{\text{ext}}$ ausgesetzt sind.

---

kommen, unabhängig von der Wahl des Weges zwischen $\mathbf{x}_1$ und $\mathbf{x}_2$ ist: $\int_{\mathbf{x}_1}^{\mathbf{x}_2} \mathbf{F}(\mathbf{x}) \, \mathrm{d}\mathbf{x} = E(\mathbf{x}_1) - E(\mathbf{x}_2)$.

Die äußere oder externe Energie wird wie folgt definiert:

$$E_{\text{ext}}(\mathbf{v}(s)) = P_{\text{Image}}(\mathbf{v}(s)) + E_{\text{Design}}(\mathbf{v}(s))\,. \tag{12.118}$$

Darin ist $P_{\text{Image}}(\,\cdot\,)$ eine skalare, mit den Bilddaten assoziierte Potenzialfunktion, und $E_{\text{Design}}(\,\cdot\,)$ ein Energieterm zur problemspezifischen Berücksichtigung von Nebenbedingungen (Designterm).

Das Bildpotenzial $P_{\text{Image}}(\mathbf{v})$ bewirkt, dass die Kontur von Bildmerkmalen wie Linien, Kanten oder Ecken angezogen wird. Die Potenzialfunktion wird so gewählt, dass die interessierenden Bildmerkmale lokale Minima des Potenzials erzeugen. Das Bildpotenzial kann wiederum als gewichtete Summe mehrerer Terme definiert werden:

$$P_{\text{Image}} = w_{\text{line}}\,P_{\text{line}} + w_{\text{edge}}\,P_{\text{edge}} + w_{\text{term}}\,P_{\text{term}}\,. \tag{12.119}$$

Das **Linienpotenzial** P_{line} bewirkt, dass die Snake von Linien im Bild angezogen wird. Im einfachsten Fall ist

$$P_{\text{line}}(\mathbf{x}) = g(\mathbf{x})\,. \tag{12.120}$$

Das Potenzial entspricht dem Bildwert. Abhängig vom Vorzeichen von w_{line} wird die Kontur zu hellen oder dunklen Linien hingezogen.

Das **Kantenpotenzial** P_{edge} bewirkt, dass die Snake von Stufenkanten im Bild angezogen wird. Hierzu kann prinzipiell ein beliebiger Kantenoperator verwendet werden, beispielsweise

$$P_{\text{edge}}(\mathbf{x}) = -\|\text{grad}\,g(\mathbf{x})\|^2\,. \tag{12.121}$$

Bei stark gestörten Bildern sollte das Bild vorher geglättet werden, etwa durch die Verwendung eines differenzierten Gauß-Tiefpassfilters (siehe Abschn. 12.2.1).

Das **Unterbrechungspotenzial** P_{term} bewirkt, dass die Snake von Linienenden im Bild angezogen wird:

$$P_{\text{term}} = -\left|(\text{grad}\,\theta)^{\mathrm{T}}\mathbf{n}_{\perp}\right|\,. \tag{12.122}$$

Darin bezeichnet θ den Gradientenwinkel,

$$\theta = \angle\text{grad}\,g(\mathbf{x}) = \arctan\frac{\frac{\partial g(\mathbf{x})}{\partial y}}{\frac{\partial g(\mathbf{x})}{\partial x}}\,, \tag{12.123}$$

und $\mathbf{n}_{\perp}$ den Normalenvektor senkrecht zur Gradientenrichtung:

$$\mathbf{n}_{\perp} = \begin{pmatrix} -\sin\theta \\ \cos\theta \end{pmatrix} \tag{12.124}$$

Entlang von Linien verläuft der Gradient des Gradientenwinkels quer zur Kante, weshalb das Skalarprodukt in (12.122) verschwindet. An Linienenden entsteht jedoch auch ein Gradient in Kantenrichtung, sodass hier ein negatives Potenzial resultiert, das anziehend auf die Kontur wirkt. Das Unterbrechungspotenzial (12.122) lässt sich direkt in Abhängigkeit der ersten und zweiten Ableitungen des Bildsignals berechnen [27]:

$$P_{\text{term}} = -\left| \frac{\frac{\partial^2 g(\mathbf{x})}{\partial y^2}\left(\frac{\partial g(\mathbf{x})}{\partial x}\right)^2 - 2\frac{\partial^2 g(\mathbf{x})}{\partial x \partial y}\frac{\partial g(\mathbf{x})}{\partial x}\frac{\partial g(\mathbf{x})}{\partial y} + \frac{\partial^2 g(\mathbf{x})}{\partial x^2}\left(\frac{\partial g(\mathbf{x})}{\partial y}\right)^2}{\left(\left(\frac{\partial g(\mathbf{x})}{\partial x}\right)^2 + \left(\frac{\partial g(\mathbf{x})}{\partial y}\right)^2\right)^{\frac{3}{2}}} \right| .$$

Wegen der vielen Ableitungen sollten stark gestörte Bilder vorher geglättet werden.

Die Lösung des Energieminimierungsproblems erfolgt mit Methoden der **Variationsrechnung** [10]. Diese werden nun anhand eines allgemeinen Optimierungsproblems kurz vorgestellt. Gegeben sei das Energiefunktional

$$E = \int_{s_1}^{s_2} f(s, \mathbf{v}(s), \mathbf{v}_s(s), \mathbf{v}_{ss}(s))\, \mathrm{d}s \quad \rightarrow \quad \text{Extremum} \tag{12.125}$$

mit der Notation

$$\mathbf{v}_{\underbrace{s\,\ldots\,s}_{n}}(s) := \frac{\mathrm{d}^n \mathbf{v}(s)}{\mathrm{d}s^n} . \tag{12.126}$$

Die Funktion $f(\,\cdot\,)$ im Energiefunktional hängt vom Parameter s, dem Funktionswert $\mathbf{v}(s)$ an der Stelle s und den ersten beiden Ableitungen von $\mathbf{v}$ an der Stelle s ab.

Ist eine Funktion $\mathbf{v}(s)$ ein Extremum des Energiefunktionals, dann genügt sie der **Euler-Lagrange'schen Differentialgleichung:**[4]

$$\frac{\partial}{\partial \mathbf{v}} f - \frac{\mathrm{d}}{\mathrm{d}s}\frac{\partial}{\partial \mathbf{v}_s} f + \frac{\mathrm{d}^2}{\mathrm{d}s^2}\frac{\partial}{\partial \mathbf{v}_{ss}} f = \mathbf{0} . \tag{12.127}$$

[4]Die Schreibweise $\frac{\partial}{\partial \mathbf{v}}$ steht hier abkürzend für $\mathrm{grad}_{\mathbf{v}}$. Entsprechend bedeuten $\frac{\partial}{\partial \mathbf{v}_s}$ bzw. $\frac{\partial}{\partial \mathbf{v}_{ss}}$ somit $\mathrm{grad}_{\mathbf{v}_s}$ bzw. $\mathrm{grad}_{\mathbf{v}_{ss}}$.

Dieser Formalismus wird nun auf das folgende Energiefunktional angewandt:

$$E_{\text{Snake}}(\mathbf{v}(s)) = \int_0^1 (E_{\text{int}}(\mathbf{v}(s), s) + E_{\text{ext}}(\mathbf{v}(s)))\,\mathrm{d}s \tag{12.128}$$

$$= \int_0^1 \Big(\tfrac{1}{2} w_1(s)\,\|\mathbf{v}_s(s)\|^2 + \tfrac{1}{2} w_2(s)\,\|\mathbf{v}_{ss}(s)\|^2 + P_{\text{Image}}(\mathbf{v}(s)) + E_{\text{Design}}(\mathbf{v}(s))\Big)\,\mathrm{d}s\,. \tag{12.129}$$

Mit der Euler-Lagrange-Gleichung ergibt sich:

$$\frac{\partial}{\partial \mathbf{v}} P_{\text{Image}}(\mathbf{v}(s)) + \frac{\partial}{\partial \mathbf{v}} E_{\text{Design}}(\mathbf{v}(s)) - \frac{\mathrm{d}}{\mathrm{d}s}(w_1(s)\,\mathbf{v}_s(s)) + \frac{\mathrm{d}^2}{\mathrm{d}s^2}(w_2(s)\,\mathbf{v}_{ss}(s)) = \mathbf{0}\,.$$

Für konstante $w_1(s)$ und $w_2(s)$ erhält man:

$$-w_1 \mathbf{v}_{ss}(s) + w_2 \mathbf{v}_{ssss}(s) = -\frac{\partial}{\partial \mathbf{v}} P_{\text{Image}}(\mathbf{v}(s)) - \frac{\partial}{\partial \mathbf{v}} E_{\text{Design}}(\mathbf{v}(s))\,. \tag{12.130}$$

Da auf der rechten Seite durch die Operation $-\text{grad}_{\mathbf{v}}$ aus den Potenzialen die zugehörigen Kräfte berechnet werden, lassen sich die Terme auf den beiden Seiten der Gleichung als innere und äußere Kräfte interpretieren:

$$\mathbf{F}_{\text{int}}(\mathbf{v}(s)) := -w_1 \mathbf{v}_{ss}(s) + w_2 \mathbf{v}_{ssss}(s)\,, \tag{12.131}$$

$$\mathbf{F}_{\text{ext}}(\mathbf{v}(s)) := -\frac{\partial}{\partial \mathbf{v}} P_{\text{Image}}(\mathbf{v}(s)) - \frac{\partial}{\partial \mathbf{v}} E_{\text{Design}}(\mathbf{v}(s))\,. \tag{12.132}$$

Die Energie ist minimal im **Kräftegleichgewicht**:

$$\mathbf{F}_{\text{int}} = \mathbf{F}_{\text{ext}} \tag{12.133}$$

Die externen Kräfte setzen sich zusammen aus der eigentlichen Bildkraft und benutzerdefinierten, problemangepassten Kräften.

Die Vorgehensweise für die Segmentierung mittels aktiver Konturen umfasst also folgende Schritte:

1. Festlegung von interessierenden Strukturen im Bild und Konstruktion entsprechender Potenziale, die mit anziehenden Kräften auf diese Strukturen korrespondieren.
2. Definition der aktiven Kontur, deren „Materialeigenschaften" durch innere Kräfte bzw. äquivalent durch deren Potenziale festgelegt werden.
3. Platzierung einer initialen Kontur im Bild, die sich dann aufgrund der einwirkenden Kräfte deformiert, bis ein Gleichgewichtszustand zwischen inneren und äußeren Kräften erreicht wird.

4. Die Kontur im Gleichgewichtszustand markiert die Grenze zwischen den beiden Segmenten.

Der dritte Schritt muss nicht unbedingt als quasi-zeitlicher Bewegungsablauf realisiert werden, sondern kann auch implizit durch die direkte Berechnung der Gleichgewichtsposition durchgeführt werden.

Bemerkungen:

- Die Initialkontur muss nahe genug an die relevante Kontur des Bildes gelegt werden, damit die aktive Kontur nicht kollabiert.
- Das Potenzial des Bildes sollte so definiert werden, dass Kräfte, die von relevanten Strukturen ausgehen, eine genügend große Reichweite haben. Problematisch ist dies beispielsweise bei Stufenkanten zwischen Gebieten mit konstantem Bildwert. Dann verschwindet der Bildwertgradient innerhalb der Gebiete. Die Kontur wird somit nicht zu den Kanten hingezogen.

Die Berechnung der aktiven Kontur kann mittels numerischer Lösung der Differentialgleichungen erfolgen, z. B. mit der

- Finite-Elemente-Methode (FEM) oder der
- Finite-Differenzen-Methode (FDM).

Diese Methoden diskretisieren die Euler-Lagrange-Gleichung und lösen sie iterativ [27].

12.4.1 Gradient Vector Flow

Gradient Vector Flow ist eine alternative äußere Kraft für Snakes, die den interessierenden Strukturen eine größere Anziehungsreichweite verleiht. Sie wurde mit dem Ziel entworfen, die Anpassung der Konturen an konkave Strukturen zu verbessern und die Konvergenz auch bei weit entfernter Startkontur sicherzustellen.

Das externe Kraftfeld $\mathbf{F}_{\text{GVF}}(\mathbf{x}) = (\alpha(\mathbf{x}), \beta(\mathbf{x}))^{\text{T}}$ wird über die Minimierung eines dafür entwickelten Energiefunktionals bestimmt [46]. Dieses Energiefunktional E_{GVF} ist wie folgt definiert:

$$E_{\text{GVF}} = \iint\limits_{\Omega_g} \Big(\mu \left(\|\text{grad}\,\alpha(\mathbf{x})\|^2 + \|\text{grad}\,\beta(\mathbf{x})\|^2\right) \tag{12.134}$$

$$+ \|\text{grad}\,g_{\text{edge}}(\mathbf{x})\|^2 \, \|\mathbf{F}_{\text{GVF}}(\mathbf{x}) - \text{grad}\,g_{\text{edge}}(\mathbf{x})\|^2\Big)\,\text{d}\mathbf{x}\,. \tag{12.135}$$

Dabei ist $g_{\text{edge}}(\mathbf{x})$ ein Kantenbild, z. B.

$$g_{\text{edge}}(\mathbf{x}) = \|\text{grad}\,g(\mathbf{x})\|^2\,, \tag{12.136}$$

Der Gradient $\text{grad}\,g_{\text{edge}}(\mathbf{x})$ des Kantenbildes zeigt zu den Kanten hin; Kanten wirken also bei einer entsprechenden äußeren Kraft anziehend auf aktive Konturen, vgl. Abb. 12.24(a). Gleichung (12.135) lässt sich nun wie folgt interpre-

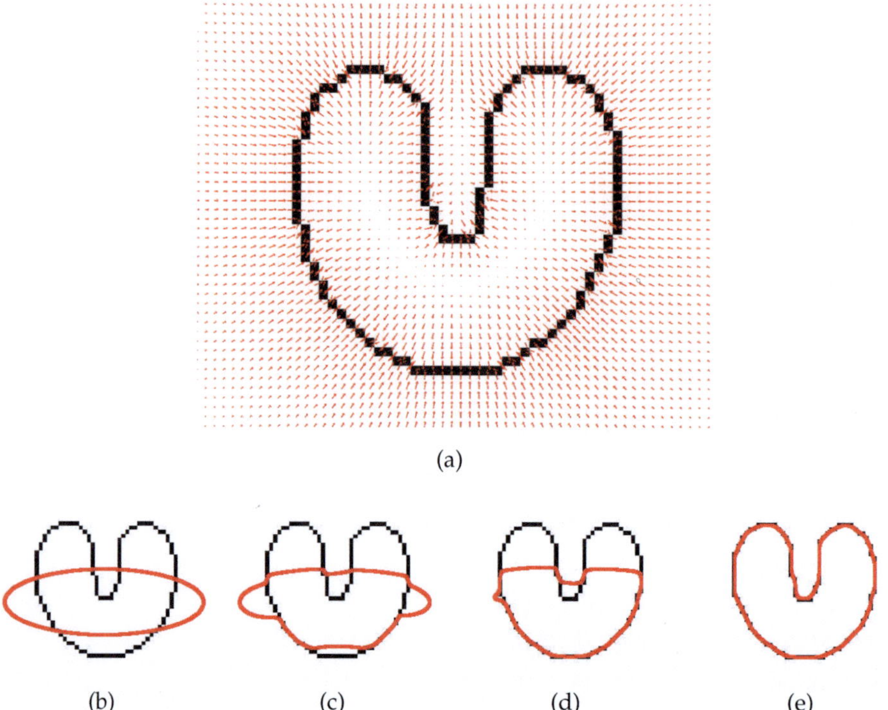

(a)

(b) (c) (d) (e)

Abbildung 12.24. Konturanpassung nach der Gradient Vector Flow Methode an einem binären Testbild: (a) Kraftfeld $\mathbf{F}_{\mathrm{GVF}}(\mathbf{x})$; (b) Initialkontur; (c), (d) Zwischenschritte der numerischen Konturanpassung; (e) Endergebnis (Quelle: Prof. Dr. J. Prince [46]).

tieren: Der Summand in der zweiten Zeile bewirkt eine Übereinstimmung des Kraftfelds $\mathbf{F}_{\mathrm{GVF}}$ mit dem Gradienten des Kantenbildes, insbesondere dort, wo dieser Gradient betragsmäßig groß ist. Die beiden Summanden in der ersten Zeile von (12.135) glätten $\mathbf{F}_{\mathrm{GVF}}$, wobei der Parameter $\mu \geq 0$ das relative Gewicht dieses Glättungsterms festlegt. Die Glättungsterme dominieren in homogenen Bildregionen, weil dort der Faktor $\|\mathrm{grad}\, g_{\mathrm{edge}}(\mathbf{x})\|^2$ den zweiten Term stark abschwächt. Dadurch pflanzt sich der Gradient des Kantenbildes in homogene Regionen fort, sodass die Reichweite der anziehenden Kraft vergrößert wird. Deshalb reduziert sich die Initialisierungsabhängigkeit der Energieminimierung, und die Anpassung der aktiven Kontur an konkave Strukturen wird verbessert.

Die numerische Berechnung der äußeren Kraft kann mit Hilfe der Euler-Lagrange-Gleichungen erfolgen [46]. Im zweiten Schritt wird die rechte Seite von Gleichung (12.130) durch das resultierende Kraftfeld $\mathbf{F}_{\mathrm{GVF}}(\mathbf{v}(s))$ ersetzt, und die Anpassung der aktiven Kontur wird ebenfalls numerisch durchgeführt.

In Abb. 12.24 ist das Kraftfeld für ein Testbild sowie die iterative Anpassung der aktiven Kontur dargestellt. Das Verfahren funktioniert auch bei stark gestör-

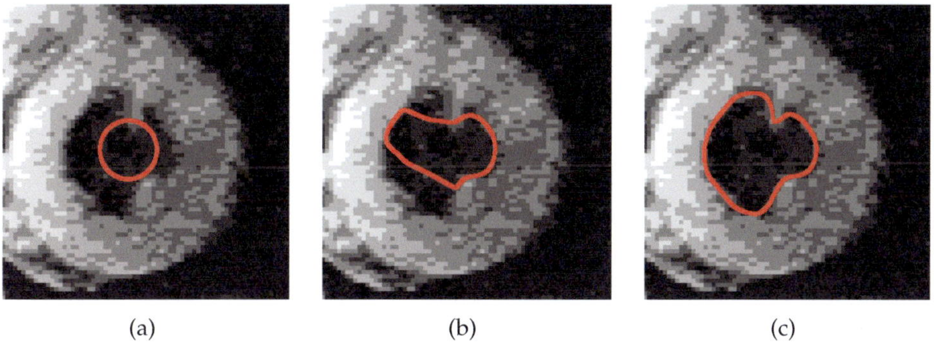

(a) (b) (c)

Abbildung 12.25. Segmentierung eines Magnetresonanzbildes: (a) Initialkontur; (b) Zwischenergebnis; (c) Endergebnis der Konturanpassung (Quelle: Prof. Dr. J. Prince [46]).

ten Bildern, wie das Beispiel aus der medizinischen Bildverarbeitung in Abb. 12.25 zeigt.

12.4.2 Vector Field Convolution

Vector Field Convolution [31] ist eine weitere alternative Methode, die äußere Kraft für aktive Konturen zu definieren. Die Ziele sind eine optimale Anpassung der aktiven Kontur auch bei konkaven Strukturen und weit entfernter Startkontur. Gleichzeitig soll die äußere Kraft effizient zu berechnen sein.

Die äußere Kraft ist bei der Vector Field Convolution durch eine Faltung mit einem geeigneten Faltungskern $\mathbf{q}(\mathbf{x})$ gegeben:

$$\mathbf{F}_{\mathrm{VFC}}(\mathbf{x}) = g_{\mathrm{edge}}(\mathbf{x}) ** \mathbf{q}(\mathbf{x})\,. \tag{12.137}$$

Wie im vorigen Abschnitt bezeichnet $g_{\mathrm{edge}}(\mathbf{x})$ das Kantenbild, siehe (12.136).

Der Faltungskern beschreibt ein elementares Vektorfeld (Kraftfeld) mit einer Senke im Ursprung. Er wird als Produkt eines Richtungsfelds und einer skalaren Abklingfunktion definiert (Abb. 12.26):

$$\mathbf{q}(\mathbf{x}) := m(\mathbf{x})\,\mathbf{n}(\mathbf{x}) \tag{12.138}$$

$$\text{mit} \qquad \mathbf{n}(\mathbf{x}) := \begin{cases} -\frac{\mathbf{x}}{\|\mathbf{x}\|} & \text{für } \mathbf{x} \neq \mathbf{0} \\ \mathbf{0} & \text{für } \mathbf{x} = \mathbf{0}\,, \end{cases} \tag{12.139}$$

$$m_1(\mathbf{x}) := (\|\mathbf{x}\| + \varepsilon)^{-\gamma} \tag{12.140}$$

$$\text{oder z. B. } m_2(\mathbf{x}) := \mathrm{e}^{-\frac{\|\mathbf{x}\|^2}{\zeta^2}}\,. \tag{12.141}$$

Das Richtungsfeld $\mathbf{n}(\mathbf{x})$ zeigt stets zum Mittelpunkt des Faltungskerns. Für die Amplitude $m(\mathbf{x})$ wurden die beiden Alternativen $m_1(\mathbf{x})$ und $m_2(\mathbf{x})$ vorgeschla-

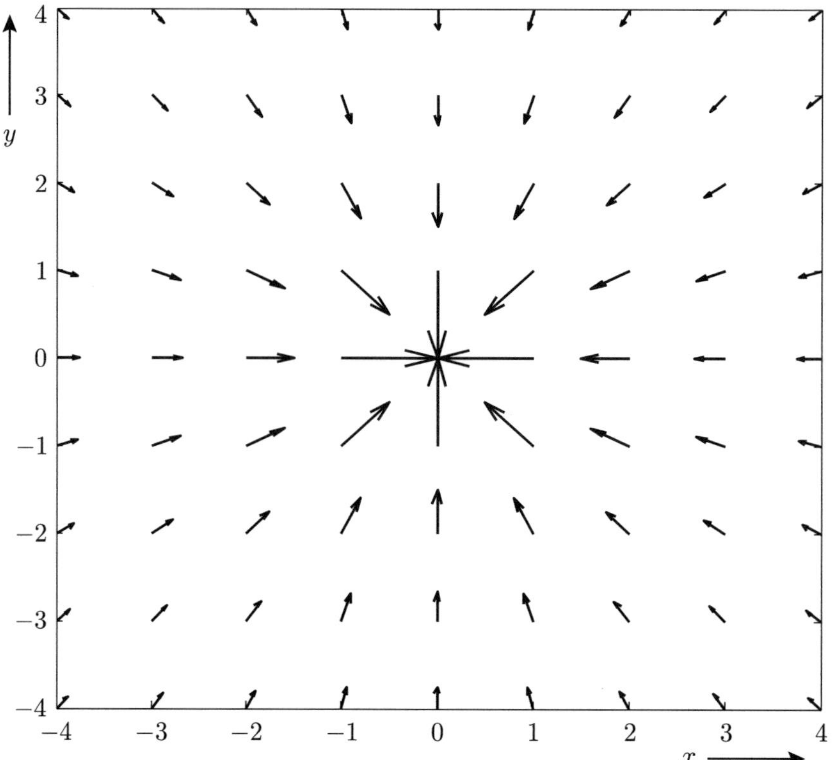

Abbildung 12.26. Faltungskern $\mathbf{q}(\mathbf{x}) = -\frac{\mathbf{x}}{\|\mathbf{x}\|^2}$ bei der Vector Field Convolution ($m(\mathbf{x}) = m_1(\mathbf{x})$, $\varepsilon = 0, \gamma = 1$).

gen, wobei $\varepsilon > 0$, $\gamma > 0$ und $\zeta > 0$ Parameter darstellen [31]. Die Reichweite der äußeren Kraft kann über die Größe des Faltungskerns und die Parameter γ bzw. ζ explizit eingestellt werden. Bei Verwendung von $m_1(\mathbf{x})$ mit $\gamma = 2$ und $\varepsilon = 0$ entspricht der resultierende Faltungskern dem Modell des Newton'schen Gravitationsgesetzes.

Die zur Berechnung der äußeren Kraft erforderliche Faltungsoperation kann mit Hilfe der schnellen Fourier-Transformation durchgeführt werden. Dazu kann der vektorielle Faltungskern $\mathbf{q}(\mathbf{x}) = (q_x, q_y)^{\mathrm{T}}$ als komplexes Signal dargestellt werden: $\underline{q}(\mathbf{x}) := q_x + \mathrm{j}q_y$. Die reelle, vektorielle Faltung mit $\mathbf{q}(\mathbf{x})$ ist äquivalent zu einer komplexen Faltung mit $\underline{q}(\mathbf{x})$:

$$\begin{aligned} \mathbf{F}_{\mathrm{VFC}}(\mathbf{x}) &= g_{\mathrm{edge}}(\mathbf{x}) ** \mathbf{q}(\mathbf{x}) && \mathbf{F}_{\mathrm{VFC}}, \mathbf{q} \in \mathbb{R}^2 \\ \underline{F}_{\mathrm{VFC}}(\mathbf{x}) &= g_{\mathrm{edge}}(\mathbf{x}) ** \underline{q}(\mathbf{x}) && \underline{F}_{\mathrm{VFC}}, \underline{q} \in \mathbb{C} \\ &\circ\!\!-\!\!\bullet \\ \mathcal{F}\{\underline{F}_{\mathrm{VFC}}\}(\mathbf{f}) &= \mathcal{F}\{g_{\mathrm{edge}}\}(\mathbf{f}) \cdot \mathcal{F}\{\underline{q}\}(\mathbf{f}) \,. \end{aligned} \tag{12.142}$$

Diese Faltung entspricht im Ortsfrequenzbereich einer Multiplikation. Vor der diskreten Fourier-Transformation müssen die Definitionsbereiche der Signale geeignet vergrößert werden (*zero padding*, vgl. Abschn. 8.3.9.2). In [31] wird gezeigt, dass die Berechnung von $\mathbf{F}_{\mathrm{VFC}}$ unter Verwendung der schnellen Fourier-Transformation effizienter ist als die Berechnung von $\mathbf{F}_{\mathrm{GVF}}$ aus dem vorigen Abschnitt mit numerischen Methoden. Außerdem kann das Elementarfeld explizit angegeben bzw. definiert werden, wohingegen $\mathbf{F}_{\mathrm{GVF}}$ als Ergebnis einer Berechnung entsteht und nur indirekt über den Parameter μ beeinflusst werden kann. Die VFC-Methode erlaubt darüber hinaus eine quasiphysikalische Interpretation, nach der $g_{\mathrm{edge}}(\mathbf{x})$ als Ladungsverteilung und q als Feld einer einzelnen Elementarladung interpretiert werden kann. Die Felder der gemäß $g_{\mathrm{edge}}(\mathbf{x})$ verteilten Elementarladungen superponieren dann im umliegenden Raum zum Gesamtkraftfeld.

Aktive Konturen zur Kantendetektion und mithin zur Segmentierung liefern einerseits auch bei sehr starken Störungen gute Ergebnisse. Das liegt am integralen Charakter des Variationsansatzes.

Andererseits machen aktive Konturen eine sehr stark einschränkende Annahme über die Topologie der zu detektierenden Struktur, nämlich dass eine geschlossene Kontur vorliegt. Nur wenn dieses Modell als Annahme gerechtfertigt ist, können sinnvolle Ergebnisse resultieren. Die Entscheidung über die Anwendbarkeit von aktiven Konturen lässt sich mit Hilfe von Vorwissen über die Prüfaufgabe treffen.

Es gibt auch Verallgemeinerungen der Snakes, die komplexere Topologien zulassen [2].

12.5 Segmentierung nach Mumford und Shah

Die Energiefunktionale nach Mumford und Shah stellen eine mathematisch fundierte Formulierung des Segmentierungsproblems dar [15, 34]. Dem Mumford-Shah-Ansatz liegt die empirisch motivierte Annahme zugrunde, dass bei szenischen Aufnahmen an den Objektgrenzen in den Bildern Unstetigkeiten auftreten, während das Bildsignal innerhalb der Objekte vergleichsweise glatt ist. Mithin geht der Mumford-Shah-Ansatz von stückweise glatten Bildsignalen aus, die lokal unstetig sein dürfen. Die Grenzen zwischen den Segmenten werden durch eine Menge Γ von Kantenpunkten modelliert, die zunächst weder durch bestimmte parametrische Kurven beschrieben werden noch zusammenhängend sein müssen. Das Segmentierungsergebnis ist ein Bild $u(\mathbf{x})$, in dem die Segmente stückweise glatte Funktionen mit quadratisch integrierbarem Gradienten darstellen, $\operatorname{grad} u(\mathbf{x}) \in L^2(\Omega_g \backslash \Gamma)$. Eine Formulierung des Energiefunktionals nach Mumford und Shah lautet

$$E_{\mathrm{MS}}\{u(\mathbf{x}),\Gamma\} := \mu \iint\limits_{\Omega_g} (g(\mathbf{x}) - u(\mathbf{x}))^2 \,\mathrm{d}\mathbf{x} + \nu \mathcal{L}\{\Gamma\} + \iint\limits_{\Omega_g \setminus \Gamma} \|\mathrm{grad}\, u(\mathbf{x})\|^2 \,\mathrm{d}\mathbf{x} \tag{12.143}$$

mit Gewichtungsfaktoren $\mu, \nu \geq 0$ und der Kurvenlänge $\mathcal{L}\{\Gamma\}$. Der erste Term des Energiefunktionals bewirkt, dass das Ergebnisbild $u(\mathbf{x})$ das Originalbild $g(\mathbf{x})$ im Sinne eines minimalen mittleren quadratischen Fehlers möglichst gut approximiert. Modelliert man $u(\mathbf{x})$ z. B. als stückweise konstante Funktion, so nimmt sie innerhalb eines Segments ω_i den Mittelwert der Bildwerte des Segments an:

$$\forall \mathbf{x} \in \omega_i : \quad u_{\min}(\mathbf{x}) = \frac{1}{|\omega_i|} \sum_{\mathbf{x} \in \omega_i} g(\mathbf{x}) \,. \tag{12.144}$$

Der zweite Term in (12.143) minimiert die gesamte Kurvenlänge $\mathcal{L}\{\Gamma\}$ der Kanten. Der dritte Term fordert die Glattheit des Ergebnisbildes $u(\mathbf{x})$ abseits der Kanten. An den Kanten sind hingegen Unstetigkeiten des Ergebnisbildes zugelassen.

Die Minimierung des Mumford-Shah-Funktionals (12.143) liefert das Segmentierungsergebnis $(u_{\min}(\,\cdot\,), \Gamma_{\min})$ mit

$$E_{\mathrm{MS}}\{u_{\min}(\mathbf{x}), \Gamma_{\min}\} = \min_{u(\,\cdot\,),\Gamma} \{E_{\mathrm{MS}}\{u(\mathbf{x}),\Gamma\}\} \,. \tag{12.145}$$

Dieses Problem der Variationsrechnung kann i. d. R. nur numerisch gelöst werden. Zu diesem Zweck wurden verschiedene diskrete Formulierungen des Funktionals entwickelt. Der Ansatz von Chan und Vese modelliert beispielsweise die Menge der Kantenpunkte mit Hilfe der Level-Set-Methode:

$$\Gamma = \{\mathbf{x} \in \Omega_g \mid \phi(\mathbf{x}) = 0\} \tag{12.146}$$

mit der Level-Set-Funktion

$$\phi(\mathbf{x}) : \Omega_g \to \mathbb{R} \,, \qquad \mathrm{grad}\, \phi(\mathbf{x})|_{\phi(\mathbf{x})=0} \neq \mathbf{0} \,. \tag{12.147}$$

Mit dieser Formulierung erreicht man eine Segmentierung in $I = 2$ Segmente [11, 12]. Die beiden Segmente ω_1, ω_2 werden durch das Vorzeichen der Level-Set-Funktion [36] bestimmt:

$$\omega_1 = \{\mathbf{x} \in \Omega_g \mid \phi(\mathbf{x}) > 0\} \,, \tag{12.148}$$

$$\omega_2 = \{\mathbf{x} \in \Omega_g \mid \phi(\mathbf{x}) < 0\} \,. \tag{12.149}$$

Die Nullstellen der Level-Set-Funktion entsprechen den Kanten zwischen den beiden Segmenten. Die Verallgemeinerung auf $I > 2$ Segmente ist mit Hilfe mehrerer Level-Set-Funktionen möglich [43].

Schließlich kann das Mumford-Shah-Funktional (12.143) auch auf mehrkanalige Bilder $\mathbf{g}(\mathbf{x}) : \Omega_g \to \mathbb{R}^Q$ erweitert werden, z. B. mittels

$$E_{\mathrm{MS}}\{\mathbf{u}(\mathbf{x}), \Gamma\} := \mu \iint\limits_{\Omega_g} \|\mathbf{g}(\mathbf{x}) - \mathbf{u}(\mathbf{x})\|^2 \,\mathrm{d}\mathbf{x} + \nu \mathfrak{L}\{\Gamma\} + \iint\limits_{\Omega_g \setminus \Gamma} \sum_{q=1}^{Q} \|\mathrm{grad}\, u_q(\mathbf{x})\|^2 \,\mathrm{d}\mathbf{x}\,.$$

Abbildung 12.27 zeigt das Ergebnis dieses Verfahrens für ein Beispielbild.

Abbildung 12.27. Segmentierung eines Farbbildes mit dem Verfahren von Mumford und Shah: (a) Originalbild $\mathbf{g}(\mathbf{x})$ überlagert mit den Segmentgrenzen Γ; (b) Segmentierungsergebnis $\mathbf{u}(\mathbf{x})$. (Quelle: Dr. M. Fried, Universität Erlangen [22])

12.6 Segmentierung anhand des minimalen Netzwerkschnitts (Graph-Cut-Verfahren)

Netzwerkflussalgorithmen bieten eine effiziente Möglichkeit zur Minimierung bestimmter Energiefunktionale. Im Folgenden werden zunächst die Grundlagen der Netzwerkflussmaximierung eingeführt. Anschließend wird die Anwendung auf das Segmentierungsproblem vorgestellt.

Definition 12.4: Netzwerk
Ein Netzwerk $\mathcal{N} = (\mathcal{V}, \mathcal{E}, w, \mathcal{T})$ besteht aus

- einer Menge von Knoten $v \in \mathcal{V}$,
- einer Menge von Kanten $e \in \mathcal{E} \subseteq \mathcal{V} \times \mathcal{V}$,
- einer Gewichtungsfunktion $w : \mathcal{E} \to \mathbb{R}$, die jeder Kante e eine Kapazität $w(e) > 0$ zuordnet
- und einer Menge von Terminalknoten $t \in \mathcal{T} \subseteq \mathcal{V}$. $\diamond$

Ein Netzwerk ist also ein gewichteter Graph zusammen mit einer Menge von Terminalknoten (Abb. 12.28(a)). Im Fall von genau zwei Terminalknoten, $\mathcal{T} = \{s, t\}$, spricht man von einem s-t-Netzwerk mit einer Quelle s und einer Senke t. Solche Netzwerke spielen für die Anwendung auf die Segmentierung eine besondere Rolle. An der Quelle s wird ein Fluss mit beliebig hoher Kapazität in das Netzwerk eingespeist. An der Senke t wird ein Fluss mit beliebig hoher Kapazität aus dem Netzwerk abgeleitet. Gesucht ist nun der maximale Fluss im Netzwerk, der mit den als Transportkapazitäten interpretierten Kantengewichten zulässig ist.

Definition 12.5: Netzwerkfluss
Ein Fluss f in einem Netzwerk $\mathcal{N} = (\mathcal{V}, \mathcal{E}, w, \mathcal{T})$ ist eine Abbildung $f : \mathcal{E} \to \mathbb{R}$ mit folgenden Eigenschaften:

$$\forall e \in \mathcal{E}: \qquad 0 \leq f(e) \leq w(e)\,, \tag{12.150}$$

$$\forall v \in \mathcal{V} \backslash \mathcal{T}: \qquad \sum_{e=(u,v)\in\mathcal{E}} f(e) = \sum_{\tilde{e}=(v,\tilde{u})\in\mathcal{E}} f(\tilde{e})\,. \tag{12.151}$$

$\diamond$

Die Zahl $f(e)$ heißt Auslastung der Kante e. Die erste Forderung (12.150) stellt sicher, dass die Kapazität der Kanten nicht überschritten wird. Gleichung (12.151) besagt, dass der an einem Knoten insgesamt eingehende Fluss gleich dem Fluss ist, der den Knoten verlässt.

Ein weiteres wichtiges Konzept, das eng mit dem Netzwerkfluss zusammenhängt, ist der Schnitt in einem Netzwerk:

Definition 12.6: Netzwerkschnitt
Eine Partition der Knoten eines Netzwerks $\mathcal{N} = (\mathcal{V}, \mathcal{E}, w, \mathcal{T})$ in nichtleere disjunkte Teilmengen $\mathcal{V}_i$, $i = 1, \ldots, |\mathcal{T}|$, heißt **Schnitt**, falls folgende Bedingungen erfüllt

sind:

$$\bigcup_{i=1}^{|\mathcal{T}|} \mathcal{V}_i = \mathcal{V}\,, \tag{12.152}$$

$$\forall i, j \in \{1, \ldots, |\mathcal{T}|\} : \quad i \neq j \;\Rightarrow\; \mathcal{V}_i \cap \mathcal{V}_j = \varnothing\,, \tag{12.153}$$

$$\forall i \in \{1, \ldots, |\mathcal{T}|\} : \quad |\mathcal{V}_i \cap \mathcal{T}| = 1\,. \tag{12.154}$$

Die Menge der durchschnittenen Kanten ist gegeben durch

$$\mathcal{E}(\mathcal{V}_1, \ldots, \mathcal{V}_{|\mathcal{T}|}) = \{e = (u, v) \in \mathcal{E} \,|\, u \in \mathcal{V}_i \,\wedge\, v \in \mathcal{V}_j \,\wedge\, i \neq j\}\,. \tag{12.155}$$

Die Kapazität c des Schnitts beträgt

$$c(\mathcal{V}_1, \ldots, \mathcal{V}_{|\mathcal{T}|}) = \sum_{e \in \mathcal{E}(\mathcal{V}_1, \ldots, \mathcal{V}_{|\mathcal{T}|})} w(e)\,. \tag{12.156}$$

Ein Schnitt mit minimaler Kapazität in $\mathcal{N}$ heißt **minimaler Schnitt.** ◇

Ein Schnitt ist entweder durch die Partition $(\mathcal{V}_1, \ldots, \mathcal{V}_{|\mathcal{T}|})$ oder durch die Menge der durchschnittenen Kanten $\mathcal{E}(\mathcal{V}_1, \ldots, \mathcal{V}_{|\mathcal{T}|})$ eindeutig festgelegt. Im Fall $\mathcal{T} = \{s, t\}$ unterteilt ein Schnitt $(\mathcal{V}_1, \mathcal{V}_2)$ das Netzwerk in zwei Teile, wobei einer die Quelle s und der andere die Senke t enthält.

Mit Hilfe eines Netzwerkschnitts lässt sich nun der Betrag eines Netzwerkflusses definieren:

Definition 12.7: Betrag eines Netzwerkflusses

Der Betrag $c(f)$ eines Flusses f in einem s-t-Netzwerk $\mathcal{N} = (\mathcal{V}, \mathcal{E}, w, \{s, t\})$ ist gegeben durch

$$c(f) = \sum_{e \in \mathcal{E}(\mathcal{V}_s, \mathcal{V}_t)} f(e)\,, \tag{12.157}$$

wobei $(\mathcal{V}_s, \mathcal{V}_t)$ einen beliebigen Schnitt des Netzwerks darstellt.

Ein Fluss f mit maximalem Betrag in $\mathcal{N}$ heißt **maximaler Fluss.** ◇

Der Betrag $c(f)$ des Flusses f ist die Summe der Auslastungen an einem beliebigen Schnitt des Netzwerks. Wegen der Flusserhaltungsbedingung (12.151) ist diese Summe für jeden Schnitt gleich. Es gilt etwa

$$c(f) = \sum_{e=(s,v) \in \mathcal{E}} f(e) = \sum_{e=(v,t) \in \mathcal{E}} f(e)\,, \tag{12.158}$$

d. h. der Betrag des Flusses kann an der Quelle s oder an der Senke t abgelesen werden.

Zwischen dem maximalen Fluss und dem minimalen Schnitt in einem s-t-Netzwerk besteht der folgende Zusammenhang, der als Satz von Ford und Fulkerson oder *max flow min cut theorem* bekannt ist (Abb. 12.28(b)).

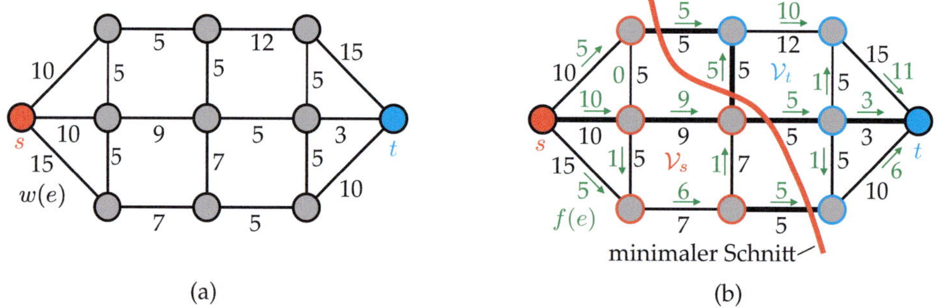

Abbildung 12.28. Beispiel eines Netzwerks $\mathcal{N} = (\mathcal{V}, \mathcal{E}, w, \{s,t\})$: (a) Kapazitäten $w(e)$; (b) maximaler Fluss $f(e)$ und minimaler Schnitt $(\mathcal{V}_s, \mathcal{V}_t)$ mit $c(f) = c(\mathcal{V}_s, \mathcal{V}_t) = 20$.

Satz 12.1: Satz von Ford und Fulkerson

Sei f ein maximaler Fluss und $(\mathcal{V}_s, \mathcal{V}_t)$ ein minimaler Schnitt in einem Netzwerk $\mathcal{N} = (\mathcal{V}, \mathcal{E}, w, \{s,t\})$. Dann stimmt der Betrag des Flusses mit der Kapazität des Schnitts überein:

$$c(f) = c(\mathcal{V}_s, \mathcal{V}_t)\,. \tag{12.159}$$

Beweis siehe [14]. ◇

Interpretiert man die Kantengewichte $w(e)$ als Transportkapazitäten, so ist anschaulich klar, dass der maximale Fluss f von der Quelle s zur Senke t eine Menge von gesättigten Kanten mit $f(e) = w(e)$ enthalten muss. Der minimale Schnitt durch das Netzwerk verläuft nun genau durch gesättigte Kanten, die den Netzwerkfluss am stärksten beschränken und somit minimale Kapazität aufweisen.

Die Suche nach einem minimalen Schnitt in $\mathcal{N}$ ist äquivalent zur Maximierung des Netzwerkflusses. Ist ein maximaler Fluss f in einem s-t-Netzwerk bekannt, so erhält man einen minimalen Schnitt wie folgt: Sei $\mathcal{V}_s$ die Menge aller Knoten, die ausgehend von s über einen Weg mit positiver Restkapazität erreichbar sind, d. h. über eine zusammenhängende Folge von Kanten e mit $w(e) - f(e) > 0$. Dann ist $(\mathcal{V}_s, \mathcal{V} \backslash \mathcal{V}_s)$ ein minimaler Schnitt.

Für die Netzwerkflussmaximierung im Fall $\mathcal{T} = \{s,t\}$ sind zwei Klassen von effizienten Algorithmen verfügbar: die Algorithmen nach Goldberg und Tarjan [23] sowie die Algorithmen nach dem Prinzip des augmentierenden Wegs nach Ford und Fulkerson [21]. Bei letzteren wird der Betrag des Flusses schrittweise erhöht, indem augmentierende Wege im Netzwerk gefunden werden, die noch über Restkapazität verfügen. Auf der Grundlage dieses Prinzips wurde von Boykov und Kolmogorov ein speziell für Bildverarbeitungsanwendungen optimierter Algorithmus vorgeschlagen [6]. Der Aufwand der Netzwerkflussmaximierung ist polynomiell in der Anzahl der Knoten und Kanten des Netzwerks. Für $|\mathcal{T}| \geq 3$ ist die Suche nach dem minimalen Schnitt hingegen NP-schwer, d. h. es sind keine Algorithmen mit polynomiellem Aufwand bekannt. Daher werden solche Probleme i. d. R. nur approximativ gelöst. Eine Möglichkeit hierzu stellt der iterative α-Expansions-Algorithmus dar [7]. In jeder Iteration wird ein Terminalknoten $\alpha \in \mathcal{T}$ ausgewählt und ein reduziertes Netzwerk mit lediglich zwei Terminalknoten $\mathcal{T}_\alpha = (\alpha, t)$ konstruiert. Der minimale Schnitt in diesem Netzwerk kann effizient berechnet werden und legt die Menge $\mathcal{V}_\alpha$ der Knoten fest, die dem Terminalknoten α zugeordnet werden sollen. Die Zuordnung der übrigen Knoten $\mathcal{V}_t$ bleibt in dieser Iteration unverändert. Nachdem jeder Terminalknoten $\alpha \in \mathcal{T}$ mindestens einmal ausgewählt wurde, erhält man eine Partition $(\mathcal{V}_\alpha)_{\alpha \in \mathcal{T}}$ des ursprünglichen Netzwerks, die eine gute Näherung für den minimalen Schnitt darstellt.

Minimaler Schnitt und maximaler Fluss in einem gegebenen Netzwerk sind nicht zwangsläufig eindeutig bestimmt, wohl aber der Betrag des maximalen Flusses bzw. die Kapazität des minimalen Schnitts.

In der Bildverarbeitung lassen sich die Pixel eines Bildes als Knoten eines Netzwerks auffassen: $\Omega_g \subseteq \mathcal{V}$. Die Kanten und Kapazitäten des Netzwerks können verschiedene Nebenbedingungen der Bildverarbeitungsaufgabe abbilden. Kanten werden i. d. R. zwischen benachbarten Pixeln sowie zwischen den Pixeln und den Terminalknoten angelegt. Bildverarbeitungsalgorithmen, die auf der Netzwerkflussmaximierung basieren, sind unter dem Begriff **Graph-Cut-Verfahren** bekannt.

Für die Segmentierung bilden die Kanten zwischen benachbarten Pixeln $\mathbf{x}_1, \mathbf{x}_2$ die Ähnlichkeit der zugehörigen Merkmalsvektoren $\mathbf{m}$ ab. Zu diesem Zweck wird zunächst ein Nachbarschaftsbegriff für Pixel benötigt. Zwei in der Bildverarbeitung häufig verwendete Nachbarschaften lassen sich wie folgt definieren:

Definition 12.8: Nachbarschaft

Die **Vierer-Nachbarschaft** $N_4(\mathbf{x})$ eines Pixels $\mathbf{x} = (x, y)^\mathrm{T}$ umfasst die horizontal und vertikal direkt angrenzenden Pixel:

$$N_4(\mathbf{x}) = \{(x-1, y)^\mathrm{T}, (x+1, y)^\mathrm{T}, (x, y-1)^\mathrm{T}, (x, y+1)^\mathrm{T}\}\,. \tag{12.160}$$

Die **Achter-Nachbarschaft** $N_8(\mathbf{x})$ enthält zusätzlich die diagonal benachbarten

Pixel:

$$N_8(\mathbf{x}) = N_4(\mathbf{x}) \cup \{(x-1,y-1)^{\mathrm{T}}, (x-1,y+1)^{\mathrm{T}}, (x+1,y+1)^{\mathrm{T}}, (x+1,y-1)^{\mathrm{T}}\}\,.$$

◇

Für jedes Pixel $\mathbf{x}_2$ in einer Umgebung von $\mathbf{x}_1$, z. B. in der Vierer-Nachbarschaft $N_4(\mathbf{x}_1)$, wird nun eine Kante mit der Kapazität $d(\mathbf{m}(\mathbf{x}_1), \mathbf{m}(\mathbf{x}_2))$ angelegt:

$$\mathcal{E}_{\mathrm{N}} := \{(\mathbf{x}_1, \mathbf{x}_2) \in \Omega_g^2 \,|\, \mathbf{x}_2 \in N_4(\mathbf{x}_1)\}\,, \tag{12.161}$$

$$w((\mathbf{x}_1, \mathbf{x}_2)) := d(\mathbf{m}(\mathbf{x}_1), \mathbf{m}(\mathbf{x}_2)) \qquad \text{für } e = (\mathbf{x}_1, \mathbf{x}_2) \in \mathcal{E}_{\mathrm{N}}\,. \tag{12.162}$$

Die Kante e erhält eine große Kapazität $w(e)$ zugewiesen, wenn die Merkmale der Pixel ähnlich sind, sodass beide Pixel dem gleichen Segment zugeordnet werden sollen. Sie erhält eine geringe Kapazität, wenn die Merkmale stark unterschiedlich sind, sodass der minimale Schnitt bevorzugt zwischen benachbarten Pixeln verläuft, deren Merkmale voneinander verschieden sind (Abb. 12.29). Eine mögliche Wahl der Gewichtungsfunktion $d(\,\cdot\,,\,\cdot\,)$ lautet

$$d(\mathbf{m}(\mathbf{x}_1), \mathbf{m}(\mathbf{x}_2)) \;\propto\; \mathrm{e}^{-\frac{\|\mathbf{m}(\mathbf{x}_1)-\mathbf{m}(\mathbf{x}_2)\|}{2\sigma^2}}\,, \tag{12.163}$$

wobei der Parameter σ in etwa der Standardabweichung des Rauschens im Bild entsprechen sollte [5].

Für die binäre Segmentierung des Bildes in zwei Segmente ω_s, ω_t werden dem Netzwerk zwei Terminalknoten s, t hinzugefügt, sodass man die Knotenmenge

$$\mathcal{V} = \Omega_g \cup \mathcal{T}\,, \qquad \mathcal{T} = \{s, t\} \tag{12.164}$$

erhält (Abb. 12.29). Die Terminalknoten entsprechen den beiden gesuchten Segmenten im Bild, beispielsweise dem Prüfobjekt und dem Hintergrund.

Zusätzlich kann jeder Pixelknoten $\mathbf{x} \in \Omega_g$ mit jedem Terminalknoten $i \in \mathcal{T}$ durch eine Kante verbunden werden (Abb. 12.30):

$$\mathcal{E}_{\mathcal{T}} := \Omega_g \times \mathcal{T}\,. \tag{12.165}$$

Bei der binären Segmentierung entspricht dies der Kantenmenge

$$\mathcal{E}_{\mathcal{T}} = \bigcup_{\mathbf{x} \in \Omega_g} \{(s, \mathbf{x}), (\mathbf{x}, t)\}\,. \tag{12.166}$$

Die Kapazitäten der Terminalkanten können als Funktion der bedingten Wahrscheinlichkeiten $P(\mathbf{m}(\mathbf{x})|\omega_i)$, $i \in \mathcal{T}$, für das Vorliegen des Merkmalsvektors $\mathbf{m}(\mathbf{x})$ unter der Annahme, dass der Bildpunkt zum Segment ω_i gehört, gewählt werden. Diese Wahrscheinlichkeiten können z. B. aus Referenzbildern anhand von Histo-

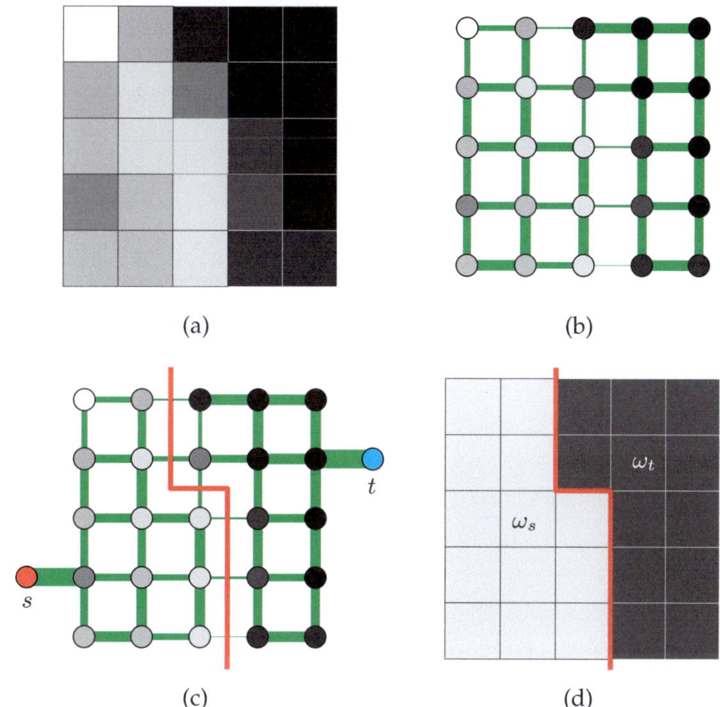

Abbildung 12.29. Prinzip der Segmentierung anhand des minimalen Netzwerkschnitts: (a) Grauwertbild $g(\mathbf{x})$; (b) zugehöriger Pixelgraph $(\Omega_g, \mathcal{E}_\mathrm{N})$; je ähnlicher die Grauwerte zweier benachbarter Pixel, desto größer ist die Kapazität der Kante zwischen den entsprechenden Knoten; (c) Festlegung von Saatpunkten durch Hinzufügen von Terminalknoten s, t und Berechnung des minimalen Schnitts; (d) der minimale Schnitt bestimmt die Grenze zwischen den beiden Segmenten ω_s, ω_t.

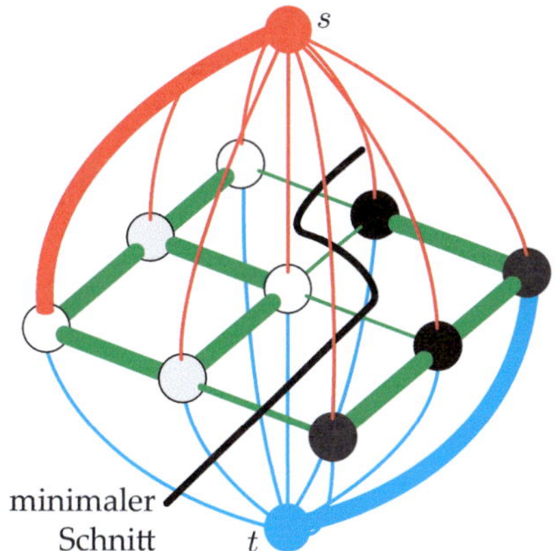

Abbildung 12.30. Binäre Segmentierung durch den minimalen Schnitt im Netzwerk $\mathcal{N} = (\mathcal{V}, \mathcal{E}, w, \mathcal{T})$.

grammen über den jeweiligen Bereichen geschätzt werden. Durch diese Erweiterung werden die Eigenschaften im Inneren der zu segmentierenden Gebiete in das Optimierungsproblem eingebracht, anstatt ausschließlich die Kantengewichte an den Gebietsgrenzen zu berücksichtigen. Zusätzlich können Mengen von beliebig verteilten Saatpunkten vorgegeben werden. Die Saatpunkte aus der Menge $\mathcal{S}_i$, $i \in \mathcal{T}$, gehören sicher zum Segment ω_i. Somit können die Kapazitäten der Terminalkanten wie folgt gewählt werden [5]:

$$w((s,\mathbf{x})) := \begin{cases} \infty & \text{falls } \mathbf{x} \in \mathcal{S}_s \\ 0 & \text{falls } \mathbf{x} \in \mathcal{S}_t \\ -\lambda \ln P(\mathbf{m}(\mathbf{x})|\omega_t) & \text{sonst} \ , \end{cases} \tag{12.167}$$

$$w((\mathbf{x},t)) := \begin{cases} 0 & \text{falls } \mathbf{x} \in \mathcal{S}_s \\ \infty & \text{falls } \mathbf{x} \in \mathcal{S}_t \\ -\lambda \ln P(\mathbf{m}(\mathbf{x})|\omega_s) & \text{sonst} \ , \end{cases} \tag{12.168}$$

$$\mathcal{S}_s \cap \mathcal{S}_t = \varnothing \, . \tag{12.169}$$

Die Kapazität einer Kante $e = (\mathbf{x}, i) \in \mathcal{E}_\mathcal{T}$ ist unendlich, falls $\mathbf{x} \in \mathcal{S}_i$, sodass ein Saatpunkt sicher dem Segment ω_i zugeordnet wird. Entsprechend besitzen die Kanten von einem Saatpunkt zu den anderen Terminalknoten die Kapazität null, sodass sie sicher dem minimalen Schnitt angehören. Wenn die Wahrscheinlichkeit hoch ist, dass der Punkt $\mathbf{x}$ aufgrund seiner Merkmale $\mathbf{m}(\mathbf{x})$ zum Segment ω_i gehört, wird die Kapazität der Kante $(\mathbf{x}, i)$ auf einen hohen Wert gesetzt. Ist umgekehrt die Wahrscheinlichkeit gering, so erhält die Kante eine geringe Kapazität zugewiesen, kann also leicht geschnitten werden. Der Parameter $\lambda > 0$ bestimmt die relative Gewichtung der Terminal- und der Nachbarschaftskanten.

Das binäre Segmentierungsproblem wird somit durch ein Netzwerk $\mathcal{N} = (\mathcal{V}, \mathcal{E}, w, \mathcal{T})$ mit $\mathcal{V} = \Omega_g \cup \mathcal{T}$, $\mathcal{E} = \mathcal{E}_\mathrm{N} \cup \mathcal{E}_\mathcal{T}$ und $\mathcal{T} = \{s, t\}$ abgebildet. In diesem Netzwerk kann nun der minimale Schnitt $(\mathcal{V}_s, \mathcal{V}_t)$ effizient berechnet werden. Er besitzt folgende Eigenschaften:

- Für jeden Pixelknoten $\mathbf{x} \in \Omega_g$ wird genau eine Terminalkante $(\mathbf{x}, i) \in \mathcal{E}_\mathcal{T}$ geschnitten.
- Wenn $\mathbf{x} \in \omega_s$, dann ist die Terminalkante $(\mathbf{x}, t)$ im minimalen Schnitt $\mathcal{E}(\mathcal{V}_s, \mathcal{V}_t)$ enthalten.
- Wenn umgekehrt $\mathbf{x} \in \omega_t$, dann ist $(s, \mathbf{x}) \in \mathcal{E}(\mathcal{V}_s, \mathcal{V}_t)$.
- Eine Nachbarschaftskante $(\mathbf{x}_1, \mathbf{x}_2) \in \mathcal{E}_\mathrm{N}$ ist genau dann im minimalen Schnitt $\mathcal{E}(\mathcal{V}_s, \mathcal{V}_t)$ enthalten, wenn $\mathbf{x}_1$ und $\mathbf{x}_2$ verschiedenen Segmenten zugeordnet sind.

Der minimale Schnitt trennt die beiden Segmente voneinander. Ein Pixel $\mathbf{x} \in \Omega_g$ wird genau dann dem Segment ω_s zugeordnet, wenn $\mathbf{x} \in \mathcal{V}_s \Leftrightarrow (\mathbf{x}, t) \in \mathcal{E}(\mathcal{V}_s, \mathcal{V}_t)$.

Die Vorgehensweise zur binären Segmentierung auf der Basis der Netzwerkflussmaximierung lässt sich wie folgt zusammenfassen:

1. Konstruiere einen gewichteten Pixelgraphen $(\Omega_g, \mathcal{E}_\mathrm{N})$ mit Hilfe der Merkmalsvektoren $\mathbf{m}(\mathbf{x})$, eines Ähnlichkeitsmaßes $d(\cdot\,,\,\cdot)$ für die Merkmalsvektoren und eines Nachbarschaftsbegriffs $N(\mathbf{x})$.
2. Bestimme Saatpunkte $\mathcal{S}_s$ für das zu segmentierende Objekt und $\mathcal{S}_t$ für den Hintergrund, $\mathcal{S}_s, \mathcal{S}_t \subset \Omega_g$, $\mathcal{S}_s \cap \mathcal{S}_t = \varnothing$.
3. Füge dem Pixelgraphen die Terminalknoten s (Quelle) und t (Senke) hinzu.
4. Konstruiere die Terminalkanten $(s, \mathbf{x})$ und $(\mathbf{x}, t)$ für alle Pixel $\mathbf{x} \in \Omega_g$.
5. Bestimme die Gewichte $w(e)$ für die Nachbar- und die Terminalkanten, sodass ein Netzwerk $\mathcal{N} = (\mathcal{V}, \mathcal{E}, w, \mathcal{T})$ mit $\mathcal{T} = \{s, t\}$ resultiert.
6. Berechne den minimalen Schnitt $(\mathcal{V}_s, \mathcal{V}_t)$, der die Terminalknoten s und t voneinander separiert ($s \in \mathcal{V}_s$, $t \in \mathcal{V}_t$), mit einem Netzwerkflussalgorithmus.
7. Die durch den minimalen Schnitt definierte Partition $(\mathcal{V}_s, \mathcal{V}_t)$ entspricht einer Segmentierung des Bildes in Objektbereich ω_s und Hintergrundbereich ω_t.

Die resultierenden Segmente müssen nicht zusammenhängend sein. Die Segmentgrenzen werden nicht explizit modelliert. Sowohl bereichs- als auch kantenorientierte Kriterien können je nach Wahl der Merkmale und Kantengewichte berücksichtigt werden. Bei der binären Segmentierung liefert die Netzwerkflussmaximierung den global minimalen Schnitt, garantiert also das innerhalb der Modellierung optimale Ergebnis. Die Verallgemeinerung auf mehr als zwei Segmente ist mit Hilfe des α-Expansions-Algorithmus möglich, der jedoch nur eine approximative Lösung liefert.

Beispiel 12.12 (Lebensmittelsortierung): Die in Abschn. 7.6.2 beschriebene Anlage zur Schüttgutsortierung ist mit einer hyperspektralen Zeilenkamera ausgestattet, die ein Bild mit ca. 200 Kanälen im nahen Infrarot aufnimmt. Die Bildwerte $\mathbf{g}(\mathbf{x})$ des Hyperspektralbildes werden direkt als Merkmalsvektor $\mathbf{m}(\mathbf{x})$ für die Festlegung der Kantenkapazitäten angesehen. Als Beispiel aus dem Lebensmittelbereich zeigt Abb. 12.31 eine Aufnahme von Kaffeebohnen, in der Fremdkörper detektiert werden sollen. Die bedingten Wahrscheinlichkeiten $P(\mathbf{m}|\omega_i)$ für die drei Klassen Kaffeebohnen, Fremdkörper und Hintergrund werden anhand von manuell festgelegten Saatpunktmengen geschätzt, Abb. 12.31(b). Das Ergebnis der Segmentierung mit dem iterativen α-Expansions-Algorithmus ist in Abb. 12.31(c) dargestellt. ■

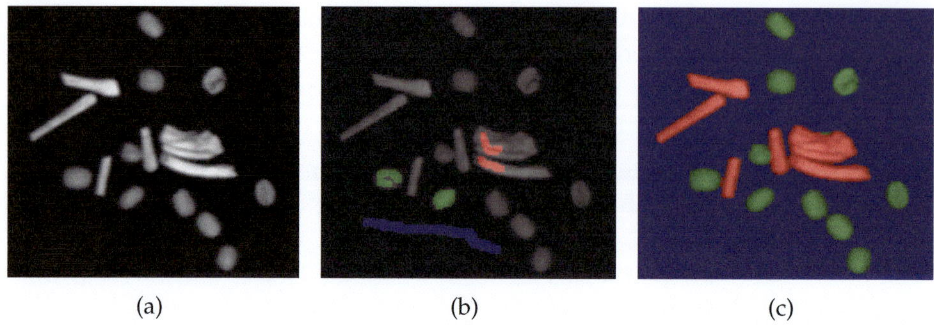

(a) (b) (c)

Abbildung 12.31. Anwendung der Segmentierung mittels minimaler Netzwerkschnitte in einer Lebensmittelsortieranlage: (a) ein Kanal des Hyperspektralbildes; (b) manuell markierte Saatpunktmengen; (c) Segmentierung in Kaffeebohnen, Fremdkörper und Hintergrund, in Pseudofarben dem Originalbild überlagert.

Die Berechnung des minimalen Schnitts kann als Minimierung eines Energiefunktionals aufgefasst werden. Die Energie wird in Abhängigkeit der Zuordnungsfunktion $L : \Omega_g \to \{\omega_1, \ldots, \omega_I\}$ definiert, die jedem Bildpunkt $\mathbf{x} \in \Omega_g$ ein Segment ω_i zuweist. Das Energiefunktional besteht aus zwei Termen, die den Terminal- und Nachbarschaftskanten des Netzwerks entsprechen:

$$E_{\mathrm{GC}}\{L\} = \underbrace{\sum_{\mathbf{x}\in\Omega_g} E_{\mathrm{D}}(g(\mathbf{x}), L(\mathbf{x}))}_{\text{Datentreue}} + \underbrace{\sum_{\substack{\mathbf{x}_1\in\Omega_g \\ \mathbf{x}_2\in N(\mathbf{x}_1)}} E_{\mathrm{G}}(g(\mathbf{x}_1), g(\mathbf{x}_2), L(\mathbf{x}_1), L(\mathbf{x}_2))}_{\text{Glattheit}} . \tag{12.170}$$

Der erste Term stellt die Beziehung zwischen der Zuordnung $L(\mathbf{x})$ und dem Bild $g(\mathbf{x})$ bzw. den daraus abgeleiteten Merkmalen $\mathbf{m}(\mathbf{x})$ her. Der zweite Term fordert die Glattheit der Zuordnung in einer lokalen Nachbarschaft. Diese beiden Terme weisen Analogien zum Mumford-Shah-Funktional (12.143) auf. Eine explizite Berücksichtigung der Kantenlänge zwischen den Segmenten fehlt hier allerdings. Prinzipiell lässt sich aber auch die Kantenlänge bei der Konstruktion des Netzwerks berücksichtigen, sodass bestimmte Varianten des Mumford-Shah-Funktionals mit Hilfe von Netzwerkflussalgorithmen minimiert werden können [19].

Weitere Bildverarbeitungsaufgaben können ebenfalls als Zuordnungsproblem formuliert werden [7]. Jedem Bildpunkt wird ein Bezeichner (*label*) zugeordnet, der je nach Anwendung unterschiedliche Bedeutungen hat (Tab. 12.2). In Abhängigkeit der Zuordnungsfunktion L wird ein Energiefunktional definiert, das mit Hilfe von Netzwerkflussalgorithmen minimiert wird. Damit dies möglich ist, muss das Energiefunktional bestimmten Bedingungen genügen [28]. Unter an-

Tabelle 12.2. Anwendungen der Netzwerkflussmaximierung in der Bildverarbeitung.

Anwendung	Bedeutung der Bezeichner
Segmentierung	Segment ω_i
Bildrestauration	restaurierte (ungestörte) Intensität
Stereokorrespondenzsuche	Objektentfernung
Textursynthese	synthetisierte Intensität

derem dürfen die einzelnen Summanden nur von der Zuordnung weniger Knoten abhängen. In (12.170) hängt beispielsweise E_{D} nur von einer Pixelzuordnung $L(\mathbf{x})$ und E_{G} von der Zuordnung zweier Pixel $L(\mathbf{x}_1)$, $L(\mathbf{x}_2)$ ab.

12.7 Segmentierung mit neuronalen Faltungsnetzen

Auch die in Kap. 9 vorgestellten neuronalen Faltungsnetze können zur Segmentierung von Bildern eingesetzt werden. Die Ausgabe eines entsprechenden neuronalen Netzes hat den gleichen örtlichen Bezug wie das Eingabebild und enthält pixelweise die Information über die erkannte Klasse. Passende Netzwerkarchitekturen basieren beispielsweise auf der Autoencoder- oder der U-Net-Architektur (vgl. Abschn. 9.3.3 und Abschn. 9.3.4). Datensätze zum Training entsprechender neuronaler Netze beinhalten Paare von Eingabebildern und den gewünschten Segmentierungsergebnissen als Grundwahrheit. Da die Segmentierung im Wesentlichen eine pixelweise Klassifikationsaufgabe darstellt, kann die in Abschn. 9.3.1 vorgestellte Cross-entropy als pixelweise Fehlerfunktion angewandt werden.

Bei der **Instanzsegmentierung** müssen neben der pixelweisen Bestimmung der Klasse auch einzelne Instanzen von Objekten einer Klasse unterschieden werden. Die Instanzsegmentierung versucht also, jedem Pixel seine Klasse und den Index seiner zugehörigen Objektinstanz zuzuordnen. Damit lassen sich im Bild mehrere Vorkommen der gleichen Klasse unterscheiden und falls nötig individuell weiterverarbeiten.

Beispiel 12.13 (Instanzsegmentierung zur Schüttgutsortierung von Kalksandstein und Ziegel): Abbildung 12.32 zeigt die bei einer Instanzsegmentierung für die Schüttgutsortierung von Bauschutt resultierenden Klassenzuordnungen. Bei diesem Beispiel wurde ein neuronales Netz mit einer speziellen Autoencoder-Architektur (siehe Abschn. 9.3.3) verwendet, das für jedes Pixel eine Schätzung liefert,

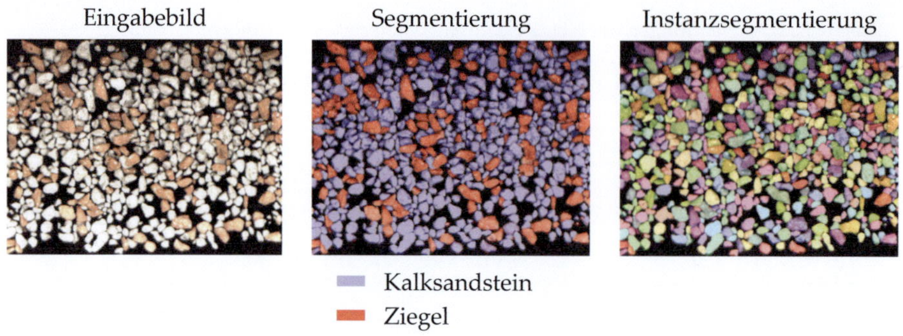

Abbildung 12.32. Instanzsegmentierung durch ein neuronales Faltungsnetz mit Autoencoder-Architektur für die Schüttgutsortierung von Kalksandstein und Ziegel. Die Objekte wurden mit hoher Genauigkeit vom Hintergrund separiert, vereinzelt wurden sie jedoch der falschen Klasse zugeordnet. Zur Visualisierung der Instanzsegmentierung sind einzelne erkannte Instanzen unterschiedlich eingefärbt.

- zu welcher Klasse (Hintergrund, Kalksandstein, Ziegel) das Pixel gehört,
- ob es das Zentrum einer Instanz darstellt (ja, nein) und
- wo das Zentrum seiner zugehörigen Instanz liegt (in Form einer relativen Pixelkoordinate) [16].

Mittels einer entsprechenden Nachbearbeitung dieser Ausgaben kann dann jedem Pixel eine eindeutige Objektinstanz zugeordnet werden. Das für dieses Beispiel verwendete neuronale Netzwerk wurde mit 1 000 rein synthetisch erzeugten Bildern der Größe 256×256 Pixel trainiert [29]. Dadurch konnte die aufwendige manuelle Annotation der Grundwahrheit umgangen werden. ■

12.8 Literatur

[1] Ludwig Abele. *Statistische und strukturelle Texturanalyse mit Anwendungen in der Bildsegmentierung*. Dissertation, Technische Universität München, 1982.

[2] Stephan Bischoff und Leif Kobbelt. Parameterization-free active contour models with topology control. *The Visual Computer*, 20(4):217–228, 2004.

[3] Christopher Bishop. *Pattern recognition and machine learning*. Springer, 2006.

[4] Laure Blanc-Féraud, Pierre Charbonnier, Gilles Aubert und Michel Barlaud. Nonlinear image processing: modeling and fast algorithm for regularization with edge detection. In *Proc. IEEE International Conference on Image Processing*, Bd. 1, Seiten 474–477, Oktober 1995.

[5] Yuri Boykov und Gareth Funka-Lea. Graph Cuts and Efficient N-D Image Segmentation. *International Journal of Computer Vision*, 70(2):109–131, 2006.

[6] Yuri Boykov und Vladimir Kolmogorov. An Experimental Comparison of Min-Cut/Max-Flow Algorithms for Energy Minimization in Vision. *IEEE Transactions on Pattern Analysis and Machine Intelligence*, 26(9):1124–1137, 2004.

[7] Yuri Boykov, Olga Veksler und Ramin Zabih. Fast Approximate Energy Minimization via Graph Cuts. *IEEE Transactions on Pattern Analysis and Machine Intelligence*, 23(11):1222–1239, 2001.

[8] Kristian Bredies und Dirk Lorenz. *Mathematische Bildverarbeitung: Einführung in Grundlagen und moderne Theorie*. Vieweg + Teubner, Wiesbaden, 2011.

[9] John Canny. A Computational Approach to Edge Detection. *IEEE Transactions on Pattern Analysis and Machine Intelligence*, 8(6):679–698, November 1986.

[10] Constantin Carathéodory. *Variationsrechnung und partielle Differentialgleichungen erster Ordnung*, Bd. 2: Variationsrechnung. Teubner, 1994.

[11] Tony Chan und Jianhong Shen. *Image processing and analysis: variational, PDE, wavelet, and stochastic methods*. Society for Industrial and Applied Mathematics, 2005.

[12] Tony Chan und Luminita Vese. Active Contours Without Edges. *IEEE Transactions on Image Processing*, 10(2):266–277, Februar 2001.

[13] Pierre Charbonnier, Laure Blanc-Feraud, Gilles Aubert und Michel Barlaud. Two deterministic half-quadratic regularization algorithms for computed imaging. In *Proc. IEEE International Conference on Image Processing*, Bd. 2, Seiten 168–172, 1994.

[14] William Cook, William Cunningham, William Pulleyblank und Alexander Schrijver. *Combinatorial Optimization*. Wiley, 1998.

[15] Guy David. *Singular sets of minimizers for the Mumford-Shah functional*. Birkhäuser, 2005.

[16] Bert De Brabandere, Davy Neven und Luc Van Gool. Semantic Instance Segmentation for Autonomous Driving. In *2017 IEEE Conference on Computer Vision and Pattern Recognition Workshops (CVPRW)*, Seiten 478–480. IEEE, 2017.

[17] Arthur Dempster, Nan Laird und Donald Rubin. Maximum Likelihood from Incomplete Data via the EM Algorithm. *Journal of the Royal Statistical Society, Series B (Methodological)*, 39(1):1–38, 1977.

[18] Richard Duda, Peter Hart und David Stork. *Pattern classification*. Wiley, 2. Auflage, 2001.

[19] Noha El-Zehiry, Prasanna Sahoo und Adel Elmaghraby. Combinatorial Optimization of the piecewise constant Mumford-Shah functional with application to scalar/vector valued and volumetric image segmentation. *Image and Vision Computing*, 29(6):365–381, Mai 2011.

[20] Gerd Fischer. *Lineare Algebra*. Vieweg, Wiesbaden, 15. Auflage, 2005.

[21] Lester R. Ford, Jr. und Delbert R. Fulkerson. Maximal flow through a network. *Canadian Journal of Mathematics*, 8(3):399–404, 1956.

[22] J. Michael Fried. Multichannel image segmentation using adaptive finite elements. *Computing and Visualization in Science*, 12(3):125–135, 2009.

[23] Andrew Goldberg und Robert Tarjan. A new approach to the maximum-flow problem. *Journal of the ACM*, 35(4):921–940, Oktober 1988.

[24] Rafael Gonzalez und Richard Woods. *Digital image processing*. Pearson Prentice Hall, Upper Saddle River, NJ, 3. Auflage, 2008.

[25] Robin Gruna und Jürgen Beyerer. Optical feature extraction with illumination-encoded linear functions. In Philip Bingham und Edmund Lam (Hrsg.), *Image Processing: Machine Vision Applications V, Proc. SPIE*, Bd. 8300, Januar 2012.

[26] Robert Haralick und Linda Shapiro. *Computer and robot vision*. Addison-Wesley, Reading, MA, 1992.

[27] Michael Kass, Andrew Witkin und Demetri Terzopoulos. Snakes: active contour models. *International Journal of Computer Vision*, 1(4):321–331, 1988.

[28] Vladimir Kolmogorov und Ramin Zabih. What Energy Functions Can Be Minimized via Graph Cuts? *IEEE Transactions on Pattern Analysis and Machine Intelligence*, 26(2):147–159, 2004.

[29] Felix Kronenwett, Georg Maier und Thomas Längle. Potential of Deep Learning methods for image processing in sensor-based sorting: data generation, training strategies and model architectures. In *10th Sensor-Based Sorting & Control*, Seiten 45–65. Shaker Verlag GmbH, 2024.

[30] Hsien-Che Lee. *Introduction to color imaging science*. Cambridge University Press, Cambridge, 2005.

[31] Bing Li und Scott Acton. Active contour external force using vector field convolution for image segmentation. *IEEE Transactions on Image Processing*, 16(8):2096–2106, August 2007.

[32] David Marr und Ellen C. Hildreth. Theory of edge detection. *Proc. Royal Society London, Series B – Biological Sciences*, 207:187–217, 1980.

[33] Fernand Meyer. Topographic distance and watershed lines. *Signal Processing*, 38:113–125, 1994.

[34] David Mumford und Jayant Shah. Optimal approximations by piecewise smooth functions and associated variational problems. *Communications on Pure and Applied Mathematics*, 42(5):577–685, Juli 1989.

[35] Burkhard Neumann. *Bildverarbeitung für Einsteiger*. Springer, Berlin, 2005.

[36] Stanley Osher und Ronald Fedkiw. *Level set methods and dynamic implicit surfaces*. Springer, 2003.

[37] Nobuyuki Otsu. A Threshold Selection Method from Gray-Level Histograms. *IEEE Transactions on Systems, Man, and Cybernetics*, 9(1):62–66, Januar 1979.

[38] Theodosios Pavlidis. *Structural pattern recognition*. Springer, Berlin, 1977.

[39] Pietro Perona und Jitendra Malik. Scale-space and edge detection using anisotropic diffusion. *IEEE Transactions on Pattern Analysis and Machine Intelligence*, 12(7):629–639, Juli 1990.

[40] Andreas Purde. *Speckle-Interferometrie zur Formvermessung unstetiger Oberflächen*. Dissertation, Technische Universität München, 2006.

[41] Pierre Soille. *Morphologische Bildverarbeitung: Grundlagen, Methoden, Anwendungen*. Springer, Berlin, 1998.

[42] Carlo Tomasi. Estimating Gaussian Mixture Densities with EM – A Tutorial. Handout for Course Introduction to Computer Vision, Duke University, `https://courses.cs.duke.edu/spring04/cps196.1/handouts/EM/tomasiEM.pdf`, 2004.

[43] Luminita Vese und Tony Chan. A Multiphase Level Set Framework for Image Segmentation Using the Mumford and Shah Model. *International Journal of Computer Vision*, 50(3):271–293, 2002.

[44] Friedrich Wahl. *Digitale Bildsignalverarbeitung*. Springer, 1989.

[45] Joachim Weickert. A review of nonlinear diffusion filtering. In Bart ter Haar Romeny, Luc Florack, Jan Koenderink und Max Viergever (Hrsg.), *Scale-Space Theory in Computer Vision*, Bd. 1252 der Reihe *Lecture Notes in Computer Science*, Seiten 1–28. Springer, 1997.

[46] Chenyang Xu und Jerry Prince. Snakes, shapes, and gradient vector flow. *IEEE Transactions on Image Processing*, 7(3):359–369, März 1998.

Kapitel 13

Morphologische Bildverarbeitung

13

13

13 Morphologische Bildverarbeitung

13 Morphologische Bildverarbeitung

Morphologische Verfahren stammen aus der Übertragung mengenalgebraischer Methoden auf die Bildverarbeitung. Sie wurden von Matheron und Serra unter dem Begriff der „Mathematischen Morphologie" eingeführt [12, 16, 17]. Hierin werden Bildsignale als Punktmengen betrachtet; morphologische Filter sind Operationen, die diese Mengen manipulieren.

Grundsätzlich lassen sich morphologische Verfahren sowohl auf Binärbilder (Abschn. 13.1) als auch auf Grauwert- und Farbbilder (Abschn. 13.2) anwenden. Morphologische Operatoren sind nichtlinear und lassen sich daher nicht mit den Methoden der linearen Systemtheorie behandeln. Ungeachtet dessen ist bei morphologischen Verfahren eine große Anschaulichkeit durch einen direkten lokalen Formbezug gegeben. Diese fußt auf der Gestalt des sogenannten strukturierenden Elementes, das in gewisser Hinsicht mit der Impulsantwort bei linearen Systemen vergleichbar ist.

Morphologische Methoden eignen sich für verschiedenste Aufgaben der Bildauswertung, darunter Vorverarbeitung, Störungsunterdrückung, Kantenextraktion und Detektion. Wegen dieser Vielfalt der Anwendungsbereiche lässt sich die morphologische Bildverarbeitung nur schwer in die aufgabenbezogene Gliederung der Bildauswertungskapitel dieses Buches einordnen, sodass sie in einem eigenen Kapitel vorgestellt wird.

13.1 Binärmorphologie

13.1.1 Punktmengen und strukturierende Elemente

Zur Anwendung morphologischer Verfahren auf Bildsignale müssen diese zunächst anhand von Punktmengen dargestellt werden. Bei der herkömmlichen signalorientierten Betrachtung werden kontinuierliche Binärbilder mittels einer Funktion

$$g : \begin{cases} \Omega_g \to \{0,1\} \\ \mathbf{x} \mapsto g\,, \end{cases} \qquad \mathbf{x} \in \Omega_g \subseteq \mathbb{R}^2 \tag{13.1}$$

repräsentiert, welche den kontinuierlichen Definitionsbereich Ω_g auf die diskreten Werte 0 und 1 abbildet. Diskrete Binärbilder unterscheiden sich dadurch, dass die Bildkoordinaten $\mathbf{x} \in \Omega_g \subseteq \mathbb{Z}^2$ auf einem diskreten Raster abgetastet werden:

$$g : \begin{cases} \Omega_g \to \{0,1\} \\ \mathbf{x} \mapsto g\,, \end{cases} \qquad \mathbf{x} \in \Omega_g \subseteq \mathbb{Z}^2\,. \tag{13.2}$$

J. Beyerer et al., *Automatische Sichtprüfung*,
https://doi.org/10.1007/978-3-662-69951-5_13

Definition 13.1: Punktmenge eines Binärbildes
Die Punktmenge $\mathcal{G}$ eines Binärbildes $g(\mathbf{x})$ ist die Menge aller Bildpunkte mit dem Wert 1:

$$\mathcal{G} = \{\mathbf{x} \mid g(\mathbf{x}) = 1\}\,. \tag{13.3}$$

◇

Anschaulich stellt $\mathcal{G}$ die Menge der Bildpunkte dar, die das Objekt beschreiben. Alle anderen Bildpunkte werden dem Hintergrund zugeordnet. Zur Darstellung solcher Binärbilder wird vereinbart, dass „schwarz" dem Wert 1 und „weiß" dem Wert 0 entspricht. Als Beispiel zeigt Abb. 13.1 eine zweidimensionale schmetterlingsförmige Punktmenge $\mathcal{G}$.

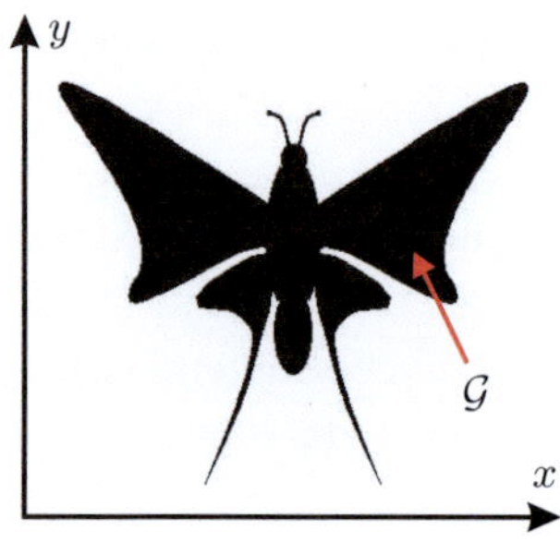

Abbildung 13.1. Binärbild als Punktmenge $\mathcal{G}$.

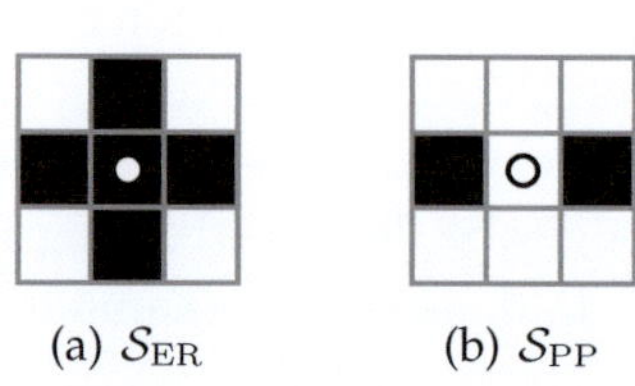

Abbildung 13.2. Beispiele für strukturierende Elemente.

Die Zuordnung zwischen Binärbildern und Punktmengen ist bijektiv, sodass eine verlustfreie Transformation zwischen den beiden Repräsentationen möglich ist. Das Binärbild zu einer Punktmenge $\mathcal{G}$ erhält man aus folgender Vorschrift:

$$g(\mathbf{x}) = \begin{cases} 1 & \text{falls } \mathbf{x} \in \mathcal{G} \\ 0 & \text{falls } \mathbf{x} \notin \mathcal{G}\,. \end{cases} \tag{13.4}$$

Ähnlich wie bei linearen Verfahren, bei denen das Eingangssignal $g(\mathbf{x})$ mit einem weiteren Signal – der Impulsantwort $h(\mathbf{x})$ des Systems – verknüpft wird, kommt es bei den morphologischen Operatoren zu einer Verknüpfung zweier Punktmengen. Dabei wird die nichtleere Punktmenge, mit der das Bild $\mathcal{G}$ über morphologische Operatoren manipuliert werden soll, als **strukturierendes Element** $\mathcal{S}$ bezeichnet. Mittels der Wahl der Größe und der Form von $\mathcal{S}$ lassen sich die Eigenschaften einer morphologischen Operation wesentlich gestalten. In der Praxis werden geeignete strukturierende Elemente $\mathcal{S}$ meist heuristisch aufgabenspezifisch definiert.

Abbildung 13.2 zeigt exemplarisch zwei einfache, diskrete strukturierende Elemente: die Elementarraute

$$\mathcal{S}_{\mathrm{ER}} = \left\{(0,0)^{\mathrm{T}}, (1,0)^{\mathrm{T}}, (0,1)^{\mathrm{T}}, (-1,0)^{\mathrm{T}}, (0,-1)^{\mathrm{T}}\right\} \tag{13.5}$$

und das Punktepaar

$$\mathcal{S}_{\mathrm{PP}} = \left\{(-1,0)^{\mathrm{T}}, (1,0)^{\mathrm{T}}\right\} . \tag{13.6}$$

Die Elementarraute kann als diskrete Approximation eines Kreises aufgefasst werden. Der Bezugspunkt (d. h. der Ursprung) des strukturierenden Elementes, der in Abb. 13.2 mit dem Symbol $\circ$ gekennzeichnet wurde, muss nicht zwangsläufig zu $\mathcal{S}$ gehören.

Bevor im nächsten Unterabschnitt die grundlegenden Operatoren der morphologischen Bildverarbeitung behandelt werden, sollen einige spezifische Operatoren für Punktmengen eingeführt werden, die eine kompaktere und daher übersichtlichere Darstellung von Mengenoperationen gestatten.

Definition 13.2: Operationen auf Punktmengen

Unter der **Verschiebung** der Menge $\mathcal{G}$ um den Vektor $\mathbf{z}$ versteht man die Menge

$$(\mathcal{G})_{\mathbf{z}} := \{\mathbf{w} \,|\, \mathbf{w} = \mathbf{x} + \mathbf{z},\ \mathbf{x} \in \mathcal{G}\} . \tag{13.7}$$

Die **Reflexion** der Menge $\mathcal{G}$ bewirkt eine Spiegelung am Ursprung von $\mathcal{G}$ und ist wie folgt definiert:

$$\mathcal{G}^{\mathrm{R}} := \{\mathbf{w} \,|\, \mathbf{w} = -\mathbf{x},\ \mathbf{x} \in \mathcal{G}\} . \tag{13.8}$$

Ferner bezeichnet das **Komplement** $\overline{\mathcal{G}}$ einer Menge die Menge der Elemente, die nicht in $\mathcal{G}$ liegen:

$$\overline{\mathcal{G}} := \{\mathbf{w} \in \Omega_g \,|\, \mathbf{w} \notin \mathcal{G}\} . \tag{13.9}$$

Die **Differenz** zweier Mengen $\mathcal{G}_1$ und $\mathcal{G}_2$

$$\mathcal{G}_1 \backslash \mathcal{G}_2 := \{\mathbf{w} \in \Omega_g \,|\, \mathbf{w} \in \mathcal{G}_1,\ \mathbf{w} \notin \mathcal{G}_2\} = \mathcal{G}_1 \cap \overline{\mathcal{G}_2} \tag{13.10}$$

ist die Menge der Elemente, die zu $\mathcal{G}_1$, aber nicht zu $\mathcal{G}_2$ gehören. $\diamond$

13.1.2 Erosion und Dilatation

Die grundlegenden Verfahren der Morphologie sind die Erosion und die Dilatation [4, 12].[1]

Definition 13.3: Erosion

Die Erosion $\mathcal{G} \ominus \mathcal{S}$ einer Menge $\mathcal{G}$ durch das strukturierende Element $\mathcal{S}$ ist definiert als die Menge der Verschiebungen $\mathbf{w}$ von $\mathcal{S}$, für die die verschobenen Mengen $(\mathcal{S})_{\mathbf{w}}$ komplett in $\mathcal{G}$ enthalten sind:

$$\mathcal{G} \ominus \mathcal{S} := \{\mathbf{w} \mid (\mathcal{S})_{\mathbf{w}} \subseteq \mathcal{G}\} . \tag{13.11}$$

◇

Die Erosion verkleinert die Punktmenge $\mathcal{G}$ in Abhängigkeit des strukturierenden Elements $\mathcal{S}$. Das Innere von Objekten, die größer als das strukturierende Element sind, bleibt unverändert. An ihrem Rand wird jedoch ein Streifen entfernt (Abb. 13.3).

Umgekehrt vergrößert die Dilatation die Ausdehnung der Punktmenge:

Definition 13.4: Dilatation

Die Dilatation $\mathcal{G} \oplus \mathcal{S}$ einer Menge $\mathcal{G}$ durch $\mathcal{S}$ ist definiert als die Menge der Verschiebungen $\mathbf{w}$ von $\mathcal{S}$, für die die Schnittmengen von $\mathcal{G}$ und dem verschobenen $\mathcal{S}$ nicht leer sind:

$$\mathcal{G} \oplus \mathcal{S} := \{\mathbf{w} \mid (\mathcal{S}^{\mathrm{R}})_{\mathbf{w}} \cap \mathcal{G} \neq \varnothing\} . \tag{13.12}$$

◇

Abbildung 13.4 veranschaulicht die Ergebnisse der Erosion und Dilatation der zweidimensionalen schmetterlingsförmigen Menge $\mathcal{G}$ durch ein kreisförmiges strukturierendes Element $\mathcal{S}$, das den Ursprung enthält. Wie man deutlich sieht, entfernt die Erosion feine Appendizes, da dort das verschobene $\mathcal{S}$ keine Teilmenge von $\mathcal{G}$ sein kann. Darüber hinaus ist beim Ergebnis der Erosion eine Schrumpfung um die Größe des Radius von $\mathcal{S}$ zu verzeichnen, da das verschobene $\mathcal{S}$ komplett in $\mathcal{G}$ enthalten sein muss (Abb. 13.3). Daher gilt:

$$\mathcal{G} \ominus \mathcal{S} \subseteq \mathcal{G} . \tag{13.13}$$

---

[1] Erosion und Dilatation sind eng verwandt zu den mengentheoretischen Operationen Minkowski-Subtraktion und Minkowski-Addition.

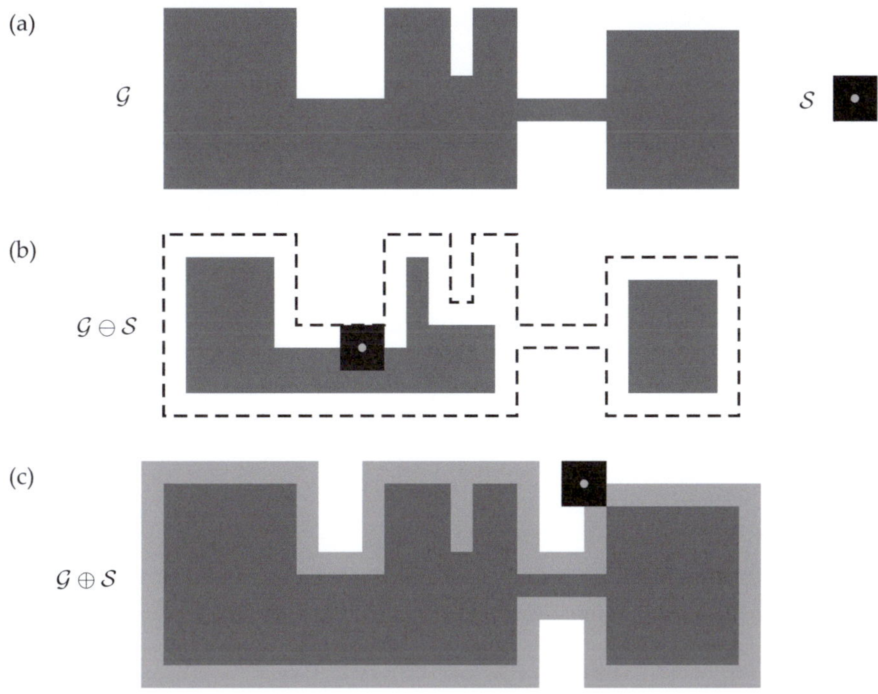

Abbildung 13.3. Veranschaulichung von Erosion und Dilatation: (a) Originalmenge $\mathcal{G}$ und strukturierendes Element $\mathcal{S}$; (b) Ergebnis der Erosion von $\mathcal{G}$ durch $\mathcal{S}$; (c) Ergebnis der Dilatation von $\mathcal{G}$ durch $\mathcal{S}$.

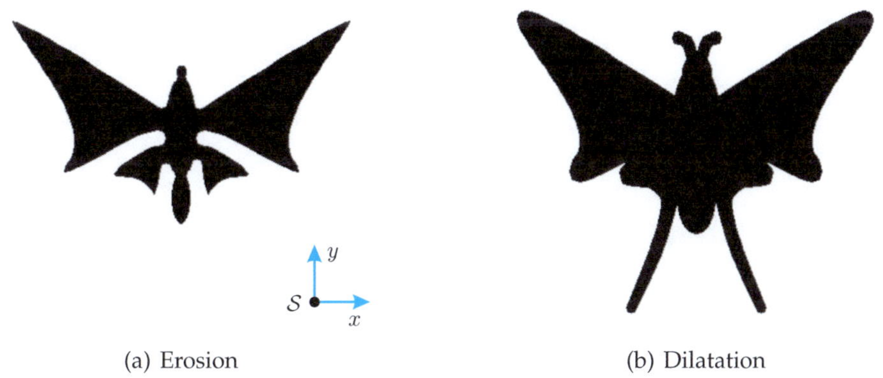

Abbildung 13.4. Ergebnis von Erosion und Dilatation des Binärbildes aus Abb. 13.1 mit dem dargestellten strukturierenden Element $\mathcal{S}$.

Im Falle der Dilatation wächst die Menge $\mathcal{G}$ in etwa um die Größe des Radius von $\mathcal{S}$, und daher verschwinden feine Einbuchtungen – hier gilt:

$$\mathcal{G} \subseteq \mathcal{G} \oplus \mathcal{S} . \tag{13.14}$$

Im Folgenden werden weitere Eigenschaften von Erosion und Dilatation behandelt, die Hilfsmittel für die Auswahl und Implementierung morphologischer Operatoren sowie für die Gestaltung der strukturierenden Elemente darstellen [7].

Satz 13.1: Eigenschaften der Erosion

Seien $\mathcal{G}, \mathcal{G}_1, \mathcal{G}_2$ Punktmengen von Binärbildern und $\mathcal{S}, \mathcal{S}_1, \mathcal{S}_2$ strukturierende Elemente.

1. Die Erosion einer Punktmenge $\mathcal{G}$ ist die Schnittmenge der um $-\mathbf{z}$ verschobenen Punktmengen, wobei $\mathbf{z}$ alle Elemente von $\mathcal{S}$ durchläuft:

$$\mathcal{G} \ominus \mathcal{S} = \bigcap_{\mathbf{z} \in \mathcal{S}} (\mathcal{G})_{-\mathbf{z}} . \tag{13.15}$$

2. Die Erosion mit einem „Impuls", d. h. einem einelementigen strukturierenden Element $\{\mathbf{x}_0\}$, entspricht einer Verschiebung der Punktmenge $\mathcal{G}$ um den Vektor $-\mathbf{x}_0$ (Abb. 13.5):

$$\mathcal{G} \ominus \{\mathbf{x}_0\} = (\mathcal{G})_{-\mathbf{x}_0} . \tag{13.16}$$

3. Das strukturierende Element $\{\mathbf{0}\}$, das ausschließlich den Ursprung enthält, ist das neutrale Element der Erosion:

$$\mathcal{G} \ominus \{\mathbf{0}\} = \mathcal{G} . \tag{13.17}$$

4. Die Erosion ist nicht kommutativ: im Allgemeinen ist

$$\mathcal{G} \ominus \mathcal{S} \neq \mathcal{S} \ominus \mathcal{G} . \tag{13.18}$$

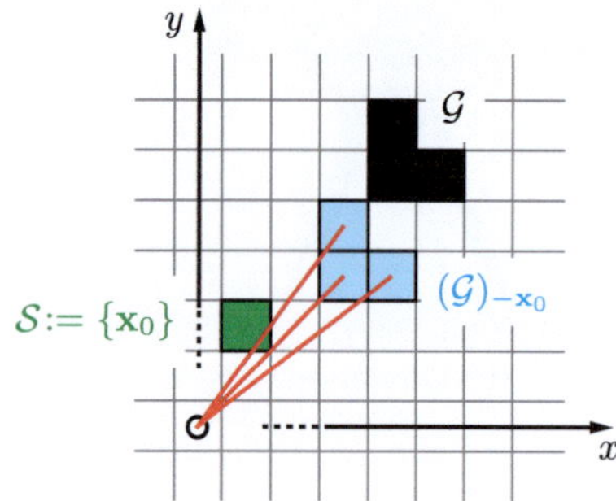

Abbildung 13.5.
Die Erosion der Punktmenge $\mathcal{G}$ mit einem einelementigen strukturierenden Element $\mathcal{S} := \{\mathbf{x}_0\}$ („Impuls") entspricht einer Verschiebung von $\mathcal{G}$ um $-\mathbf{x}_0$.

Die Reihenfolge aufeinanderfolgender Erosionsoperationen ist jedoch beliebig:

$$(\mathcal{G} \ominus \mathcal{S}_1) \ominus \mathcal{S}_2 = (\mathcal{G} \ominus \mathcal{S}_2) \ominus \mathcal{S}_1 \,. \tag{13.19}$$

5. Die Erosion ist nicht assoziativ: im Allgemeinen ist

$$\mathcal{G} \ominus (\mathcal{S}_1 \ominus \mathcal{S}_2) \neq (\mathcal{G} \ominus \mathcal{S}_1) \ominus \mathcal{S}_2 \,. \tag{13.20}$$

6. Die Erosion ist verschiebungsinvariant: für einen beliebigen Verschiebungsvektor $\mathbf{z}$ gilt

$$(\mathcal{G})_{\mathbf{z}} \ominus \mathcal{S} = (\mathcal{G} \ominus \mathcal{S})_{\mathbf{z}} \,, \tag{13.21}$$

$$\mathcal{G} \ominus (\mathcal{S})_{\mathbf{z}} = (\mathcal{G} \ominus \mathcal{S})_{-\mathbf{z}} = (\mathcal{G})_{-\mathbf{z}} \ominus \mathcal{S} \,. \tag{13.22}$$

7. Die erodierte Punktmenge ist in der ursprünglichen Punktmenge enthalten, sofern das strukturierende Element den Ursprung enthält:

$$(0,0)^{\mathrm{T}} \in \mathcal{S} \quad \Rightarrow \quad \mathcal{G} \ominus \mathcal{S} \subseteq \mathcal{G} \,. \tag{13.23}$$

8. Die Erosion ist monoton bezüglich der Relation Enthaltensein:

$$\mathcal{G}_1 \subseteq \mathcal{G}_2 \quad \Rightarrow \quad \mathcal{G}_1 \ominus \mathcal{S} \subseteq \mathcal{G}_2 \ominus \mathcal{S} \,, \tag{13.24}$$

$$\mathcal{S}_1 \subseteq \mathcal{S}_2 \quad \Rightarrow \quad \mathcal{G} \ominus \mathcal{S}_1 \supseteq \mathcal{G} \ominus \mathcal{S}_2 \,. \tag{13.25}$$

9. Die Erosion lässt sich wie folgt darstellen:

$$\mathcal{G} \ominus \mathcal{S} := \{\mathbf{w} \mid (\mathcal{S})_{\mathbf{w}} \cap \mathcal{G} = (\mathcal{S})_{\mathbf{w}}\} \,. \tag{13.26}$$

◇

Beweis 13.1 (Eigenschaften der Erosion):

1. Darstellung als Schnittmenge: Sei zunächst $\mathbf{w} \in \mathcal{G} \ominus \mathcal{S} = \{\mathbf{w} \mid (\mathcal{S})_{\mathbf{w}} \subseteq \mathcal{G}\}$. Dann ist

$$\forall \mathbf{z} \in \mathcal{S} : \ \mathbf{y} = \mathbf{z} + \mathbf{w} \in \mathcal{G} \tag{13.27}$$

$$\Rightarrow \ \forall \mathbf{z} \in \mathcal{S} : \ \mathbf{w} \in (\mathcal{G})_{-\mathbf{z}} = \{\mathbf{x} \mid \mathbf{x} = \mathbf{y} - \mathbf{z} \wedge \mathbf{y} \in \mathcal{G}\} \tag{13.28}$$

$$\Rightarrow \ \mathbf{w} \in \bigcap_{\mathbf{z} \in \mathcal{S}} (\mathcal{G})_{-\mathbf{z}} \,. \tag{13.29}$$

Somit folgt $\mathcal{G} \ominus \mathcal{S} \subseteq \bigcap_{\mathbf{z} \in \mathcal{S}} (\mathcal{G})_{-\mathbf{z}}$.
Sei umgekehrt $\mathbf{w} \in \bigcap_{\mathbf{z} \in \mathcal{S}} (\mathcal{G})_{-\mathbf{z}}$. Dann ist

$$\forall \mathbf{z} \in \mathcal{S}: \ \mathbf{w} \in (\mathcal{G})_{-\mathbf{z}} \tag{13.30}$$
$$\Rightarrow \ \forall \mathbf{y} = \mathbf{z} + \mathbf{w} \in (\mathcal{S})_{\mathbf{w}}: \ \mathbf{w} \in (\mathcal{G})_{-(\mathbf{y}-\mathbf{w})} \tag{13.31}$$
$$\Rightarrow \ \forall \mathbf{y} \in (\mathcal{S})_{\mathbf{w}}: \ \mathbf{w} + (\mathbf{y} - \mathbf{w}) \in \mathcal{G} \tag{13.32}$$
$$\Rightarrow \ (\mathcal{S})_{\mathbf{w}} \subseteq \mathcal{G} \tag{13.33}$$
$$\Rightarrow \ \mathbf{w} \in \mathcal{G} \ominus \mathcal{S}\,. \tag{13.34}$$

Somit erhält man $\bigcap_{\mathbf{z}\in\mathcal{S}}(\mathcal{G})_{-\mathbf{z}} \subseteq \mathcal{G} \ominus \mathcal{S}$ und insgesamt die Identität der alternativen Darstellung mit der Definition der Erosion.

2. Erosion mit einem Impuls:

$$\mathcal{G} \ominus \{\mathbf{x}_0\} = \{\mathbf{w} \,|\, (\{\mathbf{x}_0\})_{\mathbf{w}} \subseteq \mathcal{G}\} \tag{13.35}$$
$$= \{\mathbf{w} \,|\, \{\mathbf{x}_0 + \mathbf{w}\} \subseteq \mathcal{G}\} \tag{13.36}$$
$$= \{\mathbf{w} \,|\, \underbrace{(\mathbf{x}_0 + \mathbf{w})}_{=:\,\mathbf{z}} \in \mathcal{G}\} \tag{13.37}$$
$$= \{\mathbf{w} \,|\, \mathbf{w} = \mathbf{z} - \mathbf{x}_0 \ \wedge \ \mathbf{z} \in \mathcal{G}\} \tag{13.38}$$
$$= (\mathcal{G})_{-\mathbf{x}_0}\,. \tag{13.39}$$

3. Neutrales Element: folgt aus 2. mit $\mathbf{x}_0 = \mathbf{0}$.
4. Kommutativität: Anhand von 7. sieht man $\mathcal{G} \ominus \mathcal{S} \subseteq \mathcal{G}$ und $\mathcal{S} \ominus \mathcal{G} \subseteq \mathcal{S}$. Für disjunkte Punktmengen $\mathcal{G} \cap \mathcal{S} = \varnothing$ folgt daraus $\mathcal{G} \ominus \mathcal{S} \neq \mathcal{S} \ominus \mathcal{G}$. Also ist die Erosion im Allgemeinen nicht kommutativ.
   Die Vertauschbarkeit (13.19) wird später im Rahmen von Satz 13.3 gezeigt.
5. Assoziativität: Sei $\mathcal{S}_1 = \mathcal{S}_2 = \mathcal{S} \supset \{\mathbf{0}\}$ und $\mathcal{G} \ominus \mathcal{S} \subset \mathcal{G}$. Dann folgt $\mathcal{G} \ominus (\mathcal{S} \ominus \mathcal{S}) = \mathcal{G} \ominus \{\mathbf{0}\} = \mathcal{G}$ und $(\mathcal{G} \ominus \mathcal{S}) \ominus \mathcal{S} \neq \mathcal{G}$. Dieses Gegenbeispiel zeigt, dass die Erosion nicht assoziativ ist.
6. Verschiebungsinvarianz:

$$(\mathcal{G})_{\mathbf{z}} \ominus \mathcal{S} = \bigcap_{\mathbf{x}\in\mathcal{S}} ((\mathcal{G})_{\mathbf{z}})_{-\mathbf{x}} = \bigcap_{\mathbf{x}\in\mathcal{S}} (\mathcal{G})_{\mathbf{z}-\mathbf{x}} = \left(\bigcap_{\mathbf{x}\in\mathcal{S}} (\mathcal{G})_{-\mathbf{x}}\right)_{\mathbf{z}} = (\mathcal{G} \ominus \mathcal{S})_{\mathbf{z}}\,.$$

   Ferner ist

$$\mathcal{G} \ominus (\mathcal{S})_{\mathbf{z}} = \bigcap_{\mathbf{y}\in(\mathcal{S})_{\mathbf{z}}} (\mathcal{G})_{-\mathbf{y}} = \bigcap_{\mathbf{x}\in\mathcal{S}} (\mathcal{G})_{-(\mathbf{x}+\mathbf{z})} = \left(\bigcap_{\mathbf{x}\in\mathcal{S}} (\mathcal{G})_{-\mathbf{x}}\right)_{-\mathbf{z}} = (\mathcal{G} \ominus \mathcal{S})_{-\mathbf{z}}\,.$$

   Die letzte Gleichheit in (13.22) folgt schließlich durch Anwenden von (13.21).
7. Enthaltenseinsrelation: Sei $\mathcal{S} = \{\mathbf{0}\} \cup \mathcal{S}_1$.

$$\mathcal{G} \ominus \mathcal{S} = \{\mathbf{w} \,|\, (\mathcal{S})_{\mathbf{w}} \subseteq \mathcal{G}\} = \{\mathbf{w} \,|\, (\{\mathbf{0}\})_{\mathbf{w}} \subseteq \mathcal{G} \ \wedge \ (\mathcal{S}_1)_{\mathbf{w}} \subseteq \mathcal{G}\} \tag{13.40}$$
$$\subseteq \{\mathbf{w} \,|\, (\{\mathbf{0}\})_{\mathbf{w}} \subseteq \mathcal{G}\} = \mathcal{G} \ominus \{\mathbf{0}\} = \mathcal{G}\,. \tag{13.41}$$

8. Monotonie:

$$\mathcal{G}_1 \ominus \mathcal{S} = \{\mathbf{w} \,|\, (\mathcal{S})_\mathbf{w} \subseteq \mathcal{G}_1\} \tag{13.42}$$

$$\subseteq \{\mathbf{w} \,|\, (\mathcal{S})_\mathbf{w} \subseteq \mathcal{G}_2\} = \mathcal{G}_2 \ominus \mathcal{S}\,, \tag{13.43}$$

$$\mathcal{G} \ominus \mathcal{S}_1 = \{\mathbf{w} \,|\, (\mathcal{S}_1)_\mathbf{w} \subseteq \mathcal{G}\} \tag{13.44}$$

$$\supseteq \{\mathbf{w} \,|\, (\mathcal{S}_1)_\mathbf{w} \subseteq \mathcal{G} \wedge (\mathcal{S}_2 \backslash \mathcal{S}_1)_\mathbf{w} \subseteq \mathcal{G}\} \tag{13.45}$$

$$= \{\mathbf{w} \,|\, (\mathcal{S}_2)_\mathbf{w} \subseteq \mathcal{G}\} = \mathcal{G} \ominus \mathcal{S}_2\,. \tag{13.46}$$

9. Folgt durch elementare mengentheoretische Überlegungen aus der Definition der Erosion. ■

Satz 13.2: Eigenschaften der Dilatation

Seien $\mathcal{G}, \mathcal{G}_1, \mathcal{G}_2$ Punktmengen von Binärbildern und $\mathcal{S}, \mathcal{S}_1, \mathcal{S}_2$ strukturierende Elemente.

1. Die Dilatation ist die Vereinigung der um $\mathbf{z}$ verschobenen Punktmengen $(\mathcal{G})_\mathbf{z}$, wobei $\mathbf{z}$ alle Elemente von $\mathcal{S}$ durchläuft:

$$\mathcal{G} \oplus \mathcal{S} = \bigcup_{\mathbf{z} \in \mathcal{G}} (\mathcal{S})_\mathbf{z} = \bigcup_{\mathbf{z} \in \mathcal{S}} (\mathcal{G})_\mathbf{z}\,. \tag{13.47}$$

2. Die Dilatation einer einelementigen Punktmenge $\mathcal{G} = \{\mathbf{x}_0\}$ mit einem strukturierenden Element $\mathcal{S}$ entspricht einer Verschiebung des strukturierenden Elements um den Vektor $\mathbf{x}_0$ (Abb. 13.6):

$$\{\mathbf{x}_0\} \oplus \mathcal{S} = (\mathcal{S})_{\mathbf{x}_0}\,. \tag{13.48}$$

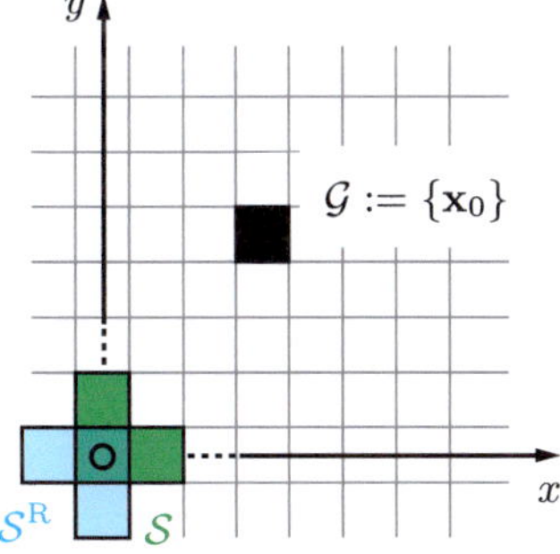

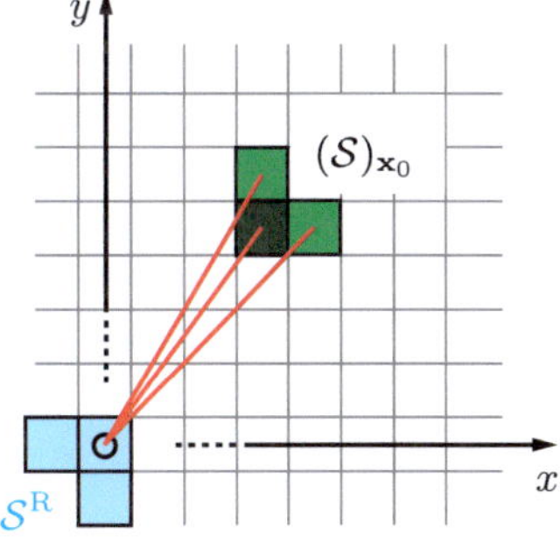

Abbildung 13.6. Die Dilatation der einelementigen Punktmenge $\mathcal{G}$ mit einem strukturierenden Element $\mathcal{S}$ kann als Impulsantwort des strukturierenden Elements aufgefasst werden.

3. Das strukturierende Element $\{\mathbf{0}\}$, das ausschließlich den Ursprung enthält, ist das neutrale Element der Dilatation:

$$\mathcal{G} \oplus \{\mathbf{0}\} = \mathcal{G}\,. \tag{13.49}$$

4. Die Dilatation ist kommutativ:

$$\mathcal{G} \oplus \mathcal{S} = \mathcal{S} \oplus \mathcal{G}\,. \tag{13.50}$$

5. Die Dilatation ist assoziativ:

$$\mathcal{G} \oplus (\mathcal{S}_1 \oplus \mathcal{S}_2) = (\mathcal{G} \oplus \mathcal{S}_1) \oplus \mathcal{S}_2\,. \tag{13.51}$$

6. Die Dilatation ist verschiebungsinvariant:

$$(\mathcal{G})_{\mathbf{z}} \oplus \mathcal{S} = (\mathcal{G} \oplus \mathcal{S})_{\mathbf{z}}\,. \tag{13.52}$$

7. Die ursprüngliche Punktmenge ist in der dilatierten Punktmenge enthalten, sofern das strukturierende Element den Ursprung umfasst:

$$(0,0)^{\mathrm{T}} \in \mathcal{S} \quad \Rightarrow \quad \mathcal{G} \subseteq \mathcal{G} \oplus \mathcal{S}\,. \tag{13.53}$$

8. Die Dilatation ist monoton bezüglich Enthaltensein:

$$\mathcal{G}_1 \subseteq \mathcal{G}_2 \quad \Rightarrow \quad \mathcal{G}_1 \oplus \mathcal{S} \subseteq \mathcal{G}_2 \oplus \mathcal{S}\,. \tag{13.54}$$

◇

Beweis 13.2 (Eigenschaften der Dilatation):

1. Darstellung als Vereinigungsmenge: Sei zunächst $\mathbf{w} \in \mathcal{G} \oplus \mathcal{S} = \{\mathbf{w} \,|\, (\mathcal{S}^{\mathrm{R}})_{\mathbf{w}} \cap \mathcal{G} \neq \varnothing\}$. Dann

$$\begin{aligned}
&\exists \mathbf{x}:\ \mathbf{x} \in (\mathcal{S}^{\mathrm{R}})_{\mathbf{w}} \cap \mathcal{G} && (13.55)\\
\Rightarrow\ & \mathbf{x} \in (\mathcal{S}^{\mathrm{R}})_{\mathbf{w}} \wedge \mathbf{x} \in \mathcal{G} && (13.56)\\
\Rightarrow\ & \mathbf{x} \in \{\mathbf{y} \,|\, \mathbf{y} = \mathbf{r} + \mathbf{w} \wedge \mathbf{r} \in \mathcal{S}^{\mathrm{R}}\} \wedge \mathbf{x} \in \mathcal{G} && (13.57)\\
\Rightarrow\ & \mathbf{r} = \mathbf{x} - \mathbf{w} \in \mathcal{S}^{\mathrm{R}} \wedge \mathbf{x} \in \mathcal{G} && (13.58)\\
\Rightarrow\ & \mathbf{s} = -\mathbf{r} = \mathbf{w} - \mathbf{x} \in \mathcal{S} \wedge \mathbf{x} \in \mathcal{G} && (13.59)\\
\Rightarrow\ & \mathbf{w} = \mathbf{s} + \mathbf{x} \in (\mathcal{S})_{\mathbf{x}} \wedge \mathbf{x} \in \mathcal{G} && (13.60)\\
\Rightarrow\ & \mathbf{w} \in \bigcup_{\mathbf{x} \in \mathcal{G}} (\mathcal{S})_{\mathbf{x}}\,. && (13.61)
\end{aligned}$$

Somit folgt $\{\mathbf{w} \,|\, (\mathcal{S}^{\mathrm{R}})_{\mathbf{w}} \cap \mathcal{G} \neq \varnothing\} \subseteq \bigcup_{\mathbf{z} \in \mathcal{G}} (\mathcal{S})_{\mathbf{z}}$.

Sei nun $\mathbf{w} \in \bigcup_{\mathbf{z}\in\mathcal{G}}(\mathcal{S})_{\mathbf{z}}$. Dann gibt es ein $\mathbf{z} \in \mathcal{G}$ mit

$$\mathbf{w} \in (\mathcal{S})_{\mathbf{z}} \tag{13.62}$$

$$\Rightarrow \quad \mathbf{w} \in \{\mathbf{x} \,|\, \mathbf{x} = \mathbf{s} + \mathbf{z} \wedge \mathbf{s} \in \mathcal{S}\} \tag{13.63}$$

$$\Rightarrow \quad \exists \mathbf{s} \in \mathcal{S}: \ \mathbf{w} = \mathbf{s} + \mathbf{z}\,. \tag{13.64}$$

Damit erhält man

$$\mathbf{r} = -\mathbf{s} \in \mathcal{S}^{\mathrm{R}} \tag{13.65}$$

$$\Rightarrow \quad \mathbf{z} = \mathbf{w} - \mathbf{s} = \mathbf{r} + \mathbf{w} \in (\mathcal{S}^{\mathrm{R}})_{\mathbf{w}} \tag{13.66}$$

$$\mathbf{z} \in \mathcal{G} \quad \Rightarrow \quad \mathbf{z} \in ((\mathcal{S}^{\mathrm{R}})_{\mathbf{w}} \cap \mathcal{G}) \tag{13.67}$$

$$\Rightarrow \quad ((\mathcal{S}^{\mathrm{R}})_{\mathbf{w}} \cap \mathcal{G}) \neq \varnothing \tag{13.68}$$

$$\Rightarrow \quad \mathbf{w} \in \{\mathbf{w} \,|\, (\mathcal{S}^{\mathrm{R}})_{\mathbf{w}} \cap \mathcal{G} \neq \varnothing\}\,. \tag{13.69}$$

Somit folgt $\bigcup_{\mathbf{z}\in\mathcal{G}}(\mathcal{S})_{\mathbf{z}} \subseteq \{\mathbf{w} \,|\, (\mathcal{S}^{\mathrm{R}})_{\mathbf{w}} \cap \mathcal{G} \neq \varnothing\}$ und insgesamt die Gleichheit der beiden Darstellungen.
Die zweite Darstellungsform in (13.47) folgt mit Hilfe der Kommutativität unter 4.

2. Dilatation mit einem Impuls: folgt aus 1.
3. Neutrales Element: folgt aus 2.
4. Kommutativität:

$$\mathcal{G} \oplus \mathcal{S} = \bigcup_{\mathbf{z}\in\mathcal{G}} (\mathcal{S})_{\mathbf{z}} = \bigcup_{\mathbf{z}\in\mathcal{G}} \{\mathbf{w} \,|\, \mathbf{w} = \mathbf{x} + \mathbf{z} \wedge \mathbf{x} \in \mathcal{S}\} \tag{13.70}$$

$$= \{\mathbf{w} \,|\, \mathbf{w} = \mathbf{x} + \mathbf{z} \wedge \mathbf{x} \in \mathcal{S} \wedge \mathbf{z} \in \mathcal{G}\} \tag{13.71}$$

$$= \bigcup_{\mathbf{x}\in\mathcal{S}} \{\mathbf{w} \,|\, \mathbf{w} = \mathbf{x} + \mathbf{z} \wedge \mathbf{z} \in \mathcal{G}\} = \bigcup_{\mathbf{x}\in\mathcal{S}} (\mathcal{G})_{\mathbf{x}} = \mathcal{S} \oplus \mathcal{G}\,. \tag{13.72}$$

5. Assoziativität:

$$\begin{aligned}
\mathcal{G} \oplus (\mathcal{S}_1 \oplus \mathcal{S}_2) &= \bigcup_{\mathbf{z}\in\mathcal{G}} \left(\bigcup_{\mathbf{x}\in\mathcal{S}_1} (\mathcal{S}_2)_{\mathbf{x}} \right)_{\mathbf{z}} \\
&= \bigcup_{\mathbf{z}\in\mathcal{G}} (\{\mathbf{w} \,|\, \mathbf{w} = \mathbf{x} + \mathbf{y} \wedge \mathbf{x} \in \mathcal{S}_1 \wedge \mathbf{y} \in \mathcal{S}_2\})_{\mathbf{z}} \\
&= \{\mathbf{v} \,|\, \mathbf{v} = \mathbf{x} + \mathbf{y} + \mathbf{z} \wedge \mathbf{x} \in \mathcal{S}_1 \wedge \mathbf{y} \in \mathcal{S}_2 \wedge \mathbf{z} \in \mathcal{G}\} \\
&= \bigcup_{\mathbf{r}\in\{\mathbf{w} \,|\, \mathbf{w}=\mathbf{x}+\mathbf{z} \wedge \mathbf{x}\in\mathcal{S}_1 \wedge \mathbf{z}\in\mathcal{G}\}} (\mathcal{S}_2)_{\mathbf{r}} \\
&= \bigcup_{\mathbf{r}\in \bigcup_{\mathbf{z}\in\mathcal{G}} (\mathcal{S}_1)_{\mathbf{z}}} (\mathcal{S}_2)_{\mathbf{r}} = \bigcup_{\mathbf{r}\in(\mathcal{G}\oplus\mathcal{S}_1)} (\mathcal{S}_2)_{\mathbf{r}} = (\mathcal{G} \oplus \mathcal{S}_1) \oplus \mathcal{S}_2\,.
\end{aligned} \tag{13.73}$$

6. Verschiebungsinvarianz:

$$(\mathcal{G})_{\mathbf{z}} \oplus \mathcal{S} = \bigcup_{\mathbf{x} \in (\mathcal{G})_{\mathbf{z}}} (\mathcal{S})_{\mathbf{x}} = \bigcup_{\mathbf{x} \in \{\mathbf{x} \,|\, \mathbf{x}=\mathbf{y}+\mathbf{z} \wedge \mathbf{y} \in \mathcal{G}\}} (\mathcal{S})_{\mathbf{x}} \tag{13.74}$$

$$= \{\mathbf{w} \,|\, \mathbf{w} = \mathbf{s} + \mathbf{y} + \mathbf{z} \wedge \mathbf{y} \in \mathcal{G} \wedge \mathbf{s} \in \mathcal{S}\} \tag{13.75}$$

$$= (\{\mathbf{v} \,|\, \mathbf{v} = \mathbf{s} + \mathbf{y} \wedge \mathbf{y} \in \mathcal{G} \wedge \mathbf{s} \in \mathcal{S}\})_{\mathbf{z}} \tag{13.76}$$

$$= \left(\bigcup_{\mathbf{y} \in \mathcal{G}} (\mathcal{S})_{\mathbf{y}} \right)_{\mathbf{z}} = (\mathcal{G} \oplus \mathcal{S})_{\mathbf{z}} \,. \tag{13.77}$$

7. Enthaltenseinsrelation:

$$\mathcal{G} \oplus \mathcal{S} = \bigcup_{\mathbf{z} \in \mathcal{S}} (\mathcal{G})_{\mathbf{z}} = \bigcup_{\mathbf{z} \in (\{\mathbf{0}\} \cup (\mathcal{S} \setminus \{\mathbf{0}\}))} (\mathcal{G})_{\mathbf{z}} = (\mathcal{G})_{\mathbf{0}} \cup \bigcup_{\mathbf{z} \in (\mathcal{S} \setminus \{\mathbf{0}\})} (\mathcal{G})_{\mathbf{z}} \supseteq (\mathcal{G})_{\mathbf{0}} = \mathcal{G} \,.$$

8. Monotonie:

$$\mathcal{G}_1 \oplus \mathcal{S} = \bigcup_{\mathbf{z} \in \mathcal{G}_1} (\mathcal{S})_{\mathbf{z}} \subseteq \bigcup_{\mathbf{z} \in \mathcal{G}_2} (\mathcal{S})_{\mathbf{z}} = \mathcal{G}_2 \oplus \mathcal{S} \,. \tag{13.78}$$

■

13.1.2.1 Dualität von Erosion und Dilatation

Erosion und Dilatation, die fundamentalen Operationen der Morphologie, sind nicht invers. In anderen Worten, die Verkettung beider Operationen liefert i. Allg. nicht wieder die Originaldaten:

$$(\mathcal{G} \ominus \mathcal{S}) \oplus \mathcal{S} \neq \mathcal{G} \neq (\mathcal{G} \oplus \mathcal{S}) \ominus \mathcal{S} \,. \tag{13.79}$$

Zwischen Erosion und Dilatation gilt jedoch die folgende Dualität:

Satz 13.3: Dualität von Erosion und Dilatation

Für Punktmengen $\mathcal{G}, \mathcal{S}, \mathcal{S}_1, \ldots, \mathcal{S}_K$ gilt:

$$\overline{\mathcal{G}} \oplus \mathcal{S}^{\mathrm{R}} = \overline{\mathcal{G} \ominus \mathcal{S}} \,. \tag{13.80}$$

Außerdem ist

$$\mathcal{G} \subseteq (\mathcal{G} \oplus \mathcal{S}) \ominus \mathcal{S} \,, \tag{13.81}$$

$$\mathcal{G} \supseteq (\mathcal{G} \ominus \mathcal{S}) \oplus \mathcal{S} \,. \tag{13.82}$$

Ferner bestehen folgende Zusammenhänge zwischen Erosion und Dilatation:

$$(\mathcal{G} \ominus \mathcal{S}_1) \ominus \mathcal{S}_2 = \mathcal{G} \ominus (\mathcal{S}_1 \oplus \mathcal{S}_2) \tag{13.83}$$

$$(\cdots(((\mathcal{G} \ominus \mathcal{S}_1) \ominus \mathcal{S}_2) \ominus \mathcal{S}_3) \cdots \ominus \mathcal{S}_K) = \mathcal{G} \ominus (\mathcal{S}_1 \oplus \cdots \oplus \mathcal{S}_K) \tag{13.84}$$

◇

Beweis 13.3 (Dualität von Erosion und Dilatation): Der Beweis erfolgt durch Anwendung des De Morgan'schen Gesetzes auf den Schnitt der Punktmengen:

$$\overline{\mathcal{G} \ominus \mathcal{S}} = \overline{\bigcap_{\mathbf{z} \in \mathcal{S}} (\mathcal{G})_{-\mathbf{z}}} = \bigcup_{\mathbf{z} \in \mathcal{S}} \overline{(\mathcal{G})_{-\mathbf{z}}} = \bigcup_{\mathbf{x} \in \mathcal{S}^{\mathrm{R}}} (\overline{\mathcal{G}})_{\mathbf{x}} = \overline{\mathcal{G}} \oplus \mathcal{S}^{\mathrm{R}} . \tag{13.85}$$

Die Inklusionsbeziehungen beweist man wie folgt: Sei $\mathbf{w} \in \mathcal{G}$ beliebig. Dann ist

$$\forall \mathbf{z} \in \mathcal{S} : \ \mathbf{w} + \mathbf{z} \in (\mathcal{G})_{\mathbf{z}} \tag{13.86}$$

$$\Rightarrow \quad \forall \mathbf{z} \in \mathcal{S} : \ \mathbf{w} + \mathbf{z} \in \bigcup_{\mathbf{x} \in \mathcal{S}} (\mathcal{G})_{\mathbf{x}} = \mathcal{G} \oplus \mathcal{S} \tag{13.87}$$

$$\Rightarrow \quad \forall \mathbf{z} \in \mathcal{S} : \ \mathbf{w} \in (\mathcal{G} \oplus \mathcal{S})_{-\mathbf{z}} \tag{13.88}$$

$$\Rightarrow \quad \mathbf{w} \in \bigcap_{\mathbf{z} \in \mathcal{S}} (\mathcal{G} \oplus \mathcal{S})_{-\mathbf{z}} = (\mathcal{G} \oplus \mathcal{S}) \ominus \mathcal{S} . \tag{13.89}$$

Sei nun $\mathbf{w} \in (\mathcal{G} \ominus \mathcal{S}) \oplus \mathcal{S} = \bigcup_{\mathbf{z} \in \mathcal{S}} (\mathcal{G} \ominus \mathcal{S})_{\mathbf{z}} = \{\mathbf{w} \,|\, \mathbf{w} = \mathbf{y} + \mathbf{z} \wedge \mathbf{y} \in (\mathcal{G} \ominus \mathcal{S}) \wedge \mathbf{z} \in \mathcal{S}\}$. Anhand der letzten Umformung sieht man

$$\exists \mathbf{y} \in (\mathcal{G} \ominus \mathcal{S}) \ \exists \mathbf{z} \in \mathcal{S} : \ \mathbf{w} = \mathbf{y} + \mathbf{z} \tag{13.90}$$

$$\Rightarrow \quad \mathbf{y} \in \bigcap_{\mathbf{s} \in \mathcal{S}} (\mathcal{G})_{-\mathbf{s}} = \bigcap_{\mathbf{s} \in \mathcal{S}} \{\mathbf{v} \,|\, \mathbf{v} = \mathbf{x} - \mathbf{s} \ \wedge \ \mathbf{x} \in \mathcal{G}\} \tag{13.91}$$

$$\Rightarrow \quad \forall \mathbf{s} \in \mathcal{S} : \ \mathbf{y} \in \{\mathbf{v} \,|\, \mathbf{v} = \mathbf{x} - \mathbf{s} \ \wedge \ \mathbf{x} \in \mathcal{G}\} \tag{13.92}$$

$$\Rightarrow \quad \forall \mathbf{s} \in \mathcal{S} : \ \mathbf{x} = \mathbf{y} + \mathbf{s} \in \mathcal{G} \tag{13.93}$$

$$\mathbf{z} \in \mathcal{S} \quad \Rightarrow \quad \mathbf{y} + \mathbf{z} \in \mathcal{G} \tag{13.94}$$

$$\mathbf{w} = \mathbf{y} + \mathbf{z} \quad \Rightarrow \quad \mathbf{w} \in \mathcal{G} . \tag{13.95}$$

Zu (13.83):

$$(\mathcal{G} \ominus \mathcal{S}_1) \ominus \mathcal{S}_2 = \bigcap_{\mathbf{z} \in \mathcal{S}_2} (\mathcal{G} \ominus \mathcal{S}_1)_{-\mathbf{z}} = \bigcap_{\mathbf{z} \in \mathcal{S}_2} \bigcap_{\mathbf{y} \in \mathcal{S}_1} (\mathcal{G})_{-\mathbf{z}-\mathbf{y}} \tag{13.96}$$

$$= \bigcap_{\mathbf{x} \in \{\mathbf{x} \,|\, \mathbf{x} = \mathbf{y} + \mathbf{z} \wedge \mathbf{y} \in \mathcal{S}_1 \wedge \mathbf{z} \in \mathcal{S}_2\}} (\mathcal{G})_{-\mathbf{x}} = \bigcap_{\mathbf{x} \in \bigcup_{\mathbf{y} \in \mathcal{S}_1} (\mathcal{S}_2)_{\mathbf{y}}} (\mathcal{G})_{-\mathbf{x}}$$

$$= \bigcap_{\mathbf{x} \in (\mathcal{S}_1 \oplus \mathcal{S}_2)} (\mathcal{G})_{-\mathbf{x}} = \mathcal{G} \ominus (\mathcal{S}_1 \oplus \mathcal{S}_2) . \tag{13.97}$$

Gleichung (13.84) folgt daraus durch Induktion über K. Schließlich folgt (13.19) aus (13.83) und der Kommutativität der Dilatation. ■

Die Dualität von Erosion und Dilatation wird in Abb. 13.7 illustriert. Die Dilatation des Bildhintergrunds $\overline{\mathcal{G}}$ mit einem symmetrischen strukturierenden Element $\mathcal{S}$ ist äquivalent zur Erosion des Vordergrundobjekts $\mathcal{G}$ und umgekehrt:

$$\overline{\overline{\mathcal{G}} \oplus \mathcal{S}^{\mathrm{R}}} = \mathcal{G} \ominus \mathcal{S}\,, \qquad \overline{\overline{\mathcal{G}} \ominus \mathcal{S}^{\mathrm{R}}} = \mathcal{G} \oplus \mathcal{S}\,. \tag{13.98}$$

Zwar sind Erosion und Dilatation nur duale Verfahren, unter bestimmten Voraussetzungen werden sie allerdings invers, so dass eine Verkettung beider Operationen wieder die Originaldaten liefert. In solchen Fällen ist eine perfekte Rekonstruktion der Originalmenge $\mathcal{G}$ mittels der dualen Operation möglich. Im folgenden Abschnitt werden Beispiele für solche Fälle gezeigt, vgl. etwa (13.116).

Die Assoziativität der Dilatation gemäß (13.51) kann zur Effizienzsteigerung ausgenutzt werden: Mehrere Dilatationsoperationen mit kleinen strukturierten Elementen $\mathcal{S}_1, \ldots, \mathcal{S}_K$ sind i. d. R. mit weniger Rechenaufwand verbunden als eine Dilatation mit dem zusammengesetzten strukturierenden Element $\mathcal{S}_1 \oplus \cdots \oplus \mathcal{S}_K$. Zudem können die Zwischenergebnisse der einzelnen Dilatationsschritte in manchen Anwendungen sinnvoll weiterverwendet werden. Für die Erosion gilt entsprechendes: Ein großes strukturierendes Element kann gemäß (13.83), (13.84) zerlegt werden [7].

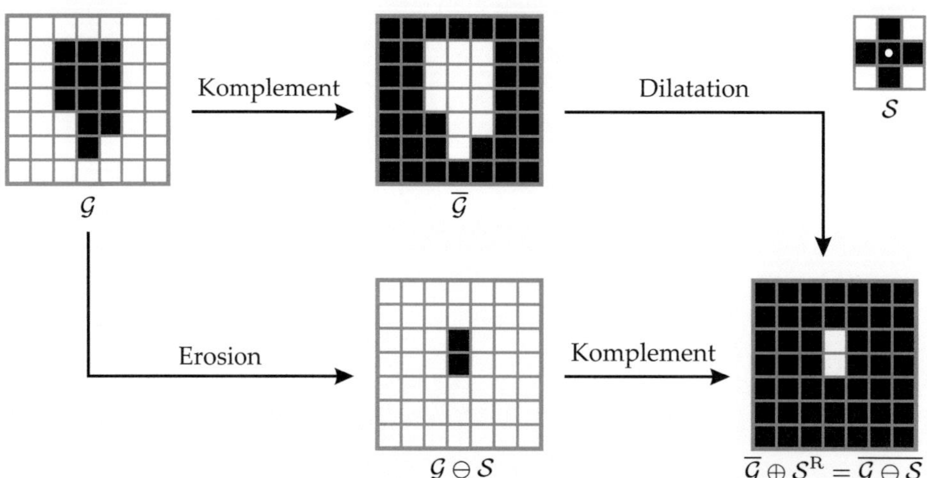

Abbildung 13.7. Veranschaulichung der Dualität von Erosion und Dilatation. Bei einem punktsymmetrischen strukturierenden Element wie in diesem Beispiel ist $\mathcal{S} = \mathcal{S}^{\mathrm{R}}$.

13.1.3 Öffnung und Schließung

Die durch die Erosion verursachte Schrumpfung kann zum Teil dadurch ausgeglichen werden, dass man eine anschließende Dilatation mit dem gleichen strukturierenden Element anwendet. Ebenso kann das durch die Dilatation verursachte Wachsen teilweise durch Anwendung einer Erosion rückgängig gemacht werden. Die morphologischen Operationen Öffnung und Schließung werden als aufeinanderfolgende Erosion und Dilatation bzw. Dilatation und Erosion definiert.

Definition 13.5: Öffnung und Schließung

Sei $\mathcal{G}$ eine Punktmenge und $\mathcal{S}$ ein strukturierendes Element. Die Verkettung von einer Erosion und einer anschließenden Dilatation heißt Öffnung (*opening*):

$$\mathcal{G} \circ \mathcal{S} := (\mathcal{G} \ominus \mathcal{S}) \oplus \mathcal{S} \,. \tag{13.99}$$

Die umgekehrte Reihenfolge der Operationen wird als Schließung (*closing*) bezeichnet:

$$\mathcal{G} \bullet \mathcal{S} := (\mathcal{G} \oplus \mathcal{S}) \ominus \mathcal{S} \,. \tag{13.100}$$

◇

Öffnung und Schließung liefern Mengen mit Grenzen nahe derer der Originalmenge $\mathcal{G}$. Eine Öffnung entfernt feine Appendizes, die dünner als $\mathcal{S}$ sind, und bewahrt (d. h. öffnet) Einbuchtungen, während der Schließvorgang feine Halbinseln bewahrt und Einbuchtungen schmaler als $\mathcal{S}$ schließt (Abb. 13.8). Eine Öffnung

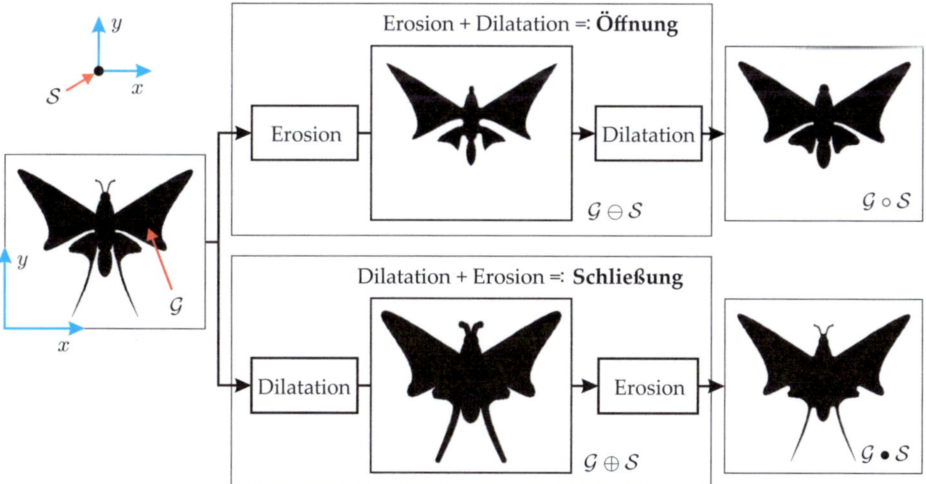

Abbildung 13.8. Öffnung und Schließung angewandt auf das Beispielbild aus Abb. 13.1.

entfernt isolierte Pixel und Objekte, die kleiner als das strukturierende Element sind. Eine Schließung füllt Löcher im Objekt, die kleiner als das strukturierende Element sind. Beide Operationen können als formglättende Verfahren für $\mathcal{G}$ interpretiert werden, die Ergebnisse liefern, die nahe an $\mathcal{G}$ sind, sich aber in Details, die kleiner als $\mathcal{S}$ sind, unterscheiden.

Satz 13.4: Eigenschaften von Öffnung und Schließung

1. Die geöffnete Punktmenge ist eine Teilmenge der ursprünglichen Punktmenge. Die geschlossene Punktmenge ist eine Obermenge der ursprünglichen Punktmenge:

$$\mathcal{G} \circ \mathcal{S} \subseteq \mathcal{G} \subseteq \mathcal{G} \bullet \mathcal{S} . \tag{13.101}$$

2. Öffnung und Schließung sind monoton bezüglich Enthaltensein:

$$\mathcal{G}_1 \subseteq \mathcal{G}_2 \quad \Rightarrow \quad \begin{cases} \mathcal{G}_1 \circ \mathcal{S} \subseteq \mathcal{G}_2 \circ \mathcal{S} \\ \mathcal{G}_1 \bullet \mathcal{S} \subseteq \mathcal{G}_2 \bullet \mathcal{S} . \end{cases} \tag{13.102}$$

3. Die mehrfache Öffnung bzw. Schließung mit dem gleichen strukturierenden Element ist idempotent:

$$(\mathcal{G} \circ \mathcal{S}) \circ \mathcal{S} = \mathcal{G} \circ \mathcal{S} , \tag{13.103}$$

$$(\mathcal{G} \bullet \mathcal{S}) \bullet \mathcal{S} = \mathcal{G} \bullet \mathcal{S} . \tag{13.104}$$

4. Öffnung und Schließung sind zueinander duale Operationen:

$$\overline{\mathcal{G} \bullet \mathcal{S}} = \overline{\mathcal{G}} \circ \mathcal{S}^{\mathrm{R}} , \tag{13.105}$$

$$\overline{\mathcal{G} \circ \mathcal{S}} = \overline{\mathcal{G}} \bullet \mathcal{S}^{\mathrm{R}} . \tag{13.106}$$

5. Öffnung und Schließung lassen sich wie folgt als Mengenoperationen darstellen:

$$\mathcal{G} \circ \mathcal{S} = \bigcup_{\{\mathbf{z} \,|\, (\mathcal{S})_{\mathbf{z}} \subseteq \mathcal{G}\}} (\mathcal{S})_{\mathbf{z}} , \tag{13.107}$$

$$\mathcal{G} \bullet \mathcal{S} = \bigcap_{\{\mathbf{z} \,|\, (\mathcal{S}^{\mathrm{R}})_{\mathbf{z}} \cap \mathcal{G} = \varnothing\}} \overline{(\mathcal{S}^{\mathrm{R}})_{\mathbf{z}}} . \tag{13.108}$$

6. Bezüglich Verschiebungen verhalten sich Öffnung und Schließung wie folgt:

$$(\mathcal{G})_{\mathbf{z}} \circ \mathcal{S} = (\mathcal{G} \circ \mathcal{S})_{\mathbf{z}}\,, \tag{13.109}$$

$$(\mathcal{G})_{\mathbf{z}} \bullet \mathcal{S} = (\mathcal{G} \bullet \mathcal{S})_{\mathbf{z}}\,, \tag{13.110}$$

$$\forall \mathbf{w} \in \Omega_g : \; \mathcal{G} \circ (\mathcal{S})_{\mathbf{w}} = \mathcal{G} \circ \mathcal{S}\,, \tag{13.111}$$

$$\forall \mathbf{w} \in \Omega_g : \; \mathcal{G} \bullet (\mathcal{S})_{\mathbf{w}} = \mathcal{G} \bullet \mathcal{S}\,. \tag{13.112}$$

7. Mit der Erosion und der Dilatation bestehen folgende Zusammenhänge:

$$\mathcal{G} \ominus \mathcal{S} = (\mathcal{G} \circ \mathcal{S}) \ominus \mathcal{S} = (\mathcal{G} \ominus \mathcal{S}) \bullet \mathcal{S}\,, \tag{13.113}$$

$$\mathcal{G} \oplus \mathcal{S} = (\mathcal{G} \bullet \mathcal{S}) \oplus \mathcal{S} = (\mathcal{G} \oplus \mathcal{S}) \circ \mathcal{S}\,. \tag{13.114}$$

◇

Beweis 13.4 (Eigenschaften von Öffnung und Schließung):

1. Die Enthaltenseinsrelationen folgen sofort aus Satz 13.3.
2. Die Monotonie folgt aus der Monotonie von Erosion und Dilatation.
3. Idempotenz der Öffnung: Aus 1. und der Monotonie der Erosion erhält man

$$(\mathcal{G} \circ \mathcal{S}) \subseteq \mathcal{G} \quad \Rightarrow \quad ((\mathcal{G} \ominus \mathcal{S}) \oplus \mathcal{S}) \ominus \mathcal{S} = (\mathcal{G} \circ \mathcal{S}) \ominus \mathcal{S} \subseteq \mathcal{G} \ominus \mathcal{S}\,.$$

Andererseits liefert die Anwendung von 1. auf $\mathcal{G} \ominus \mathcal{S}$:

$$\mathcal{G} \ominus \mathcal{S} \subseteq (\mathcal{G} \ominus \mathcal{S}) \bullet \mathcal{S} = ((\mathcal{G} \ominus \mathcal{S}) \oplus \mathcal{S}) \ominus \mathcal{S}\,. \tag{13.115}$$

Somit folgt insgesamt

$$((\mathcal{G} \ominus \mathcal{S}) \oplus \mathcal{S}) \ominus \mathcal{S} = \mathcal{G} \ominus \mathcal{S}\,. \tag{13.116}$$

Bei der Anwendung auf $\mathcal{G} \ominus \mathcal{S}$ sind Dilatation und Erosion mit $\mathcal{S}$ also zueinander inverse Operationen, die sich gegenseitig aufheben. Durch eine weitere Dilatation auf beiden Seiten der letzten Gleichung erhält man schließlich die Idempotenz der Öffnung:

$$\underbrace{(\underbrace{((\mathcal{G} \ominus \mathcal{S}) \oplus \mathcal{S})}_{=\mathcal{G} \circ \mathcal{S}} \ominus \mathcal{S}) \oplus \mathcal{S}}_{=(\mathcal{G} \circ \mathcal{S}) \circ \mathcal{S}} = \underbrace{(\mathcal{G} \ominus \mathcal{S}) \oplus \mathcal{S}}_{=\mathcal{G} \circ \mathcal{S}}\,. \tag{13.117}$$

Analog lässt sich die Idempotenz der Schließung beweisen [7].

4. Die Dualität folgt aus der Dualität von Erosion und Dilatation (Satz 13.3):

$$\overline{\mathcal{G} \bullet \mathcal{S}} = \overline{(\mathcal{G} \oplus \mathcal{S}) \ominus \mathcal{S}} = \overline{(\mathcal{G} \oplus \mathcal{S})} \oplus \mathcal{S}^{\mathrm{R}} = (\overline{\mathcal{G}} \ominus \mathcal{S}^{\mathrm{R}}) \oplus \mathcal{S}^{\mathrm{R}} = \overline{\mathcal{G}} \circ \mathcal{S}^{\mathrm{R}}\,.$$

5. Darstellung als Vereinigungs- bzw. Schnittmenge: Zunächst lässt sich die Öffnung schreiben als

$$\mathcal{G} \circ \mathcal{S} = (\mathcal{G} \ominus \mathcal{S}) \oplus \mathcal{S} = \bigcup_{\mathbf{z} \in \mathcal{G} \ominus \mathcal{S}} (\mathcal{S})_{\mathbf{z}} = \bigcup_{\mathbf{z} \in \{\mathbf{w} \,|\, (\mathcal{S})_{\mathbf{w}} \subseteq \mathcal{G}\}} (\mathcal{S})_{\mathbf{z}} \,. \tag{13.118}$$

   Die Darstellung der Schließung erhält man daraus mit Hilfe der Dualität:

$$\mathcal{G} \bullet \mathcal{S} = \overline{\overline{\mathcal{G}} \circ \mathcal{S}^{\mathrm{R}}} = \overline{\bigcup_{\mathbf{z} \in \{\mathbf{w} \,|\, (\mathcal{S}^{\mathrm{R}})_{\mathbf{w}} \subseteq \overline{\mathcal{G}}\}} (\mathcal{S}^{\mathrm{R}})_{\mathbf{z}}} = \bigcap_{\mathbf{z} \in \{\mathbf{w} \,|\, (\mathcal{S}^{\mathrm{R}})_{\mathbf{w}} \cap \mathcal{G} = \varnothing\}} \overline{(\mathcal{S}^{\mathrm{R}})_{\mathbf{z}}} \,.$$

6. Verschiebungsinvarianz: Aus den Eigenschaften von Erosion und Dilatation bezüglich Verschiebung um $\mathbf{w}$ folgt

$$\mathcal{G} \circ (\mathcal{S})_{\mathbf{w}} = (\mathcal{G} \ominus (\mathcal{S})_{\mathbf{w}}) \oplus (\mathcal{S})_{\mathbf{w}} = ((\mathcal{G} \ominus \mathcal{S})_{-\mathbf{w}} \oplus \mathcal{S})_{\mathbf{w}} \tag{13.119}$$

$$= ((\mathcal{G} \ominus \mathcal{S}) \oplus \mathcal{S})_{\mathbf{w}-\mathbf{w}} = \mathcal{G} \circ \mathcal{S} \,. \tag{13.120}$$

   Die anderen Gleichungen zeigt man analog.

7. Die Beziehungen mit Erosion und Dilatation folgen ebenso wie die Idempotenz aus (13.116) und der entsprechenden Herleitung für die Schließung. ■

Anders als bei Erosion und Dilatation spielt die Lage des Ursprungs des strukturierenden Elements für Öffnung und Schließung keine Rolle, weil die bei den aufeinanderfolgenden Erosions- und Dilatationsoperationen auftretenden Verschiebungen sich gegenseitig aufheben.

Die Kombination der nun eingeführten binärmorphologischen Grundoperationen bietet eine einfache und anschauliche Möglichkeit zur Lösung zahlreicher Bildverarbeitungsaufgaben. Einige Beispiele für zusammengesetzte morphologische Operatoren werden in den folgenden Abschnitten vorgestellt.

13.1.4 Randextraktion

Vielfach interessiert man sich für den Rand eines Objektes, beispielsweise als Zwischenschritt auf dem Weg zur Vermessung dessen Umfangs. Mit Hilfe der vorgestellten binärmorphologischen Operatoren lassen sich die Ränder einer Punktmenge $\mathcal{G}$ sehr einfach extrahieren [5]:

$$\mathrm{Rand}\{\mathcal{G}\} = \mathcal{G} \backslash (\mathcal{G} \ominus \mathcal{S}) \,. \tag{13.121}$$

Die Erosion führt zu einer Schrumpfung des Objekts, liefert also das Innere der Punktmenge. Bildet man anschließend die Differenzmenge zum ursprünglichen Binärbild, so erhält man genau die Randpunkte. Als strukturierendes Element $\mathcal{S}$ wird eine kreisförmige Menge mit Mittelpunkt im Ursprung $\mathbf{0}$ und Radius eins gewählt, die sich im Diskreten anhand der Elementarraute $\mathcal{S}_{\mathrm{ER}}$ gemäß Abb. 13.2(a) approximieren lässt. Der Mittelpunkt des Kreises befindet sich im Ursprung des Koordinatensystems. Dadurch erhält man eine Kontur des Objekts, die genau ein Pixel breit ist und gemäß der Vierer-Nachbarschaft verbunden ist, d. h. die einem Konturpunkt $\mathbf{x}$ vorangehenden bzw. nachfolgenden Konturpunkte befinden sich innerhalb seiner Vierer-Nachbarschaft $N_4(\mathbf{x})$ (siehe Def. 12.8). Möchte man eine Kontur gemäß der Achter-Nachbarschaft haben, kann man ein 3×3-Quadrat als strukturierendes Element verwenden. Größere strukturierende Elemente bewirken entsprechend breitere Konturen.

Abbildung 13.9 zeigt ein Beispiel zur binärmorphologischen Randextraktion anhand der schmetterlingsförmigen Punktmenge $\mathcal{G}$ aus Abb. 13.1.

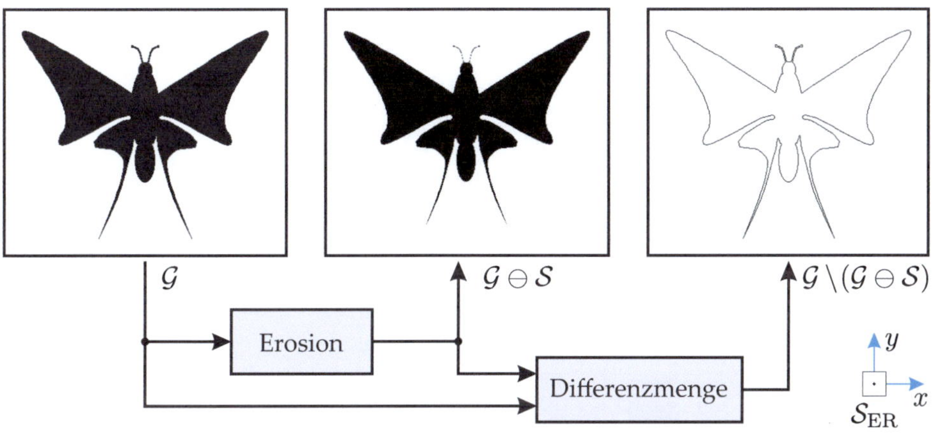

Abbildung 13.9. Randextraktion mit $\mathcal{S}_{\mathrm{ER}}$.

13.1.5 Regionen ausfüllen

Bei manchen Aufgabenstellungen muss eine zusammenhängende Komponente im Bild, die durch ihre Außenkontur gegeben ist oder aber Lücken aufweist, ausgefüllt werden – etwa um ihre Fläche zu bestimmen. Auf der Grundlage morphologischer Operatoren lassen sich iterative Algorithmen konstruieren, die solche Lücken zu schließen gestatten [5]. Die Punktmenge $\mathcal{G}$ sei zusammenhängend bezüglich der Achter-Nachbarschaft, $\mathcal{Y}$ sei das von $\mathcal{G}$ umschlossene Gebiet mit $\mathcal{Y} \cap \mathcal{G} = \varnothing$. Ausgehend von einem Startpunkt $\mathbf{p} \in \mathcal{Y}$ findet der im Folgenden vorgestellte Algorithmus alle anderen Punkte, die zu $\mathcal{Y}$ gehören. Dafür wird iterativ die Menge

$$\mathcal{X}_k := (\mathcal{X}_{k-1} \oplus \mathcal{S}_{\mathrm{ER}}) \cap \overline{\mathcal{G}}\,, \qquad k = 1, 2, 3, \ldots \tag{13.122}$$

berechnet, wobei für die erste Iteration $\mathcal{X}_0 := \{\mathbf{p}\}$ gesetzt wird. Die Dilatation durch das als Elementarraute $\mathcal{S}_{\text{ER}}$ definierte strukturierende Element bewirkt zunächst ein Bereichswachstum, und die anschließende Schnittmengenbildung entfernt gegebenenfalls die hinzugefügten Punkte, die über die Grenzen von $\mathcal{Y}$ hinausragen. Die Iteration endet, sobald die Bedingung

$$\mathcal{X}_k = \mathcal{X}_{k-1} \tag{13.123}$$

erfüllt ist. Dann gilt für den ausgefüllten Hohlraum: $\mathcal{Y} = \mathcal{X}_k$.

Abbildung 13.10 zeigt ein einfaches Beispiel zur Bestimmung eines umschlossenen Gebiets $\mathcal{Y}$. In diesem Fall ist die Abbruchbedingung nach der vierten Iteration erfüllt. Die ausgefüllte Region um den Punkt $\mathbf{p}$ erhält man als Vereinigungsmenge der ursprünglichen Kontur $\mathcal{G}$ und des umschlossenen Gebiets $\mathcal{Y}$.

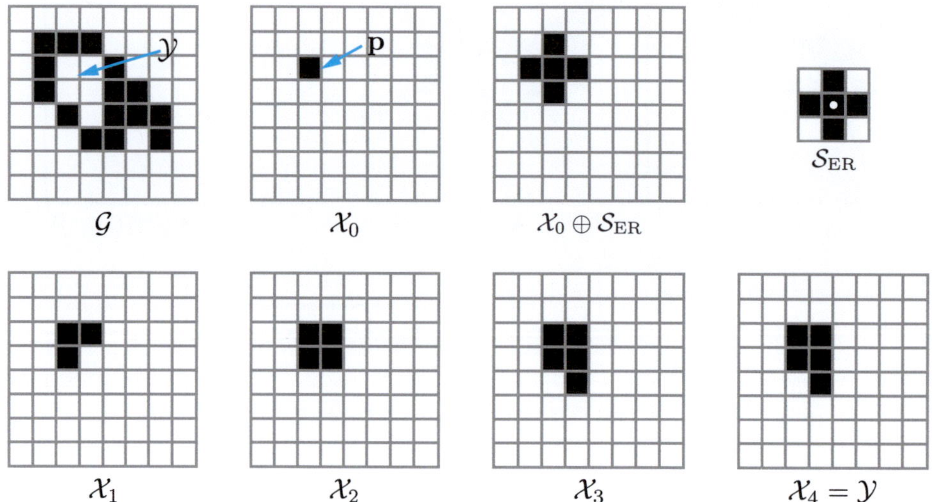

Abbildung 13.10. Beispiel zum Ausfüllen von Regionen.

13.1.6 Komponentenmarkierung und Zusammenhangsanalyse

Binärmorphologische Verfahren lassen sich ebenfalls zur Extraktion zusammenhängender Komponenten (d. h. Objekte) aus einem Bild einsetzen [5]. Zwar ist es für einen menschlichen Beobachter klar, ob mehrere benachbarte Punkte eines Bildes ein zusammenhängendes Ganzes bilden – für einen Rechner, für den Digitalbilder lediglich eine Matrix von Bildpunkten sind, ist dieser Zusammenhang allerdings nicht offensichtlich. Um diesen Zusammenhang explizit zu machen, bedarf es einer Zusammenhangsanalyse, deren Ziel es ist, jedem zusammenhängenden Bereich eine eindeutige Kennung oder Marke (engl. *label*) – meistens handelt es sich dabei um eine natürliche Zahl – zuzuweisen.

Um eine einzelne Komponente zu markieren, wird analog zu Abschn. 13.1.5 verfahren, wobei in diesem Fall $\mathcal{Y} \subseteq \mathcal{G}$ das zu extrahierende zusammenhängende Gebiet bezeichnet. Ausgehend von einem Startpunkt $\mathbf{p} \in \mathcal{Y}$ findet der iterative Algorithmus alle anderen Punkte von $\mathcal{Y}$. Ähnlich wie beim Ausfüllen von Regionen lautet hier die Iterationsvorschrift:

$$\mathcal{X}_k = (\mathcal{X}_{k-1} \oplus \mathcal{S}) \cap \mathcal{G}\,, \qquad k = 1, 2, 3, \ldots \tag{13.124}$$

mit $\mathcal{X}_0 = \{\mathbf{p}\}$. Nun wird eine Komponente des Objekts gesucht, sodass der Schnitt mit $\mathcal{G}$ gebildet werden muss, nicht mit dem Komplement $\overline{\mathcal{G}}$ wie beim Ausfüllen von Lücken im Hintergrund mittels (13.122). Die Iteration endet, sobald die Bedingung $\mathcal{X}_k = \mathcal{X}_{k-1}$ erfüllt ist. Dann gilt: $\mathcal{Y} = \mathcal{X}_k$.

Als strukturierendes Element $\mathcal{S}$ wird eine Elementarraute gemäß Abb. 13.2(a) gewählt, falls gefordert wird, dass benachbarte Pixel eines Objektes eine gemeinsame Kante haben müssen (Vierer-Nachbarschaft). Werden aber auch Nachbarschaften zugelassen, die mindestens eine gemeinsame Ecke aufweisen (Achter-Nachbarschaft), so bedarf es eines Quadrates der Größe 3×3. Abbildung 13.11 zeigt für diesen Fall ein Beispiel zur Komponentenmarkierung, bei dem die Abbruchbedingung nach sechs Iterationen erreicht wird.

Zur Durchführung einer vollständigen Zusammenhangsanalyse müssen sämtliche Komponenten sequenziell markiert werden. Als Startpunkt $\mathbf{p}$ kann ein beliebiges Objektpixel dienen, das noch keiner Komponente zugeordnet ist. Der gefundenen Komponente wird anschließend eine eindeutige Marke zugewiesen.

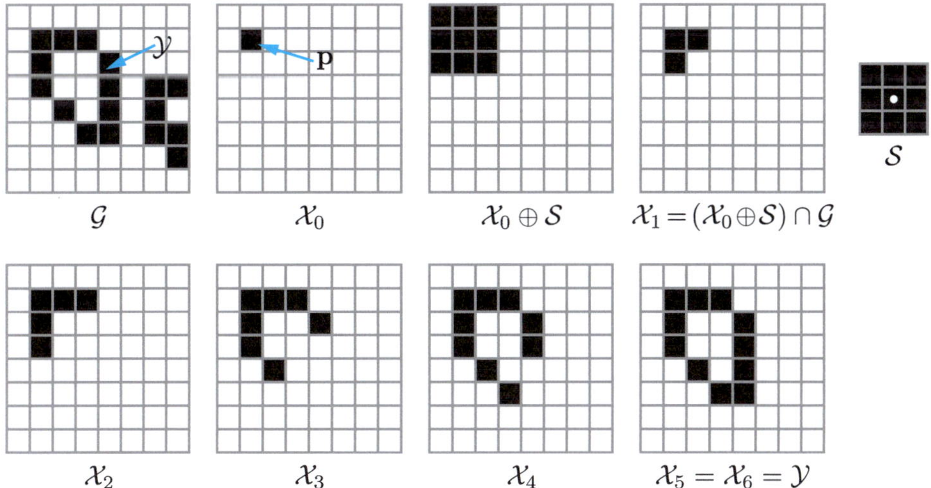

Abbildung 13.11. Beispiel zur Komponentenmarkierung.

Für die Komponentenanalyse sind allerdings effizientere Algorithmen verfügbar, die nicht auf morphologischen Operationen basieren [6, 8, 15].

13.1.7 Alles-oder-Nichts-Operator (Hit-or-Miss)

Der Alles-oder-Nichts-Operator (*hit-or-miss transform*) dient zur Detektion von Bildpunkten mit bestimmten Beziehungen zu Nachbarpunkten [1, 6]. Er arbeitet simultan mit zwei disjunkten strukturierenden Elementen.

Definition 13.6: Alles-oder-Nichts-Operator

Ein zusammengesetztes strukturierendes Element $\mathcal{S}$ besteht aus zwei disjunkten strukturierenden Elementen $\mathcal{V}$, $\mathcal{W}$:

$$\mathcal{S} = (\mathcal{V}, \mathcal{W}) \qquad \text{mit} \qquad \mathcal{V} \cap \mathcal{W} = \varnothing\,. \tag{13.125}$$

Der Alles-oder-Nichts-Operator mit dem zusammengesetzten strukturierenden Element $\mathcal{S} = (\mathcal{V}, \mathcal{W})$ ist wie folgt definiert:

$$\mathcal{G} \circledast \mathcal{S} := (\mathcal{G} \ominus \mathcal{V}) \cap (\overline{\mathcal{G}} \ominus \mathcal{W})\,. \tag{13.126}$$

◇

Satz 13.5: Alles-oder-Nichts-Operator

Für den Alles-oder-Nichts-Operator gibt es die folgenden alternativen Berechnungsvorschriften:

$$\mathcal{G} \circledast \mathcal{S} = (\mathcal{G} \ominus \mathcal{V}) \backslash (\mathcal{G} \oplus \mathcal{W}^{\mathrm{R}}) \tag{13.127}$$

$$= \left\{ \mathbf{z} \,|\, (\mathcal{V})_{\mathbf{z}} \subseteq \mathcal{G} \wedge (\mathcal{W})_{\mathbf{z}} \subseteq \overline{\mathcal{G}} \right\}\,. \tag{13.128}$$

◇

Beweis 13.5 (Alles-oder-Nichts-Operator): Der Dualitätssatz 13.3 liefert

$$\mathcal{G} \circledast \mathcal{S} = (\mathcal{G} \ominus \mathcal{V}) \cap (\overline{\mathcal{G}} \ominus \mathcal{W}) \tag{13.129}$$

$$= (\mathcal{G} \ominus \mathcal{V}) \cap \overline{(\mathcal{G} \oplus \mathcal{W}^{\mathrm{R}})} \tag{13.130}$$

$$= (\mathcal{G} \ominus \mathcal{V}) \backslash (\mathcal{G} \oplus \mathcal{W}^{\mathrm{R}})\,. \tag{13.131}$$

Die zweite Darstellung folgt unmittelbar aus der Definition der Erosion:

$$\mathcal{G} \circledast \mathcal{S} = (\mathcal{G} \ominus \mathcal{V}) \cap (\overline{\mathcal{G}} \ominus \mathcal{W}) \tag{13.132}$$

$$= \{\mathbf{z} \,|\, (\mathcal{V})_{\mathbf{z}} \subseteq \mathcal{G}\} \cap \{\mathbf{z} \,|\, (\mathcal{W})_{\mathbf{z}} \subseteq \overline{\mathcal{G}}\} \tag{13.133}$$

$$= \{\mathbf{z} \,|\, (\mathcal{V})_{\mathbf{z}} \subseteq \mathcal{G} \wedge (\mathcal{W})_{\mathbf{z}} \subseteq \overline{\mathcal{G}}\} \,. \tag{13.134}$$

■

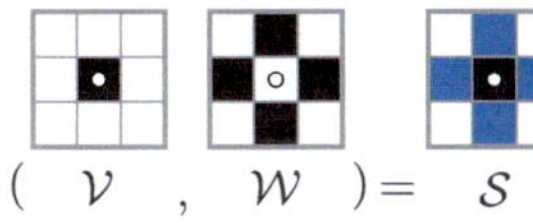

Abbildung 13.12. Strukturierendes Element zur Detektion isolierter Punkte bezüglich der Vierer-Nachbarschaft. Um eine kompakte graphische Wiedergabe von $\mathcal{S}$ zu ermöglichen, wird $\mathcal{V}$ schwarz und $\mathcal{W}$ blau dargestellt.

Damit ein Bildpunkt detektiert wird, muss das erste strukturierende Element $\mathcal{V}$ in das vorliegende Objekt hineinpassen; das zweite, $\mathcal{W}$, muss es verfehlen. Damit lassen sich gezielt Pixel extrahieren, die eine gegebene Nachbarschaftskonfiguration besitzen. Anwendungsbeispiele für den Alles-oder-Nichts-Operator sind:

- die Detektion isolierter Pixel, für die sich kein Objektpixel unter den Nachbarpixeln befinden darf (Abb. 13.12),
- die Extraktion der Endpunkte von Linien – in diesem Fall liegt höchstens ein Objektpixel unter den Nachbarpixeln vor,
- die Erkennung von Mehrfachpunkten und Überschneidungen von zwei oder mehr Linien, bei denen mehr als zwei Objektpixel unter den Nachbarpixeln vorliegen, sowie
- die Auffindung von Konturpunkten, bei denen mindestens ein Hintergrundpixel unter den Nachbarpixeln vorhanden sein muss.

Weitere Einsatzgebiete für den Alles-oder-Nichts-Operator werden in den folgenden Abschnitten behandelt.

13.1.7.1 Verdünnung

Die Verdünnung (*thinning*) der Punktmenge $\mathcal{G}$ mit einem zusammengesetzten strukturierenden Element $\mathcal{S} = (\mathcal{V}, \mathcal{W})$ ist wie folgt definiert:

$$\mathcal{G} \oslash \mathcal{S} := \mathcal{G} \backslash (\mathcal{G} \circledast \mathcal{S}) \tag{13.135}$$

Das Ergebnis der Alles-oder-Nichts-Operation $(\mathcal{G} \circledast \mathcal{S})$ wird also aus der ursprünglichen Punktmenge $\mathcal{G}$ entfernt [5,6].

Ein Algorithmus zur Verdünnung der Punktmenge $\mathcal{G}$ auf eine Kontur von einem Pixel Breite bezüglich der Achter-Nachbarschaft geht wie folgt vor: Die Punktmenge wird sukzessive mit N strukturierenden Elementen verdünnt. Für

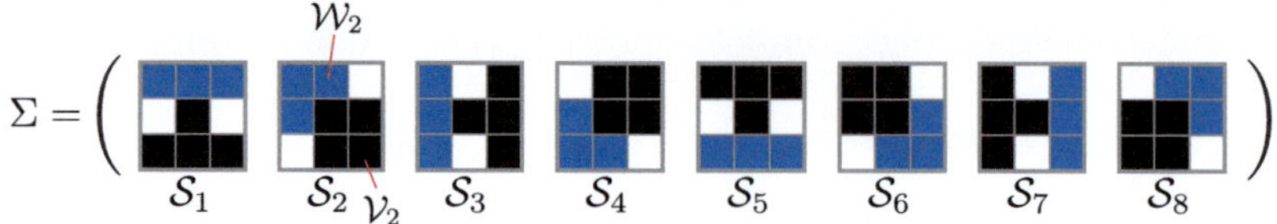

Abbildung 13.13. Tupel Σ von strukturierenden Elementen $\mathcal{S}_i = (\mathcal{V}_i, \mathcal{W}_i)$ zur Verdünnung ($N = 8$). Die Mengen $\mathcal{V}_i$ sind schwarz und die Mengen $\mathcal{W}_i$ blau dargestellt.

die Verdünnung bezüglich der Achter-Nachbarschaft werden $N = 8$ strukturierenden Elemente $\Sigma = (\mathcal{S}_1, \dots, \mathcal{S}_8)$ wie folgt gewählt (Abb. 13.13):

- Verdünnung von achsenparallelen Linien: Ein Randpunkt kann aus der Punktmenge $\mathcal{G}$ entfernt werden, wenn direkt unterhalb drei horizontal benachbarte Punkte aus $\mathcal{G}$ liegen ($\mathcal{V}_1$). Die Randpunkteigenschaft ist in diesem Fall erfüllt, wenn die direkt oberhalb liegenden drei horizontal benachbarten Punkte nicht zur Punktmenge $\mathcal{G}$ gehören ($\mathcal{W}_1$). Ob die links und rechts direkt benachbarten Punkte zu $\mathcal{G}$ gehören, spielt keine Rolle. Aufgrund dieser Überlegungen ergibt sich das zusammengesetzte strukturierende Element $\mathcal{S}_1 = (\mathcal{V}_1, \mathcal{W}_1)$. Die analoge Vorgehensweise für die unteren Randpunkte horizontaler Linien sowie für vertikale Linien führt auf die um jeweils $90°$ gedrehten strukturierten Elemente $\mathcal{S}_3$, $\mathcal{S}_5$, $\mathcal{S}_7$.
- Verdünnung an Eckpunkten: Ein Randpunkt an einer linken, oberen Ecke von $\mathcal{G}$ liegt vor, falls die drei direkt benachbarten Punkte links, oben und links oben diagonal des Punkts nicht zu $\mathcal{G}$ gehören ($\mathcal{W}_2$). Er kann bei der Verdünnung entfernt werden, wenn die rechts, unten und rechts unten diagonal drei Punkte aus $\mathcal{G}$ liegen ($\mathcal{V}_2$). Damit erhält man das zusammengesetzte strukturierende Element $\mathcal{S}_2 = (\mathcal{V}_2, \mathcal{W}_2)$ für die Verdünnung bezüglich der Achter-Nachbarschaft. Legt man stattdessen die Vierer-Nachbarschaft zu Grunde, so kann man den rechten unteren Pixel aus $\mathcal{W}_2$ entfernen. Die anderen Eckpunkte behandelt man durch die um jeweils $90°$ gedrehten strukturierten Elemente $\mathcal{S}_4$, $\mathcal{S}_6$ und $\mathcal{S}_8$.

Im diskreten Punktgitter sind keine weiteren Orientierungen direkt benachbarter Punkte der Randkontur einer Punktmenge möglich, sodass die strukturierenden Elemente aus Σ alle relevanten Fälle abdecken. Der Algorithmus zur Verdünnung der Punktmenge $\mathcal{G}$ wendet nun nacheinander die strukturierenden Elemente $\mathcal{S}_1, \dots, \mathcal{S}_N \in \Sigma$ an. Anschließend wird auf das Ergebnis wiederum die Verdünnung mit $\mathcal{S}_1$ angewendet usw.:

$$\mathcal{X}_{1,0} := \mathcal{G}\,, \tag{13.136}$$

$$\mathcal{X}_{k,i} := \mathcal{X}_{k,i-1} \oslash \mathcal{S}_i = \mathcal{X}_{k,i-1} \backslash (\mathcal{X}_{k,i-1} \circledast \mathcal{S}_i)\,, \quad i = 1, \dots, N\,, \quad k = 1, 2, 3, \dots \tag{13.137}$$

$$\mathcal{X}_{k+1,0} := \mathcal{X}_{k,N}\,, \qquad\qquad k = 1, 2, 3, \ldots \tag{13.138}$$

Für die je einmalige Anwendung der Operation mit jedem strukturierenden Element aus Σ schreibt man auch

$$\mathcal{G} \oslash \Sigma := \mathcal{X}_{2,0} = (\cdots((\mathcal{G} \oslash \mathcal{S}_1) \oslash \mathcal{S}_2) \cdots) \oslash \mathcal{S}_N\,. \tag{13.139}$$

Das Ende der Iteration ist erreicht, sobald $\mathcal{X}_{k+1,0} = \mathcal{X}_{k,0}$ erfüllt ist. Dann stellt $\mathcal{X}_{k,0}$ das Ergebnis der Verdünnung von $\mathcal{G}$ dar. Möchte man die Punktmenge um eine festgelegte Breite verdünnen, kann man natürlich den Algorithmus auch schon vorher nach der entsprechenden Anzahl von Iterationen abbrechen.

Da die morphologischen Operatoren nichtlinear sind, ist die Reihenfolge der strukturierenden Elemente $\mathcal{S}_i$ in Σ wesentlich. Es handelt sich bei Σ also um ein N-Tupel von strukturierenden Elementen und nicht um eine Menge, bei der die Reihenfolge der Elemente keine Rolle spielt.

Abbildung 13.14 zeigt den Ablauf des Algorithmus an einem Beispiel. Die Punktmengen $\mathcal{X}_{k,i}$ sind schwarz, die im jeweiligen Schritt entfernten Punkte $\mathcal{X}_{k,i-1} \circledast \mathcal{S}_i$ rot dargestellt. Die Menge $\mathcal{X}_{2,0}$ bildet das Endergebnis der Verdünnung bezüglich der Vierer-Nachbarschaft.

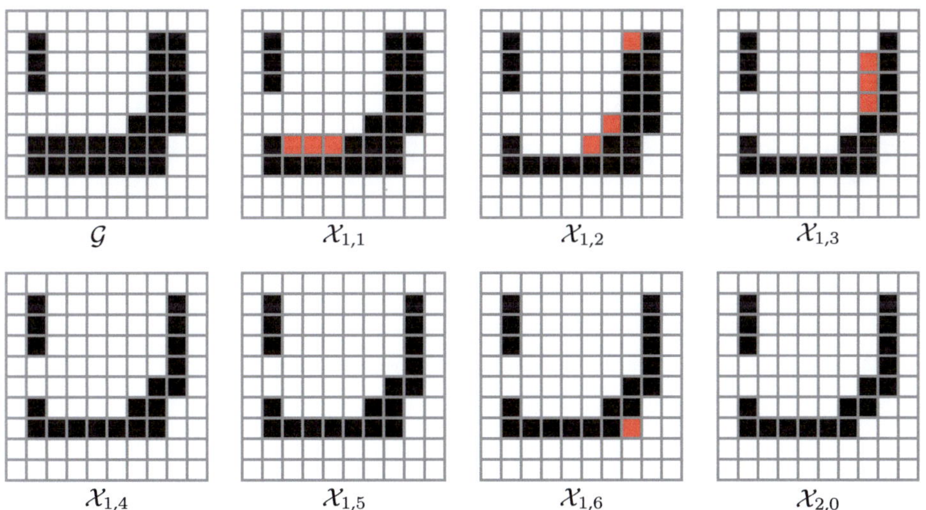

Abbildung 13.14. Beispiel für den Ablauf der Verdünnung einer Punktmenge $\mathcal{G}$ mit den strukturierenden Elementen aus Abb. 13.13.

Beispiel 13.1 (Kantenverdünnung): Ein typisches Anwendungsgebiet für die Verdünnung sind Kantenbilder. Das Kantenbild entsteht durch die Anwendung eines Kantenoperators auf ein Grauwertbild $g(\mathbf{x})$. Anschließend wird es durch

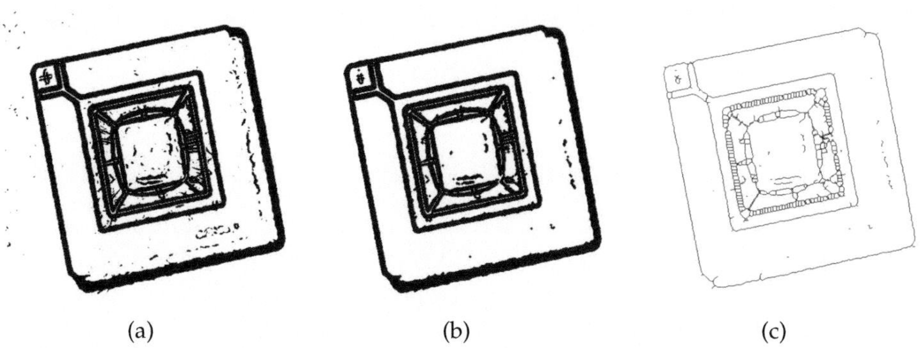

(a) (b) (c)

Abbildung 13.15. Binärmorphologische Verarbeitung eines Kantenbildes: (a) Kantenbild aus Abb. 12.14(f), binarisiert mit dem Grauwerthistogramm-Verfahren aus Abschn. 12.1; (b) Öffnung zur Störungsunterdrückung; (c) Verdünnung.

eine schwellwertbasierte Segmentierung binarisiert (Abb. 13.15(a)). Auf dem Binärbild wird nun die morphologische Verdünnungsoperation ausgeführt (Abb. 13.15(c)). Als Ergebnis erhält man Kanten von einem Pixel Breite, sodass eine scharfe Grenze zwischen den Bildbereichen gezogen werden kann.

Da die binärmorphologische Kantenverdünnung erst auf das Binarisierungsergebnis angewendet wird, kann sie den Gradientenbetrag nicht berücksichtigen. Ein alternatives Verfahren sucht im Kantenbild nach lokalen Maxima des Gradienten und kann auf diese Weise die Kantenposition im Allgemeinen genauer lokalisieren. Dieser Ansatz wird beim Canny-Operator verfolgt – einem verbreiteten Kantendetektor, der den Gradienten i. d. R. mit Hilfe des differenzierten Gauß-Tiefpasses berechnet [3]. ■

13.1.7.2 Verdickung

Die Verdickung (*thickening*) einer Punktmenge $\mathcal{G}$ ist wie folgt definiert:

$$\mathcal{G} \odot \mathcal{S} := \mathcal{G} \cup (\mathcal{G} \circledast \mathcal{S})\,. \tag{13.140}$$

Die Verdickung verbreitert die Punktmenge $\mathcal{G}$, indem sie an ihrem Rand zusätzliche Punkte hinzufügt. Ebenso wie die Verdünnung erfolgt sie iterativ, indem nacheinander Verdickungsschritte mit strukturierenden Elementen aus einem Tupel Σ durchgeführt werden. Die zusammengesetzten strukturierenden Elemente zur Verdickung um einen Pixel erhält man, indem man für die strukturierenden Elemente aus Abb. 13.13 die Rollen von $\mathcal{V}$ und $\mathcal{W}$ vertauscht: $\Sigma = ((\mathcal{W}_1, \mathcal{V}_1) \ldots, (\mathcal{W}_8, \mathcal{V}_8))$.

Die Iteration des Verdickungsalgorithmus endet, sobald die Trennlinien zwischen den Objekten nur noch einen Pixel breit sind.

Verdickung ist die zur Verdünnung duale Operation: Eine Verdickung des Objekts mit $(\mathcal{W},\mathcal{V})$ ist äquivalent zu einer Verdünnung des Hintergrunds mit $(\mathcal{V},\mathcal{W})$:

$$\mathcal{G} \odot (\mathcal{W},\mathcal{V}) = \mathcal{G} \cup (\mathcal{G} \circledast (\mathcal{W},\mathcal{V})) = \mathcal{G} \cup ((\mathcal{G} \ominus \mathcal{W}) \cap (\overline{\mathcal{G}} \ominus \mathcal{V})) \tag{13.141}$$

$$= \overline{\overline{\mathcal{G}} \cap \overline{((\mathcal{G} \ominus \mathcal{W}) \cap (\overline{\mathcal{G}} \ominus \mathcal{V}))}} = \overline{\overline{\mathcal{G}} \cap \overline{(\overline{\mathcal{G}} \circledast (\mathcal{V},\mathcal{W}))}} \tag{13.142}$$

$$= \overline{\overline{\mathcal{G}} \backslash (\overline{\mathcal{G}} \circledast (\mathcal{V},\mathcal{W}))} = \overline{\overline{\mathcal{G}} \oslash (\mathcal{V},\mathcal{W})} \,. \tag{13.143}$$

13.1.8 Skelettierung

Das Skelett einer Punktmenge ist eine Kontur, die ausgehend von den Ecken der Menge in der Mitte zwischen ihren Rändern verläuft (Abb. 13.16). Sie charakterisiert die Topologie der Menge unabhängig von ihrer Breite.

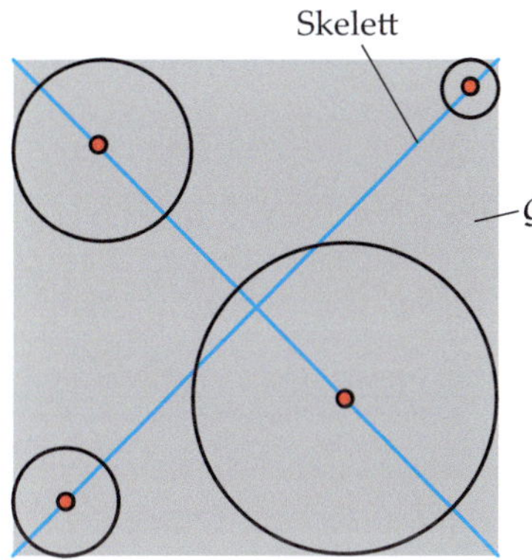

Abbildung 13.16.
Zur Definition des Skeletts.

Definition 13.7: Skelett

Das Skelett einer kontinuierlichen zweidimensionalen Punktmenge $\mathcal{G} \subseteq \mathbb{R}^2$ ist definiert als die Menge der Mittelpunkte aller Kreise, die ganz in $\mathcal{G}$ enthalten sind und den Rand von $\mathcal{G}$ an mindestens zwei Punkten berühren. ◇

Mittels binärmorphologischer Operationen lässt sich eine Näherung für das Skelett einer diskreten zweidimensionalen Punktmenge $\mathcal{G} \subseteq \mathbb{Z}^2$ wie folgt berechnen [6]:

$$\mathrm{Skel}(\mathcal{G}) := \bigcup_{k=0}^{K} \mathrm{Skel}_k(\mathcal{G}) \,, \tag{13.144}$$

$$\mathrm{Skel}_k(\mathcal{G}) := (\mathcal{G} \ominus_k \mathcal{S}) \backslash ((\mathcal{G} \ominus_k \mathcal{S}) \circ \mathcal{S}) \,, \tag{13.145}$$

wobei die Notation $\mathcal{G} \ominus_k \mathcal{S}$ die k-fach iterierte Erosion von $\mathcal{G}$ mit $\mathcal{S}$ bezeichnet:

$$\mathcal{G} \ominus_0 \mathcal{S} := \mathcal{G}\,, \tag{13.146}$$

$$\mathcal{G} \ominus_k \mathcal{S} := (\mathcal{G} \ominus_{k-1} \mathcal{S}) \ominus \mathcal{S}\,, \qquad k = 1, 2, 3, \ldots \tag{13.147}$$

Eine entsprechende Notation wird im Folgenden auch für andere morphologische Operationen verwendet.

Die Menge $\mathrm{Skel}_k(\mathcal{G})$ heißt k-tes Teilskelett von $\mathcal{G}$. Sie besteht aus Punkten von $\mathcal{G}$, die den Abstand k zu mindestens zwei Randpunkten von $\mathcal{G}$ haben. Die Vereinigung aller Teilskelette stellt die gesuchte Näherung für das Skelett von $\mathcal{G}$ dar. Die iterative Berechnung der Teilskelette endet, sobald die Punktmenge zur leeren Menge erodiert wird und somit die Teilskelette keine neuen Beiträge zum Skelett mehr liefern können:

$$K = \max\{k \mid (\mathcal{G} \ominus_k \mathcal{S}) \neq \varnothing\}\,. \tag{13.148}$$

Die ursprüngliche Punktmenge $\mathcal{G}$ kann aus den Teilskeletten exakt rekonstruiert werden, indem die Vereinigung über die k-fach dilatierten Teilskelette gebildet wird:

$$\mathcal{G} = \bigcup_{k=0}^{K} (\mathrm{Skel}_k(\mathcal{G}) \oplus_k \mathcal{S})\,. \tag{13.149}$$

Ein Beispiel für den Ablauf der Skelettierung und Rekonstruktion mit $K = 2$ zeigt Abb. 13.18. Als strukturierendes Element wird ein Quadrat der Größe 3×3 verwendet [5]. Das Ergebnis des Verfahrens auf dem Testbild ist in Abb. 13.17 wiedergegeben. Die leichte Asymmetrie der ursprünglichen Punktmenge wirkt sich in einigen Bereichen des Skeletts deutlich aus.

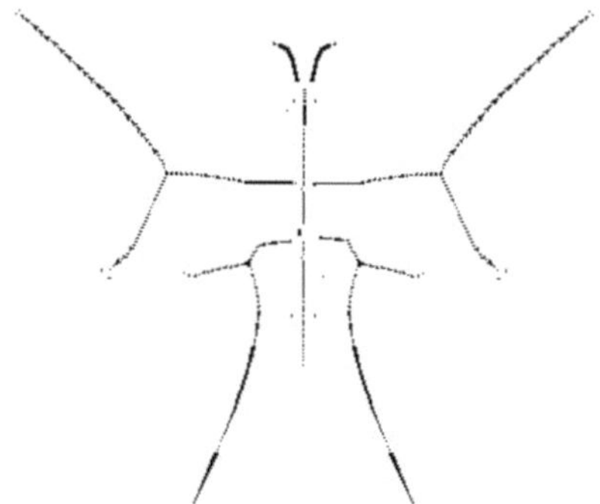

Abbildung 13.17.
Binärmorphologisch approximiertes Skelett der Punktmenge aus Abb. 13.1.

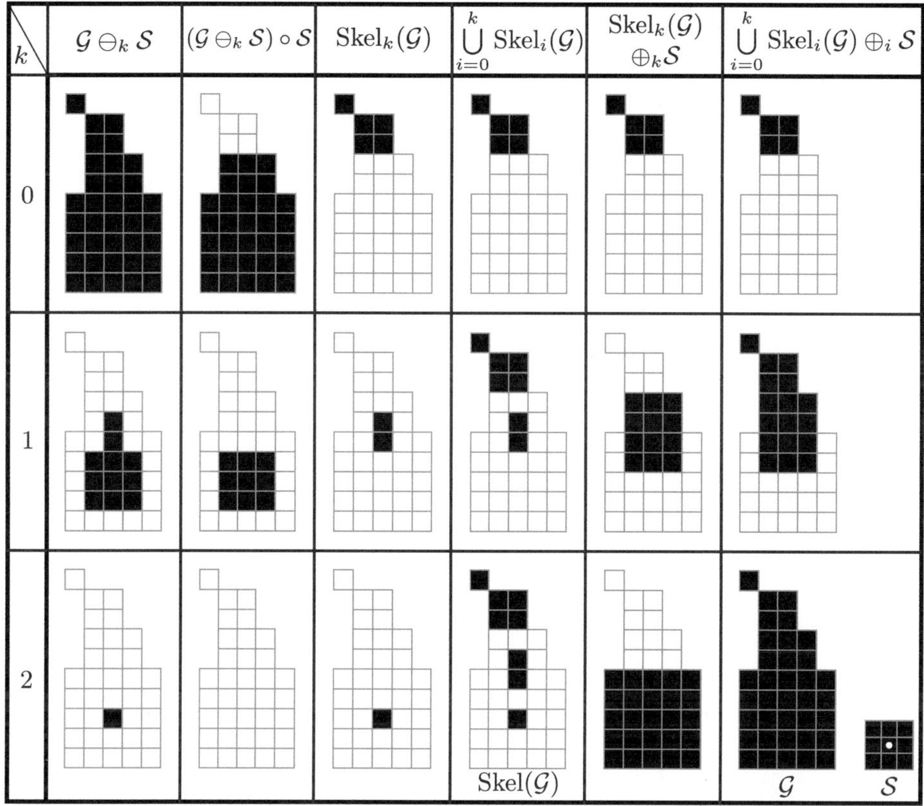

Abbildung 13.18. Beispiel zum Ablauf der binärmorphologischen Skelettierung (nach [5]).

Das mit diesem Verfahren approximierte Skelett besteht aus Punkten, die Def. 13.7 näherungsweise erfüllen. Im Gegensatz zur verdünnten Punktmenge ist es im Allgemeinen nicht zusammenhängend und erreicht nicht die minimal mögliche Breite von einem Pixel.

13.1.9 Entbartung

Das Skelett einer Punktmenge enthält neben der eigentlich interessierenden Kontur häufig noch kurze Konturstücke von der Mittelachse des Objekts zu seinem Rand. Diese sogenannten Bärte treten insbesondere dort auf, wo der Rand der Punktmenge aufgrund seiner Krümmung einen scheinbaren Eckpunkt besitzt. Da für die weitere Bildauswertung i. d. R. nur die Topologie der Punktmenge relevant ist, stellen die Bärte unerwünschte Störungen dar und sollten entfernt werden. Dieser Verarbeitungsschritt wird als **Entbartung** (*pruning*) bezeichnet.

Für die Entbartung einer zusammenhängenden Punktmenge lässt sich ein Algorithmus angeben, der auf binärmorphologischen Operationen basiert. Sei K die maximale Länge der zu entfernenden Bärte. Die Anzahl der Teilskelette nach (13.148) kann je nach Anwendung eine sinnvolle Wahl für K darstellen. Aus der Punktmenge $\mathcal{G}$, also z. B. dem zusammenhängenden Skelett, werden zur Entbartung zunächst K-fach die Linienendpunkte entfernt:

$$\mathcal{Y}_0 := \mathcal{G}\,, \tag{13.150}$$

$$\mathcal{Y}_k := \mathcal{Y}_{k-1} \backslash \left(\bigcup_{i=1}^{8} \mathcal{Y}_{k-1} \circledast \mathcal{S}_i \right), \qquad k = 1, \dots, K\,, \tag{13.151}$$

$$\mathcal{X}_1 := \mathcal{Y}_K\,. \tag{13.152}$$

Das Tupel $\Sigma = (\mathcal{S}_1, \dots, \mathcal{S}_8)$ enthält acht strukturierende Elemente, die Linienendpunkte detektieren. Jedes strukturierende Element entspricht jeweils einer der möglichen diskreten Orientierungen des Linienendes (Abb. 13.19). Im Ergebnis $\mathcal{X}_1$ sind alle Linien um K Punkte verkürzt. Die Bärte sind vollständig entfernt, da sie nach Voraussetzung kürzer als K sind. Allerdings sind auch die übrigen Linien verkürzt. Sie sollen im weiteren Verlauf des Algorithmus wiederhergestellt werden.

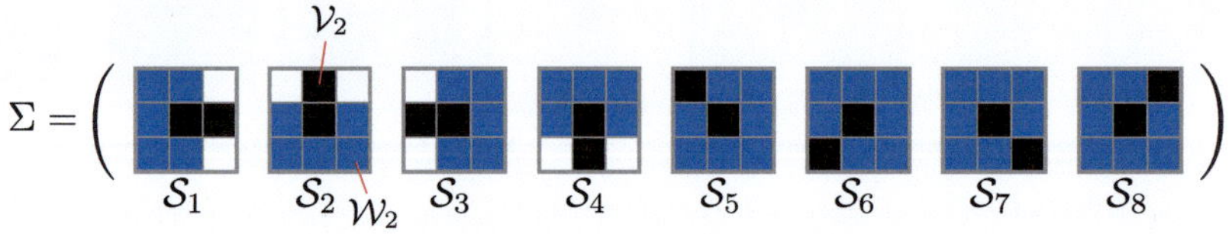

Abbildung 13.19. Zusammengesetzte strukturierende Elemente zur Detektion von Linienendpunkten.

Zu diesem Zweck werden im zweiten Schritt des Verfahrens alle Linienendpunkte der Menge $\mathcal{X}_1$ detektiert:

$$\mathcal{X}_2 := \bigcup_{i=1}^{8} (\mathcal{X}_1 \circledast \mathcal{S}_i)\,. \tag{13.153}$$

Die Punktmenge $\mathcal{X}_2$ besteht ausschließlich aus den Endpunkten aller Linien, die erhalten bleiben sollen, da die Bärte bereits vollständig entfernt wurden.
Im dritten Schritt der Entbartung wird die Endpunktmenge K-fach dilatiert:

$$\mathcal{Z}_0 := \mathcal{X}_2\,. \tag{13.154}$$

$$\mathcal{Z}_k := (\mathcal{Z}_{k-1} \oplus \mathcal{T}) \cap \mathcal{G}\,, \qquad k = 1, \dots, K\,, \tag{13.155}$$

Als strukturierendes Element $\mathcal{T}$ wird ein Quadrat der Größe 3×3 verwendet. Indem jeweils die Schnittmenge mit der ursprünglichen Punktmenge $\mathcal{G}$ gebildet wird, beschränkt man die dilatierte Punktmenge auf alle Endstücke von Linien aus $\mathcal{G}$, deren Endpunkte in $\mathcal{X}_2$ enthalten waren.

Das Ergebnis der Entbartung ist schließlich die Vereinigung der Punktmenge mit verkürzten Linien aus dem ersten Schritt mit den so erhaltenen Linienendstücken:

$$\mathcal{X} := \mathcal{X}_1 \cup \mathcal{Z}_K \,. \tag{13.156}$$

Der Ablauf des Verfahrens am Binärbild eines handschriftlichen a wird in Abb. 13.20 veranschaulicht. Ein Bart der Länge $K = 3$ am linken Rand der Kontur wird erfolgreich entfernt.

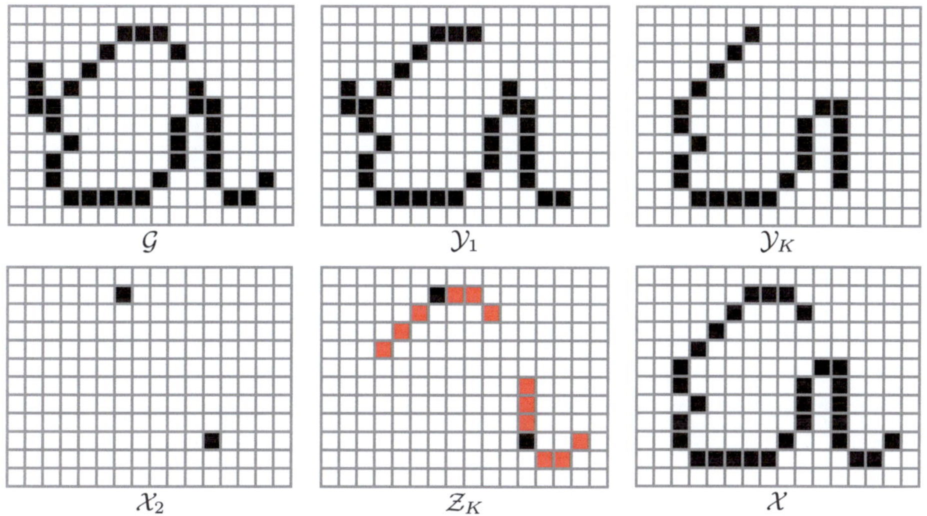

Abbildung 13.20. Beispiel zur Entbartung (nach [5]).

Ein Nachteil des Verfahrens besteht darin, dass die Länge K der zu entfernenden Bärte im Voraus bekannt sein muss. Wird sie zu gering geschätzt, bleiben längere Bärte vollständig erhalten. Wird sie zu groß geschätzt, kann es passieren, dass kürzere Linienendstücke unerwünschterweise entfernt werden. Isolierte Konturabschnitte, die kürzer als $2K$ Pixel sind, werden von dem hier beschriebenen Verfahren unter Umständen vollständig gelöscht. Andererseits bleiben Bärte in der Nähe von Endpunkten längerer Konturen erhalten, weil sie bei der Dilatation ausgehend von den Linienendpunkten rekonstruiert werden.

Beispiel 13.2 (Schrifterkennung): Zum Abschluss des Abschnitts über Binärmorphologie wird das Zusammenspiel verschiedener morphologischer Verfahren in einem komplexen Anwendungsbeispiel demonstriert: Eine eingescannte

Textpassage wird im Hinblick auf eine spätere Schrifterkennung morphologisch vorverarbeitet. Das Grauwertbild in Abb. 13.21(a) wird zunächst mit dem Klassifikationsverfahren aus Abschn. 12.1 binarisiert; siehe Abb. 13.21(b). Das Ergebnis enthält isolierte Störungen und Löcher, die durch binärmorphologische Öffnung und Schließung unterdrückt werden können. Das Ergebnis dieser Nachverarbeitung ist den folgenden Bildern grau hinterlegt. Das binärmorphologisch approximierte Skelett dieses Zwischenergebnisses zeigt Abb. 13.21(c). Mittels einer Dilatation werden Lücken im Skelett geschlossen. Anschließend wird die resultierende Punktmenge verdünnt, sodass sich zusammenhängende Konturen von einem Pixel Breite bezüglich der Vierer-Nachbarschaft ergeben, Abb. 13.21(d). Schließlich wird eine Entbartung durchgeführt; vgl. Abb. 13.21(e).

Im Endergebnis ist die Variabilität der Konturen deutlich reduziert, z. B. die Unterschiede zwischen normalen und fetten Schriftzeichen oder die rauschbedingten Abweichungen der beiden „o" in Abb. 13.21. Das erleichtert die anschließende Klassifikation der Schriftzeichen, die z. B. auf Grundlage der Fourier-Deskriptoren ihrer Konturen durchgeführt werden kann [2, 14]. ■

Wie die letzten Abschnitte gezeigt haben, lassen sich auf Grundlage der elementaren binärmorphologischen Operatoren in anschaulicher Weise angepasste Bildverarbeitungsverfahren für spezielle Aufgabenstellungen konstruieren. Die dargestellten Verfahren sind exemplarisch zu verstehen und sollen vor allem zeigen, wie zielgerichtet komplexe morphologische Operatoren zusammengestellt werden können. Weitere morphologische Spezialverfahren findet man z. B. in [5, 18].

13.2 Grauwertmorphologie

13.2.1 Punktmenge eines Grauwertbildes

Die Punktmenge eines Binärbildes besteht aus allen Pixeln vom Wert 1. Wie lässt sich nun ein Bild, das mehr als zwei Werte annehmen kann, als Punktmenge auffassen? Ein allgemeines einkanaliges Bild, z. B. ein Grauwertbild, lässt sich als eine skalarwertige Funktion $g : \Omega_g \to \mathbb{R}$ darstellen, die einer Fläche im dreidimensionalen Raum $\mathbb{R}^3$ entspricht. Der Bildwert wird als weitere Dimension zusätzlich zu den örtlichen Dimensionen x, y aufgefasst. Die Punktmenge $\mathcal{U}$ eines skalarwertigen Bildes ist eine Teilmenge dieses dreidimensionalen Raums, und zwar die Menge aller Punkte unterhalb der Fläche $z = g(x, y)$:

$$\mathcal{U} = \{(x, y, z)^{\mathrm{T}} \in \mathbb{R}^3 \mid z \leq g(x, y)\} . \tag{13.157}$$

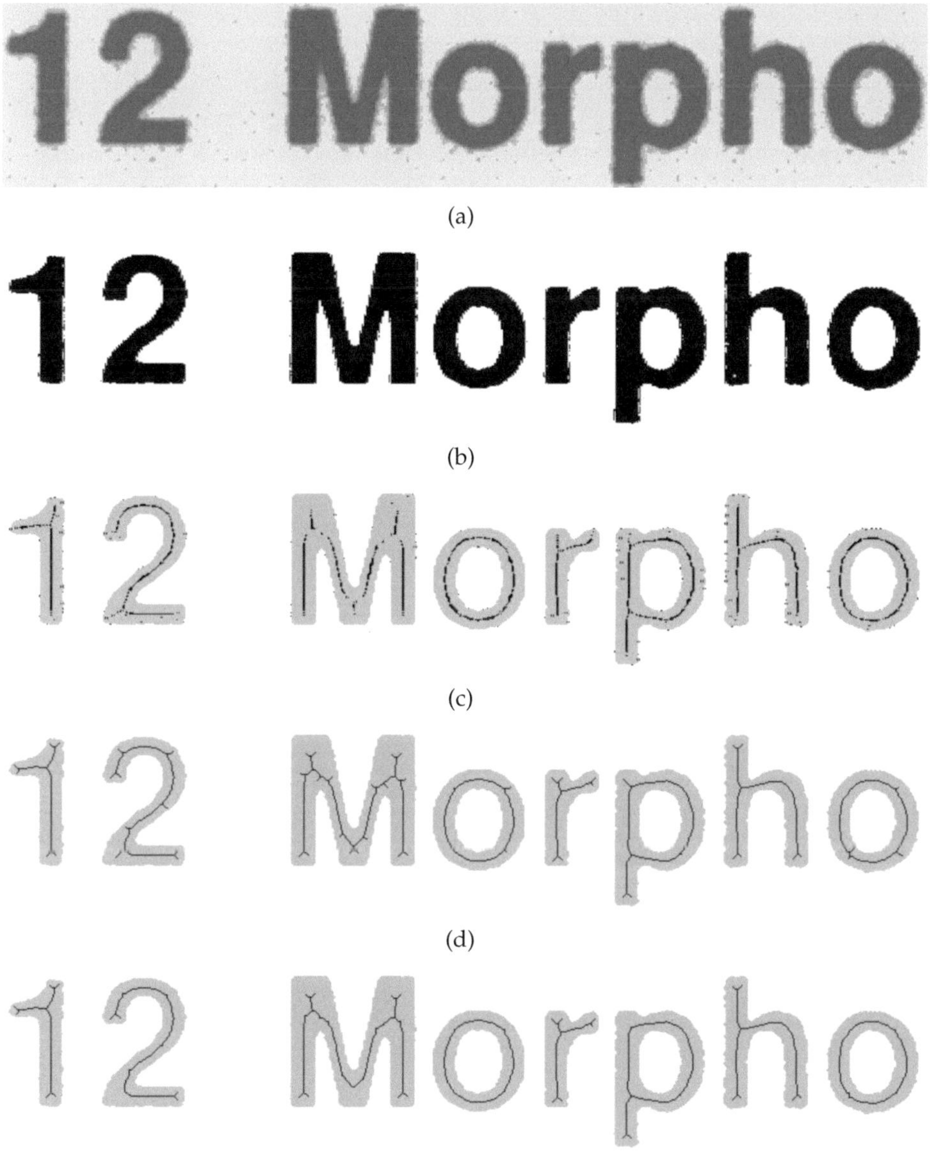

(a)

(b)

(c)

(d)

(e)

Abbildung 13.21. Morphologische Bildvorverarbeitung für die Schrifterkennung: (a) eingescannter Text; (b) Binarisierung; (c) Skelett Skel($\mathcal{G}$); (d) nachverarbeitetes Skelett; (e) Ergebnis der Entbartung.

Die auf diese Weise konstruierte Punktmenge heißt Umbra („Kernschatten“) des Bildes. Umgekehrt kann man aus einer Umbra das Bild rekonstruieren, indem man die „Oberfläche“ der Punktmenge bestimmt, also für jedes Pixel $(x, y)^{\mathrm{T}}$ das Element von $\mathcal{U}$ mit maximalem z-Wert auswählt.

Die Umbra-Operation lässt sich in allgemeinen N-dimensionalen Räumen R^N, $N \geq 2$, für Funktionen $R^{N-1} \to R$ definieren [7,11]. Im Folgenden werden diskrete, quantisierte, einkanalige Bilder betrachtet, sodass $R = \mathbb{Z}$ und $N = 3$. Häufig handelt es sich um Grauwertbilder, weshalb hier in Übereinstimmung mit der Literatur von Grauwertmorphologie (*gray-scale morphology*) gesprochen wird. Besonders anschaulich ist aber auch die Anwendung morphologischer Operatoren auf ein Entfernungsbild wie z. B. ein Oberflächenrelief. Darüber hinaus können morphologische Verfahren auf die Kanäle eines Farbbildes komponentenweise angewendet werden. Einen alternativen Ansatz zur morphologischen Verarbeitung von Farbbildern stellt die Vektormorphologie dar, in der die Operationen $\min$ und $\max$ für Bildwertvektoren mit Hilfe von Abstandsmaßen oder Ordnungsrelationen definiert werden [9,10].

Definition 13.8: Umbra

Eine Menge $\mathcal{U} \subseteq \mathbb{Z}^N$ heißt Umbra genau dann, wenn

$$(\mathbf{x}^{\mathrm{T}}, g)^{\mathrm{T}} \in \mathcal{U} \quad \Rightarrow \quad \forall z \leq g: \ (\mathbf{x}^{\mathrm{T}}, z)^{\mathrm{T}} \in \mathcal{U}\,, \tag{13.158}$$

wobei $\mathbf{x} = (x, y)^{\mathrm{T}} \in \mathbb{Z}^{N-1}$ und $g, z \in \mathbb{Z}$. Die Umbra einer Funktion $g : \Omega_g \to \mathbb{Z}$, $\Omega_g \subseteq \mathbb{Z}^{N-1}$, ist gegeben durch

$$\mathfrak{U}\{g\} := \{(\mathbf{x}^{\mathrm{T}}, z)^{\mathrm{T}} \in \Omega_g \times \mathbb{Z} \,|\, z \leq g(\mathbf{x})\}\,. \tag{13.159}$$

Die Oberfläche (*top* oder *top surface*) einer Umbra $\mathcal{U} \subseteq \mathbb{Z}^N$ ist eine Funktion

$$\mathfrak{T}\{\mathcal{U}\} : \begin{cases} \Omega_g & \to \mathbb{Z} \\ \mathbf{x} & \mapsto \max\{g \,|\, (\mathbf{x}^{\mathrm{T}}, g)^{\mathrm{T}} \in \mathcal{U}\} \end{cases} \tag{13.160}$$

mit

$$\Omega_g := \{\mathbf{x} \in \mathbb{Z}^{N-1} \,|\, \exists g \in \mathbb{Z}: \ (\mathbf{x}^{\mathrm{T}}, g)^{\mathrm{T}} \in \mathcal{U}\}\,. \tag{13.161}$$

◇

Mithin ist $\mathfrak{U}\{\cdot\}$ ein Operator, der aus dem Bild $g(\mathbf{x})$ eine Punktmenge in Form einer Umbra erzeugt, und $\mathfrak{T}\{\cdot\}$ ein Operator, der aus einer solchen speziellen Punktmenge wieder ein Bildsignal $g(\mathbf{x})$ generiert. Diese beiden Operatoren sind im folgenden Sinne zueinander invers:

Satz 13.6: Umbra-Operator
Für beliebiges $g(\mathbf{x}) : \Omega_g \to \mathbb{Z}$, $\Omega_g \subseteq \mathbb{Z}^{N-1}$ gilt:

$$\mathcal{T}\left\{\mathcal{U}\{g(\mathbf{x})\}\right\} = g(\mathbf{x})\,. \tag{13.162}$$

Für jede Umbra $\mathcal{U}$ gilt:

$$\mathcal{U}\left\{\mathcal{T}\{\mathcal{U}\}\right\} = \mathcal{U}\,. \tag{13.163}$$

Beweis siehe [7]. ◇

Eine besonders anschauliche Interpretation der Umbra erhält man, wenn $z = g(x, y)$ nicht als Intensitätsbild, sondern als Oberflächenrelief aufgefasst wird. In diesem Fall entspricht die Umbra einem dreidimensionalen Objekt, das $g(x, y)$ als Oberfläche hat und in Richtung der negativen z-Achse unendliche Ausdehnung besitzt. Umgekehrt liefert der Oberflächenoperator $\mathcal{T}\{\,\cdot\,\}$ eine Funktion, die das Relief der Objektoberfläche in positiver z-Richtung beschreibt. Morphologische Operationen lassen sich als mechanische Abtastung der Objektoberfläche mit einer Tastsonde veranschaulichen, wobei das strukturierende Element die Form der Tastspitze bestimmt (vgl. Abb. 13.22). Strukturierende Elemente werden in der Grauwertmorphologie ebenfalls durch Funktionen $s(\mathbf{x})$ repräsentiert, deren Umbra gebildet werden kann.

13.2.2 Erosion und Dilatation

Mit Hilfe der Operatoren Umbra $\mathcal{U}\{\,\cdot\,\}$ und Oberfläche $\mathcal{T}\{\,\cdot\,\}$ lassen sich die morphologischen Grundoperationen von Punktmengen auf Funktionen übertragen: Zunächst wird die Umbra der Funktionen $g(\mathbf{x})$ und $s(\mathbf{x})$ gebildet, dann werden die bekannten morphologischen Operationen auf diese Punktmenge angewandt, und schließlich transformiert man die resultierende Umbra wieder zurück in ein Bild [7]. Da die Dimension der Punktmenge in der Definition der binärmorphologischen Operatoren keine Rolle spielt, können die binärmorphologischen Operatoren unmittelbar auf die Umbra angewendet werden.

Definition 13.9: Erosion und Dilatation in der Grauwertmorphologie
Für $\Omega_g, \Omega_s \subseteq \mathbb{Z}^{N-1}$ und Funktionen $g : \Omega_g \to \mathbb{Z}$, $s : \Omega_s \to \mathbb{Z}$ sind Erosion $g \ominus s$ und Dilatation $g \oplus s$ als folgende skalarwertige Funktionen definiert:

$$g \ominus s := \mathcal{T}\left\{\mathcal{U}\{g\} \ominus \mathcal{U}\{s\}\right\}\,, \tag{13.164}$$

$$g \oplus s := \mathcal{T}\left\{\mathcal{U}\{g\} \oplus \mathcal{U}\{s\}\right\}\,. \tag{13.165}$$

Erosion und Dilatation auf den Umbren erfolgen entsprechend den Definitionen dieser Operationen für Punktmengen aus Abschn. 13.1. ◇

Die Handhabung der dreidimensionalen Punktmengen von Grauwertbildern ist mit erheblichem Rechen- und Speicheraufwand verbunden. Glücklicherweise zeigt eine detaillierte Analyse, dass einfache signalbezogene Operationen gefunden werden können, die zu den mengenbezogenen Operationen äquivalent sind [7]. Im Hinblick auf die Signale $g(\mathbf{x})$ und $s(\mathbf{x})$ selbst erhält man für die Erosion und die Dilatation:

Satz 13.7: Erosion und Dilatation in der Grauwertmorphologie
Die Erosion und die Dilatation von Funktionen gemäß Def. 13.9 lassen sich wie folgt berechnen:

$$(g \ominus s)(\mathbf{x}) = \min_{\boldsymbol{\xi} \in \Omega_s} \{g(\mathbf{x} + \boldsymbol{\xi}) - s(\boldsymbol{\xi})\} , \tag{13.166}$$

$$(g \oplus s)(\mathbf{x}) = \max_{\substack{\boldsymbol{\xi} \in \Omega_s \\ \mathbf{x}-\boldsymbol{\xi} \in \Omega_g}} \{g(\mathbf{x} - \boldsymbol{\xi}) + s(\boldsymbol{\xi})\} , \tag{13.167}$$

wobei Ω_s die Trägermenge von $s(x)$ bezeichnet. ◇

Beweis 13.6 (Erosion und Dilatation in der Grauwertmorphologie):

$$\begin{aligned}
(g \ominus s)(\mathbf{x}) &= \mathcal{T}\{\mathcal{U}\{g\} \ominus \mathcal{U}\{s\}\}(\mathbf{x}) && (13.168)\\
&= \max\{z \,|\, (\mathbf{x}^{\mathrm{T}}, z)^{\mathrm{T}} \in (\mathcal{U}\{g\} \ominus \mathcal{U}\{s\})\}\\
&= \max\{z \,|\, (\mathbf{x}^{\mathrm{T}}, z)^{\mathrm{T}} \in \{(\mathbf{v}^{\mathrm{T}}, w)^{\mathrm{T}} \in \mathbb{Z}^N \,|\, (\mathcal{U}\{s\})_{(\mathbf{v}^{\mathrm{T}},w)^{\mathrm{T}}} \subseteq \mathcal{U}\{g\}\}\}\\
&= \max\{z \,|\, (\mathbf{x}^{\mathrm{T}}, z)^{\mathrm{T}} \in\\
&\qquad \{(\mathbf{v}^{\mathrm{T}}, w)^{\mathrm{T}} \in \mathbb{Z}^N \,|\, \forall(\boldsymbol{\xi}, \zeta) \in \mathcal{U}\{s\} :\ (\boldsymbol{\xi}^{\mathrm{T}}, \zeta)^{\mathrm{T}} + (\mathbf{v}^{\mathrm{T}}, w)^{\mathrm{T}} \in \mathcal{U}\{g\}\}\}\\
&= \max\{z \,|\, \forall(\boldsymbol{\xi}, \zeta) \in \mathcal{U}\{s\} :\ (\boldsymbol{\xi}^{\mathrm{T}}, \zeta)^{\mathrm{T}} + (\mathbf{x}^{\mathrm{T}}, z)^{\mathrm{T}} \in \mathcal{U}\{g\}\}\\
&= \max\{z \,|\, \forall\boldsymbol{\xi} \in \Omega_s \,\forall\zeta \le s(\boldsymbol{\xi}) :\ \zeta + z \le g(\boldsymbol{\xi} + \mathbf{x})\}\\
&= \max\{z \,|\, \forall\boldsymbol{\xi} \in \Omega_s :\ s(\boldsymbol{\xi}) + z \le g(\boldsymbol{\xi} + \mathbf{x})\}\\
&= \max\{z \,|\, z \le \min_{\boldsymbol{\xi} \in \Omega_s}\{g(\boldsymbol{\xi} + \mathbf{x}) - s(\boldsymbol{\xi})\}\}\\
&= \min_{\boldsymbol{\xi} \in \Omega_s}\{g(\boldsymbol{\xi} + \mathbf{x}) - s(\boldsymbol{\xi})\} . && (13.169)
\end{aligned}$$

Der Beweis für die Dilatation verläuft ähnlich [7]. ■

Mit diesen Rechenvorschriften lassen sich die morphologischen Operationen ohne explizite Betrachtung der Umbra durchführen. Der Aufwand entspricht dem

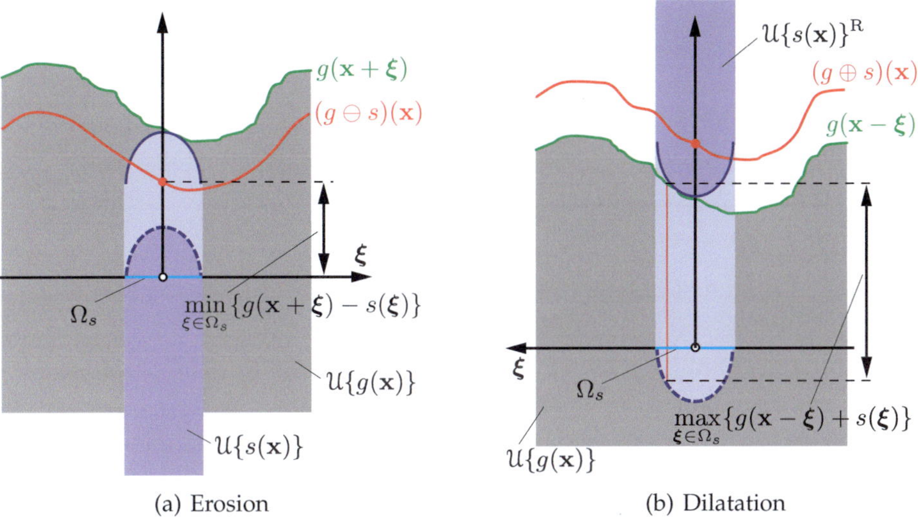

Abbildung 13.22. Veranschaulichung der Rechenvorschriften für die Grundoperationen der Grauwertmorphologie. Dargestellt ist ein Schnitt in der x,z-Ebene der dreidimensionalen Umbren.

einer Faltung im Ortsbereich mit einer Impulsantwort mit einem Definitionsbereich von Ω_s. Da jedoch eine Extremwertbildung an die Stelle von Multiplikation und Addition tritt, sind die morphologischen Operationen nichtlinear.

Veranschaulichen lassen sich diese Rechenvorschriften mit Hilfe der Analogie der mechanischen Abtastung (Abb. 13.22). Das strukturierende Element entspricht einer Tastsonde der Form $s(\mathbf{x})$. Die Minimumbildung bei der Erosion lässt sich beschreiben als Abtastung der Oberfläche von unten, also aus dem Inneren der Umbra. Die Tastsonde wird an jedem Punkt $\mathbf{x}$ der x,y-Ebene so nah wie möglich an die Oberfläche $z = g(\mathbf{x})$ herangeführt. Die Oberfläche des erodierten Bildes verläuft dann durch den Nullpunkt des strukturierenden Elements. Die Umbra des Bildes $\mathcal{U}\{g\}$ wird horizontal in zwei Dimensionen verschoben, die Umbra des strukturierenden Elements $\mathcal{U}\{s\}$ wird in einer Dimension vertikal verschoben. Das Ergebnis der Erosion folgt aus allen Verschiebungskonstellationen, bei denen das strukturierende Element das Signal g von unten berührt.

Die Dilatation entspricht infolge der Maximumbildung einer Abtastung von oben. Denn nach Definition ist

$$g \oplus s = \mathcal{T}\Big\{ \{\mathbf{w} \,|\, \left((\mathcal{U}\{s\})^{\mathrm{R}}\right)_{\mathbf{w}} \cap \mathcal{U}\{g\} \neq \varnothing\} \Big\}, \tag{13.170}$$

insbesondere wird das strukturierende Element bei der Dilatation gespiegelt, vgl. Def. 13.4. Die umgedrehte Tastsonde wird also an jedem Punkt $\mathbf{x}$ von oben so weit an die Umbra herangeführt, dass sie sich noch mit ihr überlappt. Die dilatierte

Oberfläche verläuft dann durch den Ursprung des strukturierenden Elements in der z-Position, in der es die Umbra gerade noch berührt (Abb. 13.22(b)).

Weitere Eigenschaften der grauwertmorphologischen Grundoperationen lassen sich direkt aus der Binärmorphologie übertragen, da die Umbra-Operation ein Homomorphismus ist.

Satz 13.8: Umbra-Homomorphiesatz

1. Seien $\mathcal{U}$, $\mathcal{V}$ Umbren. Dann sind die Erosion $\mathcal{U} \ominus \mathcal{V}$ und die Dilatation $\mathcal{U} \oplus \mathcal{V}$ ebenfalls Umbren.
2. Die Bildung der Umbra ist ein Homomorphismus bezüglich der Operationen Erosion und Dilatation:

$$\mathfrak{U}\{g \ominus s\} = \mathfrak{U}\{g\} \ominus \mathfrak{U}\{s\}\,, \tag{13.171}$$

$$\mathfrak{U}\{g \oplus s\} = \mathfrak{U}\{g\} \oplus \mathfrak{U}\{s\}\,. \tag{13.172}$$

3. Die Relation $g_1 \leq g_2$ für Funktionen $g_1, g_2 : \Omega_g \to \mathbb{Z}$ entspricht der Teilmengenbeziehung ihrer Umbren:

$$\mathfrak{U}\{g_1\} \subseteq \mathfrak{U}\{g_2\} \quad \Leftrightarrow \quad \forall \mathbf{x} \in \Omega_g : \; g_1(\mathbf{x}) \leq g_2(\mathbf{x})\,. \tag{13.173}$$

◇

Beweis 13.7 (Umbra-Homomorphiesatz):

1. Siehe [7].
2. Mit 1. folgt aus Satz 13.6:

$$\mathfrak{U}\{g \ominus s\} = \mathfrak{U}\left\{\mathfrak{T}\left\{\mathfrak{U}\{g\} \ominus \mathfrak{U}\{s\}\right\}\right\} \tag{13.174}$$

$$= \mathfrak{U}\{g\} \ominus \mathfrak{U}\{s\} \tag{13.175}$$

und analog für die Dilatation.

3. Sei zunächst $\mathfrak{U}\{g_1\} \subseteq \mathfrak{U}\{g_2\}$. Für ein beliebiges $\mathbf{x} \in \Omega_g$ ist $(\mathbf{x}^\mathrm{T}, g_1(\mathbf{x}))^\mathrm{T} \in \mathfrak{U}\{g_1\}$, also auch $(\mathbf{x}^\mathrm{T}, g_1(\mathbf{x}))^\mathrm{T} \in \mathfrak{U}\{g_2\}$. Nach der Definition der Umbra muss daher $g_1(\mathbf{x}) \leq g_2(\mathbf{x})$ sein.
   Sei nun $g_1(\mathbf{x}) \leq g_2(\mathbf{x})$ für alle $\mathbf{x}$. Für ein beliebiges $(\mathbf{x}^\mathrm{T}, z)^\mathrm{T} \in \mathfrak{U}\{g_1\}$ gilt $z \leq g_1(\mathbf{x}) \leq g_2(\mathbf{x})$. Daher folgt $(\mathbf{x}^\mathrm{T}, z)^\mathrm{T} \in \mathfrak{U}\{g_2\}$ und insgesamt $\mathfrak{U}\{g_1\} \subseteq \mathfrak{U}\{g_2\}$. ■

Da die grauwertmorphologischen Operatoren in Def. 13.9 auf die allgemeinen Definitionen für Punktmengen zurückgeführt werden, übernehmen sie dank der Homomorphie alle Eigenschaften aus Abschn. 13.1.

Beispiel 13.3 (Assoziativität der grauwertmorphologischen Dilatation): Mit Hilfe des Umbra-Homomorphiesatzes sieht man, dass die Dilatation eines Grauwertbildes g mit den strukturierenden Elementen s_1 und s_2 assoziativ ist:

$$g \oplus (s_1 \oplus s_2) = \mathcal{T}\{\mathcal{U}\{g\} \oplus \mathcal{U}\{s_1 \oplus s_2\}\} \tag{13.176}$$
$$= \mathcal{T}\{\mathcal{U}\{g\} \oplus (\mathcal{U}\{s_1\} \oplus \mathcal{U}\{s_2\})\} \tag{13.177}$$
$$= \mathcal{T}\{(\mathcal{U}\{g\} \oplus \mathcal{U}\{s_1\}) \oplus \mathcal{U}\{s_2\}\} \tag{13.178}$$
$$= \mathcal{T}\{\mathcal{U}\{g \oplus s_1\} \oplus \mathcal{U}\{s_2\}\} \tag{13.179}$$
$$= (g \oplus s_1) \oplus s_2 \,. \tag{13.180}$$

Auf Punktmengen gilt die Assoziativität $\mathcal{U}\{g\} \oplus (\mathcal{U}\{s_1\} \oplus \mathcal{U}\{s_2\}) = (\mathcal{U}\{g\} \oplus \mathcal{U}\{s_1\}) \oplus \mathcal{U}\{s_2\}$ gemäß Satz 13.2. ■

Beispiel 13.4 (Enthaltenseinsrelation der grauwertmorphologischen Erosion): Sei $(0,0,0)^{\mathrm{T}} \in \mathcal{U}\{s\}$, also $s(\mathbf{0}) \geq 0$. Dann gilt nach Satz 13.1:

$$\mathcal{U}\{g\} \ominus \mathcal{U}\{s\} \subseteq \mathcal{U}\{g\} \,. \tag{13.181}$$

Mit dem Homomorphiesatz erhält man daraus

$$\mathcal{U}\{g \ominus s\} \subseteq \mathcal{U}\{g\} \qquad \Leftrightarrow \qquad \forall \mathbf{x} : \; (g \ominus s)(\mathbf{x}) \leq g(\mathbf{x}) \,. \tag{13.182}$$

■

Obwohl morphologische Operationen für Binär- und Grauwertbilder auf denselben theoretischen Grundlagen beruhen, gibt es grundsätzliche Unterschiede in ihren Auswirkungen auf das Ergebnisbild: Während binäre morphologische Operatoren sich nur auf den Rand von Objekten im Bild auswirken, ändern Grauwertoperatoren die Bildwerte nahezu des gesamten Bildes. Beispielsweise führt eine Dilatation zu einer Erhöhung des Bildwerts auch innerhalb von örtlich homogenen Objekten. Die Ursache für diese Unterschiede liegt in der Bedeutung der Dimensionen der Punktmengen: Während die zweidimensionale Punktmenge eines Binärbildes ausschließlich örtliche Dimensionen besitzt, kommt bei der Punktmenge eines Grauwertbildes die Dimension des Bildwerts hinzu. Die morphologischen Operatoren sind auf den Punktmengen identisch definiert, ihre Auswirkungen unterscheiden sich jedoch aufgrund der unterschiedlichen Semantik der Dimensionen.

Wie alle Eigenschaften der binärmorphologischen Operationen besitzt auch die Dualität von Erosion und Dilatation ihre Entsprechung in der Grauwertmorphologie [6,7]. An die Stelle der Komplementbildung tritt hier die Negation der Funktion g. Die Negation ist allerdings nicht äquivalent zur Komplementbildung der Umbren, wie man sich am Beispiel des strukturierenden Elements aus Abb. 13.22 klar machen kann.

Satz 13.9: Dualität der Erosion und Dilatation in der Grauwertmorphologie
Zwischen Erosion und Dilatation eines skalarwertigen Bildes g mit einem strukturierenden Element s besteht folgende Dualitätsbeziehung:

$$-(g \oplus s) = (-g) \ominus s^{\mathrm{R}}, \tag{13.183}$$

wobei $s^{\mathrm{R}}(\mathbf{x}) := s(-\mathbf{x})$ eine Funktion $s^{\mathrm{R}} : \Omega_s^{\mathrm{R}} \to \mathbb{Z}$ ist. ◇

Beweis 13.8 (Dualität der Erosion und Dilatation in der Grauwertmorphologie):

$$(-(g \oplus s))(\mathbf{x}) = -\max_{\substack{\boldsymbol{\xi} \in \Omega_s \\ \mathbf{x}-\boldsymbol{\xi} \in \Omega_g}} \{g(\mathbf{x}-\boldsymbol{\xi}) + s(\boldsymbol{\xi})\} \tag{13.184}$$

$$= \min_{\substack{\boldsymbol{\xi} \in \Omega_s \\ \mathbf{x}-\boldsymbol{\xi} \in \Omega_g}} \{-g(\mathbf{x}-\boldsymbol{\xi}) - s(\boldsymbol{\xi})\} \tag{13.185}$$

$$= \min_{\substack{\boldsymbol{\xi} \in \Omega_s^{\mathrm{R}} \\ \mathbf{x}+\boldsymbol{\xi} \in \Omega_g}} \left\{-g(\mathbf{x}+\boldsymbol{\xi}) - s^{\mathrm{R}}(\boldsymbol{\xi})\right\} \tag{13.186}$$

$$= \left((-g) \ominus s^{\mathrm{R}}\right)(\mathbf{x}). \tag{13.187}$$

■

13.2.3 Öffnung und Schließung

Öffnung und Schließung werden ebenso wie für Binärbilder als Verkettung einer Dilatation und einer Erosion mit dem gleichen strukturierenden Element definiert.

Definition 13.10: Öffnung und Schließung in der Grauwertmorphologie
Sei $g : \Omega_g \to \mathbb{Z}$ ein skalarwertiges Bild und $s : \Omega_s \to \mathbb{Z}$ ein strukturierendes Element. Die Öffnung $g \circ s$ und die Schließung $g \bullet s$ sind wie folgt definiert:

$$g \circ s := (g \ominus s) \oplus s, \tag{13.188}$$

$$g \bullet s := (g \oplus s) \ominus s. \tag{13.189}$$

◇

Bei Verwendung „üblicher" strukturierender Elemente heben sich Erosion und Dilatation auf örtlich homogenen Bereichen des Bildes gegenseitig auf, sodass sich Öffnung und Schließung nur auf Kanten und andere Strukturen im Bild auswirken.

Aufgrund des Umbra-Homomorphiesatzes 13.8 bleibt Satz 13.4 auch für die grauwertmorphologischen Operationen gültig. Öffnung und Schließung besitzen daher u. a. folgende Eigenschaften:

Satz 13.10: Eigenschaften der grauwertmorphologischen Öffnung und Schließung

$$g \circ s \leq g \leq g \bullet s \tag{13.190}$$

$$(g \circ s) \circ s = g \circ s \tag{13.191}$$

$$(g \bullet s) \bullet s = g \bullet s \tag{13.192}$$

$$g \circ s = \mathcal{T}\left\{ \bigcup_{\mathbf{z} \in \{\mathbf{z} \in \mathbb{Z}^N \,|\, (\mathcal{U}\{s\})_\mathbf{z} \subseteq \mathcal{U}\{g\}\}} (\mathcal{U}\{s\})_\mathbf{z} \right\} \tag{13.193}$$

$$-(g \circ s) = (-g) \bullet s^{\mathrm{R}} \tag{13.194}$$

◇

Beweis 13.9 (Eigenschaften der grauwertmorphologischen Öffnung und Schließung): Die ersten vier Beziehungen folgen mit Satz 13.8 aus Satz 13.4. Die letzte Gleichung erhält man mit Hilfe von Satz 13.9 [7]. ■

Anhand von (13.193) kann man die Öffnung als mechanische Abtastung veranschaulichen: Das strukturierende Element $\mathcal{U}\{s\}$ tastet die Oberfläche von unten, aus dem Inneren der Umbra ab. Die geöffnete Umbra ist die Vereinigung aller verschobenen Tastsonden, die vollständig in der Umbra enthalten sind. Die Öffnung entfernt daher schmale Maxima der Oberfläche, in die das strukturierende Element nicht hineinpasst (Abb. 13.23(a)).

An jedem Bildpunkt $\mathbf{x}$ entspricht die geöffnete Oberfläche dem maximalen Wert $s(\boldsymbol{\xi})$, der an einer Stelle $\boldsymbol{\xi}$ eines der verschobenen strukturierenden Elemente angenommen wird. Die Maximumbildung ist also nicht auf den Nullpunkt bzw. den Maximalwert des strukturierenden Elements beschränkt, sondern erstreckt sich über das gesamte verschobene strukturierende Element [7].
Die Schließung lässt sich wegen der Dualität (13.194) schreiben als

$$g \bullet s = -((-g) \circ s^{\mathrm{R}})\,. \tag{13.195}$$

Sie entspricht daher anschaulich einer Abtastung der an der x,y-Ebene gespiegelten Oberfläche $-g$ von unten. Dies ist äquivalent zu einer Abtastung der ursprünglichen Oberfläche g von oben mit dem gespiegelten strukturierenden Element $(\mathcal{U}\{s\})^{\mathrm{R}}$. Diese Tastsonde wird von oben so über die Oberfläche g geführt,

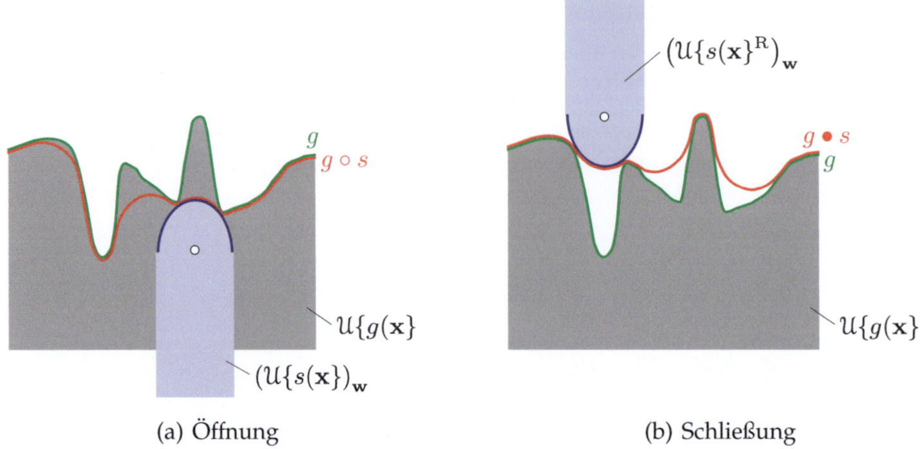

(a) Öffnung (b) Schließung

Abbildung 13.23. Veranschaulichung der Öffnung und Schließung von skalarwertigen Bildern als mechanische Abtastung.

dass sie nicht in das Objekt eindringt. Am Bildpunkt $\mathbf{x}$ verläuft die geschlossene Oberfläche durch den tiefsten Punkt auf einer der verschobenen Tastsonden. Schmale Täler der Oberfläche, in die das strukturierende Element nicht hineinpasst, verschwinden (Abb. 13.23(b)).

Die grauwertmorphologischen Operationen Öffnung und Schließung sind verwandt zur Medianfilterung aus Abschn. 10.3.2.1 und eignen sich daher zur Störungsunterdrückung [6].

Beispiel 13.5 (Störungsunterdrückung): Wegen der geschilderten Eigenschaften können Öffnung und Schließung zur Störungsunterdrückung eingesetzt werden. Im Gegensatz zur Konvention bei der Darstellung von Binärbildern repräsentieren hohe Bildwerte g in der Grauwertmorphologie wie üblich helle Bereiche im Bild, während niedrige Bildwerte dunklen Bereichen entsprechen. Die Öffnung entfernt Störungen, die kleiner als das strukturierende Element und heller als die umgebenden Bildwerte sind. Die Schließung entfernt Störungen, die dunkler als die Bildwerte in ihrer Umgebung sind. Die Verkettung beider Operationen unterdrückt sowohl helle als auch dunkle Störungen.

In Abb. 13.24 wird dieses Verhalten an einem Beispielbild mit künstlich eingebrachten Störungen illustriert. Öffnung und Schließung führen zu einer Glättung von Strukturen, die kleiner als das strukturierende Element sind. Größere Strukturen bleiben nahezu unverändert erhalten. ∎

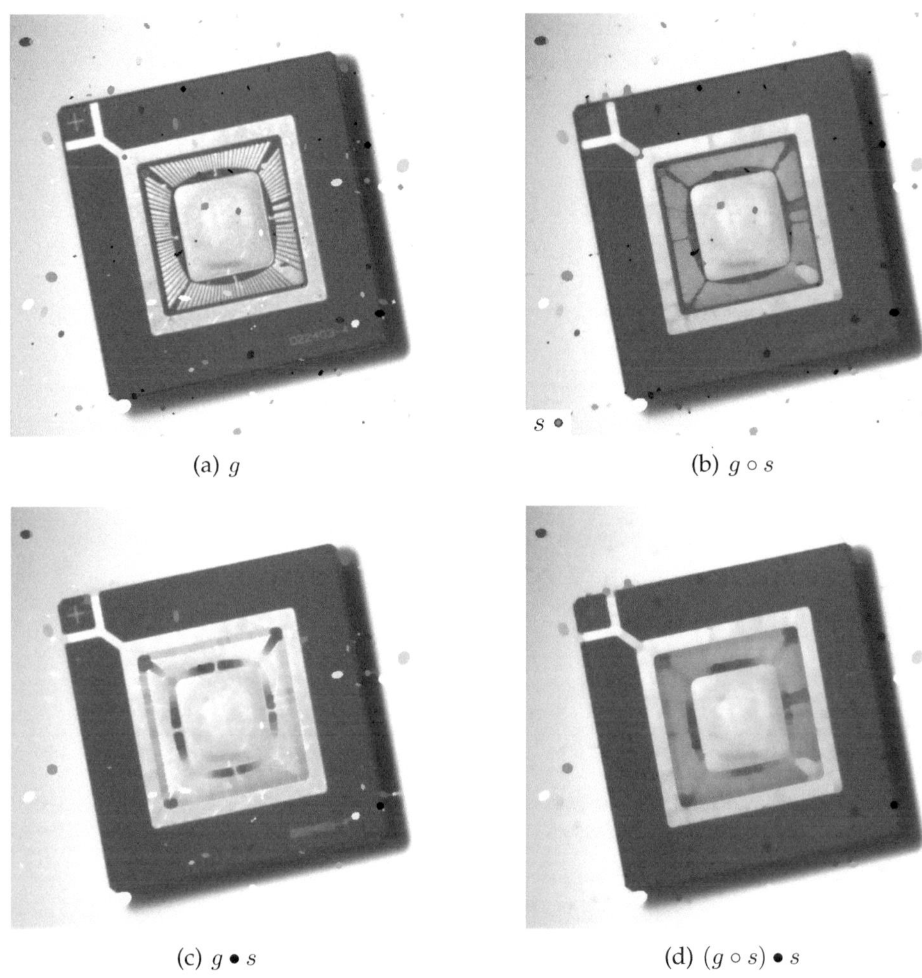

(a) g (b) $g \circ s$

(c) $g \bullet s$ (d) $(g \circ s) \bullet s$

Abbildung 13.24. Beispiel zur grauwertmorphologischen Störungsunterdrückung: (a) Testbild mit künstlich eingebrachten hellen und dunklen Störungen; (b) Öffnung mit dem links unten dargestellten strukturierenden Element s; (c) Schließung; (d) Öffnung und nachfolgende Schließung.

Ist man umgekehrt nur an schmalen Extrema im Bild interessiert, z. B. an hellen oder dunklen Linien, kann man das Differenzbild zum ursprünglichen Bild berechnen [5]:

$$g - (g \circ s) \quad \text{white top-hat} \tag{13.196}$$

$$(g \bullet s) - g \quad \text{black top-hat} \tag{13.197}$$

Abbildung 13.25 veranschaulicht diese beiden Operationen an einem Testbild. Das Ergebnis enthält helle bzw. dunkle Strukturen, die schmaler als das verwendete strukturierende Element sind.

13.2.4 Kantendetektion

Ebenso wie die Binärmorphologie zur Randextraktion in Binärbildern eingesetzt werden kann, ermöglicht die Grauwertmorphologie eine Kantenextraktion in skalarwertigen Bildern. Wie in Abschn. 12.2 beschrieben, kann eine Kantendetektion auf Grundlage der ersten Ableitung oder der zweiten Ableitung erfolgen. Beide Varianten lassen sich grauwertmorphologisch realisieren.

Der sogenannte **Beucher-Gradient** liefert eine Approximation des Gradientenbetrags:

$$\|\mathrm{grad}\, g\| + \mathrm{const.} \approx (g \oplus s) - (g \ominus s)\,. \tag{13.198}$$

Das erodierte Bild wird vom dilatierten Bild subtrahiert [13].

Eine Näherung für die zweite Ableitung erhält man durch den morphologischen Laplace-Operator:

$$\Delta g = \mathrm{div}(\mathrm{grad}\, g) \approx (g \oplus s) + (g \ominus s) - 2g\,. \tag{13.199}$$

Beispiel 13.6 (Morphologische Kantendetektion): In Abb. 13.26 werden die beiden Kantenoperatoren auf das Testbild aus Abb. 13.25(a) angewendet. Die Verstärkung des Rauschens mit jedem Differentiationsschritt ist auch bei der morphologischen Kantenextraktion deutlich zu erkennen. Die Verwendung größerer strukturierender Elemente bewirkt eine gewisse Glättung auf Kosten der Lokalisierbarkeit und der Detektion feiner Strukturen.

Zum Vergleich mit anderen Kantenoperatoren zeigt Abb. 13.27 die Ergebnisse der beiden vorgestellten morphologischen Operatoren am Beispielbild aus Kap. 12. ■

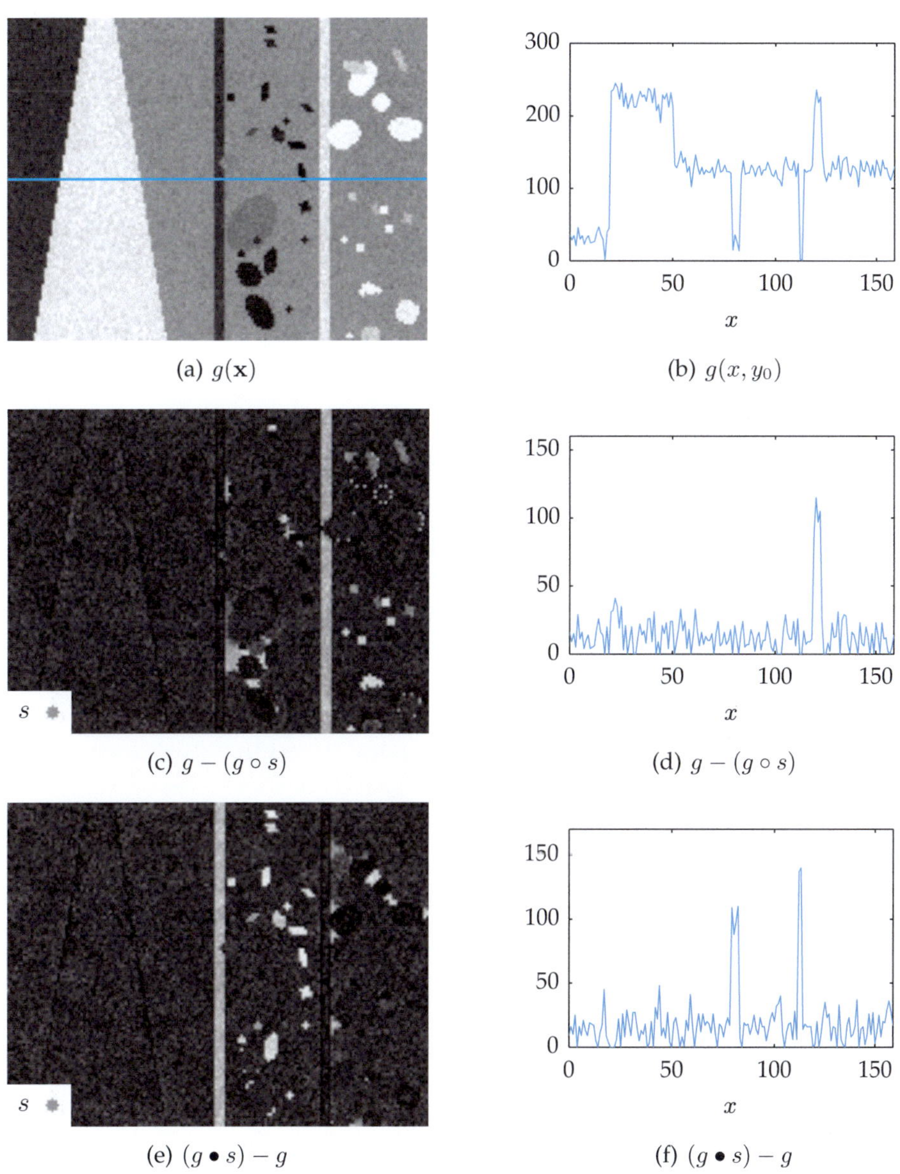

Abbildung 13.25. Grauwertmorphologische Extraktion heller bzw. dunkler Punkte und Linien: (a) Testbild, künstlich mit weißem Rauschen überlagert; (b) eindimensionaler Grauwertverlauf an der markierten Linie; (c), (d) *white top-hat* mit dem dargestellten strukturierenden Element s; (e), (f) *black top-hat*.

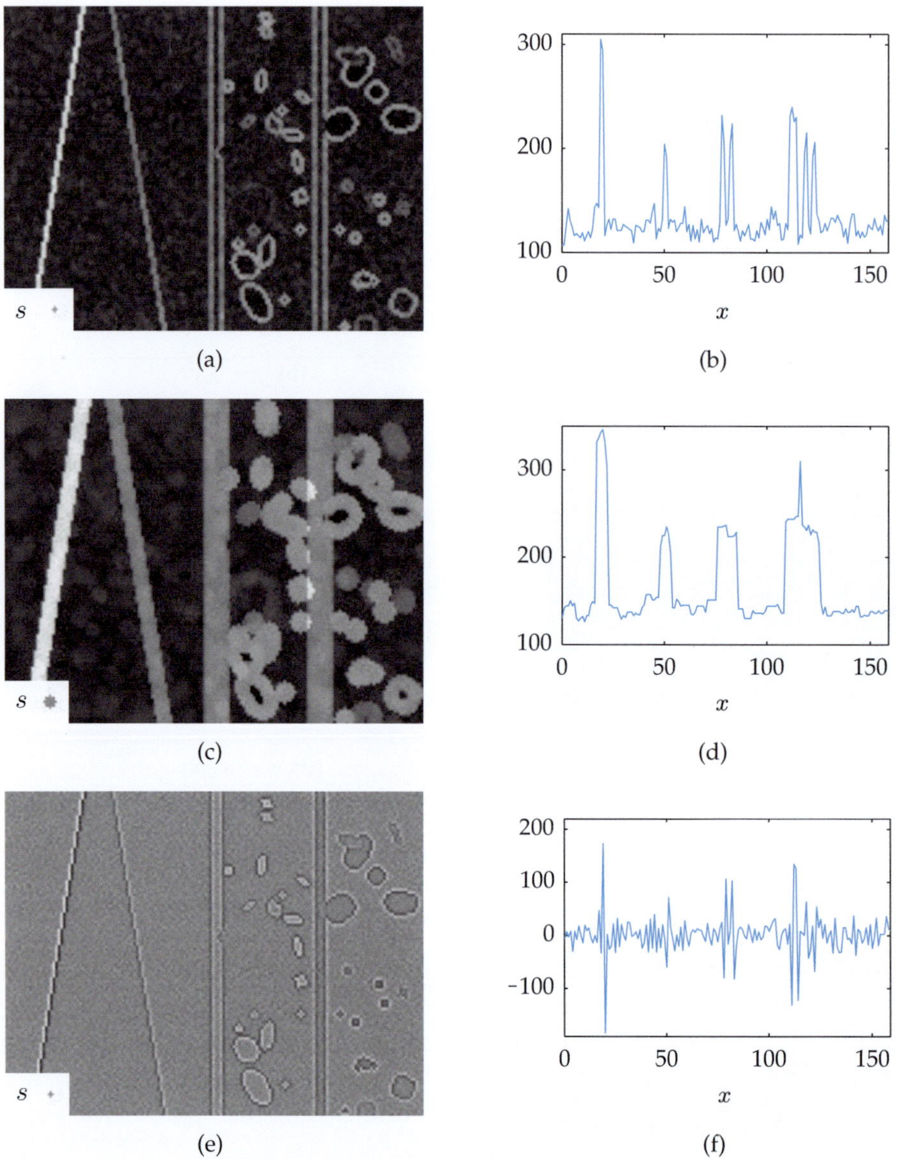

Abbildung 13.26. Grauwertmorphologische Kantenextraktion: (a) Beucher-Gradient, berechnet für das Testbild aus Abb. 13.25(a) mit dem dargestellten strukturierenden Element s vom Radius 1; (b) eindimensionaler Grauwertverlauf an der in Abb. 13.25(a) markierten horizontalen Linie; (c), (d) Beucher-Gradient mit einem kreisförmigen strukturierenden Element vom Radius 3; (e), (f) Ergebnis des morphologischen Laplace-Operators.

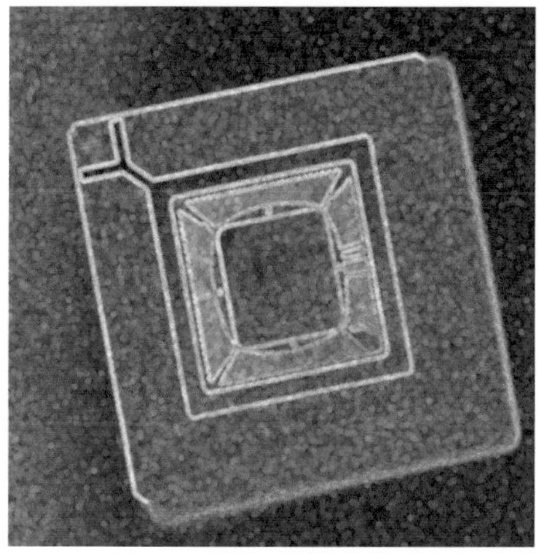
(a) Beucher-Gradient

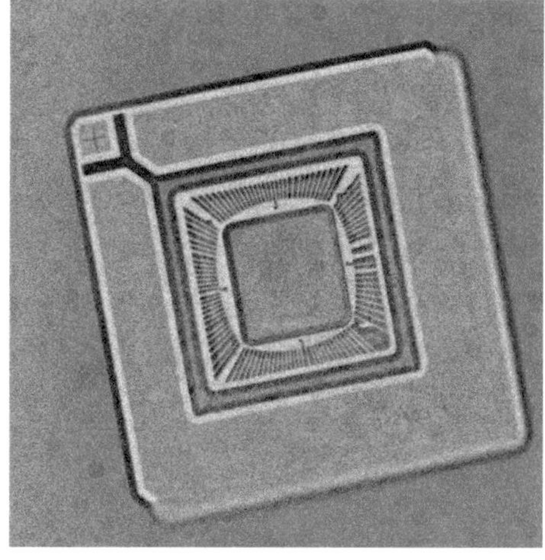
(b) morphologischer Laplace-Operator

Abbildung 13.27. Morphologische Kantenoperatoren am Beispiel von Abb. 12.14(a).

13.3 Literatur

[1] Wolfgang Abmayr. *Einführung in die digitale Bildverarbeitung*. Teubner, Stuttgart, 1994.

[2] Josef Bigun. *Vision with direction*. Springer, Berlin, 2006.

[3] John Canny. A Computational Approach to Edge Detection. *IEEE Transactions on Pattern Analysis and Machine Intelligence*, 8(6):679–698, November 1986.

[4] Charles Giardina und Edward Dougherty. *Morphological methods in image and signal processing*. Prentice Hall, 1988.

[5] Rafael Gonzalez und Richard Woods. *Digital image processing*. Pearson Prentice Hall, Upper Saddle River, NJ, 3. Auflage, 2008.

[6] Robert Haralick und Linda Shapiro. *Computer and robot vision*. Addison-Wesley, Reading, MA, 1992.

[7] Robert Haralick, Stanley Sternberg und Xinhua Zhuang. Image analysis using mathematical morphology. *IEEE Transactions on Pattern Analysis and Machine Intelligence*, 9(4):532–550, Juli 1987.

[8] Ramesh Jain, Rangachar Kasturi und Brian Schunck. *Machine vision*. McGraw-Hill, New York, 1995.

[9] Patrick Lambert und Jocelyn Chanussot. Extending mathematical morphology to color image processing. In *Proc. International Conference on Color in Graphics and Image Processing*, 2000.

[10] Gerasimos Louverdis, Maria Vardavoulia, Ioannis Andreadis und Phillipos Tsalides. A new approach to morphological color image processing. *Pattern Recognition*, 35(8):1733–1741, August 2002.

[11] Petros Maragos und Ronald W. Schafer. Morphological systems for multidimensional signal processing. *Proceedings of the IEEE*, 78(4):690–710, April 1990.

[12] Georges Matheron. *Random sets and integral geometry*. Wiley, New York, 1975.

[13] Fernand Meyer und Serge Beucher. Morphological segmentation. *Journal of Visual Communication and Image Representation*, 1(1):21–46, September 1990.

[14] Theodosios Pavlidis. *Structural pattern recognition*. Springer, Berlin, 1977.

[15] Azriel Rosenfeld und John Pfaltz. Sequential operations in digital picture processing. *Journal of the ACM*, 13(4):471–494, Oktober 1966.

[16] Jean Serra. *Imaging Analysis and Mathematical Morphology – Vol. I*. Academic Press, London, 1982.

[17] Jean Serra. *Imaging Analysis and Mathematical Morphology – Vol. II: Theoretical Advances*. Academic Press, London, 1988.

[18] Pierre Soille. *Morphologische Bildverarbeitung: Grundlagen, Methoden, Anwendungen*. Springer, Berlin, 1998.

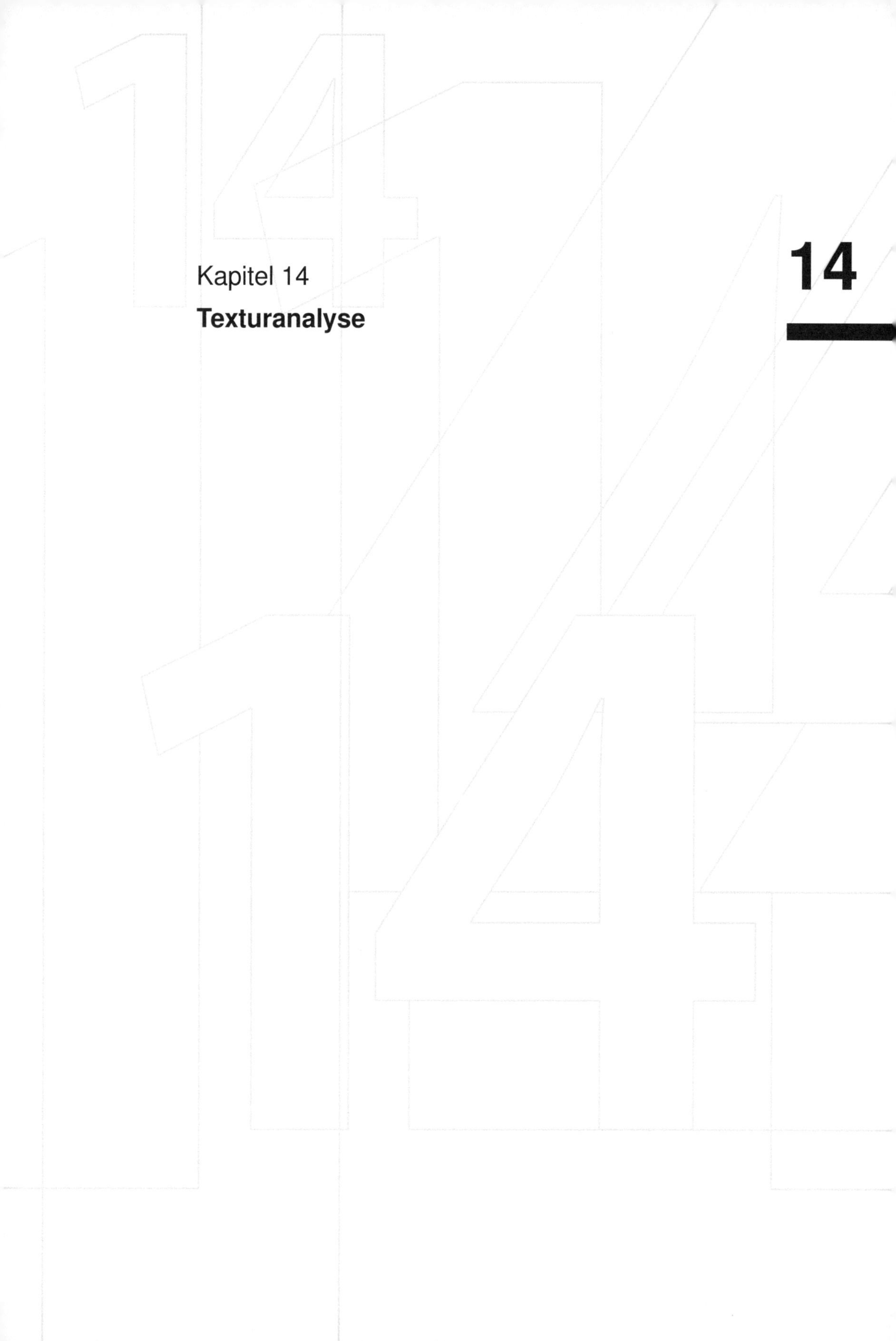

Kapitel 14

Texturanalyse

14

14

14 Texturanalyse

14 Texturanalyse

Eine **Textur** kann man definieren als eine zweidimensional ausgeprägte Struktur mit einer gewissen deterministischen oder statistischen Regelmäßigkeit. Eine einheitliche Definition für den Begriff Textur existiert nicht [15]. Alternativ kann z. B. eine Textur über die Variation der Bildstrukturen definiert werden, die kleiner sind als die interessierenden Skalen [27].

Texturen können z. B. aus Linien in regelmäßigen oder stochastischen Abständen und Winkeln oder aus flächigen Primitiven aufgebaut sein, die sich in einer regelmäßigen Anordnung wiederholen (Abb. 14.1). Abbildung 14.2 zeigt einige Bilder von Texturen aus dem Brodatz-Album [9]. Die darin enthaltenen Photographien wurden – obwohl eigentlich für Künstler und Designer gedacht – über Jahrzehnte zum Referenzdatensatz für Texturanalyseverfahren. Texturen können durch verschiedene Fertigungsprozesse entstehen, z. B. Textilherstellung oder spanende Metallbearbeitung (Abb. 14.3). Auch natürliche Vorgänge können Texturen hervorbringen. Die wesentlichen Strukturen der Textur können mikroskopische oder makroskopische Dimensionen besitzen.

Abbildung 14.1. Beispiele für Texturen.

Im Folgenden wird zunächst eine Einteilung von Texturen gemäß ihrer deterministischen oder statistischen Regelmäßigkeit vorgestellt. Darauf aufbauend lässt sich die Erscheinung der Textur in Bilddaten modellieren. Mit Hilfe

J. Beyerer et al., *Automatische Sichtprüfung*,
https://doi.org/10.1007/978-3-662-69951-5_14

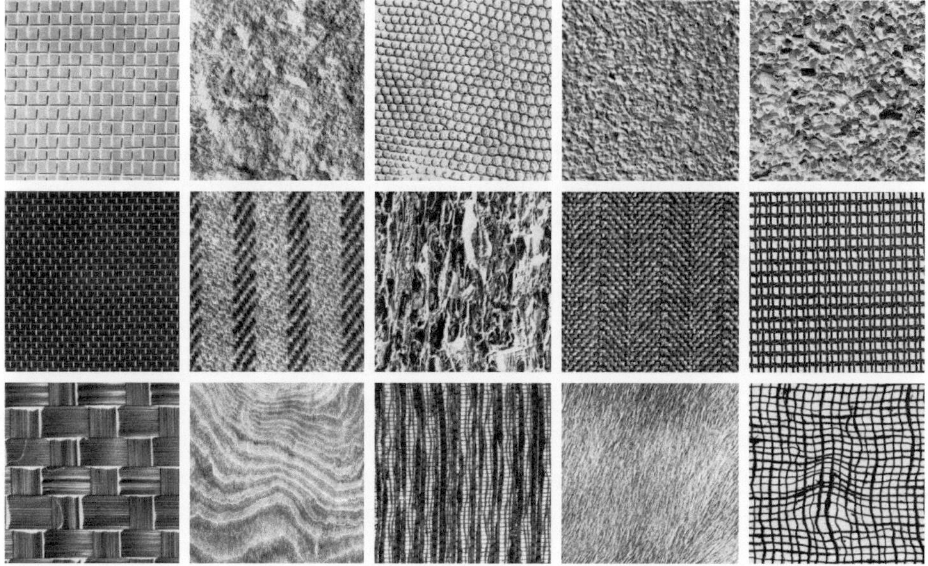

Abbildung 14.2. Beispiele für Texturen (Quelle: Brodatz [9]).

dieser Modelle können verschiedene Aufgaben der Texturanalyse gelöst werden (Abschn. 14.3). Ein alternativer Ansatz zur Texturanalyse verzichtet auf eine explizite Modellierung der untersuchten Textur und basiert stattdessen auf bestimmten deskriptiven Texturmerkmalen (Abschn. 14.4).

14.1 Texturtypen

Eine Textur ist zunächst eine Struktur im Objektraum. Der Bildverarbeitung ist jedoch lediglich das Bildsignal $t(\mathbf{x})$ der Textur nach einer optischen Abbildung zugänglich. Im Idealfall stellt das Bildsignal eine unmittelbare Beschreibung der realen Textur dar. In der Praxis lassen sich allerdings derartige Aufnahmebedingungen häufig nicht herstellen. Die wichtigsten Ursachen für Abweichungen zwischen Textur und Bildsignal sind:

- Aufgrund der Abbildungsgeometrie entsteht eine perspektivische Verzerrung der Struktur [32]. Dies ist beispielsweise unvermeidlich, wenn die Textur sich nicht auf einer ebenen Oberfläche, sondern etwa auf einer zylindrischen Fläche befindet und mit einer gewöhnlichen Kameraoptik aufgenommen wird.
- Die Beleuchtungsbedingungen oder die Reflektanzeigenschaften der Objektoberfläche verursachen ein inhomogenes Bildsignal [6].

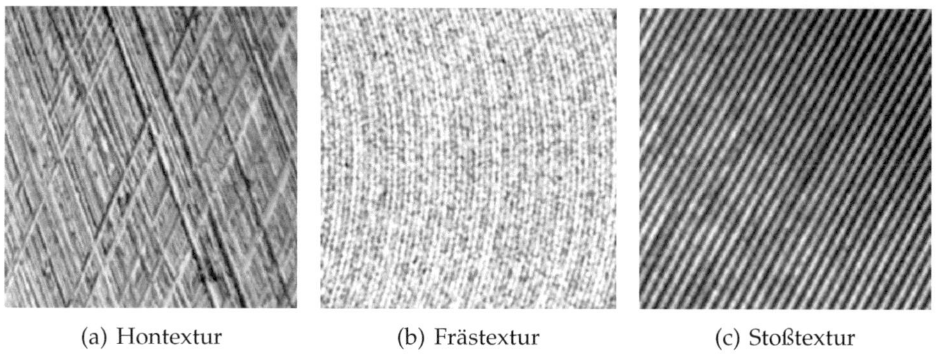

(a) Hontextur (b) Frästextur (c) Stoßtextur

Abbildung 14.3. Texturen spanend bearbeiteter Oberflächen [2, 6].

Solche Einflüsse lassen sich häufig mit den in Kap. 10 beschriebenen Bildverbesserungsmethoden näherungsweise ausgleichen. Deshalb kann man annehmen, dass für die Texturanalyse bereits ein entsprechend vorverarbeitetes Bild gegeben ist. Im Folgenden wird daher keine Unterscheidung zwischen der realen Textur und ihrem Bild vorgenommen.

Texturen lassen sich je nach ihrem deterministischen oder stochastischen Charakter durch verschiedene Arten von Modellen beschreiben [1, 26].

14.1.1 Struktureller Texturtyp

Strukturelle Texturen bestehen aus Elementarmustern, die in einem deterministischen örtlichen Schema angeordnet sind. Die Elementarmuster heißen **Texel** (auch Textonen oder Texturprimitive). Beim strukturellen Texturtyp wird ein deterministisches Texturmodell angenommen. Ein wichtiger Spezialfall sind örtlich homogene strukturelle Texturen, bei denen weder die Texel noch das Anordnungsschema ortsvariant sind. Dann liegt ein zweidimensional periodisches Signal vor.

Eine örtlich homogene strukturelle Textur lässt sich wie folgt mathematisch beschreiben: Sei $q(\mathbf{x})$ das Bild des Texels und seien $\mathbf{a}_1$, $\mathbf{a}_2$ die linear unabhängigen Gittervektoren des Anordnungsschemas. Die Gittervektoren spannen also die zweidimensionale Ebene auf: $\mathrm{span}\{\mathbf{a}_1, \mathbf{a}_2\} = \mathbb{R}^2$. Dann entsteht die strukturelle Textur $t(\mathbf{x})$ durch eine zweidimensionale Faltung mit einem Raster von Dirac-Impulsen:

$$t(\mathbf{x}) = q(\mathbf{x}) ** \sum_{(k,l)\in\mathbb{Z}^2} \delta(\mathbf{x} - k\,\mathbf{a}_1 - l\,\mathbf{a}_2) = \sum_{(k,l)\in\mathbb{Z}^2} q(\mathbf{x} - k\,\mathbf{a}_1 - l\,\mathbf{a}_2)\,. \tag{14.1}$$

Jeder Gitterpunkt wird durch einen Dirac-Impuls beschrieben. Das Texel wiederholt sich an jedem Gitterpunkt. Damit dieses Modell sinnvoll ist, sollten sich die

Texel nicht überlappen, d. h. für unterschiedliche Gitterpunkte disjunkte Träger besitzen:

$$\text{supp}\{q(\mathbf{x} - k\,\mathbf{a}_1 - l\,\mathbf{a}_2)\} \cap \text{supp}\{q(x - i\,\mathbf{a}_1 - j\,\mathbf{a}_2)\} = \varnothing \tag{14.2}$$

für alle $(k, l) \neq (i, j)$. Die Texel sind aufgrund der Periodizität der Textur nicht eindeutig bestimmt: Ein Punkt der Textur kann beispielsweise dem rechten Rand eines Texels oder dem linken Rand des rechts benachbarten Texels zugerechnet werden.

Das Modell (14.1) beschreibt eine unendlich ausgedehnte Textur. In der Praxis wird man die Textur an den Rändern des Bildes oder einer Bildregion abschneiden. Den einfachsten Fall eines äquidistanten, rechtwinkligen Gitters mit dem Abstand $a > 0$ zwischen benachbarten Gitterpunkten erhält man für $\mathbf{a}_1 = (a, 0)^{\mathrm{T}}$, $\mathbf{a}_2 = (0, a)^{\mathrm{T}}$.

Beispiele für strukturelle Texturen sind Kristallgitter und präzise gefertigte 2D-Strukturen. Strukturelle Texturmodelle können auch hierarchisch aufgebaut sein, indem jedes Texel der Makrotextur wiederum texturiert ist und aus Mikrotexeln besteht.

14.1.2 Strukturell-statistischer Texturtyp

Bei diesem Texturtyp sind sowohl die Texel $q(\mathbf{x})$ als auch das Anordnungsschema $\{\mathbf{a}_1, \mathbf{a}_2\}$ nicht vollständig deterministisch, sondern unterliegen gewissen stochastischen Variationen (Abb. 14.4). Die Variationen können z. B. durch zufällige Einflüsse und Störungen in einem natürlichen Entstehungsprozess oder in einem technischen Fertigungsprozess entstehen. Sie sind aber so gering, dass die Texel noch klar erkennbar sind.

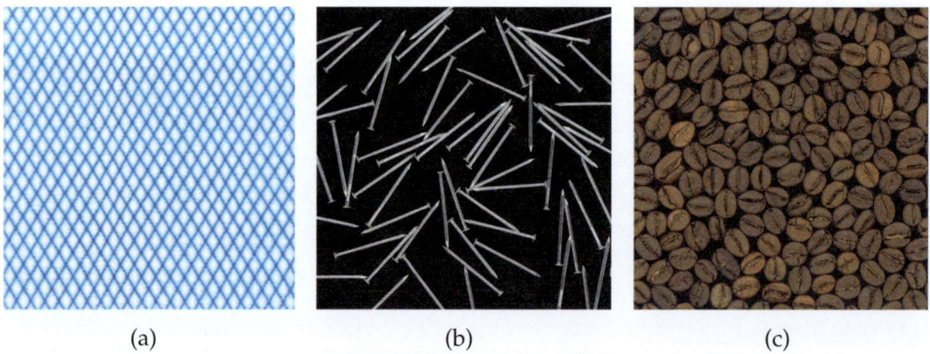

(a) (b) (c)

Abbildung 14.4. Beispiele für Aufnahmen struktureller und strukturell-statistischer Texturen: (a) bedruckter Textilstoff (Texel und Anordnungsschema nahezu deterministisch); (b) unregelmäßig angeordnete Nägel (Anordnungsschema stochastisch); (c) Kaffeebohnen (Texel und Anordnungsschema stochastisch).

Beispiele für strukturell-statistische Texturen sind mikroskopische Bilder von Zellkulturen, Riefentexturen auf spanend bearbeiteten Metalloberflächen, Textilstrukturen etc.

14.1.3 Statistischer Texturtyp

Beim statistischen Texturtyp ist die stochastische Variabilität so groß, dass eine Beschreibung durch Texel und Anordnungsschema nicht mehr sinnvoll ist. Eine statistische Textur kann als eine Musterfunktion eines Zufallsprozesses aufgefasst werden, der sich wie folgt durch Wahrscheinlichkeitsdichtefunktionen beschreiben lässt:

$$f_{\mathrm{t}(\mathbf{x}_1)\cdots\mathrm{t}(\mathbf{x}_n)}(t_1,\ldots,t_n) \quad \text{für alle } (\mathbf{x}_1,\ldots,\mathbf{x}_n)\in\Omega_t^n \text{ und alle } n\in\mathbb{N}\,, \tag{14.3}$$

wobei Ω_t die Definitionsmenge der Textur bezeichnet. Für festes n definiert eine solche Wahrscheinlichkeitsdichtefunktion eine Statistik n-ter Ordnung (vgl. Def. 8.13). Beispielsweise stellt $f_{\mathrm{t}(\mathbf{x})}(t)$ die Wahrscheinlichkeit dar, dass am Bildpunkt $\mathbf{x}$ der Wert t vorliegt. Für $n = 2$ beschreibt $f_{\mathrm{t}(\mathbf{x}_1)\mathrm{t}(\mathbf{x}_2)}(t_1, t_2)$ die Verbundwahrscheinlichkeit, dass der Bildpunkt $\mathbf{x}_1$ den Wert t_1 besitzt und simultan der Bildpunkt $\mathbf{x}_2$ den Wert t_2.

Die visuelle Wahrnehmung des Menschen ist besonders empfindlich für Unterschiede in Statistiken erster und zweiter Ordnung, für Unterschiede bei Statistiken höherer Ordnung hingegen relativ unempfindlich [18,19]. Daher beschränkt man sich bei der Modellierung statistischer Texturen oft auf Statistiken erster und zweiter Ordnung, $n = 1, 2$, sowie die zugehörigen Momente Erwartungswert $\mathrm{E}\{\,\cdot\,\}$ und Varianz $\mathrm{Var}\{\,\cdot\,\}$ (1. bzw. 2. zentrales Moment der Statistik 1. Ordnung) sowie Autokorrelationsfunktion (2. Moment der Statistik 2. Ordnung).

Beispiel 14.1 (Wahrnehmbarkeit von Texturunterschieden): Abbildung 14.5 zeigt zwei Bilder derselben Textur, in denen jeweils ein Quadrat mit abweichender Textur enthalten ist. Im linken Bild unterscheidet sich die Textur hinsichtlich ihrer Statistik zweiter Ordnung von der umgebenden Textur, sodass das Quadrat für einen menschlichen Betrachter auf den ersten Blick erkennbar ist. Im rechten Bild stimmen die Statistiken erster und zweiter Ordnung überein. Es bestehen lediglich Unterschiede in der Statistik dritter Ordnung, die erst bei genauerer Betrachtung auffallen. ■

Beispiele für statistische Texturen sind natürliche Topographien, Bruchflächen, sandgestrahlte Oberflächen, Oberflächen von Sandgussteilen und eine durch den Wind gekräuselte Wasseroberfläche.

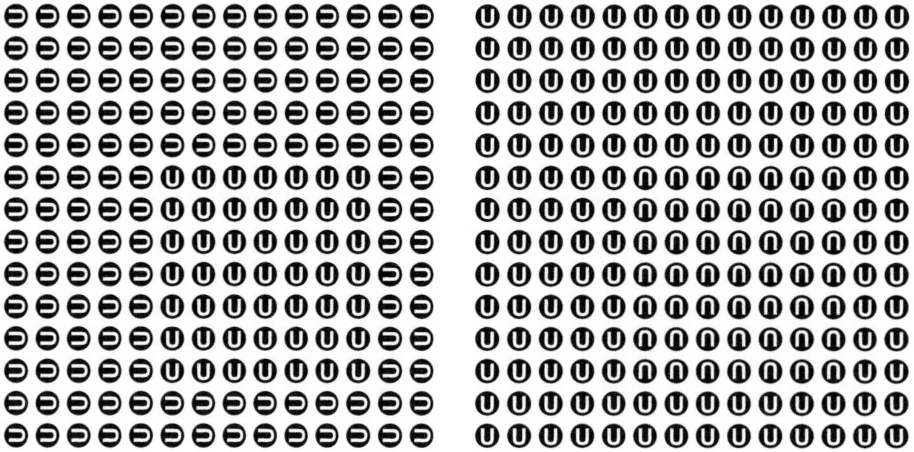

Abbildung 14.5. Zur menschlichen Wahrnehmung von Unterschieden in den Statistiken von Texturen (nach [19]).

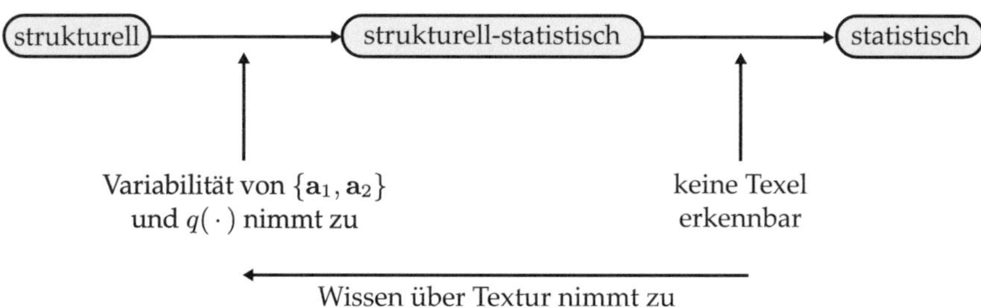

Abbildung 14.6. Fließender Übergang zwischen den Texturtypen.

Die Grenzen zwischen den drei vorgestellten Texturtypen sind fließend (Abb. 14.6). Je strukturierter die Textur ist, desto genauer kann sie beschrieben und modelliert werden. Um ein möglichst aussagekräftiges und leistungsfähiges Texturmodell für die Texturanalyse und -synthese zu erhalten, sollte möglichst alles verfügbare Wissen über eine Textur in das Modell aufgenommen werden.

14.2 Sichtprüfungsaufgaben bezüglich Texturen

Für die automatische Sichtprüfung kann die Texturanalyse folgende Aufgaben behandeln:

- **Texturklassifikation**: Erkennung der vorliegenden Textur, Unterscheidung zwischen verschiedenen Texturen;

- **Textursegmentierung**: Zerlegung des Bildes in zusammenhängende Bereiche unterschiedlicher Texturen;
- **Texturseparation**: Trennung von Texturkomponenten und Bildhintergrund (d. h. nicht texturartige Bildbestandteile);
- **Schätzung von Texturparametern** (z. B. Intensitäten, Winkel…);
- **Defektdetektion**: Detektion von signifikanten Abweichungen von der Regelmäßigkeit der Textur.

Ein wichtiges Hilfsmittel für einige dieser Aufgaben ist die **Synthese von Texturen**, also die Bildgenerierung mittels eines Texturmodells. Mit synthetischen Texturen kann einerseits die Qualität des Texturmodells direkt durch visuellen Vergleich mit einer realen Textur beurteilt werden. Andererseits lassen sich mit Hilfe der Textursynthese Verfahren realisieren, mit denen die modellierte Textur im Bild unterdrückt wird, sodass Defekte, die nicht durch das Modell abgedeckt werden, deutlicher hervortreten. Das macht eine nachfolgende Defektdetektion einfacher und meist leistungsfähiger.

14.3 Modellbasierte Texturanalyse

14.3.1 Analyse struktureller Texturen

Einen möglichen Ansatz zur Analyse struktureller Texturen erhält man mittels Fourier-Transformation des Texturmodells (14.1):

$$t(\mathbf{x}) = q(\mathbf{x}) ** \sum_{(k,l)\in\mathbb{Z}^2} \delta(\mathbf{x} - k\,\mathbf{a}_1 - l\,\mathbf{a}_2) \tag{14.4}$$

$$T(\mathbf{f}) \propto Q(\mathbf{f}) \sum_{(k,l)\in\mathbb{Z}^2} \delta(\mathbf{f} - k\,\mathbf{f}_1 - l\,\mathbf{f}_2) \quad \text{mit} \quad (\mathbf{a}_1, \mathbf{a}_2) = \begin{pmatrix} \mathbf{f}_1^{\mathrm{T}} \\ \mathbf{f}_2^{\mathrm{T}} \end{pmatrix}^{-1} . \tag{14.5}$$

Die Korrespondenz folgt aus dem Faltungssatz (8.158) und den Ergebnissen aus Abschn. 8.3.7. Das Ziel der Analyse ist zunächst, durch Auswertung der Abstände zwischen den Extremstellen die Gittervektoren $\mathbf{f}_1$, $\mathbf{f}_2$ im Ortsfrequenzbereich zu schätzen und daraus die Gittervektoren $\mathbf{a}_1$, $\mathbf{a}_2$ des örtlichen Anordnungsschemas zu berechnen.

Da eine Textur i. d. R. keine rein harmonische Schwingung ist, treten Extrema im Ortsfrequenzbereich nicht nur an den Basisvektoren $\mathbf{f}_1$, $\mathbf{f}_2$ des Gitters, sondern auch an ganzzahligen Vielfachen ihrer Ortsfrequenzen auf. Diese Extrema entsprechen den Oberschwingungen des periodischen Signals, ähnlich wie die Koeffizienten einer Fourier-Reihe. Um die Basisvektoren des Gitters zu bestimmen, wählt man die vier nächsten Extrema mit dem kleinsten Abstand zum Ursprung aus. Aufgrund der Symmetrie der Fourier-Transformierten des reellen Bildsignals $t(\mathbf{x})$ liegen diese vier Extremstellen an den Gittervektoren $\mathbf{f}_1$, $\mathbf{f}_2$ und ihren Spiegelbildern $-\mathbf{f}_1$, $-\mathbf{f}_2$. Im Ortsbereich entspricht dies einer Approximation der Textur $t(\mathbf{x})$ durch zwei harmonische Schwingungen, die beiden Grundschwingungen der Textur:

$$\begin{aligned}\tilde{t}(\mathbf{x}) = \mathcal{F}^{-1}\{&Q(\mathbf{f}_1)\,\delta(\mathbf{f}-\mathbf{f}_1) + Q(-\mathbf{f}_1)\,\delta(\mathbf{f}+\mathbf{f}_1)\\ &+Q(\mathbf{f}_2)\,\delta(\mathbf{f}-\mathbf{f}_2) + Q(-\mathbf{f}_2)\,\delta(\mathbf{f}+\mathbf{f}_2)\}\ .\end{aligned} \tag{14.6}$$

Ein Paar $\delta(\mathbf{f}_i) + \delta(-\mathbf{f}_i)$ verkörpert die Fourier-Transformierte der harmonischen Schwingung $2\cos(2\pi\mathbf{f}_i^{\mathrm{T}}\mathbf{x})$, siehe Abschn. 8.3.1.3.

Beispiel 14.2 (Analyse struktureller Texturen mit Hilfe der Fourier-Transformation): Für die Textur aus Abb. 14.7(a) soll das Anordnungsschema $(\mathbf{a}_1, \mathbf{a}_2)$ bestimmt werden. Zu diesem Zweck wird die diskrete Fourier-Transformierte der Textur berechnet, wobei ein Hann-Fenster (8.135) zur Unterdrückung des Leckeffekts verwendet wird. Im Betragsspektrum sind ausgeprägte Maxima an den Stellen $\mathbf{f}_1$, $\mathbf{f}_2$, $-\mathbf{f}_1$, $-\mathbf{f}_2$ zu erkennen; siehe Abb. 14.7(b). Setzt man alle anderen Ortsfrequenzen auf null und transformiert zurück in den Ortsbereich, so erhält man die Approximation durch zwei harmonische Schwingungen $\tilde{t}(\mathbf{x})$; vgl. Abb. 14.7(c).

Die Gittervektoren $\mathbf{a}_1$, $\mathbf{a}_2$ des Anordnungsschemas im Ortsbereich kann man nun mittels (14.5) aus $\mathbf{f}_1$ und $\mathbf{f}_2$ berechnen. ■

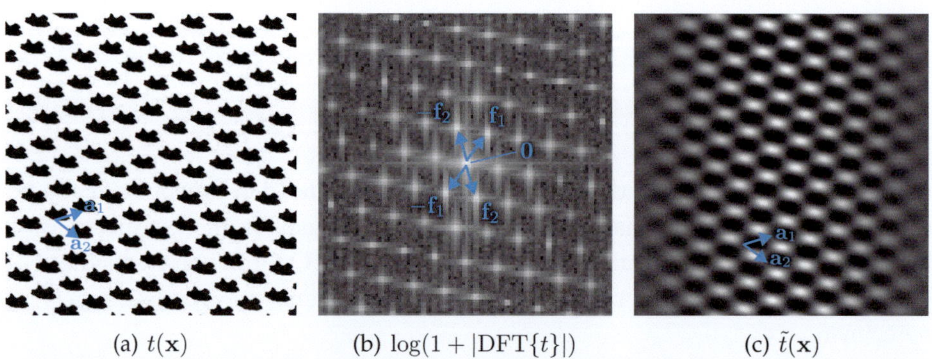

(a) $t(\mathbf{x})$ (b) $\log(1 + |\mathrm{DFT}\{t\}|)$ (c) $\tilde{t}(\mathbf{x})$

Abbildung 14.7. Beispiel zur Bestimmung des Anordnungsschemas $(\mathbf{a}_1, \mathbf{a}_2)$ einer strukturellen Textur: (a) Beispieltextur $t(\mathbf{x})$; (b) vergrößerter Ausschnitt aus dem Betragsspektrum der diskreten Fourier-Transformierten des gefensterten Textursignals in logarithmischer Darstellung; (c) Grundschwingungen der Textur, rücktransformiert aus den Gittervektoren $\mathbf{f}_1$, $\mathbf{f}_2$, $-\mathbf{f}_1$, $-\mathbf{f}_2$.

Nach diesem synthetischen Beispiel folgt nun ein reales Anwendungsbeispiel für die Defekterkennung in strukturellen Texturen mit Hilfe der Fourier-Transformation.

Beispiel 14.3 (Analyse einer Stirnplanfräs-Textur): Beim Stirnplanfräsen wird ein rotierender Fräser gleichmäßig linear über die zu bearbeitende Oberfläche geführt. Aufgrund dieser Kinematik mit kombinierter Linear- und Rotationsbewegung entsteht auf dem Werkstück eine Textur bestehend aus periodisch angeordneten Riefen in Form von Zykloidenbögen; siehe Abb. 14.8(a). Das Stirnplanfräsen findet beispielsweise für die Dichtflächen zwischen Motorblock und Zylinderkopf von Verbrennungsmotoren Anwendung [6].

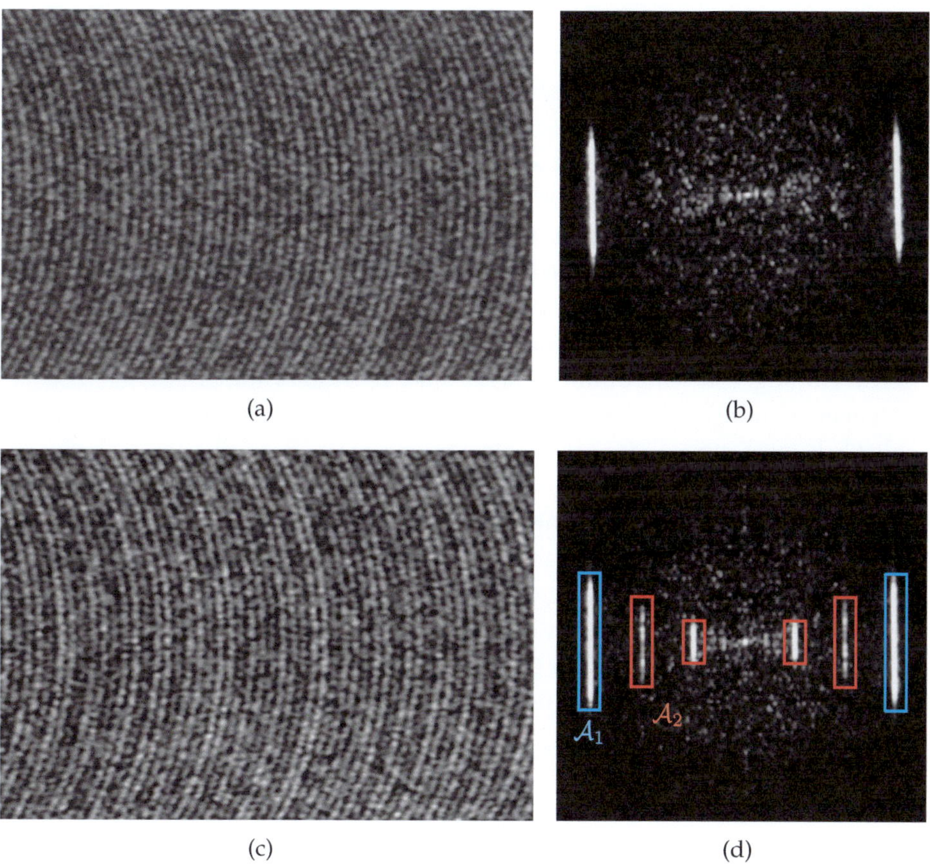

Abbildung 14.8. Analyse einer Stirnplanfräs-Textur: (a) intakte Textur; (b) Betragsspektrum der intakten Textur (vergrößerter Ausschnitt um den Ursprung); (c) defekte Textur; (d) zugehöriges Betragsspektrum mit den Integrationsgebieten $\mathcal{A}_1$, $\mathcal{A}_2$ zur Berechnung des Merkmals μ.

In einem Modell dieser Textur stellt eine einzelne Riefe das Texel dar. Das Anordnungsschema besteht aus äquidistanten Dirac-Impulsen im Riefenabstand Δx auf der x-Achse, ist also in diesem Beispiel lediglich eindimensional:

$$\sum_{m=-\infty}^{\infty} \delta(x - m\,\Delta x)\,\delta(y) = \sum_{m=-\infty}^{\infty} \delta(\mathbf{x} - m\,\Delta x\,\mathbf{e}_x) \tag{14.7}$$

$$\frac{1}{\Delta x} \sum_{k=-\infty}^{\infty} \delta\left(f_x - \frac{k}{\Delta x}\right) 1(f_y)\,. \tag{14.8}$$

Im Ortsfrequenzbereich entspricht dem Anordnungsschema eine Folge von Messerfunktionen in reziprokem Abstand. Der Träger der Fourier-Transformierten eines Zykloidenbogens ist näherungsweise Teilmenge eines doppelkeilförmigen Gebiets, dessen Spitze im Ursprung liegt; siehe Abb. 14.9(a). Das kann wie folgt plausibilisiert werden: Betrachtet man einen Abschnitt des Zykloidenbogens, der kurz genug ist, damit er näherungsweise als geradenhaft betrachtet werden kann, so folgt aus Bsp. 8.24, dass das zugehörige Fourier-Spektrum näherungsweise auf einer Ursprungsgeraden im Ortsfrequenzbereich senkrecht zum betrachteten Riefenabschnitt zu liegen kommt. Wiederholt man diese Überlegung für jeden Abschnitt der Riefe, so gelangt man zu dem doppelkeilförmigen Gebiet, dessen Öffnungswinkel von den in der Textur auftretenden Orientierungen der Riefenabschnitte abhängt.

Die Faltung von Anordnungsschema und Texel geht im Ortsfrequenzbereich in eine Multiplikation über, sodass man im quadrierten Betragsspektrum schließlich zwei ausgeprägte vertikale Linien erhält, die der Grundschwingung der Riefentextur entsprechen; siehe Abb. 14.8(b).

Der in diesem Beispiel betrachtete Fräser hat drei Zähne. Ein typischer Defekt ist der Bruch der Schneide eines Zahns. In diesem Fall ist eine der drei parallelen Riefen schwächer ausgeprägt oder fehlt ganz; siehe Abb. 14.8(c). In einem Modell der resultierenden Textur bestehen die Texel nun aus drei benachbarten Riefen, zwei intakten und einer defekten. Im Anordnungsschema bleibt nur jeder dritte Dirac-Impuls erhalten (Abb. 14.9(b)):

$$\sum_{m=-\infty}^{\infty} \delta(x - m\,3\Delta x)\,\delta(y) \tag{14.9}$$

$$\circ\!\!-\!\!\bullet$$

$$\frac{1}{3\Delta x} \sum_{k=-\infty}^{\infty} \delta\left(f_x - \frac{k}{3\Delta x}\right) 1(f_y)\,. \tag{14.10}$$

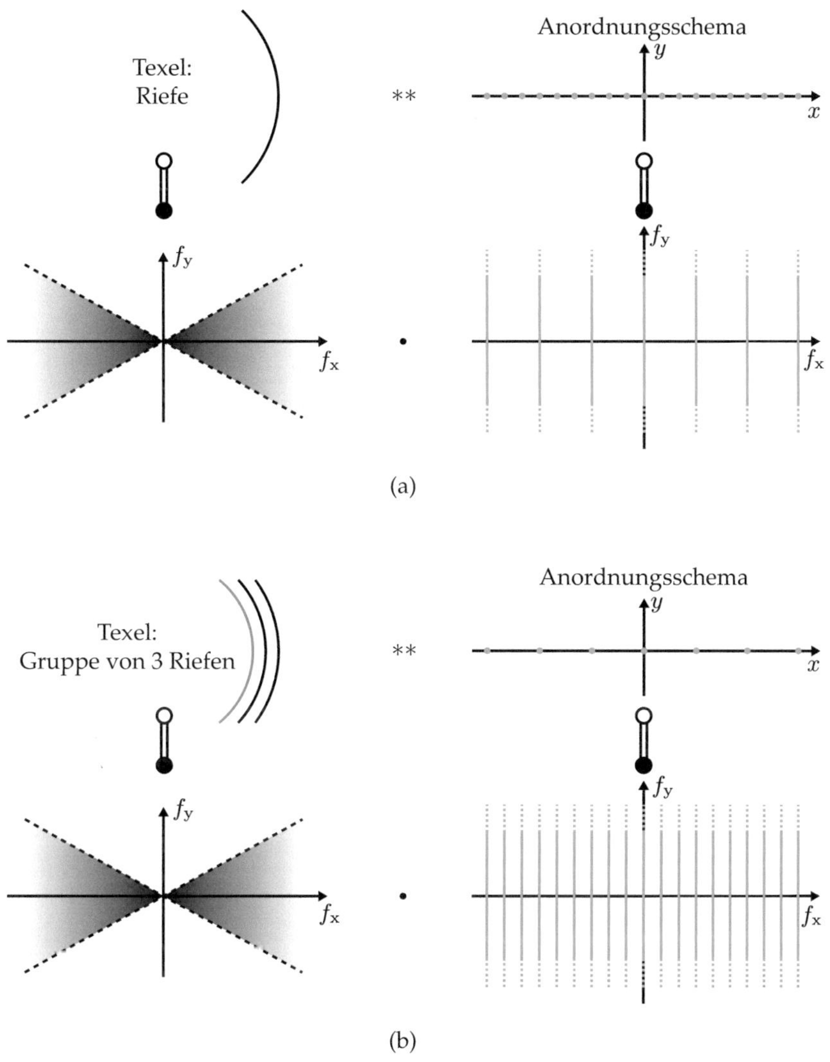

Abbildung 14.9. Analyse einer Stirnplanfräs-Textur mit Hilfe der Fourier-Transformation: (a) intakter Fräser; (b) defekter Fräser.

Im Fourier-Bereich entspricht dieser verdreifachte Abstand einem Drittel der Ortsfrequenz. Die Auswertung eines fehlerbehafteten Prüfobjekts liefert daher signifikante Spektralanteile bei ganzzahligen Vielfachen von einem Drittel der ursprünglichen Frequenz; siehe Abb. 14.8(d). Die Grundschwingung der Textur in Abb. 14.8(c) hat nun nur noch ein Drittel der Frequenz von Abb. 14.8(a). Die weiteren in Abb. 14.8(d) sichtbaren Linien sind die erste und zweite Oberschwingung zu dieser Grundschwingung. In Bezug auf die Grundschwingung der Textur des intakten Fräsers (Abb. 14.8(b)) sind die neu hinzugekommenen Linien subharmonische Spektralanteile. Diese subharmonischen Anteile im Spektrum erlauben eine zuverlässige Erkennung eines Schneidenbruchs anhand der Frästextur. Als Merkmal μ kann das Verhältnis der Integrale über die entsprechenden Bereiche im quadrierten Betragsspektrum verwendet werden,

$$\mu := \frac{\int_{\mathcal{A}_2} |\mathcal{F}\{t(x,y)\}|^2 \, \mathrm{d}f_x \, \mathrm{d}f_y}{\int_{\mathcal{A}_1} |\mathcal{F}\{t(x,y)\}|^2 \, \mathrm{d}f_x \, \mathrm{d}f_y}, \tag{14.11}$$

wobei $\mathcal{A}_1$ die Trägermenge der Grundschwingung und $\mathcal{A}_2$ die Trägermenge der beiden subharmonischen Anteile bezeichnet; siehe Abb. 14.8(d). Große Werte von μ weisen also auf einen Defekt des Fräsers hin. ■

Die Methoden der Texturanalyse im Ortsfrequenzbereich können auch für andere Zwecke eingesetzt werden als für die Sichtprüfung der Textur selbst. Ein Beispiel hierfür ist die Geschwindigkeitsschätzung anhand bewegungsunscharfer oder doppelbelichteter Aufnahmen einer texturierten Oberfläche.

Beispiel 14.4 (Schätzung der Bewegungsrichtung): Aus mehrfachbelichteten Aufnahmen von derselben, aber relativ zur Kamera verschobenen Textur soll die Verschiebungsgeschwindigkeit geschätzt werden. Beispielsweise kann die Kamera von einem fahrenden Fahrzeug aus die Textur der Straßenoberfläche beobachten, sodass die Geschwindigkeit des Fahrzeugs vektoriell gemessen werden kann [16,33].

Doppelt belichtete Aufnahmen derselben Textur entsprechen im Ortsbereich der Faltung des Textursignals $t(\mathbf{x})$ mit einem Paar von Impulsen

$$\delta\left(\mathbf{x} - \tfrac{1}{2}\mathbf{l}\right) + \delta\left(\mathbf{x} + \tfrac{1}{2}\mathbf{l}\right), \tag{14.12}$$

wobei $\mathbf{l}$ den zunächst unbekannten Verschiebungsvektor bezeichnet. Im Ortsfrequenzbereich geht diese Faltung über in die Multiplikation des Spektrums $T(\mathbf{f})$ der Textur mit einer Cosinus-Funktion. Die Frequenz des Cosinus steigt proportional zur Länge des Verschiebungsvektors. Die Abbildungen 14.10(a), (d) zeigen zwei Beispiele für doppelbelichtete Aufnahmen derselben Textur für unterschiedliche Beträge des Verschiebungsvektors. Die zugehörigen diskreten Fourier-Transformierten in Abb. 14.10(b), (e) entsprechen der Multiplikation des Spektrums der ruhenden Textur mit einer Cosinus-Funktion, wobei die Frequenz für den betragsmäßig größeren Verschiebungsvektor im Fall von Abb. 14.10(b) höher ist.

Eine einfache Möglichkeit für die Schätzung des Verschiebungsvektors bietet das sogenannte **Cepstrum**. Das Cepstrum eines Signals $g(\mathbf{x})$ ist definiert

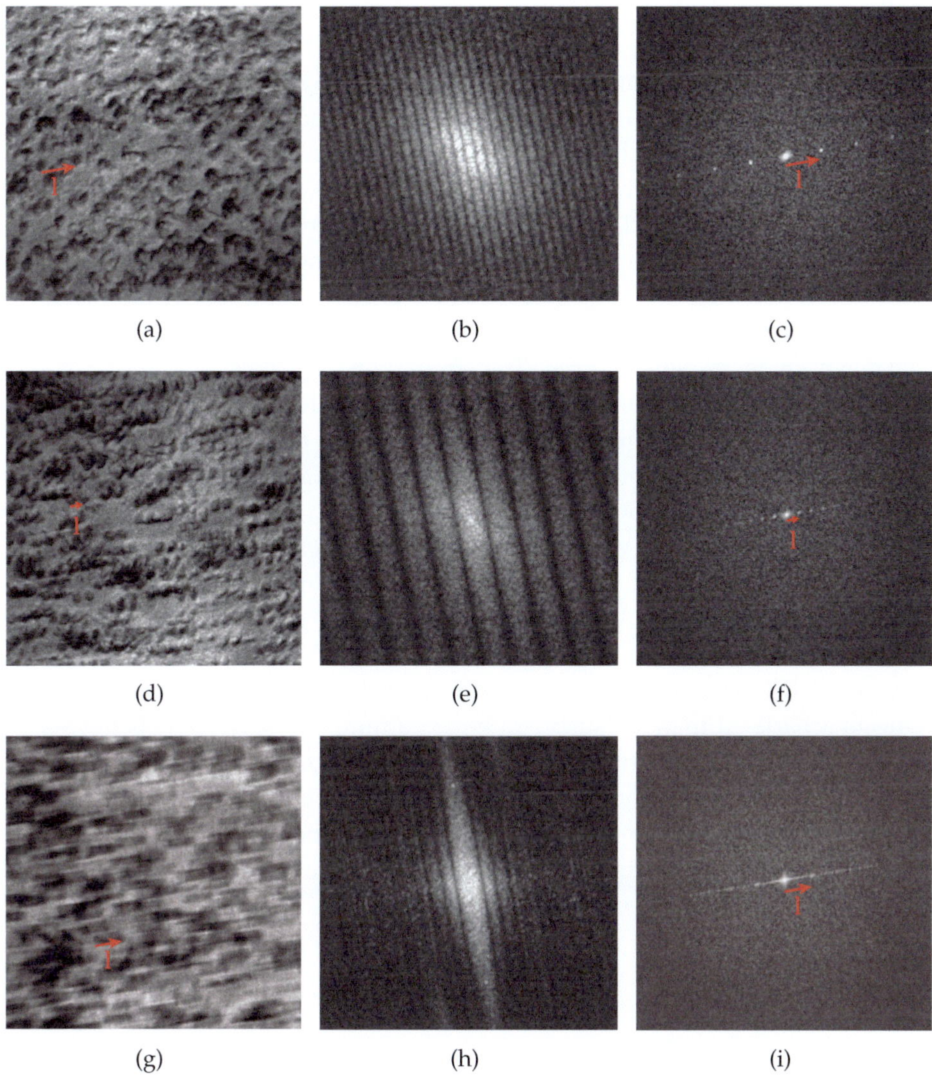

Abbildung 14.10. Schätzung des Verschiebungsvektors zwischen doppelbelichteten Aufnahmen einer Textur (Quelle: D. vom Stein [33]): (a) doppelbelichtete Aufnahme der bewegten Textur bei vergleichsweise hoher Geschwindigkeit; (b) Betrag der diskreten Fourier-Transformierten von (a); (c) Cepstrum von (a), in dem der Verschiebungsvektor **l** bestimmt werden kann; (d) – (f) doppelbelichtete Aufnahme, DFT und Cepstrum bei geringerer Geschwindigkeit; (g) bewegungsunscharfe Aufnahme der Textur; (h) zugehörige DFT; (i) zugehöriges Cepstrum.

als:

$$\text{Cepstrum}\{g(\mathbf{x})\} := \mathcal{F}\left\{\log(|\mathcal{F}\{g(\mathbf{x})\}|)\right\} . \tag{14.13}$$

Das logarithmierte Betragsspektrum wird also einer weiteren Fourier-Transformation unterzogen. Somit geht die Cosinus-Schwingung wieder in ein Paar von Impulsen über. Wegen der Betragsbildung und der Logarithmierung liegt keine rein harmonische Schwingung mehr vor, sodass auch die zugehörigen Oberschwingungen auftreten. Durch die Logarithmierung wird die Dynamik des Betragsspektrums stark reduziert, sodass die interessierenden Strukturen zu höheren Frequenzen hin hervorgehoben werden und dadurch eine effektiv größere Ausdehnung im Frequenzbereich haben. Aufgrund der Reziprozität der Fourier-Transformation sind dann die aus den Strukturen resultierenden Maxima nach der erneuten Fourier-Transformation schlanker.

Der Ort des ersten Maximums im Cepstrum stellt nun unmittelbar eine Schätzung für den gesuchten Verschiebungsvektor $\mathbf{l}$ dar. Durch die zweite Fourier-Transformation entsprechen die Längen im Cepstralbereich nämlich wieder denen im Ortsbereich.

Wenn die Zeitspanne zwischen den beiden Belichtungszeitpunkten bekannt ist, kann man aus dem Verschiebungsvektor die Bewegungsgeschwindigkeit berechnen.

Eine ähnliche Vorgehensweise ist auch für den Fall einer durchgehenden, längeren Belichtung der bewegten Textur möglich; Abb. 14.10(g). Die bewegungsunscharfe Aufnahme entspricht einer Faltung des Textursignals mit einer eindimensionalen Rechteckfunktion von der Länge und Orientierung des Verschiebungsvektors (siehe Bsp. 11.2). Im Ortsfrequenzbereich geht diese Faltung in eine Multiplikation mit einer sinc-Funktion über; siehe Abb. 14.10(h). Die Schätzung des Verschiebungsvektors und damit der Geschwindigkeit kann wiederum anhand des Cepstrums erfolgen; siehe Abb. 14.10(i) [16]. ■

14.3.2 Analyse strukturell-statistischer Texturen

Für die Analyse strukturell-statistischer Texturen lässt sich keine allgemeingültige Vorgehensweise angeben, da die Auswahl geeigneter Merkmale und Verfahren stets anhand der Eigenschaften der vorliegenden Textur vorgenommen werden muss. Die eingesetzten Methoden müssen jeweils an die Anforderungen der Aufgabenstellung angepasst werden. Im Folgenden werden verschiedene Methoden ausführlich anhand eines Beispiels dargestellt.

Beispiel 14.5 (Strukturell-statistisches Modell einer Hontextur): Honen ist ein Verfahren der spanenden Oberflächenbearbeitung. Gehonte Oberflächen werden beispielsweise in Zylindern von Verbrennungsmotoren verwendet. Sie enthalten feine Riefen, die Motoröl aufnehmen können und somit die Schmierung der Zylinderlauffläche unterstützen. Beim Honen wird eine Honleiste, die mit Schneidstoffkörnern besetzt ist, in einer kombinierten Dreh- und Hubbewegung über die zu bearbeitende Oberfläche geführt (Abb. 14.11). Auf der Oberfläche entstehen Riefen, die aufgrund der unregelmäßig angeordneten Schneidstoffkörner unterschiedliche Tiefen und Abstände aufweisen. Sie verlaufen jedoch nahezu ausschließlich in zwei Vorzugsrichtungen, von denen je eine zu der aufwärts und der abwärts gerichteten linearen Hubbewegung korrespondiert.

Ein strukturell-statistisches Modell der Hontextur sollte sowohl die annähernd zufällige Verteilung der Abstände und Ausprägungen der Riefen als auch die Richtungsstruktur berücksichtigen. Hier werden alle Zufallsvariablen als stochastisch unabhängig und identisch verteilt angenommen. Die Texel des strukturell-statistischen Texturmodells sind geradlinige Riefen. Die Riefen $\mathtt{l}_\nu(\cdot)$ werden als zufällig, identisch verteilt und stochastisch unabhängig angenommen. Ein Riefenprofil beschreibt den Grauwertverlauf senkrecht zur Richtung der Riefe (Abb. 14.12). Eine Riefe in y-Richtung ist beispielsweise gegeben durch $\mathtt{q}(x, y) = \mathtt{l}_\nu(x)$, d. h. der Grauwertverlauf ist für alle y-Werte identisch. Eine um den Winkel α_ν gedrehte Riefe wird durch $\mathtt{q}(\mathbf{x}) = \mathtt{l}_\nu(\mathbf{x}^\mathrm{T}\mathbf{e}_\nu)$

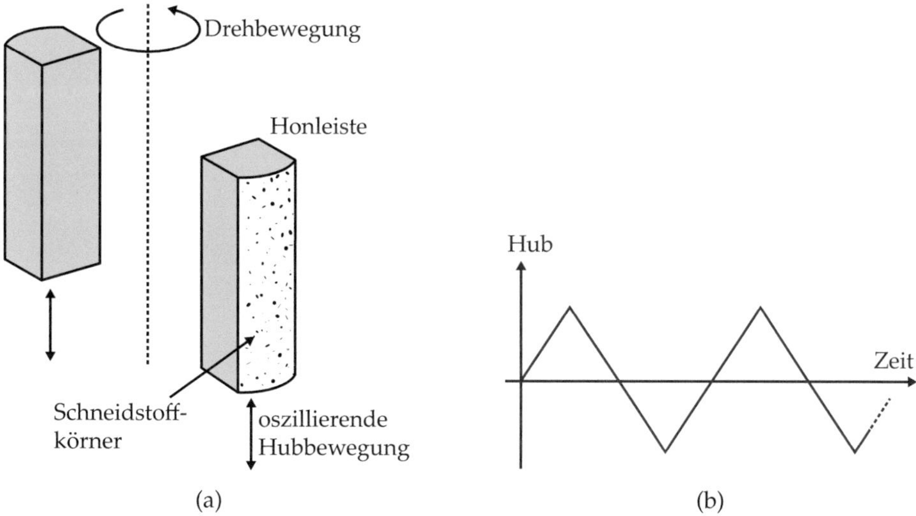

Abbildung 14.11. Entstehung einer Hontextur [6]: (a) kombinierte Dreh- und Hubbewegung; (b) zeitlicher Verlauf einer idealen Hubbewegung.

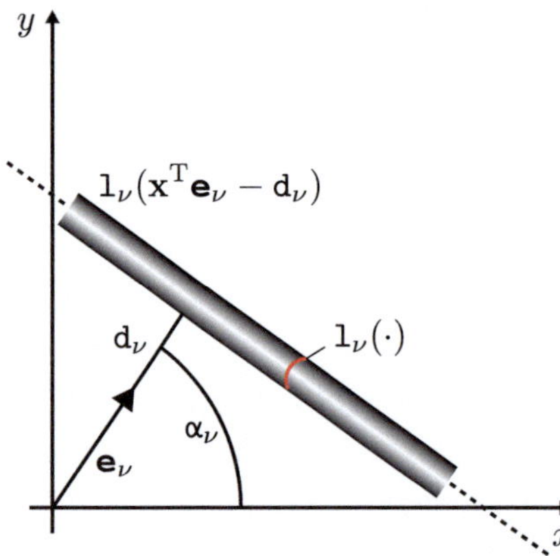

Abbildung 14.12.
Strukturell-statistisches Modell der Hontextur mit einer Riefe als Texel.

mit dem Normalenvektor $\mathbf{e}_\nu = (\cos\alpha_\nu, \sin\alpha_\nu)^T$ beschrieben. Die Riefenwinkel $\alpha_\nu \in [0, \pi)$ werden ebenfalls als identisch verteilte und stochastisch unabhängige Zufallsvariable angenommen. Bedingt durch den Verarbeitungsprozess sind die Riefenwinkel nicht gleichverteilt, sondern es gibt zwei ausgeprägte Vorzugsrichtungen β_1, β_2, die im Idealfall ausschließlich auftreten. Dann erhält man die folgende Wahrscheinlichkeitsdichte $f_\alpha(\alpha_\nu)$ der Riefenwinkel:

$$f_\alpha(\alpha_\nu) = \tfrac{1}{2}(\delta(\alpha_\nu - \beta_1) + \delta(\alpha_\nu - \beta_2))\,. \tag{14.14}$$

Nun müssen noch die Abstände der Riefen modelliert werden. Eine Riefe, die in Normalenrichtung um d_ν gegenüber dem Ursprung verschoben ist, lässt sich beschreiben als $q(\mathbf{x}) = 1_\nu(\mathbf{x}^T\mathbf{e}_\nu - d_\nu)$. Die Abstände d_ν können als zufällig gleichverteilt angenommen werden, da die Schneidstoffkörner auf der Honleiste unabhängig und homogen zufällig platziert sind. Insgesamt erhält man das folgende strukturell-statistische Modell einer Hontextur:

$$t(\mathbf{x}) = \sum_{\nu=-\infty}^{\infty} 1_\nu(\mathbf{x}^T\mathbf{e}_\nu - d_\nu)\,. \tag{14.15}$$

Für die Zahl n der Riefen in einem Intervall der Ursprungsabstände der Länge L wird aufgrund der zufälligen Platzierung der Schneidstoffkörner eine Poisson-Verteilung angenommen:

$$P_n(n) = e^{-\lambda L}\,\frac{(\lambda L)^n}{n!}\,, \qquad n = 0, 1, \ldots, \infty\,. \tag{14.16}$$

Der Parameter $\lambda > 0$ der Poisson-Verteilung repräsentiert die örtliche Riefendichte. Durch die zufällig verteilten Parameter α_ν, d_ν wird ein stochastisches Anordnungsschema definiert. Im Gegensatz zur Forderung aus Abschn. 14.1.1 überlappen sich die einzelnen Texturelemente an den Schnittpunkten der Riefen. Dies stellt eine Besonderheit der Hontextur dar, die durch den Verarbeitungsprozess bedingt ist. Die Addition der Grauwertprofile an den Schnittpunkten ist ein Modellfehler, vereinfacht allerdings das Rechnen mit dem Modell erheblich. An den Schnittpunkten stimmt das strukturell-statistische Modell somit nicht mit der Realität überein.

Die Modellparameter sind die Riefenwinkel β_1, β_2, die örtliche Riefendichte λ und Abtastwerte des Erwartungswertes $\mathrm{E}\{\mathtt{l}_\nu(\cdot)\}$ der Riefenprofile. Abbildung 14.14 zeigt eine mit diesem Modell synthetisierte Textur im Vergleich mit einer realen Textur. Bei der Erzeugung der synthetischen Textur wurde der erwähnte Modellfehler an den Schnittpunkten zweier Riefen unterdrückt.

Mit Hilfe des Modells lässt sich das Leistungsdichtespektrum einer Hontextur in Abhängigkeit der Modellparameter berechnen. Die Modellparameter können als maßgeschneiderte Texturmerkmale angesehen werden [6]. ■

14.3.3 Autoregressive Modelle zur Analyse statistischer Texturen

Das autoregressive Signalmodell, kurz AR-Modell, bietet eine einfache Möglichkeit zur Modellierung von zweidimensionalen statistischen Strukturen, speziell von statistischen Texturen [17]. Ein AR-Modell beschreibt den Bildwert g_{mn} an einem Ort (m, n) mittels einer Linearkombination der Bildwerte aus der Nachbarschaft $\mathcal{U}$ dieses Ortes (Abb. 14.13). Die Gewichte dieser Linearkombination sind die AR-Koeffizienten a_{kl}. Die Abweichung zwischen dem tatsächlichen und dem durch die Linearkombination vorhergesagten Bildwert wird als Zufallsvariable e_{mn} modelliert. Das AR-Modell des Signals g_{mn} lautet also wie folgt:

$$\mathrm{g}_{mn} = \sum_{(k,l)\in\mathcal{U}} a_{kl}\, \mathrm{g}_{m-k,n-l} + \mathrm{e}_{mn} \,. \tag{14.17}$$

Bei der Nachbarschaft $\mathcal{U}$ handelt es sich um eine sogenannte kausale Umgebung des Ursprungs, sodass beim pixelweisen Verschieben in positive Koordinatenrichtungen nach rechts sowie am Zeilenende um eine Zeile nach oben immer nur be-

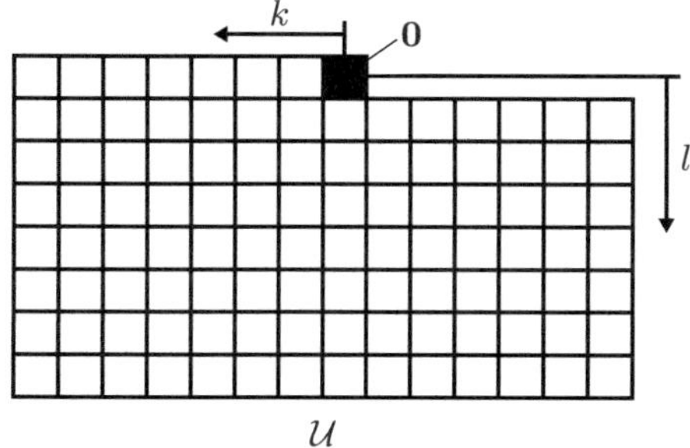

Abbildung 14.13. Autoregressives Modell: kausale Umgebung $\mathcal{U}$ des Ursprungs **0**.

reits berechnete Pixel in der Umgebung liegen. Ursprünglich stammen die AR-Modelle aus der Zeitreihenanalyse, wo nur auf vergangene Werte zugegriffen werden kann. Bei zweidimensionalen Ortssignalen gibt es jedoch keine natürliche Reihenfolge der Ortspunkte. Kausalität muss daher bei Bildern künstlich eingeführt, d. h. definiert werden. Dann ist eine Abarbeitung des Bildes in der entsprechenden Reihenfolge in einem Durchlauf möglich.

Das Signal g_{mn} wird als schwach stationärer stochastischer Prozess angenommen, der o. B. d. A. mittelwertfrei ist, $\mathrm{E}\{\mathsf{g}_{mn}\} = 0$. Vor der Anwendung des AR-Modells auf ein Bild muss daher der Mittelwert des Bildsignals subtrahiert werden. Der letzte Summand e_{mn} in (14.17) stellt ein mittelwertfreies, schwach stationäres weißes Rauschen dar: $\mathrm{E}\{\mathsf{e}_{mn}\} = 0$, $\mathrm{E}\{\mathsf{e}_{mn}\,\mathsf{e}_{m+i,n+j}\} = \sigma^2\,\delta_i^0\,\delta_j^0$.

Die kausale Umgebung $\mathcal{U}$ beinhaltet ausschließlich Punkte (k,l) auf einer Seite des Ursprungs $(0,0)$, z. B. solche mit $k > 0$ oder $l > 0$. Der Ursprung selbst ist nicht in der Umgebung enthalten, $(0,0) \notin \mathcal{U}$. Auf diese Weise ist das Modell rekursiv auswertbar: Indem die Punkte (m,n) zeilen- und spaltenweise nacheinander abgearbeitet werden, benötigt man auf der rechten Seite von (14.17) nur solche Werte g_{mn}, die bereits zuvor berechnet wurden. Die Anzahl der Elemente der Umgebung, also die Anzahl der AR-Koeffizienten, heißt Ordnung des AR-Modells und wird mit $|\mathcal{U}|$ bezeichnet.

Gleichung (14.17) lässt sich auch vektoriell schreiben, indem die AR-Koeffizienten und das Signal innerhalb der Umgebung zu Vektoren zusammengefasst werden:

$$\mathsf{g}_{mn} = \mathbf{a}^{\mathrm{T}}\boldsymbol{\gamma}_{mn} + \mathsf{e}_{mn}\,, \tag{14.18}$$

$$\boldsymbol{\gamma}_{mn} := (\ldots, \mathsf{g}_{m-k,n-l}, \ldots)^{\mathrm{T}} \in \mathbb{R}^{|\mathcal{U}|}\,, \qquad (k,l) \in \mathcal{U}\,, \tag{14.19}$$

$$\mathbf{a} := (\ldots, a_{kl}, \ldots)^{\mathrm{T}} \in \mathbb{R}^{|\mathcal{U}|}\,. \tag{14.20}$$

Der Term $\mathbf{a}^{\mathrm{T}}\boldsymbol{\gamma}_{mn}$ prädiziert aus den vergangenen Werten $\mathsf{g}_{m-k,n-l}$, $(k,l) \in \mathcal{U}$, des Signals den aktuellen Wert g_{mn}. Diese Vorhersage ist mit einem stochastischen Fehler e_{mn} behaftet. Das AR-Modell ist optimal an ein Signal angepasst, wenn der Vorhersagefehler $\mathsf{e}_{mn} = \mathsf{g}_{mn} - \mathbf{a}^{\mathrm{T}}\boldsymbol{\gamma}_{mn}$ minimale Varianz hat. Diesen Sachverhalt kann man zur Parameterschätzung nutzen, wenn eine Realisierung g_{mn} des Signals gegeben ist, das mit dem AR-Modell möglichst gut approximiert werden soll. Die Parameter des AR-Modells sind $\mathbf{a}$ und σ^2.

Zur Parameteroptimierung fordert man also

$$\sigma^2 = \mathrm{E}\{\mathsf{e}_{mn}^2\} \quad\rightarrow\quad \text{Min.} \tag{14.21}$$

Es gilt:

$$\sigma^2 = \mathrm{E}\{\mathsf{e}_{mn}^2\} = \mathrm{E}\{\mathsf{g}_{mn}^2 - 2\mathbf{a}^{\mathrm{T}}\boldsymbol{\gamma}_{mn}\mathsf{g}_{mn} + \mathbf{a}^{\mathrm{T}}\boldsymbol{\gamma}_{mn}\mathbf{a}^{\mathrm{T}}\boldsymbol{\gamma}_{mn}\} \tag{14.22}$$

$$= \mathrm{E}\{\mathsf{g}_{mn}^2\} - 2\mathbf{a}^{\mathrm{T}}\mathrm{E}\{\boldsymbol{\gamma}_{mn}\mathsf{g}_{mn}\} + \mathbf{a}^{\mathrm{T}}\mathrm{E}\{\boldsymbol{\gamma}_{mn}\boldsymbol{\gamma}_{mn}^{\mathrm{T}}\}\,\mathbf{a}\,. \tag{14.23}$$

Notwendige Bedingung für ein Minimum dieses Ausdrucks ist eine Nullstelle des Gradienten bezüglich des Koeffizientenvektors $\mathbf{a}$:

$$\mathrm{grad}_{\mathbf{a}}\,\mathrm{E}\{\mathsf{e}_{mn}^2\} \stackrel{!}{=} 0 \tag{14.24}$$

$$\Leftrightarrow \quad -2\mathrm{E}\{\boldsymbol{\gamma}_{mn}\mathsf{g}_{mn}\} + 2\mathrm{E}\{\boldsymbol{\gamma}_{mn}\boldsymbol{\gamma}_{mn}^{\mathrm{T}}\}\mathbf{a} = 0 \tag{14.25}$$

$$\Leftrightarrow \quad \mathbf{a} = (\,\underbrace{\mathrm{E}\{\boldsymbol{\gamma}_{mn}\boldsymbol{\gamma}_{mn}^{\mathrm{T}}\}}_{\approx\frac{1}{K}\sum\limits_{m,n}\gamma_{mn}\gamma_{mn}^{\mathrm{T}}}\,)^{-1}\;\underbrace{\mathrm{E}\{\boldsymbol{\gamma}_{mn}\mathsf{g}_{mn}\}}_{\approx\frac{1}{K}\sum\limits_{m,n}\gamma_{mn}g_{mn}}\;. \tag{14.26}$$

Die angegebenen Näherungen gelten für den Fall der Ergodizität des Signals g_{mn}: Dann ist es möglich, die benötigten Kovarianzmatrizen durch örtliche Mittelung zu schätzen. Die Anzahl K der Summanden, über die gemittelt wird, sollte möglichst groß gewählt werden, um eine gute Schätzung zu erreichen. Unter dieser Voraussetzung erhält man folgende Schätzung $\hat{\mathbf{a}}$ für den Vektor der AR-Koeffizienten:

$$\hat{\mathbf{a}} = \left(\sum_{m,n}\gamma_{mn}\gamma_{mn}^{\mathrm{T}}\right)^{-1}\sum_{m,n}\gamma_{mn}g_{mn}\,. \tag{14.27}$$

Es handelt sich hierbei um eine Statistik 2. Ordnung, da alle Summanden Produkte aus zwei Bildwerten an zwei im Allgemeinen verschiedenen Orten sind (vgl. Abschn. 14.1.3). Den verbleibenden Parameter σ^2 schätzt man nun mit Hilfe von (14.23) unter Verwendung dieses Koeffizientenvektors und der Ergodizitätsannahme:

$$\hat{\sigma}^2 = \tfrac{1}{K}\sum_{m,n}g_{mn}^2 - \tfrac{2}{K}\,\hat{\mathbf{a}}^{\mathrm{T}}\sum_{m,n}\gamma_{mn}g_{mn} + \tfrac{1}{K}\,\hat{\mathbf{a}}^{\mathrm{T}}\sum_{m,n}\gamma_{mn}\gamma_{mn}^{\mathrm{T}}\hat{\mathbf{a}}\,. \tag{14.28}$$

Da auf der rechten Seite von (14.26) sowohl $\mathrm{E}\{\boldsymbol{\gamma}_{mn}\boldsymbol{\gamma}_{mn}^{\mathrm{T}}\}$ als auch $\mathrm{E}\{\boldsymbol{\gamma}_{mn}\mathsf{g}_{mn}\}$ Matrizen sind, die ausschließlich Werte der Autokovarianzfunktion von g_{mn} enthalten, folgt aus dem Wiener-Khintchine-Theorem 8.18, dass AR-Modelle keine Phaseninformation enthalten bzw. modellieren. Mithin lassen sich damit zwar statistische Strukturen, aber keine szenischen Bilder modellieren, denn für diese ist die Phase von entscheidender Bedeutung (siehe Abschn. 8.3.9.3).

Bei der Anwendung der AR-Modelle auf die Texturanalyse ist g_{nm} das Bild der Textur. Nach der Parameterschätzung aus einer Stichprobe von Bildern einer Textur kann das Modell zur Textursynthese eingesetzt werden.

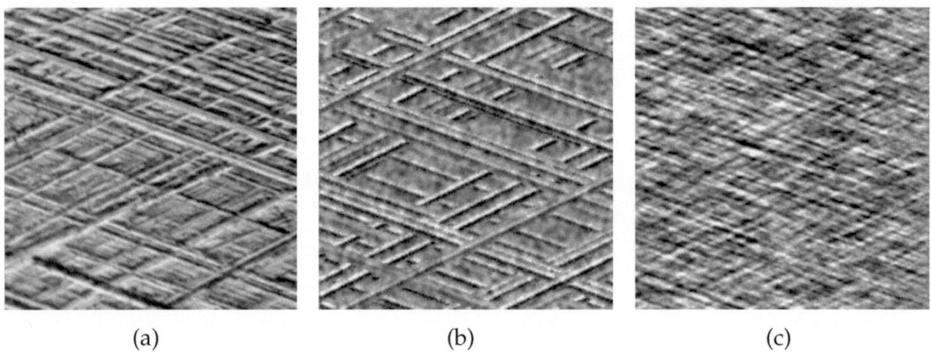

(a) (b) (c)

Abbildung 14.14. Synthese von Hontexturen: (a) Originalaufnahme einer gehonten Oberfläche (Quelle: [2]); (b) mit dem strukturell-statistischen Modell (14.15) synthetisierte Textur; (c) mit einem AR-Modell synthetisierte Textur.

Beispiel 14.6 (AR-Modell einer Hontextur): Für die Hontextur aus Bsp. 14.5 wurde ein AR-Modell der Ordnung 84 anhand einer Stichprobe von Texturbildern geschätzt. Abbildung 14.14(c) zeigt das Ergebnis einer Textursynthese mit diesem Modell. Ein qualitativer visueller Vergleich der Syntheseergebnisse fällt zugunsten des strukturell-statistischen Modells (14.15) aus. Erklären lässt sich dies dadurch, dass es wesentlich mehr Modellwissen über die Eigenschaften der Hontextur enthält als das allgemein einsetzbare AR-Modell. Dementsprechend müssen auch deutlich weniger Parameter aus der Stichprobe geschätzt werden. Für manche Anwendungen können jedoch auch die Ergebnisse des AR-Modells ausreichend sein, das viel weniger Modellierungsaufwand benötigt und leicht an andere Texturen angepasst werden kann. ■

Der Vorteil des AR-Modells liegt in seiner einfachen Anwendbarkeit auf unterschiedliche Texturen. Im einzelnen Anwendungsfall kann z. B. mittels synthetisierter Texturbilder die Modellierungsgüte geprüft werden, um die Eignung des Ansatzes beurteilen zu können.

Der Einsatz von AR-Modellen zur Defektdetektion wird in Abschn. 15.2 behandelt.

14.3.4 Separation von Linientexturen

Als Beispiel für ein komplexes Bildverarbeitungsverfahren wird in diesem Abschnitt die Separation von Linientexturen vorgestellt [5, 8]. Bei diesem Verfahren werden insbesondere die in Kap. 8 eingeführten Kalküle geschickt miteinander kombiniert und mithin eingeübt.

Das Bild $g(\mathbf{x})$ setze sich additiv[1] aus der Linientextur $t(\mathbf{x})$ und dem „Hintergrund" $h(\mathbf{x})$ zusammen:

$$g(\mathbf{x}) = t(\mathbf{x}) + h(\mathbf{x}) \,. \tag{14.29}$$

Ziel ist nun die Separation der beiden additiven Signale, d. h. die getrennte Ermittlung von $t(\mathbf{x})$ und $h(\mathbf{x})$. Bei der Anwendung des Verfahrens auf die Hontexturen aus Bsp. 14.5 entspricht $t(\mathbf{x})$ dem Texturmodell (14.15) und $h(\mathbf{x})$ den Bildinhalten, die nicht vom Texturmodell beschrieben werden. Für den Hintergrund wird lediglich angenommen, dass er keine Vorzugsrichtung aufweist. Nach der Separation enthält das Hintergrundsignal $h(\mathbf{x})$ Abweichungen von der Hontextur. Daher kann es zur Detektion von Defekten genutzt werden, die beim Honen entstanden sind oder schon vor dem Honvorgang im Grundmaterial vorhanden waren (Abb. 14.15). Umgekehrt können Texturparameter wie die Riefenwinkel aus dem separierten Textursignal $t(\mathbf{x})$ zuverlässiger geschätzt werden.

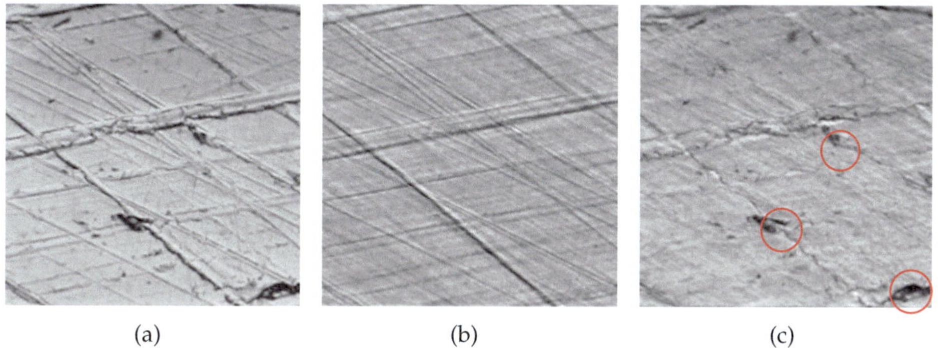

(a) (b) (c)

Abbildung 14.15. Separation von Riefen und Hintergrund einer Hontextur: (a) Originalbild $g(\mathbf{x})$ (Quelle: [2]); (b) Linientextur $\hat{t}(\mathbf{x})$; (c) Hintergrund $\hat{h}(\mathbf{x})$ mit markierten Defekten.

Für die Herleitung des Verfahrens wird zunächst die Überlagerung einer einzelnen Linie mit dem Hintergrund betrachtet. Eine Linie im Bild kann wie in Bsp. 14.5 durch eine Funktion $l(\mathbf{x}^{\mathrm{T}}\mathbf{e} - d)$ mit dem Normalenvektor $\mathbf{e} = (\cos\alpha, \sin\alpha)^{\mathrm{T}}$ und dem Ursprungsabstand d der Linie modelliert werden. Die Texturseparation kann im Ortsfrequenzbereich durchgeführt werden. Für die Fourier-Transfor-

[1]Im Fall einer multiplikativen Überlagerung $g(\mathbf{x}) = t(\mathbf{x})\,h(\mathbf{x})$ kann man das Verfahren auf das logarithmierte Bildsignal $\log g(\mathbf{x})$ anwenden (vgl. Abschn. 10.2.2.3).

mierte des Bildsignals erhält man:

$$g(\mathbf{x}) = l(\mathbf{x}^{\mathrm{T}}\mathbf{e} - d) + h(\mathbf{x}) \tag{14.30}$$

$$\circ\!\!-\!\!\bullet$$

$$G(\mathbf{f}) = L(\mathbf{f}^{\mathrm{T}}\mathbf{e})\,\delta(\mathbf{f}^{\mathrm{T}}\mathbf{p})\,\mathrm{e}^{-\mathrm{j}2\pi\,d\,\mathbf{f}^{\mathrm{T}}\mathbf{e}} + H(\mathbf{f}) \tag{14.31}$$

mit der eindimensionalen Fourier-Transformierten $L(\eta)$ des Linienprofils $l(\xi)$,

$$L(\eta) = \int_{-\infty}^{\infty} l(\xi)\,\mathrm{e}^{-\mathrm{j}2\pi\,\eta\,\xi}\,\mathrm{d}\xi\,, \tag{14.32}$$

und dem Einheitsvektor $\mathbf{p}$ senkrecht zu $\mathbf{e}$:

$$\mathbf{p} \perp \mathbf{e}\,, \qquad \|\mathbf{p}\| = 1 \qquad \Rightarrow \qquad \mathbf{p} = \begin{pmatrix} -\sin\alpha \\ \cos\alpha \end{pmatrix}. \tag{14.33}$$

Die Abhängigkeit vom Ursprungsabstand d der Linie verschwindet, wenn man zum Betragsspektrum übergeht:

$$|G(\mathbf{f})| \approx |L(\mathbf{f}^{\mathrm{T}}\mathbf{e})|\,\delta(\mathbf{f}^{\mathrm{T}}\mathbf{p}) + |H(\|\mathbf{f}\|)|\,. \tag{14.34}$$

Die Linie hat in diesem Betragsspektrum die Form einer Messerfunktion, die senkrecht zur Linie im Ortsbereich verläuft (Abb. 14.16). Die Betragsbildung für jeden Summanden einzeln ist in guter Näherung möglich, weil der erste Summand entweder den zweiten dominiert (im Fall $\mathbf{f}^{\mathrm{T}}\mathbf{p} = 0$) oder verschwindet (im Fall $\mathbf{f}^{\mathrm{T}}\mathbf{p} \neq 0$). Der Hintergrund wird als breitbandig und isotrop angenommen, sodass sein Betragsspektrum näherungsweise rotationssymmetrisch ist, also nur vom Ursprungsabstand $\|\mathbf{f}\|$ abhängt. Mittels einer Polarkoordinatentransformation bewirkt man nun, dass das Spektrum der Linie zu einer achsenparallelen Struktur im Abstand von α zur Radiusachse wird (Abb. 14.16(c)):

$$\begin{pmatrix} f_x \\ f_y \end{pmatrix} \mapsto \rho \begin{pmatrix} \cos\phi \\ \sin\phi \end{pmatrix}, \qquad \rho \in \mathbb{R}\,,\ \phi \in [0, \pi)\,. \tag{14.35}$$

Für den Faktor $\delta(\mathbf{f}^{\mathrm{T}}\mathbf{p})$ in (14.34) erhält man nach dieser Koordinatentransformation wegen (14.33):

$$\delta(\mathbf{f}^{\mathrm{T}}\mathbf{p}) = \delta(\rho\,(\sin\phi\cos\alpha - \cos\phi\sin\alpha)) = \delta(\underbrace{\rho\sin(\phi - \alpha)}_{=:\,a(\phi)})\,. \tag{14.36}$$

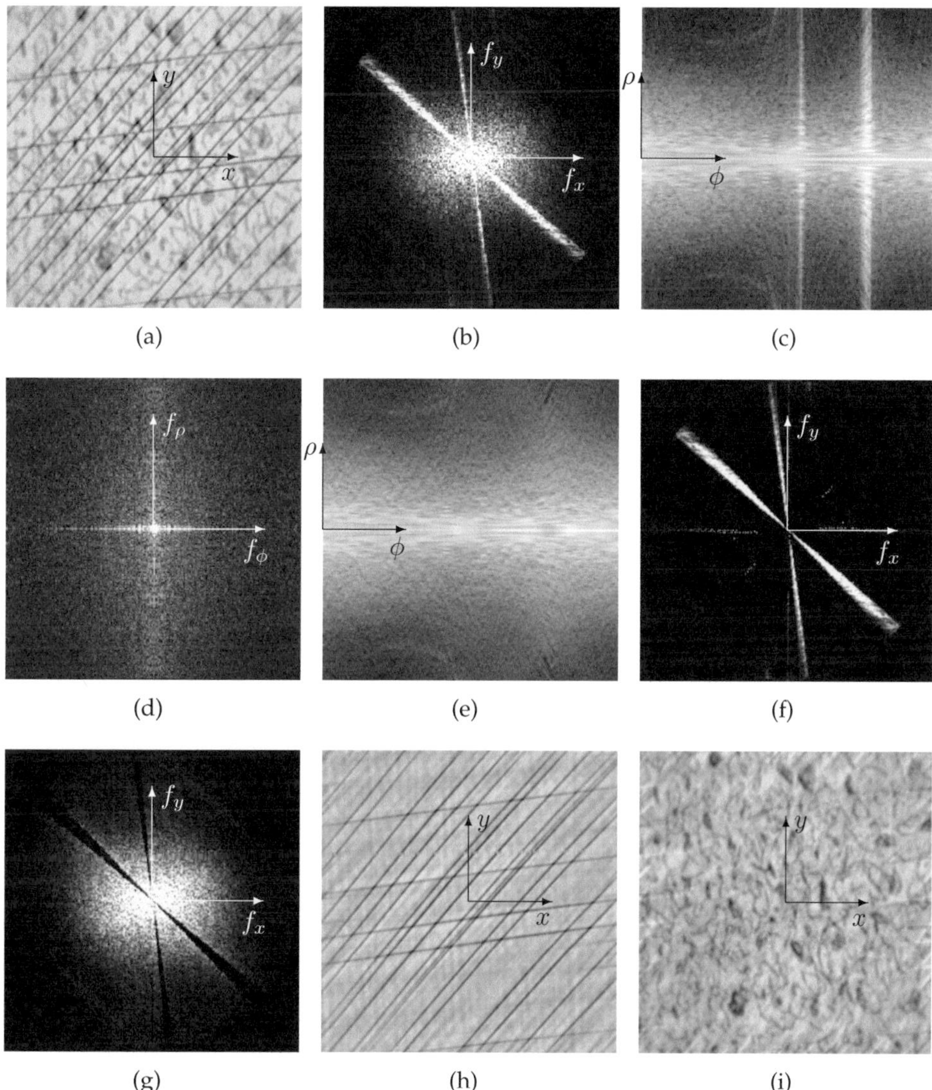

Abbildung 14.16. Separation von Linientexturen: (a) Originalbild $g(\mathbf{x})$; (b) Betragsspektrum $|G(\mathbf{f})|$; (c) Betragsspektrum in Polarkoordinaten, logarithmisch dargestellt als $\log(1 + |G(\rho\cos\phi, \rho\sin\phi)|)$; (d) Betrag der Fourier-Transformierten $\mathcal{F}_{\phi,\rho}\{|\rho\, G(\rho\cos\phi, \rho\sin\phi)|\}$; (e) geschätztes Betragsspektrum des Hintergrunds, in Polarkoordinaten dargestellt als $\log(1 + |\widehat{H_{\phi,\rho}(\phi,\rho)}|)$; (f) geschätztes Betragsspektrum der Linientextur $|\hat{T}(\mathbf{f})|$; (g) geschätztes Betragsspektrum des Hintergrunds $|\hat{H}(\mathbf{f})| = |G(\mathbf{f})| - |\hat{T}(\mathbf{f})|$; (h) geschätzte Linientextur $\hat{t}(\mathbf{x})$; (i) geschätzter Bildhintergrund $\hat{h}(\mathbf{x})$.

Das Argument $a(\phi)$ des Dirac-Impulses besitzt eine einfache Nullstelle bei $\phi = \alpha$. Mit den Rechenregeln für Dirac-Impulse aus Tab. 8.1 folgt

$$\delta(a(\phi)) = \frac{1}{\left|\frac{\mathrm{d}a}{\mathrm{d}\phi}\right|\Big|_{\phi=\alpha}} \delta(\phi - \alpha)\,. \tag{14.37}$$

Es ist

$$\frac{\mathrm{d}a}{\mathrm{d}\phi} = \rho\cos(\phi - \alpha)\,, \qquad \left|\frac{\mathrm{d}a}{\mathrm{d}\phi}\right|\Big|_{\phi=\alpha} = |\rho| \tag{14.38}$$

und somit folgt insgesamt

$$\delta(\mathbf{f}^{\mathrm{T}}\mathbf{p}) = \frac{\delta(\phi - \alpha)}{|\rho|}\,. \tag{14.39}$$

Für den Faktor $L(\mathbf{f}^{\mathrm{T}}\mathbf{e})$ aus (14.34) erhält man zunächst

$$L(\mathbf{f}^{\mathrm{T}}\mathbf{e}) = L(\rho(\cos\phi\cos\alpha + \sin\phi\sin\alpha))\,. \tag{14.40}$$

Da dieser Faktor mit dem Dirac-Impuls (14.39) multipliziert wird, ist nur sein Wert für den Winkel $\phi = \alpha$ von Bedeutung (vgl. Tab. 8.1). In diesem Fall resultiert in (14.40) $\mathbf{f}^{\mathrm{T}}\mathbf{e} = \rho$, sodass man

$$L(\mathbf{f}^{\mathrm{T}}\mathbf{e})\big|_{\phi=\alpha} = L(\rho) \tag{14.41}$$

schreiben kann. Für die Polarkoordinatendarstellung von (14.34) folgt somit:

$$|G(\rho\cos\phi, \rho\sin\phi)| \approx |L(\rho)|\,\frac{\delta(\phi - \alpha)}{|\rho|} + |H(\rho)|\,, \qquad \rho \neq 0\,. \tag{14.42}$$

Die Polarkoordinatentransformation bewirkt, dass die mit der Linie korrespondierenden Spektralanteile auf eine geradenhafte Struktur senkrecht zur ϕ-Achse und der Hintergrund auf eine bandartige Struktur parallel zur ϕ-Achse abgebildet wird. Um eine bessere Trennbarkeit dieser Signalanteile zu erreichen, wird eine weitere Fourier-Transformation bezüglich der Polarkoordinaten durchgeführt. Zuvor wird das Betragsspektrum noch mit $|\rho|$ multipliziert, um die Signaldynamik zu reduzieren. Damit erhält man:

$$\mathcal{F}_{\phi,\rho}\{|\rho\,G(\rho\cos\phi, \rho\sin\phi)|\} \tag{14.43}$$

$$\approx \mathcal{F}_{\rho}\{|L(\rho)|\}\,\mathcal{F}_{\phi}\left\{\sum_{k=-\infty}^{\infty}\delta(\phi - \alpha - k\,\pi)\right\} + \mathcal{F}_{\phi,\rho}\{|\rho\,H(|\rho|)|\} \tag{14.44}$$

$$\approx \mathcal{F}_{\rho}\{|L(\rho)|\}\,\tfrac{1}{\pi}\sum_{k=-\infty}^{\infty}\delta(f_\phi - \tfrac{k}{\pi})\,\mathrm{e}^{-\mathrm{j}2\pi\,f_\phi\alpha} + \mathcal{F}_{\rho}\{|\rho\,H(|\rho|)|\}\,\delta(f_\phi)\,. \tag{14.45}$$

Dabei muss berücksichtigt werden, dass sich das Betragsspektrum $|G(\rho\cos\phi, \rho\sin\phi)|$ in der Polarkoordinatendarstellung π-periodisch bezüglich ϕ wiederholt. Eine alternative Implementierung dieses Schritts kann mit Hilfe einer Logarithmierung erfolgen [8].

Nun liegen die beiden Komponenten der Linie und des Hintergrunds näherungsweise in zwei orthogonalen Unterräumen: Der Hintergrund liegt auf der f_ρ-Achse, die Linie im Wesentlichen entlang der f_ϕ-Achse; siehe Abb. 14.16(d). Die Träger dieser Unterräume hängen nicht vom Ursprungsabstand d und vom Steigungswinkel α ab, sodass die dargestellten Verhältnisse für beliebige Linien der Textur gelten. Somit ist das Verfahren nicht nur für eine einzelne Linie, sondern auch für eine Textur, die aus vielen Linien mit unterschiedlichen Winkeln und Ursprungsabständen besteht, anwendbar.

Im (f_ϕ, f_ρ)-Raum ist nun eine Separation der beiden Komponenten möglich. Um die Hintergrundkomponente zu isolieren, werden die Beiträge in einem Rechteck um die f_ϕ-Achse unterdrückt und nur die Beiträge außerhalb dieses Rechtecks sowie entlang der f_ρ-Achse beibehalten. Dies lässt sich durch die Multiplikation mit einer binären Maske $M(f_\phi, f_\rho)$ realisieren (Abb. 14.17):

$$\hat{H}_{\phi,\rho}(f_\phi, f_\rho) = \mathcal{F}_{\phi,\rho}\{|\rho\, G(\rho\cos\phi, \rho\sin\phi)|\}\, M(f_\phi, f_\rho)\,. \tag{14.46}$$

Die Parameter der Linien müssen hierzu nicht bekannt sein, es kann eine sogenannte blinde Separation durchgeführt werden. Nach inverser Fourier-Transformation $\mathcal{F}^{-1}_{\phi,\rho}$ und inverser Polarkoordinatentransformation liefert diese Vorgehensweise eine Schätzung $\widehat{|H(\mathbf{f})|}$ für das Betragsspektrum des Hintergrundsignals.

Das Bildsignal $h(\mathbf{x})$ kann daraus jedoch nicht mehr rekonstruiert werden, da die Phaseninformation fehlt. Stattdessen wird $\widehat{|H(\mathbf{f})|}$ für ein Entscheidungskrite-

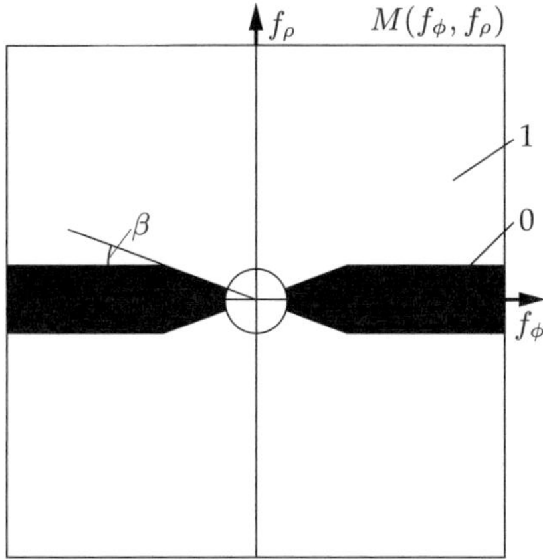

Abbildung 14.17.
Maske zur Unterdrückung der Linienstrukturen im (f_ϕ, f_ρ)-Raum.

rium eingesetzt, das eine spektrale Zerlegung im Ortsfrequenzbereich vornimmt. Als Schätzung für die Texturanteile erhält man damit:

$$\hat{T}(\mathbf{f}) := \begin{cases} G(\mathbf{f}) & \text{falls } \frac{|G(\mathbf{f})|}{|\widehat{H}(\mathbf{f})|} > \sqrt{2} \\ 0 & \text{sonst}\,. \end{cases} \tag{14.47}$$

Für jede Ortsfrequenz wird entschieden, ob der zugehörige Spektralwert mehr zur Linientextur oder mehr zum Hintergrund beiträgt. Die Spektralanteile, bei denen das Textursignal das geschätzte Hintergrundsignal übersteigt, werden beibehalten, die restlichen auf null gesetzt; siehe Abb. 14.16(f). Als Schätzung für das Hintergrundspektrum $\hat{H}(\mathbf{f})$ folgt:

$$\hat{H}(\mathbf{f}) = G(\mathbf{f}) - \hat{T}(\mathbf{f})\,. \tag{14.48}$$

Diese Trennungsregel ist analog zu einer linearen Filterung des Bildes mit zwei komplementären binärwertigen Übertragungsfunktionen. Die optimale Auslegung dieser Übertragungsfunktionen führt auf die Entscheidungsregel (14.47) und insbesondere auf den Schwellwert $\sqrt{2}$ [8].

Die Rücktransformation von (14.47) liefert nun eine Schätzung für die separierte Textur (Abb. 14.16(h)):

$$\hat{t}(\mathbf{x}) = \mathcal{F}^{-1}\{\hat{T}(\mathbf{f})\}\,. \tag{14.49}$$

Für den separierten Bildhintergrund erhält man wegen (14.29):

$$\hat{h}(\mathbf{x}) = g(\mathbf{x}) - \hat{t}(\mathbf{x})\,. \tag{14.50}$$

Das geschätzte Hintergrundsignal kann nun in einem weiteren Verarbeitungsschritt z. B. zur Defekterkennung verwendet werden. Mögliche Anwendungen sind neben den erwähnten Hontexturen die Analyse von Riefenspuren auf Schusswaffen und die Detektion von Defekten im Textilgewebe (Abb. 14.18).

14.4 Merkmalsbasierte Texturanalyse

Zur Texturanalyse muss nicht zwangsläufig ein explizites Modell der Textur verwendet werden. Alternativ können Merkmale verwendet werden, die i. d. R. allgemein definiert sind und nicht auf eine spezielle Textur zugeschnitten sind. Anhand dieser Merkmale lassen sich Aussagen über die Eigenschaften der Textur und über Abweichungen gegenüber einem Referenzbild treffen. Man kann unterscheiden, ob ein Texturmerkmal global auf das gesamte Bild der Textur oder lokal auf einen Bildausschnitt angewendet wird. Globale Merkmale erlauben Aussagen über die mittleren Eigenschaften der Textur und können z. B. zur Klassifikati-

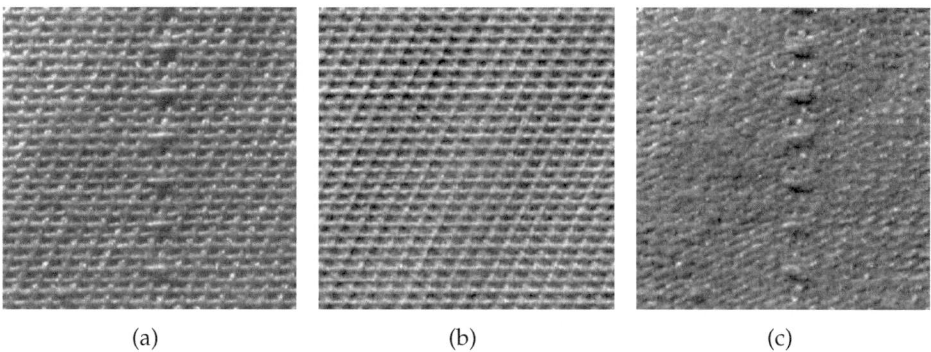

(a) (b) (c)

Abbildung 14.18. Separation von Linientextur und Hintergrund bei einem Textilgewebe: (a) Originalbild $g(\mathbf{x})$ (Quelle: Brodatz [9]); (b) Linientextur $\hat{t}(\mathbf{x})$; (c) Hintergrund $\hat{h}(\mathbf{x})$ mit deutlich erkennbaren Defekten.

on von Texturen eingesetzt werden. Lokale Merkmale beziehen sich nur auf einen kleinen Bildausschnitt und bieten sich daher zur Detektion von örtlich begrenzten Defekten an. In diesem Abschnitt werden einige der klassischen Texturmerkmale behandelt [24, 27, 29]. Die meisten dieser Merkmale können effizient berechnet werden.

14.4.1 Wichtige statistische Texturmerkmale

Grundsätzlich können beliebige statistische Momente als Texturmerkmale verwendet werden. Wie in Abschn. 14.1.3 erwähnt, bieten sich insbesondere die Momente erster und zweiter Ordnung an. Der mittlere Grauwert als empirischer Mittelwert ist ein Moment erster Ordnung:

$$m_1 = \frac{1}{|\Omega_t|} \int\limits_{\Omega_t} t(\mathbf{x}) \, \mathrm{d}\mathbf{x} \,. \tag{14.51}$$

Die Integration erfolgt über die Definitionsmenge Ω_t der Textur, also über die Menge aller Pixelpositionen, die dem Bild der Textur angehören. Das zweite Moment erster Ordnung ist die empirische Varianz:

$$s^2 = \frac{1}{|\Omega_t|} \int\limits_{\Omega_t} (t(\mathbf{x}) - m_1)^2 \, \mathrm{d}\mathbf{x} \,. \tag{14.52}$$

Die empirische Varianz ist ein Maß für den Kontrast im Bild.

Bei anisotropen Texturen sind Merkmale sinnvoll, die Orientierungen charakterisieren, beispielsweise die Winkel von Vorzugsrichtungen. Ferner existieren Maße für die Anisotropie, z. B. die mittlere Eigenwertdifferenz des Strukturtensors aus Abschn. 12.3.4.

Außerdem lassen sich Maße für die Granularität einer Textur definieren. Ein Beispiel ist die Korrelationslänge $\|\boldsymbol{\tau}\|$, also die Länge des Vektors $\boldsymbol{\tau}$, bei dem die Autokorrelationsfunktion $r_{tt}(\boldsymbol{\tau})$ des Bildes einer isotropen Textur bis auf e^{-1} abgefallen ist.

In der Literatur gibt es eine Vielzahl von Merkmalen, die meist aus dem Histogramm (Statistik 1. Ordnung) oder aus einer Schätzung von Verteilungsdichten 2. Ordnung (d. h. unter statistischer Auswertung von Pixelpaaren) gewonnen werden. Einige dieser Merkmale werden in den restlichen Abschnitten dieses Kapitels vorgestellt. Darüber hinaus lassen sich für viele Anwendungen spezifische Merkmale definieren.

Beispiel 14.7 (Riefenwinkel einer Hontextur): Unter dem Riefenwinkel φ wird hier die Richtung des Normalenvektors der Riefe verstanden, vgl. Bsp. 14.5. Die Vorzugsrichtungen einer Hontextur erzeugen in der Fourier-Transformierten $T(\mathbf{f})$ des Texturbildes hohe Spektralwerte entlang von Ursprungsgeraden, die senkrecht zu den Vorzugsrichtungen stehen, also in Normalenrichtung φ; siehe Abbildungen 14.19(a) und (b) (vgl. Kap. 8). Mittels einer Projektion entlang von Ursprungsgeraden in Richtung $(\cos\varphi, \sin\varphi)^{\mathrm{T}}$ erhält man eine Funktion $\vartheta(\varphi)$, welche die Verteilung der Signalenergie der Textur in Abhängigkeit des Riefenwinkels φ wiedergibt:

$$\vartheta(\varphi) := \int\limits_{0}^{\infty} \int\limits_{-\infty}^{\infty} |T(\mathbf{f})|^2 \, \delta((-\sin\varphi, \cos\varphi)\mathbf{f}) \, \mathrm{d}f_x \, \mathrm{d}f_y \,. \tag{14.53}$$

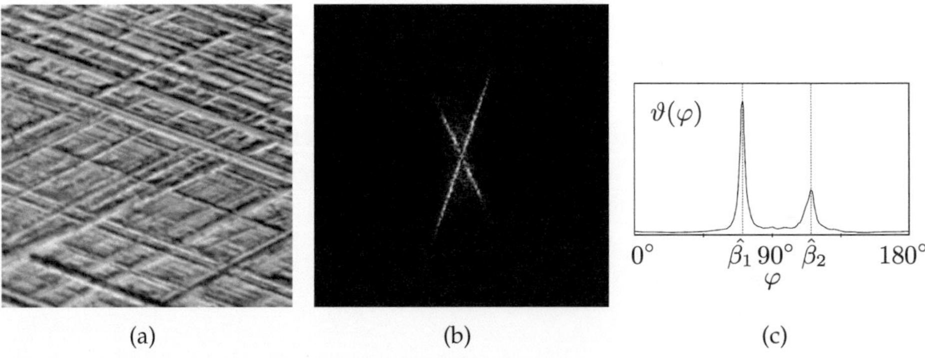

Abbildung 14.19. Riefenwinkel als Merkmal einer Hontextur: (a) Hontextur $t(\mathbf{x})$ [2]; (b) Betrag der diskreten Fourier-Transformierten $|T(\mathbf{f})|$; (c) Projektionsfunktion $\vartheta(\varphi)$ [7].

Die Maximalstellen $\hat{\beta}_1$, $\hat{\beta}_2$ der Projektionsfunktion $\vartheta(\varphi)$ entsprechen den beiden Vorzugsrichtungen der Hontextur und geben diese als Winkel der Normalenvektoren des Riefenverlaufs an; vgl. Abb. 14.19(c) [7]. ■

14.4.2 Grauwertübergangsmatrix

Grauwertübergangsmatrizen (*co-occurrence matrices*) beschreiben örtliche Abhängigkeiten im Grauwertbild [12, 13, 15]. Sie sind spezielle Histogramme für die Werte von Pixelpaaren und somit Statistiken zweiter Ordnung.

Grauwertübergangsmatrizen werden bezüglich eines Verschiebungsvektors $\mathbf{d}$ definiert, der die relative Lage der beiden betrachteten Pixel beschreibt. Die Elemente $c'_{\mathbf{d},ij}$ der Grauwertübergangsmatrix $\mathbf{C}'_\mathbf{d}$ werden wie folgt berechnet:

$$c'_{\mathbf{d},ij} := \left|\{(\mathbf{x}_1, \mathbf{x}_2) \in \Omega_g^2 \,|\, \mathbf{x}_2 = \mathbf{x}_1 + \mathbf{d},\, g(\mathbf{x}_1) = i,\, g(\mathbf{x}_2) = j\}\right| \in \mathbb{N}_0 \,. \tag{14.54}$$

Der Eintrag (i, j) einer Grauwertübergangsmatrix gibt die Anzahl der Punkte $\mathbf{x}$ im Bild an, für die $g(\mathbf{x}) = i$ und $g(\mathbf{x} + \mathbf{d}) = j$ ist (Abb. 14.20). Die Elemente der Matrix sind absolute Häufigkeiten und somit natürliche Zahlen. Die Zeilen- und Spaltenindizes einer Grauwertübergangsmatrix entsprechen den Grauwerten, weshalb die Zählung i. d. R. mit null beginnt. Für K Quantisierungsstufen des Grauwerts erhält man Grauwertübergangsmatrizen der Größe $K \times K$: $\mathbf{C}'_\mathbf{d} \in \mathbb{N}_0^{K\times K}$.

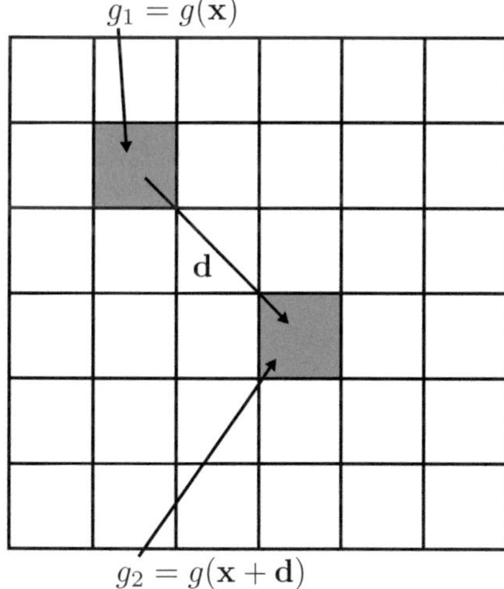

Abbildung 14.20.
Zur Definition der Grauwertübergangsmatrix. Der Eintrag $c'_{\mathbf{d},g_1g_2}$ einer Grauwertübergangsmatrix gibt die Anzahl der Punkte $\mathbf{x}$ im Bild an, für die $g(\mathbf{x}) = g_1$ und $g(\mathbf{x} + \mathbf{d}) = g_2$ ist.

Beispiel 14.8 (Grauwertübergangsmatrizen): Zur Veranschaulichung dieser Definition wird ein einfaches Beispiel eines 4×4-Bildes mit $K = 3$ Quantisierungsstufen betrachtet. Das Bild $g(\mathbf{x})$ sei gegeben durch:

1	1	0	0
1	1	0	0
0	0	2	2
0	0	2	2

(14.55)

Für die horizontalen, vertikalen und diagonalen Verschiebungsvektoren $(1,0)^{\mathrm{T}}$, $(0,1)^{\mathrm{T}}$, $(1,1)^{\mathrm{T}}$ und $(1,-1)^{\mathrm{T}}$ erhält man die folgenden Grauwertübergangsmatrizen:

$$\mathbf{d} = \begin{pmatrix} 1 \\ 0 \end{pmatrix}, \qquad \mathbf{C}'_{\mathbf{d}} = \begin{pmatrix} 4 & 0 & 2 \\ 2 & 2 & 0 \\ 0 & 0 & 2 \end{pmatrix}, \tag{14.56}$$

$$\mathbf{d} = \begin{pmatrix} 0 \\ 1 \end{pmatrix}, \qquad \mathbf{C}'_{\mathbf{d}} = \begin{pmatrix} 4 & 0 & 2 \\ 2 & 2 & 0 \\ 0 & 0 & 2 \end{pmatrix}, \tag{14.57}$$

$$\mathbf{d} = \begin{pmatrix} 1 \\ 1 \end{pmatrix}, \qquad \mathbf{C}'_{\mathbf{d}} = \begin{pmatrix} 2 & 0 & 2 \\ 2 & 1 & 1 \\ 0 & 0 & 1 \end{pmatrix}, \tag{14.58}$$

$$\mathbf{d} = \begin{pmatrix} 1 \\ -1 \end{pmatrix}, \qquad \mathbf{C}'_{\mathbf{d}} = \begin{pmatrix} 3 & 1 & 1 \\ 1 & 1 & 0 \\ 1 & 0 & 1 \end{pmatrix}. \tag{14.59}$$

Die erste Grauwertübergangsmatrix beschreibt beispielsweise die Grauwertübergänge zwischen horizontal benachbarten Punkten. Der Wert $c'_{\mathbf{d},00} = 4$ bedeutet, dass einem Pixel mit dem Grauwert 0 viermal im Bild ein weiterer Pixel mit Grauwert 0 rechts benachbart ist. Zweimal folgt ein Pixel vom Grauwert 0 rechts auf einen Pixel vom Grauwert 1, daher erhält man $c'_{\mathbf{d},10} = 2$, usw.

Die horizontale und die vertikale Grauwertübergangsmatrix sind in diesem Beispiel identisch, weil das Bild symmetrisch zur Hauptdiagonalen ist: $g(x,y) = g(y,x)$. ■

Eine Grauwertübergangsmatrix kann normalisiert werden, indem sie durch die Summe ihrer Einträge dividiert wird:

$$\mathbf{C}_{\mathbf{d}} = \frac{1}{\mathbf{1}^{\mathrm{T}}\mathbf{C}'_{\mathbf{d}}\mathbf{1}}\,\mathbf{C}'_{\mathbf{d}}\,. \tag{14.60}$$

Der Term im Nenner entspricht der Summe aller Einträge der Matrix. Diese ist unabhängig von den Grauwerten im betrachteten Bild. Sie hängt nur von der Größe des Bildes und vom Verschiebungsvektor $\mathbf{d}$ ab, denn je nach Wahl des Verschiebungsvektors muss eine unterschiedliche Anzahl Pixel am Rand des Bildes unberücksichtigt bleiben. Infolge der Normalisierung summieren sich die Einträge von $\mathbf{C_d}$ zu 1. Die Einträge selbst liegen im Intervall $[0, 1]$. Sie stellen relative Häufigkeiten dar und können als Schätzwerte für die entsprechenden Verbundwahrscheinlichkeiten zweiter Ordnung interpretiert werden.

Die bisher betrachteten Grauwertmatrizen hängen vom Vorzeichen der Verschiebung $\mathbf{d}$ ab. Für die negative Verschiebung $-\mathbf{d}$ erhält man im Allgemeinen ein anderes Ergebnis. Wenn diese Unterschiede nicht für die Prüfaufgabe relevant sind, kann man beide Matrizen aufsummieren und erhält damit eine Matrix, die symmetrisch bezüglich der Verschiebungsrichtung ist:

$$\mathbf{C}_{\pm\mathbf{d}} = \mathbf{C_d} + \mathbf{C}_{-\mathbf{d}} \,. \tag{14.61}$$

Statt der Richtung wird nur noch die Orientierung der Strukturen im Bild betrachtet, vgl. Def. 12.3.

Grauwertübergangsmatrizen charakterisieren wichtige Eigenschaften von Texturen. Sie sind jedoch noch vergleichsweise hochdimensional und werden i. d. R. nicht direkt zur Texturanalyse eingesetzt. Vielmehr werden Merkmale verwendet, die auf Grundlage der Grauwertübergangsmatrizen definiert werden. Verbreitet sind in diesem Zusammenhang die Haralick-Merkmale, von denen einige im Folgenden angegeben werden [12, 34]. Sie werden aus normalisierten Grauwertübergangsmatrizen nach (14.60) berechnet.

- Energie:

$$\sum_{i=0}^{K-1}\sum_{j=0}^{K-1} c_{\mathbf{d},ij}^2 \tag{14.62}$$

- Entropie:

$$-\sum_{i=0}^{K-1}\sum_{j=0}^{K-1} c_{\mathbf{d},ij}\,\operatorname{ld}(c_{\mathbf{d},ij}) \tag{14.63}$$

- Kontrast:

$$\sum_{i=0}^{K-1}\sum_{j=0}^{K-1} |i-j|^a\, c_{\mathbf{d},ij}^b \tag{14.64}$$

Typischerweise werden die Parameter $a = 2$ und $b = 1$ gewählt.

– Maximale Wahrscheinlichkeit:

$$\max_{i,j} c_{\mathbf{d},ij} \tag{14.65}$$

– Inverses Differenzmoment der Ordnung κ:

$$\sum_{i=0}^{K-1}\sum_{j=0}^{K-1} \frac{c_{\mathbf{d},ij}}{1+|i-j|^{\kappa}} \tag{14.66}$$

Im Fall $\kappa = 1$ wird dieses Merkmal auch als Homogenität bezeichnet.

– Korrelation:

$$\sum_{i=0}^{K-1}\sum_{j=0}^{K-1} \frac{i\,j\,c_{\mathbf{d},ij} - m_i^{\mathrm{Z}}\,m_j^{\mathrm{S}}}{s_i^{\mathrm{Z}}\,s_j^{\mathrm{S}}} \tag{14.67}$$

Darin bezeichnen m_i^{Z}, m_j^{S} die empirischen Mittelwerte, s_i^{Z}, s_j^{S} die empirischen Standardabweichungen (vgl. Abschn. 14.4.1) der Zeilen- bzw. Spaltensummen

$$\mathbf{c}_{\mathbf{d},i}^{\mathrm{Z}} = \sum_{j=0}^{K-1} c_{\mathbf{d},ij} \qquad \text{bzw.} \qquad \mathbf{c}_{\mathbf{d},j}^{\mathrm{S}} = \sum_{i=0}^{K-1} c_{\mathbf{d},ij}\,, \tag{14.68}$$

die sich als Marginalverteilungen der Grauwertübergangswahrscheinlichkeiten interpretieren lassen.

Diese Merkmale können als Grundlage zur Texturklassifikation verwendet werden. Alternativ kann man einen Merkmalsvektor wie folgt konstruieren [12]: Für die vier Verschiebungsrichtungen aus Bsp. 14.8 werden zunächst die symmetrischen, normalisierten Grauwertübergangsmatrizen auf der gesamten Bildregion Ω_t der Textur berechnet. Nun kann man aus jeder der vier Grauwertübergangsmatrizen einige Merkmale ableiten. Für jedes Merkmal werden Mittelwert und Varianz bezüglich der Verschiebungen $\mathbf{d}$ ermittelt. Damit wird eine gewisse Rotationsinvarianz erreicht. Die resultierenden Mittelwerte und Varianzen bilden nun den Merkmalsvektor für eine nachfolgende Klassifikation.

Es ist nicht offensichtlich, welche Orientierung und Länge der Verschiebungsvektoren für eine bestimmte Aufgabe geeignet ist. Eine mögliche Vorgehensweise zur Bestimmung des besten Verschiebungsvektors bieten statistische Tests. Als ein Verschiebungsvektor kann beispielsweise derjenige Vektor $\mathbf{d}$ gewählt werden, der den χ^2-Test maximiert:

$$\chi^2(\mathbf{d}) = \sum_{i=0}^{K-1}\sum_{j=0}^{K-1} \frac{c_{\mathbf{d},ij}^2}{c_{\mathbf{d},i}^{\mathrm{Z}}\,c_{\mathbf{d},j}^{\mathrm{S}}}\,. \tag{14.69}$$

In diese Gleichung sind die Einträge der mit $\mathbf{d}$ berechneten Grauwertübergangsmatrizen sowie ihre Zeilen- und Spaltensummen aus (14.68) einzusetzen. Der

χ^2-Test liefert die Verschiebung $\mathbf{d}$, für die eine maximale stochastische Abhängigkeit der betreffenden Pixelpaare vorliegt. Um der Zweidimensionalität der Textur Rechnung zu tragen, sollte mindestens noch eine zweite Verschiebungsrichtung $\mathbf{d}_2$ berücksichtigt werden. Diese kann z. B. orthogonal zu $\mathbf{d}$ gewählt werden.

14.4.3 Richtungshistogramm zur Analyse der Anisotropie von Texturen

Das Richtungshistogramm bietet einen möglichen Ansatz, um Aussagen über die Anisotropie einer Textur zu erhalten [31]. Mit seiner Hilfe kann man die Vorzugsrichtungen einer Textur ermitteln und isotrope von anisotropen Texturen unterscheiden.

Das Richtungshistogramm ist ein Histogramm über die im Bild $g(\mathbf{x})$ vorkommenden Gradientenrichtungen bzw. -orientierungen (vgl. Def. 12.3). Daher wird eine Schätzung für die Gradientenrichtung an jedem Pixel benötigt. Den Gradienten $\operatorname{grad} g(\mathbf{x}) = (g_x(\mathbf{x}), g_y(\mathbf{x}))^{\mathrm{T}}$ kann man mittels verschiedener linearer Filter schätzen (siehe Abschn. 12.2). Orientierung $\theta(\mathbf{x})$ und Norm $u(\mathbf{x})$ des Gradienten am Bildpixel $\mathbf{x}$ lassen sich aus diesen Ableitungen wie folgt schätzen:

$$\theta(\mathbf{x}) := \arctan \frac{g_y(\mathbf{x})}{g_x(\mathbf{x})} \quad \in [0, \pi)\,, \tag{14.70}$$

$$u(\mathbf{x}) := \|\operatorname{grad} g(\mathbf{x})\| = \sqrt{(g_x(\mathbf{x}))^2 + (g_y(\mathbf{x}))^2}\,. \tag{14.71}$$

In der Berechnung des Orientierungshistogramms werden nur Pixel berücksichtigt, an denen $u(\mathbf{x})$ einen festgelegten Schwellwert $u_{\min}$ übersteigt, da die Richtung schwach ausgeprägter Gradienten aufgrund des stets vorhandenen Rauschens nicht zuverlässig geschätzt werden kann. Die Gradientenorientierung wird äquidistant in K Intervalle der Breite $\Delta\theta$ quantisiert. Das Histogramm gibt für jedes Intervall an, wie oft die entsprechende Gradientenorientierung im Bild vorkommt. Die absoluten Häufigkeiten sind gegeben durch:

$$\begin{aligned} N_\theta(k) &:= |\{\mathbf{x} \in \Omega_t \,|\, k\,\Delta\theta \le \theta(\mathbf{x}) < (k+1)\,\Delta\theta \;\wedge\; u(\mathbf{x}) > u_{\min}\}|\,, \\ \Delta\theta &:= \frac{\pi}{K}\,, \quad k = 0, \ldots, K-1\,. \end{aligned} \tag{14.72}$$

Nun wird eine Normierung vorgenommen, um das Orientierungshistogramm der relativen Häufigkeiten zu erhalten, dessen Skalierung unabhängig von der Größe des Bildausschnitts und der Anzahl der Pixel mit ausreichend stark ausgeprägten Gradienten ist:

$$H_\theta(k) := \frac{N_\theta(k)}{\sum_{l=0}^{K-1} N_\theta(l)}\,, \qquad k = 0, \ldots, K-1\,. \tag{14.73}$$

Bei der Definition dieses Histogramms sind verschiedene Varianten möglich [10]. Zunächst kann statt der Orientierung $\theta \in [0, \pi)$ die vorzeichenbehaftete Richtung

$\in [0, 2\pi)$ verwendet werden. Eine weitere Alternative besteht darin, die Beträge $u(\mathbf{x})$ der Gradienten einer Richtung aufzusummieren, statt der Anzahl der Gradienten oberhalb des Schwellwerts $u_{\min}$ zu zählen [22]. Dann werden stark ausgeprägte Gradienten höher gewichtet.

Eine gerichtete Textur besitzt ein Richtungshistogramm mit einem ausgeprägten Maximum, das die Vorzugsrichtung der Textur angibt. Sind mehrere ähnlich starke Maxima vorhanden, so weist die Textur keine einheitlich vorherrschende Richtung auf. Isotrope Texturen haben ein flaches Richtungshistogramm.

Neben der einfachen Untersuchung der Maxima lassen sich aus dem Richtungshistogramm selbstverständlich noch weitere Merkmale wie Energie, Entropie, etc. berechnen, die zur Analyse und Klassifikation der Textur eingesetzt werden können. Richtungshistogramme können auch direkt als Merkmalsvektor für einen Klassifikator verwendet werden.

Zur Klassifikation von Objekten in Bildern können die Richtungshistogramme überlappender lokaler Fenster berechnet und klassifiziert werden. Durch eine zusätzliche Normierung lässt sich eine bessere Invarianz gegenüber Kontrast und Beleuchtungsbedingungen erreichen [10].

14.4.4 Lauflängenanalyse

Die Lauflängenanalyse von Texturen ermöglicht Aussagen über den lokalen Zusammenhang der Textur. Ein Lauf (*run*) ist eine Menge von Pixeln, die in einer Richtung $\mathbf{d}$ im Bild unmittelbar aufeinanderfolgen und äquivalente Grauwerte aufweisen [11]. Im Allgemeinen wird hierzu nicht gefordert, dass die Grauwerte exakt identisch sind, sondern dass sie im gleichen Intervall einer zusätzlichen Quantisierungsskala liegen [35]. Diese Quantisierungsstufen werden im Folgenden mit $g \in \{0, 1, \ldots, g_{\max}\}$ bezeichnet. Zur Lauflängenanalyse werden nun Histogramme $B_{\mathbf{d}}(g, r)$ über die Anzahl der Läufe mit einer bestimmten Länge r und einem bestimmten Grauwert bzw. Grauwertintervall g gebildet. Die Richtung $\mathbf{d}$ kann ähnlich gewählt werden wie bei den Grauwertübergangsmatrizen aus Abschn. 14.4.2, wobei das Vorzeichen des Vektors $\mathbf{d}$ hier keine Rolle spielt. Die Histogramme charakterisieren die lokale Erhaltungstendenz der Textur. Man kann mit ihrer Hilfe beispielsweise grob strukturierte Texturen von solchen mit Feinstrukturen unterscheiden. Allerdings gelten die Lauflängenmerkmale als anfällig gegenüber Rauschen im Bildsignal [35].

Auf Grundlage der Lauflängenhistogramme lassen sich Merkmale definieren, die z. B. zur Texturklassifikation eingesetzt werden können. Sei $r_{\max}$ die maximale im Histogramm auftretende Länge eines Laufs und r_{total} die Gesamtzahl der

Läufe,

$$r_{\text{total}} = \sum_{g=0}^{g_{\max}} \sum_{r=1}^{r_{\max}} B_{\mathbf{d}}(g, r) \,. \tag{14.74}$$

Zunächst kann man untersuchen, ob kürzere oder längere Läufe überwiegen. Das Merkmal *short runs emphasis* betont die kurzen Läufe unabhängig von ihrem Grauwert, normiert auf die Gesamtzahl der Läufe:

$$\frac{1}{r_{\text{total}}} \sum_{g=0}^{g_{\max}} \sum_{r=1}^{r_{\max}} \frac{B_{\mathbf{d}}(g, r)}{r^2} \,. \tag{14.75}$$

Umgekehrt werden bei der *long runs emphasis* die längeren Läufe höher gewichtet:

$$\frac{1}{r_{\text{total}}} \sum_{g=0}^{g_{\max}} \sum_{r=1}^{r_{\max}} B_{\mathbf{d}}(g, r)\, r^2 \,. \tag{14.76}$$

Die Inhomogenität der Grauwerte lässt sich wie folgt bewerten:

$$\frac{1}{r_{\text{total}}} \sum_{g=0}^{g_{\max}} \left(\sum_{r=1}^{r_{\max}} B_{\mathbf{d}}(g, r) \right)^2 \,. \tag{14.77}$$

Dieses Merkmal wird minimal, wenn die Anzahl der Läufe gleichverteilt über die Grauwerte ist.

Die Inhomogenität der Lauflängen macht eine Aussage über die Verteilung der Lauflängen unabhängig von ihrem Grauwert:

$$\frac{1}{r_{\text{total}}} \sum_{r=1}^{r_{\max}} \left(\sum_{g=0}^{g_{\max}} B_{\mathbf{d}}(g, r) \right)^2 \,. \tag{14.78}$$

Sie nimmt ihr Minimum an, wenn die Anzahl der Läufe gleichverteilt über die Lauflängen ist.

Die Lauf-Dichte ist definiert als das Verhältnis der Gesamtzahl der Läufe zur Anzahl der Pixel:

$$\frac{r_{\text{total}}}{\sum_{g=0}^{g_{\max}} \sum_{r=1}^{r_{\max}} B_{\mathbf{d}}(g, r)\, r} = \frac{r_{\text{total}}}{M\, N} \,. \tag{14.79}$$

Sie ist gleich 1, falls die Textur ausschließlich Läufe der Länge 1 enthält. Je länger die Läufe werden, desto geringer wird die Lauf-Dichte. Sie ist daher ein Maß für den Anteil linearer Strukturen mit der Orientierung $\mathbf{d}$.

14.4.5 Textur-Energiemaße nach Laws

Weitere klassische Merkmale für die Texturanalyse sind die Textur-Energie-Maße nach Laws [15, 20, 21]. Sie werden durch die Faltung des Grauwertbildes $g(\mathbf{x})$

mit den sogenannten Laws-Matrizen berechnet. Diese Matrizen werden als dyadische Produkte bestimmter Vektoren definiert. Matrizen und Vektoren repräsentieren Impulsantworten linearer verschiebungsinvarianter Systeme, also in Matrizenschreibweise notierte lineare Filter. Die elementaren Vektoren sind gegeben durch:

$$\mathbf{l}_3 = \begin{pmatrix} 1 \\ 2 \\ 1 \end{pmatrix}, \qquad \mathbf{e}_3 = \begin{pmatrix} -1 \\ 0 \\ 1 \end{pmatrix}, \qquad \mathbf{s}_3 = \begin{pmatrix} -1 \\ 2 \\ -1 \end{pmatrix}. \tag{14.80}$$

Das erste Filter $\mathbf{l}_3$ entspricht einem Binomial-Tiefpass, sodass im Ergebnis der Faltung nur Signalanteile mit niedrigen Ortsfrequenzen enthalten sind. Die beiden anderen Filtermasken $\mathbf{e}_3$ und $\mathbf{s}_3$ haben Bandpasscharakter, selektieren also bestimmte Ortsfrequenzbereiche des Bildsignals. Das Filter $\mathbf{e}_3$ entspricht dem symmetrischen Differenzenquotienten aus Abschn. 12.2.1 und ist mithin ein Kantenoperator. Die Impulsantwort $\mathbf{s}_3$ entsteht durch Faltung von zwei unsymmetrischen Differenzenquotienten, $\mathbf{s}_3 = (1, -1)^{\mathrm{T}} * (-1, 1)^{\mathrm{T}}$, und approximiert mithin die zweite Ableitung. Weitere Filter der Länge 5 erhält man durch wechselseitige Faltung dieser elementaren Impulsantworten der Länge 3:

$$\mathbf{l}_5 = \mathbf{l}_3 * \mathbf{l}_3 = \begin{pmatrix} 1 \\ 4 \\ 6 \\ 4 \\ 1 \end{pmatrix}, \qquad \mathbf{e}_5 = \mathbf{l}_3 * \mathbf{e}_3 = \begin{pmatrix} -1 \\ -2 \\ 0 \\ 2 \\ 1 \end{pmatrix}, \tag{14.81}$$

$$\mathbf{s}_5 = \mathbf{l}_3 * \mathbf{s}_3 = \begin{pmatrix} -1 \\ 0 \\ 2 \\ 0 \\ -1 \end{pmatrix} = -\mathbf{e}_3 * \mathbf{e}_3 , \tag{14.82}$$

$$\mathbf{r}_5 = \mathbf{s}_3 * \mathbf{s}_3 = \begin{pmatrix} 1 \\ -4 \\ 6 \\ -4 \\ 1 \end{pmatrix}, \qquad \mathbf{w}_5 = \mathbf{s}_3 * \mathbf{e}_3 = \begin{pmatrix} 1 \\ -2 \\ 0 \\ 2 \\ -1 \end{pmatrix}. \tag{14.83}$$

Die Laws-Matrizen stellen zweidimensionale Impulsantworten dar, die man als dyadische Produkte der eindimensionalen Impulsantworten erhält.

Beispiel 14.9 (Laws-Matrizen): Das dyadische Produkt der Vektoren $\mathbf{e}_5$ und $\mathbf{l}_5$ führt auf folgende Matrix:

$$\mathbf{e}_5\mathbf{l}_5^{\mathrm{T}} = \mathbf{e}_5 ** \mathbf{l}_5^{\mathrm{T}} = \begin{pmatrix} -1 \\ -2 \\ 0 \\ 2 \\ 1 \end{pmatrix} \begin{pmatrix} 1 & 4 & 6 & 4 & 1 \end{pmatrix} = \begin{pmatrix} -1 & -4 & -6 & -4 & -1 \\ -2 & -8 & -12 & -8 & -2 \\ 0 & 0 & 0 & 0 & 0 \\ 2 & 8 & 12 & 8 & 2 \\ 1 & 4 & 6 & 4 & 1 \end{pmatrix} .$$

■

Die Faltung des Grauwertbildes einer Textur mit einer Laws-Matrix ergibt ein Merkmalsbild, z. B. :

$$\mu_{\mathbf{e}_5\mathbf{l}_5^{\mathrm{T}}}(\mathbf{x}) := g(\mathbf{x}) ** (\mathbf{e}_5\mathbf{l}_5^{\mathrm{T}}) = \underbrace{(g(\mathbf{x}) ** \mathbf{e}_5)}_{=:\, \mu_{\mathbf{e}_5}(\mathbf{x})} ** \mathbf{l}_5^{\mathrm{T}} . \tag{14.84}$$

Nun wird die Energie dieses Merkmalsbildes berechnet, indem die quadrierten Bildwerte summiert werden, vgl. (14.62). Sie entspricht der Energie des Bildsignals in den unterschiedlichen Frequenzbereichen, die von den Filtermasken selektiert werden. Insgesamt erhält man durch Verwendung mehrerer Laws-Matrizen einen Satz von Energiemerkmalen, der zur Texturanalyse verwendet werden kann.

Für eine effiziente Berechnung kann man die Assoziativität der Faltung ausnutzen, sodass das Bild lediglich mit eindimensionalen Impulsantworten gefaltet werden muss, vgl. (14.84). Außerdem können Zwischenergebnisse wie z. B. $\mu_{\mathbf{e}_5}(\mathbf{x})$ mehrfach verwendet werden.

14.4.6 Local Binary Patterns

Local Binary Patterns (lokale Binärmuster, LBPs) sind Texturmerkmale, die invariant bezüglich Rotation und monotoner Grauwerttransformation sind [24,25,27, 28]. Für jeden Punkt $\mathbf{x}$ werden P Bildpunkte $\mathbf{x}_1, \ldots, \mathbf{x}_P$ betrachtet, die äquidistant auf einem Kreis mit Radius R um $\mathbf{x}$ liegen (Abb. 14.21). Nun werden die Differenzen der Grauwerte $g(\mathbf{x}_p)$ dieser Punkte zum Grauwert $g(\mathbf{x})$ des Referenzpunkts gebildet und die Vorzeichen dieser Differenzen ausgewertet. Für Punkte, die nicht exakt auf dem Pixelraster liegen, wird der Grauwert interpoliert. Man erhält einen binären Vektor

$$\left(H(g(\mathbf{x}_1) - g(\mathbf{x})), \ldots, H(g(\mathbf{x}_P) - g(\mathbf{x}))\right)^{\mathrm{T}} \in \{0,1\}^P , \tag{14.85}$$

wobei $H(\,\cdot\,)$ die Heaviside-Funktion (8.18) bezeichnet und die Umgebungspunkte $\mathbf{x}_p = \mathbf{x}_p(\mathbf{x})$, $p = 1, \ldots, P$, in Bezug auf den Referenzpunkt $\mathbf{x}$ gewählt werden. Da

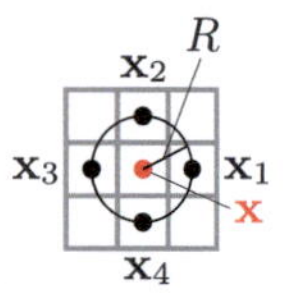

(a) $P = 4, R = 1$

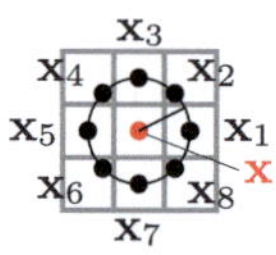

(b) $P = 8, R = 1$

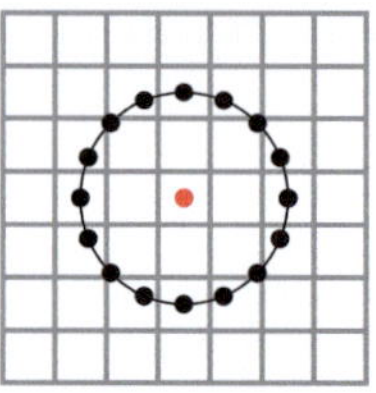

(c) $P = 16, R = 2$

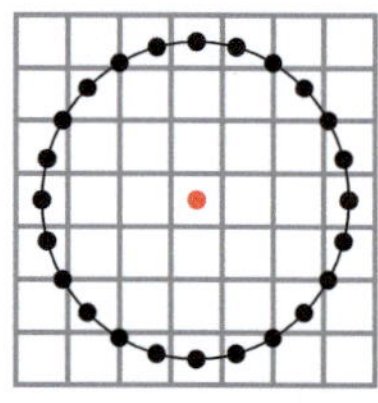

(d) $P = 24, R = 3$

Abbildung 14.21. Bildpunkte zur Berechnung der Local Binary Patterns für verschiedene Werte von Punktanzahl P und Radius R (nach [25]).

nur die Vorzeichen der Bildwertdifferenzen eingehen, ist dieser Vektor invariant unter einer monotonen Transformation der Bildwerte, die z. B. durch eine homogene Änderung der Beleuchtungsbedingungen entstehen kann. Er kann mit der Binärdarstellung einer ganzen Zahl aus der Menge $\{0, 1, \ldots, 2^P - 1\}$ identifiziert werden.

Um ein robustes, rotationsinvariantes Merkmal zu konstruieren, kann man z. B. die Anzahl U der Vorzeichenwechsel innerhalb eines zyklischen Durchlaufs durch das auf einem Kreis angeordnete Binärmuster auswerten:

$$\begin{aligned} U_{P,R}(\mathbf{x}) := &\sum_{p=2}^{P} |H(g(\mathbf{x}_p) - g(\mathbf{x})) - H(g(\mathbf{x}_{p-1}) - g(\mathbf{x}))| \\ &+ |H(g(\mathbf{x}_P) - g(\mathbf{x})) - H(g(\mathbf{x}_1) - g(\mathbf{x}))| \,. \end{aligned} \tag{14.86}$$

Wenn das Binärmuster höchstens einen Block von positiven und höchstens einen Block von negativen Vorzeichen enthält, gilt $U_{P,R}(\mathbf{x}) \leq 2$. Solche Muster heißen homogen (*uniform*). Es gibt $P + 1$ homogene Muster:

- zwei Muster mit $U_{P,R}(\mathbf{x}) = 0$, die isolierten hellen bzw. dunklen Punkten $\mathbf{x}$ sowie homogenen Flächen entsprechen, und
- $P - 1$ Muster mit $U_{P,R}(\mathbf{x}) = 2$, die Kanten mit unterschiedlichem Krümmungsverlauf repräsentieren, Abb. 14.22(a).

Homogene Muster treten in typischen Texturen wesentlich häufiger auf als inhomogene Muster, sodass für sie eine robustere statistische Auswertung möglich ist [25]. Daher werden im Folgenden lediglich die homogenen Muster genauer untersucht und alle inhomogenen Muster zu einer Klasse zusammengefasst. Diese Argumentation motiviert die folgende Definition des Merkmals:

$$LBP_{P,R}(\mathbf{x}) := \begin{cases} \sum_{p=1}^{P} H(g(\mathbf{x}_p) - g(\mathbf{x})) & \text{falls } U_{P,R}(\mathbf{x}) \leq 2 \\ P + 1 & \text{falls } U_{P,R}(\mathbf{x}) > 2 \,. \end{cases} \tag{14.87}$$

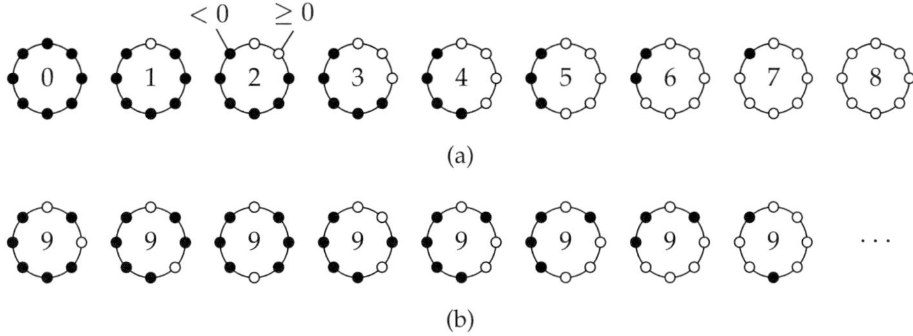

Abbildung 14.22. Local Binary Patterns für den Fall $P = 8$, normiert bezüglich der Orientierung, und ihre Merkmalswerte $LBP_{8,R}(\mathbf{x})$: (a) die $P + 1 = 9$ homogenen Muster; (b) Auswahl der 27 inhomogenen Muster (nach [25]).

Für die homogenen Muster wird also die Anzahl der positiven Vorzeichen als Wert des Merkmals definiert. Da sie sich bei einer Drehung des Bildes nicht ändert, ist das Merkmal rotationsinvariant. Alle inhomogenen Muster erhalten einheitlich den Merkmalswert $P + 1$ zugewiesen, Abb. 14.22(b).

Indem für mehrere Bildpunkte $\mathbf{x}$ der Textur das Merkmal $LBP_{P,R}(\mathbf{x})$ berechnet wird, lässt sich ein Histogramm der Merkmalswerte erstellen. Dieser Schritt kann für verschiedene Werte von Punktanzahl P und Radius R wiederholt werden, z. B. für die Fälle aus Abb. 14.21(b) – (d). Die Verwendung unterschiedlicher Radien R entspricht einer multiskaligen Analyse der Strukturen im Bild, vgl. Kap. 16. Auf Grundlage dieser Histogramme kann nun z. B. eine Texturklassifikation, Textursegmentierung oder Objektdetektion erfolgen [14,23,25,30]. Hierzu wird die Ähnlichkeit des beobachteten Histogramms zu den aus einer Stichprobe gelernten Histogrammen der verschiedenen Texturklassen bewertet.

14.5 Texturanalyse mit neuronalen Faltungsnetzen

Die in Kap. 9 eingeführten neuronalen Faltungsnetze können wie in Abb. 14.23 gezeigt zur Erkennung von Defekten auf texturierten Oberflächen verwendet werden [4]. Dazu wird ein Autoencoder (vgl. Abschn. 9.3.3) anhand von defektfreien Texturbildern quasi unüberwacht trainiert, sodass er die Eingabebilder mit minimalem mittlerem quadratischen Fehler rekonstruieren kann. Zur Defektdetektion kann der pixelweise quadratische Fehler zwischen dem Eingabebild $g(\mathbf{x})$ und der Rekonstruktion $\hat{g}(\mathbf{x})$ des Autoencoders herangezogen werden. Hohe Werte deuten dabei auf einen vorhandenen Defekt hin. Diese Annahme ist darin begründet, dass der Autoencoder wegen des Trainings auf ausschließlich defektfreien Bildern und wegen der reduzierten Dimensionalität der latenten Repräsentation

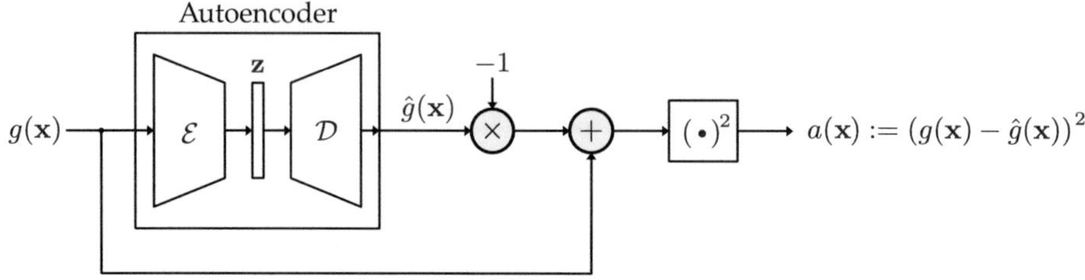

Abbildung 14.23. Netzwerkarchitektur zur Defektdetektion mittels eines vortrainierten Autoencoders. Der Autoencoder fungiert zur Einsatzzeit als Filter, das durchlässig ist für die gelernte Textur, nicht aber für Abweichungen davon. Mithin handelt es sich, ähnlich wie in Abschn. 15.2, um ein Prädiktionsfehlerfilter zur Detektion lokaler Abweichungen von der fehlerfreien Textur.

$\mathbf{z}$ nicht dazu in der Lage ist, in den Eingabebildern vorhandene lokale Defekte zu rekonstruieren. Die berechneten Abweichungen $a(\mathbf{x}) := (g(\mathbf{x}) - \hat{g}(\mathbf{x}))^2$ werden häufig auch als Anomaliekarte (*anomaly score map*) und das gesamte Verfahren als Anomaliedetektion bezeichnet. Abbildung 14.24 zeigt beispielhaft die Zwischenergebnisse bei Anwendung des Verfahrens zur Inspektion einer Zauntextur [3]. Die beiden Defekte gehen dabei während der Rekonstruktion durch den Autoencoder verloren (vgl. Abb. 14.24(b)), sodass die Anomaliekarte $a(\mathbf{x})$ an den entsprechenden Stellen hohe Werte aufweist (vgl. Abb. 14.24(c)). Durch Glättung von $a(\mathbf{x})$ mit einem Tiefpassfilter, dessen Impulsantwort eine Ausdehnung in der Größenordnung der zu erwartenden Defekte hat, können Defekte in der Anomaliekarte hervorgehoben und Rauschanteile unterdrückt werden. Dadurch wird das Signal-Rausch-Verhältnis bezüglich der Defektdetektion verbessert und damit die Wahrscheinlichkeit von Fehldetektionen verringert (vgl. Abb. 14.24(d), (e) und (f)).

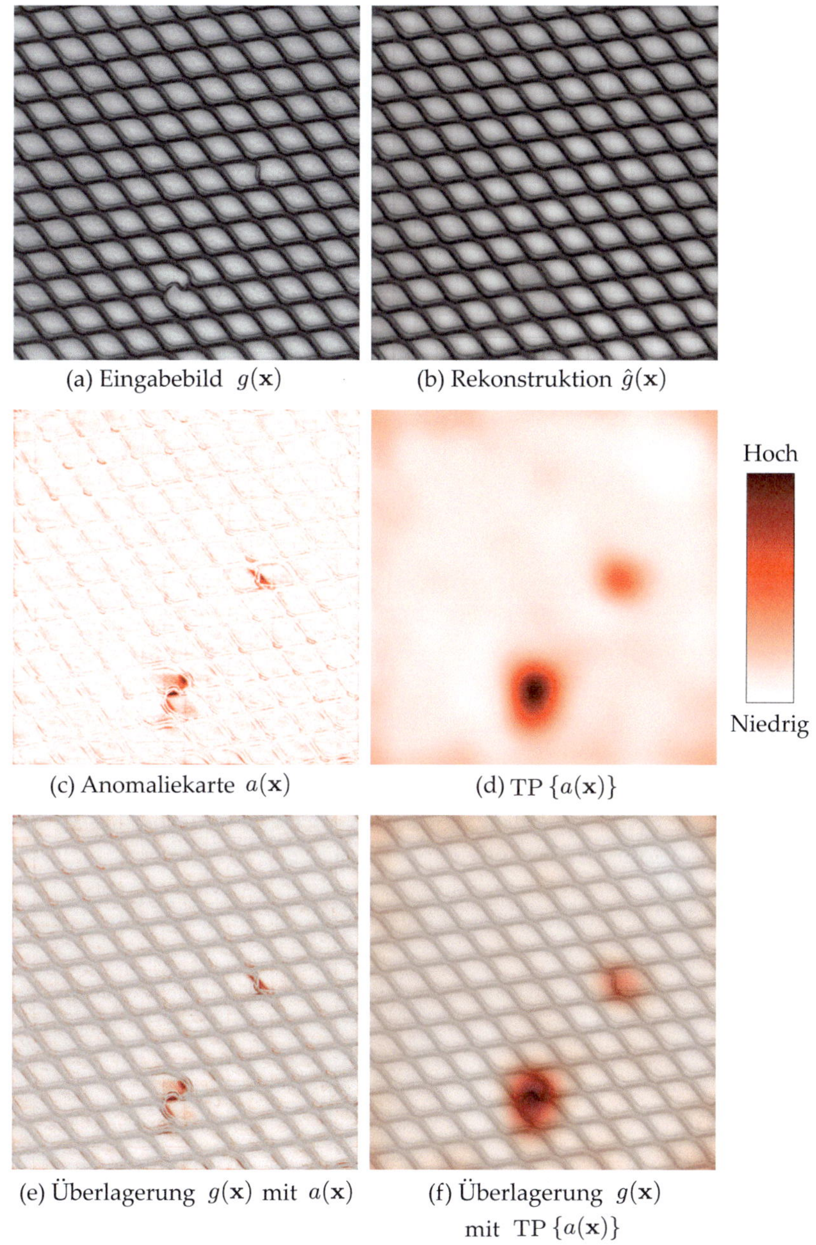

Abbildung 14.24. Beispiel zur Erkennung von Defekten einer Zauntextur per Anomaliedetektion.

14.6 Literatur

[1] Ludwig Abele. *Statistische und strukturelle Texturanalyse mit Anwendungen in der Bildsegmentierung*. Dissertation, Technische Universität München, 1982.

[2] AE Goetze GmbH. *Honatlas: Beurteilungskriterien für die Honung von Zylinderlaufflächen*. Burscheid, 1988.

[3] Paul Bergmann, Michael Fauser, David Sattlegger und Carsten Steger. MVTec AD — A Comprehensive Real-World Dataset for Unsupervised Anomaly Detection. In *2019 IEEE/CVF Conference on Computer Vision and Pattern Recognition (CVPR)*, Seiten 9592–9600, Long Beach, CA, USA, 2019. IEEE.

[4] Paul Bergmann, Sindy Löwe, Michael Fauser, David Sattlegger und Carsten Steger. Improving Unsupervised Defect Segmentation by Applying Structural Similarity to Autoencoders:. In *Proceedings of the 14th International Joint Conference on Computer Vision, Imaging and Computer Graphics Theory and Applications*, Seiten 372–380. SCITEPRESS - Science and Technology Publications, 2019.

[5] Jürgen Beyerer. Suppression of stochastically placed, straight toolmarks to enhance objects and defects. *tm – Technisches Messen*, 59(10):389–397, 1992.

[6] Jürgen Beyerer. *Analyse von Riefentexturen*, Bd. 390 der Reihe *Fortschritt-Berichte VDI, Reihe 8*. VDI-Verlag, Düsseldorf, 1994.

[7] Jürgen Beyerer, Doris Krahe und Fernando Puente León. Progress in the Characterization of Cylinder Bores. In E. Mainsah, J. Greenwood und D. Chetwynd (Hrsg.), *Metrology and Properties of Engineering Surfaces*, Seiten 243–281. Kluwer, 2001.

[8] Jürgen Beyerer und Fernando Puente León. Adaptive separation of random lines and background. *Optical Engineering*, 37(10):2733–2741, 1998.

[9] Phil Brodatz. *Textures: A photographic album for artists and designers*. Dover, Mineola, NY, 1966.

[10] Navneet Dalal und Bill Triggs. Histograms of Oriented Gradients for Human Detection. In *Proc. IEEE Conference on Computer Vision and Pattern Recognition*, Bd. 1, Seiten 886–893, Juni 2005.

[11] Mary Galloway. Texture analysis using gray level run lengths. *Computer Graphics and Image Processing*, 4(2):172–179, Juni 1975.

[12] Robert Haralick, K. Sam Shanmugam und Its'hak Dinstein. Textural features for image classification. *IEEE Transactions on Systems, Man, and Cybernetics*, 3(6):610–621, November 1973.

[13] Robert Haralick und Linda Shapiro. *Computer and robot vision*. Addison-Wesley, Reading, MA, 1992.

[14] Marko Heikkilä und Matti Pietikäinen. A texture-based method for modeling the background and detecting moving objects. *IEEE Transactions on Pattern Analysis and Machine Intelligence*, 28(4):657–662, April 2006.

[15] Thorsten Hermes. *Digitale Bildverarbeitung: Eine praktische Einführung*. Hanser, 2005.

[16] Jan Horn. *Zweidimensionale Geschwindigkeitsmessung texturierter Oberflächen mit flächenhaften bildgebenden Sensoren*. Dissertation, Universität Karlsruhe (TH), 2007.

[17] Anil Jain. Advances in mathematical models for image processing. *Proceedings of the IEEE*, 69(5):502–528, Mai 1981.

[18] Bela Julesz. Textons, the elements of texture perception, and their interactions. *Nature*, 290:91–97, März 1981.

[19] Axel Korn. *Bildverarbeitung durch das visuelle System*. Springer, Berlin, 1982.

[20] Kenneth Laws. Rapid texture identification. In *Proceedings of the Seminar on Image Processing for Missile Guidance*, Seiten 376–380. SPIE, 1980.

[21] Kenneth Laws. Goal-directed textured-image segmentation. In *Applications of Artificial Intelligence, Proc. SPIE*, Bd. 548, Seiten 19–26, 1985.

[22] David Lowe. Distinctive image features from scale-invariant keypoints. *International Journal of Computer Vision*, 60(2):91–110, 2004.

[23] Topi Mäenpää, Matti Pietikäinen und Timo Ojala. Texture classification by multi-predicate local binary pattern operators. In *Proc. 15th International Conference on Pattern Recognition*, Bd. 3, Seiten 939 – 942, 2000.

[24] Majid Mirmehdi, Xianghua Xie und Jasjit Suri (Hrsg.). *Handbook of texture analysis*. Imperial College Press, 2008.

[25] Timo Ojala, Matti Pietikäinen und Topi Mäenpää. Multiresolution gray-scale and rotation invariant texture classification with local binary patterns. *IEEE Transactions on Pattern Analysis and Machine Intelligence*, 24(7):971–987, Juli 2002.

[26] Madhukar Pandit. *Methoden der Digitalen Bildverarbeitung für die Anwendung*. VDI-Verlag, 2001.

[27] Maria Petrou und Pedro García Sevilla. *Image Processing: Dealing With Texture*. Wiley, 2006.

[28] Matti Pietikäinen, Abdenour Hadid, Guoying Zhao und Timo Ahonen. *Computer Vision Using Local Binary Patterns*. Springer, 2011.

[29] Trygve Randen und John Husøy. Filtering for texture classification: a comparative study. *IEEE Transactions on Pattern Analysis and Machine Intelligence*, 21(4):291–310, April 1999.

[30] Günter Saur und Michael Teutsch. SAR signature analysis for TerraSAR-X-based ship monitoring. In L. Bruzzone (Hrsg.), *Image and Signal Processing for Remote Sensing XVI, Proc. SPIE*, Bd. 7830, September 2010.

[31] Hideyuki Tamura, Shunji Mori und Takashi Yamawaki. Textural Features Corresponding to Visual Perception. *IEEE Transactions on Systems, Man and Cybernetics*, 8(6):460–473, Juni 1978.

[32] Emanuele Trucco und Alessandro Verri. *Introductory Techniques for 3-D Computer Vision*. Prentice Hall, Upper Saddle River, NJ, 1998.

[33] Dirk vom Stein. Zweidimensionale Geschwindigkeitsschätzung aus bewegungsunscharfen oder mehrfachbelichteten Einzelbildern. In *Tagungsband X. Meßtechnisches Symposium des Arbeitskreises der Hochschullehrer für Meßtechnik e.V.*, Seiten 43–49. Technische Universität München, 1996.

[34] Friedrich Wahl. *Digitale Bildsignalverarbeitung*. Springer, 1989.

[35] Joan Weszka, Charles Dyer und Azriel Rosenfeld. A comparative study of texture measures for terrain classification. *IEEE Transactions on Systems, Man, and Cybernetics*, 6(4):269–285, April 1976.

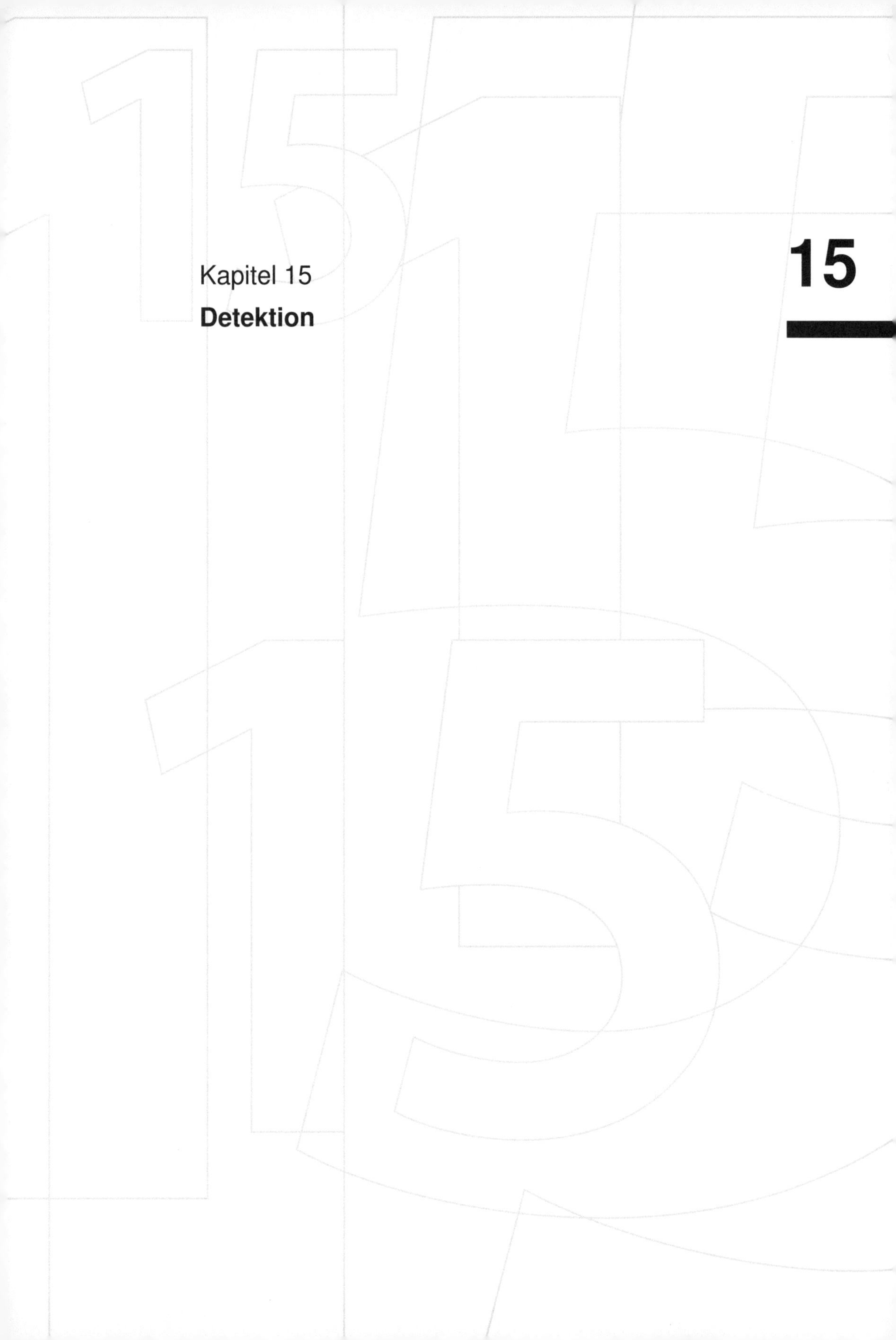

Kapitel 15

Detektion

15

15

15 Detektion

15 Detektion

Die Detektion befasst sich mit der Erkennung bekannter oder unbekannter Objekte im Bild und mit der Feststellung ihrer Lage im Bild. Bei den zu detektierenden Objekten kann es sich einerseits um Prüfobjekte handeln, deren Vorhandensein, Lage oder Vollständigkeit untersucht werden soll. Andererseits kann es die Aufgabe sein, Defekte oder bestimmte Strukturen bzw. Merkmale im Bild zu detektieren.

Für die Behandlung der Detektion wird hier ein lineares Signalmodell angesetzt, in dem die Objekte additiv in ein Hintergrundsignal $\mathtt{h}(\mathbf{x})$ eingebettet sind. Die Objekte im Bild werden durch Signale $o_i(\mathbf{x})$ beschrieben, deren Amplituden mit Faktoren $c_i \in \mathbb{R}$, $c_i > 0$, gewichtet werden. Diese Objektsignale können im Bild $\mathsf{g}(\mathbf{x})$ verschoben, skaliert und gedreht vorliegen:

$$\mathsf{g}(\mathbf{x}) = \sum_i c_i \, o_i(s_i \, \mathbf{A}_i \, \mathbf{x} - \mathbf{x}_i) + \mathtt{h}(\mathbf{x}) \,. \tag{15.1}$$

Die Vektoren $\mathbf{x}_i \in \mathbb{R}^2$ beschreiben die Position der Objekte im Bild (Translation), die $s_i \in \mathbb{R}$, $s_i > 0$, skalieren ihre örtlichen Ausdehnungen und die Drehmatrizen

$$\mathbf{A}_i = \begin{pmatrix} \cos\varphi_i & \sin\varphi_i \\ -\sin\varphi_i & \cos\varphi_i \end{pmatrix}, \quad \varphi_i \in [0, 2\pi) \,, \tag{15.2}$$

ermöglichen eine Rotation der Objekte um den Winkel φ_i.

Die Variation der Objektsignale, die mit den s_i und $\mathbf{A}_i$ einhergeht, kann bei der Konstruktion von Detektionsverfahren direkt berücksichtigt werden, wodurch man rotations- und skalierungsinvariante Detektoren erhält. Ein *„Brute Force"*-Ansatz hierfür sind Ensembles von Detektoren für eine hinreichend große, endliche Anzahl quantisierter Drehlagen und Skalierungsstufen. Diese Vorgehensweise bedingt jedoch einen um ein Vielfaches erhöhten Rechenaufwand.

Raffiniertere Ansätze verleihen den Detektoren von vorneherein Invarianzeigenschaften bezüglich Rotation und Skalierung, beispielsweise indem die verwendeten Merkmale über alle möglichen Rotationen und Skalierungen integriert werden. Eine ausführliche Abhandlung zu invarianten Verfahren findet man in [32]. Konkrete Anwendungen invarianter Ansätze in der Defektdetektion für die automatische Sichtprüfung werden in [27] gezeigt.

Alternativ kann man die Skalierungen s_i und Rotationen φ_i der Objekte im aufgenommenen Bild schätzen und dann in einem Normalisierungsschritt vor Anwendung eines Detektionsverfahrens ausgleichen. Und schließlich kann man bei der automatischen Sichtprüfung die Bildgewinnung konstruktiv beeinflussen. Durch ausreichend wiederholgenaue geometrische Verhältnisse bei der Positionierung des Prüfobjekts relativ zur Kamera können störende Einflüsse durch Ska-

J. Beyerer et al., *Automatische Sichtprüfung*,
https://doi.org/10.1007/978-3-662-69951-5_15

Tabelle 15.1. Detektionsfilter für unterschiedliche Annahmen über Objekte und Hintergrund.

	Objekte bekannt	**Objekte unbekannt** (z. B. Defektdetektion)
Hintergrund ist schwach stationärer stochastischer Prozess mit bekannter Autokorrelationsfunktion	*Matched Filter:* Detektionsfilter mit optimalem SNR	Suche nach signifikanten lokalen Abweichungen von den Hintergrundeigenschaften, z. B. mittels Prädiktionsfehlerfilter
Hintergrund ist unbekannt	- Korrelationsfilter - *Phase Only Filter* - inverses Filter - ...	Detektion lokaler Texturinhomogenitäten mittels Homogenitätstests

lierung und Rotation – oder noch allgemeiner durch wechselnde Perspektiven – gering gehalten werden.

Die Gewichtungen der Amplitude durch die Faktoren c_i und die Verschiebungen $\mathbf{x}_i$ sind hingegen für die linearen Detektionsfilter, die im Folgenden behandelt werden, unproblematisch.

Für das Verständnis der vorgestellten Verfahren reicht es aus, wenn angenommen wird, dass im Bild nur ein Objekt $o(\,\cdot\,)$ ohne Rotation und Skalierung vorhanden ist: $\mathbf{A} = \mathbf{I}$, $s = 1$. Das Modell (15.1) vereinfacht sich dadurch zu

$$\mathtt{g}(\mathbf{x}) = c\,o(\mathbf{x} - \mathbf{x}_0) + \mathtt{h}(\mathbf{x})\,. \tag{15.3}$$

Im Folgenden werden Detektionsverfahren zunächst danach unterschieden, welches Wissen über Objekte und Hintergrund sie voraussetzen (Tab. 15.1). Für die jeweiligen Annahmen lassen sich optimale lineare Detektionsfilter herleiten. Im weiteren Verlauf des Kapitels wird auf die Detektion von Geraden, Kurven, Strukturen sowie von Ecken eingegangen.

15.1 Detektion bekannter Objekte mittels linearer Filter

Das gesuchte Objekt werde nun durch ein bekanntes, deterministisches Signal $o(\mathbf{x})$ beschrieben. Gesucht ist die Impulsantwort $v(\mathbf{x})$ eines linearen Detektionsfilters, mit dem das Bildsignal gefaltet wird:

$$\mathtt{k}(\mathbf{x}) := \mathtt{g}(\mathbf{x}) ** v(\mathbf{x})\,. \tag{15.4}$$

Dabei soll $v(\mathbf{x})$ so gewählt werden, dass $\mathtt{k}(\mathbf{x})$ am Ort $\mathbf{x}_0$ des Objektes einen Extremwert ausbildet, der die sonstigen Signalwerte im Umfeld des Objektes deutlich überragt. Die Höhe dieses „Peaks“ soll eine sichere Detektion, seine Lage eine genaue Lokalisierung des Objektes erlauben.

Ein besonders wichtiger Fall liegt vor, wenn es sich bei den bekannten Objekten um Geraden handelt. Diesem Thema widmet sich Abschn. 15.3.

15.1.1 Unbekannter Hintergrund

Für ein einzelnes Objekt $o(\mathbf{x})$ an Position $\mathbf{x}_0$ lässt sich das Modell (15.3) im Orts- und Frequenzbereich wie folgt darstellen:

$$\mathtt{g}(\mathbf{x}) = c\, o(\mathbf{x} - \mathbf{x}_0) + \mathtt{h}(\mathbf{x}) = o(\mathbf{x}) ** c\,\delta(\mathbf{x} - \mathbf{x}_0) + \mathtt{h}(\mathbf{x}) \tag{15.5}$$

$$\circ\!\!-\!\!\bullet$$

$$\mathtt{G}(\mathbf{f}) = O(\mathbf{f})\, c\, \mathrm{e}^{-\mathrm{j}2\pi \mathbf{f}^{\mathrm{T}} \mathbf{x}_0} + \mathtt{H}(\mathbf{f})\,. \tag{15.6}$$

Die Kreuzkorrelationsfunktion

$$r(\boldsymbol{\tau}) = \iint\limits_{-\infty}^{\infty} o(\mathbf{x})\, o(\mathbf{x} - \mathbf{x}_0 + \boldsymbol{\tau})\,\mathrm{d}\mathbf{x} \tag{15.7}$$

von $o(\mathbf{x})$ und $o(\mathbf{x} - \mathbf{x}_0)$ wird maximal für $\boldsymbol{\tau} = \mathbf{x}_0$, da sie in diesem Fall in ihrer Gestalt mit der Autokorrelationsfunktion von $o(\mathbf{x})$ an der Stelle $\boldsymbol{\tau} = \mathbf{0}$ übereinstimmt.[1] Die Berechnung dieser Kreuzkorrelationsfunktion ist äquivalent zu einer Faltung von $o(\mathbf{x} - \mathbf{x}_0)$ mit dem gespiegelten Objektmodell $o(-\mathbf{x})$. Daher kann man erwarten, dass die Faltung

$$\mathtt{k}(\mathbf{x}) := \mathtt{g}(\mathbf{x}) ** o(-\mathbf{x}) \tag{15.8}$$

bei $\mathbf{x} = \mathbf{x}_0$ ihr Maximum annimmt. Dieses Detektionsverfahren heißt **Korrelationsfilter**. Es besitzt folgende Darstellung im Orts- und Frequenzbereich:[2]

$$v(\mathbf{x}) = o(-\mathbf{x}) \quad \circ\!\!-\!\!\bullet \quad V(\mathbf{f}) = O^*(\mathbf{f})\,. \tag{15.9}$$

---

[1] Mit der Schwarz'schen Ungleichung (15.20) erhält man nämlich:

$$\iint o(\mathbf{x})\, o(\mathbf{x} + \boldsymbol{\tau})\,\mathrm{d}\mathbf{x} \le \iint o^2(\mathbf{x})\,\mathrm{d}\mathbf{x} \cdot \underbrace{\iint o^2(\mathbf{x} + \boldsymbol{\tau})\,\mathrm{d}\mathbf{x}}_{=\iint o^2(\mathbf{x})\,\mathrm{d}\mathbf{x}} = \left(\iint o^2(\mathbf{x})\,\mathrm{d}\mathbf{x}\right)^2.$$

Die linke Seite wird maximal, wenn das Gleichheitszeichen gilt, und das ist der Fall für $o(\mathbf{x}) \propto o(\mathbf{x} + \boldsymbol{\tau})$, was im Allgemeinen nur für $\boldsymbol{\tau} = \mathbf{0}$ erfüllt ist.

[2] Mit $O^*(\mathbf{f})$ wird die komplexe Konjugation der Übertragungsfunktion $O(\mathbf{f})$ bezeichnet.

Zu einer Verallgemeinerung des Korrelationsfilters gelangt man mit Hilfe der Darstellung von $O(\mathbf{f})$ und $V(\mathbf{f})$ durch Betrag und Phase:

$$O(\mathbf{f}) = |O(\mathbf{f})|\, \mathrm{e}^{\mathrm{j}\angle O(\mathbf{f})}\,, \tag{15.10}$$

$$V(\mathbf{f}) = |O(\mathbf{f})|\, \mathrm{e}^{-\mathrm{j}\angle O(\mathbf{f})}\,. \tag{15.11}$$

Die komplexe Konjugation ist äquivalent zur Negation der Phase. Das allgemeinere ***Fractional Power Filter*** (FPF) erhält man, indem man den Betrag mit einem Exponenten q versieht [38]:

$$V_q(\mathbf{f}) := |O(\mathbf{f})|^q\, \mathrm{e}^{-\mathrm{j}\angle O(\mathbf{f})}\,, \qquad q \in [-1; 1]\,. \tag{15.12}$$

Neben dem Korrelationsfilter lassen sich auch weitere wichtige Detektionsfilter als Spezialfälle dieser parametrischen Familie auffassen; siehe Tab. 15.2.

Tabelle 15.2. Spezialfälle des „*Fractional Power*"-Filters.

q	$V_q(\mathbf{f})$	**Interpretation**
-1	$O^{-1}(\mathbf{f})$	**Inverses Filter** zur Rekonstruktion von $c\;\delta(\mathbf{x}-\mathbf{x}_0)$ (vgl. Abschn. 11.2). Das inverse Filter liefert einen sehr schmalen Detektionspeak, reagiert aber auch sehr anfällig auf Rauschen: An Nullstellen von $O(\mathbf{f})$ findet eine extreme Rauschverstärkung statt. Diesbezüglich bewirkt die bereits aus Abschn. 11.2 bekannte Modifikation eine Verbesserung: $V(\mathbf{f}) = \dfrac{O^*(\mathbf{f})}{\lvert O(\mathbf{f})\rvert^2 + \varepsilon}$.
0	$\mathrm{e}^{-\mathrm{j}\angle O(\mathbf{f})}$	***Phase Only Filter*** (POF): Bei der Filterung wird nur die Phase, nicht der Betrag des Signals modifiziert. Dieser Ansatz ist interessant für eine optische Realisierung, da kein Lichtverlust auftritt, also maximale optische Effizienz erreicht wird [36]. Ein weiterer Vorteil gegenüber dem Korrelationsfilter ist das bessere Unterscheidungsvermögen ähnlicher Objekte [16].
1	$O^*(\mathbf{f})$	**Korrelationsfilter**: Das Korrelationsfilter ist das Optimalfilter, falls $\mathtt{h}(\mathbf{x})$ weißes Rauschen ist, d. h. es weist unter dieser Voraussetzung das maximale Signal-Rausch-Verhältnis auf. Ebenso ist das Korrelationsfilter auch zur Schätzung des Objektortes optimal: Es minimiert den sogenannten „*Peak Location Error*" [37]. Das Korrelationsfilter wird auch als ***Matched Filter*** bezeichnet, weil es das Bildsignal $\mathrm{g}(\mathbf{x})$ mit der Schablone $o(\mathbf{x})$ abgleicht.

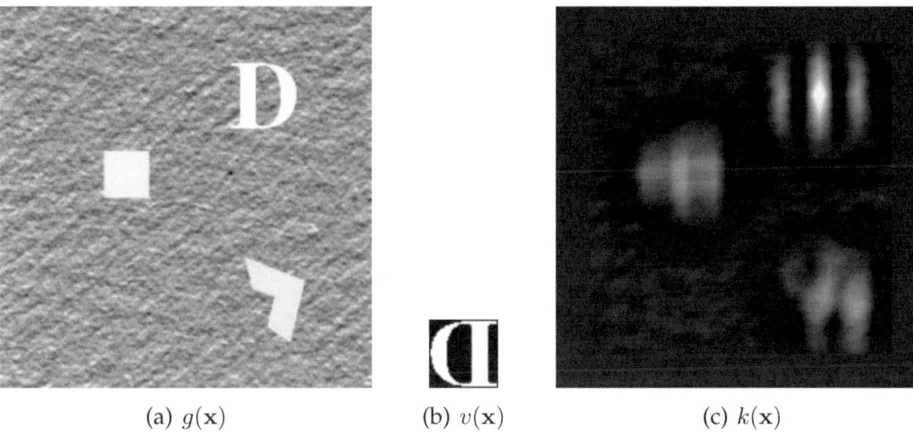

(a) $g(\mathbf{x})$ (b) $v(\mathbf{x})$ (c) $k(\mathbf{x})$

Abbildung 15.1. Beispiel zur Objektdetektion mit dem Korrelationsfilter: (a) Testbild; (b) Impulsantwort des Korrelationsfilters; (c) Ergebnis der Filterung.

Beispiel 15.1 (Objektdetektion mittels Korrelationsfilter): Abbildung 15.1(a) zeigt ein künstlich erzeugtes Testbild $g(\mathbf{x})$, in dem drei Objekte $o_i(\mathbf{x})$ vor einem texturierten Hintergrund $h(\mathbf{x})$ zu sehen sind, der als korreliertes Rauschen aufgefasst werden kann. Die Überlagerung entspricht hier nicht dem additiven Modell (15.3), weil die Objekte die Hintergrundtextur verdecken. Für das D-förmige Objekt $o_1(\mathbf{x})$ wird gemäß (15.9) ein Korrelationsfilter (*Matched Filter*) entworfen: $v(\mathbf{x}) := o_1(-\mathbf{x})$; siehe Abb. 15.1(b). Das Ergebnis $k(\mathbf{x})$ der Faltung (15.4) ist in Abb. 15.1(c) dargestellt. An der Position des Objekts o_1 ist ein ausgeprägtes Maximum zu sehen. ■

15.1.2 Weißes Rauschen als Hintergrund

In diesem Abschnitt wird der Spezialfall betrachtet, dass der Hintergrund $\mathtt{h}(\mathbf{x})$ durch weißes Rauschen beschrieben werden kann. Mithin ist das Autoleistungsdichtespektrum gemäß (8.313) konstant:

$$S_{\mathtt{hh}}(\mathbf{f}) \equiv N_{\mathtt{h}} \,. \tag{15.13}$$

Wie bereits erwähnt, stellt unter dieser Voraussetzung das *Matched Filter* (Korrelationsfilter) das Optimalfilter dar. Dies wird im Folgenden hergeleitet. Die Filterung des Bildsignals (15.5) mit der Impulsantwort $v(\mathbf{x})$ eines linearen Filters liefert

$$\mathtt{k}(\mathbf{x}) = \mathtt{g}(\mathbf{x}) ** v(\mathbf{x}) = \underbrace{c\, o(\mathbf{x}-\mathbf{x}_0) ** v(\mathbf{x})}_{\text{Nutzsignal}} + \underbrace{\mathtt{h}(\mathbf{x}) ** v(\mathbf{x})}_{\text{Störsignal}} , \tag{15.14}$$

wobei der erste Term dem Nutzsignal und der zweite dem Störsignal nach der Filterung entspricht. Das Signal-Rausch-Verhältnis des gefilterten Signals beträgt

$$SNR = \frac{P_1}{P_2}\,, \tag{15.15}$$

wobei P_1 die Leistung des Nutzsignals und P_2 die Leistung des Rauschsignals nach der Filterung bezeichnet.

Die Nutzsignalleistung P_1 betrachtet man speziell am Ort $\mathbf{x} = \mathbf{x}_0$ des zu detektierenden Objekts. Für die Detektion und Lokalisation ist es ausreichend, wenn an dieser Stelle durch die Filterung ein Extremum entsteht, das sich möglichst stark über das abseits des Objektes liegende Signal $\mathtt{k}(\mathbf{x})$ erhebt.

Die lokale Nutzsignalleistung am Ort $\mathbf{x} = \mathbf{x}_0$ beträgt:

$$P_1 := \left|c\,o(\mathbf{x}-\mathbf{x}_0) ** v(\mathbf{x})|^2\right|_{\mathbf{x}=\mathbf{x}_0} = \left|c\,o(\mathbf{x}) ** v(\mathbf{x})|^2\right|_{\mathbf{x}=\mathbf{0}} \tag{15.16}$$

$$= c^2 \left|o(\mathbf{x}) ** v(\mathbf{x})|^2\right|_{\mathbf{x}=\mathbf{0}} = c^2 \left| \iint\limits_{-\infty}^{\infty} O(\mathbf{f})\, V(\mathbf{f})\, \mathrm{d}\mathbf{f} \right|^2 . \tag{15.17}$$

In der Umformung nutzt man zunächst die LSI-Eigenschaften des Detektionsfilters aus und wendet schließlich den Nullwertsatz (8.68) auf die Korrespondenz $o(\mathbf{x}) ** v(\mathbf{x}) \circ\!\!-\!\!\bullet\, O(\mathbf{f})\, V(\mathbf{f})$ an.

Im Gegensatz zur Nutzsignalleistung P_1, welche die punktuelle Leistung eines deterministischen Signals $o(\mathbf{x}) ** v(\mathbf{x})$ quantifiziert, muss die Störsignalleistung P_2 für den stochastischen Prozess $\mathtt{h}(\mathbf{x})$ berechnet werden. Daher wird P_2 als mittlere Signalleistung von $\mathtt{h}(\mathbf{x}) ** v(\mathbf{x})$ definiert. Für diese mittlere Störsignalleistung erhält man:

$$P_2 = N_{\mathtt{h}} \iint\limits_{-\infty}^{\infty} |V(\mathbf{f})|^2\, \mathrm{d}\mathbf{f}\,. \tag{15.18}$$

Um das Signal-Rausch-Verhältnis zu maximieren, wendet man die Schwarz'sche Ungleichung an. Für das Skalarprodukt

$$\langle f(\mathbf{x}), g(\mathbf{x})\rangle := \int\limits_{-\infty}^{\infty} f(\mathbf{x})\, g^*(\mathbf{x})\, \mathrm{d}\mathbf{x} \tag{15.19}$$

im Raum der quadratisch integrierbaren komplexwertigen Funktionen lautet sie:

$$|\langle f(\mathbf{x}), g(\mathbf{x})\rangle|^2 \leq \langle f(\mathbf{x}), f(\mathbf{x})\rangle \cdot \langle g(\mathbf{x}), g(\mathbf{x})\rangle\,, \tag{15.20}$$

wobei Gleichheit genau dann gilt, wenn $f(\mathbf{x})$ ein skalares Vielfaches von $g(\mathbf{x})$ ist [15]. Damit erhält man für (15.17)

$$P_1 = c^2 \left| \iint\limits_{-\infty}^{\infty} V(\mathbf{f})\, O(\mathbf{f})\, \mathrm{d}\mathbf{f} \right|^2 = c^2 \left| \iint\limits_{-\infty}^{\infty} V(\mathbf{f})\, (O^*(\mathbf{f}))^*\, \mathrm{d}\mathbf{f} \right|^2 \tag{15.21}$$

$$= c^2 \left| \langle V(\mathbf{f}), O^*(\mathbf{f}) \rangle \right|^2 \tag{15.22}$$

$$\leq c^2 \langle V(\mathbf{f}), V(\mathbf{f}) \rangle \cdot \langle O^*(\mathbf{f}), O^*(\mathbf{f}) \rangle = c^2 \iint\limits_{-\infty}^{\infty} |V(\mathbf{f})|^2\, \mathrm{d}\mathbf{f} \cdot \iint\limits_{-\infty}^{\infty} |O(\mathbf{f})|^2\, \mathrm{d}\mathbf{f}\,. \tag{15.23}$$

Die linke Seite wird maximal, d. h. die Ungleichung geht in eine Gleichung über, falls $V(\mathbf{f}) \propto O^*(\mathbf{f})$ ist.

Bei festem P_2 wird also das SNR maximal, falls die Übertragungsfunktion $V(\mathbf{f})$ des Detektionsfilters proportional zur komplex konjugierten Übertragungsfunktion des Objekts gewählt wird:

$$V(\mathbf{f}) = \text{const.} \cdot O^*(\mathbf{f}) \tag{15.24}$$

$$\bullet\!\!-\!\!\circ$$

$$v(\mathbf{x}) = \text{const.} \cdot o(-\mathbf{x}) \tag{15.25}$$

Für weißes Rauschen ist also das *Matched Filter* optimal im Sinne maximalen SNRs an der Stelle $\mathbf{x} = \mathbf{x}_0$.

15.1.3 Korreliertes, schwach stationäres Rauschen als Hintergrund

Das *Matched Filter* kann auf korreliertes, schwach stationäres Rauschen $\mathtt{h}(\mathbf{x})$ mit bekannter Autokorrelation $r_{\mathtt{hh}}(\boldsymbol{\tau})$ verallgemeinert werden. Für das Detektionsfilter $v(\mathbf{x})$ wird folgender Ansatz gewählt (Abb. 15.2):

$$v(\mathbf{x}) := \tilde{v}(\mathbf{x}) ** w(\mathbf{x})\,. \tag{15.26}$$

Die Faltung des Rauschterms mit der Impulsantwort $w(\mathbf{x})$ soll das Rauschen dekorrelieren, d. h. in weißes Rauschens verwandeln, sodass anschließend das *Matched Filter* $\tilde{v}(\mathbf{x})$ aus dem vorangegangenen Abschnitt angewendet werden kann.

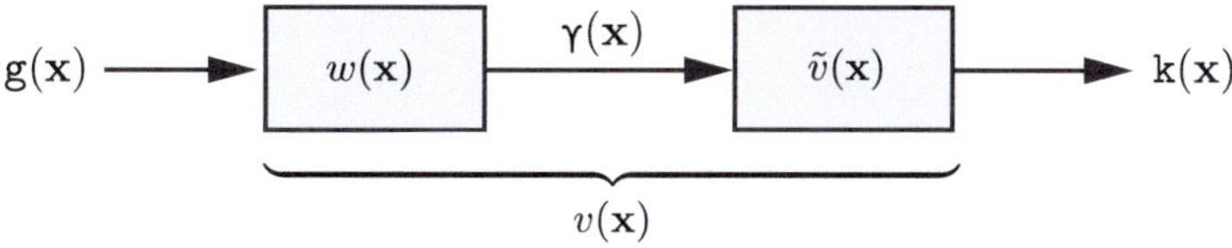

Abbildung 15.2. Ansatz für das *Matched Filter* $v(\mathbf{x})$ bei korreliertem, schwach stationären Rauschen (farbigem Rauschen).

Das Filter $w(\mathbf{x}) \circ\!\!-\!\!\bullet W(\mathbf{f})$ heißt daher ***Whitening Filter***. Die Faltung des Bildes $g(\mathbf{x})$ mit dem *Whitening Filter* führt auf

$$\gamma(\mathbf{x}) := \mathrm{g}(\mathbf{x}) ** w(\mathbf{x}) = c\, \underbrace{o(\mathbf{x} - \mathbf{x}_0) ** w(\mathbf{x})}_{=:\, \tilde{o}(\mathbf{x})} + \underbrace{\mathrm{h}(\mathbf{x}) ** w(\mathbf{x})}_{=:\, \rho(\mathbf{x})} . \tag{15.27}$$

Der zweite Term $\rho(\mathbf{x})$ soll weißes Rauschen sein:

$$S_{\rho\rho}(\mathbf{f}) = |W(\mathbf{f})|^2 \, S_{\mathrm{hh}}(\mathbf{f}) \stackrel{!}{\equiv} \text{const.} \tag{15.28}$$

Daraus erhält man folgende Bedingung für die Übertragungsfunktion des *Whitening Filters*:

$$w(\mathbf{x}) \qquad \text{mit} \qquad |W(\mathbf{f})| = \frac{1}{\sqrt{S_{\mathrm{hh}}(\mathbf{f})}} . \tag{15.29}$$

Damit wurde das Problem auf den Fall weißen Rauschens zurückgeführt. Wie dort erhält man

$$\tilde{v}(\mathbf{x}) = \text{const.} \cdot \tilde{o}(-\mathbf{x}) \tag{15.30}$$

mit

$$\tilde{o}(\mathbf{x}) = o(\mathbf{x}) ** w(\mathbf{x}) . \tag{15.31}$$

Durch das *Whitening* entsteht das modifizierte Nutzsignal $\tilde{o}(\mathbf{x})$, das es nun in weißem Rauschen mit maximalem SNR zu detektieren gilt. Somit resultiert das folgende *Matched Filter* für korreliertes (farbiges) Rauschen:

$$v(\mathbf{x}) = \text{const.} \cdot \tilde{o}(-\mathbf{x}) ** w(\mathbf{x}) \tag{15.32}$$

$$= \text{const.} \cdot o(-\mathbf{x}) ** w(-\mathbf{x}) ** w(\mathbf{x}) \tag{15.33}$$

$$\circ\!\!-\!\!\bullet$$

$$V(\mathbf{f}) = \text{const.} \cdot O^*(\mathbf{f}) \, |W(\mathbf{f})|^2 \tag{15.34}$$

$$= \text{const.} \cdot \frac{O^*(\mathbf{f})}{S_{\mathrm{hh}}(\mathbf{f})} . \tag{15.35}$$

Die Übertragungsfunktion des Filters nimmt geringe Werte an für Ortsfrequenzen, bei denen die Leistungsdichte des Rauschens groß im Vergleich zum Nutzsignal ist. Das Filter öffnet hingegen bei Frequenzen, für die das Nutzsignal $o(\mathbf{x})$ im Fourier-Bereich stark ist im Vergleich zum Rauschsignal $\mathrm{h}(\mathbf{x})$.

15.1.4 Diskret formuliertes Matched Filter

Bisher wurde die kontinuierliche Formulierung zur Herleitung der Detektionsverfahren verwendet. Zur Anwendung auf diskrete Bilddaten lässt sich das *Matched Filter* alternativ in Matrixnotation schreiben, ähnlich wie bei den Restaurationsverfahren in Abschn. 11.6.

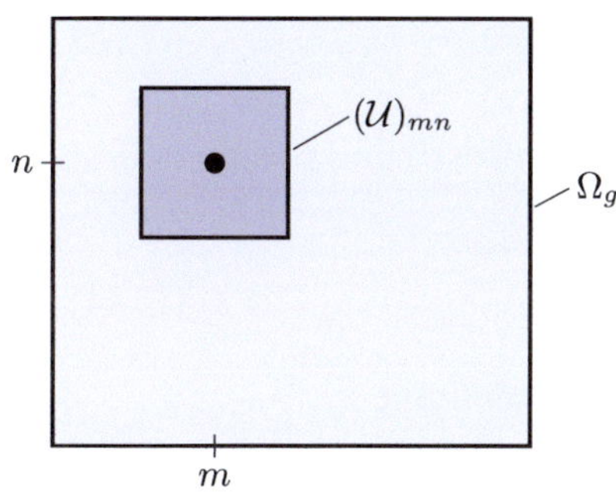

Abbildung 15.3. Die Werte für die Vektoren $\mathbf{g}_{mn}$, $\mathbf{o}_{mn}$ und $\mathbf{h}_{mn}$ werden aus der Umgebung $(\mathcal{U})_{mn}$ entnommen, die man durch die Verschiebung von $\mathcal{U}$ an die Stelle (m, n) erhält.

Ein Ausschnitt des Bildes lässt sich als Spaltenvektor $\mathbf{g}_{mn}$ darstellen:

$$\mathbf{g}_{mn} := (\ldots, g_{m-i,n-j}, \ldots)^{\mathrm{T}}, \qquad (i,j) \in \mathcal{U}, \qquad \mathbf{g}_{mn} \in \mathbb{R}^{|\mathcal{U}|}, \tag{15.36}$$

wobei $\mathcal{U}$ eine Umgebung des Ursprungs bezeichnet (Abb. 15.3). Analog werden auch die Vektoren $\mathbf{o}_{mn}, \mathbf{h}_{mn} \in \mathbb{R}^{|U|}$ für Objekt und Hintergrundrauschen definiert. Die diskrete Formulierung des Signalmodells (15.3) lautet somit:

$$\mathbf{g}_{mn} = \mathbf{o}_{mn} + \mathbf{h}_{mn}\,. \tag{15.37}$$

Das gesuchte *Matched Filter* lässt sich ebenfalls als Spaltenvektor schreiben:

$$\mathbf{v} := (\ldots, v_{ij}, \ldots)^{\mathrm{T}} \quad \in \mathbb{R}^{|U|}\,. \tag{15.38}$$

Das Filterergebnis am Punkt (m, n) erhält man durch folgendes Skalarprodukt:

$$\mathrm{k}_{mn} = \mathbf{v}^{\mathrm{T}}\mathbf{g}_{mn}\,. \tag{15.39}$$

Dies entspricht der Faltung des Bildes mit der Impulsantwort $\mathbf{v}$ eines linearen, verschiebungsinvarianten Systems. Die Indizes mn werden im Folgenden zur Vereinfachung der Schreibweise unterdrückt. An der Bildposition (m_0, n_0) des Objekts erhält man dann

$$\mathrm{k}_{m_0 n_0} = \mathrm{k} = \mathbf{v}^{\mathrm{T}}\mathbf{g} = \mathbf{v}^{\mathrm{T}}\mathbf{o} + \mathbf{v}^{\mathrm{T}}\mathbf{h}\,. \tag{15.40}$$

Das Ziel ist nun wieder die Maximierung des Signal-Rausch-Verhältnisses:

$$SNR = \frac{P_1}{P_2} \quad \overset{!}{\longrightarrow} \quad \text{Max.} \tag{15.41}$$

Die Nutzsignalleistung an der Objektposition ist gegeben durch

$$P_1 = (\mathbf{v}^{\mathrm{T}}\mathbf{o})^2 \,. \tag{15.42}$$

Für die Leistung des Hintergrundsignals erhält man

$$P_2 = \mathrm{E}\{(\mathbf{v}^{\mathrm{T}}\mathbf{h})^2\} = \mathrm{E}\{(\mathbf{v}^{\mathrm{T}}\mathbf{h})(\mathbf{h}^{\mathrm{T}}\mathbf{v})\} = \mathbf{v}^{\mathrm{T}} \underbrace{\mathrm{E}\{\mathbf{h}\mathbf{h}^{\mathrm{T}}\}}_{=\,\mathbf{R_{hh}}} \mathbf{v} \,. \tag{15.43}$$

Die Korrelationsmatrix $\mathbf{R_{hh}}$ des Rauschsignals ist symmetrisch und positiv definit und lässt sich deshalb wie folgt zerlegen:[3]

$$\mathbf{R_{hh}} = \mathbf{Q}^{\mathrm{T}}\mathbf{Q} \,. \tag{15.44}$$

Die inverse Korrelationsmatrix $\mathbf{R}_{\mathbf{hh}}^{-1}$ lautet in dieser Darstellung

$$\mathbf{R}_{\mathbf{hh}}^{-1} = \mathbf{Q}^{-1}(\mathbf{Q}^{\mathrm{T}})^{-1} \,. \tag{15.45}$$

Mit $\boldsymbol{\omega} := \mathbf{Q}\mathbf{v}$ erhält man

$$\mathbf{v} = \mathbf{Q}^{-1}\boldsymbol{\omega} \,, \tag{15.46}$$

$$\mathbf{v}^{\mathrm{T}} = \boldsymbol{\omega}^{\mathrm{T}}(\mathbf{Q}^{-1})^{\mathrm{T}} \,. \tag{15.47}$$

Das Signal-Rausch-Verhältnis lautet damit

$$SNR = \frac{(\mathbf{v}^{\mathrm{T}}\mathbf{o})^2}{\mathbf{v}^{\mathrm{T}}\mathbf{R_{hh}}\mathbf{v}} = \frac{(\boldsymbol{\omega}^{\mathrm{T}}(\mathbf{Q}^{-1})^{\mathrm{T}}\mathbf{o})^2}{\boldsymbol{\omega}^{\mathrm{T}}\boldsymbol{\omega}} \,. \tag{15.48}$$

O. B. d. A. kann $\mathbf{v}$ so skaliert werden, dass $\|\boldsymbol{\omega}\| = 1$ gilt: Da $\mathbf{v}$ bzw. $\boldsymbol{\omega}$ sowohl im Zähler als auch im Nenner quadratisch enthalten sind, kürzt sich der gewählte Skalierungsfaktor. Bei der Optimierung muss daher nur der Zähler betrachtet werden. Das Skalarprodukt im Zähler wird maximal, wenn $\boldsymbol{\omega}$ parallel zu $(\mathbf{Q}^{-1})^{\mathrm{T}}\mathbf{o}$ ist. Für das diskret formulierte *Matched Filter* erhält man somit

$$\boldsymbol{\omega} = \text{const.} \cdot (\mathbf{Q}^{-1})^{\mathrm{T}}\mathbf{o} \tag{15.49}$$

$$\Rightarrow \qquad \mathbf{v} = \text{const.} \cdot \mathbf{Q}^{-1}(\mathbf{Q}^{-1})^{\mathrm{T}}\mathbf{o} = \text{const.} \cdot \mathbf{R}_{\mathbf{hh}}^{-1}\mathbf{o} \,, \tag{15.50}$$

$$k_{mn} = \mathbf{v}^{\mathrm{T}}\mathbf{g}_{mn} \propto \mathbf{o}^{\mathrm{T}}\mathbf{Q}^{-1}(\mathbf{Q}^{-1})^{\mathrm{T}}\mathbf{g}_{mn} \,. \tag{15.51}$$

Die diskrete Formulierung lässt sich ähnlich interpretieren wie die kontinuierliche, wobei $(\mathbf{Q}^{-1})^{\mathrm{T}}$ hier das *Whitening Filter* darstellt und $\mathbf{o}^{\mathrm{T}}\mathbf{Q}^{-1}$ die durch das *Whitening* modifizierte objektbeschreibende Funktion (Schablone).

---

[3] Dies ist die sogenannte Cholesky-Zerlegung der Matrix [3,34].

Im Allgemeinen werden Detektionsprobleme dadurch erschwert, dass die bekannten Objektmodelle sich nicht unverändert im Bild wiederfinden, sondern zusätzlichen Rotationen, Skalierungen oder perspektivischen Verzerrungen unterliegen. Die vorgestellten *Matched Filter* Ansätze sind nicht invariant bezüglich der genannten Transformationen, sodass ihre Leistungsfähigkeit durch eine derartige Variabilität in den Bildern empfindlich beeinträchtigt werden kann. Um beliebig gedrehte und skalierte Objekte detektieren zu können, muss ein Ensemble von Filtern auf das Bild angewendet werden, in dem jedes Filter Objekte mit einer bestimmten Rotation und Skalierung detektiert [30].

Beispiel 15.2 (Zeichenerkennung): In der automatischen Sichtprüfung stellt sich häufig die Aufgabe, die Beschriftung auf Prüfobjekten zu erkennen, um die Objekte zu sortieren oder ihre Identität zu verifizieren. Die Schrift ist dabei nicht notwendigerweise gedruckt, sondern kann auch als Relief ausgeführt sein, z. B. auf Gussteilen (Abb. 15.4). In diesem Fall muss eine geeignete Bildaufnahme, etwa mittels eines Streifenprojektionsverfahrens, erfolgen, sodass aus den Reliefdaten nach einem Entzerrungsschritt ein 2D-Bild der Schriftzeichen resultiert.

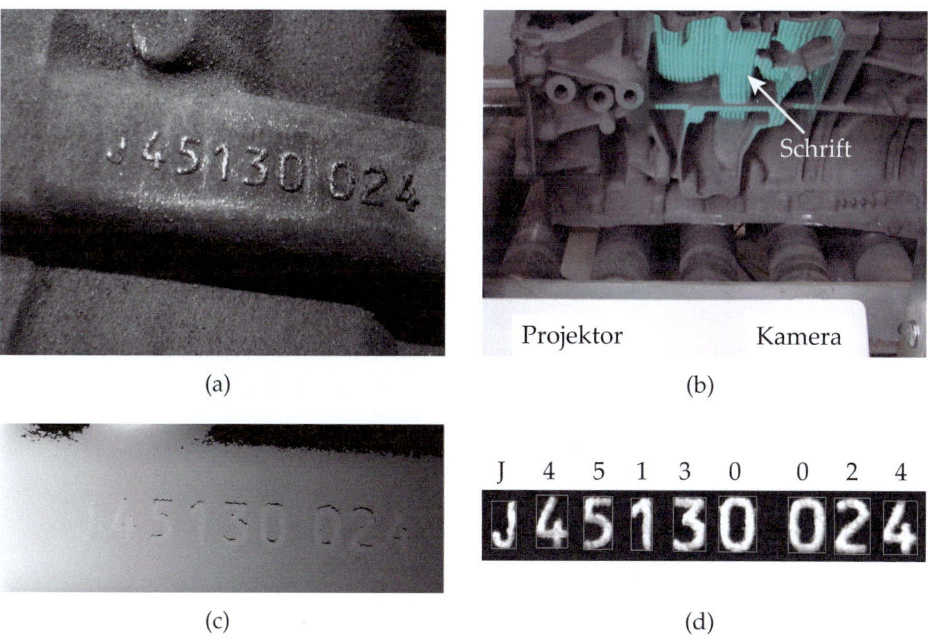

Abbildung 15.4. Zeichenerkennung auf Gussteilen: (a) Intensitätsbild des Prüfobjekts; (b) 3D-Erfassung der Oberfläche mittels Streifenprojektion; (c) Oberflächenrelief (schwarz $\widehat{=}$ ungültige Datenpunkte); (d) Ergebnis der Zeichenerkennung.

Zur Erkennung der einzelnen Schriftzeichen können nun *Matched Filter* eingesetzt werden: Für jedes relevante Schriftzeichen i (Buchstabe, Ziffer etc.) wird eine Impulsantwort $o_i(\mathbf{x})$ gelernt. Das vorverarbeitete Bild wird nun mit jedem Filter $v_i(\mathbf{x}) := o_i(-\mathbf{x})$ gefaltet:

$$k_i(\mathbf{x}) := g(\mathbf{x}) ** o_i(-\mathbf{x})\,. \tag{15.52}$$

Man erhält Merkmalsbilder $k_i(\mathbf{x})$, in denen sich das Vorhandensein des jeweiligen Schriftzeichens als Maximum bemerkbar macht (Abb. 15.5(b)). Nach einer Schwellwertbildung gelangt man zu einem Binärbild, anhand dessen die Detektionsentscheidung getroffen werden kann (Abb. 15.5(c)). Die drei Maxima im oberen Bild lassen sich unmittelbar den Vorkommen der Ziffer „0" zuordnen, während bei der Ziffer „1" zusätzlich zu den beiden korrekten Maxima einige Fehldetektionen auftreten. Unter Berücksichtigung der bekannten Lage der Schriftzeichen innerhalb einer Zeile können letztere jedoch eliminiert werden. Das untere Bild bleibt schwarz, da die Ziffer „2" nicht in der Beispielsequenz vorkommt. Insgesamt erhält man nach Auswertung der Filterergebnisse für alle Ziffern und Buchstaben das Ergebnis in Abb. 15.5(d). Man beachte, dass auch das erste Zeichen korrekt als Großbuchstaben „O" erkannt wurde, der etwas kleiner als die Ziffer „0" ist.

Formalisiert lautet die Entscheidungsregel: Das Zeichen i wird an der Stelle $\mathbf{x}$ erkannt, falls

$$k_i(\mathbf{x}) > \text{Schwellwert} \tag{15.53}$$

$$\wedge \quad \mathbf{x} \in \text{Suchbereich} \subset \Omega_g \tag{15.54}$$

$$\wedge \quad k_i(\mathbf{x}) > k_j(\mathbf{x}) \;\; \text{für alle} \;\; j \neq i\,. \tag{15.55}$$

Die erste Forderung verlangt eine Mindestpeakhöhe, d. h. einen signifikanten Ausschlag des Merkmals $k_i(\mathbf{x})$ am Ort $\mathbf{x}$. Die zweite Forderung verhindert Fehldetektionen außerhalb der Suchbereiche (*regions of interest*, ROIs), in denen überhaupt Zeichen auftreten können. Falls an einem Ort mehrere Filter ansprechen, wählt die dritte Forderung das am besten passende Zeichen aus.

Zur Schrifterkennung werden häufig wesentlich komplexere Verfahren eingesetzt, die u. a. Wahrscheinlichkeitsverteilungen über die Nachbarschaft der Buchstaben innerhalb von Wörtern berücksichtigen. Für Identifikationsnummern etc., bei denen solches Wissen nicht verfügbar ist, stellen *Matched Filter* eine brauchbare Lösung dar. Alternative Verfahren zur Detektion einzelner Schriftzeichen sind u. a. neuronale Netze und Klassifikatoren [9].

Alternativ zu Klartext-Schriften werden in der Industrie zur Kennzeichnung von Objekten häufig auch 2D-Barcodes eingesetzt, die eine redundante

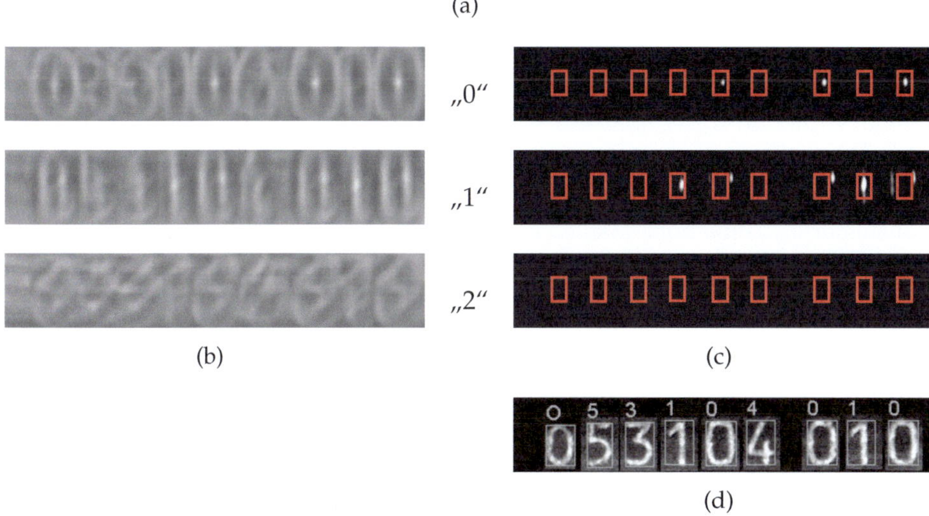

Abbildung 15.5. Beispiel zur Zeichenerkennung mit *Matched Filtern*: (a) Grauwertbild $g(\mathbf{x})$; (b) Filterungsergebnisse $k_i(\mathbf{x})$ für die Schriftzeichen „0“, „1“ und „2“; (c) durch Schwellwertbildung aus (b) erhaltene Binärbilder, überlagert mit den Suchbereichen (rote Rechtecke); (d) Detektionsergebnis.

Codierung ermöglichen, aber vom Menschen nicht direkt gelesen werden können. ■

15.2 Detektion unbekannter Objekte (Defekte)

Bei der Detektion unbekannter Objekte wird das Objektsignal $o(\mathbf{x})$ als unbekannte lokale Abweichung vom einbettenden Hintergrund betrachtet. Für den Hintergrund wird ein schwach stationärer stochastischer Prozess $\mathtt{h}(\mathbf{x})$ mit bekannter Autokorrelationsfunktion $r_{\mathtt{hh}}(\boldsymbol{\tau})$ angenommen. Diese Situation ist typisch für die Detektion von Defekten aller Art in bekannten Texturen. Die Defekte zeigen sich als signifikante lokale Abweichungen der statistischen Eigenschaften von $\mathtt{g}(\mathbf{x})$. Diese lassen sich detektieren, indem das Hintergrundsignal $\mathtt{h}(\mathbf{x})$ selektiv unterdrückt wird, sodass die Defekte hervorgehoben werden.

Beispiel 15.3 (Prädiktionsfehlerfilter auf der Basis eines AR-Modells): Das AR-Modell aus Abschn. 14.3.3 kann zur Detektion von Defekten in Texturen eingesetzt werden. Der Bildwert an der Stelle (m, n) wird vom AR-Modell vorhergesagt.

Der Vorhersagefehler e_{mn} ist ein Maß für die Abweichung vom Texturmodell.

$$\mathsf{e}_{mn} = \mathsf{g}_{mn} - \underbrace{\mathbf{a}^{\mathrm{T}}\boldsymbol{\gamma}_{mn}}_{=\,\hat{g}_{mn}} . \tag{15.56}$$

Das Wissen über die statistischen Eigenschaften der Textur, also die Autokorrelationsfunktion $r_{\mathsf{hh}}(\boldsymbol{\tau})$ bzw. Korrelationsmatrix $\mathbf{R}_{\mathsf{hh}}$ des Hintergrundsignals, wird hier von den AR-Koeffizienten $\mathbf{a}$ verkörpert. An lokalen Abweichungen des Bildsignals g_{mn} vom modellierten Hintergrundsignal h_{mn} hat der Prädiktionsfehler e_{mn} eine hohe lokale Leistung. Da e_{mn} selbst eine Zufallsvariable ist, muss die lokale Leistung sinnvoll definiert werden, z. B. als lokale Varianz $\sigma^2_{mn} = \mathrm{Var}\{\mathsf{e}_{mn}\}$. In der Praxis kann σ^2_{mn} durch eine örtliche Mittelung der Realisierung e_{mn} geschätzt werden, was z. B. durch eine Tiefpassfilterung von e^2_{mn} elegant realisiert werden kann (vgl. die Berechnung von $\hat{\sigma}(\mathbf{x})$ in Abschn. 10.2.2.3).

Abbildung 15.6 zeigt als Beispiel die Detektion von Anomalien in einer Holzstruktur. Für die Textur in Abb. 15.6(a) wurde ein AR-Modell geschätzt. Abbildung 15.6(b) zeigt zur Validierung des Modells eine synthetisierte Textur. Der Prädiktionsfehler e_{mn} ist in Abb. 15.6(c) dargestellt. Nach der Glättung des quadrierten Fehlersignals mit einem Gauß-Tiefpass ist die Anomalie in der Holzstruktur als ausgeprägtes Maximum in Abb. 15.6(d) zu erkennen. ■

Das gezeigte Beispiel verwendet mit dem AR-Modell ein signaladaptives Verfahren, um den objektfreien Hintergrund zu modellieren und ihn dann zu unterdrücken, was zur Hervorhebung der Objekte führt.

Oft reichen aber auch schon einfachere Verfahren aus, wie z. B. Schwellwertvergleiche, wenn sich die Objekte als helle oder dunkle Bereiche vom Hintergrund abheben; vgl. Abschn. 12.1.

Wichtig ist auch der Fall, dass Objekte (insbesondere Defekte) lokal im Vergleich zum Hintergrund höherfrequente Strukturen darstellen, die mittels Hochpassfilterung, Betragsbildung und anschließendem Schwellwertvergleich detektiert werden können.

15.3 Geradendetektion

Geraden sind wichtige Bestandteile „technischer Szenen“: Viele technisch hergestellte Objekte besitzen stückweise gerade Strukturen und Begrenzungen. Für die automatische Sichtprüfung solcher Objekte spielt daher die Detektion und Lagebestimmung von Geraden eine wichtige Rolle.

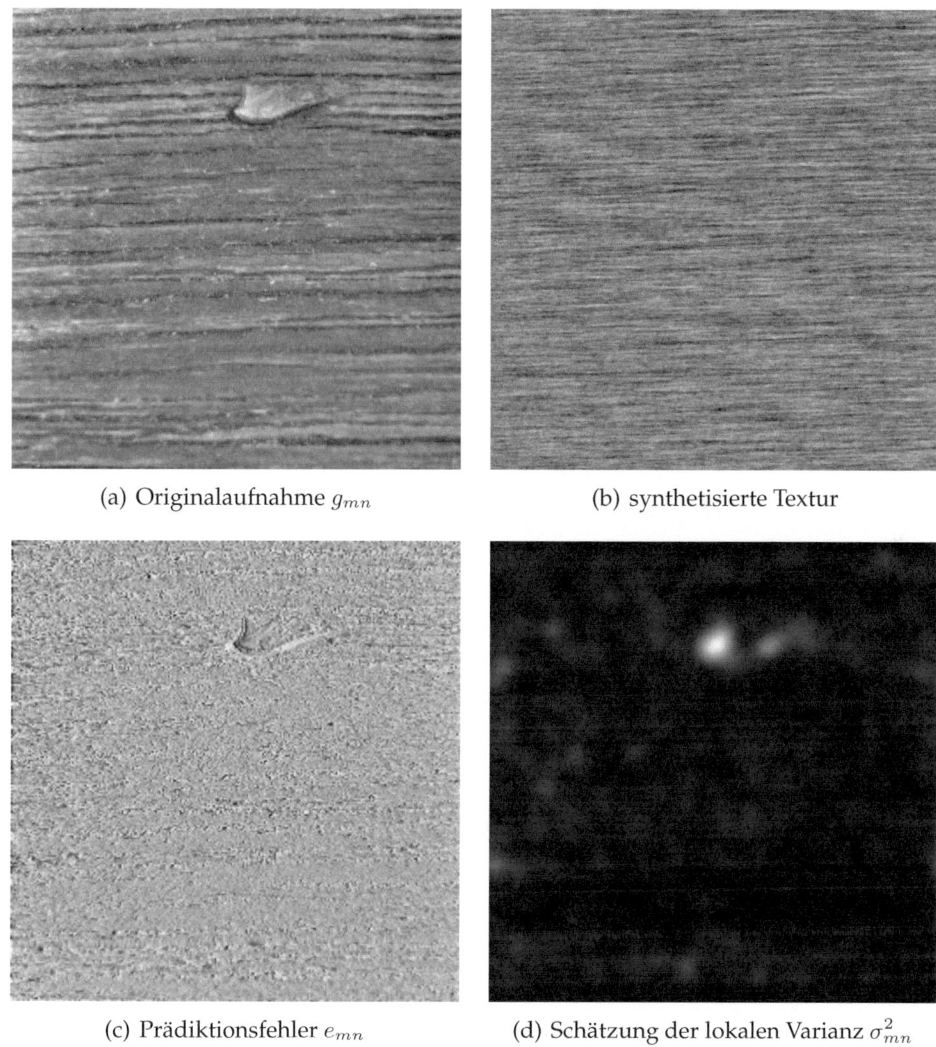

(a) Originalaufnahme g_{mn} (b) synthetisierte Textur

(c) Prädiktionsfehler e_{mn} (d) Schätzung der lokalen Varianz σ^2_{mn}

Abbildung 15.6. Fehlerdetektion in einer Holztextur mittels eines AR-Modells.

15.3.1 Die Radon-Transformation

Die Radon-Transformation[4] stellt ein Werkzeug dar, um geradenhafte Strukturen in Bildern zu detektieren und zu lokalisieren [5, 8]. Im Unterschied zu den differenzierenden Kantendetektionsverfahren aus Kap. 12 ist die Radon-Transformation eine Integraltransformation. Sie ist daher wesentlich robuster gegenüber Rauschen im Bild.

[4]Benannt nach dem österreichischen Mathematiker Johann Radon, 1917 [28].

15.3.1.1 Definition

Definition 15.1: Radon-Transformation

Die Radon-Transformation eines Signals $g(\mathbf{x})$ ist definiert als:

$$\breve{g}(u,\varphi) = \mathcal{R}\{g(\mathbf{x})\} := \int_{-\infty}^{\infty}\int_{-\infty}^{\infty} g(\mathbf{x})\,\delta(\mathbf{x}^{\mathrm{T}}\mathbf{e}_{\varphi} - u)\,\mathrm{d}\mathbf{x} \tag{15.57}$$

mit

$$\varphi \in [0,\pi)\,, \quad u \in \mathbb{R}\,, \quad \mathbf{e}_{\varphi} = \begin{pmatrix}\cos\varphi \\ \sin\varphi\end{pmatrix}. \tag{15.58}$$

◇

Die als Transformationskern fungierende δ-Gerade

$$\delta(\mathbf{x}^{\mathrm{T}}\mathbf{e}_{\varphi} - u) \;\text{„}=\text{“}\; \begin{cases} 0 & \text{für } \mathbf{x}^{\mathrm{T}}\mathbf{e}_{\varphi} - u \neq 0 \\ \infty & \text{für } \mathbf{x}^{\mathrm{T}}\mathbf{e}_{\varphi} - u = 0 \end{cases} \tag{15.59}$$

sorgt dafür, dass die Werte des Signals $g(\mathbf{x})$ längs Geraden mit den Parametern u (Ursprungsabstand) und φ (Geradenwinkel) aufsummiert werden; siehe Abb. 15.7.

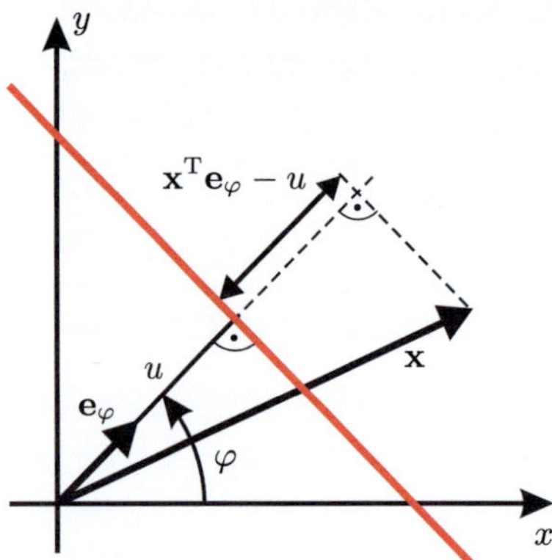

Abbildung 15.7.
Notation bei der Radon-Transformation.

Für einen festen Winkel φ_0 ist somit $\breve{g}(u,\varphi_0)$ gleich der Parallelprojektion des Signals in φ_0-Richtung. Variiert man φ über den ganzen Definitionsbereich, erkennt man unmittelbar, dass die Radon-Transfomierte alle Parallelprojektionen des Signals $g(\mathbf{x})$ in geordneter Weise enthält. Die Radon-Transformation entwickelt das Signal $g(\mathbf{x})$ nach δ-Geraden. Die geometrische Struktur des Transformationskerns bewirkt, dass geradenhafte Signalanteile konstruktiv aufintegriert werden und sich im u,φ-Bereich als ausgeprägte Extrema manifestieren.

Damit geradenhafte Strukturen ausgeprägte Extrema bewirken, ist es vorteilhaft, wenn der Bildhintergrund den Mittelwert null besitzt. Je nach Homogenität des Bildes genügt es entweder, den globalen Mittelwert zu subtrahieren, oder es ist eine Homogenisierung ersten Grades zu empfehlen, die den lokalen Mittelwert eliminiert (siehe Abschn. 10.2.2). Örtlich langsam veränderliche Anteile im Bild führen in der Radon-Transformierten zu ausgedehnten, starken Signalanteilen, die für die Geradendetektion irrelevant sind und auf diese Weise weitgehend unterdrückt werden können. Bei allen Beispielen in diesem Kapitel wurde die Radon-Transformation auf mittelwertfreie Bilder angewandt.

Beispiel 15.4 (Radon-Transformierte von Texturen): Der Effekt der Radon-Transformation lässt sich an Bildern von Texturen mit geradlinigen Riefen veranschaulichen (vgl. Kap. 14). Die Stoßtextur in Abb. 15.8(a) besteht ausschließlich aus parallelen Riefen. Die zugehörige Radon-Transformierte weist daher lediglich für einen Winkel φ_0 signifikante Extrema auf (Abb. 15.8(b)). Die Minima und Maxima entsprechen den Ursprungsabständen der dunklen und hellen geraden Linien im Texturbild.

Die Hontextur in Abb. 15.8(c) besitzt Riefen mit zwei unterschiedlichen Vorzugsrichtungen. Für die zugehörigen Winkel φ_1, φ_2 zeigen sich Extrema in der Radon-Transformierten (Abb. 15.8(d)). Die Extrema sind unterschiedlich stark ausgeprägt und weisen variierende Abstände auf, da die Breite und die Abstände der Riefen in der Hontextur zufällig verteilt sind. ■

Die Radon-Rücktransformation lautet:

$$g(\mathbf{x}) = \mathcal{R}^{-1}\{\breve{g}(u,\varphi)\} = \frac{1}{2\pi^2} \int_0^{\pi} \int_{-\infty}^{\infty} \frac{1}{\mathbf{x}^{\mathrm{T}}\mathbf{e}_{\varphi} - u} \, \frac{\partial \breve{g}(u,\varphi)}{\partial u} \, \mathrm{d}u \, \mathrm{d}\varphi \,. \tag{15.60}$$

Sie liefert das Signal $g(\mathbf{x})$ bei gegebenen Projektionsdaten $\breve{g}(u,\varphi)$. Geeignete Ansätze zur praktischen Berechnung der Gleichungen (15.57) und (15.60) werden in Abschn. 15.3.1.3 besprochen.

Beispiel 15.5 (Computer-Tomographie): Als praktisches Beispiel zur Radon-Transformation sei das Prinzip der Computer-Tomographie (CT) kurz erläutert; siehe Abb. 15.9. Hier wird parallele Röntgenstrahlung angenommen. Für allgemeinere Strahlgeometrien, wie sie z. B. bei punktförmigen Röntgenlichtquellen vorliegen, sei auf tomographische Standardliteratur verwiesen [19,20].

Eine von einem Senderarray ausgehende parallele Röntgen-Strahlung mit der Anfangsintensität I_0 durchdringt ein Objekt mit örtlich variierendem Absorptionskoeffizienten $\mu(\mathbf{x})$, sodass die vom Empfängerarray gemesse-

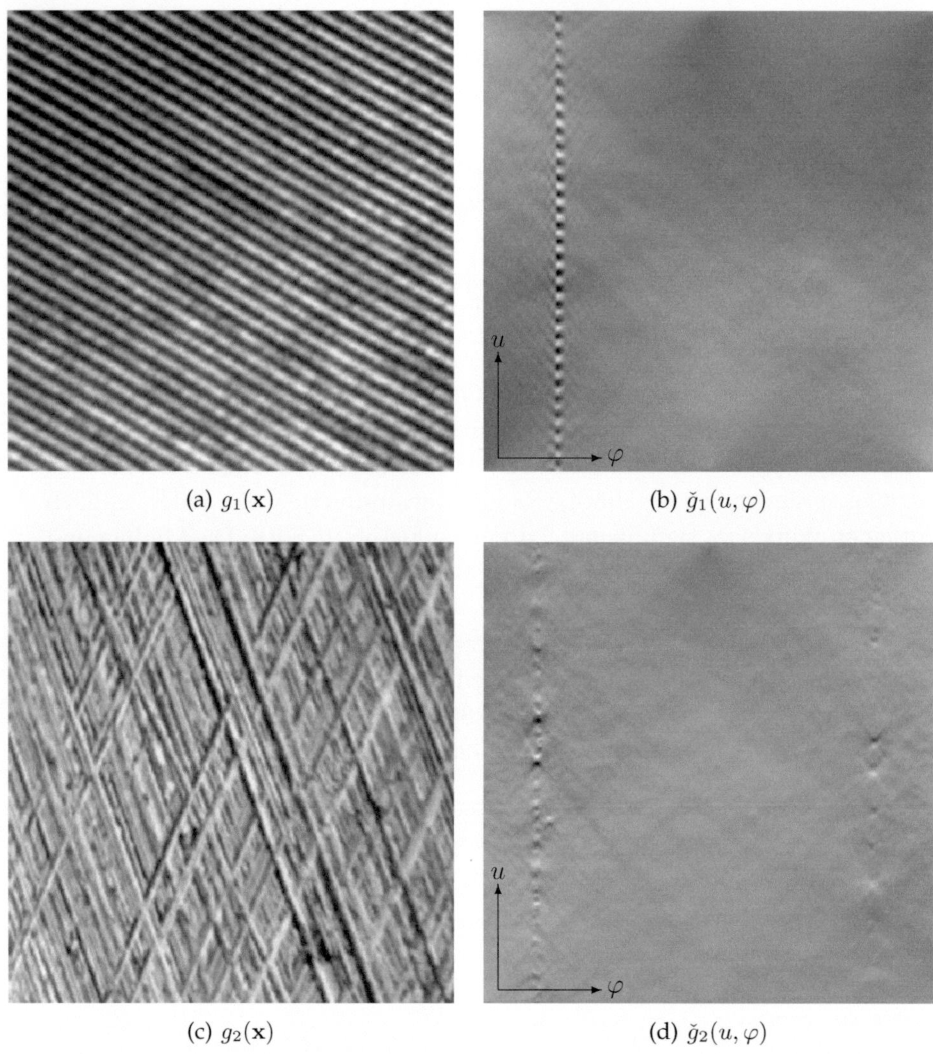

(a) $g_1(\mathbf{x})$ (b) $\breve{g}_1(u, \varphi)$

(c) $g_2(\mathbf{x})$ (d) $\breve{g}_2(u, \varphi)$

Abbildung 15.8. Beispiele zur Radon-Transformation.

ne Strahlung $I(\mu, \varphi)$ gemäß folgender Gleichung abgeschwächt wird (siehe Abschn. 7.4.2):

$$I(u, \varphi) = I_0 \exp\left(- \iint \mu(\mathbf{x})\, \delta(\mathbf{x}^{\mathrm{T}} \mathbf{e}_{\varphi} - u) \, \mathrm{d}\mathbf{x} \right) . \tag{15.61}$$

Nach Division durch I_0 und Logarithmierung entsprechen die Messdaten einem Wegintegral über den Absorptionskoeffizienten $\mu(\mathbf{x})$ längs der Strahlen –

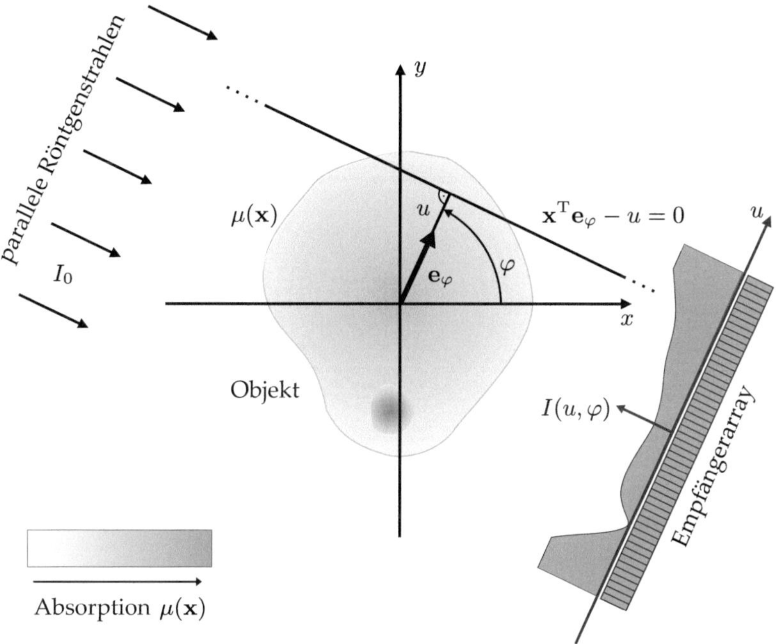

Abbildung 15.9. Prinzip der Computer-Tomographie. Über dem Empfängerarray ist die gemessene Intensität der Strahlung aufgetragen. Sie wird abhängig vom Absorptionskoeffizienten $\mu(\mathbf{x})$ des durchdrungenen Materials abgeschwächt.

also der Radon-Transformierten $\mathcal{R}\{\mu(\mathbf{x})\}$ der Funktion $\mu(\mathbf{x})$:

$$\ln\left(\frac{I_0}{I(u,\varphi)}\right) = \iint \mu(\mathbf{x})\,\delta(\mathbf{x}^{\mathrm{T}}\mathbf{e}_\varphi - u)\,\mathrm{d}\mathbf{x} = \mathcal{R}\{\mu(\mathbf{x})\}\,. \tag{15.62}$$

Um die Funktion $\mu(\mathbf{x})$ hinreichend präzise zu rekonstruieren, muss in der Computer-Tomographie die Absorption entlang vieler Linien mit unterschiedlichen Richtungen gemessen werden, indem das Prüfobjekt relativ zum Tomographen gedreht wird. Anschließend wird die Radon-Rücktransformation auf die Messdaten angewandt [35].

Auch in der Computer-Tomographie gibt es ein mit der Radon-Transformation assoziiertes Abtasttheorem, das abhängig von der Bandbreite von $\mu(\mathbf{x})$ und von der Größe des Objektes die gröbste sinnvolle Quantisierung von u und φ spezifiziert [29]. ■

15.3.1.2 Das Zentralschnitt-Theorem

Für die praktische Nutzung der Radon-Transformation von großer Bedeutung ist das Zentralschnitt-Theorem, das einen Zusammenhang zur Fourier-Transformation (8.138) herstellt und in Abb. 15.10 veranschaulicht wird [8].

Satz 15.1: Zentralschnitt-Theorem

Eine Parallelprojektion des Signals $g(\mathbf{x})$ ist über eine eindimensionale Fourier-Transformation mit einem zentralen Schnitt senkrecht zur Projektionsrichtung durch die zweidimensionale Fourier-Transformierte $G(\mathbf{f}) = \mathcal{F}_{\mathbf{x}}\{g(\mathbf{x})\}$ verknüpft:

$$\mathcal{F}_u\{\breve{g}(u,\varphi)\} = G(f_u\,\mathbf{e}_\varphi)\,, \tag{15.63}$$

wobei f_u die mit u korrespondierende Ortsfrequenz ist. ◇

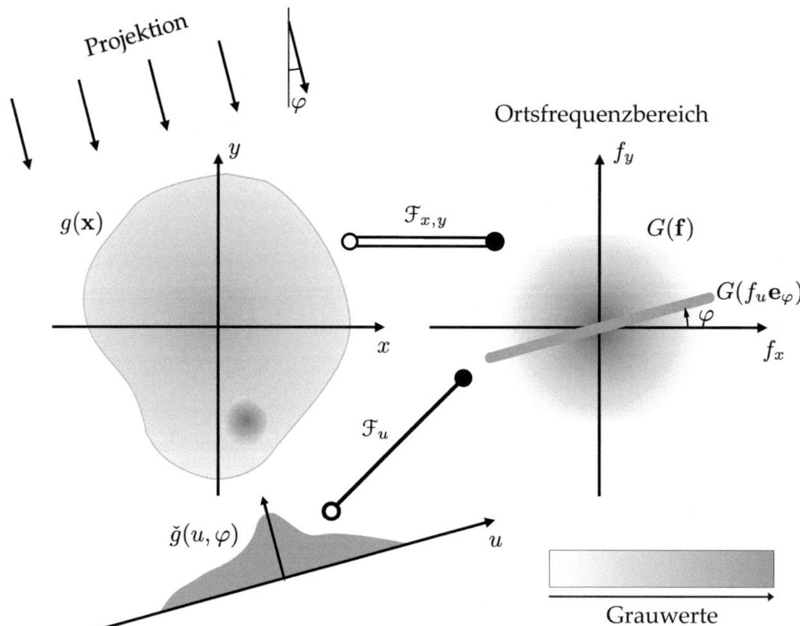

Abbildung 15.10. Veranschaulichung des Zentralschnitt-Theorems. Projektion bedeutet hier, dass entlang der Projektionsstrahlen die Werte von $g(\mathbf{x})$ aufintegriert werden.

Dieser Satz erlaubt es, mit Hilfe der schnellen Fourier-Transformation (FFT) und einer Interpolation von rechtwinkligen auf polare Koordinaten die Radon-Transformation sehr effizient zu berechnen; siehe Abschn. 15.3.1.3.

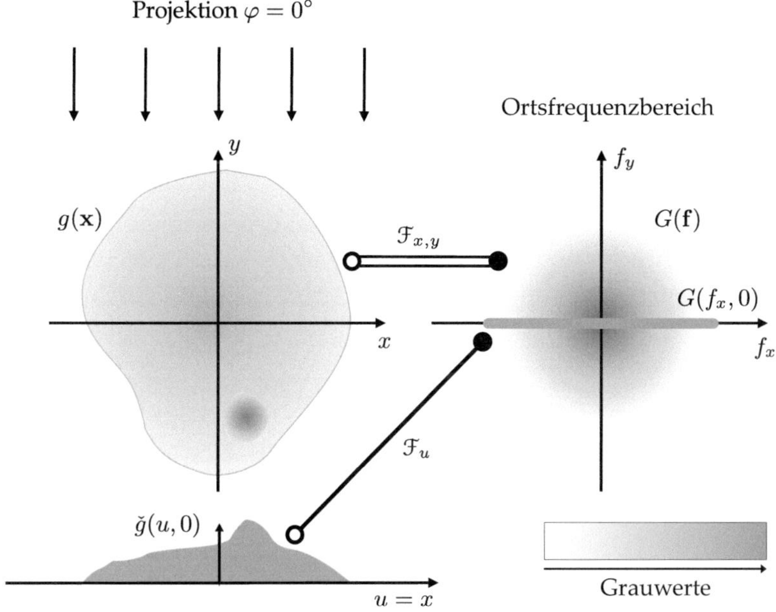

Abbildung 15.11. Zur Herleitung des Zentralschnitt-Theorems.

Beweis 15.1 (Zentralschnitt-Theorem): Zur Herleitung von (15.63) wird die Radon-Transformierte des Bildes $g(\mathbf{x})$ für $\varphi = 0°$ gemäß Abb. 15.11 berechnet:

$$\check{g}(u, \varphi = 0) = \iint g(\mathbf{x})\, \delta(x - u)\, \mathrm{d}\mathbf{x} = \int g(u, y)\, \mathrm{d}y\,. \tag{15.64}$$

Durch Fourier-Transformation bzgl. u erhält man:

$$\mathcal{F}_u\{\check{g}(u, 0)\} = \iint g(u, y)\, \mathrm{e}^{-\mathrm{j}2\pi f_u u}\, \mathrm{d}u\, \mathrm{d}y \tag{15.65}$$

$$= \iint g(x, y)\, \mathrm{e}^{-\mathrm{j}2\pi f_x x}\, \mathrm{d}x\, \mathrm{d}y \tag{15.66}$$

$$= \iint g(x, y)\, \mathrm{e}^{-\mathrm{j}2\pi (f_x x + f_y y)}\, \mathrm{d}x\, \mathrm{d}y \Big|_{f_y = 0} \tag{15.67}$$

$$= G(f_x, 0) = G(f_x\, \mathbf{e}_x) = G(f_u\, \mathbf{e}_\varphi)\big|_{\varphi = 0}\,. \tag{15.68}$$

Eine Drehung der Funktion $g(\mathbf{x})$ im Ortsbereich entspricht einer ebensolchen Drehung der Fourier-Transformierten $G(\mathbf{f})$ (Satz 8.15):

$$\mathcal{F}\{g(\mathbf{D}\mathbf{x})\} = G(\mathbf{D}\mathbf{f}) \qquad \text{mit} \qquad \mathbf{D} = \begin{pmatrix} \cos\varphi & \sin\varphi \\ -\sin\varphi & \cos\varphi \end{pmatrix}. \tag{15.69}$$

Zusammen mit (15.68) folgt daraus unmittelbar (15.63). ■

15.3.1.3 Effiziente Berechnung der Radon-Transformation

Abbildung 15.12 zeigt eine Strategie zur praktischen Berechnung der Radon-Transformation mittels des Zentralschnitt-Theorems. Nach einer 2D-Fourier-Transformation des Ursprungsbildes $g(\mathbf{x})$ wird das komplexe Spektrum $G(\mathbf{f})$ mittels Interpolation auf ein Raster in Polarkoordinaten umgerechnet. Das Ergebnis der Interpolation wird sodann „spaltenweise" einer eindimensionalen inversen Fourier-Transformation bzgl. der Koordinate u unterzogen, wodurch bereits die Radon-Transformierte erhalten wird.

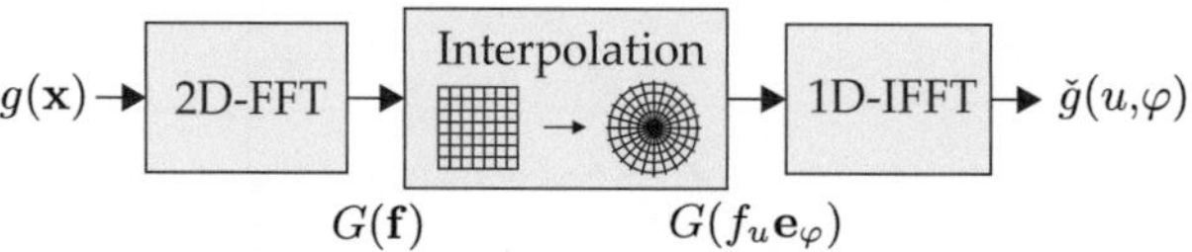

Abbildung 15.12. Effiziente Berechnung der Radon-Transformation mittels des Zentralschnitt-Theorems und der FFT.

Für den Einsatz der Radon-Transformation zur Bildverbesserung ist die Rücktransformation ebenfalls von großer Bedeutung. Hierbei kann die Vorgehensweise gemäß Abb. 15.12 einfach invertiert werden: Nach einer 1D-FFT bzgl. des Parameters u erfolgt eine Interpolation auf einem kartesischen Raster; auf das Ergebnis wird schließlich eine inverse 2D-FFT angewandt.

Da die Interpolation bei dieser Berechnungsmethode der Radon-Transformation i. d. R. mit einem Interpolationsfehler einhergeht, kann die Radon-Transformation damit nur näherungsweise berechnet werden. In der Praxis reicht meist die bilineare Interpolation aus, mit der auch die hier gezeigten Beispiele berechnet wurden (vgl. Abschn. 10.2.1).

Im Folgenden soll der Rechenzeitvorteil bei der Berechnung der Radon-Transformation über das Zentralschnitt-Theorem abgeschätzt werden. Hier soll für die Bildgröße $N \times N$ angenommen werden, dass $N = N_\varphi = N_u$, wobei N_φ bzw. N_u die Anzahlen der Quantisierungsschritte für φ bzw. u sind. Bei direkter Auswertung des Radon-Integrals ist die Ordnung des Rechenaufwands $\mathcal{O}(N^3)$; bei Berechnung via Zentralschnitt-Theorem hingegen nur $\mathcal{O}(N^2 \operatorname{ld} N)$. Besonders für große Werte von N führt die Methode gemäß Abb. 15.12 zu einer erheblichen Rechenzeitersparnis, wie in Tab. 15.3 für typische Werte gezeigt wird.

Beispiel 15.6 (Linienverstärkung zur Bildverbesserung): Als Beispiel der Anwendung der Radon-Transformation in der Bildverarbeitung sei hier die Verstärkung lokal geradenhafter Signalanteile zur Bildverbesserung von Bilddaten mit geringem SNR genannt [10, 26]. Abbildung 15.13(b) zeigt als Ausgangs-

Tabelle 15.3. Gewinn bei der Berechnung der Radon-Transformation bzw. der Rücktransformation über das Zentralschnitt-Theorem.

Bildgröße $N \times N$	256×256	512×512	1024×1024
$\dfrac{\text{Aufwand}_{\text{Radon}} = \mathcal{O}(N^3)}{\text{Aufwand}_{\text{ZST}} = \mathcal{O}(N^2 \,\text{ld}\, N)}$	≈ 10	≈ 18	≈ 32

situation eine SAR-Aufnahme (*synthetic aperture radar*) der Meeresoberfläche, die von einem Satelliten gewonnen wurde [31]. Das Bild enthält die Spuren der Bugwelle eines Schiffes. Zur Bildverbesserung wird die Radon-Transformation auf das mittelwertfreie Bild und darauf dann die Punktoperation $\text{sgn}(k)|k|^p$ angewandt. Geradenhafte Strukturen, die in der u,φ-Ebene ja in lokale Extrema abgebildet werden, werden durch obige Operation für $p > 1$ gegenüber den Rauschanteilen vorzeichenrichtig verstärkt. Abbildung 15.13(c) zeigt das Ergebnis für $p = 2$ nach anschließender Radon-Rücktransformation. Die Spuren der Wellen sind nun mit wesentlich besserem Signal-Rausch-Verhältnis erkennbar.

Man beachte, dass die gängigen Operatoren zur Kanten- und Liniendetektion aufgrund ihres differenzierenden Charakters das starke Rauschen im Beispiel weiter verstärken würden. Die hier gezeigte, auf der Radon-Transformation basierende Vorgehensweise hat hingegen integralen Charakter und ist daher vorteilhaft bei Bildern mit geringem SNR. ■

15.3.2 Detektion geradenhafter Strukturen

Die Radon-Transformation wurde für δ-Geraden, also für unendlich ausgedehnte und infinitesimal schmale Geraden definiert. Sie kann aber auch zur Detektion von endlichen Linien und anderen geradenhaften Strukturen im Bild eingesetzt werden, z. B. für eine unterbrochene Kette kollinearer Punkte oder Liniensegmente. Bevor auf entsprechende Anwendungsbeispiele eingegangen wird, wird im Folgenden wird zunächst das Signal-Rausch-Verhältnis der Radon-Transformation untersucht.

15.3.2.1 Signal-Rausch-Verhältnisse (SNR)

Bei der Radon-Transformation wird eine geradenhafte Struktur gewissermaßen auf ein sehr kleines Gebiet im Radonbereich konzentriert. Die Lagekoordinaten u bzw. φ eines mit einer Geraden im Ortsbereich korrespondierenden Extremums sind sehr gute Schätzwerte für den Ursprungsabstand bzw. den Geradenwinkel.

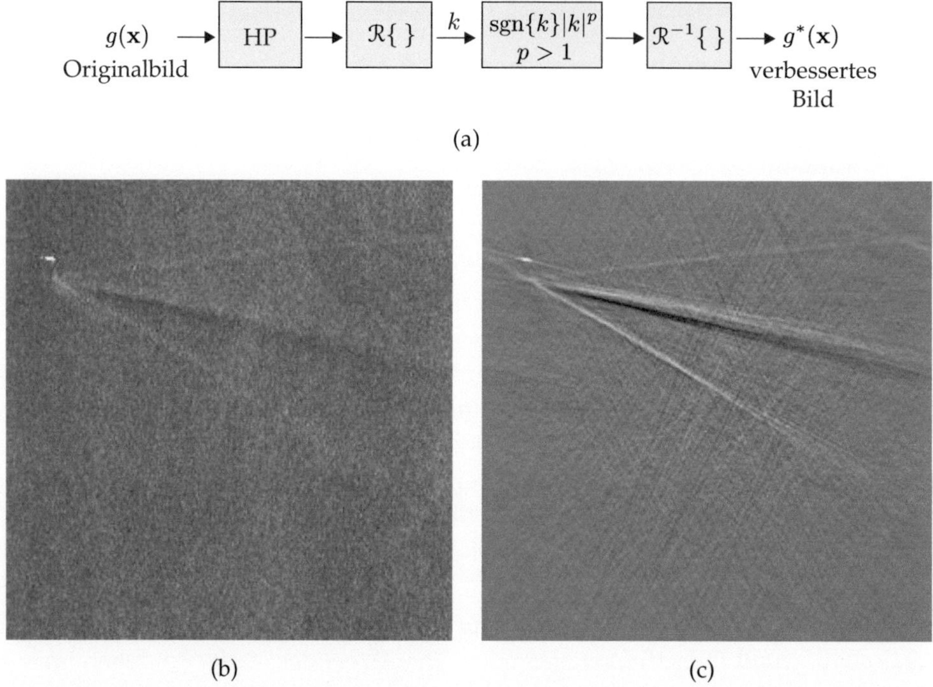

Abbildung 15.13. Beispiele zur Bildverbesserung (Hervorhebung von Linien) mit Hilfe der Radon-Transformation: (a) Ablauf der Bildverbesserung; (b) SAR-Bild eines Schiffes mit Bugwelle (Quelle: DLR TerraSAR-X); (c) Ergebnis der Bildverbesserung für $p = 2$.

Um den statistischen Vorteil durch Anwendung der Radon-Transformation quantitativ zu zeigen, sei eine additive Verknüpfung

$$\mathtt{g}(\mathbf{x}) = s(\mathbf{x}) + \mathtt{h}(\mathbf{x}) \tag{15.70}$$

für ein geradenhaftes Nutzsignal $s(\mathbf{x}) = l(\mathbf{x}^{\mathrm{T}}\mathbf{e}_\alpha - d)$ und ein störendes Hintergrundbild $\mathtt{h}(\mathbf{x})$ angenommen, wobei $l(\,\cdot\,)$ das Profil der Linie $s(\mathbf{x})$ quer zum Verlauf der Gerade $\mathbf{x}^{\mathrm{T}}\mathbf{e}_\alpha - d$ ist, siehe Abb. 15.14(a).

Im Folgenden wird das Signal-Rausch-Verhältnis (SNR) des Bildes vor und nach der Radon-Transformation verglichen [4]:

$$\text{Vorher:} \qquad SNR\{\mathtt{g}(\mathbf{x})\} = \frac{s^2}{\sigma^2}\,; \tag{15.71}$$

$$\text{Nachher:} \qquad SNR\{\breve{\mathtt{g}}(u,\varphi)\} \approx \frac{(sL)^2}{L^2\sigma^2\frac{\kappa}{L}} = \frac{s^2 L}{\sigma^2\kappa}\,. \tag{15.72}$$

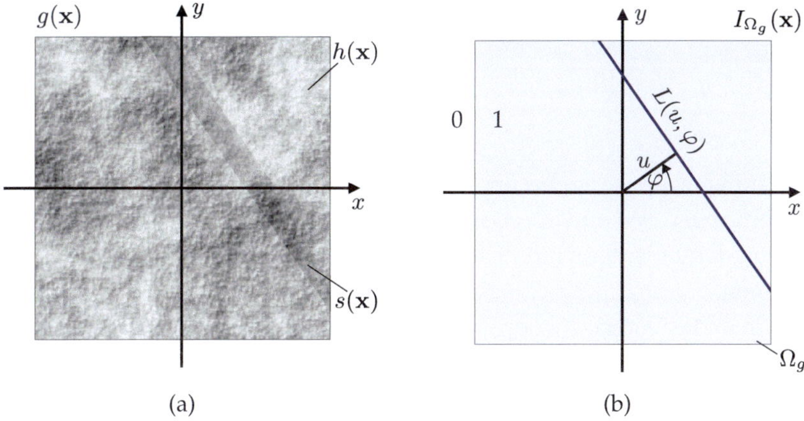

Abbildung 15.14. Zur Berechnung des Signal-Rausch-Verhältnisses bei der Radon-Transformation: (a) geradenhafte Struktur eingebettet in störende Hintergrundtextur; (b) Definition von Aperturfunktion $I_{\Omega_g}(\mathbf{x})$ und Projektionslänge L.

Hierbei ist $\sigma^2 = \mathrm{Var}\{\mathtt{h}(\mathbf{x})\}$ die Varianz des Störsignals, κ die Korrelationslänge von $\mathtt{h}(\mathbf{x})$ (vgl. Abschn. 14.4.1), $s = \max\limits_{\mathbf{x}}\{|s(\mathbf{x})|\} = \max\limits_{\xi}\{|l(\xi)|\}$ die Amplitude von $s(\mathbf{x})$ und $L(u,\varphi) = \mathcal{R}\{I_{\Omega_g}(\mathbf{x})\}$ mit der Aperturfunktion $I_{\Omega_g}(\mathbf{x})$ des Bildes $g(\mathbf{x})$; siehe Abb. 15.14(b). $L(u,\varphi)$ ist nichts anderes als die Länge des Integrationsweges des Radon-Integrals innerhalb des Bildes $g(\mathbf{x})$. Die Aperturfunktion des Bildes entspricht der Indikatorfunktion der Definitionsmenge Ω_g:

$$I_{\Omega_g}(\mathbf{x}) = \begin{cases} 1 & \text{für } \mathbf{x} \in \Omega_g \\ 0 & \text{sonst}\,. \end{cases} \tag{15.73}$$

Das SNR verbessert sich durch die Radon-Transformation um den Faktor

$$\frac{SNR\{\breve{\mathtt{g}}(u,\varphi)\}}{SNR\{\mathtt{g}(\mathbf{x})\}} \approx \frac{L(u,\varphi)}{\kappa}\,, \tag{15.74}$$

was besonders bei Geradenstücken, die wesentlich länger als die Korrelationslänge des Hintergrundes sind, einen erheblichen Vorteil für die Signalauswertung bedeutet.

15.3.2.2 Detektion mittels Korrelationsfilter

Mit Hilfe der Radon-Transformation ist eine effiziente Realisierung des Korrelationsfilters zur Detektion geradenhafter Strukturen möglich. Die Korrelation zweier Signale, der üblicherweise eine N-dimensionale relative Verschiebung zugrunde liegt, wird hier verallgemeinert auf ein Verschiebungsargument u und ein

Drehungsargument φ:

$$\psi_{gl}(u,\varphi) := \int_{-\infty}^{\infty}\int_{-\infty}^{\infty} g(\mathbf{x})\, l(\mathbf{x}^{\mathrm{T}}\mathbf{e}_{\varphi} - u)\,\mathrm{d}\mathbf{x}\,. \tag{15.75}$$

Die Integraltransformierte ψ_{gl} besitzt für Signalanteile proportional zu $l(\mathbf{x}^{\mathrm{T}}\mathbf{e}_{\alpha} - d)$ in $g(\mathbf{x})$ Extrema bei $u = d$ und $\varphi = \alpha$ in der u,φ-Ebene im Sinne eines Korrelationsfilters, anhand derer Geraden mit Profil $l(\,\cdot\,)$ sicher detektiert und genau lokalisiert werden können.

Schreibt man die Gerade $l(\mathbf{x}^{\mathrm{T}}\mathbf{e}_{\varphi} - u)$ nun als Faltung einer Messerfunktion mit dem Geradenprofil, so folgt:

$$\psi_{gl}(u,\varphi) = \int_{\rho=-\infty}^{\infty} \underbrace{\int_{-\infty}^{\infty}\int_{-\infty}^{\infty} g(\mathbf{x})\,\delta(\mathbf{x}^{\mathrm{T}}\mathbf{e}_{\varphi} - \rho)\,\mathrm{d}\mathbf{x}}_{\breve{g}(\rho,\varphi)}\; l(\rho - u)\,\mathrm{d}\rho \tag{15.76}$$

$$= \int_{\rho=-\infty}^{\infty} \breve{g}(\rho,\varphi)\, l(\rho - u)\,\mathrm{d}\rho = \breve{g}(u,\varphi) \overset{u}{*} l(-u)\,. \tag{15.77}$$

Dies entspricht einer eindimensionalen Korrelationsfilterung (bzw. Faltung) der Radon-Transformierten von $g(\mathbf{x})$ mit dem Geradenprofil $l(\,\cdot\,)$. Mit Hilfe der Radon-Transformation und des Zentralschnitt-Theorems wird eine aufwandsarme Implementierung des Korrelationsfilters in der u,φ-Ebene möglich.

15.3.2.3 Anwendungsbeispiele

Als Anwendungsbeispiel werden die aus Kap. 14 bekannten Hontexturen verwendet. Die Radon-Transformation kann zunächst zur Detektion und Lokalisation der Riefen in der Textur eingesetzt werden. In Kombination mit Methoden der Texturanalyse ist es außerdem möglich, defekte Riefen zu erkennen [5].

Beispiel 15.7 (Detektion von Riefen in Hontexturen): In Hontexturen verlaufen die Riefen gerade, sodass sie Extrema in der Radon-Transformierten hervorrufen. Abbildung 15.15 zeigt ein Beispiel. Die Extremstellen in der Radon-Transformierten aus Abb. 15.15(b) entsprechen den Geradenparametern (u,φ) der Riefen aus Abb. 15.15(a). Anhand der Extrema lässt sich die Lage der deutlich ausgeprägten Riefen rekonstruieren, siehe Abb. 15.15(c). ■

Beispiel 15.8 (Detektion von defekten Riefen in Hontexturen): Ein wichtiger Defekttyp bei gehonten Oberflächen ist der sogenannte Blechmantel: Beim Honvorgang kann es passieren, dass die Riefen teilweise zugedrückt werden (Abb. 15.16(a)). Dieser Defekt ist für die Funktion der Zylinderoberfläche im Verbrennungsmotor von großer Bedeutung, da beim späteren Motorenlauf abgelöste Blechflitter die Oberfläche beschädigen können.

Zur Defektdetektion wird die Aufnahme $g(\mathbf{x})$ der Hontextur zunächst mit dem Verfahren aus Abschn. 14.3.4 in Riefentextur $t(\mathbf{x})$ und Bildhintergrund $h(\mathbf{x})$ aufgespalten (Abb. 15.16(b), (d)). Intakte Riefen zeigen sich fast ausschließlich im Texturbild $t(\mathbf{x})$, während die Blechmanteldefekte im Hintergrundbild $h(\mathbf{x})$ als unregelmäßige Abweichungen entlang der Riefe zu sehen sind. Defekte Riefen liegen also dann vor, wenn im Texturbild und im Hintergrundbild an derselben Stelle geradenhafte Strukturen auftreten. Zur Detektion der geradenhaften Strukturen in Textur- und Hintergrundbild wird die Radon-Transformation eingesetzt, wobei das Hintergrundsignal vor der Transformation quadriert wird, damit sich helle und dunkle Abweichungen nicht gegenseitig aufheben können (Abb. 15.16(c), (e), (f)). Schließlich werden die beiden Radon-Transformierten miteinander multipliziert (Abb. 15.16(g)):

$$\mathcal{R}\{t(\mathbf{x})\} \cdot \mathcal{R}\{(h(\mathbf{x}))^2\} . \tag{15.78}$$

Extrema in diesem Produkt entsprechen den Geradenparametern (u, φ) der defekten Riefen, die sich in beiden separierten Bildern als geradenhafte Strukturen zeigen. Anhand der am stärksten ausgeprägten Extrema kann die Lage der defekten Riefen rekonstruiert werden; siehe Abb. 15.16(h). ■

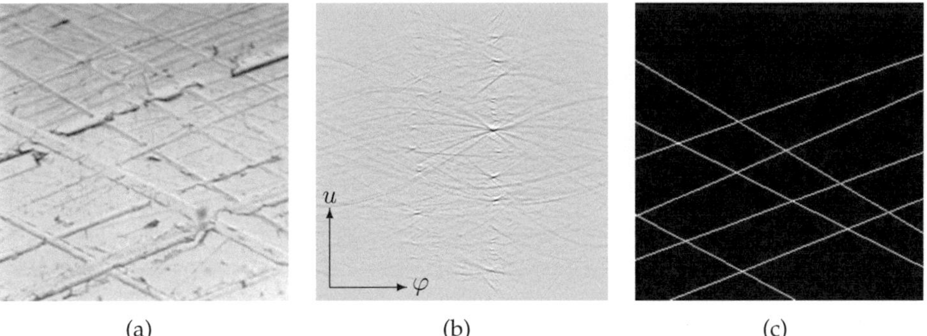

Abbildung 15.15. Beispiel zur Detektion von Riefen in Hontexturen: (a) Hontextur $g(\mathbf{x})$ (Quelle: [1]); (b) Radon-Transformierte $\breve{g}(u, \varphi)$; (c) Detektionsergebnis.

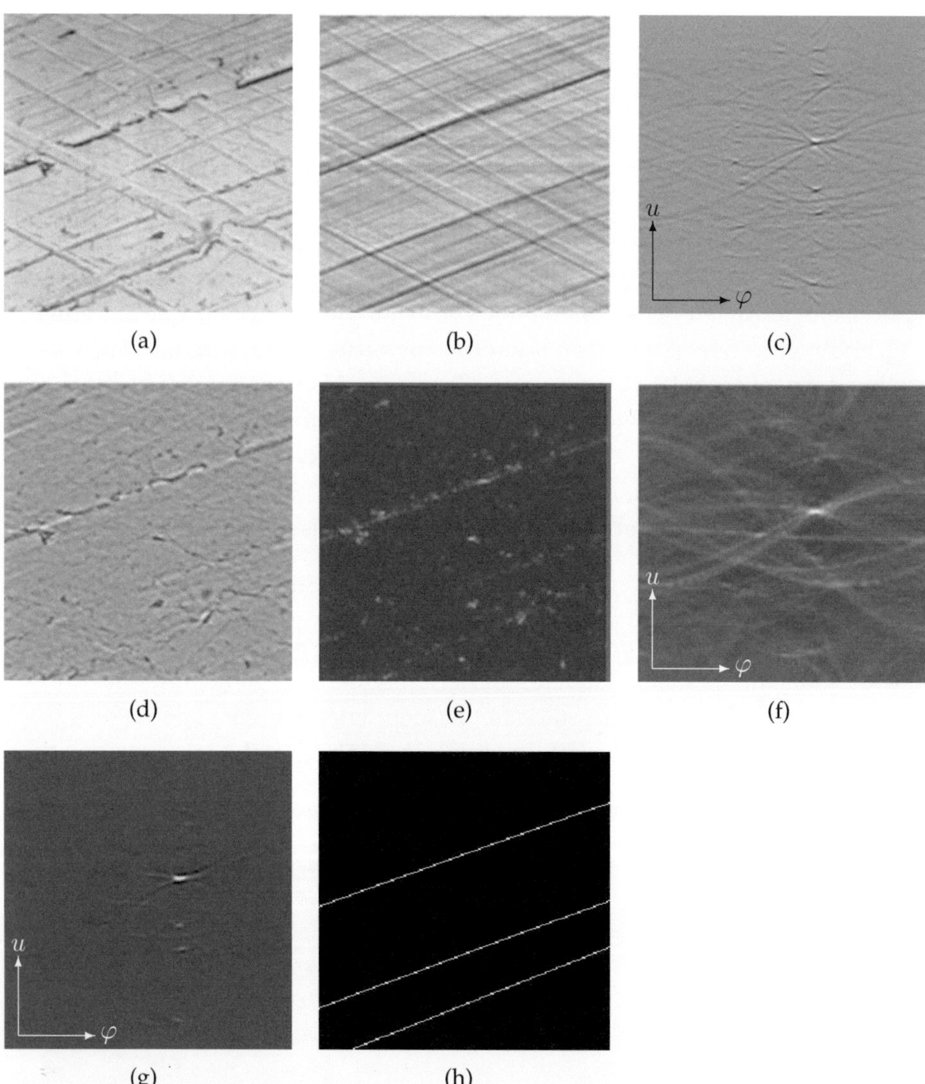

Abbildung 15.16. Beispiel zur Detektion defekter Riefen in Hontexturen: (a) Hontextur $g(\mathbf{x})$ mit Blechmantelriefen (Quelle: [1]); (b) separierte Riefentextur $t(\mathbf{x})$; (c) Radon-Transformierte $\check{t}(u, \varphi)$ der Riefentextur; (d) separierter Bildhintergrund $h(\mathbf{x})$; (e) quadriertes Hintergrundsignal $(h(\mathbf{x}))^2$; (f) Radon-Transformierte von (e); (g) Produkt der Radon-Transformierten (c) und (f); (h) Detektionsergebnis.

15.3.3 Die Hough-Transformation zur Geradendetektion

Die bekannte Hough-Transformation für Geraden ist grob gesprochen ein diskreter Spezialfall der Radon-Transformation, nämlich für Binärbilder [7,11,13,17,22]. Der Hough-Algorithmus bedient sich hierbei einer speziellen Abzähltechnik für die zu einer Gerade gehörenden Bildpunkte, die letztlich mit der Integration der Radon-Transformation korrespondiert. Der sogenannte Akkumulator $A(u, \varphi)$ wird zunächst für alle diskreten Abtastwerte der Parameter u und φ mit null initialisiert. Anschließend wird für jedes Pixel $\mathbf{x}$ und jeden diskreten Wert von φ der Ursprungsabstand u der Geraden $\mathbf{x}^{\mathrm{T}}\mathbf{e}_{\varphi} - u = 0$ mit Normalenrichtung φ ausgerechnet, die durch $\mathbf{x}$ verläuft. Die Akkumulatorzelle $A(u, \varphi)$ wird erhöht, falls im Binärbild $g(\mathbf{x}) = 1$ ist. Bei einem Grauwertbild wird entsprechend der Bildwert $g(\mathbf{x})$ zum Akkumulator addiert. Abbildung 15.17 zeigt den Hough-Algorithmus verallgemeinert für Grauwertbilder. Für Binärbilder mit $g \in \{0, 1\}$ können die äußeren Schleifen, die über alle Bildpunkte laufen, ersetzt werden durch eine Schleife, die nur Punkte $\mathbf{x}$ mit $g(\mathbf{x}) = 1$ aufsucht.

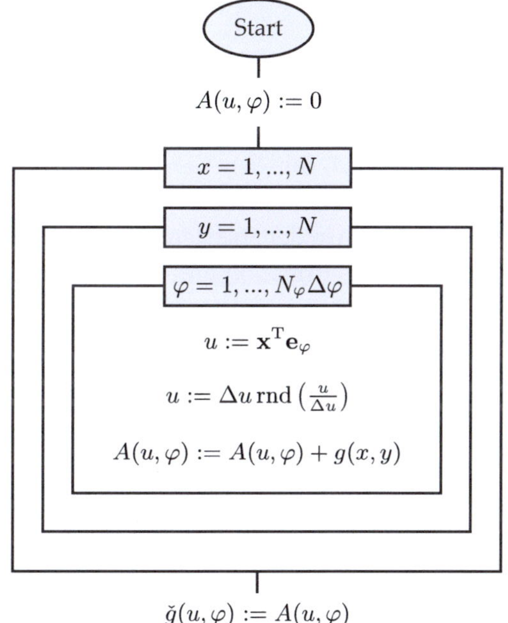

Abbildung 15.17. Algorithmus der Hough-Transformation.

Die Hough-Transformierte eines Punktes ist eine sinusförmige Kurve, die durch die Ursprungsabstände und Winkel aller Geraden verläuft, die diesen Punkt enthalten. Wenn im Bild eine Gerade mit den Parametern (φ, u) vorhanden ist, schneiden sich die sinusförmigen Kurven ihrer Punkte in der Hough-Transformierten am Ort (φ, u), sodass dort ein Extremum entsteht. Der Betrag

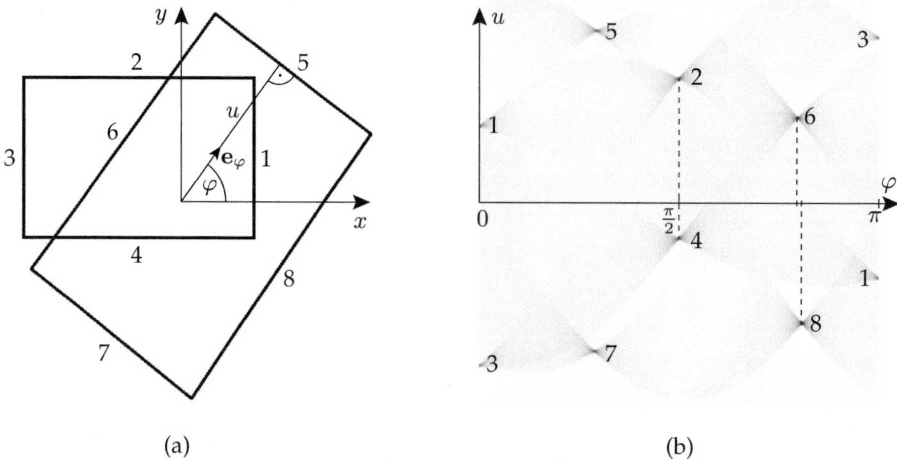

Abbildung 15.18. Beispiel zur Geradendetektion mit der Hough-Transformation: (a) binäres Testbild; (b) zugehörige Hough-Transformierte. Die Zahlen stellen die Zuordnung zwischen den Linien im Bild und den Extrema der Hough-Transformierten dar.

des Extremums wächst mit der Länge der Linie. Da der Definitionsbereich eines Bildes i. d. R. ein achsenparalleles Rechteck ist, variiert sich die Anzahl der Bildpunkte, über die summiert wird, mit den Geradenparametern Winkel und Ursprungsabstand. Dies bewirkt ein charakteristisches Hintergrundmuster in der Hough-Transformierten. Es lässt sich in den meisten Fällen erheblich vermindern, indem das Bild vor der Hough-Transformation mittelwertfrei gemacht wird.

Beispiel 15.9 (Hough-Transformation): Für das binäre Testbild Abb. 15.18(a) mit einem Rechteck und einem Trapez ist in Abb. 15.18(b) die Hough-Transformierte des mittelwertfreien Bildes dargestellt. Da die Linien dunkler sind als der Bildhintergrund, zeigen sie sich in der Hough-Transformierten als Minima. Die acht ausgeprägtesten Minima lassen sich unmittelbar den Linien im Testbild zuordnen. Aufgrund der Periodizität des Winkels treten die Minima mit $\varphi = 0$ bei $\varphi = \pi$ nochmals an der φ-Achse gespiegelt, d. h. mit negativem u-Wert, auf. Das zweite, nicht achsenparallele Viereck ist kein Rechteck, sondern ein Trapez. In der Hough-Transformierten lässt sich dies leicht daran erkennen, dass die Normalenwinkel φ der entsprechenden Seitenlinien 6 und 8 des Vierecks verschieden sind. ■

Gegenüber der Hough-Transformation kann die Radon-Transformation ganz zwanglos direkt auf Grauwertbilder angewendet werden. Außerdem lassen sich bequem im Fourier-Bereich effizient lineare Filteroperationen *en passant* durchführen. Hierzu wird lediglich die 2D-FFT mit der gewünschten komplexen Übertragungsfunktion multipliziert, bevor die Abtastung auf dem Polarraster vorgenommen wird.

15.4 Kurven- und Strukturdetektion

15.4.1 Die Hough-Transformation zur Detektion von Kurven

Die Hough-Transformation lässt sich für die Detektion nicht nur von Geraden, sondern allgemeiner von beliebigen Kurven formulieren.

Sei eine Kurvenschar C implizit gegeben durch die Gleichung

$$C(\mathbf{x}, \mathbf{p}) = 0\,, \qquad \mathbf{p} = (p_1, \ldots, p_K)^{\mathrm{T}} \in \Pi\,, \tag{15.79}$$

wobei $\mathbf{p}$ den Vektor der K Scharparameter bezeichnet. Die Hough-Transformation zur Detektion dieser Kurve verwendet einen K-dimensionalen Akkumulator $A(\mathbf{p})$.

Sofern die Voraussetzungen des Satzes über implizite Funktionen [39] erfüllt sind, kann man (15.79) o. B. d. A. nach p_K auflösen, sodass man eine Gleichung der Form

$$p_K = c(x, y, p_1, \ldots, p_{K-1}) \tag{15.80}$$

erhält. Im Algorithmus der Hough-Transformation wird nun über die Pixel $\mathbf{x}$ sowie die ersten $K-1$ Parameter $p_1, \ldots, p_{K-1}$ iteriert und der verbleibende Parameter p_K gemäß dieser Gleichung berechnet (Abb. 15.19). Nach einer Rundung auf den diskreten Wertevorrat von p_K wird die Akkumulatorzelle $A(p_1, \ldots, p_K)$ um den Bildwert $g(\mathbf{x})$ inkrementiert.

Beispiel 15.10 (Detektion von Geraden): Die Hough-Transformation zur Geradendetektion (Abb. 15.17) erhält man als Spezialfall für $C(\mathbf{x}, \varphi, u) = \mathbf{x}^{\mathrm{T}}\mathbf{e}_\varphi - u$, $K = 2$, $p_1 = \varphi$, $p_2 = u$. ■

Beispiel 15.11 (Detektion von Kreisen): Kreise lassen sich als implizit definierte Kurvenschar beschreiben durch

$$0 = C(\mathbf{x}, \mathbf{p}) = (x-a)^2 + (y-b)^2 - \rho^2\,, \qquad \mathbf{p} = (a, b, \rho)^{\mathrm{T}}\,, \tag{15.81}$$

wobei $(a, b)^{\mathrm{T}}$ die Koordinaten des Mittelpunkts und ρ den Radius repräsentieren. Im dreidimensionalen Akkumulator $A(a, b, \rho)$ der Hough-Transformation

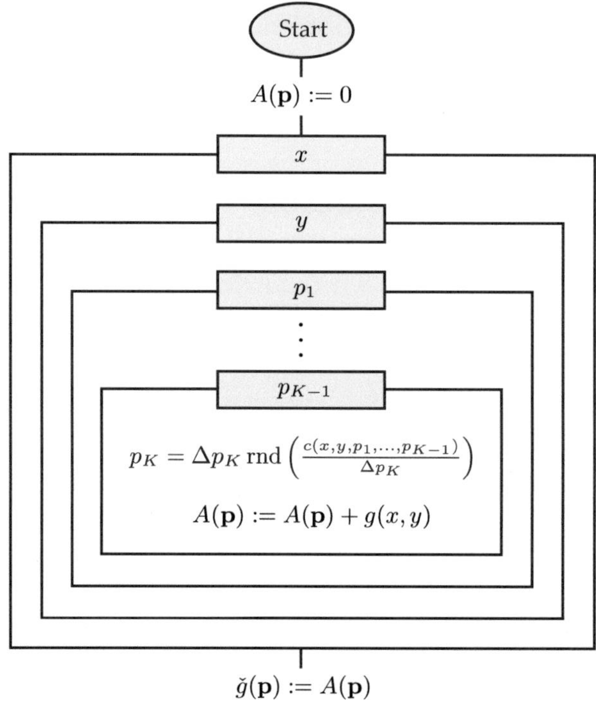

Abbildung 15.19. Algorithmus der Hough-Transformation zur Detektion von Kurven $C(\mathbf{x}, \mathbf{p}) = 0$.

entsteht ein Maximum am Ort (a, b, ρ), falls das Bild $g(\mathbf{x})$ einen Kreis mit Mittelpunkt $(a, b)^{\mathrm{T}}$ und Radius ρ enthält [33]. ■

Beispiel 15.12 (Detektion von Ellipsen): Eine Ellipse mit dem Mittelpunkt $(a, b)^{\mathrm{T}}$, den Halbachsen c, d und dem Drehwinkel β (Abb. 15.20) lässt sich beschreiben durch

$$0 = C(\mathbf{x}, \mathbf{p}) = \frac{((x-a)\cos\beta + (y-b)\sin\beta)^2}{1 - \left(\frac{(y-b)\cos\beta - (x-a)\sin\beta}{d}\right)^2} - c^2\,, \tag{15.82}$$

$$\mathbf{p} = (a, b, c, d, \beta)^{\mathrm{T}}\,. \tag{15.83}$$

Es resultiert ein fünfdimensionaler Akkumulator. Abbildung 15.21 zeigt die Ergebnisse des Verfahrens an einem Testbild. Dargestellt ist ein zweidimensionaler Schnitt durch die Hough-Transformierte bei den korrekten Parametern $c = 30$, $d = 20$, $\beta = \frac{\pi}{9}$. Am Mittelpunkt $(a, b)^{\mathrm{T}}$ der Ellipse ist das globale Minimum zu beobachten, das selbst bei sehr starkem Rauschen erhalten bleibt. Außerdem sind in Abb. 15.21(b) Nebenminima auf einer Kurve im doppelten

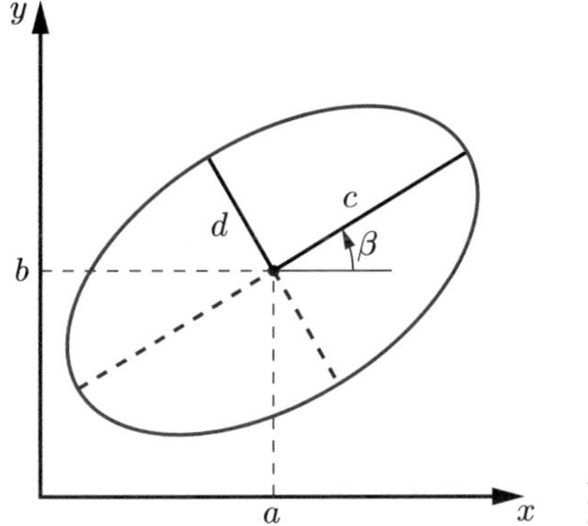

Abbildung 15.20.
Parameter einer Ellipsengleichung.

Abstand der Halbachsen um den Mittelpunkt erkennbar. Ellipsen mit diesen Mittelpunkten berühren die im Bild enthaltene Ellipse tangential. ■

Der Rechenaufwand der Hough-Transformation liegt bei $\mathcal{O}(N^{K+1})$, der Speicheraufwand bei $\mathcal{O}(N^K)$, wenn N die Anzahl der Abtastpunkte für jede der Koordinatenachsen $x, y, p_1, \ldots, p_K$ bezeichnet. Für die Geradendetektion erhält man den Rechenaufwand $\mathcal{O}(N^3)$, was bereits über dem Aufwand für die Radon-Transformation bei Implementierung mit Hilfe des Zentralschnitt-Theorems liegt. Bei einer größeren Parameteranzahl K hat die Hough-Transformation für Kurven einen sehr hohen Rechen- und Speicheraufwand, sodass in vielen Fällen nur eine grobe Diskretisierung des Parameterraums Π praktikabel ist.

15.4.2 Die verallgemeinerte Hough-Transformation

Es existieren noch weitergehende Verallgemeinerungen der Hough-Transformation, bei denen über parametrische Kurven hinaus bildhafte Strukturen das Ziel der Detektion und Lokalisierung sind [2]. Die gesuchte Struktur kann z. B. in Form eines Binärbildes $\mathcal{S}$ gegeben sein. Es kann sich um eine beliebige Struktur oder Kontur handeln, für die kein analytisches Modell in Form einer Kurvenschar verfügbar sein muss. Nun wird ein Referenzpunkt $\mathbf{a}$ gewählt, z. B. der Mittelpunkt der Struktur. Die Struktur wird durch die Menge der Vektoren $\mathbf{r}$ repräsentiert, die von den Punkten der Struktur zum Referenzpunkt verlaufen (vgl. Abb. 15.22):

$$\mathcal{R}_{\mathcal{S}} := \{\mathbf{r} \,|\, \mathbf{x} + \mathbf{r} = \mathbf{a}\,,\ \mathbf{x} \in \mathcal{S}\}\,. \tag{15.84}$$

Zur Detektion der Struktur $\mathcal{S}$ in einem Bild $g(\mathbf{x})$ werden für alle Vektoren $\mathbf{r}$ aus $\mathcal{R}_{\mathcal{S}}$ die Zellen $A(\mathbf{x} + \mathbf{r})$ des Akkumulators inkrementiert:

$$\forall \mathbf{r} \in \mathcal{R}_{\mathcal{S}} \quad A(\mathbf{x} + \mathbf{r}) := A(\mathbf{x} + \mathbf{r}) + g(\mathbf{x})\,. \tag{15.85}$$

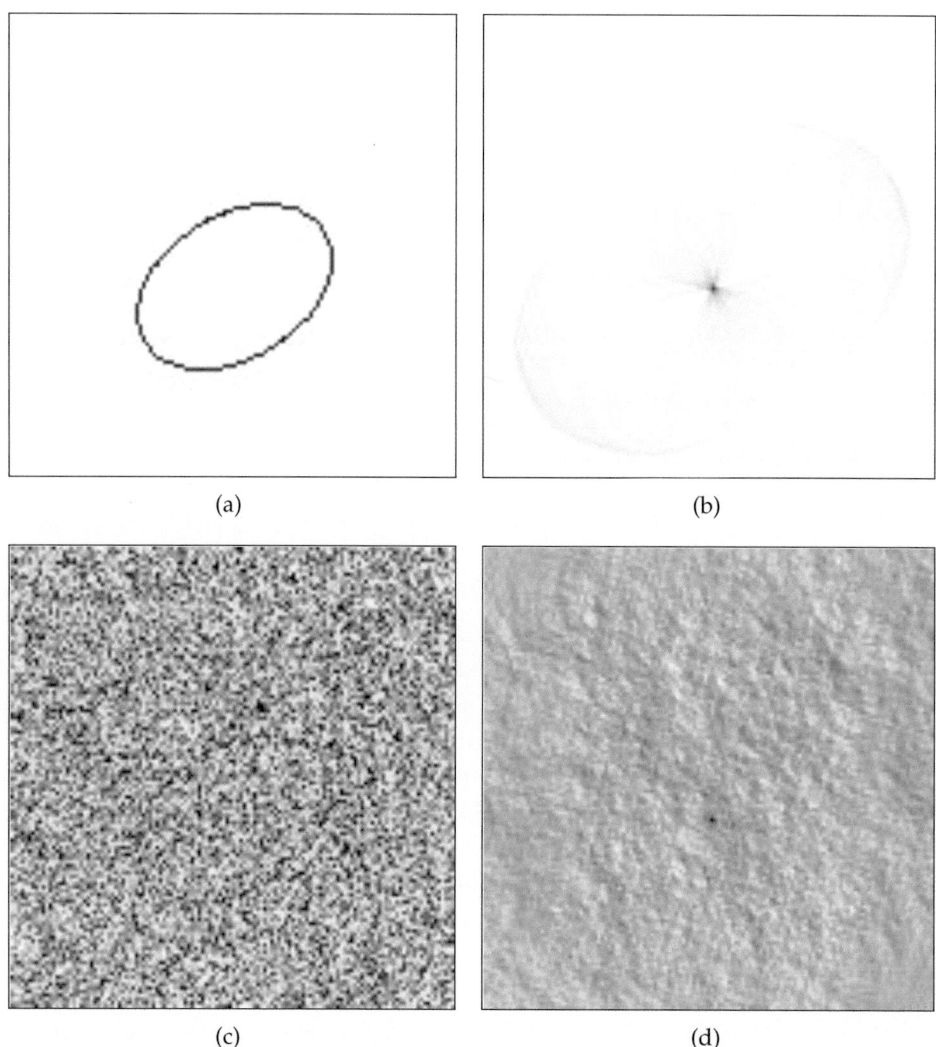

Abbildung 15.21. Detektion von Ellipsen mit der Hough-Transformation: (a) ungestörtes Bild mit einer Ellipse; (b) zweidimensionaler Schnitt durch die Hough-Transformierte in der a,b-Ebene für $c = 30$, $d = 20$, $\beta = \frac{\pi}{9}$; (c) künstlich mit Rauschen behaftetes Bild; (d) zweidimensionaler Schnitt durch die zugehörige Hough-Transformierte.

Eine Struktur $\mathcal{S}$ im Bild g mit Referenzpunkt an der Bildposition $\mathbf{x}$ ruft ein Extremum an der Stelle $\mathbf{x}$ des Akkumulators hervor.

Wenn für jeden Bildpunkt gemäß (15.85) alle $|\mathcal{R}_\mathcal{S}|$ Akkumulatorzellen der Struktur inkrementiert werden, sind die Extrema im Akkumulator häufig nicht sehr deutlich ausgeprägt. Ein besseres Signal-Rausch-Verhältnis lässt sich durch Verwendung von Zusatzinformation erzielen. Eine verbreitete Möglichkeit ist ins-

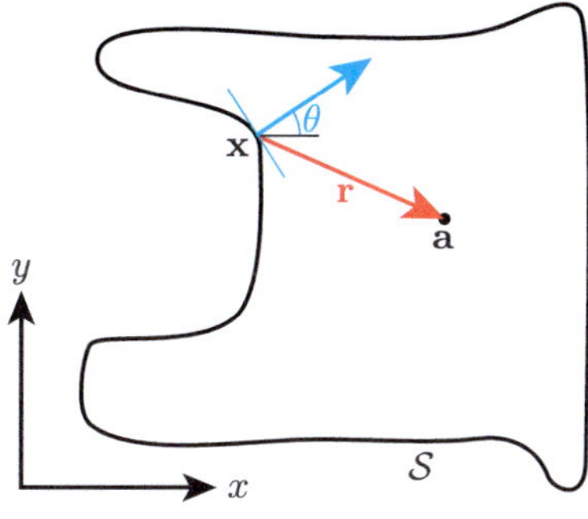

Abbildung 15.22. Notation bei der verallgemeinerten Hough-Transformation.

besondere die Berücksichtigung der lokalen Gradientenrichtung $\theta(\mathbf{x})$ im Bild. In diesem Fall erhält man die folgende Repräsentation der Struktur $\mathcal{S}$ in Abhängigkeit der Gradientenrichtung θ:

$$\mathcal{R}_{\mathcal{S}}(\theta) := \{\mathbf{r} \,|\, \mathbf{x} + \mathbf{r} = \mathbf{a}\,,\ \mathbf{x} \in \mathcal{S} \wedge \theta_{\mathcal{S}}(\mathbf{x}) = \theta\}\,, \tag{15.86}$$

wobei $\theta_{\mathcal{S}}(\mathbf{x})$ die Gradientenrichtung an der Position $\mathbf{x}$ der Struktur $\mathcal{S}$ bezeichnet. Die Gradientenrichtung θ wird dabei geeignet diskretisiert.

Bei der Anwendung der verallgemeinerten Hough-Transformation werden für jeden Punkt $\mathbf{x}$ des Bildes g nur noch diejenigen Akkumulatorzellen betrachtet, bei denen die lokalen Gradientenrichtungen θ_g und $\theta_{\mathcal{S}}$ von Bild und zu detektierender Struktur übereinstimmen:

$$\forall \mathbf{r} \in \mathcal{R}_{\mathcal{S}}(\theta_g(\mathbf{x})) \quad A(\mathbf{x} + \mathbf{r}) := A(\mathbf{x} + \mathbf{r}) + g(\mathbf{x})\,. \tag{15.87}$$

Die Menge der zugeordneten Akkumulatorzellen wird durch diese Vorgehensweise erheblich eingeschränkt, sodass einerseits die gewünschten Extrema an Referenzpunkten der Struktur stärker ausgeprägt sind und andererseits auch der Rechenaufwand reduziert wird. In der Literatur sind weitere Ansätze zur Effizienzsteigerung der verallgemeinerten Hough-Transformation beschrieben [21].

Für eine rotations- und skalierungsinvariante Detektion kann der Akkumulator um die Dimensionen Drehwinkel φ und Skalierungsfaktor α erweitert werden. Die einem Bildpunkt $\mathbf{x}$ zugehörigen Akkumulatorzellen $A(\mathbf{x}, \varphi, \alpha)$ lassen sich durch einfache Transformationen der Repräsentation $\mathcal{R}_{\mathcal{S}}(\theta)$ ermitteln [2]. Allerdings steigt der Aufwand des Verfahrens infolge der zusätzlichen Dimensionen beträchtlich.

15.4.3 Implicit Shape Models

Als eine noch weitergehende Verallgemeinerung der Hough-Transformation können ***Implicit Shape Models*** aufgefasst werden [23–25]. Sie beschreiben das zu detektierende Objekt nicht als bloße Kontur oder Punktmenge, sondern annotieren die Objektbestandteile mit Merkmalsdeskriptoren (vgl. Abschn. 14.4). Typischerweise werden zu diesem Zweck Ecken oder andere charakteristische Bildpunkte gesucht, für die dann geeignete Merkmale berechnet werden, z. B. die skalierungs- und rotationsinvarianten SIFT- oder SURF-Merkmale (siehe Abschn. 16.6). Es ist aber auch möglich, direkt die Bildwerte einer Region als Merkmalsvektor zu verwenden. Sowohl das Codebuch der Merkmalsdeskriptoren als auch die räumliche Verteilung der Objektbestandteile relativ zum Referenzpunkt des Objekts können aus Trainingsbeispielen gelernt werden.

Zur Objektdetektion werden zunächst die Merkmalsdeskriptoren für die charakteristischen Punkte im Bild berechnet und mit den gelernten Codebucheinträgen verglichen. Falls eine ausreichende Ähnlichkeit vorliegt, wird die Akkumulatorzelle des möglichen Objektreferenzpunkts inkrementiert. Extrema im Akkumulator stellen wiederum Kandidaten für im Bild vorhandene Objekte dar.

Über die Objektdetektion hinaus ermöglicht das Verfahren die Erkennung und Lagebestimmung der einzelnen Objektbestandteile [6, 18].

15.5 Eckendetektion

Die Detektion und Lokalisierung von Ecken im Bild ist für verschiedene Anwendungen von Bedeutung. In der automatischen Sichtprüfung kann ein Prüfobjekt anhand seiner Ecken lokalisiert und vermessen werden. Darüber hinaus sind Ecken typische Merkmale von Mustern, die zur Kamerakalibrierung eingesetzt werden (siehe Abschn. 3.3). Schließlich lassen sich Ecken oder andere charakteristische Punkte in mehreren Bildern eines Objekts wiederfinden und eignen sich daher für Korrespondenzverfahren, die zur Auswertung von Stereoaufnahmen oder von Bildfolgen benötigt werden (siehe Abschn. 7.3.8).

Innerhalb eines homogenen Bildbereichs ist der Bildwert in alle Richtungen annähernd konstant. An einer Kante liegt eine starke Bildwertänderung in Gradientenrichtung, also senkrecht zur Kante vor, während sich der Bildwert entlang der Kante kaum ändert. Unter einer **Ecke** versteht man einen Bildpunkt, an dem sich die Bildwerte in alle Richtungen signifikant ändern. Dies ist zum Beispiel am Schnittpunkt zweier Kanten der Fall, aber auch an isolierten Punkten, die heller oder dunkler als ihre Umgebung sind. Eine Ecke im Sinne der Bildverarbeitung entspricht nicht zwangsläufig einer Ecke des beobachteten Objekts in der umgangssprachlichen Bedeutung des Wortes.

Im Folgenden wird der **Harris-Operator** vorgestellt, der eine verbreitete Methode zur Eckendetektion ist. Zur Herleitung des Harris-Operators betrachtet man ein lokales Fenster im Bild [12]. Durch den Vergleich des Bildsignals innerhalb des Fensters mit einem leicht verschobenen Fenster lassen sich nun Aussagen über Kanten und Ecken gewinnen: An einer Kante liegt bei einer Verschiebung in

Gradientenrichtung eine starke Änderung der Bildwerte vor, während bei Verschiebung parallel zur Kante keine Änderung auftritt. An einer Ecke ändern sich die Bildwerte hingegen bei Verschiebung des Fensters in jeder Richtung.

Die Änderung der Bildwerte lässt sich mittels der Summe der quadrierten Differenzen quantifizieren. Die Fensterfunktion ist hier eine Gauß-Funktion mit Parameter σ. Somit erhält man für eine Verschiebung um den Vektor $(\Delta x, \Delta y)^{\mathrm{T}}$:

$$c(x,y) \propto \sum_{u,v} \mathrm{e}^{-\frac{(u-x)^2+(v-y)^2}{2\sigma^2}} \left(g(u,v) - g(u+\Delta x, v+\Delta y)\right)^2 . \tag{15.88}$$

Mittels Taylor-Entwicklung um $(u,v)^{\mathrm{T}}$ lässt sich das verschobene Bild schreiben als

$$g(u+\Delta x, v+\Delta y) \approx g(u,v) + \left(\frac{\partial g}{\partial u}(u,v), \frac{\partial g}{\partial v}(u,v)\right) \begin{pmatrix}\Delta x\\ \Delta y\end{pmatrix} . \tag{15.89}$$

Einsetzen dieser Näherung in (15.88) liefert:

$$\begin{aligned} c(x,y) &\propto \sum_{u,v} \mathrm{e}^{-\frac{(u-x)^2+(v-y)^2}{2\sigma^2}} \left(g(u,v) - g(u+\Delta x, v+\Delta y)\right)^2 \qquad (15.90)\\ &\approx \sum_{u,v} \mathrm{e}^{-\frac{(u-x)^2+(v-y)^2}{2\sigma^2}} \left(g(u,v) - g(u,v) - \left(\frac{\partial g}{\partial u}(u,v), \frac{\partial g}{\partial v}(u,v)\right)\begin{pmatrix}\Delta x\\ \Delta y\end{pmatrix}\right)^2 \\ &= \sum_{u,v} \mathrm{e}^{-\frac{(u-x)^2+(v-y)^2}{2\sigma^2}} \left(\left(\frac{\partial g}{\partial u}(u,v), \frac{\partial g}{\partial v}(u,v)\right)\begin{pmatrix}\Delta x\\ \Delta y\end{pmatrix}\right)^2 . \qquad (15.91)\end{aligned}$$

Mit $(\mathbf{a}^{\mathrm{T}}\mathbf{b})^2 = \mathbf{a}^{\mathrm{T}}\mathbf{b}\mathbf{a}^{\mathrm{T}}\mathbf{b} = \mathbf{b}^{\mathrm{T}}\mathbf{a}\mathbf{a}^{\mathrm{T}}\mathbf{b}$ folgt daraus:

$$\begin{aligned} c(x,y) &\approx (\Delta x, \Delta y) \sum_{u,v} \mathrm{e}^{-\frac{(u-x)^2+(v-y)^2}{2\sigma^2}} \\ &\quad \begin{pmatrix} \left(\frac{\partial g}{\partial u}(u,v)\right)^2 & \left(\frac{\partial g}{\partial u}(u,v)\right)\left(\frac{\partial g}{\partial v}(u,v)\right) \\ \left(\frac{\partial g}{\partial u}(u,v)\right)\left(\frac{\partial g}{\partial v}(u,v)\right) & \left(\frac{\partial g}{\partial v}(u,v)\right)^2 \end{pmatrix} \begin{pmatrix}\Delta x\\ \Delta y\end{pmatrix} \qquad (15.92)\\ &= (\Delta x, \Delta y)\, \mathbf{C}(x,y) \begin{pmatrix}\Delta x\\ \Delta y\end{pmatrix} \qquad (15.93)\\ \text{mit}\quad \mathbf{C}(x,y) &:= \sum_{u,v} \mathrm{e}^{-\frac{(u-x)^2+(v-y)^2}{2\sigma^2}} \left(\operatorname{grad} g(u,v)\,(\operatorname{grad} g(u,v))^{\mathrm{T}}\right) . \qquad (15.94)\end{aligned}$$

Man erhält eine Matrix $\mathbf{C}(x,y)$, die gemäß (12.90) dem Strukturtensor $\mathbf{J}_\sigma(\operatorname{grad} g(\mathbf{x}))$ am Bildpunkt $\mathbf{x}$ entspricht. Die Eigenwerte $\mu_1 \geq \mu_2 \geq 0$ und die zugehörigen orthogonalen Eigenvektoren $\mathbf{v}_1$, $\mathbf{v}_2$ des Strukturtensors charakterisieren die lokalen Bildwertänderungen am Ort $\mathbf{x}$:

- 1. Fall: Beide Eigenwerte μ_1, μ_2 sind klein.
  Für jede Verschiebungsrichtung ist die Bildwertänderung $c(\mathbf{x})$ gering. Es liegt ein homogener Bildbereich mit näherungsweise konstantem Bildwert $g(\mathbf{x})$ vor.
- 2. Fall: Eigenwert μ_1 ist groß, der zweite Eigenwert μ_2 ist klein.
  In Verschiebungsrichtung $\mathbf{v}_1$ ist die Bildwertänderung $c(\mathbf{x})$ groß, orthogonal dazu in Richtung $\mathbf{v}_2$ ist sie gering. Dies entspricht einer Kante mit Normalenvektor $\mathbf{v}_1$.
- 3. Fall: Beide Eigenwerte μ_1, μ_2 sind groß.
  Für beliebige Verschiebungsvektoren nimmt die Bildwertänderung $c(\mathbf{x})$ große Werte an. Es liegt eine Ecke vor.

Anhand der Eigenwerte des Strukturtensors lassen sich also Ecken im Bild detektieren. Beim Harris-Operator wird jedoch aus Aufwandsgründen auf eine explizite Berechnung der Eigenwerte verzichtet. Vielmehr werden die Determinante und die Spur der Matrix herangezogen, die wie folgt mit den Eigenwerten μ_1, μ_2 zusammenhängen:

$$\det \mathbf{C} = \mu_1\, \mu_2 = a\, b - d^2\,, \tag{15.95}$$

$$\mathrm{Spur}(\mathbf{C}) = \mu_1 + \mu_2 = a + b\,, \tag{15.96}$$

wobei der symmetrische Strukturtensor als

$$\mathbf{C} = \begin{pmatrix} a & d \\ d & b \end{pmatrix} \tag{15.97}$$

geschrieben wird. Während die Spur sowohl an Ecken als auch an Kanten große Werte annimmt, liegen große Werte der Determinante speziell an Ecken vor. Dies motiviert folgende Definition des Harris-Operators:

$$k(\mathbf{x}) := \det \mathbf{C}(\mathbf{x}) - \alpha\,(\mathrm{Spur}(\mathbf{C}(\mathbf{x})))^2\,, \qquad \alpha > 0\,. \tag{15.98}$$

Dieser Ausdruck weist Maxima an Ecken auf, nimmt an Kanten negative Werte an und tendiert in homogenen Bereichen gegen null.

Beispiel 15.13 (Eckendetektion mit dem Harris-Operator): Die Ergebnisse des Harris-Operators mit dem Parameter $\alpha = 0{,}04$ auf zwei Testbildern sind in Abb. 15.23 wiedergegeben. Anhand des Binärbildes ist deutlich zu erkennen, dass Ecken positive (helle) und Kanten negative (dunkle) Werte von $k(\mathbf{x})$ zur Folge haben, während in homogene Bereichen $k(\mathbf{x}) = 0$ gilt (graue Flächen in Abb. 15.23(b)). An dem Gebäude in Abb. 15.23(c) werden Ecken vorwiegend an Fenstern, Türen u. Ä., aber auch an den einzeln stehenden Pflanzen auf dem Vorplatz gefunden. ■

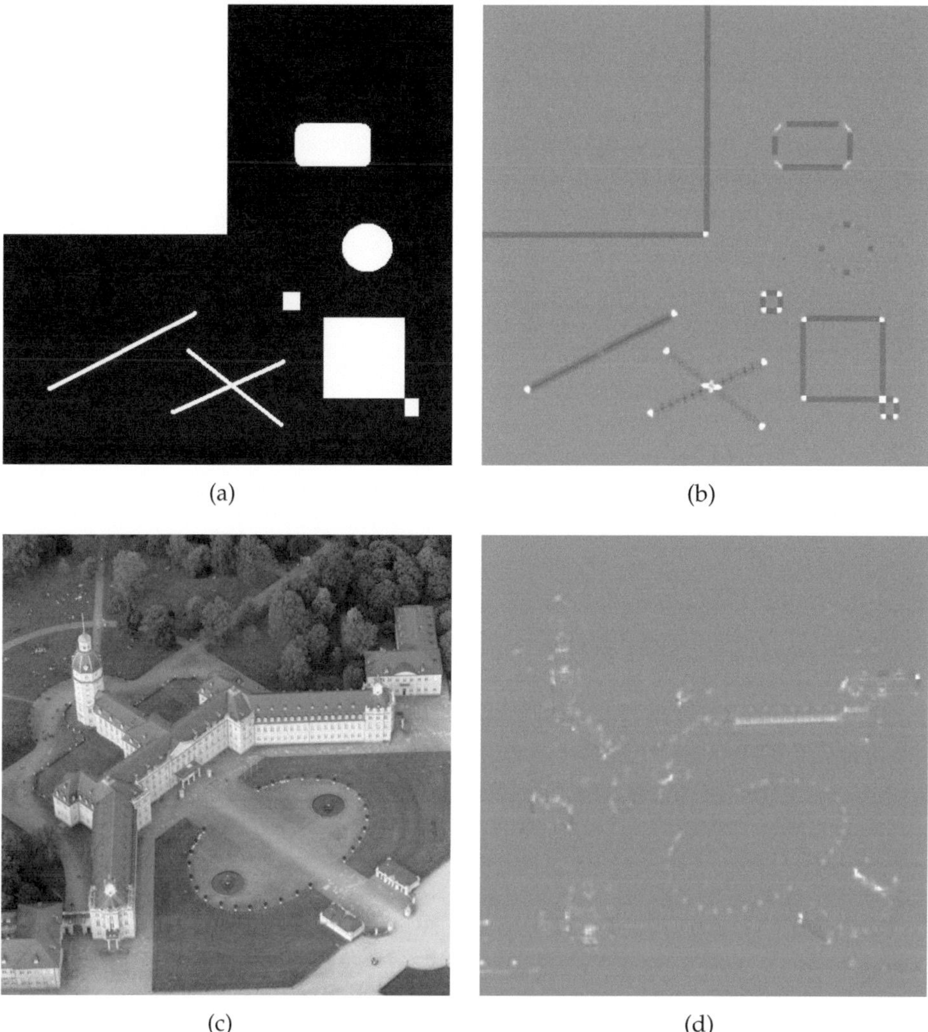

Abbildung 15.23. Beispiele zur Eckendetektion mit dem Harris-Operator: (a) binäres Testbild; (b) Ergebnis des Harris-Operators auf (a); (c) Luftbild des Karlsruher Schlosses (Quelle: ONUK); (d) Ergebnis des Harris-Operators auf (c).

Auch die in Abschn. 14.4.6 beschriebenen *Local Binary Patterns* können zur Detektion von charakteristischen Bildpunkten eingesetzt werden [14]. Die skalierungsinvariante Detektion von charakteristischen Bildpunkten wird in Abschn. 16.6 behandelt.

15.6 Literatur

[1] AE Goetze GmbH. *Honatlas: Beurteilungskriterien für die Honung von Zylinderlaufflächen*. Burscheid, 1988.

[2] Dana Ballard. Generalizing the Hough transform to detect arbitrary shapes. *Pattern Recognition*, 13(2):111–122, 1981.

[3] Titus A. Beu. *Introduction to numerical programming: a practical guide for scientists and engineers using Python and C/C++*. CRC Press, Boca Raton, 2015.

[4] Jürgen Beyerer. *Analyse von Riefentexturen*, Bd. 390 der Reihe *Fortschritt-Berichte VDI, Reihe 8*. VDI-Verlag, Düsseldorf, 1994.

[5] Jürgen Beyerer und Fernando Puente León. Die Radontransformation in der digitalen Bildverarbeitung. *at – Automatisierungstechnik*, 50(10):472–480, 2002.

[6] Jürgen Brauer. *Human Pose Estimation with Implicit Shape Models*. KIT Scientific Publishing, Karlsruhe, 2014.

[7] Richard Duda und Peter Hart. Use of the Hough transformation to detect lines and curves in pictures. *Communications of the ACM*, 15(1):11–15, 1972.

[8] Rafael Gonzalez und Richard Woods. *Digital image processing*. Pearson Prentice Hall, Upper Saddle River, NJ, 3. Auflage, 2008.

[9] Martin Grafmüller, Jürgen Beyerer und Kristian Kroschel. Decision tree classifier for character recognition combining support vector machines and artificial neural networks. In *Mathematics of Data/Image Coding, Compression, and Encryption with Applications, Proc. SPIE*, Bd. 7799, San Diego, USA, August 2010.

[10] Graham Hall, Trevor J. Terrel, John M. Senior und Lesley M. Murphy. New fast discrete Radon transform for enhancing linear features in noisy images. *Electronics Letters*, 24(14):876–877, 1988.

[11] Robert Haralick und Linda Shapiro. *Computer and robot vision*. Addison-Wesley, Reading, MA, 1992.

[12] Chris Harris und Mike Stephens. A combined corner and edge detector. In *Proceedings of the 4th Alvey Vision Conference*, Seiten 147–151, 1988.

[13] Peter Hart. How the Hough transform was invented. *IEEE Signal Processing Magazine*, Seiten 18–22, November 2009.

[14] Marko Heikkilä, Matti Pietikäinen und Cordelia Schmid. Description of interest regions with local binary patterns. *Pattern Recognition*, 42(3):425–436, 2009.

[15] Harro Heuser. *Funktionalanalysis – Theorie und Anwendung*. Teubner, Wiesbaden, 4. Auflage, 2006.

[16] Joseph Horner und Peter Gianino. Phase-only matched filtering. *Applied Optics*, 23(6):812–816, 1984.

[17] Paul Hough. Method and means for recognizing complex patterns. Patent US 3069654, 1962.

[18] Kai Jüngling. *Ein generisches System zur automatischen Detektion, Verfolgung und Wiedererkennung von Personen in Videodaten*. Dissertation, Karlsruher Institut für Technologie, 2011.

[19] Avinash Kak und Malcolm Slaney. *Principles of computerized tomographic imaging*. Society for Industrial and Applied Mathematics, 2001.

[20] Willi Kalender. *Computertomographie: Grundlagen, Gerätetechnologie, Bildqualität, Anwendungen*. Publicis, Erlangen, 2. Auflage, 2006.

[21] A. A. Kassim, T. Tan und K. H. Tan. A comparative study of efficient generalised Hough transform techniques. *Image and Vision Computing*, 17(10):737–748, 1999.

[22] Violet F. Leavers. *Shape detection in computer vision using the Hough transform*. Springer, London, 1992.

[23] Alain Lehmann, Bastian Leibe und Luc Van Gool. Fast PRISM: Branch and bound Hough transform for object class detection. *International Journal of Computer Vision*, 94(2):175–197, 2011.

[24] Bastian Leibe, Aleš Leonardis und Bernt Schiele. Combined object categorization and segmentation with an implicit shape model. In *ECCV Workshop on Statistical Learning in Computer Vision*, Seiten 17–32, 2004.

[25] Bastian Leibe, Aleš Leonardis und Bernt Schiele. Robust object detection with interleaved categorization and segmentation. *International Journal of Computer Vision*, 77:259–289, 2008.

[26] Lesley M. Murphy. Linear feature detection and enhancement in noisy images via the Radon transform. *Pattern Recognition Letters*, 4(4):279–284, 1986.

[27] Ana Pérez Grassi. *Variable illumination and invariant features for detecting and classifying varnish defects*. KIT Scientific Publishing, Karlsruhe, 2010.

[28] Johann Radon. Über die Bestimmung von Funktionen durch ihre Integralwerte längs gewisser Mannigfaltigkeiten. *Berichte über die Verhandlungen der Königlich Sächsischen Gesellschaft der Wissenschaften, Mathematisch-Physikalische Klasse*, 69:262–277, 1917.

[29] Paul Rattey und Allen Lindgren. Sampling the 2-D Radon transform. *IEEE Transactions on Acoustics, Speech and Signal Processing*, 29(5):994–1002, 1981.

[30] Jennifer Sander, Michael Heizmann, Igor Goussev und Jürgen Beyerer. Global evaluation of focussed Bayesian fusion. In Jerome Braun (Hrsg.), *Multisensor, Multisource Information Fusion: Architectures, Algorithms, and Applications, Proc. SPIE*, Bd. 7710, Orlando, USA, April 2010.

[31] Günter Saur, Stéphane Estable, Karin Zielinski, Stefan Knabe, Michael Teutsch und Matthias Gabel. Detection and classification of man-made offshore objects in TerraSAR-X and RapidEye imagery: Selected results of the DeMarine-DEKO project. In *IEEE OCEANS*, 2011.

[32] Hanns Schulz-Mirbach. *Anwendung von Invarianzprinzipien zur Merkmalgewinnung in der Mustererkennung*. VDI-Verlag, Düsseldorf, 1995.

[33] Wesley Snyder und Hairong Qi. *Machine vision*. Cambridge University Press, 2004.

[34] Josef Stoer. *Numerische Mathematik*, Bd. 1. Springer, 8. Auflage, 1999.

[35] Ansgar Trächtler. *Tomographische Methoden in der Meßtechnik*, Bd. 897 der Reihe *Fortschritt-Berichte VDI, Reihe 8*. VDI-Verlag, Düsseldorf, 2001.

[36] A. vander Lugt. Signal detection by complex spatial filtering. *IEEE Transactions on Information Theory*, 10(2):139–145, 1964.

[37] B. V. K. Vijaya Kumar, Fred M. Dickey und John M. DeLaurentis. Correlation filters minimizing peak location errors. *Journal of the Optical Society of America A*, 9(5):678–682, 1992.

[38] B. V. K. Vijaya Kumar und L. Hassebrook. Performance measures for correlation filters. *Applied Optics*, 29(20):2997–3006, 1990.

[39] Wolfgang Walter. *Analysis 2*. Springer, Berlin, 5. Auflage, 2002.

16

Kapitel 16

Bildpyramiden, Wavelet-Transformation und Multiskalenanalyse

16

16 Bildpyramiden, Wavelet-Transformation und Multiskalenanalyse

16 Bildpyramiden, Wavelet-Transformation und Multiskalenanalyse

Die Multiskalenanalyse ist ein mathematisches Konzept, das die Signalanalyse auf unterschiedlichen Auflösungsstufen beschreibt. Während die Auswertung von feinen Details im Bild die maximale verfügbare Auflösung benötigt, lassen sich grobe Strukturen mit geringerem Aufwand bei reduzierter Auflösung analysieren. Zwei Verfahren zur Multiskalenanalyse, die in diesem Kapitel behandelt werden, sind Bildpyramiden und die Wavelet-Transformation.

16.1 Bildpyramiden

Bilder enthalten Strukturen wie Kanten, Ecken, Texel, Objekte oder Defekte auf unterschiedlichen Skalen, d. h. mit unterschiedlicher örtlicher Ausdehnung. Das liegt einerseits an Größe, Form und Textur der beobachteten Objekte, andererseits an den Bedingungen der Bildaufnahme: Je nach Brennweite des Kameraobjektivs und Entfernung des Objekts werden die interessierenden Strukturen mit unterschiedlicher Vergrößerung abgebildet. Für viele Aufgaben der Bildauswertung ist es wünschenswert, Strukturen auf unterschiedlichen Skalen effizient zu analysieren, um verschiedene Objekteigenschaften untersuchen zu können und eine gewisse Invarianz bezüglich der Vergrößerung zu erreichen.

Wendet man jedoch Bildauswertungsverfahren naiv auf mehreren Skalen an, so kann dies mit beträchtlichem Rechenaufwand verbunden sein. Soll beispielsweise mit einem Korrelationsfilter (siehe Abschn. 15.1) in einem Bild der Größe $N \times N$ ein Objekt der Ausdehnung $L \times L$ detektiert werden, so entsteht für die Faltung im Ortsbereich ein Aufwand von ca. $\mathcal{O}(N^2 L^2)$. Bei der Analyse auf unterschiedlichen Skalen wächst also der Rechenaufwand quadratisch in der Objektbreite L. Die resultierende Rechenzeit kann mit den Echtzeitanforderungen schnell auszuführender Sichtprüfaufgaben in Konflikt stehen.

Um den Aufwand für die Untersuchung großer Bildstrukturen zu reduzieren, wurde das Konzept der Bildpyramiden nach Burt eingeführt [5, 10, 12]. Es sieht eine iterative Filterung und Unterabtastung des Bildes g_{mn} vor. Dadurch erhält man eine Pyramide von Bildern g^{ν}_{mn}, wobei jedes Bild eine bestimmte Skala repräsentiert.

Der Aufbau einer Bildpyramide für ein o. B. d. A. quadratisches Bild g_{mn} der Größe $N \times N$ umfasst folgende Schritte:

1. Initialisierung des iterativen Verfahrens mit dem Originalbild:

$$g^0_{mn} := g_{mn} \,. \tag{16.1}$$

J. Beyerer et al., *Automatische Sichtprüfung*,
https://doi.org/10.1007/978-3-662-69951-5_16

2. Für $\nu = 1, 2, \ldots, K$: Tiefpassfilterung von $g_{mn}^{\nu-1}$ auf halbe Bandbreite.
3. Unterabtastung um den Faktor 2. Wegen der vorangegangenen Tiefpassfilterung stellt dies keine Verletzung der Abtastbedingung dar. Es resultiert das gefilterte und unterabgetastete Bild

$$g_{mn}^{\nu} \quad \text{der Größe } \frac{N}{2^{\nu}} \times \frac{N}{2^{\nu}} . \tag{16.2}$$

4. Fortsetzung der iterativen Pyramidenkonstruktion mit den Schritten 2. und 3.

Abbildung 16.1 zeigt die auf diese Weise erhaltene Bildpyramide.

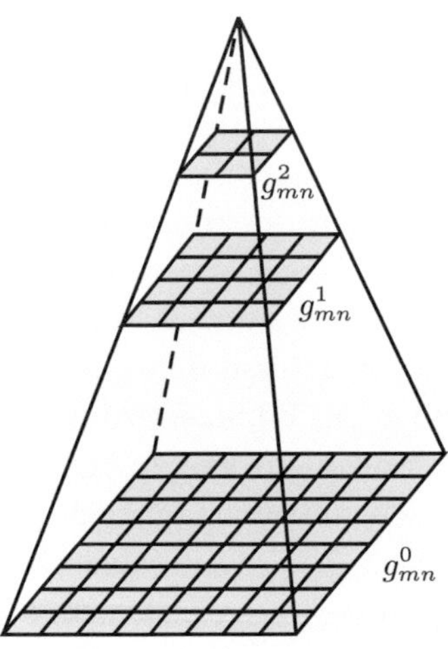

Abbildung 16.1.
Konstruktion einer Pyramide aus dem Bild $g_{mn}^0 := g_{mn}$.

In der Pyramide liegt das Bild simultan in logarithmisch gestuften Auflösungen vor (sogenanntes Multiresolution- oder Multigrid-Prinzip). Dadurch können sowohl grobe als auch feine Bildstrukturen mittels kleiner lokaler Operatoren ausgewertet werden. Die Anwendung des Operators auf einer oberen Stufe der Pyramide ($\nu > 0$) entspricht näherungsweise der Anwendung eines virtuell entsprechend vergrößerten Operators auf das Originalbild ($\nu = 0$). Durch das Pyramidenkonzept gelangen grobe Strukturen sozusagen in Reichweite der lokalen Operatoren.

Betrachtet man nun erneut das Beispiel der Detektionsaufgabe, so sinkt der Aufwand auf der Stufe $\nu > 0$ der Pyramide auf ca. $\mathcal{O}(2^{-4\nu} N^2 L^2)$, denn die Abmessungen von Bild und Objekt verringern sich jeweils um den Faktor $2^{-\nu}$ auf $2^{-\nu}N \times 2^{-\nu}N$ bzw. $2^{-\nu}L \times 2^{-\nu}L$. Der Rechenaufwand verringert sich also mit wachsendem ν erheblich. Somit ist auch die Detektion großer Objekte effizient möglich, allerdings um den Preis des Verlustes feiner Details aufgrund der Tiefpassfilterung zwischen den Pyramidenstufen.

Trotz der Speicherung von Bildinformation auf mehreren Skalen bleibt der Aufwand für eine Bildpyramide überschaubar. Das erste unterabgetastete Bild

g^1_{mn} hat die Größe $\frac{N}{2} \times \frac{N}{2}$, das zweite g^2_{mn} hat die Größe $\frac{N}{4} \times \frac{N}{4}$, usw. Die Gesamtzahl der Bildpixel beträgt

$$N^2 + \frac{N^2}{4} + \frac{N^2}{16} + \ldots \leq N^2 \sum_{\nu=0}^{\infty} \frac{1}{4^\nu} = \frac{4}{3} N^2 , \tag{16.3}$$

wie man mit Hilfe der geometrischen Reihe abschätzen kann [24].

Für die Reduktion der Auflösung innerhalb der Pyramide wird nun folgende Notation eingeführt:

$$g^\nu_{mn} = \downarrow g^{\nu-1}_{mn} := \text{ Unterabtastung um den Faktor 2 von } g^{\nu-1}_{mn} ** h_{mn} . \tag{16.4}$$

Das Bild $g^{\nu-1}_{mn}$ wird also zunächst mit der Impulsantwort h_{mn} eines Tiefpassfilters gefaltet und anschließend unterabgetastet. In umgekehrter Richtung wird das Bild interpoliert. Diesen Schritt bezeichnet man als Expansion:

$$h_{mn} ** g^\nu_{mn} = \uparrow g^{\nu+1}_{mn} := 4 \sum_{(k,l)\in\mathcal{I}_{mn}} i_{kl}\, g^{\nu+1}_{\frac{m-k}{2},\frac{n-l}{2}} \tag{16.5}$$

mit

$$\mathcal{I}_{mn} := \left\{(k,l) \in \mathbb{Z}^2 \;\middle|\; m-k \text{ und } n-l \text{ sind gerade Zahlen}\right\} . \tag{16.6}$$

Mit $m-k =: 2p$, $n-l =: 2q$ und ganzzahligen p, q folgt $k = m-2p$, $l = n-2q$ und mithin

$$\uparrow g^{\nu+1}_{mn} = 4 \sum_{(p,q)\in\Omega_{g^{\nu+1}}} i_{m-2p,n-2q}\, g^{\nu+1}_{pq} , \tag{16.7}$$

wobei $\Omega_{g^{\nu+1}}$ wie üblich die Definitionsmenge des Bildes, hier $g^{\nu+1}_{mn}$, bezeichnet. Das expandierte Bild besitzt in jeder Koordinatenrichtung eine um den Faktor 2 größere Ausdehnung als $g^{\nu+1}_{mn}$. Der Faktor 4 wird erforderlich, weil zur Interpolation nur Werte an den geradzahligen Pixelpositionen in beiden Koordinatenrichtungen verfügbar sind. Das Interpolationsfilter i_{mn} entspricht im Idealfall der Sinc-Funktion (siehe Abschn. 10.2.1). Häufig wird aber auch $i_{mn} := h_{mn}$ gesetzt [5].

An das Tiefpassfilter h_{mn} werden die folgenden Forderungen gestellt:

- Positivität: $h_{mn} > 0$ für alle m, n.
- h_{mn} ist unimodal, d. h. die Impulsantwort besitzt nur ein Maximum.
- Punktsymmetrie zum Ursprung: $h_{mn} = h_{-m,-n}$ für alle m, n.
- Erhaltung des mittleren Bildwerts: $\sum_{m,n} h_{mn} = 1$.
- Jedes Pixel soll den gleichen Betrag zur nächsten Stufe leisten. Da bei der Unterabtastung nur die Pixel mit geradzahligen Indizes erhalten bleiben, müssen

zu diesem Zweck die Summen der geraden und der ungeraden Filterkoeffizienten gleich sein: $\sum_{i,j} h_{2i,2j} = \sum_{i,j} h_{2i+1,2j} = \sum_{i,j} h_{2i,2j+1} = \sum_{i,j} h_{2i+1,2j+1}$.

- Separabilität: $h_{mn} = h_m \, h_n$ mit einer eindimensionalen Impulsantwort h_n [5]. Die Separabilität ermöglicht eine effiziente Implementierung, siehe Abschn. 10.3.1.1.

All diese Forderungen werden vom Binomial-Tiefpass erfüllt (siehe Abschn. 10.3.1.4).

16.1.1 Gauß-Pyramide

Eine mit einem Binomial-Tiefpass $h_{mn,L}$ konstruierte Bildpyramide heißt Gauß-Pyramide. Abbildung 16.2 veranschaulicht die Vorgehensweise der Tiefpassfilterung und Unterabtastung um den Faktor 2 an einem eindimensionalen Signal g_m.

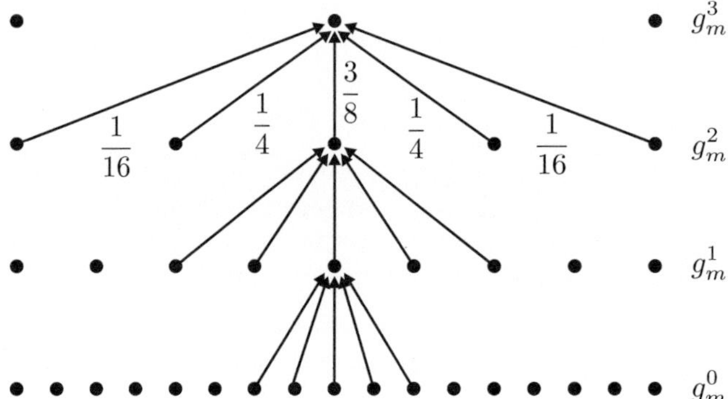

Abbildung 16.2. Konstruktion einer eindimensionalen Gauß-Pyramide mit einem Binomialfilter der Größe $L = 5$.

16.1.2 Laplace-Pyramide

Bisher wurden Bildpyramiden mittels einer Tiefpassfilterung konstruiert. In jedem Schritt werden Signalanteile mit hoher Ortsfrequenz herausgefiltert, sodass auf den oberen Stufen der Pyramide nur noch niedrige Ortsfrequenzen vorhanden sind.

Alternativ kann die Pyramide auch so konstruiert werden, dass ihre Stufen eine Bandpassfilterung des Originalbildes enthalten. Eine einfache Möglichkeit, um eine solche Bandpassfilterung zu realisieren, ist die Subtraktion zweier aufeinanderfolgender Bilder einer Tiefpasspyramide. Im Fall der Gauß-Pyramide g_{mn}^{ν} führt diese Vorgehensweise auf die Laplace-Pyramide λ_{mn}^{ν}:

$$\lambda_{mn}^{\nu} := g_{mn}^{\nu} - \uparrow g_{mn}^{\nu+1} \,. \tag{16.8}$$

Die Subtraktion der binomialgefilterten Bilder entspricht der Difference-of-Gaussians-Filterung aus Abschn. 12.2.2. Somit stellen die λ_{mn}^{ν} Approximationen der zweiten Ableitung des Originalbildes mit unterschiedlichen Glättungsparametern dar. Auf den ersten Stufen der Laplace-Pyramide werden feine Kantenstrukturen hervorgehoben, während auf den höheren Stufen gröbere Kantenstrukturen des Originalbildes sichtbar sind.

Beispiel 16.1 (Bildpyramiden): Abbildung 16.3 zeigt die ersten Stufen der Gauß- und der Laplace-Pyramide eines Bildes g_{mn}. Die Zeilen- und Spaltenanzahl des Bildes halbiert sich mit jeder Pyramidenstufe, zur besseren Erkennbarkeit werden die Bilder für $\nu \geq 1$ hier jedoch etwas größer wiedergegeben. In der Laplace-Pyramide ist der Bildwert 0 grau dargestellt, positive Bildwerte sind hell, negative dunkel. ■

Die Laplace-Pyramide ist eine Zerlegung des Bildsignals in Bandpassbereiche mit logarithmischer Frequenzstufung. Das Originalbild kann aus der Laplace-Pyra-

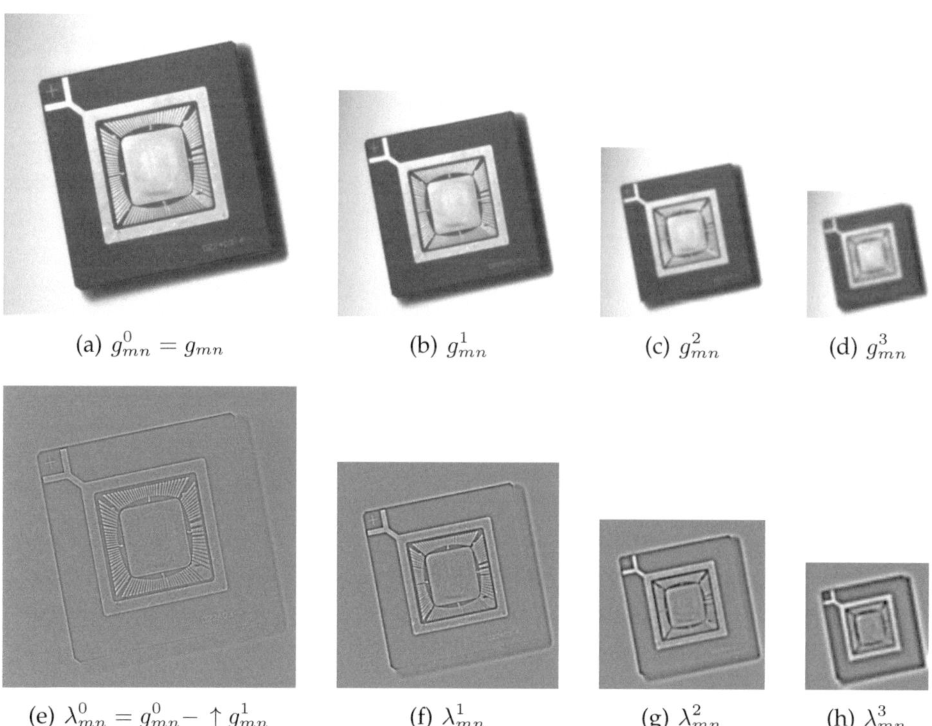

(a) $g_{mn}^0 = g_{mn}$ (b) g_{mn}^1 (c) g_{mn}^2 (d) g_{mn}^3

(e) $\lambda_{mn}^0 = g_{mn}^0 - \uparrow g_{mn}^1$ (f) λ_{mn}^1 (g) λ_{mn}^2 (h) λ_{mn}^3

Abbildung 16.3. Bildpyramiden: (a) – (d) Gauß-Pyramide g_{mn}^{ν} nach (16.4); (e) – (h) Laplace-Pyramide $\lambda_{mn}^{\nu} = g_{mn}^{\nu} - \uparrow g_{mn}^{\nu+1}$ nach (16.8).

mide sowie dem obersten Bild der Gauß-Pyramide exakt rekonstruiert werden:

$$
\begin{aligned}
g_{mn}^0 &= \sum_{\nu=0}^{K-1} \uparrow^\nu \lambda_{mn}^\nu + \uparrow^K g_{mn}^K \\
&= \lambda_{mn}^0 + \uparrow \lambda_{mn}^1 + \uparrow\uparrow \lambda_{mn}^2 + \cdots + \underbrace{\uparrow \ldots \uparrow}_{K-1} \lambda_{mn}^{K-1} + \underbrace{\uparrow \ldots \uparrow}_{K} g_{mn}^K \,.
\end{aligned}
\tag{16.9}
$$

Für den Pyramidenaufbau durch Unterabtastung um den Faktor 2 sind folgende Verallgemeinerungen möglich:

- Reduktion um $p \times q$ pro Pyramidenstufe bei entsprechender Filterung und Berücksichtigung von ggf. vorhandener Signalanisotropie.
- Anwendung optimaler (signalangepasster) Abtastschemata, vgl. Abschn. 8.3.7.

16.1.3 Pyramid-Linking

Eine Anwendung der Bildpyramiden ist die Bildsegmentierung (siehe Kap. 12). Das Verfahren ist unter dem Begriff **Pyramid-Linking** bekannt [6, 12, 19]. Es läuft wie folgt ab:

1. Berechnung der Gauß-Pyramide, wobei als Tiefpassfilter i. d. R. ein Mittelwertfilter der Größe 4×4 verwendet wird.
2. Verknüpfungsschritt (*linking*): Die Bildpyramide wird als Baumstruktur aufgefasst, wobei die Bildpunkte die Knoten des Baums darstellen und die Kanten zwischen Knoten aus aufeinanderfolgenden Stufen der Pyramide verlaufen. Für einen Bildpunkt g_{mn}^ν auf Stufe ν der Pyramide kommen die 16 Bildpunkte
$$
\left\{ g_{k,l}^{\nu-1} \,|\, (k,l) \in \mathbb{Z}^2,\, 2m-1 \le k \le 2m+2,\, 2n-1 \le l \le 2n+2 \right\}
\tag{16.10}
$$
der darunterliegenden Stufe $\nu-1$ als mögliche Kindknoten in Betracht. Das bedeutet umgekehrt, dass für jeden Knoten $g_{kl}^{\nu-1}$ der Stufe $\nu-1$ vier Elternknoten in Frage kommen. Von diesen Kandidaten g_{mn}^ν wird nun derjenige ausgewählt, der ein Distanzmaß minimiert, z. B. die Differenz der Bildwerte $|g_{kl}^{\nu-1} - g_{mn}^\nu|$. Die Kante $(g_{mn}^\nu, g_{kl}^{\nu-1})$ wird in die Baumstruktur aufgenommen.
3. Mittelung miteinander verbundener Bildpunkte: Die Bildwerte auf den Stufen $\nu = 1, 2, \ldots, K$ werden in dieser aufsteigenden Reihenfolge neu berechnet. Für einen Knoten g_{mn}^ν der Stufe ν werden in die Berechnungsvorschrift des Reduktionsschritts nur seine Kindknoten aufgenommen, d. h. der Bildwert g_{mn}^ν berechnet sich als Mittelwert der Bildwerte $g_{kl}^{\nu-1}$ derjenigen Knoten, zu denen Kanten $(g_{mn}^\nu, g_{kl}^{\nu-1})$ existieren.
4. Iterative Wiederholung der Schritte 2. und 3. bis zu einem stabilen Endergebnis.

5. Zuordnung der Segmente: Ab einer bestimmten Ebene oder alternativ sobald eine festgelegte Bildwertdifferenz der Kindknoten unterschritten wird, erhalten alle Kindknoten rekursiv den Wert des Elternknotens zugewiesen und werden somit zu einem Segment zusammengefasst.

Durch die Berücksichtigung der Grobstruktur auf den höheren Stufen der Pyramide wird das Verfahren robuster, da lokale Störungen kompensiert werden können. Ein weiterer Vorteil des Verfahrens ist, dass die Anzahl der Segmente nicht im Voraus festgelegt werden muss. Abbildung 16.4 zeigt ein Beispiel zur Segmentierung mit dem Pyramid-Linking-Verfahren.

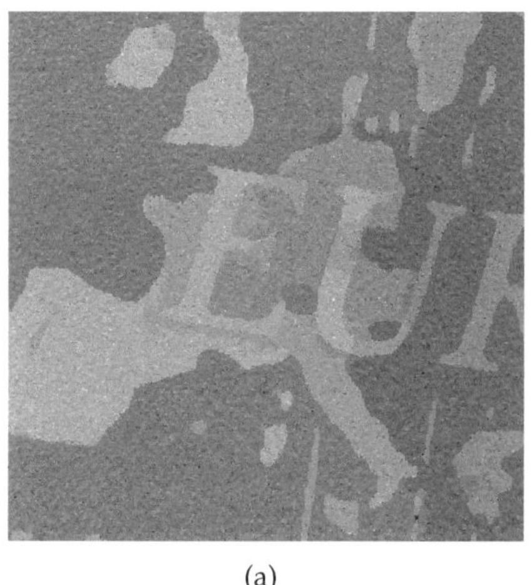

(a)

(b)

Abbildung 16.4. Beispiel zur Segmentierung mit Pyramid-Linking: (a) Oberflächenrelief einer Münze; (b) Segmentierungsergebnis (Quelle: Dr. A. Purde [19]).

16.2 Wavelets

Die Wavelet-Transformation ist eine Integraltransformation, die ein- oder mehrdimensional formuliert werden kann und somit auch auf Bildsignale angewendet werden kann [11]. Während die Basisfunktionen bei der Fourier-Transformation unendlich ausgedehnte harmonische Schwingungen sind, haben die Basisfunktionen der Wavelet-Transformation einen endlichen, kompakten Träger. Davon leitet sich auch der Name der Transformation ab: engl. *wavelet* $\widehat{=}$ frz. *ondelette* $\widehat{=}$ „kleine Welle“. Die Basisfunktionen werden nicht nur skaliert, was einer Entwicklung nach Ortsfrequenzen wie bei der Fourier-Transformation entspricht, sondern auch im Ortsbereich verschoben. Dadurch bleibt Ortsinformation in der Wavelet-Transformierten erhalten. Man erhält eine ortsaufgelöste Darstellung der Grob- und Feinstrukturgehalte des Signals.

Im Folgenden wird die Wavelet-Transformation zunächst für eindimensionale Signale beschrieben. Anschließend wird der Zusammenhang mit der Multiskalenanalyse und der Theorie orthogonaler Filterbänke behandelt. Schließlich wird auf die Transformation zweidimensionaler Bildsignale eingegangen.

16.2.1 Kontinuierliche Wavelet-Transformation

Die Wavelet-Transformation ist zunächst kontinuierlich formuliert, was insbesondere für theoretische Einsichten und analytische Betrachtungen vorteilhaft ist. Für den praktischen Einsatz in der Bild- und Signalverarbeitung bedarf es dann aber einer passenden Diskretisierung, ähnlich wie bei der Fourier-Transformation. Diese führt schließlich auf die schnelle Wavelet-Transformation.

Die kontinuierliche Transformation ist durch ein Integral definiert [4]:

Definition 16.1: Wavelet-Transformation

Die Wavelet-Transformation (Hintransformation) des Signals $g(x)$ ist wie folgt definiert:

$$\Gamma_\psi(s,\tau) := \int_{-\infty}^{\infty} g(x)\,\psi^*_{s,\tau}(x)\,\mathrm{d}x \tag{16.11}$$

mit

$$\psi_{s,\tau}(x) := \frac{1}{\sqrt{s}}\,\psi\!\left(\frac{x-\tau}{s}\right), \qquad s,\tau \in \mathbb{R}\,,\ s>0\,, \tag{16.12}$$

wobei die Funktion $\psi(\,\cdot\,)$ als „Mutterwavelet" bezeichnet wird. Das Argument s heißt Skalenparameter, τ ist der Verschiebungsparameter und mit ψ^* wird die komplex konjugierte Wavelet-Funktion bezeichnet. ◇

Die Wavelet-Transformation eines eindimensionalen Signals ist zweidimensional und damit hochgradig redundant.

Die Wavelet-Rücktransformation lautet [1]:

$$g(x) = \frac{1}{C_\psi}\int_{0}^{\infty}\int_{-\infty}^{\infty} \Gamma_\psi(s,\tau)\,\frac{\psi_{s,\tau}(x)}{s^2}\,\mathrm{d}\tau\,\mathrm{d}s \tag{16.13}$$

mit

$$C_\psi = \int_{-\infty}^{\infty} \frac{|\Psi(f)|^2}{|f|}\,\mathrm{d}f\,, \tag{16.14}$$

wobei $\Psi(f) = \mathcal{F}\{\psi(x)\}$ die Fourier-Transformierte des Mutterwavelets $\psi(x)$ bezeichnet. Für das Mutterwavelet muss die Zulässigkeitsbedingung $C_\psi < \infty$ erfüllt sein. Daraus folgt, dass das Wavelet den Gleichanteil null hat:

$$C_\psi < \infty \qquad \Rightarrow \qquad 0 = \Psi(0) = \int_{-\infty}^{\infty} \psi(x)\,\mathrm{d}x\,. \tag{16.15}$$

Beispiel 16.2 (Eindimensionale kontinuierliche Wavelet-Transformation): Zur Veranschaulichung der Wavelet-Transformation soll das Mutterwavelet

$$\psi(x) = \mathrm{e}^{-\frac{x^2}{2}} \sin(2\pi x) \tag{16.16}$$

betrachtet werden. Für die Fourier-Transformierte des skalierten und verschobenen Wavelets $\psi_{s,\tau}(x)$ ergibt sich mit Hilfe von Skalierungs- und Verschiebungssatz:

$$\Psi_{s,\tau}(f) = \mathrm{j}\sqrt{\frac{\pi s}{2}} \left(\mathrm{e}^{-2\pi^2(sf+1)^2} - \mathrm{e}^{-2\pi^2(sf-1)^2}\right) \mathrm{e}^{-\mathrm{j}2\pi\tau f}\,. \tag{16.17}$$

Abbildung 16.5 zeigt den Verlauf der Wavelet-Funktion $\psi_{s,\tau}(x)$ und den Betrag ihres Fourier-Spektrums $|\Psi_{s,\tau}(f)|$ für unterschiedliche Skalierungs- und Verschiebungsparameter s bzw. τ. Fasst man die Wavelets $\psi_{s,\tau}(x)$ als Impulsantworten von LSI-Systemen auf, so sieht man an den Spektren, dass es sich um Bandpassfilter handelt, deren Frequenz mit zunehmendem Skalenparameter s abnimmt. Die Wavelet-Transformierte $\Gamma_\psi(s,\tau)$ eines Signals enthält also für kleine s die Feinstruktur, für große s die Grobstruktur des Signals. ■

Die Wavelet-Transformation weist eine Reihe günstiger Eigenschaften auf:

- Im Gegensatz zur Fourier-Transformation ist sie eine lokale Transformation. Deshalb ermöglicht sie eine gleichzeitige Lokalisation von Signalanteilen in Ort und Frequenz.
- Es existiert ein schneller Algorithmus zu ihrer effizienten Berechnung (siehe Abschn. 16.4).
- Durch die Wahl des Mutterwavelets bietet sie einen großen Designspielraum für Anwender.

Aus diesem Grund wird die Wavelet-Transformation zur Analyse instationärer Prozesse und zur lokalen, ortsaufgelösten Spektralanalyse angewandt. Ferner spielt sie in der Bildkompression ebenfalls eine wichtige Rolle [22].

Beispiel 16.3 (Rekonstruktion eines instationären Signals): Um die Eigenschaften von Fourier- und Wavelet-Transformation zu vergleichen, wird die Analyse und Rekonstruktion eines eindimensionalen instationären Signals betrachtet. Das Signal $g(x)$ aus Abb. 16.6(a) weist Sprünge und Schwingungen auf, ist

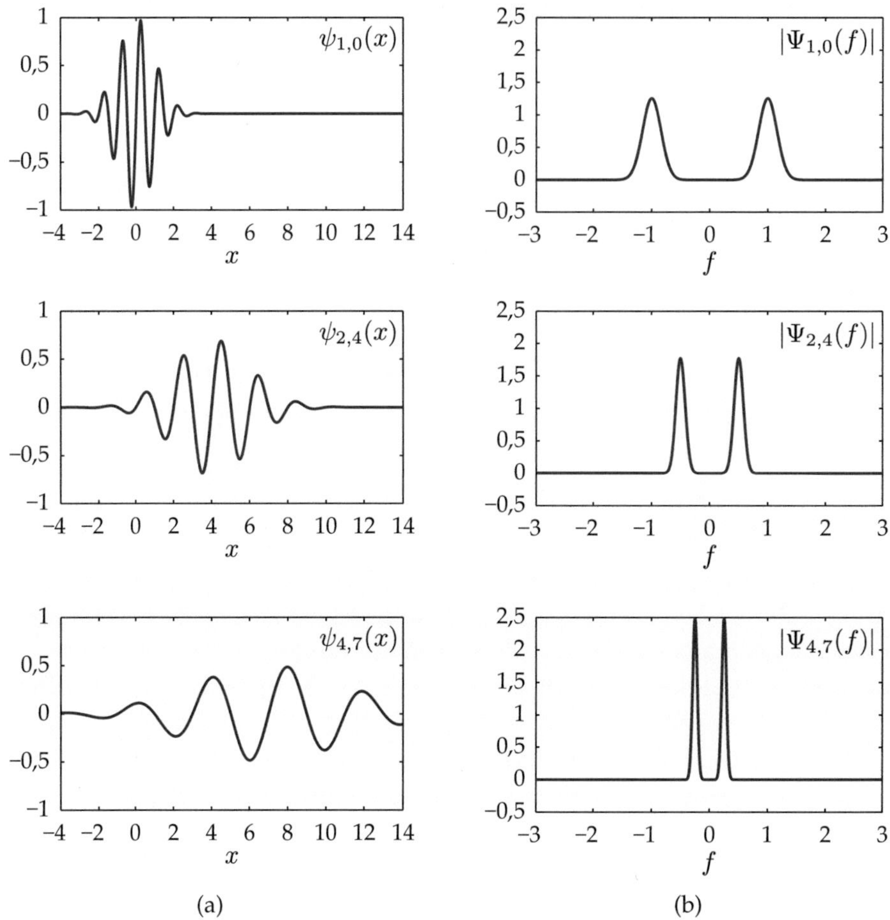

Abbildung 16.5. Beispiel eines eindimensionalen, kontinuierlichen Wavelets: (a) verschiedene Skalierungen und Verschiebungen des Mutterwavelets (16.16); (b) Betrag der zugehörigen Fourier-Transformierten.

aber dazwischen stückweise konstant. Entwickelt man dieses Signal in eine Fourier-Reihe und rekonstruiert es aus den 100 betragsgrößten Fourier-Koeffizienten, so treten an den konstanten Abschnitten harmonische Schwingungen auf; siehe Abb. 16.6(b). Da sich die Basisfunktionen der Fourier-Transformation global über den gesamten Definitionsbereich erstrecken, lassen sich starke Instationaritäten nur schlecht approximieren.

Verwendet man hingegen die schnelle Wavelet-Transformation mit der Daubechies-Filterbank D4 (siehe Bsp. 16.5) und rekonstruiert das Signal aus den 100 betragsgrößten Wavelet-Koeffizienten, erhält man eine wesentlich bessere Approximation insbesondere der stückweise konstanten Abschnitte.

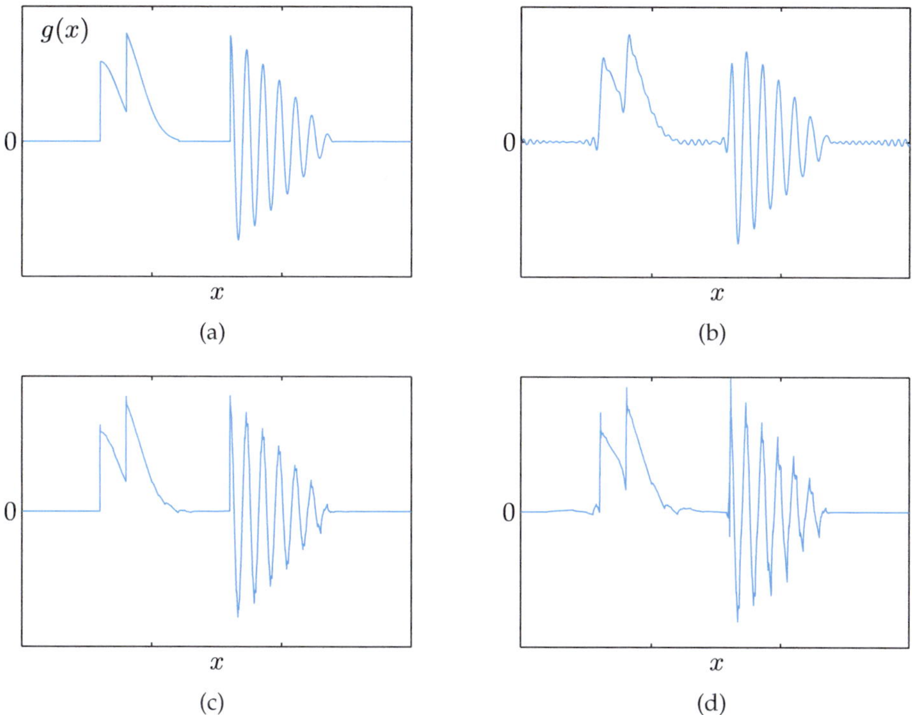

Abbildung 16.6. Beispiel zur Rekonstruktion eines instationären Signals (nach [1]): (a) Originalsignal $g(x)$; (b) Rekonstruktion von $g(x)$ aus den 100 betragsgrößten Fourier-Koeffizienten; (c) Rekonstruktion aus den 100 betragsgrößten Wavelet-Koeffizienten; (d) Rekonstruktion aus den 50 betragsgrößten Wavelet-Koeffizienten.

Durch die Basisfunktionen mit örtlich begrenztem Träger lassen sich die abrupten Übergänge zwischen konstanten und hochfrequenten Signalanteilen deutlich besser abbilden. Auch der quantitative Approximationsfehler im Sinne der Fehlerquadrate ist um ein Vielfaches geringer als bei der Fourier-Reihe. Um in etwa den gleichen quantitativen Approximationsfehler zu erreichen, genügen bereits 50 Wavelet-Koeffizienten, vgl. Abb. 16.6(d). ■

16.2.2 Diskretisierung der Wavelet-Transformation

Zur Diskretisierung der kontinuierlichen Wavelet-Transformation

$$\Gamma_\psi(s,\tau) = \frac{1}{\sqrt{s}} \int_{-\infty}^{\infty} g(x)\, \psi^*\left(\frac{x-\tau}{s}\right) \mathrm{d}x \tag{16.18}$$

wird zunächst das kontinuierliche Signal $g(x)$ durch die Abtastreihe

$$\sum_n g(n\,\Delta x)\,\delta(x - n\,\Delta x) = \sum_n g_n\,\delta(x - n\,\Delta x) \tag{16.19}$$

ersetzt. Gleichzeitig erfolgt eine Ortsdiskretisierung des Verschiebungsparameters $\tau = l\,\Delta x,\, l \in \mathbb{Z}$. Damit erhält man aus (16.18):

$$\Gamma_\psi(s,l) = \frac{1}{\sqrt{s}} \sum_n g_n\,\psi^*\left(\frac{(n-l)\Delta x}{s}\right). \tag{16.20}$$

Nun wird zusätzlich eine logarithmische Diskretisierung des Skalenparameters vorgenommen: $s = 2^p,\, p \in \mathbb{Z}$. Der Verschiebungsparameter wird wie folgt mit dem Skalenparameter verkoppelt:

$$l := s\,\nu = 2^p\,\nu \quad \Leftrightarrow \quad \tau = 2^p\,\nu\,\Delta x \tag{16.21}$$

Dies entspricht einer skalenabhängigen örtlichen Ausdünnung der Wavelet-Transformierten, mit der die oben erwähnte Redundanz der Wavelet-Transformierten beseitigt wird. Salopp gesprochen werden dadurch kurze (verfeinerte) Wavelets örtlich dichter und lange Wavelets (zur Erfassung der Grobstruktur) örtlich dünner platziert. Insgesamt erhält man durch die Skalendiskretisierung aus (16.20):

$$2^{-\frac{p}{2}} \sum_n g_n\,\psi^*\big((2^{-p}\,n - \nu)\Delta x\big)\,. \tag{16.22}$$

Die Rasterung der Orts-Ortsfrequenz-Ebene aufgrund der beschriebenen Orts- und Skalendiskretisierung der Wavelet-Transformation wird in Abb. 16.7 veran-

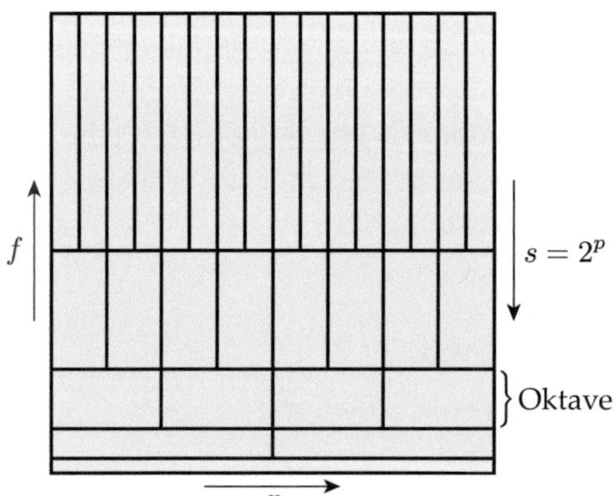

Abbildung 16.7. Diskretisierung von Ort x, Skala s und mithin der Ortsfrequenz f bei der Wavelet-Transformation.

schaulicht. Bei niedrigen Ortsfrequenzen f (und damit großen Skalen[1] s) genügt eine grobe örtliche Abtastung, bei höheren Frequenzen (niedrigen Skalen) wird der Ort x feiner abgetastet. Mit jeder Oktave, d. h. mit jeder Verdopplung der Ortsfrequenz, verdoppelt sich auch die Anzahl der örtlichen Abtastpunkte. Die Abtastpunkte der Ortsfrequenz liegen bei den Skalenparametern $s = 2^p$, sodass $\Delta p = 1$ genau einer Oktave entspricht. Bei einer Verdopplung der Ortsfrequenz (Halbierung der Skala) halbiert sich daher die Anzahl der Abtastpunkte in Bezug auf die Ortsfrequenzkoordinate.

In Analogie zu (16.12) lassen sich Verschiebung und Skalierung des Mutterwavelets im diskreten Fall nun wie folgt schreiben:

$$\psi_{p,\nu}(n) := 2^{-\frac{p}{2}}\,\psi\big((2^{-p}\,n - \nu)\Delta x\big) = 2^{-\frac{p}{2}}\,\psi\left(\frac{n - 2^p\,\nu}{2^p}\,\Delta x\right). \tag{16.23}$$

Die Hintransformation einer derart diskretisierten Wavelet-Transformation lautet damit:

$$\Gamma_{p,\nu} = \sum_{n=-\infty}^{\infty} g_n\,\psi^*_{p,\nu}(n)\,. \tag{16.24}$$

Die zugehörige Rücktransformation ist gegeben durch:

$$g_n = \sum_{p=-\infty}^{\infty}\sum_{\nu=-\infty}^{\infty} \Gamma_{p,\nu}\,\psi_{p,\nu}(n)\,. \tag{16.25}$$

16.3 Multiskalenanalyse

Die Multiskalenanalyse (*multi-resolution analysis*) ist ein mathematisches Konzept, mit dem sich Bildpyramiden, Wavelets und Filterbänke einheitlich beschreiben lassen [3, 14]. Mit jeder dieser Methoden lassen sich Bildsignale auf mehreren unterschiedlichen Auflösungsstufen analysieren. Filterbänke sind Ensembles von Bandpassfiltern mit unterschiedlichen Mittenfrequenzen, die parallel auf das Bildsignal angewendet werden.

---

[1]Der Skalenparameter s und die Ortsfrequenz f verhalten sich zwar reziprok. Eine Deutung dieses Sachverhalts im strengen Sinne der umgekehrten Proportionalität $f \propto s^{-1}$ ist jedoch nur bei speziell gewählten Wavelets wie z. B. (16.16) naheliegend, wo ein harmonischer Faktor vorliegt, dessen Frequenz mit s^{-1} multipliziert wird. Betrachtet man hingegen z. B. die Daubechies-Wavelets in Abb. 16.10 auf S. 977, so ist der Frequenz-Skalen-Zusammenhang weniger offensichtlich. Allgemein gilt: Eine Skalierung von $\psi(x)$ bewirkt im Ortsfrequenzbereich neben einer reziproken Skalierung eine Verschiebung des Spektrums $\Psi(f)$ proportional zu s^{-1}.

In der Multiskalenanalyse wird eine Funktion $g(x)$ durch eine Linearkombination von orthonormalen Basisfunktionen approximiert, die einen Funktionenraum auf einer bestimmten Skala aufspannen. Je feiner die Skala gewählt wird, desto genauer ist die Approximation. Die Basisfunktionen werden mit Hilfe einer Skalierungsfunktion $\varphi(x)$ konstruiert.

Definition 16.2: Skalierungsfunktion

Eine Skalierungsfunktion ist eine Funktion $\varphi(x) \in L^2(\mathbb{R})$, die folgende Bedingungen erfüllt:

- **Orthonormalität**: Die um $\nu\Delta x$, $\nu \in \mathbb{Z}$, verschobenen Skalierungsfunktionen $\varphi(x)$ bilden ein Orthonormalsystem,

$$\langle \varphi(x-\nu), \varphi(x) \rangle = \delta_0^\nu \,, \qquad \nu \in \mathbb{Z} \,, \tag{16.26}$$

  bezüglich des Skalarprodukts

$$\langle a(x), b(x) \rangle := \int\limits_{-\infty}^{\infty} a(x)\, b^*(x)\, \mathrm{d}x \qquad \text{in } L^2(\mathbb{R}) \,. \tag{16.27}$$

  Die Ortsdiskretisierung wurde dabei o. B. d. A. zu $\Delta x := 1$ gewählt.

- **Zweiskalenrelation**: Die Skalierungsfunktion lässt sich als Linearkombination der verschobenen Skalierungsfunktionen auf der nächstfeineren Skala darstellen:

$$\varphi(x) = \sqrt{2} \sum_{\nu \in \mathbb{Z}} h_\nu \, \varphi(2x - \nu) \tag{16.28}$$

  mit geeigneten Koeffizienten $h_\nu \in \mathbb{R}$.

- **Mittelungseigenschaft**: Für die Skalierungsfunktion gilt:

$$\int\limits_{-\infty}^{\infty} \varphi(x)\, \mathrm{d}x = 1 \,, \tag{16.29}$$

  sodass bei der Bildung des Skalarprodukts mit einer Funktion $g(x)$ nach dem Mittelwertsatz der Integralrechnung ein Funktionswert $g(\xi)$ resultiert [24]:

$$\langle g(x), \varphi(x) \rangle = \int\limits_{-\infty}^{\infty} g(x)\, \varphi^*(x)\, \mathrm{d}x = g(\xi) \int\limits_{-\infty}^{\infty} \varphi(x)\, \mathrm{d}x = g(\xi) \tag{16.30}$$

  für ein geeignetes $\xi \in \mathbb{R}$.

– **Asymptotisches Verhalten**: Die Skalierungsfunktion strebt außerhalb eines kompakten Intervalls gegen null:

$$\lim_{x \to \pm\infty} \varphi(x) = 0 \,. \tag{16.31}$$

Analog zur Wavelet-Funktion definiert man nun verschobene und skalierte Varianten von $\varphi(x)$:

$$\varphi_{p,\nu}(x) := 2^{-\frac{p}{2}} \, \varphi(2^{-p}\, x - \nu) \,. \tag{16.32}$$

Die Zweiskalenrelation (16.28) lässt sich damit wie folgt schreiben:

$$\varphi(x) = \sqrt{2} \sum_{\nu \in \mathbb{Z}} h_\nu \, \varphi(2x - \nu) = \sum_{\nu \in \mathbb{Z}} h_\nu \, \varphi_{-1,\nu}(x) \,. \tag{16.33}$$

◇

Für festes p bilden nun die verschobenen Skalierungsfunktionen $\varphi_{p,\nu}$, $\nu \in \mathbb{Z}$ die Basisfunktionen des Funktionenraums $\mathcal{V}_p$:

$$\mathcal{V}_p := \operatorname{span}\{\varphi_{p,\nu}(x) \,|\, \nu \in \mathbb{Z}\} \,. \tag{16.34}$$

Die Approximation einer Funktion $g(x)$ in $\mathcal{V}_p$ lässt sich schreiben als:

$$g(x;p) = \sum_{\nu=-\infty}^{\infty} C_{p,\nu} \, \varphi_{p,\nu}(x) \tag{16.35}$$

mit geeigneten Koeffizienten $C_{p,\nu} \in \mathbb{R}$. Der Approximationsschritt kann als orthogonale Projektion der Funktion $g(x)$ auf den Raum $\mathcal{V}_p$ aufgefasst werden [1]. Die Approximation $g(x;p)$ des Signals $g(x)$ wird umso feiner, je kleiner der Skalenparameter p gewählt wird. Durch Variation von p erhält man also Darstellungen des Signals auf unterschiedlichen Skalen.

Satz 16.1: Multiskalenanalyse

Die Zweiskalenrelation (16.33) lässt sich auf beliebige Skalen p und Verschiebungen ν verallgemeinern:

$$\varphi_{p,\nu}(x) = \sum_{n \in \mathbb{Z}} h_n \, \varphi_{p-1,n+2\nu}(x) = \sum_{n \in \mathbb{Z}} h_{n-2\nu} \, \varphi_{p-1,n}(x) \,. \tag{16.36}$$

Wegen (16.26) bilden die verschobenen Skalierungsfunktionen eine Orthonormalbasis des Funktionenraums $\mathcal{V}_p$. Aus der Zweiskalenrelation folgt $\mathcal{V}_p \subseteq \mathcal{V}_{p-1}$, da die Basisfunktionen $\varphi_{p,\nu}$ von $\mathcal{V}_p$ als Linearkombinationen von Funktionen aus $\mathcal{V}_{p-1}$ dargestellt werden können. Somit erhält man eine geschachtelte Folge von

Funktionenräumen $\mathcal{V}_p$:

$$\{0\} \subset \ldots \mathcal{V}_2 \subset \mathcal{V}_1 \subset \mathcal{V}_0 \subset \mathcal{V}_{-1} \subset \mathcal{V}_{-2} \cdots \subset L^2(\mathbb{R})\,. \tag{16.37}$$

◇

Beim Übergang von der Skala $\mathcal{V}_{p-1}$ auf die nächstgröbere Skala $\mathcal{V}_p$ geht Detailinformation über das Signal verloren. Um eine genauso gute Signalapproximation wie in $\mathcal{V}_{p-1}$ zu ermöglichen, muss die Basis von $\mathcal{V}_p$ um zusätzliche Funktionen ergänzt werden, mit denen die beim Übergang von $\mathcal{V}_{p-1}$ auf $\mathcal{V}_p$ verloren gegangene Detailinformation dargestellt werden kann. Die Wavelet-Funktion $\psi(x)$ wird nun so gewählt, dass die verschobenen Wavelets $\psi_{p,\nu}(x)$ auf der Skala p genau diese Ergänzung der Basis $\{\varphi_{p,\nu}(x)\,|\,\nu \in \mathbb{Z}\}$ bewerkstelligen. Die Approximation des Signals $g(x)$ durch die Wavelet-Funktionen $\psi_{p,\nu}$, $\nu \in \mathbb{Z}$, liefert dann genau die fehlende Detailinformation, mit der die Darstellung durch die verschobenen Skalierungsfunktionen $\varphi_{p,\nu}$ zur vollständigen Information der Skala $p-1$ ergänzt werden kann [16].

Satz 16.2: Wavelets für die Multiskalenanalyse

Der Funktionenraum $\mathcal{V}_{-1}$ lässt sich orthogonal zerlegen in den Raum $\mathcal{V}_0$ und einen weiteren Raum $\mathcal{W}_0$, den Wavelet-Raum:[2]

$$\mathcal{V}_0 \oplus \mathcal{W}_0 = \mathcal{V}_{-1}\,, \qquad \mathcal{W}_0 \perp \mathcal{V}_0\,. \tag{16.38}$$

Die Basis $\{\varphi_{0,\nu}\,|\,\nu \in \mathbb{Z}\}$ von $\mathcal{V}_0$ kann um eine Basis von $\mathcal{W}_0$ zu einer Orthonormalbasis von $\mathcal{V}_{-1}$ ergänzt werden. Für die Basis von $\mathcal{W}_0$ wird folgender Ansatz gemacht:

$$\{\psi(x-\nu)\,|\,\nu \in \mathbb{Z}\}\,, \tag{16.39}$$

wobei $\psi(x)$ wie oben das Mutterwavelet bezeichnet. Nach Voraussetzung ist $\psi(x) \in \mathcal{V}_{-1}$, sodass man mit geeigneten Koeffizienten k_ν eine Darstellung bezüglich der Orthonormalbasis von $\mathcal{V}_{-1}$ erhält:

$$\psi(x) = \sum_{\nu \in \mathbb{Z}} k_\nu\, \varphi_{-1,\nu}(x) = \sqrt{2} \sum_{\nu \in \mathbb{Z}} k_\nu\, \varphi(2x-\nu)\,. \tag{16.40}$$

Diese Gleichung heißt Zweiskalenrelation für die Wavelet-Funktion oder auch Wavelet-Gleichung [20].

---

[2]Das Symbol $\oplus$ bezeichnet hier, wie in der linearen Algebra üblich, die direkte Summe von Vektorräumen [9]. Diese Operation ist zu unterscheiden von der morphologischen Dilatation, die in Kap. 13 mit dem gleichen Symbol gekennzeichnet wurde.

Mit

$$\mathcal{W}_p := \mathrm{span}\{\psi_{p,\nu} \,|\, \nu \in \mathbb{Z}\} \tag{16.41}$$

gilt für die skalierten und verschobenen Wavelets $\psi_{p,\nu}$:

$$\mathcal{V}_p \oplus \mathcal{W}_p = \mathcal{V}_{p-1}\,, \qquad \mathcal{W}_p \perp \mathcal{V}_p\,, \tag{16.42}$$

$$\begin{aligned} \ldots(\mathcal{V}_3 \oplus \mathcal{W}_3) = \mathcal{V}_2 \subset (\mathcal{V}_2 \oplus \mathcal{W}_2) = \mathcal{V}_1 \\ \subset (\mathcal{V}_1 \oplus \mathcal{W}_1) = \mathcal{V}_0 \subset (\mathcal{V}_0 \oplus \mathcal{W}_0) = \mathcal{V}_{-1}\ldots \end{aligned} \tag{16.43}$$

Ferner gilt: Falls $\langle\varphi(x-\nu), \varphi(x-\mu)\rangle = 0$ für alle $\nu, \mu \in \mathbb{Z}$, $\mu \neq \nu$ und außerdem

$$k_\nu = (-1)^\nu\, h_{M-\nu} \qquad \text{für ein ungerades } M \in \mathbb{Z} \tag{16.44}$$

ist, dann folgt: $\{\psi_{p,\nu} \,|\, p, \nu \in \mathbb{Z}\}$ ist eine orthogonale Basis des Raums $L^2(\mathbb{R})$ der quadratintegrierbaren Funktionen [1]. ◇

Ein Signal $g(x)$ kann nun auf der Skala p wie folgt approximiert werden:

$$g(x;p) = \sum_{\nu=-\infty}^{\infty} C_{p,\nu}\, \varphi_{p,\nu}(x) \qquad \text{mit } C_{p,\nu} = \langle g, \varphi_{p,\nu}\rangle\,, \tag{16.45}$$

$$g(x;p) = \sum_{\mu=p+1}^{\infty} \sum_{\nu=-\infty}^{\infty} \Gamma_{\mu,\nu}\, \psi_{\mu,\nu}(x) \qquad \Gamma_{\mu,\nu} = \langle g, \psi_{\mu,\nu}\rangle\,. \tag{16.46}$$

Die Koeffizienten $C_{p,\nu}$ bzw. $\Gamma_{\mu,\nu}$ in diesen Linearkombinationen sind durch die genannten Skalarprodukte bestimmt, da es sich bei $\{\varphi_{p,\nu} \,|\, \nu \in \mathbb{Z}\}$ bzw. $\{\psi_{\mu,\nu} \,|\, \nu \in \mathbb{Z}\}$ um Orthonormalbasen handelt.

Die Darstellung $g(x;p-1)$ auf der feineren Skala $p-1$ lässt sich nun schreiben als Summe der gröberen Approximation $g(x;p)$ auf der Skala p und der Detailinformation $d_p(x)$, siehe Abb. 16.8:

$$g(x;p-1) = g(x;p) + d_p(x)\,, \tag{16.47}$$

$$d_p(x) = \sum_{\nu\in\mathbb{Z}} \Gamma_{p,\nu}\, \psi_{p,\nu}(x)\,. \tag{16.48}$$

Die Detailinformation $d_p(x)$ liegt im Wavelet-Raum $\mathcal{W}_p$. Die Grobdarstellung $g(x;p)$ (16.45) erfolgt bezüglich der Skalierungsfunktionen $\varphi_{p,\nu}$ im Raum $\mathcal{V}_p$. Wen-

$$\begin{array}{ccccccccc} \ldots & & d_0(x) & & d_1(x) & & d_2(x) & & \ldots \\ & \nearrow & & \nearrow & & \nearrow & & \nearrow & \\ \ldots\; g(x;-1) & \longrightarrow & g(x;0) & \longrightarrow & g(x;1) & \longrightarrow & g(x;2) & \longrightarrow & \ldots \end{array}$$

Abbildung 16.8. Rekursive Zerlegung des Signals $g(x)$ in Grob- und Detailsignal.

det man (16.47) rekursiv auf die rechte Seite an, so gelangt man zur Darstellung (16.46).

Das Detailsignal $d_p(x)$ stellt eine Hochpassfilterung des feineren Signals $g(x;p-1)$ dar. Die gröbere Approximation $g(x;p)$ entspricht einer Tiefpassfilterung von $g(x;p-1)$. Diese beiden Filteroperationen der Multiskalenanalyse sind analog zum Übergang vom Bildsignal $g_{mn}^{\nu-1}$ auf die nächsthöheren Stufen λ_{mn}^{ν} und g_{mn}^{ν} der Laplace- bzw. Gauß-Pyramide.

Beispiel 16.4 (Haar-Wavelet): Das Haar-Wavelet erhält man aus einer Skalierungsfunktion in Form eines Rechteckimpulses, siehe Abb. 16.9(a):

$$\varphi(x) := \operatorname{rect}\left(x - \tfrac{1}{2}\right) = \begin{cases} 1 & \text{für } 0 \leq x < 1 \\ 0 & \text{sonst}\,. \end{cases} \tag{16.49}$$

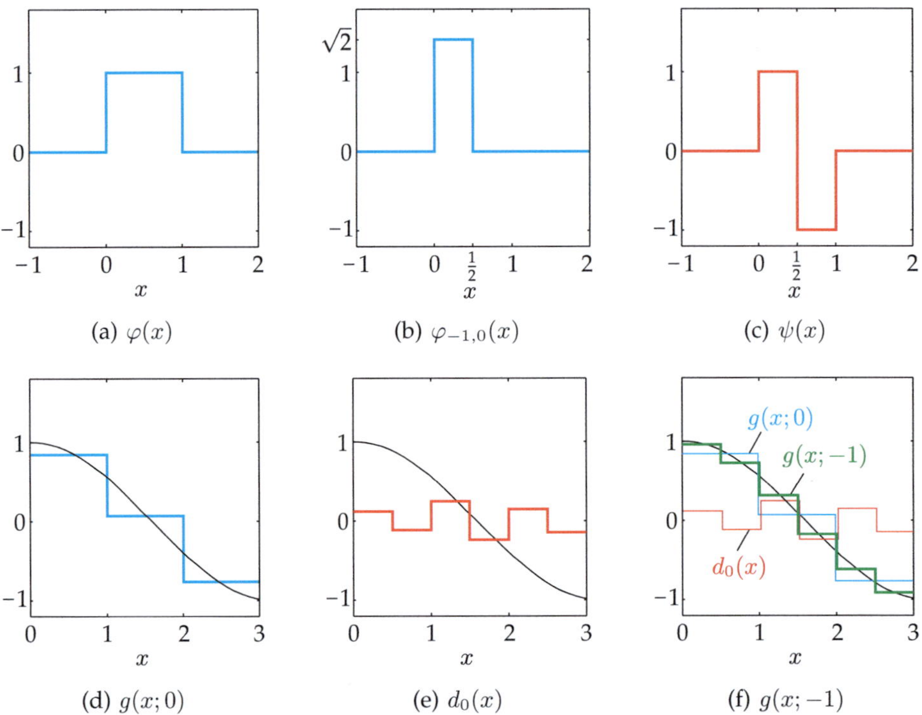

Abbildung 16.9. Approximation der Funktion $g(x) = \cos x$ mit dem Haar-Wavelet: (a) Skalierungsfunktion $\varphi(x) = \varphi_{0,0}(x)$; (b) Skalierungsfunktion $\varphi_{-1,0}(x) = \sqrt{2}\,\varphi(2x)$ der nächstfeineren Stufe $p = -1$; (c) Mutterwavelet $\psi_{0,0}(x) = \psi(x) = \varphi(2x) - \varphi(2x-1)$; (d) Grobapproximation $g(x;0)$ der Funktion $g(x) = \cos x$ auf der Stufe $p = 0$; (e) Detailsignal $d_0(x)$; (f) Approximation auf der nächstfeineren Stufe $p = -1$ als Summe von Grob- und Detailsignal auf Stufe $p = 0$: $g(x;-1) = g(x;0) + d_0(x)$.

Diese Funktion erfüllt die Forderungen aus Def. 16.2:

- Da die Träger der um ganzzahlige Werte verschobenen Funktionen disjunkt sind, sieht man $\langle \varphi(x-\nu), \varphi(x) \rangle = \delta_0^\nu$ für alle $\nu \in \mathbb{Z}$.
- Die Zweiskalenrelation für die Skalierungsfunktion nimmt folgende Form an:

$$\varphi(x) = \varphi(2x) + \varphi(2x-1) = \sqrt{2}\left(\frac{1}{\sqrt{2}}\,\varphi(2x) + \frac{1}{\sqrt{2}}\,\varphi(2x-1)\right),$$

  d. h. $h_0 = h_1 = \frac{1}{\sqrt{2}}$ und $h_\nu = 0$ für alle $\nu \notin \{0,1\}$.
- Mittelungseigenschaft und asymptotisches Verhalten sind offensichtlich erfüllt.

Für das Mutterwavelet erhält man nun mit (16.44), (16.40) und $M := 1$:

$$k_0 = h_1 = \frac{1}{\sqrt{2}}, \qquad k_1 = -h_0 = -\frac{1}{\sqrt{2}}, \tag{16.50}$$

$$k_\nu = 0 \quad \text{für} \quad k_\nu \notin \{0,1\}, \tag{16.51}$$

$$\psi(x) = \sqrt{2}\sum_{\nu\in\mathbb{Z}} k_\nu\,\varphi(2x-\nu) \tag{16.52}$$

$$= \varphi(2x) - \varphi(2x-1) = \begin{cases} 1 & \text{für } 0 \le x < \frac{1}{2} \\ -1 & \text{für } \frac{1}{2} \le x < 1 \\ 0 & \text{sonst}. \end{cases} \tag{16.53}$$

Diese Funktion heißt Haar-Wavelet (Abb. 16.9(c)). Sie ist mit einem Hochpassfilter der Impulsantwort (k_0, k_1) assoziiert, während $\varphi(x)$ mit einem Tiefpassfilter der Impulsantwort (h_0, h_1) korrespondiert.

Die Aussagen von Satz 16.2 lassen sich an diesem Beispiel ebenfalls leicht nachvollziehen: Wegen der disjunkten Träger gilt wiederum $\langle \psi_{p,\nu}, \psi_{p,0} \rangle = \delta_0^\nu$, außerdem offensichtlich $\langle \psi_{p,\nu}, \varphi_{p,n} \rangle = 0$ für alle $\nu, n \in \mathbb{Z}$. Somit ist

$$\{\varphi_{p,\nu} \,|\, \nu \in \mathbb{Z}\} \cup \{\psi_{p,\nu} \,|\, \nu \in \mathbb{Z}\} \tag{16.54}$$

eine Orthonormalbasis von $\mathcal{V}_{p-1}$.

Die Approximation $g(x;0)$ eines Signals $g(x)$ mit der Skalierungsfunktion des Haar-Wavelets entspricht einer Darstellung als Treppenfunktion. Im Beispiel von Abb. 16.9(d) wird die Funktion $g(x) = \cos x$ im Intervall $[0,3)$ durch drei Koeffizienten $C_{0,\nu}$ beschrieben. Das Detailsignal $d_0(x)$ bezüglich der Haar-Wavelet-Funktion $\psi(x)$ gibt in erster Näherung die Abweichungen des Signals von der Treppenfunktion $g(x;0)$ wieder und besteht ebenfalls aus drei Koeffizienten $\Gamma_{0,\nu}$ (Abb. 16.9(e)). Die Summe von Grob- und Detailsignal ergibt die Funktionsapproximation $g(x;p-1)$ auf der nächstfeineren Stufe $p = -1$ (Abb. 16.9(f)). Sie ist äquivalent zur Approximation des Signals durch sechs Koeffizienten $C_{-1,\nu}$ bezüglich der verfeinerten Skalierungsfunktion $\varphi_{-1,\nu}(x)$ aus Abb. 16.9(b). ■

Die Auswahl eines geeigneten Mutterwavelets kann anhand verschiedener Kriterien wie beschränkter Träger des Filters, verschwindende Momente, Regularität, Symmetrie und Orthogonalität oder Biorthogonalität getroffen werden [16].

16.4 Die schnelle Wavelet-Transformation

Basierend auf der Theorie der Multiskalenanalyse lässt sich eine schnelle Transformationsvorschrift für diskrete Signale herleiten. Sie beruht auf einer rekursiven Zerlegung in Grob- und Detailsignal gemäß (16.47). Die Berechnung kann durch Filterbänke realisiert werden, d. h. durch die diskrete Faltung des Signals mit den Impulsantworten der Filter, die mit der Skalierungs- und der Wavelet-Funktion korrespondieren.

Satz 16.3: Schnelle Wavelet-Transformation

Unter Verwendung der Zweiskalenrelationen (16.36) und (16.40) erhält man folgende rekursive Berechnungsvorschrift für die Koeffizienten $C_{p,n}$ und $\Gamma_{p,n}$ in der Funktionsapproximation (16.45), (16.46):

$$C_{p,n} = \sum_{l \in \mathbb{Z}} h_{l-2n}\, C_{p-1,l}\,, \tag{16.55}$$

$$\Gamma_{p,n} = \sum_{l \in \mathbb{Z}} k_{l-2n}\, C_{p-1,l}\,. \tag{16.56}$$

Die rekursive Rücktransformation der Koeffizienten von Stufe p zu Stufe $p-1$ ist gegeben durch:

$$C_{p-1,n} = \sum_{\substack{l \in \mathbb{Z} \\ (n-l)\ \text{gerade}}} \left(h_l\, C_{p,\frac{n-l}{2}} + k_l\, \Gamma_{p,\frac{n-l}{2}} \right). \tag{16.57}$$

Die Filterkoeffizienten h_n und k_n aus (16.36) und (16.40) lassen sich durch folgende Skalarprodukte berechnen:

$$h_n = \langle \varphi_{0,0}(x), \varphi_{-1,n}(x) \rangle = \sqrt{2}\, \langle \varphi(x), \varphi(2x-n) \rangle\,, \tag{16.58}$$

$$k_n = \langle \psi_{0,0}(x), \varphi_{-1,n}(x) \rangle = \sqrt{2}\, \langle \psi(x), \varphi(2x-n) \rangle\,. \tag{16.59}$$

Ferner gelten die folgenden Beziehungen für die Filterkoeffizienten:[3]

$$\sum_{n\in\mathbb{Z}} h_n = \sqrt{2}\,, \tag{16.60}$$

$$\sum_{n\in\mathbb{Z}} h_n\, h_{n-2l} = \delta_0^l\,, \quad l \in \mathbb{Z}\,, \tag{16.61}$$

$$k_n = (-1)^n\, h_{M-n} \tag{16.62}$$

mit $M \in \mathbb{Z}$ ungerade. ◇

Zur Durchführung der schnellen Wavelet-Transformation fehlt nun noch eine Anfangsbedingung für die Rekursionsgleichungen (16.55), (16.56). In der Praxis wird hierzu meist

$$C_{0,n} := g_n = g(n\,\Delta x) \tag{16.63}$$

gesetzt, d. h. die Koeffizienten auf der feinsten betrachteten Skala $p_{\min} := 0$ werden mit den Werten des diskreten Signals bzw. mit den Abtastwerten des kontinuierlichen Signals gleichgesetzt. Diese Vorgehensweise ist im Allgemeinen nicht theoretisch zu rechtfertigen, sondern hat eine gewisse Willkür und wird daher auch als *wavelet crime* bezeichnet.

Ähnlich wie bei Gauß- und Laplace-Pyramide lässt sich das Signal $g(x)$ aus den Detailsignalen $d_p(x)$, $p = p_{\min} + 1, \ldots, p_{\max}$ und der letzten Stufe $g(x; p_{\max})$ des Grobsignals vollständig rekonstruieren:

$$g(x) = g(x; p_{\max}) + \sum_{p=p_{\min}+1}^{p_{\max}} d_p(x)\,. \tag{16.64}$$

Im diskreten Fall reduziert sich die Anzahl der Koeffizienten $C_{p,n}$ und $\Gamma_{p,n}$ beim Übergang zur nächsten Skala p um den Faktor 2, denn in (16.55) sind für M Koeffizienten $C_{p-1,n}$ und eine Impulsantwort h_n der Länge N nur jeweils $\frac{M}{2} + N - 1$ Koeffizienten $C_{p,n}$ von null verschieden. Daher ist der Rechen- und Speicheraufwand der schnellen Wavelet-Transformation linear in der Länge M des zu transformierenden Signals [16].

---

[3] Die Gleichung (16.60) erhält man durch Integration von (16.36) über x und Verwendung von (16.29). Die zweite Gleichung (16.61) folgt aus der Orthonormalitätsbedingung (16.26) für die Skalierungsfunktion [1].

Tabelle 16.1. Zusammenstellung von Formeln für Skalierungs- und Wavelet-Funktion bei der Multiskalenanalyse.

	Skalierungsfunktion $\varphi(x)$	**Wavelet-Funktion** $\psi(x)$
Skalierung und Verschiebung	$\varphi_{p,\nu}(x) := 2^{-\frac{p}{2}}\,\varphi(2^{-p}\,x-\nu)$	$\psi_{p,\nu}(x) := 2^{-\frac{p}{2}}\,\psi(2^{-p}\,x-\nu)$
Orthonormalität (16.26)	$\langle\varphi_{p,\mu},\varphi_{p,\nu}\rangle = \delta_\mu^\nu$	$\langle\psi_{p,\mu},\psi_{p,\nu}\rangle = \delta_\mu^\nu$
	$\langle\varphi_{p,\mu},\psi_{p,\nu}\rangle = 0$	
Zweiskalenrelation (16.36), (16.40)	$\varphi_{p,\nu}(x) = \sum_{n\in\mathbb{Z}} h_n\,\varphi_{p-1,n+2\nu}(x)$	$\psi_{p,\nu}(x) = \sum_{n\in\mathbb{Z}} k_n\,\varphi_{p-1,n+2\nu}(x)$
Mittelungseigenschaft (16.29), (16.15)	$\int_{-\infty}^{\infty}\varphi_{p,\nu}(x)\,\mathrm{d}x = (\sqrt{2})^p$	$\int_{-\infty}^{\infty}\psi_{p,\nu}(x)\,\mathrm{d}x = 0$
Filterbänke (16.60), (16.62)	$\sum_{n\in\mathbb{Z}} h_n = \sqrt{2}$	$k_n = (-1)^n\,h_{M-n}$
(16.61)	$\sum_{n\in\mathbb{Z}} h_n\,h_{n-2l} = \delta_0^l\,,\quad l\in\mathbb{Z}$	mit $M\in\mathbb{Z}$ ungerade
Funktionsapproximation	Grobstruktur (Tiefpassfilterung)	Detailstruktur (Hochpassfilterung)
(16.48)		$d_p(x) = \sum_{\nu\in\mathbb{Z}}\Gamma_{p,\nu}\,\psi_{p,\nu}(x)$
(16.45), (16.46)	$g(x;p) = \sum_{\nu=-\infty}^{\infty} C_{p,\nu}\,\varphi_{p,\nu}(x)$	$g(x;p) = \sum_{\mu=p+1}^{\infty}\sum_{\nu=-\infty}^{\infty}\Gamma_{\mu,\nu}\,\psi_{\mu,\nu}(x)$
(16.47)	$g(x;p) = g(x;p+1) + d_{p+1}(x)$	
Berechnung der Koeffizienten	$C_{p,\nu} = \langle g,\varphi_{p,\nu}\rangle$	$\Gamma_{p,\nu} = \langle g,\psi_{p,\nu}\rangle$
(16.55), (16.56)	$= \sum_{l\in\mathbb{Z}} h_{l-2\nu}\,C_{p-1,l}$	$= \sum_{l\in\mathbb{Z}} k_{l-2\nu}\,C_{p-1,l}$

Beispiel 16.5 (Daubechies-Wavelet D4 und zugehörige Filterbank): Für eine Impulsantwort h_n der Länge $N = 4$ erhält man aus (16.60) und (16.61) folgende Bedingungen:

$$h_0 + h_1 + h_2 + h_3 = \sqrt{2}\,, \tag{16.65}$$

$$h_0^2 + h_1^2 + h_2^2 + h_3^2 = 1\,, \tag{16.66}$$

$$h_2\,h_0 + h_3\,h_1 = 0\,. \tag{16.67}$$

Diese Bestimmungsgleichungen legen die Filterkoeffizienten noch nicht eindeutig fest. Für die Wahl von Wavelets bzw. Skalierungsfunktionen gibt es vielmehr zahlreiche Freiheitsgrade. Eine mögliche Nebenbedingung zur Festlegung dieser Freiheitsgrade ist die Forderung von Ingrid Daubechies: Die Wavelet-Funktion $\psi(x)$ soll möglichst oft differenzierbar sein [8, 20]. Damit erhält man die folgenden Koeffizienten h_n des Tiefpassfilters [16]:

$$h_0 = \frac{1+\sqrt{3}}{4\sqrt{2}}\,, \qquad h_1 = \frac{3+\sqrt{3}}{4\sqrt{2}}\,, \tag{16.68}$$

$$h_2 = \frac{3-\sqrt{3}}{4\sqrt{2}}\,, \qquad h_3 = \frac{1-\sqrt{3}}{4\sqrt{2}}\,. \tag{16.69}$$

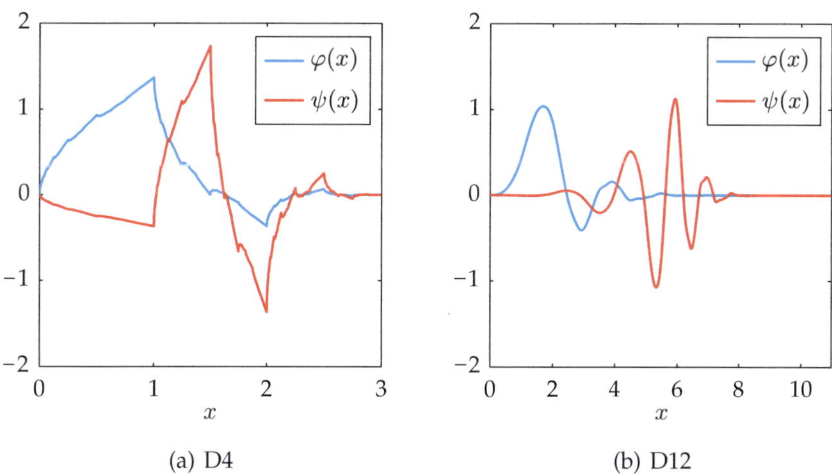

Abbildung 16.10. Skalierungsfunktionen $\varphi(x)$ und Wavelet-Funktionen (Mutterwavelets) $\psi(x)$ zweier Daubechies-Wavelets.

Die Koeffizienten k_n des Hochpassfilters erhält man dann mit (16.44) und $M := N - 1 = 3$:

$$k_3 = -\frac{1+\sqrt{3}}{4\sqrt{2}}, \qquad k_2 = \frac{3+\sqrt{3}}{4\sqrt{2}}, \tag{16.70}$$

$$k_1 = -\frac{3-\sqrt{3}}{4\sqrt{2}}, \qquad k_0 = \frac{1-\sqrt{3}}{4\sqrt{2}}. \tag{16.71}$$

Dieses Wavelet-Filter heißt Daubechies-Filter D4.

Daubechies-Filter lassen sich für beliebige geradzahlige Längen N konstruieren. Die zugehörigen Skalierungs- und Wavelet-Funktionen besitzen den kompakten Träger $[0, N-1]$. Allerdings lassen sie sich im Allgemeinen nicht durch geschlossene Formeln darstellen. Vielmehr müssen die Funktionswerte rekursiv über die Zweiskalenrelationen (16.36) bzw. (16.40) berechnet werden. Abbildung 16.10 zeigt die Skalierungs- und Wavelet-Funktion der Daubechies-Wavelets D4 und D12. Die zusätzlichen Freiheitsgrade der längeren Impulsantwort D12 werden genutzt, um glattere Funktionen zu konstruieren. Das Filter D2 stimmt mit dem Haar-Wavelet aus Bsp. 16.4 überein. ■

16.5 Die zweidimensionale Wavelet-Transformation

Um zweidimensionale Bildsignale zu transformieren, kann man die eindimensionale Wavelet-Transformation zunächst auf die Zeilen und anschließend auf die Spalten des Bildes $g(\mathbf{x})$ anwenden. Dies entspricht der Transformation des Bildes mit den folgenden vier Skalierungs- und Wavelet-Funktionen [10,20]:

$$\varphi(\mathbf{x}) = \varphi(x)\,\varphi(y)\,, \tag{16.72}$$

$$\psi^{\mathrm{H}}(\mathbf{x}) = \psi(x)\,\varphi(y)\,, \tag{16.73}$$

$$\psi^{\mathrm{V}}(\mathbf{x}) = \varphi(x)\,\psi(y)\,, \tag{16.74}$$

$$\psi^{\mathrm{D}}(\mathbf{x}) = \psi(x)\,\psi(y)\,. \tag{16.75}$$

Diese Funktionen sind per definitionem separabel. Durch die Kombination der Grob- und Detailsignale in den beiden Koordinatenrichtungen erhält man insgesamt vier Signalanteile $g(\mathbf{x};p)$, $d_p^{\mathrm{H}}(\mathbf{x})$, $d_p^{\mathrm{V}}(\mathbf{x})$, $d_p^{\mathrm{D}}(\mathbf{x})$. Die Grobstruktur ist in $g(\mathbf{x};p)$ enthalten; $d_p^{\mathrm{H}}(\mathbf{x})$ entspricht der horizontalen, $d_p^{\mathrm{V}}(\mathbf{x})$ der vertikalen und $d_p^{\mathrm{D}}(\mathbf{x})$ der diagonalen Feinstruktur. Hierbei sind z. B. unter den horizontalen Details Strukturen im Bild zu verstehen, die einen Gradienten in x-Richtung aufweisen, also u. a. vertikale Kanten. Die vier Signalanteile werden üblicherweise in den Quadranten eines Bildes angeordnet (Abb. 16.11).

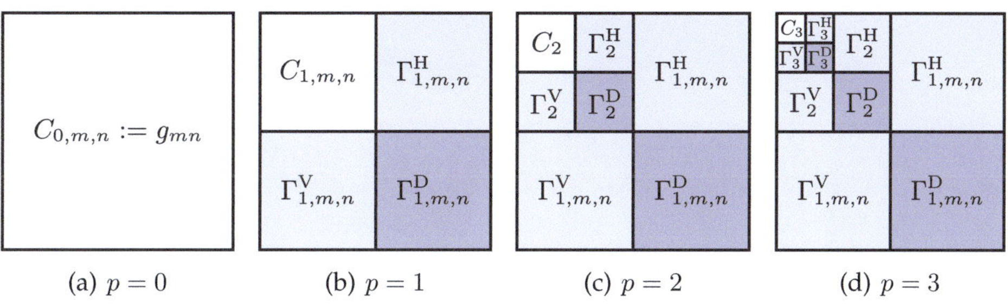

Abbildung 16.11. Anordnung der Koeffizienten bei der zweidimensionalen Wavelet-Transformation (nach [10]).

Die Anwendung der schnellen Wavelet-Transformation auf ein diskretes Bildsignal g_{mn} ist wie folgt möglich: Zunächst wählt man wieder die Anfangsbedingung

$$C_{0,m,n} := g_{mn} \,. \tag{16.76}$$

Nun kann man aufgrund der Separabilität zunächst jede Bildzeile einzeln transformieren, d. h. in m-Richtung die Filter h_m und k_m anwenden, vgl. (16.55), (16.56). Als Zwischenergebnis erhält man ein Bild der ursprünglichen Größe, in dem die erste Hälfte jeder Zeile der Grobstruktur und die zweite Hälfte der Detailstruktur entspricht, Abb. 16.12(a). Die beiden Koeffizientenvektoren bestehen jeweils aus halb so vielen Einträgen wie die ursprünglichen Bildzeilen. Auf dieses Bild wird nun spaltenweise die Wavelet-Transformation angewendet, d. h. die Filter h_n und k_n. Das Ergebnis der Wavelet-Transformation auf der Skala $p = 1$ ist ein Bild der ursprünglichen Größe, das in vier Quadranten die Koeffizienten $C_{1,m,n}$, $\Gamma^{H}_{1,m,n}$, $\Gamma^{V}_{1,m,n}$, $\Gamma^{D}_{1,m,n}$ enthält, Abb. 16.12(b). Zur Fortsetzung der Transformation auf die nächste Skala muss das Prinzip lediglich auf den Quadranten mit den $C_{p,m,n}$ angewendet werden, Abb. 16.12(c), (d). Daher reduziert sich der Aufwand sowohl bei der Hin- als auch bei der Rücktransformation von einer Stufe zur nächsten auf ein Viertel. Insgesamt beträgt er für ein Bild der Größe $M \times M$ und eine Filterbank der Länge N

$$\sum_{p=0}^{p_{\max}} 2\,\frac{1}{4^p}\,N\,M^2 \leq 2\,\frac{1}{1-\frac{1}{4}}\,N\,M^2 = \tfrac{8}{3}\,N\,M^2\,, \tag{16.77}$$

ist also für eine beliebige Anzahl $p_{\max}$ von Skalierungsstufen linear in der Anzahl M^2 der Bildpixel [16].

Das Signalflussdiagramm der zweidimensionalen schnellen Wavelet-Transformation ist in Abb. 16.13(a) dargestellt. Die Rücktransformation, d. h. die Synthese des Bildsignals g_{mn} aus den Wavelet-Koeffizienten $C_{p_{\max},m,n}$, $\Gamma^{H}_{p,m,n}$, $\Gamma^{V}_{p,m,n}$,

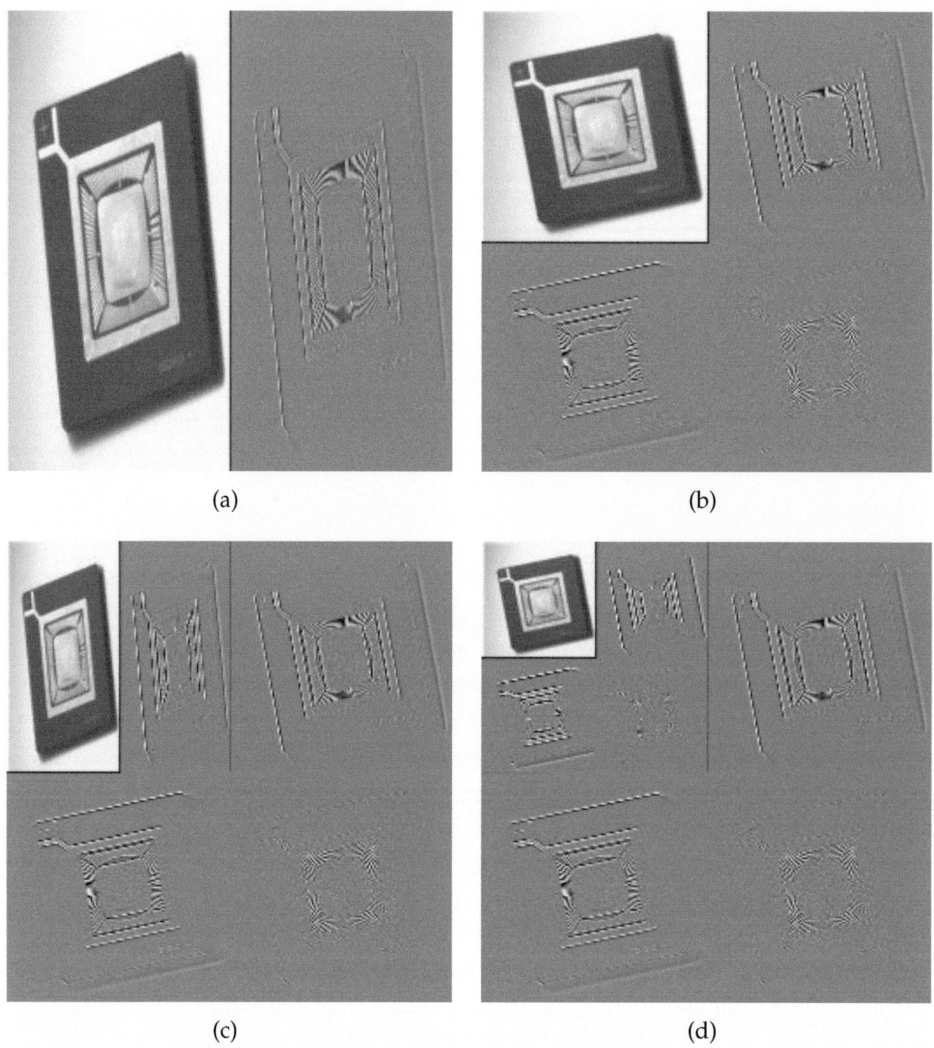

Abbildung 16.12. Wavelet-Transformation des Testbildes aus Abb. 16.3(a) mit dem Daubechies-Wavelet D4 aus Bsp. 16.5: (a) Transformation der Zeilen; (b) Transformation der Spalten (vgl. Abb. 16.11(b)); (c), (d) erneute Transformation des Quadranten $C_{1,m,n}$, vgl. Abb. 16.11(c). In den Quadranten der Detailsignale entsprechen graue Pixel einem Koeffizienten vom Wert null.

$\Gamma^{\mathrm{D}}_{p,m,n}$, $p = 1, \ldots, p_{\max}$ erfolgt durch die Umkehrung der einzelnen Transformationsschritte: Zunächst werden die Spalten der Koeffizientenmatrix überabgetastet und mit den Impulsantworten h_n, k_n gefaltet. Die beiden Faltungsergebnisse werden gemäß (16.57) punktweise addiert. Anschließend wird das gleiche Prinzip auf die Zeilen angewendet (Abb. 16.13(b)). Auf diese Weise kann das Bildsignal g_{mn} exakt rekonstruiert werden.

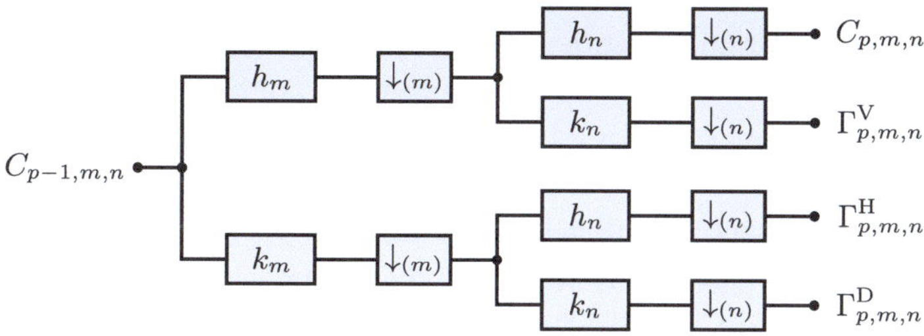

(a) Hintransformation (Analyse) von Stufe $p-1$ zu Stufe p, $C_{0,m,n} := g_{mn}$

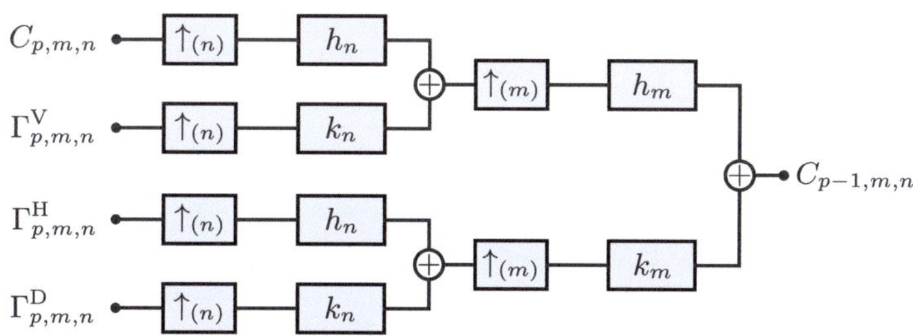

(b) Rücktransformation (Synthese) von Stufe p zu Stufe $p-1$

Abbildung 16.13. Signalfluss bei der schnellen zweidimensionalen Wavelet-Transformation (nach [10]).

Die Wavelet-Transformation von Bildsignalen besitzt vielfältige Anwendungen:

- Multiskalenanalyse: Die Wavelet-Transformierte bietet ähnlich wie eine Bildpyramide eine multiskalige Repräsentation des Bildes, in der Strukturen unterschiedlicher Ausdehnung effizient analysiert werden können.
- Merkmale: Die Wavelet-Koeffizienten können als Merkmale aufgefasst werden, die für verschiedene Bildverarbeitungsaufgaben wie Texturklassifikation oder Defektdetektion verwendet werden können.
- Kompression: Durch die Unterdrückung betragsmäßig kleiner Wavelet-Koeffizienten und durch eine grobe Quantisierung insbesondere der Detailsignale kann eine Bilddatenkompression erzielt werden [10,22].

16.6 Skaleninvariante Merkmale

Raffinierte Verfahren zur Detektion von charakteristischen Bildpunkten, die sich gut wiedererkennen lassen, sind **SIFT** (*scale invariant feature transform*) und **SURF** (*speeded-up robust features*). Sie berechnen für die detektierten Bildpunkte (*keypoints*) einen Satz von Merkmalen, den Deskriptor. Die Deskriptoren sind invariant bezüglich Rotation und Skalierung des Bildes und robust gegenüber Änderungen der Perspektive und der Beleuchtung. Sie werden u. a. zur Suche nach Korrespondenzpunkten in Bildserien und zur Objektdetektion eingesetzt.

Das SIFT-Verfahren nutzt eine Multiskalenrepräsentation, um charakteristische Bildpunkte zu finden [15]. Zunächst wird eine Folge von Bildern λ_{mn}^{σ}, $\sigma = \alpha^{\nu}$ nach dem Difference-of-Gaussians-Verfahren (12.65) berechnet. Das Resultat ähnelt der Laplace-Pyramide aus Abschn. 16.1.2, wobei allerdings eine feinere Abtastung α des Skalenparameters σ gewählt wird, sodass auf jeder Pyramidenstufe bereits mehrere Bilder vorliegen. In dieser dreidimensionalen Multiskalenrepräsentation werden nun Extrema bezüglich der drei Koordinatenrichtungen $(m, n, \sigma)^{\mathrm{T}}$ gesucht. Dabei wird in Verallgemeinerung der Achter-Nachbarschaft $N_8(\mathbf{x})$ aus Def. 12.8 eine 26er-Nachbarschaft zugrunde gelegt:

$$N_{26}\big((m_0, n_0, \sigma_0)^{\mathrm{T}}\big) := \Big\{(m, n, \sigma)^{\mathrm{T}} \,\Big|\, |m - m_0| \leq 1 \;\wedge\; |n - n_0| \leq 1 \\ \wedge\; \tfrac{1}{\alpha} \leq \tfrac{\sigma}{\sigma_0} \leq \alpha \;\wedge\; (m, n, \sigma) \neq (m_0, n_0, \sigma_0)\Big\} .$$

Kandidaten für charakteristische Bildpunkte sind also Punkte (m_0, n_0), für die der Bildwert $\lambda_{m_0 n_0}^{\sigma_0}$ für ein σ_0 größer bzw. kleiner als alle Bildwerte in der Nachbarschaft $N_{26}((m_0, n_0, \sigma_0)^{\mathrm{T}})$ ist (vgl. Abb. 16.14).

Damit die Merkmalspunkte möglichst stabil wiedererkannt und lokalisiert werden können, wird die Kandidatenmenge durch zusätzliche Tests ausgedünnt. Beispielsweise sind Extrema entlang einer Kante häufig nicht stark ausgeprägt und somit nicht präzise lokalisierbar. In dieser Hinsicht besser geeignet sind Ecken im Sinne von Abschn. 15.5. Das SIFT-Verfahren verwirft daher Kandidaten mit geringem Kontrast und mit nur in einer Richtung ausgeprägter Krümmung (z. B. senkrecht zur Kante). Dazu wird die Hesse-Matrix der zweiten Ableitungen von $\lambda_{m_0 n_0}^{\sigma_0}$ diskret approximiert. Mit Hilfe von Spur und Determinante dieser Hesse-Matrix lässt sich ähnlich wie in Abschn. 15.5 ein Kriterium herleiten, das Kandidaten verwirft, bei denen nur in einer Richtung eine ausgeprägte Strukturänderung vorliegt. Außerdem wird eine Taylor-Entwicklung vorgenommen, um die charakteristischen Punkte subpixelgenau zu lokalisieren.

Um eine Rotationsinvarianz zu erreichen, werden die Merkmale relativ zur lokalen Vorzugsrichtung des Gradientenbildes berechnet. Die Richtung wird aus einem Richtungshistogramm für eine lokale Umgebung des charakteristischen Punktes $(m_0, n_0, \sigma_0)^{\mathrm{T}}$ im Gauß-gefilterten Bild $g_{mn}^{\sigma_0}$ geschätzt. Wenn das Maximum des Richtungshistogramms nicht eindeutig ausgeprägt ist, werden zur Erhöhung der Robustheit mehrere Merkmalsvektoren für denselben charakteristischen Bildpunkt berechnet. Dennoch kann sich eine instabile Richtungsschätzung in manchen Anwendungen negativ auf die Ergebnisse des SIFT-Verfahrens auswirken [13].

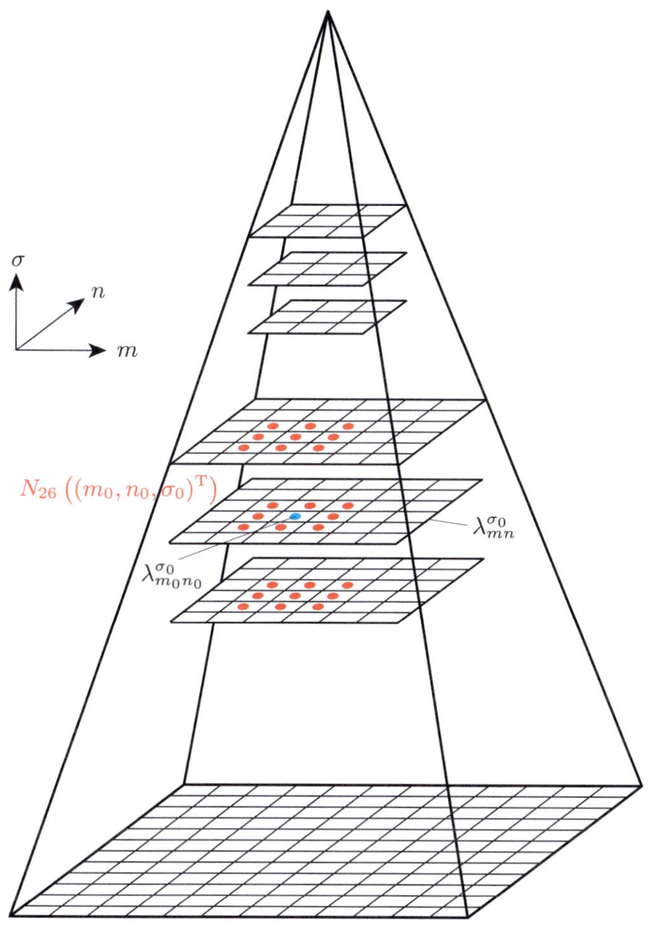

Abbildung 16.14. Nachbarschaftsbegriff bei der Suche nach SIFT-Punkten im Skalenraum.

Der Merkmalsvektor eines charakteristischen Bildpunkts setzt sich aus den Gradientenrichtungshistogrammen einer lokalen Umgebung des Bildpunkts $g^{\sigma_0}_{m_0 n_0}$ zusammen. Konkret wird die Umgebung in 4×4 quadratische Teilregionen unterteilt, für die jeweils das Gradientenrichtungshistogramm berechnet wird (Abb. 16.15). Die Gradientenwinkel werden dabei relativ zur im vorangegangenen Schritt berechneten Vorzugsrichtung gemessen. Die Histogramme umfassen acht Quantisierungsstufen, was einer Winkelauflösung von 45° entspricht. Insgesamt erhält man einen Merkmalsvektor der Dimension $4 \cdot 4 \cdot 8 = 128$. Die Länge des Vektors wird normiert, um lineare Beleuchtungsänderungen zu kompensieren.

Ein alternatives Verfahren zur Berechnung von charakteristischen Bildpunkten und Merkmalsvektoren ist die **SURF-Methode** [2]. Hier wird das Bild mit rechteckigen Filterimpulsantworten gefaltet, welche die zweiten Ableitungen der

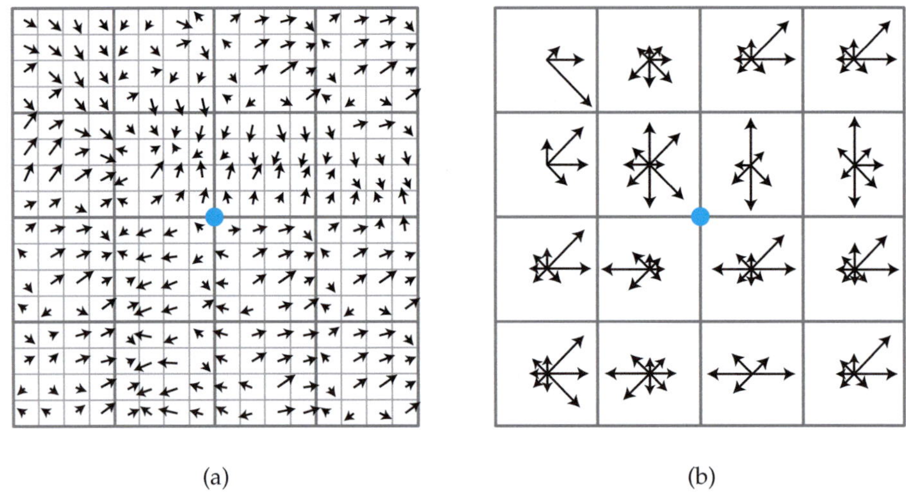

Abbildung 16.15. Berechnung des SIFT-Merkmalsvektors: (a) Gradientenvektoren in einer lokalen Umgebung des charakteristischen Bildpunkts; (b) daraus berechnete Richtungshistogramme.

Gauß-Funktion approximieren. Damit können Näherungen für die Hesse-Matrix und ihre Determinante berechnet werden. Um eine Multiskalenanalyse zu realisieren, werden Impulsantworten unterschiedlicher Größe verwendet. Die Maxima der Determinante bezüglich der Nachbarschaft $N_{26}((m_0, n_0, \sigma_0)^{\mathrm{T}})$ eines Punktes $(m_0, n_0, \sigma_0)^{\mathrm{T}}$ im Skalenraum stellen die charakteristischen Bildpunkte dar. Sie werden durch Interpolation in allen drei Koordinatenrichtungen subpixelgenau lokalisiert.

Die Merkmale für einen charakteristischen Bildpunkt basieren auf einer Analyse mit dem Haar-Wavelet aus Bsp. 16.4. In einer lokalen Umgebung, deren Größe ebenso wie die Skalierung des Wavelet-Filters in Abhängigkeit von σ_0 gewählt wird, werden die Wavelet-Koeffizienten Γ_{mn}^{H} und Γ_{mn}^{V} für die x- und y-Richtung berechnet. Diese werden in 4×4 Teilregionen sowohl vorzeichenbehaftet als auch absolut aufsummiert, sodass man für jede Teilregion die folgenden vier Merkmale erhält: $\sum \Gamma_{mn}^{\mathrm{H}}$, $\sum \Gamma_{mn}^{\mathrm{V}}$, $\sum |\Gamma_{mn}^{\mathrm{H}}|$, $\sum |\Gamma_{mn}^{\mathrm{V}}|$. Insgesamt erhält man einen 64-dimensionalen Merkmalsvektor, dessen Länge wiederum aus Gründen der Beleuchtungsinvarianz normiert wird. Optional kann zusätzlich die lokale Vorzugsrichtung als Bezugsgröße geschätzt werden, was ebenfalls auf Grundlage der Haar-Wavelet-Analyse erfolgt.

Zur effizienten Implementierung werden in allen Schritten des SURF-Verfahrens **Integralbilder** verwendet, die eine Berechnung der Summe aller Bildwerte in einem achsenparallelen Rechteck mit konstantem Aufwand erlauben [7,23]. Das

Integralbild g_Σ zu einem Bild g ist definiert durch

$$g_{\Sigma mn} := \sum_{i=0}^{m} \sum_{j=0}^{n} g_{mn} \, . \qquad (16.78)$$

Der Bildwert des Integralbildes an der Stelle (m, n) entspricht der Summe aller Bildwerte im achsenparallelen Rechteck mit den Eckpunkten $(0, 0)$ und (m, n) des Originalbildes. Die Summe aller Bildwerte in einem beliebigen achsenparallelen Rechteck mit den Eckpunkten (m_1, n_1) und (m_2, n_2), wobei $m_1 \leq m_2$, $n_1 \leq n_2$, lässt sich nun wie folgt berechnen (vgl. Abb. 16.16):

$$\sum_{m=m_1+1}^{m_2} \sum_{n=m_1+1}^{n_2} g_{mn} = g_{\Sigma m_2 n_2} - g_{\Sigma m_1 n_2} - g_{\Sigma m_2 n_1} + g_{\Sigma m_1 n_1} \, . \qquad (16.79)$$

Haar-Wavelets und die zur Approximation der Hesse-Matrix im SURF-Verfahren verwendeten Filter weisen größere Blöcke mit konstantem Wert der Impulsantwort auf, sodass die Faltungsoperationen mit Hilfe des Integralbildes effizient realisiert werden können.

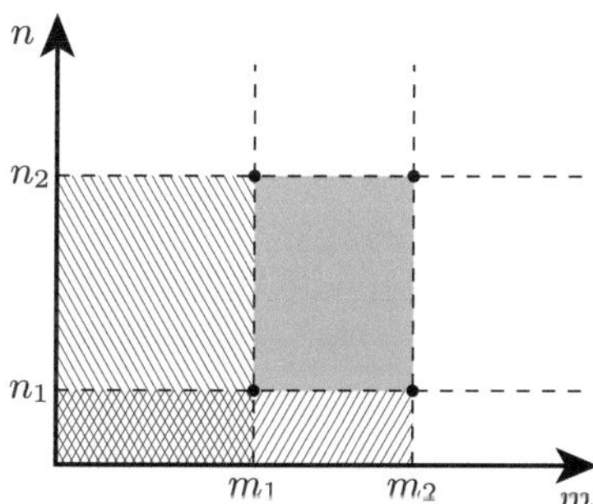

Abbildung 16.16. Berechnung der Summe der Bildwerte von g im grau gefüllten Rechteck mit Hilfe des Integralbildes g_Σ gemaß (16.79).

In der Literatur werden noch zahlreiche weitere Methoden zur Berechnung von charakteristischen Bildpunkten und Merkmalen vorgeschlagen und untersucht [17, 18, 21]. Wichtige Anwendungen für lokale Bildmerkmale sind die Korrespondenzpunktsuche in Bildserien und die Objektdetektion. Zu den Merkmalsvektoren des zu analysierenden Bildes werden die ähnlichsten Merkmalsvektoren in anderen Bildern der Serie bzw. in Trainingsdaten der zu erkennenden Objekte gesucht. Da hierbei einzelne Fehlzuordnungen kaum vermeidbar sind, müssen robuste Methoden zur Ausreißererkennung eingesetzt werden, um zuverlässige Ergebnisse zu erhalten. Diese Verfahren spielen vor allem in der Stereobildauswertung im Maschinensehen z. B. für Roboter oder Fahrzeuge eine wichtige Rolle.

Abbildung 16.17 zeigt ein Beispiel für die Berechnung von charakteristischen Bildpunkten nach der SIFT- und der SURF-Methode.

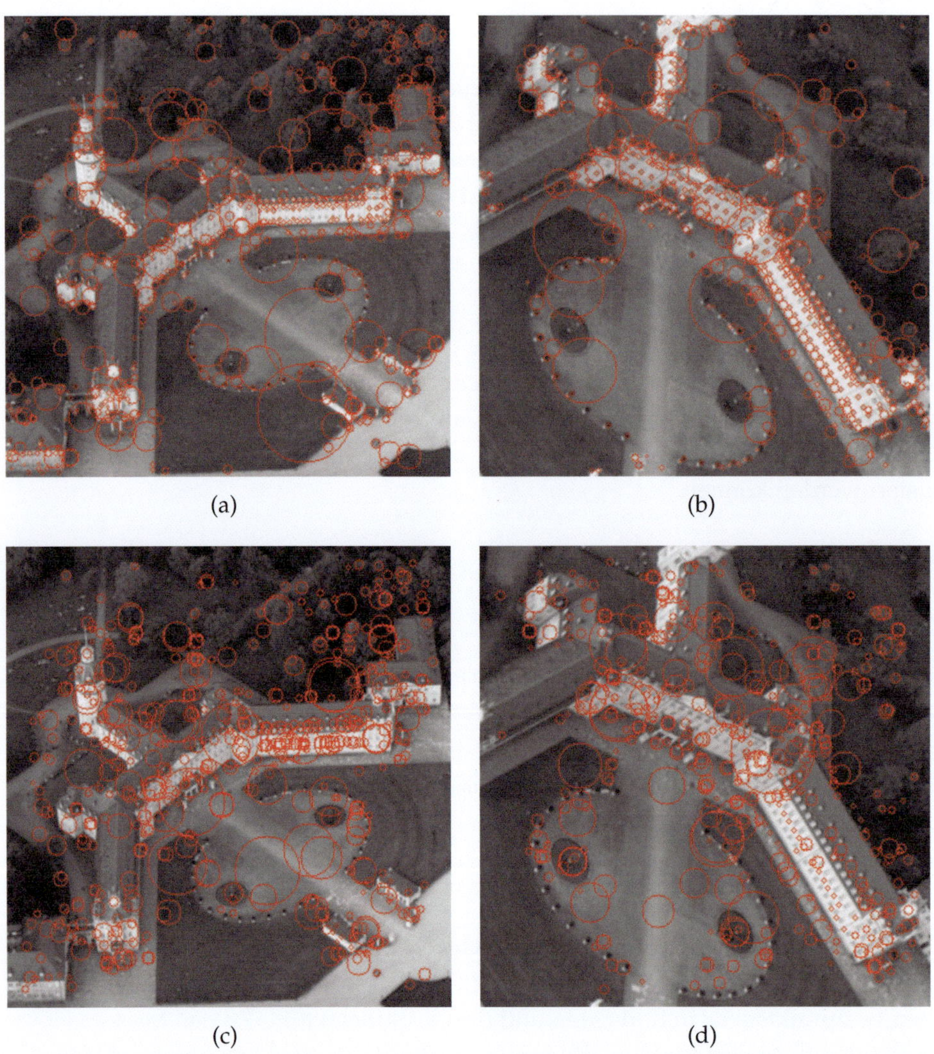

Abbildung 16.17. Beispiele zur SIFT- und SURF-Methode: (a) Ergebnisse des SIFT-Verfahrens auf Abb. 15.23(c); (b) Ergebnisse des SIFT-Verfahrens auf einem künstlich rotierten und skalierten Ausschnitt von (a); (c), (d) Ergebnisse des SURF-Verfahrens auf den beiden Testbildern. Die berechneten charakteristischen Bildpunkte sind jeweils als rote Kreise dem Originalbild überlagert. Die Größe eines Kreises entspricht der Ausdehnung des Merkmals, also der Skalenstufe, auf der das Extremum auftritt. Mit Hilfe einer Korrespondenzsuche zwischen den Merkmalsvektoren ließe sich die Koordinatentransformation T_G zwischen den beiden Testbildern rekonstruieren (vgl. Abschn. 10.4).

16.7 Literatur

[1] Werner Bäni. *Wavelets: Eine Einführung für Ingenieure*. Oldenbourg, München, 2. Auflage, 2005.

[2] Herbert Bay, Tinne Tuytelaars und Luc Van Gool. SURF: Speeded up robust features. In Aleš Leonardis, Horst Bischof und Axel Pinz (Hrsg.), *9th European Conference on Computer Vision*, Seiten 404–417. Springer, 2006.

[3] Josef Bigun. *Vision with direction*. Springer, Berlin, 2006.

[4] Kristian Bredies und Dirk Lorenz. *Mathematische Bildverarbeitung: Einführung in Grundlagen und moderne Theorie*. Vieweg + Teubner, Wiesbaden, 2011.

[5] Peter J. Burt und Edward H. Adelson. The Laplacian pyramid as a compact image code. *IEEE Transactions on Communications*, 31(4):532–540, April 1983.

[6] Peter J. Burt, Tsai-Hong Hong und Azriel Rosenfeld. Segmentation and estimation of image region properties through cooperative hierarchical computation. *IEEE Transactions on Systems, Man and Cybernetics*, 11(12):802–809, Dezember 1981.

[7] Franklin Crow. Summed-area tables for texture mapping. *Computer Graphics*, 18(3):207–212, Juli 1984.

[8] Ingrid Daubechies. *Ten lectures on wavelets*. Society for Industrial and Applied Mathematics, 1992.

[9] Gerd Fischer. *Lineare Algebra*. Vieweg, Wiesbaden, 15. Auflage, 2005.

[10] Rafael Gonzalez und Richard Woods. *Digital image processing*. Pearson Prentice Hall, Upper Saddle River, NJ, 3. Auflage, 2008.

[11] Barbara Burke Hubbard. *Wavelets: Die Mathematik der kleinen Wellen*. Birkhäuser, Basel, 1997.

[12] Bernd Jähne. *Digitale Bildverarbeitung*. Springer, Berlin Heidelberg, 7. Auflage, 2012.

[13] Kai Jüngling. *Ein generisches System zur automatischen Detektion, Verfolgung und Wiedererkennung von Personen in Videodaten*. Dissertation, Karlsruher Institut für Technologie, 2011.

[14] Tony Lindeberg. *Scale space theory in computer vision*. Kluwer, Boston, MA, 1994.

[15] David Lowe. Distinctive image features from scale-invariant keypoints. *International Journal of Computer Vision*, 60(2):91–110, 2004.

[16] Stéphane Mallat. *A wavelet tour of signal processing*. Academic Press, San Diego, CA, 2. Auflage, 1999.

[17] K. Mikolajczyk, T. Tuytelaars, C. Schmid, A. Zisserman, J. Matas, F. Schaffalitzky, T. Kadir und L. Van Gool. A comparison of affine region detectors. *International Journal of Computer Vision*, 65:43–72, 2005.

[18] Krystian Mikolajczyk und Cordelia Schmid. Scale & affine invariant interest point detectors. *International Journal of Computer Vision*, 60(1):63–86, 2004.

[19] Andreas Purde. *Speckle-Interferometrie zur Formvermessung unstetiger Oberflächen*. Dissertation, Technische Universität München, 2006.

[20] Desanka Radunović. *Wavelets from math to practice*. Springer, Berlin, 2009.

[21] Michael Schweitzer und Hans-Joachim Wünsche. Efficient keypoint matching for robot vision using GPUs. In *IEEE Computer Vision Workshops*, Seiten 808–815, September 2009.

[22] Tilo Strutz. *Bilddatenkompression: Grundlagen, Codierung, Wavelets, JPEG, MPEG, H.264*. Vieweg+Teubner, Wiesbaden, 4. Auflage, 2009.

[23] Paul Viola und Michael Jones. Rapid object detection using boosted cascade of simple features. In *Proc. IEEE Conference on Computer Vision and Pattern Recognition*, Bd. 1, Seiten 511–518, 2001.

[24] Wolfgang Walter. *Analysis 1*. Springer, Berlin, 5. Auflage, 1999.

Teil III

Anhänge

III

Anhang A

Mathematische Grundlagen

A

A

A Mathematische Grundlagen

A Mathematische Grundlagen

A.1 Strahlensatz

Der elementargeometrische Strahlensatz [1,2] bildet eine wichtige Grundlage für die Konstruktion von Abbildungsstrahlengängen im Modell der geometrischen Optik (Kap. 3).

Satz A.1: Strahlensatz

Seien s und t zwei Geraden, die sich im Ursprung $\mathbf{O}$ schneiden. Ferner seien p_1 und p_2 zwei parallele Geraden, die s und t schneiden (Abb. A.1). Dann stehen die Längen der Strecken, die von den Strahlen s und t auf den Parallelen ausgeschnitten werden, im gleichen Verhältnis zueinander wie die Abstände zwischen $\mathbf{O}$ und den Schnittpunkten $\mathbf{P}_1$ und $\mathbf{P}_2$ bzw. $\mathbf{Q}_1$ und $\mathbf{Q}_2$ zwischen den Strahlen und den Parallelen:[1]

$$\frac{\overline{\mathbf{P}_1\mathbf{Q}_1}}{\overline{\mathbf{P}_2\mathbf{Q}_2}} = \frac{\overline{\mathbf{OP}_1}}{\overline{\mathbf{OP}_2}} = \frac{\overline{\mathbf{OQ}_1}}{\overline{\mathbf{OQ}_2}}\,. \tag{A.1}$$

Dabei spielt es keine Rolle, ob sich die Parallelen vom Ursprung aus gesehen auf derselben Seite oder auf verschiedenen Seiten befinden (Abb. A.1(b)). ◇

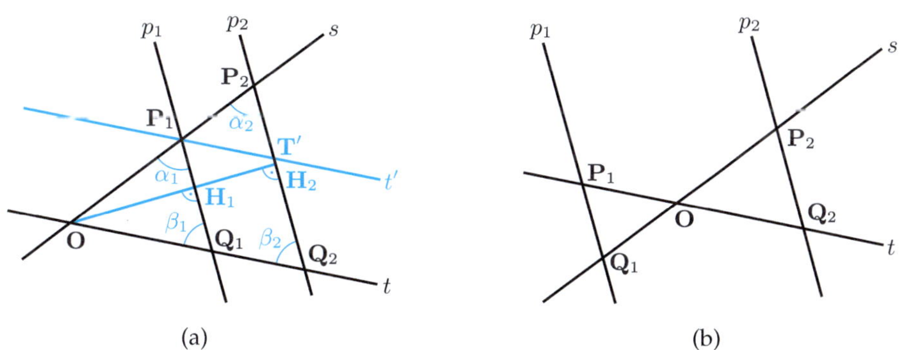

Abbildung A.1. Strahlensatz.

[1] Die Notation $\overline{\mathbf{AB}}$ bezeichnet die Länge der Strecke zwischen den Punkten $\mathbf{A}$ und $\mathbf{B}$.

J. Beyerer et al., *Automatische Sichtprüfung*,
https://doi.org/10.1007/978-3-662-69951-5

Beweis A.1 (Strahlensatz): Im rechtwinkligen Dreieck $\mathbf{OH}_1\mathbf{P}_1$ erhält man

$$\sin\alpha_1 = \frac{\overline{\mathbf{OH}_1}}{\overline{\mathbf{OP}_1}}\,. \tag{A.2}$$

Im Dreieck $\mathbf{OH}_2\mathbf{P}_2$ gilt entsprechend

$$\sin\alpha_2 = \frac{\overline{\mathbf{OH}_2}}{\overline{\mathbf{OP}_2}}\,. \tag{A.3}$$

Wegen der Parallelität von p_1 und p_2 gilt $\alpha_1 = \alpha_2$. Somit folgt

$$\frac{\overline{\mathbf{OH}_1}}{\overline{\mathbf{OP}_1}} = \frac{\overline{\mathbf{OH}_2}}{\overline{\mathbf{OP}_2}} \qquad \Leftrightarrow \qquad \frac{\overline{\mathbf{OH}_1}}{\overline{\mathbf{OH}_2}} = \frac{\overline{\mathbf{OP}_1}}{\overline{\mathbf{OP}_2}}\,. \tag{A.4}$$

Analog erhält man in den rechtwinkligen Dreiecken $\mathbf{OQ}_1\mathbf{H}_1$ und $\mathbf{OQ}_2\mathbf{H}_2$:

$$\beta_1 = \beta_2 \quad \Leftrightarrow \quad \frac{\overline{\mathbf{OH}_1}}{\overline{\mathbf{OQ}_1}} = \sin\beta_1 = \sin\beta_2 = \frac{\overline{\mathbf{OH}_2}}{\overline{\mathbf{OQ}_2}} \tag{A.5}$$

$$\Leftrightarrow \quad \frac{\overline{\mathbf{OH}_1}}{\overline{\mathbf{OH}_2}} = \frac{\overline{\mathbf{OQ}_1}}{\overline{\mathbf{OQ}_2}}\,. \tag{A.6}$$

Somit folgt insgesamt die zweite Gleichung in (A.1):

$$\frac{\overline{\mathbf{OP}_1}}{\overline{\mathbf{OP}_2}} = \frac{\overline{\mathbf{OQ}_1}}{\overline{\mathbf{OQ}_2}}\,. \tag{A.7}$$

Die erste Gleichung des Satzes kann man mit Hilfe der Parallelen t' zu t in Abb. A.1(a) herleiten. Dabei interpretiert man $\mathbf{P}_2$ als Ursprung und erhält somit aus (A.7):

$$\frac{\overline{\mathbf{P}_2\mathbf{P}_1}}{\overline{\mathbf{P}_2\mathbf{O}}} = \frac{\overline{\mathbf{P}_2\mathbf{T}'}}{\overline{\mathbf{P}_2\mathbf{Q}_2}} \qquad \Leftrightarrow \qquad \frac{\overline{\mathbf{P}_2\mathbf{O}} - \overline{\mathbf{OP}_1}}{\overline{\mathbf{P}_2\mathbf{O}}} = \frac{\overline{\mathbf{P}_2\mathbf{Q}_2} - \overline{\mathbf{Q}_2\mathbf{T}'}}{\overline{\mathbf{P}_2\mathbf{Q}_2}} \tag{A.8}$$

$$\Leftrightarrow \quad \frac{\overline{\mathbf{Q}_2\mathbf{T}'}}{\overline{\mathbf{P}_2\mathbf{Q}_2}} = \frac{\overline{\mathbf{OP}_1}}{\overline{\mathbf{P}_2\mathbf{O}}}\,. \tag{A.9}$$

Da $\mathbf{P}_1\mathbf{Q}_1\mathbf{Q}_2\mathbf{T}'$ ein Parallelogramm ist, gilt $\overline{\mathbf{Q}_2\mathbf{T}'} = \overline{\mathbf{P}_1\mathbf{Q}_1}$. Damit folgt schließlich die Behauptung

$$\frac{\overline{\mathbf{P}_1\mathbf{Q}_1}}{\overline{\mathbf{P}_2\mathbf{Q}_2}} = \frac{\overline{\mathbf{OP}_1}}{\overline{\mathbf{OP}_2}}\,. \tag{A.10}$$

■

A.2 Inverse Probleme

Definition A.1: Korrekt gestelltes Problem
Ein mathematisches Problem heißt korrekt gestellt (oder gut gestellt) nach Hadamard, wenn es die folgenden drei Bedingungen erfüllt [3]:

1. Existenz: Es existiert eine Lösung für das Problem.
2. Eindeutigkeit: Die Lösung ist eindeutig bestimmt.
3. Stabilität: Die Lösung hängt stetig von den Eingangsdaten des Problems ab.

Ein Problem heißt schlecht gestellt (inkorrekt gestellt, *ill posed*), falls eine dieser Bedingungen verletzt ist. ◇

Ein inverses Problem ist die Suche nach der Umkehrabbildung einer Abbildung $f : \mathcal{X} \to \mathcal{Y}$, $y = f(x)$ mit Definitionsbereich $\mathcal{X}$ und Bildbereich $\mathcal{Y}$. Die gesuchte Größe ist $x \in \mathcal{X}$, beobachtet werden kann hingegen nur $y \in \mathcal{Y}$. Ein inverses Problem ist schlecht gestellt, falls eine der folgenden drei Eigenschaften auf die Umkehrabbildung f^{-1} zutrifft:

1. f^{-1} ist nicht wohldefiniert, d. h. es gibt $y \in \mathcal{Y}$, für die kein Urbild $x \in \mathcal{X}$ mit $f(x) = y$ existiert, f ist also nicht surjektiv.
2. $x = f^{-1}(y)$ ist nicht eindeutig bestimmt, d. h. f ist nicht injektiv.
3. f^{-1} ist nicht stetig: Aus einem beschränkten Abstand der Bilder $y_1 = f(x_1)$ und $y_2 = f(x_2)$, d. h.

$$\|y_1 - y_2\| < \delta \qquad \text{mit } \delta > 0 \text{ beliebig,} \tag{A.11}$$

folgt nicht, dass auch der Abstand der Urbilder beschränkt ist, also dass

$$\|x_1 - x_2\| < \varepsilon \qquad \text{mit } \varepsilon > 0\,. \tag{A.12}$$

Um ein schlecht gestelltes Problem zu lösen, können **Regularisierungsverfahren** eingesetzt werden. Diese stellen zusätzliche Nebenbedingungen an die Lösung. Dabei kann es sich um Annahmen, Vorwissen oder Wunscheigenschaften handeln, mit deren Hilfe aus der Mannigfaltigkeit der möglichen Lösungen eine eindeutige Lösung ausgewählt wird. In der automatischen Sichtprüfung und Bildauswertung sind vor allem die beiden folgenden Regularisierungsansätze von Bedeutung:

- **Eindeutigkeit durch zusätzliche Messungen**: Ein mehrdeutiges inverses Problem kann durch Zusatzwissen in Form weiterer Messdaten eindeutig lösbar werden. Ein Beispiel ist die deflektometrische Rekonstruktion aus Abschn. 7.3.5, die durch eine zweite Messung aus anderem Blickwinkel eindeutig wird. Auch die gewöhnliche intensitätsbasierte Stereoauswertung kann auf diese

Weise interpretiert werden: Die Rekonstruktion der 3D-Struktur aus einer einzelnen Kameraperspektive ist aufgrund des Informationsverlusts bei der Zentralprojektion ein schlecht gestelltes Problem. Erst durch die Hinzunahme einer zweiten Kameraperspektive wird die Berechnung der Tiefeninformation möglich.

- **Stetigkeitsforderungen an die Lösung**: Indem die Stetigkeit der Lösung gefordert wird, erhält man zusätzliche Nebenbedingungen, die zur Auflösung von Mehrdeutigkeiten beitragen. Stetigkeitsforderungen lassen sich mit Hilfe von Energiefunktionalen formulieren. Dieser Ansatz kann bei verschiedenen Verfahren zur 3D-Rekonstruktion, z. B. Stereo, Shape from Shading, strukturierte Beleuchtung (siehe Kap. 7) sowie bei der Bildsegmentierung (siehe Kap. 12) angewendet werden. Die Stetigkeitsforderung stellt eine zusätzliche Annahme dar, die nicht zwangsläufig von jedem Objekt erfüllt sein wird.

A.3 Literatur

[1] Ilka Agricola und Thomas Friedrich. *Elementargeometrie: Fachwissen für Studium und Mathematikunterricht*. Vieweg+Teubner, Wiesbaden, 3. Auflage, 2011.

[2] Euklid. *Die Elemente*, Bd. 6. Herausgegeben von Clemens Thaer, Deutsch, Thun, 2. Auflage, 1996.

[3] Andreas Rieder. *Keine Probleme mit Inversen Problemen: Eine Einführung in ihre stabile Lösung*. Vieweg, Wiesbaden, 1. Auflage, 2003.

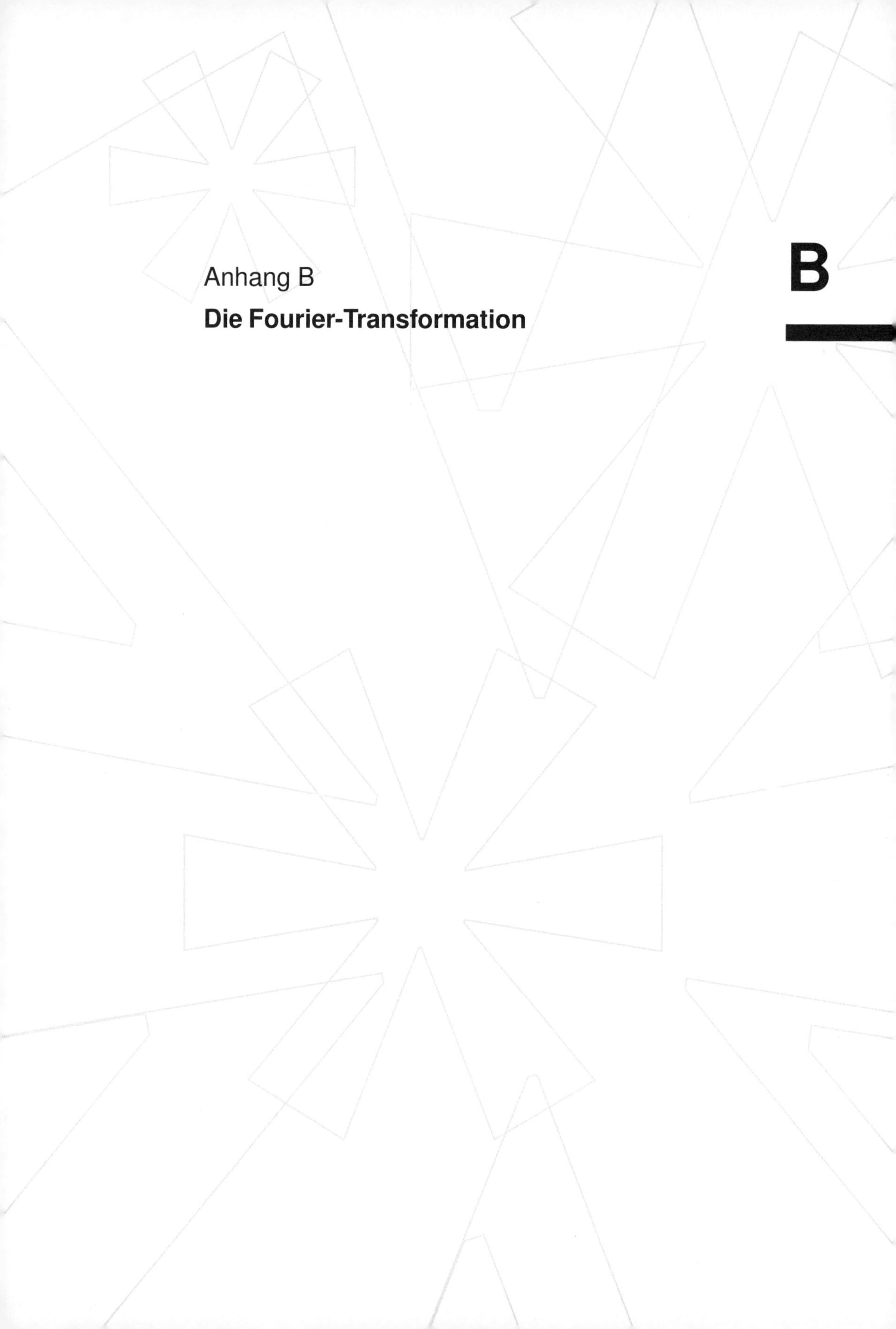

Anhang B

Die Fourier-Transformation

B

B

B Die Fourier-Transformation

B Die Fourier-Transformation

B.1 Die eindimensionale Fourier-Transformation

B.1.1 Definition

Definition:	$\mathcal{F}\{g(x)\} := \int\limits_{-\infty}^{\infty} g(x)\,\mathrm{e}^{-\mathrm{j}2\pi f x}\,\mathrm{d}x = G(f)$
Umkehrung:	$g(x) = \int\limits_{-\infty}^{\infty} G(f)\,\mathrm{e}^{\mathrm{j}2\pi f x}\,\mathrm{d}f = \mathcal{F}^{-1}\{G(f)\}$
Kreisfrequenz:	$\omega = 2\pi f$
	$[x] = [f]^{-1}\,, \qquad \mathrm{j} = \sqrt{-1}$

J. Beyerer et al., *Automatische Sichtprüfung*,
https://doi.org/10.1007/978-3-662-69951-5

B.1.2 Gesetze

Gesetz	$g(x)$	$\circ\!-\!\bullet$	$G(f)$
Linearität	$a\,g_1(x) + b\,g_2(x)$	$\circ\!-\!\bullet$	$a\,G_1(f) + b\,G_2(f)$
Skalierungssatz	$g(kx)$ mit k reell, $k \neq 0$	$\circ\!-\!\bullet$	$\lvert k\rvert^{-1}\,G\left(\frac{f}{k}\right)$
Vertauschungssatz	$G(x)$	$\circ\!-\!\bullet$	$g(-f)$
	$G^*(x)$	$\circ\!-\!\bullet$	$g^*(f)$
Satz der konjugiert komplexen Funktionen	$g^*(x)$	$\circ\!-\!\bullet$	$G^*(-f)$
Verschiebungssatz	$g(x - x_0)$	$\circ\!-\!\bullet$	$G(f)\,\mathrm{e}^{-\mathrm{j}2\pi x_0 f}$
	$g(x)\,\mathrm{e}^{\mathrm{j}2\pi f_0 x}$	$\circ\!-\!\bullet$	$G(f - f_0)$
Differentiationssatz	$\frac{\mathrm{d}g(x)}{\mathrm{d}x}$	$\circ\!-\!\bullet$	$\mathrm{j}2\pi f\,G(f)$
	$-\mathrm{j}2\pi x\,g(x)$	$\circ\!-\!\bullet$	$\frac{\mathrm{d}G(f)}{\mathrm{d}f}$
Integrationssatz	$\int_{-\infty}^{x} u(\tau)\,\mathrm{d}\tau$	$\circ\!-\!\bullet$	$\left[\frac{1}{\mathrm{j}2\pi f} + \frac{1}{2}\,\delta(f)\right] U(f)$
	$\left[\frac{-1}{\mathrm{j}2\pi x} + \frac{1}{2}\,\delta(x)\right] u(x)$	$\circ\!-\!\bullet$	$\int_{-\infty}^{f} U(\varphi)\,\mathrm{d}\varphi$
Faltungssatz	$g_1(x) * g_2(x)$	$\circ\!-\!\bullet$	$G_1(f)\,G_2(f)$
	$g_1(x)\,g_2(x)$	$\circ\!-\!\bullet$	$G_1(f) * G_2(f)$
Korrelationssatz	$g_1(x) \circledast g_2(x)$	$\circ\!-\!\bullet$	$G_1(f)\,G_2^*(f)$
	$g_1(x)\,g_2^*(x)$	$\circ\!-\!\bullet$	$G_1(f) \circledast G_2(f)$
Zuordnungssatz	$\Re\{g_\mathrm{g}(x)\}$	$\circ\!-\!\bullet$	$\Re\{G_\mathrm{g}(f)\}$
Index:	$\Re\{g_\mathrm{u}(x)\}$	$\circ\!-\!\bullet$	$\mathrm{j}\,\Im\{G_\mathrm{u}(f)\}$
– g: gerader Anteil	$\mathrm{j}\,\Im\{g_\mathrm{g}(x)\}$	$\circ\!-\!\bullet$	$\mathrm{j}\,\Im\{G_\mathrm{g}(f)\}$
– u: ungerader Anteil	$\mathrm{j}\,\Im\{g_\mathrm{u}(x)\}$	$\circ\!-\!\bullet$	$\Re\{G_\mathrm{u}(f)\}$
Momentensatz	$\int_{-\infty}^{\infty} x^\nu\,g(x)\,\mathrm{d}x = (-\mathrm{j}2\pi)^{-\nu}\,\frac{\mathrm{d}^\nu G(f)}{\mathrm{d}f^\nu}\Big\rvert_{f=0}$		
	$(\mathrm{j}2\pi)^{-\nu}\,\frac{\mathrm{d}^\nu g(x)}{\mathrm{d}x^\nu}\Big\rvert_{x=0} = \int_{-\infty}^{\infty} f^\nu\,G(f)\,\mathrm{d}f$		
Nullwerte	$g(0) = \int_{-\infty}^{\infty} G(f)\,\mathrm{d}f$		$G(0) = \int_{-\infty}^{\infty} g(x)\,\mathrm{d}x$
Parseval'sche Gleichung	$\int_{-\infty}^{\infty} g_1(x)\,g_2^*(x)\,\mathrm{d}x = \int_{-\infty}^{\infty} G_1(f)\,G_2^*(f)\,\mathrm{d}f$		
	$\int_{-\infty}^{\infty} \lvert g(x)\rvert^2\,\mathrm{d}x = \int_{-\infty}^{\infty} \lvert G(f)\rvert^2\,\mathrm{d}f$		

B.1.3 Korrespondenzen

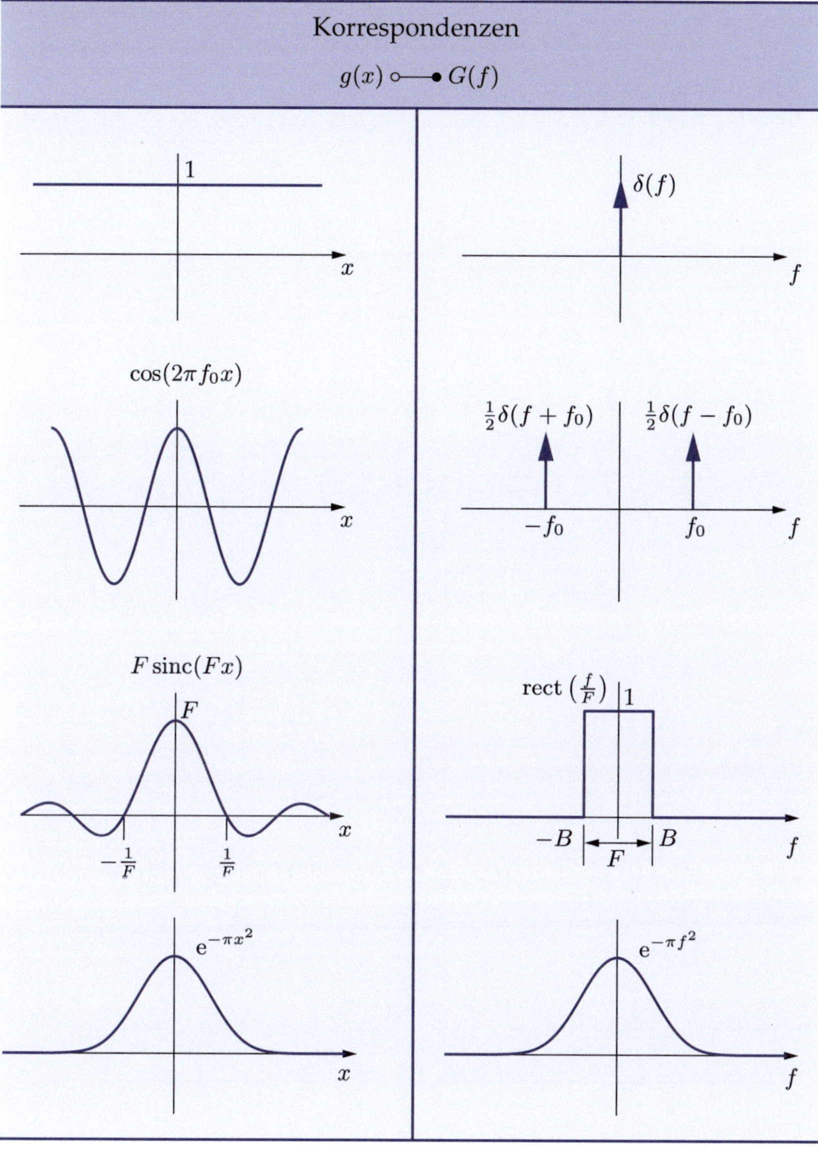

Korrespondenzen

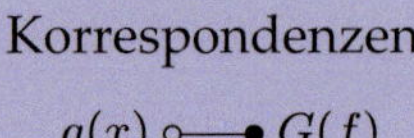

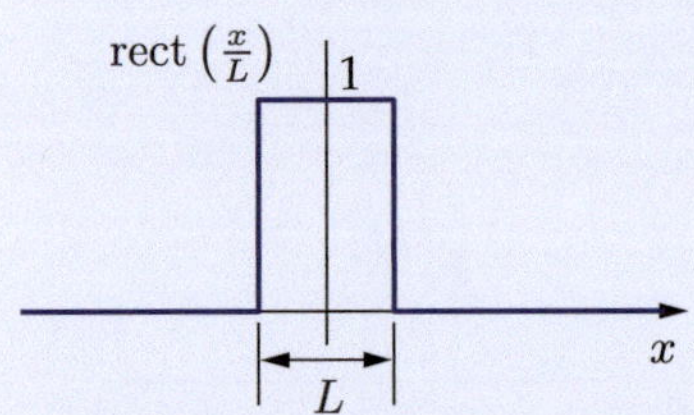

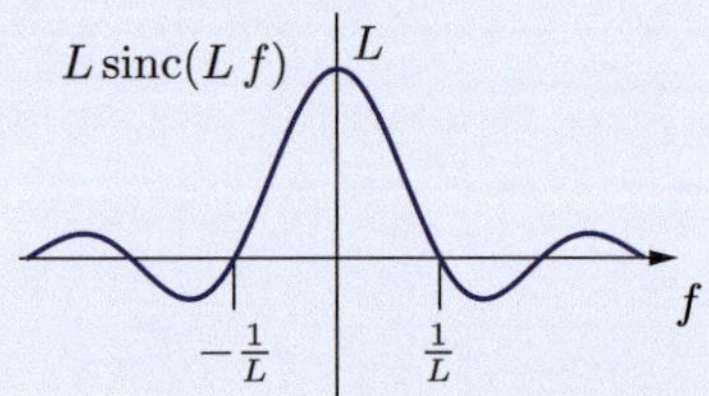

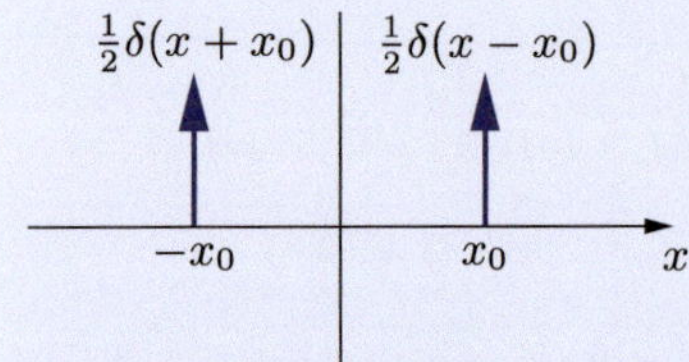

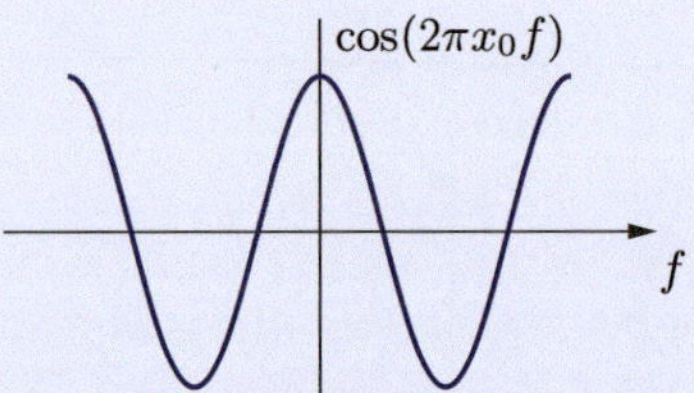

$\delta(x)$

x

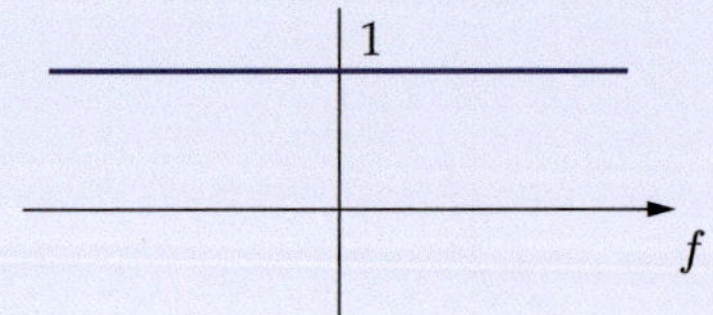

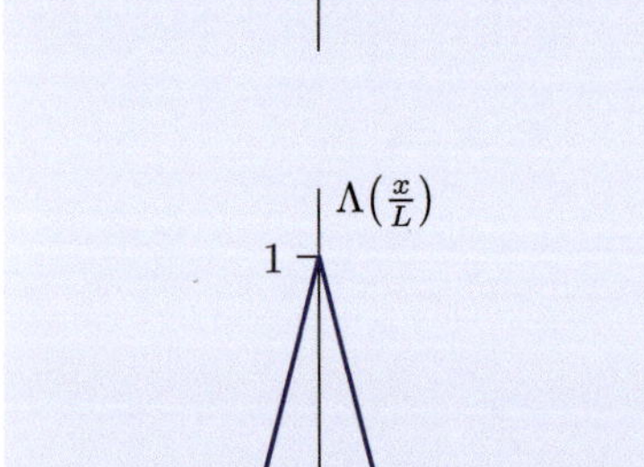

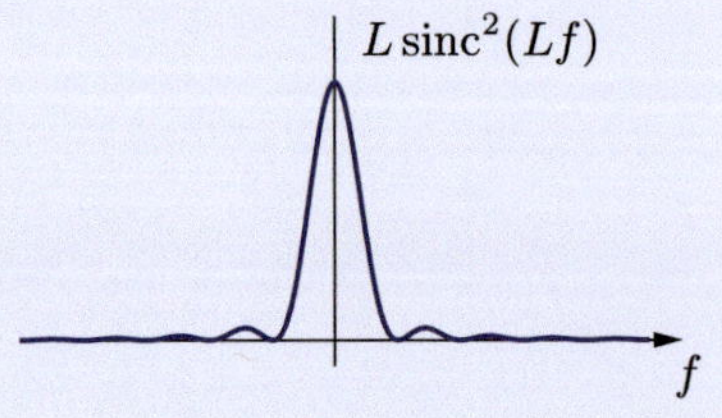

B.2 Die n-dimensionale Fourier-Transformation

B.2.1 Definition

Definition:	$\mathcal{F}\{g(\mathbf{x})\} := \int\limits_{-\infty}^{\infty} \cdots \int\limits_{-\infty}^{\infty} g(\mathbf{x})\, \mathrm{e}^{-\mathrm{j}2\pi \mathbf{f}^{\mathrm{T}}\mathbf{x}}\, \mathrm{d}\mathbf{x} = G(\mathbf{f})$
Umkehrung:	$g(\mathbf{x}) = \int\limits_{-\infty}^{\infty} \cdots \int\limits_{-\infty}^{\infty} G(\mathbf{f})\, \mathrm{e}^{\mathrm{j}2\pi \mathbf{f}^{\mathrm{T}}\mathbf{x}}\, \mathrm{d}\mathbf{f} = \mathcal{F}^{-1}\{G(\mathbf{f})\}$
	$\mathbf{x} = (x_1, \ldots, x_n)^{\mathrm{T}} \in \mathbb{R}^n\,, \qquad \mathrm{d}\mathbf{x} = \mathrm{d}x_1\, \mathrm{d}x_2 \ldots \mathrm{d}x_n$
	$\mathbf{f} = (f_1, \ldots, f_n)^{\mathrm{T}} \in \mathbb{R}^n\,, \qquad \mathrm{d}\mathbf{f} = \mathrm{d}f_1\, \mathrm{d}f_2 \ldots \mathrm{d}f_n$

B.2.2 Korrespondenzen der zweidimensionalen Fourier-Transformation

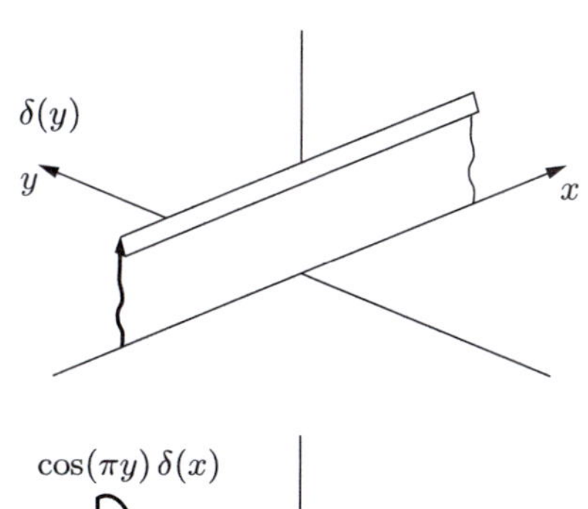

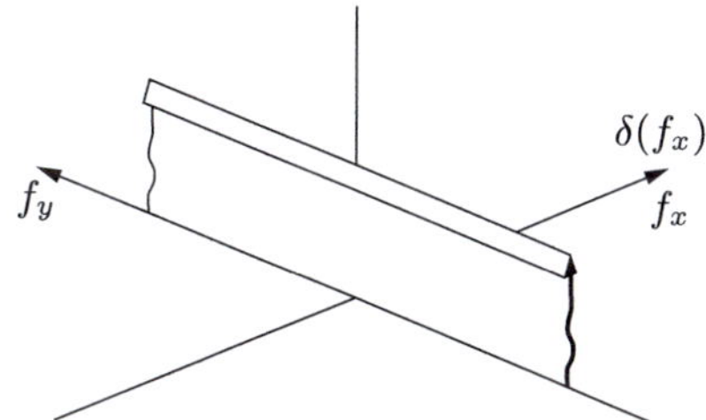

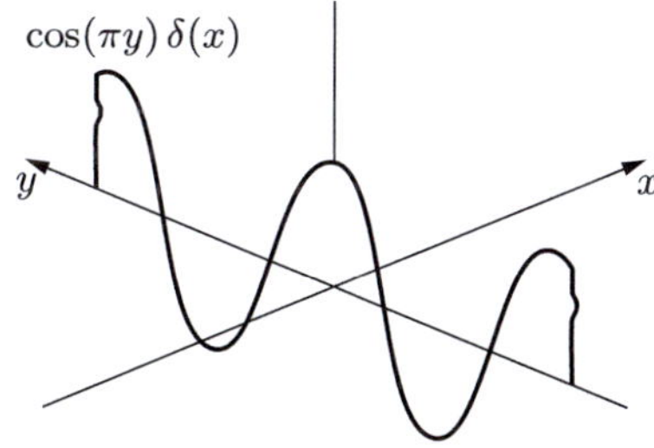

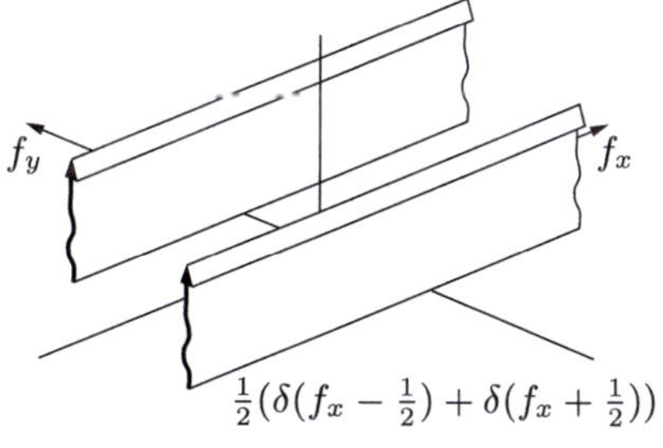

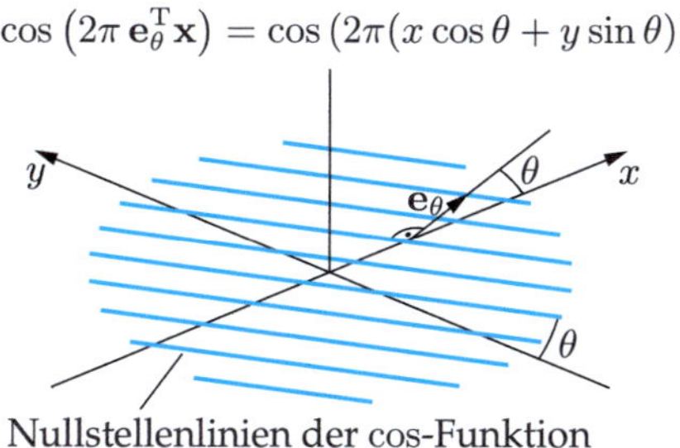

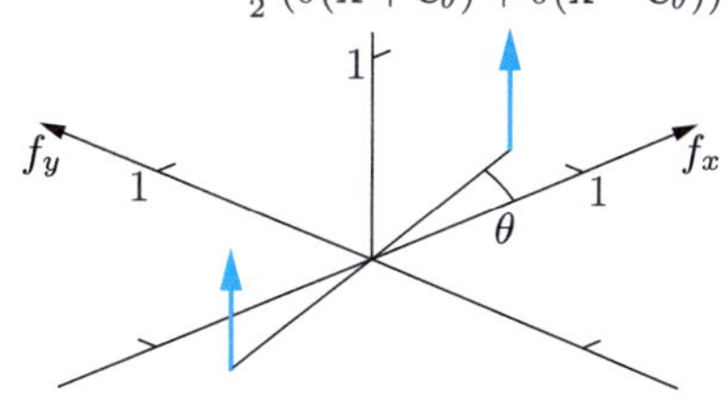

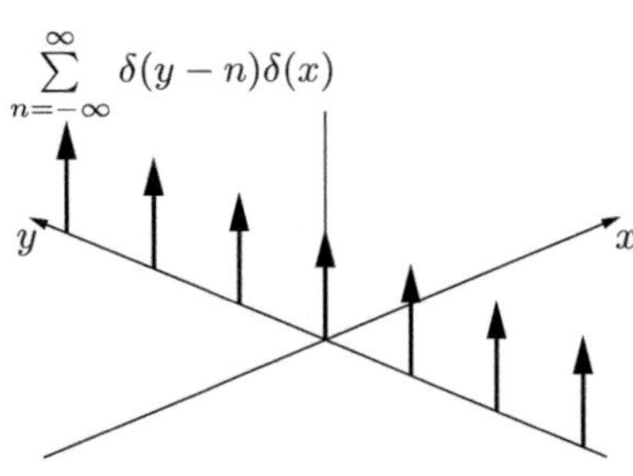

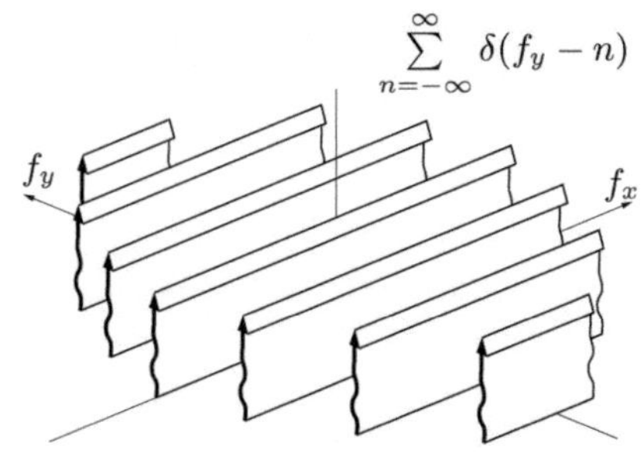

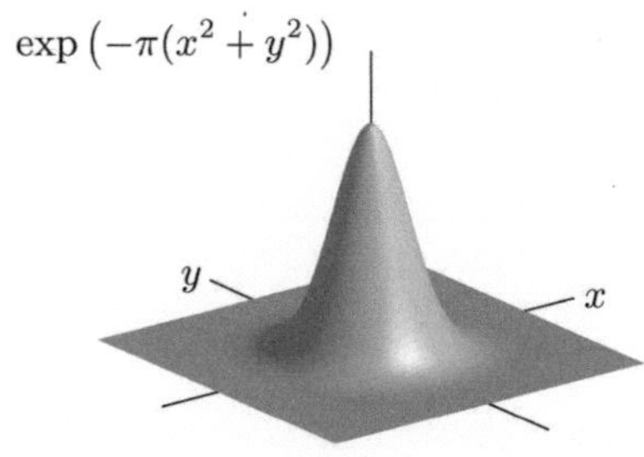

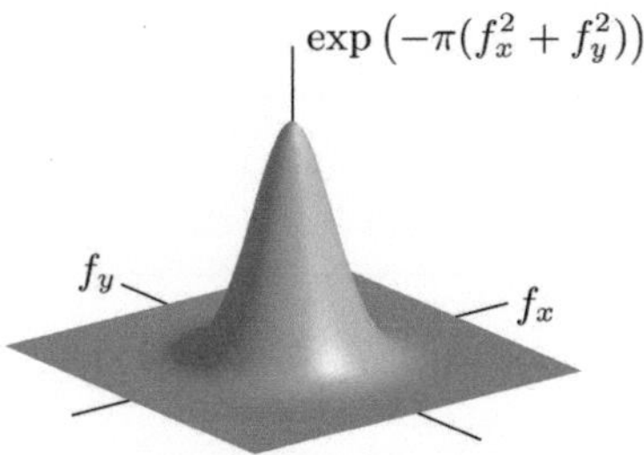

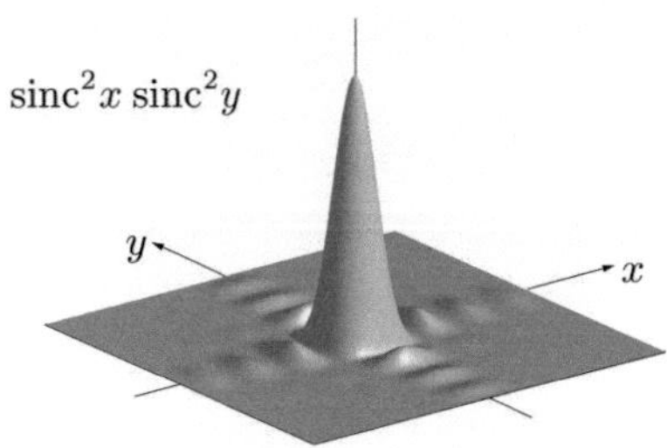

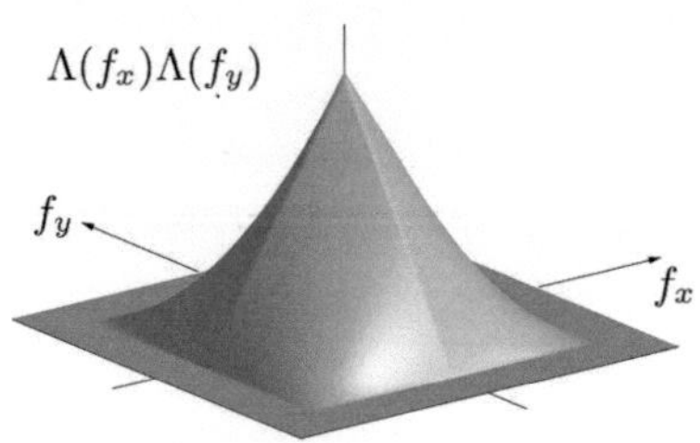

B.3 Die diskrete Fourier-Transformation

Definition:	$G_l := \sum_{n=0}^{N-1} g_n \, \mathrm{e}^{-\mathrm{j}2\pi \frac{ln}{N}}$	mit	$g_n := g(n\,\Delta x)$
Umkehrung:	$g_n = \frac{1}{N} \sum_{l=0}^{N-1} G_l \, \mathrm{e}^{\mathrm{j}2\pi \frac{ln}{N}}$		

Bildnachweis

Breitmeier Messtechnik GmbH, Ettlingen, Deutschland: Abb. 6.13

Phil Brodatz. *Textures*: Abb. 1.4, 14.2, 14.18(a)

Deutsches Zentrum für Luft- und Raumfahrt e. V. (DLR), TerraSAR-X: Abb. 15.13(b)

Dr. Michael Fried, Universität Erlangen: Abb. 12.27

Fa. AE Goetze GmbH, Burscheid, Deutschland. *Honatlas*: Abb. 14.3(a), 14.14(a), 14.15(a), 15.8(c), 15.15(a), 15.16(a)

Dr. Jan Horn, Institut für Mess- und Regelungstechnik, Karlsruher Institut für Technologie: Abb. 11.4

inspectomation GmbH, Mannheim, Deutschland (früher Hottinger Systems GmbH): Abb. 1.9, 3.19, 7.45, 7.75, 7.78, 7.81(b), 7.130, 15.4, 15.5

Dr. Udo Netzelmann, Günter Walle, Fraunhofer-Institut für Zerstörungsfreie Prüfverfahren IZFP, Saarbrücken: Abb. 7.105

Arne Nowak, Fraunhofer-Institut für Integrierte Schaltungen IIS, Erlangen: Abb. 7.123

Dr. Dirk Nüßler, Fraunhofer-Institut für Hochfrequenzphysik und Radartechnik FHR, Wachtberg, Deutschland: Abb. 7.117

OLEDWorks GmbH, Aachen, Deutschland: Abb. 2.42

ONUK Fotografie Bernhard Schmitt, Karlsruhe, Deutschland: Abb. 8.33(a), 8.53, 15.23(c)

Prof. Dr. Wolfgang Osten, ITO – Institut für Technische Optik, Universität Stuttgart: Abb. 7.96, 7.98, 7.101, 7.102

Prof. Dr. Jerry Prince, Dr. Chenyang Xu: Abb. 12.24, 12.25

Dr. Andreas Purde, Lehrstuhl für Messsystem- und Sensortechnik, TU München: Abb. 16.4

Dr. Claudio Sedazzari, Opto Engineering srl, Mantova, Italien: Abb. 3.25

Erika Schneider: Abb. 12.1

Dr. Norman Uhlmann, Fraunhofer-Entwicklungszentrum Röntgentechnik EZRT, Fürth, Deutschland: Abb. 7.108

Dirk vom Stein: Abb. 11.5, 14.10

Dr. Yaokun Zhang, Lehrstuhl für Intelligente Prozessautomation und Robotik (IPR), Karlsruher Institut für Technologie: Abb. 7.110

J. Beyerer et al., *Automatische Sichtprüfung*,
https://doi.org/10.1007/978-3-662-69951-5

Symbolverzeichnis

Konventionen

Symbol	Bedeutung
$x, y, \ldots,$ $A, B, \ldots$	skalare Variable (kursiv, Kleinbuchstaben, gelegentlich Großbuchstaben)
$\mathbf{x}, \mathbf{y}, \ldots,$ $\mathbf{A}, \mathbf{B}, \ldots$	Vektoren (fett, Kleinbuchstaben, vereinzelt Großbuchstaben)
$\mathbf{A}, \mathbf{B}, \ldots$	Matrizen; Punkte (fett, Großbuchstaben)
$\mathcal{A}, \mathcal{B}, \ldots$	Mengen
$\mathcal{A}\{\cdot\},$ $\mathcal{B}\{\cdot\}, \ldots$	Operatoren
$\mathtt{a}, \mathtt{b}, \ldots$	Zufallsvariable (Schreibmaschinenschrift)

Operatoren

Symbol	Bedeutung	Seite
$\dot{f}$	Ableitung der Funktion f nach der Zeit t	33
$\downarrow$	Reduktionsschritt (Multiskalenanalyse)	957
$\uparrow$	Expansionsschritt (Multiskalenanalyse)	957
$\lfloor x \rfloor$	größte ganze Zahl $\leq x$	655
$\lceil x \rceil$	kleinste ganze Zahl $> x$	655
g^*	komplexe Konjugation von g	506, 913, 962
$\overline{f(t)}$	zeitliche Mittelung	40, 57
$\angle \cdot$	Argument (Phasenwinkel) einer komplexen Größe bzw. Richtung eines zweidimensionalen Vektors	501, 759
$\lvert \cdot \rvert$	Betrag einer reellen oder komplexen Größe	90, 501
$\lVert \cdot \rVert$	Norm eines Vektors	32
$*$	Faltung eindimensionaler Signale	497, 525
$**$	Faltung zweidimensionaler Signale	530
$\overset{x}{*}$	eindimensionale Faltung mehrdimensionaler Signale bezüglich der Variable x	678
$g(x) \circ\!\!-\!\!\bullet\, G(f)$	Korrespondenz der eindimensionalen Fourier-Transformation	500

J. Beyerer et al., *Automatische Sichtprüfung*,
https://doi.org/10.1007/978-3-662-69951-5

$g(\mathbf{x}) \circ\!\!-\!\!\bullet\; G(\mathbf{f})$	Korrespondenz der zweidimensionalen Fourier-Transformation	526
$\mathbf{x}_1 \leftrightarrow \mathbf{x}_2$	korrespondierende Bildpunkte	367
$\mathbf{a} \perp \mathbf{b}$	Vektor $\mathbf{a}$ ist orthogonal zu Vektor $\mathbf{b}$	33
$\propto$	Proportionalität	72
$\mathsf{a} \sim \mathcal{P}$	Zufallsvariable a ist verteilt gemäß $\mathcal{P}$	78, 568
$\langle \cdot, \cdot \rangle$	Skalarprodukt	916, 968
$\stackrel{!}{=}$	soll gleich sein, Gleichheit wird gefordert	511, 581
$a \in \mathcal{A}$	a ist Element der Menge $\mathcal{A}$	12
$\mathcal{A} \cap \mathcal{B}$	Schnittmenge von $\mathcal{A}$ und $\mathcal{B}$	165
$\mathcal{A} \cup \mathcal{B}$	Vereinigungsmenge von $\mathcal{A}$ und $\mathcal{B}$	747
$\mathcal{A} \backslash \mathcal{B}$	Differenz der Mengen $\mathcal{A}$ und $\mathcal{B}$	96, 796, 817
$\subset, \subseteq$	Teilmenge	12, 818
$\varnothing$	leere Menge	658
$\overline{\mathcal{G}}$	Komplement der Punktmenge $\mathcal{G}$	817
$\mathcal{G}^{\mathrm{R}}$	Reflexion der Punktmenge $\mathcal{G}$	817
$(\mathcal{G})_{\mathbf{z}}$	Verschiebung der Punktmenge um den Vektor $\mathbf{z}$	817
$\oplus$	direkte Summe von Vektorräumen	970
$\oplus$	morphologische Dilatation	818, 850
$\ominus$	morphologische Erosion	818, 850
$\circ$	morphologische Öffnung	829, 854
$\bullet$	morphologische Schließung	829, 854
$\circledast$	morphologischer Alles-oder-Nichts-Operator (*hit or miss*)	836
$\oslash$	morphologische Verdünnung	837
$\odot$	morphologische Verdickung	840
$\mathbf{0}$	Nullvektor: $\mathbf{0} := (0, 0, \ldots, 0)^{\mathrm{T}}$	133
$1(x)$	Funktion identisch 1: $1(x) \equiv 1$	63, 528
$\mathbf{1}$	$\mathbf{1} := (1, 1, \ldots, 1)^{\mathrm{T}}$	895
$\Delta\mathbf{F}$	Laplace-Operator, angewandt auf ein Vektorfeld $\mathbf{F}$	31, 777, 858
$\forall$	Allquantor („für alle ...“)	221

$\mathcal{A}\{\mathbf{G}\}$	scharfe optische Abbildung des Punktes **G** durch das optische System $\mathcal{A}$	11, 125
$\arg\min$	Argument des Minimums	295
$\frac{\mathrm{d}f}{\mathrm{d}x}$	Ableitung der Funktion f nach der Variablen x	33
$\frac{\partial f}{\partial x}$	partielle Ableitung der Funktion f nach der Variablen x	29
$\mathrm{DFT}\{g_{mn}\}$	zweidimensionale diskrete Fourier-Transformierte des diskreten Bildsignals g_{mn}	525
$\operatorname{div}\mathbf{F}$	Divergenz des Vektorfelds **F**	29
$\mathrm{E}\{\cdot\}$	Erwartungswert	76, 565, 869, 883
$\exists$	Existenzquantor („es existiert ein ...“)	824
$\mathcal{F}\{g(\mathbf{x})\}$	Fourier-Transformierte der Funktion $g(\mathbf{x})$	62
$\operatorname{grad} g(\mathbf{x})$	Gradient der Funktion $g(\mathbf{x})$	758
$\Im\{\cdot\}$	Imaginärteil einer komplexen Zahl	301
$\max$	Maximum einer Menge oder einer Funktion	385
$\mathrm{med}_{\mathcal{U}}\{g_{mn}\}$	Median des Signals g_{mn} bezüglich der Umgebung $\mathcal{U}$	693, 696
$\min$	Minimum einer Menge oder einer Funktion	245
$\Pr\{\cdot\}$	Wahrscheinlichkeit	76
$\mathcal{Q}\{\cdot\}$	Quantisierungsoperator	579
$\mathcal{R}\{g(\mathbf{x})\}$	Radon-Transformierte des Bildes $g(\mathbf{x})$	926
$\Re\{\cdot\}$	Realteil einer komplexen Zahl	36
$\operatorname{rot}\mathbf{F}$	Rotation des Vektorfelds **F**	29
$\operatorname{span}\{\cdot\}$	aufgespannter Vektorraum	867, 969
$\operatorname{supp}\{\cdot\}$	Trägermenge $\operatorname{supp}\{G(\mathbf{f})\} := \{\mathbf{f} \mid \lvert G(\mathbf{f})\rvert > 0\}$	658, 868
$\mathcal{T}\{\cdot\}$	morphologischer Oberflächen-Operator (*top surface*)	848
$\mathcal{T}\{\cdot\}$	Lichttransportoperator	193
$\mathcal{U}\{\cdot\}$	Umbra-Operator	848
$\mathrm{Var}\{\cdot\}$	Varianz	76, 565, 869
$\mathcal{Z}\{\cdot\}$	Z-Transformation	689

Griechische Symbole

α	Quantenwirkungsgrad eines Bildsensors	78
α	halber Öffnungswinkel des Objektivs	146, 153
$\Gamma_{p,\nu}$	Wavelet-Koeffizienten	967, 974
$\Gamma_{\psi}(s,\tau)$	kontinuierliche Wavelet-Transformierte	962
γ_{mn}	Ausschnitt aus einem zweidimensionales Signal in Vektorschreibweise	882
δ	Eindringtiefe elektromagnetischer Wellen in ein leitfähiges Medium	95
δ	Phasenversatz zwischen den Polarisationskomponenten einer elektromagnetischen Welle	38
$\delta(\cdot)$	Dirac-Impuls (Dirac-Distribution)	493
δ_i^k	Kronecker-Symbol: $\delta_i^k := \begin{cases} 1 & \text{für } i = k \\ 0 & \text{für } i \neq k \end{cases}$	32
δ_{mn}	zweidimensionaler ortsdiskreter Dirac-Impuls	546
δ_n	eindimensionaler ortsdiskreter Dirac-Impuls	545
ε	Durchmesser der Unschärfescheibe in der Bildebene	151
ε	Permittivität	30
ε_0	Permittivität des Vakuums (elektrische Feldkonstante), $\varepsilon_0 \approx 8{,}854 \cdot 10^{-12}\ \frac{\mathrm{As}}{\mathrm{Vm}}$	30
ε_{r}	relative Permittivität	30
ζ	Länge des Referenzstrahlengangs bei der Interferometrie	396
H	Entropie	600
η	Lichtausbeute	103
η	Dämpfungsfaktor elektromagnetischer Wellen in einem leitfähigen Medium	94
$\theta(\mathbf{x})$	Gradientenrichtung am Pixel $\mathbf{x}$	788, 897
θ_1	Einfallswinkel	83
θ	Triangulationswinkel	329
$\theta_{1\mathrm{B}}$	Brewster-Winkel	92

θ_{1C}	kritischer Einfallswinkel	92
θ_2	Brechungswinkel	85
θ_e	Winkel des emittierten Lichts zur Oberflächennormale	190
θ_i	Einfallswinkel des Beleuchtungsstrahls	190
θ_r	Ausfallswinkel bei der spiegelnden Reflexion	83
$\Lambda(\frac{x}{B})$	Dreieckfunktion: $\Lambda(\frac{x}{B}) = \begin{cases} 1 - \left\lvert \frac{x}{B} \right\rvert & \text{für } \lvert x \rvert < B \\ 0 & \text{sonst} \end{cases}$	656
λ	Wellenlänge des Lichts	27, 36
λ^{ν}_{mn}	Bildsignal auf der ν-ten Stufe der Laplace-Pyramide	959
μ	magnetische Permeabilität	30
μ_0	Permeabilität des Vakuums (magnetische Feldkonstante), $\mu_0 = 4\pi \cdot 10^{-7}\ \frac{\mathrm{Vs}}{\mathrm{Am}}$	31
μ_r	relative Permeabilität	31
ν	Frequenz einer elektromagnetischen Welle (Lichtwelle) in Hz	27, 36
ν	Verschiebungsparameter in der Multiskalenanalyse	966
ν_{21}	Frequenz des Lichts, das beim Übergang von Energieniveau E_2 auf Energieniveau E_1 emittiert wird	112
$\Delta\nu$	Frequenzbandbreite	54, 114
ρ	Reflexionsfaktor	190
ρ	elektrische Raumladungsdichte	29
Σ	Menge von strukturierenden Elementen	838
σ	spezifischer elektrischer Leitwert	30, 94
σ^2	Varianz	802, 881
τ	Verschiebungsparameter der kontinuierlichen Wavelet-Transformation	962
Φ	Strahlungsfluss	181
$\Phi(\cdot,\cdot)$	punktweiser Operator der Bildfusion	706

Φ_l	Lichtstrom	103, 181
φ	Phase einer elektromagnetischen Welle	36
φ	Normalenwinkel einer Geraden	893, 926
$\varphi_{p,\nu}(x)$	Skalierungsfunktion der Multiskalenanalyse	969
φ_x, φ_y	Phasenverschiebung einer elektromagnetischen Welle	37
χ	Elliptizitätswinkel der Polarisationsellipse	39
ψ	Richtungswinkel der Polarisationsellipse	39
$\psi_{p,\nu}(x)$	Wavelet-Funktion der Multiskalenanalyse	967
$\psi_{s,\tau}(x)$	Wavelet-Funktion der kontinuierlichen Wavelet-Transformation	962
Ω	Raumwinkel	182
Ω_g	Definitionsmenge des Bildes g	12, 815
Ω_t	Definitionsmenge der Textur $t(\mathbf{x})$	891
ω_i	Segment eines Bildes	747
ω	Kreisfrequenz einer elektromagnetischen Welle	36

Lateinische Symbole

A	Fläche eines Pixels	78
$A(\mathbf{p})$	Akkumulator der Hough-Transformation	939, 941
$A_{\mathrm{FM}}(\lambda)$	spektrale Absorption einer Farbmittelschicht	215
$\mathbf{A}$	Transformationsmatrix für eine lineare Farbraum-transformation	220, 243
a	Absorptionskoeffizient elektromagnetischer Wellen in einem leitfähigen Medium	95
a^*	Rot-Grün-Chrominanzkoordinate des CIELAB-Farbraums	231
$a_{\mathrm{FM}}(\lambda)$	Absorptionskonstante eines Farbmittels	215
a_{kl}	Koeffizient des AR-Modells	881
$\mathbf{a}$	Vektor der AR-Koeffizienten	882
$\mathbf{a}_1, \mathbf{a}_2$	Anordnungsschema einer strukturellen Textur	867
B	Bildgröße	138

B_{CIE}	Farbwert bezüglich der blauen CIE-Primärlichtquelle	219
$B_{\mathbf{d}}(g, r)$	Eintrag des Lauflängenhistogramms bezüglich der Richtung $\mathbf{d}$, des Grauwerts g und der Lauflänge r	898
B_{s}	Blaukoordinate des linearen sRGB-Farbraums	243
B'_{s}	Blaukoordinate des gamma-korrigierten sRGB-Farbraums	243
$\mathbf{B}$	Bildpunkt	139
$\mathbf{B}$	magnetische Flussdichte	29
$BRDF$	bidirektionale Reflektanzverteilungsfunktion	191
b	Bildweite	76, 128, 138
$\bar{b}(\lambda)$	Spektralwertfunktion der blauen CIE-Primärlichtquelle	219
b^*	Gelb-Blau-Chrominanzkoordinate des CIELAB-Farbraums	231
C	Cyan-Farbwert im CMYK-Farbraum	247
ΔC	Buntheitsunterschied	237
C_{ab}	Buntheit auf der Grundlage des CIELAB-Farbraums	231
C_{B}	Blau-Gelb-Chrominanz im $\mathrm{YC_BC_R}$-Farbraum	247
$C_{p,\nu}$	Koeffizienten der Grobstruktur in der Multiskalenanalyse	969, 974
C_{R}	Rot-Grün-Chrominanz im $\mathrm{YC_BC_R}$-Farbraum	247
$\mathbf{C_d}$	Grauwertübergangsmatrix	893
$\mathbf{C_{gg}}$	Kovarianzmatrix	596
$\mathbb{C}$	Menge der komplexen Zahlen	95
c	Lichtgeschwindigkeit im Vakuum, $c = 299\,792\,458\ \mathrm{m/s}$	27, 33
$c_{\mathbf{d},ij}$	Eintrag der Grauwertübergangsmatrix $\mathbf{C_d}$	893
c_{FM}	Konzentration eines Farbmittels	215
const.	beliebige, aber feste Konstante	32
D	Blendendurchmesser (genauer: Durchmesser der Eintrittspupille)	76, 130, 141, 151
$\mathbf{D}$	Diffusionstensor	776

$\mathbf{D}$	elektrische Flussdichte	29
d	negativer Imaginärteil des komplexen Brechungsindexes	95
d_{K}	Kohärenzlänge	54
d_{FM}	Dicke einer Farbmittelschicht	215
$d_p(x)$	Detailsignal der Multiskalenanalyse	971
$\mathbf{d}$	Verschiebungsvektor der Grauwertübergangsmatrix	893
$\det \mathbf{A}$	Determinante der Matrix $\mathbf{A}$	368
E	Amplitude der elektrischen Feldstärke	32
E	Energie	27, 77
E	Bestrahlungsstärke	185
E_{l}	Beleuchtungsstärke	185
ΔE	Farbabstand	236
$E\{\cdot\}$	Energiefunktional	787
E_{0x}, E_{0y}	Amplitude der polarisierten elektromagnetischen Welle in x- bzw. y-Richtung	37
E_i	i-tes Energieniveau eines Atoms	112
E^{s}, E^{p}	elektrische Feldstärke senkrecht bzw. parallel zur Einfallsebene	88
$\mathbf{E}$	elektrische Feldstärke	29
$\mathbf{E}$	Jones-Vektor	52
$\underline{\mathbf{E}}(\mathbf{x}, t)$	komplexe Wellenfunktion des elektrischen Felds	36
$\mathcal{E}(\omega)$	Einheitlichkeitskriterium für Segmente	747
e_{mn}	mittelwertfreies, schwach stationäres Rauschsignal im AR-Modell	881
$\mathbf{e}_{\varphi}$	zweidimensionaler Einheitsvektor in Richtung φ: $\mathbf{e}_{\varphi} = (\cos\varphi, \sin\varphi)^{\mathrm{T}}$	533, 926
$\mathbf{e}_{\varphi\perp}$	zweidimensionaler Einheitsvektor senkrecht zu $\mathbf{e}_{\varphi}$: $\mathbf{e}_{\varphi\perp} = (-\sin\varphi, \cos\varphi)^{\mathrm{T}}$	533
$\mathbf{e}_x$, $\mathbf{e}_y$, $\mathbf{e}_z$	Standardbasisvektoren	36
$\exp(x)$	Exponentialfunktion, $\exp(x) = \mathrm{e}^x$	100

$\mathbf{F}$	Fundamentalmatrix einer Stereokameraanordnung	367
$\mathbf{F}$	Kraft	787
f	Brennweite	135, 138
$f_\gamma(\cdot)$	Gamma-Korrektur	241
$f_{\gamma,I_0}(\cdot)$	modifizierte Gamma-Korrektur	242, 243
G	Gegenstandsgröße (Objektgröße)	138
G_{CIE}	Farbwert bezüglich der grünen CIE-Primärlichtquelle	219
G_{kl}	zweidimensionale diskrete Fourier-Transformierte des diskreten Bildsignals g_{mn}	543
G_{s}	Grünkoordinate des linearen sRGB-Farbraums	243
G'_{s}	Grünkoordinate des gamma-korrigierten sRGB-Farbraums	243
$\mathcal{G}$	Punktmenge eines Binärbildes	816
$\mathbf{G}$	Objektpunkt	139
g	Gegenstandsweite	138
Δg	Schärfentiefe	152
$g(\mathbf{x})$	skalarwertiges Bild, z. B. Grauwertbild	12, 78
$g(x;p)$	Approximation des Signals $g(x)$ auf Stufe p der Multiskalenanalyse	969
$\bar{g}(\lambda)$	Spektralwertfunktion der grünen CIE-Primärlichtquelle	219
$\breve{g}(u,\varphi)$	Radon-Transformierte des Bildes $g(\mathbf{x})$	926
g^ν_{mn}	Bildsignal auf der ν-ten Stufe der (Gauß-)Pyramide	955
$\mathbf{g}(\mathbf{x})$	Mehrkanalbild, z. B. Farbbild	12
$\mathbf{g}_{mn}$	diskretes Bildsignal	12, 487, 881
H	Bestrahlung	186
H_{l}	Belichtung	186
ΔH	Farbtonunterschied	237
$H(x)$	Heaviside-Funktion	496
H_{HSI}	Farbton im HSI-Farbraum	245

$H_\theta(k)$	Richtungshistogramm	897
$\mathbf{H}$	magnetische Feldstärke	29
$\underline{\mathbf{H}}(\mathbf{x},t)$	komplexe Wellenfunktion des magnetischen Felds	36
h	Höhendifferenz, Schichtdicke	293, 332
h	Planck'sches Wirkungsquantum, $h \approx 6{,}626 \cdot 10^{-34}$ Js	27, 77
Δh	Farbtonwinkeldifferenz	237
$h(\mathbf{x})$	Hintergrundsignal im Bild	885, 911
h_{ab}	Farbtonwinkel im CIELAB-Farbraum	231
h_ν	Impulsantwort des Tiefpassfilters in der Multiskalenanalyse	968, 975
$h_\sigma(\mathbf{x})$	Gauß-Tiefpass	681, 765
I	Intensität elektromagnetischer Strahlung	37
I	Anzahl der Segmente eines Bildes	747
I	elektrischer Strom	103, 265
I	Strahlstärke	183
I_{l}	Lichtstärke	183
$I_{\mathrm{A}}(\lambda)$	Spektrum der CIE-Normlichtart A (Glühlampe)	234
$I_{\mathrm{D65}}(\lambda)$	Spektrum der CIE-Normlichtart D65 (Tageslicht)	234
$I_{\mathrm{E}}(\lambda)$	Spektrum der CIE-Normlichtart E (konstante Intensität)	219
I_{HSI}	Intensität im HSI-Farbraum	245
$J_n(z)$	Bessel-Funktion erster Art n-ter Ordnung	68
$\mathbf{J}$	Jones-Matrix	53
$\mathbf{J}$	elektrische Stromdichte	29
j	imaginäre Einheit	36
K	Anzahl der Quantisierungsstufen des Bildsignals	12, 579
K	Dimension des Merkmalsraum $\mathcal{M}$	749
K	Schwarz-Farbwert im CMYK-Farbraum	247
K_{m}	Konstante des photometrischen Basissystems, $K_{\mathrm{m}} = 683\,\frac{\mathrm{lm}}{\mathrm{W}}$	206
k	Wellenzahl	36
k	Boltzmann-Konstante, $k \approx 1{,}38 \cdot 10^{-23}$ J/K	100

Symbol	Bedeutung	Seite
k	Normierungsfaktor zur Berechnung der Normfarbwerte	223
$k(\mathbf{x})$	Ergebnis einer Filterung	672, 913
k_ν	Impulsantwort des Hochpassfilters in der Multiskalenanalyse	970, 975
$\mathbf{k}$	Wellenvektor	36
L	Strahldichte	100, 183
L_l	Leuchtdichte	183
ΔL^*	Helligkeitsunterschied	236
$L^2(\,\cdot\,)$	Raum der quadratisch integrierbaren Funktionen	796, 971
L^i_LQ	von einer Lichtquelle emittierte Strahldichte	188
L^j_OF	von der Objektoberfläche emittierte Strahldichte (Lichtfeld, plenoptische Funktion)	189
L^*	Helligkeitskoordinate des CIELAB-Farbraums	231
$l(\mathbf{x}^\mathrm{T}\mathbf{e} - d)$	Linie als Element einer Textur	880, 886
$\mathrm{ld}\, x$	Zweierlogarithmus (Logarithmus zur Basis 2)	337
$\ln x$	natürlicher Logarithmus	661
$\log_n x$	Logarithmus zur Basis n	338
M	Breite des Bildes (Anzahl der Bildspalten)	12
M	Magenta-Farbwert im CMYK-Farbraum	247
$\mathbf{M}$	Müller-Matrix	44
$\mathcal{M}$	Merkmalsraum	749
m_1	empirischer Mittelwert	891
$\mathbf{m}(\mathbf{x})$	Merkmalsvektor für die Segmentklassifikation am Bildpunkt $\mathbf{x}$	749
(m, n)	diskrete Bildkoordinaten	12
N	Höhe des Bildes (Anzahl der Bildzeilen)	12
$N_4(\mathbf{x})$, $N_8(\mathbf{x})$	Vierer- bzw. Achter-Nachbarschaft	801
N_i	Besetzungszahl des Energieniveaus E_i	113
$\mathbb{N}$	Menge der natürlichen Zahlen	504
NA	numerische Apertur	153
n	Photonenanzahl	78

n	Brechungsindex (reellwertig)	33, 84
$\underline{n}$	komplexer Brechungsindex	95
$\mathbf{n}$	Normalenvektor einer Oberfläche	83
$\mathcal{N}(\mu, \sigma^2)$	(Gauß'sche) Normalverteilung mit Erwartungswert μ und Varianz σ^2	568
O	Blendenzahl	76, 151
$O(\mathbf{f})$	Fourier-Transformierte des Objektsignals	913
$\mathcal{O}(f(N))$	Funktionenklasse asymptotischer oberer Schranken (O-Kalkül): $\mathcal{O}(f(N)) := \{g(N) \mid \exists c > 0, N_0 > 0 \ \forall N \geq N_0 \ g(N) \leq c \cdot f(N)\}$	763, 955
$o(\mathbf{x})$	Objektsignal im Bild	912
P	elektrische Leistung	103
$\underline{P}(x, y)$	komplexe Aperturfunktion	60
$\hat{P}_i$	Eintrag des Histogramms	642, 753
$\mathbf{P}$	Projektionsmatrix des Kameramodells	132
$\mathbf{P}$	Poynting-Vektor einer elektromagnetischen Welle	37
p	Skalenparameter in der Multiskalenanalyse	966
p	Polarisationsgrad einer elektromagnetischen Welle	42
Q	Anzahl der Bildkanäle	12
Q	Strahlungsenergie	186
Q_1	Lichtmenge	186
$q(\mathbf{x})$	Texel	867
R	Oberflächenrauheit	74, 352
R	Ohm'scher Widerstand	111, 265
R_{CIE}	Farbwert bezüglich der roten CIE-Primärlichtquelle	219
$\mathcal{R}_i$	Region im Merkmalsraum	749
R^{ij}	Reflexionsfunktion der Objektoberfläche	189, 232
R_{s}	Rotkoordinate des linearen sRGB-Farbraums	243
R'_{s}	Rotkoordinate des gamma-korrigierten sRGB-Farbraums	243

$R_{12}^{\mathrm{s}}, R_{12}^{\mathrm{p}}$	Fresnel'sche Reflexionsgrade für senkrecht bzw. parallel zur Einfallsebene polarisiertes Licht	90
$\mathbf{R}_{\mathbf{nn}}$	Korrelationsmatrix	736
$\mathbb{R}$	Menge der reellen Zahlen	12
$\bar{r}(\lambda)$	Spektralwertfunktion der roten CIE-Primärlichtquelle	219
$r_{\mathrm{gg}}(\boldsymbol{\tau})$	Autokorrelationsfunktion des stationären stochastischen Prozesses $\mathrm{g}(\mathbf{x})$	569
$r_{\mathrm{gk}}(\mathbf{x}, \boldsymbol{\tau})$	Kreuzkorrelationsfunktion der stochastischen Prozesse g und k	566
$r_{12}^{\mathrm{s}}, r_{12}^{\mathrm{p}}$	Fresnel'sche Reflexionskoeffizienten für senkrecht bzw. parallel zur Einfallsebene polarisiertes Licht	89
$\mathrm{rect}\left(\frac{x}{\varepsilon}\right)$	Rechteckfunktion: $\mathrm{rect}\left(\frac{x}{\varepsilon}\right) = \begin{cases} 1 & \text{für } \lvert x\rvert < \frac{\varepsilon}{2} \\ 0 & \text{sonst} \end{cases}$	63, 494
$\mathrm{rnd}(\,\cdot\,)$	Rundung zur nächsten ganzen Zahl	939
$S_{\mathrm{FM}}(\lambda)$	spektrale Streuung einer Farbmittelschicht	216
$S_{\mathrm{gg}}(\mathbf{f})$	Autoleistungsdichtespektrum des stationären stochastischen Prozesses $\mathrm{g}(\mathbf{x})$	570
S_{HSI}	Sättigung im HSI-Farbraum	245
$\mathcal{S}$	Punktmenge eines binären strukturierenden Elements	816
$\mathcal{S}_{\mathrm{ER}}$	Punktmenge der binären Elementarraute	817
$\mathbf{S}$	Stokes-Vektor, Stokes-Parameter: $\mathbf{S} = (S_0, S_1, S_2, S_3)^{\mathrm{T}}$	40
SNR	Signal-Rausch-Verhältnis	79, 593, 672, 916
$\mathrm{Spur}(\mathbf{A})$	Spur der Matrix **A** (Summe der Diagonaleinträge)	438
s	Skalenparameter der kontinuierlichen Wavelet-Transformation	962
$s(\mathbf{x})$	strukturierendes Element in der Grauwertmorphologie	849
s^2	empirische Varianz	891
$\mathrm{sinc}(\,\cdot\,)$	Sinus cardinalis: $\mathrm{sinc}(x) := \frac{\sin(\pi x)}{\pi x}$	64, 509

$\mathrm{sgn}(\cdot)$	Vorzeichenfunktion: $\mathrm{sgn}(x) := \begin{cases} 1 & x > 0 \\ 0 & x = 0 \\ -1 & x < 0 \end{cases}$	933
T	Belichtungszeit	78
T	Temperatur	100, 103
$T_{\mathrm{G}}[\cdot]$	Transformation zur geometrischen Registrierung	705
$T_{\mathrm{I}}[\cdot]$	Transformation zur radiometrischen Registrierung	705
$T_{12}^{\mathrm{s}}, T_{12}^{\mathrm{p}}$	Fresnel'sche Transmissionsgrade für senkrecht bzw. parallel zur Einfallsebene polarisiertes Licht	90
t	Zeit	29
$t(\mathbf{x})$	Bild einer Textur	867
$t_{12}^{\mathrm{s}}, t_{12}^{\mathrm{p}}$	Fresnel'sche Transmissionskoeffizienten für senkrecht bzw. parallel zur Einfallsebene polarisiertes Licht	89
U	Blau-Gelb-Chrominanz im YUV-Farbraum	246
U	elektrische Spannung	103, 265
U_{N}	Nennspannung	103
$\mathcal{U}$	Umbra	848
$\mathcal{U}$	Umgebung des Ursprungs	663, 881, 919
$u(\mathbf{x}, t)$	diffundiertes Bildsignal	777
V	Vergrößerung einer optischen Abbildung	128
V	Kontrast (Sichtbarkeit) eines Interferenzmusters	58
V	Rot-Grün-Chrominanz im YUV-Farbraum	246
$V(\lambda)$	Hellempfindlichkeitsfunktion des menschlichen Auges für photopisches Sehen	205, 221
$V'(\lambda)$	Hellempfindlichkeitsfunktion des menschlichen Auges für skotopisches Sehen	205
$V(\mathbf{f})$	Übertragungsfunktion eines Detektionsfilters	913
$\mathcal{V}_p$	Funktionenraum in der Multiskalenanalyse	969
v	Ausbreitungsgeschwindigkeit (Phasengeschwindigkeit) einer elektromagnetischen Welle	32, 33, 84
$v(\mathbf{x})$	Impulsantwort eines Detektionsfilters	913
$\mathbf{v}(s)$	aktive Kontur als parametrische Kurve	787

$\mathcal{W}_p$	Wavelet-Raum	971
$w(\cdot)$	zweimal differenzierbare Funktion in der Lösung der Wellengleichung	32, 35
$w(\mathbf{x})$	*Whitening Filter*	917
X	CIE-Normfarbwert bezüglich der virtuellen Primärlichtquelle X	220
$\mathbf{X}_{\text{prim}}$	Basisvektor der virtuellen Primärvalenz X	222
x	Normfarbwertanteil x in der CIE-Normfarbtafel	224
$\bar{x}(\lambda)$	CIE-Normspektralwertfunktion der virtuellen Primärlichtquelle X	220
$\mathbf{x}$	dreidimensionaler Ort einer elektromagnetischen Welle	32
$\mathbf{x}$	kontinuierliche Bildkoordinaten: $\mathbf{x} = (x, y)^{\text{T}} \in \mathbb{R}^2$	12
$\mathbf{x}'$	homogene Koordinaten: $\mathbf{x}' = (x'_1, \ldots, x'_N, w)^{\text{T}}$	129
$\mathbf{x}_{\text{c}}$	Kamerakoordinaten: $\mathbf{x}_{\text{c}} = (x_{\text{c}}, y_{\text{c}}, z_{\text{c}})^{\text{T}}$	128
$\mathbf{x}_{\text{w}}$	Weltkoordinaten: $\mathbf{x}_{\text{w}} = (x_{\text{w}}, y_{\text{w}}, z_{\text{w}})^{\text{T}}$	131
Y	CIE-Normfarbwert bezüglich der virtuellen Primärlichtquelle Y	220
Y	Gelb-Farbwert im CMYK-Farbraum	247
Y'	gamma-korrigierte Helligkeit in technischen Farbräumen	246
$\mathbf{Y}_{\text{prim}}$	Basisvektor der virtuellen Primärvalenz Y	222
y	Normfarbwertanteil y in der CIE-Normfarbtafel	224
$\bar{y}(\lambda)$	CIE-Normspektralwertfunktion der virtuellen Primärlichtquelle Y	220
Z	CIE-Normfarbwert bezüglich der virtuellen Primärlichtquelle Z	220
Z	Lebensdauer einer Lichtquelle	103
Z	Wellenwiderstand	32
$\mathbf{Z}_{\text{prim}}$	Basisvektor der virtuellen Primärvalenz Z	222
$\mathbb{Z}$	Menge der ganzen Zahlen	12
z	CIE-Normfarbwertanteil z	224

Abkürzungsverzeichnis

AB	Aperturblende	140, 146
A/D	analog/digital	257
AKF	Autokorrelationsfunktion	566
AL	Austrittsluke	147
AP	Austrittspupille	147
AR	autoregressiv	657, 881
ARMA	*autoregressive moving average*	657
BP	Bandpass	688
BRDF	Bidirektionale Reflektanzverteilungsfunktion (*bidirectional reflectance distribution function*)	190
BS	Bandsperre	688
CAD	*computer-aided design*	461
CCD	*charge-coupled device*	265
CCT	konfokale chromatische Triangulation (*confocal chromatic triangulation*)	393
CIE	*Commission Internationale de l'Éclairage* (Internationale Beleuchtungskommission)	217
CMOS	*complementary metal oxide semiconductor*	269
CNN	neuronales Faltungsnetzwerk (*convolutional neural network*)	609
CT	Computer-Tomographie	420, 927
CW	*continuous wave*	431
DFT	diskrete Fourier-Transformation	518
DoG	*difference of Gaussians*	770
DR	Dynamikbereich (*dynamic range*)	594
EL	Eintrittsluke	147
EM	*expectation-maximization*	753
EMCCD	*electron-multiplying charge-coupled device*	268
EMVA	*European Machine Vision Association*	591
EP	Eintrittspupille	146

J. Beyerer et al., *Automatische Sichtprüfung*,
https://doi.org/10.1007/978-3-662-69951-5

FB	Feldblende	146
FDM	Finite-Differenzen-Methode	791
FEM	Finite-Elemente-Methode	791
FFT	schnelle Fourier-Transformation (*fast Fourier transform*)	524
FIR	fernes Infrarot (*far infrared*)	271
GAN	*generative adversarial network*	625
GPU	*graphics processing unit*	609
GVF	*gradient vector flow*	791
HDRC	*high dynamic range CMOS*	270
HP	Hochpass	688
IC	integrierter Schaltkreis (*integrated circuit*)	268
IFFT	inverse schnelle Fourier-Transformation	524
IR	Infrarot	29
JPEG	*Joint Photographic Experts Group*	243
KKF	Kreuzkorrelationsfunktion	566
KLT	Karhunen-Loève-Transformation	596
Laser	*light amplification by stimulated emission of radiation*	112
LBP	*local binary pattern*	901
LED	Leuchtdiode	108
Lidar	*light detection and ranging*	394
LoG	*Laplacian of Gaussian*	769
LSI	linear, verschiebungsinvariant (*linear shift-invariant*)	498
LWIR	langwelliges Infrarot (*long-wavelength infrared*)	271
MA	gleitender Mittelwert (*moving average*)	657
MLA	Mikrolinsenarray	374
MRF	*Markov random field*	657
MRT	Magnetresonanztomographie	420, 651, 747
MSE	mittlerer quadratischer Fehler (*mean squared error*)	736
MWIR	mittleres Infrarot (*medium-wavelength infrared*)	271
NA	numerische Apertur	153

Nd-YAG	Neodym-Yttrium-Aluminium-Granat	115
NEE	rauschäquivalente Bestrahlung (*noise-equivalent exposure*)	594
NETD	*noise equivalent temperature difference*	272
NIR	nahes Infrarot (*near infrared*)	271
o. B. d. A.	ohne Beschränkung der Allgemeinheit	37
OCT	optische Kohärenztomographie (*optical coherence tomography*)	421
OLED	organische Leuchtdiode	111
OTF	optische Übertragungsfunktion (*optical transfer function*)	530
PCA	photoleitende Dipolantenne (*photoconductive antenna*)	432
PCA	Hauptkomponentenanalyse (*principal component analysis*)	596
PSD	optoelektronischer Positionsdetektor (*position sensitive detector*)	263
PSF	Punktverschmierungsfunktion (*point spread function*)	530
QWP	$\frac{\lambda}{4}$-Verzögerungsplatte (*quarterwave plate*)	47
Radar	*radiowave detection and ranging*	394
RTE	Strahlentransportgleichung (*radiative transfer equation*)	740
SAR	*synthetic aperture radar*	933
SEE	sättigungsäquivalente Bestrahlung (*saturation-equivalent exposure*)	594
SIFT	*scale-invariant feature transform*	982
SNR	Signal-Rausch-Verhältnis	79, 593, 672, 916
SURF	*speeded up robust features*	982
SWIR	kurzwelliges Infrarot (*short-wavelength infrared*)	271
THz	Terahertz	29, 428
ToF	Lichtlaufzeit (*time of flight*)	279
TP	Tiefpass	554

TZB	Telezentrikblende	358
UV	Ultraviolett	29
VFC	*vector field convolution*	793
WDF	Wahrscheinlichkeitsdichtefunktion	584
WLI	Weißlichtinterferometrie	400
WP	Verzögerungsplatte (*wave plate*)	48

Index

Symbole

A

B

J. Beyerer et al., *Automatische Sichtprüfung*,
https://doi.org/10.1007/978-3-662-69951-5

C

D

E

F

G

H

I

J

K

L

Q

R

S

T

U

V

W

X

Y

Z

MIX
Papier aus verantwortungsvollen Quellen
Paper from responsible sources
FSC® C105338

If you have any concerns about our products,
you can contact us on
ProductSafety@springernature.com

In case Publisher is established outside the EU,
the EU authorized representative is:
Springer Nature Customer Service Center GmbH
Europaplatz 3, 69115 Heidelberg, Germany

Printed by Libri Plureos GmbH
in Hamburg, Germany